U0896161

NORTH CHINA ELECTRIC POWER UNIVERSITY
YEARBOOK

[总第十八卷]

华北电力大学档案馆 编

中国电力出版社
CHINA ELECTRIC POWER PRESS

内 容 提 要

本书内容包括华北电力大学2018年特载，专文，总述，机构与干部，党群工作与行政管理，学科、学位建设与教育教学，科技研究与产业开发，科研平台建设，合作交流和对外联络，院系部建设，教科研设施与服务保障，规章制度建设，重要文件，统计报表与附录资料。

本书适用于华北电力大学师生、校友及关心华北电力大学发展，乐于对其增进了解的社会各界人士。

图书在版编目（CIP）数据

华北电力大学年鉴．2019/华北电力大学档案馆编．—北京：中国电力出版社，2019.8
ISBN 978-7-5198-3628-3

Ⅰ．①华…　Ⅱ．①华…　Ⅲ．①华北电力大学－2019－年鉴　Ⅳ．①TM-40

中国版本图书馆CIP数据核字（2019）第182608号

出版发行：中国电力出版社
地　　址：北京市东城区北京站西街19号（邮政编码100005）
网　　址：http：//www.cepp.sgcc.com.cn
责任编辑：张　旻（010-63412536）
责任校对：黄　蓓　朱丽芳　常燕昆
装帧设计：赵姗姗
责任印制：吴　迪

印　　刷：北京盛通印刷股份有限公司
版　　次：2019年11月第一版
印　　次：2019年11月北京第一次印刷
开　　本：880毫米×1230毫米　16开本
印　　张：39.75　插页10
字　　数：1534千字
定　　价：298.00元

《华北电力大学年鉴 2019》
编撰人员名单

顾　　问　周　坚　杨勇平

主　　编　孙忠权

副 主 编　陈　军　彭建章

执行主编　王振华　田明霞

特约编审（按姓氏笔画排列）

丁相宝　丁常富　于喜海　王　家　王子杰　王印松　王秀梅　王佃启　王祥科
王集令　王聚芹　仇必鳌　卢占会　卢青松　付　东　包小勇　冯海群　毕天姝
朱晓林　刘云鹏　刘永前　刘自发　刘志远　刘明军　刘宗歧　刘晓峰　米增强
孙　平　杜小泽　李　东　李　伟　李　林　李　瑾　李长青　李迎春　李庚银
李春祥　李彦斌　李献东　杨万华　杨实俊　肖万里　吴万凯　吴乐为　沈　岚
沈剑飞　宋　玮　张天兴　张晓宏　张栾英　张粒子　张新娟　陆　强　陆道纲
陈　平　陈　军　陈　志　陈　溪　陈立伟　武彦军　苑英科　范　立　范孝良
林长强　金海燕　周　泽　房　方　房游光　赵玉闪　赵冬鸣　赵冬梅　赵秀国
赵宏宇　荀振芳　胡三高　胡东星　柳长安　段春明　姜　波　夏延秋　顾雪平
顾煜炯　柴大鹏　倪景峰　徐进良　高　强　高　霄　郭炜煜　曹运华　戚银城
鹿　伟　阎占元　梁　平　彭忠军　彭跃辉　董长青　韩中合　鲁　斌

特约编辑（按姓氏笔画排列）

丁立新　卜叶蕾　王　艳　王　颖　王彦权　王瑞琪　尹　莎　孔凌楠　石世平
田　里　付　萍　朱安华　朱志媛　朱慧花　刘　让　刘广林　刘关保　刘雨薇
刘春磊　刘振增　许云燕　阮艳花　孙志凌　孙清磊　花之蕾　苏　群　杜红琴
李　君　李　环　李　青　李　非　李　莹　李　薇　李红梅　李哲雅　李晓伟
杨　博　杨永海　何天枢　谷喜岭　沈　磊　张　丽　张　科　张　洪　张　清
张力晖　张小桃　张亦楠　张栋峰　张思凡　张艳斌　张晓良　张隽贤　陈　焘
陈晓蕾　陈海燕　武昌杰　范建明　林海文　岳　宇　周　华　周　琦　赵　凡
赵　亲　赵　静　赵子健　赵友君　赵军伟　赵丽香　赵海鹏　赵静静　胡建强
胡舒敏　侯文俊　侯步蟾　姜　江　班莹梅　耿江海　徐　定　高　轩　高慧颖
郭军红　郭新勃　席新铭　唐　成　唐宁宁　黄新颖　曹宇博　梁玉超　彭绍文
董　泽　董宏伟　程养春　童勤俊　谢昂均　谢海洋　鄢　知　赖其军　路雨欣
窦学欣　魏　娜　濮　妍　蹇文馨

01 华北电力大学举行建校 60 周年创新发展大会

02 华北电力大学理事会成员单位领导联袂出席建校 60 周年创新发展大会

03 为学校发展做出重大贡献的华电老教师出席建校 60 周年创新发展大会

17—19 文教周刊

华北电力大学建校60周年——

在服务国家战略中成长壮大

教育督导当有新担当新作为

先讲艺德 再讲艺能

培育大爱大德大情怀的国际化人才

01 华北电力大学举行建校 60 周年华电人物表彰活动

02 华北电力大学举行建校 60 周年杰出校友颁奖典礼

03 《人民日报》刊发文章报道华北电力大学 60 年办学经验：在服务国家战略中成长壮大

04 华北电力大学新校史馆揭牌

05 《华北电力大学校史 1958-2018》出版发行

06 河北省保定市市长郭建英（前排中）等相关负责人参观华北电力大学建校 60 周年办学成就展

01 诺贝尔化学奖获得者 Ada Yonath（阿达约纳特）教授应邀参加华北电力大学建校 60 周年“诺奖大师华电行”活动

02 03 华北电力大学召开智慧能源高峰论坛暨百家企业千名校友资智返保峰会

04 华北电力大学召开校庆总结大会暨双一流建设推动会

05 华北电力大学举办建校 60 周年文艺晚会

01

02

03

01 华北电力大学召开纪念中国共产党成立 97 周年表彰大会

02 华北电力大学召开全面从严治党工作会议

03 华北电力大学召开思想政治工作联席会议

01 华北电力大学举行做新时代“四有”好老师和“四个引路人”学习实践活动启动仪式

02 华北电力大学举行“首都百万师生同上一堂课”活动

03 华北电力大学举行“庆七一·迎校庆”教职工合唱比赛

01 华北电力大学党委书记周坚、校长杨勇平访问国家能源投资集团公司

02 华北电力大学党委书记周坚、校长杨勇平访问中国华电集团公司

03 华北电力大学党委书记周坚、校长杨勇平访问中国大唐集团公司

04 华北电力大学党委书记周坚、校长杨勇平访问中国电力建设集团有限公司

01 华北电力大学党委书记周坚赴美访问西肯塔基大学

02 华北电力大学校长杨勇平出席2018粤港澳大湾区电力创新高峰会暨第十五届中国南方电网国际技术论坛

03 俄罗斯南乌拉尔国立大学校长代表团访问华北电力大学

04 巴基斯坦国立科技大学（NUST）校长Naweed Zaman访问华北电力大学并签署“一带一路”能源学院合作伙伴备忘录

01 华北电力大学与国家能源投资集团有限责任公司签署合作协议

02 华北电力大学承办第十四届海峡两岸气候变迁与能源可持续发展论坛年会和两岸能源高峰会议

03 “一带一路”能源伙伴签约仪式在华北电力大学举行

04 华北电力大学与中国大唐集团公司签署战略合作框架协议

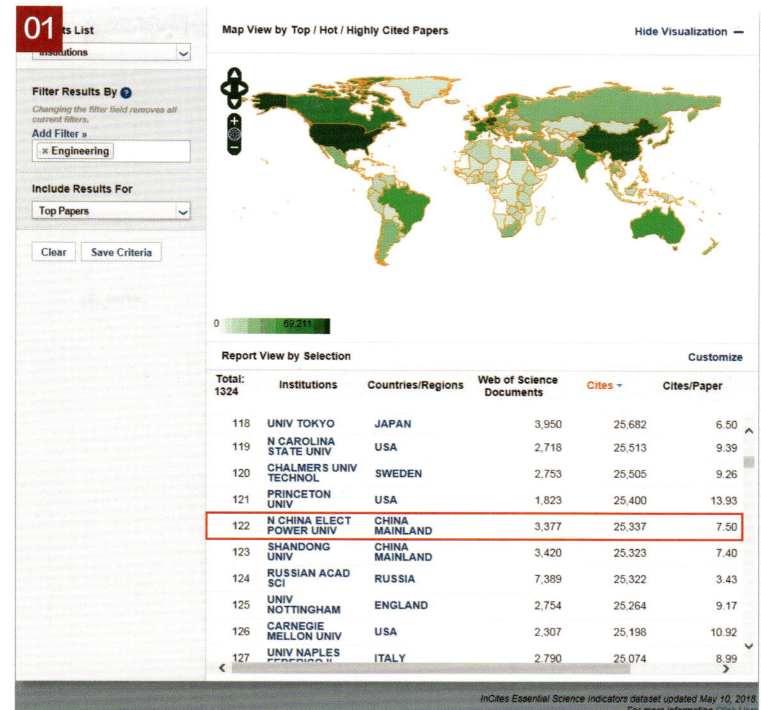

01 华北电力大学“工程学”学科首次进入 ESI 全球前 1‰行列

02 华北电力大学“材料科学”学科首次进入 ESI 世界前 1% 行列

03 华北电力大学“化学”学科首次进入 ESI 世界前 1% 行列

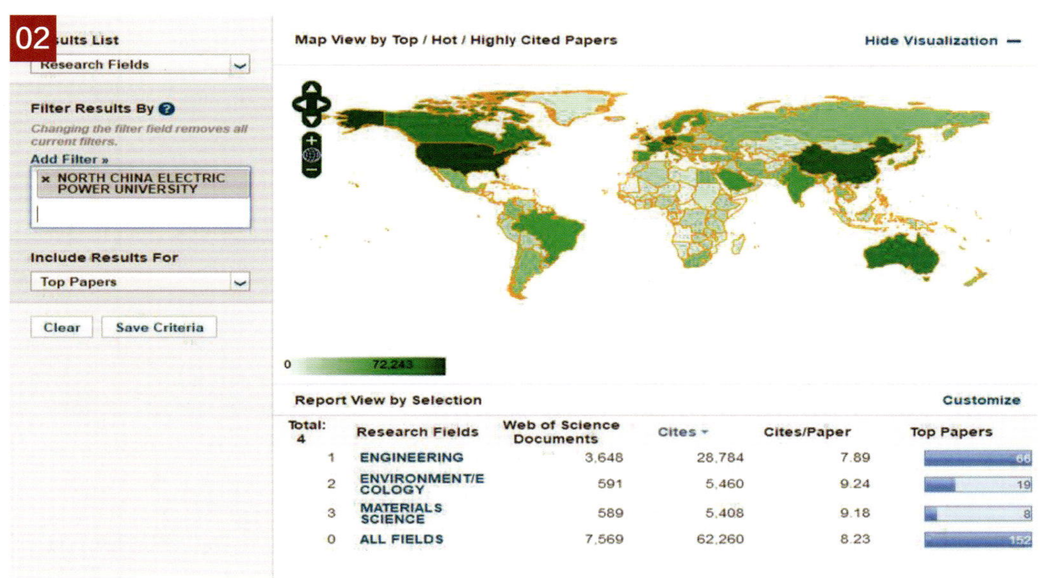

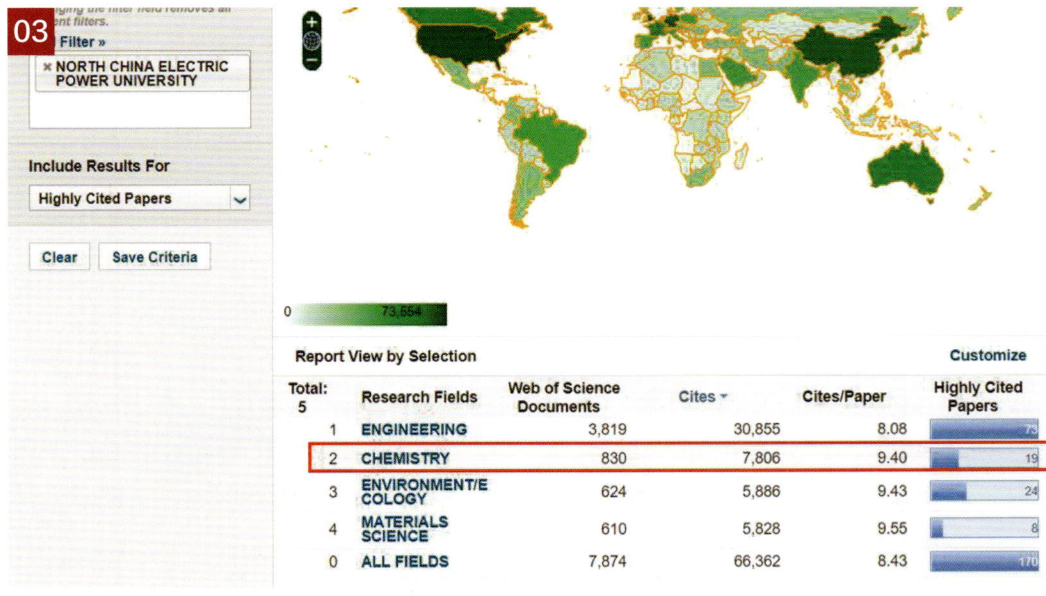

01

02

03

01 华北电力大学发起成立中国电力高校联盟

02 华北电力大学先进材料研究院成立

03 国家能源交通融合发展研究院成立

04 华北电力大学召开科技创新大会

05 华北电力大学新能源电力系统国家重点实验室通过评估

04

05

01

02

国家科学技术进步奖

证 书

为表彰国家科学技术进步奖获得者，特颁发此证书。

项目名称：高效低风速风电机组关键技术研发和大规模工程应用

奖励等级：二等

获 奖 者：华北电力大学

2018年12月12日

证书号：2018-J-217-2-06-D03

01 首届全国大学生可再生能源科技竞赛总决赛在华北电力大学举行

02 刘永前教授参与完成的“高效低风速风电机组关键技术研发和大规模工程应用”项目获国家科技进步二等奖

03

中国电力科学技术奖

获奖证书

奖项名称：中国电力科学技术进步奖

获奖项目：百万千瓦超超临界二次再热机组关键技术及工程应用

获奖等级：一等

获 奖 者：华北电力大学

奖励年度：2018 年

发证机构：中国电机工程学会
中国电力科学技术奖励工作办公室

证书号：2018-J-1-03-D10

04

中国电力科学技术奖

获奖证书

奖项名称：中国电力科学技术进步奖

获奖项目：多维度融合的燃气智能电站研究与应用

获奖等级：一等

获 奖 者：华北电力大学

奖励年度：2017 年

发证机构：中国电机工程学会
中国电力科学技术奖励工作办公室

证书号：2017-J-1-09-D08

03 曾德良教授参与完成的“百万千瓦超超临界二次再热机组关键技术及工程应用”项目获中国电力科学技术进步奖一等奖

04 房方、陈海平教授等参与完成的“多维度融合的燃气智能电站研究与应用”项目获中国电机工程学会颁发的中国电力科学技术进步奖一等奖

师资队伍

01 全国教学名师、北京市师德先锋崔翔教授与电气1701班同学在一起

02 全国优秀教师盛四清教授

03 陈雷教授获第十四届北京市高等学校教学名师奖

04 孔英会教授获评河北省普通本科院校教学名师

05 刘彦丰教授获评河北省普通本科院校教学名师

01 李美成教授入选 2018 年科技部创新人才推进计划中青年科技创新领军人才

02 陆强教授入选 2018 年“万人计划”青年拔尖人才

03 王晓东教授入选 2018 年年科技部创新人才推进计划中青年科技创新领军人才

04 马静教授获 2018 年国家自然科学基金优秀青年基金项目资助

05 孙芳副教授获评 2018 年河北省统一战线教学名师

06 李红副教授获评 2018 年第二届北京市高等学校青年教学名师

01

02

03

04

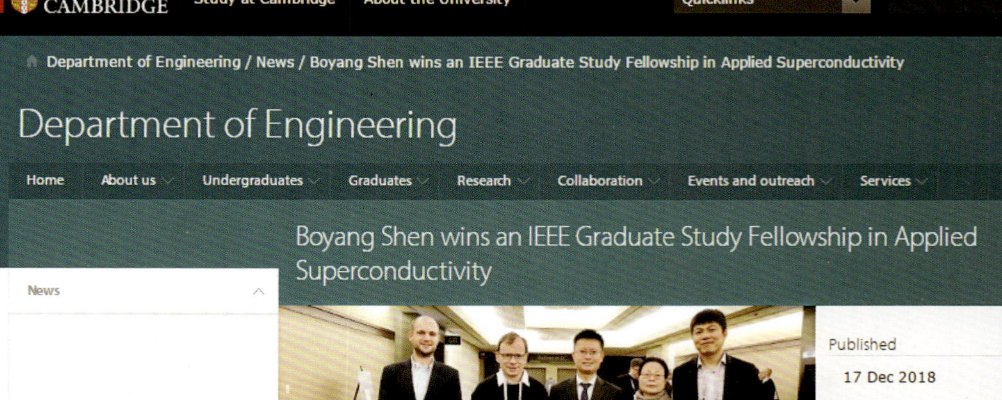
UNIVERSITY OF CAMBRIDGE | Study at Cambridge | About the University | Quicklinks

Department of Engineering / News / Boyang Shen wins an IEEE Graduate Study Fellowship in Applied Superconductivity

Department of Engineering

Home | About us | Undergraduates | Graduates | Research | Collaboration | Events and outreach | Services

News

Boyang Shen wins an IEEE Graduate Study Fellowship in Applied Superconductivity

Published
17 Dec 2018

Image
Boyang Shen (centre)

Related links
- Electrical Power and Energy Conversion G
- 2018 IEEE Council or Superconductivity Graduate Study Fello

Media enquiries
Communications Team

Boyang Shen a Research Associate in the Electrical Power and Energy Conversion Group, was awarded an IEEE Graduate Study Fellowship in Applied Superconductivity.

The IEEE Graduate Study Fellowship in Applied Superconductivity is the highest prize for young researchers in the superconductivity community in the world (only 6 winners worldwide per year), and each Fellowship comes with an honorarium of US $5000.

Boyang Shen's research involves the electromagnetic characteristics and AC loss analysis of High Temperature Superconductors, as well as the novel design of superconducting magnets. The analysis of the electromagnetic characteristics of High Temperature Superconductors is vital to the success of superconducting applications. Superconducting magnets can generate extremely strong and uniform magnetic fields, which are the key components for various

01 华北电力大学召开本科教育工作会议

02 华北电力大学创行团队夺得2018 创行世界杯中国赛亚军

03 华北电力大学能源动力与机械工程学院创新动 1601 班陈飞鹏在国际 SCI 收录主流期刊《实验热流科学》发表论文

04 华北电力大学国际教育学院电气工程及其自动化专业 2008 级校友沈博洋获得全球超导界学生青年学者最高奖：IEEE Council on Superconductivity Graduate Study Fellowship

01 美国西肯塔基孔子学院第二届“墨读中国”书画艺术展在华北电力大学首展

02 华北电力大学“明德大讲堂”启动首场报告

03 美国高中生访华团参加华北电力大学建校 60 周年文化交流活动

04 华北电力大学焦安静参加 2018 年日照国际马拉松比赛夺得冠军

05 华北电力大学网球队参加 2018 年河北省高校网球邀请赛获甲组混合团体冠军

06 华北电力大学代表队在中国大学生跆拳道（品势）锦标赛获 5 枚金牌

01

02

01 华北电力大学北京校部 15 号学生宿舍楼建成投用

02 华北电力大学保定校区学 20 舍建成投用

编 辑 说 明

《华北电力大学年鉴 2019》是一部资料性工具书，由学校档案馆主持编撰。

本年鉴以学校各项事业发展为主线，采用文章和条目相结合，以概述、概况和条目为主体的编撰体例，采用语文体和记述体直陈其事，力求简明扼要且不评论。

本年鉴设有 14 个栏目，以教科研及相关内容为核心，全卷约 140 万字，共选录图片 67 幅、重要文件 10 个、规章制度 10 个、各类统计表 70 个。各项数据以 2018 年 12 月 31 日为统计时间节点，部分统计表以各统计部门工作特点的要求为统计口径，并在卷内予以标注。

本年鉴主要反映学校 2018 年 1 月 1 日至 12 月 31 日的重大事件和重要活动，记录各个领域的新成果和新进展。本卷年鉴所收录的文章、条目、图表均由学校各参编单位年鉴特约编辑组织编写和提供。其中，各一体化办公单位的组稿实行统一编写，非一体化办公单位先分别由校部和保定校区独自撰写，后由校部对应单位统稿。所有材料经由各参编单位特约编审予以审核。

本年鉴筹稿工作于 2019 年 1 月始，4 月底结束，6 月底完成统稿审稿工作交付出版社。

本卷年鉴编撰出版工作得到学校和参编单位领导重视和各特约编辑支持，在此谨表谢意。在编撰过程中，我们力求做到资料完整、内容翔实和数据准确。但由于年鉴编撰时间紧、涉及面广和内容庞杂等原因，加上编者水平所限，难免有疏漏或不妥之处，敬请广大师生和读者批评指正，以便勘误。

年鉴编辑部

2019 年 6 月 25 日

The Editor’s Declaration

Compiled by the NCEPU Archives Center, the 2018 Volume of *Almanac of North China Electric Power University* serves as a tool and reference book.

With the development of various university causes being the main line, this almanac takes a compiling style in which articles and items are combined, and summaries, situation descriptions and items constitute the main body. It depicts the facts and matters directly in a concise descriptive style without making any comment.

This almanac is composed of 14 sections，focusing on education, teaching, researches and related matters. The whole volume has about 1.4 million Chinese characters, 67 pictures, 10 important documents,10 regulations, and 70 statistical charts and tables. December 31, 2018 is the statistical closing date for the various data, and marks are made for those statistical tables with different statistical calibers designed on the basis of the work characteristics of the corresponding statistical units.

This almanac mainly reflects the big events and important activities that took place in 2018, from January 1 to December 31, recording the new achievements and progresses in different fields and sectors. All the articles, items, photos, charts in this almanac were prepared and provided by the contributing editors from various university units. The units integrating the office work of the Beijing and Baoding campuses prepared the materials together. As regards those that had not integrated their office work, they prepared independently first, and then the corresponding units in Beijing campus did the final compilation work. All the materials had been checked by the contributing editors from various university units.

The materials collection work started in January, 2019, ended in April, and by the end of June, the almanac will be sent to the publishing house after the final compilation and revision work has been completed.

Much attention has been paid by leaders of the university and various compiling units to the production and publishing work of this almanac. Besides, it has also received great support from the contribution editors. Here, we would like to express our great appreciation for their help and support. In the compiling process, we try to produce an almanac with complete materials, detailed content and accurate data. However, it is inevitable to have some mistakes, omissions and errors due to the limited time, extensive subjects, complex content and the compilers’ limited abilities. Therefore, we are pleased to receive your criticism and suggestions to make it better.

The Almanac Editorial Department

June 25, 2019

目　　录

特　　载

专　　文

总　　述

机构与干部

党群工作与行政管理

学科、学位建设与教育教学

科技研究与产业开发

科研平台建设

合作交流和对外联络

院系部建设

教科研设施与服务保障

规章制度建设

重 要 文 件

统计报表与附录资料

索　引

CONTENTS

Special Edition

Speeches and Articles on Certain Topics

Overall Review

Departments and Carders

Construction of Schools, Institutes and Departments

Infrastructure and Service Guarantee

Rules and Regulations Building

Important Articles

Statistics and Appendixes

Index

特　　载

Special Edition

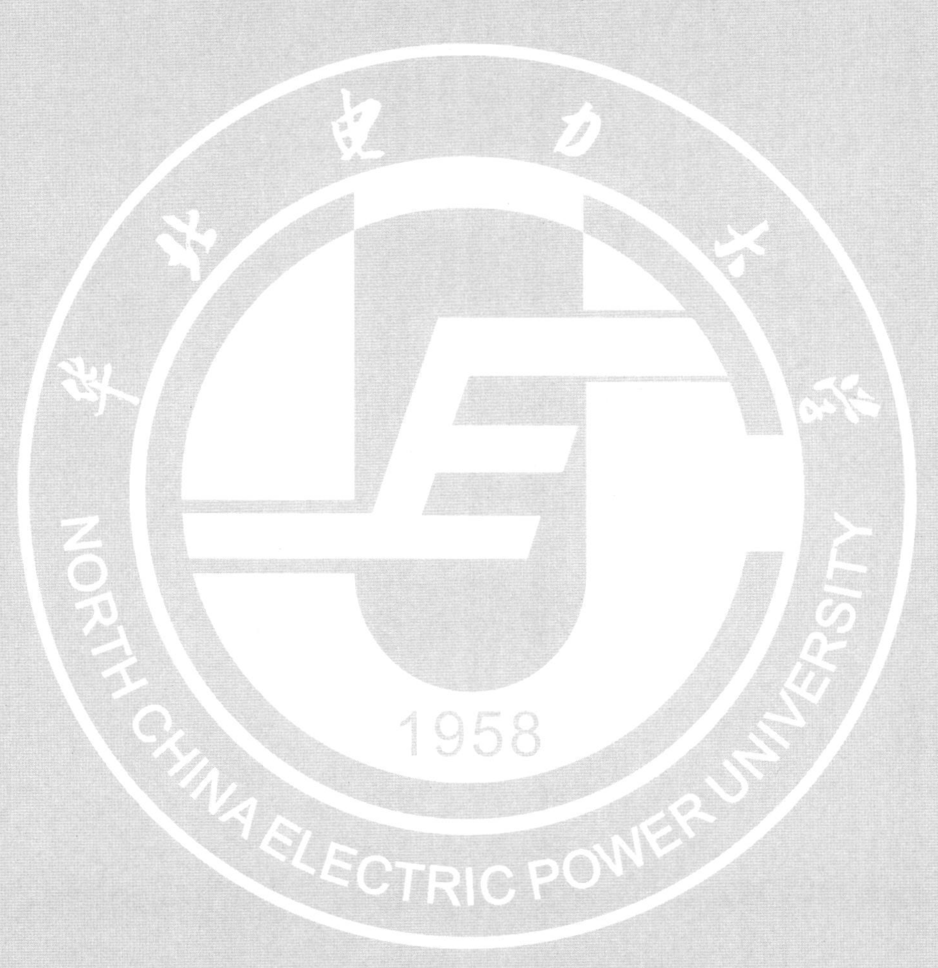

立足新起点　面向新时代
建设特色鲜明高水平研究型大学
——校长杨勇平在建校60周年创新发展大会上的讲话

（2018年10月28日）

尊敬的各位领导、各位来宾，校友们、老师们、同学们、朋友们：

大家上午好！

在这美好的金秋时节，我们欢聚一堂，共同庆祝华北电力大学建校60周年。首先，我谨代表学校向莅临大会的各位领导、各位来宾、各位校友表示热烈的欢迎！向60年来为学校改革发展做出贡献的老领导、老同志和全体教职员工致以崇高的敬意！向长期以来关心和支持学校建设发展的上级领导、理事单位及各界朋友表示衷心的感谢！向海内外全体华电人致以亲切的问候！

六十载风雨沧桑，一甲子砥砺前行。1958年，华北电力大学的前身——北京电力学院在新中国经济建设的热潮中诞生；建校后不久，学校在“文革”中历经辗转流离，走过了艰难困苦，在保定落户发展；1978年，学校与共和国一道迎来发展的春天，列为全国88所重点高校之一，更名为华北电力学院，成立北京研究生部，为后来的大学组建和发展奠定了坚实的基础；1995年，华北电力学院和北京动力经济学院合并组建华北电力大学，各项事业步入快速发展轨道，实现了规模拓展和质量提升，掀开了学校发展新的一页。大学组建后特别是新世纪以来，伴随高等教育改革和能源电力快速发展，学校抢抓历史机遇，历经划转教育部管理，组建大学理事会与教育部共建，校部变更为设在北京等管理体制的调整，以及进入国家“211工程”、获批“985工程优势学科创新平台”、入选国家“双一流”建设等重大发展平台的不断跨越，开创了新时期改革发展的崭新篇章。

回首这60年，学校在新中国社会主义建设的大潮中应运而生，在改革开放的新时期茁壮成长，在全面建设小康社会的新阶段跨越发展，走过了一段极不平凡的发展历程。几代华电人前赴后继、薪火相传，以矢志不渝的报国情怀和追求卓越的奋斗精神，始终执着于高水平大学建设梦想，确立了育人为本、学科立校、人才强校、科研兴校、特色发展的办学方略，积蕴出“办一所负责任大学”的办学理念，镌刻下“自强不息、团结奋进、爱校敬业、追求卓越”的华电精神，凝练出“团结、勤奋、求实、创新”的大学校训，这些发展战略体系和办学思想伴随着学校的发展历程不断完善和提升，成为学校实现跨越发展的宝贵财富，激励着我们始终奋勇向前，奏响了一曲行业特色高水平研究型大学建设的时代乐章。

60年来，我们扎根中国大地，与国家和行业发展同向同行。国家和行业的需要，永远是华北电力大学前进的方向。学校坚持党的领导，坚持社会主义办学方向，始终与共和国前进的脚步风雨相随，与能源电力的创新发展同舟共济。学校从诞生之日起，就始终将自身的理想抱负与电力事业的发展紧密相连，坚定不移地承担起为国家经济社会发展特别是能源电力科学发展提供高质量智力支撑的责任与使命。一部华北电力大学的发展史，就是新中国电力工业由小到大、由弱到强划时代变革的真实写照。60年来，一代代华电人坚守敢为人先的信念，以求实创新的开拓精神，持续推进学科的转型与升级。经过一甲子的耕耘，逐渐构建起“以传统优势学科为基础，以新兴能源学科为重点，以文理学科为支撑”的“大电力”特色学科体系，成为我国能源电力工业发展的高层次人才培养基地和科学研究基地，在我国电力工业从起步发展、规模提升，到创新超越、迈入一流的不同历史进程中，华电人都留下了坚实的印迹，书写了浓墨重彩的一笔，描绘出一幅行业特色型大学服务国家战略的“华电样本”。

60年来，我们高扬人才培养主旋律，培养造就了一大批高素质人才。学校始终坚守为党育人、为国育才的初心，将培养德才兼备、全面发展的社会主义建设者和接班人，作为坚持不懈的办学追求。华电校园里，留下了几代华电教师诲人不倦的深深足迹，映照了无数学子求知若渴的孜孜身影。先后有27万学子从这里奔赴祖国大江南北、壮丽山河，投身现代化建设，其中大部分人加入能源电力蓬勃发展的火热实践，从科学家到行业领军人物，从专家学者、技术管理骨干，到扎根电力基层的建设者和劳动者……不论是祖国心脏还是大漠边疆，不论是世界海拔最高的光伏电站还是祖国最遥远的南海三沙变电所，都有华电人执着坚守、默默奉献的身影，他们用自己的青春和汗水，为电力科技进步与产业发展发挥了重要的支撑引领作用，为中国电力的快速发展和不断进步做出了突出的“华电贡献”，成就了“凡有电力处即有华电人”的佳话。

随着时代的发展，华电大家庭也日益多姿多彩，很多校友在政治、经济、科技、社会、文艺、体育等领域展现作为、书写精彩，用自己对社会的贡献，不断提升着学校的影响力和美誉度！

60年来，我们坚持科技报国，为能源电力事业发展提供强力支撑。学校围绕服务国家战略和行业需求，坚持把科技创新的论文写在宽广辽阔的祖国大地上，在我国能源电力技术的引进与吸收、创新与进步的不同阶段和关键进程，华电人始终活跃在创新前沿阵地，攻克了我国电力行业发展过程中多项技术难题，为推进电力科技进步发挥了不可或缺的作用。学校研发的国内首台微机继电保护装置，开启了我国微机保护的新时代；火电机组仿真系统，获全国十大科学成就。从我国首套1000兆瓦超超临界机组自动化成套控制系统，到世界首台600兆瓦超临界循环流化床机组控制系统，从我国首个大型火电机组空冷系统性能分析研究平台，到多温区多功能系列SCR脱硝催化剂与低能耗脱硝技术，以及特高压工程建设的关键技术研究等，无不凝结着华电人“十年磨一剑”的心血。新世纪以来，学校承担各类国家重大科研课题3300余项，获国家级、省部级科技进步奖400余项。今天，以新能源电力系统国家重点实验室为代表的30余个重大科研平台，成为能源电力新理论、新技术、新观点的发源地，为承担重大科研项目、推进能源电力技术创新提供了有力支撑，将更好引领行业的创新发展。

60年来，我们积极推进改革创新，完善治理体系，实现了办学实力的全面提升。学校时刻把师生利益和大学发展放在首位，团结凝聚全体华电人的智慧和力量，抢抓机遇，战略引领，不断开拓事业发展新局面；学校坚持体制机制改革，探索创新教育部与理事会共同办学的管理体制，有效推进两地实质一体化办学，不断完善现代大学制度；学校始终保持发展定力，坚持电力学科特色，构建链条式能源电力特色学科体系，全力服务、支撑、引领行业的发展；学校坚持人才强校，建设了一支师德高尚、素质优良、结构合理的高素质人才队伍，成为推动学校事业蓬勃发展的中流砥柱；学校始终广泛寻求社会支持，积极改善办学条件，拓展办学空间，实现又好又快可持续科学发展。

六十载弹指一挥间，华北电力大学在基础弱、底子薄的情况下，走出了一条波澜壮阔的改革创新、跨越发展之路，实现了从学科建设到师资队伍，从人才培养到科学研究，从社会服务到交流合作，从校园面貌到文化氛围的全方位提升，由建校时学科单一、体量弱小、几百名学生的单科性教学型行业院校，发展成为拥有三万余名在校生、能源电力特色鲜明、优势突出、多学科协调发展的国内外知名大学，发生了翻天覆地的变化，取得了令人瞩目的成就，得到行业的高度认可和社会的广泛赞誉。

华北电力大学今天的办学成就，得益于教育部、北京市、河北省的正确领导，得益于能源电力行业特别是大学理事会成员单位的大力支持，得益于所有关心、支持学校发展的社会各界的关心关爱，更是几代华电人共同努力、矢志奋斗的结果。在这个承前启后、继往开来的庄严时刻，我代表学校，向60年来参与学校发展建设的全体奋斗者、奉献者，以及所有关心、支持学校的社会各界人士，致以最衷心的感谢和最诚挚的敬意！

各位领导，各位来宾，校友们、老师们、同学们、朋友们：

我们正处在一个伟大的新时代，党的十九大绘就了社会主义现代化强国建设的美好图景，对办好中国特色社会主义大学提出了新的期望和要求；小康社会即将全面建成，能源发展日新月异，能源革命加速推进，为我们提供了新的机遇和舞台；全国教育大会从“国之大计、党之大计”的战略高度，提出的一系列教育改革发展的新理念新思想新观念，为我们指明了前进方向、提供了根本遵循。这些都赋予了我们更高的使命、更重的责任。这就需要我们坚持社会主义办学方向，更好落实“四个服务”，在融入社会主义现代化建设的伟大实践中，确立建功立业的新舞台；这就需要我们坚持立德树人根本任务，坚守育人初心，推进四个回归，建设高水平人才培养体系，培养更多有大德大爱大情怀的时代新人；这就需要我们进一步遵循教育规律，推进综合改革，加快形成充满活力、富有效率、更加开放、有利于高质量发展的办学体制机制，为学校内涵式发展注入不竭活力。

面向未来，我们将坚定不移实施学科交叉融合战略。当今世界，新技术、新产业、新业态、新模式不断涌现，经济社会发展和能源电力行业对复合型创新人才和高水平科技创新的需求越来越迫切。我们将以“双一流”建设为统领，积极构建开放、融和、共生的学科体系，全力推进学科交叉融合，加快推进新工科建设，不断强化学科的核心竞争力，深度服务能源革命和国际能源合作，勇当支撑行业发展的排头兵，力做引领行业创新的先锋队，推进学校内涵式发展不断跃上新台阶。

面向未来，我们将坚定不移实施人才强校战略。时代越是向前，人才越是重要。服务能源革命和能源转型，推动大学高水平发展，根本要靠人才的素质和质量。我们将进一步提升人才工作的战略地位，坚持用好、培养和引进并举，突出教师主体地位，以优秀青年人才为着力点，进一步加强师德师风建设，不断造就领军人才、学术大师，塑造学生成长所需的“大先生”，全力打造一流的人才高地，以高水平、高素质的人才队伍，引领事业发展不断攀上新高峰。

面向未来，我们将坚定不移推进国际化发展战略。当前，国家的深化开放政策、人类命运共同体构建、新一代信息技术等对教育的国际化提出了新的更高要求。我们将进一步树立教育全球化理念，积极推动国际教育资源共享，打造能源电力国际交流与合作的基地，全面提升国际化办学水平，为服务“一带一路”重大倡议、助力能源企业“走出去”，贡献更多的华电智慧和华电方案。

面向未来，我们要更高举起校企合作大旗，坚定不移推进校企合作兴校强校战略。行业特色是学校最鲜亮的办学底色，能源电力行业永远是华北电力大学的坚强后盾。我们要矢志不移走校企合作兴校强校之路，进一步发挥大学理事会重要作用，聚焦能源革命和产业需求，深度融入以企业为主体、以市场为导向、产学研融合的技术创新体系，更好发挥大学在培养创新人才、诞生创新理论、产生创新技术等方面的优势，提升与行业需求的契合度，为建设绿色美丽清洁的世界，为满足人们对美好生活的向往，贡献更大更多的华电力量。

各位领导，各位来宾，校友们、老师们、同学们、朋友们：

时代在召唤，梦想在前进。目光所聚，是华北电力大学60年的成就和荣光；期盼所寄，是华电人面向未来的重托和希望。站在继往开来的新起点，面向欣欣向荣的新时代，在未来前行的道路上，我们将以一往无前的奋斗姿态、永不懈怠的精神状态，不断学习，不断探索，不断创新，将学校发展深度融入国家战略和行业的进步中，为把学校早日建成特色鲜明的高水平研究型大学而努力奋斗！

让我们以习近平新时代中国特色主义思想和党的十九大精神为指引，全面贯彻落实全国教育大会精神，汇聚全体华电人和社会各界的磅礴力量，加快推进“双一流”建设，全面深化综合改革，全力培养德智体美劳全面发展的社会主义建设者和接班人，书写不负时代的“奋进之笔”，为实现中华民族伟大复兴的中国梦不断做出新的更大的华电贡献！

谢谢大家！

总结校庆经验　弘扬华电精神
继往开来续写下一个甲子的新辉煌

——校党委书记周坚在校庆总结大会上的讲话

（2018年11月13日）

老师们、同学们、同志们：

大家下午好！在学校相关职能部门和各院系的积极努力、通力配合下，在广大校友和社会各界的大力支持、热切关心下，华北电力大学建校60周年系列庆祝纪念活动已经圆满落下帷幕。筹备和举办60周年校庆，不仅是传统意义时间坐标上的庆祝和纪念，更是学校跨入下一个甲子的新开端。在这个重要时间节点上，作为学校办学史上的一件大事，60年的历史值得书写和回顾，一次定位准确、主题清晰，上下齐心、众志成城的成功校庆也同样值得认真总结和深刻思考。

今天，我们专门召开这个会议，对建校60周年校庆进行总结，就是要系统梳理校庆工作的好经验、好做法，进一步弘扬华电精神，把校庆成果转化为建设学校、发展学校的强大动力，继往开来续写华电下一个甲子的新辉煌！刚才，大家共同观看了校庆回顾视频，校庆办王子杰主任做了总结发言，并分享了他们的认识和体会，讲得很好，很全面。借这个机会，我重点从宏观角度，谈谈对校庆工作的感悟，同时对校庆后的有关工作提出要求。主要讲三个方面。

一、校庆取得的主要成效和收获

从去年10月启动校庆筹备以来，学校通过各种活动载体，系统回顾发展历史，认真总结办学经验，有效凝聚各方力量，加快特色鲜明高水平研究型大学建设步伐，全面开启新时代甲子华电新征程，达到了预期的目标，特别是在以下六个方面取得了突出成效和重要收获。

一是显著提升了学校的影响力。本次校庆系列活动，尤其是建校60周年创新发展大会，规格之高、场景之隆、影响之大，在我校60年发展历史上都是空前的，得到了党和国家领导人的关怀指导，多位老领导专门发来贺信，教育部、北京市、河北省等上级主管部门领导出席大会并致辞，十三家大学理事会单位主要领导亲自参会，同时国内外高校、地方政府、合作企业发来贺信、贺电等百余封，对学校60年的办学成就给予了充分肯定，对学校未来的发展寄予深情和厚望。中央电视台、新华社、《人民日报》《光明日报》《中国教育报》《中国能源报》《中国电力报》等众多国内主流媒体对校庆系列活动进行了广泛的报道，对学校立足能源电力，主动服务国家发展战略给予了高度的评价，在社会上引起了较为强烈的反响，学校的知名度、美誉度和影响力持续提升。

二是大力加强了学校与社会各界的联系。学校以60周年校庆为契机，积极拓展办学资源，大力优化办学环境。先后走访了包括国家电网公司、南方电网公司、华能集团等在内的多家大学理事会单位，新增了包括中国三峡集团、中国广核集团等五家中央和地方能源电力企业为大学理事会成员单位，促成了众多校企战略合作，为学校继续坚定不移走校企合作兴校强校之路增添了新的动力。同时，以校庆为切入点，全面加强与国内外高校的沟通与合作，积极搭建助力能源电力行业创新发展的新平台。牵手15所海外高校成立“一带一路”能源学院，开设国内第一家国家能源交通融合发展研究院，举办“能源革命与大学责任”世界大学校长论坛，发起成立中国电力高校联盟，有效扩大了我们的“朋友圈”，得到了各级政府、企业的进一步认可和支持，为学校未来发展争取到了更多的社会资源。

三是全面升华了学校与广大校友的感情。建校以来，学校培养的27万名毕业生在各自的工作岗位上，辛勤奉献、建功立业、贡献卓著，他们是献给母校60华诞最好的生日礼物。一直以来，广大校友将个人成就与母校事业发展紧密相连，通过各种不同方式感恩回馈母校，对学校发展给予了鼎力支持和无私厚爱。校庆前夕，学校外联部等部门和各院系进一步加强了校友联络工作，积极推进各地校友会换届，校友工作组织体系和运行机制进一步完善，校友资源得到进一步挖掘，校友力量进一步凝聚。校庆活动期间，海内外广大校友从四面八方奔赴母校，追忆师生情、共叙同窗谊，对母校发展所取得的成就感到由衷自豪和骄傲，对母校的认同感、归属感全面增强，校友爱校荣校、支持学校发展的情感纽带进一步牢固，为下一步更好发挥校友在学校发展建设中的重要作用奠定了坚实基础。

四是极大提振了全体师生的发展信心。杨勇平校长在创新发展大会上所做的主旨演讲，回顾了学校所走过的不平凡发展历程，总结了学校在各领域取得的办学成就，描绘了学校逐梦未来的美好愿景。同时，上级领导、行业企业、兄弟院校、广大校友的关心支持和充分认可，特别是大学理事会成员单位悉数到场，点赞华电的发展和进步。这一切，都让全体华电人真切地感受到学校60年来扎根中国大地、服务能源电力的光辉历程，极大激发了全校师生员工和海内外校友的自豪感与凝聚力，更加坚定了我们立足新起点、面向新时代，坚定不移建设特色鲜明高水平研究型大学的发展定力和道路自信。另外，在整个校庆筹备和校庆活动期间，广大师生员工充分发挥积极性和创造性，爱校荣校意识显著提升，凝聚力和战斗力得到加强，也有力增强了我们在未来发展道路上攻坚克难、夺取胜利的信心。

五是有效提高了学校办学的软硬件水平。主要体现在三个方面，一是以校庆为载体，举办了“卓越学术”系列学术交流活动，邀请了包括诺贝尔奖获得者、两院院士、“千人计划”、长江学者等在内的诸多知名专家学者来校进行交流和指导，营造了浓厚的学术氛围。今后，要让“学术校庆”变成我们校园的“学术常态”，要通过各种渠道继续邀请各领域的顶尖学者走进校园，开阔学术视野，提升学术水平，促进我们的学科建设；二是通过校庆活动锻炼了队伍，发现了人才，提升了管理软实力。在校庆筹备中，打破部门界限，充分发挥各部门和人员的专长，大家分工负责、步调一致、互相补台、协调配合，校庆工作中所体现出来的打大战役、办大事情的工作章法，兢兢业业的工作态度，以及讲团结、肯吃苦、能战斗的工作精神，值得认真总结凝练，要使之成为今后做好各项工作，尤其是抓好急、难、险、重工作的重要经验和有益参照；三是贯彻以师生为本的校庆理念，坚持把为师生办实事、做好事作为校庆工作的重要抓手。学校积极筹措资源，强化基础设施建设，完成了教室安装空调、学生宿舍设施换新等工作，教工食堂和老干部活动中心建设正在有序推进中，同时对一些实验室、科研平台、工作场所等进行了修缮，崭新的校园环境令人耳目一新，眼前一亮。在多方努力下，学校的办学条件进一步改善，办学环境进一步优化，服务保障能力进一步提升，师生的获得感明显增强。

六是进一步弘扬了华电文化传承了华电精神。学校以本次校庆为契机，重新编撰了《校史》，新建了校史馆，印制了宣传画册、制作了专题宣传片，举办了办学成就展、人才培养展、书画展、全球校友创新创业展等展览，设计了校园雕塑，布局了校园景观，对华电文化进行了全面的梳理、凝练和升华。同时还开展了影响华电60人物评选和杰出校友60人评选，在创新发展大会上向老教师代表献花致敬，举办了精彩纷呈的建校60周年校庆文艺晚会等。这些校园文化载体，回放着学校60年的光辉历程，铭刻着学校的使命与荣耀，记录着老前辈们的艰辛探索和崇高风范，立体式呈现了学校的深厚底蕴和特色文化，将全体华电人紧紧地凝聚在一起，使华电的校园文化底蕴更加厚重，影响更为深远。同时我们也欣喜地看到，广大师生员工特别是一线参战人员在校庆工作中所体现出的勇于创新、志在一流的敬业态度，吃苦耐劳、无私奉献的优秀品格，团结协作、顾全大局的良好作风，正是对“自强不息、团结奋进、爱校敬业、追求卓越”华电精神的生动诠释。校庆期间，全校师生员工以良好的精神风貌展现了爱校情怀，彰显了华电风采，得到了与会嘉宾和返校校友的高度赞誉。历久弥新的华电文化、华电精神将永远是激励我们奋勇前行的内在动力。

总之，经过全校上下的齐心协力和共同奋斗，我们成功举办了一次建校60年来效果最突出、反响最热烈、校友感受最深、谋划最缜密、组织最完美的校庆，得到了全校师生员工和上级部门、行业企业、国内外院校、新闻媒体等社会各界的高度关注和广泛好评，达到了“总结办学经验，展示办学成果；扩大办学影响，提升华电品牌；凝聚各方力量，激发爱校情怀；促进事业发展，共创美好未来”的预期工作目标，在华电的发展历史进程中写下浓墨重彩的一笔，为新时期全面推动学校事业发展再上新台阶打下了坚实的基础。

二、校庆取得圆满成功的关键因素

60周年校庆工作是一项持续时间长、涉及面广、意义深远的系统工程，是对学校综合实力、组织管理能力、师生精神风貌、干部队伍素质的一次大检验。一年多来，按照“隆重热烈，简朴高雅；特色鲜明，务实有序”的总体要求，本着“学术优先，院系为主，文化引领，公益突出”的基本原则，我们高起点谋划校庆整体工作方案，高质量打造精神文化宣传体系，高水平开展学术交流活动，高效率建立校友联络体系，高品质凝聚对外合作资源、高规格组织创新发展大会等各项校庆活动，高标准提升服务保障能力，校庆各项工作从总体上看呈现出思路正确、组织严密、沟通顺畅、工作投入、开拓创新、节俭务实等六大显著特点。回顾校庆的前前后后，全校各个系统都在校庆活动的实践中经受住了考验，取得了丰硕成果，赢得了广泛认可。校庆活动的成功举办，我想除了得益于广大校友和社会各界的鼎力支持外，从我们自身内部来说，可以主要归因于以下四大关键因素，

一是学校的办学实力、发展基础和历史积淀是校庆工作取得成功的前提条件。60周年校庆是对全体华电人前赴后继、薪火相传，始终执着于高水平大学建设梦想，实现跨越式发展办学历史的一次全面回顾和检阅。60年的砥砺前行，学校确立了育人为本、学科立校、人才强校、科研兴校、特色发展的办学方略，积淀形成了“办一所负责任大学”的办学理念和“自强不息、团结奋进、爱校敬业、追求卓越”的华电精神，凝练出“团结、勤奋、求实、创新”的大学校训，这些精神文化符号深深镌刻在每一位华电人的心中，成为学校实现跨越发展的宝贵财富。60年的办学实践，我们扎根中国大地，与国家和能源电力行业发展同向同行；我们高扬人才培养主旋律，培养造就了一大批高素质人才，27万名毕业生遍布海内外；我们坚持科技报国，为能源电力事业发展提供了强力支撑；我们积极推进改革创新，完善治理体系，实现了办学实力的全面提升。60年的孜孜以求，成就了华北电力大学今天强劲的发展态势、崇高的行业声誉和良好的国际影响。这些，无疑成为国家认可、行业支持、社会关注、校友自豪、师生自信的重要基石，为我们办好校庆赢得了良好的外部环境。

二是领导班子的统筹谋划、周密部署和亲力亲为是校庆工作取得成功的首要保障。学校党委行政对60周年校庆高度重视，多次召开党委常委会、校长办公会和专题工作会研究部署校庆工作事宜，同心协力抓顶层设计，为校庆活动出谋划策。从校庆的主题定位、整体工作方案制定到一些活动的具体细节敲定，都经过大家认真研讨、反复打磨，力求精益求精，不出任何纰漏。班子成员根据工作分工，在校庆活动的组织实施、对外联络和校史馆建设、校史出版以及校庆文字稿把关等诸多方面，从框架到细节，从设想到实现，都以身作则、亲力亲为，发挥了很好的引领和带动作用。各职能部门和学院领导也都亲自抓落实，全校各级干部全部上一线，以一线状态发挥一线作用。学校领导班子精诚团结、思想统一和广大中层干部的奋发有为、执行有力为校庆的成功举办提供了重要保障。

三是全校范围内的组织健全、全员参与和分工明确是校庆工作取得成功的关键因素。学校成立了60周年校庆筹备工作委员会，下设办公室、专项工作组和院系工作组。在校庆办的统一协调下，各工作组的牵头单位和参与单位精心谋划、全员参与、执行得力，在相关活动策划、对外宣传、文化建设、环境营造、邀请嘉宾、组织接待、会议论坛、文艺演出、安全保障等各个环节，付出了艰苦的努力和大量的心血，确保了活动的圆满成功。各院系也充分发挥主导性和创造性，积极参与、主动作为，在举办学术活动、推进校企合作、接待校友返校等方面做了大量卓有成效的工作。通过此次校庆活动，锻炼了干部队伍，增强了部门凝聚力，提高了工作执行力，为我们今后举办大型活动提供了有益经验、打下了实践基础。

四是全体师生的团结协作、无私奉献和凝心聚力是校庆工作取得成功的力量源泉。校庆活动头绪多、涉及面广、综合性强，需要多部门的共同参与和协调配合。学校全体师生员工、离退休老同志特别是广大校庆志愿者以强烈的主人翁意识、高度的责任感和满腔的工作热情，发扬团结协作和无私奉献精神，工作中相互理解、相互尊重、相互支持、相互补台，在时间紧、任务重、标准高的情况下，不辞辛苦、不怕劳累，攻坚克难，表现出强大的凝聚力，尤其是到最后阶段，一些部门的同志夜以继日废寝忘食忘我工作，确保了校庆重要活动的成功举办，涌现出许多感人的先进事迹，完美展现了华电人爱校敬业、精益求精、细致入微，追求卓越的可贵品质和工作作风。在大家的共同努力下，校庆活动突出了华电特色，形成了华电风格，给中外来宾、广大校友和全校师生留下了深刻印象和美好回忆。

老师们、同学们、同志们：60周年校庆的高质量、高水平成功举办，凝聚着全校师生员工的智慧和汗水，饱含着全体

华电人的深情和付出。校庆工作中所体现出的勠力同心、精诚合作的团队精神，追求卓越、开拓进取的创新精神，爱岗敬业、服务大局的奉献精神，背水一战、攻难克坚的进取精神，将积淀在学校发展的历史长河之中，成为我们永远的宝贵精神财富。在此，我代表学校，向为校庆工作做出贡献的全体师生员工、离退休老同志、广大校庆志愿者致以崇高的敬意和衷心的感谢！

三、校庆之后的主要工作考虑

回首60周年校庆，我们每个身处其中的华电人都为学校的辉煌成就而深感自豪，为校庆活动的精彩举办而倍加振奋，这些必将成为我们人生中最美好的记忆。但在充分肯定成绩的同时，也必须清醒地认识到，面对新形势新任务新要求，国家、行业和社会赋予了我们更高的期待、更大的使命和更重的责任，我们要将60周年校庆作为学校发展的新起点，把校庆的成功和喜悦转化为干事创业的精气神，转化为推进特色鲜明高水平研究型大学建设的强大动力。进一步抢抓机遇，扎实工作，奋力进取，再创佳绩，不断开创学校事业发展的新局面。

一是深入贯彻落实全国教育大会精神，以立德树人为根本，全面提升人才培养质量。站在新的甲子起点上，我们要按照中央要求和教育部的决策部署，切实把思想行动统一到学习全国教育大会精神上来，始终把培养社会主义建设者和接班人作为学校的根本任务，构建德智体美劳全面培养的教育体系，把立德树人融入思想道德教育、文化知识教育和社会实践教育的各环节。着力在坚定理想信念、厚植爱国主义情怀、加强品德修养、增长知识见识、培养奋斗精神、增强综合素质上出实招用硬招。加强劳动教育弘扬劳动精神，改进美育提高学生审美和人文素养。落实“以本为本”，推进“四个回归”，把注意力更多地向本科教育教学聚焦，启动一流本科教育改革发展行动计划。积极推进课程思政，促进思政教育与专业教育有效融合，形成多方合力，构建全员全过程全方位育人格局，实现“育人”与“育才”的有机统一，源源不断培养更多堪当民族复兴大任的时代新人。

二是以内涵发展为主线，全力推进“双一流”建设，不断提升服务国家战略和行业发展的能力和水平。入选“双一流”建设高校，使命光荣，任务艰巨。校庆结束后，全校上下都要围绕“双一流”，进一步振奋精神，把注意力向一流学科建设聚焦，切实投入精力，加速工作节奏，推进五大建设任务和五大改革任务真正落地见效，以合格答卷迎接明年的“双一流”建设中期评估。我们今天召开的这个会议，会议的名称就是“建校 60 周年校庆总结大会暨‘双一流’建设推进会”，一会杨校长还会就这个议题做专门的部署，大家务必高度重视、切实行动，将“双一流”建设抓紧抓实抓出成效。为此，在今后的工作中，我们要按照学校第二次党代会确定的战略目标和本次校庆提出的发展愿景，坚定不移推进学科交叉融合，构建结构优化、优势明显、特色突出、协调可持续发展的学科体系；继续大力实施人才强校战略，加大高端人才、青年英才的引进与培养力度，构建起以质量为导向，有利于教师潜心从事教学科研的评价指标体系，培养造就高素质专业化教师队伍；树立教育全球化理念，向国际标准看齐，全面提升国际化办学水平；更高地举起校企合作大旗，矢志不移走校企合作兴校强校之路，不断提升创新能力和发展水平，在服务国家战略和能源电力行业需求中，促进学校内涵式发展和“双一流”建设不断跃上新台阶。

三是继承和发扬校庆精神，进一步提升管理和服务水平，纵深推进学校综合改革。60周年校庆为我们留下了很多好经验、好做法、好精神、好品格，我们要善于转化和提高，将校庆形成的团队精神、创新精神、奉献精神、进取精神和良好工作风貌转化为各项工作的常态化、机制化，以永不懈怠的精神状态和一往无前的奋斗姿态，开启学校新甲子的新征程。这就需要我们进一步遵循教育规律，推进综合改革，加快形成充满活力、富有效率、更加开放、有利于高质量发展的办学体制机制，努力在人才培养制度、科研体制机制、人事制度改革和服务社会体制机制四个关键环节上不断取得新突破，切实保护和发挥好文化的力量、学术的力量和尊师重教的力量，更加注重以师生文本，不断提升师生的获得感和满意度。相信我们只要紧紧依靠这些力量，在办学过程中不断将“高标准、高质量、高水平”的校庆工作作风发扬光大，华电就没有克服不了的困难，华电的事业就一定会一步一步走向新的辉煌。

四是以弘扬传承华电精神为主线，进一步凝练丰富华电文化内涵，切实提高学校文化软实力。学校精神是学校凝聚力、创造力、生命力的源泉，更是教育人、陶冶人、感染人的源头活水。校庆虽已结束，但留下的精神和文化却是永恒的。我们在60年办学历史中积淀了深厚的历史文化，形成了以华电精神为内核的精神文化体系，这些植根于每个华电人内心深处的文化基因已成为学校发展过程中最为宝贵的精神财富，也是不可多得的育人资源。进入新时代，开启新甲子，踏上新征程，更需要我们适应新形势、按照新要求、围绕新任务，在传承华电精神的基础上，继续深入挖掘华电文化的深邃内涵，塑华电之魂，扬华电精神，强华电自信，切实发挥好文化软实力的引领作用，书写无愧时代的奋进之笔，推动学校不断实现更好更快的高质量发展。

老师们、同学们、同志们：一甲子波澜壮阔谱辉煌，新时代迎风破浪续华章。60周年校庆是学校发展历史上的重要里程碑，更是继往开来、再创辉煌的新起点。校庆虽然已经结束，但是新的征程才刚刚启航。希望全体师生满载校庆的收获和喜悦，肩负新征程的使命和重托，永葆校庆的工作作风和奋斗激情，以更加饱满的热情，更加昂扬的斗志，更加必胜的信心，深入贯彻落实全国教育大会精神，加快“双一流”建设步伐，不断朝着特色鲜明高水平研究型大学的办学目标奋勇前进，奋力开创华北电力大学更加辉煌的新甲子篇章！

谢谢大家！

专　文

Speeches and Articles on Certain Topics

校党委书记周坚在2018年全面从严治党工作大会上的讲话

（2018年5月15日）

同志们：

刚才，五个基层单位分别介绍了他们在党建、思政工作方面的经验和做法，发言展示了他们所做的积极探索；学校与基层党组织代表负责同志签订了党风廉政建设和意识形态工作责任书；何华同志传达了习近平总书记在十九届中央纪委二次全会上的重要讲话和赵乐际同志所做的工作报告，我们要认真学习、深入贯彻落实。何华同志又从纪委落实监督责任的角度对纪委的工作做了全面部署，提出了具体要求，我完全同意，会后，大家按照要求抓好落实。

往年，这个大会都以“党风廉政建设大会”命名，今年改为“全面从严治党大会”，名称的修改不仅是紧跟中央和教育部党组的战略部署，也体现了学校党委深入推进全面从严治党向纵深发展的意志和决心，是学校党委切实担负主体责任，统筹推进党建、思政和意识形态工作的一项重要举措。

这次大会的主要任务是：回顾总结一年来取得的成绩、经验和不足，分析梳理中央对高校党建和思想政治工作的新形势和新要求，全面部署2018年学校党的建设、思想政治、意识形态和全面从严治党各项工作。

一、一年来的工作回顾

2017年是党和国家发展进程中具有里程碑意义的一年，党的十九大胜利召开，描绘了决胜全面建成小康社会、夺取新时代中国特色社会主义伟大胜利宏伟蓝图。2017年也是我校发展改革中具有重要意义的一年。学校党的工作经历了3件大事：一是接受教育部巡视组巡视，顺利完成巡视整改工作；二是成功召开学校第二次党员代表大会；三是接受北京市高校党建和思想政治工作基本标准检查和评估。通过巡视整改和迎接党建思政检查，突出“党建”重点，让党的领导作用强起来；突出“制度”重点，让党建及其他管理工作规范起来；突出“思想政治”重点，让育人环境进一步优化起来；突出“一体化”管理重点，让北京保定两校区协同发展起来；突出“选人用人”重点，让干部和人才队伍强起来。五个“突出”，对学校党建思政工作和事业发展形成了强大助推。通过胜利召开学校第二次党员代表大会，明确了建设特色鲜明的高水平研究型大学的办学目标、发展思路和实现路径，绘就了学校中长期发展的新蓝图，极大的凝聚了人心，鼓舞了士气。同时，进一步深入推进党风廉政建设和反腐败工作，狠抓中央八项规定精神在学校的落实，支持纪委履行监督职责。

这些成绩的取得，关键是有习近平新时代中国特色社会主义思想的科学指引，得益于教育部党组、北京市委与河北省委的坚强领导，更有赖于全校广大党员干部的辛勤工作、共同努力。在此，我谨代表学校党委向广大党员干部表示衷心的感谢！

同志们，在肯定成绩的同时我们更要清醒地看到不足，总体上学校党建、思政、意识形态、全面从严治党等方面工作与党中央、教育部党组和北京市委的要求相比还有很大的差距，与新时代全面从严治党、全面加强党的建设的现实要求还有很大的差距，我们要清醒地认识到学校全面从严治党工作仍然任重道远，任务依然艰巨繁重。

一年以来，学校党的建设工作仍然存在几方面的问题。一是学校层面顶层设计不够，对基层指导不够。学校在年初规划阶段对党建工作缺乏顶层设计，相关职能部门对基层单位的指导也不够有力；二是基层党组织层面，绝大多数二级单位党组织及党组织负责人，满足于完成上级要求的规定动作、应付上级检查，对于提升自身党建工作质量，加强工作的针对性和有效性，以及对基层党支部的指导，缺乏工作的主动性，开展工作办法少、自选动作少、亮点少；三是思想政治工作方面，许多同志思想认识还不到位，许多领导同志认为，学生思想政治工作仅仅是学工研工部门、马克思主义学院、校团委、各院系副书记、辅导员、基层党组织负责人的事，对全员全过程全方位育人的思想认识不到位，因此目前大思政格局尚未形成，思政工作方法不多，针对性、有效性不强，马克思主义学院课堂思政主阵地作用发挥不够；四是作风方面，隐形变异的四风问题，特别是形式主义、官僚主义的问题，还是不同程度存在。具体表现在会议多、文件多，依赖于会议布置工作，抓落实不够，工作存在“推绕拖”的现象，有些单位对职责范围内的一些基本工作，只要主管领导不推动，就不改进、不创新，得过且过，有些单位对领导布置的工作能拖就拖。

针对上述问题，首先要解决思想认识问题，其次要从行动上落实。每位同志都要以身作则，认真履行职责，做好每项工作。如果每一位领导干部都能履职尽责，那么不仅是党建工作、思想政治、意识形态和全面从严治党的工作，学校各项事业都会有较大提升。

二、深刻认识新时代全面从严治党的重大意义

党的十九大报告指出，新时代党的建设总要求是：坚持和加强党的全面领导，坚持党要管党、全面从严治党，以党的政治建设为统领，以坚定理想信念宗旨为根基，全面推进党的政治建设、思想建设、组织建设、作风建设、纪律建设，把制度建设贯穿其中，深入推进反腐败斗争，不断提高党的建设质量。这是新时代党建的总要求。

深刻领会新时代党的建设总要求，必须牢牢抓住坚持和加强党的全面领导这个根本原则，以及坚持党要管党、全面从严治党的方针，用习近平新时代中国特色社会主义思想为指导，以党的政治建设为统领，把党的政治建设摆在首位。习近平总书记指出，党委要保证高校正确办学方向，掌握高校思想政治工作主导权，保证高校始终成为培养社会主义事业建设者和接班人的坚强阵地。因此，我们要深刻领会和准确把握当前党中央对高校党建工作的要求。

习近平总书记在5月2日北京大学师生座谈会上的重要讲话中提出了“一个根本任务”“两个标准”“三项基础性工作”以及对广大青年的“四点希望”。“一个根本任务”就是立德树人；“两个标准”一是要把立德树人的成效作为检验学校一切工作的根本标准，二是要将师德师风作为评价教师队伍素质的第一标准；“三项基础性工作”一是坚持办学正确政治方向，二是建设高素质教师队伍，三是形成高水平人才培养体系。习总书记还指出，人才培养体系涉及学科体系、教学体系、教材体系、管理体系等，而贯穿其中的是思想政治工作体系。必须坚持党对高校的领导，坚持社会主义办学方向，把我们的特色和优势有效转化为培养社会主义建设者和接班人的能力。

党的十八大以来，习近平总书记到教育系统考察调研17次，其中9次到高校，这体现了总书记对高等教育的重视，特别是对高校党的建设的重视，也体现了总书记对青年人才和教师的关怀。此次习近平总书记在北大师生座谈会上的重要讲话，阐明了新时代中国高等教育的奋斗方向与发展路径，具有极强的针对性和指导性。我们要在深入学习贯彻习近平新时代中国特色社会主义思想和党的十九大精神的同时，切实将习近平总书记在北京大学师生座谈会上的讲话精神全面贯彻到学校各项工作中。

习近平总书记指出，古今中外，每个国家都是按照自己的政治要求来培养人的，世界一流大学都是在服务自己国家发展中成长起来的。在前不久举行的“双一流大学建设国际论坛暨北京论坛（2018）”上，哈佛大学校长也在发言中强调大学是为国家服务、为社会服务的。由此可见，不管哪所大学，它的办学方向，培养人的目的都是为自己的国家、社会服务，这是全世界范围内的共识。大学的首要职能是人才培养，培养社会发展所需要的人，说具体了，就是培养社会发展、知识积累、文化传承、国家存续、制度运行所要求的人。方向涉及根本、关系全局、决定长远，人才培养导向问题，事关国家前途和民族命运，是务必需要首先厘清的价值判断。

2016年，习近平总书记在全国高校思想政治工作会议上的重要讲话，对高校党的工作提出了“四个坚持不懈”，对高校办学提出了坚持“四个服务”。习近平总书记今年5月2日在北京大学师生座谈会上的重要讲话，与习近平总书记在全国高校思想政治工作会议上重要讲话精神一脉相承、相辅相成，集中体现了习近平总书记对中国特色社会主义大学办学规律、教书育人规律、学生成长规律的科学把握和深刻洞察，是习近平教育思想的丰富和升华，为高等教育改革发展进一步明确了方向，为高校教师和青年学生成长提供了行动指南，是办好新时代中国特色社会主义大学的根本遵循。教育部党组和北京市委就高校深入学习贯彻习近平总书记在北京大学师生座谈会上的重要讲话精神提出了明确要求，学习贯彻落实好总书记讲话精神是学校当前和今后一个时期的首要政治任务。

三、以习近平新时代中国特色社会主义思想为指导，深入推进党建、思想政治、意识形态和全面从严治党各项工作

2018年是贯彻党的十九大精神的开局之年，是教育系统党建质量年和实施“奋进之笔”的进取之年，同时是学校第二次党员代表大会确定发展目标后落实实施的第一年，是学校总结60周年办学经验、办学思想之年，我们要以此为契机，积聚力量、重整行装，做好党建引领工作、思想政治教育工作、意识形态安全工作和全面从严治党工作。

（一）以政治建设为统领，全面加强党的建设

政治建设是党的建设的“纲”和“本”，决定着党的建设的方向和效果。抓住了政治建设，就抓住了党的建设的根本。

一是要强化理论武装，把深入学习贯彻习近平新时代中国特色社会主义思想和党的十九大精神，以及习近平总书记5月2日在北京大学师生座谈会上的重要讲话精神作为学校党的政治建设和思想建设的首要任务和头等大事。在学懂弄通做实上下功夫，检视思想认识上的不足，找准工作中的短板，把学习成果转化为构建高水平人才培养体系，坚持正确的办学方向，坚持立德树人，坚持服务国家发展战略，培养社会主义建设者和接班人的行动自觉。

二是要坚决维护习近平总书记的核心地位、坚决维护党中央权威和集中统一领导。继续坚持“四个意识”，引导党员干部严守政治纪律和政治规矩，高度警觉“七个有之”的问题，切实做到对党忠诚，始终在政治立场、政治方向、政治原则、

政治道路上同以习近平同志为核心的党中央保持高度一致。

三是切实加强党对学校工作的全面领导。加强党的领导是办好中国特色社会主义大学的根本保证，我们要进一步完善党委领导下的校长负责制，切实强化高校党委管党治党、办学治校的主体责任，深入推进全面从严治党，确保党的领导落实到学校工作的方方面面。特别是要通过卓有成效的党建和思想政治工作，统筹协调各方力量，推进制度创新，进一步彰显思想政治工作体系在整个人才培养体系中的宏观张力和微观活力，全力把我们的特色和优势有效转化为立德树人的有利条件和工作能力。

四是要围绕“党建工作质量年”抓好基层党组织建设，全面加强二级单位党组织和基层党支部两级党建工作效能。首先，学校层面要加强顶层设计和指导，党委组织部将通过文件方式对下一步的党支部工作提出具体要求，克服过去一年顶层设计和指导不足的问题。第二，二级单位党组织层面在做好规定动作的前提下，重在提高质量、提高党建工作的有效性和针对性，同时要加强二级单位党组织对基层党支部的指导。第三，北京市今年下发了《关于加强党支部规范化建设的意见》，为下一步二级单位党组织抓基层党支部规范化建设提供了很好的指导，北京校部和保定校区都应以此为遵循推动工作落实。第四，积极贯彻落实《高校党建工作重点任务》《中共教育部党组关于高校基层党组织“对标争先”建设计划的实施意见》，按照基层党建“十百千万”工程培育创建工作的部署，积极投身到“对标争先”工作中，努力跻身“十百千万”行列。第五，加强学校党委对二级单位党组织书记的述职考核，加强二级单位党组织对基层党支部书记的述职考评。今年要把自选动作、亮点工作作为抓手，要有创新性的工作，而非仅限于落实规定动作。

（二）落实意识形态工作责任制，切实维护安全稳定的良好局面

重点要牢牢掌握意识形态工作的领导权和主动权，要牢牢把控局面，加强和改进新形势下意识形态工作。

一是继续加强意识形态阵地建设。严格执行加强意识形态工作的各项管理制度，定期分析研判意识形态领域情况，通报意识形态领域当前形势；继续开展对意识形态阵地的调研摸底，加强意识形态阵地管理，坚持“谁主管谁负责，谁审批谁负责”的原则，严格实行“一会一报”制，规范微博微信公众号登记备案程序，确保各类阵地可管可控；强化舆情监测预警报告制度，维护学校网络空间政治安全。统筹推进学校及周边各类问题隐患排查工作，积极化解矛盾，防范黑恶势力、境外宗教势力、针对师生群体的恐怖暴力伤害等，深入开展防范毒品进校园、传销进校园，开展金融安全知识进校园等活动，深化平安校园建设，确保政治安全。

二是扎实推进社会主义核心价值观教育。高校以培养担当民族复兴大任的时代新人为着眼点，强化教育引导、实践养成、制度保障，充分发挥社会主义核心价值观引领作用。着力在宣传教育、实践活动上下功夫，以重要时间节点为契机开展丰富多彩的主题教育活动，结合学校60周年校庆，选树宣传一批践行社会主义核心价值观先进典型，引导广大师生做社会主义核心价值观的坚定信仰者、积极传播者、模范践行者；认真开展“不忘初心 牢记使命”主题教育，把“初心”和“使命”融入学校发展的全过程，教书育人的全过程，贯穿到教育教学的各个环节，覆盖到各个方面；深化文明校园创建活动，挖掘校史校风校训校歌的教育作用，完成形象宣传片、画册和校庆文化景观的制作和展示工作，编印《华电记忆V》，稳步推进“校园文化传承”建设项目。

（三）构建“三全”育人新格局，切实做好思想政治工作

2018年，学校思政工作的总目标是要建立和完善全员全过程全方位育人体系，构建大思政格局。以此开创新时代学校思想政治工作新局面。

一是挖掘育人元素、梳理育人职责，切实做足育人大文章。教育部提出聚焦“十全”育人各领域，重点推动课程、服务育人；挖掘各岗位育人元素，凝练具有传承性、示范性的思政工作精品项目，打造“一院一品思政名片”；推动条件成熟的部门学院进行“三全育人”改革试点建设，培育打造若干“三全育人”示范学院。建立健全研究生政治理论学习制度，通过系统学习提升政治理论水平和思想素质。

二是加强思政工作队伍保障机制建设。出台《普通高等学校辅导员队伍建设规定》配套文件。进一步落实专职辅导员职务职称“双线晋升”和专业技术职务评聘“单列计划、单设标准、单独评审”的要求，逐步配齐建强以辅导员为主体的学生工作专职队伍。进一步加强班主任队伍建设，制定与职称晋升挂钩的班主任考核评优机制，持续推动“名师班主任”工作品牌化发展。

三是加强思政协同育人改革探索。加强辅导员与一线思政课教师在教育教学和科研等方面的协同，鼓励辅导员主动承担思政课教学任务，安排新入职的辅导员担任《形势与政策》课程助教，会同思政课教师就集体备课、授课规范等内容进行交流；制定《研究生党支部党建工作标准和管理办法》，开展研究生基层党建工作专项评估；加强学业辅导、心理咨询、学生资助、就业创业指导和深度辅导等工作，建设以责任意识为导向的实践育人体系，科学设计暑期社会实践活动、日常志愿服务活动、寒假社会观察活动，持续开展好“绿色电力”“情暖童心”等品牌性活动。

四是加强新时代教师思想政治工作。第一，抓制度建设，出台一系列师德师风建设的文件，比如《华北电力大学关于加强和改进教师思想政治工作的意见》《华北电力大学教师行为规范》等，深入开展“洁身修身”专项行动，全面落实师德师风建设长效机制；第二，加强教育引导，组织开展“我身边的师德榜样”评选表彰活动，通过一系列活动开展“四有好老师”“四个引路人”工作，挖掘师德先进典型，引导广大教师以德立身、以德立学、以德施教，做负责任的新时代好老师；第三，加强监督，制定《华北电力大学教师师德考核办法》和《华北电力大学师德“一票否决制”实施细则》等文件；第四，加强高层次人才和青年教师的思想政治工作，深入了解他们的思想、工作和生活情况并有针对性的解决问题，不断提升其政治觉悟、组织意识、归属感和幸福感；第五，积极建设教师思想政治工作队伍，力争用三到五年的时间逐步形成一支专职为主、专兼结合、数量充足的工作力量；第六，学校定期召开教师思想政治工作专题会议，听取汇报、部署工作，把教师思想政治工作融入各项实际工作中，形成党委统一领导、全校上下共同关心和支持教师思想政治工作的格局。

（四）聚焦主体责任落实，推动全面从严治党向纵深发展

十九届中央纪委二次全会特别指出，全面从严治党是系统工程，要靠全党管全党治全党，必须发挥党的组织优势，形成一级抓一级、全党动手一起抓的良好局面。要牵牢主体责任这个“牛鼻子”，真正把抓好党建责任作为“最大政绩”，坚持抓主业、担主责、唱主角，确保主体责任链条一个也不能落、一环也不能松。

一是细化落实好主体责任。各级党组织主要负责同志要履行好抓党建的第一责任，自觉当好“施工队长”，任务面前不摇手、靠前指挥不甩手、遇到难题不缩手、精心施工不失手、面对诱惑不伸手、带好队伍不松手；班子成员要落实“一岗双责”，坚持党建与业务工作同部署、同检查、同考核；各基层党组织干部要明确自己的身份首先是政治身份，自己的责任是政治责任而不是一种荣誉，要把学校党建工作、党风廉政建设、意识形态工作、思想政治工作、安全稳定工作这五大责任制作为抓好党建的“牛鼻子”，进一步健全党建工作责任的督查、考核、问责机制，层层压实责任。今年，学校将加强对各单位党建工作的督查督办，做到党建工作在哪里、督促检查就跟进到哪里。

二是扎实推进校内巡察工作。要全面落实中央关于深化政治巡视的新要求，强化巡察的政治属性，以政治建设为统领，重点检查校内二级单位党组织贯彻落实党的十九大精神、遵守党章、贯彻执行党的教育方针、践行“四个意识”、严肃党内政治生活等情况，深挖严查管党治党存在的不严、不实等方面的问题，认真查找“四风”问题，着力解决党的建设弱化、虚化、边缘化问题。创新校内巡察方式方法，探索开展两地交叉巡察。强化巡察结果运用。对整改情况进行再监督、再巡察，对问题较为集中，整改落实不力的单位，严肃追责问责。

三是坚持不懈加强作风建设。要认真落实习近平总书记关于进一步纠正“四风”、加强作风建设的重要指示精神，结合实际制定完善落实中央八项规定实施细则的办法，继续在常和长、严和实、深和细上下功夫，关注隐形变异、潜入地下的享乐主义、奢靡之风问题，重点防止和纠正改头换面的形式主义、官僚主义。开展“查、晒、改、评、树”专项活动，对表态多、调门高、行动少、落实差等突出问题坚决整改，对师生反映强烈、造成严重后果的，抓住典型，严肃问责。各级领导干部要发挥“头雁”作用，对整改不力的要在全校范围内进行通报，严重不力的要进行追责问责。要推动中央八项规定精神落实落细、成风化俗，建立起转作风的长效机制。在加强作风建设方面，还要进一步提升服务水平和服务质量，真正把关系师生的问题作为院系和职能部门加强作风建设、提升服务质量的重点。

（五）加强党对统战群团工作的领导，推进民主管理与民主监督

一是进一步健全学校大统战工作格局。做好党外知识分子思想政治工作，不断凝聚共识，巩固共同思想政治基础。更加注重党外代表人士的发现培养使用，不断充实党外代表人士及后备队伍；有计划地推荐优秀党外人士参加上级调训和挂职锻炼。成立学校党外知识分子联谊会，调研筹备归国留学人员联谊会；牵头协调成立北京校部九三学社支社。认真做好民族宗教和港澳台侨工作，继续加强统战工作研究。

二是加强党对群团工作的统一领导。认真落实《中共中央关于加强和改进党的群团工作的意见》，完善党建带群建制度机制，落实《关于加强和改进新时代工会工作的意见》，在体制机制、工作方式和运行模式等方面推进改革创新，不断增强工会工作活力。全面贯彻落实《华北电力大学共青团改革实施方案》，开好学代会、研代会，组织系列文化艺术、公益实践、主题教育、学生文体和志愿服务活动，推进校领导直接联系服务青年师生制度。

四、切实提高政治站位，牢固树立“四个意识”，进一步强化全面从严治党责任担当

一是要加强学习、提高认识。首先解决思想认识问题，行动才能到位。深入学习习近平新时代中国特色社会主义思想和党的十九大精神，学习习近平总书记5月2日在北京大学师生座谈会上的重要讲话，在学通弄懂做实上下功夫。不同阶段的学习，会带来新的感悟。只有思想到位、认识到位、学习到位，才能指导我们的工作不断落到实处。进一步加强学习，要真正学，不是走过场的学，学习的同时还要注重与教师交流，与学生交流，把学习和感悟落实到工作中，传递到身边的党员教师和学生，凝心聚力，带领大家全面提升学校党建工作和教学科研水平。只有学透了、弄懂了，思想政治工作的方法才会比较多、点子才会比较多。只有首先学习领会上级部门的要求，和当前党建思政工作的要求，同时结合学校的实际，才能提出我们的工作目标、工作任务。只有提高自身思想认识水平，才能把工作落到实处，才能使工作水平有效提升。

二是要扛起责任、抓好落实。有了好的思想，没有落实和行动不行。今年教育部先后出台了《中共教育部党组关于加强落实工作的意见》《中共教育部党组关于在教育系统大兴调查研究之风的意见》文件。为了能把工作落实得更好，我们也要抓紧制定出台校领导以及职能部门、院系领导班子调研的相关文件。我们要在校内调研，职能部门的同志要到院系调研，了解院系对职能部门的诉求和期望，以及意见和建议，院系领导班子也要进行调研，要到老师和学生中去调研，了解师生对本学院教育教学、人才培养体系的意见建议，以此提升教育教学、科研、人才培养水平。我们还要走出去调研，要通过向兄弟单位学习好的经验做法，提升自身的工作水平和能力，提升顶层设计水平，所以这个调研是横向调研、纵向调研和走出去调研。党建工作调研要结合自身实际，有教学科研的调研、有职能处室的调研，以及怎样提升工作水平的调研。通过调研了解存在的问题和师生的诉求，回过头来抓好落实。

三是要处理好坚持规范和确保重点的关系。注重日常、抓在经常。在党的建设和全面从严治党各项工作方面，学校已出台了一系列制度，二级单位党组织也有一系列的制度。在落实好制度、坚持规范的前提下，要突出重点。在调查研究、发现问题的基础上，以问题为导向，抓重点、抓问题的整改，抓质量的提升，抓党建工作、思政工作的有效性和针对性，做到有情有义、有温度、有成效。同时，各级党员干部要围绕学校党员代表大会和教代会确定的战略部署与工作安排，在管好班子带好队伍的同时，不折不扣地把学校党委的各项决策从蓝图变为现实。希望每个单位，都能抓出一两个重点、抓出一两个亮点。

同志们，全面从严治党不可能一蹴而就，思想政治工作取得实效也绝非一日之功，意识形态的引领需要经历一个长期加强的过程。我们要持之以恒、坚韧不拔，进一步加强和规范党内政治生活，全面净化党内政治生态，大力弘扬党内政治文化，推动全面从严治党在坚持中深化、在深化中坚持。让我们更加紧密地团结在以习近平同志为核心的党中央周围，在上级党组织和主管部门的坚强领导和大力支持下，以党的政治建设为统领，坚定不移推进学校全面从严治党向纵深发展，为建设特色鲜明高水平研究型大学提供坚强有力的政治保证！

谢谢大家！

校党委副书记、纪委书记何华在2018年全面从严治党工作大会上的工作报告

（2018年5月15日）

根据大会安排，下面由我传达学习十九届中央纪委二次全会精神，并对纪委贯彻全会精神的有关工作进行安排。

一、十九届中央纪委二次全会主要精神

十九届中央纪委第二次全体会议，是全面贯彻落实党的十九大精神、深入推进全面从严治党的一次重要会议。会上，习近平总书记从新时代党和国家事业发展全局的高度，深刻阐述了党的十九大关于全面从严治党的战略部署，进一步总结了党的十八大以来全面从严治党的重要经验，深入分析了党面临的风险和挑战，明确提出当前和今后一个时期全面从严治党的总体要求和主要任务，强调要以永远在路上的执着把全面从严治党引向深入，开创全面从严治党新局面。

在十九届中央纪委二次全会上，习近平总书记以“六个统一”，系统而深刻地总结了党的十八大以来全面从严治党的重要经验。即“坚持思想建党和制度治党相统一、坚持使命引领和问题导向相统一、坚持抓‘关键少数’和管‘绝大多数’相统一、坚持行使权力和担当责任相统一、坚持严格管理和关心信任相统一、坚持党内监督和群众监督相统一”。这六个统一，将我们党对全面从严治党的规律性认识提升到全新高度，为推进新时代党的建设新的伟大工程提供了重要遵循。

习近平强调，全面从严治党必须持之以恒、毫不动摇。要坚持以党的政治建设为统领，坚决维护党中央权威和集中统

一领导。要锲而不舍落实中央八项规定精神，保持党同人民群众的血肉联系。要全面加强纪律建设，用严明的纪律管全党治全党。要深化标本兼治，夺取反腐败斗争压倒性胜利。各级纪检监察机关要以更高的标准、更严的纪律要求自己，提高自身免疫力。

政贵有恒，治须有常。全面从严治党一刻都不能松，这是管党治党经验教训的深刻总结。总书记的重要讲话，登高望远、居安思危，内涵丰富、切中要害，既是我们党勇于自我革命的宣言书，也是推动全面从严治党向纵深发展的动员令。

赵乐际同志代表中央纪委常委会在大会上所作《以习近平新时代中国特色社会主义思想为指导 坚定不移落实党的十九大全面从严治党战略部署》工作报告。

报告指出，要把党的政治建设摆在首位。聚焦政治立场、政治原则、政治担当和政治纪律，强化监督执纪问责，严把选人用人政治关、廉洁关、形象关，全面净化党内政治生态。要全面推进国家监察体制改革。要加强党对反腐败工作的统一领导，构建党统一指挥、全面覆盖、权威高效的监督体系，实现对所有行使公权力的公职人员监察全覆盖。要巩固拓展落实中央八项规定精神成果。要关注“四风”问题新表现新动向，在反对形式主义、官僚主义上下更大功夫，对表态多调门高、行动少落实差的严肃问责。要让巡视利剑作用更加彰显。要深入开展巡察工作，建立巡视巡察上下联动的监督网。要全面加强党的纪律建设。强化日常监督执纪，有针对性地建章立制，把制度的篱笆扎得更紧。要巩固发展反腐败斗争压倒性态势。聚焦党的十八大以来不收敛、不收手的领导干部，着力解决选人用人、审批监管等重点领域和关键环节的腐败问题。要坚决整治群众身边腐败问题。紧盯群众反映的突出问题，加大集中整治和督查督办力度，把全面从严治党覆盖到“最后一公里”。要推动全面从严治党责任落到实处。加强对部门党组织履行全面从严治党责任情况的监督检查，用好问责利器，做到失责必问、问责必严。

全会要求，打铁必须自身硬。各级纪检监察机关和广大纪检监察干部要始终做到忠诚坚定、担当尽责、遵纪守法、清正廉洁，始终坚持实事求是、求真务实、忠于职守、认真履职。

二、学校纪委贯彻十九届中央纪委二次全会精神，做好今年工作的主要考虑

经过过去一年的工作实践，特别是经过教育部党组的巡视、北京市委教育工委党建评估以及后续的整改，全校全面从严治党取得新成效，总体形势向好。但从纪委的角度看，仍然还存在一些问题值得注意：

一是落实主体责任不平衡，从纵向上看，学校层面抓得紧了，院系层面还不够有力，上热中温下凉层层递减的情况依然存在。从横向上看，各二级党组织工作也不平衡，有的落实主体责任积极主动，严抓实管，工作日益规范，有的还处于被动应付的状态。

二是落实党内监督条例还不到位，监督体系还不健全，各方面的监督责任没有落实到位，部门职能监督作用发挥不好，二级党组织纪检委员“探头”监督作用发挥也不充分，群众监督的积极性还没有调动起来，一些党员特别是领导干部要习惯在监督下工作的意识还没有树立起来，监督效果还有待提升。

三是在“严”字上下功夫不够，问责的利器没有用好，高高举起、轻轻放下，失之于宽、失之于软的情况依然存在；各级党组织、领导干部运用“四种形态”开展工作不够，不愿意得罪人，谈工作多，谈问题少，对一些党员和领导干部经常性的批评教育提醒不够。

四是政治建设、纪律建设、作风建设中的一些细微问题尚未引起高度重视。有的党员特别是领导干部对自己要求不高，满足于不贪不占，认为这样就没有问题了，这是十分错误的，对政治纪律、组织纪律缺乏认识，对作风建设中特别是官僚主义、形式主义的一些问题没有引起足够的重视，比如对师生反应强烈的一些事情推诿扯皮、久拖不决，对师生缺乏感情等等。

做好今年的纪检监察工作，要切实贯彻好十九届中央纪委二次全会精神，指导思想是：问题导向，重在防范，从严从实，抓早抓小。主要任务可概括为“三个推动”“两个聚焦”“一个切实”。

（一）协助党委全面从严治党重在“三个推动”

1．推动各级党组织落实全面从严治党主体责任

纪委要发挥好党内监督专责机关的作用，协助党委推进全面从严治党、加强党风廉政建设和组织协调反腐败工作，推动基层党组织落实好全面从严治党的主体责任，推动管党治党从宽松软迈向严紧硬。

一是加强责任意识教育，强化“一把手”责任担当。主体责任包含领导班子的集体责任、党委书记的第一责任、班子成员的“一岗双责”。落实好主体责任，关键是强化“一把手”的责任担当。只有坚持书记抓、抓书记，使“一把手”真正把责任担起来，把全面从严治党第一责任人责任履行好，才能一级带一级、层层压紧压实责任。对学校党委全面从严治党

各项部署的贯彻情况、责任分解和传导机制建设情况、党风廉政建设和意识形态责任制落实情况等，纪委将开展专项调研督察并不定期对二级党组织书记履责情况进行约谈。

二是发挥好校内巡察的利剑作用。巡察是推进全面从严治党向基层党组织延伸的“利剑”，巡察是政治巡察，不是业务巡察。“政治巡察”始终是置于首位、贯穿全程的“刚性要求”。今年6月，纪委将协助校党委开展新一轮校内巡察工作，推动全面从严治党在基层见到实效。今后五年，要实现对所有二级党组织的巡察全覆盖。

三是强化问责严肃责任追究。没有问责，责任就落实不下去。一些党组织和领导干部之所以对主体责任不上心，责任难以落实下去，一个重要原因就是责任追究不到位。要强化问责，让落实责任不力追责问责成为新常态，谁没有落实好主体责任，谁就要受到追究，谁就要受到处理。要坚持“一案双查”，既追究当事人的责任，又倒查追究相关领导的责任。通过严肃追责问责，倒逼责任落实，推动全面从严治党各项任务落地见效。

2. 推动职能部门有效发挥职能监督作用

根据党章、监察法等党纪党规和法律法规，纪检监察部门作为专责监督机关，对职能部门履行监督管理职能负有法定的监督职责。长期以来，纪检监察部门履行监督职责总体情况是好的，但也存在越位、错位和缺位等现象，也导致了少数部门日常监管失职失责较为突出。加强对职能部门履行监管职责情况的监督，既是对实践中职能部门监管缺位、纪检监察机关监督越位现象的反思和纠正，也是对纪检监察部门监督执纪问责主业的回归和强化。部门的职能监督是以业务内容为核心的专项监督，校内各职能部门在落实本部门主责工作的同时，必须建立相应的监督机制、落实监管职能，既加强对本机关本单位的内部监督，又强化对本系统的日常监督。

一是明晰职能监督定位，强化职能监督意识，建立完善职能监督机制。今年6月底前，各职能部门要结合实际，确定重点监督事项清单，并制定或完善与之相应的职能监督制度，后勤管理处、基建处、招标中心、财务处、资产处、研究生院、人事处、科技处、学生处等重点部门要高度重视此项工作，及时研究制定相关工作制度并报纪委办公室备案，相关制度建设执行的情况要纳入内控评价的内容。纪委将随时对职能部门的监督机制执行情况开展检查，督促各部门履行好职能监督职责。

二是职能监督工作要留痕迹，“过程有留痕、结果可追溯。”职能部门在职能监督过程中要让“过程留痕”成为工作常态，确保日常监管、重大事项、会议记录、决策过程等工作程序可查可溯，从而确保工作落细落实，促进过程结果公开透明，有效防止权力寻租。

三是要自觉接受纪检监察再监督。纪委要进一步深化“三转”，健全沟通协调机制，积极探索“监督再监督”的有效方式，充分运用巡察、审计、专项督查、信访举报、明察暗访等渠道发现问题，掌握监督工作的主动权。要改变以往配合、替代主管部门开展业务督查的做法，把监督工作重点转变到对各单位部门履职的监督上，变“一线参与”转为“推动监督落实”。

3. 推动“四种形态”在管党治党中的应用

监督执纪“四种形态”是全面从严治党的重大创新，是党中央做出的重大顶层设计，各级党组织要把“四种形态”作为全面从严治党的重要举措，坚持把纪律和规矩挺在前面，推动“四种形态”落地生根。去年6月我校颁布了《华北电力大学践行监督执纪四种形态实施办法（试行）》，有效推动了学校各级领导干部落实“一岗双责”相关责任，但目前来看文件的贯彻情况并不理想，有的干部对何为“四种形态”不知道、不清楚，更不知道如何践行，更有甚，有的正处级领导干部手中的《践行监督执纪“四种形态”工作手册》已不知所踪。

一是各级党员干部要进一步认真学习《中国共产党党内监督条例》《关于新形势下党内政治生活的若干准则》《华北电力大学践行监督执纪四种形态实施办法（试行）》等文件精神，提高对“四种形态”的理解和把握。

二是校内各级党组织和党的工作部门要积极践行“四种形态”。有效运用“四种形态”主责在各级党组织，必须充分发挥党组织的责任主体作用。各级党组织要主动承担主体责任，党委书记认真履行好第一责任人的职责，切实负起领导责任；党的工作部门立足职能职责，做好本部门本系统实践“四种形态”工作；党的各级领导干部要落实“一岗双责”，党的基层组织要监督党员切实履行义务，也要善于运用好“四种形态”特别是第一种形态，使咬耳扯袖、红脸出汗成为常态。要整体把握部门、单位的政治生态状况，注重动态分析判断，让“四种形态”贯穿于管党治党的全过程，让党员干部知敬畏、明底线、守规矩，从而推动学校廉洁管理，营造风清气正的育人环境。

三是领导干部和党员要习惯在监督下工作和生活。要正确对待监督、主动欢迎监督、诚恳接受监督，自觉支持监督、接受监督，决不能因为监督而畏首畏尾、退缩躲避，既要审慎运用手中的权力，也要敢作敢为、锐意进取。要把监督当作最好的爱护，只有不“讳疾忌医”，才能身有所正、言有所规、行有所止；只有“从谏如流”，才能时刻保持清醒、行稳致远。

（二）纪委监督执纪问责突出“两个聚焦”

1．聚焦政治立场、政治原则、政治担当和政治纪律，强化监督执纪问责

政治建设是党的各项建设的统领，纪委监督执纪问责也要把党的政治建设放在首位。

一是加强党内政治生活监督。严格执行《新形势下党内政治生活若干准则》，认真落实《中共北京市委关于维护党中央集中统一领导的规定》，坚决维护习近平总书记在党中央和全党的核心地位，坚决维护党中央权威和集中统一领导，大力加强对学校各级党组织党内政治生活状况、党的路线方针政策执行情况、民主集中制等各项制度执行情况的监督检查。

二是严明政治纪律和政治规矩。加强对执行党章和学习党的十九大精神情况的监督检查，及时发现、报告和查处“七个有之”的问题。学校各级党组织要重温有关内容，在本部门、本单位开展自查；纪委将对校内发现的“七个有之”现象严肃处理，绝不姑息。把贯彻落实党中央重大决策部署作为严肃的政治纪律，加强对校党委重点任务落实情况的监督检查。

三是协助党委加强政治生态建设。整体把握学校各级党组织、各部门、单位的政治生态状况，注重动态分析判断，协助校党委有针对性地、与时俱进地加强政治生态建设。要恢复和发扬党的光荣传统和优良作风，大兴批评和自我批评之风，弘扬忠诚老实、公道正派、实事求是、清正廉洁等价值观，发展积极健康的党内政治文化。将选人用人作为日常监督重点，认真落实党中央“纪检监察机关意见必听，线索具体的信访举报必查”的要求，严把人选政治关、廉洁关、形象关，做好干部廉政档案建设工作，把好党风廉政意见回复关，确保落实好干部标准、树立正确用人导向。

2．聚焦进一步纠正“四风”，加强作风建设

党的十八大以来，随着中央八项规定精神不断推进落实，学校各级党组织党风政风和工作作风都发生了明显改善，但距离中央要求还有不小差距。执行中央八项规定及实施细则精神不严、“四风”问题仍然突出、“象牙塔”内作风建设小气候、小环境不容乐观等情况在校内依然存在，这也暴露出学校一些党员领导干部认识不到位甚至存在误区盲区等突出问题。对此，必须坚决纠正。

要认真落实教育部党组《关于进一步纠正“四风”、加强作风建设的实施意见》，协助党委制定我校实施方案。进一步巩固和拓展落实“八项规定”成果，把“形式主义、官僚主义”作为整治重点，面向全校师生开展“晒一晒身边的官僚主义、形式主义”活动，将发生在师生身边的作风问题“找出来，晒出来”，目前这项活动正在开展。深化不作为、乱作为问题专项治理，对服务意识淡化、漠视师生诉求、遇事推诿扯皮、做群众工作不深不细、方法简单粗暴等问题严肃处理，“小题大做”，抓表现、挖根源、督促整改。严肃处理发生在师生身边的不正之风和微腐败问题，严防“四风”反弹。对问题突出的单位要严肃追究领导责任。继续抓好节假日防“四风”问题预防警示，对有线索的问题一查到底，管出习惯，抓出成效。

（三）“一个切实”即切实抓好纪委自身建设

一是按照中央落实纪检监察体制改革任务要求，进一步完善学校纪检监察工作体系。根据各单位实际情况，通过探索在条件成熟的单位成立二级纪检监察机构，开展派驻监督试点，落实在机关重点部门党支部设立纪检委员等措施，不断壮大纪检监察工作队伍力量，在校内打造全面覆盖的监督体系，加强对学校各级权力运行的制约和监督。

二是对纪检监察队伍高标准严要求，“打铁必须自身硬”，纪检监察队伍要做到“忠诚、干净、担当”，纪委全会已审议通过《中共华北电力大学纪律检查委员会关于进一步加强纪委委员自身建设的决定》《华北电力大学纪检监察队伍“六不”行为规范》，带头强化自我约束，严防灯下黑，也请全校师生给予批评监督。

纪委也将加强对纪委委员、二级党组织纪检委员和支部纪检委员的教育培训，建立纪委委员、二级党组织纪检委员定期向纪委述职制度，促进其切实发挥监督作用；同时，要坚持党内监督和群众监督相统一，以党内监督带动其他监督，积极畅通师生建言献策和批评监督渠道，用好兼职纪检队伍，充分发挥党风廉政义务监督员的群众监督作用。

三是不断完善问题线索处置方式。严格执行《中国共产党纪律检查机关监督执纪工作规则（试行）》各项有关要求，不断规范纪委工作，提升问题线索处置的规范化水平，信访举报要做到“有件必查”和“零暂存”，不断提升广大师生满意度。

同志们，接下来，周书记将对全校从严治党各项工作进行总体安排部署，纪委将认真落实党委要求，认真履责，也希望继续得到同志们的理解和支持，谢谢！

喜迎“甲子年” 聚焦“双一流”
开启高水平研究型大学建设新征程

——校长杨勇平在第六届第六次教职工代表大会暨工会工作会议上的工作报告

（2018 年 3 月 24 日）

各位代表，同志们：

在举世瞩目的全国两会刚刚闭幕之际，今天我们在这里召开华北电力大学第六届第六次教职工代表大会暨工会工作会议。

下面，我向大会做学校工作报告，请各位代表审议。

一、2017 年以来的主要工作回顾

2017 年，是党和国家历史上具有划时代意义的一年，也是华北电力大学承前启后、继往开来的一年。党的十九大胜利召开，确立了习近平新时代中国特色社会主义思想的历史地位，宣示了中国特色社会主义进入了新时代。学校成功召开第二次党员代表大会，选举产生了新一届党委领导集体，提出了建设高水平研究型大学的办学目标，描绘了未来发展的宏伟蓝图。接受教育部党组巡视和北京高校《党建和思想政治工作基本标准》入校检查，党的领导进一步加强。在校党委的坚强领导下，全校师生员工团结拼搏、锐意进取，圆满完成了年初制定的工作目标和任务，在学科建设、队伍建设、人才培养、科技创新、合作交流、服务保障等方面都取得了良好的工作成绩。

（一）成功入选“双一流”建设高校，第四轮学科评估成绩喜人

学校成功入选国家“双一流”建设高校名单，这是继“211 工程”“985 工程优势学科创新平台”建设高校之后的又一大重要发展成就，是建设高水平研究型大学的一个重要里程碑。学校编制完成一流学科建设方案，推动“能源电力科学与工程”学科建设。第四轮学科评估成绩喜人，电气工程、动力工程及工程热物理两个优势学科排名大幅提升，分别位列 A 类、A-类；“环境/生态学”成为继“工程学”之后学校第二个进入 ESI 前 1%行列的学科；学位授权点申报取得重要进展，新增核科学与技术、水利工程 2 个一级学科博士学位授权点。

（二）持续推进“大人才”发展战略，队伍建设取得重要进展

深化劳动人事制度改革，进一步完善人才选拔、使用和培养机制；调整科研教研工作量和绩效奖励标准；修订专业技术职务评聘办法，实施分类评价；全面规范非事业编制岗位管理；制定七级及以下职员职级晋升办法。年度引进国家“千人计划”1 人，引进和培育国家“杰出青年基金”获得者 2 人，入选国家“万人计划”3 人，荣获北京市高等学校教学名师和青年教学名师 2 人。在科技部科技创新创业人才、北京百名科技领军人才等高层次人才队伍方面取得重要进展；“热科学与工程团队”、“新型薄膜太阳电池基础及应用研究团队”分别入选首批全国高校黄大年式教学团队、科技部重点领域创新团队。加强青年教师队伍建设，选派 50 余名青年教师出国研修，8 名博士后获中国博士后科学基金资助。

（三）深化教育教学改革，创新人才培养成效显著

紧密围绕立德树人的根本任务，加强和改进思想政治工作，开展理想信念主题教育和社会主义核心价值观培育践行活动；开展了新世纪以来首次全校范围内的教育教学思想大讨论，进一步明确新形势下学校人才培养理念和目标定位，形成修订本科专业人才培养方案指导意见；加强招生宣传，进行本科大类招生改革；启动研究生优质课程建设项目，修订研究生学制和研究生培养方案。发起成立“电力行业卓越工程师培养校企联盟”，打造“校企协同、校校协同、优势互补、资源共享”的行业人才培养新格局；开展本科教学审核评估迎评工作；通过优化质量评价和过程监控，全面推进学位授权点校内自评估；成功举办了第十届“神雾杯”全国大学生节能减排大赛。

教育教学改革成效显著：获省级教学成果奖 25 项，其中特等奖 1 项、一等奖 8 项；1 门慕课获评首批国家精品在线开放课程，25 个项目获批省部级产学合作协同育人项目和教改立项；出版教材 33 部，其中国家级规划教材 1 部。学校获得教育部“国防教育特色学校”；马克思主义学院教师的思政课、学生“沼气蓬勃”扶贫项目被央视新闻联播报道。学生在创新创业和各类学科、文体竞赛中表现突出：承担大学生创新创业训练计划项目国家级 240 个、省级 203 个；荣获国际、国家级各类学科竞赛奖项595项、省部级520项；揽获全国大学生节能减排社会实践与科技竞赛、美国大学生数学建模竞赛等竞赛特等奖、一等奖多项，夺得中国大学生足球联赛CUFL校园组全国总冠军、阿美亚洲“能源杯”大赛亚太总冠军，学校名列“2017年全国普通高校学科竞赛评估结果（本科）”第20位；生源质量和录取分数保持高位，学生考研率、出国深造率稳步提升，就业结构进一步优化，就业率保持在96%以上。

（四）着力提升科技创新能力，科研成果获得重大突破

服务国家重大科研任务的能力大幅增强。全年承担各类科技项目1004项，其中承担国家科技重大专项、重点研发计划项目各1项，国家科技计划课题及子课题30项、国家及省部级自然科学基金、社科基金项目114项；科研经费创历史新高，合同额达6.8亿元。平台建设有序推进，新增北京市重点实验室1个，可再生能源重大科技基础设施项目建议获教育部培育项目立项；学校学术委员会完成换届。

科研成果实现重大突破，共获得省部级及以上科研奖励70项，其中获国家科技进步奖特等奖1项、一等奖1项，作为主持单位获高等学校科学研究优秀成果奖（科技类）技术发明一等奖1项、河北省科技进步一等奖1项。科技论文排名持续攀升，国内科技论文发表数量全国高校排名第48位，被引次数排名第33位；3篇论文荣获2016年度中国百篇最具影响国际、国内学术论文。大学科技园管理服务体系日臻完善，科技成果转移转化稳步推进。

（五）积极拓展对外合作交流，启动60周年校庆筹备工作

不断深化大学理事会工作及对外合作，召开第二届理事会第四次全体会议和校友会会员代表大会，开展高层系列走访，洽谈重大战略合作，争取社会广泛支持；践行国家战略，积极参与支持雄安新区规划建设，稳步推进张家口科教园区建设；强化校企合作，开展行业高层次、急需紧缺和骨干人才的培养培训工作；全面推动优势资源整合和科研深度合作，联合组建高等学校智能电网创新战略联盟，加盟北京未来科学城“氢能技术协同创新平台”，成为国家“氢能与燃料电池”战略联盟以及国家“新能源汽车”技术创新中心的首批发起单位之一。成立学校60周年校庆筹备工作委员会，高标准启动校庆筹备工作。

国际合作与对台交流层次不断提高。国际学生规模持续增长，中外合作办学稳步推进；外专项目取得新突破，新增“111计划”引智基地1项；承办“上海合作组织大学能源会议2017”，举办中欧可再生能源创新中心研讨会和海峡两岸绿色能源与应用学术研讨会，着力加强同境外高水平大学、科研机构、学术组织的实质性合作，积极参与“一带一路”建设。

（六）加强服务保障能力建设，办学条件进一步改善

加强安全稳定工作，保证党和国家重大维稳任务的完成和校园良好的教学生活秩序；不断加大基础设施建设，提升精细化管理水平，推进花园式、节约型校园建设，构建与高水平大学相适应的后勤服务保障体系。圆满完成总收入突破20亿元目标任务，为学校事业发展提供有力支撑。竣工交付综合楼A、G座、后勤服务楼；规划调整办公用房布局，加强招标、实验室安全、仪器设备管理及信息化建设。推进产业规范化管理和科技成果产业化，2家公司在新三板成功挂牌上市；大力推进校园网基础设施建设，制定学校信息化中长期建设与发展规划，一体化数字华电门户系统、新办公OA系统、移动微校园等信息系统投入应用，互联网紧急事件处置调度室建成使用；附属幼儿园正式开园，图书、档案、医疗、期刊、离退休服务保障水平进一步提升。

同志们，一年来，在学校党委的坚强领导下，全校师生员工团结奉献、努力拼搏，圆满完成了各项工作任务，在推动学校改革发展的事业中尽职尽责，开拓创新，做出了重要贡献。一年来的工作业绩骄人、成效显著、喜报频传。在此，我代表学校党委和行政向全校师生员工、向离退休老同志以及关心支持华电发展的上级领导部门、社会各界以及海内外广大校友致以衷心的感谢与崇高的敬意。

二、甲子华电　再铸辉煌

华北电力大学60年的办学历程，是一部自强不息、团结奋进的创业史，是一部与时俱进、勇于创新的改革史，是一部攻坚克难、追求卓越的拼搏史。从建校初期的筚路蓝缕、开基立业，“文革”期间的命运多舛、辗转流离，到改革开放以后的艰苦创业、发展壮大，我们走过了一段极不平凡的创业兴校、跨越发展之路。在多重的艰难坎坷和严峻的形势挑战面前，华电人坚守理想、执着信念、励精图治、上下求索，不断在曲折中前进、在困境中崛起，克服了一个又一个困难，战胜了一个又一个挑战，最终把学校带向光明的前景，并伴随着国家高等教育改革发展的步伐，迎来事业发展的春天。

新世纪以来，学校准确把握国家发展战略脉搏，顺应高等教育发展趋势，坚定不移推进高水平大学建设。通过划转教育部管理、校部变更等重大管理体制机制变迁，历经“211工程”“985工程优势学科创新平台”“双一流”建设等发展建设平台的不断跨越，解决了困扰学校发展的体制机制难题，办成了一系列对学校发展具有重大意义的大事。通过构建“大电力”特色学科体系，实施“大人才”发展战略，推进了学科转型，实现了师资队伍的快速提升；通过制定四个五年规划、制定大学章程、推进综合改革、完善治理体系、推进开放办学，确保了学校的快速科学发展。尤其是“十一五”以来，学校在人才培养、科技创新、社会服务、文化传承、国际交流与合作等各方面都迈出了坚实的步伐，取得了令人瞩目的办学成就。今天的华北电力大学，已经发展成为一所办学实力雄厚、办学条件优越、校风学风优良的教育部直属高校中具有鲜明特色的知名大学，受到社会各界和国际的广泛认同，特别在能源电力行业享有盛誉，让每一个华电人为之自豪和骄傲。

习近平总书记指出：“历史是人民书写的”，“幸福是奋斗得来的”。华北电力大学60年的办学历程，是几代华电人凭着坚定的理想、执着的信念、不屈的精神、不懈的奋斗书写的历史，彰显了华电人“自强不息、团结奋进、爱校敬业、追求卓越”的华电精神，这是学校历史上无数次跨越坎坷、渡过难关、重获生机的精神源泉，也是华电人在新的历史时期逐梦前行、砥砺奋进、走向辉煌的制胜法宝。

党的十九大从新时代的历史方位和战略高度，明确提出将建设教育强国作为中华民族伟大复兴的基础工程，继续强调把教育事业放在优先发展的位置，提出了“加快教育现代化，办好人民满意的教育”“加快一流大学和一流学科建设，实现高等教育内涵式发展”的重要战略思想，为高等教育发展指明了新方位、提出了新要求。在习近平新时代中国特色社会主义思想和党的十九大精神的指引下，学校成功召开了第二次党员代表大会，描绘了高水平研究型大学发展新蓝图：未来五年，“能源电力科学与工程”学科整体水平进入世界一流行列，实现向研究型大学的实质转型，初步建成特色鲜明高水平研究型大学。在此基础上，再用10—15年时间，到2035年左右，“能源电力科学与工程”学科整体水平进入世界一流前列，全面实现特色鲜明高水平研究型大学建设目标，为建设世界一流大学奠定坚实基础。

各位代表，人勤春来早，奋进正当时。党员代表大会描绘的美好蓝图是几代华电人为之奋斗的光明愿景，更是华电人追求卓越不断前进的精神动力。在迎来甲子校庆的关键之年，全校上下坚定不移地按照党员代表大会部署，聚焦“双一流”建设，凝聚起全校师生员工和广大校友的智慧和力量，大力实施结构调整与优化，实现向高水平研究型大学的转型升级，这是学校以崭新的精神状态和奋斗姿态更好履行高等教育“国家队”责任、早日走向世界一流的自信担当，也是学校在中国特色社会主义新时代继往开来、再创辉煌的新起点。让我们坚定目标，锲而不舍，勇于担当、真抓实干，坚定不移地把党和国家的要求和期待转化为办学实践，用不懈的努力奋斗书写好新时代的“奋进之笔”，在华电高水平研究型大学建设的蓝图中绘就浓墨重彩的新篇章。我们坚信，华电在新的甲子里将更加辉煌、更加强大、更加美丽。

三、2018年工作思路和主要工作

2018年，是举国上下贯彻党的十九大精神的开局之年、是决胜全面建成小康社会深入实施“十三五”规划的关键之年、是国家改革开放40周年，也是学校全面贯彻落实第二次党员代表大会精神、全力推进“双一流”建设、积极深化综合改革的奋进之年，学校将喜迎建校60甲子华诞，开启新时代高水平研究型大学建设新征程。

2018年学校的工作思路是：深入学习贯彻习近平新时代中国特色社会主义思想和党的十九大精神，全面落实学校第二次党员代表大会确定的战略目标和任务部署，坚持和加强党的全面领导，全面落实立德树人根本任务，着力推进“双一流”建设，重点抓好人才队伍建设，持续深化校内综合改革，开启高水平研究型大学建设新征程。

（一）以“双一流”建设为主线，推进学科建设上台阶

加强顶层设计，科学制定学校未来三年“双一流”建设的发展蓝图，初步构建起世界一流能源电力科学与工程学科体系，圆满完成“双一流”建设的开局工作。

1．全面启动“双一流”建设

科学编制“双一流”实施方案和计划任务书；召开“双一流”建设启动大会，统筹推进“双一流”的五大建设任务和五大改革任务；编制学院“双一流”建设任务书和实施方案；完善“条块结合”的矩阵管理模式。

2．强化“双一流”绩效评价工作

建设“双一流”绩效评价体系，加强与第三方评价机构合作，适时出台“双一流”绩效评价办法，做到动态调整，实现有进有出；加强中央专项资金和配套资金的统筹、检查与监督，优化分配流程，提高使用效率，力争中央专项经费绩效奖励逐年增加。

3．加强学科规划与学位点建设

围绕第四轮学科评估结果分析工作，精准定位各学科发展的瓶颈和短板，做好学科规划工作；强化工程学、环境/生态学、社会科学概论和材料科学等ESI优势学科领域的建设；加强新增学位点的建设和重点建设学位点的培育工作。

（二）以人才队伍建设为抓手，带动办学质量上水平

把人才队伍建设摆在学校工作的突出位置，加大人才引进、培育、支持力度，着力加强青年教师培养建设；以管理体制改革与机制创新作为突破口持续深化劳动人事制度改革，充分调动广大干部教师的积极性与创造性，建设一支结构合理、素质优秀的高水平师资员工队伍。

1. 深化劳动人事制度改革

建立健全与“双一流”建设相适应的制度体系，全面促进优秀中青年骨干教师脱颖而出；完善人才分类评价制度。进一步修订专业技术职务评聘办法，强化育人工作、师德评价和代表性业绩评价；进一步优化校内机构职能，合理确定编制和岗位数量，梳理出台岗位职责和标准；完成学校各级各类人员聘期考核和新一轮全员聘任工作；以事业单位绩效工资改革为契机，完善校内收入分配办法。

2. 创新人才工作体制机制

探索灵活多样的高层次人才柔性引进工作机制；切实落实院系、平台在高层次人才引进中的主体责任，加强对人才队伍的人文关怀，探索并建立院系与海外高层次研究团队青年人才交流与引进的长效机制；规范高层次人才的年度考核与聘期考核管理办法；改革师资博士后管理机制，利用师资博士后高起点、高待遇、特殊支持的政策优势为学校培育未来领军人才。

3. 加强人才队伍建设

实施“人才引进计划”与“青年人才培育计划”，围绕一流学科和新的学科增长点，引进10～15名高层次人才；高质量举办首届世界能源电力“青年论坛”；重点支持和培育一批专业能力突出、具有良好创新能力和发展潜力的优秀教师成为国家级人才计划的后备力量；加强青年人才职业规划指导，落实青年教师“导师制”，进一步提升青年教师出国研修的数量和成效，形成青年教师全过程成长培养体系。

（三）以教育教学改革为根本，着力提升人才培养质量

认真贯彻党的教育方针，全面落实立德树人根本任务，巩固和加强人才培养在学校工作的中心地位，巩固教育思想大讨论成果，深化教育教学改革，加强内涵建设，构建具有华电特色的创新人才培养体系，着力培养担当民族复兴大任的时代新人。

1. 全力做好教学评估及学位点评估工作

扎实做好本科教学迎评工作，确保以良好状态通过本科教学工作审核评估；出台《本科人才培养质量提升工程实施意见》；实施“双一流”人才培养项目，完成学位授权点合格评估工作；全力冲击国家级教学成果奖，力争取得新的突破。

2. 推进创新人才培养机制改革

构建多元化人才培养体系，深化“校企协同”，实施“卓越工程师教育培养计划2.0版”；积极参与新工科建设，推动专业结构的调整与优化；实施“科教融合”，培养拔尖创新人才，成立“能源电力科学与工程拔尖创新人才”实验班。完善研究生选拔机制，适度扩大规模、优化结构，提升生源质量；创新和优化研究生培养模式，加大学校与科研院所、企业联合培养研究生的力度，推进研究生特别是博士生国际交流计划，提升研究生的工程实践素养和创新能力。

3. 加强人才培养内涵建设

建立专业负责人制度，重点建设“能源电力科学与工程”一流学科的相关专业，推动工程教育专业认证工作；建立课程负责人制度，加强课程质量标准建设，积极推进在线开放课程建设。推进百门研究生优质课程建设；加强研究生导师队伍建设，实施博导、硕导选聘与招生资格分离制度，研究生招生资格、数量与聘期、年度考核及工作业绩挂钩；探索建立以培养条件、培养质量及日常管理为基本依据的院系研究生招生规模动态调整机制。加强实践教学平台建设及产学研联合培养基地、创新创业基地建设，完善创新创业教育体制机制。

4. 构建全员全过程全方位育人思想政治工作格局

研究制定学校“加强全员全过程全方位育人格局建设实施方案”，一体化构建课程、科研、实践、文化、网络、心理、管理、服务、资助、组织等 “十大”育人体系。加强思想政治理论课建设，推进社会主义核心价值观培育与践行，推动以“课程思政”为目标的课堂教学改革；加强师德师风建设，制定新时代教师职业行为规范和师德评价细则。

（四）以创新能力提升为重点，完善科技创新体制机制

围绕建设学科交叉、优势突出、特色鲜明的世界一流“能源电力科学与工程”学科的总目标，以持续提升学校科技创新能力为重点，加强高水平科研条件平台建设，推进科技创新体制机制不断完善。

1. 全力做好国家重点实验室评估和重点科研平台建设

高度重视、全力做好“新能源电力系统”国家重点实验室评估工作；围绕“综合能源系统”等重点战略领域策划国家级大项目、组建科研团队，力争国家自然科学基金创新群体支持实现零的突破；全力谋划争取雄安新区“智能电力与新能源技术演示实验验证系统”的建设，积极推动可再生能源重大科技基础设施“大科学装置中心”建设；依托未来科学城，筹建能源技术创新研究院；启动分析测试与检测中心建设，打造具有特色的能源电力基础科学研究中心；依托学校现有高水平研究团队以及柔性引进学术领军人才，建设一批校级实体化学科交叉研究中心。

2．改革科研管理体制机制

改革科技管理体制，创新科研组织模式，强化科研管理的组织谋划、信息沟通作用；改革科技资源配置方式，进一步完善科研用房有偿使用、动态管理和动态调整的机制，提高大型仪器共享水平，建立科技资源综合配置试点；完善科技成果转移转化体制机制，研究制定异地研究院和新型研发机构的创新保障机制，催生重大科技成果。

3．促进科教融合

提高科研育人水平，把科研资源转化为教学资源，把科研成果转化为教学成果；推进哲学社会科学繁荣计划，提高哲学社会科学研究水平，强化哲学社会科学育人功能；加强特色新型智库建设，启动建设国家能源交通融合发展研究院，提升战略研究、政策建言、学术期刊等服务国家、行业及学校发展战略的质量和水平，提升学校软实力。

（五）以深化改革开放为动力，挖掘办学资源，激发办学活力

改革内部治理结构，坚持开放办学，深入推进产教融合与国际合作，以更有效率的管理运行机制、更高质量的合作交流成果，进一步激发办学活力，推动大学内涵发展和质量提升。

1．推进管理架构和运行机制改革

创新两地实质性一体化办学运行机制，提高管理效率和工作效能，落实《关于进一步推进大学实质性一体化建设的通知》，促进北京校部和保定校区的协同发展。加强内控体系建设，建立健全制度保障体系，加大审计评价力度，推进依法治校和学校治理能力的现代化。推进学校管理重心向院系下移，实施院系管理改革试点，切实增强院系在学科建设、师资队伍、科学研究、学生教育管理、对外合作与联络等方面的主体性积极性；加强学院班子建设，加大工作考核力度；建立健全年初计划、过程督办、年终考核的工作机制，确保重点工作得以全面、及时、准确地贯彻落实。

2．深化对外联络与合作

承办2018年中电联理事长会议和大学理事会全体会议，增补若干家特大型能源电力企业为理事会成员单位；实施校领导分省联络制度，开展一批实质性重大合作，实现人才培养、重大项目等“多位一体”的一揽子成果；深入推进与京津冀、长三角等地方合作，重点建设张家口可再生能源研究院、苏州研究院等校地合作平台，全力参与和支持雄安新区建设；高起点、新机制筹建“校企合作联盟”，推进与规模化民营企业、跨国公司和校友企业的全方位合作。

3．加快学校国际化进程

进一步推动与境外高水平大学、科研机构、学术组织的合作，推进“一带一路”能源大学联盟和平台建设、海外继续教育基地建设；与大学理事会成员单位、北京外国语大学等共同发起建设“一带一路能源电力学院”；启动以院系为中心的“双一流”国际合作平台建设，促进联合科研、联合实验室建设、师资引进和培养以及学生交流交换和联合培养；提升“111计划”引智基地的实施效能；完善外籍教师引入机制，形成多层次、出实效外专研究梯队；加强学生国际化培养，积极推进硕博联合培养项目、留学生提质增量和中外合作办学机构申报工作。

（六）以60周年校庆为契机，提升学校影响力美誉度，增强师生凝聚力获得感

办好60周年校庆系列活动，把甲子校庆办成总结发展经验、弘扬华电精神的“文化工程”，展示办学成就、提升华电品牌的“名片工程”，改善办学条件、共促事业发展的“民心工程”。

1．加大文化建设力度

按照隆重简朴的原则，举行建校60周年庆祝大会，展现辉煌发展成就；评选并表彰有影响的60名教职员工及60名华电校友；组织“华电人·华电事·华电情”系列活动，拍摄制作学校形象宣传片和校庆宣传画册，创作华电校庆宣传歌曲，修订和编撰《华北电力大学校史（1958～2018）》，建设华北电大学校史馆，开展科技成果、人才培养、师生作品、校友风采等系列办学成果展示展览。

2．彰显办学特色

发挥能源电力学科的办学优势与学科优势，开展系列学术交流与研讨活动，举办高水平学术会议，弘扬学术文化；全方位联系社会，签订一批标志性的科研或战略合作协议，推介科技成果转化；筹集更多的办学资金，形成60周年校庆的实际成果。

3．增强师生获得感

改善师生教学生活条件，为教室安装空调，更换学生宿舍老旧床铺；建设好离退休教职工活动中心；改造主楼连廊；改造校园道路景观，做好校园亮化、绿化、美化工作。开展以加强沟通联络为目的的全球校友“点亮”行动，搭建校友间、校企间的交流平台。采取系列措施办好民生实事，增强广大师生的凝聚力获得感。

（七）以服务育人为宗旨，构建一流保障服务体系

提升办学资源筹措能力，加强服务育人，全力打造集数字华电、绿色华电、平安华电、和谐华电为一体的办学环境，让学校改革发展成果更多更公平地惠及全体师生。

1. 推进办学资金筹措能力再创新高

加大资金筹措力度，实现年度事业收入突破22亿，全面夯实财务对学校事业发展的可持续支撑能力。

2. 打造优美和谐育人环境

推进校园信息化建设进程，大力推进“数字华电”智慧校园建设，分步建设推出网上一站式办事服务大厅、教师一表通、智慧校园卡等项目，打造高效、温馨、便捷服务模式；落实安全稳定工作责任制，持续推动“警校共建、校地共建”联动机制建设；统筹推进校园建设，推动保定校区办学空间的扩展与办学条件的改善，交付使用北京校部15号、保定校区20号学生宿舍楼，开工建设北京校部16号、保定校区19号学生宿舍楼；强化服务意识，提升图书、档案、医疗等服务水平。

各位代表、同志们：

面向新时代，立足新起点，开启新征程。让我们紧密团结在以习近平同志为核心的党中央周围，在习近平新时代中国特色社会主义思想和党的十九大精神的指引下，全面贯彻党的教育方针，全面落实立德树人根本任务，全面落实学校第二次党员代表大会的战略部署，加快推进“双一流”建设，持续深化综合改革，戮力同心，真抓实干，以永不懈怠的精神状态和一往无前的奋斗姿态，奋进在高水平研究型大学建设的新征程上，以优异的成绩向建校60周年献礼！

凝心聚力　砥砺前行
奋力开创新时代学校事业发展新局面

——校党委书记周坚在华北电力大学第六届第六次教职工代表大会暨工会工作会议上的讲话

（2018年3月25日）

各位代表、同志们：

华北电力大学第六届第六次教职工代表大会暨工会工作会议，经过大家的共同努力，现已圆满完成各项预定议程，即将落下帷幕。在此，我代表学校党委对全体与会代表和工作人员所付出的辛勤劳动表示衷心的感谢!

本次大会是在全校上下深入贯彻落实党的十九大精神，学校全力推进“双一流”建设、开启高水平研究型大学建设新征程的关键时期召开的一次重要会议，是学校第二次党代会结束后新一届班子组建以来召开的第一次教代会和工会工作会议，也是学校六届教代会的最后一次会议。两天来，大会听取审议了校长工作报告、财务工作报告、教代会提案工作报告、教代会年度工作报告、学术委员会年度工作报告、《专业技术岗位人员聘期考核及岗位聘任方案》，讨论了学校关于加强和改进新时代工会工作的意见，同时还套开了校级领导班子、领导干部述职和民主测评会。各位代表不负全校教职工的重托，以高度的责任感和使命感认真履行职责，围绕学校改革发展问题进行充分研讨、积极建言献策。在中午召开的主席团会议上，各代表团团长都做了很好的发言，提出了许多宝贵的意见和建议。这些意见和建议集中反映了广大教职工的心声，既表达了对学校的深厚感情和责任担当，又展现出对华电未来发展的坚定信心。会议期间，学校领导班子成员分别到各代表团参加审议和讨论，广泛听取代表们的意见和建议，并就大家关心的问题进行了一定程度的沟通。学校的一些老领导、老同志也克服困难参加会议，对华电的热爱之情溢于言表，值得我们学习和尊敬。可以说，本次大会内容丰富、主题鲜明，组织有序、保障有力，纪律严明、会风严整，达到了预期的目的，会议开得很顺利、很有成效，是一次团结民主、务实进取、凝心聚力、催人奋进的大会，必将对学校的改革发展起到重要的推动作用。

下面，就贯彻落实本次会议精神，做好今年工作，我代表学校党委，讲三点意见。

一、统一思想，切实增强高水平研究型大学建设的责任感和紧迫感

党的十九大对建设教育强国做出了部署，明确提出要“加快一流大学和一流学科建设，实现高等教育内涵式发展。”

2017 年，学校成功入选国家“双一流”战略布局之列，掀开了高水平大学建设新的一页。面向新时代、立足新使命，学校第二次党代会明确了建设特色鲜明高水平研究型大学的奋斗目标，绘制了学校未来五年及更长一段时期的改革发展蓝图。推进学校向研究型大学实质转型，是高水平大学建设向高层次发展的必然选择，是“双一流”建设的应有之义和必然要求，也是学校早日走向世界一流的必由之路，更是我们这代华电人的光荣使命和崇高责任。

伴着十九大的东风，踏着新时代的节拍，党和国家各项事业都呈现出生机勃勃的新局面。创新驱动发展战略的新态势、一系列国家发展战略的新需求，能源电力转型发展的新方向，“双一流”建设提供的新动能，学校 60 年发展的良好积淀，为学校在新时代的发展插上了翅膀。我们的发展机遇前所未有，取得的成绩有目共睹。但机遇总是与挑战并存，我们面临的挑战和困难也无比巨大，要补的短板迫在眉睫、任重道远，需要我们更加积极主动作为，在转型和创新中以扎实的工作业绩，不断推动学校高质量发展。

各位代表、同志们：发展是第一要务，发展必须依靠改革。习近平总书记指出：“惟改革者进，惟创新者强，惟改革创新者胜。”我们必须以强烈的历史责任感和时不我待的紧迫感，积极深化改革。要通过体制机制创新、组织模式优化，治理结构完善，全力破解制约学校发展的痼疾和矛盾，以改革创新释放活力，激发动力，在发展理念、战略方向、重点任务上统一思想、形成合力，进一步增强高水平研究型大学建设的使命自觉、道路自信和差距自省。

二、凝心聚力，充分发挥教代会和工会在高水平研究型大学建设中不可或缺的重要作用

教代会和工会作为现代大学治理结构中不可或缺的重要组成部分，是教职工依法参与学校民主管理和民主监督的基本形式，是促进学校决策民主化、科学化的重要渠道，也是广泛调动广大教职工积极性，激发教职工以主人翁精神投身学校改革发展的有效途径。当前，学校开启了特色鲜明高水平研究型大学建设的新征程，事业发展已进入攻坚期，“双一流”建设任务繁重而紧张。面对新的形势和任务，我们必须坚持全心全意依靠教职工办学的指导思想，充分发挥教代会和工会在学校改革发展中的重要作用，让每一项改革措施都得到广大教职工的支持和参与、凝聚广大教职工的智慧和力量。同时还要切实保障广大教职工知情权、表达权、监督权的有效落实，让涉及学校改革发展的重大举措，涉及人、财、物、基本建设等权力运行的重点领域，涉及教职工及学生切身利益的重大事项等都在广大教职工的监督下阳光运行。推进学校各项事业不断朝着和谐有序、健康科学的方向快速发展。

提案工作是教职工行使民主管理和民主监督职能的重要方式，本次教代会共收到有效提案 48 件，涉及学校工作的各个方面。我们对每件提案都要研究办理，对合理化建议能办即办，限于条件一时不能办结的要明确办理时限，做到件件有着落，事事有回音。

工会工作作为党的群团工作的重要组成部分，是党联系职工群众的桥梁和纽带。本次大会的名称即包含双重内涵，一方面是教职工代表大会，另一方面是工会工作会议。会上大家讨论的《关于加强和改进新时代工会工作的意见》，修改完善后将以学校党委名义正式发布。学校各级党组织要切实加强对工会工作的领导，确保各级工会依法依规、独立自主开展工作。工会要不断提高精准服务教职工的能力水平，积极为广大教职工办实事、解难事，要密切关注教职工思想、工作和生活，实现服务学校工作大局与服务教职工的相统一，团结引导教职工自觉把人生理想、家庭幸福融入国家富强、学校发展之中，不断增进了解，凝聚共识，营造学校和谐稳定的发展氛围。

各位代表、同志们：华电一家亲，纽带维系它。面向新时代，我们要以改革创新的精神，进一步丰富和拓展教代会、工会工作的内涵，让教代会、工会等群团组织在高水平研究型大学建设中发挥出独特的更大作用。

三、真抓实干，以奋斗姿态和扎实业绩开创高水平研究型大学建设新局面

习近平同志在当选中共中央总书记后的记者见面会上曾说过这样一段话：“我们的人民热爱生活，期盼有更好的教育、更稳定的工作、更满意的收入、更舒适的居住条件、更优美的环境，期盼着工作得更好、生活得更好。人民对美好生活的向往，就是我们的奋斗目标。”这是总书记对全国人民的深情告白，也是对广大人民的庄严承诺。由大及小、进而推之，我想，我们华电的教职工对学校也有着同样的期盼，大家希望学校建设得更好、早日跨入一流，希望有更好的发展、更满意的收入、更人文的关怀、更优美的环境等等，但这些诉求和愿望如何实现呢？习总书记的另一番话，给了我们答案。他说：“人世间的一切幸福都是要靠辛勤的劳动来创造的”“幸福都是奋斗出来的”。

崇尚实干、狠抓落实，是我们把美好蓝图一步步变为现实的根本途径。我们提出了创建高水平研究型大学的宏伟目标，明确了以提高质量为核心的内涵式发展道路，立下了不断向一流挺进的雄心壮志，接下来需要的就是扎扎实实抓落实，以踏石留印、抓铁有痕的决心，以咬定青山不放松的韧劲，推动学校事业不断向前发展。聚精会神谋发展，是全体华电师生员工的根本利益之所在。只有发展，才能赢得更加广阔的拓展天地，才能为每一位师生的成长进步搭建更好的平台。正如习总书记所讲的，幸福靠劳动，发展靠大家。如果我们的事业发展只靠学校少部分成员去努力、去拼搏、去争取，那是远远不够的，幸福掌握在自己手上，要靠每个人去奋斗。新时代属于每一个人，每一个人都是新时代的见证者、开创者、建设者。只要我们有梦想，有追求，有奋斗，“不驰于空想、不骛于虚声”，一切皆有可能。美好的蓝图正呼唤和等待着我们去奋力拼搏，让我们积极行动起来，用不懈的奋斗实现人生的价值、构筑华电的辉煌。

各位代表、同志们：学校多年的办学历程表明，事业发展的力量源泉蕴藏于广大教职工之中，学校的每一点进步、每一项成绩，无不凝聚着全校教职工的付出和努力。我们要不断健全服务师生的体制机制，扎扎实实为师生办实事、做好事，让学校改革发展的成果惠及每一个师生，不断提高师生的获得感、幸福感、自豪感和满意度，充分调动全校各方面的积极因素投身“双一流”建设，汇聚起推动学校事业进步的磅礴力量，以扎实的发展业绩推动高水平研究型大学建设不断跃上新的台阶。

最后，我再强调几件事情。一是会后各单位各部门要第一时间做好本次会议精神的传达，同时根据校长报告提出的目标任务，细化落实各项具体举措，排出时间表，绘制施工图，明确责任人，确保今年的各项工作取得实效。二是全力打好本科教学审核评估、国家重点实验室评估和 60 周年校庆三大攻坚战。三是结合“不忘初心、牢记使命”主题教育，继续深入学习贯彻党的十九大精神，全面加强基层党建，做好巡视整改后续工作，推进全面从严治党不断向纵深拓展。

各位代表、同志们：新故相推舒画卷，丹青妙手向翠峰。2018 年，我们将在习近平新时代中国特色社会主义思想引领下，用伟大创造精神、伟大奋斗精神、伟大团结精神、伟大梦想精神激励师生，团结师生、依靠师生，画好最大“同心圆”，寻求最大“公约数”，汇聚最大“正能量”，以更强烈的责任、更积极的态度、更过硬的作风，扑下身子抓落实，不等不靠不懈怠，撸起袖子加油干，扎实推进“双一流”建设，写好 2018 年的“奋进之笔”，全力谱写新时代高水平研究型大学建设的新篇章。

校党委书记周坚在华北电力大学本科教学工作审核评估专家组意见反馈会上的表态发言

（2018 年 5 月 25 日）

尊敬的何秀超局长、王希勤副组长，各位专家，同志们：

在全国高校深入学习贯彻习近平总书记 5 月 2 日北大重要讲话精神之际，以钟登华院士为组长的评估专家组进驻我校，对学校本科教学工作进行深入考察和悉心指导。五天来，专家组本着“替国家把关、为学校服务”的原则，以不辞辛劳的敬业精神、严谨务实的工作作风、精益求精的工作态度、专业到位的工作水准，通过实地走访、深度访谈、召开座谈会、听课看课、查阅试卷和毕业论文等资料、现场考察等形式，辗转北京、保定两地，对学校人才培养工作做了一次全面系统的体检。同时，教育部教育督导局局长、国务院教育督导委员会办公室主任何秀超同志，教育部教育督导局副局长、国务院教育督导委员会办公室副主任郭佳同志以及教育部评估中心刘振天处长也亲临学校指导，何局长和刘处长一会儿还要做重要讲话，充分体现了部党组对学校工作的高度重视和大力支持，令我们备受鼓舞。在此，我谨代表学校党委和华电全体师生，向各位专家一周以来夜以继日的辛勤工作致以崇高的敬意和衷心的感谢！向教育部有关领导的到来表示热烈的欢迎！

刚才，王希勤副组长代表专家组向学校反馈了这次审核评估的整体意见，各位专家也分别反馈了个人意见，充分肯定了我校本科教学工作取得的成绩，同时也明确指出了存在的主要问题和短板，对我校本科教学工作及学校的下一步发展提出了很多建设性的意见和建议。专家们指出的问题，比如生师比与师资队伍结构、人才培养结构、教学投入、硬件设施、教学中心地位保障机制、两校区功能定位等问题，抓得准、看得透，一针见血、切中要害，我们诚恳接受，照单全收；专家们提出的意见和建议，站位高、思路新，一语中的、客观中肯，为学校持续深化教育教学改革、进一步提高人才培养质量指明了方向，是学校在新时代实现高质量内涵式发展极为宝贵的财富。我们将把本次评估作为学校深挖问题、补齐短板、强化特色、助力发展的重要契机，会后学校将立即成立由我和杨勇平校长担任组长，其他校领导班子成员担任副组长的整改工作领导小组，着手启动本科教学审核评估整改落实工作。要建立整改工作台账，列出问题清单、任务清单、责任清单，确定整改的路线图和时间表，确保条条都整改、件件有落实，真正做到“以评促建、以评促改、以评促管、评建结合、重在建设”，推动学校人才培养质量不断向更高水平提升。

本次本科教学工作审核评估，恰逢华电 60 周年甲子校庆，意义重大而深远。专家组进校评估的结束，意味着我们的评建工作又站在了一个新的起点之上。下一步，我们将以习近平总书记 5 月 2 日北大重要讲话精神为指引，遵循总书记提出的“一个根本任务”“两个标准”“三项基础性工作”以及对广大青年的“四点希望”要求，按照各位专家的指导意见，继续坚持本科教学评建工作“二十字方针”，结合学校实际，重点抓好以下三个方面工作。

一是牢牢把握办学正确政治方向，把培养德智体美全面发展的社会主义建设者和接班人始终作为学校坚定不移的根本任务。落实“四个服务”，坚持立德树人，努力培养能够担当民族复兴大任的时代新人，是办好中国特色社会主义大学的本质要求，这是我们办学治校的逻辑初衷，也是我们必须恪守的使命和担当。为此，我们要通过卓有成效的党建和思想政治工作，将党的领导落实到学校工作的方方面面，统筹协调各方力量，围绕学校办学目标和发展战略，加强人才培养顶层设计，推进各项管理制度创新，从组织领导、经费投入、教学管理、培养方案、质量监控、育人服务等方面深入落实“一切为了学生”的教育理念，继续秉承“办一所负责任”大学的办学理念，确保学校的一切工作都要服从于人才培养的需要，服务于学生成长成才，确保本科教育教学的基础作用和主体地位不动摇，确保人才培养中心地位，把立德树人成效作为检验学校一切工作的根本标准，全力把我们的特色和优势有效转化为立德树人的有利条件和不竭动力。

二是以师德师风建设为重点，切实把大力加强高素质教师队伍建设摆在学校工作的更加突出位置。习近平总书记在北大讲话中指出，“建设政治素质过硬、业务能力精湛、育人水平高超的高素质教师队伍是大学建设的基础性工作。”本次审核评估，专家组也开诚布公地指出了我校在教师队伍建设方面存在的一些突出问题，判断到位、分析准确，令人警醒。我们必须按照总书记“四有好老师”“四个引路人”的要求，下大力气尽快扭转生师比偏高、教学考核激励措施不够完善等凸显问题。要加大高水平优秀师资引进力度，将教师思想政治工作贯穿于高素质教师队伍建设的始终，把师德师风作为评价教师的首要标准，形成集“政治素养、品格素养、专业素养、职业素养”于一体的教师发展和评价模式，引导广大教师以德立身、以德立学、以德施教，不断提高教师育人的能力和教学水平，积极投身本科教学，确保教授为本科生上课的比例不断持续提高。要更好发挥课堂育人、课程育人主渠道功能，让“教学相长、良性互动”在学校蔚然成风，实现师生同成长、共进步，让更多优秀青年学子在好教师的教诲和感召下脱颖而出、茁壮成长、早日成才。

三是全力打造高水平人才培养体系，构建“三全”育人工作格局，着力做好对学生的教育引导和成长服务。人才培养体系是学校育人的基础和保障，涉及学科体系、教学体系、教材体系、管理体系等多个层面，我们要坚持问题导向，在工作实践中围绕国家和行业的战略需求，进一步加大对本科教学的经费投入，进一步优化学科专业结构，进一步加强教学基础设施建设，进一步推进人才培养模式改革，进一步完善本科教学工作质量保障的长效运行机制，进一步加强学风、教风、校风建设，进一步凝练本科教学人才培养特色，并将特色体现在办学方向、办学定位和办学方针的具体实践中，使人才培养更加符合社会需求。要通过高水平的人才培养体系的构建和完善，切实形成学校重视教学、教师热爱教学、科研促进教学、经费保障教学、管理服务教学的有效机制和质量文化。要按照习近平总书记的要求，继续深入贯彻落实全国高校思想政治工作会议精神，把思想政治工作体系贯通在人才培养的全过程，调动一切可以发挥作用的优质资源和有效力量，把立德树人内化到大学建设和管理各领域、各方面、各环节，形成“三全”育人工作格局，真正做到以树人为核心、以立德为根本，全力培养品德优良、身心健康、具有高度的社会责任感，理论基础扎实、创新意识强、具有一定的国际视野和良好发展潜力，适应经济社会发展、能源电力特色鲜明的卓越人才，不断造就能够担当民族复兴大任的时代新人。

各位专家、各位领导，同志们：本科教学是一流大学的鲜亮底色。去年 11 月，华北电力大学第二次党代会确立了建设特色鲜明高水平研究型大学的办学目标。今年，学校“双一流”建设正式启动。建设与高水平研究型大学和“双一流”建设目标相吻合的一流本科教学，是时代赋予我们的历史重托和光荣使命。本次本科教学工作审核评估，专家组从高等教育发展全局的高度，以开阔的战略视野、先进的教育理念，对我校发展给出了深刻且具有前瞻性和指导性的意见建议，使我校对高等教育发展形势特别是本科教学工作有了更加清晰的研判。我们将紧紧抓住本次审核评估的难得机会，进一步重新发现自我、审视自我、完善自我，进一步找准学校办学指导思想和教学工作思路，并上升到制度和文化层面，使其成为推动学校事业发展的强大动力。面向新时代，开启新征程，我们一定不辜负各位专家领导对学校的关心和指导，我们有信心、有能力，在习近平新时代中国特色社会主义思想和党的十九大精神的指引下，在教育部的正确领导下，不忘初心、牢记使命，扎实办好一流的本科教育，培养一流的人才，为实现中华民族伟大复兴的中国梦做出应有的贡献。

最后，我代表学校再次对专家组同志和教育部领导的辛勤工作和悉心指导表示最诚挚的感谢！希望大家能一如既往关心和支持华北电力大学的发展，希望大家能常到华电做客指导！

谢谢大家！

戮力同心砥砺前行 60 载
蓝图绘就奋力扬帆新时代

——校党委书记周坚在 2018 年教师节庆祝暨表彰大会上的讲话

（2018 年 9 月 13 日）

老师们、同学们：

金菊逸彩，兰桂飘香。在新中国第 34 个教师节到来之际，我们在这里隆重集会，共同庆祝这一属于我们自己的节日。首先，我谨代表学校向辛勤耕耘在教学、科研、管理、服务工作一线，为学校发展倾注智慧和心血的全体教职员工致以节日的问候和衷心的感谢！向受到表彰的先进集体和优秀个人表示热烈的祝贺！向 2018 年新加入华电的 68 名教职员工表示热烈的欢迎！向为学校发展做出贡献的广大离退休老教师、老同志致以崇高的敬意！

党的十九大从新时代坚持和发展中国特色社会主义的战略高度，做出了优先发展教育事业、加快教育现代化、建设教育强国的重大部署。习近平总书记长期以来高度重视教育工作，他的教育思想和理论是习近平新时代中国特色社会主义思想的重要组成部分，深刻论述了新时期我国教育改革和发展的重大理论和实践问题，他在全国教育大会上指出："教师是人类灵魂的工程师，是人类文明的传承者，承载着传播知识、传播思想、传播真理，塑造灵魂、塑造生命、塑造新人的时代重任"并强调"教育是国之大计、党之大计，必须把培养社会主义建设者和接班人作为根本任务"。习近平总书记的教育思想和理论为教育的发展指明了新方位、提出了新要求，同时也赋予了人民教师神圣的职责使命，是全面加强新时代教师队伍建设的重要遵循。

在过去的一年里，学校深入学习宣传贯彻党的十九大精神，让十九大精神入心入脑、在师生中落地生根；召开第二次党员代表大会，绘制了高水平研究型大学发展新蓝图；学校进入国家"双一流"建设高校行列；在全国第四轮学科评估中，学校学科排名整体大幅提升，其中电气工程、动力工程及工程热物理 2 个"双一流"建设学科双双进入 A 档，工商管理、管理科学与工程等 6 个学科进入 B 档，全校进入前 20%的学科由 1 个增加至 4 个，实现了历史性跨越；学校本科教学和人才培养工作取得的成绩和实效得到了教育部审核评估专家组的高度评价；新能源电力系统国家重点实验室顺利通过国家评估；国家级重大科技项目和科研成果取得新突破，科研总经费再创新高，达到 6.8 亿；学校教育教学改革研究和实践成效显著，16 项成果获得省部级教育教学成果奖，其中特等奖 1 项，一等奖 6 项；成功举办 2018 能源电力世界青年学者论坛，19 个国家和地区的近百名海内外优秀青年学者共聚华电进行学术交流；学校影响力和美誉度进一步提升，在国家能源电力战略层面积极发出华电声音、提出华电方案、贡献华电智慧；学校办学条件进一步改善，总体收入稳步增加，北京校部附属幼儿园正式开园。

在过去的一年里，学校广大教师深入学习领会习近平新时代中国特色社会主义思想和十九大精神，按照"四个相统一"的要求，在学校事业发展中体现出强烈的历史使命感和主人翁意识，他们或老骥伏枥、甘守讲台，一心教学谱写育人诗篇；或风华正茂、醉心科研，攻坚克难傲立学术前沿；或严慈相济、爱生如子，以身治教尽显仁师风范；或深入实践、热心公益，在服务社会中传播华电精神；或爱岗敬业、坚守一线，在无私奉献中诠释责任理念。学校立德树人、教书育人氛围日益浓厚，教师职业感和荣誉感不断增强，思想政治水平明显提升，师德师风建设成效显著，做新时代"四有"好老师和"四个引路人"正在成为广大教师的共同追求。

刚才受到表彰的教师，是学校过去一年在各方面工作中涌现出的优秀教师代表。他们当中，有的师德高尚，关爱学生，受到学生广泛爱戴；有的不断创新教学方法，改进教育方式，取得了突出的教学成果；有的充分发扬科学精神，勇于协同创新，取得了丰硕的科研业绩；尤其是从教满三十年的教师，这是你们教师生涯光荣的里程碑，你们用三十年的坚守在学校发展的征程中留下了属于自己的历史印记。希望全体教师以他们为榜样，努力工作、开拓进取，在各自的岗位上再立新功，在学校改革发展"新的长征路"上书写出不负新时代的"奋进之笔"。

2018 年，是学校全面贯彻落实第二次党员代表大会精神、全力推进"双一流"建设、积极深化综合改革的奋进之年，学校开启了新时代高水平研究型大学建设新征程，同时将喜迎建校六十甲子华诞。过去的 60 年，在困难和曲折面前，几代华电人不退缩、不放弃，始终能够克服一个又一个前进中的困难，使学校不断发展壮大，创造了事业的辉煌；许多老教师、老教授选择与华电休戚与共，在极其艰苦的环境下初心不改、孜孜以求，积极投身于学校的建设，用智慧、汗水与付出奠定了华电的基础。今天，我们的办学条件和水平与过去相比已经有了根本性的改变，面对新形势、新要求，我们更要牢记，教师是立校之本、兴校之源，是学校的第一资源和财富，只有全心全意依靠教师办学治校、全心全意引领教师立德树人、全心全意服务教师事业发展，才能争取发展机遇、抢占发展高地，才能在教育改革的大潮中站稳脚跟、彰显特色、争创一流。刚才，5 位教师代表结合自身发展做了精彩发言并向全体教师发出了倡议，学生代表表达了对老师的深情祝福，听了很受鼓舞。在此，我想结合学校实际，就加强学校新时代教师队伍建设，向大家提出四点希望。

一、要进一步落实立德树人的根本任务

习近平总书记曾在讲话中指出："我们党正在进行伟大斗争、建设伟大工程、推进伟大事业、实现伟大梦想。时代越是向前，知识和人才的重要性就愈发突出，立德树人的地位和作用就愈发凸显。广大教师要站在实现中华民族伟大复兴的历史方位，站在党和国家事业发展薪火相传的战略高度，以强烈的使命意识，担当立德树人责任"。

"经师易得，人师难求"，作为一名教师，我们的品德、境界，就是学生认识社会、探索真知的一面镜子。我们面对的每个学生，都是国家未来的建设者和接班人，都是十年寒窗苦读、以高分考入华电的优秀人才，他们把人生中最关键的成长阶段、把自己的未来交给了学校、交给了我们每个教师，这是一种信任，更是一种责任。只有具备高尚师德、甘于平凡和无私奉献精神的教师，才能按照总书记的要求，教育学生坚定理想信念、加强品德修养、厚植爱国情怀、树立高远志向、珍惜学习时光，才能引导学生求真理、悟道理、明事理。

在价值取向多元化的时代，我们每一名教师都应该以实际行动践行陶行知先生倡导的"捧着一颗心来，不带半根草去"的崇高精神，学习以黄大年教授为代表的优秀科学家心有大我、至诚报国的可贵品质，用崇高的职业操守和实际行动诠释"教师"这两个字的含义，做到以德立身、以德立学、以德施教、以德育德，以高尚师德、人格魅力和学识风范教育感染学生。

二、要进一步增强教书育人的责任意识

习近平总书记在全国教育大会上强调："人民教师无上光荣，每个教师都要珍惜这份光荣，爱惜这份职业，严格要求自己，不断完善自己。做老师就要执着于教书育人，有热爱教育的定力、淡泊名利的坚守"。广大教师要回归本分，潜心教书育人，任何一位教师不管名气多大、荣誉多高，离开了三尺讲台就不是教授，要牢记老师是第一身份、教书是第一工作、上课是第一责任。

要按照习近平总书记对教师提出的政治素质过硬、业务能力精湛、育人水平高超、方法技术娴熟的要求，切实提高教育教学水平。广大教师要热爱教学、倾心教学、研究教学，不断将科技前沿内容引入教学，将优秀研究成果及时转化为课堂教材和教学内容，以扎实学识支撑高水平教学；要创新教学模式，合理运用现代信息技术，广泛开展探究式、个性化、参与式教学，推广翻转课堂、混合式教学等新型教学模式，把沉默单向的课堂变成碰撞思想、启迪智慧的互动场所，让学生主动的"坐到前排来、把头抬起来、提出问题来"。

要按照习近平总书记对青年学生提出的爱国、励志、求真、力行的希望和要求，培养又红又专堪当大任的一代新人。学校相关职能部门、各院系要全面加强课程思政、专业思政建设，加快推动每一位专业课老师制定开展"课程思政"教学设计，做到课程门门有思政，教师人人讲育人，与思政课同向同行，形成协同效应；全体教师要统一思想，牢记学校的任何一门课程都有育人要素和责任，在授课过程中要引导学生求真学问、练真本领，全面提高学生的社会责任感、创新精神和实践能力，真正把内涵建设、质量提升体现在每一个学生的学习成果上。

三、要进一步提升不断超越的创新能力

创新是民族进步的灵魂，是引领发展的第一动力。习近平总书记强调："要把创新摆在国家发展全局的核心位置，让创新贯穿国家一切工作，让创新在全社会蔚然成风"。大学是创新的摇篮，是新思想、新知识、新文化的策源地，我们每一位大学老师都应该勇敢地担负起创新使命，积极当一名创新的参与者、指导者、实践者和推动者。

当前，学校正处于高水平研究型大学建设和"双一流"建设的关键时期，我们既要看到近些年来学校办学取得的成绩，更要清醒地认识到在高等教育发展格局大变化的新形势下我们所面临的挑战，必须知难而进，蓄势追赶，直面学校发展的困难和瓶颈，把坚持内涵发展，提高质量作为教育改革发展的核心任务，加强顶层设计，完善体制机制，增强软实力，解决硬问题。

对于广大教师来讲，要一步增强危机感和紧迫感，把学校的事业发展和个人的事业进步有机统一起来，把推动学校、学院、学科发展的责任担在肩上；要切实转变观念，深刻认识、准确把握办学目标中"高水平"、"研究型"的具体含义，明确使命担当；要树立远大的学术志向，瞄准学术前沿，勇于创新、敢于突破、追求卓越，有拿大项目、出大成果的气魄与能力，目标指向国内一流甚至世界一流，力争推出一批高水平、有影响力的科研成果；要让自己的研究志趣符合学科发展趋势，适应国家创新驱动发展战略的重大关切及需求，不断提升服务社会经济发展、承担和解决国家重大理论与现实问题的能力。

四、要进一步树立严守纪律的底线思维

总书记明确提出："评价教师队伍素质的第一标准是师德师风"，师德师风建设不仅是高等教育以提升质量为核心的内涵式发展的切入点，也是"双一流"建设的重要基础和内在要求。学校上学期制定并出台了《华北电力大学教师职业道德规范》和《华北电力大学师德"一票否决制"实施细则》两个文件，在加强正面引导的同时，划清了师德"红线"，明确了处理程序，希望广大教师要认真学习。通过学习文件，将教师职业道德规范在教书育人的过程中，内化为广大教师的价值追求，外化为广大教师的行为自觉，成为普遍价值准则。

广大教师要牢固树立底线思维，守好政治底线、法律底线、纪律底线、道德底线，要自律自重，真正弄清楚什么事能干、什么事不能干，切实做到不仁之事不为、不正之风不染、不义之财不取、不法之事不做。抵得住诱惑、经得起考验，做讲规矩、守纪律、知敬畏、固底线的合格教师。

广大教师要明晰自己在育人中的责任和义务，做中国特色社会主义道路自信、理论自信、制度自信和文化自信的坚定支持者；坚持科学研究无禁区、课堂讲授有纪律；积极倡导诚实守信、健康文明的网络行为，自觉维护网络安全和秩序；模范遵守社会公德，维护社会正义，引领社会风尚，将最好的知识传递给学生，将最好的一面展示给学生。

老师们、同学们：

教育事业崇高而伟大，教师职业光荣而神圣。习近平总书记曾深情地说："一个人遇到好老师是人生的幸运，一个学校拥有好老师是学校的光荣，一个民族源源不断涌现出一批又一批好老师则是民族的希望"。对学校而言，我们的好老师就是华电最亮丽的名片，决定着华电的办学水平和未来发展。近年来，学校实现了教育教学质量和整体办学实力的持续提升，人才培养硕果累累，科研成果日益增多，在为社会发展做出重要贡献的同时，也为学校赢得了良好的社会声誉。这些成绩的取得，离不开全体教师的共同努力和辛勤耕耘。10月28日，学校即将迎来六十甲子华诞，希望广大教师严格按照习近平总书记提出的党和人民满意的好教师的标准，坚持"四个统一"、做好"四个引路人"、成为"四有"好老师，不忘初心、砥砺前行，牢记使命和责任，将满腔热情投入到学校的改革发展事业中，以实干的新气象向学校六十华诞献礼！

最后，祝愿全体教师节日快乐、身体健康、阖家幸福！

谢谢大家！

校长杨勇平在2018级新生开学典礼上的讲话

（2018年9月12日）

各位老师，家长，亲爱的同学们：

大家上午好！在这充满喜悦和收获的金秋季节，来自全国34个省市自治区的6224名本科生、3541名研究生以及来自30个国家的305名留学生同学们来到了华北电力大学，成为华电校园的新主人。今天，我们在这里隆重举行华北电力大学2018级新生开学典礼，请允许我代表广大师生员工、代表周坚书记向同学们致以热烈的欢迎！向参加开学典礼的各位老师、各位家长表示诚挚的问候！

同学们，在你们当中大约四分之三本科生是2000年以后出生的，年纪最小的只有15岁，大部分研究生都是95后，是名副其实的新一代。同学们不仅学习成绩优异，而且多才多艺，全面发展，是同龄人中的佼佼者。在你们当中，有来自湖南的刘晓坤同学钢琴十级，还是业余小作曲家；来自甘肃的任雨潼同学喜欢播音主持，主持过甘肃省校长论坛晚会；来自山西的研究生韩怡擅长拉丁舞、琵琶；来自苏丹的陆飞同学，今年上半年以优异的成绩取得了学校中文授课的电气工程及自动化专业学士学位，并获得中国政府奖学金继续留校攻读企业管理专业硕士。诸如此类的例子还有很多，看到如此优秀的你们，我由衷地感到高兴！同学们，你们的到来，为华北电力大学注入了新时代的青春活力！从今天开始，你们将成为新的华电故事主角，新时代的青春故事，将由你们自己来书写！

可能同学们在入学之前通过各种渠道及学校推送的微视频，对学校的总体情况、教育管理、创新创业、资助、就业等关心的问题已经有了一定的了解。我可以很高兴地告诉大家，华电是一所蓬勃发展中的国家"211工程"和"985工程优势学科创新平台”重点建设高校，国家“双一流”建设高校，素有“电力黄埔”之美誉，华电将是同学们人生求学最正确的选择！今年是学校建校60周年，2018级新同学的到来正逢其时，46天后，同学们将有幸与全体华电人共襄盛举，共庆华诞！甲子华电的发展历程，是一部记录几代华电人与国家同呼吸、共命运的奋斗历史，是一曲描绘几代华电人筚路蓝缕、开拓进取的创业之歌、奋斗之歌。学校近年来先后成功入选“双一流”建设高校；电气工程、动力工程两个优势学科排名大幅提升，分别位列A类、A-类；“工程学”进入ESI世界1‰行列，“环境/生态学”进入ESI世界前1%行列，等等。

你们的学长学姐同样优秀，他们近年来先后揽获全国大学生节能减排社会实践与科技竞赛、美国大学生数学建模等竞赛特等奖（去年全国仅有14项）；学校名列“2017年全国普通高等学校学科竞赛本科评估结果”第20位；夺得中国大学生足球联赛校园组全国总冠军、阿美亚洲“能源杯”大赛亚太总冠军；学生“沼气蓬勃”扶贫项目被中央电视台新闻联播报道，学生长期坚持做公益的事迹获人民日报报道；研究生在全国大学生英语A类竞赛中荣获特等奖、中国研究生数学建模竞赛一等奖，等等。我相信在今后的几年里，以上这些光荣榜将被你们在座的名字不断刷新和替代。2018级新同学是最幸运的，也是最幸福的，你们是华电开启新一个甲子征程迎来的第一届新生，我相信，新甲子华电的奋斗篇章里一定会有你们浓墨重彩的一笔！

同学们，我今天发言的题目是“从新出发（是全新的新），点亮梦想”，为什么选择这样的一个主题？我认为：“从新出发”，就是21世纪新一代的你们赶上了新时代中国特色社会主义建设的浪潮，你们注定将成为新时代的建设者、见证者和接班人，你们是与新时代共同奋进的新一代；所谓“点亮梦想”，就是大家都耳熟能详的实现中华民族伟大复兴的“中国梦”与大家的青春梦完美地结合在了一起，同学们将在为实现“中国梦”努力奋斗的征程中点亮自己的人生梦。特别巧合的是，华电60周年校庆的主题就是“点亮新时代的电力之光”！

在你们开启新的人生征程之时，作为校长，我想结合这个主题，送给同学们四句话：

第一、点亮梦想要怀报国之心，肩负时代使命

同学们，与民族同命运、与祖国共奋进、与时代齐发展是每一名新时代青年的历史使命。习近平总书记在今年北大师生座谈会时深情地讲到：“我衷心希望每一个青年都成为社会主义建设者和接班人，不辱时代使命，不负人民期望”。他对广大青年提出的几点希望中第一点就是“要爱国，忠于祖国，忠于人民”。今年是我国改革开放40周年，我们的社会主义建设取得了举世瞩目的成就，但同时也存在很多的挑战需要我们去应对，比如一些国际领先的核心技术我们暂时还不掌握，还受制于人；再比如能源紧缺、环境保护、大气治理等等，这都需要我们这一代人勇担重任、去面对、去解决。

华北电力大学秉承 “办一所负责任的大学”的办学理念，我们的目标绝不仅仅是培养优秀的工程师，我们还要培养更多具有爱国情怀、崇高理想、勇担使命的杰出政治家、企业家、科学家，为祖国和人民交出满意的答卷。同学们作为同龄人中的佼佼者，你们的目标也不应该仅仅是有一份稳定的工作，一个“铁饭碗”，更应有“舍我其谁”的自信和担当，你们生逢其时，也任重道远，同学们要立大志、做大事、创大业。

在这里，我要给大家介绍一位矢志奋斗的报国者，中国工程院院士，我校电气学院杨奇逊教授。34年前，杨奇逊院士从澳大利亚回国后，带领着他的研发团队，在我们保定校区教二楼的一间不足16平方米的阴面小屋中（建议同学们有时间都去看看），凭借智慧与意志，研发出我国首台微机继电保护装置，使我国电力系统微机继电保护理论和应用技术达到国际领先水平，为国家的能源电力事业做出了巨大的贡献。报国不能空谈，靠的是实干和苦干，正如杨院士所说：在一路创业的经历中，时时刻刻都能感受到肩上负有的重托，是对国家、学校和事业的责任感、使命感。

第二、点亮梦想要懂感恩之情，化为前进动力

同学们，今天你们能够以优异的成绩考入华北电力大学，背后付出的努力和汗水相信大家不会忘记，为同学们成长成才默默付出、奉献的家人更不应该被忘记。今年的招生工作，我们收到了近千封新生同学和家长给学校的信，其中很多来信感人至深。有的学生家长写道：“儿子18年来从未离开过父母，其实不是儿子离不开妈妈，而是父母的心现在起永远悬在半空，不知道如何踏实。其实你们的羽翼已经丰满，可以展翅翱翔。华电尊敬的各位老师，我们把孩子交给您了，我们很放心。十几年的埋头苦读，现在你们就要抬头看世界，希望丰富多彩的大学生活能让孩子变成优秀的人。”类似这样的话还有很多很多，字里行间充满了对孩子的不舍与牵挂，饱含着对同学们的期待和对学校的信任。

除了父母无微不至的爱护，你们一路走来，还得到了很多人的关怀，有师长的指导，同学的帮助，社会的支持，等等；未来成长成才的道路上你们还将得到更多的支持和帮助。学校将努力创设各种条件，为你们健康成长营造一个优秀的育人环境。在这里，有一批德才兼备的教学名师为你们传道解惑，一批志同道合的优秀同伴与你们一起砥砺成长。你们可以在高水平的科研平台开拓创新，在活力四射的运动场上比拼能量；在多样化的学习实践中认识社会，在丰富的校园文化活动中展现自我。

希望同学们始终怀着一颗感恩的心去努力和奋斗，将感恩之情化作前进的强劲动力，在大学几年宝贵而短暂的时光里让自己变得更优秀，将来才有机会去回报关心支持我们的人，才有可能去帮助更多有需要的人，更好地回馈社会，报效国家。

第三、点亮梦想要立创新之志，勇攀科学高峰

同学们，当今世界科学技术迅猛发展，新一轮科技革命和产业变革，给人类带来了前所未有的深刻影响，相信大家也都被层出不穷的新事物、新科技所震撼。当今社会，要想适应新时代，要想攀登科学高峰，除了要有敢为天下先的精神，质疑批判的思维，还要打牢知识基础，不断学习新知识、掌握新本领。

在这里，我要给大家介绍一位身边的榜样，能源动力与机械工程学院14级博士研究生，孔艳强。他三年间，参与了2项国家973计划项目，1项国家自然科学基金，发表学术论文16篇，其中以第一作者发表SCI一区、二区论文8篇，以第一发明人申请发明专利2项、软件著作权4项。同时他还作为学校足球队主力队员，夺得2017年大学生足球联赛全国总冠军。大家都笑称他是球场中的学霸，实验室里的球霸。希望同学们向你们的学长那样，努力成为新知识的探索者、新领域的开拓者、科学高峰的挑战者。

第四、点亮梦想要兴求实之风，保持勤奋耕读

同学们，学习绝不是被动地接受知识，不能囫囵吞枣、人云亦云，而是要通过反复的明辨和实践，求得真谛。勤奋、求实也是华电校训的重要内涵。华电人有一个非常优秀的传统，那就是勤奋肯干、求真务实，所以我们经常看到电力行业一线的技术难题，往往首先想到的就是找华电毕业的学生。

今年6月召开的新时代全国高等学校本科教育工作会议上，教育部陈宝生部长指出："对大学生要合理'增负'，提升大学生的学业挑战度，改变轻轻松松就能毕业的情况"。现在社会普遍关注的一个教育现象是"玩命中学、快乐大学"。甚至我们也看到个别学生看手机是废寝忘食，玩游戏是热火朝天，补考是家常便饭，按时毕业成了大问题。这不是一个大学生、研究生应有的精神状态，更不是理想的大学生活！在未来的学习生活中，同学们也将面临海量的网络信息、各种诱惑和冲击，希望你们志存高远、淡泊笃定、勤奋耕读。"读不在三更五鼓，功只怕一曝十寒"。习总书记说幸福是奋斗出来的，你们的青春更需要奋斗，大家要用青春书写奋斗之歌，绘就人生华彩篇章。同时，我也期待你们在学术科研的攀登中磨砺坚韧不渝的意志品质，在学习生活的交往中陶冶求真向善的道德情操，在课上课下培育践行社会主义核心价值观。

同学们，你们是与新时代同行的一代，是与"中国梦"同圆的一代。你们将在华电学习期间见证中华民族第一个一百年目标的实现，见证中华大地全面建成小康社会；而到21世纪中叶，中华民族伟大复兴的中国梦终将在一代代青年的接力奋斗中变为现实，你们恰是里面的中流砥柱！

"青春须早为，岂能长少年"。站在甲子校庆的崭新起点上，需要同学们继续秉承"自强不息团结奋进爱校敬业追求卓越"的华电精神，共同谱写华电新的甲子篇章，铸就新的辉煌。

同学们，入学后，我会一直关注你们，特别欢迎你们对学校多提意见建议，让我们在面对问题、解决问题中变得更好。再过两周就是中秋佳节。对于很多同学来说，这是你们第一次在异乡度过的中秋节。请允许我代表学校，祝福各位同学佳节快乐!也希望华电能给你们家的温暖!

最后，预祝同学们在华电学习进步，生活愉快，健康成长!

谢谢大家！

传承华电精神，勇做时代新人

——校长杨勇平在2018届毕业生毕业典礼上的讲话

（2018年6月29日）

各位老师、各位家长，亲爱的同学们：

上午好！

盛夏的校园，草木葱郁、鲜花绚烂。在这缤纷多彩的六月天，我们隆重举行华北电力大学2018届毕业典礼，共同庆祝5441名本科生和200余名研究生圆满完成学业，开启新的人生旅程。在此，请允许我代表学校、代表周坚书记向同学们致

以热烈的祝贺！向为同学们成长成才倾注心血和汗水的老师们、家长们致以崇高敬意和衷心感谢!

四年前，在国家全面深化改革的元年，同学们怀抱梦想，选择华电开启了人生最美好年华的新征程。四年时间里，我们共同学习生活、探索真知，我们一起追求理想、放飞梦想，我们相互友爱关心、崇德向善，我们彼此激励奋斗、砥砺前行。不经意间，时光流淌、岁月飞逝，来到了毕业季。四年里，在你们当中，有 1110 人光荣地加入了中国共产党，14 人获得校长奖学金，180 人次获得学校三好学生标兵，267 人获得北京市、河北省优秀毕业生，216 人次获得国家奖学金。还有许多同学在创行“世界杯”“挑战杯”、全国数学建模竞赛、节能减排大赛等高水平赛事中取得了优异成绩。如今，在你们当中，有 2566 名同学将走上各自的工作岗位，1993 名同学将继续在国内外高校进一步深造。时间见证了你们的成长，成绩见证了我们共同的努力。

四年来，我们在校园里也一起见证了祖国取得的一系列开创性、历史性成就，一起跨越“十二五”迈入了“十三五”，一起走进了中国特色社会主义新时代；四年来，我们在校园里也一起分享着学校取得的一系列重大的、突破性成绩，学校第二次党代会描绘出了学校发展的新蓝图；教育教学思想大讨论廓清了学校的办学思路，获批“双一流”建设高校，学校站在了一个新的起点。因为你们，华电的天空格外璀璨闪亮；因为你们，华电的社会声誉不断提升；因为你们，华电精神得以赓续光大。感谢你们！

今天，你们即将踏上新征途，迎向一个充满希冀的新时代。这个新时代，“既是近代以来中华民族发展的最好时代，也是实现中华民族伟大复兴的最关键时代。广大青年既拥有广阔发展空间，也承载着伟大使命。”在你们即将翻开人生新篇章的重要时刻，我作为你们的学长、师长、校长，我想借这个机会，再次和同学们回顾华电精神，不为务虚、不为说教，只想把责任化为嘱托，与大家同行共勉。

一是坚持自强不息、玉汝于成的奋斗精神

“天行健，君子以自强不息。”这既是中华文明的精髓，也是中国文化有别于其他文化的核心所在。几千年来，中华文明得以延续发展，依赖的正是自强不息的奋斗精神。华北电力大学从 1958 年建校伊始，历经校址搬迁、体制变更等艰难曲折，但几代华电人筚路蓝缕、百折不挠、艰苦奋斗，坚持自强不息、玉汝于成的奋斗精神，走出了一条在曲折中前进、在困境中崛起的自强之路。经历了一甲子的坚守、奋斗、求索，学校发生了天翻地覆的变化，已经成为具有鲜明特色、世界一流学科建设高校。

理想的人生在奋斗中得来。正如习近平总书记说的：“幸福都是奋斗出来的，奋斗本身就是一种幸福”。你们的学姐，94 级的罗静同学——一位让华北电力大学校旗飘扬在珠峰的杰出校友，中国首位完成 13 座 8000＋米高峰的女登山家。2018 年 4 月，她前往西藏攀登第 14 座 8000 米＋高峰——希夏邦马峰，全世界 14 座 8000 米以上山峰，她只差这一座还没有登顶。用她的话说，“每个人心中都有一座 8000 米，如何让自己坚持下去，在每条自己选择的路上坚持到最后，这就是成功”。另一位你们的学姐，保定校区经管学院 2011 级“轮椅女孩”史怡杰，少年时的她因疾病导致胸部以下高位截瘫，从此只能靠轮椅代步。然而大学 4 年，她成绩一直名列前茅，取得两项专利，多次被评为自强自立先进个人，并光荣加入了中国共产党，2015 年被评为十大“感动河北年度人物”。她对自己说“生活不能等待别人去安排，要自己去争取和奋斗”，凭着顽强的毅力、不懈的努力，她拿到了 3 所排名世界前百名大学的录取通知，并最终前往英国南安普顿大学进行硕士研究生学习，实现了自己的国外求学梦。

二是坚持团结奋进、兼容并蓄的高尚品质

习近平总书记在党的十九大报告中指出，近代以来，久经磨难的中华民族迎来了从站起来、富起来到强起来的伟大飞跃，迎来了实现中华民族伟大复兴的光明前景，这是中国共产党带领全国各族人民团结奋进的生动实践。华北电力大学 60 年来的跨越式发展，也是发扬团结奋进、兼容并蓄的精神品质的有力例证。学校历届领导班子同心同德、务实创新，师生员工团结和谐、锐意进取，全体华电人不计名利、勇于奉献。正是一代代华电人发扬兼容并蓄的高尚品质，凝心聚力，学校才能成为时代的“电力黄埔”。

我校的年轻校友陈科枫，2017 年毕业于电气工程及其自动化专业，现在担任北京市穿越科技有限责任公司的 CEO，4 月份中央电视台“经济半小时”栏目对他进行了专门的报道。他在校期间任 Hunters 实验室等多个协会和创业项目负责人，多项创新创业比赛和项目获得国家级特等、一等奖。毕业后，他和团队创立了北京市穿越科技有限责任公司，其创业项目“空中全息成像板与 AR 头显”，发展前景非常广阔。他在接受央视采访时说，是华电的广阔平台、老师的包容和学弟学妹的帮助成就了今日的自己。

同学们，成功没有捷径，只有团结奋进、兼容并蓄，人生的道路才能越走越宽，美好的梦想才能变为现实。希望同学们在新的人生旅途中学会“相互尊重、相互包容、相互欣赏、相互学习、相互帮助，像石榴籽那样紧紧抱在一起”，围绕共同目标，画出最大同心圆，汇聚最强正能量，实现最美人生梦想。

三是坚持爱岗敬业、脚踏实地的良好作风

踏实、敬业的态度是事业成功的保障。李大钊曾激励青年，“凡事都要脚踏实地去做，不驰于空想，不骛于虚声，而惟以求真的态度作踏实的功夫。以此态度求学，则真理可明，以此态度做事，则功业可就。” 今天的华电，之所以能成为历史上最好的华电，凭的就是历代华电人的爱校如家、脚踏实地和默默奉献。这其中，有老一辈的华电人长年累月啃着馒头泡在国家图书馆为教学查找资料；有老先生为学校建设头部重伤，但为不耽误授课，几度昏迷却毅然重返课堂；有老教授为解决设备技术问题，仅带着一个研究生扎进实验室专心致志，每天要做几百次试验，前后做了近千次试验……有新一代的华电人俯身讲台，呕心教学、知心育人，一站三十余载，被同学们称为“宝贝教授”；有的献身科研、勇攀高峰，为国家急需的科研问题竭诚献智，同时甘为人梯广育英才；有的在管理服务岗位，精进业务，以校为家，在锅炉房度过了 14 个除夕夜……正是有这些可敬可钦的华电人在各自岗位上默默奉献，才筑牢华电腾飞的基石。刚才，毕业生李文基的动人故事正是华电精神最好的诠释。

在岗就要爱岗，爱岗就要敬业。习近平总书记勉励青年，“每一项事业，不论大小，都是靠脚踏实地、一点一滴干出来的。道虽迩，不行不至；事虽小，不为不成。”这是永恒的道理。希望同学们敬事而信，敬业乐群，堂堂正正做人，踏踏实实做事，珍惜青春年华，与祖国同行，同时代共振，将远大抱负落地到平日的“小目标”中，在平凡的岗位上做出不平凡的业绩，以优异的成绩向祖国和人民交出满意答卷，书写烙有“华电”印记的新时代爱岗敬业的新篇章。

四是坚持追求卓越、成就辉煌的崇高境界

追求卓越是华电人坚定的理想信念，正是凭着这种精神境界，无论校内的老师、学生，还是遍布在各行各业的华电校友，都在各自的岗位中做出了很多不平凡的业绩，用实际行动诠释了华电精神。我校杨奇逊院士留学回国后，白手起家，研发微机保护装置，经过矢志不渝的努力，使得我国继电保护技术一直处于世界领先水平，全部微机保护装备实现了国产化，是电力装备中唯一没有国外进口产品的领域。我们的老校长刘吉臻院士长期致力于发电厂自动化技术研究，带领团队攻克了行业发展面临的多项关键技术难题，取得了具有开创性、系统性的研究成果。2004 年研发成功我国第一套火电厂厂级监控信息系统，2011 年主持研发成功我国最大容量 1000 兆瓦超临界机组自动化成套控制系统，2013 年研发成功世界首台 600 兆瓦超临界循环流化床机组自动化控制系统。我们还有很多这样的校友，如南瑞继保的沈国荣院士，航天集团飞船副总设计师张庆君校友，追求卓越的华电精神铸就了他们今日的辉煌。

同学们都对苹果产品很熟悉，读过乔布斯传后，我们羡慕的不是他创立苹果公司带来的成功和财富，羡慕的是他那永无止境的创造力、追求完美的极致精神和改变世界的自信心。乔布斯说：即使看不见的地方，也要做到最好。这就是追求卓越、成就辉煌的崇高境界。我们不一定都要成为乔布斯，但是我们应该保有追求卓越、成就辉煌的精神境界，在自己的人生道路上，创造属于自己的精彩人生，创造有滋有味的生活，让自己的人生无怨无悔，让优秀成为习惯，让卓越成为常态。

同学们，回顾华北电力大学 60 年的办学历程，其实就是一部自强不息、团结奋进的创业史，是一部与时俱进、勇于创新的改革史，是一部攻坚克难、追求卓越的拼搏史。华电人在 60 年的奋斗中，秉承“自强不息、团结奋进、爱校敬业、追求卓越”华电精神，无数次跨越坎坷、攻克难关、焕发生机，依靠的是华电精神。今天，在你们即将踏出校门之际，希望你们带着母校的良好祝愿，践行 60 年积淀的华电精神，满载大学多年掌握的过硬本领，肩负时代新人的责任担当，以饱满的热情自信地投身到建设现代化强国，实现中华民族伟大复兴中国梦的伟大事业中，让华电精神伴你们行稳致远，书写你们更加灿烂辉煌的人生新篇章！

同学们，金秋十月，学校将迎来建校 60 周年华诞。甲子校庆不仅是学校发展史上的里程碑，更是学校履行新使命、展现新作为的新起点。在此，我诚邀同学们在今年 10 月 28 日回到母校，作为华电最年轻的校友，让我们共襄甲子华诞盛会。

最后祝福同学们前程似锦、工作顺利、家庭幸福！

谢谢大家！

总　述

Overall Review

华北电力大学发展概述

华北电力大学是教育部直属全国重点大学，是国家“211 工程”和“985 工程优势学科平台”重点建设大学。2017 年，学校进入国家“双一流”建设高校行列，重点建设能源电力科学与工程学科群，全面开启了建设世界一流学科和高水平研究型大学新征程。

学校 1958 年创建于北京，原名北京电力学院。学校长期隶属于国家电力部门管理。2003 年，学校划转教育部管理，现由国家电网有限公司、中国南方电网有限公司、中国华能集团有限公司、中国大唐集团有限公司、中国华电集团有限公司、国家能源投资集团有限责任公司、国家电力投资集团有限公司、中国长江三峡集团有限公司、中国广核集团有限公司、中国电力建设集团有限公司、中国能源建设集团有限公司、广东省能源集团有限公司等 12 家特大型电力集团和中国电力企业联合会组成的理事会与教育部共建。学校校部设在北京，分设保定校区，两地实行一体化管理。学校现有教职工近 3 千人，全日制在校本科生 2 万余人，研究生近 1 万人。学校占地 1600 余亩，建筑面积 100 余万平方米。

60 年来，学校承载着为国家能源电力事业培养高素质人才与推进科技进步的历史使命。进入新世纪以后，学校贯彻“学科立校、人才强校、科研兴校、特色发展”的方针，紧抓机遇，实现了跨越式快速发展。

学校设有电气与电子工程学院、能源动力与机械工程学院、控制与计算机工程学院、经济与管理学院、环境科学与工程学院、可再生能源学院、核科学与工程学院、数理学院、人文与社会科学学院、外国语学院、马克思主义学院等十一大学院，59 个本科专业。拥有“电力系统及其自动化”、“热能工程”2 个国家级重点学科、25 个省部级重点学科；在第四轮学科评估中，电气工程和动力工程及工程热物理两个学科分别位列 A 档和 A—档；“工程学”“环境/生态学”“材料科学”“化学”和“社会科学”5 个学科进入 ESI 全球前 1%行列，其中“工程学”学科进入全球前 100 行列；拥有 5 个博士后科研流动站、7 个博士学位一级学科授权点、23 个硕士学位一级学科授权点和工程硕士、工商管理硕士、公共管理硕士等 9 个专业学位授权类别，形成了培养本科、硕士、博士的完整教育体系。

学校拥有一支积极进取、素质优良、结构合理的高水平师资队伍。现有中国工程院院士 2 人，双聘院士 7 人，国家“千人计划”入选者 6 人，国家“千人计划”青年项目入选者 2 人，“国家高层次人才特殊支持计划”6 人，“973 首席科学家”5 人，国家级教学名师 1 人，全国模范教师 2 人，全国优秀教师 6 人，国家杰出青年科学基金获得者 9 人，“长江学者”特聘教授 3 人，国家“百千万人才工程”8 人，国家有突出贡献专家 5 人，“中科院百人计划”入选者 7 人，38 人入选教育部“新世纪优秀人才支持计划”，4 支团队列入教育部“长江学者和创新团队发展计划”。

学校把人才培养作为中心工作，形成了“厚基础、重实践、强能力、求创新”的人才培养特色，成为教育部首批“卓越工程师教育培养计划”实施高校，发起成立“电力行业卓越工程师培养校企联盟”。学校现有 7 门国家级精品开放课程，2 个国家级教学团队，1 个国家级教学名师，11 个国家级特色专业，4 个国家战略性新兴产业相关专业，3 个国家级实验教学示范中心，3 个国家级工程实践教育中心，3 个国家级虚拟仿真实验教学中心，1 个国家级人才培养模式创新实验区。

学校积极参与国家创新体系建设，在新能源发电、特高压、智能电网、高效洁净燃煤发电技术、核电技术等重要领域都取得了巨大成果，现有 3 个国家级科技创新平台、1 个国家级国际科技合作基地，6 个高等学校学科创新引智基地，以及 28 个省、部级科技平台及研究基地，学校入选国家创新人才培养示范基地。“十五”以来，承担国家重点研发计划、国家科技重大专项、“973”“863”、国家科技支撑计划、国家自然科学基金等纵向课题 3300 余项，获国家级、省部级科技进步奖 400 余项。科研经费快速增长，科技论文国际三大检索排名在教育部直属高校中排在前列。

学校依托大学理事会平台，不断深化产学研合作，与国内外 100 余家大型能源电力企业达成战略合作关系，共同承担重大研发项目，加快科技成果开发与产业化，连续两次获得“国家电网公司特高压交（直）流试验示范工程特殊贡献单位”称号；学校多方位构建政产学研合作平台，与 20 余家地方政府签署框架合作协议，围绕战略性新兴产业领域，深化交流与合作，在促进区域科技创新、推动地方经济发展上取得显著成效；学校积极推进校际合作，作为主要发起单位参与组建北京高科大学联盟，实现高校之间的优势资源共享互补，促进校际协同创新。

学校全力推进国际化办学进程，与 140 多个国际知名大学和研究机构开展实质性交流合作，与合作伙伴高校实现了学分互认，开展了学生交流、科研合作、专家互访等项目。积极践行国家“一带一路”倡议，主动承担国家外交任务，承办商务部、科技部多个国家级援外培训项目；

与俄罗斯莫斯科动力学院等15所海外高校共同签署"一带一路"能源学院合作伙伴备忘录；同德国黑森州—中国合作促进中心共同建立了中欧可再生能源创新中心；同蒙古科技大学建立了中国—蒙古可再生能源创新中心；作为上海合作组织大学能源学方向中方牵头院校，积极推进上海合作组织大学各项工作，建立上海合作组织大学能源智库；在美国建立的西肯塔基大学孔子学院是北美最大的孔子学院；举办多种模式中外合作办学项目以及与国外高校开展来华留学生、"2+2"联合培养等项目，国际化办学水平不断提升。

2017年11月，学校召开第二次党员代表大会，确定了今后一个时期学校的奋斗目标：未来五年的发展目标是"能源电力科学与工程"学科整体水平进入世界一流行列，实现向研究型大学的实质转型，初步建成特色鲜明高水平研究型大学；在此基础上，再用10～15年时间，到2035年左右，"能源电力科学与工程"学科整体水平进入世界一流前列，全面实现特色鲜明高水平研究型大学建设目标，为建设世界一流大学奠定坚实基础。明确了学校总体发展思路是坚持"一个根本"，紧扣"两大任务"，抓住"三个导向"，突出"四个重点"，即坚持党的领导这个根本，紧扣立德树人和提高质量两大任务，抓住改革创新、特色发展、开放办学三个关键导向，突出学科建设、队伍建设、科技创新、文化建设四个重点，带动学校整体水平全面提升。

站在继往开来的新起点，面向欣欣向荣的新时代，学校将以习近平新时代中国特色主义思想和党的十九大精神为指引，深入贯彻落实全国教育大会精神，以"九个坚持"为根本遵循，加快推进"双一流"特色、高质量建设，全力培养德智体美劳全面发展的社会主义建设者和接班人，在高等教育改革发展进程中书写华电人的"奋进之笔"，为把学校早日建成特色鲜明的高水平研究型大学而努力奋斗！为实现中华民族伟大复兴的中国梦不断做出新的更大的华电贡献！

（摘自华北电力大学官网）

2018年华北电力大学十件大事

【全面学习贯彻落实习近平新时代中国特色社会主义思想和全国教育大会精神】 校党委理论学习中心组多次召开扩大会议，深入学习贯彻习近平新时代中国特色社会主义思想和全国教育大会精神，采取领导带头学习带头讲、邀请有关专家作专题报告等多种形式，系统传达、宣传、分析新时代党的教育精髓和要义。学校印发《华北电力大学学习宣传全国教育大会精神工作方案》等文件，各级理论学习中心组创新学习方式和方法，积极推进习近平总书记关于教育的重要论述精神进教材、进课堂、进头脑，努力把大会精神系统、准确地传递给师生员工，做到学习全覆盖。在2018年度北京高校教师党员在线学习中，华北电力大学位居北京高校第一名。

【成功举办建校60周年创新发展大会，李鹏同志、钱正英同志发来贺信】 2018年是学校建校60周年校庆年。60年校庆以"点亮新时代的电力之光"为主题，突出文化校庆、学术校庆、开放校庆、共享校庆的定位，隆重热烈、简朴高雅、特色鲜明、务实有序开展甲子纪念、卓越学术、联通国际、共享协作、文化校园、光明公益等系列校庆活动。10月28日，建校60周年创新发展大会成功举行。国务院原总理、全国人大常委会原委员长李鹏，全国政协原副主席钱正英发来贺信。教育部、北京市、河北省领导出席会议，大学理事会成员单位主要负责人联袂出席大会，共同为华北电力大学"新时代 新甲子 新征程"启航。大会首次通过人民日报APP、人民网等平台全球直播，近100万人在线上观看直播。

【两学院入选教育部首批党建和"三全育人"试点，开展"做新时代'四有'好老师和'四个引路人'"学习实践活动】 学校围绕"党建工作质量年"抓好基层党组织建设，能源动力与机械工程学院党委入选教育部首批"党建工作标杆院系"培育创建单位；控制与计算机工程学院入选教育部首批"三全育人"综合改革试点。学校将"做新时代'四有'好老师和'四个引路人'"学习实践活动作为具体抓手，全面加强教师思想政治和师德师风建设，设立20个理论研究项目、20个特色工作项目及23个"双带头人"教师党支部书记工作室。

【通过教育部本科教学工作审核评估，两成果获国家级教学成果奖，学生创新创业工作突出】 学校顺利通过教育部本科教学工作审核评估，召开本科教育工作大会，出台全面提升本科人才培养质量的实施意见。由刘吉臻院士主持完成的《适应国家能源战略需求，培养行业特色卓越人才的十六年探索与实践》项目和陆道纲教授参与的项目分获2018年国家级教学成果奖，16项成果获2017年北京市高等教育教学成果奖。学校与中国科学院工程热物理研究所共同成立吴仲华学院，致力于动力工程及工程热物理学科的拔尖创新人才培养。举办首届全国大学生可再生能源科技竞赛，承担大学生创新创业项目国家级240个、省级200个，学生获专利220项，发表论文203篇，获国际、国家级奖项582项、省部级471项，获美国数学建模竞赛特等奖。

【国家自然基金创新群体项目取得突破，科研经费突破 7 亿元】 杨勇平教授承担的国家自然科学基金创新研究群体项目“能源传递转化与高效动力系统”获批立项；陈海平教授牵头承担“燃煤发电机组水分高效低成本回收及处理关键技术研究与应用”国家重点研发计划项目；牛东晓教授承担学校首个教育部哲学社会科学研究重大课题攻关项目；学校获批科技部和基金委 2 项国家重大科研仪器研制项目。科研项目立项经费合同额突破 7 亿元，创历史新高。

【工程学学科进入 ESI 世界前 1‰行列，国家重点实验室通过评估】 工程学学科首次进入 ESI 世界前 1‰行列，材料科学和化学学科进入 ESI 世界前 1%行列，世界前 1%学科数增至 4 个。新增水利工程、核科学与技术 2 个博士学位一级学科授权点和 2 个硕士专业学位授权点，为一流学科建设提供了强大的支持。新能源电力系统国家重点实验室通过科技部评估；成立国家能源交通融合发展研究院、先进材料研究院等一批跨学科、跨院系研究机构；科技园被授予“中央企业国际合作引智创新基地”称号。获国家科技进步奖 1 项，省部级科技奖 49 项。

【编校史建校史馆，设立明德大讲堂】 编撰《华北电力大学校史（1958～2018）》，新建校史馆，梳理总结 60 年的办学经验。评选建校 60 名华电人物和 60 名杰出校友，树立华电典型。设立以思想政治和文化教育为主题的“明德大讲堂”，设计主题雕塑，布局校园景观，提升华电文化品质。在央视、新华社、人民日报等媒体发表高水平文章百余篇，树立对外良好形象。

【开展“院士华电行”系列活动，54 件务实举措改善校园教学生活条件】 学校组织“院士华电行”系列活动，邀请以色列科学家、诺贝尔化学奖得主阿达•约纳特教授及 47 位两院院士学术交流，营造浓郁的学术氛围。学校有规划、分批次、持续性地解决师生关切的问题，教工食堂正在建设中，改善了部分教学楼和学生宿舍的设施条件，北京校部 15 号学生宿舍楼、保定校区学 20 舍投入使用，学生学习生活条件和校园环境明显改善。

【理事单位扩容，与 22 家单位签署合作协议】 新增中国长江三峡集团、中国广东核电集团、中国电力建设集团、中国能源建设集团、广东省粤电集团等 5 家大学副理事长单位，理事会成员单位由 9 家扩大到 14 家。与中国华电集团联建“一带一路”能源学院，与中国大唐集团、国家能源投资集团、三峡集团等 22 家地方、企业、高校签署合作协议，学校朋友圈进一步扩大。

【举办中外大学校长论坛，启动“一带一路”能源学院合作伙伴计划】 与挪威科技大学、东京大学、德国纽伦堡大学等 10 所世界知名大学建立合作关系；成功举办“能源革命与大学责任”中外大学校长论坛；同“一带一路”沿线 15 所大学签署合作备忘录，致力于为中国电力企业“走出去”提供智力支撑；“中国绿色电力发展研究学科创新引智基地”落户华电。

（宣传部）

2018 年大事简记

1 月

2 日　华北电力大学第十五届研究生学术交流年会闭幕。本届年会共收到 979 篇论文，评选出一等奖论文 101 篇，二等奖论文 144 篇，三等奖论文 246 篇。孔艳强、叶小宁等获首届研究生“十佳学术之星”荣誉称号，能源动力与机械工程学院、控制与计算机工程学院、经济与管理学院、人文与社会科学学院获第十五届研究生学术交流年会优秀组织奖。

5 日　校党委书记周坚、校长杨勇平访问中国大唐集团公司，与大唐集团董事长、党组书记、华北电力大学理事会副理事长陈进行举行会谈。双方围绕贯彻落实国家创新驱动发展战略，就全面深化产教融合，推动行业创新发展进行友好交流，达成初步共识。

7 日　华北电力大学大一学生焦安静参加厦门马拉松赛，以 2 小时 46 分 11 秒夺得女子国内冠军。

8 日　2017 年度国家科学技术奖励大会在北京举行，华北电力大学参与完成的 2 项科技成果获 2017 年度国家科学技术奖：齐磊教授参与完成的“特高压±800kV 直流输电工程”项目获国家科技进步奖特等奖；刘吉臻院士参与完成的“600MW 超临界循环流化床锅炉技术开发、研制与工程示范”项目获国家科技进步奖一等奖。

10 日　学校党委书记周坚、校长杨勇平访问中国华电集团公司，与华电集团党组书记、董事长、华北电力大学理事会副理事长赵建国举行会谈。双方就践行新发展理念，促进产教融合，深化校企合作，推动行业发展等进行深入交流，达成初步共识。

11 日　学校党委书记周坚、校长杨勇平访问国家能源投资集团公司，与国家能源集团党组书记、董事长、华北电力大学理事会副理事长乔保平举行会谈。双方就加强产教融合，深化校企合作，推动行业创新进行深入交流。

12 日　华北电力大学与协鑫公司签署战略合作框架协

议。根据协议，双方将紧抓一带一路建设带来的重要战略机遇，在能源电力及相关领域围绕重大课题研究、高层次人才培养、科技成果转化、高精尖技术攻关等方面开展深度合作。

13日　华北电力大学第八次学生代表大会暨第一次研究生代表大会在主楼礼堂召开。校党委书记周坚、党委副书记汪庆华、全国学联驻会执行主席徐延、北京市学联驻会执行主席孙士伦，党委学工部、研工部、校团委等职能部门负责人，各学院党委副书记、团委书记，以及兄弟院校学生代表出席大会开幕式。来自全校177名本科生代表、70名研究生代表参加大会。

15日　华北电力大学60周年校庆主题与标识发布仪式暨校庆动员大会在保定、北京两地以视频直播形式举行。

15日　2017年河北省优秀硕士学位论文评选结果揭晓，华北电力大学6篇硕士学位论文被评为省级优秀。

16日　华北电力大学党委书记周坚赴阜平看望和慰问学校精准扶贫驻村干部。

17日　美国西肯塔基大学孔子学院（简称“西肯孔院”）第二届“墨读中国”书画艺术展在西肯孔院中方合作院校华北电力大学举办首展开幕式。校党委书记周坚、校长杨勇平等出席开幕式。

23日　华北电力大学与杭州钱江电气集团股份有限公司签署校企合作协议。根据协议，钱江电气将在华北电力大学设立奖学金，每年20万元，用于资助相关专业优秀师生；联建本科生校外实习实践基地及研究生工作站，依托合作项目联合培养创新创业人才；在电力高端装备、智能电网、新能源、微电网、新型材料等领域，开展科研合作。

30日　华北电力大学国家大学科技园与中国产权协会签署战略合作协议。根据协议，双方将在产权交易资本市场理论研究、共建国际化人才培训基地、举办国内国际论坛等方面开启深层次的合作。

本月　教育部下发《教育部关于公布首批全国高校黄大年式教师团队的通知》（教师函〔2018〕1号）文件，公布首批全国高校黄大年式教师团队，能源动力与机械工程学院“热科学与工程”团队入选。

2月

5日　华北电力大学校长杨勇平会见来访的中电联专职副理事长王志轩一行。双方就推进电力行业卓越工程师培养校企联盟、共建中国能源与电力发展战略研究中心（智库）、联合开展电力行业远程继续教育、服务国家“一带一路”建设“走出去”战略的国际合作等问题进行深入沟通与交流。

本月　北京市委教工委公布北京高校学习宣传贯彻党的十九大精神优秀项目遴选结果，华北电力大学党委宣传部申报的《书记校长走上讲台走进网络，学习宣传贯彻党的十九大精神》和党委学工部申报的《结合能源电力特色，积极打造宣传贯彻党的十九大精神学生宣讲团》在50所高校提交的124个申报项目中脱颖而出，获评北京高校学习宣传贯彻党的十九大精神优秀项目。

3月

1日　华北电力大学副校长檀勤良参加在京召开的国家新能源汽车技术创新中心（National New Energy Vehicle Technology Innovation Center）建设推进会。全国政协副主席、科技部部长万钢，北京市委副书记、市长陈吉宁出席并讲话。北汽集团、吉利集团、清华大学、华北电力大学等21家共建单位代表参会。

5日　教育部离退休干部局党委书记、局长于虹，党委副书记、副局长潘俊强一行六人到校调研。双方就新时代如何做好离退休工作等方面进行交流。

7日　保定市人大常委会主任马誉峰一行来华北电力大学调研，与副校长律方成、校长助理米增强等进行座谈。师生代表结合实际畅谈对创新创业工作的看法，并就推进校企、校地合作，继续加强和深化创新创业政策落地，持续营造和保持双创生态和活力提出建议。

8日　美国威斯康星大学密尔沃基分校工程及应用科学学院院长Brett Petters、David Yu教授以及美国罗克韦尔自动化有限公司大学合作项目部主任Michael Cook、大学合作项目负责人Yinghan Lv、技术总监Shuzhang Wang、执行负责人Jiahui Wang来访。双方就开展本科生“2+2”等项目进行深入探讨。

13日　国际教育学院举办中美教育交流论坛。校党委书记周坚、副校长王增平、国际教育学院负责人出席论坛。周坚致欢迎辞并发表“办好孔子学院，促进中美教育交流”主题演讲。

20日　华北电力大学党委书记周坚，副校长郝英杰、孙忠权会见到校参观访问的中国核工业集团公司市场开发与资本经营部主任王德林一行。双方就进一步增进交流、加强合作，更好地服务国家战略进行会谈。

20—27日　华北电力大学副校长檀勤良带领人才办、科学技术研究院、环境科学与工程学院、可再生能源学院、电气与电子工程学院等单位负责人、专家一行6人赴加州伯克利分校、纽约大学、哥伦比亚大学、哈佛大学、麻省理工学院和多伦多大学等大学进行学术交流并延揽顶尖级人才，助推学校“双一流”建设。

22日　华北电力大学副校长王增平参加在张家口市召开的以“全球协同创新，共享绿色未来”为主题的首届长城国际可再生能源论坛，并为张家口可再生能源研究院揭牌。

29日　贵州电网公司总工程师毛时杰带队访问华北电力大学，双方举行校企合作交流座谈会，就进一步深化校企合作等事宜进行深入交流。

30日　华北电力大学与中国大唐集团有限公司签署战略合作框架协议，并聘请中国大唐集团有限公司董事长、党组书记陈进行为华北电力大学荣誉教授。

30日　华北电力大学获全国学生资助工作“优秀单位案例典型”称号，学生资助管理中心王璐获全国学生资助工作“优秀个人案例典型”称号。

本月　中共中央组织部办公厅下发《关于印发第三批国家“万人计划”入选人员名单的通知》。环境科学与工程学院王祥科教授、可再生能源学院戴松元教授入选科技创新领军人才，能源动力与机械工程学院徐超教授入选青年拔尖人才。

本月　团中央学校部公布2017年全国高校“活力团支部”创建遴选活动结果，北京校部实践动1401团支部、保定校区电气1503团支部和动实践1501团支部被评为2017年全国高校“活力团支部”。

本月　华北电力大学副校长郝英杰带领相关部门负责人员赴南阳金冠电气有限公司开展进一步洽谈，双方就人才培养与引进、产学研合作、新能源精准扶贫、60周年校庆等方面达成一揽子合作计划。

4月

10日　华北电力大学党委副书记汪庆华赴中国电力传媒集团走访交流。中国电力传媒集团董事长、党委书记顾平安与汪庆华进行座谈交流。

11日　华北电力大学党委书记周坚、副校长李双辰赴中央美术学院访问交流。中央美术学院党委书记高洪与周坚一行进行座谈交流。

11日　在华电60周年校庆倒计时两百天之际，华北电力大学特邀美国犹他州青少年歌舞团做专场演出，并与学校青年学生进行交流。校师生和校友代表近1400人共同观看演出。

13日　华北电力大学党委书记周坚、校长杨勇平访问中国长江三峡集团有限公司，与中国三峡集团党组书记、董事长卢纯举行会谈，双方就进一步深化校企在人才培养、科技创新等领域的合作进行深入交流。

13—14日　华北电力大学党委副书记汪庆华访问安徽三家企业，与国网安徽电力公司董事长陈安伟等就校企合作、人才培养等问题进行交流。

14日　华北电力大学香港校友会成立。

15日　中国电机工程学会在北京组织召开“多温区多功能系列SCR脱硝催化剂与低能耗脱硝技术研发及应用”项目成果鉴定会，该成果以华北电力大学为第一单位，联合国家能源投资集团有限责任公司、北京华电光大环境股份有限公司和北京清新环境技术股份有限公司共同完成。鉴定委员会认为，研究成果为复杂烟气工况脱硝的技术难题提供解决方案，提升SCR脱硝领域的技术档次，支撑火力发电，特别是非电燃煤行业等行业的节能环保，具有良好的经济、社会、环境效益和推广应用前景，整体达到国际领先水平。

17日　由美国西肯塔基大学孔子学院主办的第二届“墨读中国”书画展暨“联合国中文日”系列活动，在西肯塔基大学南校区研发中心拉开帷幕。华北电力大学党委书记周坚、美国西肯塔基大学校长蒂莫斯·凯博莱（Timothy C. Caboni）出席活动并发表讲话。

18日　华北电力大学校史修编工作会议在国际交流中心举行。翟东群、徐大平、曾闻问、朱常宝、谈德茂、张瑞华、王清照、吴民强、张文华、薛敬、黄义国等老同志，副校长李双辰、校庆办、宣传部、离退休办、高教所、机关党委等部门负责人，校史修编工作组成员参加会议。

20—22日　在第八届全国大学生机械创新设计大赛慧鱼组竞赛暨第十届全国慧鱼工程技术创新设计大赛中，全国共187所院校472件作品参赛，华北电力大学4支代表队获一等奖1项，三等奖3项。

20—23日　华北电力大学党委副书记郭孝锋访问国家电网湖北省电力有限公司、国网电力科学研究院武汉南瑞有限责任公司、校友企业武汉嘉讯科技有限公司等企业。

21日　华北电力大学张化永教授负责的国家“十三五”水体污染控制与治理科技重大专项项目——“京津冀西北水源涵养及永定河（上游）水质保障技术与工程示范项目”在张家口市启动。

22—29日　华北电力大学党委副书记汪庆华带领电气与电子工程学院李庚银教授、可再生能源学院刘永前教授、经济与管理学院赵振宇教授、能源动力与机械工程学院李惊涛副教授、外国语学院康建刚副教授一行6人，赴澳大利亚、新西兰两国高校进行交流走访并延揽人才。

23日　华北电力大学党委书记周坚、副校长郝英杰赴中南大学访问交流。中南大学党委书记易红、常务副书记陶立坚与周坚一行进行座谈交流。

24日　华北电力大学党委书记周坚应邀参加第一届中美未来工程与全球女性领导力研讨会，并做主旨演讲。

26—29日　2018中国工程机器人大赛暨国际公开赛在中国地质大学（武汉）举行。华北电力大学代表队参加仿人竞速项目、搬运工程项目、生物医学工程项目，共获一等奖3项，二等奖5项，三等奖7项。华北电力大学在仿人竞速项目中继续领跑全国高校，获冠军，实现卫冕。

27日　中央纪委委员、中央纪委驻教育部纪检组组长、教育部党组成员吴道槐，中央纪委驻教育部纪检组副局级纪检员杨火林等一行 4 人莅临华北电力大学就全面从严治党相关工作开展调研。

本月　华北电力大学环境科学与工程学院科研团队在国际高水平期刊《Chemical Society Review》（影响因子 38）上发表关于金属—有机物框架污染物材料的高效吸附研究的综述性论文《Metal-organic framework-based materials: superior adsorbents for the capture of toxic and radioactive metal ions》（封底论文）。

本月　由中国电机工程学会电力信息化专业委员会主办、华北电力大学承办的第二届电力大数据高峰论坛在北京召开。本次论坛的主题为“数据驱动，创新应用”，重点研讨国家大数据战略在电力行业的实施路径和发展思路，旨在推动能源互联网、智慧能源领域的创新发展，共同筑建电力大数据的应用未来。中国电机工程学会学术部、科普部主任周缨等 20 余位电力信息化领域的权威专家与研究人员出席论坛。

5 月

1 日《中国教育报》头版开通“寻找校园最美劳动者”专栏，展示教育行业劳动者们的风采。报道华北电力大学能源与维修中心运行班班长秦红斌先进事迹。

10—13 日　首都高等学校第 56 届学生田径运动会在中国人民公安大学（团河校区）举行。华北电力大学获女子 400 米金牌。

10—24日　华北电力大学举办煤炭能源高效利用系列学术交流活动。此次活动由华北电力大学教授、国家“千人计划”专家潘伟平发起，邀请陈惟寅、许国光、李廷文、马文平、史卜昌、张育荣、王奇伟、Carlos Romero 等国家外专局聘任的国外专家参加。杨勇平校长会见与会国外专家。

11 日　高雄科技大学校长杨庆煜一行 11 人访问华北电力大学。两校将进行专业对接，在教师交流、学生交换项目等方面进行合作。

11 日　根据科睿唯安（Clarivate Analytics）发布的 ESI（Essential Science Indicators）数据，华北电力大学工程学学科首次进入 ESI 全球前 1‰行列，标志着学校工程学学科已具有非常高的国际学术水平和影响力。

17日　华北电力大学党委副书记汪庆华走访国网英大传媒集团公司，与英大传媒集团党委书记、董事长赵焱进行座谈交流。双方围绕新闻宣传、新媒体建设、智库建设、数字出版、学生实习实践等方面深入交换意见，达成进一步合作意见。

18日　创行世界杯大学生社会创新大赛中国站总决赛在上海举行。保定校区创行团队与来自全国其他入围决赛的 92 支参赛队经过小组赛、半决赛、总决赛的激烈角逐，最终夺得全国总决赛亚军。

19—20 日　华北电力大学举办 2018 能源电力世界青年学者论坛，来自美国、加拿大、英国、澳大利亚、日本等 19 个国家和地区的近百名海内外优秀青年学者共聚华电进行学术交流。

21日　华北电力大学副校长郝英杰会见来访的南京市江宁区区长祁豫玮，双方就校地项目合作、人才引进以及政产学研融合等问题进行深入交流。

22—25日　由国家体育总局和中国大学生体育协会联合主办的“2018 年全国啦啦操锦标赛”在天津举行。华北电力大学舞蹈啦啦操和技巧啦啦操二个套路项目获得冠军。

23 日　中国科学院院士、著名放射化学家柴之芳，应邀来华北电力大学交流指导并做专题学术报告。副校长王增平会见柴之芳院士一行。

25—27 日　“康湃思杯”第二十三届中国大学生网球锦标赛（华北赛区）在秦皇岛举行。华北电力大学网球代表队分别获女子甲组团体第三名和男子甲组团体第四名的成绩，实现在网球赛事上历史性突破。

27 日　华北电力大学焦安静参加“奔跑吧中国”一汽红旗·2018 长春国际马拉松赛，获国际第三名，国内第一名的好成绩。此次比赛共有来自中国、肯尼亚、美国、加拿大等 14 个国家和地区的 30 000 名参赛选手参加比赛，属于国际级马拉松赛事。

本月　2017 年北京市教育教学成果奖揭晓，华北电力大学 16 项成果获奖，其中，特等奖 1 项，一等奖 6 项，二等奖 9 项，涉及工学、管理学、教育学、素质教育、继续教育和综合等科类，成果形式主要包括学科专业建设、人才培养模式创新、教学综合改革、素质教育、实践教学建设、社会主义核心价值观教学探索以及留学生培养体系探索等。

本月　北京市教育委员会发布第二批北京市“一带一路”国家人才培养基地项目入选学校名单，华北电力大学成为入选的 14 所高校之一，获 450 万元专项经费支持。

6 月

4 日　中国科学院院士、发展中国家科学院院士万立骏应邀来华北电力大学出席“华电院士行”学术活动，为学校师生做“纳米材料在能源和环境科学中的应用研究”专题报告。

4 日　中国科学院院士、著名分析化学家和环境化学家江桂斌院士应邀到访，并为师生做题为“我国生态环境保护的历史进程与社会需求”专题学术报告。

4—6 日　华北电力大学电气工程及其自动化专业接受工程教育专业认证专家组现场考查工作，这是该专业第三次进行专业认证进校考察，也是中国在 2016 年正式加入《华盛顿协议》后按照 2018 版新标准进行的认证。

6—12 日　华北电力大学副校长王增平一行访问挪威科技大学、芬兰阿尔托大学和海门应用技术大学以及白俄罗斯国立技术大学。

8 日　华北电力大学党委书记周坚赴中国教育报刊社访问，与中国教育报刊社党委书记、社长翟博进行座谈交流。

8 日　中国工程院院士侯立安应邀来访，为学校师生做题为“黑臭水体综合治理现状与对策”的报告。此次报告为纪念建校 60 周年“院士华电行”系列学术活动的第八讲。校长杨勇平会见侯立安院士。

9 日　国内首家能源交通融合发展研究院落户华北电力大学，该研究院由科技部、教育部、交通运输部、国家能源局指导，华北电力大学承办。该研究院将以“国家亟需、特色鲜明、机制创新、引领发展”为导向，对能源与交通融合领域相关技术、产业、政策和趋势，进行专业性、前瞻性、系统性研究。

11日《中国高等教育》刊发学校党委书记周坚署名文章《发挥思想政治工作引领作用　开创新时代立德树人新局面》。

11—12日　华北电力大学特邀美国青年大学生访华艺术团分别在保定校区、北京校部举办“筑梦校园”专场演出。

12 日　中国美术家协会会员、中国书法家协会会员，著名工笔画画家刘述伶先生贺华电甲子作品捐赠仪式在学校举行。校党委书记周坚，刘述伶先生、美国西肯塔基大学孔子学院院长潘伟平教授等出席捐赠仪式。

12 日　华北电力大学与酒泉钢铁（集团）有限公司就酒钢牙买加阿尔帕特氧化铝厂培训签署合作协议。

15 日　华北电力大学大数据与哲学社会科学实验室揭牌成立。

17 日　“一带一路绿色电力合作国际论坛”在华北电力大学召开，这是学校首次举办面向一带一路电力合作主题的智库论坛。来自电力行业、国内外高端智库、主流媒体和师生代表共 300 人参加论坛交流。

17 日　加拿大化学协会会士 Amares Chatt 应邀参加“院士华电行”活动并做题为“Radiochemistry Conditions in Canada and Waste Management（加拿大放射化学现状和废弃物治理）”的专题报告。中国科学院柴之芳院士一同出席本次活动。

22 日　华北电力大学心理健康服务中心获评大学生心理健康教育工作“先进集体”称号，石世平获评大学生心理健康教育工作“优秀工作者”称号。

23日　华北电力大学北京校友会第四次会员代表大会暨第四届理事会换届大会在北京召开。学校党委书记周坚，校长、校友总会理事长杨勇平，副校长李双辰、郝英杰、王增平、檀勤良，北京校友代表，江西、四川、广东、辽宁、香港等地方校友会代表，学校有关职能部门和院系负责人，共 200 余人参加会议。

25 日　华北电力大学辅导员杨红月获“2018 年全国高校辅导员年度人物”提名。

29 日　伊朗沙里夫理工大学校长 Mahmoud Fotuhi-Firuzabad、该校学者 Payman Dehghanian、伊朗驻华使馆科技参赞 Yousef Hojjat 来访华北电力大学。校长杨勇平会见来访客人。

30日　中国科学院院士何雅玲应邀出席能动学院组织的学术会议并参加“院士华电行”活动。

本月　由华北电力大学能源动力与机械工程学院举办的第一届 International Conference on Supercritical CO_2 Power System 国际会议在北京召开。校党委副书记汪庆华，中国科学院院士何雅玲，清华大学能源与动力工程系主任姜培学教授，美国宾夕法尼亚大学、国际著名期刊 Energy 杂志前主编 Noam Lior 教授，美国哥伦比亚大学、美国青年科学家总统奖获奖者 Xi Chen 教授，加拿大安大略省理工大学 Igor Pioro 教授，Echogen 电力系统技术主任 Timothy Held 教授等参加会议。

本月　IEEE Fellow、伊朗沙里夫理工大学校长 Mahmud Fotuhi-Firuzabad 院士和美国乔治·华盛顿大学电气与计算机工程系助理教授 Payman Dehghanian 博士访问华北电力大学，并分别在北京校部主楼 D260 和保定校区综合楼学术报告厅分别做题为“Incentive Reliability Regulations of Electricity Distribution Companies”和“Ongoing Power Systems Research Activities at George Washington University”的学术报告。

7 月

2 日　为期 14 天，由国家商务部主办、华北电力大学承办的 2018 年尼日利亚电力系统建设与运营研修班开班仪式在保定校区举行。

3 日　华北电力大学党委书记周坚、校长杨勇平访问中国能源建设集团有限公司，与中国能建党委书记、董事长汪建平、总经理丁焰章举行会谈。双方就落实国家战略需求，加强产教融合，深化校企合作，促进行业创新进行深入交流。

4 日　华北电力大学与大唐集团科学技术研究院共建研究生工作站签约暨揭牌仪式在大唐集团科学技术研究院

举行。

5日　加拿大皇家工程院院士，IEEE Fellow，曼尼托巴大学Ani Gole院士受电气与电子工程学院赵成勇教授邀请做题为“High-speed Simulation and Modelling of Modern MMC based HVDC Converters”的学术报告。

5日　清华大学低碳能源实验室主任，气候变化与可持续发展研究院常务副院长，清华BP清洁能源研究中心主任李政教授到学校进行学术访问与交流。

6日　华北电力大学副校长王增平一行访问中核核电运行管理有限公司，就进一步落实“核电人才订单联合培养协议”培养方案、大学生实习基地揭牌、并对未来人才培养及科技合作等事宜进行交流。

10日　华北电力大学正式启动以思政和文化教育为主题的“明德大讲堂”，首场报告邀请六位校友做客“雪松面对面”，共话“谁的青春不奋斗”。校党委书记周坚，中国工程院院士、新能源电力系统国家重点实验室主任刘吉臻，原国家电监会副主席、国家能源局副局长史玉波校友，校党委副书记何华、汪庆华、郭孝锋，国网安徽电力电科院教授级高工王凤霞校友，中国航天五院卫星总指挥兼总设计师张庆君校友，中央电视台经济频道主持人姚雪松校友，百度公司副总裁沈抖校友，中国三峡集团巴西公司投资部主任许可校友出席会议。

12日　应自动化系、科学技术处和校庆工作办公室邀请，原教育部高等学校自动化类专业教指委副主任委员、国务院学位委员会第六届控制科学与工程学科组秘书长、西安交通大学二级教授，博士生导师韩九强教授到华北电力大学进行学术访问与交流。

12日　中国科学院院士方维海应邀到访华北电力大学，为师生做“理论和计算光化学”专题报告。

14日　华北电力大学校友分会理事长、秘书长联席会在综合楼学术报告厅召开。校长、校友会理事长杨勇平，副校长、校友会常务副理事长郝英杰，校党委副书记郭孝锋，副校长、校友会副理事长律方成，校友会副理事长张金辉，来自全国各地校友分会的理事长、秘书长、专业俱乐部负责人、校友代表以及学校相关职能部门负责人等100余人参加。此次会议是为迎接60周年校庆倒计时100天精心策划的“点亮校友”重点活动。

17日　美国工程院院士Joe Chow（周祖康）应邀访问华北电力大学，并为师生带来“同步相量数据质量增强及戴维南等效估计在线方法”专题报告。

18日　中共十九大代表、十三届全国政协委员、中国工程院院士、国家能源集团总经理凌文受邀来访，出席“院士华电行”，做题为“产学研协同创新引领未来”的报告。

19日　南方科技大学副校长、中国科学院院士汤涛，应邀来校交流，并为师生做题为“相场模型问题的不确定量化”的学术报告

19日　华北电力大学党委书记周坚主持召开中共华北电力大学第二届委员会第二次全体会议。会议听取校党委书记周坚关于学校党委上半年主要工作开展情况的报告。会议听取党政办公室主任陈溪关于《中共华北电力大学委员会关于坚持和完善党委领导下的校长负责制的实施细则》的起草情况的汇报和党委组织部常务副部长鹿伟关于2017年度直属高校干部选拔任用工作“一报告两评议”情况的通报。会议表决通过《中共华北电力大学委员会关于坚持和完善党委领导下的校长负责制的实施细则》。

19日　华北电力大学党委书记周坚、校长杨勇平访问中国电力建设集团有限公司，与中国电建党委书记、董事长晏志勇举行会谈。双方就进一步加强校企合作、实现互利共赢发展进行深入交流。

21日　华北电力大学先进材料研究院成立。先进材料研究院将依托学校“大电力”学科体系和科技创新体系，面向国民经济发展和国防现代化的重大需求，在先进节能材料、氢能源材料、高分子及生物医用材料等前沿新材料领域开展原创性科学研究，构筑以基础研究、应用基础研究、新材料技术集成及工程化为一体的先进材料技术创新体系，建设具有原创特色的先进材料知识体系、知识产权体系和标准体系，形成先进材料研究生和博士后的人才培养基地。

21日　60周年校庆重要活动先进材料研究院成立大会暨学术论坛在学校召开。中国工程院院士干勇、中国科学院院士汪卫华出席会议并参加“院士华电行”活动，分别为广大师生做“中国制造2025能源新材料发展战略”和“非晶材料及研究进展”的专题报告。

23日　校长杨勇平应邀出席北京高科大学联盟“海洋强国”论坛暨2018年第一次理事会议。联盟12所高校负责人围绕“发挥行业特色优势，贡献海洋强国，彰显北京高科力量”的主题，在海洋经济、海洋科技、海洋文化、高端智库等领域开展研讨交流。

25日　德国比勒菲尔德应用技术大学校长Prof. Dr. Ingeborg Schramm-Wolk、副校长兼机电与数理学院院长Prof. Dr. Lothar Budde一行4人访问华北电力大学。校长杨勇平会见来访客人。

27日　华北电力大学副校长律方成受邀带领保定校区部分院系、部门负责人和教师到西门子（中国）公司走访交流。

本月　《人民日报》刊发杨勇平署名文章《培养新时代卓越工程人才》。

本月　华北电力大学能源动力与机械工程学院创新动1601班陈飞鹏在电站设备状态监测与控制教育部重点实

验室张宇宁副教授和杜小泽教授的共同指导下，撰写的一篇题为《Experimental investigations of interactions between a laser-induced cavitation bubble and a spherical particle》的论文被 SCI 收录期刊 《Experimental Thermal and Fluid Science》正式发表。此外，陈飞鹏作为第一作者的两篇论文分别被国际水利工程与研究协会第二十九届水力机械及系统国际学术会议及第二十九届全国水动力学研讨会录用。

8 月

6—9日　第十一届全国大学生节能减排社会实践与科技竞赛决赛在武汉理工大学举行。能动学院陈海平指导的“聚光光伏光热—扩容 GVHP 膜蒸馏海水淡化装置”“基于全反射的聚光光伏发电玻璃贴”，能动学院王修彦指导的“便携式气动离子清洗机”，动力系刘志坚指导的“基于喷气增焓技术的热泵 COP 提升装置”获一等奖。

13—15日　2018一带一路暨金砖国家技能发展与技术创新大赛——青年创客大赛（中国赛区决赛）在昆明理工大学举行。华北电力大学“AI 智能综合检测飞行器”项目获大赛一等奖。

17—19日　首届全国大学生可再生能源科技竞赛总决赛在华北电力大学举行。该竞赛由中国可再生能源学会创办并主办，华北电力大学承办，是可再生能源领域规格最高的科技竞赛。来自 108 所高校的 3000 余名大学生参赛，101 件优秀作品进入决赛。

17—20日　华北电力大学教师苑东伟获第三届全国高等学校青年教师电路、信号与系统、电磁场课程教学竞赛决赛一等奖。

18 日　中国工程院院士、北京化工大学校长谭天伟应邀参加“院士华电行”活动，为在校师生做“绿色生物制造”的专题报告。华北电力大学校长杨勇平、中国工程院院士刘吉臻、副校长王增平会见谭天伟院士。

27—28 日　由教育部学位与研究生教育发展中心、中国科协青少年科技中心、中国石油和石油化工设备工业协会、中国石油教育学会联合举办的“杰瑞杯”第五届中国研究生石油装备创新设计大赛决赛在西南石油大学召开。华北电力大学自动化系仝卫国、翟永杰指导的“华电 AM 小分队”获得国家三等奖 1 项。这是华北电力大学首次在中国研究生石油装备创新设计大赛中取得佳绩。

本月　由国家能源投资集团有限责任公司（原中国国电集团公司）组织，华北电力大学参与的“十二五”国家科技支撑计划“大容量火电机组高效梯级供热技术开发及工程示范”（项目编号：2014BAA06B00）通过科技部高新司组织的项目验收。

9 月

3 日　华北电力大学党委书记周坚、校长杨勇平等校领导分别走访调研院系和有关单位，看望同学们和教职员工，与学生们一起听新学期第一堂课。

4 日　中国科学院院士、北京大学环境科学与工程学院教授倪晋仁应邀来华北电力大学交流，为华北电力大学师生做题为“水沙＋：河流水环境认识的新起点”的学术报告。

3—8 日　由中国工程院能源与矿业工程部指导，气候变迁与能源可持续发展研究院、财团法人台湾永续能源研究基金会主办，华北电力大学承办的第十四届海峡两岸气候变迁与能源可持续发展论坛年会和两岸能源高峰会议在保定市电谷国际酒店举行。

刘吉臻院士和中国工程院谢克昌院士、中国科学院广州分院陈勇院士、全球能源互联网研究院汤广福院士、南方科技大学刘科院士，分别做“新能源电力消纳的瓶颈及其对策”“对能源可持续发展与应对气候变化的思考”“农林有机废弃物高效转化与温室气体控制”“能源互联网技术及发展趋势”“微矿分离技术与清洁水煤浆燃烧技术”专题报告。

5 日　北京市委组织部人才工作处处长、市人力资源研究中心主任刘敏华等一行来华北电力大学就首都科技成果转移转化、人才队伍建设情况开展调研。

9 日　教育部“长江学者奖励计划”特聘教授、中国人民大学杰出人文学者、华东师范大学法学院名誉院长张志铭教授应邀来华北电力大学交流，并为华北电力大学师生做主题为“法学研究中的分析进路”的学术报告。

10 日　中国工程院院士李阳应邀参加华北电力大学“院士华电行”活动，为在校师生做“中国 CCUS 进展和产业化前景”的专题报告。

10 日　全国教育大会在北京召开。中共中央总书记、国家主席、中央军委主席习近平出席会议并发表重要讲话。华北电力大学师生通过电视、网络视频等形式收看收听大会盛况。

12 日　“明德大讲堂”第二期——“时代楷模”张黎明先进事迹报告会在华北电力大学召开，报告会由国家电网公司和华北电力大学联合举办。党委书记周坚与学校近 1300 名师生参加报告会。

13 日　2018 年教师节庆祝暨表彰大会在保定校区礼堂举行。会上，宣读《关于表彰华北电力大学第一届“我身边的好老师”的决定》《关于表彰 2017—2018 学年荣获省部级及以上奖励集体和个人的决定》《关于表彰从事教育工作满三十年教工的决定》及 2018 年“做新时代‘四有’

好老师和‘四个引路人’”学习实践活动理论研究、特色工作项目立项结果及“双带头人”教师党支部书记工作室建设名单。

13日　中国科学院院士江桂斌应邀来华北电力大学交流，为在校师生做了题为“纳米环境技术与效应和 ES&T 投稿介绍”的学术报告。

13 日　华北电力大学“材料科学”首次进入 ESI 世界前 1%行列，至此，华北电力大学已有“工程学”“环境/生态学”和“材料科学”3 个学科进入 ESI 世界前 1%行列，“工程学”同时跻身世界前 1‰行列。

14 日　清华大学法学院博士生导师、诉讼法学科负责人、中国民事诉讼法研究会会长张卫平教授到华北电力大学进行学术交流。

14日　华北电力大学校长杨勇平受德国勃兰登堡州经济发展局和河北省发改委的邀请，参加在张家口举办的“河北省—勃兰登堡州可再生能源和氢能”研讨会，并做题为“能源转型与大学新使命”的主题演讲。

18 日　中国大唐集团有限公司 2019 届毕业生专场双选会在华北电力大学保定校区举办。此次大唐双选会为历年来参展单位最多的一届，公司及下属各省分公司、基层单位等共计 119 家单位 160 余位用人单位代表参加。

19—23日　第二十届中国国际工业博览会在国家会展中心（上海）举办。华北电力大学学科性公司华电智连信达科技（北京）有限公司参展的“基于电力物联网芯片的智慧能耗装置”项目获本届工博会中国高校展区特等奖。

20 日　河北省教育厅厅长杨勇到华北电力大学调研。党委书记周坚、党委副书记郭孝锋、副校长律方成与杨勇进行座谈。

20 日　俄罗斯南乌拉尔国立大学校长代表团访问华北电力大学。

20 日　刘吉臻院士为控计学院 2018 级全体学生上开学第一课，这也是刘院士连续第 17 年给新生上开学第一课。

23 日　英国皇家工程院院士，加拿大皇家工程院外籍院士 Raffaella Ocone 应邀到校做“复杂系统的多尺度模型”专题报告。

24 日　校党委书记周坚在中国能源报刊发署名文章——《高校应成为能源智库建设主力》。

24—30 日　华北电力大学航模队参加 2018 年中国国际飞行器设计挑战赛暨科研类全国航空航天模型公开赛获“电动滑翔机”国家级一等奖。

26 日　由国家商务部主办，华北电力大学承办的 2018 年巴布亚新几内亚电力技术培训班完成各项培训任务，顺利结业。

26 日　昆明理工大学副校长束洪春，云南电网公司首席专家曹敏、科技部主任李文云，云南省电科院副院长赵现平、副总工周年荣等一行 8 人到访。

26 日　中国政法大学教授，博士生导师，中国当代著名民法学家李永军到校开展学术讲座活动。

26日　杨勇平校长出席全球能源互联网与大学创新发展论坛。

27 日　诺贝尔化学奖获得者 Ada Yonath（阿达约纳特）教授莅临华北电力大学，参加学校建校 60 周年校庆系列活动“诺奖大师华电行”活动，为学校师生带来一场名为《下一代特定物种环保型抗生素》的学术报告。校长杨勇平与近 1500 名华电师生共同聆听 Ada Yonath 教授的报告。

27 日　热自 77 级校友朱德明向母校捐赠珍藏 40 年的大学期间的相关文件，包括准考证、寄送入学通知书的信封、1977 年新生入学须知、体检通知书、火车票、行李单、毕业证书、学位证书等。

27 日　国际能源宪章秘书处秘书长 Dr. Urban Rusnák（乌尔班　鲁斯纳克博士）到访。校长杨勇平会见来访客人并签署合作备忘录。

29日　由华北电力大学和中国科学院工程热物理研究所联合创办的吴仲华学院成立。

本月《光明日报》刊发华北电力大学党委书记周坚署名文章——《师德师风建设是高校立德树人工作的核心》。

10月

2 日　三峡大学办学 95 周年暨本科教育 40 年庆祝大会在三峡大学大学生体育馆举行。校长杨勇平应邀出席大会并代表兄弟院校在大会致辞。

12 日　《中国能源报》专访校长杨勇平。杨勇平校长提出：能源结构调整至少需要数十年。

12 日　校长杨勇平、党委副书记郭孝锋、副校长律方成一行调研环境科学与工程系实验室建设。杨勇平一行视察由美国 Filtration Group Corporation 和南京丹恒科技有限公司共同捐赠建立的火电厂废水零排放实验室。

12 日　校长杨勇平，党委副书记、纪委书记何华到保定校区调研离退休工作。

12 日　华北电力大学与申科集团共建“河北省互感器工程技术研究中心”暨产学研合作项目签字仪式在保定校区举行。

13 日　“2018 中国农村贫困问题和精准扶贫高端论坛”在华北电力大学举行。

13—20日　首都高校大学生网球联赛秋季单项赛在中国人民大学、北京化工大学、中央民族大学、国际关系学院举行。华北电力大学选手赖逸洋获冠军。

14 日　学生焦安静参加 2018 年日照国际马拉松比赛，以 2:43:51 的好成绩，获全程比赛国际、国内第一名。

17日 挪威卑尔根大学校长Dag Rune Olsen教授一行三人到。校长杨勇平接待来宾并与Dag Rune Olsen校长签署两校合作谅解备忘录。

17 日 “华北电力大学——航天电器联合实验室”成立。

19 日 中国电机工程学会第十五届青年学术会议暨青年学术会议永久会址揭牌仪式在华北电力大学北京校部举行。

19 日 《光明日报》报道华北电力大学在服务国家战略中走出强校之路。

19 日 学校与广州广哈通信股份有限公司签署战略合作框架协议。

19 日 校党委书记周坚、校长杨勇平看望第七届、第八届、第九届全国政协副主席、中国工程院院士、著名水利水电专家钱正英同志。

19—21日 第四届中国研究生移动终端应用设计创新大赛总决赛在西安电子科技大学举行。华北电力大学参 7 支队伍，分别获全国一等奖 1 项，二等奖 4 项，三等奖 2 项的历史最佳成绩。

20日 清华大学气候变化与可持续发展研究院学术委员会主任、中国国家气候变化专家委员会副主任何建坤教授应经济管理系邀请做题为“全球应对气候变化与中国能源革命和低碳发展”的学术报告。

20日 华北电力大学河南校友会捐赠三百万元献礼母校 60 华诞。

21日 第二届能源互联网与能源系统集成国际会议在北京开幕。本次会议以“面向未来的互联能源世界” 为主题，以华北电力大学建校 60 周年为契机，由 IEEE 电力与能源学会、中国工程院能源与矿业工程学部、华北电力大学、清华大学共同主办。

22 日 《科技日报》头版报道校长杨勇平教授团队经过 12 年攻关自主研发的多温区多功能系列 SCR 脱硝催化剂与低能耗脱硝技术，解决困扰国家工业脱硝多行业多温区工况复杂的技术难题，达到国际领先。

24日 第四届直流输电与电力电子创新杯大赛决赛在杭州举行，赵成勇教授和许建中副教授指导的博士生李帅、硕士生张继元和李嘉龙组成的参赛队伍获大赛唯一一项一等奖。

25 日 《人民日报》刊发文章报道华北电力大学 60 年办学经验：在服务国家战略中成长壮大

25 日 在华北电力大学建校 60 周年即将到来之际，党委书记周坚、校长杨勇平专程看望 78 级校友、交通运输部部长李小鹏。

25日 智慧能源高峰论坛暨百家企业千名校友资智返保峰会在保定校区举行。

25日 学校与中国长江三峡集团有限公司签署战略合作框架协议。

26日 华北电力大学与国家能源投资集团有限责任公司签署战略合作框架协议。

26日 校长杨勇平会见前来参加华北电力大学主办的“能源革命与大学责任：中外大学校长论坛”的国外大学校长。

26—27 日 前来参加“上海合作组织大学能源会议2018 及能源智库会议”的上海合作组织大学能源学部分高校的领导，以及参加“能源革命与大学责任：中外大学校长论坛”的部分学校领导和代表到校贺甲子华诞。副校长王增平分别会见来访客人。

27日 特变电工股份有限公司捐赠硅化木揭幕仪式在图书馆北侧举行。华北电力大学副校长郝英杰及特变电工副总经理刘钢出席揭幕仪式。

27 日 学校举行新版《校史》首发暨校史馆开馆仪式。

27 日 华北电力大学作为发起单位，联合东北电力大学、上海电力学院、长沙理工大学、三峡大学、沈阳工程学院、南京工程学院、长春工程学院等七所具有显著能源电力办学特色和突出学科优势的高校，共同成立“中国电力高校联盟”。成立大会在华北电力大学举行。

27 日 “能源革命与大学责任：世界大学校长论坛”在华北电力大学举行。24 位来自“一带一路”沿线国家的重点能源高校的校长与中国能源高校、国际组织以及政府部门和行业组织等参加会议。

27 日 学校举行“一带一路”能源学院合作伙伴签约仪式。

27—28 日 华北电力大学建校 60 周年文艺晚会先后在北京校部主楼礼堂、保定校区一校区礼堂举行，校党委书记周坚，校长杨勇平，中国工程院院士、原校长刘吉臻，中国电力企业联合会党组书记、常务副理事长、原副校长杨昆，原中国国电集团党组成员、副总经理、原副校长、原保定校区党委书记张成杰，校领导李双辰、郝英杰、孙忠权、王增平、汪庆华、郭孝锋、律方成、檀勤良，原校党委书记徐大平，原北京水利电力经济管理学院院长高之棵，原华北电力学院副院长曾闻问，原华北电力学院纪委书记张瑛，原校党委副书记、原副校长张金辉，原副校长安连锁、原北京校区党委副书记朱常宝，以及各界嘉宾、海内外校友、师生代表到场观看晚会。

28 日 校党委书记周坚、校长杨勇平、副校长郝英杰、副校长律方成亲切慰问参加校庆的发电 58 级校友、原北京化工橡胶设计院副院长彭鸿、原东北电管局副总工程师郭象容、原河北省电力公司沧州电业局副局长兼总工程师张长兴、原中国中医科学院中药研究所主任技师戚务炎、原内蒙古自治区送变电公司副总工程师张明觉、原上海十三冶金建设公司电气仪表计算机调试教授级高工徐淑英、原河北省电力公司调度局运行方式科高级工程师翟桂臻、原呼和浩特发电厂生产副厂长兼总工程师李淑润，并与之进行座谈。

28 日　华北电力大学建校 60 周年创新发展大会在北京校部、保定校区同时举行。十三届、十四届、十五届中共中央政治局常委、国务院原总理、第九届全国人大常委会委员长李鹏，第七届、第八届、第九届全国政协副主席钱正英专门发来贺信。教育部党组成员、副部长林蕙青，北京市政府副市长王宁，河北省政府副省长、省委高校工委书记徐建培出席大会并讲话。华北电力大学党委书记周坚主持大会。校长杨勇平做主旨演讲。

28 日　建校 60 周年杰出校友颁奖典礼在保定校区礼堂举行。丁扬等 60 位校友当选华北电力大学“建校 60 周年杰出校友”。

28—31 日　华北电力大学核工程与核技术专业接受工程教育认证专家组进校现场考查。这是该专业首次进行认证。

本月　华北电力大学党委书记周坚在《中国高等教育》2018 年第 19 期刊发署名文章。

本月　孙芳副教授获评河北省统一战线教学名师。

本月　教育部发布首批“三全育人”综合改革试点单位名单，华北电力大学控制与计算机工程学院入选首批“三全育人”综合改革试点院（系）。

本月　在美国西雅图举行的应用超导学术大会上，校友沈博洋获得全球超导界学生/青年学者的最高奖：IEEE Council on Superconductivity Graduate Study Fellowship，并获得奖金 5000 美元。此最高奖项由 IEEE 超导委员会颁发，每年全球仅 6 人获得（2018 年为欧洲 3 人，美洲 2 人，亚洲 1 人），多数获奖者均来自剑桥大学、斯坦福大学、麻省理工学院、耶鲁大学等世界顶级名校。英国剑桥大学的官方网站对沈博洋校友获得超导界学生/青年学者最高奖的新闻进行报道。

本月　2018 年“创青春”全国大学生创业大赛终审决赛在浙江大学举办。华北电力大学共有 7 件作品获奖，总数量历年最高。北京校部马卫华指导、王冉冉负责的《康德斯特电气（中国）有限公司》获实践类项目银奖；靳周指导、张玮玮负责的《东耀科技有限公司》，杨淑霞、徐超、张颖、吴忠群等指导、杨晨负责的《北京格林百特睿科技有限责任公司》，杨淑霞指导、牛妍舒负责的《R-Battery 环保科技有限公司》获计划类项目铜奖；朱晓红、王硕指导、聂恒负责的《北京奥尼斯帝科技有限公司》获实践类项目铜奖；杨淑霞、刘其辉指导、朱音负责的《“惊蛰筑梦”——激发高校公益力量，精准西部教育扶贫》获公益类项目铜奖。保定校区由梁博通指导、任怡霏负责的《“梦想成真”公益圆梦行动》获公益类项目铜奖。

11 月

1 日　英国曼彻斯特城市大学副校长安迪·吉普森（Andy Gibson）一行 3 人访问保定校区。

1 日　与中国华电集团合作共建的华电“一带一路”能源学院正式揭牌成立。中国华电集团有限公司党组成员、副总经理余兵，人力资源部主任郑峰，国际业务部主任傅维雄，校长杨勇平、副校长孙忠权、党委副书记汪庆华等领导出席揭牌仪式。

2 日　为期 3 周的 2018 年孟加拉国电力行业官员研修班结业。

7 日　学校召开学习全国教育大会精神专题报告会（校党委中心组学习扩大会议），专题学习全国教育大会精神。教育部政策法规司司长邓传淮来校为师生做报告。

8—13 日　学校 Unsleep 街舞代表队参加由安徽大学承办的“2018 年中国学生街舞锦标赛”。华北电力大学学生获得一金一银的好成绩。

9—11 日　2018 年第六届华北五省（市、自治区）大学生机器人大赛决赛在北京信息科技大学举行。华北电力大学五支代表队在类人机器人竞技体育赛（田径）中，两支参赛队伍均获一等奖、机器人创意设计获一等奖并取得第一名的突出成绩。

10 日　中国电科院研究生教育 40 周年学术研讨会在北京举行。校长杨勇平应邀出席研讨会并作为院校代表致辞。

13 日　资深高级外交官，前中东特使吴思科先生应邀参加第五期明德大讲堂，为师生做主题为“‘一带一路’与中国外交”的专题报告。

13 日　学校召开建校 60 周年校庆总结大会暨“双一流”建设推进会。

15 日　科睿唯安 ESI 数据库（Essential Science Indicators，ESI）公布最新数据，华北电力大学“化学”学科首次进入 ESI 世界前 1%行列。

15 日　学校党委书记周坚一行访问山东大学，就党的建设及干部队伍建设、多校区办学与管理模式等方面情况，与山东大学党委书记郭新立、副书记仝兴华等进行交流座谈。

20 日　应卢旺达共和国驻华大使邀请，校长杨勇平一行访问卢旺达共和国驻华大使馆，就卢旺达来华留学生培养、卢旺达高校与华北电力大学的校际合作、卢旺达企业与华北电力大学的校企合作、华北电力大学理事会成员单位与卢旺达电力产业合作等方面情况，与大使查尔斯·卡勇嘉阁下进行交流座谈。

28 日　为期 3 周的 2018 年缅甸电力系统规划研修班完成各项学习任务，顺利结业。

28 日　中国工程院院士刘吉臻教授在保定校区图书馆做题为“智能发电系统体系架构及其关键技术”的学术报告。

28 日　学校举办“助学・筑梦・铸人”活动主题报告会。原校长、中国工程院院士刘吉臻围绕“中国梦・谁的青春不奋斗”这一主题，结合自身的经历做报告，为同学们解答疑惑、指引方向。

28日　副校长律方成与南方电网科学研究院党委副书记、纪委书记刘智宏等就校企合作、人才培养等问题举行座谈。

30 日　校党委书记周坚一行访问厦门大学，就党的建设及干部队伍建设、人事人才、多校区建设等工作，与厦门大学党委书记张彦，校党委副书记、副校长李建发及相关职能部门负责人进行座谈交流。

30 日　校党委副书记、纪委书记何华率领研究生院、党委研究生工作部、院系等相关职能部门负责人一行访问云南大学。云南大学党委书记杨林、校长林文勋接见何华一行。

30 日　华北电力大学理事会 2018 年会在北京召开，会议与中国电力企业联合会 2018 年理事长会议暨中电联成立 30 周年座谈会同时召开。中电联理事长、华北电力大学理事会理事长、全球能源互联网发展合作组织主席刘振亚主持会议，华北电力大学校长杨勇平，中电联副理事长、华北电力大学理事会副理事长、中国工程院院士刘吉臻，副校长郝英杰，华北电力大学理事会副理事长、理事和有关负责人出席会议。会议听取校长杨勇平做的《华北电力大学 2018 年工作报告》，并对华北电力大学未来发展提出意见和建议。

本月　华北电力大学硕士研究生报考规模在 2018 年基础上再创新高。网报人数为 10 974 人，比 2018 年增加 1295 人，增幅 13%。

本月　《高等工程教育研究》2018 年第 6 期特邀刊发杨勇平校长署名文章，全面介绍华北电力大学在“双一流”建设中把握学科建设定位，在科技创新、师资队伍、校企合作、国际化等方面进行的有益探索。

12 月

1 日　学校举行第六期明德大讲堂。中共中央党史研究室宣传教育局原主持工作副局长、中国党史学会常务理事薛庆超教授为学校研究生党员干部做题为“不忘初心，砥砺前行——习近平从梁家河到中南海的历程与启示”专题讲座。

2 日　第四届中国青年志愿服务项目大赛暨 2018 年志愿者交流会在德阳举行。这项比赛是全国志愿服务领域最权威、最具影响力的赛事。保定校区培育的 3 个项目全部入围全国决赛，其中“情暖童心，科技筑梦”项目获金奖。

4 日　学校召开学习全国和全市教育大会精神专题报告会，专题学习全国和全市教育大会精神。党的十九大代表、全国和全市教育大会精神宣讲团成员、首都经济贸易大学党委书记冯培到校为师生做报告。

4 日　巴基斯坦国立科技大学（NUST）校长 Naweed Zaman 先生到访。校长杨勇平会见来访客人并签署“一带一路”能源学院合作伙伴备忘录。

4 日　学校召开第二届中共华北电力大学纪律检查委员会第八次全体会议。会议以两地视频形式进行，校党委副书记、纪委书记何华主持会议，校纪委委员参会，纪委办公室全体工作人员列席会议。

5 日　由中国南方电网有限责任公司、中国电力企业联合会、珠海市人民政府、华北电力大学共同举办的 2018 粤港澳大湾区电力创新高峰会暨第十五届中国南方电网国际技术论坛在珠海举行。

7—9 日　由中国轮滑协会、中国大学生体育协会主办的 2018 年全国大学生自由式轮滑锦标赛暨首届全国大学生单排轮滑球锦标赛在上海体育学院举行。电气 1707 班温德凡获平地跳高女子组冠军。

9 日　“华为杯”第十五届中国研究生数学建模竞赛颁奖大会在中国海洋大学举行。华北电力大学在这次比赛中再创佳绩，50 支队伍在这次比赛中获奖，其中一等奖 2 队，二等奖 21 队，三等奖 27 队。

9—16 日　以副校长王增平为团长的 5 人代表团分别赴荷兰格罗宁根大学、代尔夫特理工大学和捷克技术大学进行访问。

10 日　校离退休职工活动中心揭牌仪式。校党委书记周坚、学校老领导代表徐大平为中心揭牌。党委副书记、纪委书记何华，相关职能部门负责人以及离退休老同志代表参加仪式。

11 日　保定校区召开国家自然科学基金申请座谈会。副校长律方成，科技处和各院系负责人参加座谈会。

12—13 日　IEEE IAS 主席汤米・塞巴斯蒂安（Tomy Sebastian）博士、IEEE IAS 分会与会员部主席彼得・帕尔・麦格雅尔（Peter Pal Magyar）博士、IEEE 中国区代表处项目经理王岚、IEEE IAS 学生分支联合主席王欣校友一行受邀到保定校区参加创新发展主题交流活动。

12—15日　校党委副书记何华访问俄罗斯南乌拉尔国立大学和莫斯科动力学院。

13 日　校党委书记周坚先后到教务处和科研院，就本科人才培养和科技创新工作进行调研。

13 日　副校长孙忠权及党委学工部、就业指导中心等部门负责人，调研人文与社会科学学院学生工作。

13—20 日　副校长孙忠权先后赴 12 个学院调研学生工作，与学院主要领导、副书记、辅导员进行座谈交流。

14 日　校长杨勇平专程到中日友好医院看望王永干校友。

18日　新能源电力系统国家重点实验室主任刘吉臻院士做题为“能源革命与再电气化”的学术报告。实验室研究人员及相关院系师生 100 余人参加报告会。

19 日　华北电力大学申报的“燃煤电站烟气多污染物协同控制重点实验室”纳入河北省学科重点实验室建设计划。这是获批“保定市电力能源环境污染控制重点实验室”后的又一突破。

21 日　学校召开 2017—2018 学年度“校长奖学金”获奖学生代表座谈会，校长杨勇平与获得“校长奖学金”荣誉称号的学生进行座谈交流。

21 日　校党委书记周坚在保定校区主持召开座谈会，就开好校级领导班子民主生活会征求保定校区民主党派、无党派人士、“两代表一委员”、高层次人才、老中青教授等教师代表对学校领导班子、班子成员的意见和建议。

24 日　学校与海南电网公司签署战略合作协议。双方围绕海南自由贸易试验区建设，将在人才培养、科技创新、智库建设等方面开展深度合作。

27 日　学校召开本科教育工作会议。校党委书记周坚、校长杨勇平就学校如何坚持“以本为本”、推进“四个回归”，如何打造具有华电特色的一流本科教育，进而推动学校高水平研究型大学建设和“双一流”建设，做重要讲话。

本月　经济与管理学院牛东晓教授为首席专家在 2018 年度哲学社会科学研究重大课题攻关项目申报的“构建清洁低碳、安全高效的能源体系政策与机制研究”获准立项，资助金额 80 万元。这是学校哲学社会科学研究获得的首个教育部哲学社会科学研究重大课题攻关项目，也是学校哲学社会科学研究新的突破。

本月　中国电子学会公布 2018 年度的中国电子学会会士，本次共当选 14 位会士，电气与电子工程学院赵雄文教授当选。

本月　教育部办公厅发布《关于公布首批全国党建工作示范高校、标杆院系、样板支部培育创建单位名单的通知》（教思政厅函〔2018〕43 号），能源动力与机械工程学院党委入选“全国党建工作标杆院系”培育创建单位。

本月　共青团中央、全国学联等部门对 2018 年全国大学生社会实践活动进行集中表彰。校部团委王集令获 2018 年全国大中专学生志愿者暑期“三下乡”社会实践活动优秀个人。保定校区团委获 2018 年全国大中专学生志愿者暑期“三下乡”社会实践活动优秀单位。

本月　国家级教学成果奖获奖揭晓，华北电力大学主持完成的《适应国家能源战略需求，培养行业特色卓越人才的十六年探索与实践》和参与完成的《基于校企协同的“订单＋联合”大核电人才培养体系创新与实践》2 项成果获国家级教学成果二等奖。

机构与干部

Departments and Carders

华北电力大学2018年校级领导干部

党委书记　周　坚

校　　长　杨勇平

党委副书记　杨勇平　何　华　汪庆华　郭孝锋

副 校 长　李双辰　郝英杰　孙忠权　王增平　律方成　檀勤良

纪委书记　何　华

党委常委　周　坚　杨勇平　何　华　李双辰　郝英杰　孙忠权　汪庆华　郭孝锋　律方成　檀勤良　张天兴

（党政办　彭　伟　提供）

华北电力大学2018年机构设置及负责人

（北　京　校　部）

机　构　名　称	姓名	职　　务
党政办公室	陈　溪	党政办公室主任
党委组织部、党校	鹿　伟	党委组织部常务副部长、党校常务副校长
党委宣传部、新闻中心	陈　志	党委宣传部常务副部长、新闻中心主任、新闻发言人
党委统战部	张天兴	党委常委、党委统战部部长
纪委办公室、监察处	范　立	纪委副书记、纪委办公室主任、监察处处长
党委教师工作部、人事处	张新娟	党委教师工作部部长、人事处处长
政策法规研究室	郭炜煜	政策法规研究室主任
教务处、卓越工程师教育培养办公室	柳长安	教务处处长、卓越工程师教育培养办公室主任、教师教学发展中心主任（兼）
科学技术研究院	杜小泽	科学技术研究院院长
党委学生工作部、党委武装部、学生处	沈　岚	党委学生工作部部长、党委武装部部长、学生处处长、学生资助管理中心主任
研究生院、学位办公室	卢占会	研究生院常务副院长、学位办公室主任、专业学位教育中心主任
党委研究生工作部	李　林	党委研究生工作部部长、研究生院副院长（兼）
计划财务处	胡东星	计划财务处处长
审计处	刘　斐	审计处处长
对外联络与合作部	胡三高	对外联络与合作部部长
国际合作处、港澳台办公室	段春明	国际合作处处长
资产管理处	于喜海	资产管理处处长
基建处、校园规划办公室	赵秀国	基建处处长、校园规划办公室主任
后勤管理处、后勤服务集团	白　海	后勤管理处处长、后勤服务集团总经理、附属学校建设与管理办公室主任
党委保卫部、保卫处	倪景峰	党委保卫部部长、保卫处处长
学科建设办公室、“双一流”建设办公室	赵冬梅	学科建设办公室主任、双一流建设办公室主任
人才工作办公室、博士后管理工作办公室	刘明军	人才工作办公室主任、博士后管理工作办公室主任
网络与信息化办公室	杨万华	网络与信息化办公室主任
教育基金工作办公室	王子杰	教育基金工作办公室主任
招标中心	肖万里	招标中心主任

续表

机构名称	姓名	职务
离退休工作办公室	李献东	离退休工作办公室主任
工会	林长强	工会常务副主席
团委、艺术教育中心	王集令	团委书记
继续教育学院	沈剑飞	继续教育学院院长
档案馆	陈　军	档案馆副馆长
电气与电子工程学院	毕天姝	电气与电子工程学院院长、电气与电子工程学院党委副书记
能源动力与机械工程学院	徐进良	能源动力与机械工程学院院长
控制与计算机工程学院	房　方	控制与计算机工程学院常务副院长
经济与管理学院	李彦斌	经济与管理学院院长兼 MBA 教育中心主任、经济与管理学院党委副书记
可再生能源学院	戴松元	可再生能源学院院长、可再生能源学院党委副书记
核科学与工程学院	（空缺）	
环境科学与工程学院	王祥科	环境科学与工程学院院长、环境科学与工程学院党总支副书记
数理学院	（空缺）	
人文与社会科学学院	苑英科	人文与社会科学学院院长、人文与社会科学学院党委副书记、公共管理硕士（MPA）教育中心主任（兼）
外国语学院	赵玉闪	外国语学院院长、外国语学院党委副书记
马克思主义学院	孙　平	马克思主义学院副院长（主持工作）
国际教育学院	包小勇	国际教育学院院长、国际教育学院党总支副书记
体育教学部	曹运华	体育教学部主任、体育教学部直属党支部书记
新能源电力系统国家重点实验室	毕天姝	新能源电力系统国家重点实验室常务副主任
生物质发电成套设备国家工程实验室	董长青	生物质发电成套设备国家工程实验室常务副主任
国家火力发电工程技术研究中心	顾煜炯	国家火力发电工程技术研究中心常务副主任
现代电力研究院	张粒子	校长助理、现代电力研究院常务副院长
苏州研究院	柴大鹏	苏州研究院常务副院长、苏州研究院直属党支部书记
期刊出版部	王佃启	期刊出版部主任
高等教育研究所	荀振芳	高等教育研究所所长
图书馆	刘宗歧	图书馆馆长
工程实践中心	刘自发	工程实践中心主任
金工实训中心	夏延秋	金工实训中心主任
校医院	刘晓峰	校医院院长、校医院直属党支部书记

（保定校区）

机构名称	姓名	职务
校长助理	米增强	校长助理
党政办公室	陈立伟	党政办公室副主任、机关（保定）党委书记（兼）
党委组织部、党委统战部、党校	李　瑾	党委组织部副部长、党委统战部副部长、党校副校长
党委宣传部、新闻中心	仇必鳌	党委宣传部副部长、新闻中心副主任
纪委办公室、监察处、审计处	刘志远	纪委副书记、纪委办公室副主任、监察处副处长、审计处副处长
党委教师工作部、人事处、人才工作办公室、博士后管理办公室	姜　波	党委教师工作部副部长、人事处副处长、博士后管理办公室副主任、人才工作办公室副主任

续表

机 构 名 称	姓名	职 务
教务处、教师教学发展中心、卓越工程师教育培养办公室	张晓宏	教务处副处长、卓越工程师教育培养办公室副主任、教师教学发展中心副主任（兼）、教科（保定）党总支书记（兼）
科学技术处（保定）	丁常富	科学技术研究院副院长、科学技术处（保定）处长
党委学生工作部、学生处、武装部、就业指导中心	李 东	党委学生工作部副部长、党委武装部副部长、学生处副处长、学生资助管理中心副主任
党委研究生工作部、研究生院、学科建设办公室、专业学位教育中心、学位办公室、双一流建设办公室	顾雪平	研究生院副院长、学位办公室副主任、学科建设办公室副主任、双一流建设办公室副主任、专业学位教育中心副主任
财务与资产管理处（保定）	丁相宝	财务与资产管理处（保定）处长
国际合作处、国际教育学院	武彦军	国际教育学院（保定）党总支书记、国际合作处副处长、国际教育学院副院长
后勤管理处（保定）	李长青	后勤管理处（保定）处长
基建处、校园规划办公室	（空缺）	
党委保卫部（保定）、保卫处（保定）	卢青松	党委保卫部（保定）部长、保卫处（保定）处长
对外联络与合作部	赵冬鸣	对外联络与合作部副部长
网络与信息化办公室	李春祥	网络与信息化办公室副主任
离退休工作办公室	赵宏宇	离退休（保定）党委书记、离退休工作办公室副主任
工会（保定）	杨实俊	工会（保定）常务副主席
团委（保定）	王 家	团委（保定）书记
艺术教育中心	吴乐为	艺术教育中心主任
招标中心	周 泽	招标中心副主任
继续教育学院	张栾英	继续教育学院副院长
高等教育研究所	（空缺）	
电力工程系	刘云鹏	电力工程系主任兼电气与电子工程学院副院长、电力工程系党委副书记
电子与通信工程系	戚银城	电子与通信工程系主任兼电气与电子工程学院副院长、电子与通信工程系党委副书记
动力工程系	韩中合	动力工程系主任兼能源动力与机械工程学院副院长、动力工程系党委副书记
机械工程系	范孝良	机械工程系主任兼能源动力与机械工程学院副院长、机械工程系党委副书记
自动化系	王印松	自动化系主任兼控制与计算机工程学院副院长
计算机系	鲁 斌	计算机系主任兼控制与计算机工程学院副院长、计算机系党委副书记
经济管理系	李 伟	经济管理系主任兼经济与管理学院副院长、经济管理系党委副书记
环境科学与工程系	付 东	环境科学与工程系主任兼环境科学与工程学院副院长、环境科学与工程系党委副书记
数理系	阎占元	数理系主任兼数理学院副院长、数理系党委副书记
法政系	梁 平	法政系主任兼人文与社会科学学院副院长、法政系党委副书记
马克思主义学院（保定）	王聚芹	马克思主义学院（保定）院长兼马克思主义学院副院长、马克思主义学院（保定）党总支副书记
英语系	高 霄	英语系主任兼外国语学院副院长
科技学院	宋 玮	科技学院常务副院长、科技学院党委副书记
体育教学部	房游光	体育教学部（保定）直属党支部书记、体育教学部（保定）主任
校医院	李迎春	校医院（保定）院长
图书馆	高 强	图书馆（保定）直属党支部书记、图书馆（保定）馆长
工程训练中心	王秀梅	工程训练中心主任

（注：以上数据统计截止时间为 2018 年 12 月 19 日，党委组织部 张艳斌 徐 定 提供）

华北电力大学2018年直属各党委（党总支、党支部）负责人

（北　京　校　部）

序号	直属各党委（党总支、党支部）	姓名	职　　务
1	电气与电子工程学院党委	李庚银	电气与电子工程学院党委书记
2	能源动力与机械工程学院党委	徐　鸿	能源动力与机械工程学院党委书记
3	经济与管理学院党委	于新华	经济与管理学院党委书记
4	控制与计算机工程学院党委	刘　威	控制与计算机工程学院党委书记
5	可再生能源学院党委	刘永前	可再生能源学院党委书记
6	核科学与工程学院党委	陆道纲	核科学与工程学院党委书记
7	人文与社会科学学院党委	黄向军	人文与社会科学学院党委书记
8	数理学院党委	吴万凯	数理学院党委书记
9	外国语学院党委	徐玲玲	外国语学院党委书记
10	国际教育学院党总支	李　旸	国际教育学院党总支书记
11	马克思主义学院党总支	蔡利民	马克思主义学院党总支书记
12	环境科学与工程学院党总支	马小勇	环境科学与工程学院党总支书记
13	继续教育学院党总支	卜春梅	继续教育学院党总支书记
14	机关党委	王　硕	机关党委副书记
15	教学科研党总支	朱正茂	科学技术研究院副院长、教学科研党总支书记（兼）
16	图书馆党总支	林　红	图书馆党总支书记
17	后勤服务集团党总支	杜建国	后勤服务集团党总支书记
18	离退休党委	李金全	离退休党委书记
19	体育教学部直属党支部	曹运华	体育教学部主任、体育教学部直属党支部书记
20	校医院直属党支部	刘晓峰	校医院院长、校医院直属党支部书记
21	苏州研究院直属党支部	柴大鹏	苏州研究院常务副院长、苏州研究院直属党支部书记

（保　定　校　区）

序号	直属各党委（党总支、党支部）	姓名	职　　务
1	电力工程系党委	赵书强	电力工程系党委书记
2	电子与通信工程系党委	李红霞	电子与通信工程系党委书记
3	动力工程系党委	李秋夫	动力工程系党委书记
4	机械工程系党委	葛永庆	机械工程系党委书记
5	自动化系党委	严　立	自动化系党委书记
6	计算机系党委	王迎新	计算机系党委书记
7	经济管理系党委	祝志杰	经济管理系党委书记
8	环境科学与工程系党委	谢　红	环境科学与工程系党委书记
9	数理系党委	屈朝霞	数理系党委书记
10	法政系党委	戴　民	法政系党委书记
11	马克思主义学院（保定）党总支	张德安	马克思主义学院（保定）党总支书记

续表

序号	直属各党委、党总支、党支部	姓名	职　　务
12	英语系党总支	张冬生	英语系党总支书记
13	国际教育学院（保定）党总支	武彦军	国际教育学院（保定）党总支书记、国际合作处副处长、国际教育学院副院长
14	科技学院党委	曹晓新	科技学院党委书记
15	机关（保定）党委	陈立伟	党政办公室副主任、机关（保定）党委书记（兼）
16	教科（保定）党总支	张晓宏	教务处副处长、卓越工程师教育培养办公室副主任、教师教学发展中心副主任（兼）、教科（保定）党总支书记（兼）
17	离退休（保定）党委	赵宏宇	离退休（保定）党委书记、离退休工作办公室副主任
18	后勤管理处（保定）党总支	曲　涛	后勤管理处（保定）党总支书记
19	体育教学部（保定）直属党支部	房游光	体育教学部（保定）直属党支部书记、体育教学部（保定）主任
20	图书馆（保定）直属党支部	高　强	图书馆（保定）直属党支部书记、图书馆（保定）馆长
21	校医院（保定）直属党支部	陈惠芸	校医院（保定）直属党支部书记

（注：以上数据统计截止时间为 2018 年 12 月 19 日，党委组织部　张艳斌　徐　定　提供）

党群工作与行政管理

Influence of the Relations
Between the Party and the Masses on Administration

○ 综　　述

2018 年，华北电力大学深入学习贯彻习近平新时代中国特色社会主义思想、党的十九大和全国教育大会精神，全校上下“四个意识”更加牢固，“四个自信”更加坚定，“两个维护”更加自觉。党委领导下的校长负责制进一步完善，党对学校工作的全面领导切实加强，党委领导核心作用进一步发挥。大力推进基层党建创新，党建工作质量有效提升，能源动力与机械工程学院党委入选教育部首批“党建工作标杆院系”培育创建单位，法政系党委入选河北省党建工作标杆院系。召开全面从严治党大会，出台校内巡察工作五年规划及实施办法，以两地交叉的方式，完成 8 个二级单位党组织的校内巡察，全面推行二级单位党组织书记约谈制度，推动“两个责任”落实落细。落实师德“一票否决制”，开展“做新时代‘四有’好老师和‘四个引路人’”学习实践活动。在全校大兴调查研究之风，对干事创业形成强力助推。统战、群团、安全保卫、离退休、扶贫等工作全面加强，大学文化建设迈上新台阶。

2018 年是建校 60 周年，以“点亮新时代的电力之光”为主题，突出文化、学术、开放、共享的定位，成功举办一届内涵丰富、意义重大、影响深远的甲子校庆。顺利召开建校 60 周年创新发展大会，电力央企领导“全勤”到场点赞，大学理事单位主要负责同志联袂为学校“新时代 新甲子 新征程”启航。重新编撰《校史》，新建校史馆，评选建校 60 周年华电人物和杰出校友，圆满完成校友总会和其他校友会换届工作，开展一系列富有影响力的校庆活动。

加快“双一流”建设步伐，组织编制“双一流”建设实施方案，召开“双一流”建设推进会，确立关键环节的改革攻坚路线图。加强过程管理，出台“双一流”建设管理办法和资金管理办法，全面构建“双一流”建设基本管理制度，提升中央专项经费统筹管理能力。学科建设成绩斐然，新增水利工程、核科学与技术 2 个博士学位一级授权点，以及 2 个硕士专业学位授权点。“工程学”进入 ESI 世界前 1‰行列，“材料科学”“化学”两个学科进入 ESI 世界前 1%行列，世界前 1%学科数达到 4 个，学科整体实力和社会声誉进一步提升。

“大思政”工作格局初步确立，制定《进一步加强“三全育人”格局建设的实施意见》，“明德大讲堂”等一批精品思政教育项目亮点纷呈，“名师班主任”工作实现品牌化发展，控制与计算机工程学院入选教育部首批“三全育人”综合改革试点学院，“绿色电力”新能源科技教育扶贫服务行动获批教育部高校思想政治工作精品项目。本科教育中心地位全面凸显，顺利通过教育部本科教学工作审核评估，首次召开全校本科教育工作大会，全面开启建设一流本科的新篇章。研究生培养质量进一步提高，启动“双一流”研究生人才培养项目建设，完成 34 个学位授权点的自评估工作，完善博士研究生选拔机制，开展研究生优质课程建设工作，实施研究生国际交流计划。教育教学改革深入推进，2 项成果获国家级高等教育教学成果奖，16 项成果获北京市高等教育教学成果奖。积极探索多元化人才培养机制，与中科院工程热物理所联合成立吴仲华学院，成立人工智能实验班。专业建设实现新突破，电气工程及其自动化、核工程与核技术专业通过教育部工程教育专业认证。创新创业教育蓬勃发展，学生获各类国际、国家级竞赛奖 582 项，省部级奖 471 项，成功承办首届全国大学生可再生能源科技竞赛。

持续深化人事制度改革，开展聘期考核和新一轮专业技术岗位聘任工作，修订专业技术职务评聘办法，完成机构设置及定岗定责基础工作，推进养老保险改革，出台七级及以下职员职级晋升办法，人力资源管理水平不断提升。加大高层次人才引育力度，积极推进海外引智，成功举办 2018 能源电力世界青年学者论坛，一批优秀青年才俊加盟华电，新增各类高层次人才 9 人。教师队伍彰显新活力，3 人入选国家“万人计划”，2 人入选科技部中青年科技创新领军人才，2 人获得国家自然科学基金优秀青年基金项目资助。

圆满完成年度 22 亿元收入目标，为事业发展提供有力的财务支撑。建成大学主数据平台、移动端数字门户、IT 运维平台、两校区视频会议系统和教师综合信息查询系统，分步推进“一表通”系统建设，升级网站群，信息化水平进一步提升。北京校部 15 号学生宿舍楼、保定校区学 20 舍投入使用，对校园基础设施进行大规模修缮改造，办学条件进一步改善。平安校园建设稳步推进，校园秩序、安全形势稳中向好。图书、期刊、高教研究、档案、医疗、体育等服务保障水平也进一步提升。一年来，学校努力拓展资源，不遗余力为师生做实事、办好事、解难事，教职工收入稳步增长，学生奖助学金大幅提升，竭尽所能提高离退休人员待遇，完成建设离退休职工活动中心、教室安装空调、学生宿舍设施换新等 50 余项实事，让改革发展成果更好惠及师生。

党政办工作

【概述】2018年，党政办落实学校第二次党员代表大会和六届六次教代会的各项决策部署，以“三服务”为目标，充分发挥“沟通上下、协调左右、咨询参谋、督查督办”的作用，强化工作职责，创新工作方法，改进工作作风，为学校的重大事项、重点工作、重要任务的推进与落实做好优质服务，完成各项工作计划。

（田　里）

【概况】2018年，党政办加强制度建设，扎实推进依法治校工作。制定《华北电力大学国内公务接待管理规定》《华北电力大学校领导联系基层工作制度（试行）》《校领导联系基层工作方案》，研究起草《华北电力大学会议管理办法》《华北电力大学贯彻落实中央八项规定实施细则》《华北电力大学关于规范使用签报制度的通知》《华北电力大学保密工作总则（意见征求稿）》等11项管理制度文件，推进学校管理工作的规范化、制度化、流程化。认真组织开展学校各类领导小组（委员会）的清理调整工作，共梳理各类领导小组（委员会）89个，并对议事协调机构的设立、调整、退出等环节做出明确规定。

2018年，党政办积极做好学校各类重要会议活动的组织工作。按照学校党委的要求，完善会议活动组织工作流程，调动各有关单位的积极性，建立职责明确、分工合作、协调有序的会务组织机制。参与组织建校60周年创新发展大会等重要大型会议27次，完成教育部孙尧副部长、教育部驻部纪检组吴道槐组长、北京市委常委、组织部长魏小东等上级领导来校调研接待工作；迎接教育部、北京市等上级单位的来校检查督查20次；协助组织“院士校园行”“第十四届海峡峡两岸气候变迁与能源可持续发展论坛年会和两岸能源高峰会议”等大型学术会议71次；策划组织全面从严治党大会、教职工代表大会、开学典礼、毕业典礼等校内大型会议16次。

2018年，党政办以“真诚服务、周到服务”为理念，扎实做好综合行政服务工作。全年为直属各单位刻制各类印章21枚；规范使用用印登记台账，开具介绍信47封，提供事业单位法人证书复印件和法人身份证复印件各2000余份，提供印章使用8700余人次，加盖公章材料10万余份。统计整理校领导日程安排，形成日程表近41份。加强总值班室管理，严格实行签到制度，启动《华北电力大学总值班室值班制度》修订工作制定《华北电力大学保定校区值班工作制度》。编辑排版学校公文及红头函件760余份，共计500余万字，印刷文件材料5000余份。

2018年，党政办强化责任意识、质量意识和服务意识，努力提高办公室文秘工作水平。起草各类会议活动领导讲话稿40份，做好领导讲话的记录整理；向教育部、北京市等上级部门报送专项报告材料17份，起草贺信、邀请函等43份。参与建校60周年校庆活动的文字材料工作，涉及大会领导讲话稿、邀请函、贺信等110余份文字材料的起草、修订和审核工作。参与完成学校60周年校庆工作的《校史（1958～2018）》资料收集、编撰、校稿工作。全年草拟文稿共计280余万字，发文442件，收文1326件，处理涉密文件348件，未发生失密和泄密事件。

2018年，党政办加强督查督办，推进重点工作落实。制定印发《2018年教代会校长工作报告重点工作任务分解表》和《2018年教代会校长工作报告重点工作任务年历》，并于年中和年末，对校直各单位工作进展及任务完成情况进行了督促检查，定期向领导汇报重点工作任务进展情况。对学校印发的《关于进一步推进大学实质性一体化建设的通知》《关于印发<关于在全校大兴调查研究之风的工作方案>的通知》等重要文件的贯彻落实情况和常委会、办公会决议事项落实情况开展专项督查，并将有关情况及时报送主要领导，督促推动重要文件和学校决策贯彻落实到位。

2018年，党政办以检查整改为契机，推动保密工作规范化。根据北京市国家保密局对校部保密检查反馈结果，立即展开整改工作，研究制定整改方案，明确整改工作目标和任务。进一步加强保密制度建设，起草《华北电力大学保密管理规定（审议稿）》，完成新一届保密委员会换届工作。做好涉密人员上岗、在岗、离岗和脱密期全过程管理。强化对涉密人员的培训，签订安全保密责任书，组织举办保密知识培训会。加强和规范涉密人员确定工作，根据“先岗后人、人随岗定”的原则，明确涉密岗位、涉密人员和涉密人员等级。

2018年，党政办进一步做好信访、信息公开与信息报送工作。成立信访工作领导小组，规范信访流程，修改信访接待单，全年流转校长信箱来信1200余封。全年共接待来信来访21件，其中已得到妥善处理16件。全年共发布信息517条，接收传真260份，编制信息公开报告1份，向教育部报送信息4条，其中被教育部办公厅收录2条，按照教育部《高等学校信息公开事项清单》要求，所有公开信息在“信息公开网”上发布，做到信息公开和信息报送的及时、准确和全面。不断提高信息工作的质量与水平，保定校区全年共收到各单位报送信息1800余条，编制《每周信息》38期、《每周快讯》30期，并向保定市委报送信息37则，获“2018年保定市信息工作优胜单位”。

2018年保定校区按照河北省和保定市要求，围绕对象精准、内容精准、目标精准、措施精准抓好精准扶贫工作组织相关党委59名党员干部多次赴阜平县开展入户走访、开展结对帮扶。

（田　里　任治政　水志国　谢　连）

【做好接受教育部本科教学工作审核评估的组织协调工作】 2018年5月21—25日，教育部本科教学工作审核评估专家组对华北电力大学进行考察。5月25日，学校召开华北电力大学本科教学工作审核评估专家意见反馈会，教育部专家组向学校口头反馈审核评估意见。党政办按照学校党委要求，组织协调全校上下迎接评估工作。

（田　里　牛泽钊）

【做好学校建校60周年系列庆祝活动的组织协调工作】 2018年10月28日，华北电力大学建校60周年创新发展大会在北京校部、保定校区同时举行。国务院原总理、全国人大常委会原委员长李鹏，全国政协原副主席钱正英发来贺信。教育部、北京市、河北省领导出席会议，大学理事会成员单位主要负责同志联袂出席大会，共同为华北电力大学“新时代　新甲子　新征程”启航。党政办按计划做好大会期间的各项组织协调工作。

（田　里　牛泽钊）

组　织　工　作

【概述】 2018年，华北电力大学进一步拓宽组织工作思路、改进工作局面，深入推地是落实高校党建工作重点任务不断深化干部选拔任用改革，建立处级干部考核网上测评系统，扎实做好干部换届和干部考核工作，为学校“双一流”建设和高水平研究型大学建设提供有力的政治保障和组织保障。

2018年，根据中组部、教育部党组印发《高校党建工作重点任务》，党委组织部扎实推进，初步取得五个“一”的成绩。

第一次进行校内12个学院的大范围党建工作调研，个别访谈178人次，形成基层党建工作调研报告13份，总计17万字，同时首次对京外7所高校进行实地走访调研。全面贯彻落实教育部“调查研究年”工作要求和学校党委“大兴调查研究之风”工作部署。

第一次获得“北京高校教师党员在线学习”单位排名第一名；通过举办新任处级干部培训班、党员干部在线培训等共计培训教工2642人次；学生入党积极分子及发展对象培训班实行“双倍双期”培养，共计培训学生8126人次，创历史新高，师生党性教育进一步增强。

第一次进行力度最大的基层党组织建设重点难点项目支持计划。首批设立7个重点项目，共计9个院系参与，形成以重点任务落实为主线，以重点项目推进为核心，校院两级协同互动的工作模式，并取得阶段性的工作成效。

第一次入选教育部党建双创——“十百千万”工程。认真落实教育部“对标争先”建设计划部署，按照党委“四个过硬”、院系“五个到位”和支部“七个有力”的要求，学校认真对标找差、对表落实。遴选校内优秀基层党组织和党员申报教育部“十百千万”创建工作。同时，对标教育部“十百千万”工程，拟在校内开展“新时代党建对标争先420工程”。

第一次增加现场听取支部会议方式对发展党员工作进行全过程检查。采取“学院自查、走访抽查、现场听会”三环节全覆盖方式，走访检查学院12个，查阅资料300余份，现场听取支部党员发展、转正大会12场，查找发现9类问题，聚焦重点，抓住关键，先后制作、编印《入党教育引导动画视频——争小流带你秒懂入党那些事儿》《发展党员工作培训规范教程》《华北电力大学发展党员工作实务手册》，把严格标准、严格程序、严肃纪律作为发展党员工作的重要遵循，从源头上保障党员队伍的质量。

2018年12月，能源动力与机械工程学院党委获教育部首批“全国高校党建标杆院系”培育创建单位。法政系党委获河北省首批“党建工作标杆院系”培育创建单位学校获得2017年“北京高校党内统计工作优秀报表单位”。

（张艳斌　徐大圣　高　洁　秦芳芳　徐　定　赵　萱）

【概况】 至2018年底，华北电力大学共有24个直属党委、12个党总支、6个直属党支部、487个基层党支部，其中学生党支部278个、在职教职工党支部191个、离退休职工党支部18个。共有中共党员7656名，其中在职教职工党员2151名、离退休教职工党员555名、本科生党员1838名、研究生党员2908名。共发展中共党员1519名。共有处级干部319人，其中正处级干部127人，副处级干部192人。

（高　洁　秦芳芳　徐　定　赵　萱）

【召开2017年度党支部生活会】 2018年1月，根据上级有关要求，学校各基层党支部召开专题组织生活会，围绕深入学习贯彻党的十九大精神，牢固树立“四个意识”，坚定“四个自信”，提升基层党组织组织力，对标新时代党的建设总要求等，广泛征求意见，深刻查摆问题，开展批评和自我批评。9月，根据保定市委有关要求，保定校区组织基层党支部召开巡视整改专题组织生活会。

（高　洁　秦芳芳）

【召开校级领导班子民主生活会】 2018年1月，华北电力大学按照中组部、教育部和北京市委教育工委要求，召开校级领导班子民主生活会。班子成员严格按照程序和要求召开征求意见座谈会、谈心谈话、进行对照检查，会上严肃开展批评和自我批评，会后制定班子整改方案和个人整改措施。

（徐　定　徐大圣　赵　萱）

【完成正处级干部提拔工作】 2018年1月至3月，华北电力大学按照《党政领导干部选拔任用工作条例》，按照本次换届调整“先测评推荐，后换届调整；先正处、后副处；先轮岗，后提拔”的步骤，完成正处级干部提拔任职工作，共提任正处级干部20人。

（徐　定　徐大圣　赵　萱）

【完成处级领导班子及领导干部考核工作】 2018年3月，华北电力大学根据工作需要，构建处级干部考核网上测评系统，制定处级领导班子测评的“思想政治建设、领导能力、工作实绩、党风廉政”4项一级指标以及处级领导干部个人测评的“德、能、勤、绩、廉”一级指标下的19项二级指标，采取网上测评的方式完成2017年度校级领导班子及领导人员考核工作。

（徐　定　徐大圣　赵　萱）

【开展校级领导班子及领导人员年度考核】 2018年3月，华北电力大学在教代会期间召开述职测评大会，对校领导进行述职考核测评，提前印发校领导述职报告，当场填涂考核测评表，最终送交教育部人事司统一采用机读方式统计测评结果。

（徐大圣　徐　定　赵　萱）

【完成干部选拔任用“一报告两评议”工作】 2018年3月，华北电力大学按教育部要求，开展干部选拔任用“一报告两评议”工作。由学校党委召开大会，报告干部选拔任用工作情况，包括2017年党委选拔任用干部总体情况，创新选人用人措施和办法、建立健全干部选拔任用和监督机制等情况。与会人员对干部选拔任用工作和2017年提拔任用的处级干部进行民主评议。

（徐大圣　徐　定　赵　萱）

【开展精准扶贫驻村工作】 2018年3月，华北电力大学响应党中央号召，按照河北省精准脱贫工作会议精神，选派驻村工作队，戴民、崔振国为队长，邵丙信、宋雨、贺运政、赵会超为队员，入驻阜平县凹里村、龙王庙村，开展精准扶贫驻村工作。

（徐大圣　赵　萱）

【开展党支部规范化建设工作】 2018年3月起，按照北京市的有关要求和部署，开展党支部规范化建设工作。具体内容是坚持和完善“B（标准）＋T（特色）＋X（先进）”内容体系，利用“四个一”即“一规一表一册一网”支撑载体，有针对性地抓好支部学习，开展活动。为每个院（系）党组织、基层党支部制作发放党支部工作规范和党支部工作手册，校内开展3次党支部书记、党务工作者相关培训。

（高　洁）

【开展基层党组织和在职党员“双报到”工作】 2018年4月，按照市委组织部和北京市委教育工委工作部署，开展党员党组织“双报到”工作，即基层党组织到所在地区的街道（乡镇）党（工）委进行报到、在职党员到居住地社区（村）党组织进行报到。至年底基层党组织报到率达100%，党员报到率达97%。

（高　洁）

【开展基层党建工作督查】 2018年4月至6月，党委组织部对保定校区各级党组织工作记录进行检查，要求直属党委（党总支、党支部）对标整改，并查验所辖支部2018年度工作记录。10月，保定市委组织员办公室到保定校区检查基层党建重点工作推进情况，并提出整改建议；党委组织部以此为契机，对比较集中的问题以及整改重点工作行梳理，集中力量编写保定校区《院（系）级党组织建设工作手册》和《党支部工作规范》为各级党组织提供指南，要求各级党组织进一步做好整改工作，并组成督查小组将逐步到各单位实地检查，提升保定校区基层党建工作规范化、科学化水平。

（秦芳芳）

【举办入党积极分子培训班】 2018年4—12月，党委组织部、党校指导各院系举办第45期、46期入党积极分子培训班。调整课堂讲授内容模块，增加分组讨论培训形式，开展优秀培训活动评选、推广先进工作经验，共培训教师、学生入党积极分子5100余名。

（徐大圣　徐　定　赵　萱）

【举办发展对象培训班】 2018年4—12月，党委组织部、党校与直属各党委（党总支、党支部）共同举办发展对象培训班，北京校部由党校统一组织，保定校区党校负责拟定总体培训计划，制定学习方案，提供视频教学资料，发放结业证书；直属各党委（党总支、党支部）负责依照党校统一安排，自行拟定培训计划，聘请授课教师，组织好本单位的开班典礼、集中教学、结业典礼。培训班采取专题报告、视频教学、分组讨论、实践教学等形式开展，共培训发展对象2900余名。

（徐　定　徐大圣　赵　萱）

【实施教师党支部书记双带头人培育工程】 2018年5月起，按照教育部和上级有关工作部署，校内实施教师党支部书记“双带头人”培育工程。以电气与电子工程学院为试点，完成“双带头人”教师党支部书记的选任，并逐步实施聚焦重点任务、着力培养教育等环节工作。同时，将“双优人才”培育工程列入学校“双一流”建设计划。

（高　洁　秦芳芳）

【实施对标争先建设计划和完成十百千万工程申报】 2018年5月起，按照教育部工作部署，校内实施“对标争先”建设计划，依照“对标争先”建设要求，开展“新时代高校党建示范创建和质量创优工作，完成教育部“十百千万”工程申报。能源动力与机械工程学院党委或教育部首批“全国高校党建标杆院系”培育创建单位，法政系党委获“河北省首批党建工作标杆院系”培育创建单位。

（高　洁）

【开展基层党建重点难点项目实施计划】 2018年5月，为贯彻落实中组部、教育部《高校党建工作重点任务》，校内开展基层党建重点难点项目支持计划。重点支持“加强院（系）党的领导”等7个项目实施，结合各单位实际共确立9个项目实施单位，项目建设周期为1年。

（高　洁）

【召开庆祝中国共产党成立97周年表彰大会】 2018年5—6月，为激励学校广大党员干部和师生员工在学校“双一流”建设、学校60周年校庆等重大任务中奋发进取、争创先进，开展华北电力大学先进基层党组织、优秀共产党员和优秀党务工作者评选活动。经过基层推荐、学校评审、校党委研究，共评选出49个校级“先进基层党组织”、200名校级“优秀共产党员”和84名校级“优秀党务工作者”。6月27日，学校举行纪念中国共产党成立97周年表彰大会，对获奖的先进基层党组织、优秀共产党员和优秀党务工作者进行表彰。

（高　洁　秦芳芳）

【完成副处级干部选拔任用工作】 2018年5—9月，华北电力大学按照《党政领导干部选拔任用工作条例》，采用报名式双重民主推荐形式选拔92名副处级干部，通过校内外公开招聘形式选拔2名正处级干部和3名副处级干部，完成此次处级干部换届调整工作。新任副处级干部上岗前，党校对新任副处级干部开展为期4天的封闭式培训。

（徐　定　徐大圣　赵　萱）

【开展学院基层党组织建设工作调研】 2018年5—10月，对北京校部全部12个学院进行覆盖式党建工作调研，个别访谈178人次。对京外复旦大学等7所高校进行实地走访调研，形成学校基层党建工作调研报告13份，总计17万字，走访调研报告7份。

（高　洁）

【开展课题结题验收和立项工作】 2018年7月，保定校区召开2017年高校基层党建与思想政治教育研究课题、党组织特色项目结题汇报与验收评审会。6个课题组以及5个项目组参与汇报，经专家评审组认真研讨和考量，同意5个高校基层党建与思想政治教育研究课题和5个基层党组织特色项目结题，同时，决定终止1项高校基层党建与思想政治教育研究课题。

（秦芳芳）

【开展向全国优秀共产党员学习活动】 2018年7月和11月，保定校区分别组织开展向郑德荣等7名“全国优秀共产党员”和向黄群等4名“全国优秀共产党员”学习活动。各基层党组织围绕学习先进典型、发挥先锋模范作用，组织开展主题党日活动，通过支部书记领读、观看视频、专题党课、撰写心得等多种方式开展学习宣传活动，形成宣传先进、学习先进的浓厚氛围。

（秦芳芳）

【开展党建课题和特色项目申报立项工作】 2018年11月，保定校区组织开展2018年高校基层党建与思想政治教育研究课题、基层党组织特色项目的立项评审工作，经专家评审组现场打分并讨论研究，4个党建课题和9个特色项目正式立项，并给予经费支持。

（秦芳芳）

【召开教工党支部书记座谈会】 2018年11月，为进一步探讨新形势下做好学校基层党建工作的新思路、新举措，保定校区在召开教工党支部书记座谈会。校党委副书记郭孝锋与11名党支部书记代表进行座谈，与会人员对支部建设中存在的问题、特色做法进行交流，提出凝练特色项目、加强支部书记培训等推进基层党建工作的建议。

（秦芳芳）

【召开基层党建工作会】 2018年11月，为不断提高基层党建工作规范化制度化科学化水平，保定校区召开基层党建工作推进会，相关部门负责人分别就学校2018年开展的校内巡察工作和保定市委组织部对保定校区基层党建重点工作的检查情况进行通报、说明。校党委副书记郭孝锋提出具体工作要求，并就安全稳定有关工作进行强调。

（秦芳芳）

【校领导援疆挂职锻炼】 2018年11月，根据教育部工作安排，校党委副书记汪庆华赴新疆克拉玛依市挂职任副市长。

（徐　定）

【制定教学科研一线教师党支部书记考核激励办法】 2018年12月，学校制定《华北电力大学教学科研一线教师党支部书记考核激励办法》。确定一线支部书记名单，推进教学科研一线教师党支部书记考核和待遇落实。

（高　洁）

【举办教工党支部书记培训班】 2018年12月，学校在北京保定两地分别举办教工党支部书记培训班，两校区共300余名教工党支部书记参加培训。培训班通过专题报告、分组讨论、经验交流等形式开展，发放学习教材，结合小组集中学习和学员自学，进一步增强党支部书记做好新形势下基层党建工作和思想政治工作的能力，提升学校基层党建工作质量和科学化水平。

（张艳斌　徐　定）

统　战　工　作

【概述】 2018年，华北电力大学统一战线各项工作在思想政治引领、民族宗教工作、党外代表人士培育、服务社会活动开展等方面取得明显成效。

思想政治引领。学校创新思想教育载体，以纪念中共中央发布“五一口号”70周年为主题，精心策划组织“重温一段历史，召开一次研讨，组织一次参观，开展一次评选，为学校发展献一策”“五个一”主题系列活动。党外知识分子思想政治引领有主线和抓手，与重要时点的“即时教育”相结合，如第一时间组织党外人士学习习总书记视察北京大学重要讲话精神、学习全国教育大会精神、集体观看庆祝改革开放40周年大会等，使党外人士思想政治教育工作常态化。

民族宗教工作。学校组织基层院系及相关部门对校内民族宗教工作开展全面自查和整改。深入各院系及相关部门走访交流，形成《关于学校宗教工作情况的调研报告》，在新生入学教育、新教师入职培训中增加党的民族宗教政策及相关法律法规宣传教育，联合宣传部将民族宗教相关资料及时印发党委中心组及二级单位中心组学习，在学校各级党组织，辅导员，班主任，党建类学生团体等群体印发《新修订<宗教条务条例>释义》《校园宗教政策知识与实务问答》等材料近万册，加强基层干部和师生对民族宗教知识的学习指导。通过自查和整改，抓重点、补短板、强弱项，全面加强和改进学校民族宗教工作。

党外代表人士培育。在处级干部换届中，统战部加强与组织部门及院系的沟通交流，专程走访各院系，推荐党外优秀人才。坚持“上级部门调训、跨校联合培训、校内自主培训”三级培训体系，张天兴被选举为北京高校统战理论与实践研究会第六届常务理事，马克思主义学院（保定）孙芳获评“河北省统一战线教学名师”。推荐政治素质好、参政能力强的党外代表人士参加各级挂职锻炼，6月，冼海珍教授挂任北京市质量技术监督局副局长，这是华北电力大学党外代表人士首次挂职北京市副局级领导职务。

服务社会活动开展。学校与民革中央教科文卫体委员会联合共建的能源软科学研究中心，作为能源研究领域的智库，致力于对国家能源与经济社会发展的重大实践问题进行前瞻性战略研究，2018年度被民革中央评为参政议政工作先进集体。积极支持各级人大代表、政协委员履行职务、开展工作，协助民主党派基层组织开展各类服务社会活动。

评优表彰。北京校部民盟支部工作经验入选民盟中央组织部编写的《民盟高校基层组织建设经验汇编》，保定校区民盟支部被民盟河北省委评为“优秀基层组织”。武群丽被民盟河北省委评为“优秀盟员”，荀振芳、李继清被政协北京市昌平区委评为“2018年度优秀政协委员”，李继清被政协北京市昌平区委评为“2018年度提案工作先进个人”，黄元生被民建保定市委评为2018年度“优秀会员”，康辉、史会峰、刘渊、王建伟被民进保定市委评为2018年度“优秀会员”。

（路雨欣　秦芳芳）

【概况】2018年，华北电力大学共有民主党派成员123名，其中民革4人，民盟47人，民建10人，民进21人，农工党3人，致公党1人，九三学社36人，台盟1人。民主党派基层组织共有5个，分别是中国民主同盟华北电力大学支部（北京）、中国民主同盟华北电力大学支部（保定）、中国民主建国会华北电力大学支部（保定）、中国民主促进会华北电力大学支部（保定）、九三学社华北电力大学支社（保定）。民盟支部发展胡海涛、王敏、周景、张科4名新盟员。九三学社支社发展丁海民、宋一辰2名新社员。保定校区3项统战研究课题正式立项。

（秦芳芳　路雨欣）

【召开党外代表人士座谈会】 2018年1月17日，党委常委、统战部部长张天兴主持召开党外代表人士座谈会，征求党外代表人士对学校学习领会习近平新时代中国特色社会主义思想、坚定维护以习近平同志为核心的党中央权威、集中统一领导及全面贯彻落实党的十九大各项决策部署，校级领导班子及其成员，学校“双一流”建设等各方面工作的意见建议。

（路雨欣）

【召开援疆盟员座谈会】 2018年2月24日，民盟华北电力大学支部召开座谈会，邀请援疆教师谷云东介绍自己2017年9月以来的援疆工作经历和见闻，使盟员们进一步了解新疆社会经济发展状况以及促进民族团结、推动民族经济发展的重大意义。

（路雨欣）

【开展五一口号70周年主题系列活动】 2018年4月起，学校组织开展纪念中共中央发布“五一口号” 70周年主题系列活动，即“重温一段历史，召开一次研讨，组织一次参观，开展一次评选，为学校发展献一策”“五个一”主题系列活动，引导全校统一战线成员在重温历史中铭记合作初心，自觉传承和弘扬多党合作优良传统。

（秦芳芳）

【组织主题参观活动】 2018年4月27日，学校组织部分民主党派成员、无党派代表人士、侨联成员等赴国家博物馆、故宫博物院参观“复兴之路”“予所收蓄永存吾土——张伯驹先生诞辰120周年纪念展”等主题展览，校党委常委、党委统战部部长张天兴出席活动。

（路雨欣）

【召开习近平总书记视察北大讲话精神学习座谈会】 2018年5月7日，学校通过两地视频组织统战成员召开习近平总书记视察北京大学重要讲话精神暨中共中央发布“五一口号”70周年纪念学习座谈会，40余名民主党派代表和无党派代表人士出席会议。马克思主义学院副院长孙平作题为《点亮理想之灯　照亮前进之路——回顾中共‘五一口号’》的专题报告。

（秦芳芳）

【开展我为学校发展献一策活动】 2018年6月起，学校在全校统战成员范围内开展“我为学校发展献一策”活动，两地共收到献策百余份，最终评选出“金点子奖”13个、优秀奖9个、优秀组织奖10个，充分发挥广大统战成员在推动学校“双一流”与高水平大学建设中的积极作用。

（秦芳芳　路雨欣）

【当选北京高校统战理论与实践研究会第六届常务理事】 2018年6月20日，北京高校统战理论与实践研究会举行换届大会，华北电力大学党委常委、统战部部长张天兴被选举为北京高校统战理论与实践研究会第六届常务理事。

（路雨欣）

【开展全省统一战线教学名师和精品课程评选活动】 2018年7月，河北省委统战部、河北省教育厅、河北省社会主义学院在全省范围内组织开展评选统一战线教学名师和精品课程的活动，党委统战部广泛组织各直属党委（党总支、党支部）以及学生工作队伍进行申报，经个人申报、组织推荐、讨论研究、初试复试等环节，马克思主义学院（保定）孙芳获评“河北省统一战线教学名师”。

（秦芳芳）

【召开学习贯彻全国教育大会精神座谈会】 2018年9月，学校在北京、保定两地分别召开统一战线各界人士学习贯彻全国教育大会精神座谈会。与会人员畅谈学习体会和感悟，并结合工作实际对学校教师队伍建设、教书育人等方面提出思考和建议。校党委副书记郭孝锋对统一战线各界人士为学校发展做出的贡献给予肯定，并提出希望和要求。

（路雨欣　秦芳芳）

【开展宗教自查整改工作】 2018年10月起，按照上级要求，学校组织基层院系及相关部门对学校民族宗教工作开展全面自查和整改。统战部深入各院系及相关部门走访交流，形成《关于学校宗教工作情况的调研报告》，在新生入学教育、新教师入职培训中增加党的民族宗教政策及相关法律法规宣传教育，联合宣传部将民族宗教相关资料及时印发党委中心组及二级单位中心组学习，在学校各级党组织，辅导员，班主任，党建类学生团体等群体印发《新修订<宗教条务条例>释义》、《校园宗教政策知识与实务问答》等材料近万册，加强基层干部和师生对民族宗教知识的学习指导。

（路雨欣　秦芳芳）

【协助民主党派开展服务社会活动】 2018年，学校协助民主党派基层组织开展各类服务社会活动。10月，民盟支部举办“助力扶贫，支援边疆”物资捐赠活动；11月，民盟支部举办“了解区情、服务昌平、提高参政议政能力”系列调研“百家行”调研活动。

（路雨欣）

【开展统战工作调研】 2018年11—12月，根据学校《关于在全校大兴调查研究之风的工作方案》要求，党委统战部先后深入学校十二个学院和十余个职能部门开展调研，并与多所兄弟院校交流沟通，通过听取汇报、召开座谈会、查阅资料、谈话交流等形式，深入调查分析学校宗教工作和“大统战”工作的开展情况，并形成《关于学校宗教工作情况的调研报告》。

（路雨欣）

宣　传　工　作

【概述】 2018年，华北电力大学宣传工作在新闻宣传、思想政治、舆论引导、网上网下的“时、度、效”等方面不断加强，为建设特色鲜明高水平研究型大学提供强大精神动力、重大舆论支持和坚强思想保障。

通过开展校院两级中心组学习、组织校内宣讲团，把深入学习贯彻习近平新时代中国特色社会主义思想、党的十九大精神作为首要政治任务，全校师生掀起学习热潮。校党委中心组带头学，共开展集中学习10次，党员领导干部不断树牢“四个意识”，坚定“四个自信”，以实际行动捍卫党中央权威，不断增强同以习近平同志为核心的党中央保持高度一致的自觉性和坚定性。2018年，除校党委中心组成员集中学习研究讨论外，根据学习内容，将有关职能部门负责人纳入中心组学习。另外，还两次外请专家、领导作全国教育大会精神专题辅导报告，以党委中心组(扩大）会议的形式，将参加人员扩大到全体中层领导干部。在校内巡查时，对被巡查单位中心组学习情况进行督查。

强化舆论导向，以习近平新时代中国特色社会主义思想和党的十九大精神为指导，坚持宣传思想工作“两个巩固”根本任务，加强马克思主义理论研究与传播。坚持用社会主义核心价值观引领大学生成才成长，着力提升教职工思想政治素质，不断提高思政工作的导向性、实效性和影响力。召开思想政治工作联席会议2次，举办《明德大讲堂》6期。

强化阵地管理，严格落实《华北电力大学党委意识形态工作责任制实施细则》，严格落实哲学社会科学类报告会、研讨会、讲座、论坛等“一会一报”制，审批各类讲座45次。加强微信、微博、新闻网、大学外网等舆论阵地建设，严格规范微博、微信公众号登记备案程序，通过官方认证的微博35个、微信公众号47个。定期对照意识形态工作责任书内容对各单位、各部门开展督查，把责任落实落实情况纳入学校巡查内容，进一步加大对意识形态工作的督查力度。

校庆工作。为配合60周年校庆，学校在北京校部建设华北电力大学校史馆，在保定校区建设华北电力大学发展建设成就展，组织撰写《华北电力大学60周年赋》，出版《华电记忆》第5辑，制作华北电力大学画册和电视宣传片；通过立体式呈现学校深厚的文化底蕴、薪火式传承自强不息的华电精神，不断增强师生对学校发展战略、办学目标的认同感、责任感和使命感。北京校部214块宣传栏、14块室外楼宇电子显示屏、悬挂于校园主要路段道旗，保定校区更换新增的一批宣传栏和24套宣传灯箱，为广大师生校友营造热烈而温馨的校园环境。全年出版校报12期，拍摄制作原创视频15部，网络直播校园文化活动30余次，协助制作华北电力大学广告片并获10万＋点击率。获评2017—2018河北省文明校园。

对外宣传。深入院（系）和职能部门采写新闻稿件，加强与校外媒体的联系与沟通，全年在《人民日报》《光明日报》《中国教育报》等国家主流媒体累计刊发学校稿件104篇。其中，《人民日报》《光明日报》刊发大篇幅介绍学校建校60年办学文章，《中国教育报》头版头条介绍学校“名师担任班主任”，央视《新闻联播》报道孙芳的课堂教学，《河北日报》整版刊发法政系志愿服务项目。北京校部围绕学校重要工作，邀请专家记者来校采访，组织媒体开放日活动20次。编辑出版《媒体华电》。

（朱慧花）

【概况】 2018年，华北电力大学党委宣传部和新闻中心，共有工作人员17人，其中北京校部11人，保定校区6人。

2018年，党委宣传部出版《华北电力大学校报》共计12期，对外宣传稿件共计105篇。

（朱慧花）

【校史馆建成投用】 2018年10月27日，华北电力大学校史馆落成投入使用。校史馆建设项目，8月3日开工建设，历时80天建成，校史馆总面积800平方米。从设计、施工到布展的所有环节，充分尊重历史，用科学发展的眼光，将学校各个不同历史发展阶段的学科建设、教育教学、师资队伍、科学研究、文化引领、服务社会等各方面的成功经验和历史教训进行梳理，清晰展示学校在发展过程中的精神积淀和鲜明办学特色。

（朱慧花）

【编印华北电力大学画册】 2018年10月20日，华北电力大学画册完成编印。该画册囊括学校概况、历史回眸、学科体系、师资队伍、人才培养、科学研究、国际交流、校企合作、党建与文化传承9个部分，用大量照片集中展示华电办学成就和校园文化，突出华电特色，展示华电辉煌。宣传画册出版后，受到学校师生与校友广泛好评，校庆期间共向师生、校友和社会各界宾朋发放宣传画册5000本。

（朱慧花）

【录制华北电力大学电视宣传片】 2018年10月20日，华北电力大学电视宣传片制作完成，该宣传片由宣传部策划、录制，将学校办学过程中的光影瞬间精心剪辑编排，声情并茂地回顾学校办学的风雨岁月，并展望新时代学校发展的锦绣画卷。宣传片在建校60周年创新发展大会上首发，之后在学校各类重大活动及对外活动中播放。

（朱慧花）

【编印《华电记忆5》】 2018年3月，华北电力大学编辑印发《华电记忆5》图书。《华电记忆5》与前四辑一脉相承，“以索隐华电历史，探赜文化传承”为旨志，荟萃口述、专访、名师、故事、师恩、校友、媒体、情愫、青春、追忆、影像等栏目，字里行间流淌着华电人的精神气质。

（朱慧花）

【编印《媒体华电》】 2018年12月30日，《媒体华电》出版。该书由学校宣传部搜集整理2013年至2018年国家主流媒体刊发介绍学校办学经验、讲述华电人物华电故事的新闻报道，并编辑成册，共印刷1000册，分发北京保定两地师生校友。该书的编辑出版既是汇总过去5年学校亮点工作，为未来相关工作提供参考资料。

（朱慧花）

纪检监察工作

【概述】 2018年，华北电力大学纪检监察工作以习近平新时代中国特色社会主义思想为指导，深入学习贯彻落实党的十九大、十九届中央纪委二次全会和教育系统全面从严治党工作视频会议精神，深刻认识党的建设新要求，自觉践行“两个维护”，不断强化“四个意识”，坚决做到“四个服从”，落实学校第二届党代会和2018年全面从严治党工作大会的部署，协助党委结合学校实际推进全面从严治党，认真履行全面从严治党的监督责任，抓好纪委自身建设。

推进全面从严治党，严明党的政治纪律和政治规矩，推动重大决策部署贯彻落实，严格执行《新形势下党内政治生活若干准则》，加强对各级党组织执行党的路线方针政策和规范党内政治生活等工作的监督检查。将廉洁教育、纪律教育纳入党风廉政建设工作和思想政治工作中，落实党风廉政建设责任制，与二级单位主要负责人签订《党风廉政建设责任书》，细化责任分工，把反腐倡廉建设和党风廉政建设责任制工作纳入党政领导班子、领导干部年度任务中，督促各级领导干部认真履行“一岗双责”。纪委以《华北电力大学关于坚持和完善党委领导下的校长负责制的实施细则》为指导，坚持“纪委书记参加党委常委会会议、纪委副书记列席全委会、监察处处长列席校长办公会议”重大议事决策规则，履行从严治党监督责任。纪委将选人用人作为日常监督重点，严把人选政治关、廉洁关、形象关，推进干部廉政档案建设工作，落实好干部标准、树立正确用人导向；纪委书记、副书记对学校提任、新任的领导干部进行任职廉政谈话。完成《纪检监察动态》的创刊工作，借助《纪检监察动态》的严肃性、时效性构建起纪检监察工作的全方位宣传阵地，促进“两个责任”的有效落实和全面从严治党的纵向延伸。年内，向相关部门发送监察动态4份，下发《监察建议书》4份。

作风建设。协助党委在全校范围内开展晒一晒身边的“形式主义、官僚主义”查摆活动，综合线上线下调研数据，认真梳理汇总调研成果，结合中纪委发布形式主义和官僚主义的十种表现、学校实际和征集表现特点，梳理出学校形式主义和官僚主义的七种表现，反馈至相关职能部门和院系，督促其即知即改、立行立改，并对后续整改工作进行监督检查。不定期对机关各部门工作作风、执行中央八项规定精神情况进行检查，抓好元旦、春节、五一、中秋、十一、教师节等重要节点的预防警示提醒。印发《关于做好2018年元旦春节期间廉洁自律工作的通知》《关于做好2018年清明、“五一”、端午期间廉洁自律工作的通知》《关于进一步做好暑期廉洁自律工作的通知》。

纪检派驻。为进一步加强党内监督，推进全面从严治党向纵深发展，加强二级单位纪检监察工作，强化对重点领域、关键环节权力运行的监管，纪委首次向后勤服务集团派驻纪检员，负责督促驻在部门党委（党总支、党支部）落实主体责任、处置有关问题线索以及承办纪委交办的其他事项，在探索实践中注重经验总结，完善工作机制制度，为全面推开派驻工作打牢基础。

推进“三转”。纪委深入推进“三转”，通过推进“三转”，将监督检查重点转移到对各主责部门履职情况的再监督和发现问题线索的查处问责上来。此外，纪委书记不分管组织、人事、科研、基建、后勤、财务、招生、校办企业等与履行监督责任存在利益冲突的工作。5月，开展议事协调机构清理工作，对学校91个领导小组（委员会）进行梳理分析，对涉及纪检、监察、审计工作的20个领导小组（委员会）进行清理调整，保留其中10个。

校内巡察。出台《中共华北电力大学委员会校内巡察工作五年规划及实施办法（2018—2022）》，成立学校巡察工作领导小组，提出五年巡察全覆盖的总体部署。实施办法进一步强化巡察的政治属性，要求从讲政治的高度对各被巡察党组织进行全面检查，促进被巡察党组织形成良好的政治生活机制和政治生态环境，推动主体责任在基层党组织落地生根。

执纪问责。年内，纪委受理群众信访件47件次（含重复件）（保定校区28件），被举报问题主要涉及违反廉洁纪律、组织纪律及工作纪律。根据核实情况，立案审查1人，党纪处分3人，诫勉谈话2人（保定校区1人），提醒谈话4人（保定校区2人），建议党委进行组织调整2人。探索有效方式，抓早抓小，科学运用监督执纪“四种形态”特别是第一种形态。总结以往工作经验，结合实际工作中发现的问题和不足，对《践行监督执纪“四种形态”工作手册》进行重新修订，针对不同的岗位职级，对各级党员领导干部如何运用好“四种形态”特别是第一种形态进行谈心谈话做详细规范，要求各级领导干部针对管辖范围内发现的党员干部苗头性、倾向性问题，咬耳扯袖，红脸出汗，做到早提醒、早纠正，筑牢党员干部防腐防线。

制度建设。出台《中共华北电力大学纪律检查委员会关于进一步加强纪委委员自身建设的决定》《华北电力大学纪检监察队伍“六不”行为规范》《华北电力大学派驻纪检员工作暂行办法》《中共华北电力大学纪律检查委员会对干部任职廉政谈话的实施意见》《华北电力大学纪检监察信访工作办法（试行）》等制度，协助党委制定《中共华北电力大学委员会关于进一步纠正“四风”加强作风建设实施方案》，加强对工作的指导性。通过制度建设，明确纪委委员、纪检监察人员、派驻纪检员的岗位职责。强化执纪审查安全工作，在北京、保定校区完成谈话室建设工作。严肃对待处置信访举报、强化执纪问责。

队伍建设。提升履职能力，建设过硬队伍，通过业务学习、制度建设、高校调研、专业培训等手段，提高纪检监察人员思想水平和业务素质。组织和选送纪检监察干部参加上级纪委业务培训，参加驻部纪检组和北京市驻教工委纪检组举办的业务讲座和研讨会 27 人次。

（吴春卿　蹇文馨）

【概况】 2018 年，学校纪委委员共 11 人；纪检监察工作人员 11 人，其中北京校部纪委办、监察处和巡察办合署办公，纪检监察工作人员 6 人（正处级 1 人，副处级 1 人，副处级纪检员 1 人，专职纪检员 3 人）；保定校区纪委办、监察处与审计处合署办公，纪检监察工作人员 5 人（正处级 1 人，副处级 2 人，副处级纪检员 1 人，专职纪检员 1 人）。北京校部直属党委（党总支、党支部）21 个，配备纪检员 18 人；保定校区直属党委（党总支、党支部）21 个，配备纪检员 15 人。年内，纪委受理群众信访件 47 件次（含重复件）（保定校区 28 件），被举报问题主要涉及违反廉洁纪律、组织纪律及工作纪律。根据核实情况，立案审查 1 人，党纪处分 3 人，诫勉谈话 2 人（保定校区 1 人），提醒谈话 4 人（保定校区 2 人），建议党委进行组织调整 2 人。就处级领导干部竞聘、民主党派推荐、评奖评优、工作调动等工作进行廉政意见回复共计 373 人次。

（吴春卿　蹇文馨）

【召开党风廉政义务监督员工作交流会】 2018 年 1 月 3 日，学校召开党风廉政义务监督员工作交流会，会上围绕学校各级党组织和党的领导干部党风廉政建设、作风建设、监督责任落实、优化管理服务等问题开展深入交流。针对反映的意见与建议，纪委办、监察处予以梳理归纳并推动相关工作整改与落实。

（吴春卿　蹇文馨）

【举行形式主义官僚主义查摆活动】 2018 年 4 月 23 日，纪委办、党委宣传部在学校微信公众号发布征集：晒一晒身边的形式主义、官僚主义。截至 5 月 11 日，微信公众号累计征集留言 484 条，电子邮箱收到邮件 7 封。具体内容涉及学校日常管理服务、教育教学管理、学生教育管理、后勤服务管理等方面。自 4 月 24 日开始，由纪委书记带领纪委办公室，分头组织，在北京、保定两地分别就二级党组织纪检委员、党风廉政义务监督员、各院系办公室主任、教师代表等群体，召开 8 次专题座谈会，累计征集相关问题表现近 300 条，内容涉及学校管理服务、办学条件改善、教育教学管理、师资队伍建设、学生教育管理服务等方面。

（吴春卿　蹇文馨）

【召开纪委全会】 2018 年，纪委共召开 8 次纪委全会，就监督执纪问责工作进行专题研究。3 月 24 日，学校纪委召开第二届二次全会。会议传达学习习近平总书记在十九届中央纪委二次全会的重要讲话和二次全会精神，传达教育系统全面从严治党工作视频会议精神；讨论 2018 年纪检监察工作要点；通报 2017 年党风廉政责任制考核情况。5 月 14 日，学校纪委召开第二届三次全会。会议传达学习中央纪委国家监委驻教育部纪检组长吴道槐同志在调研学校全面从严治党工作汇报会上的讲话；审议《中共华北电力大学纪律检查委员会关于进一步加强纪委委员自身建设的决定》《华北电力大学纪检监察队伍“六不”行为规范》；通报学校晒一晒“身边形式主义、官僚主义”征集工作；审议 2018 年学校巡察工作方案。6 月 12 日，学校纪委召开第二届四次全会。会议审议党纪处分有关事宜；审议《华北电力大学派驻纪检监察员工作暂行办法》。

6 月 26 日，学校纪委召开第二届五次全会。会议审议党纪处分有关事宜，听取查摆“身边形式主义、官僚主义”活动有关情况汇报。7 月 19 日，学校纪委召开第二届六次全会。会议审议党纪处分有关事宜。9 月 27 日，学校纪委召开第二届七次全会。会议学习《中国共产党纪律处分条例》；审议《中共华北电力大学纪律检查委员会对干部任职廉政谈话的实施意见》；审议有关执纪审查事宜。12 月 4 日，学校纪委召开第二届八次全会。会议审议有关执纪审查事宜，学习问题线索处置相关规则和要求。12 月 21 日，学校纪委召开第二届九次全会。会议审议党纪处分有关事宜；审议《华北电力大学纪检监察信访工作办法》；会议还通报其他有关事项。

（吴春卿　蹇文馨）

【吴道槐一行来校调研】 2018 年 4 月 28 日，中央纪委委员、中央纪委驻教育部纪检组组长、教育部党组成员吴道槐，中央纪委驻教育部纪检组副局级纪检员杨火林等一行四人就华北电力大学全面从严治党相关工作开展调研。在座谈会上，校党委书记周坚从学校事业整体发展情况、党建和思想政治工作情况、深入推动全面从严治党工作情况、存在的不足及努力方向四个方面作工作汇报。吴道槐对学校领导班子提出五点希望。一是要抓好领导班子建设。二是要层层压实全面从严治党、党风廉政建设责任，监督责任的落实，追究责任的缺失。三是要把制度建设贯穿始终，在学校自主权范围之内，敢于根据学校实际全方位地制定、完善各类制度。四是要积极加强两校区一体化办学，促进两校区协同发展。五是学校纪委要继续协助好学校党委坚定不移推进学校党风廉政建设和反腐败斗争，推动全面从严治党向纵深发展。

（吴春卿　蹇文馨）

【召开从严治党工作会议】 2018年5月15日，学校以视频形式在北京校部、保定校区召开全面从严治党工作会议。会议深入学习贯彻习近平新时代中国特色社会主义思想和党的十九大精神，研究部署2018年学校党的建设、思想政治、意识形态和全面从严治党各项工作。党委书记周坚指出，全校各级党组织和广大党员干部一定要深刻认识领会新时代党的建设的总要求，要以政治建设为统领，全面加强党的建设，落实意识形态工作责任制，切实提高政治站位，牢固树立“四个意识”，强化全面从严治党责任担当。7月13日，学校印发《周坚书记在2018年全面从严治党工作会议上的讲话和何华副书记所做报告的通知》；7月23日，印发《华北电力大学2018年党风廉政建设和纪检监察工作要点》。

（吴春卿　蹇文馨）

【修订《践行监督执纪“四种形态”工作手册》】 2018年，纪委继续把践行监督执纪“四种形态”特别是第一种形态作为监督各级领导干部落实管党治党责任的重要内容，积极探索科学有效运行“四种形态”的工作方式和手段。总结以往工作经验，结合实际工作中的问题和不足对《践行监督执纪“四种形态”工作手册》进行重新修订，该手册针对不同的岗位职级，对各级党员领导干部如何运用好“四种形态”特别是第一种形态进行经常性的提醒、约谈等进行详细规范，要求领导干部针对管辖范围内发现的党员干部苗头性、倾向性问题，早提醒，早纠正，筑牢党员干部拒腐防线。

（吴春卿　蹇文馨）

【开展面对面全覆盖式任职廉政谈话】 2018年，为持续加强党风廉政建设，驰而不息纠“四风”，提高领导干部政治站位和纪律意识，纪委书记、副书记对学校提任、新任的领导干部，学校组织开展“面对面、全覆盖”式的任职廉政谈话。3月28日，纪委书记何华对新任职的正处级干部做好廉洁自律、抓好本职工作内党风廉政建设提出五点要求：一是要加强学习、筑牢防线。二是要团结干事、积极作为。三是要从严治党、一岗双责。四是要严格自律、以身作则。五是要自觉接受各方面监督，树立党员干部的良好形象。据统计，全年累计谈话正处级29人次，副处级84人次，签署《处级干部任职廉政谈话承诺书》54人，承诺书一式三份，纪委办公室、所在部门党组织、谈话对象本人各持一份；学校纪委为每位新任职的处级干部发放《最新常用党内法规》《中国共产党纪律处分条例》《党员干部廉洁从政手册》和《违规违纪典型案例警示录—党员干部不可触碰的80条纪律红线》等学习资料。

（吴春卿　蹇文馨）

【借力新媒体拓宽廉政教育渠道】 2018年，学校纪委借力新媒体，发挥新媒体快、微、便捷的特点，开设“华电纪委办监察处廉洁提示”短信平台、华北电力大学纪检监察公众号、“清风华电”微信公众号子栏目，及时推送纪检监察相关政策、警示案例、提示警示短信等。至年底，各新媒体平台点击率和群众关注度不断提高，廉政教育渠道进一步拓宽。

（吴春卿　蹇文馨）

【召开专题工作会】 2018年6月7日，纪委办、监察处召开专题工作会，就学校巡察工作、派驻纪检员制度以及校庆监督等工作进行专题讨论和研究。会上，对校内巡察工作实施办法和相关文件起草的依据、过程以及核心要点进行解读，就派驻纪检员暂行办法的起草调研过程、征求意见情况以及文件的重点环节进行介绍，对校庆监督的方式、内容以及工作重点进行汇报。校纪委书记何华指出，要坚决推进校内巡察工作，突出年内巡查重点；试点派驻纪检员要勇于探索，加强对纪检员的监督。

（吴春卿　蹇文馨）

【开展校内巡察】 2018年7月，学校纪委协助党委开展校内巡察工作。此次巡察更新思路，采取北京校部和保定校区交叉巡察的方式。7月2日，以两地视频的方式召开校内巡察动员部署暨工作培训会，会议介绍学校《巡察工作五年规划及实施办法》及校内巡察工作方案，为32名巡察专员颁发聘任证书。党委书记周坚代表学校党委和学校巡察工作领导小组作校内巡察工作动员讲话。纪委书记何华要求巡察组把握动员部署、信息收集、问题查找、报告总结等关键环节，集中精力，完成巡察任务；同时，严格工作纪律，严防弄虚作假。校内巡察针对北京校部能源动力与机械工程学院党委、可再生能源学院党委、环境科学与工程学院党总支、校医院直属党支部，保定校区电力工程系党委、自动化系党委、计算机系党委、英语系党总支共8个二级党组织开展。从党政办、组织部、宣传部、人事处、审计处等部门和基层院系抽调的部分有巡察经验、党性原则强的干部，以及离退休干部中政治有力强、有担当、理论实践业务过硬、巡察工作经验丰富的人员组成巡察工作队伍。7月5—20日，通过召开动员会、听取汇报、个别谈话、查阅有关会议记录和各类资料、接受来电来访、开展问卷调查等方式，深入了解情况，撰写巡察工作报告，完成巡察任务。10月，巡察组对各巡察单位进行巡察反馈。各巡察单位根据巡察反馈，制订巡察整改任务，进行整改工作。

（吴春卿　蹇文馨）

【赴多所高校学习调研】 2018年11月，为进一步聚集监督执纪问责，学校纪委书记、副书记专程走访云南大学、吉林大学、东北师范大学和中南财经政法大学，就推动学校党委落实全面从严治党主体责任，切实履行全面从严治党监督责任，特别是如何聚集主业主责，扎实开展查信办案工作，提升纪律审查实效等内容向兄弟院校学习。

（吴春卿　蹇文馨）

【召开党支部纪检委员履职教育专题会】 2018 年 12 月 25 日，学校召开党支部纪检委员履职教育专题会。来自学校机关党委、教学科研党总支纪检员参加会议，专题会就纪检委员职责，纪检委员工作要求，整治形式主义、官僚主义工作内容，监督执纪“四种形态”以及基层党支部纪检委员履职尽责的意义五个方面进行阐述，纪检委员结合自己的工作内容和自身体会进行认真学习和讨论。

（吴春卿　蹇文馨）

本科生学生工作

【概述】 2018 年，华北电力大学本科生学生工作围绕立德树人根本任务，在思想政治教育、学生管理、学生资助、学业辅导、就业创业、招生录取及国防教育等方面取得成效。

思想政治教育。深入开展理想信念教育，参与策划举办“明德大讲堂”；组建习近平新时代中国特色社会主义思想师生宣讲团 24 个，开展宣讲 90 余场；在校庆 60 周年等重要时间节点，开展“共筑华电梦　点亮新时代”等一系列主题教育活动，通过爱校荣校教育、新生适应教育、成志启航教育引导学生坚定理想信念，树立远大目标。制定《华北电力大学 2018 年学生工作要点》，加强对学生思想政治教育工作的规划和引导，启动“一院（系）一品”学生思政工作精品项目建设，两地 12 个项目获得立项建设；推进三全育人机制建设，控制与计算机工程学院入选教育部首批三全育人试点学院。成立学工新媒体工作室，全年发布微信推送 560 余篇，阅读量 61 万余人次。系统梳理总结“名师班主任”工作，出台《华北电力大学本科生班主任管理办法》，规范班主任聘用、管理、考核和激励。加大对国家奖学金、校长奖学金等获奖学生先进事迹宣传，增强示范引领作用，多举措、全方位推动优良学风校风建设。

学生管理工作。2018 年，学生管理工作以安全稳定为核心，扎实推进“平安校园”建设，为学校的人才培养工作营造和谐的环境。工作中，以学生安全防范预警机制为工作抓手，促进和谐校园建设；定期排查安全隐患，为学生健康成长、快乐成才清扫障碍；以特殊学生群体、突发事件等工作为突破口部署相关工作，集学生工作合力，形成校内相关部门联动、家校互动系统，有效维护校园安全稳定。继续在全校学生中组织开展优秀基层组织创建评比活动。开展星级宿舍评选暨“我的宿舍我做主”精神文明特色宿舍创建活动，正视学生个性与多样性的需求，发挥学生参与的主观能动性，持续完善院系学工干部分组每周走访宿舍、公寓中心与校系学生组织每周普查宿舍等系列制度，定期汇总分析检查结果，有针对性地指导学生宿舍建设，排除安全隐患，创建一批“卫生达标、特色鲜明”的宿舍，提高学生管理成效。在学生管理制度方面，学校使用新修订学生管理相关制度，以规范的管理，进一步巩固优良的校风学风。加强学风建设调研、讨论，找问题、究根源、促提高；持续推进“双一流”项目建设，编印新版学生手册，组织全校范围内的校规校纪教育，加强学生管理工作规范化。推进学生信息网络化，加强学生信息数据库建设，升级学生成绩查询系统，研发学生体育锻炼记录系统。

学业辅导工作。开展学业辅导视频直播，邀请任课教师为学生在线辅导，建设线上学业辅导系统；注重学业困难学生的帮扶和引导，坚持开展学籍预警工作，强化学生学业过程管理，加强与家长的联系和沟通；鼓励学生参加科技创新活动，培养学生的创新创业意识；加强考风考纪宣传教育，增强学生学习的主动性、自律性；开展学生评优表彰活动，激励学生奋发图强、再接再厉。

辅导员队伍建设。立足学生工作难点热点，做好辅导员工作室培育工作，重点支持“能思擅用”校园普法工作室和“E 声麻辣烫”网络文化工作室。构建辅导员校本培训体系，开展“学工 E 站”、“磐石计划”辅导员系列培训交流活动，组织开展院系学生工作汇报交流、辅导员职业技能大赛，提升学工队伍的专业化、职业化和专家化水平。加强思想政治研究课题管理，在做好校内“长城计划”课题申报管理的基础上，申报各类省部级思想政治研究课题。修订完善教育部第 43 号令配套文件，调动和激发学生工作干部工作积极性和主动性。规范辅导员招聘工作流程，赴京内外高校开展辅导员招聘宣讲会，2018 年北京保定两地共选聘正式专职辅导员 22 人，其中新疆籍少数民族辅导员 3 人。

资助工作。落实各项国家资助政策，提高资助水平，通过经济资助、成长支持和精神关爱让每一位家庭经济困难学生顺利成长成才。继续完善以国家奖学金、国家励志奖学金、国家助学金和国家助学贷款为核心，以基层就业补偿代偿、困难补助、勤工助学、地方政府资助等为基础的多元资助体系，按照教育部最新要求修订本科生勤工助学管理办法，提升资助工作的科学性和规范性。持续推进家庭经济困难学生的“绿色家园”品牌育人项目，实施 5 类发展型资助项目，落实资助育人理念，促进学生全面发展。组织开展家庭经济困难学生认定和“奖、勤、助、代、偿”资助项目的申请、评定、发放和管理工作，充分发挥网络平台作用，推进资助工作信息化建设。发挥各项奖助措施的激励和教育作用，开展“寒假送温暖”、“诚信教育月”、“资助政策宣传月”、“感恩教育月”、“发展型资助”、“励志典型评选”、“自立自强学子”返校交流活动、“中国梦·谁的青春不奋斗”2018 年度“助学·筑梦·铸人”活动主题报告会等活动，培养学生的自立自强、艰苦奋斗精神。

心理健康教育。北京校部构建宣传教育、实践活动、咨询服务、预防干预、平台保障“五位一体”的心理育人体系，多层次、多角度开展心理健康教育活动，服务学生多元化的心理需求，从制度、队伍、条件等方面提供保障，将心理育人工作纳入三全育人工作格局和学校人才培养体系。加大软硬件投入，发挥心理健康工作的育人功能，不断提升育人实效；继续深化心理健康教育课堂改革，夯实心理教育的第一课堂，将《心理·生活·人生》课程设定为全校本科生必修课程，将原有 16 学时增加至 32 学时；积极开展学生工作队伍心理培训，提升心理沟通和危机发现能力；开设“家长课堂”等多种形式的心理健康知识宣传和教育活动，提高师生心理健康意识。保定校区举办“心能源”大学生心理健康讲坛，实施“暖·流”心理健康工程，开展“木棉”心理健康帮扶、成长训练营、树洞心语等活动，提高师生心理保健能力，同时拓展更为便捷的心理咨询预约渠道，学生预约咨询人数大幅增加，6 月被中国心理卫生协会大学生心理咨询专业委员评为大学生心理健康教育先进集体。

就业创业工作。学校就业指导中心完善全程化、特色化、个性化职业指导服务；构建全方位、各类型、多元化就业市场实施人性化、细致化、专业化就业帮扶；推进西部和基层就业，提升就业创业工作水平，推进大学生就业创业。“华电·电火花众创空间”通过河北省科技厅众创空间建设项目验收。学校三个创业项目成功登录央视 2 套创业英雄汇栏目，累计拿到融资 1400 万元。学校就业指导中心不断强化价值引领、优化服务流程、拓宽就业渠道，扎实推进就业工作开展，大力实施“互联网＋就业”新模式，全面升级包括就业官方网站、微信公众号、就业 APP 等在内的多维度就业信息平台，形成全方位、多层次、个性化的就业创业服务体系。以 60 周年校庆为契机，进一步加深校企合作，依托校友企业打造学生就业新平台，举办校友企业专场招聘会，包含上市公司在内的百余家校友企业为在校生提供了近三千个岗位需求。聚焦国家发展战略，鼓励学生服务国家重点领域、重点行业、新兴产业，鼓励学生深入基层，2018 届签约毕业生到重点领域、重点行业和新兴产业就业的比例达 68.69%，到西部或基层地区就业的比例达 27.8%，援疆援藏计划稳步推进，大学生参军入伍数量再创新高。

招生录取工作。学校面向全国实施大类招生，共分 21 个专业大类（北京校部 19 个、保定校区 17 个）进行招生。严格实施招生工作“阳光工程”，组织开展普通高考招生和自主招生、高校专项等特殊类型招生工作，与 31 个省（自治区、直辖市）招生部门合作，完成本科招生录取工作。录取分数继续提升，理科录取平均分超出重点线的平均值首次突破 100 分，文科录取平均分超出重点线的平均值首次突破 60 分，生源质量再创新高。

国防教育。国防教育途径进一步拓宽，初步形成以国防教育为核心，以国防特色社团为依托，以学生军训和大学生征兵为抓手的国防教育模式。学校广泛开展国防教育活动，围绕建校 60 周年，开展受国受校教育，丰富学生军训科目和国防教育活动形式，圆满完成大学生征兵和新生军训任务。

（孙清磊　李哲雅）

【概况】 2018 年，学校共评选出本科生先进班集体 56 个、十佳示范性优秀班集体 10 个、三好学生标兵 173 人、优秀学生干部标兵 40 人、创新创业标兵 10 人、校级三好学生 1578 人、校级优秀学生干部 155 人、院系级三好学生 2404 人、院系级优秀学生干部 346 人；各类单项荣誉 987 人；一等奖学金 866 人、二等奖学金 1737 人，三等奖学金 1674 人，各类单项奖学金 3244 人。此外，11 人获“校长奖学金”，204 人获国家奖学金，806 人获社会奖助金。北京校部 10 人获“十佳班主任”荣誉称号，91 人获“优秀班主任” 荣誉称号。北京校部 10 人获“十佳辅导员”荣誉称号。马海红参加第六届北京高校辅导员素质能力大赛获“三等奖”。在 2018 年度全国高校思想政治工作优秀论文征集活动中，北京校部王栋梁获一等奖，保定校区张健获二等奖；保定校区 3 个院系获“学生工作先进集体”称号，10 人获“十佳班主任”称号，84 人获“优秀班主任”称号，5 人获“优秀辅导员”称号，2 人获“优秀学生管理干部”称号。杨红月获“2018 年全国高校辅导员年度人物”提名；贺运政获“2018 年河北省高校辅导员年度人物”提名；3 名辅导员获河北省 2018 年暑期“大家访”活动先进个人，1 名挂职辅导员获挂职干部暑期联合“大家访”指导组先进个人；在河北省高校校园文化建设优秀成果评选中，获二等奖 1 项；在河北省第二届高校辅导员工作案例征集评选活动中，获二、三等奖各 1 项。学校为 3222 名学生办理国家助学贷款，贷款金额合计 2414.695 万元。为 656 名学生发放国家励志奖学金 328 万元，为 204 名学生发放国家奖学金 163.2 万元，发放校长奖学金、校内综合奖学金、单项奖学金共计 673.28 万元，发放企业奖学金 205 万元。2018 年为 9347 名家庭经济困难学生发放国家助学金，共计 974.85 万元，此外还为 917 名学生发放服义务兵役、赴基层就业学费补偿贷款代偿金。学校积极整合校内资源，开辟学生工作助理、图书管理员、网站管理员等勤工助学岗位2000余个，发放勤工助学工资500余万元。北京校部发放临时困难补助、伙食补助、路费补助、新生绿色通道补助、保险补助等749.4677万元，学校事业支出用于学生补助金共计1082.5868万元。保定校区3680名学生参加大学生城镇居民医疗保险，学校为学生补助参保费7.36万元，同时利用伙食补助、就业援助、返乡补助等各类资助形式基本实现家庭经济困难学生资助全覆盖，有效提高资助工作水平和学生受益面。在教育部资助工作年度绩效考评中，北京校部成绩为91.25分，排名全国第39，保定校区成绩为88.40分排名全国第63，均创历史新高。学校心理健康教育中心全年共接待咨询2560人次，心理危机干预60次。为2018级8344名新生进行心理普查，参加回访872人，筛查各类重点关注人员42人。邀请专家到校为学工干部进行专题心理能力培训4场，安排学工干部外出参与心理专业学习培训20余人次。6月被中国心理卫生协会大学生心理咨询专业委员评为大学生心理健康教育先进集体。获北京高教学会心理素质教育研究会“高校心理健康教育先进个人”奖励1人。北京校部录取2965人，本科生源质量持续保持较高水平。高考改革省份（浙江、上海）录取工作顺利完成且录取分数段位分布靠前。在非改革省份，理工类录取最低分超出当地重点线100.07分，有一半省份录取最低分超出当地重点线达到100分以上，河北、黑龙江等录取最低分高出重点线130分以上；理工类录取平均分超出当地重点线109.48分。文史类录取最低分超出当地重点线59.44分，比去年的53.59高5.85分，比近三年的平均数49.07高出10.37分；平均分超出重点线62.61分，比去年的59.56高3分，比近三年的平均数56.57高出6分。保定校区录取3264人。从各省录取的平均情况来看，保定校区录取分数继续保持增长趋势，去掉综合改革省份，理工类录取最低分的平均分超重点线79.29分，比2017年高6.96分，录取平均分的平均分超过重点线88.26分，比2017年高1.24分；文史类录取最低分的平均分超过重点线39.76分，比2017年高4.33分，录取平均分超过重点线43.78分，比2017年高2.93分。学校接待进校招聘单位4658家，发布用人招聘信息19 256条，发布招聘岗位188 542个，举办各省网公司、发电集团、能源集团专场招聘会90余场。学校本科生一次就业率93.81%，研究生一次就业率97.34%。其中，高新技术产业、战略性新兴产业、先进制造业和现代服务业等新兴领域招聘单位显著增加，京津冀、一带一路、长江经济带等重点区域用人需求显著增强。国旗护卫队获第九届北京高校国旗护卫队检阅式二等奖，首次获“最佳旗手”称号。学校派出代表队参加“第四届北京高校学生军事特训营”并获“优秀组织奖”。军事理论教师撰写的论文在第四届河北省学校国防教育科研论文评比中获得一等奖。军事理论课教师在河北省军事理论优质课授课竞赛中获三等奖。

（孙清磊　李哲雅）

【组织实施学生发展支持引领双一流项目】 2018年，根据学校“双一流”建设项目的整体安排，学生处组织申报人才培养（本科生）类别下的“学生发展支持引领”项目。项目具体包括“核心价值引领计划”“核心素养提升计划”“心理育人支持计划”及“学生成长服务系统建设计划”四个方面。立项获批后，学生处根据项目计划组织开展一系列工作，取得一批标志性工作成果。

（孙清磊）

【开展学生思政工作精品项目建设】 2018年，华北电力大学围绕一体化构建“十大育人体系”工作部署，北京校部建设一批“一院一品”学生思政工作精品项目。首批支持的项目包含三全育人综合改革、“十大育人体系”构建、社会主义核心价值观培育践行及院风学风建设四个方向6个选题。保定校区持续开展“一系一品牌，一班一亮点”思政工作品牌建设，各院系围绕全国教育大会等有关会议要求，结合学生教育管理实际，加强院系思政教育品牌项目建设，起到良好的育人效果。

（孙清磊　张　骞）

【成立学工新媒体工作室】 2018年，学校积极运用新媒体技术，开展网络思政工作。成立学工新媒体工作室，推动校内大学生思政工作网络平台的互联互通和信息融合。采用文字、图片、漫画、音频、视频等多种学生喜闻乐见的形式增强网络作品的教育实效。利用重大纪念活动和重要时间节点，提前谋划，精准选题，集中力量，产出优质宣传作品。围绕理论学习、校庆主题教育、新生入学教育等工作推出一批有态度、有温度、有厚度、有力度的网络作品。2018年学工部微信公众平台发布文章560余篇，总阅读量达61万余人次。

（孙清磊　李哲雅　张骞）

【开展纪念改革开放40周年教育活动】 2018年，学校组织近3000名学生参观庆祝改革开放40周年大型展览并集体观看庆祝改革开放40周年大会，牢固树立学生四个意识，增强四个自信。线上线下相结合，开展“爱·陪伴·沟通——与家长聊聊改革开放”等主题活动，让长辈讲述改革开放40周年以来家庭发生的翻天覆地的变化，通过思政教育主题网站等方式进行展示。在“指尖华电”微信平台发布纪念改革开放四十周年主题推送，设置“纪念改革开放四十周年”专栏，推送图文，介绍改革开放伟大的历史进程和改革开放四十年来国家取得的伟大成就。

（孙清磊　张　骞）

【开展学校60周年校庆主题教育活动】 2018年，结合学校60周年校庆相关工作安排，北京校部在全体本科生中开展“共筑华电梦 点亮新时代”系列主题教育活动 。以2018级新生入学为契机，开展爱校荣校教育，营造良好校园文化氛围。聘请经管学院焦安静同学为“华电校园跑”形象大使，倡导学生自主设计包含校庆元素如“60”“1958”“NCEPU”等的跑步轨迹，表达对校庆的祝福。组织《我与华电的60个故事》系列征文活动，征集在校生及毕业生稿件，讲述学生与华电之间的故事。开展“井”彩“氛”呈迎校庆活动，鼓励学生以喜迎校庆为主题、自主设计创作图画作品，并在校园内主干道路的井盖上进行绘制。保定校区开展“点亮新时代的电力之光”新生入学教育活动，为新生开展包括校史校情、目标教育、安全教育等一系列入学教育报告，引导广大学生更好融入大学生活。举办新生作品征集，收集到包括绘画、书法多种形式的作品，展现新生的优秀才艺和对60年校庆的美好祝福。开展“从新出发，点亮梦想”学习杨校长开学典礼讲话主题班会活动，尽早树立奋斗目标。举办“华电梦・成才梦”华电学生成长成才主题展，将近年来涌现出的各类优秀学子、优秀宿舍、优秀班集体的先进事迹进行展览，吸引广大家长和校友驻足参观，营造良好校庆氛围。举办“华电梦・情牵梦忆”校史系列学习宣传活动，设置校庆主题专栏，搜集各类校史资料，制作一系列推送，获得上千点击量和点赞留言。开展线上校史知识问答、制作校史学习宣传展板、举办横幅签名活动，使同学们深入了解学校光辉的发展历程和发展成就。

（孙清磊 张 骞）

【多举措做好少数民族学生教育管理工作】 2018年，为了提高少数民族学生的双语和专业课学习成绩，学生处专门开设少数民族学生双语提升班、计算机基础班和学业辅导班等个性化辅导课程，为全面提高少数民族学生的道德素养、综合素质和社会竞争力创造优越的条件。加强思想政治教育，引导学生积极向党组织靠拢。少数民族专职辅导员和内派老师积极组织少数民族学生代表前往国家博物馆参观“伟大的变革——庆祝改革开放40周年大型展览”。通过主题教育活动进一步深化爱国主义和民族团结教育，让少数民族学生进一步了解和感受了祖国改革开放40周年所取得的伟大成就。同时少数民族学生积极向党组织靠拢，申请入党的学生比例不断提高。保定校区为帮助广大同学解决求职与考研过程中遇到的问题和困惑，提高新疆籍少数民族学生考研深造、求职就业的针对性，6月22日，举行新疆籍少数民族学生考研就业及成长经验交流会，活动邀请阿布拉・吐合提等4名大四毕业生做经验分享，新疆内派教师王宏君、吾斯满以及2014级、2015级50余名新疆籍少数民族学生参加交流会。9月27日，学校举办新疆籍少数民族学生入学教育大会，通过积极正向的引导，帮助学生树立目标，指导学生学会学习，面向未来发展，尽快适应大学生活。

（地瓦那夏・肉孜买买提 徐 磊 范林达 王宏君）

【获首都大学生思想政治教育工作实效奖二等奖】 2018年3月，由北京市委教育工委主办的第五届首都大学生思想政治教育工作实效奖评审结果揭晓，华北电力大学报送的“搭建全过程全方位育人平台，助力少数民族学生人生出彩”工作获二等奖。今年共有51所高校提交101项申报材料。

（孙清磊）

【校领导与校长奖学金获奖学生代表座谈】 2018年12月21日，为深入贯彻全国教育大会精神，落实立德树人根本任务，全面了解学生成才需求，不断提升人才培养质量，学校召开2017—2018学年度“校长奖学金”获奖学生代表座谈会，校长杨勇平与获得“校长奖学金”荣誉称号的学生进行座谈交流，了解学生的成长感悟、成功经验和未来设想，并听取学生对学校人才培养的意见建议。副校长孙忠权，党委副书记郭孝锋，党政办、学工部、研工部负责人参加座谈。

（汤明润 徐 磊 程利敏 范林达）

【学业辅导示范性中心建设】 2018年，学校完成学业辅导示范中心实体建设，建成学业辅导智慧教室并投入使用；加大力度引入校外教育资源，丰富学业辅导的形式和内容；加强对学业辅导在促进学风、提高专业教师参与思政教育作用发挥等方面的研究；11月通过北京市委教育工委组织开展的北京高校学业辅导示范中心建设年度审核。

（徐 磊）

【《人民日报》报道赵茹萱优秀事迹】 2018年2月，《人民日报》整版刊登国家奖学金获奖学生代表名录及优秀事迹，华北电力大学学子赵茹萱入选。为进一步发挥典型引领示范作用，5月下旬，学生处联合法政系举办“用行动诉说青春故事，用善心诠释青春风采”——国奖、校长奖学金获得者赵茹萱成长经验交流会，从多个维度解读优秀，分享经验，促进全体学生的成长。

（范林达）

【开展十佳示范性优秀班集体评选活动】 2018年11月6日，北京校部在就业之家举行十佳示范性优秀班集体评选活动，学工部、研工部、团委等主要负责人作为评委对参赛班级进行点评与指导，总结归纳优秀班集体的建设规律，继续探索班集体的建设效途径，促进学校优良班风、学风、院风的形成。通过层层选拔，创自1501班、电气GJ1701班和物理1601班获北京市示范性优秀班集体荣誉称号。

（徐 磊）

【召开学生评优表彰大会】 2018年12月18日、12月21日，学校2017—2018学年度学生评优表彰大会分别于北京校部、保定校区召开。校长杨勇平，副校长孙忠权、王增平、律方成，校长助理米增强，党政办、学工部、研工部、教务处以及校团委的主要负责人出席大会。副校长孙忠权主持会议。杨勇平校长为“校长奖学金”获得者颁发证书并授予奖章，对华电学子提出志存高远，历练敢于担当的真本领；持之以恒，培养自强不息的真性情；积极向上，永葆乐观自信的人生态度的要求。

（徐　磊　范林达）

【开展辅导员培训系列活动】 2018 年，华北电力大学在北京校部和保定校区开展辅导员培训系列活动。10 月至 12 月，北京校部立足加强校内辅导员经验交流组织 6 期“学工 E 站”辅导员系列培训活动，活动采用案例分析、经验交流、情景体验、理论学习、实地调研、微信课堂等多种形式定期组织开展，累计培训人次 298 人。3—12 月，保定校区开展 10 余期磐石计划活动及多期学工沙龙活动，包括辅导员交流汇报会、新媒体应用、常见精神疾病识别处置、学工系统信息系统培训、辅导员工作方法与技巧研讨交流等专题活动。

（宋辉斐　张　健　程利敏）

【培育辅导员工作室】 2018 年，为进一步加强辅导员队伍建设，北京校部开展辅导员工作室申报评选工作。经现场答辩、专家评审，学校决定设立“能思擅用”校园普法工作室和“E 声麻辣烫”网络文化工作室。工作室建设周期为 2 年，每年学校为每个工作室提供 2 万元的经费资助。

（宋辉斐）

【开展十佳辅导员评选】 2018 年 5 月，北京校部组织开展十佳辅导员评选工作。经过个人申报、院系推荐、学校综合评审，马海红、王悦、任华、刘娜、何一、张硕、武昌杰、郑乐、盖姝、靳周 10 人获 2017 年度“十佳辅导员”。

（孙清磊）

【开展年度学生工作队伍考核评优工作】 2018 年 10 月，保定校区以《院系学生工作年度量化考核评估体系》为重点，开展 2017—2018 学年度学生工作队伍考核评优工作。电力工程系等 3 个院系获“学生工作先进集体”称号，10 人获“十佳班主任”称号，84 人获“优秀班主任”称号，5 人获“优秀辅导员”称号，2 人获“优秀学生管理干部”荣誉称号。

（张　健　程利敏）

【举行辅导员职业能力大赛】 2018 年 11—12 月，保定校区组织举行辅导员职业技能大赛。比赛设有基础知识与网文写作、班情熟知、工作实绩、理论宣讲、主题班会、情景案例和谈心谈话等七项内容。经评委专家组评审，比赛共决出优胜团队奖 3 个，个人综合奖 6 个，个人单项奖 11 个。

（程利敏）

【校园文化建设优秀成果获奖】 2018 年 6 月 25 日，在河北省教育厅组织开展的 2018 年高校校园文化建设优秀成果评选中，李东负责的《聚焦校风建设，优化管理服务——华北电力大学构建“立体式”学生发展指导与支持体系》获优秀成果二等奖。

（程利敏）

【思想政治工作论文获奖】 2018 年，在由教育部思想政治工作司指导、《高校辅导员》编辑部主办的 2018 年度全国高校思想政治工作优秀论文征集活动中，华北电力大学王栋梁的论文《论红色文化的育人路径》获一等奖，张健的论文《大学生过度使用网络的成因及对策分析——基于对 6 所高校 2171 个数据的分析》获二等奖。

（宋辉斐　程利敏）

【辅导员工作案例获佳绩】 2018 年 12 月 24 日，在河北省教育厅组织开展的第二届高校辅导员工作案例征集评选中，华北电力大学陈火欣负责的案例《亲情裂缝下留守子女从自闭低沉到直面未来的转变》获二等奖，程利敏负责的案例《一波三折求职路》获三等奖。

（程利敏）

【“红色 1+1”共建活动获佳绩】 2018 年，北京校部组织学生党支部，深入京郊农村、城市社区和企事业单位等，开展结对共建。11 月，学校组织开展校内红色“1+1”示范活动评审会，评选出一等奖 2 个，二等奖 3 个，三等奖 5 个，优秀奖 7 个。11 月，北京高校红色“1+1”示范活动展示评审会在北京化工大学举行。经过学校推荐，现场视频成果展示、评委提问答辩等环节，可再生能源学院本科生学生党支部获北京高校红色“1+1”示范活动二等奖，经济与管理学院 2017 级学生党支部获三等奖，数理学院学生第一党支部等四个支部获北京市优秀奖。全市共有 1300 余个共建支部参加评审。

（地瓦那夏·肉孜买买提）

【全面推进资助育人工作】 2018 年，开展励志成长成才优秀学生典型评选活动。修订《华北电力大学勤工助学管理办法》，新办法围绕以学生为中心的理念，突出资助育人要求，积极搭建勤工助学全程育人、全方位育人的有效平台。2 月，华北电力大学获全国学生资助工作“优秀单位案例典型”称号，学生资助管理中心王璐获全国学生资助工作“优秀个人案例典型”称号。11 月，获第五届“助学·筑梦·铸人”主题宣传活动优秀组织奖，控制与计算机工程学院肖伟红的作品《父亲》获全国“助学·筑梦·铸人”学生征文三等奖。

（王　璐）

【首次实施发展型资助项目】 2018 年，学校首次实施 5 类发展型资助项目，全面落实资助育人理念，促进学生德智体美劳全面发展。支持家庭经济困难学生参加出国（境）学习和交流活动，培养学生国际视野。本年度 30%的项目受助学生学成归来，通过半年或一年的出国（境）学习开阔视野、增长见识；70%的项目受助学生拿到 offer，即将出国（境）学习交流。资助家庭经济困难学生继续攻读硕士学位，提升学生专业能力。本年度 28.6%的项目受助学生保研，其他受助学生争取深造。鼓励家庭经济困难学生参与创新创业，提高创新创业能力。本年度受助团队中有的获得全国大学生可再生能源科技竞赛国家级特等奖、全国大学生节能减排社会实践与科技竞赛国家级三等奖、“创青春”首都大学生创业大赛金奖等国家级或省部级奖项，还有的发表多篇论文或申请多项专利。学校举办“创新创业竞赛成果展示会”向低年级家庭经济困难学生传递经验。支持家庭经济困难学生开展社会实践活动，强化学生理论与实践相结合的能力。本年度受助团队走访河北雄安新区、贵州、井冈山等地，对社会广泛关注的精准扶贫、冬奥会等话题进行实地调研。其中红色井冈精准扶贫调研团队获“全国优秀社会实践团队”称号。支持家庭经济困难学生参加文化教育活动，培养学生人文素养。组织学生参观故宫博物院、中国美术馆、国家博物馆、改革开放 40 周年成就展等文化展览，开展汉服试穿和茶道体验等文化活动，让学生亲身感受中华优秀传统文化，提升文化自信。发展型资助项目共计资助家庭经济困难学生 338 人，占全校家庭经济困难学生总数的 12%。学校《实施发展型资助项目助力学生成长》受到全国学生资助管理中心网站以及中国学生资助微信公众号报道。

（王　璐）

【开展寒假送温暖活动】 2018 年，学校积极开展寒假送温暖活动。学校为 1000 名家庭经济困难学生提供近 30 万元春节返乡路费补助，为所有留校的家庭经济困难学生发放春节资助卡及学习生活用品。学校建立留校学生的日常联系制度，保障留校学生的正常生活。学校举办留校学生新春联欢会，200 余名师生共迎佳节。寒假期间，学校组成 17 支队伍前往广西、陕西、安徽、江西、湖南、山西、山东、河北等地进行家访，慰问家庭经济困难学生。寒假送温暖活动获人民日报报道。

（王　璐）

【开展诚信教育活动】 2018 年，华北电力大学在北京校部和保定校区分别开展诚信系列教育活动，各院系积极响应学校号召，学院领导、班主任、辅导员通过主题班会、形式政策课、党支部大会、主题宣讲大会等方式，加强考试诚信、资助诚信、学术诚信、网络诚信教育。同时，各学院积极开展体验式的诚信教育活动，如“诚信货架”“图书漂流”等。诚信咖啡吧也在原有自助咖啡售卖的体系上新增诚信书架、诚信冰箱、诚信零食架等，教二一层大厅已成为诚信体验平台聚集地。保定校区微信公众平台、出展板、印制宣传册等形式辅以诚信知识竞赛，诚信主题签字等活动来提升在校生的诚信意识，其中特别设立跳蚤市场诚信义卖活动，让广大学生身体力行感悟诚信。

（王　璐　张汉军）

【举办自立自强学子系列活动】 2018 年 5 月，保定校区举办“第十二届自立自强学子评选”活动，活动面向全校，通过评委打分，微信投票，现场答辩等环节，评选出代表华电精神面貌的 10 位优秀学子。10 月 27 日，举办校庆系列活动“自立自强学子”返校交流活动，邀请历年十佳自立自强学子返校开展座谈会，进行经验分享和交流活动，系列活动得到广大师生的积极参与和广泛好评。

（张汉军）

【举办感恩教育活动月系列活动】 2018 年 11 月，保定校区举办以“感恩·立志·成才”为主题的资助教育宣传月活动。活动期间，学校共组织包括“书信传恩情”、华电原创版资助歌曲“春风十里”的征集录制、“爱要大声说”感恩留言、“助学、筑梦、铸人”征文评选等活动。活动形式丰富，宣传广泛到位，受到广大受助学生的积极响应和热情参与。

（张汉军）

【举办助学·筑梦·铸人活动主题报告会】 2018 年 11 月，学校举行由刘吉臻院士主讲的“中国梦·谁的青春不奋斗”2018 年度“助学·筑梦·铸人”活动主题报告会。活动旨在落实全国教育大会关于培养“培养德智体美劳全面发展的社会主义建设者和接班人”的有关要求，教育和引导广大青年学生珍惜韶华、积极进取、感恩奉献、奋发图强、努力成为可堪大用的栋梁之材。此项活动作为典型得到教育部全国学生资助管理中心的宣传报道。

（张汉军）

【建立新生心理档案】 2018 年 9-10 月，学校进一步加大新生筛查和回访力度，学校两校区分别引进使用多套心理健康测试系统对 2018 级全体新生进行心理健康状况普查，根据统计标准，筛查出需进一步面谈的学生。10 月，中心对筛查出的学生进行回访，建立 2018 级新生心理健康档案，向院系反馈重点人群，以进一步做好心理危机的防范工作。

（史海松　石世平）

【改革强化心理健康教育第一课堂】 2018 年，学校响应落实教育部、北京市教委相关规定，将《心理·生活·人生》课程设定为全校本科生必修课程，将原有 16 学时增加至 32 学时，采用 24 学时线下课堂教育+8 学时线上网络慕课教学的形式，在 2018 级新生中开展教学工作。

（史海松）

【开设新生家长课堂】 2018 年 9 月 8 日，北京校部在 2018 级新生入校时，为新生家长开设“新生家长课堂”，针对大学新生可能遇到的心理生活事件以及可能产生的心理问题，对家长开展知识普及和教育工作，建立家长和学校共同为学生成长服务的心理联系，为进一步开展家校合作打下良好的基础。

（史海松）

【开展多种形式心理健康教育活动】 2018年，华北电力大学北京校部与保定校区开展形式多样的心理健康教育活动。4月至5月，北京校部以“新时代、心梦想、心健康”为主题，举办包括“心时代，心梦想，心飞扬”美文征集、“心健康，生活馨”宿舍文化节、心理健康主题班会、心理电影展播、心理实验室、校内外素质拓展、“答案奶茶”趣味设计等活动，近1000名学生参加。5月3—5月31日，保定校区举行“家是我们心灵的港湾”心理健康宣传月活动，活动以帮助学生探索自我和家庭的关系为目标，举办包括“原生家庭与个人成长”心理讲座、家庭关系团体辅导、“家庭三部曲”电影放映、21天习惯养成计划、手绘文化衫等系列活动。1月，先后邀请中国心理卫生协会，北京市高教学会专家马喜亭、刘立新、田宝伟、姚彩琴等到校为全体学工干部开度“深度辅导能力培训”“心理知识技能系列培训”等活动。5月，邀请美国怀俄明大学Alyssa McElwain教授为学生开展恋爱心理专题讲座。10月30日，邀请河北省第六人民医院副院长赵素银为全体学生政工干部开展精神障碍的识别培训。11月，邀请北京健康科普专家高士元教授到校举办“心理减压情绪调节”主题讲座。心理健康教育中心老师分别为各院系师生开展专题讲座活动。保定校区以自动化系为试点，面向2018级新生以班级为单位开展团体心理辅导，帮助新生心理适应、建立友谊、自我探索和目标建立。3—12月，北京校部心理健康教育中心以专题讲座、技能演练、案例督导、视频观摩、主题沙龙等形式，为大学生心理热线接线志愿者开展专业培训20次。

（杨　楠 余小霞 史海松　石世平）

【组织自主招生校内测试】 2018年6月10日，北京校部组织自主招生和高校专项招生校内测试。测试包括认知和发展评测、笔试、面试等。面试环节采用“四随机”，即考官考场随机抽取、考生面试序号随机抽取、考场随机抽取、测试题目随机抽取，确保测试公平公正。入选名单在本科招生信息网公示后按教育部要求在阳光高考平台、省招生办和中学公示。北京校部录取自主招生88人、高校专项61人。保定校区录取自主招生 110人、高校专项52人。

（彭军林　张春旺）

【开展招生宣传工作】 2018年，学校加大招生宣传力度，成立由各院系及各职能部门负责人为组长的招生宣传工作组。各院系参与招生宣传，印制本系宣传材料，派出骨干教师参与招生宣传工作。宣传工作组于3月、6月、10月奔赴全国各地走访中学。在首批高考综合改革试点省份浙江和上海，学校在志愿填报期间专门派招办工作人员及院系领导和学科带头人等组成的招生宣传组深入开展宣传活动和志愿填报辅导，收效明显。编印《华北电力大学2018年招生简章》，制作2018年报考指南，在各省免费发放30 000余份宣传资料。招募寒假招生宣传大使近650人赴全国各地350余所重点高中开展招生宣传活动，发放宣传材料5000余份。

（彭军林　王　倩）

【举办毕业生情牵母校系列活动】 2018年5—6月，保定校区举行2018届毕业生“情牵母校”主题教育系列活动，包括优秀校友专题讲座、OPA系列学习经验交流会、就业创业专题工作坊、爱心扶贫捐赠活动、优秀毕业生微演讲、毕业生主题班会、毕业生安全教育讲座和院系特色活动等八项专题活动，加强毕业生离校教育，进一步培育和弘扬社会主义核心价值观，引导毕业生奋发图强，锐意进取，升华师生情谊，开展朋辈交流，营造和谐的校园环境。5月10日，保定校区举办“新时代·新征程·新篇章”优秀校友专题报告会，国家能源局电力安全监管司电力应急管理处处长吴茂林受邀为同学们讲解国家电力行业发展现状与趋势，并分享个人成长经历与感悟。

（程利敏）

【开展职业导航月活动】 2018年9—12月，保定校区开展第十届大学生“职业导航月”系列教育活动，活动设就业形势政策咨询会、求职准备讲座、公务员备考指导、电力行业求职讲座、生涯团辅、生涯助航、考研指导、境外留学辅导以及院系特色职业指导活动等九大主题，为广大学生提供全方位、贴切化、个性化的职业指导与服务，进一步提高学生的职业素养，开阔学生职业视野，增强学生就业竞争力。

（程利敏）

【举办多场大型校园双选会】 2018年4—5月和10—12月，华北电力大学北京校部举办5场双选会，4场综合类双选会，1场为电力人才招聘大会，共有863家用人单位进校招聘，招聘专业涵盖学校所有专业。接待进校招聘单位4658家。另外，还举办各省网公司、发电集团、能源集团专场招聘会90余场。提供就业岗位6357个。2018年3月26—30日，保定校区举办2018届毕业生春季双选周，时间持续一周，期间共有240余家用人单位来校招聘，招聘专业涵盖学校所有专业。9月18日，中国大唐集团公司2019届毕业生专场招聘会在保定校区举行，此次大唐双选会为历年来参展单位最多的一届，共计119家单位、160余位用人单位代表参加，所需专业既包括电气、热动等大类专业，同时也包括会计、工商、计算机等非电专业。10月

17 日，中国华能集团有限公司 2019 年华北电力大学招聘会在保定校区举办，本次招聘会华能集团下属 24 家二级单位、83 家基层单位参加，吸引包括全校各院系、兄弟院校的众多毕业生参加。11 月 3 日，第十六届电力人才招聘大会在保定校区文体中心举行，参会单位包括部分国家电网公司、蒙东电网等近 20 家用人单位，吸引校内外众多学生参会。11 月 10 日，中国华电集团有限公司 2019 年“骏才计划”宣讲会在保定校区举办，此次招聘会共有华电集团旗下 26 家二级单位、55 家基层单位参展。12 月 2 日，保定校区举办“华北电力大学 2019 届毕业生冬季双选会”，千余名毕业生来到招聘会现场与用人单位沟通交流，本次双选会共有 150 多家用人单位参加，涵盖电力、通信、机械制造、化工环保、互联网、金融、教育咨询、贸易服务等众多行业，提供岗位六百多个，基本覆盖学校全部专业。

（王栋梁　吕思宇　李兰涛　谢铠羽　张　淏）

【开展就业创业活动】 2018 年 7—8 月，华北电力大学就业指导中心组织 22 个团队到全国各地开展 2018 年暑期就业创业实习实践活动，组织毕业生到用人单位进行职业体验、就业实习、创业体验交流活动，并与用人单位合作成立 7 个企业英才俱乐部，形成就业创业调研报告 100 余篇。9—10 月，主办 2019 届毕业生就业创业指导服务月活动。该活动包含多场讲座与专题辅导，内容涉及就业形势分析、就业准备、角色转变、公务员应考、出国留学、考研准备、创新创业等主题，涵盖就业创业的各个方面，通过形式多样、内容丰富、针对性强、富有成效的就业指导活动提高学生就业竞争力。保定校区首次开展以“同庆甲子华诞，争做卓越人才”为主题的暑期就业创业实训活动，与 14 个用人单位签订实训基地校企合作协议并颁发实训基地牌匾，挑选出 206 名优秀的大三学生，确定 18 支实训队伍，并由 12 名教师分别带队前往全国 11 个省份。此次活动的开展使学生直观感受企业生产运营情况，进一步增加对用人单位的了解。

10 月，北京校部就业指导中心选送的项目参加北京市教委组织的 2017 年北京地区高校大学生优秀创业项目评选，获得一、二等奖各一个。保定校区选送的项目参加第七届中国创新创业大赛（河北赛区）暨河北省第六届创新创业大赛决赛，获一等奖。

（王栋梁　靖仕寅　彭建章　王晓帅）

【就业官网就业 APP 运行】 2018 年，华北电力大学设计开发的就业官网、就业 APP 正式运行。至年底，累计注册单位数量为 5077 家，发布招聘岗位 17 153 个，岗位需求总数约 465 720 个，定向推送就业信息 465 720 条，平均网站日浏览人次达 3 万以上。就业官网就业 app 正有力地帮助学生找到更好的工作，协助企业进校举办招聘活动。

（王栋梁　吕思宇）

【学生创新创业成果丰硕】 2018 年，华北电力大学学生创新创业在多个领域取得丰硕成果。4—5 月，就业指导中心扶持和指导的创行团队参加创行世界杯，获华北赛区一等奖、全国三等奖，靖仕寅获创行全国最佳指导老师。7 月，保定校区大学生创业孵化中心获得保定市人力资源与社会保障局颁发的“中国创翼”创新创业大赛保定选拔赛优秀组织奖。10 月，保定校区“华电·电火花众创空间”顺利通过河北省科技厅众创空间建设项目验收。10—11 月，学校学生三个创业项目登录央视 2 套创业英雄汇栏目，累计获 1400 万元融资。

（王栋梁　靖仕寅　彭建章　王晓帅）

【举办毕业生毕业教育活动】 2018 年 4 月至 6 月，北京校部举行 2018 届毕业生“情满华电，志在远方”主题教育活动，包括毕业生代表讲座、就业创业专题讲座、毕业纪念品制作、毕业生访谈、摄影作品征集、微视频征集、图文音乐作品征集和离校寄言等专题活动，进一步加强毕业生思想行为教育，激发毕业生爱校荣校之情、感恩奉献之心和报国成才之志，引导广大毕业生积极践行社会主义核心价值观，强化大学生对自身责任和使命的认识，树立实干精神。

（王栋梁　吕思宇）

【国防教育工作显成效】 2018 年，华北电力大学国防教育工作取得多项成果。9 月 9 日至 22 日，学校组织新生军训，共有 6202 名学生参加军训，其中北京校部 2952 人，保定校区 3250 人。在军训中，学校增加应急救护、消防演练等实操科目，丰富训练内容，圆满完成军训任务。学校通过举办优秀大学生退伍士兵报告会、开展征兵政策宣讲等方式广泛开展征兵宣传，落实大学生参军入伍优惠政策，出台《华北电力大学退伍本科生转专业管理办法》，鼓励引导学生应征入伍。2018 年，学校共有 42 名学生参军入伍，其中北京校部 24 人，保定校区 18 人，创历史新高。军事理论课改革初见成效，北京校部探索军事理论课建设新模式，首次采用慕课平台与线下授课相结合的方式；通过参加军事理论课调讲，北京校部新增两名具有协作教学任课资格教师；保定校区军事理论教师撰写的《“三全育人”视域下拓展军事理论课思想政治教育功能探索研究》论文在第四届河北省学校国防教育科研论文获得一等奖。国防教育形式不断丰富，北京校部国旗护卫队与保定校区国防社举行多场重大活动升旗仪式。学校武装部主办、“迷彩青春”退伍大学生社团承办的“华电人在军营”系列国防教育活动通过退伍大学生讲述军旅故事，增强广大师生对部队的了解，增强国防意识。

（孙笑宇　赵书彬）

研究生学生工作

【概述】 2018年，华北电力大学以立德树人为根本任务，以提升研究生思想政治素质为目标，积极构建三全育人格局，推动双一流建设，着力培养德智体美劳全面发展的社会主义建设者和接班人。党委研究生工作部通过调研，结合研究生教育特点，重点从选拔党政管理干部担任班主任制度改革、研究生党支部与教科研党总支所属教师党支部1+1共建试点、设立中国电机工程学会青年会议永久会址和落实研究生导师立德树人职责等四个维度，完善和构建研究生“三全育人”新格局。以立德树人为根本任务，以研究生党建为龙头，以研究生党建和干部队伍建设为抓手，以培育和践行社会主义核心价值观为主线，深入开展研究生思想政治教育。以研究生奖助激励体系建设为引导，以科技学术文化活动为载体，以学术文化和科技创新为主线，提高研究生创新创业能力。以甲子校庆为契机，在研究生中开展“我与导师的故事”评选宣传活动，编制出版《研究生教育四十年画册》并赠送海内外研究生校友，汇聚师生情感，为推动全面落实研究生导师立德树人职责营造良好的氛围。大力推进学校两地一体化建设，研究生教育管理工作，从文件制定、部署实施、宣传教育等，基本实现两地一体化，形成合力，完成研究生教育管理工作。

就业与创业指导。党委研究生工作部开设研究生就业与创业规划指导课，举办“名企有约之实习来啦”活动、“名企零距离”参观、“企业访谈录”等活动，协助完成校企合作签约仪式，先后组织研究生与施耐德、京东方、国开新能源、北大方正电子等企业，进行现场面对面经验交流及模拟面试，广泛挖掘校企和校政协同合作资源，开阔研究生职业规划思路。组织研究生党员骨干赴大学科技园开展创新创业交流活动，增进对科技创新创业的认识，开拓视野，有效激发自身学习和创业的热情。

辅导员队伍建设。探索研究生辅导员队伍建设新模式和新机制，提出从应届毕业、中共党员的非全日制研究生中选聘研究生辅导员的举措，年内，新增5名研究生辅导员上岗，研究生辅导员达到17人。

研究生党建。北京校部举办以“学习习近平新时代中国特色社会主义思想，争做德智体美劳全面发展的社会主义建设者和接班人”为主题的研究生党支部干部培训班，广大研究生干部接受较为系统的党支部建设理论实务教育，学习习近平总书记从梁家河到中南海的历程与启示，学习新时代的青年责任，学习党务工作理论实务，前往革命圣地西柏坡进行参观访学等，通过形式多样、内容丰富的培训课程，培训效果显著。保定校区党委研工部开展“继往开来 承前启后”研究生党员骨干培训，通过集中培训、专题研讨、素质拓展、心得交流、党日活动、企业交流、分组讨论、撰写论文、反思提高等方式，提升研究生政治理论水平和思想政治教育工作水平。

（李　林　彭忠军）

【概况】 2018年华北电力大学党委研究生工作部有专职工作人员共10人，其中北京校部6人，保定校区4人。党委研究生工作部紧紧围绕学校党政中心工作，以十三五规划为引领，着重从研究生思想政治教育工作、研究生党建工作、研究生学术交流和科技服务等方面入手，坚持以人为本，围绕研究生成长成才和研究生教育质量提高，完善研究生思想政治教育“1-2-3-4”工作模式：以尊重获得感和塑造成年人责任意识为工作基石（一块基石）；以学术创新、创业实践为工作载体（两个载体）；以基层党建组织保障、创新创业教育与科研学术融合、校企校政协同为工作主线（三条主线）；以学术交流论坛、创新创业实践、科技助理挂职和创新创业孵化为工作平台（四个平台）。

建立健全研究生奖助体系，全年发放研究生各类奖助学金总金额达10 307.8735万元，支持研究生实现经济自立，从而解决心理纠结，安心学习和潜心科研，肯定研究生既是知识学习者又是科技创新参与者的角色定位，以其自立和尊重获得感，实现其从本科生到研究生的思维转换，使成年人的责任意识和责任感内化于心，构建富有研究生特质的思想政治教育工作基石。

坚持以党建为龙头开展研究生思想政治教育，全面加强党的建设，两地举办三期研究生党支部干部培训班，集中开展政治理论学习和党务工作培训，培训学员600余人次。组织两地研究生干部赴西柏坡学习交流、研工部部长为校区研究生讲党课，探索一体化建设机制和模式。以研究生党支部为龙头，开展系列主题教育活动，组织4000余人参观庆祝改革开放40周年等展览，研工在线等新媒体活跃。启动研究生党建调研基金第八期资助项目，资助六支队伍对高校基层党建、高校建设、文化培养及社会热点等领域的专题问题进行深入的研究。

以学术文化和科技创新为主线，提高研究生创新创业能力。依托“前沿&创新”学术论坛，两地共举办各类学术讲座120余场次，组织千余名研究生参加中国电机工程学会系列会议，学术平台和资源进一步扩大。以中国研究生创新实践系列大赛为抓手，开展创新创业活动，获得国家和省部级奖励200余项，连续八年获得优秀组织奖，保持高校前列。2018年6—9月，以“不忘初心，砥砺前行”

为主题，支持11支研究生团队分别深入深圳、雄安新区、鄂尔多斯等地开展研究生暑期科技服务和社会调研活动。2018年，毕业研究生一次就业率持续保持97%以上，持续保持较高的就业质量。

（赵军伟　王　倩）

【开展研究生毕业教育工作】 2018年3月，学校面向2018届研究生开展以“献力双一流，感恩系母校”毕业生教育活动。各学院从理想信念、爱国荣校、就业创业、安全健康等角度开展专题教育活动，通过组织毕业生服务团、“感恩·师友”毕业主题班会、经典好书交流传递、校友座谈会、毕业生晚会等一系列特色活动，加强理想信念教育，营造浓厚的文明离校氛围。

（刘献伟　龚信华）

【开展学雷锋活动】 2018年3月，保定校区开展学雷锋活动，先后共有24个研究生班开展形式多样学雷锋活动。研究生们到敬老院、社区、校内等地开展关爱帮扶、义务劳动、理论学习等活动，以实际行动传递当代雷锋精神，弘扬志愿者精神，传播志愿服务文化。

（龚信华　李欢欢）

【举办研究生师生联谊暨毕业生晚会】 2018年3月26日，第十五届研究生师生联谊暨毕业生晚会在主楼礼堂举办。党委副书记汪庆华，研究生院、研工部、各院系领导及1300余名师生观看晚会。晚会以“感恩·远航”为主题，展现毕业生对母校的深爱与不舍，表达学校领导和老师们对毕业生诚挚的祝福和期盼。

（周　华　刘献伟）

【举行研究生毕业典礼】 2018年3月31日、4月1日，学分别在北京校部和保定校区召开2018届研究生毕业典礼暨学位授予仪式。校领导周坚、杨勇平、何华、郝英杰、孙忠权、王增平、汪庆华、郭孝锋、律方成、檀勤良，学校有关职能部门、各院系负责人和完成学业的37名博士、2487名硕士研究生共同参加此次学位授予仪式。校学位评定委员会主席、校长杨勇平发表题为《逐梦新时代 奋进新征程》的重要讲话。

（李　林　赵军伟）

【举办研究生党支部书记理论与实务培训班】 2018年5月12日至6月9日，为重温马克思主义经典，深入学习贯彻习近平新时代中国特色社会主义思想和党的十九大精神，落实《2018年北京高校学生党员先锋工程实施计划》要求，引导研究生党支部书记加强理论学习，坚定理想信念，提高工作能力，学校党委组织部、党委研究生工作部举办2018年研究生党支部书记理论与实务培训班活动。培训活动历时一个月，包括原汁原味学习十九大报告和习近平总书记北大视察讲话、主题辅导报告、专题讲座、网络课程学习、支部党团日活动、培训班学员分组学习研讨、组织生活大讨论和狼牙山革命纪念馆参观访学等板块，从各个方面切实提高党员骨干的政治理论水平，增强每位党员骨干的实务工作能力。

（李　林　赵军伟）

【开展研究生党建基金调研活动】 2018年5月，研究生第八期党建调研基金项目在经历申请、审核立项、调研专题、项目中期考核等环节后进行结题答辩，六支立项队伍对研究生对习近平新时代中国特色社会主义思想的认识、北京高校基层党建工作贯彻落实十九大精神情况、当下研究生为生态文明建设贡献、高校研究生科研生活获得感与幸福感、关于学校无职党员上岗的现状及对策及社会热点等领域的专题问题进行详实研究，提高研究生对党中央政策的把握能力，提高对社会热点问题的分析能力与解决能力。

（赵军伟）

【举办博乐颂系列活动】 2018年5—6月，学校组织开展第三届“博乐颂”活动月，围绕博士研究生的文体生活、就业分享、科研交流等方面，开展博士生羽毛球赛、博士沙龙、趣味交友等一系列丰富多彩的活动，参与博士研究生200余人。

（赵军伟）

【举办移动终端设计和智慧城市校内赛】 2018年6月，党委研究生工作部、计算机系联合举办中国研究生移动终端应用设计创新大赛及中国研究生智慧城市技术与创意设计大赛的校内赛。共收到来自学校多个院系的45件作品，作品涵盖电力巡检、图像处理、智慧交通、智慧医疗、智能移动机器人等多个方向，经过评委评审，选出一、二、三等奖获得者。

（龚信华）

【开展研究生暑期科技服务与社会调研】 2018年暑期，党委研究生工作部以“不忘初心，砥砺前行”为主题，支持11个研究生团队开展“不忘初心，寻访红色记忆”“不忘初心，甲子同庆”“节能减排，解困绿色能源”“精准扶贫，助力乡村振兴”“砥砺前行，践行科技创新”和“不忘初心，聚焦改革开放”等六个专题的研究生暑期科技服务与社会调研实践活动。

（赵军伟　龚信华）

【开展研究生新生入学教育】 2018年9月6日、7日，2018级研究生新生入学教育大会分别在北京校部和保定校区举行。研究生院、党委研工部、新聘导师代表、2018级研究生班主任、辅导员和全体研究生新生等参加大会。在北京校部大会上，党委研究生工作部部长李林做题为“在华电读研的日子——成就最好的自己”的入学教育报告。研究生院副院长张淑莉、专业学位中心副主任张磊分别就全日制研究生和非全日制研究生解读研究生培养相关工作。能源动力与机械工程学院王晓东教授和经济与管理学院侯学良教授做科学道德与学风建设宣讲教育专题报告。保定校区彭忠军和刘彦丰分别做研究生校风校纪教育和学籍及教学管理教育。动力工程系博士生导师阎维平和马克思主义学院党总支副书记王聚芹，先后为2018级研究生新生做科学道德、学术诚信和学风建设专题报告。

（赵军伟　龚信华　李欢欢）

【推进研究生奖助体系建设】 2018年9—10月，学校开展研究生优秀奖学金评定和研究生先进评选工作。共有5名研究生获校长奖学金，30名博士研究生和158名硕士研究生获研究生国家奖学金，68名博士获优秀博士奖学金，189名研究生获社会奖学金，47名研究生获优秀研究生标兵称号，743名研究生获优秀研究生称号，399名研究生获优秀研究生干部称号，32个研究生班级获先进集体称号，698名博士研究生获得学业奖学金，2711名硕士研究生荣获一等学业奖学金，2712名硕士研究生获二等学业奖学金，1301名硕士研究生获三等学业奖学金。同时加大研究生"助研、助教、助管和兼职辅导员"（简称三助一辅）工作力度，面向全体654名博士设立助教助研岗位，设置和选聘95名研究生从事学业辅导，163名研究生从事课程助教，34名研究生从事研究生兼职辅导员工作。北京校部和保定校区全年共发放"三助一辅"岗位助学金928.0035万元，鼓励和支持研究生在学校教学、科研与管理服务中发挥积极作用。2018年，北京校部研究生共获得奖助学金总额为7414余万元。

（李　荣　李欢欢）

【成立微党课宣讲团】 2018年10—12月，保定校区党委研工部依托马克思主义学院研究生及其他优秀研究生党员，经试讲选拔，成立微党课宣讲团，以党建和思想政治教育为主要内容开发课程。至年底，有宣讲团成员共21人。

（龚信华　李欢欢）

【举办研究生前沿&创新学术论坛】 2018年，党委研究生工作部举办48期学术论坛，先后邀请Professor Campbell Booth、Mark Levine、百度副总裁沈抖等知名人士，论坛内容从前沿技术、能源需求、创新实践，再到人工智能和能源发展，为研究生带来科技前沿讲座，营造良好的校园学术氛围。

（李　林　赵军伟）

【全国研究生创新实践系列赛事获得多项奖项】 2018年，党委研究生工作部组织研究生参加第十五届中国研究生数学建模竞赛、第五届中国研究生智慧城市技术与创意设计大赛、第三届中国研究生移动终端应用设计创新大赛、第十三届中国研究生电子设计竞赛、中国研究生石油装备创新设计大赛、全国大学生英语竞赛（A类）、2018年首届中国"AI＋"创新创业大赛暨第二十届中国机器人及人工智能大赛、"兆易创新杯"第十三届中国研究生电子设计竞赛、北京市研究生英语演讲比赛等各项研究生竞赛，取得优异成绩。在第五届中国研究生智慧城市技术与创意设计大赛中，获国家三等奖1项，学校获"优秀组织奖"；在第四届中国研究生移动终端应用设计创新大赛，获全国一等奖1项，全国二等奖4项，全国三等奖2项的历史最佳成绩，学校获得"优秀组织奖"。在第十三届中国研究生电子设计竞赛中，获得华北赛区一等奖1项、二等奖8项、三等奖12项；在第十五届全国研究生数学建模竞赛中，获国家一等奖2队，二等奖21队，三等奖27队，学校获"优秀组织奖"；在2018年全国大学生英语竞赛（A类）中，获全国特等奖1人，全国一等奖2人，全国二等奖11人，全国三等奖18人；在中国研究生石油装备创新设计大赛中获国家三等奖1项；在2018年首届中国"AI＋"创新创业大赛暨第二十届中国机器人及人工智能大赛中获一等奖；在"兆易创新杯"第十三届中国研究生电子设计竞赛中获一等奖1项，三等奖1项；在北京市研究生英语演讲比赛中获三等奖2项。

（赵军伟　龚信华）

【开展两校区研究生系列交流活动】 2018年12月，通过组织两地研究生干部赴西柏坡学习交流、研工部部长为校区研究生讲党课，探索一体化建设机制和模式。本次两校区研究生交流活动是学校党委研究生工作部以党的十九大精神为指引，不忘初心，牢记使命，砥砺前行，努力做好研究生思想建设工作的创新。同时，也是践行学校第二次党代会精神，深入推进两校区一体化发展的举措。

（李　林　彭忠军）

【加强优秀研究生榜样宣传工作】 2018年12月开始，研工部依托"华电研途"微信公众号加大对优秀研究生事迹的宣传力度，累计阅读人次12 853次，平均每篇阅读人次612次，在研究生群体中营造出积极奋进的学习氛围。

（龚信华　李欢欢）

【开展纪念一二·九运动83周年汇报演出】 2018年12月8日，学校举行研究生纪念"一二·九"运动83周年暨研究生党员骨干培训班结业汇报演出活动。演出通过歌唱、话剧、小品等丰富多彩的节目，唤起党员骨干们对祖国的热爱之情，表达中华人民凝心聚力共筑中国梦的坚定决心。

（李欢欢）

【举办研工工作总结会】 2018年12月28日，党委研工部下属三个中心以"凝心聚力 砥砺前行"为主题举办2018工作总结会，三个中心总结2018年工作，展望2019年计划。研工部部长李林、副部长赵军伟分别对研工三中心2018年的工作进行点评，对于三个中心的团队建设和研究生干部综合素质提出新的要求，树立远大理想勇于担当，坚决反对"四风"在学生组织蔓延，深入开展调查研究，更好地为广大研究生服务。

（李林　赵军伟）

【举办博士交流沙龙】 2018年12月，研工部组织开展“博士交流沙龙”之“国奖那些事”主题活动，活动以“砥砺学术，交流思想”为宗旨，邀请获国家奖学金的优秀博士从学科前沿动态、研究领域热点话题等方面，为大家分享科研经验，交流心得体会，拓宽同学们的视野，如何科学规划学术生涯，合理安排课余生活。

（李　林　赵军伟）

【开展研究生导师立德树人系列活动】 2018年7—10月，以60周年校庆和改革开放40年、研究生教育40年为契机，学校在研究生中开展“我与导师的故事”征文系列活动，收到300余篇反映学校研究生和导师之间的小故事，感人肺腑。网络评选中，23 000余人参与活动，在广大研究生和校友中引起强烈反响，通过学生视角，展现研究生导师教书育人、立德树人的优良作风和师生和谐互动的良好局面。编撰学校《学位与研究生教育40年》纪念画册，全方位回顾研究生教育的发展历程，向一大批老校友寄送画册和书记校长的一封信，以营造氛围，汇聚情感和共识，发挥“三全”育人中研究生导师的培养优势和重要作用，校友反响热烈。

（李　林　赵军伟）

安全保卫工作

【概述】 2018年，华北电力大学保卫工作着力解决校园交通、周边环境、消防安全、防恐治安、意识形态渗透等难点问题，平安校园建设稳步推进，校园秩序、安全形势稳中向好。根据华北电力大学“十三五”时期“平安校园”建设提升工程实施方案，学校投入专项资金完成校内视频监控系统升级改造工程，在学校出入口安装人脸识别系统，通过技防手段加强对校内人员的管理。建设校园“微型消防站”，对消防中控值班人员开展业务培训。聘请消防警官和专业人员对师生员工进行安全教育，对全体本科新生进行消防疏散、火场逃生和器材灭火演练，提高其消防安全技能。制作礼堂消防安全教育片，进行消防应急疏散安全宣传和演示。对学校车辆管理系统全面升级改造，在学校北门外加装护栏、挡车柱和防撞柱等，在学校内对停车位重新规划，规范电动车停放及充电行为，对校内及北门周边交通环境进行治理。北京校部保卫处被评为2018年度北京市昌平区交通安全先进单位。

（鄢　知）

【概况】 2018年，学校共有保卫干部18人（含保定9人），其他职工16人（含保定10人），人事代理1人（含保定1人）。校内共计发生各类案件133起处理案件127件（已破案27起），挽回经济损失11 572.3元。保卫处对校内近17万平方米建筑进行“消、电”检测，更换消防水袋250条，更换新灭火器2266具，新增76具，为保安应急分队配备80具防烟呼吸器。全年定期检查、维护和保养校内现有消防应急照明指示灯、安全出口、疏散通道指示牌3587套，维修和更换426套。试水、试压和注油全校现有室内消防栓1007套（件），维护、保养和清洗光电感烟感温探测器2638只，新增、更换光电感烟感温探测器156只，新增、补充、粘贴、更换消防设施警示、禁止、提示标识牌1200余个，建立微型消防站2个。通过平安校园多媒体电子屏推送各类安全标语，针对治安、消防安全、网络安全、交通安全、抵御校园传教防邪反邪、防诈骗、防传销、防校园贷、国家安全、法制宣传等主题推送安全信息1000多条。在保定校区举办两次安全教育月活动，对2500多名新生进行十余次安全常识教育，其中包括安全委员培训、防窃盗、防诈骗和传销、校园宗教政策等主题安全知识讲座6次，消防灭火培训及疏散演练20余次，利用校园广播、展板和校园网络宣传消防知识4次，共培训学生2000余人次。组织后勤、各院系和重点部门开展灭火培训5次，组织关注“保定消防”微信微博。发布治安预警通告9次，出版安全动态10期。在飞信平台为1000名安全信息员提供安全咨询，共发布安全信息动态120余条。投入资金近300万元完成校园监控系统升级改造工程，在重点区域新增17个摄像机，共建设540个高清摄像机点位。投入资金20多万元，在学校北门外安装护栏1040米、U型防撞柱180多个和挡车柱170个，确保校园周边交通安全通畅。在学校内新增118个停车位，缓解停车位紧张压力。北京校部完成1816名本科生、研究生新生集体户口落户和1800多名毕业生集体户口迁出，清理户籍72人。保定校区完成700多名新生集体户口落户，迁出1600多名毕业生集体户口，办理各类证件400余个。

（鄢　知　刘　让）

【开展国家安全教育日主题活动】 2018年4月，“4·15全民国家安全教育日”主题系列活动在北京校部和保定校区开展。该活动通过电子屏播放宣传用语，宣传栏张贴宣传教育海报，人流密集区域悬挂宣传条幅，现场发放各类国家安全知识手册等多种方式宣传国家安全教育的重要性，活动期间，共向师生发放各类国家安全知识手册2000余份。此外，还通过举行国家安全知识有奖竞猜、演讲，以院系为单位开展的“护航新时代”宣传，组织师生观看

《国家安全教育日专题教育片》，参观在中华世纪坛举办的国家安全主题宣传展览等内容丰富的活动，增强师生国家安全意识。

（秦中彤　鄢　知）

【举办安全知识竞赛】 2018年4月，保定校区举办“校园安全与大学生活”知识竞赛，活动采用问答等方式，涉及校园治安、交通常识、消防知识、心理健康、校规校纪等多项内容，全校共有12支院系代表队参加。

（刘　让）

【举办防宗教渗透校园活动】 2018年6月和10月，学校保卫处开展防宗教渗透校园知识竞赛外场活动，向师生免费发放《抵御和防范宗教渗透校园》知识手册和“反邪教知识教育”光盘。

（秦中彤　鄢　知）

【缓解停车难问题】 2018年7月，为缓解北京校部停车位不足而导致的教师停车难的状况，保卫处通过深入调研，对主楼D座平台下原库房进行改造，新增停车位78个，调整校内行车路线，在主楼A座东侧和教一楼西侧中间增加停车位20个；优化教四楼西侧广场停车位，重新布局划线，增加22个停车位。

（鄢　知）

【开展校园消防安全宣传月系列活动】 2018年，学校开展多次校园消防、校园安全宣传月活动。9月，通过在校内发放《交通安全宣传单》，利用微信平台、电子播放屏、宣传栏等多种渠道向学生推送校园防骗安全、网络安全、消防安全、交通安全等相关知识。9月25日和10月9日，保卫处组织大学生治安服务队对校门交通秩序进行整治，向师生发放交通知识宣传材料。开展消防安全教育宣传系列活动，组织学生宿舍火灾逃生演练、模拟火场逃生演练、初起火灾模拟灭火演练等活动。11月，开展消防安全知识竞赛、实战操作消防模拟器械等多种活动，活动期间，邀请北京市昌平区消防支队防火监督处人员来校开展消防安全工作培训，提高师生消防安全意识。

（秦中彤　鄢　知）

【开展安全知识进宿舍活动】 2018年9月，针对新生报到重要时间节点，保卫处结合学校易发案件编制安全知识手册，组织大学生治安服务队进入新生宿舍发放安全知识宣传材料。11—12月，针对冬季火灾特点，保卫处结合学校特点编制宿舍防火安全小常识手册，在学生宿舍中发放。

（秦中彤　鄢　知）

【集中清理校内非机动车】 2018年10月，保卫处集中清理校内乱停乱放、破损的无主非机动车辆，着力解决车辆侵占和堵塞人行通道、消防通道等问题，进一步规范校园非机动车停放秩序，确保60周年校庆校园环境的有序、安宁、和谐。

（鄢　知）

【校门人脸识别速通门启用】 2018年10月，为了有效维护校园安全稳定，华北电力大学在北京校部中南门和西北门出入口共安装人脸识别速通门7组，该系统启用后，有效维护师生安全，这也让学校成为全国率先在校园出入口安装人脸识别速通门的高校。

（康全起　鄢　知）

【校园周边环境综合治理】 2018年10月，经过深入调查研究，华北电力大学与北京农学院协调，共投入资金20余万元，在华北电力大学北门环岛周围安装护栏1040米、挡车柱170个和U型防撞柱81个，解决北门及环岛交通无序乱象。

（单纪胜　鄢　知）

工　会　工　作

【概述】 2018年，华北电力大学工会履行工会四项基本职能，发挥党联系教职工的桥梁纽带作用，在加强思想政治引领、参与学校民主管理、助力教职工队伍建设、深化教职工服务维权、丰富校园文化生活以及加强自身能力建设等方面，改革创新、勇于实践，取得显著成效。

2018年，校工会作为教代会工作机构，以深化教代会制度建设和推进教代会专委会建设为抓手，有力促进学校民主管理。学校召开第六届第六次教代会，会议主题为认真贯彻落实党的十九大和学校第二次党代会精神，积极适应高等教育综合改革与能源革命新形势，围绕“双一流”建设的目标任务，以学校第二次党代会和《华北电力大学“十三五”发展规划纲要》提出的各项工作为重点，进一步解放思想、凝聚共识、深化改革、攻坚克难，着力推进特色鲜明的高水平研究型大学建设各项任务快速、健康、可持续发展。

2018年，校工会发挥工会“大学校”作用，以服务教职工队伍建设为重点，注重发挥先进典型人物的示范引领作用，通过多种形式的教育活动，提高教职工队伍的整体素质。积极开展“建校60周年华电人物”评选、教师师德评选、青年教师教学竞赛、青年教师法制宣传等项目。其中，开展“建校60周年华电人物”，评选出60名先进人物在校庆晚会上予以隆重表彰，弘扬华电文化，传承华电精神。崔翔、陈雷获北京市教育工会评选的2018年北京市师德先锋。孙芳获保定市劳动模范。引导教师群体参与“尊

法守法 · 携手筑梦”法治宣传和公益法律服务行动，近百名师生前往全国 11 个省市为近千名农民工进行普法宣传教育。

2018 年，校工会积极探索教职工服务体系建设，努力提高工会的服务能力，为教职工做实事、办好事、解难事，把学校党政对教职工的关怀直接送到教职工身边。举办校部五大杯赛、校区七大体育赛事，参与组织两地田径运动会等文体活动，与教代会、教职工服务委员会、体育教学部联合开办暑期教职工子女托管班。举办迎春茶话会、高考报志愿讲座等服务教职工的系列活动，受到教职工群体欢迎。关心关注教职工的民生问题，举办组织开展“送温暖”活动、单身交友联谊、自费旅游疗养、团购水果、新春笔会、评选“幸福家庭”、节假日慰问教职工、“职工互助一日捐”等项目。加强和完善保护妇女合法权益，组织女性主题讲座等；针对女职工的劳动保护和计划生育问题做宣传工作，无违反计生工作事件。

（田　里　赵怀璧）

【概况】2018 年，华北电力大学工会共有会员 3773 人（其中非在编会员 771 人）、分工会 37 个、教工文体协会和艺术团 22 个。校工会安排 42 名教职工外出疗养，组织 119 人次教职工自费外出旅游。

在 2018 年度学校“先进分工会”等系列先进评优中，北京校部评选出先进分工会 9 个，工会工作特色奖 4 个，先进分工会主席 26 人；校级先进协会 6 个，校级先进协会会长 12 人，校级协会活动积极分子 104 人；教代会提案先进工作者 12 人，工会经费审查先进工作者 4 人，工会女工先进工作者 8 人，工会福利先进工作者 16 人，工会宣传积极分子 17 人，工会工作积极分子 232 人；表彰分工会教职工协会 17 个，先进分工会教职工协会会长 33 人。保定校区工会对 10 个先进分工会、10 名工会工作标兵、20 名优秀工会干部、26 个先进工会小组、78 名工会积极分子、7 个优秀协会、14 名优秀协会干部、23 名协会积极分子进行了表彰。女工和计划生育工作方面，全年无违反计划生育工作的事件。“三八”妇女节打造节日活动特色品牌，精心策划组织“草木染”特色女工活动、女性性别优势及潜能开发讲座等活动；组织女教职工开展形体舍宾、瑜伽、普拉提培训；为学校 900 多名女职工和离退休女职工发放纪念品。发放 2018 年独生子女医疗统筹 530 人 15.3 万元；为 21 名退休独生子女父母，发放离退休教职工独生子女父母一次性奖励；为 2018 届全体研究生和本科生毕业生开具婚育状况证明。为患病教工 1 人办理女工特疾保险理赔，理赔金 2 万元。

（田　里　窦　敏）

【召开第六届第六次教代会】 2018 年 3 月 24—25 日，第六届第六次教职工代表大会在保定校区召开。会上，校长杨勇平作题为《喜迎“甲子年”　聚焦“双一流”开启高水平研究型大学建设新征程》的工作报告，党委书记周坚做题为《凝心聚力　砥砺前行　奋力开创新时代学校事业发展新局面》的讲话。会议听取审议校长工作报告、学校年度财务工作报告、教代会提案工作报告；审议教代会年度工作报告、学术委员会年度工作报告、《专业技术岗位人员聘期考核及岗位聘任方案》；讨论《中共华北电力大学委员会关于加强和改进新时代工会工作的意见》。

（赵怀璧　田　里）

【召开工会委员会扩大会议】 2018 年 4 月，学校分别在北京、保定两地召开工会委员会扩大会议。副校长李双辰出席会议，各相关直属党委书记和分工会主席参加会议。会议对加强和改进新时代学校工会工作的有关精神进行学习传达，对具体工作进行安排部署。

（田　里　窦　敏）

【举办教职工合唱比赛】 2018 年 6 月 27 日、29 日，华北电力大学在北京校部和保定校区隆重举行“庆七一、迎校庆”教职工合唱比赛。合唱以“喜迎甲子年，唱响新时代，歌颂华电情”为主旋律，吸引和动员全校近 80%的教职工参与其中。北京市教育工会副主席朱京萍受邀出席本次比赛。

（田　里）

【组织教职工子女托管班】 2018 年寒暑期，学校工会与教代会教职工服务委员会、体育教学部联合开办教职工子女假期托管班，约有 1000 余人次教职工子女参与其中。托管班为积极解职工后顾之忧，探索挖掘校内各方资源，以公益为前提和基础，社会化运作，本着“谁受益谁缴费”的原则，受到学校教职工的认可和赞扬。

（田　里）

【开展系列文体活动】 2018 年，校工会协同相关院系、机关和文体协会，举办迎校庆“全员锻炼，健康华电”开幕式，拉开全年文体活动序幕。依托成立 25 个文体协会，每年定期开展各类文化体育活动。大力推行教职工工间操，积极组队参加省市和电力系统比赛。为深化两地实质性一体化建设，组织两地教职工联合开展第一届教职工联合羽毛球团体赛、“学为贵”杯第一届教职工联合乒乓球团体赛。除完成两地田径运动会的组织工作外，在校部举办“远程教育杯”教职工篮球联赛等团体等五大杯赛；举办“校医院杯”庆“三八”踢毽子比赛、“电光杯”教职工篮球比赛、“教科杯”教职工保龄球团体赛第 50 届田径运动会进行太极表演等 20 多项文体赛事。协同有关部门举办新春茶话会。学校工会除积极参与上级单位组织的文体活动外，各分工会亦积极开展具有日常性和广泛性的文体活动。

（田　里　王晓洁）

【举办建校60周年书画摄影邮品展】 2018年10月26日至12

月26日，华北电力大学在北京校部和保定校区举行“华北电力大学成立60周年书面摄邮品展”，展览以弘扬传统文化，展现学校变化风貌为主旋律。共征集作品300余件，共展出作品并印刷精选作品集、副校长李双辰出席展览开幕式。

（杨永海）

共青团工作

【概述】2018年，华北电力大学共青团工作围绕学校中心工作和服务学生成长成才大局，突出思想引领、推进落实校庆工作、持续打造科创育人平台、强化实践育人成效、坚持以文化人以文育人、深化团学组织服务职能，团结带领广大团员青年为学校“双一流”和高水平研究型大学建设贡献青春力量。

思想引领。北京校部学生社团联合会成立反邪教协会，提倡师生反对邪教，为弘扬爱国主义精神举办“一二·九”晚会；校团委实践部扎实开展“学习宣传中国精神”、“投身助力十三五，青春奋进中国梦”等主题实践活动、开展“青年服务国家”微视频竞赛等活动，累计参与3500余人次；成立“华北电力大学习近平新时代中国特色社会主义思想学习研究会”并获得“首都高校十佳理论社团”荣誉称号，组织学生干部开展《习近平的七年知青岁月》、共青团十八大等学习交流会，学生会开展“法在身边，律在校园”系列宪法主题活动，增强学生的法律意识和法制观念；研究生会开展“学习宣传贯彻党的十九大精神”“《习近平七年知青岁月》读书分享会”等主题教育活动，覆盖全校研究生，突出榜样带动，通过各级评优评选活动，采访校讲获得者，选树先进典型，推出事迹报道20余篇；团委组织部开展“学习宣传贯彻党的十九大精神”“坚定信仰　与时俱进　做新时代六有青年”等主题教育活动、团日活动2000余场，覆盖全校团员青年，落实市扶贫协作和对口支援工作部署，对口支援新疆，大力开展“好书伴成长”图书捐献活动，全校师生共计捐出4000余本，认真做好团籍管理工作，增强团员意识教育，积极推进“党建带团建”的团建基础工程，落实共青云与志愿北京的绑定工作，完成2019级新生团籍转入及毕业生团籍转出工作，以团员竞选演讲的新形势发展新团员8名，完成团费收缴任务。保定校区扎实开展“学习宣传贯彻党的十九大精神”“学习习近平总书记系列讲话精神”“坚定信仰　与时俱进　做新时代六有青年”“追寻华电记忆　不忘建校初心”等主题教育活动、团日活动2000余场，覆盖全校团员青年；实施“青年大学习”行动，组织开展“新时代　新征程　新青年”网络作品征集、网络知识竞赛等活动，累计参与17 000余人次；组织开展马克思200诞辰周年、学习习近平总书记在北大考察时的讲话精神等主题学习会、座谈会，举办团学干部“学习读书会”7期，全体团学干部读原著、学原文、悟原理，不断提高思想政治素养和理论水平；突出榜样带动，通过各级评优评选活动，选树先进典型，推出事迹报道20余篇。

校庆工作。北京校部校团委、艺教中心举办建校60周年文艺晚会；为喜迎校庆60周年，校团委举办校庆嘉年华活动，社联与控计学院带来一无人机飞行灯光表演，举办《相约“笑”庆》曹云金相声专场；以社会实践为载体，组建校庆主题实践队伍，以企业考察、校友采访等形式寻访、联系校友；通过华电信使项目，邀请各地区校友与在校师生共祝华电美好未来；开展“甲子校庆　亲爱的我想对你说”祝福征集活动；组建“追寻华电历史，弘扬华电精神”校庆主题实践队伍，奔赴京津冀三省，寻访十余个与学校历史相关的旧址今貌；青年志愿者协会根据校庆目标和相关工作部署，统筹安排校庆相关工作，选拔、培训508名校庆志愿者，组织开展志愿者通识培训和动员活动，校庆期间累计为30余个系列活动派发志愿者607人次，服务时长达4278小时。保定校区选拔、培训508名校庆志愿者，组织开展志愿者通识培训和动员活动，校庆期间累计为30余个系列活动派发志愿者607人次，服务时长达4278小时；举办“迎校庆　庆五四”大学生合唱比赛、“铭记华电历史　再续辉煌未来”团日活动、校庆嘉年华等丰富多彩的校庆系列活动200余次，参与人数超2万人次，掀起迎校庆的高潮和浓厚的校庆氛围；以社会实践为载体，组建校庆主题实践队伍，以企业考察、校友采访等形式寻访、联系校友；抓住校庆契机，联合校友会、姚雪松校友共同发起《电声华语》栏目，邀请各领域知名校友与在校师生分享经典，跨越时间与空间的距离，共同传播正能量。

科创育人。围绕“大众创业，万众创新”与各部门密切合作开展校内外交流活动，充分发挥能源电力学科优势特色，完善大学生创新创业服务中心建设，为在校学生搭建创新创业平台，建立校内比赛评价机制与指导体系，提升大学生创新能力和创新作品竞争力；2018年，北京校部校团委组织学生参加“创青春”全国大学生创业大赛、“能源·智慧·未来”全国大学生创新创业大赛等创新创业竞赛6项，参与学生达1200人次；在2018年首都和全国“创青春”大学生创业大赛中取得新突破，北京校部获得全国二等奖2项，全国三等价格5项，全国优秀奖2项。保定校区校团委共组织学生参加中国“互联网＋”大学生创新创业大赛、“创青春”全国大学生创业大赛等创新创业竞赛 26 项，参与学生达 5200 人次。加强国际合作交流，电气和电子工程师协会工业应用分会（以下简称 IEEE IAS）华北电力大学（保定）学生分会邀请 IEEE IAS 主席来校参加创新发展主题交流活动，两名学生赴美国参加国际电气安全研讨会，与国际电气安全领域专家进行学术交流。

志愿服务。北京校部以学校蓝之焰青年志愿者协会为先导，各学院团学组织广泛响应，在学校形成良好的志愿服务氛围；每年以 3 月 5 日学雷锋纪念日为全年志愿服务活动的发起日，在每年 12 月 5 日国际志愿者日进行总结表彰；学校参与多项国际大型志愿服务活动，直接参与志愿服务人数六千余人，获中非国际论坛志愿服务工作优秀组织单位、昌平区“五个 100”最佳服务组织等多项荣誉。在社区服务、爱心支教、环境保护等方面组织开展形式多样的青年志愿者服务活动，每周全校近三百人参与志愿服务活动中，形成浓厚的志愿服务氛围。保定校区以“情暖童心”“绿色电力”为代表的一系列实践育人品牌项目进一步深化，“无声星球”“梦助夕阳”等服务项目逐渐凝练；依托“情暖童心”公益行动申报的“农村科技馆”项目获得第四届中国青年志愿服务项目大赛金奖，“情暖童心”入选全国青年志愿服务项目库首批入库项目，取得历史性突破；2018 年两地共选拔招募 14 名研究生支教团志愿者，赴基层锻炼。研究生支教团成员结合当地需求开展“创智课堂“信愿达城”等服务活动，打造一批深受学生喜爱的支教团品牌活动。

服务师生。学生会“全心全 E”为同学服务，举办“逐梦 • 启航”迎新生文艺晚会、制作《新生宝典》、举办“新生启航”系列讲座，让 18 级 3259 名新生更好地融入大学生活；办理学生公交卡 1500 张，联合商家 18 家，发放“E 享卡”近 4000 张，为广大华电学子带来福利。艺术教育中心开设《艺术导论》《舞蹈形体》《舞蹈鉴赏》《音乐鉴赏》《戏曲鉴赏》《戏剧鉴赏》五门选修课程，通过对艺术作品的广泛涉猎和艺术鉴赏活动的参与，培养学生的艺术修养和审美情趣；引进高质量、高水平的文艺演出例如北京市交响乐团、孟京辉经典戏剧，并将北京市教委的高雅艺术走进剧场的演出引进学校，通过微信公众号抢票，并且观看演出可获得适当的素质学分认证。保定校区积极落实《华北电力大学共青团改革方案》要求，以服务型团组织建设为中心，着力直接联系青年、服务青年；依托大学生创新创业服务中心、志愿服务中心、创新网开展竞赛宣讲与培训 40 余次，达成志愿服务对接项目近 20 项，累计服务人数达 22 800 余人次；校研究生会进一步推进“四点半课堂”公益项目，为学校青年教职工子女提供放学后学业辅导和陪伴服务；校学生会开展“雷锋车队”送站服务，为 800 余名学生放假回家乘坐出租车提供便利；通过“E+1 微课堂”、线上线下学业问题反馈、构建“学习互助服务平台”等多重帮扶机制解决学生在学习上的难题困惑，全年开展考前答疑会等面对面授课活动十余期，累计帮扶学业上有困难的学生 2000 余人次，常态化帮助学生解决学习困难。

文化育人。北京校部将体育、科技、思想文化带进校园，社联举办百团大战、文化体育嘉年华、一二九晚会；学生会积极把握时代主题，组织学生、宣传学生、教育学生、引导学生，举办“弘扬中华文化、坚定文化自信”校园情景剧大赛、“与信仰对话：青年的楷模，学习的榜样”华电演说家大赛、“新时代　新征程　新青年”辩论赛等活动，引进“高雅艺术进校园”14 场，校外演出“E 起去看”免费派票 28 场，学年共推出宣传推送 304 篇，最高单篇阅读量达 27 633。保定校区全年共举办各类校园文化活动 530 余场次，其中大型校园文化活动 70 场次，直接参与人数超 3 万人次。北京校部举办“E-star”校园之星风采大赛、五月的花海歌咏比赛、荧光夜跑、彩虹跑、“三走”等文体活动，辐射华电学子共达一万余人次；结合时代特征和学校特色，坚持以文化人、以美育人；研究生会组织开展研究生毕业晚会、研究生校际篮球赛、第一届研究生风采大赛、科技讲座、博士沙龙等一系列有影响力的活动品牌，丰富学生们的校园文化生活，研究生参与率达 90%以上；艺术团结合时代特征和学校特色，坚持以文化人、以美育人，全年共举办各类文艺活动 20 余场次，组织开展“喜迎华电六十载”大学生艺术节、光和话剧团年度大等一系列有影响力的活动品牌，丰富学生们的校园文化生活；合唱团首次晋级全国大艺展并取得一等奖，西洋乐团、民乐团、声工厂、合唱团在北京市音乐节中共斩获两个金奖，三个银奖；6 月组织团员参加由北京教委主办的大学生音乐节创意工作坊大师课活动，与音乐大师近距离接触，提升同学们的艺术素养；7 月舞蹈团街舞组合“转子 Team”亮相央视《星光大道》的录制现场。保定校区第二届中华传统文化大赛邀请央视第三季《中国诗词大会》冠军雷海为担任嘉宾，吸引学生广泛关注和参与；积极响应团中央“三走”活动，校团委组织开展第五十届田径运动会、第二十九届体育节等体育活动，学生参与率达 90%以上。

（谢昂均　刘杨嘉佳）

【概况】 北京校部共青团共有教职工 6 人（含保研辅导员 2 人），共有专职基层团委（团总支）书记 14 人，下设 14 个基层团总支，共有共青团员 15 927 人，团支部 556 个。在学校团员教育评议工作中共评出优秀团员 474 人，优秀团支部 43 个，优秀团干部 181 人，青年志愿者标兵 9 人，文体标兵 9 人，科技标兵 10 人，优秀团日活动 10 个。北京校区团委参加全国、北京市评优评选，17 人获评北京市三好学生，5 人获评北京市优秀学生干部，5 个班集体获评北京市先进班集体，在首都大学、中职院校“先锋杯”中，18 人获评优秀团员，18 人获评优秀基层团干部，18 个团支部优秀团支部；保定校区共青团共有教职工 5 人（含保研辅导员 2 人），共有专职基层团委（团总支）书记 13 人，下设 11 个基层团委，2 个基层团总支，1 个直属团支部，共有共青团员 13 550 人，团支部 479 个，学生社团 77 个。在学校团员教育评议工作中共评出优秀团员 760 人，先进团支部 92 个，优秀团干部 239 人，团员标兵 19 人，创新创业先进 378 人，志愿服务先进 287 人，志愿服务先进集体 6 个。保定校区团委参加全国、河北省、保定市评优评选，1 人获评河北省优秀共青团干部，1 人获“新时代河北青年改革典型”荣誉，2 个院系分团委获评保定市五四红旗团委，1 个支部获评保定市五四红旗团支部，3 人获评保定市优秀共青团干部，3 人获评保定市优秀共青团员，20 名学生获保定市优秀大学生标兵、优秀大学生、自立自强大学生等荣誉称号。北京校部校团委共组织学生参加创新创业竞赛 6 项，参与学生达 1200 人次，共获得省部级及以上奖项 26 项，其中学校学生参加“创青春”全国大学生创业大赛获银奖 1 项，铜奖 5 项，MBA 专项赛二等奖 1 项、网络信息经济专项赛（实践类）优秀奖 2 项，获第四届“协鑫杯”国际大学生绿色能源科技创新创业大赛三等奖 2 项、优秀奖 1 项，获“能源·智慧·未来”全国大学生创新创业大赛三等奖 2 项；保定校区团委共组织学生参加创新创业竞赛 26 项，参与学生达 5200 人次，共获得省部级及以上奖项 122 项。其中华北电力大学学生获创行世界杯全国大学生社会创新大赛全国亚军、创行世界杯全国大学生科技创新大赛国家二等奖；获全国大学生节能减排社会实践与科技竞赛一等奖 1 项、二等奖 1 项、三等奖 3 项；获第四届中国“互联网＋”大学生创新创业大赛铜奖 3 项；参加“创青春”全国大学生创业大赛获铜奖 1 项，“智慧校园”主题赛银奖 1 项、铜奖 2 项。北京校区积极参与中非论坛志愿服务工作，学校被授予“志愿服务优秀组织单位”荣誉称号，学校蓝之焰青年志愿者协会获昌平区 2018 年学雷锋志愿服务“五个 100”最佳志愿服务组织和 2018 年度昌平区优秀志愿服务团队奖章，获中国宋庆龄基金会授予的 2018 年度中国宋庆龄青少年科技文化交流中心志愿服务工作优秀组织团队，获第十四届首都高校环境文化季最佳环保奖。保定校区团委开展以“实践奉献迎校庆·青春点亮新时代”为主题的暑期社会实践活动，共组建校级重点团队 23 支，院系级重点团队 280 余支，自由组队 600 余支，校团委获全国“三下乡”社会实践活动优秀单位、河北省“三下乡”社会实践活动先进单位荣誉称号，5 支团队、7 名教师、7 名学生获省级表彰。北京校区团委开展以“服务国家　创新创业”为主题的寒假社会实践活动，以“点亮新时代的电力之光”为主题的暑期社会实践活动，寒期共组建团队 93 支，总计 3939 人参与；暑期共组建团队 130 支，共计 2721 人参与。校团委获全国“三下乡”社会实践活动优秀单位、北京市“青年服务国家”社会实践活动先进单位荣誉称号，3 支团队获选北京市百强团队，共计 11 支团队、8 名教师、8 名学生获北京市级表彰。保定校区获中国青年志愿服务项目大赛金奖 1 项、银奖 2 项；获河北省青年志愿服务项目大赛金奖 1 项、银奖 1 项、铜奖 1 项；在第八届河北省教育系统志愿服务评选中，获优秀志愿服务先进单位 2 个，优秀志愿服务先进组织 2 个，优秀志愿服务品牌 2 个，先进工作者 2 名，优秀志愿者 2 名。

（谢昂均　刘杨嘉佳）

【召开第一届研究生代表大会】 2018 年 1 月 13 日，北京校部召开第一届研究生代表大会。校党委书记周坚，校党委副书记汪庆华，学生处、研工部、校团委等部门负责人，全国学联驻会执行主席徐延，北京市学联驻会执行主席孙士伦，北京航空航天大学研究生会主席刘易斯，校研究生会主席团以及各院系团委负责老师出席大会。校党委书记周坚代表校党委对研代会的召开表示祝贺，对近年来研究生会的工作表示肯定，并表达对研代会代表以及广大青年学生的殷切期望。上级学联和兄弟高校代表依次致辞，肯定近年来校研究生的工作成果。蔡博代表校研究生会作题为《改革创新扬青春主旋律　砥砺前行谱奋斗乐章，引领广大研究生在建设特色鲜明的高水平研究型大学中贡献力量》的工作报告，大会审议通过研究生会工作报告，选举产生第一届研究生委员会，在随后召开的研委会第一次全体会议上选举产生新一届研究生会主席团。

（谢昂均）

【开展学雷锋志愿服务月活动】 2018 年 3 月 5 日，蓝之焰青年志愿者协会在全校发起“学雷锋”志愿服务活动，同各院系团组织展开系列志愿服务，践行雷锋精神。活动期间，青年志愿者协会在学校开展无偿献血、图书馆整理、爱心超市以及校园清扫等活动；带领志愿班级走出校园，服务支教小学、回龙观社区、地铁站、敬老院等，开展爱心支教、社区服务、敬老爱老、环保节水等多领域志愿活动，以实际行动弘扬与践行雷锋精神。

（谢昂均）

【举办第二十九届体育节】 2018 年 4 月 19 日，保定校区举办“走下网络、走出宿舍、走向操场”主题群众性课外体育锻炼活动暨第二十九届大学生体育节开幕式。校党委副书记郭孝锋，党政办、组织部、学生处、研工部、体育教学部、校团委等部门负责人，校学生会、校研究生会主席以及各院系团委负责老师出席活动。本届体育节历时两个月，期间举办竞技类、趣味类等各项赛事，在内容上新增设校庆主题版块，通过举办“60 秒极限挑战”“校庆荧光夜跑”等一系列喜闻乐见的活动，激发参与锻炼的热情，促进磨炼拼搏意志，培养奋斗精神，以昂扬向上的精神风貌向甲子校庆献礼。

（刘杨嘉佳）

【举行纪念五四运动九十九周年表彰大会】 2018 年 5 月 3 日、4 日，学校分别在北京校部、保定校区召开纪念五四运动九十九周年表彰大会，校党委书记周坚、校长杨勇平出席会议并发表讲话。校党委副书记汪庆华、校党委副书记郭孝锋、副校长律方成，校长助理米增强及相关职能部门、各院系党委负责人，学生代表参加表彰大会和文艺演出。

（谢昂均　刘杨嘉佳）

【举办五月的花海歌咏比赛】 2018 年 5 月 4 日，五月的花海歌咏比赛在北京校部举办。海政文工团男中音歌唱家、国家一级演员霍勇，海政文工团女高音歌唱家何春梅，解放军艺术学院男中音歌唱家文刚，中国铁路文工团青年女高音牛悦敏受邀出席担任此次大赛的评委。十个院系的本科生、研究生、留学生和教师参与活动。

（谢昂均）

【创青春河北省大学生创业大赛获佳绩】 2018 年 5 月，由共青团河北省委、省教育厅、省人力资源和社会保障厅、省科学技术协会、省学生联合会主办的 2018 年“创青春”河北省大学生创业大赛终审决赛暨作品展示活动在河北大学落下帷幕。保定校区共 13 件作品入围终审决赛，其中创业计划竞赛项目“焕新风机塔筒自动化清洁有限责任公司”“虚拟现实房屋租赁技术服务有限公司”和公益创业赛项目“梦想成真公益圆梦行动”3 个项目获河北省特等奖，10 个项目获河北省一等奖。华北电力大学获河北省优秀组织奖。

（刘杨嘉佳）

【参加毕业季大型募捐活动】 2018 年 6 月 11—12 日，北京校部党委研工部和校团委特接受中华慈善总会的邀请，加入“一张纸献爱心”毕业季大型公益募捐活动。本次活动由蓝之焰青年志愿者为先导，呼吁全校学生积极奉献爱心，为贫困疾病儿童及其他需要救助的群体贡献自己的一份爱心。

（谢昂均）

【举办献礼甲子华诞中华传统文化大赛】 2018 年 6 月 22 日晚，保定校区举办“献礼甲子华诞”中华传统文化大赛。本次大赛作为校庆系列活动，以“喜迎甲子・丰彩华电”为主题，决赛现场共吸引全校 700 多名师生到场观看。大赛邀请校党委宣传部副部长仇必鳌、校工会常务副主席杨实俊、马克思主义学院副教授徐肖然、副教授李书萍，校报编辑部主任陈华等专家学者担任评委。央视中国诗词大会第三季总冠军、“外卖小哥”雷海为作为特邀嘉宾出席活动，并与观众互动。

（刘杨嘉佳）

【开展暑期支教社会实践活动】 2018 年 8 月 13—19 日，华北电力大学 8 名学生赴广西都安瑶族自治县，开展为期一周的“我行十里山路，换你求学无阻”暑期支教社会实践活动，以实际行动响应团中央“乡村扶贫”的号召。此次暑期支教社会实践活动由瑶山善行公益组织与华北电力大学校团委联合举办，获得都安县地方政府的大力支持。

（谢昂均）

【参加中非国际论坛志愿服务工作】 2018 年 9 月 3—4 日，华北电力大学 80 名志愿者参加 2018 年中非国际论坛志愿服务，负责贵宾接待等工作。11 月 7 日，在团市委举办的“志愿服务工作总结表彰座谈会”上，华北电力大学被授予“志愿服务优秀组织单位”荣誉称号，志愿者王如初等 8 名学生因表现突出，被评为“优秀志愿者”。团市委特发感谢信，肯定华北电力大学师生在此次志愿服务工作中所做出的突出贡献。

（谢昂均）

【举办迎新生文艺晚会】 2018 年 9 月 21 日，由党委宣传部、艺教中心、学生处、校团委主办，校学生会、大学生艺术团、社团联合会承办的 2018 年迎新生文艺晚会在保定校区运动场举行。校党委副书记郭孝锋、副校长律方成，校长助理米增强，学校相关职能部门及各院系负责人出席活动。2018 级全体新生观看晚会。晚会以“电力之光，梦想起航”为主题，在开场视频《2018 相约 60》中拉开帷幕，来自全国各地的新生在视频中表达对大学生活的憧憬并送上对华电的生日祝福。

（刘杨嘉佳）

【举办好书伴成长百万册图书进校园活动】 2018 年 10 月 16 日，根据团市委对口支援新疆工作安排，结合新疆和田地区实际需求学校决定开展 2018 年第三批“好书伴成长”百万册图书进校园活动。全校师生热情高涨，积极参与图书捐赠活动，共计捐赠图书 4000 余本。

（谢昂均）

【召开 60 周年校庆志愿者动员培训会】 2018 年 10 月 20 日，学校召开 60 周年校庆志愿者动员培训会。副校长郝英杰，校庆办、校团委等有关部门负责人出席大会。校部 625 名、保定校区 508 名校庆志愿者及相关工作人员参加动员培训会。为完成校庆志愿服务工作，两校区团委精心组织相关培训活动。在北京校部，校团委邀请首都志愿联合会培训师苏超莉、档案馆副馆长陈军、校庆办主任王子杰分别向全体志愿者做通识培训、校史培训、校庆主要活动介绍。在保定校区，校团委邀请地理与旅游学院伍晓晴教授、对外联络与合作部副部长于海龙分别向全体志愿者做通识培训、校史培训及校庆主要活动介绍。

（谢昂均　刘杨嘉佳）

【创青春全国大学生创业大赛中创佳绩】 2018 年 10 月 31 日至 11 月 3 日，2018 年“创青春”全国大学生创业大赛终审决赛在浙江大学举办。在本次比赛中，华北电力大学共有 7 件作品获奖，总数量历年最高。北京校部马卫华指导、王冉冉负责的《康德斯特电气（中国）有限公司》获实践类项目银奖；靳周指导、张玮玮负责的《东耀科技有限公司》，杨淑霞、徐超、张颖、吴忠群等指导、杨晨负责的《北京格林百特睿科技有限责任公司》，杨淑霞指导、牛妍舒负责的《R-Battery 环保科技有限公司》获计划类项目铜奖；朱晓红、王硕指导、聂恒负责的《北京奥尼斯帝科技有限公司》获实践类项目铜奖；杨淑霞、刘其辉指导、朱音负责的《“惊蛰筑梦”——激发高校公益力量，精准西部教育扶贫》获公益类项目铜奖。保定校区由梁博通指导、任怡霏负责的《“梦想成真”公益圆梦行动》获公益类项目铜奖。

（谢昂均　刘杨嘉佳）

【暑期社会实践获北京市表彰】 2018 年 11 月在“青年服务国家”首都大中专学生暑期社会实践活动中，北京校部校团委获“北京市社会实践活动先进单位”，共计 11 支团队，8 名教师，8 名学生，获北京市表彰。两个“绿色电力”品牌项目，入选“三下乡”活动，其中绿色电力重走长征路项目，结合专业特色，深刻探讨光伏扶贫的收益和不足，让学子在实践中踏上科技扶贫之路。

（谢昂均）

【获中国青年志愿服务项目大赛金奖】 2018 年 12 月 2 日，第四届中国青年志愿服务项目大赛暨 2018 年志愿者交流会在德阳落下帷幕。该项比赛是全国志愿服务领域最权威、最具影响力的赛事。保定校区培育的 3 个项目全部入围全国决赛，其中“情暖童心，科技筑梦”项目获金奖，“无声星球，为爱发声”“亲近社区，梦助夕阳”两个项目获银奖，“情暖童心”公益行动入选全国青年志愿服务项目库首批入库项目。大赛期间，校团委副书记石立宁受邀在“大学生志愿服务项目分享会”上发言，分享学校开展“情暖童心”关爱留守儿童公益行动的经验和成果。

（刘杨嘉佳）

【IEEE IAS 主席塞巴斯蒂安博士到校参加学生分会活动】 2018 年 12 月 12—13 日，IEEE IAS 主席汤米•塞巴斯蒂安（Tomy Sebastian）博士、IEEE IAS 分会与会员部主席彼得•帕尔•麦格雅尔（Peter Pal Magyar）博士、IEEE 中国区代表处项目经理王岚、IEEE IAS 学生分支联合主席王欣校友一行受邀来保定校区参加创新发展主题交流活动。本次活动由校团委主办，IEEE 学生分会承办，并得到国际合作处、电力系等部门大力支持。校党委副书记郭孝锋出席开幕式并致辞，校团委、国际合作处、电力系相关负责人及学生分会指导教师共同参加此次活动。

（刘杨嘉佳）

【举办新媒体运营与管理主题座谈会】 2018 年 12 月 19 日，保定校区团委举办“新媒体运营与管理”主题座谈会。校系两级团干部、校级直属社团主要负责人参加此次活动。电力系辅导员董博结合专业所学分享新媒体运营和文稿写作经验，并介绍微信平台增加关注量与用户粘度的五点技巧。两位社团负责人结合运营社团新媒体平台的实际感悟，分别从“新媒体环境下学生干部应加强责任意识和监督意识”“新媒体环境对学生干部提出更高的要求”两个角度分享交流。

（刘杨嘉佳）

【获评暑期三下乡社会实践活动优秀单位】 2018 年 12 月，共青团中央、全国学联等部门对 2018 年全国大学生社会实践活动进行集中表彰。北京校部团委王集令获 2018 年全国大中专学生志愿者暑期“三下乡”社会实践活动优秀个人，11 支实践团队、8 名指导教师和 8 名学生在首都大学生社会实践活动中获得表彰。保定校区团委获 2018 年全国大中专学生志愿者暑期“三下乡”社会实践活动优秀单位，5 支实践团队、7 名指导教师和 7 名学生在河北省大学生社会实践活动中获得表彰。

（谢昂均　刘杨嘉佳）

离 退 休 工 作

【概述】 2018 年，华北电力大学离退休工作强化服务意识和管理意识，为广大离退休老同志能够老有所养、老有所医、老有所教、老有所学、老有所乐、老有所为创造良好条件。

党建与思想政治工作。认真贯彻落实党的十九大精神，不断加强退休党组织的政治建设、思想建设和组织建设。

离退休党委成员坚持每月分别到各支部参加组织学习活动，掌握老同志最新思想动态。并利用网络新媒体，通过微信公众号、微信群，组织老同志第一时间了解党和国家以及学校的要闻要事，进行学习交流讨论。积极营造充满正能量、和谐向上的良好氛围，在老同志中不断弘扬正气。经各党支部推荐，离退休党政联席会议研究决定，利用年终总结会对离退休党委第五党支部和王援等 51 名在党建工作、理论学习、乐于助人、文化养老等方面做出成绩的集体和个人予以表彰。在学校纪念中国共产党成立97周年表彰大会上，离退休党委第五支部被授予先进基层党组织称号，张丽、朱常宝、王援被授予优秀共产党员称号，李金全、王雨舒被授予优秀党务工作者称号。

平台搭建。围绕“立德树人”，为发挥老党员老同志的“政治优势、经验优势、威望优势”搭建平台。支持学校关工委、本科教育督导组、老同志指导大学生科技创新项目的工作；关工委牵头承担学校《关于加强教师思政建设的思考与实践》“做新时代‘四有’好老师和‘四个引路人’”学习实践活动理论研究项目；离退休党委第五党支部与控计学院党委学生党支部开展“大手拉小手，携手共奋进”共建系列活动，使青年学生党员了解了党、国家和学校的光荣奋斗历史，增强“自强不息、团结奋进、艰苦奋斗、追求卓越”华电精神的传承自觉性，密切老同志与青年学生的心灵沟通。

活动开展。围绕“展示阳光心态，体验美好生活，畅谈发展变化”，开展庆建国迎校庆一系列活动。组织参观《伟大的变革》庆祝改革开放40 周年大型展览；组织观看京剧《党的女儿》；组织参观“国家博物馆”、“北京鲜花港”“园林博物馆”等。参加“北京老教育工作者门球比赛”“庆‘七一’迎校庆教职工合唱比赛”以及校庆演出；举办“传播好声音，增添正能量”迎新春联欢会；与保定市老龄委联合举办庆重阳迎校庆大型文艺会演；为学校首位百岁老寿星张金堂老先生举办祝寿会；举办“2018 年重阳节祝寿会”——为“钻石婚”、90 岁和 80 岁老人集体过生日。协办迎校庆书画展。组织老同志参加建校 60 周年庆典活动；配合学校档案馆组织部分老同志参与学校新版校史的编写工作；组织老同志代表参加建校 60 年“华电六十人”评选工作。

爱老敬老助老。围绕“爱老敬老助老”，开展“送温暖”活动，让老同志感受组织的关怀。校领导和学校有关部门每年坚持到老党员、老干部、老职工家中走访慰问，重点关心高龄、“空巢”、孤寡、失能离退休老同志，及时帮助排忧解难，并给老同志们送去慰问金和慰问品。北京校区 2018 年“七一”慰问离休干部、新中国成立前参加革命老党员及生活困难党员 21 人次 13 500 元；年底慰问并发放慰问金 474 人次 59 800 元；特困帮扶 24 人次 44 000 元。保定校区 2018 年重阳节、迎校庆慰问高龄老同志 23 人次 11 500 元；春节前慰问新中国成立前入党老党员、离休干部和原校老领导、重病老党员 11 人次 5500 元；2018 年看望慰问病号 5 人次，1000 元。积极协助校医院为老同志进行体检和报销医药费。

环境创设。年内，北京校区内“离退休职工活动中心、保定校区离退休职工活动中心相继建成投入使用。

队伍与制度建设。积极组织参加上级部门组织的离退休工作干部培训班；举办老同志文体骨干培训班；建立和完善离退休工作人员与离退休各党支部联系制度，及时了解离退休老同志思想、生活状况；逐步完善离退休工作办公室职责和各工作岗位职责以及有关制度，加强离退休工作队伍自身建设和信息化建设，提高精准服务的能力和水平。

（李献东　张隽贤）

【概况】 华北电力大学离退休工作办公室实行北京校部和保定校区一体化办公，党委实行属地化管理。为便于工作开展，本着有利于离退休党员参加活动、发挥作用以及就近参加活动的原则，两地分别组织各种活动。离退休办公室北京校部设主任 1 人、离退休党委书记 1 人、正处级组织员 1 人，工作人员 2 人，外聘员工 2 人。保定校区设离退休党委书记兼主任 1 人，副书记兼副主任 1 人，副处级组织员 1 人，工作人员 3 人。北京校部离退休人员共有 473 人。其中离休人员 15 人，退休人员 458 人，司局级 16 人，正高职 127 人，副高职 103 人，中级职称及以下 82 人，正处级 26 人，副处级 8 人，科级及以下 41 人，工人 70 人。2018 年北京校区有离退休党员 261 人，党支部 11 个。保定校区离退休人员共有 700 人，其中离休人员 10 人。退休人员 690 人，工人 213 人，其中司局级 5 人，正高职 117 人，副高职 175 人，中级 111 人，正处级 20 人，副处级 16 人，科级及以下 43 人。2018 年保定校区离退休党员 303 人，党支部 8 个。北京校区小营家属宿舍区地下室设有老干部活动中心，2018 年在学校新成立离退休职工活动中心，两处共占地 822 平方米。有阅览室，教室、台球室、卡拉 OK 室、棋牌室、乒乓球、沙狐球等。保定校区离退休职工活动中心面积有 700 多平方米，设有多功能厅、乒乓球、台球、棋牌室、健身房等。

（张　丽　彭绍文）

人　事　管　理

【概述】 2018 年党委教师工作部和人事处严格按照年初制定的工作计划，围绕全国教育大会精神和“双一流”建设目标，完善与学校事业发展相适应的人力资源管理体系，为实现学校一流师资队伍建设目标提供体制机制保障。

师德师风建设。开展问卷调查、新入职教工谈话、召开专题座谈会摸清教师思想动态及需求；实施做新时代

“四有”好老师和“四个引路人”学习实践活动，在全校营造人人争当好老师的氛围；开展“洁身修身”自查活动和“负责任的好老师”专项讨论活动，让“四有”好老师标准入脑入心；开展第一届“我身边的好老师”评选活动，两地共评选出34名“我身边的好老师”；批准40个教师团队开展做新时代“四有”好老师和“四个引路人”学习实践活动理论研究与特色工作项目研究工作，批准建立23个“双带头人”教师党支部书记工作室；印发《华北电力大学教师职业道德规范》和《华北电力大学师德“一票否决制”实施细则（试行）》，进一步让教职员工遵守职业道德，严守师德红线；召开教师节表彰大会，利用榜样力量加强师德教育，创新师德师风建设工作。

人事制度改革。完成聘期考核与岗位聘任工作，完善竞争激励机制；修订专业技术职务评聘办法，进一步突出师德评价，实行分类评价，强调代表性成果评价，完善同行专家评价机制；赴清华大学、复旦大学、华中科技大学等近10所高校调研机构设置及“三定”工作，召开研讨会，为制定相关工作方案做好充分准备；持续推进养老保险征缴和发放工作，完成养老金补扣及校内调资、增资工作，启动基本养老保险和职业年金结算工作；出台七级及以下职员职级晋升办法，坚持职务与职级相结合，积极拓展管理人员发展通道；按时完成教职工考核、教职工培训等常规性工作，启动专业技术职务评聘工作。

（许云燕）

【概况】 截至2018年底，华北电力大学共有教职工2906人（北京1526人，保定1380人）。其中教师1874人（北京1035人，保定839人），占教职工比例64.4%；管理人员496人（北京270人，保定226人），占教职工比例为17%；其他专业技术人员430人（北京204人，保定190人），占教职工比例为14.7%；工勤人员142人（北京17人，保定125人），占教职工比例为4.8%。拥有工程院院士2人，双聘院士7人，国家“千人计划”5人，青年“千人计划”2人，“长江学者”特聘教授3人，国家“高层次人才特殊支持计划”6人，“973”首席科学家7人，国家级教学名师1人，国家杰出青年科学基金获得者8人，国家优秀青年科学基金获得者7人。

（许云燕）

【成立大气污染综合防治研究院】 2018年1月21日，华北电力大学大气污染综合防治研究院成立。该研究院旨在围绕能源利用过程中产生的大气复合污染的关键科学问题，通过准确描述污染物的迁移、转化过程，精确分析污染物的来源和污染形成的成因，构建中国特色的大气污染综合防控技术体系，提出空气质量改善的管理途径。

（许云燕）

【成立能源材料与微系统研究院】 2018年1月21日，华北电力大学能源材料与微系统研究院成立。该研究院旨在通过加强与国际高端科研机构、国内能源行业及院校的合作，在能源材料与微系统研究领域组建高水平、国际化重大创新团队，大力开展具有针对性的科学研究工作，形成标志性成果，成为国家新能源材料及微系统发展的高地，建成国际著名科学家领衔的具有全球有影响力的创新平台，为国家新能源的创新发展做出贡献。

（许云燕）

【成立能源电力大数据研究院】 2018年1月21日，华北电力大学能源电力大数据研究院成立。旨在以国家战略需求和能源电力行业重大应用需求为导向，着眼于能源电力大数据分析处理及其协同安全重大科学问题，以学科交叉为基础，开展创新性研究，成为能源电力领域大数据人才培养基地、科技创新基地和科技成果转化基地，并成为能源电力领域的重要智库。

（许云燕）

【成立雄安新区社会建设与司法保障研究院】 2018年1月21日，华北电力大学雄安新区社会建设与司法保障研究院成立。该学院旨在以京津冀协同发展为引领，以雄安新区区域发展总体战略为基础，以雄安新区社会建设和司法保障为研究主线和突破方向，着力开展雄安新区的行政机构设置、户籍制度、司法运行与保障等方面的创新性改革以及能源、金融、财政、投资、消费等绿色建设的独特性和前瞻性研究，为雄安新区发展提供科学而广泛的服务和支持。

（许云燕）

【成立先进材料研究院】 2018年6月8日，华北电力大学先进材料研究院成立。该研究院面向国家重大战略需求、世界科技发展前沿，在全球范围吸引高水平领军人才，开展前瞻性科学研究和科技成果转化，旨在进一步丰富“大电力”学科体系，促进材料学科发展，打造一支具有国际化视野、创新能力强、具有核心竞争力的人才队伍，形成集人才培养、科学研究、成果转化为一体的研究机构。

（许云燕）

【成立吴仲华学院】 2018年9月28日，华北电力大学吴仲华学院成立。该学院旨在贯彻落实2018年全国高等学校本科教育工作会议精神，加快建设高水平本科教育，创新人才培养机制与模式，学院致力于改革和深化本科人才培养模式，进一步落实“以本为本”和“四个回归”要求，探索“双一流”本科专业创新人才培养新模式。聘任中国科学院工程热物理研究所的老师作为“兼职导师”与学校教师组成导师组，负责吴仲华学院本科生和研究生培养。

（许云燕）

【成立一带一路能源学院】 2018年9月28日，华北电力大学“一带一路”能源学院成立。该学院致力于促进企业与高校产教融合，探索开展境外合作办学，培养能源产业“一带一路”建设者和发展海外业务所需的紧缺型人才和本土化人才；建立开放型的教育资源共享和海外人才培育服务模式，打造国家能源行业实施“走出去”人才教育孵化基地；整合高端人才和信息资源，构建海外发展高端智库，为“一带一路”能源领域建设提供智力支持。

（许云燕）

【成立中国能源经济监管研究院】 2018年9月28日，华北电力大学中国能源经济监管研究院成立。该研究院旨在加强中国能源经济监管理论研究，充分发挥学科优势，支撑学校“双一流”建设，通过开展能源经济监管领域学术理论研究、决策咨询、国际交流合作、人才培养、专业培训，努力将研究院建设成为能源经济监管领域的国家级专业智库。

（许云燕）

【成立中国能源扶贫与社会发展研究中心】 2018年9月28日，华北电力大学中国能源扶贫与社会发展研究中心成立。该中心旨在通过研究能源扶贫重大现实问题和国家能源政策及其创新趋势、预测能源扶贫发展趋势、定期发布《能源扶贫与社会发展报告》，努力将研究中心建设成为能源脱贫和扶贫政策领域的新型智库。

（许云燕）

【成立公司治理与资本运营研究中心】 2018年9月28日，华北电力大学公司治理与资本运营研究中心成立。该中心成立旨在通过开展基础理论研究、决策咨询、人才培养、专业培训，努力将研究中心建设成为高水平的公司治理理论研究和人才培养基地，并成为企业发展战略和治理结构设计的重要智库。

（许云燕）

【成立白洋淀湿地研究中心】 2018年9月28日，华北电力大学白洋淀湿地研究中心成立。该中心成立旨在通过对白洋淀湿地生态保护与治理修复重大科学问题的系统深入研究、与高水平研究机构进行合作交流，努力将研究中心建设成为湿地保护和修复领域人才培养、科技创新和科技成果转化基地，并成为湿地保护和修复领域的重要智库。

（许云燕）

【制定教师职业道德规范】 2018年，为深入贯彻习近平新时代中国特色社会主义思想，落实全国高校思想政治工作会议和《中共中央国务院关于全面深化新时代教师队伍建设改革的意见》部署，切实加强师德师风建设，争做“四有”好老师和“四个引路人”，根据《高等学校教师职业道德规范》等规定，结合学校实际，制定《华北电力大学教师职业道德规范》。

（许云燕）

【制定师德一票否决制实施细则（试行）】 2018年，为深入学习贯彻习近平新时代中国特色社会主义思想和党的十九大精神，加强学校教师思想政治工作和师德师风建设，有效防范和处置违反师德问题，将师德“一票否决制”落细落实，根据《中华人民共和国教师法》《中华人民共和国高等教育法》，结合学校实际，制定《华北电力大学师德“一票否决制”实施细则（试行）》。

（许云燕）

【开展四有好老师和四个引路人学习实践活动】 2018年，为落实师德师风是教师队伍建设的第一标准，推动师德师风建设常态化、长效化，根据《中共中央国务院关于全面深化新时代教师队伍建设改革的意见》《教育部关于建立健全高校师德建设长效机制的意见》和北京市《关于开展2018年“做新时代‘四有’好老师和‘四个引路人’”学习实践活动方案》等文件精神和要求，决定在全体教师中开展“做新时代‘四有’好老师和‘四个引路人’”学习实践活动。

（许云燕）

【设立理论研究与特色工作项目】 2018年，按照学校《关于组织开展“做新时代‘四有’好老师和‘四个引路人’”学习实践活动理论研究项目和特色工作项目申报的通知》安排，经组织动员、个人申报，学校评审后，北京和保定两地共批准确定20个理论研究项目与20个特色工作项目。

（许云燕）

【设立双带头人教师党支部书记工作室】 2018年，按照《教育部办公厅关于开展首批高校“双带头人”教师党支部书记工作室建设工作的通知》，经组织动员、个人申报，学校评审后，在北京和保定两地共批准建立23个“双带头人”教师党支部书记工作室。

（许云燕）

【制定北京校部非事业编制岗位管理办法】 2018年，为进一步深化学校人事制度改革，构建灵活、多元的用人机制，规范非事业编制岗位管理，根据《中华人民共和国劳动法》《中华人民共和国劳动合同法》等相关法律法规，结合学校实际，制定《华北电力大学北京校部非事业编制岗位管理办法》

（许云燕）

【制定专业技术岗位人员聘期考核及岗位聘任方案】 2018年，为进一步深化校内人事制度改革，建设一支与高水平研究型大学建设相适应的专业技术人才队伍，根据《教育部直属高等学校岗位设置管理暂行办法》和《华北电力大学岗位设置方案》等文件精神，学校经广泛调研，充分征求意见，制定《华北电力大学专业技术岗位人员聘期考核及岗位聘任方案》。

（许云燕）

【修订专业技术职务评聘办法】 2018年，根据上级《关于深化人才发展体制机制改革的意见》《关于深化职称制度改革的意见》《关于分类推进人才评价机制改革的指导意见》《高校教师职称评审监管暂行办法》和《关于深化高校教师考核评价制度改革的指导意见》等文件精神，学校对《华北电力大学专业技术职务评聘办法》（华电校人〔2017〕21号）文件进行修订。

（许云燕）

【专业技术职务评聘】 2018年1月，学校完成2017年度的专业技术职务评聘工作，99人晋升专业技术职务。按照新的专业技术职务评聘办法规定的程序和条件，2018年11月启动2018年度专业技术职务评聘工作。

（许云燕）

人　才　工　作

【概述】 2018年是学校全面推进“双一流建设”的开局之年，学校全力以赴做好人才队伍建设，支撑学科发展。学校人才各项工作保持健康、稳步的发展。

党建工作。2018年，人才工作办公室深入学习党的“十九大精神”，以“习近平新时代中国特色社会主义思想”为引领，贯彻落实“习近平新时期人才发展观”，不断加强政治理论学习，树立社会主义人才价值观。人才工作办公室坚决落实学校党委各项工作，将党建工作与业务工作紧密相连，做到同部署，同总结；坚持“党管人才”原则，将党的领导深入到工作中的每个环节。人才工作办公室现有工作人员5名，其中党员干部4人；年度内，坚持“三会一课”制度，组织支部内谈心谈话三次，本年度召开支部党员扩大会议13次，完成规定的学习、培训任务，使全体党员明确党员责任，增强防微杜渐能力，保持廉洁自律作风，坚定为学校人才工作继续奋斗初心。

调查研究工作。2018年，人才工作办公室在主管副校长檀勤良的带领下，会同相关兄弟部门，主动走出去，开展调查研究工作。对外，为深入了解兄弟高校人才情况，学习相关院校先进经验，先后调研上海交通大学、华东理工大学、苏州大学、西安电子科技大学、北京化工大学、北京科技大学等京内外高校，就各高校有关人事人才情况进行了深入交流，形成了调研报告，为下一步推进人事人才工作提供有益借鉴。对内，人才工作办公室为了解基层院系对人才工作的需要和建议，由刘明军带队，自2018年9—11月先后赴控制与计算机工程学院、核科学与工程学院、人文与社会科学学院、可再生能源学院、能源动力与机械工程学院、马克思主义学院、电气与电子工程学院、环境科学与工程学院及经济与管理学院等基层单位就院系高层次人才规划；发挥院系主体作用，加强高层次人才引进、培育工作；充分利用各级、各类人才，完善人才队伍建设，保障学校教学、科研再上新台阶；及院系在人才工作中存在的困难和政策需求等问题开展调研。本次调研，突出以问题为导向，以加强人才建设为核心，以解决困扰学校人才建设痛点为目的。

学术交流。为庆祝华电“甲子华诞”，营造良好的学术交流氛围，宣传华电品牌，增强华电国际影响力和知名度，进而吸引一批世界能源领域优秀青年人才加盟华电，经过前期充分筹备，学校成功主办“2018能源电力世界青年学者论坛”。论坛共吸引来自全球19个国家和地区的88名青年学者参会；论坛共分设“智能电网”“能源清洁利用与节能”“新能源技术”“能源与环境”“智能信息与控制”及“能源经济与政策”6个分论坛，来自各个国家的青年学者与学校相关领域专家、青年教师及研究生进行充分、卓有成效的学术交流；通过论坛的成功举办，不但与世界各国青年人才加强学术交流，明晰科技前沿发展方向，为下一步学校国际引才、育才奠定基础。通过“世界能源电力青年学者论坛”，遴选9位优秀学者，申请2018年度海外青年人才项目。至年底，共全职引进海外人才4名，柔性引进1名，意向引进2名海外学者；达成联合开展科学研究及学术交流意向30余个。

人才引进与招聘。不断探索人才工作新机制。根据“十三五”学校整体高层次人才引进计划，细分各级各类人员计划指标，明确各院系2018年度高层次人才引进或培育指标数，落实主体责任。不断加强高层次人才柔性引进力度，支持高端科研机构及平台建设。依托重点学科、重大平台、实体化团队，通过双聘、兼职等形式，多元化引进高层次人才。

完成人才招聘工作。遵循“公开、公正、公平”的原则，严格按照学校批复的由人事处会同各用人单位共同制定的人才规划与年度招聘计划，完成年度华北电力大学教师及非教师岗位招聘工作。启动2019年招聘工作，按照“调结构，保急需，重能力”的思路，严格按照下达计划指标数，向校内外公开招聘信息，接受来电、来信咨询。年内，全职引进国家优秀青年科学基金项目获得者肖峰教授；柔性引进金红光院士、汪卫华院士、万人计划科技创新领军人才王震坡、长江杰青孙宏斌、长江学者李克强、海外高层次人才辛世煊、王新敏、杰青常凯。

人才计划申报。人才工作办公室主动与主管部门沟通、协调，随时关注上级有关部门人才项目申报通知，积极向科技部、中组部、教育部、国家留学基金委、北京市等推荐优秀人才。2018 年度，向教育部推荐长江学者奖励计划通讯评审专家 36 人，向国家留学基金委推荐评审专家 8 人。年度内，选拔推荐 4 人（刘洋、齐磊、谭小丽、陆强）申报“万人计划”青年拔尖人才项目，其中陆强已进入第二轮评审答辩环节；选拔推荐 9 人（胡俊杰、刘亚娟、高宏彪、蔡默朗、杨涛、余学超、刘桂成、赵桂霞、周茜）申报“千人计划”青年项目；选拔推荐 9 人申报“长江学者”特聘教授、青年学者项目（特聘：汪黎东、王晓东、李美成、张尚弘；青年：刘念、谭小丽、张兴平、刘洋、余学超）；选拔推荐 1 人（李彦斌）申报国家级教学名师项目；选拔推荐 2 人（王祥科、李美成）申报国家政府特殊津贴；完成 25 名北京市优秀人才培养资助计划申报工作；完成 2 名（王晓东、陆道纲）北京市突出贡献专家申报工作；完成 51 人次的国家留学基金委的公派出国及骨干教师研修计划遴选、派出工作。

高层次人才聘期管理与服务。围绕为学校高层次人才创建“配套完备的工作环境，温馨舒适的生活环境”为目标，积极协同相关职能部门，落实高层次人才薪酬待遇，配套科研、教学软硬件资源；2018 年，四位千人计划专家首聘期结束，通过专家个人访谈、院系领导班子调研、科研平台项目负责人沟通等多种形式，全方面了解涉及人员到校后的实际工作成效，为续聘工作提供依据。为人才调配 5 名研究生指标，妥善处理 5 人次的住房、配偶工作、子女入学需求，使其能够尽快融入学校各项事业，安心工作，早出成效。落实黄永章、潘伟平高层次人才的续聘问题，与肖惠宁教授首聘期到期，根据双方意愿不再续聘。

推行师资博士后培养计划。学校充分发挥博士后制度对科研、师资队伍建设的重要作用，稳步做大做强博士后队伍。2018 年共办理进站 23 人，出站 10 人；积极实施“师资博士后制度”，以高起点、高标准遴选优秀博士，纳入学校师资队伍前沿培养计划，年度内共遴选陈衡、张非凡、李凯、陈哲文、孔艳强、王建、徐明新、鞠立伟等 8 名优秀博士进入师资博士后培养计划。先后组织两次基金申报动员会，积极申请 63、64 批博士后基金面上资助、第 11 批博士后基金特别资助、2018 年度博士后创新人才支持计划、2018 年度国际交流计划、中德项目、香江学者计划项目等项目；协助申报中央高校基本业务费、自然基金等项目。2018 年，获得中国博士后科学基金资助 8 项，其中 1 人（孔艳强）获得博新计划资助，2 人（李晶、金洁）获得特别资助，5 人（朱忠亮二等、胡勇二等、王建二等、刘乐浩二等、孔艳强一等）获得面上资助；获得国家自然基金资助 5 项（许晓敏、胡勇、崔柳、谢剑、陈衡）；伊朗 Ehsan Heydarian-Forushani 博士获得“博士后国际交流计划引进项目”资助。

博士后管理工作。不断加强过程管理，完成博士后日常经费、基金资助经费使用情况调查；博士后国际交流项目调查；博士后基金资助使用效益情况报告；完成《关于对违反规定博士后人员办理退站的通知》工作；完成华北电力大学博士后年报等工作。

（徐岸柳　年中华　赵友君　黄楠楠）

【概况】 2018 年，学校完成各类人才招聘工作。北京校部教师岗位实际到岗 26 人，24 人具有博士学位。非教师岗位实际到岗 13 人。保定校区教师岗位实际到岗 20 人，15 人具有博士学位。非教师岗位实际到岗 19 人。相关院系新聘兼职教授、客座教授 15 人。依托张化永教授“十三五”国家水体污染控制与治理科技重大专项项目聘任 8 名高层次人才；依托国家能源交通融合发展研究院聘任 60 名高层次人才；依托吴仲华学院聘任 3 名高层次人才；依托先进材料研究院聘任 32 名高层次人才。年内，获批国家公派高级研究学者、访问学者、博士后项目 22 人；高等学校青年骨干教师出国研修项目第一批 11 人获批，第二批 14 人获批；高等教育教学法（LH）项目 2 人获批；国际清洁能源拔尖创新人才培养项目 2 人获批；高校优秀学生工作者出国研修项目 1 人获批。学校面向全国招收博士后研究人员，现有在站博士后 73 人。年内，共办理博士后进站 25 人，出站 11 人，共办理退站人数 4 人。有 8 名优秀博士进站从事师资博士后研究工作。博士后基金申报中，华北电力大学共获批 7 项资助，其中特别资助 2 项，一等资助 1 项，二等资助 4 项；1 人获得博士后创新人才支持计划；1 人获得“博士后国际交流计划引进项目”资助。另有 5 人获得国家自然科学基金项目资助。

（徐岸柳　年中华　赵友君　黄楠楠）

【王祥科获批享受国务院政府特殊津贴】 2018 年，王祥科获批享受国务院政府特殊津贴。王祥科，男，1973 年 3 月 4 日生，教授，博士生导师，环境科学与工程学院院长。2003 年入选中科院百人计划“引进海外杰出人才”，2012 年获国家杰出青年科学基金，2016 年结题优秀，2015 年被评为教育部长江学者特聘教授，2016 年入选北京市百名科技领军人才，2016 年入选科技部中青年领军人才，2017 年入选中组部万人计划领军人才，2018 年入选北京市卓越青年科学家。主要从事三废治理、纳米材料在废水处理、等离子体技术应用、环境污染检测和治理中的应用等方面的基础应用研究工作。主持与参加中科院百人计划项目、国家自然科学基金杰出青年科学基金、重点基金、国家973课题等多项研究。在Chem. Soc. Rev.，Angew. Chem. Int. Ed.，Adv. Mater.，Adv. Sci.，Adv. Func. Mater.，Chem. Sci.，ACS Nano，Geochim. Cosmochim. Acta，Environ. Sci. Technol.，Environ. Sci. Nano，Water Res.，Appl. Catal. B，中国科学等SCI期刊上发表论文300余篇，邀请综述20多篇，被他人正面引用和评价25 000多次，H影响因子为96。授权发明专利10多件，为两部英文专著分别撰写其中的两章。获2010年安徽省第十二届青年科技奖，2012年安徽省第九届青年科技创新杰出奖，2012年科学中国人年度人物，2009年、2010年、2012年、2013年、2014年和2015年获中科院"优秀研究生导师"，中科院优秀研究生指导教师，2009年中科院"朱李月华优秀研究生导师"等。2013年获安徽省自然科学一等奖（排名第一）。2014-2016年连续三年被汤森路透评为全球高被引科学家，并同时入选环境生态、工程技术两个领域；2017年、2018年被科睿维安评为全球高被引科学家，并同时入选环境生态、工程技术两个领域。担任J. Hazard. Mater.，J. Mol. Liquid，Sci. China Chem.，Radiochim. Acta，Biochar，中国科学化学、化学学报、环境科学、核化学与放射化学、核科学与技术等学术期刊编委。

（赵友君）

【李美成获批享受国务院政府特殊津贴】 2018年，李美成获批享受国务院政府特殊津贴。李美成，男，1973年6月3日生，华北电力大学二级教授、博士生导师。现任国家重大科技基础设施建设办公室常务副主任，可再生能源学院副院长；曾在英国剑桥大学作皇家研究员。先后获黑龙江省第九届青年科技奖、黑龙江省自然科学一等奖、北京市科学技术奖；入选教育部新世纪优秀人才、北京市百名科技领军人才、科技部中青年科技创新领军人才。担任教育部高等学校教指委委员，国家"万人计划"科技创新领军人才。其主要研究方向：太阳电池及太阳能综合利用；锂/钠离子电池及储能技术；电力电子传感器及微能源系统。作为负责人先后主持国家自然科学基金重大研究计划项目、国家863项目、国家科技支撑计划课题、教育部博士点基金、留学回国基金等科研课题50余项。近年来，在Nature Energy、Energy & Environmental Science、Advanced Materials、ACS Nano、Advanced Science等国内外学术期刊发表研究论文200余篇，SCI论文180余篇，多篇文章入选ESI前1%高被引论文。已授权国内外专利50项。以第一完成人获省部级自然科学一等奖等科技奖励4项。担任国家科技奖评审专家，中组部、教育部、科技部、基金委等评审专家，APL Materials等中外文期刊编委，中国能源学会常务理事，中国可再生能源学会光伏专委会委员。近年来，在国际学术会议做邀请报告70余次，多次作为大会主席主持国际会议。

（赵友君）

【优秀青年基金获得者肖峰教授加盟】 2018年，肖峰教授加盟华北电力大学。肖峰，男，1978年10月2日生，北京大学博士，加拿大University of Alberta 博士后，2008—2012年，北京理工大学自动化学院讲师、副教授；2012—2018年，哈尔滨工业大学教授，博导；2016年2月—2017年1月，加拿大University of Victoria大学访问学者。2014年获得国家自然科学基金优秀青年科学基金项目资助，2013年入选教育部"新世纪优秀人才支持计划"，获得过2次国家自然科学奖二等奖（2017，排名第三；2014，排名第五），2次教育部自然科学奖一等奖（2016年，排名第三；2014年，排名第六），获2010年加拿大Killam Postdoctoral Fellow奖。多篇论文发表在自动控制理论领域国际顶级期刊Automatica、IEEE Transactions on Automatic Control、SIAM Journal on Control and Optimization上。担任中国自动化学会控制理论专业委员会（TCCT）多自主体控制分委员会委员、中国自动化学会控制理论专业委员会网络化控制系统分委员会委员、中国控制会议CCC程序委员会委员（2014—2019）、《系统科学与数学》编委会编委、美国数学评论员等职务。研究兴趣包括：群体智能、多机器人系统/多智能体系统分布式控制、事件驱动控制、采样控制等。

（年中华）

财　务　管　理

【概述】 2018年，学校财务部门认真贯彻落实党和国家的财经方针、政策，在制度建设、预决算管理、规范会计基础工作、加强内部控制、防范财务风险等方面开展工作，积极组织收入，有效控制支出，保障教职工收入适度增长、学生奖助体系建设、"双一流"建设、教育教学改革、重点实验室建设、教学科研设备购置、人才引进、基本建设等重点建设项目的资金供给，完成校长工作报告中制定的年度收入任务目标。资产、净资产持续增加，财务状况良好。注重民生投入，努力改善教职工各项待遇，在职人员工资性支出持续增长，学校自筹资金，努力提高离退休人员待遇。

制度建设。制定《华北电力大学财务信息系统与网络安全管理办法》《华北电力大学实施政府会计制度工作方案》《华北电力大学院（系）财务秘书管理办法（试行）》，修订完成《华北电力大学国库集中支付管理办法（2018 年修订）》。

预决算管理。按教育部要求完成学校各类预决算的编制工作，包括 2018 年部门决算和 2019 年部门预算、2018 年住房改革支出决算和 2019 年住房改革支出预算、2018 年度基本建设财务决算、全国教育经费统计报表等。

财务信息化建设。利用信息化、新媒体等多种形式开展财务服务，将创新融入财务业务系统及办事流程，提高服务效率，提升服务体验。全面启用网上预约报销，项目、资金等信息自动校验，填单突破时空限制，有效分流、缓解排队等候；创新推出“票据物流”查询系统，精准跟踪已投送单据流转进度，透明呈现收单、制单、复核、支付、归档等财务处理流程；开通建设银行公务卡网上认证及报销功能，业务完成即时恢复额度；深度挖掘大学微信公众号“e 财务服务”的功能，提供银行、税务、国内（国际）差旅费报销标准，工资、年终考核津贴查询等财务信息服务。

公务卡管理。加强公务卡使用与管理，全面推广建设银行公务卡办理。开通公务卡消费网上报账，通过网上报账系统直接进行建行公务卡消费电子报销，不需提供刷卡小票，办理完成后即时恢复额度。

基建财务。完成综合楼 G 座、15 号学生宿舍楼、16 号学生宿舍楼三个工程项目财政补助资金支付 3754 万元，学校自筹资金支付 846 万元，资金及时供应，保证工程按期交付使用。顺利实施基本建设会计制度核算向政府会计制度核算转换，编制完成 2018 年度基本建设财务竣工决算报表。

科研经费管理。进一步深化科研经费“放管服”改革。主动适应国家科研经费管理的新形势和新要求，结合学校调查研究有关安排，举办科研财务工作座谈，走访科学家，走进实验室，了解并解决“野外考察”等科研实际需求。依托财务信息系统，“数据多跑路，人员少跑腿”，为科研人员节约科研时间。

（周 航 张栋峰）

【概况】 2018 年，华北电力大学资产总额 571 290 万元（其中保定 179 370 万元），较上年度增长 4.4%；固定资产 395 072 万元（其中保定 124 726 万元）；流动资产 142 187 万元（其中保定 37 693 万元）；负债总额 26 205 万元（其中保定 12 058 万元）；净资产总额 545 085 万元（其中保定 167 312 万元），较上年增长 5.72%。总收入 220 694 万元（其中保定 74 960 万元），总支出 212 990 万元（其中保定 72 395 万元），比 2017 年增加 1.76 亿元，增长 9%。财务部门共录入凭证 10.03 万份（其中保定 3.07 万份），会计分录 33.85 万笔（其中保定 8.46 万笔），审核报销单据 196.22 万张（其中保定 65.97 万张），装订凭证 5240 册（其中保定 940 册）。

年内，通过积极争取中央财政专项增量拨款，巩固地方政府投入，提升科研服务收，拓展社会服务，发掘收入增长点，继续发挥《经济活动绩效管理办法》政策激励作用，调动部门工作积极性等措施促进学校收入稳定增长，至年底，学校收入突破 22 亿元。

（周 航 朱安华）

【成立实施政府会计制度工作领导小组】 2018 年，根据财政部、教育部要求，为按时完成 2019 年 1 月 1 日起实施《政府会计制度》，学校成立工作领导小组，制定工作方案。分别就人员分类管理、资产清理核查和折旧、摊销、费用计提、清理分析往来款项、规范合同管理、信息化平台建设、清理代管款项、基本建设专项经费管理、会计科目和项目设置等工作进行协调推进，赴先行先试兄弟高校开展专项调研，并通过选派业务骨干参加相关实操培训，开展内部宣讲交流等工作，为政府会计制度的实施奠定基础。

（陈 蔚 张 静 周 航）

【增加重点项目经费投入】 2018 年，学校通过统筹校内资金，合理配置资源，在多个方面增加投入，学校年度重点工作经费得到充分保障。一是增加教育教学经费，保障本科教学评估顺利通过；二是增加实习经费，进一步彰显学校工程实践的特点；三是增加国重实验室投入，保障国家重点实验室通过评估；四是增加思政教学经费，加强学校思想政治理论课建设；五是增加党建经费，加强党建和思想政治工作；六是支持学科建设，获批新增学科学位授权点。

（周 航）

【专项经费保障 60 周年校庆工作】 2018 年，恰逢学校建校 60 周年，学校在多个方面投入相关经费，推动文化建设，增强师生获得感。分别在校史馆建设、《华北电力大学校史（1958～2018）》编撰、交响乐团组建，校园环境、教学和学生住宿条件改善、学术和文化活动举办等方面增加投入，进一步推动校园文化建设。

（张栋峰）

【核销两个税种】 2018 年，学校依照相关规定，共申请核销两个税种，分别是城镇土地使用税和水资源税，并于 10 月份终止申报。这两个税种核销后，学校涉税票据的管理和涉税业务得到进一步规范和统一，实行专人负责、专人管理。

（陈 蔚）

审 计 工 作

【概述】 2018年，华北电力大学审计工作以降低学校管理风险、促进提高经济效益为重点，不断强化科学审计理念，提高审计成效，全方位、多层次开展审计工作，充分发挥审计监督和服务职能。

财务收支审计。开展财务收支和预算执行审计，促进教育资金的规范管理和资金使用效益的提高，并针对被审计单位在制度建设、财务管理、资产管理中存在的不足提出审计意见和建议。

科研经费审计。保障科研经费安全合理使用，重点审查科研项目的经费支出是否合理、资产管理是否完善、预算执行是否到位、外委协作是否规范等内容，并将科研经费审签、审计调查和专项审计结合起来，针对审计过程中发现的问题发表审计意见，突出科研经费审计工作的服务性和建设性。

重大项目审计。通过审计关口前移，把财务收支审计、预算执行审计、内部控制审计和效益审计结合起来，发挥内部审计预警作用，促进和提高科研项目管理水平和科研经费效益，实现良好的审计效果。

离任经济责任审计。针对领导干部任职期间部门发展、责任人遵守经济法规和贯彻国家方针政策、“三重一大”制度执行、与领导干部履职有关的管理决策等经济活动效益、遵守相关廉洁规定等方面情况，有计划地实施审计工作，对领导干部履职情况进行客观公平的评价，并依据审计结果，针对经济责任人所在部门的制度建设、财务管理、资产管理等方面提出审计意见和建议。

基建、修缮工程结算审计。通过全年的工程结算审计工作，为学校节约建设资金，维护学校利益，进一步促进工程造价管理方式不断改进，取得良好的审计效果。

工程审计。进一步扩大工作范围，涵盖投资100万元以上工程的招标文件和招标控制价的审核，并通过管理建议书的方式，对修缮工程管理过程中不规范之处提出改进建议，对于防范管理风险、减少结算纠纷具有重要的指导意义。

建设工程项目审计。通过对报审合同主体资格、完整性、价款、技术质量标准、质保等方面内容提出审计建议，有效促进项目实施过程中合同风险的规避，同时也通过合同自审提升审计人员的业务能力。年内，对2万元以下基建、维修工程项目进行审签工作，完善2万元以下基建、维修工程项目的审签流程和规范，形成建设单位、审计、财务的联动机制。

队伍建设。一是加强思想建设和理论学习和职业道德教育，研究探讨上级文件，把握学校审计工作动态，树立为学校发展服务的大局意识。二是通过组织审计人员参加有关后续教育和培训及高校审计业务交流活动，开展多种形式的业务学习活动，拓宽眼界、丰富知识、增长才干，提高业务素质和工作能力。三是注重加强与中国教育审计学会、教育部直属高校审计协作组、教育部直属高校审计北京片（组）会及兄弟院校之间的业务交流和理论研究，不断提高审计人员业务水平和理论修养。

（唐　成　张继红）

【概况】 2018年，华北电力大学北京保定两地共有专职审计人员9人，其中，硕士生学历2人，本科学历7人。共有高级专业技术职务5人，中级专业技术职务3人，初级专业技术职务1人。全年完成横向和纵向科研项目经费审签136项，审计科研经费总额8978.76万元；完成基建、修缮工程结算审计97项，送审金额为4795.79万元，审减218.86万元，审减率4.56%；完成跟踪审计2项，完成其项目招标文件、工程量清单、招标控制价审核工作；完成校内100万元以上建设工程项目招标阶段评审17项，完成其项目招标控制价、工程量清单、招标文件审核工作，出具审核报告，审计金额1.32亿元。完成2018年建设工程项目固定总价合同自审工作。完成2万元以下基建、维修工程项目的审签工作9项。年内，贯彻落实教育部办公厅印发的《关于做好教育系统经济责任审计工作的通知》相关要求，完成对6位领导干部的离任经济责任审计。针对经济责任人所在部门、学院的制度建设、财务管理、资产管理、内部控制等多个方面提出审计意见和建议。完成对学校2016年度预算执行与决算情况的审计，审计资金19.16亿元；完成后勤服务集团2016、2017年度财务收支审计，审计资金1.47亿元；完成对综合服务中心2015年1月至2018年7月财务收支审计，审计资金1217.31万元。针对被审计单位在制度建设、财务管理、资产管理中存在的不足提出审计意见和建议15条。继续落实审计人员定期学习制度和后续教育制度，安排业务培训14人次，促进审计人员知识更新和专业技能改进，专业胜任能力得到提升。

（唐　成　张继红）

资　产　管　理

【概述】2018 年，华北电力大学资产管理工作以教代会校长工作报告和校庆工作目标任务为根本，全面梳理各项工作，各项常规工作有序开展，重点工作顺利推进。

国有资产管理。建立和完善物资设备的全寿命管理过程，加强购置申请的审核论证，优化增量资源配置。严格执行采购程序，规范采购工作。规范新增仪器设备的验收管理，建立院—校两级验收审核，确保账物相符。加强固定资产处置管理，严格执行资产定期处置制度，通过“资产管理信息系统”做好已报废处置资产的网上销账，确保账务清晰。加强大型仪器设备共享工作。依托共享管理平台，收集并完善设备基本信息，提供设备状态、使用情况、性能指标等信息查询服务。

房产管理。围绕学校 A、G 座搬迁和学校二次规划搬迁开展工作。此次搬迁调整用房，大幅度改善学院教学及办公用房条件，实现学校功能用房区域划片，对学校的国家级、教育部重点学科给予资源配置上的侧重。主楼 A、G 座投入使用后，学校资产管理部门第一时间完成对新楼公共区域标识标牌、吊牌及疏散图的订制和安装。至年底，搬迁涉及调动的数千间房屋数据包括用途、面积、使用人等信息和对应的建筑物 CAD 图纸同步更新完毕，确保学校房地产信息系统的及时性和准确性。

实验室技术安全管理。结合 2017 年教育部对学校科研实验室安全检查发现的问题、专家反馈的整改意见，2018 年，学校逐一完成落实整改，按照“谁使用、谁负责，谁主管、谁负责”的原则重点强化落实校、院、实验室三级责任体系，签订 2018 年度实验室安全责任书，开展以加强危险化学品管理为主题的多次检查、宣传工作，组织各类安全培训 3600 人次；完成 2018 年度学校实验室安全检查及隐患台账上报教育部工作，完成学校危险化学品安全综合治理三年行动计划落实情况中期检查及总结上报北京市教委工作。

条件改善。为增强广大师生的获得感，学校对每个教室进行衣架柜配置。至校庆前，采购教室空调 63 台，共计 26.46 万；完成衣架柜配置 292 个，投入金额 19.5056 万；为改善学生学习环境，学校积极筹措资金，推进教室空调安装工作。截至校庆前，完成 15 号学生公寓空调安装 216 台，共计 33.48 万。为改善学生住宿条件，学校筹措专项资金对学生公寓家具进行更新调整。家具调整更新工作历时三个月，涉及 11 栋学生公寓 1000 余间学生宿舍；安装公寓床和椅子 1290 套，共计 227.8140 万；为满足教职工停车需求，在建校 60 周年之际，学校将位于主楼平台下的仓库改造为停车场。

周转房管理。对校内外教职工周转住房信息进行核验并上传数据至房产信息管理系统。至年底，资产管理处共整理人员信息和房源信息 320 份，录入电子信息，形成周转房网上信息管理系统。

（李福顺　何　旸　李　环）

【概况】2018 年，华北电力大学房屋建筑总面积 1 123 397.10 平方米，其中：北京校部 646 374.84 平方米，保定校区 477 022.26 平方米。仪器设备总计 100 180 台，价值 121 855.15 万元，其中：北京校部 59 873 台，价值 80 999.55 万元；保定校区 40 307 台，价值 40 855.6 万元。学校新增仪器设备 10 719 台，价值 14 140.92 万元，其中：北京校部 6230 台，价值 10 136.12 万元；保定校区新增设备 4489 台，价值 4004.8 万元，软件 534 件，3508.6 万元，家具 49 712 台件，价值 4907.6 万元。学校新增 10 万元以上设备 182 台，价值 5762.58 万元，其中：北京校部 139 台，价值 4804.88 万元，保定校区 43 台（套），价值 957.7 万元；新增 40 万元以上设备 16 台，价值 2095.73 万元，其中：北京校部 15 台，价值 2047.93 万元，保定校区 1 台，价值 47.8 万元。北京校部共办理进口设备免税手续项目 51 个，合计：1727.71 万元。处置报废资产 13 793 台件，账面价值 5764.87 万元，收回残值 55.01 万元其中：北京校部报废仪器设备家具 7266 台件，账面价值 1938.59 万元，收回残值 38.47 万元；保定校区报废仪器设备家具 6527 台件，账面价值 3826.28 万元，回收残值 16.54 万元。北京校部完成基建办公楼的教育部拆除报备工作，学校房产账目账面与实际情况一致。住房补贴共发放教职 921 人次，发放金额 1254.29 万元；年度房产出租面积为 27 955.48 平方米，收益为 1938.45 万元。保定校区住房补贴共发放教职工 626 人次，发放金额 482.75 万元；年度房产出租面积为 1310.87 平方米，收益为 111.35 万元。

（李福顺　何　旸　魏　清）

【离退休教职工活动中心建设】2018 年，学校积极推进离退休教职工活动中心建设。协调行政楼房源和主楼工会活动室秉承“动静分离，资源共享”原则，在校内及校外共计配置 3000 平方米房源作为老干部活动中心使用，解决学校离退人员活动室问题。

（何　旸）

【公用房搬迁】2018 年，针对主楼 A、G 座的使用，学校制定《学校公用房搬迁调整工作实施方案》和《第二批搬迁调整方案》。总体调整房屋建筑面积 5 万 m^2、涉及连动部门及院系 18 个、房屋近千间；主要调动部门有电气学院、新能源电力系统国家重点实验室、环境科学与工程学院以及能动学院的电站设备状态监测与控制教育部重点实验室等。合理配置新设部门和教辅部门用房，如工程热物理研究中心、国家交通融合研究院、后勤管理处等。

（何　旸）

基 建 管 理

【概述】 2018 年，学校基建管理工作以工程建设任务为重心，严格按照相关规范流程，把控工程质量，推动项目工期，严把预算决算质量关，不断提高财政资金使用效益，保证基建工作年度目标顺利完成。

2018 年，北京校部 15 号学生宿舍楼交付使用。

2018 年，北京校部完成 16 号学生宿舍楼项目开工前的全部前期手续工作，为 16 号学生宿舍项目正式开工提供保障。

2018 年，北京校部为迎接学校 60 周年华诞，完成对校园内基础设施的修缮改造。完成对校区大门、标志性跳伞塔、接待中心、主楼连廊、校内道路、主楼平台下停车场等项目的修缮。

2018 年，北京校部完成能源电力科研综合楼的项目申报、评审工作并取得立项批复，计划 2019 年下半年取得开工条件。

2018 年，北京校部完成教育部基建规范化检查工作，完成基本建设三年滚动计划、2018 年基建投资调整计划和 2019 年基建投资建议计划等编制工作。

2018 年，北京校部同上级部门和地方政府沟通协商，推进北京校部东区土地项目规划性质调整事宜。

2018 年，保定校区基建处全力做好基建工作。根据学校发展规划，结合保定校区实际情况，编写 2018 年基建投资计划及三年滚动计划。规范管理，强化质量，严格遵守工程质量、工程进度、投资控制、施工安全等方面的管理，认真监管和审核工程变更、洽商签证，严格按照设计、招标文件、投标清单等要求，检查验收工程材料；按照工程合同相关规定及审计结果，对 20 号学生宿舍、改善办学条件专项项目及学校维修项目，按计划分批次完成各项目付款审批工作。合理安排，精心组织，顺利完成 20 号学生宿舍的建设，完成教育部改善办学基本条件有关专项项目及各项修缮工程项目，完成 19 号学生宿舍楼的监理、设计、招标，并办理施工前的相关手续。

（赵秀国　曹宇博　陈　平）

【概况】 2018 年，华北电力大学北京校部基建处正式员工 8 人，设行政综合管理、项目前期管理、计划及投资管理、工程管理和校园规划管理等职能岗位。保定校区基建处工程管理的职能部门设置有计划管理科、工程技术科，负责校园规划、修缮工程和基建工程管理，拥有专业工程师、水电气专业管理人员 8 名。

2018 年，保定校区基建处顺利完成全年各项基建工作。顺利完成 20 号学生宿舍的建设，编写了“2019—2021 年教育部修购改善办学条件专项基金项目可行性报告”和“19 号学生宿舍楼和基础实验楼的可行性报告”。完成 20 号学生宿舍的建设、改善办学基本条件专项项目三年规划（2019 年—2021 年）的项目申报和 2019 年改善办学基本条件项目的评审工作。根据工程完工情况、立项情况及资金来源，向审计处递交工程结算报审项目 40 项。配合招标中心顺利完成 2018 年改善办学基本条件项目 31 项分项工程和 19 号学生宿舍楼的监理、设计的招标工作，与施工单位签订施工合同 33 项。

（赵秀国　曹宇博　陈　平）

【15 号学生宿舍楼投入使用】 2018 年 6 月 30 日，北京校部 15 号学生宿舍项目竣工并投入使用。该项目位于校园东北角，设计高度为 30 米，地上八层，地下一层，总建筑面积达 11 280 平方米。宿舍周边设置环形消防车道，北侧设置消防救援场地，宿舍周边非硬化地面种植本土植物，校园整体绿化率达到 35%以上。宿舍楼内设有学生宿舍 215 间，使用功能为女生宿舍，每间宿舍设计标准为 6 人间，每层均设置公共卫生间、淋浴间以及公共洗衣机。

（赵秀国　曹宇博）

【16 号学生宿舍楼项目完成前期手续】 拟建 16 号学生宿舍楼位于北京校部校园内，校医院南侧，教工楼西侧。宿舍楼总建筑面积 13 587 平方米，其中地上八层，设学生宿舍 254 间，面积 10 787.72 平方米，地下两层，为学生活动用房、设备用房和人防工程，面积 2799.28 平方米。至年底，完成开工前全部前期手续以及地下管线施工，年底开始基础施工；主要工程施工为 2019 年度，预计 2020 年上半年竣工入住。

（赵秀国　曹宇博）

【基础设施修缮改造】 2018 年，为迎接学校 60 周年校庆，学校对校园基础设施进行修缮改造，对校区大门、标志性跳伞塔、接待中心、主楼连廊、学校道路、主楼平台下停车场等项目进行修缮改造。做好硅化木、黄河石等校庆捐赠物的选址、安装工作。项目改造后，校园建设整体形象得到较大提升。

（赵秀国　曹宇博）

【完成教育部基建规范化检查】 2018年5月22日，根据教育部工作部署，直属高校基本建设规范化管理专项工作检查组一行莅临学校。该项检查工作采取座谈交流、查阅资料、实地踏勘等方式，全面检查学校基本建设规范化管理实施情况。通过实地考察，检查组对学校基建规范化管理相关工作，特别是对学校项目投资控制、有效规避决策风险的制度建设等成果予以认可。

（赵秀国　曹宇博）

【20号学生宿舍的建设工程】 2018年8月，保定校区20号学生宿舍建成投入使用，该项目建筑面积7908.4平方米，共有1062套床位，2018年3月开工建设，2018年8月竣工使用，新建20号学生宿舍的投入使用，有效地解决学生住宿紧迫的现状。

（陈　平）

【9个工程项目完成改造】 2018年，保定校区对多个项目进行改造完善。其中，部分楼宇防水改造项目、学生公寓住宿环境改善项目（二期）项目和一校区学生周转宿舍改造项目是对教八楼B座、教三楼、一校区西门卫、聚博园（餐厅部分除外）教一楼、教四楼等楼宇屋面防水及一二校区浴室地面防水进行重做，粉刷所有毕业生房间及部分学生周转宿舍房间，对学一舍、学三舍、学四舍室内整体粉刷，卫生间进行整体改造，暑假开学前投入使用；自动化系实验室地面改造及粉刷、教八楼AB座整体改造、教三楼整体改造项目，主要对楼宇内卫生间进行整体改造、铺设部分实验室内地面、粉刷墙面、强弱电电源线改造、玻璃幕改造等主要内容，项目于暑假开学前投入使用；教室空调安装及改造（一期）项目，该项目是对教六楼～教十楼的教学用教室新装多联机式中央空调系统，并对其电源线进行改造。该项目暑假开学前投入使用；二校区阶梯教室和预科班教室改造项目是对教六楼阶梯教室室内墙顶面粉刷，更换吊顶，将原铝合金窗更换成断桥铝中空玻璃窗，更换照明设施，安装空调等主要改造内容。该项目旨在为学生提供宽敞明亮的舒适学习环境，暑假开学前投入使用；七一南苑锅炉房及工厂办公楼改造项目是将废弃的锅炉房改造为活动室，进行室内粉刷、门窗更换、屋面防水、电源改造、卫生间改造等主要内容。该项目旨在改善广大教职员工的业余生活环境，该项目于校庆前投入使用；二校区消防管网完善项目是铺设教九楼至20号学生宿舍消防管道等主要内容。该项目旨在提升火灾响应速度和扑灭能力，校庆前投入使用；综合办公楼设施改造项目是对学术报告厅及会议室室内墙顶面粉刷，房间吊顶，更换断桥铝中空玻璃窗，更换空调系统、采暖系统、音响及视频系统。该项目旨在满足学校会议场所的基本使用要求，保证会议场所的正常使用功能。该项目校庆前投入使用。

（陈　平）

附属学校建设工作

【概述】 2018年，华北电力大学充分发挥高校资源优势，继续通过开展九大工程建设，即品牌建设工程、教师提升工程、学生成长工程、学科建设工程、课程研发工程、学历提升工程、资源共享工程等，属学校建设与管理办公室统筹协调学校11个部门，按照共建项目要求创建、执行九大子项目，多措并举促进附属学校的整体发展，附中附小软实力得到提升。

活动开展。年内，附属学校在华北电力大学的支持下，各项活动蓬勃开展。先后举办植树节实践活动、节水宣传活动、“中国传统饮食文化”年级综合实践活动、书香传递活动以及“绿色生活之美丽的花”“浸润童心，幸福成长”六一儿童节展示活动等专题活动。

教育教学。借助国际教育学院优势，特聘请来自美国等英语国家外籍教师到附中附小教授口语课程及外国文化，进一步提高学生学习英语兴趣。为落实北京市小学生课外活动计划，华电附小特开设STEAM课程以提高学生实际问题解决能力及创新能力。华北电力大学附属中学在校录播教室开展数学教研活动。

服务教职工。经附属学校建设与管理办公室积极沟通协调，符合条件的教职工子女入学附中、附小工作顺利完成，解决大学教职工子女入学问题，共建工作反哺促进大学发展和建设，进一步调动大学教职员工参与附属学校建设的积极性和主动性。

校园建设成果。附属学校校园建设成果丰硕，先后获北京市艺术教育特色校、北京市德育先进学校，全国可持续发展教育示范学校、全国节能减排示范学校、北京市健康促进学校、北京奥林匹克教育示范学校、北京市百所先进学校、北京市节约型示范学校、昌平区全面实施素质教育先进学校等称号。

课程开设。华北电力大学附中、附小每学年提供超过30门兴趣课程供学生选择。开设篮球、羽毛球、跆拳道、健美操、乒乓球、武术、围棋、象棋、击剑、京剧、合唱、舞蹈、绘画、书法、科技等20余项学生活动社团。学生参加市、区级体育、艺术、科技比赛均取得优异成绩。

幼儿园建设工作。年内，附属幼儿园软硬件设施进一步完善，内部装饰项目完成，新建仓库建成投用。组织“社区早教活动”，统计大学教职工 0～3 岁子弟人数共计 132 人。

（赵静静）

【概况】 2018 年，华北电力大学完成附属学校建设管理工作机构调整改革，正式与后勤管理处合署办公。年内，围绕大学和附属学校建设管理工作，共开展交流研讨活动 3 次。开展附属学校入学咨询互动 1 次，参与人数 200 余人次。

2018 年，华北电力大学从自然、环境、生态、能源、电力、科技、文化、法律、英语 9 个方面开展教育资源进校园项目，以讲座、培训、文化节、科技节形式开展的活动 40 余场次，参与人数有效覆盖附属学校所有年级。

2018 年，华北电力大学有效完成教委、附属学校、项目组及兄弟院校之间的交流、沟通和协调、上传下达和下情上报等服务工作，每月上报简报 16 篇，及时追踪附校建设互动动态。

（赵静静）

【孙忠权到附中指导工作】 2018 年 3 月 5 日，华北电力大学副校长孙忠权带领大学附校办、后勤管理处等领导莅临附中进行新学期工作交接与交流指导，附中校长李华民、书记李建等领导参加活动。

（赵静静）

【举行华电附中建设工作研讨会】 2018 年 3 月 21 日，为促使高校支持附中建设工作在“务实、畅通、高效”中平稳推进，华北电力大学附属学校建设与管理办公室主任白海与相关人员赴附中，参加“华电附中建设工作研讨会”，附中校长李华民、书记李建等领导参加会议。

（赵静静）

【参与大学校园植树节活动】 2018 年 3 月 16 日，华北电力大学附属小学校长李晓亮、教师及家长代表带领 215 名四年级小学生走进华北电力大学校园，开展“我与小树共成长”植树实践活动。同学们集体种下 6 棵美国红枫，并许下“尊重自然　爱护树木”的承诺，同时将自己的承诺与签名化作一片树叶呈现在“承诺树”上。此前，华北电力大学后勤服务集团派出园林专业人员赴附小为附小的同学们做题为《美妙的植物》专题科普课。

（赵静静）

【参加节水宣传活动】 2018 年 3 月 22 日，正值第 26 个“世界水日”和第 31 个“中国水周”来临之际，华北电力大学后勤管理处联合昌平区节水办、华电附中、华电附小、昌平电视台等单位，在学校主楼东广场举行“借自然之力，护绿水青山”“实施国家节水行动，建设节水型社会”的节水宣传活动启动仪式。华北电力大学副校长孙忠权、北京市昌平区节水办公室主任李振华、副主任刘小林；昌平区水务局沙河镇水务站站长许建宁；昌平区水务局回龙观水务站站长邵纪辉，华北电力大学有关职能部门负责人及华北电力大学与华北电力大学附属中学、华北电力大学附属小学生代表共 1000 余人共同参加启动仪式。

（赵静静）

【外籍教师进课堂】 2018 年，华电附小外教课开课。分别从文化、节日、礼仪、习俗等方面以年级为单位开展英语主题外教课。孩子们可在轻松愉快的交流中感受不同的外语学习体验。

（赵静静）

【开展中国饮食文化综合实践体验活动】 2018 年 4 月 24 日，华北电力大学附属小学二年级举行“中国饮食文化”综合实践体验活动。华北电力大学后勤餐饮管理中心赵义清等 6 位厨师来到华电附小，现场指导学生制作花式面点。华电附小校长李晓亮及 200 多名师生和家长志愿者共同参与活动，通过面点师傅指导、学生体验制作花式面点，随后进行饮食文化知识小竞赛、讲美食故事等活动。该活动使学生了解到有关饮食礼仪、饮食习惯、八大菜系等知识。

（赵静静）

【阳光助学活动启动】 2018 年 5 月 10 日，华北电力大学附属中学“阳光助学活动”正式启动。华北电力大学大学生、华电附中学生家长等 90 余人参加启动会。启动会由华电附中初二年级组长李晶主持。会上李晶老师介绍“阳光助学活动”开展情况，并对本期活动提出具体要求。会后，家长与大学生进行面对面地沟通交流，双方签订活动协议。

（赵静静）

【开展书香传递活动】 2018 年 5 月 15 日，华北电力大学附属小学与华北电力大学图书馆联合举办第四届“书香传递”活动。该活动由华北电力大学图书馆及华北电力大学附属小学共同担任活动指导老师，五年级共六个班分别举办主题为“汉字的魅力”“传统节日”“中华传统美德——敦亲”“春联”“中国传统建筑与传统文化”“母爱”等丰富多彩的书香传递活动。

（赵静静）

【开展绿色生活之美丽的花综合实践活动】 2018 年 5 月 15 日，为进一步拓展学生的视野，丰富孩子们的社会实践生活。华北电力大学附属小学开展主题为“绿色生活之美丽的花”综合实践活动。华北电力大学教师于然、王建宇走进附小，与三年级学生们共同开启花卉种植的实践体验之旅。

（赵静静）

【开展班主任培训工作】 2018 年 4 月 21—22 日，华电附小开展班主任培训工作。赴嘉兴参加由北京教育科学研究院班主任研究中心、北京市教育学会班主任工作研究会以及班主任杂志社联合创办的首届中国班级建设大会。

（赵静静）

【举办华电附中、附小入学咨询会】 2018 年 5 月 17 日，为做好华北电力大学 2018 年教职工子女入学工作，华北电力大附属学校建设与管理办公室邀请华电附中、华电附小到华北电力大学举办入学咨询会。会议由华北电力大学附属学校建设与管理办公室主任白海主持，附属中学副校长高玉祥，附属小学教导处主任尹丽，校工会副主席张利以及华北电力大学相关教职工参加会议。会上，附属中学副校长高玉祥、附属小学教导处主任尹丽分别就 2018 幼升小、小升初入学登记流程、入学条件、入学政策、招生计划、招生流程等情况为教职工们进行解读，并就教职工们最关心的问题与教职工们进行互动答疑。

（赵静静）

【华电节能管理办副主任为附小学生授课】 2018 年 5 月 24 日，华北电力大学节能管理办公室常务副主任常宇到华北电力附属小学，为三年级全体学生授课，教学内容为“节约用水　节约用电”。

（赵静静）

【参加机器人挑战赛获佳绩】 2018 年 7 月 29—31 日第 16 届 NOC 全国中小学信息技术创新活动在浙江诸暨举行。华北电力大学附属中学学生韩东亮，孙宏阳，代表附中参加人型机器人挑战赛，并获初中组比赛三等奖。

（赵静静）

【举行电力之光中国电力科普日活动】 2018 年 9 月 11 日，华北电力大学附属中学初二学生参加“2018 年“电力之光”中国电力科普日华北电力大学分会场”的电力科普活动。华北电力大学科学技术研究院院长杜小泽，附中副校长高玉祥等参加活动。

（赵静静）

【科技课程走进回龙观学校】 2018 年 9 月 12 日，华北电力大学的电气与电子工程学院高级工程师、电工电子实验中心副主任孙淑艳，带领工程师、实验员团队，为华北电力大学附属中学初一年级学生开设每周每班一课时的科技课程，内容包括土豆电源的制作、幸运转盘的制作、迷你小音响的制作等八个模块。

（赵静静）

【召开初一外教课启动会】 2018 年 9 月 19 日，华北电力大学附属中学在校第一会议室召开初一外教课启动会，欢迎 Jamie Lynn 外籍教师为华北电力大学附属中学初一年级 7 个班学生开设外教课。会议由附中教务副主任于昌凤主持，华北电力大学国际合作处候志浩、外教 Jamie Lynn、华电附中英语教研组长、初一英语教师等 5 人参加会议。

（赵静静）

【参加少数民族风土人情与民族团结宣讲会】 2018 年 10 月 22 日，华北电力大学附属中学初二年级在阶梯教室聆听华北电力大学电气工程专业研究生杨子豪关于“少数民族风土人情与民族团结”宣讲会。杨子豪曾任华北电力大学研究生支教团团长、校团委科技创新部部长；在新疆维吾尔自治区阿克苏中学（哈萨克族）支教一年，获新疆维吾尔自治区优秀支教团队、达坂城区优秀支教团团长。此次宣讲，他通过图片让学生感受边疆的辽阔壮美，介绍新疆维吾尔自治区地理、民族构成及哈萨克族的日常生活，包括饮食、舞蹈等，并倡导学生们要坚定维护祖国统一与民族团结。

（赵静静）

【举办法制教育讲座】 2018 年 11 月 2 日，华北电力大学附属中学邀请华北电力大学教师刘诗仑为附中初一年级全体同学，进行一场别开生面的法制教育讲座。

（赵静静）

档　案　工　作

【概述】 2018 年，华北电力大学档案工作贯彻落实《高等学校档案管理办法》，在档案基础资源建设、档案信息化建设、档案数字化建设、档案编研、档案管理及史志鉴工作等方面创新工作方式，服务水平继续提升。

档案标准化建设。完成档案档号规则的重新修订。

档案信息化与数字化建设。分别完成档案检索库五期建设任务与馆藏档案数字化扫描三期建设任务。

档案利用与编研。围绕学校中心工作完成相关编研服务和查档服务工作。

人物档案。完成人物档案三期建设，完成共计 75 位老领导、老干部、老校友的口述历史录制和整理。

档案宣传。积极配合国家档案局开展国际档案日宣传服务活动。通过实地参观档案馆、举办档案知识培训、发放档案法律法规读本等方式，对新入职教职员工集中进行档案培训，提高新员工的档案法律意识和责任意识，通过现场宣讲、发放《档案馆服务卡》等方式，对广大新生进行校史档案宣传教育。

对外交流。学校积极参加全国及省市级档案、高校史志工作研讨与业务交流活动，充分利用北京高校档案研究会及中档会、中国高等教育学会校史研究分会等业务交流平台，向北京市及其他省市兄弟院校介绍学校档案管理、校史研究成果，并认真学习兄弟院校先进的管理理念与管理经验。

史志鉴工作。作为《华北电力大学校史（1958～2018）》主要参编单位，完成校史的编纂及出版相关工作。《华北电力大学年鉴2018》由中国电力出版社出版发行，编校质量进一步提升；完成《中国教育年鉴》《中国电力年鉴》《北京教育年鉴》《昌平年鉴》稿件报送工作。王振华代表学校参加在河南大学举行的中国高等教育学会校史研究分会第十五届学术年会，其撰写的校史研究成果《北京电力学院南迁办学的艰苦历程》入选研讨会论文集并在会上做报告。档案馆与校团委共同发起组织实施“华电办学足迹寻访”活动，先到前往北京及河北邯郸、保定等多地寻访，通过拍照、录像的形式采集校史素材。

党支部建设。完成制度建设，活动室建成投入使用，日常活动的开展步入正轨。王振华获评学校机关党委优秀共产党员。

（王振华）

【概况】 2018年，学校有档案工作人员17人，北京校部13人、保定校区3人。学校档案馆藏7个全宗，共计139 023卷、照片档案18 127张、馆藏资料3900册。学校档案业务指导和培训300余人次。全年接收各类档案8942卷。其中，科研档案1372卷，实物档案516件，人物档案7卷，完成人物口述60余人。照片档案1243张，其中胶片照片143张，电子照片1100张。视频资料97份、共计1.9TB，音频文件资料60份，时长90余小时。全年利用档案4935卷。完成档案、年鉴工作先进单位及先进个人评比表彰活动。评出档案工作先进单位23个、先进个人36名。评出年鉴工作先进参编单位31个、先进个人59名。

（王振华）

【获评教育部直属高校档案规范管理先进单位】 2018年10月25—26日，教育部直属高校档案工作协会第八次会员代表大会暨馆长论坛在大连召开。来自清华大学、华北电力大学等65所教育部直属高校档案馆馆长和档案工作者150余人参加会议。会议的主题为“学习贯彻全国教育大会精神　迎接高校档案工作新时代”，由教育部直属高校档案工作协会主办、大连理工大学档案馆协办。会上，对档案规范管理、档案利用服务、档案信息化工作、档案文化建设先进集体及个人进行表彰。华北电力大学档案馆获评教育部直属高校档案工作协会档案规范管理先进单位，同获该荣誉的还有清华大学、大理理工大学、中国海洋大学等11所高校。

（王振华）

【出版第2018卷年鉴】 2018年11月，《华北电力大学年鉴2018》由中国电力出版社出版发行，该卷年鉴是学校第17本年鉴，首印800册。全书共计1400千字、彩色插图58张，各类统计报表70个，全面体现学校2018年的工作重点和教科研、国际交流、人才培养等方面的建设成果。

（王振华）

【参编《华北电力大学校史（1958～2018）》】 2018年，为配合60周年校庆，档案馆作为主要参编单位参加《华北电力大学校史（1958～2018）》的撰写、编辑和出版全流程工作。其中，第二篇由陈军负责编纂、第四篇由王振华负责编纂。资料组由陈军、姜江、田明霞、包跃民、赵亲等人员组成，主要负责提供校史编纂所需的档案及文献资料。《华北电力大学校史（1958～2018）》的编纂历时6个月，编写组通过向社会征集实物史料、召开座谈会、组织寻访团赴学校早年各个办学点（居住点或安置点）实地追寻取证等多种形式，力求生动再现60年的办学历程。编写组共征集到意见建议732条，校史编写线索和材料43份，采访50多人并制作口述史料。10月，校史由中国电力出版社正式出版发行。

（王振华）

【获评教育部直属高校档案工作先进个人】 2018年10月25—26日，教育部直属高校档案工作协会第八次会员代表大会暨馆长论坛在大连召开。来自清华大学、华北电力大学等65所教育部直属高校档案馆馆长和档案工作者150余人参加会议。会上，对教育部直属高校档案工作先进个人进行了表彰，华北电力大学档案馆王振华获评教育部直属高校档案工作先进个人。

（陈　军）

【王振华年鉴研究成果在《中国年鉴研究》发表】 2018年6月25日，《华北电力大学年鉴》执行主编王振华的研究成果《浅析高校年鉴的框架设计——以华北电力大学年鉴等几部教育部直属高校年鉴为例》在《中国年鉴研究》杂志发表。该研究成果通过选取具有代表性的6部教育部直属高校年鉴进行对比分析，得出高校年鉴在框架设计中普遍存在的问题和不足，进而提出具有可操作性的解决方案。《中国年鉴研究》由中国地方志指导小组办公室主办，创刊于2017年10月，是年鉴领域的国家级期刊。

（陈　军）

招　标　管　理

【概述】 2018年，学校招标中心将党风廉政建设作为部门内部思想教育工作的首位，通过谈话、网络学习、案例学习等多种方式把教育活动落实到位，坚持与招标代理公司、供应商之间只保持正常工作关系，严格按政策要求保守秘密，确保招标采购合法合规。年内，学习完成修订《华北电力大学招标管理办法》，提升招标管理工作规范化，改善招标采购硬件环境，信息化建设工作正式启动。完成包括华北电力大学校史馆陈列设计与布展项目，华北电力大学16号学生宿舍楼建设项目，保定校区教室安装空调项目等235个项目的招标工作。

（肖万里　周　泽　张晓华）

【概况】 2018年，华北电力大学招标中心共有在编员工5人（北京3人，保定2人），非在编员工1人（北京1人）。2018年，招标中心完成招标项目共计235项，其中北117项，保定118项；预算金额共计30 152.549 58万元，其中北京19 679.079 58万元，保定10 473.47万元；中标金额共计27 910.016 49万元，其中北京18 325.436 49万元，保定9584.58万元；节约率7.44%，其中北京6.88%，保定8.49%。

2018年，按照组织形式统计，委托代理公司招标182项，其中北京72项，保定109项；委托国采中心招标7项，其中北京4项，保定3项；自行组织46项，其中北京40项，保定6项。

2018年，按照招标形式统计，公开招标162项，其中北京102项，保定60项；竞争性谈判2项，其中北京2项，保定0项；竞争性磋商56项，其中北京2项，保定54项；单一来源采购15项，其中北京11项，保定4项；

2018年，北京校区自行组织学校商业用房招租项目招标24项，中标资金合计359.1719万元。

2018年，北京校区共废标12项，废标率为10.26%，保定校区共流标18项，废标率为15.25%。

2018年，北京校区招标类别，其中服务48项，货物50项，工程19项；保定校区招标类别，其中服务8项，货物57项，工程49项。

（肖万里　周　泽　张晓华）

【修订《华北电力大学招标管理办法》】 2018年，《政府采购货物和服务招标投标管理办法》（中华人民共和国财政部令第87号）、《政府采购质疑和投诉办法》（中华人民共和国财政部令第94号）颁布后，为保证学校执行的内部政策与上位法保持一致，招标中心对《华北电力大学招标管理办法》进行修订。《华北电力大学招标管理办法（修订）》经2018年第十二次校长办公会讨论通过并颁布实施。

（肖万里　周　泽　张晓华）

【招标管理工作规范化】 2018年，招标中心进一步规范招标管理工作，采用正规格式的招标采购公告，编制科学合理的招标采购文件，在送达采购人代表委派通知单的同时附送《评标人员工作守则》，强调评标纪律，避免评标过程不合规现象，严格审查开、评标过程资料。以公开招标方式重新遴选十家招标代理机构，并确定招标代理委托轮换制、两级审核等措施，招标代理服务水平进一步优化。招标文件编制按要求三级审核，确保文件编制的合规、合法。

（肖万里　周　泽　张晓华）

【信息化建设工作启动】 2018年，学校招标中心引进北京优易惠技术有限公司开发的电子化招投标管理系统，经过软硬件建设，至年底，电子化招投标线下流程顺利完成。

（肖万里　袁素东　张晓华）

【校史馆陈列设计与布展项目】 2018年5月，学校招标中心对校史馆陈列设计与布展项目进行招投标工作。该项目为华北电力大学北京校部校史馆和保定校区华北电力大学发展建设成就展的设计、布展及施工一体化项目，主要对学校各个不同历史发展时期的成功经验和历史教训进行全面梳理，以图更加清晰展示学校的发展成就及鲜明的办学特色。校史馆的建设是60周年校庆的重要组成部分。

（肖万里　袁素东　张晓华）

【16号学生宿舍楼建设项目】 2018年，学校招标中心完成16号学生宿舍楼建设项目设计、施工、监理的招标工作。16号学生宿舍楼是学校整体规划的基础设施；项目总投资6710.70万元。该项目为新建一座学生宿舍楼，供在校硕士生和博士生居住，也是学校“十三五”基本建设规划的关键部分。

（肖万里　袁素东　张晓华）

【公寓家具采购项目】 2018年4月，学校招标中心委托中央国家机关政府采购中心就华北电力大学学生公寓家具采购项目进行公开招标，该项目作为学校学60周年校庆献礼的项目之一，招标中心通过精心组织，合理安排，顺利完成项目招标工作，确保使用单位在2018级新生报到前完成家具更新工作。保定校区也对部分楼宇学生公寓家具进行更新，总投资759万元。

（肖万里　袁素东　张晓华）

【保定校区教室安装空调项目】 2018年，保定校区完成教室安装空调的招标工作。该项目总投资488.5万元。招标中心在暑假前完成招标工作，该项目在暑假开学前安装完毕交付使用。

（肖万里　周　泽　张晓华）

学科、学位建设与教育教学

Discipline Construction and Degree Management Affairs，Education and Teaching

〇综　　述

2018年，华北电力大学的“双一流”建设全面启动实施并取得阶段性成果，学校2项成果获高等教育国家级教学成果奖，16项成果获北京市高等教育教学成果奖。学校新增2个博士学位一级学科授权点和2个硕士专业学位授权点，并将工程硕士专业学位授权点对应调整为6个专业学校类别硕士学位授权点。在学科国际排名中，“工程学”学科进入ESI世界前1‰行列，“环境/生态学”“材料科学”“化学”3个学科进入ESI世界前1%行列。

2018年，是华北电力大学学位与研究生教育40周年，研究生院坚持立德树人根本任务，以提升人才培养质量为核心，以“双一流”建设为重点，深化教育教学改革。深化研究生分类培养模式改革，建立完善依托研究生工作站培养非全日制专业学位研究生的新型合作培养模式。学校共授予184人博士学位、3456人硕士学位，研究生毕业人数创历史新高。博士研究生发表SCI检索人数占年毕业总人数的75.54%，创历年毕业科研成果新高。人均发表论文数5.61篇，三大检索论文人均3.46篇，其中，个人最高发表SCI检索论文7篇。

2018年，华北电力大学坚持立德树人根本任务，以提升人才培养质量为主线，不断夯实本科教育教学工作在人才培养中的核心地位。学校接受教育部本科教学工作审核评估专家进校考察并完成评估任务；积极落实“双一流”本科人才培养类项目申报、建设，制定《项目申报与建设指南》；与中国科学院工程热物理研究所共同成立吴仲华学院；落实“新工科”发展战略，成立人工智能实验班；承担大学生创新创业训练计划项目国家级240个、省级200个，学生共获专利220项，发表论文203篇，1篇论文入围2018年度全国大学生创新年会。学生参加各类学科竞赛获得国际、国家级奖项582项、省部级471项。获第八届全国大学生机械创新设计大赛一等奖2项、二等奖1项，获美国国际大学生数学建模竞赛特等奖2项，两项竞赛均为历史最好成绩。

2018年，学校继续教育工作始终聚焦新时代新任务，融入大学“双一流”建设，以“办好新时代的华电继续教育”为主旋律，联合各院系和企业共同研发多个非学历继续教育项目，打造一流的“华电培训”品牌。学历继续教育在籍学生5574人，招录新生6321人，学历继续教育校内外教学站点37个，辐射全国17个省市自治区。“面向国家能源战略发展的电力领域教育培训体系构建与实践”获北京市高等教育教学成果一等奖；华北电力大学继续教育学院获教育部在线教育中心“中国最具社会影响力高校网络与继续教育学院”荣誉称号及中国高校远程与继续教育优秀案例奖；学校获中国电力教育协会2018电力行业国际化人才培养优秀成果奖。

2018年，学校艺术教育中心围绕学校的中心工作和“双一流”的建设目标，主动实践文化传承与创新，提高广大师生艺术修养和鉴赏力。开展各类艺术课程10余门，涉及音乐、美术、舞蹈、戏剧、书法等各类艺术门类。开展各类“高雅艺术进校园”文化活动，邀请北京民族乐团、北京交响乐团、开心麻花等艺术团体到校演出。受邀参与2018年“五月的鲜花”全国大中学生文艺会演录制，蓝色动力合唱团受邀参演由北京市教委主办的《春风化雨　桃李成林》教师节师生文艺会演。艺术教育取得团体及个人多项荣誉，在全国第五届大学生艺术展演获一等奖。

学　科　建　设

【概述】 2018年，华北电力大学新增2个博士学位一级学科授权点和2个硕士专业学位授权点，ESI学科水平得到进一步提升，“双一流”建设全面启动实施并取得阶段性成果。

学位点建设。学校新增水利工程、核科学与技术2个博士学位一级学科授权点和金融、法律2个硕士专业学位授权点，进一步优化学位授权点布局，丰富和深化学校“大电力”特色学科体系；调整工程硕士专业学位授权点，将工程硕士下辖的12个领域，调整到电子信息、机械、材料与化工、资源与环境、能源动力和工程管理等6个专业学位类别硕士学位授权点。

学科建设。ESI学科水平显著提升。5月，“工程学”入围ESI世界前1‰行列，标志着“工程学”学科已具有较高的国际学术水平和影响力；9月和11月，“材料科学”和“化学”进入ESI世界前1%行列，使得学校ESI世界前1%学科由2个增至4个，标志着学校整体学术水平显著提升。完成“清洁能源学”北京市高精尖学科申报工作，有望在新兴交叉学科培育工作方面取得重大突破。

“双一流”建设。组织召开“双一流”建设推进会，“双一流”建设工作进入全面实施阶段。在“双一流”建设实施过程中，学校对各“双一流”项目建设过程进行监控，重点督促执行进度落后的项目，形成以学校“双一流”建设管理办法和资金管理办法为基础的“双一流”建设基本管理制度，强调科学论证、过程管理，以“双一流”建设为牵引提高学校整体管理水平。经过一年建设，学校2项成果获国家级高等教育教学成果奖，16项成果获北京市高等教育教学成果奖，承担国家级各类重大、重点科研项目、课题8项，承担国家自然科学基金创新研究群体1个，国际合作、文化传承、综合改革等项目均取得阶段性成果，学科整体水平有所提升。

中央专项经费统筹管理。学校继续加强五大类中央专项经费的统筹与管理，全力支持“双一流”建设。对各中央专项资金的使用情况进行月度检查、监督，督促全校加快各中央专项资金的执行进度；组织完成北京校部2019年中央改善基本办学条件专项经费的申报入库工作；召开2018年中央专项经费建设项目统筹协调委员会会议，充分发挥统筹协调委员会的顶层规划、设计作用，推动中央专项经费统筹管理能力的不断提升。

学科数据监控与分析。实时监控各一级学科发展主要指标数据，持续跟踪ESI和国际四大排名情况。开展第四轮学科评估结果和国内外学科排名分析、研究工作，组织各学院开展学科调研、撰写学院学科调研报告、征集新兴交叉学科培育意见，先后完成4份研究报告和6期学科简报的编制工作。通过学科发展优劣势和存在问题分析，提出学科发展的对策建议，为学校发展和学科建设决策提供参考。

（李惊涛　赵　凡　薛晓州）

【概况】 截至2018年底，华北电力大学拥有2个国家级重点学科和25个省部级重点学科；5个博士后科研流动站；7个一级学科博士学位授权点，23个一级学科、123个二级学科硕士学位授权点；9个专业学位类别，12个工程硕士授权领域；2位国务院学科评议组成员。在ESI学科排名中，“工程学”学科进入世界前1‰行列，“环境/生态学”“材料科学”“化学”3个学科进入世界前1%行列；按被引频次和发文量统计，“工程学”分别排名世界111位和89位（入围世界前100行列），“环境/生态学”分别排名世界729位和483位，“材料科学”分别排名世界788位和586位，“化学”分别排名世界1208位和957位；在ARWU2018世界大学学科排名中，“能源科学与工程”进入全球前100位，“水资源工程”“机械工程”“化学工程”“控制科学与工程”4个学科进入全球前200位；在2018年QS世界大学学科排名中，“电气与电子工程”学科位列全球301～350位、中国大陆高校第26位；在U.S.News2019世界大学学科排名中，“工程学”学科并列世界145位、中国大陆高校并列26位，“材料科学”位列世界第380位、中国大陆高校第74位，“环境/生态学”位列世界第363位、中国大陆高校第25位。

（赵　凡）

【“工程学”跻身全球前1‰行列】 2018年5月11日，根据科睿唯安（Clarivate Analytics）发布的ESI（Essential Science Indicators）数据，华北电力大学工程学学科首次进入ESI全球前1‰行列，标志着学校工程学学科已具有非常高的国际学术水平和影响力。近年来，在建设世界一流学科的过程中，学校围绕构建“大电力”学科体系和服务国家能源电力发展战略，着力打造“能源电力科学与工程”学科群，推动“工程学”学科水平的迅猛发展。5月，在工程学学科，共有1324所科研机构入围全球前1%行列。按Top论文统计，华北电力大学并列全球92位，进入全球前100行列；按发文量统计，位列全球第102位；按被引频次统计，位列全球第122位，首次进入全球前1‰行列。除工程学学科进入全球前1‰外，环境/生态学学科也于2017年9月进入全球前1%行列，环境/生态学学科水平和学校整体水平均呈现出稳步增长态势。工程学学科进入ESI全球前1‰行列，标志着学校在建设世界一流学科的进程中取得阶段性突破。

（赵　凡）

【开展“双一流”建设调研工作】 2018年5月，为进一步加强与其他“双一流”建设高校的交流与合作，学习其他高校在“双一流”建设、学科建设等方面积累的宝贵经验和成功做法，深入了解和分析学校相关院系在“双一流”建设过程中存在的问题，学科办先后赴河海大学、东南大学和浙江大学3所高校开展学科调研工作，并在校内调研电气与电子工程学院和能源动力与机械工程学院在“双一流”建设过程中的实际工作情况。通过深入调研，进一步凝练学科方向，为下一步“双一流”建设工作确定突破点。

（刘建夫　赵　凡）

【开展高精尖学科申报工作】 2018年7—11月，组织相关学院开展北京市高精尖学科校内申报工作。经过学院申报、专家论证、北京市学位委员会现场答辩等环节，推荐可再生能源学院的“清洁能源学”申报北京市高精尖学科，有望在新兴交叉学科培育工作方面取得突破。

（赵　凡）

【完成中央改善基本办学条件专项经费项目申报入库工作】 2018年7月，受教育部财务司委托，北京中天恒会计师事务所一行10人组成的评审专家组到校开展中央高校改善基本办学条件专项资金2019年项目评审及2017年项目检查工作。此次评审由学科办、计划财务处共同组织，各学院、各职能部门通力配合，积极准备项目资料、认真核实申报数据。经过实地考察和现场质询，专家组一致认为2019年学校所申报的改善专项项目目标明确、论证充分、预算合理、实施计划切实可行，学校2019年申报的 38 个项目通过评审，全部纳入项目库管理，并对项目申报文本、测算依据和资料以及后期跟踪检查等方面提出意见和建议。

（贾琳恒）

【开展工程硕士专业学位授权点对应调整工作】 2018 年 9 月，根据国务院学位委员会《关于对已有的工程硕士、博士专业学位授权点进行对应调整的通知》（学位办〔2018〕28 号）和《北京市学位委员会关于对已有的工程硕士、博士专业学位授权点进行对应调整的通知》的文件要求，学校组织开展对已有工程硕士专业学位授权点进行对应调整工作。经学院申报、专家组评议，并经华北电力大学第五届学位评定委员会第五次会议审议、投票，决定报送 6 个专业学位类别硕士学位授权点（电子信息、机械、材料与化工、资源与环境、能源动力、工程管理）参加北京市工程硕士、博士专业学位授权点对应调整审核。10 月，6 个专业学位类别硕士学位授权点通过北京市学位委员会审议，并上报国务院学位委员会进行评审。

（贾琳恒）

【三个学科进入 ESI 世界前 1%行列】 2018 年 9 月 13 日，基本科学指标数据库（Essential Science Indicators，简称 ESI）公布数据，华北电力大学“材料科学”首次进入 ESI 世界前 1%行列，至此学校已有“工程学”“环境/生态学”和“材料科学”3 个学科进入 ESI 世界前 1%行列，“工程学”同时跻身世界前 1‰行列。在“材料科学”领域，全球共有 829 所科研机构入围。按 Top 论文统计，并列世界 471 位；按发文量统计，位列世界第 590 位；按篇均被引频次统计，位列世界第 725 位；按被引频次统计，并列世界 816 位。“材料科学”进入 ESI 世界前 1%行列，是继今年 5 月“工程学”跻身世界前 1‰行列之后，学校在 ESI 高水平学科建设上的又一里程碑事件。

（赵　凡）

【开展学科调研和新兴交叉学科培育意见征集工作】 2018 年 10—11 月，为落实《关于在全校大兴调查研究之风的工作方案》（华电党政办〔2018〕8 号）相关精神，推动“双一流”加快建设、特色建设、高质量建设，构建协调可持续发展的学科体系，学校正式启动学科调研和新兴交叉学科培育意见征集工作。各学院积极开展学科调研、撰写学院学科调研报告、征集新兴交叉学科培育意见，撰写形成学院学科调研报告和学院新兴交叉学科培育意见，为学校发展和学科建设提供决策参考。

（赵　凡）

【学校召开“双一流”建设推进会】 2018 年 11 月 13 日，学校召开 60 周年校庆总结大会暨“双一流”建设推进会。学科建设办公室主任赵冬梅介绍“双一流”建设实施方案的进展情况及工作安排。杨勇平校长作题为《凝心聚力　真抓实干　乘势而上　全力推进学校“双一流”建设事业不断取得新进展》的讲话。杨勇平指出，学校第二次党代会提出分两步走建设“特色鲜明高水平研究型大学”的新目标，描绘出从 2018—2035 年学校建设发展的宏伟蓝图。这是引领学校改革发展的任务书，是开启学校一流大学新征程的路线图，是加快“双一流”建设的时间表。学校事业发展和各项工作要以“双一流”建设为统领和抓手，将全面深化改革作为“双一流”建设的根本驱动力，坚定不移推进学科交叉融合、人才强校、国际化、校企合作兴校强校四大战略，全面推进内涵式高质量发展。学校要加快构建更加适应时代需要、更加契合一流大学建设、更高水平的学科体系、人才培养体系、科技创新体系、大学治理体系和条件保障体系，为高质量发展提供根本保障。

（薛晓州）

【“化学”进入 ESI 世界前 1%行列】 2018 年 11 月 15 日，科睿唯安 ESI 数据库（Essential Science Indicators，简称 ESI）公布最新数据，华北电力大学“化学”学科首次进入 ESI 世界前 1%行列。在“化学”学科领域，全球共有 1209 所科研机构入围。按 Top 论文统计，华北电力大学并列世界 504 位；按发文量统计，位列世界第 957 位；按篇均被引频次统计，并列世界第 1102 位；按被引频次统计，并列世界 1208 位。至此，学校已有工程学、环境/生态学、材料科学和化学 4 个学科进入 ESI 世界前 1%行列。

（赵　凡）

【召开中央专项经费建设项目统筹协调委员会会议】 2018 年 12 月 14 日，华北电力大学中央专项经费建设项目统筹协调委员会 2018 年会议以视频会议形式在北京校部和保定校区召开，11 位中央专项经费建设项目统筹协调委员会委员参加会议，中央专项经费建设项目统筹协调委员会办公室、研究生院、教务处等部门有关人员列席会议。会议由中央专项经费建设项目统筹协调委员会主任杨勇平主持。会议听取双一流引导专项资金、北京校部中央高校改善基本办学条件专项资金、保定校区中央高校改善基本办学条件专项资金、中央高校教育教学改革专项资金和中央高校基本科研业务费 2018 年执行情况的汇报，审议上述经费 2019 年项目安排方案。会议决定：一、中央专项经费要以“双一流”建设为统领和抓手，坚持统筹兼顾，进一步提高专项资金管理的科学化、规范化水平，按规定开展绩效管理，提高资金使用效率和执行进度。二、科学研究方面，2019 年要改变立项子课题数量过多，过于分散的现状，将双一流引导专项经费和中央高校基本科研业务费统筹考虑，围绕一流学科建设目标，在国家级科研平台建设和培育、重大成果培育、高水平领军人才团队方面，集中共支持 10 个左右的方向和项目。科研院要组织各学院进行方向遴选和项目论证，形成实施方案，提交校学术委员会审议。三、积极支持水利工程、核科学与技术等新增博士学位点的建设工作。

（赵　凡）

【开展学科数据监控与分析工作】 2018 年，学科办实时监控各一级学科发展的主要指标数据，持续跟踪 ESI 和国际四大排名情况，开展第四轮学科评估结果和国内外学科排名分析、研究工作，为服务学校战略决策和“双一流”建设、服务院系、职能部门日常管理提供参考。4—5 月，与上海软科教育信息咨询有限公司合作，编制完成《华北电力大学学科发展水平数据报告》和《华北电力大学 360 度对比分析》2 份研究报告；11—12 月，编制完成《华北电力大学 ESI 学科分析（2018）》和《全国第四轮学科评估分析报告》2 份研究报告；一年来，总计完成 6 期学科简报的分析编制工作。

（赵　凡）

研究生教育教学

【概述】 2018 年，是华北电力大学学位与研究生教育 40 周年，研究生院坚持立德树人根本任务，深化教育教学改革，以提升人才培养质量为核心，以“双一流”建设为重点，出台《华北电力大学硕博连读研究生选拔与培养工作暂行办法》，加大硕博连读选拔力度，将硕博连读对象由全日制学术学位研究生扩大为所有全日制研究生。

研究生招生。稳步推进一级学科招生，基本实现全校一级学科招生全覆盖。3 个博士学位点、18 个硕士学位点实行一级学科招生，保定校区的非全日制研究生计划完成率达 61.83%。

分类培养模式改革。深化研究生分类培养模式改革，建立完善依托研究生工作站培养非全日制专业学位研究生的新型合作培养模式。为建立非全日制专业学位研究生订单式招生机制，建立完善依托研究生工作站培养非全日制专业学位研究生（“双非生”）的新型合作培养模式，与云南电网有限责任公司签订《华北电力大学—云南电网有限责任公司联合培养研究生协议》，根据协议，2019 年将云南电网公司列入招生计划单位。

科研成果。博士研究生发表 SCI 检索人数占年毕业总人数的 75.54%，创历年毕业科研成果新高。人均发表论文数 5.61 篇，三大检索论文人均 3.46 篇，其中个人最高发表 SCI 检索论文 7 篇。

研究生资助。依托国家留学基金委的公派留学项目，资助 19 名研究生国际访学；依托双一流项目，资助 13 名博士研究生国际访学。

课程建设。按照“十三五”规划以及“双一流”建设具体要求，学校继续资助 2017 年立项的 31 门研究生优质课程建设工作。在各学院新立项资助 67 门研究生优质课程，根据优先立项原则，启动 44 门课程建设工作。主要面向学位课、实践课以及具有跨学科与交叉学科性质的研究型课程三大类。组织并资助研究生慕课建设，立项资助 15 门课程的慕课建设规划，已签订 11 门课程的录制合同并开始录制。重点资助建设基础好、学生受益面大、能够运用互联网技术创新教学方法和模式、对学校发展和研究生培养起重要作用、在全国同类课程中具有一定辐射性和影响的课程。

信息化建设。为加大研究生教育信息化力度，实现两地研究生教务管理系统与学校人事、财务系统、研工、国际教育等信息联动管理，2018 年立项建设研究生教育综合信息管理系统。系统完成采购并已进入系统功能测试环节。

师资队伍建设。按照“按需设岗，择优聘任”的原则，学校召开华北电力大学第五届学位评定委员会第四、五次会议，新增 79 名校内硕士生导师，54 名校外硕士生导师，认定 5 名博士生导师，新增 38 名博士生导师，新增 19 名外聘博士生导师（其中保定校区新增 6 名博导、36 名校内硕导、2 名校外硕导），有力充实研究生导师队伍。

获得荣誉。在职工硕 2 人获第三届“做出突出贡献的工程硕士学位获得者”称号，4 人全日制工程硕士分获第四届与第五届“工程硕士实习实践优秀成果获得者”称号。共有 7 篇硕士论文获得河北省优秀硕士学位论文奖励。

（卢占会　顾雪平）

【概况】 2018 年，华北电力大学研究生院、党委研究生工作部专职工作人员共 30 人，其中北京校部 15 人，保定校区 15 人。华北电力大学党委研究生工作部专职工作人员共 8 人，其中北京校部 4 人，保定校区 4 人。学校招收全日制博士研究生 240 人，硕士研究生 3301 人，其中全日制硕士研究生 2474 人（其中北京 1533 人，保定 941 人）；招收非全日制硕士研究生 827 人（其中北京 414 人，保定 413 人）。2018 年启动第五届大学学位委员会调整工作，完成第五届第三、四、五、六次会议的各项具体工作。完成两次研究生学位论文答辩及学位授予工作，共授予 184 人博士学位、3456 人硕士学位，研究生毕业人数创历史新高；至 2018 年底，在校学历教育研究生 10 107 人，其中博士研究生 1110 人，硕士研究生 8997 人（全日制 6015 人。非全日制 1872 人）。在校非学历教育研究生3720人。

（卢占会　顾雪平）

【学位点动态优化调整】 2018年，按照国务院学位委员会、教育部于2014—2019年开展学位授权点合格评估工作要求，华北电力大学完成34个学位点的合格评估工作，编写并上传各学术学位授权点和专业学位授权点的自我评估总结报告，撤销项目管理工程硕士学位授权点。

（张淑莉　杜广微）

【启动人才培养项目建设】 2018年，学校投入810万元重点建设研究生优质课程22项，（其中保定10项）、拔尖创新人才培育10项，（其中保定2项）、产学研联合培养和创新创业基地16项，（其中保定5项）、研究生教育成果培育3项，（其中保定1项）四类项目建设。年终按照滚动建设的原则淘汰拔尖博士研究生培育、部分研究生课程建设等建设成效不佳的项目，讨论设立2019年重点建设项目。

（张　磊　罗格非　顾雪平）

【出台硕博连读暂行办法】 2018年，学校出台《华北电力大学硕博连读研究生选拔与培养工作暂行办法》，明确将硕博连读对象由全日制学术学位研究生扩大为所有全日制研究生，年内，录取博士生硕博连读占比达到47%。

（卢占会　顾雪平　李宝儒　单田雨）

【修订研究生培养方案】 2018年，为更好地适应国家经济、科技、教育和社会发展对各类高层次专门人才的需求，进一步提高研究生的培养质量，对新增的水利工程一级学科博士点、核科学与技术一级学科博士点的博士研究生培养方案进行修订。该培养方案于2019年9月开始正式实施。

（张淑莉　齐宏景）

【出台研究生导师资格遴选及招生确认办法】 2018年，为落实《教育部关于全面落实研究生导师立德树人职责的意见》的精神与要求，结合学校研究生培养机制改革等具体情况，保障研究生培养质量，制订《华北电力大学博士生导师资格遴选及招生确认办法》（华电校学位〔2018〕4号），《华北电力大学硕士生导师资格遴选及招生确认办法》（华电校学位〔2018〕2号）。该办法实行导师资格遴选与招生分离制度，招生资格、招生数量与导师的聘期、考核结果及工作业绩挂钩，从导师遴选与年度招生资格确认等两个维度做好导师队伍的建设和管理工作。

（何　健　王青霞）

【修订专业学位研究生培养方案】 2018年，按照国务院学位办发布的《关于制订工程类硕士专业学位研究生培养方案的指导意见》、教育部深化研究生教育改革的意见与若干管理规定，结合国家能源战略改革、统筹全日制和非全日制研究生教育工作等相关要求，学校修订全日制与非全日制的12个领域的工程硕士专业学位研究生培养方案。该方案并于2018年开始实施。

（张　磊　罗格非　刘健夫　孙中伟）

【召开研究生工作站工作研讨会】 2018年，华北电力大学研究生工作站工作研讨会在云南召开。十八个优秀研究生工作站负责人及代表80余人参加会议。研讨会就深化研究生工作站建设，提升研究生培养质量，以研究生工作站为纽带加强校企全方位合作，尤其是科技合作等方面展开深入交流和讨论。着力把基地建设成为研究生联合培养高地、双向人才培养基地、专业案例产出基地和研究生创新创业基地。年内，学校与中国大唐集团科学技术研究院签署共建研究生工作站的协议，并与四川省电力公司、国核电力规划设计研究院续签共建研究生工作站协议。保定校区分别与广州广哈通信股份有限公司、国网河北经研院、大唐新能源科学技术研究院建立研究生工作站。

（张　磊　罗格非　段保乾　张湘江）

【7篇论文获省级优秀硕士论文称号】 2018年，华北电力大学程亮亮等7名硕士研究生撰写的7篇硕士论文，在河北省优秀硕士论文评选中获优秀硕士学位论文称号。7篇论文分别是：《双馈风电机组变流器故障诊断研究》（作者程亮亮、导师赵洪山）、《太阳能与天然气互补的冷热电联供系统研究》（作者杨颖、导师王江江）、《基于CGE模型的电动汽车与CCS推广政策对能源经济的影响》（作者贾智杰、导师李伟）、《我国电力产业技术创新效率评价及影响因素研究》（作者刘默涵、导师孙薇）、《多故障转子系统的非线性动力学分析与实验研究》（作者高雪媛、导师向玲）、《基于振动信号的风电机组轴承故障诊断研究》（作者李浪、导师赵洪山）、《基于热电能量采集的工业无线传感器网络的研究》（作者谭树东、导师侯立群）。

（顾雪平　张湘江）

本科生教育教学

【概况】 2018年，华北电力大学坚持立德树人根本任务，以提升人才培养质量为主线，不断夯实本科教育教学工作在人才培养中的核心地位，本科教育教学工作取得新的成绩。

本科教学评估。5月21—25日，学校接受教育部本科教学工作审核评估专家进校考察，全校师生员工以强大的凝聚力和对学校高度负责的敬业精神圆满完成评估任务，取得喜人成绩。

教学建设与改革。积极落实“双一流”本科人才培养类项目申报、建设，制定《项目申报与建设指南》，完成2018—2021年两类15个专项的建设方案，启动以“9个专业、10个平台”为主的一流学科本科人才培养类项目。

工程教育专业认证工作。电气工程及其自动化专业通过教育部工程教育专业认证，核工程与核技术专业接受教育部工程教育专业认证。

在线开放课程建设。赵洱岽的慕课“管理沟通”被评为首批国家精品在线开放课程，3门河北省精品在线开放课程“省思古今话人生”“证券投资学”“模拟电子技术基础”于年底在爱课程网上线运行。

教学研究与改革。2项成果获2018年高等教育国家级教学成果奖，16项成果获北京市教学成果奖。学校与中国科学院工程热物理研究所共同成立吴仲华学院，共同致力于动力工程及工程热物理学科的拔尖创新人才培养。落实“新工科”发展战略，成立人工智能实验班，培养人工智能领域拔尖创新人才。大力推动与行业部门、企业共同建设实践教育基地，健全合作共赢、开放共享的实践育人机制。

教师培训工作。11月9—11日，学校举办2018年教师教学集中培训，北京、保定两地共200余名教师参加培训，培训效果良好。教师教学水平显著提升，教师陈雷获第十四届北京市高等学校教学名师奖，李红获第二届北京市高等学校青年教学名师奖。2017—2018学年，全校117名教师获教学优秀奖，其中特等奖11名、优秀奖106名。

学生创新创业。承担大学生创新创业训练计划项目国家级240个、省级200个，学生共获专利220项，发表论文203篇，1篇论文入围2018年度全国大学生创新年会。学生参加各类学科竞赛获国际、国家级奖项582项、省部级471项。第八届全国大学生机械创新设计大赛我校获一等奖2项、二等奖1项，美国国际大学生数学建模竞赛中获特等奖2项，两项竞赛均为历史最好成绩。2018年8月，学校成功举办首届全国大学生可再生能源科技竞赛，本赛事是中国可再生能源学会、全国新能源科学与工程专业联盟组织的一项重要的全国性比赛。

（孙志凌　陈海燕）

【概况】 2018年，华北电力大学共设自然班819个（含保定校区390个），其中实验班20个（含保定校区11个），共授课学时221 800个（含保定校区106 478学时）。17个项目获批教育部高等教育司2018年第一批产学合作协同育人项目立项，2项成果获2018年高等教育国家级教学成果奖，16项成果获北京市教学成果奖，1人获第十四届北京市高等学校教学名师奖，1人获第二届北京市高等学校青年教学名师奖，6项教改项目入选省级创新创业教育教学改革研究与实践项目，1项教改项目入选省级高校英语教学改革研究与实践项目，3项教改项目入选教育部首批“新工科”研究与实践项目，4项教改项目入选省级高校英语教学改革研究与实践项目。

（孙志凌　陈海燕）

【16项成果获北京市教学成果奖】 2018年4月，北京市教育委员会、北京市人力资源和社会保障局、北京市财政局公布《关于表彰北京市教育教学成果奖的决定》（京教人〔2018〕13号），华北电力大学16项成果获北京市教育教学成果奖。其中，杨勇平主持的《紧跟国家战略需求的新能源专业创建与发展模式》获北京市教育教学成果奖特等奖，王增平主持的《立足前沿，科教融合，特色发展，电力系统继电保护课程体系建设三十年实践》、陆道纲主持的《服务国家战略、突破工程教育瓶颈的“订单＋联合”大核电人才培养模式与实践》、杨国田主持的《以能源电力转型需求为导向的自动化专业多层次协同人才培养体系构建与实践》、乌云娜主持的《基于虚拟仿真创新平台的电力工程管理人才培养教学综合改革与实践》、刘吉臻主持的《适应国家能源战略需求，培养行业特色卓越人才的十六年探索与实践》、沈剑飞主持的《面向国家能源战略发展的电力领域教育培训体系构建与实践》获北京市教育教学成果奖一等奖，李庚银主持的《面向智能电网，构建卓越电力人才培养体系——电气工程专业改革与建设十年实践》、孙淑艳主持的《“自主型、研究型、创新型”三型一体的层次化电子实践教学模式与实践》、徐进良主持的《能源转型升级下的能源与动力工程专业人才培养新范式》、刘衍平主持的《具有电力特色的机械工程实践创新人才培养模式的探索与实践》、赵毅主持的《〈大气污染控制工程〉课程群的建设与改革实践》、赵洱岽主持的《从理念到行动：在线开放课程教学模式的创新与实践》、蔡利民主持的《以中华传统文化涵养社会主义核心价值观的教学探索与实践》、郝英杰主持的《以学生发展为中心的“双轮驱动”素质教育体系的构建与实践》、李庆民主持的《适应“一带一路”倡议的能源电力领域留学生多元化立体式培养体系创建与实践》获北京市教育教学成果奖二等奖。

（孙志凌）

【17个项目获批教育部高等教育司2018年第一批产学合作协同育人项目立项】 2018年10月，教育部高等教育司发布《教育部高等教育司关于公布有关企业支持的2018年第一批产学合作协同育人项目立项名单的函》（教高司函〔2018〕47号），华北电力大学共有17个项目获批教育部高等教育司有关企业支持的2018年第一批产学合作协同育人项目立项。

（孙志凌）

【2 项成果获国家级教学成果奖】 12 月，教育部发布《教育部关于批准 2018 年国家级教学成果奖获奖项目的决定》（教师〔2018〕21 号），华北电力大学刘吉臻教授主持完成的《适应国家能源战略需求，培养行业特色卓越人才的十六年探索与实践》和陆道纲、李向宾参与完成的《基于校企协同的“订单＋联合”大核电人才培养体系创新与实践》2 项成果，获国家级教学成果二等奖。

（孙志凌）

【1 人获北京市高等学校教学名师奖】 2018 年 11 月，北京市教育委员会发布《北京市教育委员会关于公布第十四届北京市高等学校教学名师奖暨第二届北京市高等学校青年教学名师奖获奖名单的通知》（京教函〔2018〕601 号），华北电力大学陈雷被评为第十四届北京市高等学校教学名师。

（孙志凌）

【1 人获北京市高等学校青年教学名师奖】 2018 年 11 月，北京市教育委员会发布《北京市教育委员会关于公布第十四届北京市高等学校教学名师奖暨第二届北京市高等学校青年教学名师奖获奖名单的通知》（京教函〔2018〕601 号），华北电力大学李红被评为第二届北京市高等学校青年教学名师。

（孙志凌）

【6 项教改项目入选省级创新创业教育教学改革研究与实践项目】 2017 年 12 月 29 日，河北省教育厅下发冀教高函〔2017〕86 号文件《河北省教育厅关于公布 2017 年河北省高等学校创新创业教育教学改革研究与实践项目名单的通知》，华北电力大学刘云鹏主持的《校企联手、师生协同”的电气工程专业大学生创新创业平台建设》、韩中合主持的《华北电力大学能源动力类创新创业教育实践基地》、焦嵩鸣主持的《自动化与人工智能（A&AI）创新创业综合实践教学基地建设》、庞春江主持的《能源互联网行业创新创业教育孵化体系研究与基地建设项目》、孔英会主持的《现代电子信息网络创新创业实践基地建设》、刘彦丰主持的《创新创业融入第一课堂——“大创项目”与毕业设计相结合的改革与实践》入选河北省创新创业教育教学改革研究与实践项目。

（陈海燕）

【1 项教改项目入选省级高校英语教学改革研究与实践项目】 2017 年 12 月 29 日，河北省教育厅下发冀教高函〔2017〕85 号文件《河北省教育厅关于公布 2017 年河北省高等学校英语教学改革研究与实践项目（课程资源库建设）名单的通知》，华北电力大学索佳主持的《在跨文化教学中培养学生思辨能力的实践探究》入选河北省高校英语教学改革研究与实践项目。

（陈海燕）

【3 项教改项目入选教育部首批“新工科”研究与实践项目】 2018 年 3 月 15 日，教育部办公厅下发教高厅函〔2018〕17 号文件《教育部办公厅关于公布首批“新工科”研究与实践项目的通知》，华北电力大学王秀梅主持的《发挥综合性工程训练中心优势，探索构建多学科交叉融合的工程人才培养模式》、李斌主持的《能源与动力工程专业新工科多方协同育人模式改革与实践》、刘云鹏主持的《面向新工科的电气工程专业创新创业人才培养体系研究》入选首批“新工科”研究与实践项目。

（陈海燕）

【4 项教改项目入选省级高校英语教学改革研究与实践项目】 2018 年 8 月 3 日，河北省教育厅下发冀教高函〔2018〕53 号文件《河北省教育厅关于公布 2018 年河北省高等学校英语教学改革研究与实践项目名单的通知》，华北电力大学史玮璇主持的《建构主义视角下多层次英语自主学习能力培养研究》、王乐洋主持的《语料库在本科翻译专业高年级口笔译课程中的应用研究与实践》、郭喆主持的《多模态课堂教学中正面价值观培养途径的实证研究》、高宵主持的《新时代大学英语学术素养导向教学范式构建》入选河北省高校英语教学改革研究与实践项目。

（陈海燕）

继续教育教学

【概述】 2018 年，华北电力大学继续教育工作始终聚焦新时代新任务，融入大学“双一流”建设，以“办好新时代的华电继续教育”为主旋律，依托学校大电力特色学科体系，联合各院系和企业共同研发多个非学历继续教育项目，打造一流的“华电培训”品牌；加强学历继续教育的相关本专科专业建设、课程建设和师资队伍建设，全面提高教育教学质量，建设一流的学历继续教育；利用电力行业继续教育联盟，加强课程资源共建共享，充分发挥电力行业远程继续教育网的优势，积极服务大学双一流建设。

党建工作。深入开展“习近平新时代中国特色社会主义思想和党的十九大精神”专题学习教育，落实学校第二次党代会目标任务。加强党的建设，突出“顶层设计”，以党建引领业务工作的开展；加强基层党支部建设，突出“规范化”重点，以“一规一表一册一网”统领支部工作开展；完善党总支工作格局，以“常规工作＋专项工作＋特色工作”为主要支撑，探索实践“两点一贯通”学习教育活动。

基地工作。华北电力大学国家级专业技术人员继续教育基地（以下简称基地）各项工作有序推进。基地面向电力行业开展高层次、急需紧缺和骨干专业技术人才的培养培训工作，承办新时代能源电力体制和供给侧结构性改革高级研修班和中国电力企业国际化发展高级研修班。

继续教育联盟建设工作。推进联盟目标的实质性落地，研讨制定联盟规章制度，推进建设“联盟专家委员会”“联盟资源共享库”等工作，签订联盟第三方运营战略合作协议，召开校企对接工作论坛，研讨新时代电力企业人才培养合作。

学历继续教育工作。始终坚持立德树人根本任务，坚持质量为本的根本要求，以北京市教育委员会高等学校学历继续教育办学专项检查为契机，全面梳理整个学历继续教育的管理工作，对照检查整改，规范招生及教学管理工作，提升办学水平。依托信息化平台，大力推进“函授教育、业余教育和网络教育”三教融合的学历继续教育。

非学历继续教育工作。积极参与华电“一带一路”能源学院培训工作；大力发展国际化人才培养项目，2018年举办多期国际化人才培训班；紧跟新时代政策理论发展和国家建设需求，整合校内外优质资源积极开展党建特色培训，学习宣传贯彻习近平新时代中国特色社会主义思想，为实现民族复兴中国梦贡献力量。加大校企合作力度，国家电投北京公司高级培训中心、中国对外承包工程商会国际工程管理人才培养基地相继落户华北电力大学。

远程教育工作。加强远程平台建设，优化平台功能，改版门户，升级移动端APP，建立微信公众号，抓课程资源建设；2018年获批北京市与中央共建人才培养项目，将有力助推华北电力大学继续教育学院课程资源建设。

成果及获奖。“面向国家能源战略发展的电力领域教育培训体系构建与实践”获北京市高等教育教学成果一等奖；华北电力大学继续教育学院获教育部在线教育中心“中国最具社会影响力高校网络与继续教育学院”荣誉称号及中国高校远程与继续教育优秀案例奖；学校获中国电力教育协会2018电力行业国际化人才培养优秀成果奖。

（尹　莎）

【概况】 2018年，学历继续教育在籍学生5574人，招录新生6321人，学历继续教育校内外教学站点37个，辐射全国17个省市自治区。设有高起专、高起本和专升本三个层次，共33个专业。学校非学历继续教育全年共举办培训班108期，参加培训10 126人次。电力行业继续教育网现有注册学员6万余人，2018年学院加强远程课件资源建设，新建2个录播教室，建设各专业学历课程110门，非学历课程462门。

（尹　莎）

【举办国家电投公司党群工作人员培训班】 2018年4月9日，国家电投集团公司新近成立单位党群工作人员业务培训班在华北电力大学国际交流中心举办。本期培训班由国家电投集团公司党群部主办、国家电投北京公司协办、华北电力大学继续教育学院承办。培训班为期2天，学员61人，均来自国家电投集团公司新近成立单位党群工作业务骨干。培训班围绕“集团公司2018年党建工作要点解读、党支部规范化建设、党建考核中存在的问题及专题辅导”等内容开展。

（尹　莎）

【举办漳泽电力优秀青年干部培训班】 2018年5月3日，漳泽电力2018年度优秀青年干部（人才）培训班在华北电力大学国际交流中心开班。本期培训为期28天，以专家授课、现场教学、主题研讨、观摩交流等方式对101名80后青年干部（人才）进行政策理论解读、电力前沿技术剖析、综合能力提升等方面的教育培训，通过座谈汇报的形式对学员进行考核。

（尹　莎）

【举办新时代能源电力体制和供给侧结构性改革高研班】 2018年6月25日，新时代能源电力体制和供给侧结构性改革高级研修班在华北电力大学开班。本次高研班列入人力资源社会保障部2018年全国专业技术人员高级研修班计划，由中国继续工程教育协会主办、华北电力大学国家专业技术人员继续教育基地协办。本次高研班共有学员70多名，分别来自全国及地方电力公司、电力建设公司和各能源行政部门、各能源相关研究机构和能源智库中层以上领导干部以及中高层管理人员。通过研修，行业专业技术人员将明确能源电力体制和供给侧改革的理论遵循、制度模式和创新路径，运用习近平新时代中国特色社会主义思想指导能源领域改革发展，为深入推动能源体制改革提供智力支持。

（尹　莎）

【举办酒钢集团牙买加燃机发电机组培训班】 2018年7月2日，酒钢集团牙买加燃机发电机组培训班在华北电力大学开班。酒钢集团牙买加阿尔帕特氧化铝厂配套燃机发电厂项目，装备均为中国制造，设计、施工、调试均由中国国内队伍实施，电厂建成后最终从事生产运营的员工主体为牙买加员工。为了实现项目投产后的生产运营管理正常交接及平稳过渡，酒钢集团委托华北电力大学开展为期半年的燃机发电机组培训班，学员包括30名中国籍员工和25名牙买加籍员工。为期四个月的理论培训在华北电力大学开展，为期两个月的电厂实习在华北电力大学燃机培训基地——浙江大唐国际绍兴江滨热电有限责任公司进行。培训期间，牙买加反对党人民党领袖、总理府部长及酒钢集团董事长、人资部主任等多次来访大学，就人员培训及未来合作等方面开展交流，取得一系列成果。

此次培训班得到酒钢集团的充分肯定，酒钢集团向大学赠送锦旗，培训班55名学员联名致信，感谢培训期间大学的精心组织和各位老师的辛勤付出。培训结束后，电厂、大学和酒钢在培训基地共植友谊树。

（尹　莎）

【举办首届继续教育实践创新高峰论坛】 2018年8月28日，首届继续教育实践创新高峰论坛在华北电力大学国际交流中心举行。会议由华北电力大学主办，中国电力企业联合会、电力行业继续教育联盟、国家电网公司、中国华能集团有限公司、中国大唐集团有限公司、中国华电集团有限公司、中国电力建设集团有限公司、国家电投集团有限公司、北京双高国际人力资本集团、中英人力资源协会、北京双高国际人力资本集团、中电共享（北京）科技有限责任公司、北京鉴衡认证中心等十四家单位的人力资源领域专家和企业负责人参加此次会议。会议在加强行业联系、促进校企合作、信息化资源建设等方面达成共识。

（尹　莎）

【划转接待服务中心工作职能】 根据工作需要，经保定校区党政联席会议研究决定，自2018年8月起，将原隶属于后勤管理处的接待服务中心工作职能划转至继续教育学院。

（刘关保）

【举办中国电力企业国际化发展高级研修班】 2018年8月1日，中国电力企业国际化发展高级研修班在华北电力大学国际交流中心顺利开班。本次高研班列入人力资源社会保障部2018年全国专业技术人员高级研修班计划，由中国电力联合会主办、华北电力大学国家专业技术人员继续教育基地承办。本次高研班共有学员70多名，分别来自全国及地方电力公司、电力建设公司的中高层管理人员。通过研修，帮助企业中高层管理者了解国家战略，应对风险，提升投资成功率，建立相关企业“抱团出海”开发、建设、运营、管理的有序协调机制，打造企业涉外工程项目管理的核心竞争力。

（尹　莎）

【创新人才培养模式】 2018年9月，华北电力大学继续教育积极探索新的人才培养模式，与北京邮系在线合作，开启联合育人新模式（职业技能培养＋学历教育），首批招生86人，开启为期三年的职业技能学习生涯，涉及航空（高铁）服务、数字艺术，互联网金融及工业机器人四个专业。

（高慧颖）

【举办中石油吐哈油田公司培训班】 2018年9月17日，中石油吐哈油田公司统招合同化操作员工主体专业培训班在华北电力大学保定校区开班。培训班学员共计29人，此次培训是华北电力大学和石油行业的首次合作，学校高度重视，为培训班的课程设置、资源配置等制定最优方案，选配优质师资力量，确保高质量完成此次培训。

（尹　莎）

【举行国家电投集团北京公司高级培训中心揭牌仪式】 2018年10月16日，国家电投集团北京公司高级培训中心揭牌仪式在华北电力大学举行。学校副校长孙忠权，国家电投集团北京公司党委书记、执行董事张峰，继续教育学院院长沈剑飞，继续教育学院副院长丁锐，国家电投集团北京公司党委委员、总经济师舒永革，国家电投集团北京公司总法律顾问兼办公室主任张立垠，国家电投集团北京公司北京新能源公司纪委书记、工会主席崔庆等参加揭牌仪式。揭牌仪式后，培训中心首期培训班，国家电投集团北京公司办公室系统培训班在华北电力大学开班。来自国家电投集团北京公司下属企业50余名办公室人员将开展为期4天的培训。

（尹　莎）

【杨勇平会见牙买加反对党领袖和酒钢集团董事长】 2018年10月16日，牙买加反对党人民民族党领袖彼得·菲利普斯与酒钢集团公司董事长陈春明一行来华北电力大学慰问酒钢集团牙买加燃机发电机组培训班学员。校长杨勇平、副校长郝英杰、继续教育学院院长沈剑飞、国际合作处处长段春明会见来访客人。杨勇平代表学校对远道而来的客人表示热烈欢迎。牙买加反对党人民民族党领袖彼得·菲利普斯祝贺华北电力大学成立60周年，并表示，此前了解到华北电力大学在能源电力领域具有雄厚的实力，通过在华北电力大学学习培训的学员，必将成为牙买加电力发展的中坚力量。酒钢集团公司董事长陈春明感谢华北电力大学对集团公司的大力支持和培训班的精心安排。彼得·菲利普斯和陈春明董事长随后慰问学员，与学员交流学习和生活情况。

（尹　莎）

【出席AEESEAP第28次执委会会议并发言】 2018年10月18日，东南亚、东亚及太平洋地区工程教育协会（AEESEAP）第28次执委会会议在北京隆重召开。来自中国、印度尼西亚、韩国、日本、新加坡、马来西亚、菲律宾和泰国的数十个行业学会、大学和有关单位的嘉宾和代表，欢聚一堂，就工程教育领域的发展进行深入探讨。华北电力大学继续教育学院院长沈剑飞教授作为中国电力行业继续教育的代表，参加本次会议并做题为《中国电力行业继续工程教育远程培训实践探索》的主题报告。沈教授从创新电力行业特色的继续工程教育校企合作机制、构建电力行业继续工程教育在线学习平台和探索电力行业远程教育资源的共建共享模式三个方面，介绍中国电力行业在继续工程教育方面的实践探索。

（尹　莎）

【举办华电一带一路能源学院首期培训班】 2018年11月1日，华电一带一路能源学院首期培训班在华北电力大学隆重开班。本期培训班学员均来自华电集团公司二、三级单位的业务骨干，师资由高等院校、政府以及企业等相关领域的资深教授、知名学者和行业专家等构成。培训班侧重理论与实践的结合，具有较强的实用性，通过“基础理论＋案例教学＋观摩实践”相结合的专题培训方式开展。华电一带一路能源学院首期培训班的顺利开班，标志着华北电力大学在国家“一带一路”战略下校企合作办学正式拉开序章。

（尹　莎）

【获2018中国最具社会影响力院校称号】 2018年11月6日，2018中国国际远程与继续教育大会在北京召开。会上，华北电力大学继续教育学院获教育部在线教育中心颁发的“2018中国最具社会影响力院校”荣誉称号及“2018中国高校远程与继续教育优秀案例奖”。华北电力大学继续教育学院院长沈剑飞在大会中高校网络教育与继续教育院长高峰论坛做题为《以大学理事会为核心，继续教育联盟为纽带，构建覆盖全行业的在线教育学习平台》的主题报告。

（尹　莎）

【举办蒙古国电力技术工程师培训班】 2018年11月24日，蒙古国电力技术工程师培训班华北电力大学开班。华北电力大学继续教育学院党总支书记卜春梅、蒙古国能源工程师协会副主席、国家调度中心朝格特巴塔尔出席开班仪式。20位蒙古国各能源公司的调度工程师和能源工程师参加培训班。本次培训班围绕电力专业知识展开教学，学校精心配编制培训方案，配备高水平的教师队伍，集中介绍中国电力工业发展、电力调度、新能源发电等方面的内容。

（尹　莎）

【举办华电集团境外公共安全风险防控及应急处置培训班】 2018年12月4日，中国华电集团有限公司境外公共安全风险防控及应急处置培训班在华北电力大学开班。本期培训班授课教师由外交部、商务部资深专家及华电集团国际业务部相关领导构成。境外公共安全风险防控及应急处置培训班的顺利开班，标志着华北电力大学在校企合作开展国际化人才培养方面深入拓展。

（尹　莎）

【举行国际工程管理人才培养基地授牌仪式】 2018年12月5日，中国对外承包商会第七届四次理事会暨2018年行业年会在山东济南举行。本次大会以“学习贯彻党的十九大精神，推动行业高质量发展，助力“一带一路”建设走深走实为主题，分析行业发展现状和趋势”。会上，华北电力大学与中国对外承包商会签署战略合作协议，同时举行授牌仪式，在华北电力大学设立“国际工程管理人才培养基地”。双方将视彼此为重要的战略合作伙伴，相互尊重和支持，加强交流，增进了解，共同致力于提升我国“走出去”企业的项目经营管理能力、培养行业人才等，服务国家“一带一路”倡议。

（尹　莎）

艺术教育教学

【概述】 2018年，华北电力大学艺术教育中心坚持以文化育人引领高校艺术教育“文化自觉”；以文化传承与创新强化大学生的民族精神认同；以艺术教育理论与艺术教学实践培育大学生人文素养。围绕学校的中心工作和“双一流”的建设目标，主动实践文化传承与创新，提高广大师生艺术修养和鉴赏力，丰富校园文化生活。

艺术课程开设。开展各类艺术课程10余门，涉及音乐、美术、舞蹈、戏剧、书法等各类艺术门类，课程通过对艺术作品的广泛涉猎和艺术鉴赏活动的参与，提升学生艺术修养和审美情趣。除本校艺术教师专职授课外，聘请知名艺术专家担任客座教授或兼职教授授课。

艺术教育精品化。充分调动多方面力量开展各类“高雅艺术进校园”文化活动，将高雅艺术、民族艺术引入校园，让广大师生能足不出户欣赏名家作品。先后邀请北京民族乐团、北京交响乐团、开心麻花等艺术团体到校演出。受邀参与2018年“五月的鲜花”全国大中学生文艺会演录制，蓝色动力合唱团受邀参演由北京市教委主办的《春风化雨　桃李成林》教师节师生文艺会演。学生艺术团分团分别举办专场演出。

艺术教育专业化。充分发挥专职教师作用。大学生艺术团均有专职教师负责，切实提高艺术水平。

艺术教育成果。华北电力大学艺术教育取得团体及个人多项荣誉，在全国第五届大学生艺术展演上获得一等奖。

（苏　群　王　楠）

【概况】 2018年，华北电力大学艺术教育中心有专职教师12人，兼职教师16人。华北电力大学艺术团下设合唱团、舞蹈团、话剧团、声工厂、民乐团、西洋乐团、管乐团、弦乐团、交响乐团、电声乐队，共有团员800余名。各团由具有相关专业背景的教师担任艺术指导。面向本科生开设“中外名曲欣赏”“书法鉴赏”“美术鉴赏”“艺术导论”“舞蹈鉴赏”“舞蹈形体”“影视鉴赏”“戏剧鉴赏”“乐理基础”“合唱与指挥”“摄影鉴赏”“歌唱的艺术”等选修课程。

（苏　群　王　楠）

【举办大学生艺术节】 2018 年，华北电力大学举办年度大学生艺术节。该艺术节通过举办校内大学生艺术团专场演出，“高雅艺术进校园”“民族艺术进校园”等活动，弘扬优秀先进文化，提高艺术修养和文化素质。作为本届艺术节重要活动，“喜迎华电六十载”艺术教育中心成立 15 周年教师专场演出的成功举办，充分展示学校艺术教育中心 15 年来的丰富成果，受到广大师生的热烈欢迎。

（苏　群　王　楠）

【参加全国第五届大学生艺术展演】 2018 年 4 月 21 日，蓝色动力合唱团参加全国第五届大学生艺术展演，《陌上桑》和《Twa Tanbou》两首作品获得全国一等奖，这也是学校在全国大学生艺术展演中获得的艺术表演类最高荣誉。摄影作品《天・地・人》获全国第五届大学生艺术展演活动艺术作品一等奖并被中华儿女美术馆收藏；器乐节目《海阔天空》、戏剧节目《晚归》获全国第五届大学生艺术展演活动艺术作品三等奖。

（苏　群　王　楠）

【参加五月的鲜花节目录制】 2018 年 5 月 4 日，大学生艺术团参演由中宣部、教育部、共青团中央联合主办，中央广播电视总台承办的 2018 年“五月的鲜花”全国大中学生文艺会演。华北电力大学学子与来自全国百所院校近 2000 名大中学生一起，向全国电视观众展现当代青年的胸怀理想和昂扬向上的精神风貌。

（苏　群）

【参加北京大学生音乐节】 2018 年，大学生艺术团参加北京大学生音乐节获两金三银。蓝色动力合唱团《大鱼》《Twa Tanbou》两首作品获金奖；声工厂人声乐团《想你的 365 天》《追梦的旅程》两首作品获银奖；西洋乐团获器乐类市级一金一银；民乐团获得器乐类市级银奖。

（苏　群）

【参加《星光大道》节目录制】 2018 年 7 月 10 日，大学生艺术团舞蹈组合“转子 team“首次作为参赛选手参加《星光大道》节目录制，将极具青春气息和现代感的舞蹈呈现在全国观众面前。

（苏　群）

【艺术团参加慰问演出】 2018 年，华北电力大学交响乐团 2 次参加慰问演出。7 月 26 日，华北电力大学交响乐团赴保定航校举办“庆八一、进军营”慰问演出。11 月 24 日，大学生艺术团 50 余名成员走进武警机动第四支队新兵大队，用精彩的文艺节目向“最可爱的人”致敬。

（苏　群）

【合唱团参加教师节师生文艺会演】 2018 年 9 月 10 日，合唱团前往清华大学，代表学校受邀参演由中共北京市委教育工作委员会、北京市教育委员会主办的《春风化雨　桃李成林》2018 教师节师生文艺会演，参与合唱《老师您好》和《老师再见》两个节目，一同畅想节日华彩乐章，歌颂拳拳师生情谊。

（苏　群）

【创作大型原创励志话剧《光明使者》】 2018 年 9 月，大型原创励志话剧《光明使者》创作完成。该话剧由保定艺术教育中心编剧、排演，这也是华北电力大学首部以华电校园题材创作的大型原创励志话剧。

（王　楠）

【原创歌曲《母校之约》献礼 60 华诞】 2018 年 9 月，为献礼母校六十华诞暨艺术教育中心成立十五周年，保定艺术教育中心创作歌曲《母校之约》，全体教师倾情献唱、出演。

（王　楠）

【合唱团参加第五届北京国际青少年艺术周】 2018 年 10 月 20 日，合唱团赴北京市三十五中金帆音乐厅，参加第五届北京国际青少年艺术周活动，与拉脱维亚里加巴尔塔女声合唱团共同举办交流音乐会。

（苏　群）

【承办建校 60 周年校庆晚会】 2018 年 10 月 27—28 日，华北电力大学举办“点亮新时代的电力之光”庆祝华北电力大学建校 60 周年文艺晚会。晚会由北京校部和保定校区共同编创，约百分之七十的节目为原创或改编作品，用文艺节目讲述华电的故事，致敬昨天，赞美今天，憧憬未来，为广大华电人呈现一场融思想、艺术、历史于一体的演出。

（苏　群　王　楠）

【参加河北省第五届大学生艺术展演】 华北电力大学大学生艺术团参加河北省第五届大学生艺术展演活动获省级一等奖 11 项、省级二等奖 4 项，华北电力大学（保定）获优秀组织奖。

（王　楠）

【参加河北省首届高校民族舞蹈大赛】 2018 年 12 月，华北电力大学子衿舞蹈团赴河北经贸大学参加河北省首届高校民族舞蹈大赛，原创舞蹈《启明雪域》获二等奖。

（王　楠）

【高雅艺术进校园】 2018 年，华北电力大学共开展 13 场高雅艺术进校园活动。4 月 4 日，北京交响乐团专场演出。4 月 10 日，美国犹他州青少年歌舞团专场演出。5 月 12 日，水木年华《一生有你》电影宣讲会。5 月 23 日，“Big husband 乐团”爵士乐专场演出。5 月 30 日，北京曲艺团

《笑满京城》。6月11日，美国青年大学生访华艺术团“筑梦校园”专场演出。10月9日，《我和我的祖国》男中音歌唱家霍勇专场音乐会。10月17日，《虎跃龙腾》北京民族乐团专场音乐会。11月9日，孟京辉经典戏剧作品《恋爱的犀牛》演出。11月10日，孟京辉经典戏剧作品《我爱xxx》演出。11月30日、12月1日，举办开心麻花《求婚女王》专场演出。12月11日，德国学院歌手合唱团华电专场演出。12月20—21日，《我相信》校园巡回演唱会。

（苏　群）

【开展师生走进专业剧院观演活动】 2018年，华北电力大学共组织24场次师生走进专业剧院观看演出活动。3月7日，芭蕾舞剧《红色娘子军》；3月9日，民族歌剧《二泉》；3月13日，现代京剧《党的女儿》；3月18日，民族歌剧《青春之歌》；3月19日，民族歌剧《白毛女》、舞蹈诗《黎族家园》；4月15日，京剧《牧羊卷》；5月2日，北京曲剧《啼笑因缘》；5月10日，河北梆子《春秋笔》；6月4日，新编京剧现代戏《狼牙山》；9月21日，中国评剧院专场演出评剧《花为媒》；9月26日，中央芭蕾舞团芭蕾舞剧《灰姑娘》；9月27日，国粹程派名剧《甘棠夫人》；9月28日，大型北京曲剧原创史诗剧《蔄氏夫人》；9月29日，中国广播说唱团演出相声剧《风吹水面层层浪》；10月8日，大型民族交响音乐会《国乐耀中华》；11月9日，北京师范大学舞剧《匆匆那年》；11月15日，北京现代舞团现代舞剧《水问》；11月16日，七幕人生百老汇音乐剧《灰姑娘》；11月21日，民族艺术进校园昆曲《西厢记》；11月22日，北京京剧院新编现代京剧《宋家姐妹》；11月30日，北京风雷京剧团专场演出“京味儿”话剧《网子》；12月5日，北京市曲剧团专场演出北京曲剧《蔄氏夫人》《花落花又开》；12月13日，京剧《四郎探母》；12月14日，京剧《伍子胥》；12月15日，京剧《红鬃烈马》。

（苏　群）

科技研究与产业开发

Sci-Tech Research and Industrial Development

○ 综　述

2018 年，科研院全面落实全国教育大会精神，紧扣“立德树人”和提高质量两大任务，深入推进科研体制改革，着力提升华北电力大学科技创新能力；以高水平的科学研究，全面支撑学校“双一流”建设。全年共承担各类科研项目 1089 项，其中国家科技计划项目 45 项，国家自然科学基金和社科基金项目 72 项，获国家、省部级科技成果奖 49 项。高被引论文数由 2017 年的不到 100 篇增长至 2018 年的 170 篇，增幅达到 85%，位列国内高校第 46 位。科研经费合同额首次突破 7 亿元，到账经费接近 5 亿元，均创历史最好水平。科技创新体系建设取得新成效，新能源电力系统国家重点实验室顺利通过评估，先后成立国家能源交通融合发展研究院、先进材料研究院、能源电力大数据研究院等跨学科研究机构，新增 1 个“111”引智基地和 1 个河北省重点实验室。召开全校科技创新大会，邀请包括诺贝尔化学奖得主以及 47 位两院院士在内的专家学者开展前沿学术交流，校园学术氛围空前高涨。

2018 年，学校产业管理工作紧密围绕“双一流建设”，专注于产业规范化建设、科技成果产业化以及学校经营性资产的保值增值，加强对学校控股和参股企业的监管，保证学校经营性资产的安全、保值和增值。至年底，华北电力大学控股、参股企业共计 33 家，资产总额 179 574.51 万元，比 2017 年降低 0.2%；所有者权益 86 776.95 万元，比 2017 年降低 1.14%；负债 92 797.56 万元，资产负债率 51.58%。学校控股、参股企业收入 80 894.15 万元，比 2017 年降低 0.9%；实现净利润 12 130.77 万元，比 2017 年降低 13.07%。净资产总额为 16 840.81 万元；营业收入为 11 814.60 万元，净利润为 1449.79 万元。

2018 年，高等教育研究工作围绕学校发展战略，在高校“三全”育人目标体系的构建、高水平行业特色型大学工程教育改革、“双一流”建设、高校综合改革、新工科建设等方面联系学校实际进行深入的理论研究，在国内外高水平期刊上发表一批高等教育研究文章。高等教育研究所共有工作人员 7 人，其中专职人员 6 人、外聘人员 1 人；人员中有正高职称 2 人、副高职称 4 人。年内，高教所共发表学术论文 3 篇，均为核心刊物。

2018 年，现代电力研究院围绕国家能源电力改革趋势，结合自身优势，继续开展能源市场、能源政策等相关领域的科学研究，组织“能源系统优化专题研讨会”、“第八届现代能源发展论坛”等学术活动；加强机构优化和整合，成立“中国能源经济监管研究院”。年内，研究院签订科研课题 4 项，科研经费共计 223.23 万元，完成全年科研任务的 108.3%。研究院教师出国参会、交流访问 6 人次，外国专家来访 3 人次。

2018 年，期刊出版部作为学校两地一体化办公的职能部门，贯彻执行党和国家有关期刊出版的方针政策和法律法规，主办的《华北电力大学学报（自然科学版）》《华北电力大学学报（社会科学版）》《现代电力》和《电力科学与工程》按计划完成编辑出版工作，办刊质量总体上稳中有升，社会影响力进一步扩大。学校主办的四个期刊共计出版正刊 30 期，发表论文共计 421 篇。《学报（自然科学版）》和《现代电力》的影响力指数 CI 值在 118 种 TM 类电气工程学科专业期刊中分别排名第 19 位和第 23 位；影响因子分别为 1.175 和 1.238。《电力科学与工程》的影响力指数 CI 值在 118 种 TM 类电气工程学科专业期刊中分别排名第 41 位；影响因子为 0.901。《学报（社会科学版）》的影响力指数 CI 值在 625 种综合性人文社科期刊中排名为 207 位；影响因子为 0.485，排名 199 位。

2018 年，苏州研究院开展科技创新与交流合作，科研平台建设取得进展。研究院成立二氧化碳捕集实验室，获批国家重点研发计划项目 1 项，承接国际合作项目 1 项，与 30 家企业展开技术转移工作，累计科研经费达 600 余万元。研究院环境修复与功能材料实验室，新增 SCI 论文累计收录 13 篇，CSSCI 论文 3 篇，累计申请发明专利 4 项，授权发明专利 1 项。

科　学　研　究

【概述】 2018 年，科学技术研究院全面落实全国教育大会精神，进一步增强服务创新驱动发展战略的能力，紧扣“立德树人”和提高质量两大任务，深入推进科研体制改革，着力提升华北电力大学科技创新能力；以高水平的科学研究，全面支撑学校“双一流”建设，自觉增强建设高水平研究型大学的使命感和责任感。在国家及行业重大科研项目、科研平台建设、科技人才队伍建设、科技研究与学术建设、科技成果产出和转移转化、国家大学科技园建设和管理服务能力建设等方面取得优异成绩。

科研项目人才队伍和平台建设。承担多项国家级、省部级重大重点项目。华北电力大学校长杨勇平承担的国家自然科学基金创新研究群体项目获批立项；能源动力与机械工程学院教授陈海平负责的国家重点研发计划专项项目立项启动；经济管理学院教授牛东晓申报教育部人文社会科学重大课题攻关项目；可再生能源学院副教授韩爽负责的国家重点研发计划政府间国际科技创新合作重点专项项目立项启动，这是华北电力大学助推“一带一路”科技创新合作取得的重要成果。2 人入选“科技部创新人才推进计划”中青年科技创新领军人才；“新能源电力系统国家重点实验室”等重点实验室、工程中心通过评估。

科技研究与学术建设。2018 年获国家、省部级科技成果奖 49 项。被科学引文索引扩展版（SCIE）收录科技论文较上年有所增加。建立知识产权申请数据库和授权数据库，实现授权库数据与国家知识产权局的数据同步。围绕校庆 60 周年“卓越学术”主线，举办 275 场国内外高端学术会议、论坛和讲座，开展“院士华电行”活动，诺贝尔化学奖得主阿达约纳特教授成为第一个莅临华北电力大学的诺奖大师。

科技成果产出和转移转化。北京市知识产权局“专利运营办公室”等一批省部级资质陆续获得认定，北京市科委、北京市知识产权局等多项成果转化专项项目获批立项。7 项软件著作权落地至北京华电能源互联网研究院有限公司，成交记录创新高。

国家大学科技园建设和管理服务。大学科技园服务国家战略结构调整和社会地区经济发展的能力日臻完善，服务园区企业能力显著提升，成功构建起以科技园区为载体的深度创新服务体系。4 个研究中心入驻未来科学城。

（花之蕾　张力晖）

【概况】 2018 年，学校共承担各类科研项目 1089 项，其中国家科技计划项目 45 项，国家自然科学基金和社科基金项目 72 项；科技合同总经费达 71 450.07 万元，至年底，到账经费达 48 156.32 万元。横向项目方面，共签订项目 810 项，合同总经费 33 407.28 万元。北京技术市场登记合同 144 项，合同成交额 6738 万元，技术交易额 6738 万元，其中技术服务类 144 项。河北省保定市技术市场登记合同 104 项，合同成交额 3600.65 万元，技术交易额 3300 万元，其中技术服务类 63 项，技术开发类 36 项，技术转让类 1 项，技术咨询类 4 项。

人才队伍和科研平台建设。王晓东、李美成入选“科技部创新人才推进计划”中青年科技创新领军人才；马静、孙玉兵分别获得国家自然科学基金优秀青年科学基金项目资助；贾科入选中国科协青年托举人才工程；“新能源电力系统国家重点实验室”顺利通过评估；3 个重点实验室、工程研究中心也基本顺利通过评估。新增河北省重点实验室 1 个，111 引智基地 1 个，学校引智基地总数达到 6 个，方向基本覆盖学校一流学科建设的 5 大方向。

科研成果。共获国家、省部级科技成果奖 49 项，其中杨勇平团队获 2018 年高等学校科学研究优秀成果奖（科学技术），电气学院教授毕天姝获 2018 年“中国电力科学技术杰出贡献奖”和“茅以升北京青年科技奖”，经管学院教授刘敦楠获 2018 年“国家电网有限公司科学技术特等奖”。王飞主持、学校为牵头单位的“光伏发电功率多时空尺度预测关键技术及应用”项目获河北省技术发明一等奖；梁平主持的“基层社会矛盾化解与法治化治理研究”项目获河北省社会科学优秀成果一等奖。

知识产权工作。共申请专利 1090 项，其中发明专利 385 项；授权专利 1131 项，其中 PCT 国际专利 5 项，发明专利 382 项。科技论文发表方面，中国科学技术信息研究所 2017 年发布的结果显示，科技论文被科学引文索引扩展版（SCIE）收录 1120 篇，较上年 949 篇增长 18%，收录情况在全国高校排名第 68 位，比上年提升 1 位，工程索引核心版（EI）排名 37 位，科技会议录引文索引（CPCI-S）排名 12 位。《电力科学与工程》编辑部 2018 年出版期刊 12 期，发表论文 147 篇，全年发行 12 000 册。按照《中国学术期刊影响因子年报》对于期刊影响力指数的统计，2018 年《电力科学与工程》影响力指数 CI 值在 118 种学术期刊中排名第 41 位，较去年下降 5 位。影响因子 0.901，和去年相比增长 12.8%，排名第 35 位，与去年持平。

创新研究平台与科学园区建设。建立起 21 个跨学科门类的校级交叉研究平台，启动低碳能源研究中心、能源互联网与电力大数据研究中心、智能电气创新研究中心和电力能源材料与微纳材料研究中心四个研究中心入驻未来科学城，并获北京市全国科创中心建设重点任务专项经费支持。推动可再生能源重大科技基础设施的提前布局与谋划，分别列入教育部十四五培育项目和北京市全国科创中心建设重点任务，并获得专项经费支持。大学科技园北京园区上缴学校房租收入 955.88 万元，保定园区实现租金和技术服务收入 233.5 万元，两地园区企业产值近 30 亿元；2018 年大学科技园认定为“国资委中央企业国际合作引智创新基地”“北京市小型微型企业创业创新示范基地”，逐步树立起学校科技园的品牌优势。

科技成果转移转化工作和学术建设。科技成果转移转化项目共 45 项，合同额达 402.51 万元。重点挖掘、培育 6 项高价值专利，估价 248 万元。七项软件著作权落地至北京华电能源互联网研究院有限公司，估价高达 700.78 万元，创新成交记录。学校共举办国内外高端学术会议、论坛和讲座 275 场次，“院士华电行”共开展活动 35 期，邀请院士来校交流 47 人，诺贝尔化学奖得主阿达约纳特教授成为第一个莅临华北电力大学的诺奖大师。第十四届海峡两岸气候变迁与能源可持续发展论坛、第十五届中国电机工程学会青年学术会议、2018年智慧电厂论坛和“传统文化的传承与创新”国际学术研讨会等大型学术交流活动成功举行。

（花之蕾　张力晖）

【2项成果获国家科学技术奖】 2018年1月8日，2017年度国家科学技术奖励大会在北京举行，共授予2名最高奖获奖人、271个项目、7名外籍专家。华北电力大学参与完成的2项科技成果获2017年度国家科学技术奖：齐磊参与完成的“特高压±800kV直流输电工程”项目获国家科技进步奖特等奖；刘吉臻参与完成的“600MW超临界循环流化床锅炉技术开发、研制与工程示范”项目获国家科技进步奖一等奖。

（花之蕾）

【河北省社科联到华北电力大学调研】 2018年3月15日，河北省社会科学院党组成员、副院长，河北省社会科学界联合会常务副主席曹保刚带领科普处处长景兰杰，成果管理处副处长侯咨军等5人到华北电力大学调研，保定市社科联主席崔铁成、副主席张秀贤陪同。华北电力大学副校长律方成与曹保刚进行座谈。律方成指出，华北电力大学会继续凝心聚力，扎实推进弘扬社会主义核心价值观的工作。华北电力大学法政系梁平、马克思主义学院孙芳、法政系夏珑三位教师分别从教师党员队伍建设方面，如何让学生当主角，让思政课激发活力方面和学生培养方面进行发言。同时就进一步做好社科研究工作，注重问题导向，找准切入点进行研究等问题进行交流。曹保刚指出，希望华北电力大学继续立足于河北，加强与社科联的合作、沟通和交流，为政府决策提供新的支撑，为河北省和雄安新区的发展贡献新的力量，全面推动学校的哲学社会科学工作迈上新的台阶。

（张力晖　王　成）

【国际顶级刊物发表学校研究成果】 2018年4月18日，能源动力与机械工程学院王春波教授受能源与燃烧领域国际顶级综述类刊物《Progress in Energy and Combustion Science》（PECS，《能源与燃烧科学进展》）邀请，以第一作者和合作通讯作者身份发表题为 Review of arsenic behavior during coal combustion：Volatilization，transformation，emission and removal technologies 的综述文章。该论文结合王春波教授多年来在煤燃烧及污染物控制方面的研究成果和体会，总结煤燃烧过程中有毒痕量元素砷的挥发、迁移、排放特性及脱除技术。《Progress in Energy and Combustion Science》是能源与燃烧领域的顶级期刊，其影响因子在机械工程（129个期刊）和热力学（57个期刊）两个领域排名榜首。该刊自1974年创刊至今累计发表评论论文近700篇，年均收录文章量16篇，迄今为止以中国科研机构为通讯（或第一）作者单位发表的论文仅30余篇。这也是学校首次在该期刊上发表论文。

（张力晖）

【电子与通信工程系科研团队成立会】 2018年1月11日，电子与通信工程系科研团队成立。副校长律方成，科技处、人事处有关负责人、电子系全体教师和部分研究生参加会议。电子系主任戚银城介绍电子系近年人才培养和科研工作开展情况、科研团队成立的过程、6个科研团队的负责人和研究方向，对科研团队的发展提出意见和建议。电子系教师侯思祖就如何建好一支团队、如何发挥团队的作用和如何将科研和教育教学有机统一提出看法。律方成就如何管理团队提出建议和希望：一是团队带头人要思考好如何带领团队，要探索好团队激励和约束机制；二是要从行业和时间两个维度，进一步凝练团队研究方向；三是要着力做好优秀人才培养和拔尖人才引进，增强团队实力；四是加强制度建设和条件保障。与会领导为六位团队负责人颁发聘书。

（张力晖）

【共建国家新能源汽车技术创新中心】 2018年3月1日，华北电力大学副校长檀勤良参加在京召开的国家新能源汽车技术创新中心建设推进会。全国政协副主席、科技部部长万钢，北京市委副书记、市长陈吉宁出席并讲话。北汽集团、吉利集团、清华大学、华北电力大学等21家共建单位代表参会。北京市委常委、副市长阴和俊主持会议。会议听取北京市科委、北汽集团关于国家新能源汽车技术创新中心建设进展情况的汇报，并对国家新能源汽车技术创新中心建设工作进行研究和部署。华北电力大学将以推进能源生产和消费革命、建设美丽中国为己任，集中力量推进“能源电力科学与工程”一流学科群建设，全面构建以需求为导向的科技创新和产学研合作体系，努力在服务、支撑和引领行业发展中发挥不可替代的作用，全方位推进学校发展与经济社会发展之间的良性互动。

（花之蕾）

【召开科技创新大会】 2018年1月25日，华北电力大学2018年科技创新大会在北京校部和保定校区同时召开。教育部科技司司长雷朝滋、综合处处长何立芳，北京市科技协作中心副主任徐琤、副处长李海燕，北京未来科学城管理委员会常务副主任吴小利、副主任张卫军等出席大会。华北电力大学党委书记周坚、校长杨勇平、副校长李双辰、孙忠权、律方成、党委副书记汪庆华、党委常委张天兴出席会议。各职能部门负责人，各院（系）书记、院长（主任）、科研副院长（副主任），省部级以上科研基地负责人、异地研究院负责人，以及部分教师和学生代表参加此次大会。会议由副校长檀勤良主持。杨勇平做华北电力大学科技创新工作报告。报告回顾华北电力大学“十三五”以来的科技创新工作，分析科技创新工作面临的形势和存在的问题，部署未来五年学校科技创新的目标与任务，提出新时代推动科技创新发展的新举措。雷朝滋出席大会并讲话。会议还对成立的15家研究机构举行授牌仪式和机构负责人聘任仪式。

（花之蕾　乔开文）

【建筑绿色技术发展与能源应用论坛】 2018年7月3日“2018建筑绿色技术发展与能源应用高峰论坛暨第二届热泵供暖技术发展高峰论坛”在保定星光酒店举办。该论坛由中国建筑科学研究院有限公司建筑环境与节能研究院主办，华北电力大学和中国建筑节能协会暖通空调专业委员会等单位协办。中国科学院院士汪集旸，中国建筑科学研究院有限公司环能院院长徐伟，保定市副市长张志奎，保定市高新区管委会主任李保森，华北电力大学副校长律方成，国家发改委能源研究所可持续发展中心主任康艳兵及相关职能部门、企业单位负责人、学生代表等参加本次高峰论坛。律方成在致辞中指出，发展清洁能源，是国家改善能源结构、保障能源安全、推进生态文明建设的重要任务。汪集旸作主题为“地热与分布式可再生能源系统”的报告，提出“地热＋”的概念，与台下听众进行研讨。徐伟为大家做关于“清洁取暖方案对比与选择”的主题演讲。除相关单位专家外，中国石化、三星（中国）、青岛海尔、河北纳森、摩码人居、万科企业等单位代表也悉数到场，为大家介绍企业的最新产品、发展方向及绿色环保新技术，并在徐伟的主持下与现场参会人员进行问答对话，在生物质发电、新产品性能与经济性、热泵的具体技术等方面热烈讨论。7月4日，部分与会代表前往雄安万科绿色研究发展中心，与雄安建设的一线工作人员进行交流座谈，并就雄安智慧绿色发展问题建言献策。

（张力晖　王　成）

【凌文院士到访出席院士华电行活动】 2018年7月18日，中共十九大代表、十三届全国政协委员、中国工程院院士、国家能源集团总经理凌文受邀到访，出席“院士华电行”，做题为“产学研协同创新引领未来”的报告。华北电力大学党委书记周坚、校长杨勇平会见凌文一行，双方就进一步加强校企合作进行交流。中国工程院院士刘吉臻、副校长郝英杰、党委副书记汪庆华、副校长檀勤良参加会见。此次报告是学校60周年校庆系列学术活动“院士华电行”的第21讲。凌文院士对国家未来能源低碳转型的方向、产学研协同创新的路径、如何兼顾能源发展的规模与效益等问题给予独到精辟的解答。刘吉臻院士在发言时指出，凌文院士从全局高度、前沿视角，引导大家纵览能源的过去、现在与未来，启示深远。杨勇平在主持会议时表示，凌文是能源行业知名专家和卓越企业家，在能源业界具有重要影响力。会后，双方举行校企合作会谈，就有关合作事项进行探讨，在“一带一路”合作、订单式人才培养、面向未来的科研项目合作、教育培训等领域达成初步合作意向。

（花之蕾　张　充）

【成立先进材料研究院】 2018年7月21日，华北电力大学成立先进材料研究院。校长杨勇平，副校长孙忠权，副校长檀勤良，中国工程院院士干勇，中科院物理所院士汪卫华，钢铁研究院院士李卫，科技部高新技术及产业化司副司长曹国英，教育部科技司副巡视员李渝红等以及来自各高校、企事业单位、科研机构的专家和代表出席大会。会议由檀勤良主持。杨勇平指出，先进材料研究院将在先进基础材料、关键战略材料、前沿新材料和先进节能材料、先进储能材料、纳米材料、增材制造等方面开展科学研究，力争在智能电网技术与装备、节能电力电子器件开发、输变电工程新材料等项目上取得进展和突破。杨勇平、干勇、曹国英、李渝红共同为华北电力大学先进材料研究院揭牌，并举行战略咨询委员会和学术委员会聘任仪式。先进材料研究院院长周少雄汇报华北电力大学先进材料研究院组建方案。干勇指出，希望研究院为加快新材料产业发展以及国家能源发展做出贡献，为加速人才培养，提高核心技术竞争力出一份力。曹国英在讲话中指出，国家材料学科体系已经相当完善，先进材料研究院要脱颖而出，需要保持开放意识和开放心态，把握住发展趋势，抓住机遇进入学科主流格局当中。会后召开先进材料学术论坛大会，干勇、汪卫华分别作“中国制造2025能源新材料发展战略”和“非晶材料及研究进展”的报告。

（花之蕾）

【1项目通过科技部验收】 2018年，由国家能源投资集团有限责任公司（原中国国电集团公司）组织，华北电力大学、国电科学技术研究院、北京国电蓝天节能科技开发有限公司和中国市政工程华北设计研究总院有限公司共同承担的“十二五”国家科技支撑计划“大容量火电机组高效梯级供热技术开发及工程示范”（项目编号：2014BAA06B00）通过科技部高新司组织的项目验收。来自北京科技大学、清华大学、国家电力投资公司等单位的13位专家参加项目结题验收评审。该项目围绕大型热电联产机组的供热节能改造，开展系统的应用基础研究、技术开发和工程示范应用。执行期间，申请发明专利15项，发表学术论文30余篇，获得软件著作权1项；牵头编制1项行业标准《火力发电厂低位能蒸汽供热技术导则》。项目成果应用于国电大连开发区电厂350MW热电联产机组和山西兴能电厂的供热改造工程中。

（花之蕾　张　充）

【人事管理司到校调研】 2018年9月7日，人社部事业单位人事管理司副司长梁江、综合和行业改革处处长简洁，教育部人事司人事劳资处处长卢波辉、调研员赵负等一行5人就《人力资源和社会保障部关于支持和鼓励事业单位专业技术人员创新创业的指导意见》（人社部规〔2017〕4号）文件落实情况到华北电力大学进行调研。校党委书记周坚、副校长檀勤良会见梁江等。周坚在会见中介绍学校的发展历史和办学的基本情况。檀勤良主持汇报和座谈会。科学技术研究院负责人介绍学校教师科技创新、成果转移转化、创办企业、校外挂职情况以及相关支持政策和遇到的问题。梁江和调研组其他同志就“双创”工作与学校相关职能部门负责人和教师代表进行座谈和交流。梁江表示，过去一个时期以来，相关部委围绕“双创”工作制定一系列的激励政策，为国家科技创新、经济发展提供新的增长点，取得成效。汇报和座谈会后，梁江一行参观华电智连科技（北京）有限公司、北京华电光大新能源环保技术有限公司和生物质发电成套设备国家工程实验室。

（花之蕾）

【1 国家重点研发计划项目启动】 2018 年 9 月 6 日，华北电力大学陈海平教授负责的国家重点研发计划项目——“燃煤发电机组水分高效低成本回收及处理关键技术研究与应用”实施方案论证暨启动会在华北电力大学国际交流中心举行。副校长檀勤良，科技部高技术研究发展中心副处长朱卫东，科技部煤炭清洁高效利用和新型节能技术重点专项总体专家组长姚强、教授张忠孝、研究员吕清刚、研究员赵毅，项目咨询专家组和财务专家，项目牵头和参加单位科研管理部门代表、课题负责人和骨干成员，以及专项办相关成员共 90 余名代表出席会议。姚强主持会议。檀勤良在致辞中表示，华北电力大学将按照国家重点研发计划管理办法规定，履行法人责任，做好项目实施的组织、支撑和监督工作，推进项目顺利实施。项目负责人陈海平进行总体汇报；陈海平分别汇报各自课题的具体实施方案。与会专家在听取实施方案报告的基础上，与项目团队进行交流，围绕多方面提出许多建议。朱卫东介绍国家重点专项总体情况和项目过程管理经验。华北电力大学作为牵头单位，联合清华大学等 8 家单位共同开展联合科技攻关，通过燃煤发电机组余热能梯级高效利用和先进膜分离、膜蒸馏等技术的结合，开发低能耗、低成本烟气水分高效回收及废水深度处理技术，研制成套装置，实现工程应用。

（花之蕾　张　充）

【海峡两岸气候变迁与能源可持续发展论坛年会】 2018 年 9 月 3—8 日，由中国工程院能源与矿业工程部指导，气候变迁与能源可持续发展研究院、财团法人台湾永续能源研究基金会主办，华北电力大学承办的第十四届海峡两岸气候变迁与能源可持续发展论坛年会和两岸能源高峰会议在保定市电谷国际酒店举行。在 9 月 5 日召开的海峡两岸气候变迁与能源可持续发展论坛两岸理事会联席会议上，论坛大陆方面理事会理事长、气候变迁与能源可持续发展研究院名誉院长谢克昌院士发表讲话。会上，增选华北电力大学校长杨勇平教授为副理事长，院士刘吉臻为常务理事，教授徐进良、彭林为理事。与会专家在杨勇平的陪同下，赴保定 • 中关村创新中心、保定四方三伊电气有限公司、国电联合动力技术有限公司调研，并参观考察雄安新区。与会专家围绕燃煤高效发输电技术、可再生能源与电力消纳、大气污染防治与气候变化应对、创新发展与节能减排四个专题作 26 场学术报告。

（花之蕾　张力晖）

【参与举办国际太阳能光化学大会】 2018 年 7 月 30 日至 8 月 2 日，第 22 届国际太阳能光化学转换与储存大会（简称 IPS-22）在安徽合肥市举行。IPS 大会自 1974 年首次召开以来，经过 44 年的发展，已成为太阳能领域最重要、最具国际影响力的盛会。该届会议由华北电力大学、中国科学院合肥物质科学研究院、天津大学、安徽省新能源协会联合举办，华北电力大学戴松元教授和天津大学叶金花教授共同担任大会主席。大会共吸引包括诺贝尔奖提名获得者、中国科学院院士和国际顶尖学者在内的 30 多个国家 700 余名科学家，共同探讨太阳能技术和产业的发展方向。华北电力大学副校长檀勤良出席开幕式并致词，他向与会人员介绍华北电力大学的发展历程。檀勤良表示，愿携手世界各国、社会各界的朋友们共同推动太阳能领域的技术创新，实现政产学研同绘清洁能源发展的美好蓝图，为构建人类能源发展共同体做出新贡献。安徽省委、省政府副秘书长李必方代表邓向阳常务副省长致辞，中科院合肥研究院党委书记王英俭、天津大学副校长胡文平、瑞士诺贝尔奖提名科学家 Michael Grtzel 也分别致词。

（花之蕾）

【获批重大科学仪器开发重点专项】 2018 年 9 月，律方成教授负责的“高灵敏紫外成像仪研制及应用开发”项目（2018 年度科技部重大科学仪器设备开发重点专项）获批立项，立项总金额 2959 元。该项目专门针对高灵敏紫外成像仪的研制，综合利用各方优势资源，力求在重大科学仪器和平台领域取得新的进展和突破，同时也为其在相关领域的应用提供示范性效果。

（张力晖　王　成）

【1 项技术达到国际领先】 钢铁、焦化行业等非电行业正成为大气污染治理的主战场。华北电力大学教授杨勇平团队经过 12 年攻关自主研发的多温区多功能系列 SCR 脱硝催化剂与低能耗脱硝技术，解决困扰国家工业脱硝多行业多温区工况复杂的技术难题，达到国际领先。杨勇平指出针对不同烟气应用的不同种类催化剂，团队针对多行业多温差范围的复杂烟气进行脱硝催化剂和配套工程技术研发，首次大规模实现多温区与含硫含砷等复杂烟气的高效脱硝，并在火力发电、钢铁冶炼、废弃物焚烧、化工等多个行业应用，脱硝效率达 90%以上。《科技日报》对该技术予以报道。

（花之蕾）

【成立白洋淀湿地研究中心】 2018年11月18—19日，华北电力大学保定校区召开湿地生态调控学术研讨会。此次活动由科学技术研究院、白洋淀湿地研究中心、环境科学与工程系共同举办。会议邀请到北京师范大学环境学院院长、长江学者、湿地领域权威专家崔保山教授及北京师范大学孙涛教授、白军红教授、尹心安教授，保定市湿地保护协会康青会长，保定市人民政府水资源办公室丁志农主任等湿地领域著名专家出席。丁常富代表学校宣读中心成立的相关文件。会议由环境科学与工程系主任付东、副主任苑春刚主持。崔保山、白军红和尹心安分别做学术报告。华北电力大学“白洋淀湿地研究中心”发起人张可刚对中心研究定位和初步研究规划进行介绍。环境科学与工程系全体班子成员、白洋淀湿地研究中心骨干教师及研究生参加会议。与会专家就中心今后的发展方向、团队建设、交流合作等方面提出宝贵意见。专家认为，在新的环境形势下，白洋淀湿地的生态作用凸显，其生态保护和修复成为国家重大需求，白洋淀湿地研究中心此时成立正当时。

（张力晖　王　成）

【“化学”学科进入ESI世界前1%行列】 2018年11月15日，科睿唯安ESI数据库（Essential Science Indicators，简称 ESI）公布最新数据，华北电力大学“化学”学科首次进入ESI世界前1%行列。在“化学”学科领域，全球共有1209所科研机构入围。按Top论文统计，学校并列世界504位；按发文量统计，学校位列世界第957位；按篇均被引频次统计，学校并列世界第1102位；按被引频次统计，学校并列世界1208位。2018年，在60周年校庆系列学术活动和“双一流”建设全面启动的共同推动下，学校在高水平国际论文产出方面取得长足的发展。5月，工程学首次进入ESI世界前1‰行列；9月，材料科学首次进入ESI世界前1%行列；11月，化学首次跻身ESI世界前1%行列。至此，学校已有工程学、环境/生态学、材料科学和化学4个学科进入ESI世界前1%行列。这是学校不断综合改革，加强学科建设取得的具有标志性的成果，为学校扎实推进“双一流”建设，实现内涵式发展奠定基础。

（吴礼宁）

【成立中国电力高校联盟】 2018年10月27日，华北电力大学作为发起单位，联合东北电力大学、上海电力学院、长沙理工大学、三峡大学、沈阳工程学院、南京工程学院、长春工程学院等七所具有显著能源电力办学特色和突出学科优势的高校，共同成立“中国电力高校联盟”。该联盟成立旨在为更好对中国能源电力行业的发展起到服务、支撑与引领作用。成立大会在华北电力大学举行。大会由华北电力大学副校长孙忠权主持。华北电力大学校长杨勇平，副校长孙忠权，东北电力大学校长蔡国伟，三峡大学校长何伟军，上海电力学院副校长黄冬梅，长沙理工大学副校长谈传生，沈阳工程学院副校长宋吉鑫，以及南京工程学院，长春工程学院代表参加会议。会议讨论、表决联盟宣言、倡议书和章程。基于共同的历史发展渊源，八所高校按照“自愿平等、开放共享、合作共赢、创新发展”的原则，建设自发组织的非营利性、非法人的战略合作组织“中国电力高校联盟”。会议讨论并一致通过联盟理事长单位、秘书处及秘书长的设置方案，对于联盟未来的具体运作达成共同一致的意向。

（花之蕾）

【联合实验室揭牌】 2018年10月17日，“华北电力大学——航天电器联合实验室”成立揭牌仪式在华北电力大学举行，中国工程院院士刘吉臻、校党委副书记汪庆华、贵州航天电器股份有限公司总经理王跃轩、中国核能行业协会专家委员会委员师庆维（电气81级校友）、中国能建集团装备有限公司总工程师刘伟军、中国仪器仪表学会产信委副主任兼秘书长刘哲鸣、上海航天科工电器研究院院长王华巍，华北电力大学科学技术研究院、校理事会办公室、控制与计算机工程学院等部门负责人，校友及师生代表共计40余人参加此次活动。刘吉臻、汪庆华、王跃轩、师庆维共同为实验室进行揭牌，标志着校企双方的合作正式启动。师庆维校友代表其他与会校友及企业致辞，并希望各方进一步推进产学研联盟的成立与合作，助力核控领域关键技术的国产化。刘吉臻院士发表讲话，他结合自己的科研经历和国内外发展趋势，要求双方的合作秉持家国情怀和使命担当，希望联合实验室的研究工作发扬航天领域的传统，扎实脚步，以十年磨一剑的精神，取得关键技术突破。

（花之蕾）

【成立吴仲华学院】 2018年9月29日，吴仲华学院成立大会在华北电力大学举行。中国科学院工程热物理研究所所长研究员朱俊强、副所长研究员陈海生、院士金红光，华北电力大学校长杨勇平、副校长王增平，学校各职能处室负责人出席会议。中国科学院工程热物理研究所导师代表，学院导师代表吴仲华，以及北京和保定两校区首届吴仲华学院全体学生参加成立大会。吴仲华学院由华北电力大学和中国科学院工程热物理研究所联合创办，以国家著名工程热物理学家、中国科学院工程热物理研究所创办人、工程热物理学科奠基者、中国科学院院士吴仲华名字命名。杨勇平校长和朱俊强所长共同为吴仲华学院揭牌，并向金红光等人颁发吴仲华学院聘书。名誉院长金红光指出，学院要以培养一批能源领域的优秀青年学者，以国际前沿、国家重大需求和创新为驱动来发展吴仲华学院才是终极目标。

（花之蕾）

【互感器工程技术研究中心落户华电】 2018年10月12

日，华北电力大学与申科集团共建“河北省互感器工程技术研究中心”暨产学研合作项目签字仪式在综合楼学术报告厅举行。校长杨勇平、副校长王增平、校党委副书记郭孝锋、副校长律方成，辛集市委书记邸义，申科集团党委书记王敬贺、董事长王力崇，清华大学电力系统与大型发电设备国家重点实验室副主任袁建生出席仪式。辛集市委、市政府，申科集团有关负责人，学校相关职能处室主要负责同志，电子与通信工程系领导班子成员及部分教师和学生代表参加活动。邸义代表辛集市委、市政府，对学校和申科集团的合作表示祝贺，并向华电 60 周年校庆表示祝贺。王增平代表学校对辛集市和申科集团的大力支持表示感谢。随后，律方成、王力崇代表校企双方签署合作协议。杨勇平、王敬贺共同为“智能传感与信息处理”联合实验室揭牌。

（张力晖）

【智慧化煤炭输送和存储研究中心落户华电】 2018 年 10 月 12 日，华北电力大学与华电郑州机械设计研究院有限公司、北京普兰德电力技术有限公司、湖北凯瑞知行智能装备有限公司捐赠并共建智慧化煤炭输送和存储研究中心签约仪式在综合楼五楼会议室举行。校长杨勇平、副校长王增平、校党委副书记郭孝锋、副校长律方成、校长助理米增强以及各企业代表出席签约仪式，中国华电科工集团有限公司总工程师沈明忠及科技发展部主任沈建永应邀出席，学校相关职能部门负责人、机械工程系领导班子成员和教师代表参加会议。郭孝锋代表学校发表讲话。律方成代表学校与华电郑州机械设计研究院院长王刚、北京普兰德电力技术有限公司董事长岳仪春和湖北凯瑞知行智能装备有限公司董事长金从兵共同签订合作共建协议。随后，两家公司向学校机械工程系捐赠科研设备及现金共计 300 万元，律方成代表学校接受捐赠。杨勇平与沈明忠共同为共建研究中心揭牌。

（张力晖）

【高效钙钛矿太阳电池取得新进展】 2018 年，华北电力大学可再生能源学院李美成教授的科研团队在国际著名期刊 Advanced Materials（影响因子 21.95）上发表论文《Ion-Migration Inhibition by the Cation-π Interaction in Perovskite Materials for Efficient and Stable Perovskite Solar Cells》【Adv. Mater. 2018，5，1707583】。研究发现钙钛矿中阳离子与芳香类分子可形成超分子 cation-π 相互作用，能够有效抑制阳离子的迁移，大大减少钙钛矿薄膜缺陷态的产生、提升器件在工作状态下的稳定性。通过这种方法制造的钙钛矿太阳电池（PSCs）获得 20.86%的最高效率。另外，离子迁移的抑制同时减弱器件的迟滞现象，实现更稳定的功率输出。年内，李美成团队开发的新型空穴传输层材料，也取得重大进展。文章《Superior Stability and Efficiency Over 20% PerovskiteSolar Cells Achieved by a Novel Molecularly EngineeredRutin-AgNPs/Thiophene Copolymer》发表在国际著名期刊 Advanced Science（影响因子 12.44）【Advanced Science2018，1800568】。

（花之蕾）

【杨勇平出席中国南网国际技术论坛】 2018 年 12 月 5 日，由中国南方电网有限责任公司、中国电力企业联合会、珠海市人民政府、华北电力大学共同举办的 2018 粤港澳大湾区电力创新高峰会暨第十五届中国南方电网国际技术论坛在珠海举行。该高峰会是以“引领粤港澳大湾区电力创新”为主题，集高峰论坛、技术研讨会、展览展示、项目交流、企业参观等活动为一体，来自国内外的院士、专家及政府部门、科研院所、高校、企业代表等近千人参会。华北电力大学校长杨勇平，中国南方电网公司董事长、党组书记孟振平，中国电力企业联合会常务副理事长杨昆，珠海市副市长张宜生，中国电机工程学会理事长郑宝森出席峰会并致辞。南方电网公司李立涅院士、华北电力大学院士刘吉臻做主题演讲，副校长王增平出席峰会第十五届南方电网国际技术论坛并做主旨报告。杨勇平指出，电力作为国民经济的基础产业，是粤港澳大湾区建设发展的“先行官”，加快推进电力创新，打造更加可靠、创新、绿色、高效的电力系统，是落实与推进大湾区国家战略的重要组成部分，也是大湾区加快发展的重要驱动力。会议期间，杨勇平等与会嘉宾共同参观峰会主题展览会。党政办公室、对外联络与合作部、科学技术研究院等部门负责人参加峰会开幕式及相关活动。

（花之蕾）

产 业 管 理

【概述】 2018 年，学校产业管理工作紧密围绕“双一流建设”，专注于产业规范化建设、科技成果产业化以及学校经营性资产的保值增值，加强对学校控股和参股企业的监管，保证学校经营性资产的安全、保值和增值。同时，积极研究制定鼓励学科性公司发展的政策措施，加快学校学科性公司成立步伐，重点孵化具有本校学科特色和优势、具有自主知识产权的科技企业。此外，继续拓展促进交叉学科、跨行业领域的产学研合作模式，促进科技成果的转化，致力于探索将高校智力资源与企业需求建立紧密结合长效机制的新模式。充分发挥学校的学科优势及多学科协作的技术潜力，激活学校人才、技术、实验装备等优势资源，构建“大电力”特色的智力支撑平台，促进产学研合作的良性发展。作为大学科技成果产业化平台，北京华电天德资产经营有限公司（以下简称资产公司）致力于打通科技成果产业化链条的“最后一公里”，提出“111”发展战略，即面向“一流企业”、提供“一流技术”、构建“一流平台”，努力促进科技创新链、产业发展链、商业价值链和风险投资链的融合，构建科技成果转化的良性生态体系。

（班莹梅）

【概况】 至2018年底，华北电力大学控股、参股企业共计33家，资产总额179 574.51万元，比2017年降低0.2%；所有者权益86 776.95万元，比2017年降低1.14%；负债92 797.56万元，资产负债率51.58%。学校控股、参股企业收入80 894.15万元，比2017年降低0.9%；实现净利润12 130.77万元，比2017年降低13.07%。截止至2018年12月，大学在控股、参股公司所持股权的净资产总额为16 840.81万元；2018年所持股权的营业收入为11 814.60万元，净利润为1449.79万元。

（常雅丽）

【召开经营性资产管理委员会会议】 2018年，华北电力大学经营性资产管理委员会（以下简称经资委）共召开三次经资委会议。1月17日，经资委主任杨勇平主持召开2018年第一次会议，经资委委员出席会议，其他有关部门负责人和法律顾问列席相关议题，会议听取并审议《关于学校所属企业清理情况的通报》等10项议题。7月20日，杨勇平主持召开2018年第二次会议，经资委委员出席会议，有关部门负责人和法律顾问列席相关议题。会议审议资产公司2017年工作报告、两家学科性公司设立等共计10项议题。12月14日，杨勇平主持召开2018年第三次会议。经资委委员出席会议，有关部门负责人及法律顾问列席相关议题。参会人员共同学习《高等学校所属企业体制改革政策解读》文件精神，并对相关议案进行审议。经资委作为学校经营性资产监督管理机构，在学校党委、行政和国有资产管理委员会的领导下开展工作，代表学校对经营性资产行使占有、使用和收益分配权。

（常雅丽）

【召开校办企业财务工作会议】 2018年1月30日，资产公司召集控股、参股企业召开华北电力大学校办企业财务工作会议。会议传达教育部《关于进一步规范和加强直属高等学校所属企业国有资产管理的若干意见》（教财〔2015〕6号）的文件精神，宣读《华北电力大学校办企业财务管理暂行办法（草案）》，对教育部部属高校所办企业经济效益月度快报及年终决算数据上报和教育部直属单位所办企业统计等工作进行布置和培训，并向控股公司下达2017年经营业绩责任书。

（常雅丽）

【组建三家学科性公司】 2018年，华北电力大学资产管理公司所属三家学科性公司相继设立。2月26日，华电银河科技有限公司注册成立，校资产公司代表大学持股30%；9月7日，珠海华大泰能智慧能源有限公司注册成立，资产公司代表大学持股20%；9月11日，北京华电慧源智能发电技术有限公司注册成立，资产公司代表大学持股20%。

（常雅丽）

【参展储能国际展览会】 2018年4月2—4日，第七届储能国际峰会暨展览会2018（ESIE）在国家会议中心（北京）召开。来自10多个国家和地区的100多家各类储能技术厂商及系统解决方案提供商参展参会。资产公司组织学校自主研发、达到国内领先水平的“华电芯”及“华电智”等创新产品参加本次展会。华北电力大学飞轮储能系统关键技术研究成果参加本次峰会的“国际储能创新大赛”并成功晋级总决赛。

（班莹梅）

【参展中国国际工业博览会】 2018年9月19—23日，第二十届中国国际工业博览会（以下简称“工博会”）在国家会展中心（上海）举办。华电智连信达科技（北京）有限公司参展的“基于电力物联网芯片的智慧能耗装置”项目获得工博会中国高校展区特等奖。本届工博会资产公司遴选出来自学校科研平台、首都科技条件平台华电基地以及学科性公司的多项产品项目，涉及电力电子、新能源、新材料等领域的最新科研成果。华北电力大学获得中国高校展区“优秀组织奖”，资产公司执行董事金海燕获中国高校展区“先进个人奖”。

（班莹梅）

【赴某部队研究院调研】 2018年9月26日，资产公司执行董事金海燕、先进材料研究院学术委员会秘书长薛志勇及先进材料研究院的部分专家与某部队研究院就移动高密度储氢装备需求开展调研交流。双方就移动高密度储氢材料的研发体系、温度控制、安全保障、技术需突破的指标等方面进行深入探讨，并达成初步合作意向。

（胡鹤龄）

【山东烟台经济技术开发区到访】 2018年10月19日，山东烟台经济技术开发区管委会和烟台龙源电力技术股份有限公司到校开展政产学研交流活动。双方就科技成果产业化的思路和政策展开交流，与会的核科学与工程研究院教授就各自的研究领域、技术方案、发展规划及目前的研究成果进行介绍。

（常雅丽）

【日本株式会社日立制作所来访】 2018年11月8日，日本株式会社日立制作所电力能源统括本部隆依田部长、国际营业本部武平岡部长、日立（中国）有限公司电力系统蒋津副总经理一行与资产公司开展国际合作对接交流活动。双方就分布式能源的管理技术和商业模式、电动汽车与大电网的能动互补、交通网与电力网的融合以及人工智能如何应用在电网等方面进行深入探讨。

（焦沈芳）

【参加北京高校科技成果产业化推介会】 2018 年 11 月 16 日，资产公司执行董事金海燕受邀参加北京高校科技成果产业化推介会暨北京高校专利产业化分析报告发布会，并代表北京高校科技成果转化服务分会（众筹联盟）发言。华北电力大学黄孝彬团队的智能发电产业化项目作为重点推介项目受邀进行路演。同时，作为众筹联盟成员高校，资产公司参加此次会议的组织筹备工作。

（班莹梅）

【参展全军氢能及燃料电池高峰论坛】 2018 年 11 月 22 日，资产公司组织先进材料研究院的相关成果和产品参加全军第一届氢能与燃料电池高峰论坛。此次论坛由军事科学院系统工程研究院和中国氢能及燃料电池产业创新战略联盟主办，系统工程研究院军事新能源技术研究所等 5 家单位联合承办。

（金海燕　胡鹤龄）

【国家重点研发计划项目获科技部立项】 2018 年，由保定市毅格通信自动化有限公司牵头，联合 6 家单位申报的国家重点研发计划重大科学仪器设备开发重点专项“高灵敏紫外成像仪研制及应用开发”项目（项目编号：2018YFF01011900）获国家科技部立项批复，该项目总经费 2959 万元，其中，中央财政经费 1359 万元。“高灵敏紫外成像仪研制及应用开发”由华北电力大学副校长律方成担任项目负责人，该项目将形成中国具有自主知识产权、功能健全、质量稳定可靠的高灵敏、高帧频、高清仪器，为电力和铁路行业高压设备放电检测提供测试技术支撑。

（万　军）

【研发实验服务基地建设】 2018 年，作为首都科技条件平台华北电力大学研发实验服务基地（以下简称华电基地）的专业运营机构，资产公司圆满完成 2017—2018 年度华电基地各项绩效考评工作。先后组织协办京津冀创新券交流活动、人工智能领域项目对接会、国际交流合作、国家重点实验室科技资源走出去引进来等多项交流对接活动。3 月 12 日，华电基地联合中国信息协会城市运营分会在江苏扬中举办绿色投融资建设运营项目暨“有机物料热解技术示范工程”交流考察活动。3 月 16 日，华电基地与大学信息安全工程实验室、华电智连科技（北京）有限公司相关负责人一同前往北京智芯微电子科技有限公司（以下简称智芯公司），开展精准对接交流活动。4 月 2 日，资产公司联合镇江市科技局举办“江苏省镇江市储能产业技术对接会暨首都科技条件平台华北电力大学研发试验服务基地成果发布会”。镇江市科技局、镇江市生产力促进中心、镇江市低碳产业技术研究院、镇江市技术交易所、江苏大学、江苏科技大学、华北电力大学、华北电力大学扬中智能电气研究中心、中国工程物理研究院、北京交通大学及镇江市相关企业共 40 多人参加会议。6 月 19 日，华电基地举办“首都科技条件平台百家重点实验室进千家企业”专题活动。北京市科委、昌平工作站、孵化器领域中心、北京农学院基地、北京科技大学基地、中关村创客小镇及华北电力大学创业孵化基地相关企业和创业团队代表 40 余人参加活动。该活动旨在提高华电基地成员单位、小微企业以及创业团队对创新券新政策的认知，促进首都科技条件平台科技资源与企业需求对接。7 月 21 日，作为首都科技条件平台华电基地的运营机构，资产公司邀请企业和台友们走进华北电力大学新能源电力系统国家重点实验室，学校国家“千人计划”特聘专家、博士生导师黄永章教授就高压大功率 IGBT 器件功率循环测试装备和器件可靠性实验室做详细讲解，受邀企业与黄永章教授团队进行精准对接和交流。7 月，资产公司负责人带领华电基地相关负责人参加首都科技条件平台京津冀科技创新券启动会议。8 月 9 日，学校先进材料研究院储氢技术交流会暨首都科技条件平台华电基地国际合作交流会成功举办。美国储氢技术专家 Dr. Yang、中国信息协会城市运营分会相关负责人及企业代表受邀参加，资产公司负责人、研究院储氢研发平台负责人武英教授、研究院学术委员会秘书长薛志勇等人参加此次交流会。与会专家在充分利用现有的技术和平台、加快储氢产品的广泛应用、整合资源等方面进行交流。8 月，首都科技条件平台华电基地圆满完成 2017-2018 年度绩效考核工作。2018 年度，华电基地共使用 26 万元创新券，实现零的突破。10 月 25 日，华北电力大学百家企业千名校友资智返保峰会暨京津冀创新券工作交流活动在保定校部一校区举办。北京技术交易促进中心、顺义工作站、房山工作站、北大基地、清华基地、北邮基地、北工大基地、中科院基地、北科大基地、北京交通大学基地、北京农学院基地等领导受邀参加活动。11 月 24—25 日，华电基地成员单位华北电力大学信息安全工程实验室举办“2018 卓识网安杯全国第四届工控系统信息安全攻防竞赛”，华电基地作为核心技术支持单位深入参与本次竞赛。12 月 5 日，2018 粤港澳大湾区电力创新高峰会暨第十五届中国南方电网国际技术论坛在珠海举行。资产公司组织学校所属学科性公司参加峰会主题展览会。此次会议由中国南方电网有限责任公司、中国电力企业联合会、珠海市人民政府、华北电力大学共同举办。12 月 5 日，首都科技条件平台华北电力大学研发实验服务基地与珠海市电力行业协会在珠海国际会展中心联合举办“首都科技条件平台百家重点实验室进千家企业”专题活动，该活动加强京珠两地技术创新的交流和互动，促进首都科技条件平台的科技资源推广与利用。

（金海燕　胡鹤龄　王成霞　焦沈芳）

高等教育研究

【概述】 2018年，华北电力大学高等教育研究工作围绕学校发展战略，在高校“三全”育人目标体系的构建、高水平行业特色型大学工程教育改革、“双一流”建设、高校综合改革、新工科建设等方面联系学校实际进行深入的理论研究，在国内外高水平期刊上发表一批高等教育研究文章。根据学校大兴调研之风的要求积极开展院系和职能部门调研。作为主要牵头与参与单位，配合60周年校庆参编出版《华北电力大学校史（1958～2018）》，梳理总结学校60年的办学经验。在高教资讯服务方面积极开展工作。完成学校领导交办的讲话致辞、主题发言、总结报告等的撰写工作，把科学研究和服务学校紧密结合。紧密围绕学校中心工作开展校本研究，承担学校“双一流”项目“华北电力大学二级院系治理研究”，推出《华北电力大学学院治理之一：学院资源配置及管理调研报告》。承担华北电力大学“双一流”人才培养项目：华北电力大学研究生教育质量保障体系研究，提交《华北电力大学研究生教学质量调研报告》，为学校改革发展和领导决策服务。同时围绕相关研究主题和高教热点，做好资讯服务，编辑出版《高教参考》。承担教育部重大项目《新工科、新理念、新实践：高水平行业特色型大学工程教育改革研究》。

（朱志媛）

【概况】 2018年，华北电力大学高等教育研究所共有工作人员7人，其中专职人员6人、外聘人员1人；人员中有正高职称2人、副高职称4人。年内，高教所共发表学术论文3篇，均为核心刊物。

（朱志媛）

【国家社科基金项目获批】 2018年7月，荀振芳研究员主持申报的《学生核心素养视域下高校“三全”育人目标体系的构建与研究》获2018年度国家社科基金教育学专项——全国教育科学“十三五”规划课题立项。这是高教所成立以来第一次以负责人身份获批立项的国家社科基金项目。该项目针对当前大学生思想政治教育工作普遍存在空泛与虚化的现象，首次从学生核心素养的理论视角来构建高校育人目标体系，是高校“三全”育人创新发展的一个有益尝试和大胆探索，具有学术上的理论创新意义与重要的实践应用价值。

（朱志媛）

【召开国家社科基金教育学项目开题报告研讨会】 2018年11月9日，由高教所所长荀振芳研究员主持的2018年度国家社科基金教育学项目开题报告暨高教所院校研究工作研讨会在华北电力大学召开。会议邀请中国教育科学研究院高等教育研究中心主任张男星教授、北京教育科学研究院高教所张炼研究员、人文学院院长苑英科教授及科研院、学工部职能部门负责人等组成的校内外专家出席会议。高教所全体人员参加会议。作为国家社科基金教育学项目、全国教育科学规划2018年度一般课题负责人，荀振芳研究员做《学生核心素养视域下高校“三全”育人目标体系的构建与研究》项目的开题报告，从问题的提出和课题立意、研究内容和研究方法及步骤、路线等几个方面向与会专家进行汇报。各位专家高度认可荀振芳所做的课题报告并逐一进行点评，对荀振芳研究员扎实的理论功底、独特的哲学思维、新颖的学术观点予以高度评价。

（朱志媛）

现代电力研究院建设

【概述】 2018年，现代电力研究院（以下简称“研究院”）围绕国家能源电力改革趋势，结合自身优势，继续开展能源市场、能源政策等相关领域的科学研究；充分发挥高水平交流平台作用，组织“能源系统优化专题研讨会”“第八届现代能源发展论坛”等学术活动；开展国际合作，与国外相关机构、高校、企业在人才培养、科学研究等方面进行交流与合作；加强机构优化和整合，成立“中国能源经济监管研究院”。

（李　君）

【概况】 2018年，研究院有在编教职工5人，其中，双肩挑管理人员1人，专任教师3人（教授1人，讲师2人），管理人员1人。研究院下设4个研究中心，分别是“中国能源政策研究中心”“能源系统优化研究中心”“（中美）先进飞轮储能技术与工程应用研究中心”和“智慧能源与信息研究中心”。9 月，依托现代电力研究院成立“中国能源经济监管研究院”，下设 3 个研究中心，分别是“能源网络价格研究中心”“电力市场研究中心”和“能源成本监审研究中心”。年内，研究院签订科研课题 4 项，科研经费共计 223.23 万元，完成全年科研任务的 108.3%。研究院教师出国参会、交流访问 6 人次，外国专家来访 3 人次。

（李　君）

【成立中国能源经济监管研究院】 2018 年 9 月 28 日，华北电力大学成立中国能源经济监管研究院，该研究院依托现代电力研究院建设，主要研究方向为能源网络价格监管、电力市场经济监管、能源成本监审等。通过开展能源经济监管领域学术理论研究、决策咨询、国际交流合作、人才培养、专业培训，努力将研究院建设成为能源经济监管领域的国家级专业智库。

（张粒子　李　君）

【召开能源系统优化专题研讨会】 2018 年 11 月 12 日，由中国电机工程学会能源系统专委会主办、华北电力大学承办的“能源系统优化专题研讨会”在北京召开，论坛主题是“能源系统优化理论在电力系统中的应用”。会议邀请能源系统专委会委员、亚洲开发银行高级能源政策咨询专家杨玉峰研究员，能源系统专委会委员谢开，甘肃省电机工程学会理事长王多，南瑞集团电网安全稳定控制技术分公司党委书记、副总经理赖业宁等做主题报告专家，来自科研院所、高校、电力企业的近百名专家和代表参会并交流。

（李　君）

【美国李伟仁教授来访】 2018 年 12 月 11—13 日，美国德州大学阿灵顿分校李伟仁教授应邀来访，并做美国电力市场需求侧管理经验和 IEEE Fellow 申请等报告。李伟仁教授作为现任 IEEE Fellow 遴选委员会委员，前任 IEEE IAS Fellow 遴选委员会、IEEE PES Fellow 遴选委员会委员，为华北电力大学相关领域学者在国际学术组织进一步拓展合作交流空间提供大量支持和辅助工作。

（丁肇豪　李　君）

【举办第八届现代能源发展论坛】 2018 年 12 月 15 日，华北电力大学和中国电机工程学会能源系统专委会联合主办的“第八届现代能源发展论坛”在北京召开，论坛主题是“现代能源系统优化与现代电力经济”，论坛邀请中国电机工程学会能源系统专委会主任委员、中国能源研究会常务副理事长周大地研究员，专委会副主任委员、中国国际工程咨询有限公司专家学术委员会副主任、原副总经理黄峰教授级高工，清华大学电机系主任康重庆教授，积成电子副总经理兼中国微能源网产业联盟常务副秘书杨琦博士，华北电力大学中国能源政策研究中心副主任张洪博士等 5 位嘉宾做主题报告。来自政府能源电力管理部门、能源电力企业、高校和科研院所的 100 余名专家和代表出席本次论坛。

（李　君）

学术期刊建设

【概述】 2018 年，期刊出版部作为学校两地一体化办公的职能部门，贯彻执行党和国家有关期刊出版的方针政策和法律法规，行使对华北电力大学主办的《华北电力大学学报》（自然科学版）、《华北电力大学学报》（社会科学版）、《现代电力》及《电力科学与工程》四个学术期刊的行政管理及工作指导权。年内，主办的《华北电力大学学报》（自然科学版）（双月刊）、《华北电力大学学报》（社会科学版）（双月刊）、《现代电力》（双月刊）和《电力科学与工程》（月刊）按计划完成编辑出版工作，办刊质量总体上稳中有升，社会影响力进一步扩大。

（王佃启）

【概况】 2018 年，学校主办的四个期刊共计出版正刊 30 期，其中《华北电力大学学报》（自然科学版）、《华北电力大学学报》（社会科学版）和《现代电力》各出版 6 期，《电力科学与工程》出版 12 期；发表论文共计 421 篇，四个期刊分别发表论文数为 83 篇、113 篇和 78 篇和 147 篇。按照《中国学术期刊影响因子年报》对于期刊影响力指数的统计，2018 年《学报》（自然科学版）和《现代电力》的影响力指数 CI 值在 118 种 TM 类电气工程学科专业期刊中分别排名第 19 位和第 23 位（去年为在 106 种 TM 类电气工程学科专业期刊中排名第 12 位和 19 位）；影响因子分别为 1.175 和 1.238，（去年为 1.40 和 1.092）。《电力科学与工程》的影响力指数 CI 值在 118 种 TM 类电气工程学科专业期刊中分别排名第 41 位（去年为在 106 种 TM 类电气工程学科专业期刊中排名第 35 位）；影响因子为 0.901，（去年为 0.989）。《学报（社会科学版）》的影响力指数 CI 值在 625 种综合性人文社科期刊中排名为 207 位（去年为 225 位）；影响因子为 0.485，排名 199 位（去年为 0.359，排名第 225 位）。在中国社会科学评价研究院于 2018 年 11 月发布的《中国人文社科学期刊 AMI 综合评价报告（2018 年）》中，《华北电力大学学报》（社科版）首次进入高校综合性学报核心期刊（扩展版）。《学报》（自然科学版）和《现代电力》在2018年12月出版的由北京大学图书馆主编的《中文核心期刊要目总览》（第八版）中被继续收录，在所收30种TM类核心期刊中排名第18位和第21位，有所提升。根据中国科技信息研究所最新发布的《2017年版中国科技期刊引证报告》（核心板），在33种电气工程类期刊中，《学报》（自然科学版）和《现代电力》综合评价总分别为第9位和第11位（去年为第10位和第9位），在期刊基数增加的前提下排名保持平稳。2018年，期刊出版部人员发生较大变动，办公室向朝辉和《电力科学与工程》编辑部王爱萍因年龄到期退休；《现代电力》编辑部的林海文调离期刊出版部。期刊出版部在编人员由10人减至7人。其中硕士及以上学历6人，拥有副高以上职称的编辑4人，全部具有新闻出版署颁发的编辑出版人员从业资格证书。

（杜红琴）

【获聘教育部人文社会科学研究一般项目评审专家】 2018年5月，根据《教育部人文社会科学研究项目管理办法》有关规定，教育部对2018年度教育部人文社会科学研究一般项目组织评审，期刊出版部主任、《华北电力大学学报》（社科版）主编王佃启被聘为项目评审专家。

（杜红琴）

【获聘中国人文社会科学期刊评价专家委员会委员】 2018年，期刊出版部主任、《华北电力大学学报》（社科版）主编王佃启被聘为首届中国人文社会科学期刊评价专家委员会委员，该专家委员会由19名全国社科期刊界专家组成，聘期四年。中国社会科学评价研究院中国人文社会科学期刊评价专家委员会2018年9月成立，委员会下设顾问委员会、24个学科专家组和联络处。

（杜红琴）

【参加教育部召开的社会科学学术社团调研座谈会】 2018年10月19日，为深入了解教育部管理的社会科学学术社团建设和管理情况，听取各方面意见建议，加强对部管社科学术社团的指导和管理，教育部社科司、社团办于在教育部召开社会科学学术社团调研座谈会。期刊出版部主任、《华北电力大学学报》（社科版）主编王佃启作为全国高等学校文科学报研究会宣传委员会常务副主任、北京市高教学会社科学报研究分会秘书长参加会议并作书面发言。

（杜红琴）

【1期刊获评A刊扩展期刊】 2018年11月16日，中国社会科学评价研究院召开学术评价年会，《华北电力大学学报》（社会科学版）被评定为“2018年度中国人文社会科学期刊AMI综合评价”A刊扩展期刊，标志着《华北电力大学学报》（社会科学版）期刊质量和学术影响力迈上新台阶。

（杜红琴）

苏州研究院建设

【概述】 2018年，华北电力大学苏州研究院开展科技创新与交流合作，科研平台建设取得进展。获批国家重点研发计划项目1项，承接国际合作项目1项，与30家企业展开技术转移工作，累计科研经费达600余万元。依托现有智库，推进校企对接，深化产学研合作。举办国家重点研发计划项目启动暨实施方案论证会，成效明显。进一步推进“为侨服务工作站”“联合侨联”的建设工作，招才引智。研究院成立二氧化碳捕集实验室，深化与地方合作，环境修复与功能材料实验室顺利验收，先进生物制品制造联合实验室正式运转。

（侯文俊）

【概况】 2018年，华北电力大学苏州研究院申报国家级重点研发计划项目1项，获上级拨款255万元；承担国际合作项目1项，项目合同总额为214，285欧元。科技服务工作稳步推进，年内研究院新增服务企业15余家，累计科技服务企业数量逾100家，协助2家企业认定高新技术企业、3家企业进行高新技术企业培育工作，与3家企业联合共建研究生工作站，收入约10万元。苏州研究院总收入约600余万元，其中国家重点研发计划项目拨款255万元；国际合作项目收入169万元；技术服务、技术开发费用约10万元；实验室建设经费170余万元。研究院环境修复与功能材料实验室，新增SCI论文累计收录13篇，CSSCI论文3篇，累计申请发明专利4项，授权发明专利1项。现有员工10人，常驻教师、科研人员4人。博士和中高级职称人员5人。

副院长：张一梅

（侯文俊）

【檀勤良一行拜访苏州市副市长聂飙】 2018年4月11日，华北电力大学副校长檀勤良、科学技术研究院院长杜小泽、组织部副部长王韶华、教育基金会常务副秘书长王子杰、华北电力大学苏州研究院常务副院长柴大鹏及苏州研究院副院长张一梅一行6人拜访苏州市副市长聂飙，聂飙接待檀勤良一行。

（侯文俊）

【召开领导干部任命宣布大会】 2018年4月11日，苏州研究院召开领导干部任命宣布大会，副校长檀勤良、科学技术研究院院长杜小泽、组织部副部长王韶华及教育基金会常务副秘书长王子杰出席会议，苏州研究院全体职工参加会议，会议由组织部副部长王韶华主持。

（侯文俊）

【檀勤良一行访问苏州协鑫集团】 2018 年 4 月 12 日，副校长檀勤良率队访问总部位于苏州工业园区的协鑫集团，就落实双方产学研合作协议、规划下一步合作方向和合作领域开展调研与研讨，协鑫集团总裁寇炳恩会见檀勤良副校长，学校科研院、苏州研究院、经济管理学院等相关人员参与调研。

（侯文俊）

【召开国家重点研发计划项目启动暨实施方案论证会】 2018 年 9 月 18 日，苏州研究院组织召开国家重点研发计划“煤炭清洁高效利用和新型节能技术”重点专项“CO_2驱油技术及地质封存安全监测”项目启动暨实施方案论证会，大会进一步明确项目既定目标，优化工作实施方案。

（侯文俊）

科研平台建设

Construction of Research Platform

○ 综　　述

2018 年，新能源电力系统国家重点实验室聚焦新能源电力系统的重大科技问题，以多学科交叉为基础，开展基础性创新性研究，实验室通过科技部评估，完成主楼 A 座硬件设施配套改造、实验设备搬迁、购置及调试等工作。科研成果获国家科技进步二等奖 1 项，省部级一等奖 3 项。实验室新增科技项目课题 183 项，合同总额 14 673.55 万元。科技项目年度实际到款 14 035.39 万元。年内共发表中英文论文 748 篇，在本学科领域 1 区发表高水平文章 87 篇；出版专著 5 部；获授权发明专利 150 项，软件著作权 25 项。实验室在研自主研究课题共计 15 项，新增自主研究课题 13 项。主/承办“第二届 IEEE 能源互联网与能源系统集成会议”“第 22 届国际光化学转换与存储大会”“第十五届青年学术会议”等大型学术会议 8 场次。全年共接待社会各界人士参观 50 余场次，接待各类参观人员 800 人次。

2018 年，生物质发电成套设备国家工程实验室继续加强研发平台建设，集理论研究、技术开发与装备研制为一体，为生物质发电行业、锅炉烟气污染物治理行业等的理论研究与工程实践提供理论支撑与技术支持。实验室新增国家和省部级纵向项目共 11 项，中央高校基本科研业务项目 5 项。发表期刊论文 34 篇，申请发明专利 11 项，软件著作权 2 项；获授权发明专利 8 项，实用新型 2 项。承担北京清新环境技术股份有限公司等企事业单位委托的技术攻关及检验测试项目共计 13 项。“多温区多功能系列 SCR 脱硝催化剂与低能耗脱硝技术研发及应用”项目获教育部科技进步一等奖。“50MW 级生物质直燃发电技术研究及工程示范”项目获广东省科学技术一等奖。

2018 年，国家火力发电工程技术研究中心以火电机组调峰和高效变工况运行、火电机组过程节能、火力发电清洁运行与环保减排、火力发电测控与仿真等技术为主要研究方向，进一步探索“产、学、研、用”的新机制、新模式和新途径，在应用基础研究和技术原理探索、关键技术攻关、新产品新系统研发等不同层次上为国家火电机组的优化运行提供技术保障。中心共获各级各类纵向科技项目资助 53 项，共签订横向科技合作项目 38 项；获国家和省部级科技奖励 9 项，授权专利 60 项，软件著作权 8 项，发表高水平论文 300 余篇。

2018 年，电站设备状态监测与控制教育部重点实验室围绕化石能源火力发电和可再生能源发电安全、高效和清洁热功转换过程中的关键科学问题开展应用基础研究。研究全工况状态监控与运行优化理论与方法，探索复杂能源动力系统能量多尺度输运机理、多因素耦合特性及能耗时空分布规律，为国家电力能源工业的健康发展提供科技支撑。实验室新增固定资产共 57 台套，获各类纵向科技项目资助共 39 项，签订横向科技项目合同 25 项，获授权发明专利 24 项，实用新型专利 13 项，软件著作权 7 项；共发表论文 182 篇，其中，SCI 收录 106 篇，中文期刊论文 76 篇，EI 检索 113 篇。出版编著 4 本，成果转化 5 项，获省部级科技奖励 3 项。

2018 年，资源环境系统优化教育部重点实验室针对能源供需矛盾、温室气体、大气污染及与社会、政治、经济相关的复杂环境问题开展科学研究，研究方向涉及能源与环境工程、热能工程、管理科学与工程、可再生能源等领域。新增各类纵向科技项目资助共 18 项，资助金额为 1334.18 万。其中，国家级项目 6 项，省部级科技项目 12 项。签订横向科技项目 12 项，合同金额 1020.28 万元，共发表论文 19 篇，其中 SCI 检索 14 篇，EI 检索 2 篇，申请和授权发明专利 2 项。

2018 年，高电压与电磁兼容北京市重点实验室围绕北京市和国家电力行业建设布局合理、运行灵活、绿色智能的现代化电网和发展新型电工装备支柱专业的战略需求开展研究。新增固定资产共 6 台套，获国家级纵向科技项目资助共 3 项，获授权发明专利 20 余项，受理发明专利 20 余项；实用新型专利 10 余项；共发表论文 100 余篇，其中，SCI 收录 50 余篇，EI 检索 80 余篇。

2018 年，能源的安全与清洁利用北京市重点实验室国家自然科学基金项目申报 16 项，发表科研论文约 102 篇，其中 SCI 论文 49 篇，项目总经费达 2306 余万元。共申请发明专利 1 项，获批授权发明专利 13 项。实验室成员戴松元教授出访日本九州工业大学，参加“高效钙钛矿太阳能电池材料预制和优化”（AP-HOPV18）国际会议。共邀请 GAVIN EDMOND TULLOCH、Thierry Pauporté、Thierry Pauporté、曹国忠、曹国忠等多位国外专家作为“111 引智”专家到实验室进行交流访问。

2018 年，工业过程测控新技术与系统北京市重点实验室围绕工业过程特别是发电过程运行参数的快速检测与优化控制，在传统能源与新能源建模、控制与优化等方面进行深入研究。主要研究方向包括：工业过程检测新技术；基于大数据分析的建模与仿真；大机组先进控制技术与系统；测控系统信息安全。承担各类纵向科技项目资助达 15 项，资助金额达 3000 万，其中 2018 年新增国家自然科学基金 4 项，国家重点研发计划 1 项，北京市科技计划课题

1 项。新专利授权 18 项，申请发明专利 15 项，新发表学术论文 70 篇以上，其中 SCI 收录的学术论文 10 篇，EI 期刊 23 篇，中文核心 25 篇。

2018 年，低品位能源多相流与传热北京市重点实验室依托学校一流学科和动力工程及工程热物理一级学科，紧密结合国家和京津冀地区战略需要，重点在低品位能源利用和新型发电系统方面，同时拓展相变传热装置多尺度协同性及构造前沿领域研究，在低品位能源、新型燃煤发电系统及微纳尺度方面有望成为领域内具有影响力的实验平台。获省部级二等奖 1 项，2018 年 Elsevier 中国高被引学者 1 人，新增北京基金项目 1 项，横向项目 1 项，共发表中英文论文 34 篇，在本学科领域发表 SCI 论文 18 篇；获授权发明专利 3 项。

2018 年，北京市电力信息技术工程研究中心按专业科研机构设立和建设运营，承担大学科研成果转化和市场推广的任务，研究信息技术支撑智能电网建设的前沿问题和应用技术问题，解决电力信息化和智能电网建设的关键问题，是推进电力信息技术进步和科技成功产业化的重要基地。新增固定资产共 32 台套，总价值 19.73 万元，承担国家电网公司科技项目 3 项，完成 2 项国家电网公司科技项目申报工作。发表学术论文 10 篇，其中 SCI 2 篇，申请发明专利 5 项，获授权发明专利 1 项，申请软件著作权 12 项。工程中心科研成果“电力企业营销基础数据平台及相关大数据分析关键技术与应用”获北京市科学技术奖二等奖。

2018 年，河北省输变电设备安全防御重点实验室围绕国家及河北省能源电力的科技需求开展工作，主要在电磁环境与电磁兼容耦合机理及测试技术的研究、电气设备状态监测与故障诊断技术的研究、超特高压输变电关键技术的研究等方面进行重点研究。在研国家重点研发计划 5 项，国家自然科学基金 5 项，河北省自然科学基金 3 项；承担和完成横向科研项目 25 项，获得研究经费支持 1600 余万元；发表论文 44 篇，其中 SCI 收录 17 篇，EI 收录 15 篇；获得发明专利授权 8 项，实用新型专利授权 9 项，申请发明专利 25 项。

2018 年，河北省发电过程仿真与优化控制工程技术研究中心围绕“发电过程建模、仿真与优化控制技术”“先进工业控制系统设计与开发技术”“发电厂智能化运行、维护与管理技术”等研究方向展开研究，与国内外知名科研院所和工程单位密切合作，取得多项技术突破，创造良好的社会和经济效益。承担和完成科研项目 30 余项，实到研究经费 1000 余万元。发表论文和出版专著 30 余篇，获自主知识产权 20 余项，其中发明专利 5 项。

2018 年，北京能源发展研究基地开展国家和北京市“十三五”能源规划研究、北京市新能源发展战略研究、国家能源政策与立法研究以及能源经济与管理研究。获各类纵向项目资助共计 21 项，其中，国家级 7 项，省部级 14 项；各类纵向项目结题共计 11 项，其中，国家级 4 项，省部级 7 项；新签横向合同 70 项；获优秀成果奖励 10 项，其中，省部级以上奖励 7 项；发表能源类学术论文共计 135 篇，其中 SSCI 检索论文 37 篇，EI 检索论文 12 篇，SCI 检索论文 48 篇，CSSCI 检索论文 4 篇；出版能源类学术专/译著 10 部。能源基地学术委员牛东晓教授获得教育部哲学社会科学研究重大课题攻关项目立项。

2018 年，新型薄膜太阳电池北京市重点实验室以主攻钙钛矿、染料敏化、量子点和聚合物太阳电池的基础理论和应用技术为核心，在科研工作中取得较大进展。获效率超过 20%的高效钙钛矿太阳电池；建立适用于钙钛矿太阳电池关键材料计算的理论模型，揭示电池关键材料的化学结构与激子特性、能带结构的关系。承担科技部和北京市等国家、省部级及企业委托项目经费 500 余万元。获纵向经费资助共计 550 万元，获横向经费资助 153 万元，获批授权发明专利 12 项。共发表论文 48 余篇，其中 SCI 检索 43 篇。

新能源电力系统国家重点实验室

【概述】 新能源电力系统国家重点实验室面向国家规模化新能源开发、利用的重大需求，聚焦新能源电力系统的重大科技问题，以多学科交叉为基础，开展基础性创新性研究。实验室现有四大研究方向：①新能源高效转换与发电过程特性；②先进输变电技术与电磁理论；③新能源电力系统控制与优化；④多元信息融合与综合能源系统优化。2018 年新能源电力系统国家重点实验室通过科技部评估。完成主楼 A 座硬件设施配套改造、实验设备搬迁、购置及调试等工作。围绕新能源电力系统特征打造涉及材料器件、装备及智能化、物理模拟、仿真系统、测量控制等五类平台，有力提升实验室在高压大功率电力电子器件研发和应用、柔性输变电设备方面的研究能力以及在先进绝缘材料、智能纤维材料制造方向的设计、合成和定制能力。实验平台主体搬迁主楼 A 座的同时保留主楼 B 座和主楼 E 座部分实验平台，巩固原有特色，形成新的亮点。实验室已成为新能源电力系统领域最具影响的科学研究、人才培养、学术交流和成果转化基地。

（彭跃辉　张　洪）

【概况】 2018年，新能源电力系统国家重点实验室有固定人员103名，其中研究人员93人，技术保障及管理人员10人。有中国工程院院士2人，国家杰出青年科学基金获得者4人，国家“千人计划”特聘专家3人，“万人计划”领军人才2人，国家级教学名师1人，国家百千万人才工程人选4人，中科院百人计划3人，国家优秀青年科学基金获得者3人，科技部中青年科技创新领军人才3人，“万人计划”青年拔尖人才1人，“青年千人”1人，教育部新世纪优秀人才8人，科技部重点领域创新团队1个，国家自然科学基金委创新研究群体1个，教育部创新团队2个，“111”学科创新引智基地3个。年内获得国家科技进步二等奖1项，省部级一等奖3项。实验室新增科技项目课题183项，合同总额14 673.55万元，其中，国家级24项，本额4427.83万元；省部级12项，本额981万元；横向项目134项，合同额9264.72万元。科技项目年度实际到款14 035.39万元。年内共发表中英文论文748篇（其中，SCI检索204篇，EI检索438篇），在本学科领域1区发表高水平文章87篇；出版专著5部；获授权发明专利150项，软件著作权25项。实验室在研自主研究课题共计15项，其中重点类课题5项，探索类课题10项。2018年新增自主研究课题13项，其中重点类课题3项，探索类课题10项。围绕研究领域的核心科学问题和关键科学技术，批准设立开放课题20项，资助经费104万元。主/承办“第二届IEEE能源互联网与能源系统集成会议”“第22届国际光化学转换与存储大会”“第十五届青年学术会议”等大型学术会议8场次；本室人员应邀作特邀报告40人(次)；出国访问讲学42人（次）；参加国际学术会议92人（次）；举办学术报告会及讲座53场（次）。全年共接待社会各界人士参观50余场次，接待各类参观人员800人次。

主　任：刘吉臻

副主任：毕天姝　崔　翔　牛玉广　张海波　黄永章　彭跃辉

中文网址：http://laps.ncepu.edu.cn/;

英文网址：http://englaps.ncepu.edu.cn/

（彭跃辉　张　洪）

【完成主楼A座建设与搬迁】 依照顶层设计，根据各平台经过论证的布局和规划，组织实施A座配套改造、实验设备搬迁、购置及调试等工作。启动公共办公区域装修改造及宣传板制作工程。至2018年3月底，实验室硬件建设工作顺利完成，实验室行政机构和A座实验平台于4月中旬正式启用。在A座建设的同时，保留主楼B座和主楼E座部分实验平台，巩固原有特色，形成新的亮点。围绕平台建设，实验室各相关团队自筹经费共计1559万元，学校配套经费1000万元。

（张　洪）

【入选国家创新人才推进计划】 2018年7月9日，国家科技部正式公示2017年国家创新人才推进计划拟入选对象名单，实验室王晓东教授（工程热物理专业）、李美成教授（材料物理专业）入选。本次共有323名中青年科技创新领军人才入选。作为国家级高层次人才计划体系的重要组成部分，国家创新人才计划旨在通过创新体制机制、优化政策环境、强化保障措施，培养和造就一批具有世界水平的科学家和高水平的科技领军人才。

（张　洪）

【国家自然科学基金创新研究群体项目获立项】 2018年8月16日，2018年国家自然科学基金评审结果揭晓，杨勇平教授负责的国家自然科学基金创新研究群体项目“能源传递转化与高效动力系统”获批立项；国家自然科学基金创新研究群体项目主要是支持优秀中青年科学家为学术带头人和研究骨干，共同围绕一个重要研究方向合作开展创新研究，培养和造就在国际科学前沿占有一席之地的研究群体。国家创新群体项目在国家自然科学基金项目中占有非常重要的地位，反映出研究团队在本研究领域的整体实力。

（张　洪）

【获国家优秀青年科学基金】 2018年8月16日，国家自然科学基金委员会公布2018年度国家优秀青年科学基金建议资助项目申请人名单，马静教授获国家自然科学基金委优秀青年科学基金项目资助。

（张　洪）

【入选中国科协青年人才托举工程】 2018年12月24日，中国科协公布第四届中国科协青年人才托举工程人选名单，实验室贾科教授（电气工程专业）经中国电工技术学会推荐并成功入选。“青年人才托举工程”是由中国科协启动的人才支持项目，旨在帮助青年科技人才在创造力黄金时期做出突出业绩，努力成长为品德优秀、专业能力出类拔萃、社会责任感强、综合素质全面、具有国际视野的学术技术带头人，成为国家主要科技领域高层次领军人和高水平创新团队的重要后备力量。

（张　洪）

【承办第十五届青年学术会议】 2018年10月19日，中国电机工程学会第十五届青年学术会议在北京举行。本次会议由中国电机工程学会主办，华北电力大学联合主办，新能源电力系统国家重点实验室承办。会议旨在促进电力行业创新发展，服务广大会员，搭建青年电力科技工作者的交流平台，助力科技人才成长。会议论文作者、学会会员等电力技术人员近200人参会。会议通过特邀院士以及知名学者作主旨报告等形式，就发动机断层扫描、远距离输电线路、储能技术、新一代人工智能技术等进行学术交流。会议共征集论文258篇，经专家评审，录用90篇，评选出优秀论文16篇。会上为获奖论文作者颁奖。会议组织两场分论坛，邀请14位优秀论文作者围绕清洁高效发电技术及智能电网相关技术做学术报告并进行深入交流。

（张　洪）

【主办二届能源互联网与能源系统集成国际会议】 2018年10月21日，第二届能源互联网与能源系统集成国际会议（The 2nd IEEE Conference on Energy Internet and Energy System Integration）在北京召开。本次会议以“面向未来的互联能源世界”为主题，由IEEE电力与能源学会、中国工程院能源与矿业工程学部、华北电力大学、清华大学共同主办。国家能源局副局长刘宝华和来自21个国家和地区的专家学者应邀出席大会。大会主题报告分别由大会联合主席、清华大学孙宏斌教授，大会联合主席、南卫理工会大学王剑辉教授，东北电力大学穆钢教授、天津大学王成山教授主持。会议围绕能源互联网和能源系统集成中的创新技术和实际应用、能源系统与信息技术、人工智能技术的高度融合以及多种能源系统的耦合协同，共收到来自21个国家和地区的1140篇学术论文。大会期间近800名专家和学者围绕 EI^2 热点问题分享他们的最新研究成果和创新思维，共开展17个专题研讨会和12个论文宣讲分论坛。

（张　洪）

生物质发电成套设备国家工程实验室

【概述】 2018年，生物质发电成套设备国家工程实验室继续加强研发平台建设，包括生物质燃烧实验平台、生物质选择性热解实验平台、生物质热解炭化实验平台、生物质热解气化实验平台、生物质发电设备材料实验平台、生物质发电动力设备实验平台、生物质发电测控技术实验平台、生物质收储运实验平台、生物质发电仿真实验平台、生物质发电成套设备验证性实验平台、锅炉烟气污染物治理实验平台、生活垃圾热解处理实验平台、有机废液高效焚烧实验平台、无机废水处理实验平台等。该实验室集理论研究、技术开发与装备研制为一体，为生物质发电锅炉烟气污染物治理等行业的理论研究与工程实践提供理论支撑与技术支持。积极承担国家重点研发计划、国家自然科学基金等多项科技研发项目，并为科研院所、高新技术企业等提供技术攻关和检验测试服务。

该实验室在生物质电站集成设计与优化运行技术、燃煤锅炉内生物质混燃技术、生物质高效热化学转化技术、板式脱硝催化剂技术、生物质成型技术等方面进行专利布局，并推进自主创新科研成果的产业化。

该实验室培养“新能源科学与工程”专业本科生及“新能源与可再生能源”专业研究生，为能源行业输送高素质人才。并与美国北卡罗莱纳州立大学、英国斯克莱德大学、挪威科技大学等国外机构开展合作和交流。

（孔凌楠）

【概况】 2018年，生物质发电成套设备国家工程实验室新增国家和省部级纵向项目共11项，其中含国家重点研发计划专项子课题2项，国家自然科学基金面上项目1项，霍英东教育基金会高等院校青年教师基金1项。新增中央高校基本科研业务项目5项，其中重大项目1项，面上项目4项。发表期刊论文34篇，其中SCI 22篇，EI 5篇，核心7篇。申请发明专利11项，软件著作权2项；获授权发明专利8项，实用新型2项。作为“中关村开放实验室”，承担北京清新环境技术股份有限公司、神华新疆化工有限公司、中国电建集团西北勘测设计研究院有限公司以及中国农业大学等企事业单位委托的技术攻关及检验测试项目共计13项。“多温区多功能系列SCR脱硝催化剂与低能耗脱硝技术研发及应用”项目获教育部科技进步一等奖。“50MW级生物质直燃发电技术研究及工程示范”项目获广东省科学技术一等奖。该实验室加强国际交流与合作。美国北卡罗莱纳州立大学Phillip Ray Westmoreland教授、英国斯克莱德大学Leo Lue教授等外国专家来访，与实验室师生进行深入交流，并举办学术报告。实验室老师访问英国斯克莱德大学、挪威科技大学等国外机构，进行学术交流，并对未来共同申请国际科技创新合作项目及研究生联合培养项目等展开深入洽谈。

主任：吴占松

常务副主任：董长青

副主任：陆强

国家工程实验室网址：http://nelb.ncepu.edu.cn/

（孔凌楠）

【参加检验检测工作会议】 2018年3月22—23日，实验室人员参加在江苏省扬州大学举办的高校实验室间比对总计培训会和2018年度高校比对工作研讨会。9月26—28日，实验室人员参加教育部科技发展中心、国家计量认证高校评审组在上海交通大学举办的2018年高校检验检测机构研讨培训会。通过以上会议，实验室分析测试中心加强与其他检验检测机构之间的交流与学习，提高管理及服务能力，促进自身改革与发展。

（孔凌楠）

【参加分析测试能力验证】 2018年7月，实验室根据国家认监委要求，参加煤炭科学研究院有限公司组织的

CCRITC P1801 煤物理特性和化学成分分析”能力验证计划，测试项目获得满意结果。

（孔凌楠）

【参加安全管理培训】 2018 年 5 月 9—11 日，实验室人员参加在湖南省湘潭大学举办的全国高校实验室安全管理 2018 年第一期培训班。通过此次培训班，实验室人员系统学习实验室安全管理专业知识，为实验室定期开展安全自查，确保实验室安全高效运行，提高安全防控能力，提升实验室安全管理水平打下坚实基础。实验室人员将培训所学知识运用到安全管理的具体实践中，对实验室各个房间开展安全检查，张贴安全警示标识和气瓶配置状态标识，将安全管理工作日常化、规范化。

（孔凌楠）

【英国斯克莱德大学 Leo Lue 教授到访】 2018 年 3 月 28—29 日，英国斯克莱德大学 Leo Lue 教授访问实验室，围绕生物质能利用过程中的力学多水平模拟计算等问题开展学术交流，并举办题为“可持续发展与自然资源及其转化”的学术报告，从能量转化和生物质能利用的角度，基于热力学理论，分析自然资源禀赋以及资源开发利用过程定量评估方法，重点介绍反应过程热力学对于生物质转化工艺流程设计的意义。

（孔凌楠）

【美国北卡罗莱纳州立大学的 Phillip Ray Westmoreland 教授到访】 2018 年 10 月 15—20 日，美国北卡罗莱纳州立大学的 Phillip Ray Westmoreland 教授到访实验室。Westmoreland 教授详细报告关于分子动力学在生物质热解制油中的应用和研究进展，并向实验室的研究生分享多年的科研经验和论文写作方法。此外，Westmoreland 教授还与陆强教授就研究中涉及计算化学和实验化学在生物质快速热解领域的协同应用展开深入交流。

（孔凌楠）

【访问国外科研机构】 2018 年 5 月 10—15 日，实验室董长青教授、郑宗明副教授访问英国斯克莱德大学化学与过程工程系，开展生物质能学术交流，详细介绍中国生物质能发展现状以及华北电力大学生物质发电成套设备国家工程实验室的研究进展，重点介绍生物质直燃发电和混燃发电技术、生物质燃料改性成型技术、电站污染物脱除技术等。双方就共同申请国家自然科学基金委员会与英国工程与自然科学研究理事会合作研究项目、苏格兰基金会 GCRF 项目进行交流，并就开展“1＋1＋1”硕士联合培养项目达成共识。9 月 16—17 日，实验室王体朋副教授参加中国科技部国际司与挪威研究理事会在挪威科技大学召开的 2018 年第二次中挪国际合作交流会，会上就联合申报中欧能源合作项目和研究生联合培养等展开交流。会后，一行参观挪威科技大学能源相关实验室。

（孔凌楠）

国家火力发电工程技术研究中心

【概述】 国家火力发电工程技术研究中心（以下简称中心）围绕火力发电的安全、清洁、高效等需求，以火电机组调峰和高效变工况运行、火电机组过程节能、火力发电清洁运行与环保减排、火力发电测控与仿真等技术为主要研究方向，探索“产、学、研、用”的新机制、新模式和新途径，实现火力发电过程的应用基础研究、技术研发、成果转化、辐射与推广的一体化创新服务体系。

2018 年，中心各项工作有序开展。中心在技术研发和创新基地、人才培训基地、中试产业化示范基地、成果转化和辐射扩散基地、工程技术咨询与信息服务基地等建设方面成效明显，已逐步建成以先进电力材料技术、火力发电过程节能与机组优化运行技术、火电厂清洁运行与环保减排技术等方向为核心的大型研发及中试实验平台，建设的太阳能储能实验平台、有机朗肯循环发电平台、光煤互补发电平台、声学监测实验平台、超临界水环境金属氧化实验平台等，技术指标处于国内领先水平，平台总体利用率和研发能力处于国内先进水平。并积极承担国家重大科技研发计划等多项重大科研课题及企业委托的各类项目，建立良好的“产、学、研、用”合作交流机制。

（席新铭）

【概况】 2018 年，该中心在应用基础研究和技术原理探索、关键技术攻关、新产品新系统研发等不同层次上为国家火电机组的优化运行提供技术保障。中心建成五大研发和中试基地，占地面积达 4038 平方米，仪器设备等固定资产总额 3976 万元，形成国内一流的研发平台和中试基地及集研发、中试和推广应用的完整链条。中心试验基地占地面积约 2023 平方米，实验台及仪器设备 97 台（套），固定资产总额 2125 万元，位于主楼 F 座；培训基地 1 个，占地面积 600 余平方米，位于行政楼 4 层；火力发电空冷技术研发基地占地面积约 1013 平方米，实验台及设备 53 台（套）；能源环境科学与工程研究基地拥有大型仪器 22 台，试验平台 11 套，总资产达 2028 万元，在火力发电重金属污染的监测与控制领域处于国际领先水平。

2018 年，国家火力发电工程技术研究中心继续加强与行业大型企业集团、科研院所以及依托单位重点实验室等研发单位的紧密合作，通过整合依托单位的多学科技术优势，承担国家项目、联合攻关、技术服务、技术咨询、人才培养和成果转化等方式，中心共获各级各类纵向科技项目资助53项，共签订横向科技合作项目38项；获国家和省部级科技奖励9项，授权专利60项，软件著作权8项，发表高水平论文300余篇。

2018年，中心拥有专业结构合理、技术水平高、创新能力强、工程化经验丰富的研发队伍，中心有固定人员67人、流动人员98人，其中教授占40%、副教授占29%，高层次专业技术人才比重大，是一支研究和工程相结合、固定和流动相结合，年龄与职称合理、具有创新能力和创新精神的人才队伍。中心拥有一批拔尖的高层次专业技术人才和研发团队，其中中国工程院院士3人，千人计划专家3人，973首席科学家3人，教育部“长江学者和创新团队发展计划”学术带头人2人，国家杰出青年科学基金获得者3人，国家“百千万人才工程”入选者3人，新世纪优秀人才支持计划获得者7人，创新人才支持计划20余人。

主　任：杨勇平

常务副主任：顾煜炯

副主任：张乃强　陈海平　席新铭　董泽

网　址：www.tprc.org.cn

（席新铭）

【与中国大唐集团公司进行合作交流】 2018年1月2日，中心随同学校科研院到中国大唐集团公司进行技术交流与合作专题研讨会。会议就中心部分科研成果与中国大唐集团公司科信部领导进行深入交流，会议确定火电空冷机组运行优化技术、燃煤锅炉烟气脱水技术、火电机组二次再热技术等科研成果在中国大唐集团公司内进行工程示范和推广应用，双方希望借此机会加强科研合作，共同承担重大科研项目，积极促进成果转化落地。

（席新铭）

【开展专项检查和治理】 2018年10—11月，在学校资产处的统一指导下，通过多次全校及中心内部安全检查和安全专项治理工作，重点对危险化学品、高压气瓶、特种设备、水电布置等常见问题进行集中整治，及时发现安全隐患，并完成整改。在实验室公共安全设施方面，通过充分调研，配备室内通风设备和化学品柜等安全设施，彻底解决实验室长期存在的通风不畅和化学品存放安全等问题。

（席新铭）

【完善规章制度】 2018年，中心进一步提升实验室管理水平，《国家火力发电工程技术研究中心实验平台管理办法》等一系列管理制度得到进一步完善，进一步完善实验室的“准入与退出”机制，以促进中心高水平实验平台建设和成果产出。不断完善实验室安全措施，确保实验室安全。

（席新铭）

【发行《火力发电》刊物】 2018年，中心与火电联盟联合发行《火力发电》杂志（内刊准印）共6期；杂志面向火电联盟与中心理事单位、火力发电厂、火力发电设备制造商、火力发电协会学会、大专院校、科研院所等单位及火力发电行业技术专家、技术主管、高级管理者等重要人士。《火力发电》刊物的发行，将加强火电联盟成员单位之间的技术交流，实现优势互补，推动火力发电产业的技术创新发展，是中心与火电联盟对外宣传服务的重要窗口。

（席新铭）

电站设备状态监测与控制教育部重点实验室

【概述】 电站设备状态监测与控制教育部重点实验室面向我国节能减排与能源环境可持续发展的重大需求，围绕化石能源火力发电和可再生能源发电安全、高效和清洁热功转换过程中的关键科学问题开展应用基础研究。立足动力工程及工程热物理与材料科学与工程、机械工程、控制科学与工程的多学科交叉，研究全工况状态监控与运行优化理论与方法，探索复杂能源动力系统能量多尺度输运机理、多因素耦合特性及能耗时空分布规律，为国家电力能源工业的健康发展提供科技支撑。实验室目前包括四个相互关联的研究方向：①燃烧状态检测与污染控制；②设备服役安全与失效预防；③高效热功转换与过程节能；④电站运行状态监控。围绕前述方向，通过对检测方法、材料特性和过程机理的探索，研究电站设备运行状态及其发展变化规律，实现安全、高效和清洁的化石能源和新能源发电。

条件建设。2018年，电站设备状态监测与控制教育部重点实验室新增固定资产共57台套，总价值144万元。科研设备总资产3200多万元。实验室有大型仪器和检测设备共计41台套对外开放共享，总价值1800万余元。

科学研究。获各类纵向科技项目资助共39项，资助金额为9956.7万。其中，国家级项目17项，省部级科技项目22项。获得国家自然科学创新研究群体项目1项，国家重点研发计划专项项目1项，国家自然科学国家重大科研仪器研制项目1项。国家自然科学基金项目8项，获北京市项目5项；实验室签订横向科技项目合同25项，合同金额949.44万元。合同金额超过100万的项目有2项。获得授权发明专利24项，实用新型专利13项，软件著作权7

项；共发表论文 182 篇，其中，SCI 收录 106 篇，中文期刊论文 76 篇，EI 检索 113 篇；出版编著 4 本，成果转化 5 项，获省部级科技奖励 3 项。

团队建设。实验室有 3 名教师入选各类人才项目称号，其中王晓东教授获批“创新人才推进计划-中青年科技创新领军人才”；魏高升教授入选 2018 年“国际清洁能源拔尖创新人才培养项目”；崔柳博士入选北京市科协“2019—2021 年度青年人才托举工程”。有 1 名博士后进站工作，2 名教师出国访学。

人才培养。重点实验室培养毕业博士研究生 20 名、硕士研究生 128 名。

国际合作与交流。实验室作为“火力发电过程节能与清洁运行”北京市国际科技合作基地，继续发挥平台的优势作用，促进国际合作与交流。2018 年，实验室主办/承办学术会议 2 次，邀请国内外知名专家做学术报告 8 次，来自美国、英国和瑞典等国家的专家学者访问实验室。实验室教授受邀做学术报告 3 次。作为“中关村开放实验室”，实验室努力为高校、科研院所和企业提供检测和技术攻关、技术咨询服务，并获得中关村科技园区管理委员会相关资助。

（唐宁宁）

【概况】 截至 2018 年底，实验室占地面积 3930 平方米，科研设备总资产 3200 多万元。2018 年新增固定资产共 57 台套，总价值 144 万元。实验室固定研究人员 46 名，其中，实验技术管理人员 4 人，以富有创新力的中青年学术骨干为主，包括：国家杰出青年基金获得者 4 名；教育部长江学者特聘教授 2 名；国家“千人计划”学者 1 名；国家“万人计划”首批科技创新领军人才 1 名；国家“百千万人才”一、二层次人选 3 名；国家“973 计划”首席科学家 3 人次；国家重点研发计划首席专家 1 名；国家优秀青年基金获得者 1 名；国家“万人计划”青年拔尖人才 1 名；中科院“百人计划”学者 3 名；教育部新世纪优秀人才 7 名。

主　任：徐　鸿

副主任：杜小泽，张乃强，徐超

重点实验室网址：http://cmc.ncepu.edu.cn

（唐宁宁）

【召开 2017 年学术委员会】 2018 年 1 月 7 日，电站设备状态监测与控制教育部重点实验室第 2 届学术委员会 2017 年度学术年会在华北电力大学召开。学术委员会主任天津大学苏万华院士、副主任华北电力大学杨勇平教授，学术委员中国石油大学崔立山教授、清华大学段远源教授、北京工业大学刘中良教授、大连理工大学唐大伟教授，以及华北电力大学徐鸿教授、徐进良教授、杜小泽教授参加会议。华北电力大学副校长檀勤良教授，实验室各学术方向带头人、学术骨干，以及实验室研究生 100 余人参加本次学术年会。学术委员会主任苏万华院士主持学术年会。与会委员及实验室研究人员听取实验室主任徐鸿教授关于实验室 2017 年度工作进展的汇报和四个研究方向的学术带头人的研究进展报告。四个学术报告反映实验室各方向在本年度取得的代表性研究进展，展现出实验室在应用基础研究上的现状和活力。苏万华院士和各位委员对实验室的各项工作在 2017 年取得显著进步给予肯定，同时，各位学术委员还围绕实验室共性科学问题的凝练、研究方向的内涵与内在联系、人才团队建设、标志性研究成果的培育、国际交流合作和运行管理体制等方面提出建设性意见。

（唐宁宁）

【入选首批全国高校黄大年式教师团队】 2018 年 1 月 15 日，教育部下发《教育部关于公布首批全国高校黄大年式教师团队的通知》（教师函〔2018〕1 号）文件，公布首批全国高校黄大年式教师团队，华北电力大学徐进良教授的“热科学与工程”团队成功入选。“热科学与工程”团队隶属于能源动力与机械工程学院，也是教育部重点实验室主要依托的学科，该团队主要研究方向为大型燃煤发电系统节能减排、动力设备多尺度科学及太阳能热利用中的纳米科学问题研究。团队成员共有 14 人，其中教授 4 人，副教授 6 人，讲师 1 人，实验员 2 人，博士后 1 人。教育部“长江学者”特聘教授、国家杰出青年基金获得者、973 首席科学家徐进良教授担任团队负责人，团队成员由国家优秀青年基金获得者、“万人计划”青年拔尖人才、欧盟玛丽居里学者、吴仲华优秀青年学者等优秀人才组成。

（唐宁宁）

【徐超教授入选第三批国家“万人计划”】 2018 年 3 月，中共中央组织部办公厅下发《关于印发第三批国家“万人计划”入选人员名单的通知》，电站设备状态监测与控制教育部重点实验室徐超教授入选青年拔尖人才。“万人计划”即“国家高层次人才特殊支持计划”，是国家层面实施的重大人才工程，旨在重点遴选一批自然科学、工程技术和哲学社会科学领域的杰出人才、领军人才和青年拔尖人才，给予特殊支持。按照高端引领、重点支持的思路，国家“万人计划”由杰出人才、领军人才和青年拔尖人才三个层次构成。教育部重点实验室特别注重培养人才，大力支持人才发展，贯彻落实学校的“大人才”发展战略，推进高层次人才队伍建设。至年底，实验室已有 2 人入选国家“万人计划”，其中科技创新领军人才 1 人，青年拔尖人才 1 人。

（唐宁宁）

【孙彦萍高级研究员到访】 2018 年 5 月 9 日，澳大利亚联邦科学与工业研究组织（CSIRO）的孙彦萍高级研究员到华北电力大学电站设备状态监测与控制教育部重点实验室交流访问，并做题为“澳大利亚 CSIRO 关于太阳能热发电的研究进展”的学术报告。澳大利亚 CSIRO 是澳大利亚的最高研究机构，是世界一流的研究院所，类似于中国的中科院。澳大利亚 CSIRO 的一系列研究成果都已得到广泛应用，其中包括人们生活中息息相关的无线网络 WLAN 技术，就是出自 CSIRO 的实验室。本次孙彦萍研究员主要就CSIRO在新能源领域的研究进展进行简述，并着重介绍孙彦萍团队在高温储能材料方面的研究工作。

（唐宁宁）

【举办国际超临界二氧化碳动力系统研讨会】 2018 年 6 月 29 日至 7 月 1 日，由能源动力与机械工程学院与电站设备状态监测与控制教育部重点实验室举办的第一届 International Conference on Supercritical CO_2 Power System 国际会议在北京召开。中国科学院院士何雅玲，清华大学能源与动力工程系主任姜培学教授，美国宾夕法尼亚大学、国际著名期刊 Energy 杂志前主编 Noam Lior 教授，美国哥伦比亚大学、美国青年科学家总统奖获奖者 Xi Chen 教授，加拿大安大略省理工大学 Igor Pioro 教授，Echogen 电力系统技术主任 Timothy Held 教授等参加会议，开幕式由大会主席徐进良主持。此次会议同时也是华北电力大学 60 周年校庆系列学术活动之一。会议共有来自美国西屋公司、法国电力公司、东汽集团、上汽集团及哈尔滨电气集团、中船重工集团等 60 余高校、研究所和企业近 200 名学者参加，会议优秀论文推荐到 Journal of Thermal Science、Journal of Nuclear Engineering and Radiation Science 等国际杂志发表。

（唐宁宁）

【本科生陈飞鹏在国际 SCI 收录主流期刊发表论文】 2018 年，能源动力与机械工程学院创新动 1601 班陈飞鹏在电站设备状态监测与控制教育部重点实验室张宇宁副教授和杜小泽教授的共同指导下，撰写的一篇题为“Experimental investigations of interactions between a laser-induced cavitation bubble and a spherical particle”的论文被 SCI 收录期刊《Experimental Thermal and Fluid Science》正式发表。该刊的五年的影响因子为 3.079，在机械工程、热力学两个领域均为中科院二区期刊。除此以外，陈飞鹏作为第一作者的两篇论文分别被国际水利工程与研究协会第二十九届水力机械及系统国际学术会议及第二十九届全国水动力学研讨会录用。

（张宇宁）

【1 项国家重点研发计划项目启动】 2018 年 9 月 6 日，重点实验室陈海平教授负责的国家重点研发计划项目——“燃煤发电机组水分高效低成本回收及处理关键技术研究与应用”实施方案论证暨启动会在华北电力大学国际交流中心举行。华北电力大学副校长檀勤良，科技部高技术研究发展中心副处长朱卫东，科技部煤炭清洁高效利用和新型节能技术重点专项总体专家组姚强教授、张忠孝教授、吕清刚研究员、赵毅研究员，项目咨询专家组和财务专家，项目牵头和参加单位科研管理部门代表、课题负责人和骨干成员以及专项办相关成员共 90 余名代表出席会议。重点专项总体专家组组长姚强教授主持会议。

（唐宁宁）

【《中国能源报》专访校长杨勇平】 2018 年 10 月，华北电力大学校长、重点实验室学术带头人杨勇平校长接受《中国能源报》的专访，针对中国未来能源结构和演变的路径做相关解答。杨勇平教授认为，当前中国能源结构以化石能源为主，今后会渐进、过渡到化石能源和非化石能源协同共存，将来最终会发展到以清洁能源、可再生能源为主。但这一发展过程会非常漫长，不可能一步到位实现 100% 的可再生能源。所以，在未来相当长时间内，中国都将处于能源转型、变革时期。针对阻碍中国能源系统清洁高效发展的主要矛盾和关键问题，杨勇平教授认为主要有五方面原因，分别是能源消费结构不合理、能源供需时空分布不匹配、各类能源系统不融合，行业、地域壁垒严重、系统调节灵活特性低下和新技术成本高昂，缺乏合理的投资回报模式。最后，杨勇平教授还对促进可再生能源消纳的措施提出若干建议。

（唐宁宁）

【一项国家科技支撑项目通过验收】 2018 年 8 月 30 日，由国家能源投资集团有限责任公司（原中国国电集团公司）组织，华北电力大学电站设备状态监测与控制教育部重点实验室、国电科学技术研究院、北京国电蓝天节能科技开发有限公司和中国市政工程华北设计研究总院有限公司共同承担的“十二五”国家科技支撑计划“大容量火电机组高效梯级供热技术开发及工程示范”通过科技部高新司组织的项目验收。来自北京科技大学、清华大学、国家电力投资公司等单位的 13 位专家参加项目结题验收评审。该项目围绕大型热电联产机组的供热节能改造，开展系统的应用基础研究、技术开发和工程示范应用。项目的研发成果形成具有自主知识产权的大型热电联产机组余热能高效梯级供热的关键技术和装备，成果分别应用于国电大连开发区电厂 350 兆瓦热电联产机组和山西兴能电厂的供热改造工程中。

（唐宁宁）

资源环境系统优化教育部重点实验室

【概述】 资源环境系统优化教育部重点实验室是依托华北电力大学环境科学与工程学院，整合学校其他优势科技资源而形成的一个研究实体，2010 年 12 月由教育部批准立项建设，2016 年 12 月通过教育部验收。实验室主要针对能源供需矛盾、温室气体、大气污染及与社会、政治、经济相关的复杂环境问题开展科学研究，为多区域、多种尺度的能源系统管理提供科学的决策支持，为解决与防治中国经济发展中的诸多能源与环境问题提供科学依据。实验室研究方向主要包括：不确定性优化理论与技术；中国特色的多尺度资源环境模型；能源与环境系统互动机理与耦合技术研究；能源系统风险预测预警与管理决策综合研究；能源环境污染控制等。研究方向涉及能源与环境工程、热能工程、管理科学与工程、可再生能源等领域。实验室在建设过程中将依托实验室的多个学科点和相关博士后科研流动站，为国家培养能源与环境领域的专业技术人才。

2018 年，实验室完成从教四楼及主楼到主楼 G 座新实验室的整体搬迁，新的实验条件和平台为全体师生提供更加完善的实践教学和科研平台。

科研方面。新增各类纵向科技项目资助共 18 项，资助金额为 1334.18 万。其中，国家级项目 6 项，省部级科技项目 12 项。签订横向科技项目 12 项，合同金额 1020.28 万元。

国际合作与交流。与国内外多家知名院校、企业在人才培养、科技攻关、科技成果转化、产学研结合等方面展开全方位交流与合作。共邀请 9 人次国内外专家、学者到实验室进行指导讲座，有多名师生参加国内外重要学术会议。

（郭军红　李　薇）

【概况】 2018 年，实验室现有固定在编人员 36 人，专任教师 27 人（教授 10 人、副教授 8 人，具有博士学位的教师为 100%）、有实验及技术人员 3 人。其中包括国家杰出青年基金获得者 1 人、教育部长江学者特聘教授 1 人、优秀青年基金获得者 1 人、“总理基金”获得者 1 人、科技部“百名科技创新领军人才”1 人、“万人计划”1 人。实验室在读研究生 191 人（硕士 158 人，博士 28 人，博士后 5 人），留学生 3 人，新招硕士研究生 47 人，新招博士 11 人。年内，承担的重大科研项目包括：高等学校学科创新引智计划项目、联合国开发计划署（UNDP）合作项目、北京市科技计划项目（膜分离—变压吸附协同捕集延期低浓度 CO_2 工艺研究）、国家自然科学基金项目（新型纳米材料构筑及其对关键放射性核素在环境中迁移转化影响和机理研究、环境放射化学等）、总理基金（大气重污染成因与治理攻关项目——阳泉市“一市一策”跟踪工作研究）等。

年内，毕业博士 7 人，硕士 37 人。共发表论文 19 篇，其中 SCI 检索 14 篇，EI 检索 2 篇，申请和授权发明专利 2 项。

实验室主任：王祥科

学术委员会主任：王　浩

（郭军红　郑如秉）

【3 个学科跻身 ESI 世界前 1%行列】 2018 年，华北电力大学环境/生态学、材料科学、化学首次跻身 ESI 世界前 1%行列，其中，环境科学与工程院贡献度分别排名全校第 1、第 3、第 2。

（郭军红　郑如秉）

【开展警示教育活动】 2018 年 1 月 8 日，为加强党员干部廉政教育，结合“两学一做”学习教育方案，实验室全体党员到明十三陵“明镜昭廉”明代反贪尚廉历史文化园进行警示教育。

（郭军红　郑如秉）

【迎校庆主题教育活动】 2018 年 7 月 12 日，来自北京新航城控股有限公司的 2007 级校友胡情博士、北京市水科学技术研究院的 2010 级校友胡明博士受邀到母校交流访问。环境学院党委书记马小勇、院长王祥科、副院长彭林及全体师生出席该活动。学院党委书记马小勇首先致欢迎词，两位校友相继做报告，祝愿母校 60 岁生日快乐，并对与会学弟学妹送上“把握当下、放眼未来、心存感恩、砥砺前行”的美好祝福。

（郭军红　郑如秉）

【实验室安全检查专家组到实验室检查】 2018 年 10 月 11 日，副校长李双辰带领学校实验室安全检查专家组一行对环境学院教学和科研实验室进行专项实验室安全检查。参与检查的还有资产处处长于喜海、副处长张宝良，教务处副处长高继周，科研院副处长张充、保卫处副处长赵风雷等相关部门负责人及专家组成员。党委书记马小勇，实验室主任王祥科及办公室和实验室负责有关老师陪同对实验室进行详细检查。

（郭军红　郑如秉）

高电压与电磁兼容北京市重点实验室

【概述】 高电压与电磁兼容北京市重点实验室于2004年5月获批建设。该实验室以新一轮能源革命为发展契机，紧密围绕北京市和国家电力行业建设布局合理、运行灵活、绿色智能的现代化电网和发展新型电工装备支柱专业的战略需求，重点开展下列研究：电介质物理与放电机理、低温绝缘与超导输电、多物理场交互作用与复杂电磁环境、输变电装备故障诊断与状态评估。近三年，实验室承担国家级科研项目35项（经费合计6600万元），获得国家级奖励3项，省部级奖励13项；授权发明专利30多项；发表高水平学术论文上百篇。

（程养春）

【概况】 2018年，高电压与电磁兼容重点实验室成员34人，其中教授17人（含博士生导师13人），国家杰出青年基金获得者1人，国家百千万人才工程入选者2人，中国科学院百人计划入选者1人，教育部新世纪优秀人才1人；首都劳动奖章获得者1人，北京市优秀教师1人；获北京市优秀班组称号。年内，实验室新增固定资产共6台套，总价值120万元。获国家级纵向科技项目资助共3项，资助金额为543万元；科技项目合同金额总计3000余万元。获授权发明专利20余项，受理发明专利20余项；实用新型专利10余项；共发表论文100余篇，其中，SCI收录50余篇，EI检索80余篇。教学方面，获2018年度北京市教学二等奖；科研方面，获省部级一等奖1项，二等奖4项。实验室邀请国外专家进行学术交流活动4次，有来自美国、英国等国家的专家学者访问实验室；实验室培养毕业博士研究生10多名、硕士研究生70多名。1名博士研究生在美国进行为期一年的交流学习。

（程养春　张　双）

【莱斯特大学吉兵博士到实验室学术交流】 2018年9月2日，英国莱斯特大学吉兵博士到实验室进行学术交流，并做题为“Reliability Engineering in Power Electronics”学术报告。参加学术交流的实验室人员有崔翔、齐磊、赵志斌和重点实验室50余位师生。此次报告围绕电力电子器件装置的可靠性进行交流，通过图片讲解和案例分析可靠性的相关原理与实际应用及不同失效情况下的原因分析。

（崔　翔　赵志斌）

【朱广东高级工程师访问实验室】 2018年12月25日，来自中国电力科学院电工所的宁圃奇研究员访问实验室，并做题为“SiC器件在车用电机驱动中的应用”的学术报告，为实验室师生介绍宽禁带半导体前沿探索、功率模块封装新技术、高功率密度变频器等方面的研究工作和研究成果。

（赵志斌）

【思克莱德大学Prof. Siew到实验室学术交流】 2018年4月8—13日，2018年9月22—25日，由重点实验室李庆民教授邀请，英国思克莱德大学Wah Hoon Siew教授到实验室进行学术交流，并就海上风力发电机的雷击防护问题进行专题讨论。李庆民教授主持学术交流会，现场有10余位研究生及留学生参与研讨。学术交流会涵盖雷击物理演化过程、风机叶片材料的雷击损伤特性、海洋环境对雷击接闪过程的影响以及叶片防雷通道的断线检测等风机雷击防护领域的关键问题及国内外该领域的最新研究进展。

（李庆民）

【召开太空电力传输与电磁环境研讨会】 2019年1月3日，由重点实验室李庆民教授组织召开太空电力传输与电磁环境研讨会，旨在形成多学科交叉，推进空间太阳能电站前沿技术的发展。北京航空航天大学武建文教授和陈明轩博士、中国电子科技集团张鑫博士、北京交通大学张金宝副教授、高电压与电磁兼容北京市重点实验室王健博士和李庆民教授，分别针对高功率微波与电离层、大气层相互作用、空间电力系统构架及运行安全等空间电站关键科学问题作学术报告，参会人员60余人。

（王　健）

能源的安全与清洁利用北京市重点实验室

【概况】 2018年，能源的安全与清洁利用北京市重点实验室在科研和学科工作方面取得喜人成绩。实验室成员国家自然科学基金项目申报16项，发表科研论文约102篇，其中SCI论文49篇，项目总经费达2306余万元。其中横向项经费1624万元，纵向项目经费682万元；实验室成员共申请发明专利1项，获批授权发明专利13项。至年底，实验室共有博士生导师21人，教授25人，副教授22人。2018年实验室硕士研究生招生79人，博士研究生招生14人，在籍研究生203人。2018年接受外国来华留学生攻读硕士研究生6名，博士研究生5名。

国际科技合作交流。华北电力大学作为主办单位的第22届国际太阳能光化学转换与储存大会（IPS-22）在安徽合肥召开。戴松元教授出访日本九州工业大学，参加“高效钙钛矿太阳能电池材料预制和优化”（AP-HOPV18）国际会议。并多次出访国外大学，进行学术研讨和实验交流。

外专来访。实验室共邀请GAVIN EDMOND TULLOCH、Thierry Pauporté、Thierry Pauporté、曹国忠、曹国忠等多位国外专家作为“111引智”专家到实验室进行交流访问。

实验室主任：姚建曦

（姚建曦）

【4项重大科研成果获奖】 2018年，能源的安全与清洁利用北京市重点实验室取得多项科研成果。刘永前教授参与的“高效低风速风电机组关键技术研发和大规模工程应用”入选2018年度国家科学技术进步奖二等奖。张华参与完成的“特高坝枢纽泄洪消能运行安全监测控制技术”获天津市科学技术进步奖一等奖。胡笑颖参与完成的“50MW级生物质直燃发电技术研究及工程示范”获广东省科学技术奖一等奖。葛铭纬参与完成的“风电机组降载增效关键技术自主创新与产业化”获河北省科技进步奖一等奖。

（姚建曦）

【2个重大项目获批立项】 2018年，能源的安全与清洁利用北京市重点实验室有2个重大项目获批立项。韩爽负责的国家重点研发计划政府间国际科技创新合作重点专项中蒙政府间合作项目“蒙古国南戈壁区域风能资源时空特性及中蒙风电合作开发场景研究”获批立项。蔡墨朗教授获批国家重点研发计划“可再生能源与氢能技术专项”钙钛矿/晶硅两端叠层太阳电池的设计、制备和机理研究项目课题：宽带隙钙钛矿材料设计与稳定性机理研究。

（姚建曦）

工业过程测控新技术与系统北京市重点实验室

【概况】“工业过程测控新技术与系统”北京市重点实验室（华北电力大学）系北京市教育委员会和北京市科学技术委员会于2008年12月30日批复增补认定的北京地区普通高等学校北京市重点实验室。新能源电力系统国家重点实验室为科技部于2011年3月29日颁布的文件同意立项，并将其列入国家重点实验室2011年建设计划。发电过程测控新技术实验平台（原名发电过程状态监测与优化控制平台）是新能源电力系统国家重点实验室的一个重要研究平台，承担国重建设任务。工业过程测控新技术与系统北京市重点实验室与新能源电力系统国家重点实验室发电过程测控新技术实验平台共享实验设备以及人才。

2018年，“智能发电协同创新中心”工作进展良好，成立“中国能源研究会智能发电专业委员会”。人才培养及科研奖励方面，王玮入选第三届中国科协“青年人才托举工程”。刘吉臻参与完成的“600MW超临界循环流化床锅炉技术开发、研制与工程示范”获国家科学技术进步奖一等奖。曾德良、刘长良参与完成的“百万千瓦超超临界二次再热机组关键技术及工程应用”获中国电力科学技术奖一等奖。曾德良参与完成的“燃煤电站经济运行关键技术研究及应用”获陕西省科学技术进步奖一等奖。房方、陈海平等参与完成的“多维度融合的燃气智能电站研究与应用”获中国电机工程学会颁发的中国电力科学技术进步奖一等奖。张建华、房方、徐钢等完成的“先进发电过程清洁高效控制与集成优化研究”获北京市科学技术奖三等奖。

（曾德良　李　青）

【概况】 2018年，工业过程测控新技术与系统北京市重点实验室继续紧密围绕工业过程特别是发电过程运行参数的快速检测与优化控制，在传统能源与新能源建模、控制与优化等方面进行深入研究。主要研究方向包括：工业过程检测新技术；基于大数据分析的建模与仿真；大机组先进控制技术与系统；测控系统信息安全。此外，在“智能发电”这一课题进展良好，6月6日，中国能源研究会智能发电专业委员会在北京成立。

该实验室占地面积1631.55平方米，科研设备总资产1800余万元，10万元以上仪器设备达到22件。有固定研究人员及技术人员23名，其中院士1人，教授10人，副教授5人，讲师5人，高级工程师1人，工程师1人。有“发电过程状态监测与优化控制”研究团队，团队负责人为刘吉臻院士。

在科研现状及成果方面，承担各类纵向科技项目资助达15项，资助金额达3000万，其中2018年新增国家自然科学基金4项，国家重点研发计划1项，北京市科技计划课题1项。2018年度新专利授权18项，申请发明专利15项，新发表学术论文70篇以上，其中SCI收录的学术论文10篇，EI期刊23篇，中文核心25篇。

除了在科研及平台建设方面所做的贡献外，实验室培养数十位博硕士研究生，2018年完成学业的硕士研究生30名，博士研究生3名。承担着控制与计算机工程学院的教学实践任务及培训工作，如“火电厂运行仿真实践”及“火电机组控制系统仿真实训”等课程。接待国内外专家开展多项学术交流及参观活动，促进学术进步并促成多项项目合作。

主任：曾德良

网址：http://cce.ncepu.edu.cn/mcs

（曾德良　李　青）

【成立中国能源研究会智能发电专业委员会】 2018年6月6日，中国能源研究会智能发电专业委员会（以下简称“智能发电专委会”）成立大会在北京召开。在中国能源研究会下成立智能发电专业委员会，将为智能发电领域提供一个开放、平等的学术交流平台，在组织科研课题研究、信息沟通、合作创新等方面发挥重要作用。智能发电专业委员会旨在组织和团结智能发电相关领域的科技工作者和产业工程师，围绕发电过程的智能化建设，以实现电力生产的更安全、更高效、更清洁、更低碳、更灵活为己任，开展智能发电相关技术研究、装备开发、工程示范、产业推广等工作，通过组织调查研究、宣传培训、咨询服务和学术交流等活动，促进科学技术的进步和能源政策的建立，在高校、研究所、企业、政府和资本之间架起协同创新的桥梁，推动智能发电产业的发展，推进智能发电标准体系与行业规范的完善，形成行业整体合力，为建设环境友好型社会及新型能源体系奠定基础。经预备会议选举产生，华北电力大学教授刘吉臻院士担任智能发电专委会主任委员。刘吉臻院士在会上做主旨报告，系统介绍智能发电的背景和概念、全新体系架构、重点研究内容以及重大关键技术，为今后大力推进发电过程智能化建设指明方向。

（李　青）

【智能发电协同创新中心工作进展】 2016年7月4日，华北电力大学与中国国电集团公司（现国家能源投资集团）共建的“智能发电协同创新中心”正式成立。2016年7月25日，中国能源报专访发表《智能发电：第四次工业革命的大趋势》，明确智能发电概念。2016年12月，国家能源局发布《电力发展“十三五”规划》，第一次将智能发电的内容写入规划。2017年11月，组织起草并发布《中国国电集团公司（现国家能源集团）智能发电建设指导意见》，为国家能源集团公司的智能电厂建设描绘顶层设计蓝图。2018年，组织编写《国家能源集团公司智能火电建设技术规范》，为全集团智能火电厂建设提供详细的技术指导。2018年6月，组建中国能源研究会智能发电专委会，秘书处挂靠国电新能源技术研究院。

（李　青）

【王玮入选中国科协青年人才托举工程】 2018年2月5日，中国科协公布第三届中国科协青年人才托举工程人选名单，实验室王玮（控制理论与控制工程专业）入选。“青年人才托举工程”是由中国科协启动的人才支持项目，旨在帮助青年科技人才在创造力黄金时期做出突出业绩，努力成长为品德优秀、专业能力出类拔萃、社会责任感强、综合素质全面、具有国际视野的学术技术带头人，成为国家主要科技领域高层次领军人和高水平创新团队的重要后备力量。

（李　青）

【新增2个国家自然科学基金（重点项目）】 2018年，重点实验室新增2个国家自然科学基金（重点项目）。新增国家基金委——国家电网联合基金重点项目“大规模新能源发电主动支撑与源网协同控制”，刘吉臻院士为项目主要参与人，时间2018—2021年，经费292万元。主要研究新能源消纳及源网荷全领域的全维度多元多能互补消纳技术等内容。新增国家自然科学基金（重点项目）“工业炉窑燃烧场重构及能效优化控制”，曾德良教授为主要参与人，时间2018—2021年，经费72万元。研究目标是提高火电锅炉热效率，降低污染物排放，为实现能源可持续发展提供理论与方法支撑。研究内容包括燃煤工业炉窑燃烧场组成及其作用机理分析；基于协同感知的燃烧场重构及认知；基于深度强化学习的最优燃烧场智能设定与学习；基于燃烧场优化认知的能效优化调控策略；火电机组能效优化综合设计与应用验证。

（李　青）

低品位能源多相流动与传热北京市重点实验室

【概述】 低品位能源多相流与传热北京市重点实验室依托学校一流学科和动力工程及工程热物理一级学科，紧密结合国家和京津冀地区战略需要，重点在低品位能源利用和新型发电系统方面，同时拓展相变传热装置多尺度协同性及构造前沿领域研究。

2018年，该实验室在实验室建设、科研成果、对外交流、项目申报等方面取得突出成绩。其牵头的国家重点研发计划顺利进行，取得创新性研究成果，国家能源集团2030项目办、西南电力设计研究院、法国电力公司等到实验室进行交流，寻求在燃煤发电领域合作。项目负责人徐进良教授多次被邀请到清华大学、西安热工研究院等进行讲座。同时，实验室在相变传热领域研究，邀请参与燃机专项项目申请。在低品位能源、新型燃煤发电系统及微纳尺度方面有望成为领域内具有影响力的实验平台。

学术交流。徐进良教授在International Conference and Exhibition on Materials Engineering、2nd International Summit on Energy Science and Technology及1st International Conference on Supercritical CO_2 Power System及传热传质年会做特邀报告，谢剑博士后参加International Association of Advanced Materials会议并做特邀报告。实验室在学术交

流方面坚持走出去，引进来的政策，邀请 Heriot-Watt University 大学 Raffaella Ocone 院士、澳大利亚纽卡斯尔大学 Geoffrey Evans 教授、韩国浦项大学 SeolHa Kim 博士等进行交流。同时被邀请到清华大学、西安热工院、北京大讲堂等做报告。

企业合作。实验室在低品位能源有机朗肯循环发电系统和大功率 LED 冷却方面研究成果实现企业转化，实验室长期提供技术咨询。法国电力公司 Yann LE Moullec、国家能源公司 2030 项目办、西南电力设计研究院等到实验室交流。

获奖情况。2018 年，实验室主任徐进良教授为第一完成人，申报的能源转型升级下的能源与动力工程专业人才培养范式获北京市高等教育教学成果二等奖。博士研究生孙恩慧获校长奖学金、国家奖学金，郑雅文研究生参加 2018 heat powered cycles 并获优秀论文奖，谢剑获青年学者优秀论文陈学俊奖，闫鑫获“王补宣—过增元优秀青年论文二等奖。

（刘广林）

【概况】 2018 年，低品位能源多相流与传热北京市重点实验室有固定人员 11 名，博士后 2 名，其中研究人员 11 人，技术保障及管理人员 2 人。有国家杰出青年科学基金获得者 1 人，973 项目首席科学家 1 人，中科院百人计划 1 人，国家自然科学基金委创新研究群体学科带头人 1 人。获省部级二等奖 1 项，2018 年 Elsevier 中国高被引学者 1 人，新增北京基金项目 1 项，合同总经 26.0 万元；横向项目 1 项，合同经费 38.8 万元。年内共发表中英文论文 34 篇，在本学科领域发表 SCI 论文 18 篇；获授权发明专利 3 项。主办“第一届二氧化碳先进动力系统国际会议”一次；本室人员应邀作特邀报告 5 人(次)；出国访问讲学 6 人(次)；参加国际学术会议 12 人（次）；举办学术报告会及讲座 4 场（次）。全年共接待社会各界人士参观人员 60 人次。

主　任：徐进良

副主任：刘国华

网址：http://bjmfht.ncepu.edu.cn/index.htm

（刘广林）

【召开国家重点研发计划交流会】 2018 年，实验室主任徐进良教授作为负责人，承担国家重点研发计划项目“超高参数高效二氧化碳燃煤发电基础理论与关键技术研究”（2017YFB0601800）年度工作推进会 6 月和 12 月在北京及广州分别召开。科技部高技术中心副处长朱卫东，总体专家组张忠孝教授、吕清刚研究员；项目专家组何雅玲院士、高翔教授、姜培学教授；项目科技管理专家组及项目组核心成员参加会议，探讨交流项目进展情况，包括已取得的成果、需要解决的科学技术难题及下一步工作内容等。

（刘广林）

【获高被引科学家称号】 2018 年，世界著名国际出版商爱思唯尔（Elsevier）发布 2018 年中国高被引学者（Most Cited Chinese Researchers）榜单。实验室主任徐进良教授连续 5 年入选能源领域高被引科学家，是学校唯一能源领域入选科学家。

（刘广林）

【举办首届二氧化碳先进动力系统国际会议】 2018 年 6 月 30 日至 7 月 2 日，实验室举办第一届二氧化碳先进动力系统国际会议，来自全世界 20 个国家和地区的 200 多名学者参加会议，促进国内外学术交流合作，共同推进超临界二氧化碳动力系统技术发展。会议论文在 Energy、Journal of Nuclear Engineering and Radiation Science 及 J. of Thermal Science 杂志出版专辑。

（刘广林）

北京市电力信息技术工程研究中心

【概述】 北京市电力信息技术工程研究中心是北京市科委与华北电力大学共建的北京市科研平台，全称“电力信息技术北京市高等学校工程中心，Beijing Higher Institution Engineering Research Center of Electric Information Technology”（简称为“工程中心”），2010 年 3 月经北京市科委、教委核准成立。工程中心是国家科技创新体系的重要组成部分，是北京市设立的唯一一所专业从事电力行业信息技术研究和成果推广应用的工程中心。工程中心隶属北京市，依托华北电力大学建设和管理。工程中心按专业科研机构设立和建设运营，承担大学科研成果转化和市场推广的任务，是大学科研成果产业化、产品化的工程平台。工程中心面向国家电力发展及智能电网建设的重大需求，研究信息技术支撑智能电网建设的前沿问题和应用技术问题，解决电力信息化和智能电网建设的关键问题，是推进电力信息技术进步和科技成功产业化的重要基地。至年底，工程中心实际使用面积 1500 平方米，拥有 7 个实验室、1 个大数据中心、1 个研究所、1 个测试中心，在电力信息安全、电力智能软件、智能配电网及电力大数据应用等方面有较好的研究基础和先进的研究成果。

（张晓良）

【概况】 2018 年工程中心新增固定资产共 32 台套，总价值 19.73 万元。工程中心占地面积 1500 平方米，科研设备总资产1600多万元。工程中心有大型仪器设备1台套对外开放共享，总价值43万元。承担国家电网公司科技项目3项："适应源网荷互动的工控系统多层协同防御技术研究及应用""新能源厂站网络安全防护关键技术研究""面向同期线损管理的多专业数据治理技术与挖掘应用研究"，完成2项国家电网公司科技项目申报工作："一体化电力网络安全仿真验证环境关键技术研究""全业务泛在电力物联网基础防护体系及终端层安全监测防护技术研究"。发表学术论文10篇，其中SCI 2篇，申请发明专利5项，获授权发明专利1项，申请软件著作权12项。工程中心科研成果"电力企业营销基础数据平台及相关大数据分析关键技术与应用"获北京市科学技术奖二等奖工程中心研究人员共计18人，其中客座教授1人，固定研究人员17人。2018年工程中心团队新增博士生1人、硕士生15人；有硕士16人、博士1人毕业。

主　任：吴克河

（张晓良）

【举办科技论文写作讲座】 2018年1月31日，为加强工程中心研究生对科技论文写作的了解，特邀请控制与计算机工程学院关志涛副教授开展以科技论文写作为主题的讲座。关志涛结合自身研究方向向同学们进行讲解。他指出，学好每一个学科都要有一定的逻辑思维能力，而在科技论文写作方面也同样如此，并强调，科技论文写作是科技交流的基础，科技论文写作水平直接影响科技工作的进展。关志涛从科技论文"找""读""想""议""谋""跟""写"七个方面出发进行讲解。

（张晓良）

【新能源厂站网络安全防护关键技术研究项目启动】 2018年2月15日，国网甘肃省电力公司、中国电力科学研究院、中国科学院信息工程研究所、华北电力大学和电子科技大学共同参加的国家电网公司科技项目"新能源厂站网络安全防护关键技术研究"在甘肃兰州召开项目启动会，项目组成员讨论项目任务及进度安排，并到甘肃华电嘉峪关光伏电站、华电景泰风电场、华电麻黄滩风电场、兰州太科光伏电站进行现场调研。

（崔文超）

【适应源网荷互动的工控系统多层协同防御技术研究及应用项目启动】 2018年3月12日，国网江苏省电力有限公司、华北电力大学、南瑞集团、全球能源互联网研究院、东南大学等共同参加的国家电网公司科技项目"适应源网荷互动的工控系统多层协同防御技术研究及应用"在南京召开项目启动会。随后项目成员到南京国内首套"大规模源网荷友好互动系统"现场做实地调研。

（张晓良）

【全球能源互联网研究院张涛总工到工程中心学术交流】 2018年5月23日，全球能源互联网研究院信通通信研究所张涛总工来工程中心进行学术交流，并做题为"国家电网公司信息安全实践与思考"学术报告。参加学术交流的有工程中心主任吴克河等30余位师生。此次报告围绕电网信息安全形势、安全政策、面临的风险与挑战、国家电网信息安全防护体系与措施，以及信息安全新思路新举措进行交流。

（张晓良）

【召开新能源厂站网络安全防护关键技术研究进度评审会】 2018年6月15日，国网甘肃省电力公司、中国电力科学研究院、中国科学院信息工程研究所、华北电力大学和电子科技大学共同参加的国家电网公司科技项目"新能源厂站网络安全防护关键技术研究"在甘肃兰州召开项目进度评审会，各参与单位汇报各自项目进度完成情况，并就项目执行过程中存在的问题进行交流讨论。

（崔文超）

【召开项目中期督导会】 2018年6月27日，国网信息通信产业集团有限公司、中国电力科学研究院、华北电力大学、国网山西省电力公司、国网辽宁省电力有限公司共同参加的国家电网公司科技项目"面向同期线损管理的多专业数据治理技术与挖掘应用研究"在南京召开项目中期督导会，与会专家对项目的研究内容、研究进度以及经费执行情况进行评审，提出修改意见。

（陈祖歌）

【与中电普华共建配用电业务应用联合实验室】 2018年1月，为了共同促进配用电领域信息安全、信息通信、监测控制等技术快速发展，满足配用电终端产品的功能、性能测试验证及安全接入、在线监测、故障诊断定位等配用电业务模拟仿真需求，北京中电普华信息技术有限公司与工程中心协商一致，建设符合实际应用场景的配用电应用环境模拟实验室，并在此基础上开展全方位、深层次的合作。

（张晓良）

河北省输变电设备安全防御重点实验室

【概述】 河北省输变电设备安全防御重点实验室于2009年正式申报成立，是华北电力大学唯一一所河北省输变电设备研究领域省级重点实验室。实验室以实现校企联合，科技创新，人才培养为宗旨，围绕国家及河北省能源电力的科技需求开展工作，主要在电磁环境与电磁兼容耦合机理及测试技术的研究、电气设备状态监测与故障诊断技术的研究、超特高压输变电关键技术的研究等方面进行重点研究。实验室涉及学科包括电气工程一级学科博士点，高电压与绝缘技术、电工理论与新技术、电机与电器3个二级学科博士点和1个电气工程博士后科研流动站。该实验室具有培养博士后、博士、硕士、本科四个层次人才的完善体系。

【概况】 截至2018年底，实验室有固定人员37人，其中具有正高级职称13人，副高级职称9人，其中70%以上具有博士学位，是一支以中青年学术骨干为主的科研团队，人员素质及结构不断提升。实验室有科研用房1420平方米，办公用房647平方米，主要仪器设备146台套，资产总值2574.2万元。团队拥有国家杰出青年科学基金获得者1人、国家级教学名师1人、全国模范教师1人、国家电网特高压交流试验示范工程特殊贡献专家1人、霍英东青年教师基金获得者2人。律方成教授主持科技部重大科学仪器设备开发“高灵敏紫外成像仪研制及应用开发”项目，获批中央财政专项经费1359.00万元；刘云鹏教授参与完成的“超、特高压交流输变电工程电磁环境测量、预测及控制技术”项目获湖北省科技进步一等奖；主办全国“2018年高压设备试验及现场测试技术论坛”；在研“±500kV直流电缆系统试验及运维技术”“±1100千伏直流换流站绝缘子与外绝缘关键技术研究”等国家重点研发计划5项，国家自然科学基金5项，河北省自然科学基金3项；承担和完成横向科研项目25项，获得研究经费支持1600余万元；发表论文44篇，其中SCI收录17篇，EI收录15篇；获得发明专利授权8项、实用新型专利授权9项，申请发明专利25项。实验室现有博士点2个、硕士点3个，年内，共招收博士研究生9人、硕士研究生65人，毕业博士研究生6人、硕士研究生66人。

实验室主任：律方成

（耿江海）

河北省发电过程仿真与优化控制工程技术研究中心

【概述】 2018年，河北省发电过程仿真与优化控制工程技术研究中心以电力行业为背景，围绕“发电过程建模、仿真与优化控制技术”“先进工业控制系统设计与开发技术”“发电厂智能化运行、维护与管理技术”等研究方向，展开课题研究，与国内外知名科研院所和工程单位密切合作，取得多项技术突破，创造良好的社会和经济效益。

技术应用。2018年，中心继续与上海明华电力工程技术有限公司、浙江省电力科学技术研究院、北京华电杰德科技有限公司等工程单位合作展开优化控制站的完善与升级工作。该系统在分散控制系统研究成果的基础上，对传统的系统结构进行扩展。该优化控制系统已应用于国内多家火力发电企业，为企业创造显著的经济效益。工程中心进一步完善两票培训考核及开票专家系统。该系统以电力企业两票制度和安规制度为基础，为电力企业提供一套集实际开票、安规培训考核、开票培训、实时系统图监测等功能为一体的软件，具有较强的通用性和可扩展性。软件的应用可以显著提高员工的业务素质，降低开票错误率，提升电力生产的安全性。年内，工程中心在原国电投东北公司下属的7家电厂应用的基础上进一步优化该系统结构，为其在国电投公司的全面推广打好基础。

项目合作。工程中心先后与中科诺维（北京）科技有限公司、北京国电智深控制技术有限公司、上海明华电力工程有限公司、国电投东北公司等工程单位在一系列工程研究领域中进行深入地实质性合作。共同完成“现场总线设备管理系统”“热工过程优化控制系统”“基于虚拟现实技术的热力设备检修培训与管理系统”等多个工程研究项目和技术课题。

对外服务。开放火电机组仿真系统等仪器设备对外进行研究和技术培训工作。承担建设的华北电力大学自动化系卓越工程师实验室继续为“卓越工程师计划”实验班同学的生产实践环节服务。该实验室提供的激励式仿真平台，在培养和锻炼学生的工程实践能力方面，发挥重要作用。实验室另承担包括“卓越工程师计划”培养过程的大部分专业技术课程的实验，如自动控制理论、过程控制、电子技术基础、计算机控制技术与系统等。

（董　泽）

【概况】 2018年，河北省发电过程仿真与优化控制工程技术研究中心现拥有固定人员48人，其中教授16人，副教授18人，高级工程师1人。工程试验用房面积1480平方米，办公用房面积620平方米。中心拥有“600MW超临界火电机组仿真系统”“1000MW超超临界火电机组仿真系统”“STS7激励式仿真支撑系统”等先进设备，仪器设备总值达到3235万元。工程中心承担和完成科研项目30余项，实到研究经费1000余万元。发表论文和出版专著30余篇，获得自主知识产权20余项，其中发明专利5项。入学研究生66人，毕业研究生63人。主办学术交流会议2次。工程中心充分利用自身的设备进行高级技术人才的培养工作，年内，共有300余人次在工程中心参加技术培训。

主任：董　泽

（董　泽）

【赴江苏山西企业调研】 2018年7月10—12日，工程中心董泽教授、张悦会同国华印尼公司刘建波、程玉贵一道赴大唐姜堰电厂、大唐南京电厂及南京科远股份有限公司调研智慧电厂的建设情况。期间，大唐姜堰电厂副厂长司徒有功，大唐南京电厂副厂长张俊，南京科远股份有限公司副总经理沈德明分别带队与工程中心进行会谈，各方就智慧电厂的建设背景、取得的进展和存在的不足等多个方面进行广泛深入交流。7 月 20 日，研究中心董泽、张悦赴山西太原格盟国际能源有限公司，就发电设备虚拟检修技术等课题进行深入交流。

（董　泽）

【董泽教授出席智慧电厂论坛并做主题演讲】 2018 年 7 月 25 日，华北电力大学自动化系教授董泽应邀参加中国能源研究会举办的“2018 年智慧电厂论坛（第二期）”，并作题为“基于虚拟现实的发电设备检修培训技术”的主题演讲。本次论坛由中国能源研究会节能减排中心、中国能源研究会智能发电专委会主办，旨在打造一个持续开放、学术前沿、理论实践相结合、线上线下互动的交流平台，引领电力企业创新发展，推动电力行业安全、高效、低碳、清洁、高质量、可持续发展。

（董　泽）

【举办技术委员会会议暨专家学术报告会】 2018 年 9 月 27 日，“2018 河北省发电过程仿真与优化控制工程技术研究中心技术委员会会议暨专家学术报告会”举行。河北大学副校长王培光、国家电投东北电力公司教授级高工金丰、山西大学特聘教授张培华、神华国华电力研究院教授级高工张秋生、华北电科院教授级高工杨振勇、自动化系主任王印松、工程中心主任董泽、自动化系副主任翟永杰等参加会议，工程中心部分研究人员列席会议。9 月 27 日，王培光教授主持工程技术委员会会议。9 月 27 日，张培华和张秋生分别做题为“CFB 发电机组在智慧供热中的优势分析”和“闭环优化控制系统在火电厂的应用及前景”的学术报告。学术报告会由自动化系副主任翟永杰主持，自动化系部分教师和 50 余名研究生参加报告会。

（董　泽）

【举办韩璞教授谢世周年追思会】 2018 年 10 月 5 日，杰德控制系统工程中心全体成员在保定卓正酒店举行“上善若水，大爱无疆”——韩璞教授谢世周年追思会。同时，华北电力大学杰德控制系统工程研究中心和中国自动化学会发电自动化专业委员会秘书处编辑整理，由中国电力出版社出版的《上善若水——韩璞教授的四维人生》在追思会现场进行赠阅。上午 9 时，追思活动正式开始，到场的嘉宾有中国自动化学会发电自动化专业委员会秘书长孙长生、原国家电力投资集团东北电力公司安生部金丰主任、格盟国际集团首席工程师张培华、东北电力大学自动化学院曹生现院长、国网浙江省电力有限公司电力科学研究院电源中心尹峰副主任、神华国华电力研究院热控首席专家张秋生教授、山东鲁能控制公司石金宝总经理、山东电力科学研究院王学厚高级工程师、华北电力大学北京校区控制与计算机工程学院柳亦兵教授、张建华教授、陈德刚教授，同学沈华、李建国、解松岐、王琪媛、戴毅姜以及华北电力大学的老师、杰德实验室的学生们，共计 100 余人。开始由董泽教授致欢迎词，对所有嘉宾的到来表示衷心的感谢，对韩老师的离世表示沉痛的哀悼。接下来韩老师的同事好友金丰、张培华、石金宝、柳亦兵、尹峰、韦根源、付萍以及韩老师夫人张丽静等纷纷上台讲述与韩老师的故事。

（董　泽）

【省级评估获评良好】 2018 年 10 月 15 日，河北省科技厅发布 2018 年省级工程技术研究中心评估结果，依托华北电力大学自动化系建设的“河北省发电过程仿真与优化控制工程技术研究中心”以总体评分第四名的优异成绩获“良好”评估等级。

（董　泽）

北京能源发展研究基地

【概述】 北京能源发展研究基地（以下简称能源基地）是全国首家开展能源决策研究的省部级哲学社会科学研究基地。开展国家和北京市“十三五”能源规划研究、北京市新能源发展战略研究、国家能源政策与立法研究以及能源经济与管理研究。

简报编送。2018 年，能源基地延续《北京能源发展研究基地工作简报》编送制度，通过简报，能源基地向上级反映基地工作的信息、动态，使主管领导部门及时了解基地工作情况便于指导。

学术活动。举办 2018 中国农村贫困问题与精准扶贫高端论坛、北京能源发展高端论坛，国内多所高校、科研机构的专家学者共计 200 余人参加论坛。能源基地针对京津冀地区大气污染治理问题，结合自身优势，继续推出“京津冀雾霾治理一体化”系列学术沙龙。至年底，已举办至第 29 期，邀请校内外相关领域专家学者就雾霾治理理论和实践开展多角度多层次探讨，取得良好学术效果。

学委换届。新一届学术委员会由主任和委员共 15 人组成，所聘人员均为能源领域资深专家和学者。学术委员会是能源基地学术研究的指导机构，负责基地学术研究的战略布局和重大决策。

科学研究。能源基地学术委员牛东晓教授获得教育部哲学社会科学研究重大课题攻关项目立项，这是学校哲学社会科学研究获得的首个教育部哲学社会科学研究重大课题攻关项目，是学校哲学社会科学研究新的突破。研究员张素芳教授根据其主持的北京社科基金项目提炼的决策咨询成果被北京市社科规划办《成果要报》采用，这是基地科研成果首次被市社科规划办《成果要报》采用。

合作交流。国内交流共计 20 余人次，并与中国自然资源学会就低碳绿色发展培训拟定初步合作计划；国际交流共计 10 余人次，与日本地球环境战略研究机构开展学术交流，并再次邀请美国纽约大学 Shakeel Kazmi 教授来基地访问讲学。由于在治理结构、智库资源、智库成果、智库活动等四个方面的特色发展和优异表现，能源基地在南京大学中国智库研究与评价中心、光明日报智库研究与发布中心联合发布的《CTTI 智库报告（2017）》中入选高校智库 MRPA 测评综合评分 Top 100 和资源总效能评分 Top 100，并入选基础设施与公共事业领域智库 MRPA 测评综合评分 Top10，学术和社会影响力进一步扩大。

（沈　磊）

【概况】 2018 年，能源基地有专职和兼职研究人员 98 人（包括高级专家 18 人），与基地建立科研协作关系的研究人员 28 人，形成一支由能源领域专家、教授、博士、研究生组成的科研团队。能源基地获各类纵向项目资助共计 21 项，其中，国家级 7 项，省部级 14 项；各类纵向项目结题共计 11 项，其中，国家级 4 项，省部级 7 项；新签横向合同 70 项；获优秀成果奖励 10 项，其中，省部级以上奖励 7 项；发表能源类学术论文共计 135 篇，其中 SSCI 检索论文 37 篇，EI 检索论文 12 篇，SCI 检索论文 48 篇，CSSCI 检索论文 4 篇；出版能源类学术专/译著 10 部。共编制《北京能源发展研究基地工作简报》26 期。

（沈　磊）

【《青少年能源教育知识读本》出版】 2018 年 1 月，由能源基地学术委员、华北电力大学人文学院院长苑英科教授主编的《青少年能源教育知识读本》由中国经济出版社正式出版。该书取材新颖、内容丰富，共分八章，主要从能源及能源与生活、我国能源状况与能源形势、我国的能源战略、能源革命、能源转换及其技术产物、日常节能技术、未来能源的发展方向等八个方面，对能源科学、能源的利用和展望进行阐述。

（沈　磊）

【1 项科研成果获国家能源局奖励】 2018 年 2 月 6 日，国家能源局 2016 年度能源软科学研究优秀成果交流座谈会在北京召开，会议公布 2016 年度 40 项优秀研究成果。能源基地首席专家谭忠富教授申报的课题研究成果《考虑时空互补特性的高比例可再生能源接入电力系统运营优化机制设计研究》获二等奖。

（沈　磊）

【曾鸣到雄安新区考察调研】 2018 年 2 月 6—7 日，国家发改委电力体制改革专家咨询组首席专家、中国电动汽车充电技术与产业联盟理事长、能源基地研究员曾鸣教授在河北保定、雄安新区就综合能源系统试点如何落地问题进行考察调研。

（沈　磊）

【曾鸣在《人民日报》发表署名文章】 2018 年 4 月 9 日，《人民日报》理论版头条人民要论专栏刊登中国能源研究会能源互联网专委会副主任、能源基地研究员曾鸣教授署名长文《构建综合能源系统》，中国社会科学网、南方网、人民论坛网等媒体相继转载，引起社会各界关注和积极评价。

（沈　磊）

【中国自然资源学会政策研究专业委员会委员臧红印等到访】 2018 年 4 月 12 日，中国自然资源学会政策研究专业委员会委员、办公室主任臧红印、北京华夏凯拓教育咨询有限公司董事长王伟到访能源基地，双方就学术科研和培训等方面内容的合作进行洽谈。

（沈　磊）

【举办京津冀雾霾治理一体化学术沙龙】 2018 年 4 月 16 日，能源基地举办第二十八期“京津冀雾霾治理一体化”学术沙龙。此次学术沙龙以“电力体制改革下的行业变革与个人机遇”为主题，邀请能源基地研究员王鹏教授担任主讲嘉宾。12 月 10 日，能源基地举办第二十九期“京津冀雾霾治理一体化”学术沙龙。此次学术沙龙以“2019 光伏政策和市场展望”为主题，邀请中国新能源电力投融资联盟秘书长彭澎担任主讲嘉宾。能源基地部分研究员、相关专业本科生和研究生参加此次学术沙龙。

（陈　恩）

【张素芳项目成果入选市社科规划办《成果要报》】 2018 年 4 月，由能源基地研究员张素芳教授主持的北京市社会科学基金项目《推进我国分布式光伏发电的创新政策与配套体系研究——以北京市为例》经验收准予结项，等级优秀。根据项目成果提炼的决策咨询成果《推进北京分布式光伏发电的几点建议》被北京市社科规划办《成果要报》（2018 年第 13 期）采用。

（陈　恩）

【研究报告正式出版】 2018 年 4 月，《北京能源发展研究报告 2017》正式出版，该报告针对北京市能源发展中存在的重大问题，由能源基地组织科研人员重点研究并积极建言献策，并形成专题研究成果。

（李卉雯）

【张兴平、袁家海研究报告正式发布】 2018年5月，能源基地学术委员张兴平教授、研究员袁家海教授合作的研究成果《风电和光伏发电2020年平价上网的路径及政策建议》正式发布，对国家“十三五”期间风电和光伏项目平准化发电成本进行分析和展望，提出风电和光伏发电项目实现平价上网目标的路径和政策建议。

（陈　恩）

【日本地球环境战略研究机构访问能源基地】 2018年5月11日，日本地球环境战略研究机构（IGES）气候和能源研究部首席研究员刘宪兵博士、高级研究员金振博士访问能源基地并开展学术交流。能源基地研究员董军、张金良，及相关专业博士研究生参加此次交流活动。

（陈　恩）

【樊良树出席论坛并发表演讲】 2018年5月12—13日，“2018年中国生态文明建设·湖州论坛”在浙江湖州举行。能源基地研究员樊良树应主办方邀请出席此次论坛，并发表题为《中国乡村振兴的世界意义——以浙江安吉为例》主旨演讲。

（沈　磊）

【美国纽约大学Shakeel Kazmi教授应邀到访】 2018年5月28日至6月7日，美国纽约大学Shakeel Kazmi教授应邀访问能源基地，并开展学术讲座、沙龙、短期课程等系列访问讲学活动。

（沈　磊）

【获能源经济学术创意大赛一等奖】 2018年8月18日，第四届全国大学生能源经济学术创意大赛总决赛在山东工商学院举行，能源基地学术委员张兴平教授指导的学生作品《我国风电2020年平价上网的可能性分析及政策建议》获研究生组一等奖，张兴平教授获优秀指导教师奖。

（沈　磊）

【樊良树在《光明日报》发表文章】 2018年8月22日出版的《光明日报》刊发能源基地研究员樊良树撰写的《三条控制线优化国土空间格局》的理论文章。

（沈　磊）

【承办2018中国农村贫困问题与精准扶贫高端论坛】2018年10月13日，“2018中国农村贫困问题与精准扶贫高端论坛”在华北电力大学举行。此次论坛由能源基地、华北电力大学人文学院和60周年校庆办联合承办。北京大学等40余所高校的专家学者，社会组织领导、扶贫企业家等150余人参加了论坛。

（黄琳程）

【两项研究成果刊发《改革内参》】 2018年10月19日出版的《改革内参》刊发能源基地研究员张素芳教授主持的国家社科基金项目《促进我国可再生能源发展的体制机制和政策创新研究》两项研究成果——“我国可再生能源发展面临的主要挑战及原因”及“新电改背景下可再生能源激励政策创新建议”。

（沈　磊）

【牛东晓获教育部重大课题攻关项目立项】 2018年12月，教育部公布2018年度哲学社会科学研究重大课题攻关项目评审结果，以能源基地学术委员牛东晓教授为首席专家申报的“构建清洁低碳、安全高效的能源体系政策与机制研究”获准立项，资助金额80万元。这是华北电力大学哲学社会科学研究获得的首个教育部哲学社会科学研究重大课题攻关项目，是学校哲学社会科学研究新的突破。

（沈　磊）

【举办北京能源发展高端论坛】 2018年12月23日，能源基地在华北电力大学国际交流中心第一会议室举办北京能源发展高端论坛暨能源基地新一届学术委员会会议。能源基地新一届学术委员、部分研究员出席会议。

（杨　龙）

新型薄膜太阳电池北京市重点实验室

【概述】 2018年，新型薄膜太阳电池北京市重点实验室以主攻钙钛矿、染料敏化、量子点和聚合物太阳电池的基础理论和应用技术为核心，在科研工作中取得较大进展。

科研成果。年内，研究进展顺利，一是获效率超过20%的高效钙钛矿太阳电池。二是建立适用于钙钛矿太阳电池关键材料计算的理论模型，揭示电池关键材料的化学结构与激子特性、能带结构的关系，为设计和制备高性能钙钛矿材料提供理论指导。三是实现能带在1.4～2.0 eV之间的钙钛矿型材料的可控制备；实现能级可控的空穴传输材料的可控制备；为实现高性能钙钛矿太阳电池提供高性能材料体系。四是阐明电池器件中载流子复合、界面电荷转移动力学规律及其与器件性能的相关性，为高性能钙钛矿材料和器件结构的理性设计提供物理依据。五是设计优化半导体氧化物薄膜材料及结构，制备出有利于钙钛矿材料负载、高速电子传输的阳极薄膜；制备高性能空穴传输材料，组装高效率新型钙钛矿电池，获得光电转换效率不低于20%的高效钙钛矿结构电池原型器件。

项目经费。实验室研究人员承担科技部和北京市等国家、省部级及企业委托项目经费500余万元。

人才队伍。实验室聘用蔡墨朗和刘雪朋两位教师。其中蔡墨朗教授是实验室从日本国立物质材料研究所引进的优秀青年学者。实验室现有研究人员 26 人，技术人员 2 人，管理人员 2 人，研究人员全部具有博士学位。实验室成员中，973 首席科学家 1 人，青年千人计划 1 人，优秀青年基金获得者 2 人，教育部新世纪优秀人才 5 人，北京市科技新星 1 人，北京市优秀人才 1 人，北京市青年英才 3 人。

（濮　妍）

【概况】 2018 年，新型薄膜太阳电池北京市重点实验室现有专职人员 30 人，其中博士生导师 8 人，教授 13 人，副教授 10 人。

实验室硕士研究生招生人数为 30 人，博士研究生招生人数为 6 人，目前在校研究生 99 人。2018 年接受外国来华留学生攻读硕士研究生 2 名，博士研究生 5 名。实验室获纵向经费资助共计 550 万元，获横向经费资助 153 万元，获批授权发明专利 12 项。

实验室团队成员共发表论文 48 余篇，其中 SCI 检索 43 篇。由戴松元教授为首席科学家，苏州大学、陕西师范大学和南方科技大学共同承担的国家重点研发计划项目“钙钛矿电池关键材料设计制备及高性能柔性器件”顺利通过科技部中期检查。

蔡墨朗教授获批国家重点研发计划“可再生能源与氢能技术专项”钙钛矿/晶硅两端叠层太阳电池的设计、制备和机理研究项目课题：宽带隙钙钛矿材料设计与稳定性机理研究。8 月，华北电力大学作为主办单位的第 22 届国际太阳能光化学转换与储存大会（IPS-22）在安徽合肥顺利召开，包括诺贝尔奖提名获得者、中国科学院院士在内的 30 多个国家 700 余名科学家参会。2018 年，戴松元教授出访日本九州工业大学，参加“高效钙钛矿太阳能电池材料预制和优化”（AP-HOPV18）国际会议。并多次出访国外大学，进行学术研讨和实验交流。

实验室主任：戴松元

（濮　妍）

合作交流和对外联络

Cooperation，Exchange and Foreign Connections

○ 综　　述

2018年，学校国际化工作服务于学校发展，在外专引智、联合科研、优质教育资源引进和国际学术交流等方面积极推动学校高水平大学建设。正直改革开放40周年，华北电力大学国际化进程得到突飞猛进的发展。学校举办上海合作组织大学能源会议、“一带一路”能源学院合作伙伴签约仪式、“中外大学校长论坛”“两岸高校绿色能源学堂”闭幕式、第十四届海峡两岸气候变迁与能源可持续发展论坛年会和两岸能源高峰会议等。学校的国际合作与交流规模不断扩大，至年底，学校已与30多个国家的90多所大学签订合作交流协议，共派出629名学生赴国（境）外进行交流学习。来华留学生招生结构进一步优化，全年共招收各类留学生647人。学校积极为中国企业实施“走出去”战略培养本土化人才，举办巴基斯坦、苏丹工学核电专业硕士班，湄公河项目硕士班等。

2018年，学校围绕“双一流”建设战略部署，以60周年校庆为契机，坚持走校企合作兴校强校之路，在校企、校地合作工作方面皆取得丰硕成果。学校与地方政府、企业、高校签署各级别层次合作协议共计22份。学校与乐清市人民政府共建华北电力大学乐清智能电气与产业创新研究院，积极对接响应“中国制造2025”；与南京市江宁区人民政府签署战略合作协议，并共建“智能电网产业创新融合发展论坛”；与国家信息技术安全研究中心签署战略合作协议；此外，学校成为全球能源互联网大学联盟副主席单位，提升校企合作质量和对“双一流”建设的持续贡献能力。

2018年，大学理事会建设实现新突破，新增三峡集团、中广核集团、中国电建、中国能建、广东能源集团为副理事长单位，大学理事单位由9家扩容到14家，行业支持学校办学的能力显著增强。国内交流合作积极推进，走访大学理事单位等62家大型企业和行业机构，与大唐集团、国家能源集团、三峡集团达成全面战略合作，推进落实重要领域、重大项目的合作。与华电集团合作成立“华电‘一带一路’能源学院”，作为发起单位成立“中国电力高校联盟”。国际合作持续深化，与挪威科技大学、东京大学等10所世界知名大学建立合作关系，与“一带一路”沿线主要国家15所知名高校达成战略合作伙伴，与国际能源宪章签署合作备忘录，成功主办“能源革命与大学责任”中外大学校长论坛，启动“一带一路”能源学院伙伴计划。

2018年，学校校友工作围绕学校的中心工作和发展大局，坚持“三个有利于”的原则，保证依法依规开展校友工作。校友工作主要围绕学校60周年校庆开展，走访29个地方校友会及58家地方企业，促成34个地方校友会和2个兴趣俱乐部的换届，以及香港、西藏校友会的成立；校友一体化信息平台上线；评选出60名杰出校友，共有42名杰出校友在校庆期间返校参加校庆活动；邀请60名校友返校参加运动会开幕式队列；打造“明德大讲堂——雪松面对面”栏目以及“电声华语”微信栏目；共组织、接待大型校友返校班级168个，接待校友5000余人次；通过校友会网站、微信平台发布新闻百余条；接收校友捐款和项目合作共计4700余万元。

2018年，学校教育基金工作办公室与教育基金会秘书处贯彻落实学校第二次党代会的决策部署，借助甲子校庆的东风，教育基金工作取得可喜的成绩。教育基金会资产总额7291.80万元，净资产额7237.67万元。通过教育基金会平台，年度内募集与吸纳的资金与资产折合总价值达人民币8467.95万元。其中签订捐赠协议90笔，协议资金合同额为4753.95万元；申报配比资金获批914万元；接收社会捐赠物品101件（套），折合人民币价值2800万元。年度到账2448.57万元，投资收益122.07万元，总计到账收入2570.64万元。年度支出合计1290.28万元，其中：业务活动成本1216.78万元，管理费用73.50万元。本年度工作人员工资福利和行政办公支出占本年支出比例的5.70%。

国际合作与交流　港澳台工作

【概述】 2018年，正直改革开放40周年，华北电力大学国际化进程得到迅速发展。学校国际化工作服务于国家外交战略，充分发挥大学的学科优势，为发展中国家提供专业技术和管理培训，为中国电力企业“走出去”提供智力和人才的支撑；同时服务于北京市国际交往中心和创新中心的城市功能定位，推动国际合作与交流工作。国际交流更加频繁，教师和学生交流、外专和外宾来访、留学生数量、国际会议等均稳中有增。举办上海合作组织大学能源会议、“一带一路”能源学院合作伙伴签约仪、“中外大学校长论坛”，学校国际化工作服务于学校发展，在外专引智、联合科研、优质教育资源引进和国际学术交流等方面积极推动学校高水平大学建设。

服务外交。积极承担国家外交任务，可再生能源发电及入网技术国际培训班结班；华北电力大学同美国西肯塔基大学共建的孔子学院取得丰硕成果。国际合作平台项目也取得新进展，“一带一路”能源学院合作伙伴签约仪式在华北电力大学举行；“中外大学校长论坛”在学校举行，15个国家的代表共同探讨能源转型与能源革命中大学的责任与创新。学校全面推进上海合作组织大学各项工作，上海合作组织大学能源会议在学校召开，对推进能源学高校间的紧密合作起到重要作用。

外专引智。围绕“聚天下英才而用之”的人才观，加快学校国际化进程，坚持高端引领，整体推进，各项工作均取得明显成效。

国际会议。上海合作组织大学能源会议在华北电力大学召开，对推进能源学高校间的紧密合作起到重要作用。“一带一路”能源学院合作伙伴签约仪式在学校举行，备忘录的签署将有力促进中国高校与“一带一路”沿线国家高校的教育、科研、人文合作，培养本土化人才。“中外大学校长论坛”在学校举行，15个国家的代表共同探讨能源转型与能源革命中大学的责任与创新。

对台工作。学校对台工作进展顺利，“两岸高校绿色能源学堂”闭幕式在学校举行。第十四届海峡两岸气候变迁与能源可持续发展论坛年会和两岸能源高峰会议在华北电力大学校召开，与会专家围绕前沿的能源环境技术作 26 场学术报告，并进行卓有成效的学术交流。

（赵子健）

【概况】 2018年，学校的国际合作与交流规模不断扩大，国际交流与合作规模和质量稳步提升，全年出国交流和出国攻读学位达629人次；教科人员出国交流349人次；共接待外宾来访576人次；外国专家来访共221人次，带动深层次的国际交流合作。外专项目取得新突破，高层次外专人数来访人数大幅增加，其中包括3名诺贝尔奖获得者，院士级别专家13人。北京校区聘请外国专家203人次来校工作。其中长期语言教师7人，长期专业专家2人，短期外籍专家 194 人。保定校区共聘任长期英语外籍教师6人，来访外专共计29人次。

截至2018年底，华北电力大学已与美国、加拿大、澳大利亚、波兰、捷克、法国、俄罗斯、韩国等30多个国家的90多所大学签订合作交流协议，并根据协议开展各种形式的学生长短期海外学习交流项目。学校共派出629名学生赴国（境）外进行交流学习。其中，211 名应届毕业生出国（境）留学，217 名本科生参加中外合作办学项目，111 名本科生、硕士生和博士生参加交流交换项目和学术交流。学校公派出国学生人数大幅增加。学校共有147名学生获得国家留学基金管理委员会资助，赴国外高水平院校进行交流学习。其中包含上合组织大学项目68人，国家公派研究生项目51人，优秀本科生国际交流项目96人（其中68人于2018年派出，其余28人将于2019年春季学期派出）。

2018年，来华留学生招生结构进一步优化，在自主招生来华留学生以及与境外优秀院校合作培养来华留学生方面取得新突破。全年共招收各类留学生647人，其中学历生616人，非学历生31人。学校优化招生策略，拓展招生渠道，积极参加各境外教育展。统筹协调国内机构和驻外使（领）馆、外国高等学校、孔子学院在来华宣传方面的资源的能力，通力合作，搭建来华留学宣传的有效平台。同时，学校积极为中国企业实施“走出去”战略培养本土化人才，举办巴基斯坦、苏丹工学核电专业硕士班，湄公河项目硕士班等。

保定校区“4+0”国际合作办学项目（涵盖“2+2”培养模式）招录新生70人；2016级15名学生赴英国爱丁堡大学、曼彻斯特大学攻读本科后两年的学业；2014级21名“2+2”培养模式本科毕业生中有20名学生选择在国外继续攻读硕士、博士学位，其中3名学生获英国曼彻斯特大学和巴斯大学直读博士资格。学生因公临时出国（境）开展学术交流等共计9个团组9人次。公派出国留学本科生19人次，研究生10人次，派出学校包括美国伊利诺伊理工大学、密歇根大学德尔本校区、威斯康星大学，澳大利亚纽卡斯尔大学、昆士兰大学，新西兰惠灵顿维多利亚大学，西班牙马德里理工大学，波兰弗罗茨瓦夫理工大学，捷克工业大学及俄罗斯南乌拉尔大学。自费出国（境）留学学生20人次，学校包括美国加州大学伯克利分校、北科罗拉多大学、伊利诺伊理工大学、普度大学，日本早稻田大学，马来西亚马来亚大学。

（赵子健　阮艳花）

【周坚赴美访问西肯塔基大学】 2018年4月17日，由美国西肯塔基大学孔子学院主办的第二届“墨读中国”书画展暨“联合国中文日”系列活动，在西肯塔基大学南校区研发中心举行。华北电力大学党委书记周坚、美国西肯塔基大学校长蒂莫斯·凯博莱（Timothy C. Caboni）出席活动并发表讲话。

（赵子健）

【杨勇平访问卢旺达共和国驻华大使馆】 2018年11月20日，校长杨勇平、副校长王增平，国际合作处、科学技术研究院、对外联络部、国际教育学院、“一带一路”能源学院相关负责人访问卢旺达共和国驻华大使馆，就卢旺达来华留学生培养、卢旺达高校与华北电力大学的校际合作、卢旺达企业与华北电力大学的校企合作、华北电力大学理事会成员单位与卢旺达电力产业合作等方面情况，与大使查尔斯·卡勇嘉阁下进行交流座谈。

（赵子健）

【何华访问俄罗斯南乌拉尔国立大学】2018年12月12日以纪委书记何华为团长的华北电力大学代表团一行两人访问俄罗斯南乌拉尔国立大学和莫斯科动力学院。访问期间何华一行会见南乌拉尔国立大学校领导，并同华北电力大学在南乌拉尔国立大学和莫斯科动力学院学习的学生举行座谈。

（赵子健）

【郝英杰出席东亚地区电力互联合作论坛】 2018年10月31日，副校长郝英杰出席在蒙古乌兰巴托举办的东北亚地区电力互联合作论坛。此次会议由联合国亚太经社会（ESCAP）、中国电力企业联合会、全球能源互联网发展合作组织、蒙古能源部、韩国外交部、亚洲发展银行、俄罗斯能源系统研究院联合主办。会上，来自中国、蒙古、俄罗斯、韩国、日本的专家学者、政府官员、银行代表纷纷发言，为推动东北亚地区电力互联合作献计献策。

（赵子健）

【郝英杰访问蒙古科技大学】 2018年11月2日，郝英杰访问蒙古科技大学。郝英杰感谢蒙古科技大学校长代表团参加华北电力大学60周年校庆系列活动，两校之间的合作非常紧密，在人才培养、科学研究等方面都有非常深入的合作。两校建立的中蒙可再生能源创新中心也申请到两国政府间科研项目，为中蒙可再生能源预测和评估等方面提供智力和技术支持。随后，郝英杰同蒙古科技大学拟来华北电力大学就读的“2+2”项目班学生座谈，鼓励他们学好语言和专业知识，为到华北电力大学学习奠定良好基础。

（赵子健）

【王增平访问挪威芬兰和白俄罗斯大学】2018年6月6日，以王增平副校长为团长的华北电力大学代表团访问挪威科技大学、芬兰阿尔托大学和海门应用技术大学及和白俄罗斯国立技术大学。访问期间，挪威科技大学校副校长 Toril Nagelhus Hernes 会见王增平副校长一行。Toril Nagelhus Hernes 副校长对华北电力大学代表团来访表示欢迎，对华北电力大学在办学历程中所取得的成就表示祝贺。会谈后双方签署两校的合作协议。

（赵子健）

【王增平赴荷兰捷克访问】 2018年12月9—16日，以副校长王增平为团长，教务处、国际合作处和国际教育学院相关负责人为成员的 5 人代表团分别赴荷兰格罗宁根大学、代尔夫特理工大学和捷克技术大学进行访问。华北电力大学代表团对荷兰、捷克的访问，有效地密切学校与荷兰和捷克高校在能源电力领域的教育和科研合作，进一步拓宽学校双一流建设中的国际合作平台与交流渠道。

（赵子健）

【汪庆华出席澳大利亚新西兰延揽人才宣讲会】 2018年4月22日，由华北电力大学党委副书记汪庆华等六人组成澳新小组赴澳大利亚—新西兰两国著名高校进行宣讲并延揽人才。代表团六人穿越澳大利亚—新西兰两国墨尔本、阿德莱德、坎贝拉、悉尼、奥克兰5个城市，拜访中华人民共和国驻澳大利亚大使馆教育处，走访澳新4所顶尖大学；举办五场延揽人才宣讲会，共与8所高校100多位学者进行交流与面谈。

（赵子健）

【檀勤良出席美国加拿大两国延揽人才宣讲会】 2018年3月20日，由副校长檀勤良带队、人才办主任刘明军、科学技术研究院院长杜小泽、环境科学与工程学院院长王祥科、可再生能源学院副院长姚建曦、电气与电子工程学院龚雁峰教授参加的6人组赴美国加拿大两国著名高校进行宣讲延揽人才。代表团六人行程25 000多公里，穿越两个国家，走访6所世界一流大学：加州伯克利分校、纽约大学、哥伦比亚大学、哈佛大学、麻省理工学院和多伦多大学。举办四场延揽人才宣讲会。共与60多位学者进行交流与面谈。

（赵子健）

【杨勇平会见巴基斯坦国立科技大学校长一行】2018年12月4日，巴基斯坦国立科技大学（NUST）校长 Naweed Zaman 先生访问华北电力大学，校长杨勇平会见来访客人并签署“一带一路”能源学院合作伙伴备忘录，一同参加会见的还有电气与电子工程学院、国际教育学院与国际合作处负责人。Naweed Zaman 校长对学校提出的合作建议表示认同，表示 NUST 与华北电力大学在能源和环境领域具有共同的学科布局，双方开展深入合作的潜力巨大，并进一步建议在教师交流、学生交换项目上开展双向合作，延续中巴友谊。

（赵子健）

【杨勇平会见牙买加反对党领袖和酒钢集团董事长】 2018年10月16日，牙买加反对党人民民族党领袖彼得·菲利普斯与酒钢集团公司董事长陈春明一行来华北电力大学慰问酒钢集团牙买加燃机发电机组培训班学员。校长杨勇平、副校长郝英杰、继续教育学院院长沈剑飞、国际合作处处长段春明会见来访客人。牙买加反对党人民民族党领袖彼得·菲利普斯祝贺华北电力大学成立 60 周年，并赞赏华北电力大学在能源电力领域的雄厚实力，通过在该校学习培训的学员，将成为牙买加电力发展的中坚力量。

（赵子健）

【曼彻斯特城市大学代表团来访华北电力大学】 2018年6月1日，英国曼彻斯特城市大学副校长 Andy Gibson、科学与工程学院国际部负责人 Keith Miller、科学与工程院中国事务负责人 Li Hong 一行三人来访学校。副校长王增平会见来访客人。双方就开展“2+2”“3+1+1”“1+1+1”等本科及硕士合作项目达成共识。

（赵子健）

【美国加州大学河滨分校代表团访问华北电力大学】 2018年3月25日，美国加州大学河滨分校机械工程学院院长Dr. Guillermo Aguilar，伯恩斯工程学院院长助理Mr. Jun Wang，中留双创国际教育集团理事长李桐来访学校。国际合作处处长段春明、国际教育学院院长包小勇、继续教育学院刘燕欣会见来访客人。双方就“本科交换生项目”“3+1+1”“3+1+5”和其他硕士联合培养项目深入研讨，通过项目具体落实，不断增加两校的合作领域和深度，加深两校友谊。

（赵子健）

【美国威斯康星大学密尔沃基分校和罗克韦尔自动化有限公司代表团到访】 2018年3月8日，美国威斯康星大学密尔沃基分校工程及应用科学学院院长Brett Petters、David Yu教授，以及美国罗克韦尔自动化有限公司大学合作项目部主任Michael Cook、大学合作项目负责人YinghanLv、技术总监Shuzhang Wang、执行负责人Jiahui Wang来访学校。副校长王增平、国际合作处处长段春明、控制与计算机工程学院院长房方接待来访客人。华北电力大学同威斯康星大学密尔沃基分校是多年的合作伙伴，双方在学生联合培养、教师科研合作方面都有着实质性的合作。罗克韦尔自动化有限公司同学校合作，在保定校区建立罗克韦尔自动化实验室，得以推动学校该专业快速发展。

（赵子健）

【挪威卑尔根大学代表团到访】 2018年10月17日，挪威卑尔根大学校长Dag Rune Olsen教授一行三人访问学校。校长杨勇平接待到访客人，副校长王增平，国际合作处、可再生能源学院负责人出席会议。会谈结束后，杨勇平与Dag Rune Olsen校长签署两校合作谅解备忘录。随后，代表团一行参观学校新能源电力系统国家重点实验室。

（赵子健）

【杨勇平会见国际能源宪章秘书处秘书长一行】 2018年9月27日，国际能源宪章秘书处秘书长Dr. Urban Rusnák（乌尔班鲁斯纳克博士）访问华北电力大学，校长杨勇平会见来访客人并签署合作备忘录，一同参加会见的还有可再生能源学院、国际合作处负责人。会谈结束后，乌尔班鲁斯纳克博士参观学校新能源电力系统国家重点实验室，并为学校师生做学术报告“国际能源宪章组织与全球能源结构”。

（赵子健）

【俄罗斯南乌拉尔国立大学校长代表团到访】 2018年9月20日，俄罗斯南乌拉尔国立大学校长代表团访问学校，校长杨勇平会见代表团成员。南乌拉尔国立大学具有很强的科研实力和国际影响力，在俄罗斯众多高校中，综合排名高居前十，该校机械制造、航天航空、建筑、机械工程和超级计算机技术专业位居世界前列。两校于2016年建立合作伙伴关系，成效显著。同时作为上海合作组织大学能源学方向的两所学校，协同合作，积极进取，共同推进上海合作组织大学各项事业向前发展。

（赵子健）

【澳大利亚新南威尔士大学助理校长到访】 2018年8月28日，澳大利亚新南威尔士大学助理校长Mr. Laurie Pearcey访问学校，党委副书记汪庆华会见来访客人，国际合作处负责人参加会谈。Mr. Laurie Pearcey表示将全力促成两校举办合作办学项目，并以此为契机，为双方在共同感兴趣的科研合作交流打下坚实基础。会上，双方一致同意加快合作培养项目的实施，尽快举办科研研讨会，为两校拓宽合作领域确立方向。

（赵子健）

【德国比勒菲尔德应用技术大学校长到访】 2018年7月25日，德国比勒菲尔德应用技术大学校长Prof. Dr. Ingeborg Schramm-Wolk、副校长兼机电与数理学院院长Prof. Dr. Lothar Budde一行4人访问学校。校长杨勇平会见来访客人，一同参加会议的还有国际合作处、电气与电子工程学院和国际教育学院负责人。双方就充分发挥各自优势，建立合作伙伴关系达成一致；并同意加强沟通交流，深入探讨建设中德合作校区的可行性方案。会后，德国比勒菲尔德应用技术大学校长一行参观学校新能源电力系统国家重点实验室。

（赵子健）

【美国工程院院士周祖康应邀参加院士华电行活动】 2018年7月17日，美国工程院院士Joe Chow（周祖康）应邀来到华北电力大学，并为师生带来“同步相量数据质量增强及戴维南等效估计在线方法”专题报告。杨勇平会见周院士并进行亲切交谈，相关部门及院系负责人陪同会见。本场报告是学校校60周年校庆系列学术活动“院士华电行”的第二十讲。

（赵子健）

【美国普度大学工程管理教授到校交流】 2018年6月16日，美国普度大学工程管理专业DAPHENE KOCH、YI JIUNG等教授一行三人与学校工程技术与管理研究所进行学术交流。在此次学术活动中，双方就当前工程项目管理中的一些具体问题进行广泛交流，特别是在工程实体管控技术方面，就如何利用先进科学技术有效解决工程管理中的实际问题进行深入探讨。

（赵子健）

【伊朗沙里夫理工大学校长到访】 2018年6月29日，伊朗沙里夫理工大学校长Mahmoud Fotuhi-Firuzabad、该校学者 PaymanDehghanian、伊朗驻华使馆科技参赞 Yousef Hojjat 先生到访学校。校长杨勇平会见来访客人，一同参加会议的还有副校长王增平、国际合作处和可再生能源学院负责人。Fotuhi 校长对华北电力大学的接待表示感谢，并表示非常希望两校能够建立合作伙伴关系。沙里夫理工大学有 13 个学院，其中 9 个学院是工程学院，在校生 12 000 名，教授 480 位。该校同企业的合作十分紧密，并且为学生提供大量的出国交流学习的机会。

（赵子健）

【英国曼彻斯特城市大学副校长安迪·吉普森到访】 2018 年 11 月 1 日，英国曼彻斯特城市大学副校长安迪·吉普森（Andy Gibson）一行 3 人访问保定校区，并同学校领导及相关部门院系举行会谈。校党委副书记郭孝锋和学校国际合作处、教务处、研究生院、电力系、电子系、机械系、计算机系等单位相关负责人参加会谈。学校相关部门和院系负责人同曼彻斯特城市大学代表团就本科生短期交流，硕士预科及硕士生联合培养等方面的合作意向展开深入交流，并达成一系列建设性共识。

（赵子健）

【英国斯莱斯克莱德大学电气与电子工程系到访】 2018 年 12 月 5 日，英国斯莱思克莱德大学（University of Manchester）电气与电子工程系系主任 Campbell Booth 教授和工程学部国际合作副部长罗国麟教授到访。双方就三学期学制建设，增加外教授课，学生学习实践项目等进行广泛交流，并在深化联合培养和可持续合作上达成一致。

（赵子健）

【美国犹他州青少年歌舞团应邀演出】 2018 年 4 月 11 日，美国犹他州青少年歌舞团应学校邀请到学校做专场演出，本次演出是“甲子华电·点亮艺术”主题系列活动的第三场。党委书记周坚、副校长李双辰、副校长孙忠权和党委副书记汪庆华出席此次活动，国家千人计划专家、国家万人计划专家、国家重大专项首席科学家及离退休老领导、老教师、各职能处室、各院系主要负责人同在校师生和校友代表近 1400 人共同观看。

（赵子健）

【美国青年大学生访华艺术团应邀演出】 2018 年 6 月 11 日、12 日，美国青年大学生访华艺术团应学校邀请分别在保定校区、北京校部举办“筑梦校园”专场演出。此次演出是学校为迎接 60 周年校庆心策划的“甲子华电·点亮艺术”主题系列活动的第四场。本次演出主要由杨百翰大学舞蹈团、犹他拉丁民族舞蹈团、犹他谷大学街舞团三个单位的近百位成员组成。

（赵子健）

【拉脱维亚里加巴尔塔女声合唱团到校交流】 2018 年 10 月 19 日，拉脱维亚里加巴尔塔女声合唱团到华电与学校蓝动合唱团进行交流学习。该活动是北京市教育委员会和国家大剧院主办、北京学生活动中心承办的“第五届北京国际青少年艺术周”系列活动之一。来自世界各地 14 个顶级合唱团体齐聚北京。活动以合唱艺术为媒介，搭建起北京青少年与世界学生文化交流的桥梁。

（赵子健）

【德国学院歌手合唱团音乐会】 2018 年 12 月 11 日，德国学院歌手合唱团专场演出在华北电力大学主楼礼堂举行。华北电力大学蓝色动力合唱团与北京第二外国语学院合唱团参与本次演出。

（赵子健）

校企、校地合作

【概述】 2018 年，华北电力大学围绕“双一流”建设战略部署，以 60 周年校庆为契机，坚持走校企合作兴校强校之路，在学科建设、人才培养、科学研究、社会服务等方面全面引领学校的校企、校地合作工作，取得丰硕成果。

2018 年，学校与地方政府、企业、高校签署各级别层次合作协议共计 22 份。校庆期间，学校收到包括广大校友在内的社会各界捐赠与合作资金达 1.2 亿。在校庆月期间，学校在保定市成功举办“百家企业千名校友资智返保创新创业峰会”，共吸引助力地方资金近 20 亿。年内，学校与乐清市人民政府共建华北电力大学乐清智能电气与产业创新研究院，充分发挥政府与高校各自特色与优势，积极对接响应“中国制造 2025”；与南京市江宁区人民政府签署战略合作协议，并共建“智能电网产业创新融合发展论坛”；与国家信息技术安全研究中心签署战略合作协议，响应国家号召，深度打造军民融合发展工作格局；此外，学校成为全球能源互联网大学联盟副主席单位，提升校企合作质量和对“双一流”建设的持续贡献能力。

（梁玉超）

【概况】 华北电力大学对外联络与合作部下设校企合作办公室、理事会工作办公室及校友工作办公室等三个处级机构，同时设置综合管理与规划办公室。现有教职工 11 人，其中北京校部 8 人，保定校区 3 人。华北电力大学校企合作工作经过多年的发展，校企合作的规模、广度、深度不断拓展，以理事会为核心的多层级校企合作平台日趋成熟，重要战略合作伙伴达到 100 余家，覆盖电力生产运营、设备制造、科研院所等所有类型企业，涵盖教育培训、高层次人才培养、重大科技攻关、战略联盟等广泛领域。

（梁玉超）

【与协鑫公司签署战略合作框架协议】 2018年1月12日，华北电力大学与协鑫公司签署战略合作框架协议。校长杨勇平，副校长檀勤良，协鑫集团有限公司董事长朱共山，总裁寇炳恩出席仪式。杨勇平表示，双方此次合作对于建设以企业为主体、市场为导向、产学研相结合的技术创新体系有积极作用，有助于促进双方优势互补、资源共享、协同创新、共同发展，紧抓一带一路建设带来的重要战略机遇，在能源电力及相关领域围绕重大课题研究、高层次人才培养、科技成果转化、高精尖技术攻关等方面开展深度合作。学校今后将以行业需求为动力，采取开放办学的模式，走产、学、研一体化道路，要在与大型企业的合作中实现优势互补、利益共享，进一步增强学校发展的后劲和活力。檀勤良副校长与协鑫集团有限公司寇炳恩总裁代表双方签署战略合作框架协议。

（梁玉超）

【与钱江电气签署校企合作协议】 2018年1月23日，华北电力大学与杭州钱江电气集团股份有限公司签署校企合作协议。校长杨勇平会见钱江电气董事长项忠孝、总裁项勇一行，副校长郝英杰出席签约仪式。根据协议约定，双方就设立奖助学金，联建本科生校外实习实践基地及研究生工作站，依托合作项目联合培养创新创业人才，在电力高端装备、智能电网、新能源、微电网、新型材料等领域开展科研合作。

（梁玉超）

【与南阳金冠电气达成校企合作协议】 2018年2月28日，华北电力大学与南阳金冠电气有限公司达成校企合作协议。根据协议，学校将充分利用科研优势和人才资源支持企业的发展，在人才培养与引进、产学研合作、新能源精准扶贫等领域与金冠电气开展深度合作。双方希望以此次洽谈会为契机，强化交流，发挥各自优势，不断创新合作模式，拓展新的合作领域，建立校企合作长效机制，更好地实现优势互补、共同促进。

（梁玉超）

【贵州电网公司到校洽谈合作】 2018年3月29日，贵州电网公司总工程师毛时杰带队访问华北电力大学，双方举行校企合作交流座谈会，就进一步深化校企合作等事宜进行深入交流。副校长郝英杰出席会议。双方就能源互联网及多能互补技术与实践应用，电力市场下电网运行支撑技术，电力大数据、人工智能、云计算在电网中的应用，储能技术，期刊合作等问题展开深入交流，并在高压输电线防冰巡检机器人、新型绝缘材料、人工智能作业、异构化数据挖掘应用等领域达成合作意向。

（梁玉超）

【檀勤良率队访问苏州协鑫集团】 2018年4月12日，副校长檀勤良率队访问总部位于苏州工业园区的协鑫集团，就落实双方产学研合作协议、规划下一步合作方向和合作领域开展调研与研讨。协鑫集团总裁寇炳恩会见檀勤良副校长一行。双方就下一步具体合作展开深入交流，双方围绕共建“一路一带”国际能源学院、全面启动华北电力大学和协鑫集团的产学研合作等达成合作共识，并围绕下一代新型太阳能光伏电池开发、储能电站建设、生物质能源等方向，梳理出深入开展合作研发的方向。

（梁玉超）

【访问国网安徽电力公司等企业】 2018年4月13—14日，校党委副书记汪庆华，原校党委副书记、校友总会副理事长张金辉率队访问安徽三家企业。在国网安徽电力公司访问期间，汪庆华、张金辉与国网安徽电力公司董事长陈安伟等就校企合作、人才培养等问题进行交流。汪庆华祝贺陈安伟董事长履新，感谢国网安徽省电力公司对学校建设发展的支持。他介绍近年来学校在学科建设、人才培养、科学研究、社会服务等方面的发展情况，重点介绍学校第二次党代会所确立的高水平研究型大学发展目标，以及国家“双一流”能源电力科学与工程一流学科建设取得的新进展。他希望在华北电力大学建校60周年之际进一步加强与安徽电力公司的联系与合作，共同为安徽经济社会发展和安徽电力行业的科技创新做出更多更大的贡献。汪庆华、张金辉一行还走访参观科大讯飞公司，考察校友企业安徽中正电力建设工程有限公司。

（梁玉超）

【召开学校与扬中校地合作委员会第一次会议】 2018年4月14日，华北电力大学—扬中校地合作委员会第一次会议在北京校部召开，校长杨勇平，副校长郝英杰、檀勤良，中共扬中市委常委、常务副市长王成明，市委常委、组织部部长黄子来，市委常委潘杰，副市长陈波涛参加会议。会议由檀勤良主持。杨勇平在会上指出，要把华北电力大学扬中智能电气研究中心打造为全国工业电气创新领域最具活力的平台，成为全国校企合作、校地合作、产学研合作的一张亮丽名片。他要求华北电力大学扬中智能电气研究中心要根据新时代党和国家的战略要求，认真梳理、认真审视研究中心的发展定位、目标任务，成为学校创新研究、人才培养、成果转化、社会服务、国际合作的基地，成为学校“双一流”建设不可或缺的有力支撑点，成为支撑扬中市创新发展的重要抓手，成为镇江市、江苏省乃至全国工业电气创新领域最具活力的平台，成为全国校企合作、校地合作、产学研合作的一张亮丽名片。他希望，学校、扬中市、高新区各方通力合作，以最大的诚意支持中心的发展。会议讨论通过了校地合作委员会章程，校地合作委员会组成人员名单，研究中心主任、执行主任、副主任人选，研究中心管理办法，研究中心管理制度实施细则，目标管理考核办法，讨论通过华北电力大学扬中智能电气研究中心负责人刘鹏所做的情况汇报、2018 年度工作计划、2018—2020 年三年工作规划。

（梁玉超）

【郭孝锋访问国家电网湖北省电力有限公司等企业】 2018 年 4 月 20—23 日，党委副书记郭孝锋访问国家电网湖北省电力有限公司、国网电力科学研究院武汉南瑞有限责任公司、校友企业武汉嘉讯科技有限公司等企业。郭孝锋指出，华北电力大学与电力行业联系密切，希望公司能与学校在人才培养、科技创新方面开展更加深入的合作。吴耀文和王文桃代表公司介绍五年来公司与学校在人才招聘和科技项目合作方面的情况，指出学校与公司合作空间广阔，合作前景良好，希望学校能进一步加强与公司的合作，在毕业生就业和科研合作等方面相互支持。

（于海龙）

【与南京市江宁区开展校地合作洽谈】 2018 年 5 月 21 日，南京市江宁区区长祁豫玮一行来校，就校地项目合作、人才引进以及政产学研融合等问题开展交流，副校长郝英杰会见祁豫玮一行。双方将在建设产业纽带和新型研究院等方面进行深入探讨。

（梁玉超）

【维谛技术有限公司来校交流并举行宣讲会】 2018 年 5 月 28—29 日，维谛技术有限公司大中华区总裁祝金程一行来校交流洽谈并举办校园宣讲会。党委副书记汪庆华，副校长律方成分别在北京校部和保定校区会见祝金程总裁一行。律方成从队伍建设、科研平台建设、学科建设及创新创业等方面对学校进行简要介绍。他指出，学校一直致力搭建校企合作的广阔平台，学校将以 60 周年校庆为契机，全面贯彻落实学校第二次党代会精神，进一步加强学校与企业的深层次、全方位、多角度的交流与合作。

（于海龙）

【律方成带队走访西门子（中国）公司】 2018 年 7 月 27 日，副校长律方成受邀带队到西门子（中国）公司走访交流。律方成一行在西门子副总裁、京津冀区域总经理何巍的陪同下参观“西门子亚太数字化体验中心”，工作人员详细阐述西门子“数字化双胞胎”概念和以此为核心的制造业数字化解决方案，并进行实地体验。律方成在讲话中表示公司在人才培养，尤其是在智能科学与技术、智能制造、能源技术等领域的人才培养和科学研究中能够与学校加强合作。

（于海龙）

【与广州广哈签署战略合作框架协议】 2018 年 10 月 19 日，学校与广州广哈通信股份有限公司战略合作框架协议签署仪式在保定校区举行。党委副书记郭孝锋，副校长律方成，广州广哈通信股份有限公司总经理孙业全，总经理助理张聚明，销售部总监王勇（通信 96 届毕业生）出席仪式。郭孝锋强调，“广哈通信奖助金”是华北电力大学设立时间最早、资助时间最长的企业专项奖助金之一。希望双方以此次战略合作为契机，充分发挥各自优势，实现合作共赢。随后，律方成、孙业全代表校企双方签署合作协议。

（于海龙）

【举行校地、校企、校友合作签约暨捐赠仪式】 2018 年 10 月 23 日，正值学校喜迎 60 周年华诞之际，学校校地、校企、校友合作签约暨捐赠仪式在北京校部举行。浙江省乐清市委常委、柳市镇党委书记包光许，四方电气（集团）股份有限公司董事彭雅琴，青岛特锐德电气股份有限公司副总裁周君，浙江云谷数据有限公司董事长黄献锋，华北电力大学北京校友会常务副理事长李斌，部分校友企业负责人以及校内师生代表共同见证合作签约及捐赠仪式。

（梁玉超）

【举办智慧能源高峰论坛暨百家企业千名校友资智返保峰会】 2018 年 10 月 25 日，智慧能源高峰论坛暨百家企业千名校友资智返保峰会在保定校区开幕。保定市市长郭建英，校长杨勇平，副校长郝英杰，党委副书记郭孝锋，副校长律方成，保定市国家高新区管委会主任李保森，副主任柏纪伟、王韶坡出席开幕式。学校理事会、北京市科委、首都科技条件平台等代表和部分知名专家学者、创新创业校友参加论坛活动，论坛开幕式由副校长律方成主持。此次峰会，校友企业将通过捐资助学、专场招聘、校企合作等方式支持母校发展，保定国家高新区与参会部分企业达成 29.8 亿元的投资合作意向。保定高新区管委会特别向华北电力大学提供 200 万元的资金支持。在峰会上，华为技术有限公司与学校签订战略合作协议，三家外埠校友企业与保定市企业签约合作，共计七家企业向学校捐资 2060 万。签约仪式结束后，学校校友企业联合会成立仪式举行，郝英杰为校友企业联合会授牌。

（于海龙）

【律方成带队走访南网科学研究院】 2018 年 11 月 28 日，副校长律方成带队走访南方电网科学研究院，与南网科学研究院党委副书记、纪委书记刘智宏等就校企合作、人才培养等问题与举行座谈。双方将深化在人才培养、科学研究、成果转化等多方面的交流与合作，共同为广东省经济社会发展和南方电网公司的科技创新做出更多更大的贡献。

（于海龙）

【与海南电网公司签署战略合作协议】 2018 年 12 月 24 日，学校与海南电网公司签署战略合作协议，双方围绕海南自由贸易试验区建设，将在人才培养、科技创新、智库建设等方面开展深度合作。校长杨勇平，副校长郝英杰、律方成，海南省教育厅党委委员、副厅长陶洪建，海南电网公司党委书记、董事长邓恩宏，总经理、党委副书记郑外生，党委副书记、副总经理詹晓晖以及双方相关部门负责人参加签约仪式。根据协议，学校和海南电网公司将本着“优势互补、资源共享、互惠共赢”和“产学研用紧密结合”的原则，在现代职业培训、高端人才培养、科技创新服务和党建智库建设等方面开展紧密合作，整合和挖掘海南电网公司科技创新资源和潜力，促进学校教学科研及其成果转化，实现双方共同发展。

（梁玉超）

大学理事会工作

【概述】 2018 年，华北电力大学理事会积极探索行业企业支持行业高校建设发展的特色办学模式，开创校企合作新概念和新形式，在推动学校跨越式发展以及支撑行业科学快速发展等方面取得成效。

理事会单位走访。2018 年，学校高度重视理事会走访工作，周坚书记和杨勇平校长等全体校领导先后走访国家电网、中电联、全球能源互联网发展合作组织、国家电投、华能集团、南方电网、中广核、广东能源集团、中国大唐、中国华电、国家能源集团，三峡集团、中国电建、中国能建等 62 家企业。学校同国家特大型能源电力企业的合作交往进一步深入，友谊进一步增进，校企战略合作长效机制得到进一步完善落实。

增补 5 家企业为副理事长单位。学校积极与三峡集团、中广核、中国电建、中国能建、广东能源集团等特大型能源电力企业进行多次沟通大学理事会增补计划，介绍学校发展和建设有关情况，深入洽谈双方合作展望，取得可喜成效。在 2018 年 10 月校庆月到来之际，华北电力大学理事会秘书处以通讯表决形式，经请各理事长单位审议、协商一致，决定：增补中国长江三峡集团有限公司、中国广核集团有限公司、中国电力建设集团有限公司、中国能源建设集团有限公司、广东省能源集团有限公司 5 家企业为华北电力大学理事会副理事长单位。至此，学校理事会成员单位正式由 9 家扩大到 14 家。在学校建校 60 周年创新发展大会上，全部 14 家理事会单位领导的“全勤”点赞，使校庆活动达到高潮，极大地增强学校的办学影响力和社会声誉。学校将以此为契机，在努力谋求自身又好又快发展的同时，积极服务行业发展，讲好华电故事，贡献华电力量，为祖国新时代能源电力事业的发展添砖加瓦。

开展多领域合作。学校与中国大唐集团、国家能源投资集团和三峡集团等企业分别签署战略合作协议，与中国华电集团合作共建华电一带一路能源学院，落实国家创新发展战略，开展实质性合作，开创校企合作新局面。

（宁子森）

【概况】 截至 2018 年底，华北电力大学理事会有成员单位 14 家，其中理事长单位为国家电网公司，副理事长单位有：中国南方电网有限责任公司、中国华能集团有限公司、中国大唐集团有限公司、中国华电集团有限公司、国家能源投资集团有限责任公司、国家电力投资集团有限公司、中国长江三峡集团有限公司、中国广核集团有限公司、中国电力建设集团有限公司、中国能源建设集团有限公司、广东省能源集团有限公司、中国电力企业联合会、华北电力大学。

（宁子森）

【周坚书记和杨勇平校长访问中国大唐集团公司】 2018 年 1 月 5 日，校党委书记周坚、校长杨勇平访问中国大唐集团公司，与大唐集团董事长、党组书记、华北电力大学理事会副理事长陈进行举行会谈。双方围绕贯彻落实国家创新驱动发展战略，就全面深化产教融合，推动行业创新发展达成初步共识。副校长郝英杰、党委副书记汪庆华、副校长檀勤良，中国大唐集团公司副总经理、党组成员王森、副总经理金耀华、总工程师高智溥等出席会谈。周坚、杨勇平代表学校邀请陈进行在大学 60 周年校庆之际来校视察、指导工作。双方将签署具有引领性和示范性的战略合作协议，共同创新合作体制机制，深化合作内容，拓展合作领域，促进合作落实，力争取得实效。

（宁子森）

【周坚书记和杨勇平校长访问中国华电集团公司】 2018 年 1 月 10 日，学校党委书记周坚、校长杨勇平访问中国华电集团公司，与华电集团党组书记、董事长、华北电力大学理事会副理事长赵建国举行会谈。双方就践行新发展理念，促进产教融合，深化校企合作，推动行业发展等进行了深入交流，达成初步共识。副校长郝英杰、党委副书记汪庆华、副校长檀勤良，中国华电集团公司党组成员、副总经理陈建华，党组成员、总会计师邵国勇，党组成员、副总经理王宏志出席会谈。会谈中，双方一致同意贯彻落实国家创新驱动发展战略，进一步深化合作，构建产教融合发展共同体，在电力市场研究、分布式能源、数字化电厂、国际联合办学等方面开展全方位实质合作，开创新时代校企合作新局面，以新的更大作为，为能源电力事业健康、可持续发展做出积极贡献。

（宁子森）

【周坚书记和杨勇平校长访问国家能源投资集团公司】 2018年1月11日，学校党委书记周坚、校长杨勇平访问国家能源投资集团公司，与国家能源投资集团党组书记、董事长、华北电力大学理事会副理事长乔保平举行会谈。双方就加强产教融合，深化校企合作，推动行业创新进行深入交流。副校长郝英杰、党委副书记汪庆华、副校长檀勤良，国家能源投资集团公司党组成员、副总经理王树民出席会谈。周坚对国家能源投资集团的组建表示祝贺，对乔保平副理事长一直以来给予华北电力大学的支持表示感谢。杨勇平介绍学校近年来的发展成绩和“双一流”建设有关情况。会谈中，周坚、杨勇平邀请乔保平在学校60周年校庆之际到校指导工作，出席于2018年底在学校召开的大学理事会会议，同时也向国家能源投资集团的广大华电校友发出邀请，以各种方式参与、支持学校的60周年校庆。

（宁子森）

【杨勇平会见中电联专职副理事长王志轩】 2018年2月5日，校长杨勇平会见来访的中电联专职副理事长王志轩一行。双方就推进电力行业卓越工程师培养校企联盟、共建中国能源与电力发展战略研究中心（智库）、联合开展电力行业远程继续教育、服务国家“一带一路”建设“走出去”战略的国际合作等问题进行深入细致地沟通与交流。杨勇平代表学校欢迎王志轩副理事长一行来访，并简要介绍学校2017年在“双一流”建设、学科评估、增设博士点、教学成果、科学研究、科技创新、人才培养等方面所取得的成绩。杨勇平指出，校企合作具有重要深远的意义，希望双方在认真总结合作经验的基础上，继续开拓合作领域，策划高端论坛，服务国家“一带一路”能源战略，成立形势、政策等重大软课题研究中心。杨勇平感谢中电联多年来对华北电力大学的大力支持，2018年是华北电力大学甲子校庆年，也是学校第二次党代会部署后的开局之年，同时也是中电联成立30周年，希望中电联能够继续支持学校建设与发展，共同谱写美好未来！

（宁子森）

【与中国大唐签署战略合作框架协议】 2018年3月30日，华北电力大学与中国大唐集团有限公司签署战略合作框架协议，聘请中国大唐集团有限公司董事长、党组书记陈进行为华北电力大学荣誉教授。校党委书记周坚，校长杨勇平，副校长郝英杰，副校长王增平，党委副书记汪庆华，副校长律方成，副校长檀勤良，中国大唐集团有限公司董事长、党组书记陈进行，副总经理、党组成员王森，副总经理金耀华，参加签约仪式。仪式由郝英杰主持。双方经过认真研究，决定达成战略伙伴关系，开展重大战略合作，推进双方在新时代的战略发展，以更高层次、更高水平的科技创新引领乃至创造能源电力行业未来的发展。杨勇平为陈进行董事长颁发聘书和大学校徽。陈进行董事长发表热情洋溢、感情真挚的讲话，诠释对华电60年办学历程的充分肯定，表达对华电师生的深情厚谊、对华电发展的高度关注、对华电未来的美好祝愿、对双方合作的殷切期望。

（宁子森）

【周坚书记和杨勇平校长访问中国三峡集团】 2018年4月13日，党委书记周坚、校长杨勇平访问中国长江三峡集团有限公司，与中国三峡集团党组书记、董事长卢纯举行会谈，双方就进一步深化校企在人才培养、科技创新等领域的合作进行深入交流。副校长郝英杰，三峡集团副总工程师孙志禹出席会谈。周坚对三峡集团长期以来给予华北电力大学的支持表示感谢，对三峡集团建成世界最大的水电开发运营企业和我国最大的清洁能源集团的发展成就表示祝贺。华北电力大学将进一步扎根能源和电力行业，推进校企合作，深化产教融合，服务支撑行业创新发展。她建议双方以国家重大战略需求为导向，在前瞻性和关键性领域，进一步开展基础研究、人才培养、政策研究等方面的广泛深入合作。杨勇平简要介绍华北电力大学新能源学科的发展情况，并表示学校积极落实国家新能源发展战略，在水电、太阳能、风电、核电等领域超前布局，为国家新能源行业的创新发展做出积极贡献。他表示学校和三峡集团合作基础良好，合作需求高度契合，合作前景广阔，建议双方在新能源开发利用、海上风电、创新人才培养、国际化等领域进一步开展联合攻关和合作，共同承担国家项目，联合培养国际化人才，为三峡集团快速发展提供更大的人才与智力支持，促进双方共同发展。卢纯对周坚、杨勇平一行的来访表示欢迎，并介绍三峡集团业务发展整体情况。

（宁子森）

【周坚和杨勇平访问中国能源建设集团有限公司】 2018年7月3日，校党委书记周坚、校长杨勇平访问中国能源建设集团有限公司，与中国能建党委书记、董事长汪建平、总经理丁焰章举行会谈。双方就落实国家战略需求，加强产教融合，深化校企合作，促进行业创新进行深入交流。副校长郝英杰，党委副书记汪庆华，中国能建党委副书记、副总经理张羡崇，党委常委、副总经理吴春利出席会谈。周坚对中国能建和汪建平董事长长期以来给予华北电力大学的支持表示感谢并简要介绍学校近年来在人才培养、科技创新、校企合作、国际合作等方面的情况。杨勇平介绍学校近年来的发展成就，并希望双方围绕规划、设计等重点领域，在人才培养、科研合作、软科学研究、国际合作等领域深化全面合作，产出更多更新成果，实现互利共赢，服务国家创新驱动发展。汪建平对周坚、杨勇平一行的到访表示欢迎，对华北电力大学在人才、科研等方面取得的成就表示祝贺，希望双方在人才培养、技术创新和科学研究等方面进一步深化合作，实现优势互补，共同推动企校联合及“产、学、研、用”的进步与发展。

（宁子森）

【周坚和杨勇平访问中国电力建设集团有限公司】 2018年7月19日，校党委书记周坚、校长杨勇平访问中国电力建设集团有限公司，与中国电建党委书记、董事长晏志勇举行会谈，双方就进一步加强校企合作、实现互利共赢发展进行深入交流。副校长郝英杰、党委副书记汪庆华、副校长檀勤良，中国电建副总经理姚强参加会见。周坚对中国电建长期以来给予华北电力大学的支持表示感谢，并希望双方面向未来，在创新人才培养、科研合作、技术创新等领域开展更深更广的务实合作，在实现互利共赢的同时，为行业培养更多综合型高素质人才，为能源电力自主创新做出更大的贡献。杨勇平介绍学校基本情况，希望双方在已有合作的基础上，围绕可再生能源、国际化、“一带一路”及雄安新区等重点领域进加强合作，打造更加全面、更加坚强的校企合作平台，共同推动支持行业发展，服务国家重大战略。晏志勇对周坚、杨勇平一行的到访表示欢迎，并介绍中国电建的业务结构和生产经营总体情况。他表示，中国电建愿与华北电力大学在人才培养、科技创新、国际化和参与“一带一路”建设等方面巩固既有合作，推动在“产、学、研、用”等方面更广泛更深入地合作，实现合作共赢。

（宁子森）

【与中国长江三峡集团有限公司签署合作协议】 2018年10月25日，华北电力大学与中国长江三峡集团有限公司签署战略合作框架协议。根据协议，为贯彻落实创新驱动发展战略，学校将积极加强与三峡集团合作，在“平等互利、优势互补、资源共享、协同创新、共同发展”的原则基础上，围绕三峡集团在清洁能源开发和长江大保护等业务中需要解决的技术、经济、社会、生态及人文等问题开展，探索构建以企业为主体、市场为导向、产学研用相结合的开放式技术创新体系。双方将在友好合作基础上，充分发挥各自优势资源，全面推动人才培养与科技创新，促进产教融合，为国家能源电力发展开创新篇章。

（宁子森）

【与国家能源投资集团有限责任公司签署合作协议】 2018年10月26日，华北电力大学与国家能源投资集团有限责任公司签署战略合作框架协议。校长杨勇平、副校长李双辰、副校长郝英杰、副校长孙忠权、党委副书记汪庆华、副校长檀勤良出席仪式。国家能源投资集团有限责任公司副总经理、党组成员米树华，副总经理、党组成员王树民，总经理助理、国电电力总经理冯树臣等出席会议。签约仪式由郝英杰主持。根据协议，双方将围绕国家能源发展重大战略任务，在智能发电技术、煤污染物控制与CO_2减排、新能源与可再生能源关键技术等领域就科研创新、人才培养、科技资源共享等进行广泛、深入、多层次的合作和交流。

（宁子森）

校友联络工作

【概述】 2018年，华北电力大学校友工作围绕学校的中心工作和发展大局，坚持“三个有利于”的原则，发挥校友会“一家一桥一平台”的作用，努力做好“三个服务”，学习《社会团体登记管理条例》、社会团体评估等相关规章，学习“三严三实”、学习党章党费和系列讲话，保证依法依规开展校友工作。参加全国高校校友工作研讨会，学习校友工作先进经验。继续担任中国高等教育学会校友工作研究分会监事单位。时值学校建校60周年华诞，校友联络工作以此为契机，完善校友会机构组织，完成各地方校友会换届工作，完成全球校友点亮计划；上线校友信息管理系统；评选建校60周年杰出校友，树立典型；广泛邀请校友返校参加校庆相关活动。

（王瑞琪）

【概况】 2018年，校友工作主要围绕学校60周年校庆开展，走访29个地方校友会及58家地方企业，促成34个地方校友会和2个兴趣俱乐部的换届以及香港、西藏校友会的成立；校友一体化信息平台上线，统计出建校60年以来共有27万华电校友，实现校庆日当天校友返校电子签到；评选出60名杰出校友，共有42名杰出校友在校庆期间返校组队参加校庆活动；举办校友足球和羽毛球比赛，邀请60名校友返校参加运动会开幕式队列；打造“明德大讲堂——雪松面对面”栏目以及“电声华语”栏目；办公室共组织、接待大型校友返校班级168个，接待校友5000余人次；依托校友之家举办各种特色活动，累计接待5000余名校友和在校师生交流座谈；通过校友会网站、微信平台发布新闻百余条；接收校友捐款和项目合作共计4700余万元；召开校友企业座谈会，服务校友企业，促进校企合作。

（王瑞琪）

【华电校友参加两会】 2018年，全国两会在京召开。华北电力大学校友舒印彪、李小鹏、曹志安、张凡华、李庆奎、关天罡等参加两会，积极参政议政，分别就能源、电力、环保、交通等领域精心准备提案，并接受众多权威媒体的采访。

（王瑞琪）

【江西校友会换届】 2018 年 1 月 25 日，江西校友会第三届第一次理事会会议在江西南昌举行。副校长郝英杰、江西校友会第二届理事会成员、江西校友代表等四十余名校友参加会议。李国藩校友当选为理事长。

（王瑞琪）

【加拿大校友会举行 2018 春节联欢暨首届摄影大赛】 2018 年 3 月 4 日，加拿大校友会举行 2018 新春联欢会暨首届摄影大赛。20 位大多伦多地区的校友欢聚于密市“福满豪庭”。校友们介绍各自的生活工作情况，并献上对新春的祝福。

（王瑞琪）

【海南校友会举办庆母校 60 华诞年会】 2018 年 3 月 10 日，学校 60 多位校友抵达海南省琼中黎族苗族自治县，参加华电海南校友会年会。副校长郝英杰、原党委副书记张金辉及兄弟校友会代表参加活动。吴清校友当选为理事长。

（王瑞琪）

【参加中国高等教育学会会议并走访地方校友会】 2018 年 3 月 20 至 24 日，中国高等教育学会校友工作研究分会 2018 年第一次常务理事会议在武汉大学举行，华北电力大学校友会作为监事单位参加，并与来自全国 53 所高校的 70 余名代表就校友工作的开展进行深入交流。期间，校友会一行走访河南校友会、湖北校友会、湖南校友会，就母校 60 年校庆、校友会换届、校友活动的联络与开展等问题进行交流。

（王瑞琪）

【保定校友会会员代表大会在保定校区召开】 2018 年 3 月 24 日，保定校友会会员代表大会暨第二届理事会一次会议在保定校区校友之家召开。校长杨勇平、副校长律方成，及对外联络与合作部负责人及校友代表参加大会，闫晓丁校友当选为理事长。

（葛小杰）

【周坚与教职工代表参观校友之家】 2018 年 3 月 24 日，党委书记周坚、党委副书记郭孝锋与教职工代表到保定校友之家参观考察。周坚对校友之家给予高度评价。校友之家已成为学校对外开放的窗口，是校友及校友企业展示、宣传的平台，也是广大师生活动交流的场所。

（葛小杰）

【甘肃校友畅谈会在兰州举行】 2018 年 3 月 31 日，以“贯彻新思想，展现新风采，立功新时代”为主题的华电甘肃校友畅谈会暨校友理事会换届活动在兰州举行。副校长李双辰以及甘肃校友代表共 50 余人参加会议。郝贵和校友当选为理事长。

（王瑞琪）

【黑龙江、吉林校友会换届】 2018 年 4 月 1 日，黑龙江校友会换届，齐国顺校友当选为理事长。4 月 15 日，吉林校友会换届，陈兴良校友当选为理事长。

（王瑞琪）

【安徽校友会第三届理事会换届大会召开】 2018 年 4 月 14 日，安徽校友会第三届理事会在合肥召开换届大会。校党委副书记汪庆华，原校党委副书记、校友总会副理事长张金辉出席会议。闫少俊校友当选为第三届理事长。

（王瑞琪）

【香港校友会成立】 2018 年 4 月 14 日，华北电力大学香港校友会成立大会在炮台山举行。副校长律方成，香港丝路金融公司董事总经理张建勇，对外联络与合作部相关人员，北京、深圳校友代表以及 20 余名香港校友代表参加成立大会，张建勇校友当选为理事长。

（王瑞琪）

【湖北校友会会员代表大会暨第四届理事会第一次会议召开】 2018 年 4 月 21 日，湖北校友代表大会暨第四届理事会第一次会议在武汉召开。校党委副书记郭孝锋广东校友会代表，及来自湖北省各地的六十余名校友代表参加大会。杨迎建校友当选为理事长。

（葛小杰）

【广东校友会、广东深圳校友会换届大会召开】 2018 年 4 月 21 日、22 日，华电广东校友会、广东深圳校友会换届大会分别在从化、深圳举行。校党委常委、副校长孙忠权、后勤管理处、对外联络与合作部相关负责人及广东、香港、深圳校友代表一百六十余人参加会议。芦晓英、祝金程校友分别当选为理事长。

（王瑞琪）

【周坚赴中南大学访问交流并看望湖南校友】 2018 年 4 月 23 日，校党委书记周坚、副校长郝英杰赴中南大学访问交流。中南大学党委书记易红、常务副书记陶立坚与周坚一行进行座谈交流。随后，周坚一行访问大唐华银电力股份有限公司，并与湖南部分校友座谈。

（王瑞琪）

【校友许思龙获江西省五一劳动奖章】 2018 年 4 月 26 日，全省庆祝“五一”国际劳动节暨江西省五一劳动奖表彰大会在南昌举行。热动 84 级校友许思龙，教授级高工，国家一级注册建造师，现任中国电建集团江西省电力设计院有限公司董事长、党委书记，获“江西省五一劳动奖章”。

（王瑞琪）

【四川校友会会员代表大会暨第二届理事会一次会议召开】 2018 年 5 月 5 日，四川校友会会员代表大会暨第二届理事会一次会议在成都召开。副校长李双辰及四川、湖北、江西、校友足球俱乐部等校友代表 70 余人参加会议。田立峰校友当选为理事长。

（王瑞琪）

【宁夏校友会举行换届大会】 2018 年 5 月 6 日，宁夏校友举办“贯彻十九大精神，助力宁夏电力发展，喜迎华北电力大学 60 华诞”座谈会暨校友理事会换届活动。副校长檀勤良，北京、甘肃、江西校友会代表和宁夏近八十名校友代表参加大会。郭少锋校友当选为理事长。

（王瑞琪）

【福建校友会举行换届大会】 2018 年 5 月 12 日，福建校友举办“爬鼓山庆校庆”暨第四届第一次理事会换届活动。副校长檀勤良，校原党委书记曾亨炎，北京、广东、上海、山东校友会代表和福建二百余名校友代表参加大会。吴焕清校友当选为理事长。

（王瑞琪）

【电声华语栏目上线】 2018 年 5 月 18 日，华北电力大学校团委、校友会携手姚雪松校友共同发起一档语音栏目《电声华语》，希望以此为老师、校友提供一处声音的共享空间，抒发感情，分享智慧，传递华电人的思“响”力，为母校 60 周年校庆增添光彩。汇各地之声，聚思想之光，“电”声共享，“华”语传情。该档节目在校团委广播台“华电之声”微信公众号、校友会网站、校友会微信公众号推送以及征稿。

（王瑞琪）

【贵州校友会举行换届大会】 2018 年 5 月 20 日，贵州校友会会员代表大会暨第三届理事会一次会议在贵阳召开。副校长李双辰及校友代表 40 余人参加会议。唐冲校友当选为理事长。

（王瑞琪）

【河南校友会举行换届大会】 2018 年 5 月 27 日，河南校友会会员代表大会暨第二届理事会一次会议在郑州召开。校党委副书记、纪委书记何华及河南校友代表 120 余人参加会议。李宏校友当选为理事长。

（王瑞琪）

【湖南校友会会员代表大会暨第二届理事会一次会议召开】 2018 年 5 月 27 日，湖南校友会会员代表大会暨第二届理事会一次会议在长沙举行，副校长王增平及湖南、北京、广东、江西、湖北校友代表 80 余人参加会议。戴庆华校友当选为理事长。

（王瑞琪）

【辽宁校友会会员代表大会暨第二届理事会一次会议召开】 2018 年 6 月 16 日，辽宁校友会会员代表大会暨第二届理事会一次会议在沈阳召开。校党委副书记郭孝锋及辽宁校友代表 40 余人参加会议。与会人员一起观看了学校 60 周年校庆宣传片，共同回顾母校发展成就。喻洪辉校友当选为理事长。

（葛小杰）

【山东校友会举行换届大会】 2018 年 6 月 17 日，山东校友会换届大会在济南举行。副校长孙忠权、学校有关部门负责人及三十余名山东校友代表参加会议。张志明校友当选为理事长。

（王瑞琪）

【北京校友会第四次会员代表大会暨第四届理事会换届大会召开】 2018 年 6 月 23 日，北京校友会第四次会员代表大会暨第四届理事会换届大会在北京召开。校党委书记周坚，校长、校友总会理事长杨勇平，副校长李双辰、郝英杰、王增平、檀勤良，北京校友代表，江西、四川、广东、辽宁、香港等地方校友会代表，学校有关职能部门和院系负责人等共 200 余人参加会议。崔继纯校友当选为理事长。

（王瑞琪）

【举行深化产学研合作座谈暨天津校友会换届大会】 2018 年 6 月 22、23 日，深化产学研合作交流座谈暨天津校友会换届大会在天津举行，校党委副书记汪庆华和六十余名天津校友代表参加会议。杨士利校友当选为理事长。

（王瑞琪）

【广西校友会会员代表大会暨第三届理事会一次会议召开】 2018 年 6 月 24 日，广西校友会会员代表大会暨第三届理事会一次会议在南宁召开。副校长孙忠权，广东校友会代表、广西校友共 80 余人参加会议。延顺衡校友当选为理事长。

（王瑞琪）

【西藏校友会成立】 2018 年 6 月 24 日，华北电力大学西藏校友会在拉萨正式成立。西藏校友会的成立标志着学校各级校友会覆盖全国并延伸海外网络的进一步完善。副校长郝英杰，西藏校友会会员代表，学校有关职能部门负责人，共计 40 余人出席会议。庄家强校友当选为理事长。

（王瑞琪）

【十名校友参加共青团十八大】 2018 年 6 月 26 日至 29 日，中国共产主义青年团第十八次全国代表大会在北京召开，自全国各地的 1500 多名来团十八大代表出席大会。华北电力大学高国峰、黄洁亭、黄壁荣、李宇、刘巍、潘多晨、沈小丽、赵美玲、钟奕、谢振宇等 10 名校友作为代表参加会议。其中，国网江苏省电力公司团委书记黄壁荣校友当选十八届团中央候补委员。

（王瑞琪）

【陕西校友会会员代表大会暨第三届理事会一次会议召开】 2018 年 6 月 30 日，陕西校友会会员代表大会暨第三届理事会一次会议在西安召开。党委副书记、纪委书记何华，广东校友会代表，陕西校友代表共 90 余人参加会议。陕西校友会祝贺母校建校 60 周年，并为母校捐赠陕西特色剪纸。雷宏斌校友当选为理事长。

（王瑞琪）

【重庆校友会召开第二届理事会暨庆祝华北电力大学成立60周年大会】 2018年6月30日，重庆校友会举行第二届理事会暨庆祝华北电力大学成立60周年大会。副校长檀勤良，北京、四川、广东校友代表，学校有关职能部门、院系负责人，近200人参加会议。王建国校友当选为理事长。

（王瑞琪）

【新疆校友会举行校友座谈会】 2018年7月7日，“贯彻十九大精神，助力新疆电力发展，喜迎华北电力大学60华诞”校友座谈会在乌鲁木齐举行。副校长王增平、北京、甘肃、广东校友代表，学校有关职能部门、院系负责人共60余人参加会议。韦强校友当选为理事长。

（王瑞琪）

【浙江校友会会员代表大会暨第二届理事会一次会议召开】 2018年7月7日，浙江校友会会员代表大会暨第二届理事会一次会议在杭州召开。副校长郝英杰及浙江60余位校友代表参加会议。沈又幸校友当选为理事长。

（王瑞琪）

【上海校友会会员代表大会暨第四届理事会一次会议召开】 2018年7月7日，上海校友会换届大会在上海召开。我校副校长郝英杰及北京、山东、广东、上海的70余位校友代表参加会议。管人龙校友当选为理事长。

（王瑞琪）

【江苏校友会召开会员代表大会暨第二届理事会一次会议】 2018年7月8日，江苏校友会会员代表大会暨第二届理事会一次会议在南京召开。副校长郝英杰及江苏100余位校友代表参加会议。周旭校友当选为理事长。

（王瑞琪）

【明德大讲堂启动首场报告】 2018年7月10日，华北电力大学正式启动以思政和文化教育为主题的“明德大讲堂”，首场报告邀请六位校友做客“雪松面对面”，共话“谁的青春不奋斗”。校党委书记周坚，中国工程院院士、新能源电力系统国家重点实验室主任刘吉臻，原国家电监会副主席、国家能源局副局长史玉波校友，校党委副书记何华、汪庆华、郭孝锋，国网安徽电力电科院教授级高工王凤霞校友，中国航天五院卫星总指挥兼总设计师张庆君校友，中央电视台经济频道主持人姚雪松校友，百度公司副总裁沈抖校友，中国三峡集团巴西公司投资部主任许可校友出席活动。

（王瑞琪）

【召开校友分会理事长、秘书长联席会】 2018年7月14日，校友分会理事长、秘书长联席会在保定召开。校长、校友会理事长杨勇平，副校长、校友会常务副理事长郝英杰，校党委副书记郭孝锋，副校长、校友会副理事长律方成，校友会副理事长张金辉，来自全国各地校友分会的理事长、秘书长、专业俱乐部负责人以及学校相关职能部门负责人等100余人参加。共同研讨做好校友工作的机制和方法，分享校友分会工作经验，宣讲60周年校庆各项重要活动。

（葛小杰）

【校友专属一体化服务平台上线】 2018年7月14日，校友专属一体化服务平台正式上线运行。该平台是面向工作人员和校友的在线管理与服务平台，旨在完善校友信息、整合校友服务、管理各类分会、引导校友活动、沟通校友情感。借助网络信息化及新媒体，将校友关心及需要的服务根植于平台，为校友提供快捷便利的线上服务。

（葛小杰）

【山西校友会第四届理事会换届大会召开】 2018年7月28日，山西校友会第四届理事会换届大会在太原召开。校长杨勇平，山西校友代表参加会议。闫俊伏校友当选为理事长。

（王瑞琪）

【举行第四届校友足球友谊赛】 2018年9月22日至23日，第四届校友足球友谊赛在保定校区举行。校党委副书记郭孝锋，副校长律方成，校友足球俱乐部名誉主席孙洪，校友足球俱乐部主席付强，对外联络与合作部、科技学院负责人以及来自全国各地的15支队伍，330余名校友参加此次活动。经过两天比赛，电子传奇队获得冠军。川军足球队获得亚军，华电科技学院足球队队获得季军，华电老炮队获优秀组织奖，江西赣鄱队获精神文明奖。

（葛小杰）

【老校友捐赠老物件】 2018年9月27日，热自77级校友朱德明向母校捐赠珍藏40年的大学期间的相关文件，包括准考证、寄送入学通知书的信封、一九七七年新生入学须知、体检通知书、火车票、行李单、毕业证书、学位证书等。朱德明校友是恢复高考后的第一届大学生，亲自见证学校发展的四十年和改革开放四十年对国家、社会、母校和民众深远影响。

（王瑞琪）

【河南校友会捐赠三百万元献礼母校六十华诞】 2018年10月20日，华北电力大学河南校友会捐赠仪式在北京校友之家举行。河南校友会名誉理事长邵志刚，理事长校友李宏，常务副理事长仝全利，秘书长刘国宏，副秘书长张海峰一行参加仪式。党委副书记何华，校庆工作办公室、对外联络与合作部、教育基金工作办公室负责人出席此次仪式。此次河南校友会捐赠项目涉及实验室建设、奖助学金以及非限定捐赠等，捐赠资金和资产合计价值人民币300万元。

（王瑞琪）

【举行校地、校企、校友合作签约暨捐赠仪式】 2018年10

月23日，华北电力大学举行校地、校企、校友合作签约暨捐赠仪式。浙江省乐清市委常委包光许，四方电气（集团）股份有限公司董事彭雅琴，青岛特锐德电气股份有限公司副总裁周君，浙江云谷数据有限公司董事长黄献锋，华北电力大学北京校友会常务副理事长李斌，校友企业负责人王英彬、樊京生、杜德安、李涛、薛晓峰、刘君业、杨兆静、李凡辉、杜鉴峰、张永忠、孙广超、杨希成、邬玉良等及师生代表共同见证合作签约及捐赠仪式。学校与浙江省乐清市签署共建乐清智能电气与产业创新研究院合作协议。四方电气（集团）有限公司、北京四方继保自动化股份有限公司、青岛特锐德电气股份有限公司、浙江云谷数据有限公司、北京中科同向信息技术有限公司、北京校友会等企业和校友代表向学校进行捐赠。本次捐赠总额达2980万元，将用于支持学校人才培养、科学研究、实验室建设及设立奖助学金。

（王瑞琪）

【举行智慧能源高峰论坛暨百家企业千名校友资智返保峰会活动】 2018年10月25日，智慧能源高峰论坛暨百家企业千名校友资智返保峰会在保定校区开幕。保定市市长郭建英，校长杨勇平，副校长郝英杰、党委副书记郭孝锋、副校长律方成，保定市国家高新区管委会主任李保森，副主任柏纪伟、王韶坡出席开幕式。大学理事会、北京市科委、首都科技条件平台等代表和部分知名专家学者、创新创业校友参加论坛活动。此次峰会，保定国家高新区与部分参会企业达成29.8亿元的投资合作意向。保定高新区管委会特别向华北电力大学提供200万元的资金支持。在峰会上，华为技术有限公司与学校签订战略合作协议，三家外埠校友企业与保定市企业签约合作，共计七家企业向学校捐资2060万。

（葛小杰）

【周坚、杨勇平看望杰出校友李小鹏】 2018年10月25日，在华北电力大学建校60周年即将到来之际，党委书记周坚、校长杨勇平专程看望78级校友，交通运输部部长李小鹏。周坚、杨勇平向李小鹏校友介绍学校近年来在各方面的发展近况。李小鹏校友听取学校的情况介绍，对学校改革发展所取得的办学成就予以高度评价并对学校未来的发展提出建议和期望。

（王瑞琪）

【广东校友会累计捐赠千万支持学校发展】 2018年10月26日，华北电力大学广东校友会捐赠仪式在校友之家举行。广东校友会理事长芦晓英，广东校友会常务副理事长崔小勃，广东校友会常务副理事长文锋，广东深圳校友会理事长及广东校友会常务副理事长、祝金程，广东校友会秘书长、艾博电力集团副总经理王仁松，广东校友会秘书团成员何文弢等校友，大学副校长郝英杰、副校长孙忠权等出席捐赠仪式。广哈集团捐赠资金100万元，用于奖助学金和青年教师发展资助等，并与学校合作开展650万元科研项目；艾博电力集团捐赠奖助学金100万元，同时向学校捐赠价值100万“电力之诗此时彼刻”雕塑。年内，广东校友会捐赠合计达1050万元。

（王瑞琪）

【举行建校60周年杰出校友颁奖典礼】 2018年10月28日，建校60周年杰出校友颁奖典礼在保定校区礼堂举行。丁扬等60位校友光荣当选华北电力大学“建校60周年杰出校友”。在颁奖典礼上，通过短片向现场师生、广大校友充分展示60位校友的风采。校党委书记周坚、校长杨勇平为杰出校友颁奖。

（王瑞琪）

【沈博洋校友获得超导界学生/青年学者的最高奖】 2018年10月28日至11月2日，在美国西雅图举行的应用超导学术大会上，华北电力大学校友沈博洋获得全球超导界学生/青年学者的最高奖：IEEE Council on Superconductivity Graduate Study Fellowship，并获得奖金5000美元。此奖项由IEEE超导委员会颁发，每年全球仅6人获此殊荣（2018年为欧洲3人，美洲2人，亚洲1人）。英国剑桥大学的官方网站对沈博洋校友获超导界学生/青年学者最高奖进行报道。

（王瑞琪）

【举办杰出校友张庆君座谈会】 2018年10月29日，张庆君校友应邀与电子系学生面对面座谈。校党委副书记郭孝锋出席会议，电子系领导班子成员，以及教师和学生代表参加此次座谈。电子系党委书记李红霞代表电子系对张庆君校友回到母校表示欢迎，对其获得华北电力大学“建校60周年杰出校友”表示祝贺，并对其长期关心电子系的发展和青年教师、学生的成长成才表示感谢。郭孝锋指出，张庆君校友能够取得如此大的成就，与他在大学期间的刻苦努力是分不开的，希望同学们用心感悟张庆君校友的建议和期望，并融入学习生活中，变为自己成长的指南。

（葛小杰）

【校友陆鑫东团队完成吉尼斯世界纪录挑战】 2018年12月3日，数理系校友陆鑫东率领影像极客(FotoGeeker)团队在北京成功完成吉尼斯世界纪录挑战，创造总面积为920㎡的世界最大光绘图案。

（王瑞琪）

【杨勇平看望王永干校友】 2018年12月14日，校长杨勇平专程到中日友好医院看望王永干校友。副校长郝英杰，党政办公室、对外联络部等部门负责人陪同看望。杨勇平向王永干校友颁发建校六十周年杰出校友证书，介绍学校的发展近况，感谢王永干对学校事业发展所作的贡献、对校友会工作的关心支持，并表达亲切问候和美好祝福。

（王瑞琪）

【多批校友返校聚会】 2018年，发电6009班、发电6010班、电自6305班、动经6408班、电自6406班、热力6414班、发电6416班、发电6417班、发电6518班、动经6509班、热自7001班、电工7701班、机械7801班、电力、动力工程系78级、电自80级、热动88级、电力892、研电89级、物管9308班、信息941班、电力电子941班、计算机941班、物管94级、行管951班、电气974班、技经981班、信息983、电力041班、热动042班、法学04级、电机041班、经贸0401班，热能0402班、软件0401班、行管0401班、信息0402班、法学04级、经济0401班、热能0405班、电气0410班、研电0504班、研动05级、测控0602班、MBA0619电气0701班、会计0701、电气0803班、电气09级、电气1401班、财务1401班、研可再生1434班等多个班级校友相继返校开展毕业聚会纪念活动，学校领导、当年任课老师等到场参加聚会，共庆母校六十华诞，共话母校六十年发展成果。

（王瑞琪　葛小杰）

基金会工作

【概况】 2018年，教育基金会资产总额7291.80万元，净资产额7237.67万元。其中，资金4192.88万元，股权资产价值2765.50万元，其他存在方式为333.42万元。围绕国家战略需求、社会公益事业和学校中心工作，运作基金项目151项，共有82家各类企业、社会组织及个人捐赠92笔（不含网络平台捐赠）。19个院系部处参与筹资工作，其中院系筹集资金总额为443万元，部处筹集资金总额为1091.57万元。甲子校庆之际，借助互联网平台和地方校友会力量推出小额微捐项目59个，共收到10 189人次校友个人捐赠，微捐总额765.18万元。通过教育基金会平台，年度内募集与吸纳的资金与资产折合总价值达人民币8467.95万元。其中签订捐赠协议90笔，协议资金合同额为4753.95万元；申报配比资金获批914万元；接收社会捐赠物品101件（套），折合人民币价值2800万元。年度到账2448.57万元，投资收益122.07万元，总计到账收入2570.64万元。年度支出合计1290.28万元，其中：业务活动成本1216.78万元，管理费用73.50万元。本年度工作人员工资福利和行政办公支出占本年支出比例的5.70%。

（李晓伟）

【11家公司捐资超3000万元支持学校建设】 2018年，共有11家公司共捐资超3000万元，以不同方式支持学校建设。2月5日，河南金冠电力工程有限公司捐赠到账人民币50万元，设立金冠光伏扶贫创新创业基金；4月13日，协合新能源集团有限公司续签“协和新能源”奖助学金，捐赠人民币165万元，支持学校人才培养工作；9月12日，河南三鹰实业有限公司捐资人民币100万元，设奖学金，助力学校学子成长；10月12日，北京普兰德电力技术有限公司和湖北凯瑞知行智能装备有限公司共同捐赠人民币300万元，用于支持机械工程系实验室建设；10月19日，哈密利哈能源有限公司捐赠人民币50万元，支持能源电力研究与实践；10月23日，四方电气（集团）有限公司、北京四方继保自动化股份有限公司、青岛特锐德电气股份有限公司、浙江云谷数据有限公司等企业捐赠1830万元，用于支持学校发展建设；10月26日，广哈集团为学校捐赠资金人民币100万元，用于奖助学金和青年教师发展资助等，并与学校合作开展人民币650万元科研项目；10月26日，艾博电力集团为学校捐赠奖助学金人民币100万元，助力华电学子成长，同时向学校捐赠价值人民币100万的“电力之诗此时彼刻”雕塑；10月26日，武汉嘉讯科技有限公司捐赠人民币100万元，支持学校“青年教师发展基金”；10月26日，湖北华电汉源科技发展有限公司捐赠人民币36万元作为 “青年教师发展基金”。

（李晓伟）

【校友会捐资献礼母校60华诞】 2018年，正值华电建校60周年校庆，各地校友以各种形式捐资支持母校发展，至年底，共有29个校友会累计捐资超1000万元支持学校建设。其中，河南校友会捐赠价值人民币300万元的资金和资产；北京校友会捐赠人民币500万元；广东校友会捐赠人民币100万元；保定校友会捐赠人民币200万元；江西校友会捐赠人民币60万元。

（李晓伟）

【基金会召开第二届理事会会议】 2018年9月20日和12月21日，教育基金会分别召开第二届理事会第七次、第八次会议。参会理事一致通过教育基金会2018年度上半年大额捐赠项目、《2017年度基金会业务计划执行和财务决算报告》《2018年基金会资产增值保值工作方案》《2018年基金会项目筹资工作方案》《北京华北电力大学教育基金会章程》、基金会2018年度下半年接收大额资金和资产捐赠项目等多项会议议题。

（李晓伟）

院系部建设

Construction of Schools，Institutes and Departments

○ 综　　述

2018 年，电气与电子工程学院开展党风廉政建设宣传教育月活动；推进实施教师党支部书记“双带头人”培育工程。全面启动“双一流”学科建设，通过教育部本科教学审核评估和电气工程及其自动化专业认证。学院推动教育教学改革，“模拟电子技术基础”入选首批河北省精品在线开放课程建设项目。新能源电力系统国家重点实验室通过评估，教育部电力节能工程中心通过验收。学院本部主办第二届能源互联与能源系统集成国际会议（EI^2），电力工程系举办综合能源与智能微网国际学术研讨会和全国高压设备实验及现场测试技术论坛。全院科技经费合同额总计 19 985.9 万元，其中纵向经费 6525.8 万元。齐磊参与完成的“特高压±800kV 直流输电工程”获 2017 年度国家科技进步特等奖；获得省部级科技奖励 11 项，其中一等奖 3 项，毕天姝获“2018 年度中国电力科学技术杰出贡献奖”。年内，学院本部党委被评为大学优秀基层党组织，电力工程系获保定市建设新时代现代化强市先进集体称号。学院本部完成入驻北京主楼 A 座的搬迁与文化建设，学院两地三部完成建校 60 周年各项庆祝活动。

2018 年，能源动力与机械工程学院全面推进“双一流”建设，在教育部第四轮学科评估中，学科排名实现突破，动力工程及工程热物理学科从第 11 名到位列 A^-档（并列第五）。“材料科学”首次进入 ESI 世界前 1%行列，“工程学”进入 ESI 世界前 1‰，能动学院贡献率第一。北京校部党委入选教育部首批“全国党建工作标杆院系”培育创建单位，学院团委获得“北京市五四红旗团委”。完成动力工程及工程热物理、动力工程、机械工程等 7 个学位点自评估工作。学院研究生王忠渠获得“做出突出贡献的工程硕士”荣誉称号，为华电首位获得者。通过教育部本科教学审核评估；成立“吴仲华学院”；获批北京市教学成果二等奖 2 项。北京校部科研经费创历史新高，总金额 10 922 万元，其中纵向 9865 万元，完成科研任务比例达 107%。杨勇平教授作为项目负责人的“国家自然科学基金委创新研究群体”项目——“能量传递转化与高效动力系统”获得国家自然科学基金委批准立项实现华电零的突破。杨勇平教授获高等学校研究优秀成果科技进步一等奖。动力工程系完成科研工作量 29 698 分，科研绩效 96 270 分。

2018 年，经济与管理学院结合大学“双一流”建设和大学第六届第六次教代会精神，通过建章立制，规范学院的教学、科研、学生管理等各项管理工作。获批国家“111”引智基地，与美国加州大学伯克利分校共建；与澳大利亚昆士兰大学商学院开展实质性本科联合培养；金融专业学位授权点获批；启动 2 门研究生优质课程建设、1 个研究生产学研联合培养和创新创业基地建设；获国家自然基金面上 1 项、青年基金 3 项，国家重点研发计划专项子课题 1 项；年度科研经费总额达 3415 万元；获北京市教育教学成果一等奖、二等奖各 1 项；大学生创新创业训练计划项目立项 41 个；挑战杯大学生课外学术科技作品竞赛通过答辩作品 20 个；2018 届本科毕业生的就业率达到86%，考研出国深造率达到40.02%。2018 届研究生的就业率达到 97.45%。一支研究生调研团队被评为“2018 年首都大中专学生暑期社会实践百强团队”。

2018 年，控制与计算机工程学院完成二级学科博士点“信息安全”和“系统分析、运筹与控制”的修订和新交叉学科博士点“智慧能源科学与技术”的论证工作，确立“智能发电理论与技术”和“能源大数据分析与协同安全”两个重点建设方向。开展教育教学思想大讨论，自动化工程教育专业认证通过初评，完成“智能科学与技术”新专业培养方案的编制。申报获批国家自然科学基金联合基金重点项目 1 项、教育部社科基金重点项目 1 项、国家重点研发计划专项课题 1 项。获 2017 年度国家科技进步一等奖 1 项、中国电力科学技术进步一等奖 1 项、省部级科研奖励 6 项。成立能源电力大数据研究院，组织承办第二届电力大数据高峰论坛。保定校区申报国家自然科学基金 4 项，申请北京市自然科学基金 8 项，申请河北省自然科学基金 8 项，获批北京市自然科学基金 1 项。2017—2018 学年度全系教师完成科研工作量考核分值 22 967.2，绩效考核分值 15 820。与巴斯大学工程学院就研究生“1＋1＋1”联合培养项目达成一致，学院研究生可通过此项目获本校与巴斯大学双硕士学位。入选教育部首批“三全育人”综合改革试点建设学院。

2018 年，人文与社会科学学院开展理想信念教育活动，推动学院全面从严治党各项工作。通过 2018 年公共管理硕士专业学位授权点专项评估，法律硕士（JM）专业学位点获得增列并启动建设、招生工作，国务院学位委员会确认新增华北电力大学等 41 所高校为法律硕士专业学位授权高校。学院本科教学工作顺利通过审核评估。启动并顺利推进“双一流”研究生人才培养类项目 6 项，签订教材出版合同 5 份，与北京公益服务发展促进会签署研究生联合培养基地协议。科研经费超额完成任务。共获批包括国家社科基金在内的纵向项目 21 项，获横向项目 12 项，学院总经费完成 398.3 万元。主办第二届东亚社会政策与社会发展研讨会召开，承办校庆重要学术活动“2018 中国农村贫困问题与精准扶贫高端论坛”，成立“中国能源精准扶贫与社会发展研究中心”并挂牌。

2018 年，外国语学院围绕教学评估、学科评估和 60 周年校庆等主题开展工作。完成外国语言文学一级学科硕士学位点自评工作；完成并通过翻译硕士授权点复评工作，2019 年恢复招生；完成外国语言文学学科第四轮学科评估调研报告。举办第六届“教学质量月”活动；推进教学研究，获批“双一流”研究生优质课程建设项目 3 项、产学研项目 1 项、校级本科教改项目 4 项、学院自设教改项目 8 项；新建“ismart 学习平台”，完善本科英语网络教学平台建设。学院举办第二届“学术交流月”活动，全年聘请国内外专家学术讲座 14 场。本科生、研究生的一次就业率分别为 94.4%、70.4%；本科生深造率 33.33%。

2018 年，数理学院完成数学、物理学一级学科硕士学位点，应用统计硕士专业学位点自评估，并提交学位授权点合格评估材料。成立团簇和低维纳米材料研究所、粒子与核物理研究所和凝聚态物理研究所。发表高水平学术论文被 SCI 检索 62 篇，高被引论文 15 篇（占全校 152 篇的 9.87%），热点论文 5 篇（占全校 46 篇的 10.87%），获批国家自然科学基金项目 5 项（占全校 52 项的 9.62%）。获山东省自然科学二等奖 1 项，河北省自然科学三等奖 1 项。承办 2018 年北京应用统计学会学术研讨会。出版教材 1 部。获 2018 年华北电力大学教学成果奖一等奖 1 项，二等奖 1 项。数理系（保定）承办全国物理声学学术会议，获纵向科研项目 2 项，横向科研项目 4 项，实现科研合同金额共计 173.8 万元。姜根山主持的“核电站蒸汽发生器传热管破裂的超声辐射特性与定位方法”项目获批国家重点实验室开发课题。发表论文 52 篇，其中被 SCI 检索论文 29 篇，被 EI 检索论文 5 篇，被 ESI 高被引 4 篇，出版专著 1 部，授权发明专利 7 项。举办科学计算与工程应用高峰论坛，专家学者们研讨学术、精诚交流，共发表优秀学术报告 30 余场。

2018 年，可再生能源学院完成本科教学评估工作，制定《可再生能源学院本科生大类专业分流实施办法》，完成本科生大类专业分流。“水利工程”获批一级学科博士点、“水利工程”硕士点完成学位点合格评估校内自评估工作，举办第 22 届国际太阳能光化学转换与储存大会，新能源软科学研究中心获民革中央表彰为“年度参政议政突出贡献先进集体”。“新能源电力系统国家重点实验室”通过科技部评估，新能源软科学研究中心获民革中央表彰为“年度参政议政突出贡献先进集体”。组织召开全国新能源科学与工程专业联盟第六届年会及师资培训班；举办首届全国大学生可再生能源科技竞赛；与中国科学院合肥物质科学研究院、天津大学、安徽省新能源协会联合举办第 22 届国际太阳能光化学转换与储存大会。共立项科研项目 83 项，共发表研究论文 148 篇，其中 SCI 论文 90 篇。

2018 年，核科学与工程学院通过教育部本科教学审核评估，“服务国家战略、突破工程教育瓶颈的“订单＋联合”大核电人才培养模式与实践”获北京市教学成果一等奖，并入选教育部教学成果二等奖。核反应堆实体仿真大型实验室开始建设。“大型先进压水堆非能动冷却水箱关键传热模型及其应用”获中国能源研究会能源创新奖一等奖，“事故工况下乏燃料贮存水池冷却技术研究及应用”获得中国核能行业协会科学技术奖二等奖，“先进核辐射探测材料及反腐蚀技术研究及应用”获河北省技术发明二等奖；参与完成的“基于三代 EPR 压水堆核电技术热平衡和热功率算法的研究与应用”获中国产学研合作创新成果奖。承办第三届全国高校学生课外“核＋X”创意大赛的校内组织和选拔工作，获全国三等奖 1 项、全国优秀奖 3 项。获得国务院学位委员会批准的“核科学与技术”博士学位一级学科授权点。新签科研项目合同经费 2568.9 万，超额完成学校分配的任务。

2018 年，国际教育学院通过教育部本科教学评估，修订推免方案并首次执行，新增法学专业、公共管理、数学专业硕士英语授课项目。推进中外合作办学机构相关工作，到巴斯大学进行洽谈两次，邀请巴斯大学领导来华电洽谈两次，推进中外合作办学机构取得实质性进展。完成 16 级国际合作项目班的出国选校、面试、签证办理、出国临行教育和送机等工作。与中国机械设备工程股份有限公司签订《留学生委托培养合同》；与华电集团联合申报教育部专项奖学金；与曼彻斯特大学、巴斯大学就中外合作办学项目延期和进一步深化达成协议。新增华北电力大学与国机集团中国机械设备工程股份有限公司、中国能源建设股份有限公司校企合作项目校园文化建设突显国际化多元化色彩。成立华电“一带一路”能源学院；获北京市“一带一路”奖学金专项项目；获批北京市“一带一路”国家人才培养基地。组织举办美国西肯孔子学院第二届“墨读中国”书画艺术展，召开“中美教育交流论坛”。组织西肯孔院教师招聘宣讲、1＋2MAT 项目宣传。接待西肯短期班团组共计 40 名美国师生。

2018 年，环境科学与工程学院完成环境科学与工程一级学科硕士点、化学工程与技术一级学科硕士点、环境科学与工程一级学科专硕点 3 个学位点评估；完成“环境科学教学方案”教改大学大纲及相关专业课程 20 套，其中，10 门课程完成研究型课堂改革。学院“环境/生态”学科进入基本科学指标数据库 ESI 排名前 1%，论文被引用次数全球排名从 818 名提升至当前的 729 名；对学校“工程学 ESI 1‰”贡献度全校排名第 2、“化学 ESI 1%”贡献度全校排名第 2、“材料学 ESI 1%”贡献度全校排名第 3；对于“社会科学”及“计算机科学”两个学科贡献度全校排名分别位列第三、第四。共计完成纵向、横向科研项目经费 1 亿多元，人均绩效和工作量位列全校第一；学院教师团队获 2018“北京市教学成果二等奖”1 项，学校“教学成果奖一等奖、二等奖”各 1 项。

2018 年，马克思主义学院完成全校 10000 余名本科生、研究生思政课教学任务，并承担少数民族预科班和硕士研究生课程。成立教学督导组，推进“专兼职融合”的“大思政”育人模式创新、“专题化”教学范式创新工程；成立马克思主义学科大数据与哲学社会科学实验室，推进特色亮点工程。引进北京市思政课特级教师 1 名；2 名研究生考取北京大学、北京师范大学博士研究生。学院发表学术论文 70 篇，其中 CSSCI2 篇，中文核心期刊 12 篇；联合主办“传统文化的传承与创新”国际学术研讨会、首届大数据与哲学社会科学研讨会、改革开放 40 周年党建经验与执政规律研讨会—暨新时代高校党建思想政治工作创新发展研讨会等多个研讨会；作为常任理事单位加入全国思想政治理论课教学实践联盟。

2018 年，体育教学部围绕“双一流”建设的目标任务，从多方面提高和改进师生的健身理念，创造良好的锻炼环境，为高水平大学建设提供有效支撑和保障。把体育教学和体育课程建设放在首位通过体育专选课教学、校代表队训练、校园足球活动、院系组织的课余体育活动和各单项体育协会协调配合搞好学校体育人才全方面培养。推动体育教育教学主体从“以教为主”向“以学为主”转变，做到“创新教育模式、激发锻炼志趣、提高培养质量、搞好校园足球”。完成学校春、秋季田径运动会准备、组织和裁判工作。和校工会、团委、学生处密切配合，完成教职工篮球、排球比赛，乒乓球、羽毛球比赛、和体育节、社团节等各项群众体育工作。结合体育教学实际，营造良好的学术氛围。体育教学部有 1 项校内教改课题获校级教学成果二等奖（保定），纵向项目 1 项，横向项目 1 项，到账金额 10 万。体育教学部主编体育专著 2 部（保定）、参编体育专著 3 部（保定），发表论文 29 篇（保定 21 篇，其中核心期刊 2 篇），著作 2 部，专利 3 项。举行校内学术交流，共交流论文 8 篇（保定）。

电气与电子工程学院

【概述】 2018 年，电气与电子工程学院坚持从严治党，促进师德师风建设，开展党风廉政建设宣传教育月活动。学院推进实施教师党支部书记“双带头人”培育工程，马静、谢庆、韩东升和吕安强入选“双带头人”教师党支部书记工作室。组织全院党员收听收看“榜样 3”、参观庆祝改革开放 40 周年大型展览等活动。学院本部党委被评为大学优秀基层党组织，电力工程系获保定市建设新时代现代化强市先进集体称号。

2018 年，学院全面启动“双一流”学科建设，进一步凝练学科方向，启动人才培养、科学研究、国际合作等 4 个模块。学院通过教育部本科教学审核评估和电气工程及其自动化专业认证，完成学位点自评估和招生指标政策的调整，通过评估，建章立制，教学和教学管理进一步规范。学院推动教育教学改革，完成 2017 版电气专业本科人才培养方案和课程教学大纲的修订，“模拟电子技术基础”入选首批河北省精品在线开放课程建设项目。

2018 年，学院完成聘期考核与岗位聘任工作。孙淑艳、赵雄文、盛四清、葛玉敏、孔英会、尚秋峰 6 名教师获第一届“我身边的好老师”称号。学院本部建立青年人才遴选及培养机制，选拔出首批 8 位优秀青年教师，通过明确二岗教授导师、制定发展规划、增加博硕士招生指标等措施促进青年教师脱颖而出。马静入选优青、贾科入选中国科协青年托举人才。柔性引进王剑辉教授（全球高被引科学家，一区期刊主编），组建综合能源系统团队。电力工程系在鄂皖苏沪、云贵川相关能源基地开展为期 2 周的暑假教师社会实践。电子与通信工程系 1 名教师入选河北省“三三三人才计划”第三层次。

2018 年，新能源电力系统国家重点实验室通过评估，教育部电力节能工程中心通过验收。全院科技经费合同额总计 19 985.9 万元，其中纵向经费 6525.8 万元。齐磊参与完成的“特高压±800kV 直流输电工程”获 2017 年度国家科技进步特等奖；获得省部级科技奖励 11 项，其中一等奖 3 项，毕天姝获“2018 年度中国电力科学技术杰出贡献奖”。年内，学院本部主办第二届能源互联与能源系统集成国际会议（EI^2），成为学术校庆的最重要活动之一。电力工程系举办综合能源与智能微网国际学术研讨会和全国高压设备实验及现场测试技术论坛。

2018 年，学院继续推进名师担任班主任，刘崇茹担任班主任的事迹被中国青年报报道。加强基层组织建设，研电 1703 班获北京市先进班集体称号；院部在校内率先组织召开二级团代会、学代会，团委被评为校先进团委。IEEE 学生分会获“IEEE-UPP 中国学生分会奖”。院部一院一品项目“‘E’网情深”获学校立项支持。电子与通信工程系获“一系一品”优胜院系，电力工程系获保定市五四红旗团委、河北省“三下乡”暑期社会实践先进团队等荣誉称号。电力工程系新增 60 万元“中力奖助学金”和 50 万元“中嘉奖学金”。

2018 年，学院本部完成入驻北京主楼 A 座的搬迁与文化建设，学院两地三部完成建校 60 周年各项庆祝活动。

（刘春磊）

【概况】 2018 年，学院本部设在北京校部，在保定分设电力工程系、电子与通信工程系。现有 1 个国家重点学科、1 个国家重点实验室、4 个省部级重点实验室。设有 1 个博士后科研流动站，1个博士学位授权学科（电气工程），4个学术型硕士学位授权学科（电气工程、电子科学与技术、信息与通信工程、农业电气化二级学科），2个专业学位硕士学位授权专业（电气工程、电子与通信工程），7个本科专业（电气工程及其自动化、通信工程、电子信息工程、电子科学与技术、电子信息科学与技术、农业电气化、智能电网信息工程）。

2018年，学院有中国工程院院士1人（杨奇逊），国家千人计划专家2人（王海风、黄永章），国家杰出青年科学基金获得者2人（崔翔、毕天姝），万人计划科技创新领军人才1人（毕天姝），国家百千万人才工程入选者2人（崔翔、李成榕）、中科院百人计划1人（王银顺）、国家青年千人计划专家1人（龚雁峰）、国家优秀青年科学基金项目获得者1人（马静），教育部新世纪优秀人才3人（毕天姝、李庆民、刘崇茹）。

2018年，学院本部有教职工212人，其中，专任教师166人（教授61人、副教授69人，具有博士学位的教师为83.7%）、实验技术人员26人、党政及管理人员18人。本年度学院本部有6人出国进修，新进调入教师3人。电力工程系有教职工130人，其中，专任教师101人（教授24人、副教授25人，具有博士学位的教师为80.2%）、实验技术人员18人、党政及管理人员11人。年内，电力工程系新进教师4人、实验员1人。2018年，电子与通信工程系有教职工68人，其中，专任教师51人（教授9人、副教授22人，具有博士学位的教师占教师的74.5%）、实验技术人员10人、党政管理人员6人。本年度电子与通信工程系新进教师1人。

2018年，学院本部毕业学生1185人，其中博士研究生51人，硕士研究生431人，普通本科生703人；学院本部招生1186人，其中博士研究生72人、全日制硕士研究生456人、普通本科生658人；学院本部在校生4254人，其中，博士研究生339人、硕士研究1283人。本科生就业率为97.86%，研究生就业率为98.69%。电力工程系毕业学生835人，其中硕士研究生225人，普通本科生610人；电力工程系招生737人，其中全日制硕士研究生243人，普通本科生494人；电力工程系在校生2897人，全日制硕士研究生694人，普通本科生2203人。本科毕业生一次就业率为99.5%，研究生毕业生一次就业率为100%；本科考研上线率35.61%，升学率为26.29%。电子与通信工程系毕业学生224人，其中，硕士研究生77人，普通本科生147人；电子与通信工程系招生279人，其中，全日制硕士研究生82人、普通本科生197人；电子与通信工程系在校生898人，其中，硕士研究生236人，普通本科生662人。本科生的英语四级一次通过率为87.59%。

2018年，学院本部设有127个学生班级，大二接收转专业学生60人，其中院内转专业24人，院外其他专业转入36人，设有辅导员岗位17个（其中副书记1人），其中正式编制9个、聘任7个。电力工程系设有90个学生班级，其中实验班4个，设有辅导员岗位6个，其中5个为正式编制。2018年，电子与通信工程系设有26个学生班级，设有辅导员岗位2个，均为正式编制。

2018年，学院本部教师承担普教本科生课程203门、留学生本科课程38门，总共241门。开设研究生课程79门，完成教学2176学时。2018年，电力工程系开设研究生课程32门，完成教学1024学时；开设本科生课程137门次，完成教学5760学时；实践环节57门次，105周学时。2018年，电子与通信工程系开设研究生课程27门，完成教学800学时；开设本科生课程48门次，完成教学4000学时；实践环节33门次2400学时。

2018年，学院本部拥有研究所15个，另整合形成本科教学实验教学中心6个，分别是国家级工程实践中心、北京市电工电子实验教学中心（下辖电工实验室、电子实验室），国家级电气工程专业实验教学中心（下辖电力电子教学实验室、微机保护教学实验室、电力系统仿真教学实验室、电力市场仿真实验室、高电压技术教学实验室、电机教学实验室、实习用35kV变电站）、电子信息实验教学中心、电子科学实验教学中心、通信工程与智能电网信息工程实验教学中心。学院本部学生实习基地19个（其中冀北电力公司——华北电力大学校外实习基地为国家级工程实践教育中心及北京市校外实习基地）、科技研究（创新）基地2个、北京高等学校示范性校内创新实践基地（电力经济管理人才培养创新实践基地）1个、大学生科技创新乐园1个。电力工程系拥有教研室7个、科研创新团队13个、电气工程基础实验中心1个、专业实验室4个、河北省输变电设备安全防御重点实验室1个、新能源电力系统国家重点实验室物理模拟平台1个、分布式储能与微网河北省重点实验室1个、学生实习基地16个。2018年，电子与通信工程系拥有教研室3个、实验室2个、学生创新实习基地5个、科研团队6个。

2018年，学院本部承担各类科技项目274项，科技经费计17 498.87万元，连续第8年过亿元。纵向项目47项，资助金额6143.29万元，其中国家重点研发计划课题7项、子课题10项，国家自然科学基金联合基金重点支持项目2项、优秀青年基金项目1项、面上项目8项、青年项目4项、国际（地区）合作与交流学术会议项目1项，北京市自然科学基金项目3项，其他省部级项目10项；横向项目227项，合同经费11 355.58万元。纵横向项目金额之比为54.1%。纵向项目到账经费4342.38万元，横向项目到账经费9423.84万元，到账经费总计13 766.22万元。获奖22项，其中：省部级科技奖11项、社会力量奖7项、校理事会单位奖4项。获得授权专利129项，其中：发明专利110

项、实用新型 18 项、外观设计 1 项。发表论文 903 篇，其中：新增 ESI 高被引论文 3 篇、新增 ESI 热点论文 1 篇、新增 Scopus 前 1%高被引论文 13 篇、SCI 检索 251 篇、EI 期刊 188 篇、一级学报 74 篇、国外期刊 10 篇、其他核心期刊 179 篇、一般期刊及 EI 会议论文 184 篇。出版著作 12 部，其中：专著 9 本、译著 1 本、编著 2 本。

2018 年，电力工程系科研纵横向科研项目 62 项，其中纵向 16 项、横向 46 项，立项合同金额共计 5792 万元，其中纵向经费 3438 万元，横向科研经费 2354 万元；其中国家重大专项 1 项、国家重点研发计划项目子课题 3 项、国家自然科学基金 3 项。邀请国内外专家来系学术交流 7 场次；举办 2018 年中国电机工程学会测试技术及仪表专委会学组学术会议；发表核心期刊以上论文 398 篇，其中 SCI 收录 85 篇、EI 核心 91 篇；出版专著 6 部。获发明专利授权 46 项，实用新型专利 18 项，外观设计专利 2 项；计算机软件著作权 58 项。省部级奖励 6 项（一等奖 2 项，二等奖 1 项，三等奖 3 项）；社会力量奖 3 项（一等奖 2 项，二等奖 1 项）。

2018 年，电子与通信工程系纵横向科研项目 9 项，实现科研合同金额共计 553.14 万元，其中横向科研经费 481.14 万元、纵向科研经费 72 万元。发表核心期刊以上论文 95 篇，其中 ESI 高被引 1 篇、SCI 收录 17 篇、EI 核心 23 篇、一极学报 3 篇。专利授权 26 项；其中发明专利 23 项，实用新型专利 3 项，出版著作 3 部，其中专著 1 部、编著 1 部、译著 1 部。

2018 年，学院本部设有 60 个党支部，有中共党员 1064 人，新发展党员 178 人。2018 年，电力工程系设有 32 个党支部，有中共党员 531 人、新发展党员 151 人。2018 年，电子与通信工程系设有 12 个党支部，有中共党员 162 人，新发展党员 32 人。

2018 年，学院本部本科学生获得国家奖学金 23 人；获励志奖学金 59 人。本科生社会奖学金进行评选，博纳之星奖学金 4 人、四方股份奖学金 10 人、南瑞继保 5 人、协鑫奖 1 人、特高压奖学金 6 人、巨邦奖学金 4 人、节能奖学金 2 人、国能中电社会责任奖学金 1 人、国能中电西部先进奖学金 2 人、艾博奖学金 6 人、博纳团结进步奖助学金 6 人、丹华奖学金 10 人、丹华自强奋进奖学金 12 人、三鹰奖学金 36 人。2018 年本科综合测评及奖学金三好学生优秀学生干部评选，一等奖 106 人、二等奖 214 人、三等奖 214 人、单项奖学金 415 人；校级三好学生标兵 20 人、校级三好学生 122 人、院系级三好学生 163 人；校级优秀学生干部标兵 4 人、校级优秀学生干部 22 人，院系级优秀学生干部 42 人。研究生获奖情况，国家奖学金 42 人，优秀博士 18 人，企业奖学金：四方股份奖学金 16 人、南瑞继保奖学金 6 人、艾博奖学金 3 人、巨邦奖学金 4 人。校内奖学金：优秀研究生和优秀研究生干部 209 人次，先进班集体 5 个。

2018 年，电力工程系被评为华北电力大学“学生工作先进院系”“就业工作先进集体”“河北省教育系统志愿服务先进单位”。电力工程系学生有 35 人（含研究生 16 人）获国家奖学金，有 66 人获国家励志奖学金，有 316 人获国家助学金，另有 190 人获社会奖学金、助学金。2018 学年电力工程系共获批创新型实验项目 109 项，本科学生中有发明专利 3 项，63 项实用新型专利，软件著作 14 项，本科生共发表学术论文 162 篇，其中 SCI 收录 2 篇。参加学科创新竞赛，获国家级 447 人次，省部级 385 人次。共组建 3 支校级队伍、259 支系级队伍，形成暑期社会实践报告共计 371 篇。各实践分队均围绕理论普及宣讲活动、“喜迎校庆，共筑青春梦”实践活动、“精准扶贫”专题、“绿色电力”能源解困实践活动、“改革开放四十周年”专题、“三下乡”实践活动、“体验省情、服务群众”主题实践活动、创新创业实践活动、能源交通融合发展专题等十六类子系列的实践活动等几大主题奔赴全国各地开展形式多样、内容丰富、主题新颖的实践活动，社会实践活动获得媒体网站报道 30 余篇。一支实践团获 2017 年河北省“三下乡”暑期社会实践先进团队，1 人获得河北省社会实践先进个人荣誉。

2018 年，电子与通信工程系新立省级教改项目 2 项，省级精品课程 4 门。指导大学生科技创新项目 15 项，其中省部级特等奖 1 项、省部级一等奖 1 项、省部级二等奖 10 项。指导大学生创新创业项目 35 项，其中国家级 5 项、省级 8 项、校级 22 项。2018 年度获“南瑞继保奖教金”2 人。

书记：李庚银（赵书强　电力工程系书记；李红霞　电子与通信工程系书记）

院长：毕天姝（2018 年 3 月 15 日任）（刘云鹏　电力工程系主任；戚银城　电子与通信工程系主任）

学院网址：http://electric.ncepu.edu.cn

（刘春磊）

【获省部级教改项目 3 项】 2018 年 1 月，电气与电子工程学院共有三项获得教育部产学研合作协同育人省部级教改项目。分别是：刘向军负责的“嵌入式教学内容各课程改革项目”，艾欣负责的“电子信息与智能电网创新实践基地”及赵东负责的“基于机器视觉的自动捡球机器人”。

（宋金鹏）

【多个科研项目获省部级奖励】 2018 年，学院科研成果丰硕，一批项目获省部级以上科技奖励。1 月，赵冬梅参与完成的“多类型新能源发电综合消纳的关键技术研究及应用”获 2017 年海南省科学技术奖一等奖。1 月，王鹏参与完成的“东北电力辅助服务市场研究”获 2016 年度能源软科学研究优秀成果奖一等奖。2 月，王增平、马静、毕天姝、杨奇逊等完成的“基于故障关联信息的站域分布式保护系统”获教育部2017年度教育部技术发明奖一等奖。3月，李永刚、武玉才、万书亭等完成的“基于机电复合特征的大型同步发电机转子匝间短路故障识别系统研究”荣获河北省科学技术进步奖三等奖。3月，赵书强、马静、马燕峰等完成的“电力系统振荡的在线辨识与广域自适应控制”获河北省科学技术发明奖一等奖。李俊卿、何玉灵、唐贵基等完成的“电机绕组匝间短路与典型机械故障监测与诊断技术”获河北省科学技术发明奖三等奖。4月，毕天姝获2017年度茅以升北京青年科技奖。5月，王永强参与完成的“电网设备状态检测装置性能检测关键技术研究及应用”获宁夏回族自治区科学技术进步奖三等奖。8月，王永强参与完成的“电网设备带电检测装备校验技术、检测平台研制与推广应用”获国家电网有限公司科学技术进步奖二等奖。11月，毕天姝参与完成的“电力系统时间同步及同步向量测量应用系列标准”获中电联“2018年度电力创新大奖”。11月，毕天姝获得由中国电机工程学会颁发的中国电力科学技术人物奖——中国电力科学技术杰出贡献奖。12月，毕天姝参与完成的“直流送端系统次同步振荡监测与抑制技术及应用”获2018年中国电工技术学会科学技术奖一等奖。9月，刘文霞参与完成的“基于Hadoop的小水电综合管理于功率预测系统研究及示范”获中国电力发展促进会颁发的2018电力行业大数据优秀应用创新成果奖一等奖。10月，韩民晓参与完成的“国际标准《公用电网电能质量特性评估》(IEC TS 62749)”获2018年中国机械工业科学技术奖一等奖。

（吴启宏　李红梅）

【获教育部首批“新工科”研究与实践项目】 2018年1月，电力工程系“面向新工科的电气工程专业创新创业人才培养体系研究”项目被教育部办公厅认定为首批“新工科”研究与实践项目。

（李红梅）

【获省高校辅导员大家访活动先进个人】 2018年1月，崔帅获暑期河北省高校辅导员“大家访”活动先进个人。

（李红梅）

【出版公开教材3部】 2018年3月，学院公开出版教材三部。分别为王泽忠主编的《电磁场数字课程》；孙淑艳主编的《数字电子技术实验指导书（第二版）》；宗伟主编的《信号与系统分析习题解答（第二版）》。

（宋金鹏）

【获优秀学位论文】 2018年，学院教师指导的学位论文获省级和校级优秀学位论文。赵振兵指导的硕士研究生学位论文“航拍图像中绝缘子定位与状态检测研究”获河北省优秀硕士学位论文。张珂指导的硕士研究生学位论文“基于卷积神经网络的人脸图像年龄估计研究”、赵振兵指导的硕士研究生学位论文“基于多深度模型的航拍绝缘子图像识别方法研究、韩东升老师指导的硕士研究生学位论文“面向5G无线通信系统的能量域资源分配方法研究”获校级优秀硕士学位论文。

（谷喜岭）

【获北京市教学成果奖】 2018年学院3项成果获北京市教学成果奖。王增平作为主要完成人的“立足前沿，教研并重，特色发展，电力系统继电保护课程体系建设三十年实践”获北京市教学成果一等奖；李庚银作为主要完成人的“面向智能电网，构建卓越电力人才培养体系——电气工程专业改革与建设十年实践”获北京市教学成果二等奖；孙淑艳作为主要完成人的“自主型、研究型、创新型”三型一体的层次化电子实践教学模式与实践获得北京市教学成果二等奖。

（宋金鹏）

【承办高压设备试验及现场测试技术论坛】 2018年4月，为推动全国高压设备试验和现场测试技术的发展，提供领域内技术人员的交流平台，由中国电机工程学会测试技术及仪表专业委员会主办，华北电力大学电力工程系和中国电力科学研究院有限公司承办的“2018年高压设备试验及现场测试技术论坛”在保定举行。华北电力大学副校长律方成，中国电机工程学会测试技术及仪表专委会主任委员、中国电力科学研究有限公司副院长高克利，中国电机工程学会学术部顾问孟玉婵等领导出席会议。中国电机工程学会测试技术及仪表专业委员会委员，国家电网公司，南方电网公司，高等院校科研院所、知名企业、相关媒体等代表100余人参加论坛。

（李红梅）

【挂牌两个校外实习基地】 2018年5月，太阳宫电厂和国网特高压基地两个本科生校外实习基地正式挂牌。

（王玲玲）

【共青团工作获市级荣誉】 2018年5月，学院共青团工作获评优秀。崔帅获得保定市优秀共青团干部。电力系团委荣获保定市五四红旗团委。

（李红梅）

【举办综合能源与智能微网技术国际学术研讨会】 2018年5月，为深入交流综合能源、智能微网、新能源功率预测、电力市场与需求响应等领域最新研究成果和发展动态，经教育部审核批准，由电力工程系、河北省分布式储能与微网重点实验室主办，“智慧能源网络综合运营研究团队”承办的“综合能源与智能微网技术国际学术研讨会”在华北电力大学召开。来自美国、英国、西班牙、克罗地亚、葡萄牙等多位外国专家出席研讨会，清华大学、华中科技大学、上海交通大学等兄弟高校及国家电网公司、南方电网公司、华润电力控股有限公司、中国电力科学研究院、中国科学院、全球能源互联网研究院等企业和研究机构的专家学者，多家学术期刊、相关媒体代表共计 150 余人参加学术研讨会。

（李红梅）

【参加教师技能大赛获省部级奖励】 2018 年 6 月，学院教师参加教师技能大赛取得优异成绩。柳赟、赵东获得教育部电工电子基础课程教学指导委员会和高等学校国家级实验教学示范中心联席会联合举办的“2018 年第五届全国电工电子基础课程实验教学案例设计竞赛（鼎阳杯）”一等奖；樊冰、孙淑艳获得“2018 年第五届全国电工电子基础课程实验教学案例设计竞赛（鼎阳杯）”一等奖；李月乔、范杰清、杨晓静获得“2018 年第五届全国电工电子基础课程实验教学案例设计竞赛（鼎阳杯）”三等奖。

（宋金鹏）

【电气工程及其自动化专业认证】 2018 年 6 月，学院完成电气工程及其自动化专业认证入校考察。共撰写专业认证自评报告 17 万字；组织撰写专业认证课程目标达成度共计 58 门课程。

（王玲玲）

【获智慧教学之星】 2018 年 6 月，电力工程系葛玉敏被教育部在线教育研究中心评选为全国“2018 年智慧教学之星”。

（李红梅）

【首批双培生返校】 2018 年 7 月，2015 级电气工程及其自动化和智能电网信息工程两个专业第一批 32 名“双培生”返回北方工大学习。

（王玲玲）

【多名教师获教学奖】 2018 年，学院有多名教师获得校级及国家级教学奖。7 月，李慧奇获华北电力大学教学优秀特等奖，同时入选“教学名师提升与示范计划项目”（第 2 期）。8 月，苑东伟获第三届全国高等学校青年教师电路、信号与系统、电磁场课程教学竞赛一等奖。

（李红梅）

【承办第二届 IEEE 能源互联网与能源系统集成会议】 2018 年 10 月 21 日至 22 日，第二届 IEEE 能源互联网与能源系统集成会议在北京龙城温德姆酒店召开。会议由 IEEE PES、中国工程院能源与矿业工程学部、华北电力大学、清华大学共同主办，由电气与电子工程学院承办。会议规模 800 人、9 位国内外院士、7 位 IEEE Fellow、6 位国际知名期刊主编参会，会议为先进电力能源技术提供全球同行学术争鸣、思想碰撞的公共平台。

（刘春磊）

【设立奖学金】 2018 年 10 月，天津中力公司和北京中嘉鸿盛公司分别在电力工程系设立“中力奖学金”60 万元和“中嘉奖学金”50 万元。

（李红梅）

【获批国家自然科学基金项目 3 项】 2018 年，学院共有 3 项国家自然科学基金项目获批。12 月，获批国家自然科学基金联合基金重点支持项目 2 项，具体为：周明，“含大规模新能源的交直流混联电力系统调度运营理论与方法研究”，资助金额 260 万元；齐波，“电力变压器多参量自适应保护与安全运行基础研究”，资助金额 296 万元。8 月，马静获批国家自然科学基金优秀青年基金项目“电力系统保护与控制”，资助金额 130 万元。

（吴启宏）

【获全国青年志愿服务项目大赛银奖】 2018 年 12 月，电力系“梦助夕阳”大学生志愿服务项目获第四届全国青年志愿服务项目大赛银奖。

（李红梅）

【获保定市先进集体】 2018 年 12 月，电力工程系获保定市加快建设新时代现代化强市先进集体。

（李红梅）

【获批国家重点研发计划课题 7 项】 2018 年，学院获批国家重点研发计划课题 7 项。7 月，马静，“风力发电在次/超同步频率的动态特性优化控制技术研究”，资助金额 845 万元；9 月，贾科，“含高比例分布式光伏的直流配电系统控制、保护和运行技术”，资助金额 630 万元；9 月，李成榕，“特高压设备安全运行与风险评估方法”，资助金额 550 万元；7 月，韩民晓，“直流配用电系统电压等级序列及典型供用电模式研究”，资助金额 543 万元；7 月，赵志斌，“高压大功率 SiC IGBT 器件封装多芯片并联均流、电气绝缘、电磁兼容和驱动保护方法”，资助金额 378 万元；6 月，赵成勇，“故障电流抑制的协调配合方法”，资助金额 356 万元；9 月，李庆民，“XXX-JG 技术开发合同”，资助金额 120 万元。

（吴启宏）

能源动力与机械工程学院

【概述】 2018 年，能源动力与机械工程学院加强工程热物理、动力机械及工程等省部级以上重点学科建设，围绕“双一流”建设，以学科建设为抓手，在科学研究、平台建设、人才培养等方面成果显著。

学科建设。在教育部第四轮学科评估中，学科排名实现突破，动力工程及工程热物理学科从第 11 名到位列 A 一档（并列第五），机械工程、材料科学与工程、土木工程学科排名稳步提升。“材料科学”首次进入 ESI 世界前 1%

行列，“工程学”进入ESI世界前1‰，能动学院贡献率第一。“双一流”建设全面推进，年内，科学研究和研究生培养项目执行率为100%。

教育教学。完成动力工程及工程热物理、动力工程、机械工程等7个学位点自评估工作。完成与中科院工程热物理所硕士、博士联合培养机制的建立。学院研究生王忠渠获得“做出突出贡献的工程硕士”荣誉称号，为华电首位获得者。学院3人获得吴仲华优秀学生奖，3人获校长奖学金，占全校3/10。顺利通过教育部本科教学审核评估；成立“吴仲华学院”，初步搭建起创新拔尖人才培养体系；成为教育部高等学校能源动力类专业教指委副秘书单位，协助中国电机工程学会完成全国能动专业认证的筹备和规划工作；获批北京市教学成果二等奖2项；李红获2018年第二届北京市高等学校青年教学名师奖。动力工程系启动“双一流”人才培养建设，建设7门本科优质课程，3门研究生优质课程，2门在线开放课程。获批教育部新工科研究与实践项目1项，张磊被评为2017—2018学年教学优秀特等奖。机械工程系获华北电力大学教学成果特等奖一项，完成2017版机械工程（输电线路工程）、机械设计制造及其自动化、机械电子工程、过程装备与控制工程、工业工程和产品设计6个专业的人才培养方案制定，完成“材料力学”优秀核心课程和教学团队建设，完成1项河北省高等教育教学改革研究与实践项目和1项教育部教改项目的验收。

人才培养。学院继续落实学校“博士化、工程化、国际化”人才工程，按照学校“用好现有人才、引进急需人才、培育未来人才”的工作思路，积极开展人才培养的工作。继续加大优秀人才、团队实体化建设的力度，坚持强化通过博士后流动站作为学院主要学科人才选拔、考察和留用的人才引进方式，并逐步向学院所有学科推广。徐超教授入选国家万人计划青年拔尖人才，崔柳获得中国电机工程学会青年托举人才，机械工程系何玉灵入选河北省青年拔尖人才支持计划人才，张新春入选河北省“三三三人才工程”支持计划第三层次人才。

平台建设及科学研究。年内，北京校部科研经费创历史新高，总金额10 922万元，其中纵向9865万元，完成科研任务比例达107%。杨勇平教授作为项目负责人的“国家自然科学基金委创新研究群体”项目—“能量传递转化与高效动力系统”获得国家自然科学基金委批准立项实现华电零的突破。陈海平教授“国家重点研发计划”项目——“燃煤发电机组水分高效低成本回收及处理关键技术研究与应用”获得科技部批准立项；周怀春教授“燃烧火焰自由基、颗粒物、主要气态产物光谱/成像检测系统”获得国家重大科研仪器研制项目。杨勇平教授获高等学校研究优秀成果科技进步一等奖。完成电站设备状态监测与控制教育部重点实验室评估，燃煤电厂污染物监测与控制北京市国际合作基地评估为优秀。动力工程系完成科研工作量29 698分，科研绩效96 270分；科研合同总额773.68万元，其中纵向项目合同额224万，横向项目合同额549.68万；钱江波“火电机组灵活性改造背景下汽轮机运行优化技术研究及工程应用”获河南省科学技术进步奖二等奖；钱江波“基于精细化运行电厂运行指导系统研究与应用”获电力建设科学技术进步奖三等奖；专利授权102项，其中发明专利23项，实用新型专利76项，外观设计3项；共发表学术论文219篇，其中EI核心以上115篇，ESI高被引5篇，Scopus前1%高被引1篇，SCI 57篇，其中TOP期刊22篇。邀请校外专家学术交流14次，其中邀请国外专家讲座4次，国内专家讲座10次，系内学术沙龙交流活动数次。机械工程系继续加大教师对外合作的支持力度，进一步拓宽与企业合作的研究领域，全年签订横向科研合同22项，合计660.89万元。共发表论文91篇，其中SCI收录16篇，EI收录22篇。批准49项专利及软件著作权。其中，发明专利15项，实用新型20项，外观设计7项，软件著作权7项。教师参与申报各类省部级以上科技奖励项目4项，其中王璋奇教授负责的“碳纤维复合芯导线脱冰振荡特性及应用研究”获河北省科学技术进步奖三等奖，丁海民教授参与的“先进核辐射探测材料及反腐蚀技术研究及应用”获河北省技术发明奖二等奖。

党团分工会及学生工作。北京校部党委入选教育部首批“全国党建工作标杆院系”培育创建单位，学院团委获得“北京市五四红旗团委”。完成2018年校内巡视和宗教工作自查，整改基本完成。启动“加强院（系）党的领导”校级党建重点难点项目建设，“爱能动”三全育人工作新模式、“一院一品”学生思政工作精品项目和“能思擅用”校园普法和权益维护辅导员工作室获立项建设。完成分工会委员会换届选举，“爱能动，爱运动”活动持续开展，师生参与面进一步扩大。动力工程系加强学风建设，形成《动力工程系学风建设实施方案》。注重线上线下思政教育融合工作，《打造动力青年网络育人平台，服务学生全面成长成才》课题成功申报华北电力大学“一系一品牌”学生思政工作精品项目。积极开展政治教育、社会实践、志愿服务等活动，刘明浩获河北省大中专学生“三下乡”社会实践活动优秀教师。机械工程系申报的“发挥‘好老师’引领作用、创新‘三全育人’工作机制”被列为华北电力大学做“新时代‘四有’好老师和‘四个引路人’”学习实践活动特色工作项目。2018年恰逢机械工程系建系40周年，开展一系列活动喜迎华电校庆和机械系庆。鼓励学生参加科技创新性大赛，其中，北京校部在全国大学生节能减排社会实践与科技竞赛中，获一等奖1项、三等奖1项；在第八届全国大学生机械创新设计大赛慧鱼赛区竞赛暨第九届全国慧鱼工程技术创新设计大赛中，获一等奖 1 项，二等奖 2 项；动力工程系获 2018 年全国大学生英语竞赛获全国特等奖 1 项、二等奖 1 项、三等奖 3 项，全国大学生数学竞赛获河北省一等奖 1 项，中国国际飞行器设计挑战赛中获全国三等奖 2 项，中国工程机器人大赛暨国际公开赛二等奖 2 项，河北省大学生物理竞赛个人赛省特等奖 1 项、一等奖 1 项，全国周培源大学生力学竞赛获河北省一等奖 1 项、二等奖 1 项，全国大学生节能减排社会实践与科技竞赛中获全国一等奖 1 项、二等奖 1 项、三等奖一项，2018 美国国际大学生数学建模竞赛获得一等奖 1 项，第四届"协鑫杯"国际大学生绿色能源科技创新创业大赛中获得三等奖 1 项；机械工程系学生参加各类竞赛获省部级及以上奖励人次数 387（全校 2244），其中国家级奖 67 人次，作为负责人立项大创项目 34 项；以第一作者身份公开发表学术论文 8 篇，获 8 项实用新型专利，13 项外观专利。

（侯步蟾　刘志坚　谢海洋）

【概况】 2018 年，学院有教职工 338 人，其中，专任教师 267 人（教授 66 人、副教授 111 人，具有博士学位的教师为 72.6%）、有实验及技术人员 31 人、党政及管理人员 40 人。学院新增教授 3 人、副教授 7 人。学院中国工程院院士 3 人，享受政府津贴 6 人。共引进师资 6 人，其中教师 5 人。学院有毕业学生 1619 人，其中博士研究生 59 人（实际毕业人数），硕士研究生 434 人，普通本科生 1126 人；学院招生 1823 人，其中博士研究生 74 人，硕士研究生 543 人，普通本科生 1205 人；学院在校生 6470 人，其中博士研究生 248 人，硕士研究生 1267 人，普通本科 4955 人。本科生的英语四级一次通过率 85.9%，本科毕业生一次就业率 93.9%，研究生毕业生一次就业率 92.41%；本科考研报名 505 人，实际考取 353 人，考研率 69.9%。学院签订纵、横向科研项目 130 个，其中纵项 59 项，横项 71 项，实现科研合同金额共计 12 516.57 万元，其中纵向科研经费 10 177 万元，横向科研经费 2339.57 元；发表论文 591 篇，其中三大检索收录 350 篇，核心期刊 112 篇，出版著作 9 本。自编教材 3 本；学院举行学术交流会 57 次，其中国外专家学术交流会 12 次，国内专家学术交流会 45 次。92 人次参加国际学术会议。学院完成科研项目 21 个，通过验收 1 个。获省部级以上奖 5 项。获授权专利 206 项，其中发明专利 69 项，实用新型专利 120 项，计算机软件著作权 14 项，外观设计 3 项。学院拥有教研室 18 个、研究所 16 个、实验室 34 个、学生实习基地 29 个，科技研究（创新）基地 3 个。学院开设研究生课程 361 门，完成教学 12 598 学时；开设本科生课程 1564 门，完成教学 63 623 学时；举办各类培训班 5 期，共培训学员 200 人，其中电力系统学员 200 人。学院设有 80 个党支部，拥有中共党员 1208 人、发展党员 285 人，其中学院本部发展党员 109 人，动力工程系发展党员 95 人，机械工程系发展党员 81 人。学院设有 196 个学生班级，其中实验班 9 个，设有辅导员岗位 18 个，其中正式编制 15 个、聘任 3 个；学生获各类省部级奖励 686 人次。

院长：徐进良

书记：徐　鸿

（侯步蟾　刘志坚　谢海洋）

【开展华电 60 华诞系列活动】 2018 年，北京校部围绕动力传承、学术引领、校友情怀三个主题，制作完成三个短视频、一个校庆专刊，举办三场高水平国际国内学术交流活动，9 场高水平学术报告，其中包括诺贝尔和平奖获得者马克列文教授、英国皇家工程院院士 Raffaella Ocone 教授；制定校友（整班级）返校接待方案，完成对 77 级校友入学 40 年返校活动、94 级校友毕业 20 年返校等的接待工作。动力工程系广泛征集老照片、老物件，制作动力工程系宣传片和宣传册，承办两个高端学术论坛，成立 15 个喜迎 60 周年校庆专项实践团队，开展"寻访校友足迹"暑期社会实践活动。机械工程系恰逢建系 40 周年，制作大型宣传片《征梦四方机械起航》，举办两场大型学术活动，一场美术作品展，举办名人大讲堂、技术大咖秀、创业英雄汇三场访谈节目，两场座谈会，筹备系成立 40 周年庆典晚会，建立"机械之家"，成立智慧煤炭输送与存储研究中心，设立天使创新创业基金。

（侯步蟾　李　非　谢海洋）

【国家重点研发计划获批立项】 2018 年 6 月 1 日，以陈海平教授作为项目负责人的"国家重点研发计划"项目——"燃煤发电机组水分高效低成本回收及处理关键技术研究与应用"获得科技部批准立项，项目总经费 5964 万元。该项目是华北电力大学在"煤炭清洁高效利用和新型节能技术"领域项目布局的又一重要突破。

（陈海平）

【举办第一届二氧化碳先进动力系统国际会议】 2018 年 6 月 30 日至 7 月 2 日，依托低品位能源多相流与传热北京市实验室，学院举办第一届二氧化碳先进动力系统国际会议，来自全世界 20 个国家和地区的 200 多名学者参加会议，参会专家包括中国科学院院士，西安交通大学何雅玲教授；清华大学能源与动力工程系主任姜培学教授；美国宾夕法尼亚大学、国际著名期刊 Energy 杂志前主编 Noam Lior 教授；ASME Journal of Nuclear Engineering and Radiation Science 杂志主编，Igor Pioro 教授；美国哥伦比亚大学、美国青年科学家总统奖获奖者 Xi Chen 教授等嘉宾。参会代表还包括美国西屋公司、美国 Echogen 公司，法国电力公司、东汽集团、上汽集团及哈尔滨电气集团的专家学者。

（刘广林）

【动力工程系承办两个高峰学术论坛】 2018年7月3日，“2018建筑绿色技术发展与能源应用高峰论坛暨第二届热泵供暖技术发展高峰论坛”在保定星光国际商务酒店举办，该论坛由中国建筑科学研究院有限公司建筑环境与节能研究院主办，中国建筑节能协会暖通空调专业委员会、华北电力大学等单位协办。中国科学院院士汪集旸，中国建筑科学研究院有限公司环能院院长徐伟，保定市副市长张志奎，保定市高新区管委会主任李保森，华北电力大学副校长律方成，国家发改委能源研究所可持续发展中心主任康艳兵，相关职能部门、企业单位负责人、学生代表等参加本次高峰论坛。9月3—8日，由中国工程院能源与矿业工程部指导，气候变迁与能源可持续发展研究院、财团法人台湾永续能源研究基金会主办，华北电力大学承办的第十四届海峡两岸气候变迁与能源可持续发展论坛年会和两岸能源高峰会议在保定市电谷国际酒店举行，谢克昌、刘吉臻、刘科等十余名院士做主题报告。

（刘志坚）

【国家自然科学基金委创新研究群体项目获批立项】 2018年9月1日，以杨勇平教授作为项目负责人的“国家自然科学基金委创新研究群体”项目——“能量传递转化与高效动力系统”获国家自然科学基金委批准立项，项目总经费1200万元，实现华电零的突破。该项目是学校在“煤炭清洁高效利用、多能互补系统能量传递与转化及发电系统参数检测与节能控制”领域项目布局的又一重要突破。

（李元媛）

【成立吴仲华学院】 2018年9月28日，华北电力大学“吴仲华学院”成立，国家杰出青年基金获得者王晓东教授担任首任院长。“吴仲华学院”由华北电力大学、中国科学院工程热物理研究所合作建设，以著名工程热物理学家、中国科学院工程热物理研究所创办人、工程热物理学科奠基者、中国科学院院士吴仲华先生的名字命名，致力于培养动力工程及工程热物理学科杰出人才，探索具有华北电力大学特色的创新人才培养模式。

（侯步蟾）

【获北京市高等学校青年教学名师奖】 2018年11月2日，根据《北京市教育委员会关于开展第十四届北京市高等学校教学名师奖暨第二届北京市高等学校青年教学名师奖评选工作的通知》（京教函〔2018〕273号），经学校推荐、现场教学观摩课评价、评审专家组评议、评审委员会投票、市教委审核并公示，李红获北京市高等学校青年教学名师奖。

（侯步蟾）

【机械工程系承办两个高峰学术论坛】 2018年10月18日由机械工程系、河北振动工程学会、科技处、校庆办公室共同举办的“振动、测试与诊断在电力工程中的应用”学术论坛在教九102报告厅举行。出席本次论坛的有浙江大学机械工程学院杨世锡教授、重庆大学汤宝平教授、华电科学研究院总工程师黄海舟、冀能科院主任牟法海以及机械工程系部分教授。10月23日，中国电机工程学会输电线路专业委员会2018年学术年会暨第七届委员会换届大会于河北保定华中假日酒店召开，会议由中国电机工程学会输电线路专委会主办，华北电力大学（保定）、中国电力科学研究院有限公司共同承办，中国电机工程学会国际部、奖励办主任赵建军，中国电科院副院长李正，中国电力规划设计总院总工程师李喜来，中天科技总工兼研究院院长谢书鸿，中国电力工程顾问集团华东电力设计院有限公司副总工薛春林以及中国电科院工程力学所总工王景朝等专家出席此次会议，华北电力大学（保定）副校长律方成、机械工程系党委书记葛永庆教授、主任范孝良教授、电力工程系刘云鹏教授等应邀出席。此外参加此次会议的还有中国电机工程学会输电线路专委会委员，结构、运行、电气、施工学组委员、秘书等120余位专家和学者。

（谢海洋）

【举行智慧化煤炭输送和存储研究中心签约仪式】 2018年10月12日，华北电力大学与华电郑州机械设计研究院有限公司、北京普兰德电力技术有限公司、湖北凯瑞知行智能装备有限公司捐赠并共建智慧化煤炭输送和存储研究中心签约仪式在校综合楼五楼会议室举行。校长、基金会副理事长杨勇平，副校长王增平，校党委副书记郭孝锋，副校长律方成等校领导以及各企业代表出席签约仪式，中国华电科工集团有限公司总工程师沈明忠以及科技发展部主任沈建永应邀出席，机械工程系领导和教师代表参加会议。

（谢海洋）

【举行华电天使创新创业基金成立仪式】 2018年10月28日，“华电天使创新创业基金”成立仪式在校综合楼五楼会议室举行。原华北电力大学副校长、华北电力大学保定校区党委书记、国电集团副总经理张成杰，原华北电力大学党委副书记、副校长张金辉，华北电力大学党委副书记郭孝锋，华北电力大学教育基金会办公室主任、常务副秘书长王子杰，党政办副主任彭建章，机械工程系班子成员，以及校友、教师和学生代表参加成立仪式。仪式由机械工程系党委书记葛永庆主持。

（谢海洋）

【入选教育部首批培育创建单位】 2018年，教育部办公厅发布《关于公布首批全国党建工作示范高校、标杆院系、样板支部培育创建单位名单的通知》（教思政厅函〔2018〕43号），北京校部学院党委入选首批“全国党建工作标杆院系”培育创建单位。“全国党建工作标杆院系”是教育部面向全国高校培育创建10所工作示范高校、100个党建工作标杆院系、1000个党建工作样板支部，开展万名基层党组织书记示范培训，简称“十百千万”创建工程中的一部分，是以点带面发挥引领带动作用，推动全国高校各级党组织全面进步全面过硬，推动全国高校党建质量全面创优全面提升的重要手段和举措。

（侯步蟾）

【完成校内巡察工作】 2018年，根据《中共华北电力大学委员会校内巡察工作五年规划及实施办法（2018—2022）》（华电党纪〔2018〕6号）文件精神，中共华北电力大学委员会第六巡察组于2018年7月6日至15日对学院党委开展巡察工作，并于10月19日召开巡察情况反馈会议，就政治建设和思想建设、组织建设、作风建设、纪律建设、夺取反腐败斗争压倒性胜利等五方面问题提出整改建议。

（侯步蟾）

【教育部重点实验室通过评估】 2018年，根据《教育部科技司关于组织开展2018年度教育部重点实验室评估工作的通知》（教技司〔2018〕244号）要求，教育部科技司开展2018年度工程和材料领域教育部重点实验室评估工作，经过初评、现场考察和综合评议三轮考察，电站设备状态监测与控制教育部重点实验室通过评估，并凝练形成四个研究方向。

（张乃强）

【获北京市五四红旗团委称号】 2018年5月，北京校部学院团委从全市各乡镇（街道）、高校、中小学、企业、医院等众多的基层团组织中脱颖而出，作为100家优秀基层团组织之一，被授予“北京市五四红旗团委”称号。

（张冬月）

【社会实践活动获表彰】 2018年，北京校部张冬月指导的“北京市居民废纸回收利用调研团”获北京市级优秀社会实践团队称号，动力工程系刘明浩获2018年河北省大中专学生“三下乡”社会实践活动优秀教师。

（张冬月　周　硕）

【举办学术夏令营活动】 2018年7月21日，动力工程系举办2018年“能源之星”全国优秀大学生暑期学术夏令营，来自西北农林科技大学、河海大学、河北工业大学、太原理工大学、新疆大学等32所高校48名学生参加此次活动。本次活动旨在促进高校之间的互动与交流，加深青年学生对科学研究的了解和兴趣，选拔优秀本科生继续学业深造。

（周　硕）

【组织学生参与创新性比赛】 2018年，北京校部在全国大学生节能减排社会实践与科技竞赛中，获一等奖1项、三等奖1项；在第八届全国大学生机械创新设计大赛慧鱼赛区竞赛暨第九届全国慧鱼工程技术创新设计大赛中，获一等奖1项，二等奖2项；动力工程系获2018年全国大学生英语竞赛获全国特等奖1项、二等奖1项、三等奖3项，全国大学生数学竞赛获河北省一等奖1项，中国国际飞行器设计挑战赛中获全国三等奖2项，中国工程机器人大赛暨国际公开赛二等奖2项，河北省大学生物理竞赛个人赛省特等奖1项、一等奖1项，全国周培源大学生力学竞赛获河北省一等奖1项、二等奖1项，全国大学生节能减排社会实践与科技竞赛中获全国一等奖1项、二等奖1项、三等奖一项，2018美国国际大学生数学建模竞赛获得一等奖1项，第四届“协鑫杯”国际大学生绿色能源科技创新创业大赛中获得三等奖1项；机械工程系学生参加各类竞赛获省部级及以上奖励人次数387（全校2244），其中国家级奖67人次，作为负责人立项大创项目34项；以第一作者身份公开发表学术论文8篇，获得8项实用新型专利，13项外观专利。

（张冬月　周　硕）

经济与管理学院

【概述】 2018年，经济与管理学院加强党建和基层组织建设，结合大学“双一流”建设和大学第六届第六次教代会精神，认真总结反“四风”活动、“三严三实”教育和“两学一做”学习教育，通过建章立制，进一步规范学院的教学、科研、学生管理等各项工作，加强学风、教风、院风建设，学院各项工作取得长足发展。

学科与科研。2018年是学院“双一流”建设年，学院统筹各方资源和力量，在学科和科研方面取得显著成效。获国家自然基金面上1项、青年基金3项，国家重点研发计划专项子课题1项；年度科研经费总额达3415万元；发表论文被SCI/SSCI收录114篇，EI期刊12篇；在人民日报刊登文章1篇，中文核心期刊67篇，其中CSSCI 7篇；出版学术专著12部。

国际合作。获批国家“111”引智基地，与美国加州大学伯克利分校共建；与澳大利亚昆士兰大学商学院开展实质性本科联合培养，与澳大利亚新南威尔士大学建筑环境学院、日本国立环境研究所展开深入交流，在科研、研究生派送、教师人才引进方面达成合作意向。

教育教学。学院坚持做好“立德树人”根本任务，以本科教学审核评估工作为契机，精心设计以“学生深造率”和鼓励“学生创新创业”为标志的人才培养路径。通过打造“英语实用能力训练营”，成立实验教研室，出台学院新的教学奖励办法等一系列改革措施，人才培养质量不断提升。获北京市教育教学成果一等奖、二等奖各1项；大学生创新创业训练计划项目立项41个；挑战杯大学生课外学术科技作品竞赛通过答辩作品20个；2018届本科毕业生的就业率达到86%，考研出国深造率达到40.02%

人才培养。学院以“双一流”研究生人才培养项目建设规划为龙头，结合学位授权点评估和MBA教育巡视整改回头看等任务，加强研究生教育顶层设计，研究生培养质量与专业学历教育水平持续加强。金融专业学位授权点获批；启动2门研究生优质课程建设、1个研究生产学研联合培养和创新创业基地建设；对2名优秀博士生进行拔尖创新人才培育项目资助；获校级优秀博士论文3篇，获校级优秀硕士论文 8 篇。一支研究生调研团队被评为“2018 年首都大中专学生暑期社会实践百强团队”。2018届研究生的就业率达到97.45%。

其他工作。为适应教学科研发展需要，引进学生辅导员1人。学院出国学习教师6人，学成回国4人。学院承办大学2018年春季运动会，会歌为“把梦点亮”。

（董宏伟）

【概况】 2018年，学院在北京设有学院本部，在保定校区设有1个系，经济管理系。学院现有2个省部级重点学科、1个省部级重点实验室，1个省部级示范中心、1个国家级虚拟仿真中心，1个省部级研究基地。设有2个博士后科研流动站，在站博士后24人；7个博士点专业（其中具有一级学科博士学位授予权的2个）、15个硕士点专业、11个本科专业。学院有教职工210人（其中保定70人），专任教师183人（其中保定60人），教授50人（其中保定14人）、副教授83人（其中保定22人），具有博士学位的教师为80%，有实验及技术人员4人（其中保定1人）、党政及管理人员23人（其中保定9人）。学院有享受政府津贴2人。共引进辅导员1人。学院有毕业学生1281人（保定351人），其中博士研究生33人，全日制硕士研究生241人（保定87人），在职工硕209人（保定51人），MBA硕士121人（保定3人），普通本科生677人（保定210人）；学院（系）招生1708人（保定708人），其中博士研究生35人，全日制硕士研究生320人（保定101人），非全日制硕士研究生376人（保定227人），MBA硕士106人，普通本科生871人（保定380人）；学院在校生5901人（保定1950人），其中，博士研究生237人，全日制硕士研究生934人（保定286人），非全日制硕士研究生827人（保定398人），在职工硕526人（保定110），MBA硕士363人（保定2人），普通本科生3014人（保定1154人）。本科生的英语四级一次通过率院部 77.49%（保定92.86%），本科毕业生一次就业率院部 86.83%（保定88.70%），研究生毕业生一次就业率院部 98.52%（保定95.40%）；本科考研报名333人（保定90人），实际考取157人（保定51人），考研率院部32.55%（保定24.29%）。学院签订纵横向科研项目193个，其中纵项32项、横项161项，实现科研合同金额共计7012.84万元（保定1187.6万元）；共发表论文456篇，其中三大检索收录211篇，核心期刊83篇。出版专著13部，自编教材9本，国外专家学术交流会12次，国内专家学术交流会11次。有76人次参加国际学术会议。学院共获得省部级以上奖励293人次，其中，本科生获奖195人次，研究生获奖74人次，教师获奖24人次。学院拥有经济与管理系（保定）1个、教研室9个、研究所26个、实验室10个、学生实习基地42个，科技研究（创新）基地2个。学院开设研究生课程360门（保定85门），完成教学8585学时（保定2399学时）；开设本科生课程460门（保定134门），完成教学15 451学时（保定5072学时）；举办各类培训班2期，共培训学员133人。学院设有53个党支部（保定17个），拥有中共党员752人（保定218人）、发展党员162人（保定48人）。学院设有147个学生班级（保定47个），设有辅导员岗位21个，其中正式编制10个（保定3个）、聘任3个、兼职8个。

院长：李彦斌（李　伟　保定经管系主任）

书记：于新华（祝志杰　保定经管系书记）

学院（系）网址：http://business.ncepu.edu.cn

（董宏伟　张　清　王　宁
郝险峰　史蓉辉　孙晓琼）

【校领导到学院调研】 2018年，校领导杨勇平等多次到学院调研。1月4日，校长杨勇平、校党委副书记郭孝峰到经管系与青年教师代表座谈。杨勇平肯定经管系2017年取得的成绩，对经管系提出的师资结构不合理及经费支持等问题进行回复，并对2018年经管系科研及师资建设工作提出希望和要求。1月8日，校长杨勇平到学院调研，学院班子成员、教授代表、教研室主任代表、教工党支部书记代表以及青年教师代表参加此次调研座谈会，学院院长李彦斌主持会议。杨勇平对学院在人才培养、教学、科研等各方面取得的成绩表示肯定。11月30日。校长杨勇平、校党委副书记郭孝锋到学院开展工作调研，并与学院领导班子、联系的优秀青年教师进行座谈交流。郭孝锋听取院长李彦斌工作汇报，了解学院人才培养、学院人才建设、制度建设、“双一流”建设、MBA改革、研究生招生以及北京市重点实验室等方面的发展情况；于新华书记就党建方面工作进行汇报。12月13日，副校长孙忠权及党委学工部、党委研工部、就业指导中心等部门负责人，调研学院学生工作。12月13日，杨勇平到学院开展工作调研，并与学院领导班子、各教研室及教师代表进行座谈交流。

（董宏伟）

【刘志彬副教授获社科基金优秀成果奖】 2018年1月17日，第十届河北省社会科学基金项目优秀成果奖经专家评审、公示，经管系刘志彬副教授等完成的《低碳经济下河北省生物质发电产业发展与对策研究》获二等奖。

（董宏伟）

【与广州中博教育签署合作协议】 2018 年 1 月 12 日，经管系与广州中博教育股份有限公司签署合作协议。根据协议，双方将筹备成立大学生创新创业教育基地，就人才培养、科技创新等领域开展合作。华北电力大学对外联络与合作部副部长赵冬鸣，经管系党委书记祝志杰，系主任李伟，中博教育董事常务副总经理萨仁娜、津冀大区总经理李宏飞等出席此次签约仪式。仪式由经管系团委书记赵吉鹏主持。

（董宏伟）

【获首批国家精品在线开放课程】 2018 年 1 月 18 日，教育部办公厅发布《教育部办公厅关于公布 2017 年国家精品在线开放课程认定结果的通知》（教高厅函〔2017〕80 号），学院教师赵洱岽主讲的 MOOC“管理沟通”以出色的课程内容与授课方式被认定为 2017 年国家精品在线开放课程。这是赵洱岽近三年来第二门国家级精品课程（2015 年“沟通的力量”获批国家精品视频公开课），也是大学在线开放课程建设上的一大突破。

（董宏伟）

【承办首届综合能源系统峰会】 2018 年 1 月 27 日，由中国能源研究会能源互联网专委会主办，华北电力大学承办的“首届综合能源系统峰会”论坛在华北电力大学举行。论坛旨在推动综合能源系统转型，明确综合能源系统具体内涵和综合能源服务商业模式要点。能见 App 作为战略合作媒体参与本次直播。学院李彦斌院长做“新时代能源供给方式研究”的报告。

（董宏伟）

【开展植树活动】 2018 年 3 月 10 日，学院师生积极响应后勤集团召开的“优化育人环境　建设美丽校园”植树活动。校党委书记周坚、副校长孙忠权、学院党委书记于新华、党委副书记赵军伟和学院师生一起，为校园种下 60 棵树，象征着大学发展道路上的百花齐放、欣欣向荣。在本次活动中，学院 2015 级学生党支部作为后勤集团党总的共建支部，全员作为志愿者参与本次活动。

（董宏伟）

【中国绿色电力发展研究创新引智基地项目启动】 2018 年 4 月 9 日，学院召开“中国绿色电力发展研究创新引智基地”项目启动交流研讨会。出席本次会议的专家学者有：教育部长江学者特聘教授牛东晓，美国加州大学伯克利分校 Daniel Kammen 教授，美中绿色能源促进会常务副会长张晓枫，国际合作处处长段春明，学院副院长张兴平，学院 MBA 中心副主任闫庆友，华北电力大学能源互联网研究中心副主任刘敦楠，能源市场研究所所长董军，学院市场营销教研室主任刘达，学院教授李星梅，学院副教授李金超，能源动力与机械工程学院教授王晓东。国际合作处处长段春明主持会议。

（董宏伟）

【曾鸣教授在人民日报理论版发表文章】 2018 年 4 月 9 日，人民日报理论版头条人民要论专栏刊登学院曾鸣教授的署名长文《构建综合能源系统》。经济与管理学院院务会讨论决定，对曾鸣教授给予表扬和奖励，以表彰曾鸣教授在智库建设中做出的重要贡献。

（董宏伟）

【与北京中电普华签署合作协议】 2018 年 4 月 24 日，学院与北京中电普华信息技术有限公司举行校企合作签约仪式。参加签约仪式的有北京中电普华信息技术有限公司执行董事、总经理、党委副书记赵建保、办公室（党委办公室）主任侯岩、党委组织部（人力资源部）副主任刘晓娟等，学院参加仪式的有经济与管理学院院长、MBA 中心主任、党委副书记李彦斌教授、招生培养办公室王宁、实验中心郭鑫等。签约仪式由院长助理张灿飞主持。

（董宏伟）

【高等院校企业竞争模拟大赛创佳绩】 2018 年 4 月 26—28 日，第九届高等院校企业竞争模拟大赛与第十七届 MBA 培养院校企业竞争模拟大赛现场总决赛在西南政法大学落下帷幕。经管系李若晰、张文隽等 6 名学生组成的两支团队入围现场总决赛，分别获全国特等奖和全国一等奖。

（董宏伟）

【外国专家来校交流】 2018 年，学院接待多所国外大学专家访问。6 月 14 日，美国工业工程院院士（IIE Fellow）方述诚应邀到经管系做 Two Interesting Games 的讲座。6 月 16 至 19 日，美国普度大学工程管理专业 DAPHENE KOCH、YI JIUNG 等教授一行三人与学院工程技术与管理研究所进行学术交流。6 月 27 日至 7 月 5 日，纽约州立大学石溪分校工程与应用科学院科技与社会系邓天立教授到经管系举办主题为“数据科学与深度学习”的学术研讨会，本次研讨会涵盖所有数据科学的基础知识以及其应用，几个深度学习中使用的神经网络及其应用及一些机器学习上的研究。10 月 28 日，适逢华北电力大学 60 周年校庆之际，澳大利亚昆士兰大学（The University of Queensland）商学、经济及法律学院院长 Andrew Griffiths，商学院院长 Julie Cogin 教授，商学、经济及法律学院大中华区经理 Michael Chen 代表团一行到学院洽谈合作。

（董宏伟）

【主办一带一路绿色电力合作国际论坛】 2018 年 6 月 17 日，“一带一路绿色电力合作国际论坛”在华北电力大学召开，来自电力行业、国内外高端智库、主流媒体和师生代表共 300 人参加论坛交流。本次论坛由华北电力大学经济与管理学院新能源电力与低碳发展研究北京市重点实验室主办。中国电力企业联合会党组书记、常务副理事长杨昆教授，匹兹堡大学经济学教授托马斯·劳斯基（Thomas Rawski），牛津能源研究所高级研究员大卫·罗宾逊博士（David Robinson），同济大学的外籍教授李瑞宁博士（Ulf Henning Richter），自然资源保护委员会气候变化、能源和环境高级顾问杨富强博士，中国本土环境公益机构创绿研究院项目主管郭虹宇女士，华北电力大学经济与管理学院张兴平教授，华北电力大学经济与管理学院教授、新能源电力与低碳发展研究北京市重点实验室副主任袁家海共 8 名国内外专家发表主旨演讲。

（董宏伟）

【获北京市教学成果一等奖】 2018 年 6 月 25 日，由《北京市教育委员会、北京市人力资源和社会保障局、北京市财政局关于表彰北京市教育教学成果奖的决定》（京教人〔2018〕13 号文）获悉，2017 年北京市高等教育教学成果奖获奖名单正式公布。学院教师乌云娜、牛东晓、李彦斌等申报的《基于虚拟仿真创新平台的电力工程管理人才培养教学综合改革与实践》成果获一等奖，并入选国家级高等教育教学成果奖候选项目。

（董宏伟）

【创青春全国大学生创业大赛创佳绩】 2018 年 7 月 13—15 日，2018 年“创青春”全国大学生创业大赛 MBA 专项赛和网络信息经济专项赛在浙江师范大学举行。学院 My Home 项目团队获 MBA 专项赛银奖。

（董宏伟）

【深造率创新高】 2018 年，学院考研留学深造率再创新高，达到 40.26%，较往年提高 5%。年内，为针对性提高学生深造率，学院教研室、班主任、辅导员等各方共同努力，采取包括开办商务英语训练营、召开出国留学、考研动员讲座，实施一对一考研报名指导、组织人员收集考研复试调剂信息等一系列措施，成效明显，通过英语训练营，学生听说读写综合技能得到明显提高，通过考研动员与辅导，学生考研的信心更加坚定，方向更加明确。

（董宏伟）

【广州体育学院来学院交流】 2018 年 9 月 26 日，广州体育学院休闲体育与管理学院书记罗红霞等一行来学院电力经济管理实验教学中心考察交流。经济与管理学院副院长李泓泽、实验中心主任郭鑫、实验员范鸿德接待考察人员，双方就学科建设、人才培养、实验室建设等问题进行深入交流和探讨。

（董宏伟）

【获 4 项省社科优秀成果奖】 2018 年 10 月 16 日，经过 8 月 21 日至 9 月 20 日一个月的公示，第十六届河北省社科优秀成果奖评奖结果正式公布获奖名单，经管系获 4 项成果奖，其中二等奖 3 项，三等奖 1 项。

（董宏伟）

【安装迎校庆大型彩色显示屏】 2018 年，为迎学校 60 华诞，美化校园环境、丰富校园文化，在学校的支持下，学院组织团队，筹集资金，在 1 个月内完成大型户外全彩 LED 显示屏的选型、采购、安装、调试工作。10 月 18 日，该彩色显示大屏在教一楼正门雨搭上正式亮相，通过精心设计的横幅画面向返校校友和过往行人表达问候、传达信息，让 20 余年楼龄的教一楼再次焕发生机，成为大学又一个重要的宣传展示窗口。

（董宏伟）

【开展第二课堂现场授课活动】 2018 年 10 月 19 日，学院院长李彦斌教授带领 2017 级 MBA 集中班学员到中国标准化研究院昌平实验基地参观，并进行第二课堂现场授课。中标院李玉敏为学院师生进行工效学讲解。本次第二课堂现场授课，是学院 MBA 教学的一个创新，为学院打造精品 MBA 教育品牌提供坚实的基础。

（董宏伟）

【何建坤教授到学院做学术报告】 2018 年 10 月 20 日，清华大学原常务副校长、现为清华大学气候变化与可持续发展研究院学术委员会主任、中国国家气候变化专家委员会副主任何建坤教授应经管系邀请在二校区教六楼 304 作题为《全球应对气候变化与中国能源革命和低碳发展》的学术报告。

（董宏伟）

【举办房屋建筑 VR 实训应用培训】 2018 年 10 月 22 日，新能源电力与低碳发展研究北京市重点实验室举办以房屋建筑 VR 实训应用培训。重点实验室主任乌云娜教授、张洪青副教授、郭晓鹏副教授、刘金朋副教授等和实验室技术人员、相关专业研究生一同参与培训。

（董宏伟）

【华电扬中能源互联网专项研究基金项目启动】 2018 年 10 月 23 日，中国能源研究会在华北电力大学召开中国能源研究会——华电扬中能源互联网专项研究基金课题启动会议，正式启动和部署课题的实施建设工作。出席本次论坛的专家有中国能源研究会常务副理事长史玉波、中国能源研究会特邀副理事长韩水、中国能源研究会秘书长郑玉平、中国能源研究会副秘书长刘惠宏、国网电动汽车服务公司董事长江冰、华北电力大学副校长檀勤良、华北电力大学能源互联网研究中心主任曾鸣、学院副院长刘敦楠、内蒙古电力（集团）有限责任公司高级工程师王建强、华北电力大学副教授刘鹏、学院副教授王永利等专家。项目启动会议由史玉波常务副理事长主持。

（董宏伟）

【召开 MBA 创新培养研讨会】 2018 年 10 月 28 日，MBA 创新培养研讨会在 MBA 教育中心案例室召开。研讨会由 MBA 教育中心常务副主任刘元欣主持，MBA 教师代表何平林、李星梅、沈华玉、MBA 教育中心教师与 MBA 校友共同参与研讨。本次研讨会旨在进一步完善本校 MBA 人才培养方案，加强 MBA 教育监督，提高 MBA 培养质量，共创电力 MBA 品牌。

（董宏伟）

【国家电网公司人力资源部到访】 2018 年 10 月 28 日，学院院长李彦斌会见来访的国家电网公司人力资源部副主任尚锦山。双方就校企合作、人才培养及产学研协同育人等问题进行深入探讨和交流。

（董宏伟）

【电力企业管理创新论坛】 2018 年 11 月 1—3 日，由《企业管理》杂志社和学院联合主办的“电力企业管理创新论坛 · 2018”在福建厦门召开，政府主管部门负责人、著名专家学者和广大电力企业代表共 200 余人出席论坛，围绕“智领发展，服务转型”的主题，就电力企业贯彻落实党中央国务院创新驱动战略，推动电力企业智慧企业建设、加快能源服务转型的经验与实践进行分享，并就企业管理前沿理论和持续提升之道进行探讨。学院院长李彦斌出席会议并主持专题论坛。

（董宏伟）

【商务英语训练营二期启动】 2018 年 11 月 6 日，商务英语训练营一期结业暨二期启动仪式。校党委副书记汪庆华、DynEd 亚太区高级总裁 Ciaran Lally、DynEd 中国渠道总监高杰、博德美瑞公司 DynEd 项目总监陈泽瑞、学生处处长沈岚、教务处副处长高继周、学院院长李彦斌、学院党委副书记谢桂庆等领导和嘉宾出席。仪式由学院副院长李泓泽主持。

（董宏伟）

【召开分工会换届选举大会】 2018 年 11 月 13 日，学院召开分工会换届选举大会。100 余名工会会员出席本次会议，学院党委副书记谢桂庆主持会议。本次大会选举出新一届工会委员会委员 7 名，分别是：史蓉晖、刘秋霞、刘晓彦、范鸿德、唐平舟、郭森、董宏伟。

（董宏伟）

【李彦斌一行赴日交流洽谈】 2018 年 11 月 11—14 日，学院院长李彦斌教授一行赴日本若干高校和研究所，围绕学术研究、国际合作、人才培养和人才引进等领域进行深入探讨和交流。学院副院长刘敦楠、副教授周茜等随访。

（董宏伟）

【李彦斌赴澳大利亚交流洽谈】 2018 年 12 月 3—9 日，学院院长李彦斌教授一行赴澳大利亚高校，围绕人才培养、学术交流、国际合作等进行深入探讨和交流，达成初步合作意向，并签订相关合作协议。学院副院长刘敦楠、实验员范鸿德随访。

（董宏伟）

【成立实验教研室】 2018 年 12 月 12 日，学院实验教研室成立。党委书记于新华、院长李彦斌、副书记谢桂庆、副院长孙华昕出席成立大会，各教研室主任、学工干部、实验教研室全体老师参加会议。会议由副院长李泓泽主持。

（董宏伟）

【华南农业大学谭莹一行到学院调研】 2018 年 12 月 12 日，华南农业大学经济与管理学院副院长谭莹、实验中心副主任潘逵、李巧璇等一行三人来学院电力经济管理实验教学中心调研交流。学院院长李彦斌、副院长李泓泽、实验中心主任郭鑫、实验教研室主任马同涛、张琪、范鸿德等与来宾进行交流。

（董宏伟）

【中电联专家到访】 2018 年 12 月 20 日，中国电力企业联合会电力发展研究院电网部高云鹏、丁崇、谢枫来经管系调研，并就共同组织成立中国电力 EIM 研创中心与经管系造价教研室教师进行会谈。电网部副主任高云鹏就“电力 EIM 应用与发展”做主旨发言，丁崇做“大数据思维的 BIM 体系与应用”专题报告，谢枫对合作前景和近期主要研创工作进行介绍。经管系主任李伟参加研讨会。

（董宏伟）

【1 门慕课登陆中国大学慕课网】 2018 年 12 月 25 日，由经管系周建国教授主讲的《证券投资学》慕课正式登录中国大学慕课网。该课程是河北省教育厅首批批准立项建设的河北省高校精品在线开放课程。周建国教授讲授《证券投资学》18 年，投资经验丰富，以“评书”方式讲授证券投资理念，深入浅出，注重实战，风趣幽默。

（董宏伟）

控制与计算机工程学院

【概述】 2018 年，控制与计算机工程学院在国家能源电力转型发展的大潮中，在大力推进“新一代人工智能”“互联网+”“大数据”战略背景下以学校“双一流”建设目标为指引，在巡视整改、学科建设、教育教学、科学研究、交流合作等方面取得进展。

党建工作。北京校区深入学习贯彻高校思政会、十九大和全教会会议精神，搭建“网格化立体式”智慧党建管理平台；开展“1+1+1”党支部共建活动，探索“产学研”

协同育人新机制；持续推进名师担任班主任工作，加强学院学风建设。建立学院党员活动室，巩固教育阵地。制定《学院落实意识形态工作责任制实施办法》，把牢立德树人的舆论导向，明确院领导主抓分管工作意识形态的职责；与基层党支部书记和教研室主任签订《意识形态工作责任书》，制定《控计学院师德师风建设实施细则》，开展“论教”报告会、“课程思政”研讨会、“四有好老师”座谈会加强师德师风建设工作。与离退休党委共建，开展“大手拉小手，携手共奋进”等系列活动；组织广大师生党员前往井冈山开展革命传统教育。保定校区自动化系加强基层党组织与党员队伍建设，主要领导干部每年至少两次为新党员和入党积极分子上党课。系党委坚持对所属党支部进行工作指导和检查，加强学生党支部特别是研究生党支部的教育管理工作，规范党内组织生活流程。完成学校党建巡查整改工作，依据校巡察组反馈意见，多次召开整改工作领导班子专题研讨会、系党委会，先后制定与完善《自动化系党委会会议制度》、《自动化系教授委员会工作制度》等23项规章制度。制定《自动化系发展基金管理办法》等工作制度，签订《自动化系安全稳定（社会管理综合治理）责任状》，保证党风廉政建设和安全稳定工作零事故。加强基层党建，探索“团辅＋团建”新模式，以班级为单位开展各类团体辅导活动30余次；发挥网络思政教育重要作用；开展i智能、衣旧暖心等志愿服务项目，i智能科普服务团队，开展40余场科技培训活动，并获评河北省教育系统先进组织奖。计算机系将立德树人的根本任务落实到教育教学各个环节当中。对照学校巡察组整改意见，认真查找问题，将整改工作落到实处。根据系教研室调整的实际情况以及党建工作要求调整党支部，使教研室党支部书记符合“双带头人”要求。提升系务公开度，以正式公文的形式发布重要工作决策、会议纪要、征求意见、反馈结论、评优公示等工作信息，避免信息传播过程中可能出现的衰减和歧义。开展基层党建工作整改部署会，要求各党支部严肃党内生活，严禁党员活动娱乐化、随意化倾向；开展基层党支部书记培训，规范党支部工作记录本，严格执行“三会一课”制度；强化对支部活动开展情况、党支部活动记录的督促工作。

学科建设。完成二级学科博士点“信息安全”和“系统分析、运筹与控制”的修订和启动交叉学科博士点“智慧能源科学与技术”的论证工作。完成三个学科的第四轮学科评估分析报告，以及智慧能源科学与技术新兴交叉学科的分析报告。确立“智能发电理论与技术”和“能源大数据分析与协同安全”两个重点建设方向。组建学院学术委员会，强化学术权力。作为四个依托学科之一，参加并支撑北京高校高精尖学科建设项目“清洁能源学”的申报并获批。

教育教学。学院开展教育教学思想大讨论，强化“新工科”概念，完成人才培养方案（2017版）的修订工作。总结多年教育教学的经验和成果，申报3项北京市教学成果奖，并获得校级特等、北京市一等奖。高质量地完成控制和计算机学科 6 个专业领域研究生学位点合格评估工作。通过教育部本科教学评估，“自动化”工程教育专业认证通过初评，完成“智能科学与技术”新专业培养方案的编制，筹建“人工智能与物联网”教研室。成立“人工智能”方向创新实验班，完成“智能科学与技术”本科专业基础实验室一期建设任务。自筹经费支持建设3个本科教学团队，择优支持首批15门课程开展课程思政建设。成立新一届学院教学指导工作委员会，逐步规范本科教学项目评审、教学评优、职称评审推荐等环节工作机制。保定校区自动化系完善工作流程，保证日常教学工作顺利进行。提高教风、学风和教学质量，加强教学督导的工作，提高教师教学质量。组织系教学评估小组，开展教学工作总体检查及自我评估。继续与艾默生公司联合举办艾创大赛华北电力大学赛区竞赛，本科生校外实习实践模式改革取得良好效果。召开本科生培养方案修订工作研讨会，修订完善“自动化专业、测控技术与仪器专业、自动化卓工班”培养方案。保定校区计算机系完成教学评估工作和 2017 版人才培养方案的审定，并进一步完善实验室软硬件平台建设。

科研工作。申报获批国家自然科学基金联合基金重点项目1项、教育部社科基金重点项目1项、国家重点研发计划专项课题 1 项。获 2017 年度国家科技进步一等奖 1 项、中国电力科学技术进步一等奖1项、省部级科研奖励6项。发表ESI高被引论文6篇、热点论文2篇。成立能源电力大数据研究院，组织承办第二届电力大数据高峰论坛。保定校区自动化系自动化系累计完成科研合同额1185.92万元。申报国家自然科学基金4项，申请北京市自然科学基金8项，申请河北省自然科学基金8项，获批北京市自然科学基金 1 项。2017-2018 学年度全系教师完成科研工作量考核分值22 967.2，绩效考核分值15 820。共发表论文105篇，其中SCI论文11篇，（二区2篇，三区7篇，四区2篇），EI期刊5篇，EI会议7篇，一级学报19篇，核心期刊48篇；获得发明专利授权21项，实用新型专利10项，计算机软件著作权获批183项。举行8场学术报告。1 名研究生获河北省优秀硕士论文。赵劲松、梁伟平带队获“西门子杯”河北赛区一等奖；翟永杰、赵劲松、梁伟平带队获AB杯全国大赛特等奖和二等奖。在2018年美国国际大学生数学建模竞赛中，两名学生获特等奖（Outstanding Winners），创下学校参赛以来最好成绩。同时，获奖总人数有较高提升。学生参加第十三届“恩智浦”杯全国大学生智能汽车竞赛，获国家一等奖1人，获国家二等奖 5 人。保定校区计算机系科研合同达 1048.88 万元。计算机系完成科研合同总额达到 1048.88 万元（含纵向 36 万元），积极组织国家级、省部级等各种科研基金项目的申报工作，共组织申报国家自然基金 10 项，河北省自然基金 9 项，中央高校基本科研业务费项目 11 项，获批国家自然基金 1 项，河北省自然基金 1 项，北京市自然基金 1 项，中央高校基本科研业务费项目 11 项。高水平论著持续稳定增长，发表国外期刊论文 16 篇，中文核心期刊及以上论文 28 篇(其中 SCI 和 EI 期刊论文 9 篇)；鼓励广大教师积极申报省部级鉴定和各级奖励，共获得计算机软件著作权 201 项，发明专利 9 项，实用新型 7 项，外观设计 2 项，省部级奖 1 项。

师资队伍建设。北京校部自动化学科引进优青 1 名，海外博士 1 名，计算机学科引进教授 2 名，海外博士 1 名。聘请兼职教授和客座教授各 1 名，出国留学 2 人，一位教授退休。保定校区计算机系 1 名脱产攻读博士的教师毕业，出国留学 1 人。

对外合作交流。北京校部完成申报和执行国家外专局和教育部国际交流重点项目。学院共有 6 名青年教师受到国家资助出国深造。与巴斯大学工程学院签署研究生“1＋1＋1”联合培养项目协议，学院研究生可通过此项目获本校与巴斯大学双硕士学位。与国家信息安全研究中心签署深化全面战略合作框架协议，并在电站信息安全等方面达成初步项目合作意向。计算机系加强青年教师的博士化，鼓励青年教师到名校名师攻读博士学位，进一步推进青年教师的国际化，支持青年教师到国外求学深造。

学生工作。入选教育部首批“三全育人”综合改革试点建设学院。《党建引领　名师引航　规范引路，构建学院“三全育人”新格局》获学校“一院一品”学生思政工作精品项目立项，“e 声麻辣烫”网络思政辅导员工作室获学校立项。以“智慧党建”平台为依托加强党支部建设，以团学改革为突破口促进基层组织建设，以诚信建设为抓手促进优良学风建设。北京校区学生就业状况改进明显，本科生就业率 95.2%，考研率 44.2%，出国率 2.33%。研究生就业率 98%，出国率 0.99%，读博率 1.97%。保定校区自动化系现承办 7 项国家级赛事的竞赛指导和组织参赛工作，成立智能汽车俱乐部、西门子 campus-hub 校园学习中心等平台，通过举办“科技创新培训课堂”、“美赛培训课堂”等，提升学生专业素养和学科技能。本科生共发表论文 20 篇，获各类专利软件著作授权 7 项，自动化系学生在各类竞赛中获国家级奖励 64 人次，省部级 46 人次。自动化系三位一体育人体系基本成型，并获批学校“一系一品牌”项目；依托“知行学堂”，落实“四阶段”培养目标，以校庆为契机，在原有生涯规划、竞赛指南、考研交流等讲座的基础上，增加卓越学术报告。依托微信“小打卡”程序，培养学生的时间规划和管理能力，自动化系 16 级 235 名学生，出色完成打卡任务的 158 人，占总人数的 67%，活动结束后仍参与打卡的 89 人，占总人数的 37%。在一校设立研究生管理办公室。针对学生关注的矛盾焦点，制定《自动化系研究生国奖奖学金评定实施细则》《研究生工作室管理办法》等一系列工作制度。召开 2018 届毕业生就业动员大会；组织学生参加学校组织的职业导航月系列活动；引导学生筹备考研升学，考研录取率再创新高达 39.4%，保定校区排名第一，上线率 55%以上的班级该系占五个，班主任为陈文颖、刘卫亮、张妍、白康、孙建平。院系成立就业工作小组，专人收集就业指导中心网站或其他招聘网站的信息，提供给毕业生。走访南方电网公司、进行测控专业推广。2018 届测控专业毕业生，签约电网比例为 14.1%。建设校外实习基地，结合社会鼓励创新创业的形式，鼓励学生参与创新竞赛。保定校区计算机系本科生获国家级和省部级科技创新奖励 134 项，获奖率提高 27%；达到转专业的条件的 29 中 23 人选择继续留在计算机系原专业学习；2018 届毕业生考研上线率达 52.11%，考研率为 28.79%。本科生的英语四级一次通过率为 84.05%，本科生就业率达到 97.65%。研究生就业率连续两年达 100%。

工会工作。北京校部获校工会先进教职工协会，并获华电第二届教职工联合羽毛球团体赛冠军，学院羽毛球协会被评为分工会优秀协会。保定校区自动化系在庆祝校庆合唱比赛中获二等奖；并获 2018 年校工会工作先进分工会。

校庆工作。制作学院宣传手册、宣传片，加强学院文化建设。举行多场以“甲子华电：点亮学术”为主题的校友报告会，收到师生好评。保定校区完成校庆宣传片制作、校庆宣传册制作、组织各类报告会等工作，安排毕业十年师生见面会、校友足球赛、送老晚会等活动。10 月校庆日组织“再上一堂课”“情牵母校，不忘初心”校友报告会、“心系母校，共谋发展”座谈会等多场校友返校活动。

（李　莹　胡建强　马超华）

【概况】 控制与计算机工程学院（简称“控计学院”）包括控制与计算机工程学院（校部）、保定校区自动化系和保定校区计算机系。三个院系在华北电力大学“一流大学，一流学科”建设中具有核心支撑地位。

学院现有教职工 285 人，其中本部 131 人，含专任教师 102 人、教授 35 人、副教授 44 人，拥有中国工程院院士 1 人，国家千人计划 1 人，国家百千万人才计划 1 人，中科院百人计划 1 人，国家优秀青年基金获得者 1 人，教育部新世纪优秀人才 3 人；保定校区自动化系教职工 66 人，其中专任教师 45 人，教授 14 人，具有博士学位的老师为 35 人，占教师的 77.78%，实验教师 12 人，党政及管理人员 8 人；保定校区计算机系现有教职工 89 人，其中，专任教师68人，教授8人，副教授19人，具有博士学位的教师占47.05%，实验室及技术人员6人、公共机房7人，管理人员9人；学院现有在校生4766人，其中包括北京校本部校本科生1677人，硕士研究生604人，博士研究生77名：保定自动化系本科生995人、硕士研究生318人；保定校区计算机系本专科生873人、硕士研究生222人。学院现拥有控制科学与工程一级学科博士点、博士后科研流动站。拥有控制科学与工程、计算机科学与技术、软件工程三个一级学科硕士点。其中，控制科学与工程一级学科博士点下设控制理论与控制工程、检测技术与自动化装置、模式识别与智能系统、信息安全、系统分析运筹与控制等五个二级学科博士点。拥有控制工程、计算机技术、软件工程3个工程硕士专业学位授予权。学院设立有自动化、测控技术与仪器、计算机科学与技术、软件工程、信息安全、物联网工程、网络工程7个本科专业。学院围绕“宽口径、重实践、强能力”人才培养目标，依托国家级、北京市教学团队和特色专业、北京市及校级教学名师、北京市示范性校内创新实践基地，努力培养拔尖创新型人才，已为社会培养两万余名本科生、硕士生和博士生，为我国家电力工业和国民经济建设培养大批优秀人才。学院现有多个省部级以上的科研平台：新能源电力系统国家重点实验室发电过程测控新技术实验平台；工业过程测控新技术与系统北京市重点实验室；北京市电力信息技术工程研究中心；河北省发电过程仿真与优化控制工程技术研究中心；燃烧及先进检测技术教育部创新团队；智能化分布式能源系统教育部“111引智基地等。2016年7月学院牵头与国家能源集团共同成立“智能发电协同创新中心”

教学方面获得2018年高等教育国家级教学成果二等奖1项，北京市教育教学成果一等奖2项，二等奖2项；入选教育部首批“三全育人”综合试点建设学院。本科教学评估工作顺利完成，自动化工程教育认证通过初评，成立人工智能创新实验班，自筹经费成立3个本科教学团队，并成立新一届教学指导委员会。

党委书记：刘　威（严立任保定自动化系党委书记，王迎新任保定计算机系党委书记）

常务副院长：房　方（王印松任保定自动化系主任兼控制与计算机工程学院副院长，鲁斌任保定计算机系主任）

（李　莹　胡建强　马超华）

【举行两校区党政联席会】 2018年1月6日，为更好地促进两地一体化工作，加强学院工作交流，控制与计算机工程学院在保定校区计算机系会议室举行两校区党政联席会，学院所有院领导出席，会议由控制与计算机工程学院常务副院长房方主持。会上，相关领导就学院前一段时间学科评估、专业学位点评估、学院巡视整改等工作做简要通报。随后，与会领导就学院两地的党建与思想政治工作、教学科研、人才培养和学科建设、双一流建设项目申报等工作进行充分的讨论和交流。

（李　莹）

【1项成果获国家科技进步一等奖】 2018年1月8日，2017年度国家科学技术奖励大会在北京举行，共授予2名最高奖获奖人、271个项目、7名外籍专家。学院刘吉臻院士参与完成的“600MW超临界循环流化床锅炉技术开发、研制与工程示范”项目获国家科技进步一等奖，这是继2006年、2014年先后两次获得国家科技进步二等奖后，刘吉臻院士获得的第三项国家科技进步奖励，这也是学校历史上首次获国家科技进步一等奖。

（李　莹）

【获IEEE国际仪表与测量协会“Graduate Fellowship Award”】 2018年5月14—17日，控制与计算机工程学院“千人计划”学者闫勇教授带领学生赴美国休斯敦参加2018年度IEEE国际仪表与测量技术大会（2018 IEEE International Instrumentation and Measurement Technology Conference）。该大会是IEEE国际仪表与测量协会（IEEE Instrumentation and Measurement Society）的年度旗舰会议，是仪器仪表与检测技术领域水平最高、影响力最大的国际学术会议，已举办34届。控制与计算机工程学院博士研究生吴佳丽的研究课题“On-line Measurement and Characterisation of Burner Flames Using Electrostatic Sensor Arrays”获2018年度IEEE国际仪表与测量协会“Graduate Fellowship Award”，提供15，000美元的项目支持。该奖项是IEEE国际仪表与测量协会为在仪器仪表与检测技术领域内做出卓越研究和社会贡献的优秀学生建立的奖学金，2018年度全球有3人被授予此项奖励。

（李　莹）

【刘吉臻教授出席两院院士大会】 2018年5月28日，两院院士大会在人民大会堂召开。中国工程院院士刘吉臻教授作为华北电力大学科研工作者的杰出代表，出席此次会议。

（李　莹）

【刘吉臻教授当选中国能源研究会智能发电专委会主任委员】 2018年6月7号，中国能源研究会智能发电专业委员会（以下简称“智能发电专委会”）成立大会在北京召开。经预备会议选举，中国工程院院士刘吉臻教授当选主任委员，学院牛玉广教授当选秘书长。

（李　莹）

【获工程硕士实习实践优秀成果获得者荣誉称号】 2018年11月，全国工程教育指导委员会发布《关于第五届“工程硕士实习实践优秀成果获得者”公示工作的通知》（工程教指委秘〔2018〕38号），控制工程专业学位研究生刘大贺获第五届“工程硕士实习实践优秀成果获得者”荣誉称号，实现学院该奖项零的突破。

（李 莹）

【首个无人监考班级】 2018年，为了贯彻落实学院“三全育人”实施方案，树立学生诚信观念，弘扬班级优良学风，自动化1705班成为学院首个无人监考班级。11月18日，自动化1705班全体同学安静地坐在座位上进行考试，落针可闻的教室里无监考老师，这是学院第一次进行的无人监考考试。本学期第一次班会，自动化1705班师生达成一致，申请成为学院第一个免监考班级。

（李 莹）

【召开课程思政建设启动会】 2018年12月11日，控制与计算机工程学院召开课程思政建设启动会。教务处副处长杨世关，控计学院党委书记刘威，常务副院长房方，副院长师瑞峰、李元诚，副处级组织员葛红以及各课程建设负责人出席会议。会议由师瑞峰主持。力争经过一年的探索和实践，培育一批有育人实效的“课程思政”精品示范课，选树一批“课程思政”优秀教师，探索一条积极有效、便于推广的“课程思政”建设体系。在努力构建学院“三全育人”新格局的同时，增强教师的教学获得感，推动学院教育教学水平再跃新台阶。

（李 莹）

【学生科技竞赛获佳绩】 2018年，赵劲松、梁伟平带队获“西门子杯”河北赛区一等奖；翟永杰、赵劲松、梁伟平带队获AB杯全国大赛特等奖和二等奖。在2018年美国国际大学生数学建模竞赛中，学院两名学生获特等奖（Outstanding Winners），创下学校参赛以来最好成绩。一名学生参加第十三届“恩智浦”杯全国大学生智能汽车竞赛获得国家一等奖，五名同学获国家二等奖，多名同学获省级奖项。

（翟永杰）

【党建工作获奖】 2018年，学院党建工作取得优异成绩。马平、张立峰获第一届“我身边的好老师”荣誉称号；自控党支部焦嵩鸣工作室入选2018年“双带头人”教师党支部书记工作室建设名单；焦嵩鸣作为项目负责人的“双一流”建设背景下教研室党支部作用发挥机制探索与实践和金秀章作为项目负责人的“延拓课堂教学、助力学生成才”获批2018年“做新时代“四有”好老师和“四个引路人”学习实践活动理论研究和特色工作项目；金秀章作为项目负责人的“助力学生“第二课堂”建设，服务学生成才成长”获批2018年基层党组织特色项目；焦嵩鸣、付萍获评优秀共产党员；王栋、杨红月、金秀章获评优秀基层党务工作者。

（张 明）

【学生工作获奖】 2018年，保定校区学生工作成果丰硕，共10余人次获得省级与校级奖励。焦鸣获评十佳班主任；张悦、付萍、曾新、苏杰、韩亮亮、陈亚东获评优秀班主任；王栋作为项目负责人，杨红月、韩亮亮、陈亚东参与的辅导员工作项目获评河北省辅导员精品项目三等奖；陈亚东获评2017—2018学年优秀辅导员，校辅导员技能大赛三等奖，并将代表学校参加河北省辅导员技能大赛；张明在河北省辅导员岗前培训作为优秀学员代表发言和河北省组织员培训获“优秀学员”；自动化系三位一体育人体系基本成型，并获批学校“一系一品牌”项目。

（胡建强）

【人事变动】 2018年1月17日王迎新任计算机系党委书记，2018年9月17日鲁斌任计算机系主任，2018年9月17日袁和金任计算机系副主任，2018年7月20日潘卫华任计算机系主任。

（胡建强）

【机构调整】 2018年10月11日，根据学科发展、专业建设的需要，在调整动员、个人申报、沟通交流、发文公示等基础上，经系党政联席会研究决定，撤销原计算机基础教研室，增设网络工程教研室、信息安全教研室，调整后成为四个教研室、分别是：计算机学与技术教研（简称：计科教研室）、软件工程教研室（简称：教件教研室）、网路工程教研室（简称：网络教研室）、信息安全教研室（简称：信安教研室）。

（胡建强）

【举办校庆系列活动】 2018年，计算机系在校庆期间举办一系列校庆活动，10月24日，成功举办“中国计算机学会青年计算机科技论坛”；10月27日，校友聆听老教授再上一堂课；10月28日，计算机系举办知名校友及校领导座谈。

（胡建强）

【举办老教师荣退欢送会】 2018年11月29日，计算机系全体教师在教十楼学术报告厅举行欢送会，欢送宋雨、张静两位老教师光荣退休。会上，系领导对两位老师所做的贡献给予高度评价，两位老师他表示：虽然已经退休，但对事业的热爱没有减退，如果计算机系需要随时为计算机系的发展献计献策。

（胡建强）

人文与社会科学学院

【概述】 2018年，人文与社会科学学院围绕立德树人根本任务加强学院新时代思想政治工作。开展“负责任的好老师”专题讨论活动、“洁身修身”专项行动、“做新时代‘四有’好老师和‘四个引路人’”学习实践活动、“我身边的好老师”评选活动、“我为学校献一策”活动、赴延安开展理想信念教育活动，推动学院全面从严治党各项工作。

校庆工作。学院高度重视甲子校庆工作，积极为校友返校营造“回家”的氛围，先后开展人文学院校友代表座谈会，行政951班、法学2004级、行管2005级成建制返校活动，援疆援藏校友座谈会及拜访离退休教师；建立校友工作长效机制，完成学院校友通讯录整理和发布工作，为校友发展搭建沟通交流平台；发起人文校友“立学”奖学金微捐活动，校友和在校师生共计捐款6万余元。

学科建设。通过2018年公共管理硕士专业学位授权点专项评估，在本次参评的77家培养单位中排第32位；法律硕士（JM）专业学位点获得增列并启动建设、招生工作，国务院学位委员会确认新增华北电力大学等41所高校为法律硕士专业学位授权高校。

教学工作。学院精心组织、周密部署，迎接教育部本科教学工作审核评估，各教研室整理试卷、毕业论文（设计）、实习报告等审核材料，接受专家实地走访、座谈、调阅毕业论文。学院本科教学工作顺利通过审核评估。已上线慕课《生活中的纠纷与解决》完成“国家精品在线开放课程”的申请并获教育部认定；慕课《易经中的政治智慧》拍摄完成并上线。启动并顺利推进“双一流”研究生人才培养类项目6项，签订教材出版合同5份，与北京公益服务发展促进会签署研究生联合培养基地协议。完成研究生的招生和毕业等工作，新建MPA案例教学室。

科学研究。科研经费超额完成任务。共获批包括国家社科基金在内的纵向项目21项，总经费189万元；获横向项目12项，总经费209.3万元，学院总经费完成398.3万元；超额完成任务，超额率为130%。高端学术活动及研究生培养基地建设持续开展。学院主办第二届东亚社会政策与社会发展研讨会召开，承办校庆重要学术活动“2018中国农村贫困问题与精准扶贫高端论坛”，积极筹备成立“中国能源精准扶贫与社会发展研究中心”并挂牌。

学生工作。加强学生管理工作，针对不同群体为学生量身打造就业辅导方案，实行动态管理，加强考研辅导和就业决策指导，实施就业过程精细化指导和管理。“立学·立志·立心”辅导员工作室动员专业课教师带队，组织学生党员、积极分子共计57人沿着习近平总书记的足迹，赴福建宁德、浙江安吉、宁夏吴忠、江西井冈山、河北阜平、新疆阿克苏六地开展主题为“聚焦精准扶贫、服务乡村振兴”实践活动。活动调研报告在2018中国农村贫困问题和精准扶贫高端论坛作为主题报告发表，被新华社等主流媒体报道。立学读书会在第七届北京大学生读书节系列评选中取得优异成绩。连续三年被评为十佳优秀读书社团，院长苑英科获得第七届北京大学生读书节十佳优秀领读者，李文获得第七届北京大学生读书节十佳优秀读书社团社长和北京大学生阅读联盟2017年度优秀工作者。马海红代表学校参加北京市高校辅导员职业能力素质大赛并获三等奖；马冬获得2018年学校四方奖教金。崔灿被评为2018年暑期社会实践北京市先进工作者。马冬的报告文学《绿色电力光明行》入选2018年度教育部思政司“高校原创文化精品推广行动计划”。

工会工作。加强工会建设，学院分工会召开换届大会，姜良杰当选新一届分工会主席，吴颖梅、胡舒敏、刘亚、庞涛当选新一届分工会委员。文体活动成绩斐然，学院获学校“庆七一·迎校庆”教职工合唱比赛金奖；学院教工男篮勇夺第六届“远程教育杯”联赛乙组冠军。

保定校区。法政系组织师生党员认真学习领会党的十九大精神及习近平新时代中国特色社会主义思想，学习贯彻全国教育大会精神，收看《榜样》专题节目。组织形式多样、内容丰富的党员教育活动，组织观看大型纪录片《厉害了我的国》，前往晋察冀边区革命纪念馆学习革命精神，前往北京国家博物馆观看“伟大的变革”展览。积极开展党建研究，获批基层党建项目和“双带头人”工作室等4项。法政系党委获评河北省党建工作标杆院系。创办“法政讲堂”，举办法政“前沿&创新”论坛，邀请中国人民大学、中国政法大学、中国社会科学院、南开大学、天津大学等国内知名专家进校园开展高水平学术报告，共举办15期，进一步拓展师生学术视野，营造校园人文社科氛围。继续打造学生思想教育品牌，举办“6F”行动思政教育团体辅导25场；举办“筑梦扬帆、勇往职前”考研就业经验交流会，助力学生成长成才；举办第十一届校园歌手大赛、“趣味践行三走，谱写甲子篇章”趣味运动会等，丰富学生校园文化生活。法政系连续六年校运会荣膺团体第一；连续四年“十佳班主任”上榜；学生连续第二年获校内最高荣誉——“校长奖学金”；获评华北电力大学“学生工作先进院系”。

（胡舒敏　陈　焘）

【概况】 2018年，华北电力大学人文与社会科学学院在北京设有学院本部，在保定校区设立法政系。学院有省部级能源发展研究基地1个。设硕士点专业4个（当年新增1个、名称为法律硕士（JM）专业学位点）、本科专业5个。学院（系）有教职工102人（含保定36人），其中，专任教师84人（含保定29人），其中教授14人（含保定3人）、副教授42人（含保定12人），具有博士学位的教师为63%（含保定16人）、有实验及技术人员2人（含保定1人）、党政及管理人员15人（含保定6人）。学院新增教授1人（含保定0人）、副教授3人（含保定2人）。学院共引进师资2人（含保定1人），其中教师1人（含保定0人）、实验技术人员1人（含保定1人）。学院有毕业学生303人（含保定 103 人），其中硕士研究生 47 人（含保定 14 人）、普通本科生 256 人（含保定 89 人）；学院招生 415 人（含保定 210 人），其中硕士研究生 77 人（含保定 32 人）、普通本专科生 338 人（含保定 178 人）；学院在校生 1411 人（含保定 595 人），其中硕士研究生 235 人（含保定 72 人）、普通本专科生 1176 人（含保定 523 人）。本科生的英语四级一次通过率为 81%（保定为 93.75%），本科毕业生一次就业率为 78.44%（保定为 94.38%），研究生毕业生一次就业率为 95.6%（保定为 100%）；本科考研报名 160 人（含保定 41 人），实际考取 79 人（含保定 23 人），考研率为 47.06%（保定为 26%）。

2018 年，学院签订纵横向科研项目 39 个（含保定 9 个），其中纵项 24 项（含保定 7 个）、横项 15 项（含保定 2 个），实现科研合同金额共计 469 万元（含保定 68 万），其中纵向科研经费 208 万元（含保定 18 万），横向科研经费 261 万元（含保定 50 万）；承担校内科研项目 13 个（含保定 13 个）；共发表论文 69 篇（含保定 31 篇），其中三大检索收录 8 篇（含保定 8 篇），核心期刊 27 篇（含保定 8 篇）。出版专著 5 部（含保定 4 部），自编教材 13 本（含保定 3 本）；学院举行学术交流会 23 次（含保定 15 次），其中国外专家学术交流会 4 次（含保定 0 次），国内专家学术交流会 19 次（含保定 15 次）。有 1 人次参加国际学术会议（含保定 0 人）。学院（系）共完成科研项目 9 个（含保定 9 个），通过验收 6 个（含保定 6 个）。学院（系）共获得省部级以上奖励 6 项（含保定 3 项）。学院（系）拥有教研室 7 个（含保定 3 个）、研究所 16 个（含保定 3 个）、实验室 8 个（含保定 3 个）、学生实习基地 22 个（含保定 15 个）。学院（系）开设研究生课程 126 门（含保定 79 门），完成教学 3832 学时（含保定 2424 学时）；开设本科生课程 420 门（含保定 219 门），完成教学 15 784 学时（含保定 9624 学时）。

2018 年，学院（系）设有 15 个党支部（含保定 5 个），拥有中共党员 232 人（含保定 74 个）、发展党员 64 人（含保定 25 个）。学院（系）设有 45 个学生班级（含保定 20 个），设有辅导员岗位 5 个（含保定 2 个），其中正式编制 5 个（含保定 2 个）；学生获得各类省部级奖励 159 人次（含保定 48 人次），其中教育部奖励 32 人次、北京市奖励 79 人次、河北省奖励 48 人次。

院长：苑英科

书记：黄向军

学院网址：http://law.ncepu.edu.cn/

（胡舒敏　陈　焘）

【参加 MPA 教育质量保障体系建设研讨会】 2018 年 4 月 16 日，MPA 教育质量保障体系建设研讨会暨专项评估工作启动会在广西民族大学召开。本次会议由全国公共管理专业学位研究生教育指导委员会主办，广西民族大学政治与公共管理学院承办。来自全国 MPA 培养单位的 180 余位专家学者参加本次会议，学院院长、MPA 教育中心主任苑英科，副院长、MPA 教育中心副主任王伟参加会议。

（王　伟）

【参加国际刑事法院中文模拟法庭比赛获佳绩】 2018 年 4 月 20—22 日，国际刑事法院中文模拟法庭比赛在中国人民大学举行。本次比赛共有来自清华大学、中国人民大学、中国政法大学、北京师范大学等在内的 48 所高校的代表队参加。经过对提交的书状进行匿名评审，共有 33 支赛队进入正赛，华北电力大学代表队获三等奖。

（李英）

【何华走访人文学院】 2018 年 3 月 5 日，学校党委副书记、纪委书记何华走访人文学院。听取学院各项工作汇报与新学期发展计划，并对学校重点工作向学院进行传达部署。5 月 17 日，校党委副书记、纪委书记何华莅临人文学院，对学院本科教学评估工作准备情况进行检查并召开座谈会对重点工作进行指导。9 月 3 日，何华到教三楼教室旁听人文学院张绪刚教授讲课，随后前往人文学院调研，了解学院各项工作进展情况，并就重要工作作出指示。人文学院院长苑英科、党委书记黄向军、副院长王伟、党委副书记姜良杰，院长助理赵旭光参加座谈调研，并做工作汇报。

（王　硕　方仲炳　姜良杰）

【当选北京法律谈判研究会常务副会长】 2018 年 7 月 7 日，由中国政法大学绿色发展战略研究院牵头，华北电力大学人文与社会科学学院、中国人民大学法学院等 17 家单位联合发起的“北京法律谈判研究会”在京正式成立。赵旭光教授、李红枫副教授以及法学硕士研究生参加成立大会暨第一次会员代表大会。赵旭光教授当选北京法律谈判研究会常务副会长，李红枫、何晖、沈磊当选研究会理事，11 名与会学生被吸收为会员。

（赵旭光）

【参加全国大学生暑期活动】 2018 年 8 月，学院学生前往井冈山革命传统教育基地参加第三期“井冈情·中国梦”全国大学生暑期实践季专题活动。学生参加“三湾改编”情景教学，聆听“井冈山斗争与井冈山精神”专题教学，参加“革命后代话初心·讲家风”互动教学，在老师的带领下，重温艰苦岁月，传承红色基因。

（姜良杰）

【承办中国农村贫困问题与精准扶贫高端论坛】 2018 年 10 月 13 日，作为学校迎接建校 60 周年的重要学术活动之一，“2018 中国农村贫困问题和精准扶贫高端论坛”在学校开幕，此次论坛由华北电力大学联合中国社会保障学会、金冠电气股份有限公司主办，由人文与社会科学学院、北京能源发展研究基地和60周年校庆办联合承办。

（姚建平）

【举办东亚社会政策和社会发展研讨会】 2018年10月14日，人文学院举办的第二届东亚社会政策和社会发展研讨会在国际交流中心召开。来自世界银行、欧盟、丹麦哥本哈根大学、韩国崇实大学等国际组织和国外高校，以及复旦大学、华东师范大学、中国人民大学、北京航空航天大学和华北电力大学等国内高校专家学者参加此次研讨会。学院姚建平教授主持开幕式并致欢迎词，韩国崇实大学刘泰均教授代表第一届研讨会主办方也在开幕式上致辞。

（姚建平）

【举办援疆援藏校友座谈会】 2018年10月28日，人文学院召开援疆援藏校友座谈会。参加此次座谈会的嘉宾有援疆优秀毕业生贾万文、援藏优秀毕业生孙昊天，以及学院院长苑英科、副院长王伟和赵旭光、党委副书记姜良杰、团委书记兼2016级辅导员马冬。

（马 冬）

【邀请优秀校友作专题报告】 2018年11月22日，人文学院邀请团十八大代表、共青团湖北省随县县委书记沈小丽回校做报告，报告的主题是“唱响不负时代的青春之歌”。沈小丽2009毕业于人文学院行政管理专业。

（崔 灿）

【赴成都高校调研】 2018年12月5日，人文学院院长苑英科教授带队，学院法学、公管学科调研团队赴成都高校进行学科调研。院长、MPA教育中心主任苑英科、副院长王伟、公共管理教研室学科点建设负责人张绪刚教授、学科秘书刘妮娜等一行到四川大学公共管理学院和电子科技大学公共管理学院访问交流。由学院副院长、JM中心副主任赵旭光教授、诉讼法学学科带头人王学棉教授、JM中心办公室主任王书生副教授组成的法学学科调研团队对四川大学法学院、成都理工大学法学院进行访问、交流。

（王 伟）

【获市大学生模拟法庭竞赛二等奖】 2018年12月，学院法学代表队参加北京大学生模拟法庭竞赛获二等奖。本届竞赛共有来自京津冀40所高校参与，为期一个月。北京市大学生模拟法庭竞赛是由北京市教委主办、中国政法大学承办，中国人民公安大学协办的省部级赛事。

（王春波）

【孙忠权到人文与社会科学学院调研】 2018年12月13日，副校长孙忠权及党委学工部、就业指导中心等部门负责人，调研人文与社会科学学院学生工作。学院相关领导以及全体辅导员参加座谈会。

（姜良杰）

外国语学院

【概述】 2018年，外国语学院围绕教学评估、学科评估和60周年校庆等主题开展工作，坚持人才培养和教学质量为中心，规范管理，推进改革，学院各项工作稳步推进。

学科建设。坚持以评促建，以评促改，推进学科评估工作。完成外国语言文学一级学科硕士学位点自评工作；完成并通过翻译硕士授权点复评工作，2019年恢复招生；完成外国语言文学学科第四轮学科评估调研工作。

教育教学。学院完成教育部本科教学工作审核评估工作；举办第六届“教学质量月”活动；推进教学研究，获批“双一流”研究生优质课程建设项目3项、产学研项目1项、校级本科教改项目4项、学院自设教改项目8项；新建“ismart学习平台”，完善本科英语网络教学平台建设；出版《电力英语实务教程》教材1部；学院注重英语第二课堂建设，举办学校“英语文化节”活动，组织学生参加全国大学生英语竞赛、英语演讲比赛、英语写作大赛、英语阅读大赛等多项学科竞赛及英语戏剧展演活动，校部18人次在各类英语类竞赛中获省部级奖励；举办第二届能源电力人文大学生学术英语论坛；校部新建北京文化贸易语言服务基地、北京阳光创益语言翻译有限公司2个实习基地，拓展学生实习渠道，遴选校外专家为学生进行职业知识训练，探讨研究生校企合作培养；保定校区英语系新建中译悦尔（北京）翻译有限公司、保定市外事办和保师附小三个实习基地，涵盖翻译、外事和教学三个主要实践方向，改变保定校区英语系长期没有校外实习基地的历史。校部本科生英语专业四级一次通过率为93%，保定校区专业四级一次通过率为87%。

科学研究。学院举办第二届“学术交流月”活动，全年聘请国内外专家学术讲座14场；科研项目立项3项，合同金额56.4万元；发表论文67篇，其中检索和核心刊论文5篇，国外期刊和国际会议论文35篇；出版译著3部。保定校区英语系共发表科研论文58篇、译著15部、专著3部、编著2部、纵向科研项目立项2项。青年教师周圆发表的1篇文章被“人大期刊复印资料”转载，为时隔15年外语学科的第二篇同级别文章。

师资队伍。学院举办青年教师教学基本功比赛，推选优秀教师参加学校、北京市和河北省讲课比赛、演讲比赛获佳绩。宋晓漓获第九届外教社杯全国高校外语大赛北京赛区商务英语专业组二等奖，张倩获2018年外研社“教学之星”大赛复赛一等奖，王亚南获2018年河北省高等学校第十九届“世纪之星”外语演讲大赛即全国“外研社·国才杯”外语演讲大赛河北赛区复赛一等奖；学院鼓励和资助教师参加专业培训和研修，选派47人次参加教学、科研等研修培训26场；戴忠信、刘辉、商静获校首届“我身边的好老师”荣誉称号；宋晓漓、张倩入选校“教学名师”培育计划（第六期）；沈茜、李静入选校“优秀青年教师”培育计划；8名教师获校级教学优秀奖（含保定4人），其中侯秀英获教学优秀特等奖。学院选派4名教师出国访学交流，8名教师结束访学回国；新晋副教授4人（含保定2人）；增选硕导1人；学院引进教师4名（含保定3人），保定校区英语系退休教师1名；新聘2名兼职教授或教师。

实验室安全与建设项目。执行学校和学院实验室安全制度，及时开展大检查并将安全隐患台账上报，完善安全责任体系；完成学校2019-2021年中央专项经费建设项目的申报；完成实验教学中心建设三期（英语网络智能学习系统第二期）项目；学院资料室订购中外文期刊报刊21种。

党建工作。深入贯彻学习十九大精神，加强新时代中国特色社会主义思想学习；开展系列全国教育大会精神教育学习活动；落实“做新时代‘四有’好老师和‘四个引路人’”各项活动；组织党员教师赴井冈山开展“走进红色摇篮，不忘初心，砥砺前行”学习实践活动。着力加强支部规范化建设，完成校内2项党建项目申报立项，开展项目调研；对党员导师制工作进行总结和培训；开展好党风廉政学习宣传教育和意识形态工作，落实“四种形态”工作要求，严格支部书记述职述廉要求；组织完成教研室主任选拔换届工作。策划并开展“杰出校友忆初心，砥砺前行迎校庆”主题教育活动。英语系（保定）党总支利用各重要时间节点开展理论学习，注重提升党性修养，在开展全国高校思政工作会议精神专题学习的基础上，在全校率先学习全国教育大会精神；组织师德师风主题教育活动、宗教政策知识学习、全面从严治党等中心组学习任务，并组织师生党员参观庆祝改革开放40周年大型展览，以活动促学习，提升学习效果；着力加强领导班子作风建设，利用学校大兴调研之风时机开展一系列以提升师生获得感为出发点的调研工作，推进落实英语系《领导干部联系师生和谈心谈话制度》《英语系领导干部联系基层制度》，切实了解基层需求，解决群众切身利益相关问题。通过全体教职工大会和文件起草征求意见等环节增加全系教职工共同参与、出谋划策的机会，起草完成英语系教代会制度，每学年定期召开一次二级教职工代表大会；英语系以推进学校第四巡察组反馈意见整改工作为契机，重点开展基层组织建设的相关工作。系领导班子带领支部书记到法政系、马克思主义学院和电力系开展对标交流活动，同时积极组织支部书记参与学校相关培训，重点学习经验、提升能力。为更好地发挥党员先锋模范作用，助推党风廉政建设，英语系以巡察整改为契机开展阵地建设：一方面在教工党支部建设支部学习角、支部示范墙，为教研室配备饮水机等物品，建设职工小家，营造优良氛围；另一方面在学生党员宿舍进行床头挂牌，突出党员身份，加强阵地建设、榜样引导和典型塑造，起到良好的导向作用。

学生工作。学院开展形式多样的社会主义核心价值观教育活动，夯实优良学风建设和优秀基层组织建设；加强班主任工作，司微获评校十佳班主任；2018届毕业生就业质量良好，本科生、研究生的一次就业率分别为94.4%、92.58%；本科生深造率33.33%；加强创新创业教育，结题大学生创新创业项目6项；以第二课堂建设为平台，举办华北电力大学第十届英语文化节；发挥新媒体工具优势，打造好网络思政平台《西窗雨》中英双语特色媒体平台；举办校友返校系列讲座，完成校庆外宾接待志愿服务等校庆相关工作。保定校区英语系学生工作，以团日活动、学生文体活动等为载体，发挥思想政治教育力量，以培养德智体美劳全面发展的学生为方向，构建全员全方位育人格局；各学生团支部召开“学习十九大精神，践行社会主义核心价值观”“纵览五年变化，增强四个自信”等富有针对性和实效性的主题团日活动，学生参与度达100%；学生社团组织学生参与时政擂台赛、十九大知识竞赛等时政类竞赛，并举办“中国梦·我的梦”奋斗故事分享会、英语系青年读书会等新形式的交流分享活动。获第五十届运动会团体总分第二名、五四合唱比赛优秀奖、体育节啦啦操比赛优胜奖等优异成绩；英语专四考试主考年级一次通过相较上年提升5%，比全国平均通过率高出40%以上；16名学生被北京外国语大学、对外经贸大学、爱丁堡大学、开普敦大学等国内外名校录取，继续深造。学生作为第一作者发表论文4篇，实用新型专利2项；加强社会实践组织工作，1名学生获“三下乡”暑期社会实践先进个人；充分挖掘校友资源，与保定外事办、北京澳洲留学服务中心达成部分合作意向；举办校友返校讲座活动6场，与全系师生进行交流沟通。

国际交流与合作。学院完成外专项目2项；邀请6位（含保定邀请2人）国外专家举办学术交流讲座8场（含保定2场）；选派10名（含保定1人）学生赴境外学习交流；选派9名（含保定5人）教师到国外进行长短期访学、进修；接收4名留学生研究生。

校庆工作。学院成立校庆工作组，制定校庆工作方案，按计划开展外语故事、卓越学术、文化校园、光明公益、“共筑华电梦　点亮新时代”校庆主题学生教育系列活动，编制了学院画册、学院宣传视频、学院发展成果展，举办学术讲座、校友讲座等系列讲座46场（含保定32场），完成校庆期间校友联络与接待、校企合作单位嘉宾接待洽谈、离退休老教师返校座谈等活动，为学校校庆工作增添光彩。

学院一体化工作及其他。学院两地班子召开见面会、视频会9次；院长到保定校区现场办公2次。学院领导班子成员完成调整；学院分学位委员会完成换届；完成教职工聘期考核和岗位聘任工作。

工会工作。完成院系分工会换届工作和学校双代会代表选举工作；结合院系实际，主动融入院系各项重点工作，创新开展各项文体活动，营造积极向上的氛围。参加学校“庆七一、迎校庆”教职工合唱比赛；学院分工会获评校级先进工会。

（窦学欣　杨　博）

【概况】 2018年，外国语学院在北京设学院本部，在保定校区设英语系。学院拥有外国语言文学一级学科硕士学位授予权和翻译硕士专业学位授予权，设有学术型硕士学位授权专业2个（英语语言文学和外国语言学及应用语言学）、专业学位硕士学位授权专业2个（英语笔译和英语口译）、本科专业2个（英语和翻译）。学院有教职工134人（含保定66人），其中，专任教师120人（含保定61人），专任教师中教授12人（含保定6人）、副教授42人（含保定18人），讲师60人（含保定33人），助教8人（含保定6人），具有博士学位教师22人（含保定7人）；有实验及技术人员3人（含保定1人）、党政及管理人员11人（含保定4人）。新增硕导1人，新晋副教授4人（含保定2人），新进教师4人（含保定3人），退休教师1人（含保定1人）。学院有毕业学生147人（含保定66人），其中硕士研究生46人（含保定19人），普通本科生101人（含保定47人）；招生176人（含保定100人），其中硕士研究生36人（含保定14人），普通本科生140人（含保定86人）；在校生649人（含保定352人），其中硕士研究生118人（含保定50人），普通本科生531人（含保定302人）。校部本科生英语专业四级一次通过率为93%。本科毕业生一次就业率为94.4%，本科深造率33.33%，研究生毕业生一次就业率92.58%。保定校区本科生的英语专业四级一次通过率87%，本科毕业生一次就业率87.2%，本科考研率34%，研究生毕业生一次就业率100%。学院科研横向项目立项2项，实现科研合同金额共计50.4万元；签订科研纵向项目2项（含保定2项），实现科研合同金额共计0.5万元；获2018年度中央高校基金资助面上项目5项（含保定4项），金额30万元；共发表论文125篇（含保定58篇），出版专著3部（含保定3部），编著2部（含保定2部），译著18部（含保定15部）。举行国内外专家学术交流会46场（含保定32场）。8人获校级教学优秀奖（含保定4人），1人获评学校十佳班主任。2人入选学校“名师培育计划”（第六期），2入选校“优秀青年教师”培育计划。1人获第九届外教社杯全国高校外语大赛北京赛区商务英语专业组二等奖，1人获2018年外研社“教学之星”大赛复赛一等奖，1人获“世纪之星”外语演讲大赛即全国“外研社·国才杯”外语演讲大赛河北赛区复赛一等奖。学院设有教研室10个（含保定5个）、实验室19间（含保定4间）、学生实习基地新增5个（含保定3个）。校部开设研究生课程60门，完成教学5476学时；开设本科生课程107门，完成教学16 949学时。保定校区英语系开设研究生课程57门，完成教学5380学时；开设本科生课程102门，完成教学13 686学时。学院设有11个党支部（含保定5个），拥有中共党员163人（含保定72人），其中教师党员80人（含保定39人）；发展党员30人（含保定10人）。学院设有32个学生班级（含保定17个），学生获各类省部级奖励18人次，其中北京市奖励11人次。

北京校部	保定校区
院长：赵玉闪	主任：高　霄
党委书记：徐玲玲	党总支书记：张冬生

网址：http://sfl.ncepu.edu.cn/

网址：http://202.206.208.58/yyx/

（窦学欣　杨　博）

【周坚到学院走访调研】 2018年1月4日，学校党委书记周坚一行到学院走访调研，同外国语学院班子成员、教师代表进行座谈。周书记对学院工作提出四点要求和希望：学院要积极主动谋划发展；要根据学院外语学科特点开展好文化育人工作；做好学院党建和学生工作，形成团结奋进的学院风气；加强学院一体化建设。

（窦学欣）

【郝英杰参加外国语学院全院大会】 2018年1月16日，副校长郝英杰出席学院全院大会并讲话。郝副校长听取学院工作汇报，并同全院教职工进行交流，肯定学院党委和行政的工作，从贯彻党的十九大精神和学校第二次党代会精神出发，对学院工作提出要求和希望。

（窦学欣）

【联合召开处级领导班子民主生活会】 2018年1月26日，外国语学院党委与英语系（保定）党总支联合在北京校部召开2017年度处级领导班子民主生活会。会议以认真学习领会习近平新时代中国特色社会主义思想，全面贯彻落实党的十九大各项决策部署为主题。两地党委共同开展领导班子民主生活会，是对学校两地一体化办学方针的贯彻落实，有效加强两地交流合作。

（窦学欣）

【开展师德师风教育活动】 2018年3月12—17日，英语系以教研室为单位开展“不忘初心、牢记使命”的主题师德师风活动。活动深入学习贯彻党的十九大精神，体会领悟“不忘初心、牢记使命”的责任感和厚重感，主题活动的召开有效增强教研室教师的责任感与积极性。

（杨　博）

【举行教学基本功决赛】 2018年4月3日，学院举行2018年青年教师教学基本功比赛决赛。本次比赛是3月份“教学质量月”活动的重要环节，通过专家课堂听课推荐和个人自荐，共选出8名青年教师参加比赛，全院青年教师现场观摩。通过教学展示和专家评委现场打分，评出一二三等奖，并择优推荐参加学校和北京市讲课比赛。

（窦学欣）

【召开两地一体化党政联席扩大会】 2018年5月4日，外国语学院在保定校区召开由两地班子成员、相关教研室主任及支部书记组成的两地一体党政联席扩大会。共同探讨推进本科教学评估与硕士点评估工作。

（窦学欣）

【开展学习习总书记在北大讲话精神的主题教育活动】 2018年5月2日，英语系召开全体研究生、本科生就习总书记在北大座谈会上讲话精神的主题教育活动，活动以习总书记的“五四精神、四点希望”为主题，认真学习领会习总书记的重要讲话精神，体会感悟习总书记的嘱托与希望，本次活动的召开是对习总书记北大座谈会上讲话精神的贯彻与落实，有效提高学生们的思想道德素质和学习积极性。

（杨　博）

【英语专八考试通过率创新高】 2018年6月，学院英语专业2014级学生全国英语专业八级考试（TEM-8）通过率创历史新高。本次考试学生一次性通过率为67.9%，远高于全国高校英语专业八级平均通过率35.8%，创学院历史最佳成绩。英语专业八级考试作为英语专业本科阶段最高级别的考试，是检验学生综合英语知识和技能的重要参考指标之一，是学生继续深造、就业的重要基石。

（窦学欣）

【举办外教社杯英语论坛】 2018年8—11月，学院举办第二届“外教社杯”大学生能源电力人文学术英语论坛。本届论坛由华北电力大学教务处、外国语学院主办，中国学术英语教学研究会、上海外语教育出版社协办。活动采用征文与现场展示讨论的形式，面向全校以及其他高校本科生与研究生。主题为“一带一路”与能源电力（Belt and Road Initiative & Electric Power and Energy）。论坛从8月份开始启动，11月3日进行论文交流、评选推荐、大会展示和专家评选，共评出各类奖项32项。本次论坛不仅有本校学生参加，也吸引东北电力大学、河南城建学院等院校学生投稿。本次论坛旨在提升大学生英语语言应用能力和科研能力，培养学生参加国际会议的意识。

（窦学欣）

【举办外国语言学及应用语言学高端学术论坛】 2018年10月，迎校庆河北省第二届外国语言学及应用语言学高端学术论坛在保定校区召开。这是第一次由英语系牵头，联合省内高校在学校举办的大型学术系列活动。全年邀请长江学者、教育部教指委委员、美国大学终身教授等高水平专家共计29人次进校进行讲座和交流活动。学术活动数量、质量均创新高。

（杨　博）

数　理　学　院

【概述】 2018年，数理学院在组织建设、学科建设、师资培育、人才培养等方面取进一步发展。

党建与精神文明建设。学院高度重视党的十九大、校“二次党代会”“全国教育大会”精神的学习、宣传和贯彻工作，在学院推行“中心组员带头学，参观考察现场学，讲座视频集中学，辅导培训重点学，主题专题特色学，创先争优实践学”的立体化党员教育培训新模式。暑期组织党员赴南京、上海、嘉兴开展教育实践活动。邀请青年长江学者薛二勇做“习近平教育论述”的报告；邀请北京市思政课特级教师李桂华做“改革开放40年伟大成就”的报告。加强学院领导班子建设，在院长一直未配备，一名副院长空缺的情况下，党委坚决发挥政治核心作用，勇于担当，积极工作，保证班子成员不灰心不懈怠，形成团结和谐，勇于奋进的良好局面。抓好基层党建工作，定期召开党委会或党委扩大会议，专题研究党员教育管理、基层支部建设、党风廉政建设、群团工作、统战宣传和学院发展等重要工作。学院党委把“两学一做”作为各级组织建设基本要求列入工作计划，夯实支部基础工作，配强支部书记，优化支部结构，压实“三会一课”任务，引导“一个支部一个目标、一个党员一个任务”和“主题党日”活动有新意、接地气。学院党委认真贯彻全国高校思想政治工作会议精神，认真组织学习《华北电力大学教师职业道德规范》和《华北电力大学师德“一票否决制”实施细则（试行）》，严把教师入职关、授课关、考核关、评聘关、推优关，特别是严把政治关，坚持师德一票否决制度。学院党委以全面从严治党为抓手，强化“四种意识”，牢记“四种考验”，防范“四种危险”，综合应用监督执纪“四种形态”，认真落实党委主体责任和“一岗双责”，模范遵守民主集中制、党政联席会、“三重一大”、党风廉政等制度。

数理系（保定）发挥系党委中坚力量，落实“对标争先”建设“五个到位”。健全系党委会工作制度、“系统战工作制度等文件，落实党政联席会周例会制，提高领导班子议事决策水平，党委在干部队伍、教师队伍建设中发挥主导作用；开展党支部工作查验和督导，年度发展党员22名。发挥党支部战斗堡垒作用，选优配强党支部书记，实现教师党支部书记“双带头人”全覆盖，获批校“双带头人”教师党支部书记工作室项目1项。促进“两学一做”学习教育常态化制度化，邀请校纪委副书记刘志远、马克思主义学院赵鲁臻为全体党员讲授党课。把党的政治建设摆在首位，推动党员学习贯彻党章党规党纪，通过手抄“党章”等方式增强理论学习实效性。重视统战和群团工作，充分发挥党外人士在院系发展中的作用，强化对共青团、工会工作的指导。立足数理教学大系特色，推进课程思政建设，推选谷根代、李松涛结合数学、物理专业特色讲授示范课。深入挖掘“四有好老师”和“我身边的好老师”并广泛宣传，倡导良好师德师风。针对党建工作重点难点，主动开展课题研究，在学校立项党建课题2项，师德师风建设课题2项。连续四年开展“廉政文化作品展”，以此为依托的项目获学校“党建特色项目”三等奖。落实党管人才战略，推进“青年教师培养计划”，关心关注青年教师成长。统筹推进院系60周年校庆工作，承办全国物理声学学会年会和京津冀计算数学年会两个大型会议，调动全系师生参与全过程，提振精神，促进数理学科发展。另外，开展老教师座谈会、优秀学子报告会等迎校庆系列活动，增强凝聚力。系党委获校“先进基层党组织”荣誉。持之以恒落实中央八项规定，当好廉洁从政的表率；邀请校纪委副书记刘志远开展从严治党专题党课培训；开展党风廉政建设宣传教育月活动，使党风廉政建设的内涵理念深入到每个参与者的心中，全年无党风廉政违法和违纪现象。

学科平台建设。数理学院完成数学、物理学一级学科硕士学位点，应用统计硕士专业学位点自评估，并提交学位授权点合格评估材料。成立团簇和低维纳米材料研究所（所长：丁迅雷）、粒子与核物理研究所（所长：曹李刚）和凝聚态物理研究所（所长：中科院半导体所杰青常凯研究员、副所长：韩榕生）3个研究所。新增丁迅雷、黄海、王雷等3名博士生指导教师。发表高水平学术论文被SCI检索62篇，高被引论文15篇（占全校152篇的9.87%），热点论文5篇（占全校46篇的10.87%），获批国家自然科学基金项目5项（占全校52项的9.62%）。获山东省自然科学二等奖1项，河北省自然科学三等奖1项。承办2018年北京应用统计学会学术研讨会。

数理系（保定）获纵向科研项目2项，横向科研项目4项，实现科研合同金额共计173.8万元，经费完成比例为保定校区第二。姜根山主持的“核电站蒸汽发生器传热管破裂的超声辐射特性与定位方法”项目获批国家重点实验室开发课题。发表论文52篇，其中被SCI检索论文29篇，被EI检索论文5篇，被ESI高被引4篇，出版专著1部，授权发明专利7项。举办科学计算与工程应用高峰论坛，专家学者们研讨学术、精诚交流，共发表优秀学术报告30余场。9月承办全国物理声学学术会议，会议以“物理声学迈入新时代”为主题，围绕物理声学相关的基础、应用基础及其前沿问题等热点展开学术交流。

师资队伍建设。数理学院陈雷教授获第十四届北京市高等学校教学名师奖；张娟教授获2017—2018学年教学优秀特等奖，陈亮、高欣、吕蓬、魏军强、付星球等5名教师获2017—2018学年教学优秀奖；张化永、张振华、肖智、彭慧春、刘永琴、李忠艳、张学梅、甄亚欣、王小英、黄霞、胡冰、丁迅雷、潘志、严稳利、段志强等15名教师获华北电力大学2016—2017学年度考核优秀荣誉。派出张振华、胡冰2名教师出国访问各1年，派出谷云东到新疆财经大学支援边疆建设，引进复旦大学博士李巍。数理系（保定）刘敬刚、熊波、王平、王永杰、张世辉、张亚刚获2017—2018学年度教学优秀奖。郭燕获华北电力大学首届“我身边的好老师”荣誉称号；李松涛获保定市三育人先进个人；张隆阁美国访学一年。

教育教学。数理学院按计划完成全校本科生及研究生公共数学、物理学课程的教学任务。深入贯彻落实《华北电力大学“本科教学工作审核评估”迎评工作方案》，先后开展自评、整改，组织校外专家对评估准备工作进行自评、整改，接受教育部专家审核评估、整改等工作。出版教材1部。获2018年华北电力大学教学成果奖一等奖1项，二等奖1项。指导学科竞赛，获美国大学生数学建模竞赛一等奖3项，二等奖35项；全国大学生数学建模竞赛全国二等奖2项，北京市一等奖23项，北京市二等奖28项；研究生数学建模竞赛全国一等奖1项，全国二等奖9项，全国三等奖10项。指导学生科技创新创业训练计划项目获国家级良好成绩1项，北京市级优秀成绩2项，北京市级良好成绩1项。

数理系（保定）指导美国大学生数学建模竞赛，获特等奖1项；获一等奖9项，二等奖7项；指导全国大学生数学竞赛，获国家级二等奖2项；获省级一等奖15项；省级二等奖23项；省级三等奖44项；指导全国大学生数学建模竞赛，获国家级二等奖2项，省级一等奖5项，省级二等奖7项。河北省大学生物理竞赛获得一等奖7人、二等奖15人和三等奖22人。

学生工作。数理学院围绕“立德树人”根本任务，坚持“全面发展”人才培养观，坚持“办一所负责任大学”的办学理念，遵循人才培养的基本教育规律，以学生党建为龙头，以学风建设为基础，以团学组织为依托，以升学就业为主导，努力培养造就出具有坚定信念，良好品格，过硬本领的拔尖创新型人才。学生党建带团建方面：围绕“习近平总书记系列重要讲话精神”及“党的十九大精神”分年级、分层次开展党员、团员思想教育活动，以“三会一课”制度为基础，重点发挥党课、团课培训优势，开展以“思想引领、行动示范、文化传承、服务同学”为主题的党团思想教育活动，邀请团的十八大代表沈小丽为二级团课做专题报告；依托“两学一做”“党的十九大精神学习”“红色1+1”“特色活动示范党支部”等活动平台扎实开展工作，其中学生第一党支部获评学校“先进基层党组织”和北京市“红色1+1”共建活动优秀奖。学生学风建设：按照本科教学审核评估各项要求，认真做好优良校风学风创建工作，深入推进学风督查工作，实现必修课学生上课出勤情况普遍性督查和重点关注学生重点督查全覆盖，实现研究生与本科生党、团、学组织统筹管理，建立基于团组织的有数理特色的学生干部会商决策机制，完善院学生事务中心工作制度，推进本科生升学深造考前动员、考中激励、考后指导工作，本科生升学深造率位居学校前列，创新学生区域管理新模式，以固定学习区域和宿舍生活区域为核心，加强过程管理，夯实“四室一舍”平台建设，提升学业辅导工作水平，实行团队化管理，实现一、二年级学业辅导全覆盖，期中考试实现常态化和精准化，鼓励学生参加学科竞赛和科技创新活动，在数学建模大赛、国内外数学竞赛、“挑战杯”大学生课外学术作品大赛、校大学生创新实验项目等方面获得可喜成绩，加强毕业生服务工作组建设，提高服务质量，毕业生就业质量进一步提升。学生管理方面：完善规章制度，建立健全符合本院实际的学生管理制度体系。修订《研究生年度综合测评实施办法(2018)》；建立关爱“学业困难、经济困难、心理问题”等困难学生的院、班两级工作联动机制，实现重点关注学生档案一人一档，建立分类别、分层次定期深度辅导谈话制度，加强定期上课督查和日常表现的调查、记录和反馈工作，保持与任课教师、班主任、学生家长的有效沟通；强化与班主任的工作协同机制，定期与班主任座谈交流工作，建立班主任工作微信群，加强信息互动，开办班主任工作培训专题讲座，提高工作专业化水平；建立班级工作督察巡视工作机制，设立学生督察员，依托党团组织，加强对基层班、团建设工作的指导和监督；“以奖励学，资助育人”工作稳步推进，分别有两名学生和两个学生团队获学校发展型资助项目支持。共青团工作方面：重点围绕“习近平新时代中国特色社会主义思想”“社会主义核心价值观”“新生引航”“创先争优”“创新创业”“成长成才”等六大主题展开班团干部培训；加制度建设，筹划建立《数理学院优秀学生组织和个人表彰管理办法》《数理学院学风督察结果适用管理办法》；学院团委获评校“五四先进团委荣誉称号”；夯实基层团建工作基础，计科1401班获“2016年‘优团计划’首都高校优秀基层团支部荣誉称号”；开展“绿色光伏精准扶贫，协同发展惠及民生”为主题的暑期赴河北省阜平县黑崖沟村社会实践活动，获评团中央学校部大中专学生暑期社会实践“千校千项”最具影响力好项目荣誉称号，并获得中国青年网报道；联合外国语学院举办“第四届毕业生晚会”，独立举办第二届院迎新年晚会；五四青年节“五月的花海”合唱比赛获优秀组织奖；举办“挑战杯”作品评审活动和数学建模大赛知识讲座；围绕社会主义核心价值观教育主题，制作完成以大学生参军报国为题材的微电影，《参军让梦想远航》获学校2018年社会主义核心价值观微视频大赛一等奖；学院“明欣支教”项目被评为学校年度优秀志愿服务项目铜奖。荣誉成果：学院共有98人获校内奖学金，39人获三好学生、优秀学生干部称号，3人获国家奖学金，11人获国家励志奖学金，10人获得各级各类社会奖学金；研究生中5人获国家奖学金，1人获社会奖学金，20人获优秀研究生称号，8人获得优秀研究生干部称号；研数理1637班邢金璐获得“优秀研究生标兵”荣誉称号；研数理1738班获“先进班集体”称号；数理学院团委获校级“五四优秀团委”荣誉称号；学院团委连续三年推进“绿色光伏精准扶贫，协同发展惠及民生”大学生社会实践活动；物理1601班获得校级“校级十佳示范性优秀班集体”；数理1701班获得首都大学、中职院校“先锋杯”优秀团支部荣誉称号；数理学院学生第一党支部获北京市红色“1+1”支部共建活动优秀奖；计科1501班李晨获北京市三好学生荣誉称号，计科1502班王前获先锋杯优秀团干部，物理1501班柏爽爽获北京市优秀共青团员荣誉称号。

数理系（保定）坚持“立德树人”根本任务，健全全员育人、全过程育人、全方位育人的体制机制，开展社会主义核心价值观的主题教育活动。以重要纪念日为契机，提升工作的精准化、精细化、精益化，开理想信念教育、中华优秀传统文化教育等；结合院系实际，凝练出“数理青年论坛”等具有院系特色的品牌校园文化。加强新生入学适应性教育。开展校规校纪知识竞赛等活动，重点做好安全教育、校规校纪教育等规范性教育；开展新生班级风采大赛、趣味运动会、篮球赛等问题活动，加强校园文化活动教育、网络文明教育等引导性教育；注重加强新生的心理健康教育和心理咨询活动，引导新生建立和谐的人际关系等。全系共组建1支校级队伍、6支系级队伍、59支自由组队队伍。收回团队报告37篇、个人实践报告22篇。各实践队主题涵盖三下乡、体验省情服务群众、国情社情观察、关爱留守儿童、禁毒防艾宣传等。持续开展“两学一做”教育。在全系学生党员中开展了“两学一做”学习教育，把全面从严治党要求落实到每个支部、落实到每名党员，贯彻落实“三会一课”制度，坚持落实每月一次的“两学一做”专题党支部集中学习。落实青年团员“一学一做”学习教育。在全系青年团员中开展“学习总书记讲话，做合格共青团员”学习实践活动。加强团支部政治学习督导，学习团章、团史以及习近平总书记系列重要讲话精神，开展数理系团干部成长技能大赛、数理系第二届青马工程培训班等。丰富网络新媒体平台建设，进一步推进数理系学生工作官方微信平台——“数理青年说”微信公众账号建设。挖掘学生中的典型，树立模范标杆，通过新媒体多种渠道加大宣传。2017—2018学年度，数理系多名学生在学校的先进评选中获荣誉称号：谭佳璐、黄宝强在五四评优中获得校级优秀团员标兵称号；黄宝强获评十佳自立自强学子和“优秀共产党员”称号。完善《数理系学年评优工作补充办法》等各类评优评奖实施细则，使评优表彰管理更加公开、公平、公正，真正做到有法可依、有据可循。建立学工、教务、教师联动机制推进学风建设，开展“远离手机，回归课堂”系列学风建设活动，帮助学生养成良好的行为习惯，营造良好的课堂氛围。2019届毕业生共保送研究生7名，占总人数的9.3%，保送院校如哈尔滨工业大学、华南理工大学、东北大学等，两名留级学生随原年级顺利毕业。

加强学生创新能力培养继续推进数理系创新实践基地建设。组建学校航模队，在2018年中国国际飞行器设计挑战赛暨科研类全国航空航天模型锦标赛中再创佳绩。推进学生宿舍文明建设。举办“数理系学生党员宿舍挂牌启动仪式”。细致开展特殊群体学生帮扶工作。加强心理健康和消防安全两个培训。为更好地迎接2018级少数民族预科班的到来，数理系先后走访北京航空航天大学、大连理工大学，黄河科技学院等高校，就少数民族预科班的日常管理、教学管理等环节进行实地调研，同时暑假期间数理系邀请具有64年办学经验的广西民族大学相关负责人，面对面就办学经验、学风建设等取经。加强就业形势、政策宣传，增加毕业生就业紧迫感。通过电话、实地走访等方式，培育新的就业市场，稳固原有的就业合作单位。通过举办形式多样的毕业生文明离校活动。结合实际情况进行形势政策教育，以“四个全面认识”为重点，引导学生正确认识国家形势，理性地看待、思考社会现象和问题；以重大节日为契机开展爱国教育。加强网络思想教育，规范网络行为。定期开展学生安全教育，规范突发事件处置程序。年内，学生科技创新成绩显著，获全国大学生数学建模二等奖1人次；河北省建模比赛一等奖1人次，二等奖3人次；获美国大学生数学建模一等奖1人次，二等奖3人次。共发表论文20篇。（含研究生）在中国国际飞行器设计挑战赛暨科研类全国航空航天模型锦标赛中，学生获“电动滑翔机”国家级一等奖一项，“限距载重空投”省级二等奖两项、三等奖一项，“模型火箭运载与返回”省级二等奖一项、三等奖一项。数理系共有144名学生获得校内奖学金，43人次获得校三好学生、优秀学生干部称号，4人获国家奖学金，11人获国家励志奖学金，2人获各级各类社会奖助学金。郭燕、于国梁、何琦三位教师获华北电力大学“优秀班主任”称号。

工会工作。学院分工会获学校年度“先进分工会”称号，王晓霞、王莉2人获学校先进分工会主席，吴万凯、石玉英、王晓霞、朱勇华、彭武安、周继泉、侯居跃、雍雪林、黄晔辉、刘纪彩、付星球、李晓伟、段志强、车剑韬等14人获学校工会工作积极分子。学院分工会全年开展院文化体育活动16次；慰问与关心学院困难职工3人次；获校庆60周年合唱比赛第3名，乒乓球比赛第4名，篮球比赛第4名，运动会组织奖、棋牌赛甲组组织奖等荣誉；完成学院二级分工会换届选举工作。新一届工会委员王晓霞、王莉、黄晔辉、侯居跃、黄霞、戚坚军。数理系（保定）分工会积极开展各项活动，除组织教职工参加校工会各项活动外，还组织开展乒乓球对抗赛、羽毛球对抗赛、师生篮球赛等多项文体活动。

（李晓伟　王　莉）

【概况】 2018年，数理学院有系统分析、运筹与控制1个二级学科博士点，数学、物理学2个一级学科硕士点，计算数学、应用数学、运筹学与控制论、理论物理、凝聚态物理、声学6个硕士学位授权二级学科，应用统计硕士专业学位授权点。应用数学、理论物理为河北省重点学科。学院在编教职工187人（北京96人，保定91人），专任教师162人（北京84人，保定78人），教授36人（北京21人，保定15人），副教授65人（北京38人，保定27人），实验技术人员12人（北京7人，保定5人），党政及管理人员12人（北京5人，保定7人）。学院设有18个党支部（北京9个，保定9个），拥有中共党员251人（北京138人，保定113人），发展党员44人（北京22人，保定22人）。学院设有33个班级（北京18个，保定15个），设有辅导员正式岗位5个（北京3个，保定2个）。学院毕业学生227人（北京127人，保定100人），其中硕士研究生73人（北京56人，保定17人），普通本科生154人（北京71人，保定83人）；招生361人（北京184人，保定177人），其中硕士研究生106人（北京78人，保定28人），普通本科生231人（北京82人，保定149人），民族预科班北京校区24人，保定校区70人；在校生1016人（北京519人，保定497人），其中硕士研究生268人（北京202人，保定66人），普通本科生724人（北京293人，保定431人），民族预科班北京校区24人，保定校区70人。校部、保定校区本科毕业生一次就业率分别为87.01%和

95.18%，硕士毕业生一次就业率分别为92.9%和100%；本科生升学深造率分别为52.11%和34.93%。

（李晓伟）

【3项科研成果获省部级奖励】 2018年，数理学院有3项科研成果获省部级奖励。3月23日，刘纪彩参与完成的《原子分子介质中强场超短激光动力学及X射线光谱学研究》项目获山东省科学技术奖（自然科学奖）二等奖。3月25日，陈德刚主持完成的《基于粒计算的复杂信息系统知识获取理论与方法》项目获河北省科学技术奖（自然科学奖）三等奖。4月，王晓霞参与完成的《面向国家能源战略发展的电力领域教育培训体系构建与实践》项目获北京市高等教育教学成果奖一等奖。

（李晓伟）

【连续两年获北京市教学名师奖】 2018年11月2日，根据《北京市教育委员会关于公布第十四届北京市高等学校教学名师奖暨第二届北京市高等学校青年教学名师奖获奖名单的通知》（京教函〔2018〕601号），数理学院陈雷获第十四届北京市高等学校教学名师奖。这也是学院继上年再次获得北京市教学名师奖。

（李晓伟）

【指导学生参加数学建模竞赛获佳绩】 2018年，华北电力大学学生参加数学建模竞赛获得优异成绩。12月4日，2018高教社杯全国大学生数学建模竞赛获奖名单公布，由数理学院教师指导的全国大学生数学建模竞赛团队获全国二等奖2项，北京市一等奖23项，北京市二等奖28项；2018年11月22日，“华为杯”第十五届中国研究生数学建模竞赛最终获奖名单公布，由数理学院指导的中国研究生数学建模竞赛团队获全国一等奖1项，全国二等奖9项，全国三等奖10项。由于学校在研究生数学建模竞赛中组织工作优异，被大赛组委会授予“优秀组织奖”称号，学校自2011年以来，连续八年获此殊荣。

（李晓伟）

【指导学生参加物理竞赛获佳绩】 2018年12月9日，物理竞赛指导团队指导学生参加第三十五届全国部分地区大学生物理竞赛获佳绩，获奖人数及等级均创历史新高，共有38名学生获奖，其中一等奖9名，二等奖20名，三等奖9名。

（付星球）

【指导学生参加物理实验竞赛获佳绩】 2018年11月25日，北京市大学生物理实验竞赛在北京交通大学举办，该赛由北京市教委牵头。许轶昕指导的《太阳能光路追踪反射装置》获二等奖，刘纪彩指导的《基于河流动力的抽水装置》获得三等奖。

（李晓伟）

可再生能源学院

【概述】 2018年，学院在学科建设、人才培养、科研、教学等方面取得显著成绩。

党建与思想政治工作。组织召开处级领导班子民主生活会、2017年度党支部书记述职评议考核会；组织开展“负责任的好老师”专题讨论和“洁身修身”专项行动；落实学校“做新时代‘四有’好老师和‘四个引路人’”学习实践活动，开展“我身边的好老师”评选活动；申报“高校‘双带头人’教师党支部书记工作室”“新时代‘四有’好老师和‘四个引路人’”学习实践活动特色工作项目；组织全院开展《教育部关于全面落实研究生导师立德树人职责的意见》集中学习讨论；发展党员70名，培训发展对象和入党积极分子306名。充分发挥党支部的战斗堡垒作用和党员的先锋模范作用，水电能源与工程科学研究中心党支部被学校党委评为先进基层党组织、门宝辉等三人被评为优秀共产党员、王俊奇等3人被评为优秀党务工作者。

人才工作。李美成入选科技部创新人才推进计划“中青年科技创新领军人才”、2018—2022年教育部高等学校教学指导委员会，同时获批享受国务院政府特殊津贴；杨世关、古丽米娜、李芬花、王永获4名教师获校教学优秀奖，门宝辉获教学优秀特等奖；古丽米娜、王永入选“名师培育计划”；戴松元获校“十佳班主任”称号，12人获“优秀班主任”称号；姚建曦、陆强入选“我身边的好老师”；李鹏、孔凌楠、刘振增获2017—2018学年度优秀研究生班主任。

教学工作。完成本科教学评估工作，共抽查学院6个班的论文、7门课的试卷，参观实验室，并进行学生访谈。制定《可再生能源学院本科生大类专业分流实施办法》，完成本科生大类专业分流。完成2018年“双一流”本科人才培养项目工作、研究生“双一流”各类项目的申报、运行及年度汇报。

科研工作。学院共立项科研项目89项，其中纵向项目45项，合计2328万元；纵向项目44项，合计1824万元；共发表研究论文148篇，其中SCI论文90篇。韩爽负责的国家重点研发计划政府间国际科技创新合作重点专项中蒙政府间合作项目获批立项；赵莉负责的国家重点研发计划专项子课题“多效高盐水分离膜的制备与膜组件的研发”获批立项；国家重点研发计划“可再生能源与氢能”项目申报工作顺利进行，李美成作为项目负责人牵头申报的项目通过预评审。刘永前教授参与的“高效低风速风电机组关键技术研发和大规模工程应用”入选2018年度国家科学技术进步奖二等奖；张华参与完成的“特高坝枢纽泄洪消能运行安全监测控制技术”获天津市科学技术进步奖一等奖；胡笑颖参与完成的“50MW级生物质直燃发电技术研究及工程示范”获广东省科学技术奖一等奖；葛铭纬参与完成的“风电机组降载增效关键技术自主创新与产业化”获河北省科技进步奖一等奖。新能源软科学研究中心获民革中央表彰为“年度参政议政突出贡献先进集体”。

学科与科研平台建设。“水利工程”获批一级学科博士点、“水利工程”硕士点完成学位点合格评估校内自评估工作。举办第22届国际太阳能光化学转换与储存大会，包括诺贝尔奖提名获得者、中国科学院院士在内的30多个国家700余名科学家参会。新能源软科学研究中心获民革中央表彰为“年度参政议政突出贡献先进集体”。完成牵头申报“清洁能源学”北京市高精尖交叉学科的答辩论证。“新能源电力系统国家重点实验室”通过科技部评估。

学生工作。学院在校生1458人，其中本科生1101人，硕士277人，博士80人。学院有53个行政班级，其中本科40个，研究生9个，博士生4个，共有班主任53人。本科班主任中，硕士及以上学历40人，博士及以上学历37人。本科生党支部连续两年获北京市红色“1+1”活动二等奖，学院团委被评为2017—2018学年度“特色团委”荣誉称号。能材1601班获“十佳示范性优秀班集体”称号，12号楼203宿舍获“十佳优秀本科生宿舍”称号，研可再生1633班和研可再生1734班获得研究生先进集体荣誉称号；获“校长奖学金2人、“国家奖学金”21人、“国家励志奖学金”53人。学院学生代表队在首届全国大学生可再生能源科技竞赛中获国家级奖项8项，其中特等奖1项，一等奖2项。学院“竹创空间”创新创业育人平台，通过“一院一品”学生思政工作精品项目评选成功立项。韦兴悦、马琳松、谭港、向贝佳等4名学生应征入伍。

工会工作。学院完成分工会换届选举工作，会议选举任华、李玉华、张丹、赵国钦、常青云为新一届分工会委员，其中副书记任华任学院分工会主席、李玉华任副主席。积极参加学校工会举办的各项赛事活动，获校运会乙组团体第二名，获校教工篮球比赛甲组第三名，后勤集团杯扑克牌组织奖。参加“永远跟党走同心创一流”教职工合唱比赛获二等奖。

校庆工作。学院与协合新能源签订第三个五年奖、助学金合作协议；配合学校迎接60周年校庆系列学术活动“院士华电行”，学院邀请中国科学院院士谢毅来学校交流指导。7月30日至8月2日，学院与中国科学院合肥物质科学研究院、天津大学、安徽省新能源协会联合举办第22届国际太阳能光化学转换与储存大会；学院组织召开全国新能源科学与工程专业联盟第六届年会及师资培训班。学院举办首届全国大学生可再生能源科技竞赛。

（刘振增　张亦楠）

【概况】 2018年，学院有教职工99人，其中教授27人，副教授30人。学院在校生1458人，其中本科生1101人，硕士277人，博士80人。学院有53个行政班级，其中本科40个，研究生9个，博士生4个，共有班主任53人。本科班主任中，硕士及以上学历40人，博士及以上学历37人。年内，发展党员70名，培训发展对象和入党积极分子306名。学院科研项目立项89项，其中纵向项目45项，合计2328万元；横向项目44项，合计1824万元；发表SCI论文90篇。学院本科毕业生就业率98.79%，升学率为49.84%；研究生一次就业率100%。接收免试攻读硕士研究生7人，其中行政保研1人。接受外国来华留学生攻读硕士研究生8人，博士研究生10人。完成“双一流”研究生人才培养项目，学院获批优质课程建设7门，经费31万；拔尖人才培养项目博士研究生6人，经费20万；校企联合培养基地2项，经费5万。完成可再生能源学院实验教学中心建设三期项目，学院新增设备达565万元，至年底已全部投入使用，师生满意度达90%以上。制定《可再生能源学院本科生大类专业分流实施办法》，组织6次专业介绍会。

院　长：戴松元

书　记：刘永前

学院网址：http://kzsxy.ncepu.edu.cn/

（张亦楠）

【学位评定分委员会成员调整】 2018年10月9日，学院对于学位评定分委员成员进行调整并上报学位办。最终名单如下：戴松元（主席）、姚建曦（副主席）、陈诺夫、董长青、李美成、林俊、刘永前、陆强、吕爱钟、马峻峰、彭杨、张华、张尚弘。

（张亦楠）

【举办国际太阳能光化学转换与储存大会】 2018年7月30日至8月2日，第22届国际太阳能光化学转换与储存大会（简称IPS-22）在安徽合肥市举行。本届会议由华北电力大学、中国科学院合肥物质科学研究院、天津大学、安徽省新能源协会联合举办，华北电力大学戴松元教授和天津大学叶金花教授共同担任大会主席。共吸引包括诺贝尔奖提名获得者、中国科学院院士和国际顶尖学者在内的30多个国家700余名科学家，共同探讨太阳能技术和产业的发展方向。会议旨在围绕如何将太阳能高效转换这一重要议题，聚焦国家战略发展方向、经济活动热点以及全球科学研究前沿，对绿色低碳、节能环保、光伏光电等多个学科方向的重要科学问题进行深入研讨与交流。为全世界太阳能领域的专家、学者和企业家们提供一个高水平的交流与互动平台，从而推动研究水平提升，促进学术界和产业界的深度合作。IPS 会议是可再生能源领域太阳能研究方向全球影响力最大、涉及领域最广、历史最长的大型会议，有光电转化领域“奥林匹克会议”之称。

（刘振增）

【举办首届全国大学生可再生能源科技竞赛】 2018 年 8 月 17—19 日，首届全国大学生可再生能源科技竞赛总决赛在华北电力大学举行。该竞赛由中国可再生能源学会创办并主办，华北电力大学承办，华中科技大学、长沙理工大学、常熟理工学院协办，是可再生能源领域规格最高的科技竞赛。有来自 108 所高校的 3000 余名大学生参赛，经过审查共有 500 余件作品进入预赛，101 件优秀作品进入决赛。中国工程院院士、中国可再生能源学会理事长、北京化工大学校长谭天伟，中国农村能源行业协会原副会长张百良，校长杨勇平等领导专家出席开幕式。为期两天的决赛中，参赛队员们围绕主题展开思想碰撞和创意比拼，展示理论与实践相结合的创新成果。作品展示现场，参赛队员们认真布展，耐心回答参观师生的提问；分组答辩中，参赛队员阐明作品创作原理、实际应用及发展前景等问题，展现当代大学生的风采。在进入全国决赛的 101 件优秀作品中，经过激烈角逐，最终华北电力大学戴冰清团队的“新型独立互补式风力发电与管道发电智能水塔系统”等 5 件作品获特等奖，山东大学王立众团队的“楼宇一体化的自动调节太阳能光伏系列支架”等 27 件作品获一等奖，哈尔滨工业大学李磊团队的“全天候光影——一种利用储能再发光材料的智能化百叶窗”等 65 件作品获二等奖。本次大赛的主题是“绿色能源、创新引领”，主要内容涉及太阳能、风能、生物质能、地热能、氢能、海洋能、天然气水合物等可再生能源，作品包括实物制作（含模型）、软件、设计等，体现新思想、新原理、新方法及新技术。

（刘振增　李　鹏）

核科学与工程学院

【概述】 2018 年，核科学与工程学院在学科建设、科学研究、教学工作等方面稳步发展。

学科建设。该学院获得国务院学位委员会批准的“核科学与技术”博士学位一级学科授权点。

教学工作。该学院通过教育部本科教学审核评估，联合哈尔滨工程大学、上海交通大学、中广核集团“服务国家战略、突破工程教育瓶颈的“订单＋联合”大核电人才培养模式与实践”获得北京市教学成果一等奖，并入选教育部教学成果二等奖。“核工程与核技术”专业工程教育认证完成自评报告撰写和专业认证专家进校考察工作。核反应堆实体仿真大型实验室开始建设，同时扩建核电子学实验室以及反应堆仿真实验室。陈涛、王升飞获 2017—2018 学年校级教学优秀奖。

科研工作。该学院负责的“大型先进压水堆非能动冷却水箱关键传热模型及其应用”获得中国能源研究会能源创新奖一等奖，“事故工况下乏燃料贮存水池冷却技术研究及应用”获得中国核能行业协会科学技术奖二等奖，“先进核辐射探测材料及反腐蚀技术研究及应用”获河北省技术发明二等奖；参与完成的“基于三代 EPR 压水堆核电技术热平衡和热功率算法的研究与应用”获得中国产学研合作创新成果奖。新签科研项目合同经费 2568.9 万，超额完成学校分配的任务。刘洋、马续波分别获国家自然科学基金面上项目资助，孙世峰、于新国、周益娴、曹琼、王升飞分别获国家自然科学基金青年项目资助，郭张鹏获得中核联合基金重点项目子课题。

师资队伍建设。该学院接收青年教师刘仕倡，刘洋受聘博士生导师，马续波专业技术职务晋升为教授，张竞宇专业技术职务晋升为副教授，王汉通过首聘期考核签订无固定期限合同。刘洋入选北京市“科技新星”人才支持计划，并申报教育部“长江学者”青年学者计划。赵强、马雁、张斌、张钰浩、钟达文分别获评 2017—2018 年度研究生和本科生校级优秀班主任，王悦获评 2016 年度校级十佳辅导员，马续波、陈涛、隋丹婷、张竞宇、钟达文获评 2017—2018 学年度考核优秀等级。李辉被调任能源动力与机械工程学院党委副书记，赵珥希被任命为该学院党委副书记，李向宾受聘该学院副院长，靳周调任该学院团委书记。

党务工作。该学院完成学校党委巡视整改、党支部书记述职述评、党员评议工作，在基层组织中加强并落实党建工作。在全体师生党员中开展学习贯彻落实党的十九大精神，习近平新时代中国特色社会主义思想等，组织全院师生党员收看收听全国教育大会、改革开放 40 周年纪念大会，开展党团知识竞赛、专题党课等系列活动。该学院核辐射防护与环境工程教研室党支部、本科生党支部获评学校先进基层党组织，刘芳、周世梁在学校 2018 年度教工党支部书记考核中分获优秀和良好，陈秋香、赵阳获评学校优秀共产党员。

学生工作。承办第三届全国高校学生课外“核＋X”创意大赛的校内组织和选拔工作，获全国三等奖 1 项、全国优秀奖 3 项。联合中核集团举办魅力核电“核”你同行——2018 中国核电周系列活动。核电 1604 班获首都“先锋杯”优秀团支部荣誉称号、校级示范性十佳班集体。王潇荦获“2017 年度首都‘先锋杯’优秀基层团干部”称号，尤俊栋获“2017 年度首都‘先锋杯’优秀基层团员”称号。在科技竞赛方面，创新创业项目立项 20 项，16 人次取得软件著作权、实用新型专利及在国内刊物发表论文。3 人获全国大学生数学建模竞赛北京市一等奖；5 人获全国大学生数学建模竞赛北京市二等奖；3 人获美国数学建模竞赛一等奖；4 人获美国数学建模竞赛二等奖。

对外交流与合作。中核集团“订单＋联合”培养班完成首批招生。与东京大学深度交流，计划 2019 年达成合作协议。该学院教师短期出国参会、交流访问 7 人次，郝祖龙、刘洋分别通过国家公派项目出国研修，玉宇、王汉、曹博、周世梁完成公派任务按时返岗工作，赵强被借调到北京市教委工作一年。该学院继续招收研究生层次的外国留学生，服务国家核电“走出去”战略。

校庆专题工作。《点亮新时代的电力之光》获评该校校庆 60 周年主题词。4 位院士及 4 位行业内专家受邀到该校参与校庆活动。完成学院搬迁、新办公地点门厅布置、宣传册及视频制作、实验室平台展示、校友接待方案、迎校庆系列主题活动等工作。

（张　科　赵珥希）

【概况】 2018 年，核科学与工程学院有 1 个“核科学与技术”一级学科博士点，2 个本科专业名称为“核工程与核技术”“辐射防护与核安全”。学院有在编教职工 42 人，非在编教职工 5 人。其中，专任教师 36 人（教授 11 人、副教授 10 人，具有博士学位的教师为 100%）、有实验及技术人员 2 人、管理人员 8 人。学院有“千人计划”专家 1 名，学术带头人 7 名，博士生导师 7 名，中国工程院院士 3 人（兼职）。学院党委下设党支部 7 个，其中教工党支部 2 个，研究生党支部 4 个，本科生党支部 1 个。核反应堆工程教研室党支部转入 1 人，核辐射防护与环境工程教研室党支部转入 1 人，转出 1 人，共有教工党员 30 人，学生党员 111 人（其中本科生 46 人，研究生 65 人）。共发展党员 29 人，89 人成为入党积极分子，112 名学生递交入党申请书。学院本科生在校人数达 549 人，新招本科生 137 人，本科毕业生 131 人。在读研究生 173 人（硕士 151 人，博士 22 人），新招硕士研究生 55 人，新招博士研究生 5 人，新招外国留学研究生 2 人，毕业 8 人 9 人获国家奖学金(其中博士 1 人、硕士 3 人、本科 5 人)。学院本科生就业率为 96.9%，硕士研究生就业率 100%，博士研究生就业率 100%。学院开设研究生课程 13 门，完成教学 384 学时。开设本科生课程开设本科生课程 40 门，完成教学 1160.5 学时。举办联合培养班 1 期，共 49 名学员。其中，北京校区中广核学员 21 人，中核学员 13 人。学院新签合同额 2568.9 万元，在研项目 265 项（新增科研项目 54 项）。新增项目中，国家自然科学基金面上项目 2 项、国家自然科学基金青年项目 5 项、中核联合基金重点项目子课题 1 项，纵向项目 913 万元、横向项目 1655.9 万元。学院有教研室 2 个，分别为核反应堆工程教研室、核辐射防护与环境工程教研室。实体化科研团队 5 个。实验室 27 个，其中教学实验室 12 个，科研实验室 15 个。学生实习基地 8 个，分别为中国核动力研究设计院、中国原子能科学研究院、清华大学核能研究院、山东海阳核电、华南辐射监督站、田湾核电站、国核软件中心、中电投核电技术研究中心。省部级重点实验室 2 个，分别为非能动核能安全技术北京市重点实验室、国家能源核电软件重点实验室（参与单位）。

书　记：陆道纲

（张　科　赵珥希）

【获得一级学科博士点授权】 2018 年 1 月 19 日，华北电力大学“核科学与技术”一级学科通过教育部网站公示，正式新增为博士学位授权一级学科，学校的博士学位授权一级学科由 5 个增加至 7 个，有力支撑“双一流”建设工作，同时对核科学与工程学院的发展起到较大促进作用。

（张　科）

【中核集团领导到访】 2018 年 3 月 20 日，中国核工业集团公司市场开发与资本经营部主任王德林一行到华北电力大学进行参观访问，双方就进一步增进交流，加强合作，更好地服务国家战略等内容进行会谈。华北电力大学党委书记周坚，副校长郝英杰、孙忠权参加会见，党政办主任陈溪，核科学与工程学院全体院领导出席会议。

（张　科）

【走访核电企业】 2018 年 7 月 6 日，华北电力大学一行访问中核核电运行管理有限公司并参加座谈，旨在进一步落实“核电人才订单联合培养协议”培养方案，对未来人才培养及科技合作等事宜进行交流，完成大学生实习基地揭牌工作。秦山核电总经理王奇文、副总工程师郑永祥、人力资源处处长李燕、经营计划处处长周萍、保健物理三处处长王孔钊、技术二处处长魏国明、信息项目处处长马寅军、运行三处副处长胥强，学校副校长王增平、教务处处长柳长安、就业指导中心主任张兵仿、核科学与工程学院党委书记陆道纲等参加座谈。

（张　科）

【中核联合培养班首批招生】 2018 年 9 月 20 日，中国核电集团与华北电力大学核电人才“订单＋联合”培养班开班典礼在主楼 G209 会议室举行，典礼后开展“核”你同行，“电”亮梦想主题班会。该培养班是 2017 年签约后首次招生，共 13 人。

（张　科）

【获国家教学成果二等奖】 2018 年 10 月 8 日，核科学与工程学院联合哈尔滨工程大学、中广核集团申报的“基于校企协同的“订单＋联合”大核电人才培养体系创新与实践”项目，通过教育部网站公示，获得国家级教学成果二等奖，实现该学院国家级教学奖项零的突破。

（张　科）

【工程教育认证专家组现场考察】 2018年10月28—31日，核工程与核技术专业接受工程教育认证专家组进校现场考察，这是该专业首次进行认证。2016年6月，中国正式加入国际工程教育学位互认协议《华盛顿协议》，通过认证协会认证的工程专业，毕业生学位得到《华盛顿协议》其他组织的认可，有效提高国家工程教育的国际影响力。

（张　科）

国际教育学院

【概述】 2018年，国际教育学院以党建为引领，积极推进中外合作办学，来华留学生以及孔子学院各项工作取得新进展。学院进一步推进中外合作办学机构相关工作，到巴斯大学进行洽谈两次，邀请巴斯大学领导来华电洽谈两次，推进中外合作办学机构取得实质性进展。国际合作项目继续发展，为国际合作项目班的学生提供更多更好的出国留学选择。完成16级国际合作项目班的出国选校、面试、签证办理、出国临行教育和送机等工作。进一步推进来华留学生招生工作的改革，调整学生结构，不断优化生源质量，来华留学生招生规模稳定增长。学院以“拓展招生渠道，扩大招生规模，优化生源结构”为工作目标，加大宣传力度，开展多种合作；与学校各院系各部门通力合作，建立品牌效应；积极申请国家资金支持，吸引更多优质生源。来华留学生规模继续扩大，长短期学生近843人，秋季在校生643人。学院始终将安全稳定作为工作的重中之重，通过法律安全教育、签署承诺书、留学生会以及留学生保险等基础工作不断夯实和巩固安全稳定局面。华北电力大学中外合作办学及留学生教育教学完成教学运行、教学安排、学籍管理、毕（结）业审核、考试管理等各项日常工作。学院组织举办美国西肯孔子学院第二届“墨读中国”书画艺术展，召开“中美教育交流论坛”。组织西肯孔院教师招聘宣讲、1＋2MAT项目宣传。接待西肯短期班团组共计40名美国师生。截至2018年12月，共有汉语教师51人，18所孔子课堂，47个教学点，汉语学生23 716名。

党建与思想政治工作。充分发挥党总支政治功能，用习近平新时代中国特色社会主义思想和党的十九大精神引领学院的教学、管理、人才培养等中心工作。制定出台《国际教育学院院领导联系基层工作实施方案》《国际教育学院院领导联系基层制度（试行）》等多项规章制度，进一步健全党建工作体系，组织体系和制度体系。进一步规范和严格“三会一课”等党内组织生活制度，深入推进学院的“法治”建设进程。定期召开专题民主生活会，通过开展批评与自我批评等方式征集群众意见，改进干部作风，为学院的改革、提高和发展提供强有力的队伍保障。严格监督监管外事接待、留学生管理、中外合作办学学生入校选拔、“2＋2”学生出国择校、学生奖学金评定、学生党员发展等重点领域。认真履行“一岗双责”，签订廉政责任书，强化廉政风险防范管理，以总书记“六个统一”为指引，将全面从严治党引向基层、引向深入。学院召开专题学习会议，系统学习习近平新时代中国特色社会主义思想；组织党员到红色革命圣地嘉兴南湖和上海“一大”旧址参观学习，集体观看《榜样的力量3》、改革开放40周年庆祝大会，带领全体教职工参观改革开放40周年成就展，加强理论学习，强化政治引领，不忘初心，牢记使命。李旸、郑乐被评为“优秀党务工作者”，王娟、王友潮被评为“优秀共产党员”。

招生工作。招收各类留学生近300人，人数再创新高。加强校企合作，与中国机械设备工程股份有限公司签订《留学生委托培养合同》；与华电集团联合申报教育部专项奖学金。成立华电“一带一路”能源学院；获北京市“一带一路”奖学金专项项目；获批北京市“一带一路”国家人才培养基地。与曼彻斯特大学、巴斯大学就中外合作办学项目延期和进一步深化达成协议。优化“2＋2”中外合作办学学生选拔机制，提升生源质量。

教育教学。通过教育部本科教学评估，完善中外合作办学培养方案；修订推免方案并首次执行；引进外方合作院校优质教学资源。推进国外教授讲授专业课；邀请国外教育专家开设讲座；开展中外合作办学项目教学改革；新增法学专业、公共管理、数学专业硕士英语授课项目。坚持听课巡课和期中考试制度，课堂与考试秩序良好。在专业留学生班级中开展教学质量调查活动；规范全英语授课专业培养方案，制订英语授课研究生新的培养方案。

学生工作。创新学生工作方式方法，构建高水平学生工作网络平台，加强海内外学生管理和服务，营造包容、创新、追求卓越的学院文化氛围。加强对学生的思想价值引领。制定并实施“五个一”谈心谈话制度（副书记、辅导员每周分别同一名新生、一名大四毕业生、一名党员、一名学业困难学生、一名心理重点关注学生谈心谈话），丰富辅导员价值引领的日常实现路径，在解决学生实际问题的同时做好学生的思想政治引领工作。发挥新媒体平台作用，提升网络思想政治教育水平。官方微信平台坚持将思想政治教育元素融入平台建设当中，集学生党建、教育管理、就业指导与服务于一体，促进新媒体技术与学生服务、教育、管理深入融合，成为学院学生管理和思想引领的有效手段。以华北电力大学60周年校庆为契机，开展"校友大征集"问卷数据采集，梳理办学以来海内外校友近况，构建校友互联机制，开展校友交流活动，凝聚校友力量，增进校友爱校荣校情感。

留学生管理。2018年，学院制定《北京市外国留学生奖学金（在学）评定办法》，通过制度建设规范奖学金评审过程，创建优良校风学风，调动来华留学生学习积极性。学校留学生管理干部王娟获"2018北京市高校来华留学生管理工作优秀干部"二等奖。

国际化合作。新增华北电力大学与国机集团中国机械设备工程股份有限公司、中国能源建设股份有限公司校企合作项目校园文化建设突显国际化多元化色彩。国际学生受邀参加政府、企业及学术机构相关活动，拓展国际学生社会实践活动和学习中国传统文化的机会，增强来华留学生"知华、友华、亲华"的感情。

（赵　静　张丹丹）

【概况】 2018年，国际教育学院开展中外合作办学项目1个，专业为电气工程及其自动化。中外合作办学项目及校际转学分项目共计英、美两国10个项目，派出人数北京校部27人，保定校区15人，共计42人。其中北京校部赴爱丁堡大学10人，曼彻斯特大学2人，巴斯大学10人，斯莱斯克莱德大学3人，卡迪夫1人，伊利诺伊理工大学1人。签证通过率100%。招收正式注册的各类奖学金及自费留学生280人，招生规模保持稳定增长。其中有博士生38人，硕士生133人，本科生67人，普通和高级进修生14人，汉语进修生28人，学历生比例为85%，远高于北京市来华留学生学历生比例。学历生比例进一步扩大。280名留学生中有中国政府奖学金生110人，北京市政府奖学金生133人，紫禁城奖学金6人，孔子学院奖学金生9人，自费生13人，交换生9人。留学生新生分别来自43个国家，学生较多的国家包括巴基斯坦、蒙古、苏丹、韩国、哈萨克斯坦、乌兹别克斯坦、俄罗斯等7个国家。国际教育学院党总支通过严格考察共发展党员21名；国际教育学院党总支、国际教育学院学生党支部被评为"华北电力大学先进基层党组织"。教工党支部书记年终工作考核为"优秀"。学院中外合作办学学生获省部级以上奖励54人次，获各类奖学金146人次。电气GJ1503班周瑀涵获华北电力大学校长奖学金。电气GJ1601获北京市先锋杯优秀团支部，1人获北京市先锋杯优秀团干部，1人获北京市先锋杯优秀团员。电气GJ1703被评为校级十佳示范优秀班集体。9人被评为华北电力大学优秀毕业生，4人被评为北京市优秀毕业生。中外合作办学项目有2个专业。电气工程及其自动化专业（中外合作项目班）有13个教学班，343名在校生；核工程与和技术专业（中法联合）有1个教学班，3名在校生。27名学生赴国外合作院校深入学习专业知识；有68人取得工学学士学位，1人取得经济学学士学位，7人取得管理学学士学位。学校有31名本科留学生、52名硕士留学生、8名博士留学生完成教学计划全部内容，取得毕业资格并被授予学士、硕士和博士学位。学院与驻华使馆、北京市公安局、保险公司等互相配合，及早预防突发敏感事件发生，有效化解各类安全突发事件6起。学院组织共计600多名来华留学生参加学校60周年校庆文艺晚会、聊以行国、保定市登山节、北京市外国留学生辩论赛、环昆明湖长走等各类文体活动20余次。

（赵　静　张丹丹）

【开展国际合作项目临行教育会】 2018年7月3日，国际合作项目临行教育会在主楼D260会议室举行。该会议是学院一系列出国留学服务培训活动之一，会议覆盖范围广、授课人员层次高、讲授内容丰富实用。发放的培训材料涵盖留学政策、爱国主义教育、领事保护、留学安全知识、海外法律法规、跨文化交流、学习与生活心理辅导、留学目的国教育制度、学术准备等。

（王　娟）

【与曼彻斯特大学签署项目延期协议】 2018年10月，学校与曼彻斯特大学签署项目延期协议。曼彻斯特大学与学校的合作办学原协议于2018年到期，由于曼彻斯特大学战略调整，表示不予续签。学院经多次与曼彻斯特大学负责人洽谈，获得曼彻斯特大学理解，并签署项目延期协议。

（齐　郑　王　娟）

【签署留学生委托培养协议】 2018年5月7日，学校与中国机械设备工程股份有限公司正式达成合作，签订《巴基斯坦留学生委托培养合同》，这是学校首次在巴基斯坦学生培养方面进行的校企教育合作。

（王　娟）

【入选一带一路国家人才培养基地】 2018年5月23日，北京市教育委员发布第二批北京市"一带一路"国家人才培养基地项目入选学校名单，华北电力大学入选，成为入选的14所高校之一。此次入选人才培养基地，是学校积极助推"一带一路"倡议在能源电力领域的发展，服务中国能源电力企业"走出去"战略，逐步建立"一带一路"国家人才培养新机制的重要举措，意味着学校国际化水平再上一个新台阶，为学校国际化发展构建更多办学资源和更高的办学平台，是切实推进学校"双一流"建设的有效途径。

（王　娟）

【首次实施研究生推免工作】 2018 年，学院首次在 2015 级学生范围内开展推免工作，共有 10 名国内学生和 3 名已出国学生申报。根据《华北电力大学国际教育学院推荐优秀应届本科毕业生免试攻读硕士学位研究生工作实施办法（试行）》，经成绩核算公示、个人申报、学院审核、专家评审、公示申请人情况、学校审核推荐等程序，共有 8 名学生获得学术类研究生推免资格，1 名学生获行政类研究生推免资格，1 名学生获支教类研究生推免资格。

（袁予熙）

【推进外教授课】 2018 年，邀请斯莱斯克莱德大学、爱丁堡大学、凯特灵大学的 7 位教授讲授电力系统继电保护原理、信号分析与处理、电力电子技术等课程及做专题讲座。

（袁予熙）

【评选教学优秀奖】 2018 年，经个人申报、教研室推荐、学院评审推荐、教务处评选，贾林华获华北电力大学 2017—2018 学年度教学优秀奖。根据学生评价、院领导评价和学生期末成绩，16 名教师获评国际教育学院 2017—2018 学年教学优秀奖。其中，刘晋、杨志凌、刘松获一等奖，康建刚、夏瑞华、朱红路、琚赟、曾雅云获二等奖，李明扬、陈菲、李红、王升飞、彭慧春、黄猛、赵焕梅、火月丽获三等奖。

（袁予熙　李沐音）

【举办校庆文艺晚会】 2018 年 10 月 12 日，“你是我心中的一首歌”华北电力大学国际教育学院校庆文艺晚会在主楼礼堂举行。学校党委书记周坚，副校长郝英杰、副校长王增平、党委副书记汪庆华莅临现场，与广大师生一同观看晚会。文艺晚会突出“中西融合”的特点，分为“昨天、今天、明天”三个篇章，以国际教育学院中外学生为参演群体，涵盖多个大洲、国家、民族的艺术精髓，打造一场“中西融汇、风格突出”的视觉盛宴。

（周　爽）

【周瑀涵获校长奖学金】 2018 年，GJ1503 周瑀涵获 2017—2018 年度校长奖学金，实现学院校长奖学金零的突破。在学校评优表彰大会上，周瑀涵向全校师生进行演讲，获得在座师生的掌声与肯定。

（周　爽）

【留学生管理工作获市级奖励】 2018 年 12 月 22 日，北京高教学会外国留学生工作研究会公布 2018 年北京高校来华留学生管理优秀干部个人奖、终身成就奖及优秀团队奖获奖名单，学校留学生管理干部王娟获“2018 北京市高校来华留学生管理工作优秀干部”二等奖。

（胡金光）

【出台《北京市外国留学生奖学金（在学）评定办法》】 2018 年，根据北京市外国留学生奖学金相关规定，学院结合学校实际，首次制订《北京市外国留学生奖学金（在学）评定办法》。办法确定北京市奖的评定标准，规范北京市奖的评定准则，充分调动外国留学生的学习积极性，为培养“知华、友华、亲华”的留学生提供支持。

（胡金光）

【卢旺达籍校友沙米尔为习近平主席出访承担翻译工作】 2018 年 7 月 22 日，国家主席习近平抵达基加利，开始对卢旺达共和国进行国事访问。访问期间，学校 2014 届研究生 ABIKUNDA SAMUEL（沙米尔）作为卢旺达总统翻译全程参与接待和翻译工作。作为卢旺达总统卡加梅的翻译，他与中方翻译一道为两国元首夫妇翻译对话交流，在整个访问过程起到桥梁作用。

（胡金光）

【首次招收萨尔瓦多籍来华留学生】 2018 年 8 月 21 日，萨尔瓦多与中国台湾中断所谓的“邦交关系”，正式与中华人民共和国建交。同年 9 月，中国高校开始招收萨尔瓦多来华留学生。学校于同年 9 月 14 日接收一名萨尔瓦多留学生 FLAMENCO QUAN FEDERICO ALEXANDER（弗拉门戈）。

（胡金光）

【参加萨尔瓦多总统与来华留学生座谈会】 2018 年 10 月 31 日，应习近平主席邀请，萨尔瓦多总统桑切斯·塞伦对中国进行国事访问。应组织方邀请，学校副校长李双辰和国际教育学院相关师生参加总统与来华留学生及相关高校领导的交流座谈会。李双辰向萨尔瓦多总统桑切斯·塞伦阁下介绍萨尔瓦多籍留学生弗拉门戈来华一个多月的学习及生活情况。

（胡金光）

【HSK 考试成绩优异】 2018 年，学院坚持“以考促学、以考促教”的原则，推进在校留学生汉语水平考试（HSK）工作。面向各类奖学金生开展考试辅导，同时联合北京王府学校等考点，为在校留学生免费提供模拟考试。2018 年 6 月，参加 HSK 四级、五级的留学生均顺利通过，合格率为 100%。

（刘　松）

【实施留学生全英语授课】 2018 年，留学生全英语授课专业范围稳步扩大，全英语授课的博士专业有 6 个，分别为电气工程、动力工程及工程热物理、工商管理、管理科学与工程、可再生能源与清洁能源、控制科学与工程；全英语授课的硕士专业有 13 个，分别为电气工程、动力工程及工程热物理、核科学与技术、环境科学与工程、计算机科学与技术、可再生能源与清洁能源、控制科学与工程、企业管理、数学、物理学、法学、公共管理学、外国语言文学，其中法学、公共管理学、数学、外国语言文学为今年首次招生；全英语授课的本科专业有 2 个，为电气工程及其自动化、机械工程。

（李沐音）

【开展留学生 2+2 项目】 2018 年，学校与蒙古科技大学联合 2+2 项目继续执行，年内有 10 名电气工程及其自动化专业、9 名可再生专业、6 名热能专业的蒙古学生来校学习。

（李沐音）

环境科学与工程学院

【概述】 2018 年，环境科学与工程学院牢固树立“科学管理、服务育人”的教育教学理念，做好人才培养、师资筹建、学科建设及教学科研等各项工作。

党建工作。学院领导班子充分贯彻学习党的“十九届中央纪委三次全会公报”“习近平在庆祝改革开放 40 周年大会上的讲话”，组织召开“红色教育学习活动”宣传贯彻党的红色精神和习近平新时代中国特色社会主义思想；落实“全国高校思想政治工作会议”“全国教育大会精神学习”“学院研究生导师立德树人思想大讨论”积极引导教师努力成为“四有好老师”“四个引路人”和“四个相统一”的表率。学院获 2018 华北电力大学基层党组织建设重点难点项目立项 1 项，2018 年“做新时代‘四有好老师’和‘四个引路人’”学习实践活动理论研究与特色工作项目立项 2 项，2018“双带头人”教师党支部书记工作室项目立项 1 项，学校 2018“优秀共产党员”1 人。

学科建设。完成环境科学与工程一级学科硕士点、化学工程与技术一级学科硕士点、环境科学与工程一级学科专硕点 3 个学位点评估；学院“环境/生态”学科进入基本科学指标数据库 ESI 排名前 1%，论文被引用次数全球排名从 818 名提升至当前的 729 名；对学校“工程学 ESI 1‰”贡献度全校排名第 2、“化学 ESI 1%”贡献度全校排名第 2、“材料学 ESI 1%”贡献度全校排名第 3；对于“社会科学”以及“计算机科学”两个学科贡献度全校排名分别位列第三、第四。

教学工作。完成“环境科学教学方案”教改大学大纲及相关专业课程 20 套，其中，10 门课程完成研究型课堂改革；获 2018 年“我身边的好老师”称号 1 人；学院教师团队获 2018“北京市教学成果二等奖”1 项，学校“教学成果奖一等奖、二等奖”各 1 项；学校 17-18 学年“优秀本科班主任”2 人、“优秀研究生班主任”1 人、“教学优秀奖”2 人；1 人材料报送“北京高校优秀教师典型事迹网络宣传”。定期组织青年教师参加 2018 年学校教学业务培训 30 余人次，已基本形成本科教学梯队和研究生培养教学梯队，博士学历教师覆盖率 100%。

科研工作。学院科研团队共计发表 SCI 论文 100 余篇，其中国际顶级期刊 40 余篇，高被引、热点论文 10 余篇。共计完成纵向、横向科研项目经费 1 亿多元，人均绩效和工作量位列全校第一；其中王祥科教授获“北京市卓越青年科学家”称号，项目立项金额 5000 余万元，获国家“十三五固废资源化重点专项资助”2000 余万元，国家自然科学基金重点项目 299 万；彭林教授获“总理基金项目——大气重污染成因与治理攻关项目”，项目立项金额 2455 万元；孙玉兵教授获国家“优秀青年科学基金”130 万元。

师资队伍建设。逐步建成一支思想素质过硬、科研能力强、具有创新意识和团队精神的师资队伍；形成一支以院长王祥科教授（已荣获“高被引科学家”“杰青”“长江学者”）为学科带头人，以孙玉兵教授（已荣获“优青”）中青年学术骨干为支撑，具有稳定的研究方向和可持续发展能力的学术梯队。新招环境专业博士教师 4 名，高层次人才引进 3 人；形成 36 名教师的教学梯队，组建和完善本科教学团队和研究生培养教学团队。

工会工作。参加各项学校工会活动，在 2018 年春季学校运动会、校工会体育赛事中取得优异成绩，获个人运动赛事项目第一名 2 人，第二名 8 人，多人获其他比赛项目计分成绩名次；5 人获“2018 工会活动优秀先进个人”荣誉称号。

学生工作。从可再生学院、能动学院顺利交接本、硕、博学生共计 435 名，8 人获学校一等奖学金、16 人获二等奖学金、22 人获三等奖学金、3 人获国家奖学金、5 人获校友办社会奖学金、8 人获国家励志奖学金，1 人获校级三好生称号、5 人获院级三好生称号。组织开展“导员约你吃早餐”等“导员有约”系列活动，对 200 余人次学生进行了“一对一”深度辅导。

对外交流与合作。共邀请 10 余人次国内外学术专家到学院开展科技访问交流。邀请锕系元素卓越中心、美国诺特丹大学 Peter C. Burns 教授、新加坡国立大学黄德建教授、新加坡南洋理工大学张华、颜清宇教授、江苏大学潘建明教授、苏州大学封心建教授到校做学术报告。环境学院 60 周年华电校庆系列活动邀请倪晋仁、方维海、侯立安、万立骏、柴之芳院士到校开展学术交流讲座。国际合作方面，与世界排名 100 名以内大学签订人才培养、科学研究、知识产权等合作协议 3 项。

（李　薇）

【概况】 2018 年，环境科学与工程学院有“环境科学与工程”一级学科硕士点 1 个，在该学科下设有“环境科学”

“环境工程”目录内二级学科硕士点2个；在一级学科“环境科学与工程”下设的二级学科“环境工程”本科学位点，以及一级学科“化学工程与技术”下的二级学科“应用化学”本科学位点这两个具体学科。在“动力工程及热物理”一级学科下自设有“能源环境”二级学科博士点。有在编教职工36人，非在编教职工1人。其中，专任教师27人（教授10人、副教授8人，具有博士学位的教师为100%）、有实验及技术人员3人、管理人员4人、辅导员2人。学院现有学术带头人4名，博士生导师8名，“长江学者”2人，“杰青”1人，“优青”1人“总理基金”获得者1人，科技部“百名科技创新领军人才”1人，“万人计划”1人。该院教工党支部转入11人、现有党员26人。该院全年发展预备党员20人，12人成为入党积极分子；其中，16名学生递交入党申请书。本科生在校人数达208人，新招本科生56人。在读研究生191人（硕士158人，博士28人，博士后5人），留学生3人，新招硕士研究生47人，新招博士11人，新招博士后2人。开设研究生课程12门，完成教学496学时。开设本科生课程16门，完成教学576学时，认识实习2周。该院新签合同额1亿多元，在研项目28项（新增科研项目9项）。新增项目中，国家自然科学基金青年项目2项，国家自然科学基金面上项目5项，重大项目1项，总理基金1项。2018年，该学院教师共发表高水平学术论文100余篇，其中SCI检索98篇，人均科研绩效7621.50。建设本科教研室2个，研究生教学团队2个。实体化科研团队5个（环境放射化学方向、大气污染综合防治方向、火电厂排放脱硫脱硝方向、水资源保护与研究、土壤修复与重金属离子祛除）。本科教学实验室在建9个，在建科研实验室20余个。

书　记：马小勇

院　长：王祥科

副书记：薛明磊

副院长：彭　林

（李　薇）

【王祥科论文入选中国科学十大优秀论文】 2018年，环境科学与工程学院王祥科教授发表的两篇论文《Understanding the adsorption mechanism of Ni（II）on graphene oxides by batch experiments and density functional theory studies》（Sci.China Chem.，2016，59(4)：412-419），以及《Reductive immobilization of Re（VII）by graphene modified nanoscale zero-valent iron particles using a plasma technique》（Sci.书China Chem.，2016，59(1)：150-158），入选中国科学2016年十大优秀论文；中国科学十大优秀论文以其较高的引用率和上网点击率，代表国家科学领域最新的研究成果。年内，王祥科教授还在CSR（影响因子38）上发表封底论文《Metal-organic framework-based materials：superior adsorbents for the capture of toxic and radioactive metal ions》【2018，47，2322-2356】，该论文的发表，进一步增强学校环境化学的学科影响力。

（李　薇）

马克思主义学院

【概述】 2018年，马克思主义学院以习近平新时代中国特色社会主义思想为指导，全面贯彻落实党的十九大精神、全国教育大会精神、北京市教育大会精神、大学第二届党代会及六届六次教代会精神，在党建工作、学科建设、师资队伍建设、教学科研、学生工作、工会工作、宣传工作、校庆工作等方面取得显著成绩。

2018年，学院高质量完成全校万余名本科生、研究生思政课教学任务，积极承担少数民族预科班和硕士研究生课程。学院成立教学督导组，组织调研实施思政教和学精准提升工程，推进“专兼职融合”的“大思政”育人模式创新、“专题化”教学范式创新工程。学院引进1名北京市思政课特级教师。学院成立马克思主义学科大数据与哲学社会科学实验室，推进特色亮点工程，实现人才培养新突破，2名研究生考取北京大学、北京师范大学博士研究生，并与数理系联合培养交叉复合型研究生。学院校部研思政班获大学“十佳示范班集体”称号，1名学生论文被评为北京市高校理论社团交流会优秀论文。学院获得校春季运动会乙组第四名，实现历史性突破，马克思主义学院-人文学院分工会在“永远跟党走　同心创一流”教职工合唱比赛中获金奖。学院制作校庆宣传片、院系宣传册，圆满完成60周年校庆任务。

（武昌杰　陈晓蕾）

【概况】 2018年，马克思主义学院设有马克思主义理论一级硕士学位授权点，承担着马克思主义理论一级学科及所属二级学科思想政治教育、马克思主义中国化研究、马克思主义基本原理等学科建设和人才培养任务。学院现有专职教师44人，其中，教授9人，副教授22人，讲师13人，教师队伍中27人拥有博士学位（含博士后），19人为硕士生导师。另有行政人员7人。学院有4个教师党支部，2个学生党支部。共有中共党员65名，其中教工党员39名，学生党员26名。学院全日制硕士研究生春季答辩毕业16人，夏季答辩毕业1人，共毕业17人，就业率100%；

其中,考取北京大学、北京师范大学博士研究生2人。招收2018级马克思主义理论一级学科学生共18人。

2018年，马克思主义学院发表学术论文70篇，其中CSSCI2篇，中文核心期刊12篇；出版学术著作2部；申报市级及以上纵向项目9项，其中，国家社会科学基金项目2项，教育部课题1项，共青团中央课题1项，北京市社会科学基金项目2项，北京市思想政治理论课教师“扬帆资助计划”1项，中央社会主义学院课题1项，保定市哲学社会科学规划研究项目2项，中央高校基本科研业务专项资金项目5项；校级教学成果奖一等奖1项，二等奖2项；校级教改项目6项。

2018年，马克思主义学院联合国学研究中心举办“传统文化的传承与创新”国际学术研讨会暨华北电力大学国学研究中心成立大会；华北电力大学大数据与哲学社会科学实验室揭牌，承办首届大数据与哲学社会科学研讨会；联合主办改革开放40周年党建经验与执政规律研讨会—暨新时代高校党建思想政治工作创新发展研讨会；邀请北京师范大学大数据专家来校做主题报告1场；国外学者来我院进行学术访问交流2人次；学院作为常任理事单位加入全国思想政治理论课教学实践联盟。

2018年，马克思主义学院教师获河北省高校思想政治工作创新案例三等奖1项；被保定市总工会授予“保定市五一劳动奖章”1人；被授予保定市党的十九大精神宣讲工作“优秀宣讲员”2人；被授予“河北省统一战线教学名师”1人；被授予“2017—2018年度教学优秀奖”3人；被授予华北电力大学第一届“我身边的好老师”1人。

2018年，马克思主义学院成立学院教学督导组，聘任许丹娜、孙晓洁、薛敬担任督导组专家。思想道德修养与法律基础教研室试行专题授课模式；加强思政课程与课程思政的相互融合，前往能动学院、控计学院开展调研学习活动；开展本科生思想政治理论课满意度调研；举办学院第一届教师教学基本功比赛。

2018年，马克思主义学院党总支组织观看电影《青年马克思》；开展“纪念马克思200周年诞辰”征文活动；组织党员师生参观改革开放40周年展览。学院2个教师党支部、1个学生党支部获评华北电力大学“先进基层党组织”称号，2名教师、2名学生被授予华北电力大学“优秀共产党员”，4名教师被授予华北电力大学“优秀党务工作者”。

2018年，马克思主义学院1名学生获得“北京市高校马克思主义理论专业研究生学术奖学金”，1名学生获“北京市高校马克思主义理论专业研究生新生奖学金”。获“我心中的思政课”第二届河北省高校学生微电影展示活动二等奖1项，全国高校大学生微电影展示活动优秀奖1项；获河北省大学生人文知识竞赛二等奖1项，三等奖1项，优秀组织奖1项；研思政班被评为大学十佳示范班集体。

书记：蔡利民、张德安（保定）

副院长：孙平（主持工作）、王聚芹（马克思主义学院（保定）院长）

副书记、副院长：侯丹娟、王建红（保定）

组织员：武昌杰、孙芳（保定）

（武昌杰　陈晓蕾）

【孙芳思政课教学被央视新闻联播报道】 2018年1月15日，中央电视台《新闻联播》节目报道华北电力大学保定校区思政课教师孙芳的课堂教学，“让学生当主角，让思政课激发活力”的教学模式深受学生喜爱。孙芳坚持“以学生认知世界的方式解释世界，把天边的道理讲成身边的故事”的教学理念，积极探索把学生眼中的“高冷”的思修课变为终身受益的“人生讲堂”，采用小剧场教学、芳姐午餐会、“课堂派”教学等灵活多样的教学方式，独具一格的课堂互动形式，让思政教学内容不再抽象枯燥。同年10月，孙芳获河北省统一战线教学名师荣誉称号。

（武昌杰　陈晓蕾）

【获北京市高等教育教学成果二等奖】 2018年4月，蔡利民、王威威等7名学院教师组成的教学团队的“以中华传统文化涵养社会主义核心价值观的教学探索与实践”获2017年北京市高等教育教学成果二等奖。

（武昌杰）

【国学大讲堂开讲】 2018年4月25日，华北电力大学“国学大讲堂”第一讲开讲。北京大学哲学系宗教学系程乐松教授应邀为华电师生作《国学与汉学——文化镜像与经典诠释》讲座，从中国自身视角更从汉学的外部视角来重新审视中国文化与中国思想。2018年，国学研究中心共举办四次“国学大讲堂”讲座，邀请到北京大学李中华、中国人民大学宋洪兵、曹峰等教授来校交流。

（武昌杰）

【召开传统文化的传承与创新国际学术研讨会暨华北电力大学国学研究中心成立大会】 2018年5月12日至13日，由马克思主义学院和学校国学研究中心联合主办的“传统文化的传承与创新”国际学术研讨会暨华北电力大学国学研究中心成立大会在华北电力大学举行，来自中国内地、澳门和韩国的80余位专家学者参加会议。与会学者以老子道家“道”思想的演变与发展、儒教与儒学和中国共产党的文化使命与新时代文化创造等为题作报告。

（武昌杰）

【学生发表论文获评市级优秀论文】 2018年6月9日，学院学生王蔷蔷在北京团市委和北京市学联联合组织的首都高校学生理论社团交流会上发表的论文《中国社会主要矛盾转变的世界历史意义——基于马克思主义哲学视角》被评为“优秀论文”。

（武昌杰）

【大数据与哲学社会科学实验室揭牌】 2018年6月15日，华北电力大学大数据与哲学社会科学实验室揭牌。该实验室依托马克思主义学院建设，作为非实体校级科研机构，实行主任负责制，由专职人员和兼职人员组成。实验室依托马克思主义学院管理，业务指导部门为科学技术研究院。实验室将大数据方法运用于马克思主义理论学科以及其他社会科学领域，充分利用学校理工科的技术优势，实现多学科交叉创新发展。

（陈晓蕾）

【承办首届大数据与哲学社会科学研讨会】 2018年6月16日，学院承办首届大数据与哲学社会科学研讨会，成立大数据与哲学社会科学研究联盟。本次研讨会由华北电力大学大数据与哲学社会科学实验室联合北京大学中国特色社会主义理论大众化与国际传播协同创新中心、华北电力大学马克思主义学院、西安交通大学计算哲学实验室、《自然辩证法研究》杂志社、《马克思主义理论学科研究》杂志社、《思想理论教育》杂志社、《当代经济研究》杂志社等多家单位共同主办，由华北电力大学大数据与哲学社会科学实验室、马克思主义学院承办，研讨会共有138名专家学者参加。该研讨会也是华北电力大学建校60周年校庆系列活动之一。

（陈晓蕾）

【多名国际学者到院进行学术交流】 2018年，马克思主义学院有多名国际学者到学院交流访问。6月13日至17日，南丹麦大学副教授Kristoffer到院交流，并以“大数据方法在人文和社会科学中的应用研究”为主题，展示其研究内容和成果，同时对数据采集、样本选取、文本预处理、数据建模等方面进行详细讲解。6月15日至17日，美国印第安纳大学副教授Stasa来院进行学术交流，围绕大数据技术方法、学界前沿问题和现阶段研究的项目课题等，与师生代表进行深入交流与沟通。

（陈晓蕾）

【学院获“七一”表彰】 2018年6月26日，学院原理与思修党支部、政史党支部、学生党支部被评为大学先进基层党组织，许丹娜、王建红、赵锦锦、史梦瑶被评为大学优秀党员，侯丹娟、王建永、魏彤儒、赵鲁臻被评为学校优秀党务工作者。

（武昌杰　陈晓蕾）

【教职工合唱比赛获优异成绩】 2018年6月27日和29日，学校分别在北京和保定两地隆重举行“永远跟党走　同心创一流”教职工合唱比赛。马克思主义学院-人文学院分工会获得金奖，保定校区马克思主义学院获二等奖。

（武昌杰　陈晓蕾）

【首次开展全校范围内思政课教学满意度调研】 2018年6月至7月，学院对校部本科生四个年级进行满意度调查，此次调查覆盖3743人。调研结果显示，73.71%的学生对思政课教学表示满意。

（武昌杰）

【2个国家社会科学基金项目获评立项】 2018年9月，王威威主持申报《早期道家的天下观研究》和孙芳主持申报《新民主主义革命时期道德重建与当代价值研究》项目获国家社科基金立项资助。

（武昌杰　陈晓蕾）

【学院引进2名副教授】 2018年9月，学院引进宁阳和骆小平两位副教授，宁阳是北京市教育工委思政课特级教师、思政课教学比赛一等奖获得者；骆小平科研成果突出，在国内外顶级期刊发表学术论文多篇，个人科研经费总额达106.85万元。

（武昌杰）

【获省部级科研项目重点资助】 2018年，学院多名教师获省部级科研项目重点资助。崔凡主持申报《社会-文化视域中的逻辑经验主义衰落观问题研究》项目和王建红主持申报《基于“媒体记忆”大数据的新时代我国社会主要矛盾变化研究》项目获北京市社科基金立项资助。侯丹娟的教学成果获批北京市思想政治理论课教师“扬帆资助计划”，骆小平获批中央社会主义学院统一战线高端智库2018年重点项目；宁阳获批团中央中国特色社会主义理论体系研究中心项目。

（武昌杰　陈晓蕾）

【1项教育部课题获立项资助】 2018年10月，王聚芹主持申报教育部课题“中国方案”全球治理创新研究获立项资助。

（陈晓蕾）

【获河北省高校思想政治工作创新案例三等奖】 2018年10月，王聚芹主持申报《以生为本的“STSP”传导转换教学模式创新探索》获河北省高校思想政治工作创新案例三等奖。

（陈晓蕾）

【联合主办新时代高校党建思想政治工作创新发展研讨会】 2018年10月，由华北电力大学（保定）校庆工作办公室、马克思主义学院、《学校党建与思想教育》杂志社和北京大学中国特色社会主义理论大众化与国际传播协同创新中心联合主办，马克思主义学院承办的改革开放40周年党建经验与执政规律研讨会——暨新时代高校党建思想政治工作创新发展研讨会在华北电力大学召开。与会学者围绕“提升新时代学校党建质量的关键在于科学化”“讲好中国改革开放的历史故事”“关于习近平改革思想的几点思考”“中国共产党话语权建设的历史与现状”“农村基础党组织建设面临的问题及对策思考”五个主题进行交流。《学校党建与思想教育》杂志社主编谢成宇、《中国教育报》理论周刊刘好光主编、华中师范大学博士生导师秦在东教授、北京师范大学马克思主义学院博士生导师周良书教授、中国人民大学马克思主义学院博士生导师杨德山教授、天津师范大学马克思主义学院博士生导师孔德永教授、中央民族大学马克思主义学院颜杰峰教授等 49 名专家学者参加此次研讨会。

（陈晓蕾）

【校庆工作】 2018 年，为迎接学校建校 60 周年校庆，学院对网站进行全新改版，同时设计制作院徽、宣传画册、宣传视频、校友邀请函、主题背景墙等。校庆期间，学院还举办张文化、李淑钗伉俪个人藏书捐赠仪式和“抚今思昔话马院”座谈会，张文化老师作为“建校 60 周年华电人物”参加“华北电力大学建校 60 周年创新发展大会”并领奖。毕业生代表向学院赠送马克思头像、“一马当先”雕塑，及硅化木等礼物，象征学院在马克思主义的指导下，一马当先，立德树人。

（武昌杰　陈晓蕾）

【获北京市马克思主义理论专业双百奖学金】 2018 年 11 月，学院学生王蕾蕾获 2018 年北京高校马克思主义理论专业研究生学术奖学金，谢雨柔获新生奖学金。

（武昌杰）

【获“我心中的思政课”比赛全国优秀奖】 2018 年 11 月，学院在第二届全国高校大学生微电影展示活动中获优秀奖。第二届微电影展示活动共收到全国 247 所高校报送的 270 部微电影作品，“我心中的思政课”全国高校大学生微电影展示活动是系列主题活动之一。

（陈晓蕾）

【成立学院教学督导组】 2018 年 11 月 14 日，学院教学督导组成立，聘任许丹娜、孙晓洁、薛敬担任督导组专家。

（武昌杰）

【高剑波教授应邀来校作专题讲座】 2018 年 11 月 15 日，由学院与大数据与哲学社会科学实验室主办，大数据与哲学社会科学研究会承办的“大数据和复杂性科学在当前国际热点问题中的应用”专题讲座在保定校区举行，讲座特邀北京师范大学大数据专家高剑波教授作主题报告。

（陈晓蕾）

【当选全国高校思想政治理论课实践教学联盟常任理事单位】 2018 年 12 月，华北电力大学马克思主义学院当选全国高校思想政治理论课实践教学联盟常任理事单位。

（武昌杰）

【学生在中国青年报发表理论文章】 2018 年 12 月 3 日，马克思主义学院学生王蕾蕾在中国青年报 02 版发表理论文章《新时代青年职业选择的价值省思》。这也是该院学生首次在中国青年报首次发表理论文章

（武昌杰）

【举办首届教师教学基本功比赛】 2018 年 12 月 4 日，学院举办第一届教师教学基本功比赛。比赛分现场教学和教案板书两部分，黄晓霓等五位优秀青年教师分获一、二、三等奖。

（武昌杰）

【杨勇平视察马克思主义学院】 2018 年 12 月 25 日，校长杨勇平视察马克思主义学院，从学院发展、学科建设、课程建设、队伍建设、科研工作和支部建设等多个方面提出要求，并给予针对性的指导、帮助和支持。

（武昌杰）

【召开两周年院庆暨迎新茶话会】 2018 年 12 月 28 日，学院召开“庆祝马克思主义学院成立两周年暨 2019 年迎新茶话会”，学院班子成员及全体教师参加，共贺学院成立两周年，并对王旭琰等 19 位优秀教师进行表彰。

（武昌杰）

体育教学部

【概述】 2018 年，体育教学部围绕“双一流”建设的目标任务，遵循“以人为本，健康第一”的指导思想，从多方面提高和改进师生的健身理念，创造良好的锻炼环境，为高水平大学建设提供有效支撑和保障，打造以足球全国夺冠为标志的华电特色的体育文化。通过大力推进校园足球，带动开展各项体育活动，体育竞赛取得多次历史性突破历史，体育教学、群体、科研、竞赛训练等工作质量进一步提升。

体育教学。把体育教学和体育课程建设放在首位通过体育专选课教学、校代表队训练、校园足球活动、院系组织的课余体育活动和各单项体育协会协调配合，搞好学校体育人才全方面培养。推动体育教育教学主体从“以教为主”向“以学为主”转变，做到“创新教育模式、激发锻炼志趣、提高培养质量、搞好校园足球”。校男女篮球队、排球队、足球队、田径队、乒乓球队、毽绳队、啦啦操队、体育舞蹈队、街舞队、藤球队、铁人三项队、武术队、越野攀登队、跆拳道、传统养生、健身气功队在比赛中取得优异成绩。积极开展阳光体育运动，引导组织各院系开展趣味运动会。要求学生在上好体育课基础上，积极参加各种体育活动，结合自己实际在不同的时间和场合进行有效的体育锻炼。

科学研究。结合体育教学实际，营造良好的学术氛围。

年内，纵向项目 1 项，横向项目 1 项，到账金额 10 万。体育教学部主编体育专著 2 部（保定）、参编体育专著 3 部（保定），发表论文 29 篇（保定 21 篇，其中核心期刊 2 篇），著作 2 部，专利 3 项。举行校内学术交流，共交流论文 8 篇（保定）。

人才培养。加强交流，支持鼓励教师尤其是青年教师出国进修和外出参加学术研讨和交流会，开阔眼界，交流思想；鼓励青年教师参加高级别的体育学术论文报告会，提升学术交流的档次和内涵。采取传帮带的策略及参加高级研修班的方法，进一步提高高水平教练员的专业水平；指导支持青年教师钻研业务、提高教学水平，给他们创造良好的氛围和环境。通过以上措施，提高全体教师的体育专项能力和综合业务水平，加强青年教师的师德、教学训练和科研水平。

群众体育。完成学校春、秋季田径运动会准备、组织和裁判工作。和校工会、团委、学生处密切配合，完成教职工篮、排球比赛，乒乓球、羽毛球比赛、和体育节、社团节等各项群众体育工作。

（曹运华　赖其军）

【概况】 2018 年，体育教学部有教职工 58 名（保定 26 人），其中，专任教师 53 人（保定 24 人），教授 5 人（保定 2 人）、副教授 23 人（保定 12 人），具有硕士学位的教师（北京）89%，（保定）63%。管理人员 3 人（保定 1 人），实验及技术人员 2 人（保定 1 人），体育教学部有中共党员 45 人（保定 20 人）。华北电力大学体育教学部分北京和保定 2 个教学部。现有体育运动中心 1 座，有标准塑胶田径场 3 块（保定 2 块），场内均设有标准足球场地。室外篮球场 49 块（保定 35 块），排球场 14 块（保定 12 块），塑胶网球场地 11 块（保定 5 块），羽毛球场地 8 块（保定），小足球场 4 块（保定），乒乓球台 110 张（保定 60 张）。教学器材种类齐全，数量充足，各运动项目器材配备完善。运动场总面积 11.57 万平方米（保定 65950 平方米），室内运动场面积为 8244.55 平方米（保定 3150.55 平方米）。室内运动场地包括 400 平方米综合训练场 1 个（保定），414.75 平方米健美操教室 2 个（保定 1 个，193.75 平方米），1780 平方米乒乓球室 3 个（保定 1 个，500 平方米），111 平方米健美教室 1 个（保定），404.5 平方米武术，跆拳道教室 1 个（保定），205.5 平方米形体教室 1 个（保定），637.8 平方米综合体育教室 1 个（保定），869.5 平方米大学生体质健康测试室两个（保定 1 个，169.5 平方米），528.5 平方米体育活动中心跑廊 1 个（保定），为体育教学、训练、竞赛和课外体育活动创造良好的环境，满足体育教学、竞技体育和群众性体育的场地需求。

（赖其军　王　艳）

【焦安静获马拉松女子冠军】 2018 年 1 月 7 日，华北电力大学焦安静以 2 小时 46 分 11 秒夺得厦门马拉松女子国内冠军。来自国内外 3 万多人参加比赛，国家体育总局副局长蔡振华、中国田径协会主席段世杰等出席发枪仪式。

（王　艳）

【两地体育教学部推进一体化交流活动】 2018 年 1 月 10 日，北京校部体育教学部一行 24 人赴保定参加为期两天的两地体育教学部全体教职员工交流活动。本次活动通过座谈会、竞赛与游戏活动、论文报告会、说课展示、共同参观爱国主义教育基地等形式进行协作交流。副校长孙忠权、党委副书记郭孝锋出席活动并讲话，充分肯定体育教学部在推进两地实质性一体化工作中所起的积极作用。两地教师研讨会围绕两地体育课形式同异、如何在体育教学中切实加强学生的主体意识、如何从实质上提高学生的身体素质、怎样把合作精神和道德素质体现在体育成绩评价中去、微课及翻转课堂如何应用于体育教学中去进行。北京校区观摩保定校区体育教学部第 24 届论文报告会，随后，两地教师混合编队后分组进行排球友谊交流赛、跳绳接力赛和篮球友谊赛等多项活动。11 日，两地各选出两名教师进行说课展示。教务处副处长张晓宏全程观看四位教师代表的说课展示，并对体育教学部率先举办这样的活动给予高度评价。会后，全体教师赶赴抗日革命根据地“冉庄地道战纪念馆”接受爱国主义教育。这次交流活动，充分体现两地体育教学部基础不同，各有优势的特点，有利于互相学习，取长补短，为体育教学部共同发展奠定良好基础。

（赖其军）

【河北省第九届大中学生武术比赛获佳绩】 2018 年 1 月 22—25 日，由河北省教育厅主办的河北省第九届大中学生武术比赛于在华北理工大学举行，来自全省的 39 所高校、5 个地市共计 43 支代表队的 400 余名运动员参加比赛。武术代表队组队参加乙组比赛，获 2 金 2 铜的优异成绩。

（赖其军）

【首都高校羽毛球赛夺冠】 2018 年 4 月 14—15 日，首都高校李宁五羽轮比羽毛球赛在北京市通州区李宁中心举行，本届比赛由北京市大学生体育协会主办。华北电力大学 16 名运动员参加比赛，参加项目是大学生乙组五羽轮比追逐赛，并获男子团体乙 b 组和女子团体乙 c 组双冠军。

（王　艳）

【田径队在四省高校田径比赛获佳绩】 2018 年 5 月 5 日，由河北省大学体育协会保定分会主办，华北电力大学和河北农业大学承办，保定奕初体育科技有限公司协办的第三届“奕初杯”晋冀鲁豫四省高校田径邀请赛在华北电力大学举行，来自晋冀鲁豫地域的 10 所高校约 240 名运动员参加比赛。华北电力大学田径队夺得 9 金 5 银 2 铜，共计 16

枚奖牌。

（赖其军）

【首都高校大学生乒乓球赛获佳绩】 2018年5月5—6日，首都高校大学生“五四杯”乒乓球比赛决赛在北京体育大学举办。华北电力大学陈伟瑜获男单亚军，王洁聪获得女单季军。

（王　艳）

【首都高校大学生田径运动会获佳绩】 2018年5月10—13日，由北京市教委主办，首都高等学校第56届大学生田径运动会在中国人民公安大学举行。来自首都的72所高校2000余名运动员参赛。华北电力大学代表队获女子400米1块金牌，获男子标枪、女子400米栏、女子4×400米接力3块银牌，获女子10 000米、男、女4×100米接力、女子铁饼和女子200米5块铜牌，以总分149分的成绩获得甲组男女团体总分第四名。

（王　艳）

【河北省高校大学生网球赛夺冠】 2018年5月12日，河北省高校大学生网球邀请赛在河北传媒学院开赛，11所高校共计14支队伍参加角逐。华北电力大学网球队分别获女子单打排名赛、混合双打排名赛冠军和男子单打排名赛亚军，根据积分赛制以绝对优势获得甲组团体冠军。

（赖其军）

【首都高校大学生轮滑比赛夺冠】 2018年5月19日，由北京市大学生体育协会主办，北京市大学生体育协会轮滑分会，对外经济贸易大学承办的首都高校第九届大学生轮滑比赛在对外经贸大学开赛，来自北京的23所高校近200名大学生进行比赛，华北电力大学代表队终马纪涛获男子300米速滑冠军。

（王　艳）

【全国啦啦操锦标赛夺冠】 2018年5月22—25日，由国家体育总局和中国大学生体育协会联合主办的“2018年全国啦啦操锦标赛”在天津举行，华北电力大学啦啦操代表队获舞蹈啦啦操和技巧啦啦操二个套路项目冠军。来自全国20多个省、市、自治区和直辖市的126支队伍，2846人参赛。

（赖其军）

【网球队男女队进入全国总决赛】 2018年5月25—27日，“康湃思杯”第二十三届中国大学生网球锦标赛(华北赛区)在秦皇岛市举行。本次比赛由中国大学生体育协会主办单位。来自华北地区28所高校约330人参赛。华北电力大学网球代表队参加甲组团体比赛，获女子甲组团体第三名和男子甲组团体第四名的成绩，进入全国总决赛。

（赖其军）

【首都高校武术比赛获佳绩】 2018年5月26—27日和6月2日，由北京市大学生体育协会主办的2018年首都高校武术比赛在北京林业大学落下帷幕，来自首都高校高水平运动队的近100名运动员参赛，华北电力大学代表队取得集体24式太极拳一等奖。

（王　艳）

【大学生校园铁人三项赛获佳绩】 2018年6月3日，“中国体育彩票”2018大学生校园铁人三项赛总决赛暨首都高等学校第七届校园铁人三项赛在中国石油大学（北京）落幕，来自全国48所高校的327名铁人三项爱好者参赛。华北电力大学伍璇获个人项目第一名。

（王　艳）

【北京市大学生瑜伽比赛获佳绩】 2018年6月9日，由北京市大学生体育协会主办的2018年北京市大学生第二届瑜伽体式展示表演赛在中国农业大学举行。华北电力大学夺得团体甲组二等奖；郑马韵获女子单人一等奖；黄武杰、李奕雄获男子双人一等奖。

（王　艳）

【中国大学生跆拳道品势锦标赛获佳绩】 2018年7月3日，中国大学生跆拳道（品势）锦标赛在河北省唐山市落幕。本次比赛由中国大学生体育协会主办，唐山九江体育中心承办。本次比赛共有50个高校代表队，总计320名运动员参加。华北电力大学派出11名运动员参赛，共获得5枚金牌，1枚银牌，5枚铜牌的好成绩。王子铮获“优秀运动员”称号。

（赖其军）

【首都高校网球联赛获冠亚军】 2018年10月13—20日，首都高校大学生网球联赛秋季单项赛在中国人民大学、北京化工大学、中央民族大学、国际关系学院举行。本次比赛由北京市大学生体育协会主办，北京大学生网球分会承办。共114位来自北京高校的网球健儿参赛，华北电力大学赖逸洋获得冠军，王鑫获得亚军。

（赖其军）

【日照国际马拉松赛夺冠】 2018年10月14日，日照国际马拉松比赛在日照市人民广场开跑，来自12个国家和地区的12 000多名长跑运动员参加比赛。华北电力大学焦安静参加女子全程马拉松赛，用时2:43:51夺得冠军。

（王　艳）

【中国大学生3×3篮球联赛获亚军】 2018年11月2—3日，2018—2019赛季中国大学生3×3篮球联赛（北京站）在首都师范大学开赛，华北电力大学派出由张慧智带领参赛，最终获得中国大学生3X3篮球联赛亚军。

（王　艳）

【第十一届大学生藤球比赛获季军】 2018年11月4日，由北京市大学生体育协会主办，北京工业大学承办的首都高等学校第十一届学生藤球比赛在北京工业大学举行。来自北京的13所高校26支代表队近200名大学生参加比赛，华北电力大学男子藤球队和女子藤球队获得团体季军。

（王　艳）

【UNSLEEP 街舞队参加全国学生街舞锦标赛获佳绩】 2018 年 11 月 8—13 日，由中国大学生体育协会主办，中国大学生体育协会健美操艺术体操分会执行，安徽大学承办的“2018 年中国学生街舞锦标赛”在安徽省合肥市安徽大学举行。本次大赛组别设有普通高校、专业院系、高职高专、中学组，以及个人 battle、集体套路、原创齐舞三个项目，来自 19 个省市 48 所院校的 600 余名运动员参加比赛，华北电力大学 Unsleep 街舞代表队取得一金一银的好成绩。指导老师宋琼被授予“全国优秀教练员”称号。

（赖其军）

【首都高校羽毛球锦标赛获佳绩】 2018 年 11 月 24—25 日，首都高等学校“佛雷斯杯”羽毛球锦标赛开赛。华北电力大学队派出 15 名运动员参赛，龙江和潘龙飞获得男子双打项目第一名，石梦麟获得男子单打第二名。

（王　艳）

【首都高校乒乓球锦标赛获得亚军】 2018 年 11 月 24—25 日，首都高校乒乓球锦标赛在北方工业大学举行，来自首都的 63 所高校 800 名运动员参赛。华北电力大学季新苗、王洁获得女双亚军。

（王　艳）

【首都高校毽绳比赛夺冠】 2018 年 12 月 2 日，首都高校大学生毽绳比赛在北京联合大学举办，华北电力大学代表队 60 余名选手参赛，并获毽绳比赛团体总冠军。其中，秦婷婷获女子三分钟耐力摇以 706 个破记录的成绩夺冠。

（王　艳）

【第十届大中学生武术比赛获佳绩】 2018 年 12 月 2—6 日，由河北省教育厅主办的河北省第九届大中学生武术比赛在衡水学院举行。华北电力大学武术代表队参加乙组比赛，获 2 金 5 银 4 铜的好成绩。来自全省 41 支代表队 385 名运动员参赛。

（赖其军）

【全国大学生轮滑锦标赛夺冠】 2018 年 12 月 7—9 日，由中国轮滑协会、中国大学生体育协会主办的 2018 年全国大学生自由式轮滑锦标赛暨首届全国大学生单排轮滑球锦标赛在上海体育学院举行。华北电力大学学生温德凡获平地跳高女子组冠军。来自全国 148 所高校 900 余名运动员参赛。

（赖其军）

教科研设施与服务保障

Infrastructure and Service Guarantee

○ 综　　述

2018 年，华北电力大学图书馆以建设“双一流”高水平大学为目标，不断拓展服务项目，开拓新功能。加大网络数字文献资源建设力度，提升学科服务能力，多途径打造服务及资源推介平台，全面提高文献资源利用效益，为学校教学科研提供全方位文献信息和服务保障。成立华北电力大学知识产权信息服务中心。开展系列基于 ESI 及 SCOPUS 高被引文献利用的高质量学科服务，针对电力工程系和环境工程系开展“高被引论文发现之旅——ESI 及 SCOPUS 检索与利用”专题讲座两场，并在图书馆主页开辟“ESI 专栏”，用以保存学校 ESI 往期存档数据；北京校部图书馆研发“基本库图书预约借阅系统”，开通基本库图书预约借阅服务。创建“图书馆读者信息服务群”，实时解答校园卡在图书馆使用中的各类问题。推出慕课《相约图书馆》课程。查新站共完成校内外查新课题 348 项利用国家图书馆、中国高校人文社科文献中心（CASHL）、北京地区高校图书馆文献资源保障体系（BALIS）等系统处理文献请求 720 篇；通过 Web of Science、Ei、CSSCI、CSCD 检索型数据库为校内外科技人员查收查引。

2018 年，网络与信息化办公室以信息化促进两校区管理一体化。牢固树立“用户思维”工作意识，持续深入推进网信办一体化运行和管理模式，进一步加强统筹管理北京保定两地信息化建设。推进“一表通”系统建设，建成教师综合信息查询系统。建设大学主数据平台、升级网站群；建成移动端数字华电门户和 IT 运维平台。建成电子办公会议系统和电子签到系统，建成两校区视频会议系统，支撑并促进两校区一体化。建立网络安全应急预案和处置流程，清理和关闭“僵尸”和“双非”网站 20 个。升级校园网安全防护设备，保障网络安全。新建 WEB 应用防火墙、漏洞扫描系统、数据库审计系统、入侵检测防御系统、自主开发一键断网手机端软件等。

2018 年，工程训练中心本着“以培养学生工程意识和工程能力，提高学生工程素质和创新能力为目标”的实践教学理念，完成以操作技能训练和课程验证实验为主到以综合性工程训练和创新实践为主的教学观念和教学实践的转变。中心共开设实践课程 15 门，承担机械系实践课程 2 门，课程实验 7 项，共完成实践教学 30 多万人数。中心申报并获批国家级教学研究项目 2 项，省部级教研项目 1 项。共发表论文 10 篇，横向科研项目 5 项，授权专利 21 项。

2018 年，金工实训中心坚持将实习安全和积累教学经验作为首要职责。举行教学比赛并邀请中国农业大学等高校专家进行指导，完成电气学院、能动学院、控计学院、可再生学院、核学院、国际教育学院、经管学院等 7 个学院 15 个专业 73 个班 2178 人为期 2 至 3 周的实习任务。增加五轴数控加工中心 1 台；更新教三南侧宣传栏，满足教育教学要求。组织、指导学生参与创新实践获 2018 中国工程机器人大赛暨国际公开赛全国冠军 1 项、二等奖 1 项；获北京市第七届大学生工程训练综合能力竞赛一等奖 1 项、二等奖 1 项、三等奖 4 项。

2018 年，华北电力大学后勤以节约型、花园式校园建设为中心，结合工作实际，继续强化管理。北京校部后勤完成学校全年的水电气暖的有效供应，完成学校包括 60 周年校庆、全国司法考试在内的各类大型活动的服务保障任务；成立防灾减灾应急分队；成立物业巡视工作组和重大活动保障组；与院系党组织共建，举办“井上添花”井盖美化、“家的味道”餐饮文化日系列“1＋1”共建活动；制定《定额用能管理办法（试行）》，将节能目标任务纳入年终考核体系；举办“世界水日•中国水周”“华北电力大学节能宣传周”等宣传活动；为迎接校庆，对教一楼、主楼、礼堂和西大门外进行花坛花架摆放工作，共计 10 000 余盆。保定校区后勤进一步拓展信息沟通渠道，与“123”综合信息平台搭建微信“维修信息”共享平台。高标准、高质量完成 60 周年校庆及本科教学评估各项保障工作。校内超市进一步优化购物环境，调整货架位置，规范商品摆放，统一价签管理。签订《安全生产责任书》，定期对专业人员进行专题培训。

2018 年，校医院以服务于大学“双一流”建设为宗旨，不断满足师生不断增长的健康服务需求，“树立健康第一的教育理念”，为广大师生提供安全、有效、便捷、价廉、温馨的健康服务。升级呼叫系统，更换老化设备；新增中医诊室，拓展中医诊疗项目，引进诊疗仪器；实现“互联网＋”，建立智慧校园，形成线上线下多样化的健康管理模式。完成“掌上医院系统”，搭建手机 APP 健康管理软件平台和校医院微信公众号，实现教工健康体检结果手机端查询。学校获北京市成分献血突出贡献奖，获昌平区卫健委“三好一满意”检查优秀单位。

图 书 馆 建 设

【概述】 2018年，华北电力大学图书馆以建设“双一流”高水平大学为目标，不断拓展服务项目，开拓新功能。加大网络数字文献资源建设力度，提升学科服务能力，多途径打造服务及资源推介平台，全面提高文献资源利用效益，为学校教学科研提供全方位文献信息和服务保障。重点在读者培训、学科服务、阅读推广活动、资源揭示、立德树人教育等方面为学校的教学科研、人才培养提供有力支撑。

信息服务。北京校部图书馆为能动学院和电气学院编制《能源动力与机械工程学院科研论文绩效分析报告》（2013—2018年）和《电气与电子工程学院科研论文绩效分析报告》（2013—2018年），对两个学院所有教师近6年正式发表的学术论文进行多角度多层次分析，并与相关学校进行对比分析，客观评估教师科研水平现状，为学科进一步发展提供参考。成立华北电力大学知识产权信息服务中心。5人获知识产权专员资格证书，3人取得结业证书。

学科服务。保定校区围绕大学一流学科建设目标和相关科研考核政策，创新服务内容和模式，开展系列基于ESI及SCOPUS高被引文献利用的高质量学科服务，针对电力工程系和环境工程系开展“高被引论文发现之旅——ESI及SCOPUS检索与利用”专题讲座两场，并在图书馆主页开辟“ESI专栏”，用以保存学校ESI往期存档数据；组织开展第四届研究生科研知识竞赛活动，创建STMP研究生素质培养模式，持续提高研究生信息素养与创新能力。

新技术应用。北京校部图书馆研发“基本库图书预约借阅系统”，开通基本库图书预约借阅服务。师生通过手机就可预约借阅一层基本库图书，有效解决排队等候问题。自10月22日推出，至年底，已为师生预约借阅图书639册，相当于上年全年基本库借书量的三分之一，大幅提高基本库图书的使用率。创建“图书馆读者信息服务群”，实时解答校园卡在图书馆使用中的各类问题，帮助师生更好地利用图书馆资源。结合时代需求，开启在线学习模式，推出慕课《相约图书馆》课程。2018年11月，慕课《相约图书馆》正式上线。

宣传教育。全面学习贯彻落实习近平新时代中国特色社会主义思想和全国教育大会精神，推出党风廉政建设宣传教育月主题书展。北京校部图书馆配合学校开展党风廉政建设宣传教育月活动，与校党委、纪委联合举办“2018年党风廉政建设宣传教育月主题书展”。共展出党风廉政建设主题图书800余册，涉及党规党纪解读、廉政文化介绍、经典廉政语录、中共党史等各个类别。

校庆工作。北京校部图书馆在图书馆主馆大厅购置、安装电子显示屏，运用现代信息技术全方位展示学校和图书馆60年发展历程及图书馆资源和服务信息；对“华电文库”书库进行装修改造，突出文化内涵与书香氛围。并对收藏著作进行数字化，通过多媒体设备和现代信息技术手段，保存、展示学校教师的学术研究成果及校内外知名专家学者捐赠著作1000余册。

文化建设。北京校部图书馆举办2018毕业季图文征集、全国大学生中华经典美文诵读大赛华电选拔赛，组织读者参加首届“图书馆杯主题海报创意设计大赛”，推出广告1701班学期课业汇报展，为学生们提供才艺展示和交流的平台。北京校部图书馆首次推出毕业季活动：设置毕业留言墙、毕业留影墙；定制《大学读书印记》，纪念大学阅读时光；评选30名首批华电荣誉读者，享有终身使用图书馆文献资源的权利，促进校园阅读。

读者培训。保定校区举办主题为“‘图书馆资源与服务’全景介绍”“获取馆外文献的好帮手——文献传递服务”“人文社科类学术资源”等10个专题的讲座14场；完成本科生、研究生2013人次的检索课教学工作；电子阅览室举办“三大中文期刊数据库特点功能比较”“图书馆数字资源利用及服务概览”“常用电子书数据库使用指南”等4个专题的“半小时讲座”8场；开展2018级本科新生入馆教育培训，共有79个班级的3337人通过集体入馆教育培训及测试。

专题服务。保定校区图书馆开辟考研资源专题服务项目，收集整理考研资源，包括985、211等高校部分考研专业课试卷、模拟题、笔记、视频等，并在一校图书馆设置考研专题书架，汇总最新考研书籍，为学生提供相关纸质和电子资源服务；在图书馆网站开辟“党建数字资源导航”栏目，实现对图书馆各类党建资源的优化和整合，为校内师生提供优质快捷的“一站式”党建资源服务，并在一校、二校图书馆社科阅览室分别设置“新时代中国特色社会主义理论”及“党风廉政建设”专题展区。

阅读推广。北京校部图书馆在3月至10月期间举办2018年全民阅读月推广系列活动。系列活动主要包括：“书送爱心，传递知识”&“读书月”捐书活动、全面从严治党专题图书展、外文原版图书展、原文传递服务回顾展等。保定校区图书馆举办第九届读书节“我读书、我成长、我快乐”系列活动6项，参与者上千人次；4月，举办“世界读书日”系列活动6项；6月，面向2017届毕业生推出专项系列活动3项；图书馆主页及微信平台同步推送系列馆藏推荐活动：“好书推荐”电子期刊10期，共推荐 100 本馆藏新书，总阅读量达 13 541 人次，每期平均浏览量达 1300 余人次；一校图书馆流阅部推出各类书展 17 期，推荐图书 175 种；“我来推荐”栏目共推荐图书 168 册；每月统计并张贴发布本室图书借阅排行榜，共计发布 10 期。

发挥教育职能。保定校区图书馆志愿者服务注册报名 176 人，年内累计上岗服务时间 4708 小时，年内上岗服务时间满 40 小时的志愿者 71 人，年内上岗服务时间满 100 小时的志愿者 14 人。至年底，注册志愿者 1334 人，上岗服务时间满 40 小时的 391 人，上岗服务时间满 100 小时的 47 人，志愿者累计上岗服务时间 27 770.5 小时；诚信书屋接受捐赠图书 3857 册，至年底，累计接受捐赠 155 564 册；向衡水市赵桥中学捐赠期刊 2500 余册；为学校扶贫点凹里村捐书 650 册，码洋 2 万元。

表彰奖励。2018 年．北京校区图书馆在 BALIS 馆际互借服务评估中，在 77 家成员馆中排名第 14 名，并获先进集体二等奖，易彬获个人先进一等奖；获北京地区高校图书馆文献资源保障体系 BALIS 管理中心颁发“BALIS 联合信息咨询服务先进集体奖”，刘瑞、宗萍获评先进个人；图书馆馆长刘宗岐、资源建设部吴京红、信息技术部马磊在 2017-2018 学年支教活动中表现突出，被昌平教委评为支教先进个人；易彬、马磊、陈普提交的案例“基于微信的基本库图书预约平台”获 2018 年北京高校图书馆技术应用案例评比二等奖；图书馆馆长刘宗岐被北京科学技术情报学会评为“2018 年度北京科技情报学会优秀学会会员”。保定校区图书馆刘莉、赵丽香等申报的案例获河北省教育厅、河北省高等学校图书情报工作委员会举办的 2017 年河北省高校图书馆服务创新案例大赛三等奖；郭少坤、于会萍等申报的案例获河北省教育厅、河北省高等学校图书情报工作委员会举办的 2017 年河北省高校图书馆服务创新案例大赛优秀奖；刘莉、康恩婷、胡云明获“河北省高校图书馆先进工作者”称号；高玉平获河北省图书馆学会举办的河北省图书馆员职业生涯规划三等奖。

（周　琦　赵丽香）

【概况】 2018 年，北京校部图书馆馆舍总面积 18 689 平方米（注：经校资产处核定），阅览座位 1984 个。实际完成年度文献购置经费 1113.63 万元，其中购置中外文图书 254.46 万元，中外文报刊 90.30 万元，电子资源 768.88 万元。年进新书 38 389 册，订阅中外文报刊 846 种。接收博硕士学位论文 2273 册，新增随书光盘 92 种。至年底，共拥有纸质文献 122.56 万册，其中图书 111.79 万册，期刊合订本 8.22 万册，博硕士学位论文 2.55 万册；随书光盘 1.07 万种；电子图书 335.48 万折合册，电子论文 200.52 万册，电子期刊 24.43 万种（按教育部计量标准统计）。全年共接待读者近 140.73 万人次；外借图书 11.16 万册；图书馆网站访问量达 133.53 万人次；移动图书馆访问量（挂载华电小图公众号）14 166 人次，访问人数 11 090 人。微博、微信等新媒体平台总计关注人数达 28 438 人，图书馆各类服务 QQ 群共 2130 人。

2018 年，保定校区图书馆馆舍面积 2 万平方米，阅览座位 1800 余个。实际完成年度文献购置经费 508.03 万元，其中购置中外文图书 99.97 万元，中外文报刊 28.42 万元，电子文献 379.64 万元。年进新书 24 067 册，中文报刊 733 种，外文期刊 22 种。接收博硕士学位论文 1339 册，至年底，拥有纸质文献 151.07 万册，其中图书 140.94 万册，报刊合订本 8.52 万册，博硕士论文 1.61 万册。电子图书 233.81 万折合册，电子期刊 13.52 万折合册。全年接待读者 30 万人次，外借图书 12.48 万册，网页访问量 89.21 万人次。至年底，官方微信平台“华电微图”关注总人数 12 315 人，共收到微信关注读者咨询并回复 2630 人次，共计 3154 条信息，发送图书馆各类通知及活动信息 117 条。开通“国家哲学社会科学学术期刊数据库”和“大学数字图书馆国际合作计划 CADAL 数字图书馆”，增加开放资源 16 个，试用数据库 46 个。

（周　琦　赵丽香）

【举办第四届书香传递活动】 2018 年 4—5 月，北京校部图书馆走进华电附小，与学校研工部及图书馆信息技术部合作，举办第四届“书香传递”交流会。邀请华电大学生走进小学课堂，与小学生们交流自己的学习经验，推荐阅读书目，分享各自的读书感受及从中得到的启迪，鼓励小学生从小养成热爱阅读的习惯。

（吴京红）

【举办世界读书日系列活动】 2018 年 4 月 23—26 日，保定校区图书馆举办“世界读书日”系列活动。该活动包括教授荐书、数字阅读推广活动之“视频导读”分享会、数字阅读推广活动之“馆藏·好书推荐”、计算机类图书书展及现场荐购、“共读一本书”活动倡议、好书交换等六项活动，旨在引导读者建立阅读习惯，营造校园书香氛围。

（赵丽香）

【举办图书展】 2018 年 4 月 26 日，保定校区图书馆携手机械工业出版社、电子工业出版社、清华大学出版社、人民邮电出版社举办计算机类图书书展及现场荐购活动，由四家出版社展出纸质书 3000 册，吸引 500 余名读者参观。图书馆把选书的权利交给广大读者，读者可根据自己的需求现场选荐图书，还可以推荐自己喜欢的其他图书，图书采访人员及读者协会成员全程跟踪记录。本次活动当天征集荐购书目 150 条。

（张　轩）

【成立知识产权信息服务中心】 2018年，北京校部图书馆响应国家知识产权局、教育部联合制定的《高校知识产权信息服务中心建设实施办法》，成立华北电力大学知识产权信息服务中心。5月，华北电力大学知识产权信息服务中心正式在主楼C座0407挂牌，任命王宝清为中心主任，负责中心的建设工作。6—12月，学校共分3批次派出8人次参与“高等学校知识产权专员”和“高校知识产权信息服务”等方面的培训，共有5人获知识产权专员资格证书，3人获培训后的结业证书。2018年7—12月，制定出相关规章制度及今后5年发展规划。

（王宝清）

【编制《2017年图书馆资源与利用白皮书》】 2018年6月，北京校部图书馆编制完成《2017年图书馆资源与利用白皮书》。内容包括图书馆概况、图书馆文献资源、图书馆资源服务、图书馆资源利用、SCI/SSCI/CPCI-S/EI/ESI收录学校发表论文数据分析和科技查新站等6部分内容。以数据和图表形式介系统介绍2016年北京校部图书馆和保定校区图书馆的发展概况、资源、服务，并通过数据对比分析资源利用情况和查新站完成的查新项目列表，清晰反映学校科研热点及趋势，为学校科研发展提供科学参考。

（周　琦）

【举办第九届读书节系列活动】 2018年10月11日至11月8日，保定校区图书馆举办主题为“我读书、我成长、我快乐”的华北电力大学第九届读书节系列活动。活动中通过多种宣传方式，充分揭示馆藏，引导读者了解图书馆、利用图书馆、热爱图书馆，营造书香氛围，促进校园文化建设。读书节期间举办“2018年校十佳读者评选”“好书推荐”“好书交换”“图书馆资源利用培训”“《刻意练习》读书分享会”“共读一本书——《如何阅读一本书》共读交流会”六项活动。读书节期间开展“芸台购”图书馆馆藏荐购系统推广活动，举办培训讲座五场，参与学生近千人，覆盖全学段在校生。10名读者获评十佳读者，交换好书30余册，推荐好书200余种；华北电力大学读书节自2010年开始举办，已成为华电的著名品牌校园活动之一。

（赵丽香）

【开展文化扶贫捐书活动】 2018年6—10月，学校图书馆先后举办两次图书捐赠活动。6月，保定校区图书馆党支部、分工会举办捐赠活动，向衡水市武邑县赵桥中学捐赠2016年人文社科类期刊，共计166种2490册，其中包括《中外文摘》《名作欣赏》《传记文学》《舰船知识》《半月谈内部版》《红楼梦学刊》等优秀社科期刊。10月，向学校精准扶贫点阜平县史家寨乡凹里村开展文化扶贫捐书活动，捐助蔚蓝基金支持的包括技术类、文学类和文教科体类等10类图书650册，合计20 014元。这批图书投放到华北电力大学援建的“凹里村图书室”，用以丰富村民的文化生活。本次扶贫助学活动是自2015年图书馆启动向山区学生捐赠图书活动以来的第五次活动。

（高玉平）

【举办读书交流会】 2018年10月18日，保定校区图书馆在二校图书馆清心阁举办“共读一本书”读书交流会。本次读书交流会以“共读一本书”为主题，围绕美国作家莫提默·J. 艾德勒、查尔斯·范多伦的《如何阅读一本书》展开讨论。现场邀请到8名学校本科生、研究生作为主分享嘉宾分享阅读心得。本次读书交流会是图书馆在第九届读书节期间推出的系列活动之一，旨在为读书爱好者们提供一个良好的交流阅读心得的平台，激发阅读兴趣，建立阅读习惯。

（赵丽香）

【举办党风廉政建设宣传教育月主题书展】 2018年10月19日，根据学校党委、纪委开展党风廉政宣传教育月的重点活动安排，由学校纪委办公室与北京校部图书馆图书馆党总支联合主办的“2018年党风廉政建设宣传教育月主题书展”开幕。主题书展设在图书馆楼二层大厅，共展出800余册党风廉政建设主题图书。开幕式由图书馆党总支书记林红主持，校纪委副书记范立代表学校纪委，向图书馆赠送党风廉政书籍，图书馆馆长刘宗歧代表图书馆接受赠书。此后，图书馆党总支、纪委办党支部、人文学院15级学生党支部集体学习新修订的《中国共产党纪律处分条例》，并开展座谈交流。与会师生结合本职工作以及大学生成长与党风廉政建设等问题展开交流讨论。

（吴京红）

【启动“芸台购”荐购服务】 2018年10月22日，保定校区图书馆启动“芸台购”荐购服务。该荐购模块集成近200万电商数据，数据包括书封、作者简介、内容简介、目次等详细的图书信息，使读者荐购更加精准。“芸台购”平台的使用简单方便，只需登录账号，完善个人信息，再与校园一卡通账号相绑定后，即可完成图书推荐、芸悦读借阅，电子书在线阅读归还等功能。

（张　轩）

【慕课《相约图书馆》上线】 2018年11月1日，由北京校部图书馆制作、面向高校低年级学生的入门通识类在线开放课程“相约图书馆”在中国大学MOOC平台上线开课。该慕课融“新生入馆教育”与“文献检索”为一体，旨在帮助新生认识图书馆、了解图书馆、利用图书馆，初步了解文献检索的基础知识，为高年级进一步学习科技文献检索打下基础。采用SPOC模式即线上慕课与线下实习结合的方式，学生可不受时间、空间的限制，使用手机、PAD、电脑随时、随地完成《相约图书馆》16 学时的听课、测验、考试及线下 8 学时的面授和实习，轻松了解图书馆的起源与发展、文献的获取与利用。

（方燕红）

网络与信息化工作

【概述】 2018 年网络与信息化办公室深入贯彻落实“从严治党”各项要求，把师生利益放在首位，突出服务面向师生和教学一线。坚决贯彻落实学校主要领导关于信息化工作的重要指示，以信息化促进两校区管理一体化。牢固树立“用户思维”工作意识，持续深入推进网信办一体化运行和管理模式，进一步加强统筹管理北京保定两地信息化建设。

党建与思想政治工作。按照校党委及校纪委的部署，强化党的建设，深入推进从严治党工作，深入学习贯彻习近平新时代中国特色社会主义思想和党的十九大精神，习总书记五四北大讲话精神、全国教育大会精神，贯彻落实学校第二次党代会精神及上级单位和学校党委各项要求，以党的政治建设为统领，教育支部全体党员树牢“四个意识”，坚定“四个自信”，坚决做到“两个维护”，本着“牢记纪律红线，做好顶层设计，抓实过程监督”的工作原则，扎实推进网信办党风廉政建设工作。建立信息化项目工作小组制度，确立发展资金使用审批权限、严格落实“三重一大”制度、明确支部纪检委员参加部门所有重要会议。严格落实《中共华北电力大学委员会落实党风廉政建设主体责任的实施细则》和《中共华北电力大学委员会深入推进惩治和预防腐败体系建设实施办法》及《中共华北电力大学委员会深入推进惩治和预防腐败体系建设实施任务分解表》等相关制度和要求，落实中央八项规定精神，推进“两学一做”学习教育常态化制度化。进一步加强部门内控机制建设，不断完善相关管理制度，对党风廉政建设责任落实等方面的工作进行全面的部署、落实和检查。召开年度党风廉政工作部署会，传达学校关于党风廉政工作的指示精神，并分别与各科室负责人签订党风廉政责任书，开展“牢记纪律红线”3 月主题党日活动，真正将党风廉政工作做到实处。开展“支部是堡垒、党员是先锋、体现在工作中、发挥到岗位上”的主题活动，梳理 2018 年网信办重点工作任务 27 项，列标列表，上墙公示，明确责任人，按期完成。为深入推进“两学一做”，不折不扣推进“三会一课”制度在基层党支部的落实，网信办党支部主题党日活动时间相对固定于每月第三周星期二，全年网信办党支部共规范化开展主题党日活动 10 次，聚焦主题包括：党性培养、提升素质和服务师生等方面。为深入落实习近平总书记在全国教育大会上的讲话精神，网信办党支部在 2018 年 11 月和 12 月组织召开以“汲取榜样力量，我为‘双一流’建设做贡献”和“向一流标准看齐，我为‘双一流’建设做贡献”主题党日活动，解决思想和行动上的问题，激励全体员工把“双一流”的目标体现在自己的行动上，为学校“双一流”建设提供坚强保障。

服务师生。分步推进“一表通”系统建设，建成教师综合信息查询系统，为后续建设打好基础。完成教五楼多功能计算机教学实践基地建设任务，新建 4 间机房（含一间智慧教室研讨机房），共 700 平方米，320 台机位。建设大学主数据平台、升级网站群；建成移动端数字华电门户和 IT 运维平台。建成电子办公会议系统和电子签到系统，建成两校区视频会议系统，支撑并促进两校区一体化。制定并颁布《华北电力大学数据标准》，修订《华北电力大学校园网络服务管理办法》。

基础设施建设。完成两校区专线备份链路安装调试和大学邮箱系统升级。北京校部完成 15 号楼及主楼无线网改造工程、完成教一楼、旧留学生公寓及 13 号楼综合布线改造工程。保定校区整合各应用系统，实现和北京校部主数据平台的数据交换。

网络安全。建立网络安全应急预案和处置流程，清理和关闭“僵尸”和“双非”网站 20 个。升级校园网安全防护设备，保障网络安全。新建 Web 应用防火墙、漏洞扫描系统、数据库审计系统、入侵检测防御系统、自主开发一键断网手机端软件等。完成 5 次教育部和北京市下发的网络安全自查，组织开展 2018 国家网络安全宣传周活动。完成两会、五一、十一、高考、中非合作论坛等重要时点的网络安全保障工作。

信息统计与报送。完成高等教育统计工作和有害信息监控任务。完成校内外各类统计工作，累计报表 100 余份，报送数据项 1 万余条。

（牛辰昊）

【概况】 2018 年，华北电力大学网络与信息化办公室有工作人员 23 人。北京校部 14 人，其中高级职称 6 人，博士学位 2 人，硕士学位 4 人；保定校区 9 人，其中高级工程师 2 人，博士学位 2 人，硕士学位 5 人。网络与信息化办公室下设发展规划部、信息管理部、网络管理部、系统开发部、师生服务部、网络安全部。北京校部校园网 IPv4 出口总带宽 7400Mb/s，出口平均流量 6000Mb/s，其中教育网出口带宽 1000Mb/s，平均流量 400Mb/s；公网出口带宽 6400Mb/s，平均流量 5600Mb/s；IPv6 出口带宽 2000Mb/s，平均流量900Mb/s。共有IPv4地址29 440个，信息点16 000余个，无线接入点4420个。校园网用户25 000余人，其中教学办公区9000余人，宿舍区16 000余人，全部采用实名认证方式上网。计算机教学实践基地机房5间，共有计算机616多台，接待自由上机32 735人次，共计40 304机时，承担教务处、研究生院、学校其他职能处室的教学、上机实验、考试、测评任务，共计52门，40万机时。计算机教学实践基地对本校师生提供、耳机借用、软件安装、系统维护、技术咨询、失物招领等常态化服务共13项，共计提供服务4003次；平均每月服务师生400余次。保定校区校园网IPv4出口总带宽9300Mb/s，其中教育网IPv4出口带宽1000Mb/s，公网出口带宽8300Mb/s。IPv6出口带宽1000Mb/s。共有前缀为48位的IPv6地址两段，C类教育网IPv4地址88个。

年内，新增、替换各类网络设备762台（套），至年底，新增和迁移校园网认证用户26 127个，校园网接入布线30条，新敷设各类光缆7600米，部门托管服务器新增1台，新增部门信息系统2个，网站群平台迁移站点13个，新增资源池服务器24台，超融合系统移植各类应用27个，部署网络安全资产防护节点40个，机房更新UPS功率模块120kVA，UPS电池新增32块，总容量3200AH。

（张　玮　丁立新）

【签署党员承诺书】 2018年5月18日为进一步学习贯彻落实党的十九大精神，网信办党支部组织开展“我是党员，看我的”主题党日活动，签署“我是党员，看我的”承诺书，坚持做自觉学习的表率、做爱岗敬业的表率、做服务师生的表率、做遵纪守法的表率、做弘扬正气的表率。亮明党员身份，主动服务师生。

（朱徐飞）

【学生宿舍15号楼网络环境建设】 2018年9月1日，学校15号楼网络环境建设项目完成。该项目全套设备由华三公司提付，中天瑞合公司负责安装实施，采用万兆上联、全千兆入室接入方案，共安装接入交换机32台，无线AP240个，为每个房间提供两个千兆有线接口，一个千兆无线接入点，实现全楼无线5G信号无缝覆盖，推进智慧校园、移动校园建设，为学生学习生活提供便利。

（胡　涛）

【大学邮件系统升级】 2018年3月1日，大学邮件系统完成升级扩容工作，老师的邮箱空间增至15GB，同学邮箱空间增至5GB，通过强制提高密码等级，增加邮件过滤机制，有效提高邮件系统的发送效率和接收效果。同时为了加强与毕业生的沟通联系，开通面向所有毕业生的校友邮箱，统一使用“@nceopu.cn”的邮箱后缀，每位用户10GB邮箱空间。

（胡　涛）

【教一楼综合布线项目】 2018年11月16日，教一楼综合布线升级项目完成验收，该项目总投资48.6万元，采用国际主流的6类综合布线标准，新增信息点550个，由北京中福通信工程公司施工建设。项目建成后，实现所有桌面千兆接入校园网的建设目标，为大楼内计算机网络系统、各种应用软件系统的数据、视频图像、控制信号等提供统一的传输线路、设备接口和高质量的传输性能，全面实现统一规划，高度集成的信息基础环境建设任务。

（胡　涛）

【启动主楼无线改造项目】 2018年8月18日，主楼B\C\E\F座的无线改造项目启动，项目设备由华三公司提付，中天瑞合公司负责安装实施，计划安装接入交换机65台，无线AP1100个，项目完成后将实现主楼所有房间的AP入室、5G信号全覆盖，用户无感知认证上网的目标，为师生的教学、科研及办公管理提供高速、安全、稳定的无线网络环境。

（胡　涛）

【建成两校区视频会议系统】 2018年，为了方便学校两地师生们进行工作、学习交流，用信息化促进学校两地的一体化，网信办建设完成10套20间北京保定两地视频会议室。两校区视频会议系统的建成将为两校区一体化部门交流提供有力支撑。

（朱徐飞）

【自主设计一键断网系统】 2018年，为保障两会等重要时间节点学校的网络与信息安全，根据《网络安全法》和教育部的统一工作部署，网信办自主开发完成一键断网系统的设计，为日后的网络安全保障工作，提供有力支撑。

（朱徐飞）

【开展网络安全宣传周活动】 2018年9月，学校组织开展网络安全宣传周活动，通过动员广大师生广泛参与，倡导依法文明上网，增强网络安全意识，普及网络安全知识，提高网络素养，营造健康文明的网络环境，共同维护国家网络安全。具体活动包括：举办教育主题日宣传活动、现场活动、张贴海报、发放各类宣传材料1000余份。

（朱徐飞）

【网络安全防护升级】 2018年，保定校区新建信息等级保护系统和安全态势感知系统，通过软、硬件统一防护系统，实现对应用系统、主页、服务器等全方面立体防护，并对内网的安全状态进行有效监控。

（丁立新）

【一卡通增加功能】 2018年，为进一步提高学校信息化管理水平，6月，一卡通新生信息采集系统增加研究生新生银行卡信息采集功能模块，实现通过系统完成新生银行卡信息采集工作。10月，完成学生宿舍15号公寓水控系统安装调试工作，共计安装水控点位72个，实现一卡通刷卡供水。

（荆振宇）

【网络基础设施建设升级】 2018 年，保定校区新增两台核心交换机，校园网主干升至 40GB，出口带宽重新招标，电信网络出口增至 4.3GB，IPv6 出口增至 1GB；实施完成办公区无线覆盖工程，完成教学区域无线覆盖的项目招标。

（丁立新）

【教五楼多功能机房投入运行】 2018 年 9 月 10 日，网络与信息化办公室原教四楼地下室机房整体搬迁工作完成、教五楼多功能机房建设工作完成并投入运行。教五楼新建机房共包含 3 个常规公共教学机房和 1 个多功能智慧教学——研讨型机房，占地 700 平方米，拥有教学机位 320 个，在原有多媒体教学的基础上增加智慧教学、智慧管控、智慧研讨等多元化功能，实现由传统单向教学向新型多向研讨型教学的转变。新机房的投入运行满足全校师生计算机实践教学的多元化需求，实现对校级公共计算机实践教学机房资源的有效整合，提升计算机教学资源利用率。

（李剑侠）

【建成教 2 楼门前显示大屏】 2018 年 10 月，为迎接学校 60 周年校庆，网信办自筹经费建成教二楼门前显示大屏，大屏采用 P4 室外全彩显示屏，像素点密度 62 500，显示面积 32.25 平方米，安装 42 个箱体。该显示大屏能够播放各种图片、视频等素材资源。60 华诞校庆期间，为师生和校友展示学校风貌和发展历程。

（荆振宇）

工程训练中心建设

【概述】 华北电力大学工程训练中心于 2005 年 3 月由原实习工厂、机械制造实验室和保定华电配电设备有限公司组建成立，是集教学、科研和产业为一体的校直属单位。其主要任务是承担学生的工程训练、教学综合实验和创新实践活动、为机械学科提供科研平台和开展对外技术服务。经过多年的建设，华北电力大学工程训练中心已成为特色鲜明，机械工程与电力工程结合的，集教学、科研、生产为一体的工程实践教学基地。中心在建设过程中积极进行教学改革研究，逐步形成“以培养学生工程意识和工程能力，提高学生工程素质和创新能力为目标”的实践教学理念，完成以操作技能训练和课程验证实验为主到以综合性工程训练和创新实践为主的教学观念和教学实践的转变。中心按照“覆盖面大、层次多、强调工程性、系统性、开放性和特色性”的建设思路，以能力培养为核心，构建与理论教学有机结合，具有鲜明特色四年不断线的工程实践教学体系，并在实践中不断加以完善。

教育教学工作。中心共开设实践课程 15 门，承担机械系实践课程 2 门，课程实验 7 项，共完成实践教学 30 多万人时数。中心申报并获批国家级教学研究项目 2 项，省部级教研项目 1 项。具体为：教育部高等教育司高校实践教学规范课题：面向电力系统的电气工程及其自动化专业实践教学标准体系研究；教育部项目新工科研究与实践项目：发挥综合性工程训练中心优势，探索构建多学科交叉融合的工程人才培养模式。教育部机械基础课程教学指导委员会，教育部工程训练教学指导委员会教育科学研究项目：工程训练中心在新工科背景下的多学科交叉融合人才培养模式研究。共发表论文 10 篇，横向科研项目 5 项，授权专利 21 项。

创新实践及学科竞赛。按照学校规划，组织完成综合性创新基地建设，充分利用新增场地和设备，使学生在参与面上和创新实践水平上有较大提升，参与创新实践的学生达 2300 人次，合计 30 万人时数。中心负责管理全校国家级大学生创新实践项目。在研项目 100 余项，其中国家级一等奖 8 项；二等奖 7 项；三等奖 9 项；省级一等奖 5 项；二等奖 3 项；三等奖 4 项，中心承办的各级各类竞赛共获奖 30 项，参与学生 90 余人次。

设施与队伍建设。利用修购基金项目，完成中心的环境改造和配套设施建设。针对中心队伍老化，知识更新不足的问题，先后三次安排青年教师外出学习；组织人员 9 次调研国内高校工程训练中心。到企业考察先进制造技术设施。

党建与思想政治工作。中心支部定期组织政治理论学习，提高党员和职工的政治思想水平，高质量完成相关党务工作，积极培养和发展积极分子，2 人递交入党申请书。党支部严抓党风廉政工作，经常性开展党风廉政教育，组织民主生活会，党员和干部职工没有违法违纪行为，各项工作顺利进行。

（范建明）

【概况】 华北电力大学工程训练中心现有员工 28 人，其中教授 1 人，高级工程师 2 人，工程师 4 人，技师 10 人，中心拥有加工中心、三坐标测量机、快速成型机、数控铣床、数控车床、数控线切割机床、电火花机床等先进设备，教学设备达 300 余台套，总值 1400 余万元，房屋面积 5500 余平方米。中心可开出金工实习、电工实践训练、机电结合训练、先进设计与制造系统训练、创新实践等训练项目，已培养学生 40 余届，现具有每年接受学生近 8000 人次的培训能力。年内，该中心接待领导视察、与国内外高校交流、与企业合作交流、20余次；保定市政府、市人大常委会负责人带队调研2次；云南省电力公司西双版纳局参观及项目交流合作1次；河北省电力公司参观考察1次共14人；15个高校校长代表团参观交流1次；接待河北科技学院20人参观；接待电力系10人交流参观；与企业合作交流4次；接待中小学参观4次，共90人。

（范建明）

金工实训中心建设

【概述】 2018年，金工实训中心坚持将实习安全和积累教学经验作为首要职责。依照中心“安全第一、教习相长、防微杜渐”的原则，对教师，为了提高教师的教学水平，举行教学比赛并邀请中国农业大学等市内高校专家进行指导，同时也加强教职工安全制度培训，防患实习中的不安全因素；对学生，一方面严抓学生实习动员中的安全教育环节，从思想根源上深化学生的安全意识；同时下功夫研究在各工种教学中“如何在降低风险前提下，提高教学质量”的方法，确保学生实习即能有所收获又保证安全。2018年，中心完成电气学院、能动学院、控计学院、可再生学院、核学院、国际教育学院、经管学院等7个学院15个专业73个班2178人为期2至3周的实习任务，教学运行机制和教学质量进一步提升。

环境改善。增加五轴数控加工中心1台，丰富数控加工教学内容；更新教三南侧宣传栏，满足教育教学要求。

创新实践。组织、指导学生参与创新实践获2018中国工程机器人大赛暨国际公开赛全国冠军1项、二等奖1项；获北京市第七届大学生工程训练综合能力竞赛一等奖1项、二等奖1项、三等奖4项。

合作交流。中心多次利用课余时间接待中小学生、高校同仁及相关专业师生。积极参加各级金工会议，与各兄弟单位进行广泛交流。

（夏延秋　吴　浩）

【概况】 2018年，华北电力大学金工实训中心有员工20人，其中在职管理人员2人，外聘指导教师13人，返聘退休指导教师2人，实习生3人。中心拥有加工中心、三坐标测量仪、真空镀膜设备、三维扫描仪、快速成型机（含工业机与桌面机）、激光打标机、激光淬火成套设备、激光内雕机（含三维照相机）、激光雕刻机、费斯托机电一体化系统、数控车床、数控模拟系统、数控线切割机床、电火花成型机床、高速数控雕铣机、机器人工作站等先进设备。中心建筑面积约2200平方米，各类设备仪器两百余台套件，累计投入经费超过1800万元。中心可开出金工实习、先进设计与制造系统训练、创新实践等训练项目。中心已成功运行的工种有：车工、钳工、铣工、焊工、数控加工、电加工、激光加工、快速制造、数控模拟、机器人拼装、费斯托机电一体化系统训练等。

（夏延秋　吴　浩）

【中国工程机器人大赛获佳绩】 2018年5月，中国工程机器人大赛暨国际公开赛在武汉中国地质大学举行。华北电力大学北京校区派出三支队伍参加全地形和机器人赛车项目比赛获冠军一项、二等奖一项。

（夏延秋　吴　浩）

【参加工程训练综合能力竞赛获佳绩】 2018年12月，由北京市教育委员会主办，清华大学和北京建筑大学承办的北京市大学生工程训练综合能力竞赛在北京建筑大学学生活动中心举行，经过校内竞赛，华北电力大学选拔出6支队伍参赛，共获一等奖一项、二等奖一项、三等奖四项。

（夏延秋　吴　浩）

【金工实训中心举行教学比赛】 2018年6月，金工实训中心举行教学比赛，八个工种的十位教师根据教学内容分别进行20分钟讲解，由学校和中国农业大学5位评委进行评审，并提出意见和建议。

（夏延秋　吴　浩）

【内蒙古工业大学来访】 2018年11月，来自内蒙古工业大学工程训练中心的六位老师到金工实训中心参观交流，对中心的人员管理、设备环境和课程设置等提出建议。

（夏延秋　吴　浩）

【北京科技大学来访】 2018年4月，北京科技大学工程师学院工训中心负责人王旭等一行2人到金工实训中心参观交流，并对中心环境和课程设置等提出建议

（夏延秋　吴　浩）

后勤管理与服务

【概述】 2018年，华北电力大学后勤以节约型、花园式校园建设为中心，结合工作实际，继续强化管理，深化改革，积极创新，着力推进后勤制度、文化建设，不断完善和提高后勤管理服务质量与水平，努力构建与高水平研究型大

学相适应的后勤服务保障体系。

制度建设。加强规范化、精细化管理，努力构建适应高水平大学建设内在需求的后勤服务保障体系。北京校部后勤加强各项制度建设，严格后勤集团党总支议事规则，凡属重大事项必须按照组织程序集体决策；继续完善后勤党政联席制度，提交会议议题说明；落实学校工作签报制度，制作后勤工作签报表；修订《后勤采购管理办法》等一系列制度文件，初步建立与高水平研究型大学相适应的后勤制度体系。保定校区后勤继续推进管理和服务规范化建设。进一步深化改革，完成《保定校区深化后勤管理与运行机制改革方案（草案）》的制订。建立健全制度保障体系，制订发布《后勤管理处印章管理办法》、《后勤管理处档案管理办法》《后勤管理处服务信息沟通反馈管理规定（试行）》，修订发布《后勤安全工作管理办法》等文件。构建育人体系，出台《后勤管理处“强化服务育人”活动实施方案》，建设节约校园，做好校园绿化美化工作，实现管理育人、环境育人。推进校园直饮水项目建设；积极开展热费调研工作；全面梳理二校区变压器分布情况，做好电力增容相关准备工作。结合改善办学条件资金项目，改善师生教学生活条件。逐步推进后勤信息化建设，微信公众号已形成初步框架。

节能减排。从思想节能、技术节能、管理节能三个方面，努力构建全方位的节约型校园。北京校部后勤建立节能巡视、巡查工作机制，制定《定额用能管理办法（试行）》，将节能目标任务纳入年终考核体系；举办“世界水日 • 中国水周”“华北电力大学节能宣传周”等宣传活动；根据《教育部办公厅关于部机关、直属单位及在京部署高校清煤降氮锅炉改造设计方案和投资概算的情况的函》，对学校 2 号锅炉进行改造资金的申报和落实，保障该项目顺利推行。

食品安全。北京校部后勤通过制度建设、安全检查、加大化验检测力度和设备设施更新换代、创建阳光食堂等途径，保障食品安全和环境卫生；通过调整风味档口，引进各种风味小吃，满足师生风味需求；通过开展副食比赛，挖掘新菜品，促进菜品创新，提高饭菜质量；为三食堂北门加装避风阁并为各食堂购置棉门帘，保证广大师生对就餐环境的需求。开展厨师交流、技能比赛、迎接市教委、市食药局相关检查，与附小师生开展“中国饮食文化”综合实践体验活动，促进沟通与交流。保定校区后勤严把食品安全关，狠抓食品留样、采购、验收、加工等关键环节；加强新菜品研发，通过开展餐厅间交流学习，邀请退休职工现场指导等举措，试点推出“健康餐”、“特色火锅”等系列菜品；统一规范员工个人卫生、举止行为、服务标准，提升餐饮整体服务形象；科技学院餐厅试点改革成效显著。电力主题餐厅 3.3 管理联盟从细节做起，延深服务，延长营业时间，统一规范外卖配送保温箱等；固化电子商务平台，开通美团到店自取服务，进一步方便学生用餐，减少排队时间及餐厅就餐压力。

重点项目服务保障。北京校部后勤完成学校全年的水电气暖的有效供应，完成学校包括 60 周年校庆、全国司法考试在内的各类大型活动的服务保障任务；成立防灾减灾应急分队，提高各种灾害及突发事件的应对防御能力；成立物业巡视工作组和重大活动保障组，完成教一、教二、教三、教四、教五、主 BC、主 DEF 楼长负责制；对接校办和其他职能处室，确保各类大型活动和各类会务工作的保障落实，对接教务处、学生处、研究生院，确保教室管理无重大教学事故；校园绿化美化投入和效果提升，打造园景美化校园，为迎接校庆，对教一楼、主楼、礼堂和西大门外进行花坛花架摆放工作，共计 10 000 余盆。保定校区后勤不断完善和优化物业管理服务水平。加强制度建设，全面梳理各类制度文件。规范服务形象，提高服务技能，进一步规范公寓公房值班室形象并开展消防和岗位培训；落实维修标准化建设，加强现场作业指导和操作实战培训。进一步拓展信息沟通渠道，与“123”综合信息平台搭建微信“维修信息”共享平台。主动关注服务需求，为师生办好实事，改善一线员工办公条件。高标准、高质量完成 60 周年校庆及本科教学评估各项保障工作。

后勤保障。北京校部后勤利用好后勤阵地，与院系党组织共建，举办“井上添花”井盖美化、“家的味道”餐饮文化日系列“1＋1”共建活动；开展后勤优质服务周、迎新服务月等特色活动，与师生建立常态化的、多种形式的沟通渠道，集中解决一批师生反映强烈的热点难点问题；做好后勤学生社团大学生自服会的指导工作，与院系、职能部门党支部和学生社团共同探索创新“1＋1＋n”共建模式，通过让学生参与到后勤的工作中，实现与服务对象的无缝对接，提高后勤与服务对象的互动程度及师生的获得感；实行专人负责管理“校长信箱”处理回复工作，力求第一时间了解学生动态，为学生解决问题。保定校区后勤加强综合经营管理规范化、标准化建设。注重员工思想素质教育，幼儿园定期组织开展职业道德、师风师德等专项培训，组织教师外出学习、观摩研讨活动，提高教师能力和教学质量。校内超市进一步优化购物环境，调整货架位置，规范商品摆放，统一价签管理，规范供货商提供商品的层次；提高服务育人意识，开展服务育人活动，设置意见箱、召开学生座谈会，提高全体员工服务意识和服务标准。

校园安全。北京校部后勤坚持执行分级值班制度与日、周、月、节假日安全检查相互结合的方式做好安全预案工作；定期开展专题培训，定期排查安全隐患，保证安全生产；后勤一站式服务大厅全天候服务，接报 16 840 起报修、咨询等事项及时解决回复，增设后续回访跟踪，回访率达到 100%；全年校长信箱反映的各中心热点问题均予以回复处理；建立信息收集与反馈机制；积极开展安全生产大检查、安全隐患大排查大清理大整治等专项活动。保定校区后勤加强安全管理监管力度，签订《安全生产责任书》，定期对专业人员进行专题培训，制定相关安全管理制度，完善中心安全管理工作并开展情况季报制度。组织开展“安全生产月”“安全大检查”等专项活动及各类设备、设施专项安全排查。

文化建设。通过多种平台宣传后勤各方面活动和成果，展示后勤风采，推动和谐发展。北京校部后勤继续坚持以人为本的后勤文化理念，组织开展系列丰富多彩的员工活动和比赛；举行岗位技能大练兵，开发现有人力资源，通过多种形式的培训提高社会用工队伍综合素质，将员工的职业发展规划与后勤的可持续发展目标相统一；继续办好后勤职工子女课外免费辅导班，为广大的后勤职工切实解决子女教育的后顾之忧。

党的建设。北京校部后勤党总支认真贯彻落实学校党委总体要求和工作部署，根据后勤工作特点和实际，运用新媒体等载体，开展多种形式的学习教育和主题党日活动，实现“两学一做”常态化；加强支部建设，配齐配强支部书记，做好党员的教育与管理，完善落实“三会一课”制度，明确基层党组织的政治属性和服务功能，有效发挥党组织战斗堡垒作用。把“1＋1”共建模式拓展为“1＋1＋n”，开展多方位深层次的宣传与动员，重视学生社团桥梁作用的发挥，进一步凸显后勤育人作用。通过开展党风廉政宣传月、廉政知识竞赛、专题培训等形式，用好执纪的“四种形态”做好反腐倡廉的同时，使得反腐倡廉警钟长鸣。保定校区加强思想和意识形态领域建设，做好党的十九大、全国教育大会精神及从严治党的宣传、学习和贯彻落实，部署开展系列学习活动。落实党风廉政建设责任承诺书备案制度，认真贯彻执行监督执纪“四种形态”制度；完善党政联席会议制度，明确党风廉政建设、意识形态、安全稳定领导小组，做好统战和安全稳定工作；积极开展教育部巡视、校内巡视及宗教民族、党员发展等自查整改工作。完成退役军人补助发放和全年党费的收缴；组织完成党组织和党员基本信息采集和党员统计工作。

（冯海群　李长青）

【概况】 2018 年，北京校部后勤管理处（后勤服务集团）事业编制职工 43 人，非事业编制员工 531 人，正副主任以上管理干部 29 名，设党总支 1 个，党支部 4 个，党员 56 人，2 人入党，2 人按时转正。下设四个职能科室：综合管理科、计划财务科、后勤管理科、节能办公室；增设四个部：人力资源部、物资管理部、信息化管理部、质量监控部；四个服务中心：餐饮管理中心、物业管理中心、能源与修缮管理中心、公寓管理中心。保定校区后勤事业编制员工 97 人，人事代理制员工 19 人，中心正副主任及以上管理人员 18 人。后勤（保定）党总支现有正式党员 46 人，下设 4 个党支部。

2018 年，北京校部后勤处理回复《校长信箱》问题 100 余条。北京校部全年安全用电 2204.7 万度，平稳供水 74.02 万吨。经过长期努力，昌平区水务局核准学校计划用水的指标申请，最终核定用水计划指标 900 000 平方米/年，解决困扰学校多年的水指标使用问题，全年共生产中水约 50 万吨，完成 2017—2018 年的供暖工作，全校 62 万平方米供暖面积，用气约 361 万立方米，确保全年约 130 万学生洗浴服务和 2000 吨开水供应，及时完成 48 起用水用电等抢修工作；完成发改委碳核查工作和节能考核目标，比节能目标任务下降 8.83%；餐饮管理中心投入 41 万余资金用于设备更新，保证 2 万人左右就餐，每天主副食 80 余种，全年 200 多种，为师生提供多种菜式选择；公寓管理中心完成 1600 名研究生、3000 多名本科生毕业离校工作，完成近 130 名留级生和延长学制生的住宿安排，完成新生本科 2905 人、硕士 1546 人、博士 221 人、外国留学生 218 人的入住安排，以及新生行李的发放，此外，在迎新期间还为 168 位绿色通道家长提供免费住宿服务，同时为确保学校科研任务的持续进行，还提前安排 361 名准研究生住宿工作；2018 年完成部分公寓上下铺更换为上床下桌组合家居工作，共完成 6352 套新床安装，拆除上下铺 3604 张，复装或入库上下铺 594 张、小课桌 1036 个、小方凳 1036 个、双门铁皮柜 222 个，拆、再复装上床下桌 423 套，复运靠背椅 472 套，拆书架 166 个，从 6 月 23 日至 7 月 15 日止，完成涉及 9 个院系共 2000 余人的宿舍调整工作；北京校部物业管理中心攻坚克难，完成首届可再生能源竞赛以及建校 60 周年庆典等一系列学校重大活动相关服务保障工作，完成 290 间教室、487 个卫生间的清扫和日常垃圾整理的任务保障，为迎接校庆，摆放花架 10 000 余盆，完成 23 万平方米绿植养护。

2018 年，保定校区后勤全年完成各类文件流转 43 份，回复校领导和处长信箱问题 172 个，接待来信来访、电话反馈 14 次；登记固定资产 10 447 件，报废固定资产 7244 件；签订各类合同或协议 30 份，累计金额 82.4958 万元；办理学生借用品审批程序 140 余次；在大学新闻及后勤网站发布新闻报道 32 篇，编撰工作信息 8 条。完成各科室岗位职责和核心业务流程梳理、各类信息统计及数据采集工作。完成 2018 年教育部改善办学条件基金项目 14 项，全年验收工程项目 24 项。

2018 年，保定校区后勤完成各项保障任务。完成一、二校区、科技学院三个校区在校生的供餐任务，餐饮保障水平大幅提升，餐饮收入较上年增长 16.9%。“123”综合信息平台全年受理咨询、报修信息 10 125 个，咨询电话 1199 个。完成本科教学评估和 60 周年校庆服务保障工作，整修校园道路约 1.2 万平方米，更新垃圾桶 325 个、保洁车 20 辆；检修维护设备设施 30 余项、单次任务近 3000 个，校园环境综合整治约 3 万平方米；启动七一南苑和青年苑绿化改造工程，整改绿地 8450 平方米。全面保障校区及家属区供热运行，保养维护供暖控制截门 600 余个，加装暖气片 185 组。落实师生座谈会反映问题，安装镜子 134 块，制作卧具收发标牌 31 块，储存室开放标识 76 个，制作安装通知栏 31 套，改造一校区学生公寓楼道晾衣架约 200 米，增装晾晒绳约 400 米。学生浴室加装洗浴镜，增配吹风机 66 台，开水房及学生浴室周边安装不锈钢置物架 50 余米。组织完成二校区新生房间粉刷任务 493 间，配合改造和粉刷房间 286 间，更换教室桌椅 39 套；更换教学楼厕所隔间，配备挂物钩 845 个；更换图书馆和第三学生餐厅排水泵 8 台，保证及时排水，解除安全隐患。改善一线员工办公条件，提升整体服务形象，配备维修人员工装 210 套，维修改造家属院值班室，配备门卫服装及必备工作物品；更换员工办公场所门窗，调配计算机和办公用品。

（杨永海　魏　娜）

【召开寒假务虚工作会】 2018 年 3 月 3 日，北京校部后勤召开 2018 年寒假务虚工作会，副校长孙忠权出席会议。务虚会简要回顾过去一年后勤开展的各项工作，着重针对实际工作中的薄弱环节和存在的主要问题，提出可行性强、可操作性强的新思路、新举措，共同谋划 2018 年度后勤的工作重点。

（杨永海　丁兆慧）

【举办主题植树活动】 2018 年 3 月 12 日，学校举办“优化育人环境　建设美丽校园”主题植树活动。时值全国第 40 个植树节及华北电力大学 60 周年校庆，校党委书记周坚、副校长孙忠权及后勤共建院系经管学院、数理学院师生一起在图书馆西侧、主楼 B 座、F 座东侧，共种树木 60 棵，为美丽校园再添新绿。

（杨永海　丁兆慧）

【举行节水宣传活动】 2018 年 3 月 22 日，时值第 26 个“世界水日”和第 31 个“中国水周”之际，后勤联合昌平区节水办、沙河水务站、回龙观水务站、华电附中、华电附小、昌平电视台等单位，在主楼礼堂东侧广场举行“借自然之力，护绿水青山”“实施国家节水行动，建设节水型社会”的节水宣传活动。学校有关职能部门负责人、附中附小师生代表共 1000 余人共同参加启动仪式。

（杨永海　丁兆慧）

【举行副食厨艺比赛】 2018 年 4 月 1—4 日，为激发员工创新能力，丰富食堂菜品的花色品种。北京校区后勤餐饮中心举行副食厨艺比赛。共 30 余道新菜品参与评比，比赛结束后餐饮中心对优秀创新菜在食堂档口进行售卖，满足师生多元化就餐需求。

（杨永海　丁兆慧）

【开展后勤优质服务月活动】 2018 年 4 月，保定校区后勤管理处开展以“创新服务项目，满足师生需求”为主题的“优质服务月”活动。其中物业管理与保障中心开展的“集中整治环境，排除安全隐患，净化美化环境”获评优秀项目，“设立综合维修服务站，提供免收服务费的优质服务”获评固化项目，“创造公寓、公房健康生活工作环境”获评鼓励项目。综合经营与服务中心开展的“幼儿园幼小衔接系列活动”获评优秀项目，“餐饮联盟优质服务系列活动”获评固化项目。

（魏　娜　刘　洁）

【孙忠权调研餐饮工作】 2018 年 5 月 2 日，学校副校长孙忠权到餐饮管理中心专题调研餐饮工作。主要考察餐饮中心食品卫生检验室，并与实验员进行细致的交谈。

（杨永海　丁兆慧）

【后勤代表队参加学校文体活动获佳绩】 2018 年 5 月 27 日，后勤代表队在学校 2018 年田径运动会上以总分 319 分夺得教工甲组团体总分第一名和优秀组织奖。在第一届“学为贵”杯教职工联合乒乓球团体赛和“后勤集团杯”教职工棋牌比赛中均获团体冠军。

（杨永海　丁兆慧）

【郭孝锋深入保定校区后勤指导工作】 2018 年 9 月 25 日，校党委副书记郭孝锋在组织部副部长李瑾的陪同下到保定校区后勤管理处指导工作。座谈会上，郭孝锋听取后勤工作汇报后，针对因体制、机制变化产生的问题，从队伍建设与党建工作等方面对后勤领导班子提出具体工作要求：一是提高政治站位，增强使命感和责任感；二是领导班子要讲团结、讲奉献、讲贡献；三是强化工作作风，要攻坚克难，不断创新，加强管理，学习探索，稳中求进，寻求发展。四是不断提高工作水平，要立足于学校发展和稳定大局，立足于自身发展，加强学习，努力提高工作水平；五是努力提升工作标准，要畅通沟通渠道，完善监督机制，做好统筹调度。

（魏　娜　刘　洁）

【完成本科教学评估和 60 周年校庆服务保障工作】 2018 年 9—10 月，保定校区后勤统筹谋划，精心组织，有序落实，顺利完成本科教学评估和 60 周年校庆服务保障工作。对学生餐厅的餐具准备、食品操作流程、食品留样、食品安全、秩序维持、卫生环境及人力调配等工作进行详细布置，对餐饮管理联盟各经营窗口进行标准化厨房操作管理；引进特色窗口，增加多种菜品。整修校园道路约 1.2 万平方米，更新垃圾桶 325 个、保洁车 20 辆；检修维护设备设施 30 余项、单次任务近 3000 个，校园环境综合整治约 3 万平方米；启动七一南苑和青年苑绿化改造工程，整改绿地 8450 平方米。接待中心加强食宿标准，全力做好接待服务工作；校内超市丰富商品种类，美化购物环境；幼儿园积极组织开展迎校庆系列活动。

（魏　娜　刘　洁）

【杨勇平到保定校区后勤视察】 2018 年 10 月 29 日，校长杨勇平、副校长律方成在党政办、对外联络与合作部等部门负责人陪同下，到保定校区后勤管理处视察指导工作，后勤领导班子成员参加。杨勇平首先充分肯定后勤对学校 60 周年校庆创新发展大会、文艺晚会等活动良好的环境营造和强有力的服务保障及对后勤员工所付出的辛勤努力表示感谢。在听取后勤班子成员工作汇报后，对后勤领导班子建设和后勤工作提出期望和要求，并对具体工作给予深入指导。

（魏　娜　刘　洁）

【后勤服务集团机构调整】 2018 年，为进一步提高工作效率，优化内部组织结构，经 2018 年 12 月 13 日党政联席会议[2018 第 14 次]研究，决定对后勤服务集团部分机构进行调整。成立四个部门，分别是人力资源部、物资管理部、信息化管理部、质量监控部。同时撤销综合服务中心。

（杨永海　丁兆慧）

医　疗　服　务

【概述】 2018 年，华北电力大学医院以服务于大学“双一流”建设为宗旨，不断满足师生不断增长的健康服务需求。在国家深化医药卫生体制改革基础上，秉承全国教育大会精神，“树立健康第一的教育理念”，坚持以预防为主，重点加强师生健康教育、公共卫生和传染病防控、急诊急救工作，努力为广大师生提供安全、有效、便捷、价廉、温馨的健康服务。医院以大学建校 60 周年和北京市卫健委对医院“三好一满意”督导检查为契机，全面加强和改进各项工作，在公共卫生和传染病防控、健康教育、常见病诊疗、慢病管理、公费医疗管理、硬件建设等各方面都取得显著成绩，全年无传染病疫情，无医疗事故发生。华北电力大学（保定）医院以服务学校“双一流”高水平大学建设为目标，不断优化医疗环境，提高服务质量，加强校医院内部管理，完善管理制度，确保医疗安全。主要从基础建设、人员培养、医院文化建设、完善信息化建设等方面开展工作。改善就医环境，升级呼叫系统，更换老化设备，为师生提供美观、整洁、温馨、优质的就医环境；新增中医诊室，拓展中医诊疗项目，引进诊疗仪器，加强中医非药物疗法；完善数字化医院建设，实现“互联网＋”，建立智慧校园，为广大师生创建了智能手机的健康管理平台。实现手机端体检报告查询及线上健康宣教，形成线上线下多样化的健康管理模式。

党建工作。医院直属党支部认真贯彻落实党的十九大精神和校党委的工作部署，采用多种形式学习习近平新时代中国特色社会主义思想，使广大党员干部增强“四个意识”，坚定“四个自信”，做到“两个维护”。校医院直属党支部以大学党委巡察为契机，进一步提高政治站位，强化责任担当，严格按照“六围绕一加强”要求，进一步统一思想，认真反思和剖析存在的问题，制定《校医院直属党支部巡察整改方案》，把巡查反馈的每一个问题和建议当作“必答题”，建立台账，逐一整改，努力把巡察成果转化为进一步加强医院党的建设，推动医院各项工作的强大动力。严格执行党政联席会制度，落实纪检委员列席党政联席会制度；坚持《校医院理论学习中心组学习制度》；结合校医院党风廉政建设工作要点，不断完善《校医院职业道德（医德医风、廉政）教育计划》，对党风廉政工作任务细化到各科室，以科室为单位进一步加强廉政风险排查。注重加强作风建设，严纠“四风”贯穿于日常工作和生活中。校医院直属党支部组织全体 16 名党员赴陕西红色革命教育基地参观学习；邀请学校马克思主义学院常务副院长孙平教授做“党建和思政工作热点词汇解读”专题报告会；组织党员和群众赴国家博物馆参观“改革开放四十周年”专题展。校医院（保定）每月进行医德医风考核，把党风廉政建设作为本年度一项重点工作，带领党员干部进行习近平总书记新时代中国特色社会主义思想一系列政治理论学习，组织党员赴国家博物馆参观“改革开放四十周年”专题展。校医院（保定）直属党支部获“华北电力大学先进基层党组织”。陈静被评为校级“优秀共产党员”，陈惠芸、王朋来被评为校级“优秀党务工作者”。

班子换届。校医院新一届校医院领导班子组成为：院长、直属党支部书记刘晓峰、副院长陈红艳、副院长赵海鹏。新一届校医院（保定）领导班子组成为：院长李迎春、直属党支部书记陈慧云、副院长代丽华、副院长王朋来。

硬件建设。完成 50 万设备修购资金项目，购置磁热振治疗仪、红蓝光治疗仪、牙科综合治疗椅等；完成 31.5 万信息化建设项目，完成医保个人账户接口的升级改造、微信预约平台系统、中药饮片管理系统、慢病管理系统等。校医院（保定）为迎 60 周年校庆，对校医院一、二层进行全面粉刷、修缮，以达到安全、防火、防潮、环保、避免交叉感染的目的；更换全自动生化仪一台，为临床诊断提供有力的支撑；更换一台污水设备，确保校医院污水及时得到有效治理；中医科引进艾灸仪，加强中医非药物疗法；4 月，完成“掌上医院系统”，搭建手机 APP 健康管理软件平台和校医院微信公众号，实现教工健康体检结果手机端查询，2018 年教工体检中使用覆盖率达到 67%，使全校教职工做到快捷、及时、准确的管理个人健康档案。

人才建设。选聘 1 位副主任药师和 3 位护师，优化医院人才结构；医师参加北京市两年一次执业医师考核通过率 100%。校医院（保定）重视医务人员专业技能继续教育，采取走出去请进来的培训方式，全年共参加 20 余场院前急救等专题培训；医护人员均完成每年 25 学分继续教育培训。

工会工作。选举产生 5 人组成的新一届分工会委员会、新一届分工会委员会主席陈红艳、副主席赵冰。校医院（保定）获学校“庆七一、迎校庆”教职工合唱比赛三等奖，获河北省高校卫生技能大赛团体二等奖。获北京市成分献血突出贡献奖，获昌平区卫健委“三好一满意”检查优秀单位，分工会获学校春季田径运动会乙组团体总分第三名。

（赵海鹏　岳　宇）

【概况】 2018 年，华北电力大学医院共有职工 40 人（含在编 24 人，返聘 2 人，外聘 14 人），其中高级职称 12 人，设 12 个临床及辅助科室，开设病床 26 张。医院全年完成门急诊 61 538 人次（含发热 2574 人次，腹泻 20 人次），输液 901 人次，肌肉注射 583 人次，外伤处置 2305 人次，理疗 10 322 人次。发现上报和隔离治疗传染病 72 人次（含确诊结核病 8 例、水痘 24 例、带状疱疹 11 例、腮腺炎 2 例、副伤寒 1 例等），院内住院患者 52 人次。完成各种化验 25 356 份，完成 X 线透视及摄片 11 631 人次，心电图检查 5476 人次，动态心电图检查 52 人次，动态血压监测 54 人次，彩超检查 1059 人次，13C 尿素呼吸实验 165 人次，肢体动脉检测 15 人次，液态氮冷冻治疗 288 人次，黑光治疗 360 部位。完成各种预防接种 2629 人次（含社区儿童计划免疫接种 21 人次，外来务工人员 5 人次）；完成各类学生体检 8892 人次（含本科生新生体检 2960 人次，研究生新生体检 1768 人次，本科毕业生体检 2013 人次，研究生复试体检 2151 人次）；为本科新生中 150 余次名结核菌素试验强阳性同学组织了专场专家报告会，其中 55 名学生参加为期 3 个月的自愿预防用药；全年无疫情。完成约 3000 名本科新生 15 天的军训保健工作，完成大学甲子校庆、大学运动会、老干部外出活动、研究生招生及四六级英语考试、大学自主招生等 20 次大型会议和活动的保健任务。开展健康教育讲座 25 场；组织结核病、艾滋病等传染病全校性宣传活动 3 次，发放宣传手册 12 000 余份；年内，完成 3627 人次门诊转诊、422 人次住院转诊和师生医疗费审核工作，医保信息上报 976 人次；师生无偿成分献血达 1051 单位。

华北电力大学医院（保定）全年完成门诊 80 076 人次（含二校区医务室），与去年相比就诊率增长 3.8%；急诊抢救 22 人次；留观输液 1523 人；各类注射 1195 人次；各类换药、清创缝合及小手术 740 人次；彩超检查 2000 余人次；胸透检查 4000 人次、DR 拍片 10 494 余人次；化验室各类检查 35 140 人次，同比增长 32.5%；心电图检查 2026 人次，全年无医疗差错事故和医疗纠纷发生。全年各类自费疫苗接种约 2628 人次，孕产妇系统管理 15 人，7 岁以下儿童计划免疫 467 人。全年网络直报并管理传染病人 53 例（含肺结核 11 人、流行性腮腺炎 1 人、水痘 33 人、其他传染病 8 人），全年无重大疫情的流行和暴发；全年各类学生体检 11 000 余人次，离退休人员、在职职工及入职体检 1348 人，女职工进行专科体检、宫颈癌前病变筛查 596 人。年内，共抢救急诊病人 22 例（急性心肌梗死 3 例、高血压急症 5 例、心律失常 7 例、冠心病 2 例、过敏性休克 5 例）；全年完成校友会、离退休人员党日活动、4765 名本科新生军训 15 天医疗保障、教育部本科教学审核评估、第十四届海峡两岸气候变迁与能源持续发展论坛年会、迎校庆 60 周年活动周及校庆日各种会议、校秋季运动会、文体活动等 30 余场次的医疗保障工作。开展心肺复苏、意外伤害、常见传染病的防控（流感、结核病、病毒性肝炎、艾滋病）等知识讲座 84 学时，发放艾滋病健康教育处方 4765 人份，利用传统方式和新媒体形式开展健康教育宣传活动；结合卫生主题宣传日，组织结核病、艾滋病等传染性疾病防控系列活动 5 场，邀请三甲医院专家进行知识讲座 4 场；校医院保健科牵头联合校学生处，建立学校传染病防控微信群，及时掌握班内因病请假的学生情况，校医院牵头联合后勤管理处成立学校防控督导检查小组，于 12 月 13 日对学校食堂、学校超市、二次供水、学生宿舍等重点部门进行抽查、调研及技术指导。

（赵海鹏　岳　宇）

【接受校党委第八巡视组巡查】 2018 年 7 月 6—15 日，华北电力大学党委第八巡查组对校医院直属党支部开展巡察。11 月 8 日学校召开校医院巡察情况反馈大会，校党委常委、副校长孙忠权、校纪委副书记范立、校党委第八巡察组组长王知春、校党委第八巡察组联络员赵泽延出席反馈大会，医院全体职工参加大会。针对巡察反馈的党的政治建设、组织建设、作风建设、纪律建设、反腐败斗争方面的问题，校医院认真梳理 13 条 20 项具体问题，建立台账，逐一明确整改措施、主要负责人和整改时间，确保在规定时间内整改到位。

（赵海鹏）

【中草药房投入使用】 2018 年 12 月 19 日，校医院中草药房正式投入临床使用。至此，校医院可以为师生提供中医师服务、中草药饮片服务、中草药煎药等服务，进一步保障师生健康。

（赵海鹏）

【开展艾滋病和毒品的危害健康教育活动】 2018 年 9 月 15 日，校医院特邀北京市疾控中心艾滋病防治所所长卢红艳教授为 3000 余名本科生举办“艾滋病和毒品的危害”专题健康教育报告会；11 月 20 日，校园“艾滋病尿检橱柜”投入使用。11 月 30 日，校医院联合校红十字会、马克思主义学院举办“12.1 世界艾滋病日”大型外场宣传活动。

（赵海鹏）

【开展健康大讲堂宣教月活动】 2018 年，校医院邀请多名专家到校开展健康教育讲座活动。3 月 14 日，北京积水潭医院暨北京大学第四临床医学院急诊科主任、主任医师、教授赵斌做“危重症识别及院前急救”专题讲座；4 月 10 日，北京大学人民医院心血管病专家主任医师教授刘靖做“高血压与高脂血症的防治”专题讲座；4 月 24 日，北京大学人民医院内分泌专家、副主任医师、副教授褚琳做“甲状腺相关疾病”专题讲座；4 月 26 日，北京大学人民医院妇科专家、主任医师、教授王朝华做“妇科相关疾病和日常生活保健”专题讲座，活动期间，全校共千余名师生参加活动。

（赵海鹏）

【建立传染病防控微信群】 2018 年，校医院（保定）为做好学校传染病防控工作，牵头建立由全校 360 多名班级生活委员组成的“学校传染病防控”微信群，及时监测学生因病缺勤情况，由被动等待变成主动发现，做到早发现、早报告、早隔离、早治疗、早控制；并通过微信群线上进行传染病防控知识宣传，进一步提高师生自我防控能力。

（岳　宇）

【获三好一满意优秀单位】 2018 年 12 月，北京市昌平区卫健委督导组对 54 家非区属一级、二级医院全面开展督导检查工作，华北电力大学校医院获评“三好一满意”优秀单位（即“服务好、质量好、医德好、群众满意”）。

（赵海鹏）

【获首都成分献血突出贡献奖】 2018 年 12 月 14 日，北京市召开首都无偿成分献血表彰大会，华北电力大学无偿成分献血达 1051 单位，居北京市高校前列，获“首都无偿成分献血突出贡献奖”。

（赵海鹏）

【获河北省、保定市莲池区表彰】 2018 年 12 月，校医院（保定）参加河北省高等学校卫生技能大赛，并获集体二等奖；祖娜、张菁慧分别获个人成绩二等奖，被授予“学校卫生工作技术能手”称号；陈静获个人成绩优秀奖。2018 年 1 月，校医院（保定）在“保定责任”城市公益文化医疗服务项目中精心组织、表现优秀，被保定市莲池区人民政府评为“健康莲池区创建志愿单位”。

（岳　宇）

规章制度建设

Rules and Regulations Building

华北电力大学教学科研人员因公临时出国管理工作实施细则（暂行）

华电校外〔2018〕1号

第一条 为贯彻落实《中共中央办公厅、国务院办公厅转发<中央组织部、中央外办等部门关于加强和改进教学科研人员因公临时出国管理工作的指导意见>的通知》《中共北京市委办公厅、北京市人民政府办公厅转发<市委组织部、市政府外办等部门关于加强和改进教学科研人员因公临时出国管理工作的实施意见>的通知》《中共河北省委办公厅、河北省人民政府办公厅转发省委组织部、省外办等部门<关于对教学科研人员因公临时出国实行区别管理的实施细则>的通知》精神，进一步激发教学科研人员在对外交流合作中的创新活力，结合我校实际情况，现就加强和改进教学科研人员因公临时出国管理工作提出如下实施细则。

第二条 坚持党对外事工作的集中统一领导，校党委对本单位外事工作负有领导责任。学校对包括对外学术交流合作在内的因公临时出国管理负有主体责任，主要负责人是第一责任人。学校纪检监察机构负有监督责任。强化服务大局意识，着眼国家发展大局与实际需要，通过积极参与国际重大科学计划、科学工程和专业学术交流，实现国际协同创新，全面加强基础学科、国际前沿、薄弱和空白学科建设，造就培养人才，提升教育科研领域国家软实力、国际影响力和国际竞争力。

第三条 根据学校对外学术交流合作的实际需要，将教学科研人员因公临时出国开展学术交流合作与其他性质的出访区别管理。

（一）学术交流合作主要包括开展教育教学活动、专业领域进修、科学研究、学术访问、出席重要国际学术会议，以及执行国际学术组织履职任务等。其他出访主要指一般性中外校际间的工作交流。

（二）教学科研人员指学校直接从事教学和科研任务的人员（含离退休返聘人员），以及在学校及二级单位中担任领导职务的专家学者。

（三）上述教学科研人员出国执行前项明确的学术交流合作任务，单位与个人的出国批次数、团组人数、在外停留天数根据实际需要安排。

（四）学术交流合作以外的因公临时出国，仍执行现行国家工作人员因公临时出国管理政策，按照《华北电力大学因公临时出国管理办法》办理。

第四条 学校每年制定出国计划，其中出国学术交流合作年度计划由学校管理，并向北京市人民政府外事办公室或河北省人民政府外事办公室报备，不列入国家工作人员因公临时出国批次限量管理范围。其他工作人员因公临时出国任务按外事审批权限报批，纳入国家工作人员因公临时出国批次限量管理范围。

第五条 教学科研人员出国开展学术交流合作，须按行政隶属关系、组织管理权限和外事审批权限审批。按照《华北电力大学因公临时出国管理办法》的相关程序进行申报。

第六条 教学科研人员出国开展学术交流合作，应持因公护照。特殊情况需持普通护照出国，应说明理由并按组织人事管理权限报组织人事部门批准，由组织人事部门严格把握，并填写《教学科研人员持普通护照短期出国审批表》，详见附件。

第七条 执行因公临时出国任务应本着务实、高效、精简、节约的原则，不得安排照顾性和无实质内容的出访，不得安排考察性出访。因公临时出国应有明确的公务目的和实质内容。出访任务必须与执行的具体任务和项目相关，由国外邀请方出具官方书面邀请函。

第八条 教学科研人员出国开展学术交流合作的批次数、团组人数、在外停留天数根据实际需要安排。

第九条 因公临时出国人员所在院系或部门应对其出国事由和工作安排进行审核，确保出国行程安排符合规定且不影响学校工作。

第十条 切实加强出国经费的预算管理，认真执行因公临时出国经费先行审核制度，由国际合作处和计划财务处实行审批联动。教学科研人员使用科研经费出国开展学术交流合作，应按照有关管理办法和制度规定执行，体现既符合科研活动规律、又符合预算管理要求的原则，由科学技术研究院负责审批。

第十一条 教学科研人员如需持普通护照出国开展学术交流合作，应凭组织人事部门出具的批件、出国证件及出入境记录报销与学术交流合作相关的费用。

第十二条 教学科研人员出国开展学术交流合作所执行的任务、涉及的国家（地区）和在外日程等要按规定公示，接受监督。

出访团组回国后，应在1个月内在单位内部公布出访报告。未按规定公示公开的，外事部门不予审核审批，财务部门不予核销出国费用。严禁任何单位和个人在公示公开工作中弄虚作假、徇私舞弊。

加强绩效评估。教学科研人员出国开展学术交流合作，回国7天内将护照交回相应保管机构；回国15天内须将出访报告提交外事主管部门，出访报告将作为年度考核和绩效评估的重要依据。

第十三条 加强监督检查和责任追究。要按照“谁派出、谁负责”“谁审批、谁负责”“谁签字、谁负责”的原则，把好监督检查关。对教学科研人员出国开展学术交流合作进行有效监管。对以对外学术交流合作名义变相公款出国旅游、不按规定报批，弄虚作假，不按报批内容、路线和日程出国，以及其他违反外事和财务纪律的违规违纪行为，学校相关部门要严肃追究责任，并依规依纪惩处。对因管理不善、滥用政策造成严重不良影响的单位，要追究有关领导和当事人的责任。

第十四条 加强涉外安全管理。坚决维护国家主权和利益，维护民族尊严，遵守当地法律法规、风俗习惯。提高政治敏感度，保持高度警惕，防范反华敌对势力。严守保密规定，未经批准，严禁携带涉密载体，严禁泄露国家秘密和商业秘密。

第十五条 本实施细则自发布之日起施行，本实施细则未涉及的事宜按照上级部门有关规定执行。

第十六条 本实施细则授权国际合作处负责解释。

2018年1月9日

华北电力大学硕博连读研究生选拔与培养工作暂行办法

华电校研〔2018〕3号

为了加强高级专门人才的培养，优化我校博士研究生生源结构，吸引优秀博士生生源，进一步提高博士生选拔与培养质量，根据《教育部关于印发<2014年招收攻读博士学位研究生工作管理办法>的通知》，结合我校硕士研究生培养中已涌现出有进一步培养前途的优秀人才的实际情况，我校在具有博士学位授予权的学科专业，为选拔部分优秀硕士研究生攻读博士学位（简称硕博连读研究生），特制订本办法。

一、申请条件

1．拥护中国共产党的领导，具有正确的政治方向，热爱祖国，愿意为社会主义现代化建设服务，遵纪守法，品行端正，身体健康。

2．完成规定课程学习并且成绩优异，具有较强创新精神、科研能力和确有进一步培养前途的我校在读一年级和二年级全日制硕士研究生。

（1）一年级硕士生申请硕博连读研究生须获得一等学业奖学金；且第一学年结束时课程成绩应全部合格，完成硕士专业最低学分要求。

（2）二年级硕士生申请硕博连读研究生须第二学年获得二等及以上学业奖学金；且修完硕士生规定课程，成绩合格，完成硕士专业的最低学分要求；硕士论文选题合理，延伸后即能达到博士学位论文水平或有可能取得一定的创新性成果。

3．外语水平须达到国家英语六级（425分及以上）或雅思成绩达到6.5或托福成绩达到90分。

4．所申请专业应与硕士研究生阶段学习专业相同，原则上不能跨一级学科。如所在硕士专业不具有博士学位授予权，可申请相近的一级学科。

5．硕士阶段未受过行政纪律处分。

6．符合所在院（系）提出的其他条件。

二、申请选拔程序

1．硕博连读研究生的申请选拔时间为每年 11 月。

2．申请人根据学校的通知要求，填写申请表，征求硕士阶段指导教师及拟报考博士生导师意见，将申请表交到报考院（系）。

3．院（系）进行报名资格初审，将申请材料交研究生院审核。

4．研究生院根据院（系）的实际需求，考虑学科的建设和发展、院（系）招生规模等因素，将硕博连读研究生名额分配到相关院（系）。

5．研究生院公示申请人姓名及相关申请信息，公示无异议的，准予考生网上报名，缴纳报考费并按照规定提交博士研究生报考材料。

6．一年级的申请人需在博士研究生入学考试复试前提交第一学期课程成绩单。经审核，不符合条件的考生取消其硕博连读研究生资格。

7．所有申请硕博连读研究生的考生必须参加博士研究生入学考试复试，复试的内容、方式由各院系自定，与同年统考博士生复试同时进行，主要考核申请人是否具有完成博士学位论文工作的能力和条件，重点考察申请人分析、解决问题以及进行创新的综合能力，考核标准可参照该专业统考博士研究生的入学水平要求，成绩计算方法与普通招考博士生复试成绩计算方法相同。

8．学校按照我校《博士研究生复试录取工作办法》的相关规定，根据考生的复试情况、思想政治考核情况及身体健康状况，确定拟录取名单。申请硕博连读研究生的考生与普通招考的博士研究生同期发放录取通知书。

三、审批原则

学校在选拔审批硕博连读研究生时遵循以下原则：

1．坚持严格选拔、宁缺毋滥的原则。各院（系）应制定严格的选拔标准，复试时应将硕博连读研究生和普通招考考生的学术水平、科研创新能力等进行对比。

2．坚持择优录取原则。选拔硕博连读研究生是为培养学术型人才奠定基础，对在学术研究上做出重大贡献、已有学术论文发表或参加过重大科研项目的申请人应予优先录取。

3．坚持公正、公平原则。硕博连读研究生申请人均需参加博士研究生入学考试复试，确定拟录取名单时应做到公正、公平。

四、培养要求

对于经审核批准攻读博士学位的硕博连读研究生，要求在硕士学习的第二学期末完成全部硕士阶段的课程学习任务(包括学位课与非学位选修课)，若有一门及以上课程不及格则取消其硕博连读研究生资格。

获得硕博连读研究生资格的硕士研究生于当年的九月份转为博士研究生，同时取消其硕士学籍，学习年限按照博士研究生学习年限要求执行，原硕士导师的指导任务随即终止，其培养按照《华北电力大学攻读博士学位研究生培养工作规定》执行。

五、学位授予

硕博连读研究生直接攻读博士学位，不得申请硕士提前毕业，也不颁发硕士毕业证书和硕士学位证书。取得博士学籍两年后，不适宜继续攻读博士学位者，经导师申请、所在院学位评定分委员会审议通过并报研究生院审批备案后，可以转为硕士生培养或申请博士结业（或肄业)。若博士论文答辩未通过者，硕博连读生经院学位评定分委员会和校学位评定委员会同意，可申请华北电力大学硕士学位，并按硕士生参加就业。

六、其他

1．硕博连读研究生招生名额计入各院（系）当年的博士生招生规模，计划不单列；为了更广泛地吸收各方面的优秀人才，各培养单位在开展硕博连读工作时应统筹考虑本培养单位的招生指标。

2．定向就业的硕士研究生若申请硕博连读研究生，必须经定向单位人事部门的同意解除劳动合同关系（须出具正式公函），并转为全日制脱产培养。

3．硕博连读研究生名单在网上公示时，考生须登录我校的博士研究生报名网进行报名，并及时提交相关材料和报名费用（见博士研究生招生简章），逾期未完成相关规定程序，视为自动放弃硕博连读研究生资格。

4．本办法自 2018 年 9 月 1 日起施行，授权研究生院负责解释。

2018 年 4 月 25 日

华北电力大学中央高校教育教学改革专项管理实施办法

华电校教〔2018〕10号

第一章　总　　则

第一条　根据《教育部关于中央部门所属高校深化教育教学改革的指导意见》（教高〔2016〕2号）和《财政部、教育部中央高校教育教学改革专项资金管理办法》（财科教〔2016〕11号）有关文件精神，制定本办法。

第二条　中央高校教育教学改革专项（以下简称中央教改专项）的总体目标是全面贯彻党的教育方针，落实立德树人根本任务，深化教育教学改革，在学校“双一流”建设进程中，通过精准资助，着力提高教育教学水平和人才培养质量。

第三条　中央教改专项资金用于本科生与研究生教育教学改革，重点支持“双一流”建设人才培养类项目。中央高校教育教学改革专项资金支持的项目简称为“中央教改专项项目”。

第二章　组　织　领　导

第四条　中央教改专项项目按照校级教改项目进行管理。学校中央专项经费建设项目统筹协调委员会负责项目的总体规划。

第五条　教务处、研究生院和计划财务处作为项目管理部门，负责项目的组织实施和相关管理工作。

第三章　项　目　设　置

第六条　中央教改专项项目分为七类，项目执行期为1～3年。

（一）一流专业建设。发挥优势特色，创新人才培养机制，加快拔尖创新人才和行业领军人才培养，构建一流本科专业体系。支持专业须通过国家工程教育专业认证或开展国际专业评估，项目经费根据论证情况统筹安排，执行年限不超过3年。

（二）优质课程建设。围绕通识（公共）课程、专业核心课程、创新创业课程开展课程建设，打造优质、特色、共享的精品课程体系。建设一批优质在线开放课程，创新在线课程共享与应用模式，推进以学生为中心的教与学方式方法变革。通过优质课程建设，带动优秀教学团队和高水平教材建设。课程建设项目每个不超过20万元（不含在线开放课程制作费），执行年限不超过2年。

（三）创新创业教育改革。强化实践育人，加强教学实验室、实习实训基地建设，深入实施大学生创新创业训练计划，举办系列高水平学科竞赛，将创新精神、创业意识和创新创业能力培养融入人才培养全过程。项目经费根据相关部门提出的论证方案进行核定，按年度执行。

（四）教师教学发展。持续开展教学名师培育工作，加强教师教学培训，提升教师教学水平；加强教学管理人员业务培训，不断提高教学管理水平。项目经费根据相关部门提出的论证方案进行核定，按年度执行。

（五）教育教学研究。以提升学校人才培养能力为目标，在学生成长、教师发展、质量标准、教学评价等方面开展系统性、前瞻性研究。项目经费根据相关部门提出的论证方案进行核定，按年度执行。

（六）研究生培养项目。建设研究生优质课程，优化研究生培养体系。深化培养机制改革，实施硕士研究生分类培养。提升博士研究生创新能力，增强博士生国际交流能力。项目经费根据相关部门提出的论证方案进行核定，按年度执行。

（七）其他项目。主要指教育部等上级主管部门指定的、由中央教改专项资金支持的项目。

第四章　立　项　和　执　行

第七条　教务处、研究生院分别负责相应项目的立项、管理和验收等工作，计财处负责项目经费预算的审查和经费管理工作。学校教学委员会负责项目立项、验收时的评议工作。

第八条　每年11月份，学校制定并发布下一年度中央教改专项项目申报指南，开始受理下一年度项目的申请。

第九条 申请人根据项目指南进行选题，向所在单位提出申请，由所在单位组织专家论证，向教务处或研究生院提交《项目申请书》。

第十条 学校教学委员会组织专家组，对申报项目进行评审。在汇总、综合专家评审意见的基础上，初步确定立项项目，并在校内进行公示。

第十一条 教务处、研究生院分别编制《项目年度支出实施方案》（含项目支出绩效目标），根据项目性质报学校审批，并按规定报教育部备案。

第十二条 学校与项目负责人签署《项目任务书》，确定立项。项目所在单位负责实施，项目负责人具体执行。

第五章 经 费 管 理

第十三条 中央教改专项资金由计财处按照部门预算的要求统一管理，分账核算，专款专用。经费管理的相关标准、用途等，要与国家有关规定相一致。项目经费的使用应当严格执行财政专项资金管理的有关规定，按照任务书确定的开支范围和标准使用专项经费。

第十四条 支出范围内容主要有：

（一）设备费：主要包括专业仪器设备的购置、自制设备研制过程中配件、材料的采购等。通用办公设备原则上不允许列入设备预算。

（二）专用仪器设备租赁费：是指在项目实施过程中，租赁外单位专用仪器设备（不含租赁车辆）而发生的费用。

（三）材料费：主要包括在项目实施过程中，项目开发、试验所需的原材料、辅助材料、低值易耗品、零配件的购置费用以及为此发生的运杂包装费用。

（四）测试化验加工费：是指在项目实施过程中因本单位不具备条件而委托外单位进行检验、测试、化验及加工等发生的费用。

（五）差旅费：是指在项目实施过程中，开展业务调研、学术交流等所发生的差旅费。差旅费的开支标准要严格按照学校的相关规定、标准编制和执行。

（六）会议费：是指在项目实施过程中，为组织开展学术研讨、咨询以及协调项目等活动发生的会议费用。项目承担单位应当按照学校相关规定、标准编制和执行，严格控制会议规模、会议数量、会议地点、会议开支标准和会期。

（七）国内/国际合作与交流费：是指在项目实施过程中开展科学实验（试验）、科学考察、学术交流等所发生的国内外合作与交流费，有关开支标准应当按照国家有关规定执行。

（八）出版/文献/信息传播/知识产权事务费：是指在项目实施过程中，需要支付的出版费、资料费、专用软件购买费、文献检索费、专利申请及其他知识产权事务等费用。每本专著支出费用不得超过 5 万元（含）。国内一般期刊论文发表费每篇不超过 1000 元（含），全国核心期刊论文发表费每篇不超过 3000 元（含），国外期刊论文发表费每篇不超过 5000 元（含）。

（九）劳务费：是指在项目实施过程中支付给课题组成员中没有工资性收入的相关人员（如在高校在校生）和课题组临时聘用人员等的劳务性费用。劳务费标准按学校相关规定执行。

（十）专家咨询费：项目实施过程中发生的专家咨询报酬和成果鉴定等费用。专家咨询费标准按学校相关规定执行。

（十一）培训费：项目在实施过程中发生的教师教学培训等费用。与学历教育、职称认定的相关培训，不予支持。

第十五条 中央教改专项资金不支持单价 40 万元以上的大型仪器设备。对单价 10 万元以上的仪器设备建立使用情况评议、公示、考核机制，促进实验教学资源开放共享。

第十六条 项目形成的固定资产、无形资产等属于国有资产，应当严格按照国家有关规定执行管理。

第十七条 项目经费由项目负责人管理，由项目管理部门负责审核。

第十八条 实行年度经费预算制度。一年以上的项目根据项目实施情况按年度安排预算，对于执行情况较差的项目，将核减下一年度经费额度或控制使用已拨付经费。

第十九条 实行结余经费收缴制度。年度预算须在 6 月 30 日前执行 50%（含借款），10 月 30 日前项目经费执行完毕，逾期未完成的项目，将收回未按进度执行的部分资金。

第六章 项目验收和调整

第二十条 建立项目跟踪与调整机制。12 月 30 日前，所有未结题验收的项目向项目管理部门报告项目实施情况，提交《项目建设绩效分析报告》，总结项目执行情况、取得的成果等，并提出项目建设下一步工作规划。

第二十一条 项目管理部门按年度组织完成《中央教改专项实施绩效报告》，经学校审核后，报教育部、财政部备案，并按规定在学校信息公开网上对社会公开。

第二十二条 根据项目实际，按类型分别组织项目的验收结题。由学校教学委员会组织专家组，对项目建设情况进行评价，对执行效果不好和需要变更的项目进行调整，评价结果将作为下一年度项目安排的重要依据。

第七章 附 则

第二十三条 北京市支持中央在京高校人才培养共建项目经费，以及其他支持教育教学改革的资金，可参照本办法执行。

第二十四条 本办法授权教务处、研究生院负责解释，自发布之日起施行。

2018 年 5 月 10 日

华北电力大学学位授予工作细则（2018 年版）

华电校学位〔2018〕5 号

第一章 总 则

第一条 为了贯彻执行《中华人民共和国学位条例》和《中华人民共和国学位条例暂行实施办法》，结合我校学位授予工作实际情况，制定本细则。

第二条 经国务院学位委员会批准，我校有权授予学士、硕士、博士三级学位的专业均按本细则授予相应级别的学位。

第三条 凡坚持四项基本原则，热爱祖国，遵纪守法，品德良好，服从国家需要，并具有相应的学术水平的中国公民，均可按本细则有关规定申请我校相应的学位。申请人不得同时向我校和我校以外的授予单位提出学位申请。

第二章 学 士 学 位

第四条 符合本细则第三条，在学校规定学习年限内，修完教育教学计划规定内容，成绩合格，符合学校毕业要求，经审核准予毕业并达到下述学术水平者，方可授予学士学位：

1．较好地掌握本门学科的基础理论、专门知识和基本技能；

2．具有从事科学研究工作和担负专门业务工作的初步能力。

第五条 凡有下列情况之一者，不授予学士学位：

1．不符合本细则第三条，第四条；

2．有毕业设计（论文）作假等学术不端行为的；

3．有考试作弊等违反学术诚信行为的；

4．国家规定不能授予学士学位的其他情形。

第六条 本科毕业生，由学位评定分委员会逐个审核其学习成绩和毕业鉴定材料，符合学士学位授予条件的，经教务处审定，报学校学位评定委员会审查通过，授予学士学位。

第七条 有下列情况之一者，经个人申请，可考虑授予学士学位：

1. 对于毕业时由于个别课程未通过而没有达到毕业学分要求的学生，在学校规定的最长学习年限内，经返校参加重修，成绩合格，达到毕业要求，且满足学位授予条件的，可向学校提出学位授予申请。

2. 对于因违反学术诚信而未获得学士学位的毕业生，考察其确有悔改表现，学习刻苦，表现良好的，可在学校规定的最长学习年限内，随下届普通本科毕业生向学校提出学位授予申请。

学位申请程序：个人向所在院系提出书面申请，院系学位评定分委员会审议并签署意见，教务处审核，报学校学位评定委员会审查批准。

第三章 硕 士 学 位

第八条 凡符合本细则第三条规定的攻读硕士学位研究生或达到硕士生毕业要求的同等学力人员，完成本专业培养方案所有环节规定的要求，通过硕士学位课程考试和论文答辩，达到下列学术水平者，方可授予硕士学位。

1．在本门学科上掌握坚实的基础理论和系统的专门知识；

2．具有从事科学研究工作和独立担负专门业务工作的能力。

第九条 攻读硕士学位研究生有下列情况之一者不授予硕士学位：

1．不符合本细则第三条，第八条；

2．发现确有学位论文作假等学术不端行为的；

3．国家规定不能授予硕士学位的其他情形。

第十条 硕士学位的考试课程和要求：

1．马克思主义理论课。要求掌握马克思主义的基本理论；

2．基础理论课和专业课。符合培养方案要求，掌握坚实的基础理论和系统的专门知识；

3．外国语一门。要求熟练地阅读本专业文献资料和撰写论文摘要。

硕士学位课程考试，根据培养方案的要求，结合培养计划安排进行。学位课程考试如有一门不及格，可在本年内申请补考一次，补考仍不通过，不能参加论文答辩。

第十一条 硕士学位论文的基本要求：

1．应在指导教师指导下，由研究生本人独立完成；

2．学位论文应表明作者对所研究的课题有独立见解、并反映作者在本门学科上掌握坚实的基础理论和系统的专门知识，具有从事科学研究工作和独立担负专门业务工作的能力；

3．论文工作必须有一定工作量，在论文题目确定后，实际用于硕士学位论文工作的时间一般不少于 1 个学年。

第十二条 学校每年定期进行硕士学位授予工作。我校攻读硕士学位研究生，完成培养计划要求的硕士学位课程考试和学位论文工作，培养环节达到培养方案的要求后，可以提出硕士学位论文答辩申请。以研究生毕业同等学力人员申请硕士学位，还需通过国务院学位办组织的外国语和专业综合课考试，获得合格证书，方可申请。

第十三条 硕士学位论文的评阅：

学历研究生硕士学位论文需聘请本学科熟悉论文内容的二位具有高级专业技术职务的专家进行评审，其中至少应有一位外单位专家。在收到评阅人同意答辩的意见后，方可组织答辩；评阅人意见不一致时，需另外聘请一位水平较高的专家重新评审，根据评审情况，再决定能否参加学位论文答辩。若两名论文评阅人不同意，则不能答辩，可修改论文后重新申请。

以研究生毕业同等学力申请硕士学位人员和申请专业学位（含工程硕士和 MBA 等）人员的学位论文评阅需聘请本学科熟悉论文内容的三位具有高级专业技术职务的专家进行评审。评阅人中至少有一位是学校和学生所在单位以外的专家。在收到评阅人同意答辩的意见后，方可申请答辩；当评阅人意见不一致时，若两名论文评阅人同意，一名论文评阅人不同意，则由学位评定分委员会决定是否参加学位论文答辩；如两名论文评阅人不同意，则不能答辩，可修改论文后重新申请。

评阅人对论文应进行认真审查，实事求是地写出学术评语，并在收到论文一个月内将评语送交或邮寄到我校研究生培养部门。

第十四条 硕士学位论文答辩：

论文答辩委员会应由三至五人组成，导师作为答辩委员时，答辩委员会由五人组成。组成成员中的四分之三应是教授、副教授或相当职称的专家，且至少应有一名外单位的专家。导师参加论文答辩委员会时不能担任主席。论文答辩委员会设秘书一人。

硕士学位论文答辩应公开进行。

论文答辩委员会采取无记名投票方式，就是否通过论文答辩和建议授予硕士学位进行表决。全体成员三分之二及以上同意为通过。决议经答辩委员会主席签字后，报学位评定分委员会。

经答辩委员会一致通过的硕士论文，论文答辩委员会的半数以上成员如认为申请人的论文已相当博士学位论文的学术水平，除做出授予硕士学位的决议外，还可以向学位评定委员会建议办理申请博士学位的有关事宜。

论文答辩委员会表决未通过的硕士论文，经论文答辩委员会全体成员投票表决，做出在一年内修改论文并重新申请答辩一次，或建议授予硕士学位的决议。全体成员二分之一及以上同意有效。

答辩委员会应有答辩情况记录。

第十五条 学位评定分委员会定期审查本学科范围内申请硕士学位人员的材料，确定拟授予硕士学位人员的名单，经研究生院审定，报送学位评定委员会批准。

学位评定分委员会在做出拟授予硕士学位的决议时，应以无记名投票方式，经出席会议的三分之二或以上成员同意，方可通过（通过票数不得少于全体成员总数的二分之一）。表决不能采用通讯方式。会议应有记录。

论文答辩委员会表决建议不授予学位的，学位评定分委员会不进行审核。对经论文答辩委员会通过的论文，而学位评定分委员会审核后认为不合格的，分委员会可以做出在一年内修改论文，重新答辩一次或做出不同意授予硕士学位的决定。

第十六条 拟授学位人员的材料由研究生院统一报校学位办公室审核同意后，报学位评定委员会审批。学位评定委员会应以无记名投票方式，经出席会议的三分之二及以上成员同意并达到全体成员的二分之一以上方为通过，会议应有记录。

第四章 博 士 学 位

第十七条 凡符合本细则第三条规定的攻读博士学位研究生通过博士学位课程考试和论文答辩，完成博士学位研究生培养方案中制定的有关规定要求，达到下述学术水平者，方可授予博士学位：

1．在本门学科上掌握坚实宽广的基础理论和系统深入的专门知识；

2．具有独立从事科学研究工作的能力；

3．在科学和专门技术上取得创造性的成果。

第十八条 攻读博士学位研究生有下列情况之一者不授予博士学位：

1．不符合本细则第三条，第十七条；

2．发现确有学位论文作假等学术不端行为的；

3．国家规定不能授予博士学位的其他情形。

第十九条 博士学位的考试课程和要求：

1．马克思主义理论课。要求较好地掌握马克思主义基本理论；

2．基础理论课和专业课。要求掌握坚实宽广的基础理论和系统深入的专门知识；

3．外国语。要求能熟练地阅读本专业的外文资料，并具有较强的听、说和写、译能力。

符合培养方案中制定的有关规定，全部学位课程考试合格，方可参加博士学位论文答辩。

第二十条 博士学位论文的基本要求：

学位论文应具有重要的实用价值或理论意义。论文应表明作者具有独立从事科学研究工作的能力，在科学或专门技术上取得创造性的成果，并反映作者在本门学科上掌握了坚实宽广的基础理论和系统深入的专门知识。

博士学位论文应在导师指导下，由博士生本人独立完成，博士学位论文必须是一篇（或由一组论文组成的）系统的、完整的学术论文。

第二十一条 学校每年定期进行博士学位授予工作。我校攻读博士学位研究生，完成培养计划要求的博士学位课程考试和学位论文工作，科研成果和发表论文情况达到培养方案的要求后，可以提出博士学位论文答辩申请。

第二十二条 博士学位论文评阅：

博士学位论文要送交至少5名同行专家进行评阅（专家应是教授、博导，校内专家不超过1人），收到5份及以上同意答辩的评阅意见后，方可组织答辩。

第二十三条 博士学位论文答辩：

博士学位论文答辩应在博士生通过全部课程考试，完成论文工作后，由本人提出申请。对提出答辩申请的论文，按照第二十二条的有关要求组织评阅，评阅通过可组织答辩。

论文答辩委员会由五至七人组成，成员中半数以上应是教授或相当职称的专家。应尽可能聘请本学科、专业和相关学科、专业的博士生导师或其他专家。除本校专家外，必须有二至三位外单位专家。导师可以参加论文答辩委员会，但不得担任主席。论文答辩委员会主席由教授或相当职称的专家担任。论文答辩委员会设秘书一人。

博士学位论文答辩一般应公开举行。特殊情况报学位评定委员会主席批准。

论文答辩委员会采取无记名投票方式，就是否通过论文答辩和建议授予博士学位进行表决。全体成员三分之二及以上同意为通过。决议经答辩委员会主席签字后，报学位评定分委员会。

论文答辩未通过的，经论文答辩委员会全体成员半数以上同意，并做出决议，可在一年半内修改论文，重新申请答辩一次；如果论文答辩委员会未做出同意修改论文的决议，任何人无权同意修改论文并重新组织答辩。

论文答辩委员会认为申请人的论文虽未达到博士学位的学术水平，但已达到了硕士学位的学术水平，而申请人又尚未获得过该学科的硕士学位，可做出授予硕士学位的建议。

论文答辩会应有记录。

第二十四条 学位评定分委员会定期审查本学科范围内申请博士学位人员的全部材料，确定拟授予学位人员名单，经研究生院审定，报送学位评定委员会批准。

学位评定分委员会对经博士学位论文答辩委员会做出建议授予博士学位者，要逐个对其政治思想表现、课程考试成绩和论文答辩等情况进行全面审核，做出相应的决定。学位评定分委员会在做出拟授予博士学位的建议时，应采取无记名投票方式，经出席会议的三分之二及以上成员同意并达到全体成员的二分之一以上方为通过，会议应有记录。

凡论文答辩委员会建议不授予学位的，学位评定分委员会不进行审核。对经论文答辩委员会通过的论文，但经学位评定分委员会审核后，认为不合格的，可以做出明确的决定，即允许在一年半内修改论文，重新申请答辩一次；或不同意授予博士学位的决定。

学位评定委员会在做出授予博士学位决定时，应以无记名投票方式。经出席会议的三分之二及以上成员同意并达到全体成员的二分之一以上方为通过，会议应有记录。

第二十五条 经过学位评定委员会批准授予博士学位的名单，应张榜公布。公布三个月后无异议者，方可颁发博士学位证书。

第五章 学位评定组织机构

第二十六条 学校成立学位评定委员会（简称委员会），由21～25人组成，任期2～3年。委员会设主席1人，副主席2～3人，秘书2人，委员会下设学位办公室，负责处理有关学位方面的日常工作。学位评定委员会委员由学校在教授、副教授中遴选，委员中教授名额占半数以上。委员会人选报上一级主管部门批准，并由主管部门报国务院学位委员会备案。

第二十七条 按学院设置学位评定分委员会（简称分委员会），分委员会由7～15人组成，任期2～3年，设主席1人，兼职秘书1人。委员从教授、副教授中遴选。分委员会主席须由校学位评定委员会委员担任。

第二十八条 学位评定委员会履行以下职责：

1．审查批准通过授予学士学位人员名单；

2．审查批准通过授予硕士学位人员的名单；

3．做出授予博士学位的决定；

4．做出撤销违反规定而授予学位的决定；

5．审查上报增设博士、硕士学位授权学科、专业点及其博士生指导教师名单；

6．审查通过研究生培养方案；

7．审批申请博士学位人员免除部分或全部课程考试名单；

8．审批学位评定分委员会名单；

9．确定硕士学位的考试科目、门数和博士学位基础理论课和专业课的考试范围；审批博士学位论文答辩委员会成员名单；

10．研究和处理授予学位的争议和其他事项；

11．组织进行学位授予质量的评估。

第二十九条 学位评定分委员会职责：

1．制定和修订硕士学位、博士学位研究生培养方案，报学位评定委员会审定；

2．审查研究生培养计划；

3．可代行学位评定委员会确定硕士学位的考试科目、门数和博士学位基础理论课和专业课的考试范围及审批学位论文答辩委员会成员名单；

4．审查通过学士学位人员名单，报学位评定委员会批准；

5．审查通过硕士学位人员名单，做出不授予硕士学位的建议，以及可否修改论文重新答辩一次的决定，报学位评定委员会审核批准；

6．审查博士学位申请人员材料，向学位评定委员会提出关于授予博士学位的建议，或不授予博士学位的建议，以及可否修改论文重新答辩一次的决定，报学位评定委员会审核批准；

7．组织硕士研究生的中期检查工作；

8．组织学位授予质量的评估工作；

9．根据《华北电力大学硕士研究生指导教师审批办法》进行硕士研究生导师遴选工作；

10．提出撤销本分委员会所辖专业违反规定而授予学位的人员名单；

11．研究处理学位授予中的其他事宜；

12．审核学位点规划建设方案；

13．分委员会按学位工作的有关规定，积极开展工作，并负责向学位评定委员会报告工作。

第六章　其　　他

第三十条　大学学位办公室根据学位评定委员会议通过的授予学位的人员名单，颁发相应的学位证书。学位证书的生效日期为校学位评定委员会做出授予学位的决定之日。

第三十一条　工程硕士和在职人员以同等学力申请学位，除执行本细则外，可参照《华北电力大学授予具有研究生毕业同等学力人员硕士学位的实施细则》和《华北电力大学工程硕士专业学位培养工作实施细则》执行。我校来华留学生学位授予有关规定另文下发。

第三十二条　本细则解释权属华北电力大学学位评定委员会。

第三十三条　本细则自2018届毕业生开始实施。

2018年5月21日

华北电力大学国内公务接待管理规定（2018年修订）

华电党政办〔2018〕3号

第一条　为进一步规范学校国内公务接待工作，厉行勤俭节约，反对铺张浪费，加强党风廉政建设，根据《党政机关国内公务接待管理规定》（中办发〔2013〕22号）、教育部《国内公务接待管理实施办法》（教办厅〔2013〕8号）、《教育部贯彻落实中央八项规定精神及实施细则的实施办法》（教党〔2018〕4号）等文件精神，结合学校实际，制定本规定。

第二条　本规定适用于学校及校直单位的国内公务接待活动。

第三条　本规定所称国内公务接待，是指来学校出席会议、考察调研、执行任务、学习交流、检查指导、受邀来校交流等国内公务接待活动。以下简称“公务接待”。

第四条　党政办公室统筹协调学校公务接待活动，负责公务接待的信息公开事宜。

第五条　公务接待应当坚持有利公务、务实节俭、严格标准、简化礼仪、高效透明、尊重少数民族风俗习惯的原则。

第六条　学校公务接待活动实行对等、对口接待。接待活动只安排与工作密切相关的单位和人员参加，严格控制陪同人数，需校领导出席的由党政办公室负责协调。

党政办公室负责学校重要公务接待工作，其他单位负责接待对口单位的一般性公务接待工作。

第七条　公务接待不得在机场、车站等组织迎送活动，不得张贴悬挂标语横幅，不得组织师生迎送，不得铺设迎宾地毯，不得有意造势或搞夸张性宣传。严禁干扰学校正常教学、科研、生活秩序。

第八条　接待住宿应当严格执行差旅、会议管理的有关规定，校直单位不得支付应由接待对象支付的住宿费用。

第九条　公务接待可在校内安排一次工作餐。工作餐应当提供家常菜，不得提供鱼翅、燕窝等高档菜肴和用野生保护动物制作的菜肴，不上烟酒。

接待对象在10人以内的，陪餐人数不得超过3人。接待对象超过10人的，陪餐人数不得超过接待对象人数的三分之一。工作餐标准为校级活动人均不超过120元，其他公务接待用餐人均不超过100元。

第十条 学校公务接待执行“先审批、后接待、再报销”流程。

公务接待前，填写《华北电力大学国内公务接待单》，经党政办公室审核后报主管或联系校领导审批；公务接待后，接待单位须在5个工作日内如实填写接待费用清单，由接待单位主要负责人签字确认后，报党政办公室审批。

接待费报销凭证应当包括财务票据、来校公函或邀请函、接待单（含接待费用清单），凭证不全或不符合有关规定的不予报销。

第十一条 公务接待坚持“谁接待、谁负责”，实行责任追究制，对国内公务接待违规违纪行为，由纪委办、监察处严肃追究接待单位相关负责人、直接责任人的责任。

第十二条 学校有关外事接待严格参照《中央和国家机关外宾接待经费管理办法》等有关规定执行，由国际合作处另行制定实施细则。

第十三条 本规定自发布之日起执行，原《华北电力大学国内公务接待管理规定》（华电校办〔2014〕1号）同时废止。

第十四条 本规定授权党政办公室负责解释。

2018年6月8日

华北电力大学教师职业道德规范

华电党教〔2018〕3号

为深入贯彻习近平新时代中国特色社会主义思想，落实全国高校思想政治工作会议和《中共中央国务院关于全面深化新时代教师队伍建设改革的意见》部署，切实加强师德师风建设，争做“四有”好老师和“四个引路人”，根据《高等学校教师职业道德规范》等规定，结合学校实际，制定本规范。

第一条 爱国守法。热爱祖国，热爱人民，拥护中国共产党的领导，自觉践行社会主义核心价值观，做中国特色社会主义的坚定信仰者和忠实实践者；模范遵守宪法和法律法规，贯彻党和国家教育方针，依法履行教师职责，维护社会稳定和校园和谐。

第二条 立德树人。坚持以德立身、以德立学、以德施教、以德育德，努力成为先进思想文化的传播者、党执政的坚定支持者、学生健康成长的指导者；坚持育人为本，以高尚师德、人格魅力和学识风范教育感染学生，做学生锤炼品格、学习知识、创新思维、奉献祖国的引路人。

第三条 求真务实。树立崇高的职业理想，以人才培养、科学研究、社会服务和文化传承创新为己任，终身学习、刻苦钻研，求真理、悟道理、明事理；知行合一、以知促行、以行求知，面向实际、深入实践，严谨务实、苦干实干。

第四条 负责尽责。忠于党的教育事业，热爱学校，恪守“校训”，弘扬“华电精神”，秉承“办一所负责任的大学”的理念，用甘于奉献的工作态度、勇于担当的敬业精神和积极主动的服务意识对国家、对社会、对学校、对学生负责。

第五条 崇教爱生。坚持教书与育人相统一。因材施教、刻苦钻研、不断创新教学方法、改进教育方式，提高教育教学水平；深入了解学生、真心关爱学生、严格要求学生、公正对待学生，严慈相济、诲人不倦，做学生的良师益友。

第六条 为人师表。坚持言传和身教相统一。淡泊名利、志存高远、学为人师、行为世范，做有理想信念、有道德情操、有扎实学识、有仁爱之心的好老师；举止文明、言行雅正、自尊自律、清廉从教；积极倡导诚实守信、健康文明的网络行为，自觉维护网络安全和秩序；模范遵守社会公德，维护社会正义，引领社会风尚。

第七条 严谨治学。坚持学术自由和学术规范相统一。弘扬科学精神，勇于探索、追求真理、发扬民主、协同创新；遵循实事求是的科学精神和精益求精的治学态度，遵循学术准则、秉持学术良知、恪守学术诚信，尊重他人学术成果，维护学术自由和学术尊严。

第八条 服务社会。坚持潜心问道和关注社会相统一。勇担社会责任，普及科学知识，传播优秀文化；热心公益、服务大众，主动参与社会实践，自觉承担社会义务，积极提供专业服务。

第九条 本规范适用于学校全体教职工和以学校名义从事各类工作的兼职人员。

2018年7月12日

华北电力大学师德“一票否决制”实施细则（试行）

华电党教〔2018〕2号

第一章　总　　则

第一条　为深入贯彻习近平新时代中国特色社会主义思想，落实全国高校思想政治工作会议精神和《中共中央国务院关于全面深化新时代教师队伍建设改革的意见》、教育部《关于建立健全高校师德建设长效机制的意见》等文件精神，进一步加强师德师风建设，将师德“一票否决制”落细落实，根据《中华人民共和国教师法》《中华人民共和国高等教育法》，结合学校实际，特制定本细则。

第二条　本细则适用于学校全体教职工和以学校名义从事各类工作的兼职人员（以下统称教师）。

第二章　否　决　清　单

第三条　教师凡有下列情形之一者，实施师德“一票否决”：

1．在教育教学活动中及其他场合有损害党中央权威和集中统一领导，违背党的路线方针政策的言行。

2．违反宪法和法律规定，损害国家利益、社会公共利益和违背社会公序良俗。

3．在涉外活动中，有损党和国家尊严、利益或安全的行为。

4．与学生有不正当关系，性骚扰学生。

第四条　教师凡有下列情形之一并造成严重后果者，实施师德“一票否决”：

1．通过信息网络及其他渠道发表、传播不当言论，编造散布虚假信息、不良信息。

2．抄袭剽窃、篡改侵吞他人学术成果，违规使用科研经费，滥用学术资源和学术影响。

3．故意不完成教育教学任务，或者从事影响教育教学本职工作的兼职兼薪行为。

4．在教学及科研活动中遇突发事件、学生安全面临威胁时，擅离职守、逃避职责。

5．支使学生从事与教育教学、学术研究、能力提升无关的事宜。

6．体罚学生，侮辱歧视学生，打击报复学生；虐待、猥亵、伤害儿童。

7．在招生考试、评奖推优、职务评聘、教学科研等工作中弄虚作假、徇私舞弊。

8．索要、收受学生及家长财物，参加由学生及家长支付费用的宴请、旅游、健身休闲等活动，利用学生及家长资源谋取私利。

9．未经学校授权，擅自以学校名义行事。

10．组织或参与有偿补课，或利用对学生的影响从事营利性活动。

11．其他违反高校教师职业道德的行为。

第三章　否　决　事　项

第五条　实施“一票否决”的事项如下：

1．否决项目。在执行期限内，年度考核结果定为“不合格”等级，同时取消其人才计划申报、科研项目申报、专业技术职务评聘、干部选任、岗位聘任、职务晋升、评奖评优、工资晋级等方面的资格。

2．执行期限。自学校师德建设委员会做出处理决定之日起，不少于24个月。

3．追溯制度。取消在教师出现第三、四条所列行为至学校做出处理决定期间所取得的各项业绩，包括但不限于专业技术职务晋升、人才称号、奖励荣誉等。

第六条　对于情节较重的，在执行第五条所列否决事项的同时，由相关部门做出处理。

1．按照《关于全面落实研究生导师立德树人职责的意见》要求处理研究生导师相关事宜。

2．按照《事业单位工作人员处分暂行规定》给予行政处分；是中共党员的，同时给予党纪处分。

3．按照《事业单位人事管理条例》解除或终止聘用合同。

4. 报请教育主管部门撤销其教师资格，列入禁止从教名单。

5. 涉嫌违法犯罪的，移送司法机关依法处理。

第四章 审 查 程 序

第七条 师德“一票否决”的审查、认定和处理应坚持公平公正、教育与惩处相结合的原则，做到事实清楚、证据确凿、定性准确、处理适当、程序合法、手续完备。

第八条 学校师德建设委员会负责师德“一票否决”审查工作；党委教师工作部负责具体实施。

1. 各基层单位发现教师有违反师德行为或收到相关举报线索、材料的，应第一时间上报党委教师工作部，开始调查工作，收集整理材料，进行事实认定。基层单位一般应在 15 日内将书面材料报党委教师工作部。

2. 党委教师工作部接到书面材料后，会同相关部门对被调查人是否违反师德的情况进行核查。其中涉及意识形态的由党委宣传部核查；涉及学术道德的由学术道德委员会核查；涉及违纪违法的由学校纪委办公室、监察处核查；涉及教学工作的由教务处或研究生院核查；涉及科研工作的由科学技术研究院核查；涉及其他方面的根据实际情况由党委教师工作部、人事处核查。涉及党员领导干部方面的党委组织部需参与核查。

3. 党委教师工作部一般应在 30 日内会同相关部门和基层单位根据核查情况提出初步意见并提交学校师德建设委员会审定。

第九条 党委教师工作部将《处理决定书》送达教师所在基层单位，由所在基层单位送达教师本人并由其签字确认。

第十条 被处理教师对处理决定如有异议，可以自接到《处理决定书》之日起 7 日内，向学校劳动人事争议调解委员会进行申诉，劳动人事争议调解委员会应在 30 日内做出申诉处理意见。教师对申诉处理意见不服的，可以向上级教育行政主管部门进行申诉。

第十一条 被处理教师在执行期内确有悔改表现且未再次出现违反师德情形的，执行期满后，经本人书面申请，所在单位集体讨论并书面报党委教师工作部，经学校师德建设委员会审定后可解除处理决定。

第十二条 被处理教师在执行期内再次出现违反师德情形的，按照程序加重处理。

第十三条 处理决定和解除处理决定都应完整存入个人档案。

第五章 组 织 保 障

第十四条 学校党委书记和校长担任师德建设委员会主任，是师德建设第一责任人；分管校领导担任委员会副主任，是师德建设直接责任人；成员由党政办公室、党委组织部、党委宣传部、党委教师工作部、党委学生工作部、党委研究生工作部、纪委办公室、监察处、校工会、教务处、研究生院和科学技术研究院等部门主要负责人，学术道德委员会主任，学院（系、部）党政负责人，教师代表和学生代表组成。师德建设委员会下设办公室，设在党委教师工作部，党委教师工作部部长兼任办公室主任。

第十五条 学校师德建设坚持责权对等、分级负责、层层落实的原则。对于相关单位和责任人不履行或不完整履行职责，有下列情形之一的，根据职责权限和责任划分进行问责：

1. 师德师风制度建设、日常教育监督、舆论宣传、预防工作不到位。

2. 师德失范问题排查发现不及时。

3. 对已发现的师德失范行为推诿隐瞒、处置不力、方式不当。

4. 已做出的师德失范行为处理决定落实不到位，师德失范行为整改不彻底。

5. 本单位多次出现师德失范问题或因师德失范问题引起不良社会影响。

6. 其他应当问责的失职失责情形。

第十六条 各直属党委（党总支、党支部）主要负责人和行政主要负责人对本单位师德建设负直接领导责任，要建立健全本单位师德建设长效机制和责任体系，将师德建设与本单位党的建设、人才培养、科学研究、社会服务和文化传承创新一同计划、一同部署、一同落实。

第六章 附 则

第十七条 本细则授权党委教师工作部负责解释，自印发之日起执行。

2018 年 7 月 12 日

华北电力大学处级领导干部兼职管理暂行办法

华电党组〔2018〕28号

第一章 总 则

第一条 为贯彻落实全面从严治党、从严管理干部要求，加强领导干部兼职管理，进一步规范领导干部兼职及取酬行为，根据中共中央组织部《关于进一步规范党政领导干部在企业兼职（任职）问题的意见》（中组发〔2013〕18号）、《关于改进和完善高校、科研院所领导人员兼职管理有关问题的问答》（《组工通讯》2016年第33期）等有关精神，结合学校实际，制定本办法。

第二条 本办法适用于学校党委任免和管理的处级领导干部。对校级领导干部、已退出现职但未退休的校级领导干部和已退休校级领导干部的兼职管理，按照中组部和教育部的相关文件执行。

第三条 领导干部拟在社会团体、基金会、民办非企业单位和企业兼职，必须严格遵照本办法要求，认真履行审批程序，未经批准不得兼职。经批准兼职的，在兼职活动中要严格遵纪守法，要把主要精力放在做好本职工作上，不能因为兼职影响应履行的职责，禁止利用职权和职务上的影响谋取不正当利益。

第四条 领导干部不得经商办企业，不得从事个体经营活动和有偿中介活动。

第五条 党委组织部在学校党委领导下负责对领导干部兼职的管理，领导干部所在直属党委（党总支、党支部）要全面掌握其兼职情况，配合做好相关工作。

第二章 兼 职 数 量

第六条 根据工作需要和实际情况，领导干部可以在与本单位和本人业务工作或教学科研领域相关的社会团体、基金会、民办非企业单位和企业兼职，兼职数量不超过4个（其中在企业兼职不超过2个）。

第七条 “双肩挑”干部到国内外高水平学术期刊担任编委或到国际学术组织兼职，兼职数量可根据实际情况放宽。

第三章 兼 职 取 酬

第八条 领导干部按照有关规定在兼职单位获得的报酬，应当全额上缴学校，由学校根据实际情况给予适当奖励，奖励金额不超过所缴报酬的80%。

第九条 领导干部的科技成果转化，可以获得现金奖励或股权激励，但获得股权激励的领导干部不得利用职权为所持股权的企业谋取利益。

第十条 领导干部兼职及因科技成果转化获得现金奖励、股权激励等情况，应当公开透明，以适当方式公示，并在个人有关事项报告和年度述职报告中予以说明。

第四章 审 批 程 序

第十一条 领导干部到校办企业兼职，由学校经营性资产管理委员会提出建议人选，经党委组织部审核同意后，报分管校领导审批。

第十二条 领导干部到校外兼职的，由本人填写《华北电力大学处级领导干部兼职审批表》（见附件），并附拟兼职单位邀请函等相关材料；报所在直属党委（党总支、党支部）审核同意后，将材料报党委组织部；由党委组织部提出意见，10个工作日内报分管校领导审批（涉及领取报酬的兼职，由党委常委会会议讨论决定）。

第十三条 领导干部拟在国际学术组织或有国（境）外背景的社会团体、基金会、民办非企业单位和企业兼职，须提供拟兼职单位的背景资料，由党委常委会会议讨论决定，必要时征求有关主管部门意见。

第十四条 领导干部所兼职务实行任期制的，任期届满拟继续兼职的，应重新履行审批手续，在同一个职位兼职不得超过2届；所兼职务未实行任期制的，兼职时间最长不得超过10年。

第十五条 领导干部职务发生变动，其兼职管理按照新任职务的相应规定掌握；职务变动后按规定不得兼任的有关职务，应当在 3 个月内请辞。

第五章 管 理 监 督

第十六条 兼职的领导干部应在每年的考核述职中向所在单位报告上一年度兼职履职情况、是否取酬、职务消费和报销有关工作费用等情况。

第十七条 实行领导干部兼职公示制度。学校在一定范围内以适当方式公开领导干部兼职情况，接受监督。

第十八条 对违反规定兼职的领导干部，按照《中国共产党纪律处分条例》等有关规定做出处理，并责令辞去本职或兼职，收缴违规收取的报酬。

第六章 附 则

第十九条 领导干部不再担任领导职务后，其兼职不再按照本办法管理。

第二十条 本办法授权党委组织部负责解释，未尽事宜按照上级有关规定执行。

第二十一条 本办法自发布之日起施行。2011 年 10 月 24 日印发的《华北电力大学处级以上党员领导干部兼职管理规定》同时废止。

2018 年 7 月 25 日

华北电力大学本科生班主任管理办法

华电校学〔2018〕36 号

第一章 总 则

第一条 人才培养是大学的本质职能，本科教育是大学的根和本。为加快建设高水平本科教育，全面提高人才培养能力，着力培养德智体美全面发展的社会主义建设者和接班人，着力培养担当民族复兴大任的时代新人，切实加强和完善我校本科生班主任工作，根据全国高校思想政治工作会议、新时代全国高等学校本科教育工作会议精神和教育部《普通高等学校辅导员队伍建设规定》《关于加强高等学校辅导员、班主任队伍建设的意见》等文件，结合我校实际情况，制定本办法。

第二条 班主任是学校实现人才培养目标和开展大学生思想政治教育的一支重要力量，是推动高校思想政治工作平衡发展、充分发展的有力抓手，是大学生健康成长的指导者和引路人。

第三条 学校倡导在教育教学、科学研究、社会服务、文化传承、国际合作等领域有重要贡献或较大影响的名师担任本科生班主任，鼓励品德高尚、业务精湛、责任心强的高职称、高学历、高能力的骨干业务教师担任本科生班主任。各院系应特别注重从优秀共产党员、师德先进个人、教学名师、“万人计划”“973 首席科学家”“长江学者”“杰青”“优青”、科技创新领军人才、新世纪优秀人才、博士研究生导师等知名专家教授中选聘热心本科生教育工作的人员担任本科生班主任，院系高职称、高学历、高能力的骨干业务教师担任本科生班主任的人数比例应当不低于本院系高职称、高学历业务教师占本院系全体业务教师的比例。

第二章 工 作 职 责

第四条 班主任要遵守宪法、法律和职业道德，为人师表、敬业爱生、育人为本、终身学习，要围绕学生、关爱学生、服务学生，不断提高学生思想水平、政治觉悟、道德素质、文化素养。

第五条 班主任是贯通学校人才培养体系和思想政治工作体系的重要角色，主要职责是：在党委学生工作部（学生处）、校团委的指导下，在院系党组织和院系行政的直接领导下，协助辅导员、配合任课教师，通过以自然班为主体的班级建设，对学生进行思想、学业和发展引领，实现价值引导、能力提升、知识传授的深度结合，实现学生个人发展、党和国家对人才战略需求、学校人才培养目标的有机统一。

班主任的具体职责与要求是：

（一）思想教育与价值引领。坚持正确政治方向，促进专业知识教育与思想政治教育相结合，充分发挥课程、科研等工作的育人功能，将思想价值引领贯穿到教育教学的全过程和各环节，融入班级管理和生活指导的方方面面，引导学生深入学习、践行习近平新时代中国特色社会主义思想，深入开展中国特色社会主义、中国梦宣传教育和社会主义核心价值观教育。

（二）学风建设与学术引导。指导学生制定个人学业发展规划，端正学习态度、改进学习方法、提高学习技能。熟悉相关专业培养方案，配合专业教师对所带班级学生进行专业教育，启发专业思维，激发学生的学习动力和专业志趣。定期组织学习经验交流、学习方法指导及学风建设等主题活动，教育学生遵守课堂、考试纪律，引导学生恪守学术道德和学术规范。了解学生的学习状态，协助辅导员开展学业辅导、学业预警和学业帮扶工作。

（三）日常管理与生活指导。做好班级组织建设工作。熟悉所负责班级全体学生的家庭情况、性格特点和思想动态等。每周定期接待班级学生来访或深入学生班级了解情况。每学期能和每位学生谈心至少一次，做好重点关注学生的教育工作，帮助他们调试心理状态、适应大学生活、顺利完成学业。班级遇到重要或紧急情况须及时处理，同时向院系主管领导汇报，共同解决问题。

（四）创新创业与社会实践。充分利用各种资源，为学生提供更高的职业规划和生涯发展平台。指导学生积极参与各类学术创新活动，为学生争取、创造更多参与课题研究和各类创新创业项目的机会。充分发挥实践育人功能，指导学生积极参加第二课堂各类社会实践、职业体验活动。

（五）理论学习与业务提升。积极参加党委学生工作部（学生处）及院系举办的培训、工作例会等，按照要求填写《班主任工作手册》。熟悉学校的发展规划、育人观念、人才培养总目标，提高工作的针对性和实效性。

第三章 选聘与配备

第六条 每个本科学生班级均应配备一名班主任。

第七条 班主任一般从专任教师和研究人员中选聘。各院系要下决心把德才兼备、最有责任心、最有奉献精神的名师和骨干业务教师选聘到学生工作的第一线担任班主任工作。鼓励新入职的教师担任班主任工作。45 岁及以下教师晋升高一级专业技术职务，必须至少担任一年辅导员或班主任工作并考核合格。

第八条 每名班主任原则上不同时担任两个或以上班级的班主任工作。原则上班主任一个聘期为四年，经党委学生工作部（学生处）批准、院系聘任。

第九条 班主任选聘应坚持以下基本条件：

（一）具有较高的政治素质和坚定的理想信念，有较强的政治敏感度和政治辨别力；

（二）德才兼备、乐于奉献、潜心教书育人，热爱大学生思想政治教育事业，具有高度的事业心和责任感；

（三）能较好地处理教学、科研等工作与学生工作的关系。原则上应具备相关学科专业背景和较强的组织管理、沟通协调能力；

（四）具有较强的纪律观念和规矩意识，遵纪守法，为人正直，作风正派，廉洁自律。

第十条 班主任的选聘由党委学生工作部（学生处）统一领导，院系具体组织。各院系党委（党总支）和行政要高度重视班主任的选聘配备和队伍建设，院系党政联席会每学期至少要研究一次班主任工作。院系确定的拟聘人选要报党委学生工作部（学生处）审批，人事处、党委教师工作部备案。

第四章 管理与考核

第十一条 班主任实行以院系为主，院系、学校两级管理制度。党委学生工作部（学生处）受学校委托负责班主任管理、考核等办法的制定，院系对班主任进行直接领导和日常管理。

第十二条 班主任考核以学年为单位，一般在每学年结束前的一个月进行考核，标准以班主任的基本条件和工作职责为依据，重点考核职责的落实情况和工作实绩。考核结果作为继续聘任和晋升的参照依据。

第十三条 班主任考核工作由党委学生工作部（学生处）牵头组织，院系党委负责具体实施，结果报党委学生工作部（学生处）审核备案。

第十四条 班主任考核采取量化的方式，量化考核分数＝个人自评×20%＋学生评价×40%＋所在院系评价×40%。考核分值 60 分及以上的为“合格”，60 分以下的为“不合格”。

第十五条 班主任考核实行师德师风一票否决。

第十六条 院系在班主任年度考核的基础上向学校推荐校级优秀班主任和“十佳班主任”，原则上，校级优秀班主任和“十佳班主任”的考核分值应在80分及以上，二者名额总数不超过院系班主任考核合格人数的25%。校级优秀班主任和“十佳班主任”推荐结果经院系公示后报党委学生工作部（学生处）审核，由学校学生工作委员会评选确定。学校对优秀者颁发荣誉证书，并进行表彰奖励和事迹宣传。

第十七条 班主任考核结果为“不合格”的，年度教职工考核不得评为“优秀”，考核当年不得晋升高一级职称，两年内不安排担任各类班主任。院系在经党委学生工作部（学生处）同意后可解除与班主任的聘任关系。

第十八条 学校为考核“合格”和“优秀”的班主任发放工作津贴，考评合格的标准为每班每月200元；优秀班主任津贴为每班每月300元；十佳班主任津贴为每班每月1000元。班主任津贴每学年发放一次，学校鼓励有条件的院系自筹资金设立班主任补充津贴。

第五章 培养和发展

第十九条 学校将班主任培训纳入学生工作队伍培训规划，班主任应积极参加并至少完成8学时/学年的业务学习，新生班主任上岗前须参加学校和院系组织的岗前培训。

第二十条 院系要为班主任履行职责提供各项必要的条件，要充分调动班主任工作的积极性和主动性。

第二十一条 班主任离开工作岗位达一个月以上半年以下的，应提前向院系提出书面申请并与代班的班主任做好工作交接；班主任离开工作岗位半年以上的，院系应安排好接任的班主任，并报党委学生工作部（学生处）备案。

第六章 附则

第二十二条 各院系应根据实际情况制定班主任工作实施细则，并报党委学生工作部（学生处）备案。

第二十三条 本办法适用于我校全体本科生班主任，自发布之日起施行。其他文件有关规定与本办法不一致的，以本办法为准。

第二十四条 本办法授权党委学生工作部（学生处）负责解释。

2018年7月26日

华北电力大学招标管理办法（修订）

华电校招〔2018〕1号

第一章 总则

第一条 为了进一步规范我校招标活动，提高资金使用效益，保证项目招标工作顺利进行，维护招标活动当事人的合法权益，促进廉政建设，根据《中华人民共和国招标投标法》《中华人民共和国招标投标法实施条例》《中华人民共和国政府采购法》《中华人民共和国政府采购法实施条例》《政府采购货物和服务招标投标管理办法》（中华人民共和国财政部令第87号）《政府采购质疑和投诉办法》（中华人民共和国财政部令第94号）及《华北电力大学政府采购管理暂行办法》等法律法规，结合学校实际，特制定本办法。

第二条 使用财政性资金和纳入学校财务管理的非财政性资金采购的货物、工程与服务的招标活动，适用本办法。

本办法所称货物，是指各种形态和种类的物品，包括原材料、燃料、设备、产品等，以及商标专用权、著作权、专利权等无形货物；所称工程，包括建筑物和构筑物的新建、改建、扩建、装修、拆除、修缮、改造等；所称服务，是指除货物和工程以外的其他采购对象。

第三条 学校招标工作实行统一领导、归口管理、分工协作、有效监督的管理体制，坚持依法合规、预算约束、科学合理、公平公正、廉洁高效的原则。

第四条 任何单位不得将必须进行招标的项目化整为零或者以其他任何方式规避招标，不得以任何方式非法干涉招标活动。

第二章 组织机构与职责

第五条 学校招标工作是学校资产采购及资产配置工作的重要环节，招标工作接受学校国有资产管理委员会的领导，招标工作的重大事项报国有资产管理委员会和校长办公会研究决定。

第六条 招标中心是学校组织招标的执行机构，负责学校招标工作的组织实施并提供服务。主要职责有：

（一）贯彻国家招标投标、政府采购的法律法规和方针政策，负责制订校内招标工作的规章制度与工作程序；

（二）编制学校招标年度工作计划；

（三）负责组织学校招标工作（包括公开招标、邀请招标及竞争性谈判、竞争性磋商、单一来源等非招标采购方式）；

（四）负责招标代理机构的遴选、项目委托及招标组织等工作；

（五）负责组建与管理学校评标专家库；

（六）负责招标过程有关文件与资料的整理与移交工作。

第七条 资产管理处、基建处、后勤管理处、校医院等涉及采购的业务主管部门是招标工作的分工责任单位。其工作职责为：

（一）编制招标计划

按照学校年度预算审核、汇总所负责的全年招标采购计划，并报送学校招标中心。

（二）招标的前期准备

1. 完成项目立项审批等手续，落实项目的预算经费及其来源，提交《华北电力大学项目招标申请表》。

2. 提出详细的技术、商务和服务等要求，必要时须提出项目招标方式的建议与理由。工程项目需提供完整、准确的施工图、工程量清单、招标控制价和招标范围。

（三）招标的实施过程工作

1. 协助招标技术释疑。招标文件的技术要求、商务要求等细节由使用单位负责答疑。

2. 协助现场踏勘和答疑。

3. 选派采购人代表参与相关项目的资格审查和评标。

（四）招标的后期工作

1. 负责合同的审核、签订，项目的组织实施、验收以及结算等事项。

2. 按照学校有关规定完成项目资料的整体归档、移交工作。

第八条 招标中心可根据需要组织成立相应的招标工作小组。

招标工作小组由招标中心主任担任组长，成员由审计处及相关业务主管部门的代表组成。如项目需要，可邀请用户单位代表、职能部门代表和相关专家参加。招标工作小组的主要职责是：

1. 审核招标项目的招标文件等重要内容；

2. 审核邀请招标、竞争性谈判、单一来源、竞争性磋商等采购方式，并报分管招标工作校领导确定；

3. 审核并确定重新招标失败的项目的采购方式、推荐承揽或供应商；

4. 讨论招标工作其他重要事项。

第九条 监察处根据工作职责对招标工作进行监督，履行对监督的再监督、检查的再检查职能。

第三章 招标范围和标准

第十条 政府集中采购范围之外且符合下列范围及规模标准的学校货物、工程、服务等采购项目，必须进行招标。

（一）40 万元（含）人民币以上的基建工程项目；20 万元（含）人民币以上的修缮工程项目。

（二）20 万元（含）人民币以上的货物；40 万元（含）人民币以上的科研仪器设备。

（三）20 万元（含）人民币以上的服务类项目，包括基建工程勘察、设计、监理等服务。

（四）20 万元（含）人民币以上的药品；10 万元（含）人民币以上的医用试剂及卫生材料。

（五）20 万元（含）人民币以上的图书文献。

（六）后勤保障性商业服务网点的商业用房等资源的租赁、承包或其他形式的经营及有偿使用。

第十一条 各类采购项目，应根据项目批复内容或合同书，按照年度工作计划整体采购同类性质货物、工程和服务。

第十二条 属于公开招标范围且达到招标规模标准，但符合下列条件之一的，可以采用邀请招标方式。邀请招标，是指采购人依法从符合相应资格条件的供应商中随机抽取 3 家以上供应商，并以投标邀请书的方式邀请其参加投标的采购方式。

（一）技术要求复杂，或者有特殊的专业要求的；

（二）公开招标所需费用和时间与项目价值不相称，不符合经济合理性要求的；

（三）受自然资源或者环境条件限制的；

（四）法律、行政法规或者上级政府部门另有规定的。

第十三条 属于公开招标范围且达到招标规模标准的货物或服务项目而不适宜以招标方式采购的，符合特定条件可采用竞争性谈判、单一来源、竞争性磋商或者国家法规允许的其他方式采购。

（一）符合下列条件之一，可采用竞争性谈判采购方式。

1．技术复杂或者性质特殊，不能确定详细规格或者具体要求的；

2．采用招标所需时间不能满足用户紧急需要的；

3．招标后没有供应商报名或者投标，或者没有合格标的，或者重新招标未能成立的。

（二）符合下列条件之一，可采用单一来源采购方式。

1．只能从唯一供应商处采购的；

2．发生了不可预见的紧急情况不能从其他供应商处采购的；

3．必须保证原有采购项目一致性或者服务配套的要求，需要继续从原供应商处添购。

（三）符合下列情形的项目，可以采用竞争性磋商采购方式：

1．政府购买服务项目；

2．技术复杂或者性质特殊，不能确定详细规格或者具体要求的；

3．因艺术品采购、专利、专有技术或者服务的时间、数量事先不能确定等原因不能事先计算出价格总额的；

4．市场竞争不充分的科研项目，以及需要扶持的科技成果转化项目。

第十四条 属于公开招标范围且达到招标规模标准，但符合下列条件之一的，可以不进行招标。

（一）涉及国家安全和国家秘密的；

（二）抢险救灾等突发应急的；

（三）采用特定专利或者专有技术的；

（四）为与现有设备配套而需从该设备原提供者处购买零配件的；

（五）法律、行政法规或者上级政府部门、学校有规定的。

第十五条 在执行合同期间，如合同中约定有需要与项目总承包方共同招标的项目，由招标中心、项目管理部门和项目总承包方共同组织实施，招评标程序按照本办法规定执行。

第四章　业　务　程　序

第十六条 招标申请

学校资产管理处、基建处、后勤管理处、校医院等涉及采购的业务主管部门根据采购项目及金额，提交《华北电力大学项目招标申请表》至招标中心。

《华北电力大学项目招标申请表》应具备下列内容：

（一）项目立项及经费审批情况。

（二）技术、商务及服务要求等。

（三）申请邀请招标时，需要提出采用邀请招标的充分理由及提出被邀请人初选名单。采用邀请招标方式的，采购人或者采购代理机构应当通过以下方式产生符合资格条件的供应商名单，并从中随机抽取 3 家以上供应商向其发出投标邀请书：

1．发布资格预审公告征集；

2．从省级以上人民政府财政部门（以下简称财政部门）建立的供应商库中选取；

3．采购人书面推荐。

第十七条 招标的审核审批

招标中心负责对申请招标材料进行审核。确定招标方式，审核邀请招标被邀请人名单，填写《华北电力大学项目招标审批表》，报招标中心负责人审批。

第十八条 招标实施

招标由招标中心负责组织实施：

1. 编制招标公告（或投标邀请书）、招标文件；

2. 发布招标公告（或投标邀请书），接受投标申请人报名并向正式投标人发售招标文件；

3. 根据项目需要组织现场勘察和答疑；

4. 接受投标人在规定时间内送达的投标文件；

5. 组织投标人、监督人员开标；

6. 组建评标委员会，依据招标文件规定进行评标，推荐中标候选人，并向招标中心递交书面评标报告；

7. 招标中心填写《华北电力大学招标情况简表》，报分管招标工作校领导审批后确定中标人；

8. 公示中标结果；

9. 向中标人发出中标通知书，向业务主管部门发出招标结果通知书和中标单位的投标文件，并作为签订合同的依据。

第十九条 属于公开招标范围且达到招标规模标准，按规定可以不招标的项目，由招标中心会同业务主管部门，提出采购办法或者直接推荐承包单位，经招标工作小组讨论后报分管招标工作校领导批准后进行。

第二十条 竞争性谈判、单一来源、竞争性磋商方式的采购程序：

（一）采用竞争性谈判、单一来源、竞争性磋商方式采购的，经分管校领导审批，业务主管部门提交《华北电力大学采购申请表（竞争性谈判、单一来源、竞争性磋商）》至招标中心。

《华北电力大学采购申请表（竞争性谈判、单一来源、竞争性磋商）》应包括下列内容：

1. 项目立项及经费审批情况；

2. 技术、商务及服务要求等；

3. 依据国家相关规定，提出申请采用采购方式的对应理由；

4. 专家意见和部门会商意见。

（二）招标中心组织采购活动：

1. 审核申报材料。

2. 组建招标工作小组，确定采购方式，提出被邀请人名单，定点采购有名单库的，可从符合资格条件的库中随机抽取；无名单库的，由招标工作小组提出，填写《华北电力大学采购审批表（竞争性谈判、单一来源、竞争性磋商）》，报分管招标工作校领导审批。

3. 发布采购公告。

4. 编制邀请书、谈判文件。

5. 向正式被邀请人发售邀请书、谈判文件。

6. 接受被邀请人在规定时间内送达的响应文件。

7. 组织采购专家、业务主管部门代表、监督人员进行谈判。

8. 采购专家依据谈判文件推荐成交供应商，并向招标中心递交书面评标报告。

9. 招标中心填写《华北电力大学采购情况简表（竞争性谈判、单一来源、竞争性磋商）》，报分管招标工作校领导审批后确定中标人。

10. 公示采购结果。

11. 向成交供应商发出成交通知书，向未成交供应商和提交申请报告的单位发出采购结果通知书。

第二十一条 为提高招标效率，应充分利用计算机网络和信息技术建立基于互联网的招标采购平台，开展电子招投标活动。

第五章 招　　标

第二十二条 进行招标的项目，应当符合下列要求：

（一）按照有关规定需要履行项目审批手续的，已经获得了批准；

（二）项目资金已落实，具备开始实施所要求的资金。

上述要求应当在招标文件中清楚载明。

第二十三条 进行公开招标的，应当在招标中心网站或其他媒体公开发布招标公告，接受投标人报名。招标公告时间从发布次日起至投标报名截止之日不少于5个工作日。

第二十四条 招标公告或投标邀请书应清楚载明下列事项：

（一）招标人名称、地址；

（二）招标项目的内容、规模、资金来源；

（三）招标项目的实施地点和时间；

（四）投标人应具备的资格条件；

（五）招标项目联系人姓名和电话。

第二十五条 资格审查包括资格预审和资格后审。资格预审是指在投标前对潜在投标人进行的资格审查。资格后审是指在开标后对投标人进行的资格审查。

（一）技术特别复杂或重大项目一般仍应采取资格预审方式。进行资格预审的，不再进行资格后审，但招标文件另有规定的除外。

（二）采用资格预审的，必须在招标公告或资格预审文件中载明正式投标人的确定方式。

第二十六条 需要投标人踏勘现场的，由招标中心组织业务主管部门以及有关专家进行考察或答疑。

第二十七条 招标中心应根据项目的特点和需要编制资格审查文件和招标文件。招标文件须清晰、明确地提出所有实质性的要求和条件，主要包括下列内容：

（一）招标公告或投标邀请书。

（二）投标人须知：

1．招标文件的组成、澄清、修改；

2．投标报价的编写要求及其修正方法；

3．投标文件的编制、签署、封装、递交、补充、修改、撤回等具体要求；

4．投标保证金和履约保证金的缴纳、退还方式及期限；

5．投标有效期。

（三）评标依据和标准、定标原则，主要评标办法、评标程序、确定废标的主要因素，评标结果的公示、公告。

（四）项目技术、商务和服务要求。

（五）拟签合同的格式、主要条款及内容。

（六）投标文件格式及要求。

（七）图纸目录、格式附录等，采用工程量清单招标的应当提供符合相关规范要求的工程量清单、招标控制价、结算及付款要求等。

第二十八条 招标文件不得有以下内容：

（一）要求或者标明特定的生产供应者或者管理、服务者。

（二）对潜在投标人含有预定倾向或者歧视条款。

（三）与已核准的招标范围、评标办法等内容存在实质性偏离。

第二十九条 招标中心对已发出的招标文件进行必要的澄清或者修改的，应当在投标截止时间、开标时间15天前，以书面形式通知所有招标文件收受人；在不影响投标人投标文件的情况下，在开标截止日期2个工作日前以书面形式通知所有招标文件收受人，同时在招标中心网站发布相应的通知。该通知内容作为招标文件的组成部分。

第三十条 招标中心应该给予投标人编制投标文件所需要的合理时间，公开招标的项目，应自招标文件开始发出之日起至投标人提交投标文件截止之日不少于20天。

第六章　投　　标

第三十一条 投标人申请投标必须具备下列条件：

（一）符合招标公告、投标邀请书中规定的投标人资格条件，并按要求提供相关证明材料。采用资格预审的，须通过资格审查。

（二）合法取得招标文件。

（三）法律法规及招标文件规定的其他条件。

第三十二条 编制投标文件。

（一）投标人在获取招标文件后，应当按照招标文件的要求自主编制投标文件，投标文件应当对招标文件提出的实质性要求和条件做出明确的响应。

（二）投标人根据招标文件载明的项目实际情况，拟在中标后将中标项目的部分非主体、非关键性工作进行分包的，应当在投标文件中载明。

第三十三条 对招标文件中含义不明确的内容，投标人可在投标截止时间、开标时间 3 个工作日前，以书面形式要求招标中心做出不超出招标文件范围的明确答复。

第三十四条 投标人应当在招标文件要求递交投标文件的截止时间前或指定的时间，将投标文件送达指定地点。招标中心负责签收保存投标文件，在开标前不得开启，并拒绝接受未密封或在投标截止时间后送达的投标文件。

第三十五条 投标人在招标文件要求提交投标文件的截止时间前，可以补充、修改或者撤回已提交的投标文件，并书面通知招标人。补充、修改的内容为投标文件的组成部分。

第三十六条 投标人在招标文件要求递交投标文件的截止时间后，不得撤回已提交的投标文件，除评标委员会专家书面要求投标人对投标文件模糊不清的内容做出解释、澄清外，投标人不得主动提出对投标文件进行解释、澄清、补充、修改。解释、澄清不得对实质性内容进行修改。

第三十七条 投标人不得以低于成本的报价竞标，也不得以他人名义投标或者以其他方式弄虚作假，骗取中标。

第七章 开标、评标和中标

第三十八条 开标应当在招标文件载明的提交投标文件截止时间的同一时间公开进行，开标地点应当是招标文件中载明的地点。

第三十九条 开标会由招标中心主持，监督人员或投标人推选的代表负责按招标文件的规定检查所有已受理投标文件的密封情况，工作人员负责唱标和记录等工作。

第四十条 评标由招标中心依法组建的评标委员会负责。

（一）评标委员会由采购人代表和评审专家组成，成员人数应当为 5 人以上单数，其中评审专家不得少于成员总数的三分之二。采购人代表原则上由业务主管部门或使用单位随机选派。

（二）评标委员会的专家应当从学校的评标专家库或北京市、保定市评标专家库中分类随机抽取，符合下列情形之一的，经分管招标工作校领导批准后可由招标中心确定：

1．国家有特别要求的项目；

2．技术特别复杂、专业性要求特别高的；

3．采取随机抽取方式确定的专家难以胜任的；

4．专家库未建立健全或者其中没有相应专家的。

第四十一条 评标专家由招标中心在法律规定时间内抽取，并负责通知评标专家，通知时不得泄露与评标项目相关的任何内容。

第四十二条 任何与投标人有利害关系的人员不得进入相关项目的评标委员会。

第四十三条 评标专家库根据政府有关规定和学校实际情况建立。

第四十四条 评标委员会评标工作规则：

（一）按招标文件规定的评标程序、标准和方法对投标文件进行评审和比较。

（二）对投标文件中含义不明确的内容，要求投标人做出澄清或者说明。澄清或者说明必须符合原投标文件的范围或者实质性内容。

（三）对投标报价明显低于其他投标人或者在设有标底时明显低于标底的，应当要求投标人具体说明并提供相关证明材料。投标人不能合理说明或者不能提供相关证明材料的，由评标委员会按照有关文件规定认定为以低于成本价竞标，作废标处理。

（四）对内容存在下列重大偏差，实质上不能响应招标文件要求的投标文件，确定为废标：

1．不能满足完成投标项目期限；

2．附有招标人无法接受的条件；

3．明显不符合技术规格、质量要求、货物包装方式、检验标准和方法；

4．不符合招标文件规定的其他实质性要求。

（五）对实质上符合招标文件要求，但在个别地方存在遗漏或者提供了不完整的技术信息和数据等细微偏差的投标文件，评标委员会应当要求该投标人在评标结束前予以澄清。

第四十五条 在评标过程中，发生下列情形之一的确认为招标失败。

（一）投标截止时收到的投标文件不足三家的；

（二）出现影响招标公正的违法、违规行为的；

（三）因重大变故，采购任务取消的。

招标失败后，招标中心应当通知所有投标人，除招标任务取消情形外，一般应组织第二次招标。

第四十六条 在评标过程中，如发现有任何不公正的行为，应当立即纠正和制止，并做好相关记录和备案等工作。情况特别严重的，可暂停或中断评审，以维护评标过程的公正性、公平性以及严肃性。

第四十七条 评标委员会完成评标后，应当向招标中心提出书面评标报告，按评标结果推荐一至三名中标候选人，并标明排列顺序。

第四十八条 评标过程中应当采取必要措施，保证评标在严格保密的情况下进行。除采购人代表、评标现场组织人员外，采购人的其他工作人员以及与评标工作无关的人员不得进入评标现场。在中标结果确定之前评标委员会成员名单必须保密。评标委员会成员、工作人员必须遵守评标纪律，不得以任何方式泄露评标情况。任何单位和个人不得非法干预、影响评标的过程和结果。

第四十九条 招标中心应根据招标文件规定的中标条件及评标委员会的推荐顺序提出中标人选，报分管招标工作校领导审批后确定中标人。在评标报告确定的中标候选人名单中按顺序确定中标人，中标候选人并列的，由采购人或者采购人委托评标委员会按照招标文件规定的方式确定中标人；招标文件未规定的，采取随机抽取的方式确定。

第五十条 中标人确定后，招标中心应在招标中心网站对中标结果进行公示，公示时间为 3 个工作日。

第五十一条 招标中心依法受理投标人的质疑，监察处依法受理投标人的投诉。投标人认为采购文件、采购过程、中标或者成交结果使自己的权益受到损害的，可以在知道或者应知其权益受到损害之日起 7 个工作日内，以书面形式一次性向招标中心、采购代理机构提出质疑。

质疑投标人对招标中心、采购代理机构的答复不满意，或者招标中心、采购代理机构未在规定时间内作出答复的，可以在答复期满后 15 个工作日内提起投诉。

第五十二条 质疑或投诉不影响中标结果的，招标中心应当向中标人发出中标通知书，向业务主管部门发出招标结果通知书。

中标通知书对招标人和中标人具有法律效力。中标通知书发出后，改变中标结果的，应当依法承担法律责任。

第五十三条 业务主管部门或用户单位应当自中标通知书发出之日起 30 天内与中标人按照招标文件、投标文件订立书面合同。

订立合同时，不得另外订立违反招标文件、投标文件实质性内容的协议；不得对招标文件、投标文件作实质性修改。

第五十四条 设有投标保证金的，招标中心应当在合同签订后的 5 个工作日内，将投标保证金全额无息退回投标人。

第八章 监督和罚则

第五十五条 学校招标工作接受纪检监察监督，监督的内容为有关招标与采购的法律法规和学校规章制度的执行情况，主要包括：

（一）必须进行招标的项目不依法进行招标的；

（二）招标投标活动不按法定程序和规则进行的。

招标投标各方应当自觉接受监督检查。

第五十六条 招标中心应当建立健全内部控制制度，明确招标投标活动的决策和执行程序，建立相互监督、相互制约的工作机制，履行工作监督，自觉接受监督，切实加强反腐倡廉建设。

第五十七条 参与学校招标投标活动的单位和工作人员必须遵守国家的法律、法规和学校的有关规章制度。对于下列违法违规行为，学校应责令改正，对直接主管人员和其他直接责任人员，按照有关规定进行处理，涉嫌犯罪的，移送司法机关处理。

（一）应当采用公开招标方式而擅自采用其他方式采购的，将必须进行招标的项目化整为零或者以其他任何方式规避招标的；

（二）以不合理的要求限制或者排斥潜在投标人，对潜在投标人实行差别待遇或者歧视待遇，或者招标文件指定特定的投标人、含有倾向性或者排斥潜在投标人等其他内容的；

（三）与投标人恶意串通的；

（四）在采购过程中接受贿赂或者获取其他不正当利益的；

（五）泄露应当保密的与招标投标活动有关的情况和资料的；

（六）中标通知书发出后不与中标人签订采购合同的；

（七）在有关部门依法实施的监督检查中提供虚假情况的；

（八）其他违纪违规的行为。

第五十八条 投标人有下列情形之一，则中标、成交无效，投标保证金不予退还，列入学校失信行为信用记录名单，取消投标人一年至三年内参加我校招标项目的投标资格并予以公告。给学校造成损失的，还应追究其经济责任或法律责任。

（一）提供虚假材料谋取中标的；

（二）采取不正当手段诋毁、排挤其他投标人的；

（三）与招投标工作有关单位和人员或其他投标人恶意串通的；

（四）向招投标工作有关单位和人员行贿或者提供其他不正当利益的；

（五）在招标过程中与采购单位进行协商谈判、不按照招标文件和中标人的投标文件订立合同，或者另行订立背离合同实质性内容的协议的；

（六）中标后无正当理由不与学校签订合同的；

（七）拒绝有关部门监督检查或者提供虚假情况的；

（八）其他违纪违规的行为。

第五十九条 评标专家有下列行为之一的，责令改正，没收违法所得，取消本次评标资格，并按学校有关规定处理；涉嫌犯罪的，移送司法机关处理。

（一）明知应当回避而不回避的；

（二）已知自己为评标专家身份后至评标公示前私下接触投标人的；

（三）在评标过程中有明显不正当倾向性的；

（四）收受投标人、其他利害关系人的财物或其他不正当利益的。

上述行为影响中标结果的，中标结果无效。

第九章 附 则

第六十条 本办法自印发之日起开始实施，之前的其他有关管理规定，如有与本办法不一致的，以本办法为准。

第六十一条 本办法授权招标中心负责解释。

2018 年 12 月 18 日

重要文件

Important Articles

关于校领导工作分工的通知

华电党〔2018〕3 号

直属各党委（党总支、党支部）、校直各单位：

根据工作需要，经 2018 年 1 月 15 日党委常委会研究，决定对校领导工作做如下分工：

周坚同志：主持党委全面工作，负责组织工作。

杨勇平同志：主持行政全面工作，负责审计工作。

何华同志：负责党的纪律检查、监察、教师思想政治、“两课”建设、老干部工作，协助校长负责审计监察工作；分管纪委办公室、监察处、审计处、党委教师工作部、离退休工作办公室；联系人文与社会科学学院、马克思主义学院、法政系、马克思主义学院（保定）。

李双辰同志：负责政策法规、财务、资产管理、实验室管理、招标采购、工会、高等教育研究工作；分管政策法规研究室、计划财务处、资产管理处、招标中心、校工会、高等教育研究所；联系数理学院、数理系。

郝英杰同志：兼任党委组织部部长。负责党建、党校、校企合作、校地合作、理事会、校友会、基金会、继续教育、产业管理工作，协助书记负责组织工作；分管党校、对外联络与合作部、教育基金工作办公室、继续教育学院、资产经营公司；联系外国语学院、英语系。

孙忠权同志：负责校园规划、基本建设、后勤管理及服务、安全保卫、信息化建设、档案、医疗卫生、附属学校管理工作；分管保卫处、基建处、校园规划办公室、后勤管理处、后勤服务集团、网络与信息化办公室、附属学校建设与管理办公室、档案馆、校医院；联系核科学与工程学院。

王增平同志：负责本科生及研究生的教育教学工作、留学生的教学与日常管理工作、学位工作、国际交流与合作、港澳台交流与合作、工程实践教育、群众体育工作；分管教务处、研究生院、学位办公室、国际合作处、港澳台办公室、国际教育学院、孔子学院、体育教学部、图书馆、教师教学发展中心；联系电气与电子工程学院、电力工程系、电子与通信工程系、校团委、工程训练中心、工程实践中心、金工实训中心、学业辅导中心。

汪庆华同志：兼任党委宣传部部长。负责意识形态、宣传思想、文化建设、稳定、学生思想政治、学生教育管理、招生就业、共青团、艺术教育、信访、保密工作。分管党政办公室、党委学生工作部、党委研究生工作部、党委武装部、党委保卫部、学生处、校团委、新闻中心、就业指导中心、学生资助管理中心、学业辅导中心、艺术教育中心；联系控制与计算机工程学院、自动化系、计算机系。

郭孝锋同志：负责统战、保定校区党建、日常党务与安全稳定工作；分管党委统战部；联系经济与管理学院、经济管理系。

律方成同志：负责学科建设、保定校区日常行政管理工作。分管学科建设办公室、“双一流”建设办公室；联系能源动力与机械工程学院、动力工程系、机械工程系。

檀勤良同志：负责教师队伍建设、人事人才、科学研究、基地平台建设、大学科技园、期刊出版工作；分管人事处、人才工作办公室、博士后管理办公室、科学技术研究院、期刊出版部、现代电力研究院、国家能源发展研究院、异地研究院、国家大学科技园、国家重点实验室、国家工程实验室、国家工程技术研究中心、省部级科研基地平台等单位；联系可再生能源学院、环境科学与工程学院、环境科学与工程系。

2018 年 1 月 17 日

校领导对外分区联络工作方案

华电校外联〔2018〕1 号

对外联络与合作是学校高水平研究型大学建设的重要支撑。正值华北电力大学建校 60 周年，为进一步发挥校领导的集体智慧和示范作用，调动部门、院系和广大师生的积极性和主动性，建立对外联络与合作长效机制，营造全面合作开放办学的良好局面，进一步筹措办学资金、拓展办学资源、争取社会支持，助力“双一流”大学建设，特制定校领导对外分区联络工作方案。

一、基本原则

落实学校十三五发展规划和第二次党员代表大会战略部署，紧紧围绕中心工作，本着“互利合作、协作双赢”的原则，加强对外联络与合作及校友工作，深入推进产学研合作、协同创新和产教融合、协同育人，推动高水平研究型大学建设。

二、工作内容

建立校领导分区域联络与合作制度，全面统筹、指导、协调、督促该省市的对外联络与合作及相关工作。

根据地缘、学缘、业缘及工作性质等特点，每名校领导在各自联络区域选配若干名联络员，协助开展有关工作。

三、工作对象

校领导分区联络以能源电力行业为重点，逐渐向其他行业、其他社会领域拓展延伸。包括但不限于：

（一）大学理事会成员单位、学校战略合作伙伴、中央企业及其分公司、子公司、分部等；

（二）地方有影响力的大中型国企；

（三）地方政府部门、事业单位；

（四）地方代表性、规模化民营企业及外资企业；

（五）各界校友和规模化校友企业；

（六）高校、科研院所及社会团体等。

四、工作职责

分区领导通过开展形式多样的对外交流与合作活动，联络感情，增进交流，互通有无，建立互信，推进合作，构建全方位、多层次、广领域的联络与合作体系。主要工作有：

（一）联络交流。定期走访重要的合作单位以及开展相关合作交流活动，参加重大合作单位的定期会晤。

（二）校友工作。参与地方校友会、校友企业的重要活动。

（三）筹措办学资金。为学校发展多渠道筹措资金。

（四）人才培养合作。推进招生就业、社会奖助学金、人才培养基地建设等合作。

（五）科研合作。推进重要的科研项目合作、科研平台及基地建设等。

（六）教育培训合作。对接地方及行业需求，开展能源电力技术及管理的培训合作项目。

（七）学校品牌推广。向社会各界宣传学校的办学理念、办学特色和办学成就，提升学校的知名度和影响力。

五、工作机制

（一）加强组织协同

建立分区领导与分管领导协商机制，加强沟通交流，保证沟通顺畅、信息准确、决策高效、步调一致。

发挥学校各学院、各部门的中坚作用和广大干部、教职员工的生力军作用，建立一支结构合理、灵活高效的分区联络员队伍。确保两校区有重点、分类别广泛参与到有关走访和联络工作中，配合好分区领导的工作。

（二）突出工作重点

紧密服务京津冀协同、中部崛起、东北振兴、粤港澳大湾区建设等区域发展战略和国家能源电力需求，制定分区联络发展规划和阶段性重点计划，推动精准合作。

落实学校发展战略，服务中心工作，以60周年校庆等重点活动为抓手，服务“双一流”建设。

（三）注重成果导向

认真研究合作规律，注重合作的可操作性、实用性和专业性，推动落实，产生较好的应用价值和社会效益。

六、组织保障

（一）校领导要充分发挥在对外联络与合作中的核心作用，加强对区域合作计划的战略规划、决策、指导、督促等工作。

（二）对外联络与合作部加强归口管理和服务，强化规划、协调、服务等职能，配合校领导制定科学合理的战略规划和行动计划，协调各部门的工作。

（三）各职能部门和院系发挥好实施主体作用，成立对外联络工作领导小组，确定一名班子成员具体负责对外联络工作，引导、规范本单位教职工开展和完成对外合作项目。

附件：校领导对外分区联络表

附件

校领导分区联络表

校领导	联系省份		
周　坚	北京		
杨勇平	北京	山西	
何　华	云南	河南	陕西
李双辰	甘肃	贵州	四川　青海
郝英杰	江苏	浙江	上海　西藏
孙忠权	广东	广西	山东
王增平	黑龙江	湖南	新疆
汪庆华	安徽	天津	吉林
郭孝锋	湖北	河北	辽宁
律方成	内蒙古	江西	海南　香港
檀勤良	福建	重庆	宁夏

2018 年 5 月 22 日

关于成立华北电力大学国家能源交通融合发展研究院的通知

华电校人〔2018〕17 号

校直各单位：

为进一步丰富“大电力”学科体系，抓住能源与交通两大领域融合发展的宝贵机遇，培育新兴交叉学科，经学校2018 年第 5 次校长办公会研究通过，2018 年第 6 次党委常委会审定，决定成立华北电力大学国家能源交通融合发展研究院。

国家能源交通融合发展研究院致力于融合能源与交通两大战略性、基础性领域，通过搭建政策决策支持平台、科技创新与产业发展规划平台、学术交流共享平台，构建具有国际影响力的新型特色智库，服务国家战略，促进行业及区域发展。

国家能源交通融合发展研究院重点任务是围绕交通专用能源系统、能源驱动新型交通系统、交通引领的新能源系统、能源与交通的协同进化等方向，对相关技术、产业、政策和趋势，进行专业性、前瞻性、系统性研究，为政府、企业及科研单位等提供决策咨询、发展规划等服务。

国家能源交通融合发展研究院独立设置，由稳定的校内团队和校外高水平专家组成，通过任务牵引，采用首席专家牵头，跨单位协同的组织方式开展工作。国家能源交通融合发展研究院由科学技术研究院按照《华北电力大学科研机构管理办法》相关规定统筹管理，科技部高新技术发展及产业化司、教育部科技司、交通运输部科技司、国家能源局科技司四部门为指导部门。

国家能源交通融合发展研究院建设期为三年，建设期满，学校组织对其建设情况进行评估并根据评估结果确定后续发展建设等相关事宜。

2018 年 6 月 8 日

关于成立华北电力大学先进材料研究院的通知

华电校人〔2018〕18 号

校直各单位：

为进一步丰富“大电力”学科体系，促进材料学科发展，经学校 2018 年第 5 次校长办公会研究通过，2018 年第 6 次党委常委会审定，决定成立华北电力大学先进材料研究院。

先进材料研究院面向国家重大战略需求、世界科技发展前沿，在全球范围吸引高水平领军人才，开展前瞻性科学研究和科技成果转化，着力打造一支具有国际化视野、创新能力强、具有核心竞争力的人才队伍，形成集人才培养、科学研究、成果转化为一体的研究机构。

先进材料研究院重点任务是围绕先进节能材料、先进储能材料、纳米材料、增材制造等方向开展研究，努力承担包括“2030 重点新材料研发及应用”国家重大科技专项项目在内的国家级重点科研任务，产出一批高水平科研成果，积极探索产学研合作新模式，促进科技成果转化。

先进材料研究院独立设置，根据研究方向聘任若干学术带头人及技术支撑人员为专职人员，兼职人员则以任务为牵引进行组建。先进材料研究院由科学技术研究院按照《华北电力大学科研机构管理办法》相关规定统筹管理。

先进材料研究院建设期为三年，建设期满，学校组织对其建设情况进行评估并根据评估结果确定后续发展建设等相关事宜。

2018 年 6 月 8 日

华北电力大学关于进一步加强全员全过程全方位育人格局建设的实施意见

华电党〔2018〕9 号

为认真学习贯彻习近平新时代中国特色社会主义思想和党的十九大精神，进一步把贯彻落实《中共中央国务院关于加强和改进新形势下高校思想政治工作的意见》《高校思想政治工作质量提升工程实施纲要》等文件精神引向深入，紧密围绕立德树人的根本任务，着力构建学校全员全过程全方位育人的良好工作格局，提升学校思想政治工作质量，制定本意见。

一、指导思想

坚持以习近平新时代中国特色社会主义思想为指导，坚持和加强党的领导，紧密围绕建设特色鲜明的高水平研究型大学的发展目标，以立德树人为根本，以理想信念教育为核心，以社会主义核心价值观为引领，以全面提高人才培养能力为关键，一体化构建内容完善、标准健全、运行科学、保障有力、成效显著的高校思想政治工作质量体系，建立健全新时代学校思想政治工作的科学体系和长效机制，积极推进全员全过程全方位育人格局建设，着力培养德智体美全面发展的社会主义建设者和接班人，着力培养担当民族复兴大任的时代新人，不断开创新时代学校思想政治工作新局面。

二、基本原则

1. 坚持育人导向，突出价值引领。全面统筹办学治校各领域、教育教学各环节、人才培养各方面的育人资源和育人力量，推动知识传授、能力培养与理想信念、价值理念、道德观念的教育有机结合，建立健全系统化育人长效机制。

2．坚持遵循规律，勇于改革创新。遵循思想政治工作规律、教书育人规律和学生成长规律，坚持以师生为中心，把握师生思想特点和发展需求，优化内容供给、改进工作方法、创新工作载体，激活学校思想政治工作内生动力。

3．坚持问题导向，注重精准施策。聚焦重点任务、重点群体、重点领域、重点区域、薄弱环节，强化优势、补齐短板，加强分类指导、着力因材施教，着力破解学校思想政治工作领域存在的不平衡不充分问题，不断提高师生的获得感。

4．坚持协同联动，强化责任落实。加强党对学校思想政治工作的领导，落实主体责任，建立党委统一领导、部门分工负责、全员协同参与的责任体系。加强考核监督，严肃追责问责，把“软指标”变成“硬约束”。

三、主要任务

充分发挥课程、科研、实践、文化、网络、心理、管理、服务、资助、组织等方面工作的育人功能，挖掘育人要素，完善育人机制，优化评价激励，强化实施保障，切实构建“十大”育人体系。

1．统筹推进课程育人。深入推动习近平新时代中国特色社会主义思想进教材、进课堂、进头脑，强化“思政课程”与“课程思政”建设，不断提高课程育人质量。全面开展课程育人教学建设，优化课程设置，修订课程教材；落实2018版本科专业培养方案，做好课程育人教学设计；持续加强选修课程建设，办好“华电大讲堂”，开设提高思想品德、人文素养、核心价值的哲学社会科学课程（讲座）。大力推动以“课程思政”为目标的课堂教学改革，梳理和运用各课程所蕴含的思想政治教育元素和功能，作为教材讲义必要章节、课堂讲授重要内容和学生考核关键知识，融入课堂教学各环节。不断强化重点领域教学管理，进一步强化课堂教学的纪律要求，健全哲学社会科学类课程教材、国外引进教材的选用管理机制。

牵头部门：教务处

2．着力加强科研育人。强化科研育人理念，定期举办学生科研成果展和学术年会，开展“新生入校首场学术报告”等主题教育，积极培养学生的科学精神和创新意识。强化教学过程的科研育人，推进科研成果向教材转化、向课堂转化、向教学转化，鼓励教师结合教学过程对学生进行初步科研训练。强化科研活动的过程育人，充分发挥重点科研平台作用，建立健全以项目带动人才培养的模式；继续实施中央高校基本科研业务费资助优秀博士生开展科学研究。加强科研实践锻炼，鼓励和支持大学生“双创”，开展以“挑战杯”为龙头的多种多样的课外科技活动和科技竞赛活动，全面提升学生的综合素养。

牵头部门：科学技术研究院

3．扎实推动实践育人。构建“党委统筹部署、部门协同联动、师生广泛参与”的实践育人协同体系。深化实践教学改革，增加实践教学比重，将社会实践纳入课外组织能力学分认证管理体系，探索开展师生志愿服务评价认证。丰富实践内容，创新实践形式，广泛开展暑期社会实践、寒假社会观察、日常志愿服务等各类社会实践活动；推进社会实践精品化建设，开展好暑期“三下乡”“志愿服务西部计划”等传统经典项目，绿色电力大学生新能源扶贫服务行动等特色项目。依托首都“三城一区”、大学科技园、城乡社区、电力企业、爱国主义教育场所等平台，不断建立社会实践、创业实习基地。强化创新创业教育，开展“大学生创新创业训练计划”，开发专门课程，健全课程体系，支持大学生创业协会、科技协会的发展。实施好“牢记时代使命，书写人生华章——学习宣传贯彻习近平新时代中国特色社会主义思想主题社会实践”等新时代实践育人精品项目。

牵头部门：校团委、校团委（保定）

4．深入推进文化育人。建设华电文化品牌，通过书籍、电视片、画册、形象识别系统、故事会、文化景观等精神和实物层面的结合，共同展示学校的历史底蕴与现实成就，传承华电精神，塑造华电之魂。开设“明德大讲堂”，着力打造党建思政与文化艺术平台。打造新媒体文化传播矩阵，把优秀的校园文化与历史传输到网络阵地上。培育及推广校园文化，展示学校创一流的特色、经验和成就，凝练华电“双一流”建设文化，提升学校影响力和美誉度。弘扬中华优秀传统文化，继续做好高雅艺术、民族艺术进校园活动。实施校园文化氛围营造工程，命名校园道路和楼宇，物化校园传统文化，精心打造品牌化的思想政治类、学术科技类、创新创业类、文化体育类、志愿公益类、自律互助类社团活动。

牵头部门：党委宣传部

5．创新推动网络育人。加强师生网络素养教育，引导师生增强网络安全意识，遵守网络行为规范，养成文明网络生活方式。推进网络平台建设，加强官方微博、微信的建设与推广。坚持把“提升网络思政工作亲和力和实效性”作为加强网络育人工作的核心，通过拓展网络平台，丰富网络内容，建强网络队伍，净化网络空间，优化成果评价。推动思想政治工作传统优势同信息技术高度融合，激活学校思想政治工作内生动力。加强大学生成长发展数字化平台（二期）建设，继续丰富辅导员 MOOC 课程内容；加强学生新媒体工作室建设，推出有态度、有温度、有厚度、有力度的网络作品，通过增强学生获得感，切实提升网络育人工作质量。组织开展网络宣传思想教育优秀作品展示评选活动，将网络思政成果评价认定纳入辅导员队伍建设管理办法，增强网络育人的内生动力。

牵头部门：党委学工部

6. 大力促进心理育人。坚持育心与育德相结合，加强人文关怀和心理疏导，深入构建教育教学、实践活动、咨询服务、预防干预、平台保障“五位一体”的“心阳华电”心理育人体系。在已有教育、教学、咨询、指导、服务为一体的工作模式基础上，持续推进心理 MOOC 线上课程建设，立足第一课堂实践教学作用，实现翻转课堂教学效果；拓展教育宣传新途径，打造线上线下心理素质教育活动品牌；加大心理危机预防干预研究力度，完善心理危机干预制度，丰富心理危机工作形式；优化学生心理咨询服务流程，着重心理咨询服务效果提升，强化师生服务团体保密意识；改善心理场地基础建设，实现心理功能设备更新，提升心理中心整体服务感效度。

牵头部门：党委学工部

7. 切实强化管理育人。强化管理育人意识，积极提升管理人员的工作作风，密切加强与师生的联系。完善管理育人的制度体系，推进以学校章程为统领的制度体系建设。研究梳理管理岗位的育人元素，把育人功能发挥纳入管理岗位考核评价范围。强化管理育人的保障，深化全面从严治党，加强师德师风建设。加强干部队伍管理，选好配强各级领导干部和领导班子，制定管理干部培训规划，提高各类管理干部育人能力。加强教师队伍管理，把政治标准放在首位，严格教师资格和准入制度。依法依规加大对各类违反师德和学术不端行为查处力度，及时纠正不良倾向和问题。大力营造治理有方、管理到位、风清气正的育人环境，把规范管理的严格要求和春风化雨、润物无声的教育方式结合起来，多措并举，强化育人效果。

牵头部门：机关党委、教科研党总支

8. 不断深化服务育人。把解决实际问题与解决思想问题结合起来，围绕师生、关照师生、服务师生，以需求为导向，构建具有华电特色的服务保障体系。畅通与师生的双向沟通渠道，实现服务保障工作的再教育功能。持续开展节约型校园主题教育活动，大力建设绿色校园，切实提高后勤保障水平和服务育人能力。建设图书文献信息资源体系和服务体系，开展传染病预防、安全应急与急救等专题健康教育活动。推进平安校园建设，建设校园综合信息服务门户“数字华电”，充分满足师生学习、生活、工作中的合理需求。加强监督考核，落实服务目标责任制，把服务质量和育人效果作为评价服务岗位效能的依据和标准。

牵头部门：后勤管理处、后勤管理处（保定）

9. 全面推进资助育人。认真落实国家资助政策，科学规范管理，着力培养学生自立自强、诚实守信、知恩感恩、勇于担当的良好品质。不断优化完善家庭经济困难数据认定模型，进一步提高认定效率和精准度。实施“发展型资助的育人行动计划”，制定《发展型资助管理办法》，开展学生学术发展、学生出境交流等发展型资助项目；实施“家庭经济困难学生能力素养培育计划”，重点提升学生的实践、创新创业能力。依托“助学　筑梦　铸人”、励志典型等评优活动，推选展示资助育人优秀案例和典型人物，发挥朋辈的示范引领作用。实现无偿资助与有偿资助、显性资助与隐性资助的有机融合，形成“解困—育人—成才—回馈”的良性循环，构建资助育人长效机制。

牵头部门：党委学工部

10. 积极优化组织育人。坚持和完善党委领导下的校长负责制，推动各级党组织自觉担负起管党治党、办学治校、育人育才的主体责任。进一步完善党对思想政治工作的领导体制机制，加强党对思想理论教育、意识形态阵地建设、群团和各类组织建设等方面的坚强统一领导和统筹指导协调。进一步优化支持性组织系统，使学校有关非思想政治工作类党政机构、学术和科研组织等部门参与和支持育人工作，形成全员育人的联动体制机制；进一步强化思想政治工作的具体执行规划和方案建设，做好顶层设计，使院系和相关党政职能部门形成条块结合、点面联动、整体和部分互促的全过程育人体系。进一步提升学生自治育人组织及网络育人组织的育人效能，形成学生社团引领带动，网络组织联合推动，形成线上线下全方位育人格局。

牵头部门：党委组织部

四、组织保障

1. 加强领导，完善体制。完善华北电力大学思想政治工作领导小组和联席会议的运行机制，把加强和改进思想政治工作作为重要议事日程，统筹学校“三全育人”工作的组织领导、规划实施和监督检查；有关工作列入年度工作计划，加大经费保障力度，建立健全相关规章制度保障。

2．有序推进，过程督办。各相关单位、各院系依据文件精神、结合实际情况，按阶段、分步骤推出路线图、时间表、责任人，认真履行思想政治工作职责，切实把各项任务落到实处。学校将加大工作力度，采取有效措施，加强项目督办力度，按照时间节点和任务要求确保各个项目顺利推进。

3．创新思路，打造品牌。学校将以“十大育人体系”为基础，系统梳理归纳各个群体、各个岗位的育人元素，并作为职责要求和考核内容融入整体制度设计和具体操作环节，推动全体教职员工把工作的重心和目标落在育人成效上，切实打通“三全育人”的最后一公里；各院系可试点开展“三全育人”综合改革，总结经验，凝练模式，形成可转化、可推广、可示范的一体化育人制度和模式。

2018 年 6 月 19 日

关于成立华北电力大学吴仲华学院的通知

华电校人〔2018〕26 号

校直各单位：

为深入贯彻落实 2018 年全国高等学校本科教育工作会议精神，加快建设高水平本科教育，创新人才培养机制与模式，经学校 2018 年第 10 次校长办公会研究通过，决定同中国科学院工程热物理研究所联合成立华北电力大学吴仲华学院。

吴仲华学院将致力于改革和深化本科人才培养模式，进一步落实“以本为本”和“四个回归”要求，探索“双一流”本科专业创新人才培养新模式。学校将聘任中国科学院工程热物理研究所 20 名学术水平高、指导学生能力强的老师作为“兼职导师”与学校 22 名科研水平高、经验丰富的教师组成导师组，负责吴仲华学院本科生和研究生培养。

吴仲华学院每年招收 2 个本科生班，北京、保定各 1 个班，每班 30 人；1 个研究生班，每班 20 人，包括博士生 10 人，硕士生 10 人，吴仲华学院的所有学生均由华北电力大学和中国科学院工热物理所双方进行合作教育、联合培养，学生学籍归属华电。

吴仲华学院挂靠在能源动力与机械工程学院，学生日常管理由能源动力与机械工程学院负责；设名誉院长 1 人，院长 1 人，副院长 3 人，均为兼职人员。

2018 年 9 月 28 日

关于成立华北电力大学中国能源扶贫与社会发展等研究中心的通知

华电校人〔2018〕30 号

校直各单位：

为进一步聚焦科学前沿领域、促进学科交叉融合，服务学校“双一流”建设，根据《华北电力大学科研机构管理办法》（华电校科〔2017〕18 号）文件规定，经学校科研机构建设领导小组研究决定，成立华北电力大学中国能源扶贫与社会发展研究中心、华北电力大学公司治理与资本运营研究中心、华北电力大学白洋淀湿地研究中心。

华北电力大学中国能源扶贫与社会发展研究中心依托人文与社会科学学院建设，主要研究方向为习近平扶贫思想、能源扶贫与社会发展、世界能源发展与反贫困等。通过研究能源扶贫重大现实问题和国家能源政策及其创新趋势、预测能源扶贫发展趋势、定期发布《能源扶贫与社会发展报告》，努力将研究中心建设成为能源脱贫和扶贫政策领域的新型智库。

华北电力大学公司治理与资本运营研究中心依托经济与管理学院和人文与社会科学学院建设，主要研究方向为产权保护与公司治理、政府治理与公司治理等。通过开展基础理论研究、决策咨询、人才培养、专业培训，努力将研究中心建设成为高水平的公司治理理论研究和人才培养基地，并成为企业发展战略和治理结构设计的重要智库。

华北电力大学白洋淀湿地研究中心依托保定校区环境科学与工程系建设，主要研究方向为白洋淀湿地生态保护机制体制、白洋淀湿地生态恢复技术、京津冀协同发展新形势对白洋淀生态系统的影响及应对策略等。通过对白洋淀湿地生态保护与治理修复重大科学问题的系统深入研究、与高水平研究机构进行合作交流，努力将研究中心建设成为湿地保护和修复领域人才培养、科技创新和科技成果转化基地，并成为湿地保护和修复领域的重要智库。

以上研究中心为非实体校级科研机构，实行主任负责制，采取专兼职结合的方式，由固定人员和流动人员组成。中心根据研究方向聘任若干学术带头人及技术支撑人员为固定人员，流动人员以任务为牵引进行组建。以上研究中心业务指导部门为科学技术研究院。

2018 年 9 月 28 日

关于成立华北电力大学中国能源经济监管研究院的通知

华电校人〔2018〕29 号

校直各单位：

为主动适应国家能源电力市场化改革发展战略，加强中国能源经济监管理论研究，充分发挥学科优势，支撑学校“双一流”建设，根据《华北电力大学科研机构管理办法》（华电校科〔2017〕18 号）文件规定，经学校科研机构建设领导小组研究决定，成立华北电力大学中国能源经济监管研究院。

华北电力大学中国能源经济监管研究院依托现代电力研究院建设，主要研究方向为能源网络价格监管、电力市场经济监管、能源成本监审等。通过开展能源经济监管领域学术理论研究、决策咨询、国际交流合作、人才培养、专业培训，努力将研究院建设成为能源经济监管领域的国家级专业智库。

华北电力大学中国能源经济监管研究院实行院长负责制，采取专兼职结合的方式，由固定人员和流动人员组成。研究院根据研究方向聘任若干学术带头人及技术支撑人员为固定人员，流动人员以任务为牵引进行组建。研究院业务指导部门为科学技术研究院。

2018 年 9 月 28 日

关于成立华电“一带一路”能源学院的通知

华电校人〔2018〕27 号

校直各单位：

为贯彻国家“一带一路”倡议，坚持创新、协调、绿色、开放、共享的发展理念，响应教育部《推进共建“一带一路”教育行动》精神，经学校 2018 年第 10 次校长办公会研究通过，决定与中国华电集团公司联合成立华电“一带一路”能源学院。

“一带一路”能源学院将致力于促进企业与高校产教融合，探索开展境外合作办学，培养能源产业“一带一路”建设者和发展海外业务所需的紧缺型人才和本土化人才；建立开放型的教育资源共享和海外人才培育服务模式，打造国家能源行业实施“走出去”人才教育孵化基地；整合高端人才和信息资源，构建海外发展高端智库，为“一带一路”能源领域建设提供智力支持。

“一带一路”能源学院挂靠国际教育学院，实行理事会指导下的院长负责制，理事会负责指导学院的各项政策、计划制定，研究决定学院运行管理的经费支持和保障。双方共同选派和聘任学院管理团队，负责学院日常管理工作。设院长 1 名，副院长 2 名，管理人员 3 名，均为兼职人员。

2018 年 9 月 28 日

华北电力大学 2018 年党发、校发文目录

（党 发 文 件）

文号	文 件 标 题	发文日期
党政办〔2018〕1 号	关于评选华北电力大学“华电人物”的通知	5 月 17 日
党政办〔2018〕2 号	关于评选华北电力大学“杰出校友”的通知	5 月 17 日
党政办〔2018〕3 号	关于执行党委常委会会议校长办公会议议题提报暂行规程提高会议管理服务效能的通知	10 月 17 日
党政办〔2018〕5 号	关于组织参观“伟大的变革——庆祝改革开放 40 周年大型展览”的通知	12 月 19 日
华电党〔2018〕2 号	关于转发中共北京市委组织部 283 号文件的通知	1 月 16 日
华电党〔2018〕3 号	关于校领导工作分工的通知	1 月 25 日
华电党〔2018〕4 号	关于筹备召开第六届第六次教职工代表大会的通知	1 月 25 日
华电党〔2018〕5 号	关于印发《华北电力大学繁荣发展哲学社会科学实施计划》的通知	4 月 3 日
华电党〔2018〕6 号	关于印发校党委书记周坚同志在第六届第六次教代会暨工会工作会议闭幕式上的讲话的通知	4 月 4 日
华电党〔2018〕7 号	关于印发《中共华北电力大学委员会关于加强和改进新时代工会工作的意见》的通知	4 月 12 日
华电党〔2018〕9 号	关于印发《华北电力大学关于进一步加强全员全过程全方位育人格局建设的实施意见》的通知	10 月 22 日
华电党〔2018〕10 号	关于印发周坚书记在 2018 年全面从严治党工作会议上的讲话和何华副书记所做报告的通知	7 月 16 日
华电党〔2018〕11 号	关于转发教育部党组书记、部长陈宝生同志在新时代全国高等学校本科教育工作会议上讲话的通知	7 月 25 日
华电党〔2018〕12 号	关于印发《中共华北电力大学委员会关于坚持和完善党委领导下的校长负责制实施细则》的通知	7 月 25 日
华电党〔2018〕33 号	关于召开华北电力大学第七届教职工代表大会暨第九次工会代表大会的通知	12 月 27 日
华电党政办〔2018〕1 号	关于召开第六届第六次教职工代表大会暨工会工作会议的通知	3 月 22 日
华电党政办〔2018〕2 号	关于印发《华北电力大学督查督办工作实施办法（试行）》的通知	5 月 18 日
华电党政办〔2018〕3 号	关于印发《华北电力大学国内公务接待管理规定（2018 年修订）》的通知	6 月 13 日
华电党政办〔2018〕7 号	关于印发《华北电力大学校领导联系基层工作制度（试行）》的通知	7 月 20 日
华电党政办〔2018〕8 号	关于印发《关于在全校大兴调查研究之风的工作方案》的通知	7 月 20 日
华电党政办〔2018〕9 号	关于印发《中共华北电力大学委员会关于进一步纠正“四风”加强作风建设实施方案》的通知	7 月 25 日
华电党政办〔2018〕13 号	关于做好华北电力大学“双代会”筹备工作的通知	12 月 27 日
华电党政办〔2018〕14 号	关于选举第七届教职工暨第九次工会会员代表大会代表的通知	12 月 27 日
华电党纪〔2018〕1 号	关于对 2017 年落实党风廉政建设责任制情况进行考核的通知	1 月 16 日
华电党纪〔2018〕5 号	关于开展 2018 年党风廉政建设宣传教育月活动的通知	6 月 11 日
华电党纪〔2018〕6 号	关于印发《中共华北电力大学委员会校内巡察工作五年规划及实施办法（2018—2022）》的通知	6 月 29 日
华电党纪〔2018〕7 号	关于开展 2018 年校内巡察工作的通知	6 月 29 日
华电党纪〔2018〕8 号	关于印发《华北电力大学 2018 年党风廉政建设和纪检监察工作要点》的通知	7 月 23 日
华电党宣〔2018〕2 号	关于印发《华北电力大学学习宣传全国教育大会精神工作方案》的通知	10 月 23 日
华电党组〔2018〕1 号	关于王迎新高强同志任职的通知	1 月 25 日
华电党组〔2018〕2 号	关于顾雪平等同志任免职的通知	1 月 25 日
华电党组〔2018〕3 号	关于陈立伟等同志任免职的通知	1 月 25 日

续表

文号	文 件 标 题	发文日期
华电党组〔2018〕4号	关于赵冬梅等同志任免职的通知	1月25日
华电党组〔2018〕5号	关于印发2017年民主评议党员结果的通知	1月25日
华电党组〔2018〕6号	关于鹿伟陈志同志任免职的通知	1月25日
华电党组〔2018〕7号	关于郝英杰汪庆华同志任职的通知	1月25日
华电党组〔2018〕8号	关于成立图书馆党总支的通知	1月25日
华电党组〔2018〕9号	关于潘洁同志免职的通知	3月22日
华电党组〔2018〕10号	关于陈溪等同志任免职的通知	3月22日
华电党组〔2018〕11号	关于胡东星等同志任免职的通知	3月22日
华电党组〔2018〕12号	关于黄向军等同志任免职的通知	3月22日
华电党组〔2018〕13号	关于毕天姝等同志任免职的通知	3月22日
华电党组〔2018〕14号	关于林红同志任免职的通知	3月22日
华电党组〔2018〕15号	关于印发《华北电力大学2017年度处级领导班子及处级干部考核工作方案》的通知	3月28日
华电党组〔2018〕16号	关于蒲沿洲等同志任免职的通知	4月12日
华电党组〔2018〕17号	关于吴素华等同志任免职的通知	4月12日
华电党组〔2018〕18号	关于宫凯等同志任免职的通知	4月12日
华电党组〔2018〕19号	关于师瑞峰等同志任免职的通知	4月12日
华电党组〔2018〕20号	关于印发《华北电力大学2018年学生党员先锋工程实施计划》的通知	5月4日
华电党组〔2018〕21号	关于评选表彰2018年华北电力大学先进基层党组织优秀共产党员优秀党务工作者的通知	6月1日
华电党组〔2018〕22号	关于刘彦丰同志任免职的通知	6月11日
华电党组〔2018〕23号	关于公布2017年度处级领导班子及处级干部考核结果的通知	6月20日
华电党组〔2018〕24号	关于表彰华北电力大学先进基层党组织、优秀共产党员、优秀党务工作者的决定	6月26日
华电党组〔2018〕25号	关于杜小泽等试用期满正式任职的通知	6月29日
华电党组〔2018〕26号	关于艾欣等同志免职的通知	7月18日
华电党组〔2018〕27号	关于潘卫华同志任免职的通知	7月23日
华电党组〔2018〕28号	关于印发《华北电力大学处级领导干部兼职管理暂行办法》的通知	7月27日
华电党组〔2018〕29号	关于刘崇茹等同志任职的通知	9月13日
华电党组〔2018〕30号	关于张磊郑宗明同志任免职的通知	9月13日
华电党组〔2018〕31号	关于王志斌郑宗明同志任职的通知	9月13日
华电党组〔2018〕32号	关于薛敬同志免职的通知	9月13日
华电党组〔2018〕33号	关于马博等同志任职的通知	9月13日
华电党组〔2018〕34号	关于郑乐等同志任职的通知	9月13日
华电党组〔2018〕35号	关于韩金佐等同志任职的通知	9月13日
华电党组〔2018〕36号	关于齐磊等同志任职的通知	9月13日
华电党组〔2018〕37号	关于李菲等同志任职的通知	9月13日
华电党组〔2018〕38号	关于鲁斌同志任职的通知	9月13日
华电党组〔2018〕39号	关于鲁斌高霄同志任职的通知	9月13日
华电党组〔2018〕40号	关于孟大伟同志挂职的通知	10月10日
华电党组〔2018〕43号	关于刘斐白海同志免职的通知	12月25日
华电党教〔2018〕1号	关于印发《华北电力大学“做新时代‘四有’好老师和‘四个引路人’”学习实践活动实施方案》的通知	6月11日

续表

文号	文 件 标 题	发文日期
华电党教〔2018〕2 号	关于印发《华北电力大学师德“一票否决制”实施细则（试行）》的通知	7 月 12 日
华电党教〔2018〕3 号	关于印发《华北电力大学教师职业道德规范》的通知	7 月 12 日
华电党教〔2018〕4 号	关于表彰华北电力大学第一届“我身边的好老师”的决定	9 月 12 日
华电党教〔2018〕5 号	关于公布 2018 年“做新时代‘四有’好老师和‘四个引路人’”学习实践活动理论研究项目、特色工作项目立项结果及“双带头人”教师党支部书记工作室建设名单的通知	9 月 13 日
华电纪检〔2018〕1 号	关于印发《中共华北电力大学纪律检查委员会关于进一步加强纪委委员自身建设的决定》的通知	5 月 17 日
华电纪检〔2018〕2 号	关于印发《华北电力大学纪检监察队伍“六不”行为规范》的通知	5 月 18 日
华电纪检〔2018〕4 号	关于印发《华北电力大学派驻纪检员工作暂行办法》的通知	6 月 20 日
华电纪检〔2018〕9 号	关于印发《中共华北电力大学纪律检查委员会对干部任职廉政谈话的实施意见》的通知	10 月 17 日
华电纪检〔2018〕15 号	关于印发《华北电力大学纪检监察信访工作办法（试行）》的通知	12 月 29 日

（校 发 文 件）

文号	文 件 标 题	发文日期
华电工〔2018〕1 号	关于第六届第六次教代会征集提案的通知	1 月 25 日
华电工〔2018〕2 号	关于公布 2017 年二级教代会规范单位评选结果的通知	1 月 25 日
华电工〔2018〕3 号	关于表彰 2017 年度工会先进集体和个人的决定	1 月 25 日
华电工〔2018〕4 号	关于表彰 2016—2017 年优秀提案和提案承办先进单位的通知	3 月 23 日
华电工〔2018〕6 号	关于表彰北京校部从事教育工作满三十年教职工的决定	9 月 13 日
华电工〔2018〕7 号	关于做好分工会换届工作的通知	10 月 17 日
华电工〔2018〕7 号	关于对分工会换届结果的批复	12 月 6 日
华电（保）工〔2018〕1 号	关于表彰从事教育工作满三十年教工的决定	9 月 17 日
华电团〔2018〕2 号	关于盖姝等同志任免职的通知	4 月 2 日
华电团〔2018〕5 号	关于调整部分学院团组织机构的通知	9 月 19 日
华电团〔2018〕6 号	关于印发《学院、教工、后勤服务集团团委书记、团总支书记选拔任用办法》的通知	9 月 19 日
华电团〔2018〕7 号	关于潘振东等同志任免职的通知	11 月 7 日
华电（保定）团〔2018〕6 号	关于印发《华北电力大学院系团委（团总支）书记选拔任用办法》的通知	9 月 19 日
华电（保定）团〔2018〕7 号	关于崔帅等同志任免职的通知	11 月 20 日
华电（保定）团〔2018〕8 号	关于表彰 2018 年暑期社会实践先进的决定	12 月 13 日
华电校〔2018〕1 号	关于印发《华北电力大学 60 周年校庆工作方案》的通知	1 月 25 日
华电校〔2018〕2 号	关于印发第六届第六次教代会暨工会工作会议校长工作报告和大会决议的通知	4 月 4 日
华电校〔2018〕3 号	关于印发《2018 年教代会校长工作报告重点工作任务分解表》的通知	5 月 7 日
华电校〔2018〕11 号	关于表彰“建校 60 周年华电人物”的决定	11 月 22 日
华电校〔2018〕12 号	关于表彰“建校 60 周年杰出校友”的决定	11 月 20 日
华电校财〔2018〕7 号	关于印发《华北电力大学国库集中支付管理办法（2018 年修订）》的通知	7 月 4 日
华电校财〔2018〕8 号	关于印发《华北电力大学财务信息系统与网络安全管理办法》的通知	7 月 16 日
华电校财〔2018〕14 号	关于印发《华北电力大学实施政府会计制度工作方案》的通知	11 月 21 日
华电校产〔2018〕7 号	关于变更北京华电天德资产经营有限公司监事的通知	7 月 27 日
华电校教〔2018〕4 号	关于公布 2016—2017 学年院系（部）本科教学状态的通知	3 月 22 日
华电校教〔2018〕9 号	关于印发《华北电力大学迎接教育部本科教学工作审核评估专家组进校考察工作方案》的通知	5 月 4 日

续表

文号	文 件 标 题	发文日期
华电校教〔2018〕10 号	关于印发《华北电力大学中央高校教育教学改革专项管理实施办法》的通知	5 月 14 日
华电校教〔2018〕16 号	关于对获得 2017—2018 学年教学优秀奖教师进行表彰的决定	7 月 27 日
华电校教〔2018〕24 号	关于同意刘睿智等 86 名学生转专业的决定	11 月 13 日
华电校科〔2018〕2 号	关于 2018 年度中央高校基本科研业务费批准立项的通知	1 月 25 日
华电校科〔2018〕3 号	关于对荣获 2015—2017 年度科技创新突出贡献奖人员进行表彰的决定	1 月 25 日
华电校科〔2018〕6 号	关于 2018 年度中央高校基本科研业务费（第二批）批准立项的通知	4 月 27 日
华电校科〔2018〕7 号	关于聘任国家能源交通融合发展研究院咨询顾问委员会委员、专家委员会委员的通知	6 月 11 日
华电校科〔2018〕8 号	关于贾利民等同志聘任的通知	6 月 11 日
华电校科〔2018〕10 号	关于聘任先进材料研究院战略咨询委员会委员、学术委员会委员的通知	7 月 20 日
华电校科〔2018〕11 号	关于干勇等同志聘任的通知	7 月 20 日
华电校人〔2018〕1 号	关于对荣获 2016—2017 年度社会奖教金人员进行表彰的决定	1 月 16 日
华电校人〔2018〕2 号	关于印发 2016—2017 学年度教职工考核结果的通知	1 月 25 日
华电校人〔2018〕3 号	关于印发《华北电力大学北京校部非事业编制岗位管理办法》的通知	1 月 25 日
华电校人〔2018〕4 号	关于成立华北电力大学大气污染综合防治等研究院的通知	1 月 25 日
华电校人〔2018〕5 号	关于印发《华北电力大学管理岗位七级以下职员职级晋升办法（试行）》的通知	1 月 25 日
华电校人〔2018〕6 号	关于王宁等 58 名同志职级晋升的通知	2 月 13 日
华电校人〔2018〕7 号	关于刘自发等 99 名同志专业技术职务评聘的通知	3 月 20 日
华电校人〔2018〕15 号	关于对任宇等 48 名同志进行首聘期考核的通知	4 月 11 日
华电校人〔2018〕17 号	关于成立华北电力大学国家能源交通融合发展研究院的通知	6 月 11 日
华电校人〔2018〕18 号	关于成立华北电力大学先进材料研究院的通知	6 月 13 日
华电校人〔2018〕21 号	关于公布陈亮等 48 名同志首聘期考核结果的通知	7 月 13 日
华电校人〔2018〕22 号	关于印发《华北电力大学专业技术岗位人员聘期考核及岗位聘任方案》的通知	7 月 13 日
华电校人〔2018〕23 号	关于印发《华北电力大学专业技术职务评聘办法（2018 年修订）》的通知	8 月 2 日
华电校人〔2018〕24 号	关于表彰 2017—2018 学年荣获省部级及以上奖励集体和个人的决定	9 月 13 日
华电校人〔2018〕25 号	关于 2017—2018 学年教职工考核工作的通知	9 月 25 日
华电校人〔2018〕26 号	关于成立华北电力大学吴仲华学院的通知	9 月 29 日
华电校人〔2018〕27 号	关于成立华电“一带一路”能源学院的通知	10 月 9 日
华电校人〔2018〕28 号	关于金红光等同志聘任的通知	9 月 29 日
华电校人〔2018〕29 号	关于成立华北电力大学中国能源经济监管研究院的通知	10 月 9 日
华电校人〔2018〕30 号	关于成立华北电力大学中国能源扶贫与社会发展等研究中心的通知	10 月 5 日
华电校人〔2018〕32 号	关于蔡墨朗等 7 名同志专业技术职务评聘的通知	11 月 20 日
华电校人〔2018〕34 号	关于崔翔等同志专业技术岗位聘任的通知	11 月 30 日
华电校学〔2018〕27 号	关于给予 2018 届北京市优秀毕业生通报表扬的决定	6 月 28 日
华电校学〔2018〕28 号	关于授予沙韵等 536 名学生 2018 届校级优秀毕业生称号的决定	6 月 28 日
华电校学〔2018〕29 号	关于表彰李劲峰等 97 名到基层工作毕业生的决定	6 月 28 日
华电校学〔2018〕36 号	关于印发《华北电力大学本科生班主任管理办法》的通知	8 月 30 日
华电校学〔2018〕44 号	关于表彰北京校部 2017—2018 学年十佳班主任和优秀班主任的决定	9 月 12 日
华电校学〔2018〕45 号	关于表彰 2018 级新生入学成绩优秀奖获得者的决定	9 月 12 日
华电校学〔2018〕48 号	关于组织评选 2017—2018 学年国家奖学金、国家励志奖学金的通知	10 月 9 日
华电校学〔2018〕67 号	关于给予赵伟等 4991 名学生国家助学金的决定	11 月 21 日

续表

文号	文 件 标 题	发文日期
华电校学〔2018〕70 号	关于印发《华北电力大学学生勤工助学管理办法（2018 年修订）》的通知	12 月 7 日
华电校学〔2018〕69 号	关于对荣获 2017—2018 学年度企业专项奖助学金的学生予以表彰的决定	12 月 10 日
华电校学〔2018〕71 号	关于对 2017—2018 学年度校长奖学金获得者予以表彰的决定	12 月 10 日
华电校学〔2018〕72 号	关于对 2017—2018 学年度学生先进集体先进个人予以表彰的决定	12 月 10 日
华电校学〔2018〕73 号	关于对 2017—2018 学年度学生综合奖学金单项奖学金获得者予以表彰的决定	12 月 10 日
华电校学〔2018〕75 号	关于表彰保定校区 2017—2018 学年度院系学生工作先进集体及优秀学生工作者的决定	12 月 18 日
华电校学位〔2018〕1 号	华北电力大学第五届学位评定委员会第三次会议纪要	4 月 25 日
华电校学位〔2018〕2 号	关于印发《华北电力大学硕士生导师资格遴选及招生确认办法》的通知	4 月 25 日
华电校学位〔2018〕4 号	关于印发《华北电力大学博士生导师资格遴选及招生确认办法》的通知	5 月 4 日
华电校学位〔2018〕5 号	关于印发《华北电力大学学位授予工作细则（2018 年版）》的通知	6 月 1 日
华电校学位〔2018〕6 号	华北电力大学第五届学位评定委员会第四次会议纪要	7 月 20 日
华电校学位〔2018〕8 号	关于授予李昊天等一百零九位同学学士学位的决定	9 月 27 日
华电校学位〔2018〕10 号	华北电力大学第五届学位评定委员会第五次会议纪要	10 月 24 日
华电校学位〔2018〕12 号	华北电力大学第五届学位评定委员会第六次会议纪要	11 月 6 日
华电校学位〔2018〕13 号	关于印发《华北电力大学（保定）成人高等教育本科毕业生学士学位授予工作细则》的通知	11 月 6 日
华电校研〔2018〕2 号	关于授予马宇飞等 191 名研究生“2018 届春季优秀毕业研究生”称号的决定	4 月 2 日
华电校研〔2018〕3 号	关于印发《华北电力大学硕博连读研究生选拔与培养工作暂行办法》的通知	5 月 4 日
华电校研〔2018〕4 号	关于授予孔艳强等 22 名研究生 2018 届夏季优秀毕业研究生称号的决定	7 月 13 日
华电校研〔2018〕10 号	关于对荣获 2018—2019 学年学业奖学金的研究生予以表彰的决定	12 月 7 日
华电校研〔2018〕11 号	关于对 2018 年优秀博士奖学金获奖学生予以表彰的决定	12 月 7 日
华电校研〔2018〕12 号	关于对 2018 年研究生国家奖学金获奖学生予以表彰的决定	12 月 7 日
华电校研〔2018〕13 号	关于对 2017—2018 学年度研究生先进个人和先进集体予以表彰的决定	12 月 7 日
华电校研〔2018〕15 号	关于对荣获 2017—2018 学年度优秀研究生班主任予以表彰的决定	12 月 28 日
华电校研〔2018〕16 号	关于对荣获 2017—2018 学年度研究生社会奖学金的学生予以表彰的决定	12 月 29 日
华电校招〔2018〕1 号	关于印发《华北电力大学招标管理办法（修订）》的通知	12 月 19 日
华电校资〔2018〕8 号	关于印发《华北电力大学 2018 年度实验室安全检查工作方案》的通知	9 月 21 日
华电校外〔2018〕1 号	关于印发《华北电力大学教学科研人员因公临时出国管理工作实施细则（暂行）》的通知	1 月 16 日
华电校外联〔2018〕1 号	关于印发《校领导对外分区联络工作方案》的通知	5 月 29 日

统计报表与附录资料

Statistics and Appendixes

学生基本数据情况表

华北电力大学 2018 年硕士研究生分专业学生数

专业名称	毕业生数	授予学位数	招生数		在校生数					
			合计	其中：应届毕业生	合计	一年级	二年级	三年级	四年级	五年级及以上
甲	1	2	3	4	5	6	7	8	9	10
硕士研究生	2195	2195	3264	2173	8997	3264	3391	2342	0	0
其中：女	886	886	1452	937	3660	1452	1227	981	0	0
学术学位硕士	1179	1179	1318	1078	3860	1318	1265	1277	0	0
其中：女	509	509	589	492	1685	589	539	557	0	0
国家任务学术学位硕士	1178	1178	0	0	1277	0	0	1277	0	0
管理科学与工程学科	24	24	0	0	31	0	0	31	0	0
管理科学与工程学科	0	0	0	0	0	0	0	0	0	0
管理科学与工程学科	2	2	0	0	3	0	0	3	0	0
管理科学与工程学科	1	1	0	0	8	0	0	8	0	0
凝聚态物理	6	6	0	0	8	0	0	8	0	0
公共管理学科	12	12	0	0	12	0	0	12	0	0
辐射防护及环境保护	5	5	0	0	1	0	0	1	0	0
行政管理	3	3	0	0	1	0	0	1	0	0
行政管理	3	3	0	0	3	0	0	3	0	0
会计学	11	11	0	0	12	0	0	12	0	0
会计学	6	6	0	0	10	0	0	10	0	0
计算机软件与理论	0	0	0	0	0	0	0	0	0	0
计算机软件与理论	6	6	0	0	5	0	0	5	0	0
水工结构工程	6	6	0	0	6	0	0	6	0	0
供热、供燃气、通风及空调工程	6	6	0	0	4	0	0	4	0	0
供热、供燃气、通风及空调工程	10	10	0	0	10	0	0	10	0	0
流体机械及工程	2	2	0	0	2	0	0	2	0	0
流体机械及工程	3	3	0	0	5	0	0	5	0	0
材料学	0	0	0	0	0	0	0	0	0	0
运筹学与控制论	4	4	0	0	5	0	0	5	0	0
运筹学与控制论	2	2	0	0	2	0	0	2	0	0
计算机系统结构	9	9	0	0	9	0	0	9	0	0
计算机系统结构	3	3	0	0	4	0	0	4	0	0
外国语言学及应用语言学	8	8	0	0	12	0	0	12	0	0
技术经济及管理	26	26	0	0	33	0	0	33	0	0
技术经济及管理	22	22	0	0	18	0	0	18	0	0
英语语言文学	4	4	0	0	2	0	0	2	0	0

续表

专业名称	毕业生数	授予学位数	招生数		在校生数					
			合计	其中：应届毕业生	合计	一年级	二年级	三年级	四年级	五年级及以上
英语语言文学	9	9	0	0	7	0	0	7	0	0
思想政治教育	7	7	0	0	9	0	0	9	0	0
思想政治教育	5	5	0	0	5	0	0	5	0	0
热能工程	51	51	0	0	66	0	0	66	0	0
热能工程	47	47	0	0	39	0	0	39	0	0
马克思主义中国化研究	5	5	0	0	5	0	0	5	0	0
产业经济学	2	2	0	0	7	0	0	7	0	0
产业经济学	2	2	0	0	5	0	0	5	0	0
机械工程学科	0	0	0	0	13	0	0	13	0	0
机械工程学科	0	0	0	0	26	0	0	26	0	0
控制科学与工程学科	2	2	0	0	2	0	0	2	0	0
控制科学与工程学科	2	2	0	0	2	0	0	2	0	0
动力机械及工程	6	6	0	0	8	0	0	8	0	0
动力机械及工程	6	6	0	0	7	0	0	7	0	0
机械设计及理论	6	6	0	0	0	0	0	0	0	0
机械设计及理论	5	5	0	0	0	0	0	0	0	0
计算数学	10	10	0	0	10	0	0	10	0	0
计算数学	2	2	0	0	2	0	0	2	0	0
应用数学	14	14	0	0	12	0	0	12	0	0
应用数学	3	3	0	0	3	0	0	3	0	0
数量经济学	0	0	0	0	3	0	0	3	0	0
数量经济学	3	3	0	0	4	0	0	4	0	0
金融学（含：保险学）	2	2	0	0	0	0	0	0	0	0
金融学（含：保险学）	3	3	0	0	4	0	0	4	0	0
光学	3	3	0	0	3	0	0	3	0	0
统计学	2	2	0	0	0	0	0	0	0	0
民商法学（含：劳动法学、社会保障法学）	4	4	0	0	3	0	0	3	0	0
诉讼法学	1	1	0	0	0	0	0	0	0	0
诉讼法学	3	3	0	0	2	0	0	2	0	0
法学学科	10	10	0	0	12	0	0	12	0	0
环境与资源保护法学	0	0	0	0	0	0	0	0	0	0
国际法学（含：国际公法、国际私法、国际经济法）	0	0	0	0	0	0	0	0	0	0
教育经济与管理	0	0	0	0	0	0	0	0	0	0
企业管理（含：财务管理、市场营销、人力资源管理）	10	10	0	0	12	0	0	12	0	0
企业管理（含：财务管理、市场营销、人力资源管理）	10	10	0	0	10	0	0	10	0	0
社会保障	0	0	0	0	0	0	0	0	0	0

续表

专业名称	毕业生数	授予学位数	招生数		在校生数					
			合计	其中：应届毕业生	合计	一年级	二年级	三年级	四年级	五年级及以上
社会保障	2	2	0	0	1	0	0	1	0	0
化学工程	1	1	0	0	2	0	0	2	0	0
化学工程	1	1	0	0	1	0	0	1	0	0
环境工程	18	18	0	0	17	0	0	17	0	0
环境工程	16	16	0	0	12	0	0	12	0	0
环境科学	0	0	0	0	9	0	0	9	0	0
环境科学	2	2	0	0	2	0	0	2	0	0
软件工程学科	7	7	0	0	7	0	0	7	0	0
电机与电器	7	7	0	0	10	0	0	10	0	0
电机与电器	5	5	0	0	7	0	0	7	0	0
电子科学与技术学科	10	10	0	0	15	0	0	15	0	0
电子科学与技术学科	6	6	0	0	6	0	0	6	0	0
电工理论与新技术	4	4	0	0	10	0	0	10	0	0
电工理论与新技术	16	16	0	0	16	0	0	16	0	0
水利水电工程	6	6	0	0	5	0	0	5	0	0
电路与系统	0	0	0	0	0	0	0	0	0	0
通信与信息系统	0	0	0	0	0	0	0	0	0	0
应用化学	5	5	0	0	4	0	0	4	0	0
水文学及水资源	9	9	0	0	11	0	0	11	0	0
电力系统及其自动化	137	137	0	0	141	0	0	141	0	0
电力系统及其自动化	73	73	0	0	85	0	0	85	0	0
核能科学与工程	25	25	0	0	33	0	0	33	0	0
高电压与绝缘技术	20	20	0	0	19	0	0	19	0	0
高电压与绝缘技术	15	15	0	0	10	0	0	10	0	0
电气工程学科	25	25	0	0	43	0	0	43	0	0
信号与信息处理	0	0	0	0	0	0	0	0	0	0
信息与通信工程学科	26	26	0	0	27	0	0	27	0	0
信息与通信工程学科	37	37	0	0	36	0	0	36	0	0
电力电子与电力传动	16	16	0	0	14	0	0	14	0	0
电力电子与电力传动	10	10	0	0	11	0	0	11	0	0
控制理论与控制工程	29	29	0	0	28	0	0	28	0	0
控制理论与控制工程	31	31	0	0	30	0	0	30	0	0
农业电气化与自动化	8	8	0	0	7	0	0	7	0	0
理论物理	3	3	0	0	3	0	0	3	0	0
理论物理	5	5	0	0	5	0	0	5	0	0
车辆工程	1	1	0	0	0	0	0	0	0	0
机械电子工程	8	8	0	0	0	0	0	0	0	0

续表

专业名称	毕业生数	授予学位数	招生数		在校生数					
			合计	其中：应届毕业生	合计	一年级	二年级	三年级	四年级	五年级及以上
机械电子工程	15	15	0	0	0	0	0	0	0	0
计算机应用技术	35	35	0	0	35	0	0	35	0	0
计算机应用技术	27	27	0	0	26	0	0	26	0	0
模式识别与智能系统	11	11	0	0	15	0	0	15	0	0
模式识别与智能系统	8	8	0	0	8	0	0	8	0	0
系统工程	6	6	0	0	5	0	0	5	0	0
系统工程	6	6	0	0	6	0	0	6	0	0
电磁场与微波技术	0	0	0	0	0	0	0	0	0	0
电磁场与微波技术	0	0	0	0	1	0	0	1	0	0
工业催化	0	0	0	0	4	0	0	4	0	0
动力工程及工程热物理学科	2	2	0	0	2	0	0	2	0	0
制冷及低温工程	0	0	0	0	2	0	0	2	0	0
制冷及低温工程	1	1	0	0	1	0	0	1	0	0
化工过程机械	0	0	0	0	1	0	0	1	0	0
工程热物理	8	8	0	0	10	0	0	10	0	0
工程热物理	8	8	0	0	6	0	0	6	0	0
机械制造及其自动化	3	3	0	0	0	0	0	0	0	0
机械制造及其自动化	5	5	0	0	0	0	0	0	0	0
材料科学与工程学科	17	17	0	0	18	0	0	18	0	0
检测技术与自动化装置	15	15	0	0	15	0	0	15	0	0
检测技术与自动化装置	8	8	0	0	8	0	0	8	0	0
委托培养学术学位硕士	1	1	0	0	0	0	0	0	0	0
模式识别与智能系统	0	0	0	0	0	0	0	0	0	0
控制理论与控制工程	0	0	0	0	0	0	0	0	0	0
信号与信息处理	0	0	0	0	0	0	0	0	0	0
电气工程学科	0	0	0	0	0	0	0	0	0	0
电力系统及其自动化	0	0	0	0	0	0	0	0	0	0
水文学及水资源	0	0	0	0	0	0	0	0	0	0
通信与信息系统	0	0	0	0	0	0	0	0	0	0
环境工程	0	0	0	0	0	0	0	0	0	0
企业管理（含：财务管理、市场营销、人力资源管理）	0	0	0	0	0	0	0	0	0	0
教育经济与管理	0	0	0	0	0	0	0	0	0	0
诉讼法学	0	0	0	0	0	0	0	0	0	0
金融学（含：保险学）	0	0	0	0	0	0	0	0	0	0
数量经济学	0	0	0	0	0	0	0	0	0	0
热能工程	0	0	0	0	0	0	0	0	0	0
思想政治教育	0	0	0	0	0	0	0	0	0	0

续表

专业名称	毕业生数	授予学位数	招生数		在校生数					
			合计	其中：应届毕业生	合计	一年级	二年级	三年级	四年级	五年级及以上
英语语言文学	0	0	0	0	0	0	0	0	0	0
技术经济及管理	0	0	0	0	0	0	0	0	0	0
外国语言学及应用语言学	0	0	0	0	0	0	0	0	0	0
会计学	0	0	0	0	0	0	0	0	0	0
行政管理	0	0	0	0	0	0	0	0	0	0
管理科学与工程学科	1	1	0	0	0	0	0	0	0	0
全日制学术学位非定向硕士	0	0	1299	1060	2533	1299	1234	0	0	0
检测技术与自动化装置	0	0	0	0	16	0	16	0	0	0
材料科学与工程学科	0	0	20	19	38	20	18	0	0	0
管理科学与工程学科	0	0	0	0	0	0	0	0	0	0
管理科学与工程学科	0	0	31	27	61	31	30	0	0	0
公共管理学科	0	0	11	7	19	11	8	0	0	0
凝聚态物理	0	0	0	0	10	0	10	0	0	0
行政管理	0	0	0	0	0	0	0	0	0	0
辐射防护及环境保护	0	0	0	0	0	0	0	0	0	0
会计学	0	0	9	9	17	9	8	0	0	0
计算机软件与理论	0	0	0	0	0	0	0	0	0	0
外国语言学及应用语言学	0	0	20	12	33	20	13	0	0	0
技术经济及管理	0	0	30	28	59	30	29	0	0	0
计算机系统结构	0	0	0	0	6	0	6	0	0	0
运筹学与控制论	0	0	0	0	6	0	6	0	0	0
材料学	0	0	0	0	0	0	0	0	0	0
流体机械及工程	0	0	0	0	4	0	4	0	0	0
供热、供燃气、通风及空调工程	0	0	4	3	8	4	4	0	0	0
水工结构工程	0	0	7	6	14	7	7	0	0	0
英语语言文学	0	0	5	5	10	5	5	0	0	0
思想政治教育	0	0	0	0	7	0	7	0	0	0
热能工程	0	0	0	0	55	0	55	0	0	0
产业经济学	0	0	0	0	4	0	4	0	0	0
计算数学	0	0	0	0	10	0	10	0	0	0
机械设计及理论	0	0	0	0	0	0	0	0	0	0
动力机械及工程	0	0	0	0	9	0	9	0	0	0
机械工程学科	0	0	14	8	29	14	15	0	0	0
数量经济学	0	0	0	0	0	0	0	0	0	0
应用数学	0	0	0	0	10	0	10	0	0	0
金融学（含：保险学）	0	0	0	0	0	0	0	0	0	0
统计学	0	0	0	0	5	0	5	0	0	0

续表

专业名称	毕业生数	授予学位数	招生数		在校生数					
			合计	其中：应届毕业生	合计	一年级	二年级	三年级	四年级	五年级及以上
诉讼法学	0	0	0	0	0	0	0	0	0	0
法学学科	0	0	10	8	19	10	9	0	0	0
国际法学（含：国际公法、国际私法、国际经济法）	0	0	0	0	0	0	0	0	0	0
环境与资源保护法学	0	0	0	0	0	0	0	0	0	0
教育经济与管理	0	0	0	0	0	0	0	0	0	0
企业管理（含：财务管理、市场营销、人力资源管理）	0	0	12	9	22	12	10	0	0	0
化学工程	0	0	2	2	5	2	3	0	0	0
社会保障	0	0	0	0	0	0	0	0	0	0
环境工程	0	0	0	0	16	0	16	0	0	0
环境科学	0	0	0	0	9	0	9	0	0	0
电机与电器	0	0	0	0	9	0	9	0	0	0
软件工程学科	0	0	8	8	15	8	7	0	0	0
通信与信息系统	0	0	0	0	0	0	0	0	0	0
水文学及水资源	0	0	18	17	38	18	20	0	0	0
电力系统及其自动化	0	0	0	0	138	0	138	0	0	0
核能科学与工程	0	0	0	0	2	0	2	0	0	0
电路与系统	0	0	0	0	0	0	0	0	0	0
水利水电工程	0	0	10	8	19	10	9	0	0	0
电工理论与新技术	0	0	0	0	11	0	11	0	0	0
电子科学与技术学科	0	0	17	10	33	17	16	0	0	0
电气工程学科	0	0	34	30	68	34	34	0	0	0
高电压与绝缘技术	0	0	0	0	24	0	24	0	0	0
信号与信息处理	0	0	0	0	0	0	0	0	0	0
信息与通信工程学科	0	0	30	23	60	30	30	0	0	0
控制理论与控制工程	0	0	0	0	32	0	32	0	0	0
电力电子与电力传动	0	0	0	0	15	0	15	0	0	0
机械电子工程	0	0	0	0	0	0	0	0	0	0
理论物理	0	0	0	0	4	0	4	0	0	0
模式识别与智能系统	0	0	0	0	14	0	14	0	0	0
计算机应用技术	0	0	0	0	37	0	37	0	0	0
电磁场与微波技术	0	0	0	0	0	0	0	0	0	0
系统工程	0	0	0	0	5	0	5	0	0	0
机械制造及其自动化	0	0	0	0	0	0	0	0	0	0
工程热物理	0	0	0	0	9	0	9	0	0	0
化工过程机械	0	0	0	0	1	0	1	0	0	0
制冷及低温工程	0	0	0	0	2	0	2	0	0	0

续表

专业名称	毕业生数	授予学位数	招生数		在校生数					
			合计	其中：应届毕业生	合计	一年级	二年级	三年级	四年级	五年级及以上
应用经济学学科	0	0	11	11	11	11	0	0	0	0
马克思主义理论学科	0	0	7	6	7	7	0	0	0	0
数学学科	0	0	26	20	26	26	0	0	0	0
物理学学科	0	0	15	10	15	15	0	0	0	0
动力工程及工程热物理学科	0	0	78	69	78	78	0	0	0	0
电气工程学科	0	0	196	162	196	196	0	0	0	0
控制科学与工程学科	0	0	67	60	67	67	0	0	0	0
计算机科学与技术学科	0	0	44	36	44	44	0	0	0	0
核科学与技术学科	0	0	39	35	39	39	0	0	0	0
环境科学与工程学科	0	0	31	26	31	31	0	0	0	0
检测技术与自动化装置	0	0	0	0	8	0	8	0	0	0
工程热物理	0	0	0	0	6	0	6	0	0	0
计算机科学与技术学科	0	0	36	30	36	36	0	0	0	0
制冷及低温工程	0	0	0	0	2	0	2	0	0	0
动力工程及工程热物理学科	0	0	0	0	2	0	2	0	0	0
动力工程及工程热物理学科	0	0	49	38	49	49	0	0	0	0
工业催化	0	0	0	0	2	0	2	0	0	0
系统工程	0	0	1	0	8	1	7	0	0	0
模式识别与智能系统	0	0	0	0	8	0	8	0	0	0
理论物理	0	0	0	0	5	0	5	0	0	0
计算机应用技术	0	0	2	0	28	2	26	0	0	0
农业电气化与自动化	0	0	6	4	11	6	5	0	0	0
环境科学与工程学科	0	0	20	18	20	20	0	0	0	0
控制理论与控制工程	0	0	0	0	29	0	29	0	0	0
电力电子与电力传动	0	0	0	0	10	0	10	0	0	0
信息与通信工程学科	0	0	38	30	74	38	36	0	0	0
高电压与绝缘技术	0	0	0	0	13	0	13	0	0	0
电气工程学科	0	0	125	106	125	125	0	0	0	0
电力系统及其自动化	0	0	4	0	81	4	77	0	0	0
应用化学	0	0	0	0	5	0	5	0	0	0
化学工程与技术学科	0	0	2	1	2	2	0	0	0	0
电工理论与新技术	0	0	0	0	15	0	15	0	0	0
电子科学与技术学科	0	0	5	5	10	5	5	0	0	0
电机与电器	0	0	0	0	5	0	5	0	0	0
环境科学	0	0	0	0	2	0	2	0	0	0
环境工程	0	0	0	0	16	0	16	0	0	0
化学工程	0	0	0	0	1	0	1	0	0	0

续表

专业名称	毕业生数	授予学位数	招生数		在校生数					
			合计	其中：应届毕业生	合计	一年级	二年级	三年级	四年级	五年级及以上
社会保障	0	0	0	0	4	0	4	0	0	0
企业管理（含：财务管理、市场营销、人力资源管理）	0	0	7	5	16	7	9	0	0	0
诉讼法学	0	0	0	0	3	0	3	0	0	0
法学学科	0	0	5	4	5	5	0	0	0	0
马克思主义理论学科	0	0	10	7	20	10	10	0	0	0
应用经济学学科	0	0	7	4	7	7	0	0	0	0
民商法学（含：劳动法学、社会保障法学）	0	0	0	0	3	0	3	0	0	0
光学	0	0	0	0	5	0	5	0	0	0
金融学（含：保险学）	0	0	0	0	4	0	4	0	0	0
数量经济学	0	0	0	0	4	0	4	0	0	0
应用数学	0	0	0	0	3	0	3	0	0	0
外国语言文学学科	0	0	14	9	28	14	14	0	0	0
物理学学科	0	0	11	8	11	11	0	0	0	0
数学学科	0	0	4	3	4	4	0	0	0	0
计算数学	0	0	0	0	2	0	2	0	0	0
动力机械及工程	0	0	0	0	6	0	6	0	0	0
控制科学与工程学科	0	0	55	47	55	55	0	0	0	0
机械工程学科	0	0	25	19	52	25	27	0	0	0
产业经济学	0	0	0	0	4	0	4	0	0	0
热能工程	0	0	2	0	35	2	33	0	0	0
技术经济及管理	0	0	25	22	47	25	22	0	0	0
计算机系统结构	0	0	0	0	4	0	4	0	0	0
运筹学与控制论	0	0	0	0	3	0	3	0	0	0
流体机械及工程	0	0	0	0	6	0	6	0	0	0
供热、供燃气、通风及空调工程	0	0	15	12	27	15	12	0	0	0
计算机软件与理论	0	0	0	0	6	0	6	0	0	0
会计学	0	0	10	5	19	10	9	0	0	0
行政管理	0	0	1	0	3	1	2	0	0	0
管理科学与工程学科	0	0	2	2	6	2	4	0	0	0
管理科学与工程学科	0	0	7	4	12	7	5	0	0	0
公共管理学科	0	0	5	3	5	5	0	0	0	0
全日制学术学位定向硕士	0	0	19	18	50	19	31	0	0	0
企业管理（含：财务管理、市场营销、人力资源管理）	0	0	2	2	3	2	1	0	0	0
公共管理学科	0	0	0	0	2	0	2	0	0	0
会计学	0	0	0	0	1	0	1	0	0	0
技术经济及管理	0	0	4	4	5	4	1	0	0	0

续表

专业名称	毕业生数	授予学位数	招生数		在校生数					
			合计	其中：应届毕业生	合计	一年级	二年级	三年级	四年级	五年级及以上
英语语言文学	0	0	0	0	1	0	1	0	0	0
热能工程	0	0	0	0	1	0	1	0	0	0
应用数学	0	0	0	0	1	0	1	0	0	0
法学学科	0	0	0	0	2	0	2	0	0	0
电力系统及其自动化	0	0	0	0	5	0	5	0	0	0
控制理论与控制工程	0	0	0	0	2	0	2	0	0	0
水利水电工程	0	0	1	1	1	1	0	0	0	0
马克思主义理论学科	0	0	1	1	1	1	0	0	0	0
动力工程及工程热物理学科	0	0	2	2	2	2	0	0	0	0
电气工程学科	0	0	2	2	2	2	0	0	0	0
管理科学与工程学科	0	0	1	1	1	1	0	0	0	0
电子科学与技术学科	0	0	0	0	1	0	1	0	0	0
电工理论与新技术	0	0	0	0	1	0	1	0	0	0
电力系统及其自动化	0	0	0	0	2	0	2	0	0	0
控制理论与控制工程	0	0	0	0	3	0	3	0	0	0
系统工程	0	0	0	0	1	0	1	0	0	0
公共管理学科	0	0	2	1	2	2	0	0	0	0
行政管理	0	0	0	0	1	0	1	0	0	0
控制科学与工程学科	0	0	1	1	1	1	0	0	0	0
数量经济学	0	0	0	0	1	0	1	0	0	0
应用经济学学科	0	0	3	3	3	3	0	0	0	0
诉讼法学	0	0	0	0	2	0	2	0	0	0
企业管理（含：财务管理、市场营销、人力资源管理）	0	0	0	0	1	0	1	0	0	0
社会保障	0	0	0	0	1	0	1	0	0	0
专业学位硕士	1016	1016	1946	1095	5137	1946	2126	1065	0	0
其中：女	377	377	863	445	1975	863	688	424	0	0
国家任务专业学位硕士	1016	1016	0	0	1065	0	0	1065	0	0
应用统计	19	19	0	0	28	0	0	28	0	0
资产评估	6	6	0	0	6	0	0	6	0	0
翻译	13	13	0	0	11	0	0	11	0	0
翻译	2	2	0	0	2	0	0	2	0	0
工程	164	164	0	0	165	0	0	165	0	0
工程	32	32	0	0	40	0	0	40	0	0
工程	109	109	0	0	115	0	0	115	0	0
工程	27	27	0	0	27	0	0	27	0	0
工程	19	19	0	0	22	0	0	22	0	0
工程	15	15	0	0	19	0	0	19	0	0

续表

专业名称	毕业生数	授予学位数	招生数		在校生数					
			合计	其中：应届毕业生	合计	一年级	二年级	三年级	四年级	五年级及以上
工程	42	42	0	0	34	0	0	34	0	0
工程	48	48	0	0	45	0	0	45	0	0
工程	16	16	0	0	12	0	0	12	0	0
工程	20	20	0	0	17	0	0	17	0	0
工程	0	0	0	0	0	0	0	0	0	0
工程	0	0	0	0	0	0	0	0	0	0
工商管理	83	83	0	0	97	0	0	97	0	0
公共管理	7	7	0	0	13	0	0	13	0	0
会计	17	17	0	0	27	0	0	27	0	0
工程管理	6	6	0	0	6	0	0	6	0	0
电子信息	36	36	0	0	38	0	0	38	0	0
机械	24	24	0	0	25	0	0	25	0	0
资源与环境	28	28	0	0	25	0	0	25	0	0
能源动力	57	57	0	0	63	0	0	63	0	0
能源动力	88	88	0	0	86	0	0	86	0	0
电子信息	47	47	0	0	46	0	0	46	0	0
电子信息	24	24	0	0	27	0	0	27	0	0
电子信息	11	11	0	0	13	0	0	13	0	0
工程管理	0	0	0	0	0	0	0	0	0	0
工程管理	16	16	0	0	14	0	0	14	0	0
工程管理	11	11	0	0	8	0	0	8	0	0
工程管理	1	1	0	0	4	0	0	4	0	0
工商管理	3	3	0	0	2	0	0	2	0	0
公共管理	2	2	0	0	3	0	0	3	0	0
会计	7	7	0	0	7	0	0	7	0	0
应用统计	2	2	0	0	2	0	0	2	0	0
资产评估	4	4	0	0	2	0	0	2	0	0
翻译	7	7	0	0	10	0	0	10	0	0
翻译	3	3	0	0	4	0	0	4	0	0
全日制专业学位非定向硕士	0	0	1126	830	2140	1126	1014	0	0	0
应用统计	0	0	27	20	55	27	28	0	0	0
工程	0	0	160	139	309	160	149	0	0	0
工程	0	0	42	32	81	42	39	0	0	0
工程	0	0	126	98	230	126	104	0	0	0
工程	0	0	41	32	83	41	42	0	0	0
工程	0	0	32	28	54	32	22	0	0	0
工程	0	0	21	14	40	21	19	0	0	0

续表

专业名称	毕业生数	授予学位数	招生数		在校生数					
			合计	其中：应届毕业生	合计	一年级	二年级	三年级	四年级	五年级及以上
工程	0	0	33	28	66	33	33	0	0	0
工程	0	0	58	42	111	58	53	0	0	0
工程	0	0	9	7	18	9	9	0	0	0
工程	0	0	30	19	53	30	23	0	0	0
工商管理	0	0	0	0	44	0	44	0	0	0
公共管理	0	0	10	0	20	10	10	0	0	0
会计	0	0	28	22	65	28	37	0	0	0
工程管理	0	0	0	0	10	0	10	0	0	0
工程	0	0	17	15	24	17	7	0	0	0
工商管理	0	0	44	0	44	44	0	0	0	0
工程管理	0	0	15	0	15	15	0	0	0	0
应用统计	0	0	12	8	16	12	4	0	0	0
机械	0	0	27	23	51	27	24	0	0	0
能源动力	0	0	77	57	142	77	65	0	0	0
电子信息	0	0	40	31	78	40	38	0	0	0
能源动力	0	0	105	82	200	105	95	0	0	0
电子信息	0	0	51	43	101	51	50	0	0	0
电子信息	0	0	27	17	52	27	25	0	0	0
电子信息	0	0	12	10	24	12	12	0	0	0
资源与环境	0	0	34	30	63	34	29	0	0	0
工程管理	0	0	18	13	34	18	16	0	0	0
工程管理	0	0	9	8	17	9	8	0	0	0
公共管理	0	0	2	0	6	2	4	0	0	0
会计	0	0	14	12	25	14	11	0	0	0
工程管理	0	0	5	0	9	5	4	0	0	0
全日制专业学位定向硕士	0	0	28	17	60	28	32	0	0	0
工程	0	0	9	6	13	9	4	0	0	0
工程	0	0	0	0	0	0	0	0	0	0
工程	0	0	3	3	5	3	2	0	0	0
工程	0	0	0	0	1	0	1	0	0	0
工商管理	0	0	0	0	3	0	3	0	0	0
公共管理	0	0	2	0	9	2	7	0	0	0
会计	0	0	4	3	10	4	6	0	0	0
工程管理	0	0	0	0	1	0	1	0	0	0
工程	0	0	1	1	1	1	0	0	0	0
工商管理	0	0	2	0	2	2	0	0	0	0
能源动力	0	0	1	1	1	1	0	0	0	0

续表

专业名称	毕业生数	授予学位数	招生数		在校生数					
			合计	其中：应届毕业生	合计	一年级	二年级	三年级	四年级	五年级及以上
电子信息	0	0	1	1	1	1	0	0	0	0
电子信息	0	0	1	0	1	1	0	0	0	0
翻译	0	0	0	0	1	0	1	0	0	0
电子信息	0	0	1	1	2	1	1	0	0	0
工程管理	0	0	0	0	2	0	2	0	0	0
公共管理	0	0	2	0	3	2	1	0	0	0
能源动力	0	0	1	1	3	1	2	0	0	0
电子信息	0	0	0	0	1	0	1	0	0	0
非全日制专业学位非定向硕士	0	0	684	248	1547	684	863	0	0	0
工程	0	0	87	41	202	87	115	0	0	0
工程	0	0	12	7	24	12	12	0	0	0
工程	0	0	5	2	11	5	6	0	0	0
工程	0	0	7	2	27	7	20	0	0	0
工程	0	0	0	0	1	0	1	0	0	0
工商管理	0	0	58	0	106	58	48	0	0	0
会计	0	0	117	52	384	117	267	0	0	0
工程管理	0	0	21	0	38	21	17	0	0	0
工程	0	0	7	5	29	7	22	0	0	0
工程	0	0	24	11	53	24	29	0	0	0
工程	0	0	9	0	22	9	13	0	0	0
公共管理	0	0	8	0	20	8	12	0	0	0
应用统计	0	0	10	2	16	10	6	0	0	0
工程	0	0	2	2	2	2	0	0	0	0
工程	0	0	1	1	1	1	0	0	0	0
工程管理	0	0	4	3	9	4	5	0	0	0
应用统计	0	0	1	1	6	1	5	0	0	0
能源动力	0	0	7	5	27	7	20	0	0	0
会计	0	0	182	69	303	182	121	0	0	0
公共管理	0	0	9	0	11	9	2	0	0	0
能源动力	0	0	57	23	122	57	65	0	0	0
机械	0	0	9	7	24	9	15	0	0	0
电子信息	0	0	8	6	27	8	19	0	0	0
资源与环境	0	0	5	2	11	5	6	0	0	0
电子信息	0	0	9	6	28	9	19	0	0	0
电子信息	0	0	6	1	12	6	6	0	0	0
电子信息	0	0	1	0	2	1	1	0	0	0
工程管理	0	0	18	0	29	18	11	0	0	0

续表

专业名称	毕业生数	授予学位数	招生数		在校生数					
			合计	其中：应届毕业生	合计	一年级	二年级	三年级	四年级	五年级及以上
非全日制专业学位定向硕士	0	0	108	0	325	108	217	0	0	0
工程	0	0	17	0	53	17	36	0	0	0
工程	0	0	1	0	1	1	0	0	0	0
工程	0	0	0	0	1	0	1	0	0	0
工程	0	0	0	0	1	0	1	0	0	0
工商管理	0	0	12	0	27	12	15	0	0	0
会计	0	0	2	0	21	2	19	0	0	0
工程管理	0	0	7	0	11	7	4	0	0	0
工程	0	0	1	0	3	1	2	0	0	0
公共管理	0	0	4	0	20	4	16	0	0	0
工程	0	0	1	0	1	1	0	0	0	0
工程	0	0	1	0	1	1	0	0	0	0
机械	0	0	0	0	1	0	1	0	0	0
能源动力	0	0	39	0	139	39	100	0	0	0
电子信息	0	0	0	0	1	0	1	0	0	0
工程管理	0	0	0	0	1	0	1	0	0	0
公共管理	0	0	7	0	11	7	4	0	0	0
会计	0	0	11	0	17	11	6	0	0	0
电子信息	0	0	1	0	5	1	4	0	0	0
工程管理	0	0	3	0	9	3	6	0	0	0
电子信息	0	0	1	0	1	1	0	0	0	0

（网络与信息化办公室　牛辰昊　提供）

华北电力大学 2018 年博士研究生分专业学生数

专业名称	毕业生数	授予学位数	招生数		在校生数						预计毕业生数
			合计	其中：应届毕业生	合计	一年级	二年级	三年级	四年级	五年级及以上	
甲	1	2	3	4	5	6	7	8	9	10	11
博士研究生	176	176	240	71	1110	240	208	195	467	0	256
其中：女	60	60	80	19	389	80	65	55	189	0	62
学术学位博士	176	176	240	71	1110	240	208	195	467	0	256
其中：女	60	60	80	19	389	80	65	55	189	0	62
国家任务学术学位博士	168	168	0	0	614	0	0	195	419	0	225
模式识别与智能系统	1	1	0	0	7	0	0	2	5	0	1
化工过程机械	3	3	0	0	10	0	0	3	7	0	3
工程热物理	7	7	0	0	12	0	0	4	8	0	4
检测技术与自动化装置	2	2	0	0	8	0	0	4	4	0	2

续表

专业名称	毕业生数	授予学位数	招生数		在校生数						预计毕业生数
			合计	其中：应届毕业生	合计	一年级	二年级	三年级	四年级	五年级及以上	
管理科学与工程学科	6	6	0	0	9	0	0	6	3	0	4
管理科学与工程学科	2	2	0	0	12	0	0	3	9	0	4
管理科学与工程学科	5	5	0	0	16	0	0	4	12	0	6
工商管理学科	1	1	0	0	16	0	0	4	12	0	4
技术经济及管理	13	13	0	0	69	0	0	10	59	0	28
热能工程	25	25	0	0	71	0	0	24	47	0	32
控制科学与工程学科	1	1	0	0	4	0	0	2	2	0	1
控制科学与工程学科	1	1	0	0	5	0	0	2	3	0	1
动力机械及工程	3	3	0	0	24	0	0	8	16	0	7
流体机械及工程	1	1	0	0	8	0	0	1	7	0	2
企业管理（含：财务管理、市场营销、人力资源管理）	6	6	0	0	13	0	0	2	11	0	7
电机与电器	2	2	0	0	1	0	0	0	1	0	1
电工理论与新技术	4	4	0	0	3	0	0	0	3	0	3
电气工程学科	4	4	0	0	116	0	0	63	53	0	12
电气工程学科	7	7	0	0	11	0	0	0	11	0	7
电气工程学科	15	15	0	0	49	0	0	22	27	0	10
电力系统及其自动化	23	23	0	0	40	0	0	0	40	0	27
高电压与绝缘技术	3	3	0	0	10	0	0	0	10	0	7
电力电子与电力传动	4	4	0	0	5	0	0	0	5	0	5
控制理论与控制工程	10	10	0	0	36	0	0	11	25	0	21
动力工程及工程热物理学科	3	3	0	0	15	0	0	5	10	0	3
动力工程及工程热物理学科	16	16	0	0	44	0	0	15	29	0	23
委托培养学术学位博士	8	8	0	0	48	0	0	0	48	0	31
动力工程及工程热物理学科	1	1	0	0	5	0	0	0	5	0	2
控制理论与控制工程	1	1	0	0	1	0	0	0	1	0	1
高电压与绝缘技术	2	2	0	0	2	0	0	0	2	0	2
电力系统及其自动化	2	2	0	0	15	0	0	0	15	0	10
电气工程学科	0	0	0	0	1	0	0	0	1	0	0
电气工程学科	0	0	0	0	4	0	0	0	4	0	2
电工理论与新技术	0	0	0	0	1	0	0	0	1	0	1
电机与电器	0	0	0	0	1	0	0	0	1	0	1
动力机械及工程	0	0	0	0	4	0	0	0	4	0	2
控制科学与工程学科	0	0	0	0	0	0	0	0	0	0	0
热能工程	2	2	0	0	7	0	0	0	7	0	4
技术经济及管理	0	0	0	0	0	0	0	0	0	0	1
技术经济及管理	0	0	0	0	5	0	0	0	5	0	3
管理科学与工程学科	0	0	0	0	1	0	0	0	1	0	1

续表

专业名称	毕业生数	授予学位数	招生数		在校生数						预计毕业生数
			合计	其中：应届毕业生	合计	一年级	二年级	三年级	四年级	五年级及以上	
管理科学与工程学科	0	0	0	0	0	0	0	0	0	0	0
管理科学与工程学科	0	0	0	0	1	0	0	0	1	0	1
全日制学术学位非定向博士	0	0	209	70	375	209	166	0	0	0	0
检测技术与自动化装置	0	0	4	0	6	4	2	0	0	0	0
工程热物理	0	0	0	0	7	0	7	0	0	0	0
化工过程机械	0	0	0	0	2	0	2	0	0	0	0
模式识别与智能系统	0	0	2	1	3	2	1	0	0	0	0
工商管理学科	0	0	2	1	4	2	2	0	0	0	0
会计学	0	0	0	0	1	0	1	0	0	0	0
管理科学与工程学科	0	0	0	0	5	0	5	0	0	0	0
管理科学与工程学科	0	0	0	0	2	0	2	0	0	0	0
管理科学与工程学科	0	0	0	0	2	0	2	0	0	0	0
管理科学与工程学科	0	0	13	3	13	13	0	0	0	0	0
技术经济及管理	0	0	6	1	13	6	7	0	0	0	0
热能工程	0	0	0	0	20	0	20	0	0	0	0
控制科学与工程学科	0	0	1	1	3	1	2	0	0	0	0
控制科学与工程学科	0	0	3	0	4	3	1	0	0	0	0
动力机械及工程	0	0	0	0	7	0	7	0	0	0	0
企业管理（含：财务管理、市场营销、人力资源管理）	0	0	2	0	3	2	1	0	0	0	0
流体机械及工程	0	0	0	0	1	0	1	0	0	0	0
电气工程学科	0	0	0	0	56	0	56	0	0	0	0
电气工程学科	0	0	16	5	34	16	18	0	0	0	0
电气工程学科	0	0	66	16	66	66	0	0	0	0	0
控制理论与控制工程	0	0	16	8	23	16	7	0	0	0	0
动力工程及工程热物理学科	0	0	4	1	9	4	5	0	0	0	0
动力工程及工程热物理学科	0	0	24	8	41	24	17	0	0	0	0
动力工程及工程热物理学科	0	0	50	25	50	50	0	0	0	0	0
全日制学术学位定向博士	0	0	31	1	73	31	42	0	0	0	0
模式识别与智能系统	0	0	1	0	3	1	2	0	0	0	0
动力工程及工程热物理学科	0	0	1	0	2	1	1	0	0	0	0
动力工程及工程热物理学科	0	0	2	0	5	2	3	0	0	0	0
动力工程及工程热物理学科	0	0	3	0	3	3	0	0	0	0	0
控制理论与控制工程	0	0	1	0	5	1	4	0	0	0	0
电气工程学科	0	0	0	0	8	0	8	0	0	0	0
电气工程学科	0	0	4	0	7	4	3	0	0	0	0
电气工程学科	0	0	6	0	6	6	0	0	0	0	0

续表

专业名称	毕业生数	授予学位数	招生数		在校生数						预计毕业生数
			合计	其中：应届毕业生	合计	一年级	二年级	三年级	四年级	五年级及以上	
企业管理（含：财务管理、市场营销、人力资源管理）	0	0	3	0	4	3	1	0	0	0	0
动力机械及工程	0	0	0	0	3	0	3	0	0	0	0
控制科学与工程学科	0	0	1	0	2	1	1	0	0	0	0
控制科学与工程学科	0	0	0	0	1	0	1	0	0	0	0
热能工程	0	0	0	0	4	0	4	0	0	0	0
技术经济及管理	0	0	3	0	6	3	3	0	0	0	0
管理科学与工程学科	0	0	0	0	1	0	1	0	0	0	0
管理科学与工程学科	0	0	0	0	2	0	2	0	0	0	0
会计学	0	0	2	0	2	2	0	0	0	0	0
工商管理学科	0	0	0	0	3	0	3	0	0	0	0
管理科学与工程学科	0	0	0	0	2	0	2	0	0	0	0
管理科学与工程学科	0	0	4	1	4	4	0	0	0	0	0

（网络与信息化办公室　牛辰昊　提供）

华北电力大学2018年普通本科分专业学生数

专业名称	毕业生数	授予学位数	招生数				在校生数					
			合计	其中：			合计	一年级	二年级	三年级	四年级	五年级及以上
				应届毕业生	春季招生	预科生转						
甲	1	2	3	4	5	6	7	8	9	10	11	12
普通本科生	5417	5365	6090	5761	0	101	23 293	6095	6218	5637	5343	0
其中：女	1813	1809	2021	1969	0	34	7638	2033	1961	1773	1871	0
高中起点本科	5408	5356	6090	5761	0	101	23 293	6095	6218	5637	5343	0
电气工程及其自动化	550	547	0	0	0	0	1169	0	0	622	547	0
电气工程及其自动化	542	530	361	347	0	0	1961	361	521	558	521	0
核工程类专业	0	0	145	134	0	0	144	144	0	0	0	0
水利类专业	0	0	90	85	0	0	90	90	0	0	0	0
农业电气化	56	56	0	0	0	0	116	0	0	53	63	0
行政管理	43	43	0	0	0	0	168	0	56	49	63	0
新能源科学与工程	159	158	0	0	0	0	496	0	173	165	158	0
信息与计算科学	55	55	0	0	0	0	106	0	0	52	54	0
信息与计算科学	49	49	0	0	0	0	150	0	53	52	45	0
材料科学与工程	44	41	56	53	0	1	206	56	53	49	48	0
外国语言文学类专业	0	0	54	51	0	0	54	54	0	0	0	0
外国语言文学类专业	0	0	85	81	0	2	171	85	86	0	0	0
计算机科学与技术	51	49	0	0	0	0	172	0	62	64	46	0
计算机科学与技术	73	73	0	0	0	0	160	0	0	85	75	0

续表

专业名称	毕业生数	授予学位数	招生数				在校生数					
			合计	其中：应届毕业生	其中：春季招生	其中：预科生转	合计	一年级	二年级	三年级	四年级	五年级及以上
电子信息工程	51	48	0	0	0	0	160	0	53	50	57	0
机械设计制造及其自动化	70	70	0	0	0	0	176	0	0	91	85	0
信息安全	48	47	0	0	0	0	164	0	51	53	60	0
信息安全	28	28	0	0	0	0	56	0	0	28	28	0
电子信息类专业	0	0	196	185	0	7	378	196	182	0	0	0
电子信息类专业	0	0	273	257	0	2	273	273	0	0	0	0
通信工程	89	89	0	0	0	0	174	0	0	94	80	0
通信工程	72	72	0	0	0	0	216	0	77	71	68	0
电子科学与技术	26	26	0	0	0	0	78	0	26	29	23	0
物联网工程	28	28	0	0	0	0	84	0	27	29	28	0
网络工程	58	57	0	0	0	0	108	0	0	56	52	0
机械工程	109	109	0	0	0	0	177	0	0	74	103	0
机械工程	22	22	62	57	0	0	214	61	60	60	33	0
新能源材料与器件	30	30	0	0	0	0	87	0	34	24	29	0
经济学类专业	0	0	62	60	0	1	118	62	56	0	0	0
经济学类专业	0	0	87	84	0	1	87	87	0	0	0	0
金融学	30	29	0	0	0	0	120	0	63	30	27	0
数学类专业	0	0	86	80	0	0	84	84	0	0	0	0
数学类专业	0	0	149	141	0	0	268	149	119	0	0	0
法学类专业	0	0	59	55	0	2	126	59	67	0	0	0
广告学	32	32	0	0	0	0	84	0	30	27	27	0
汉语言文学	23	23	0	0	0	0	24	0	0	24	0	0
经济学	26	26	0	0	0	0	84	0	24	27	33	0
经济学	26	26	0	0	0	0	47	0	0	25	22	0
法学	32	32	0	0	0	0	61	0	0	28	33	0
法学	48	48	40	37	0	2	200	40	56	44	60	0
国际经济与贸易	26	26	0	0	0	0	47	0	0	22	25	0
社会工作	28	28	0	0	0	0	57	0	0	28	29	0
应用化学	51	51	60	60	0	0	217	60	58	47	52	0
应用化学	56	55	0	0	0	0	99	0	0	50	49	0
翻译	0	0	0	0	0	0	63	0	22	20	21	0
翻译	0	0	0	0	0	0	53	0	0	27	26	0
能源与动力工程	295	291	0	0	0	0	624	0	0	334	290	0
能源与动力工程	349	340	323	294	0	2	1293	323	310	326	334	0
应用物理学	28	28	0	0	0	0	49	0	0	27	22	0
应用物理学	22	22	0	0	0	0	65	0	18	26	21	0

续表

专业名称	毕业生数	授予学位数	招生数				在校生数					
			合计	其中：			合计	一年级	二年级	三年级	四年级	五年级及以上
				应届毕业生	春季招生	预科生转						
软件工程	58	56	0	0	0	0	164	0	60	51	53	0
软件工程	54	54	0	0	0	0	126	0	0	68	58	0
测控技术与仪器	92	91	0	0	0	0	329	0	118	105	106	0
测控技术与仪器	79	79	0	0	0	0	162	0	0	83	79	0
计算机类专业	0	0	199	187	0	3	199	199	0	0	0	0
计算机类专业	0	0	312	293	0	7	607	313	294	0	0	0
环境工程	54	54	0	0	0	0	104	0	0	56	48	0
机械类专业	0	0	354	337	0	10	704	358	346	0	0	0
能源动力类专业	0	0	324	305	0	8	664	324	340	0	0	0
能源动力类专业	0	0	210	201	0	3	210	210	0	0	0	0
过程装备与控制工程	25	25	0	0	0	0	57	0	0	29	28	0
自动化	160	158	0	0	0	0	474	0	154	154	166	0
自动化	173	173	0	0	0	0	300	0	0	154	146	0
英语	55	55	0	0	0	0	113	0	34	40	39	0
英语	47	47	0	0	0	0	78	0	0	39	39	0
辐射防护与核安全	15	15	0	0	0	0	71	0	25	28	18	0
自动化类专业	0	0	275	265	0	0	275	275	0	0	0	0
自动化类专业	0	0	276	264	0	9	558	277	281	0	0	0
电气类专业	0	0	557	523	0	10	1268	559	709	0	0	0
建筑环境与能源应用工程	24	24	30	30	0	0	112	30	27	25	30	0
建筑环境与能源应用工程	59	57	0	0	0	0	106	0	0	65	41	0
电子信息科学与技术	57	57	0	0	0	0	114	0	0	64	50	0
机械电子工程	58	58	0	0	0	0	141	0	0	83	58	0
市场营销	43	43	0	0	0	0	111	0	28	41	42	0
物流管理	25	25	0	0	0	0	50	0	0	27	23	0
工商管理类专业	0	0	93	89	0	2	193	94	99	0	0	0
工商管理类专业	0	0	112	105	0	0	112	112	0	0	0	0
信息管理与信息系统	26	26	0	0	0	0	49	0	0	26	23	0
信息管理与信息系统	27	27	0	0	0	0	105	0	57	25	23	0
工业工程	23	23	0	0	0	0	53	0	0	29	24	0
产品设计	42	42	0	0	0	0	90	0	0	45	45	0
公共事业管理	29	29	0	0	0	0	59	0	0	34	25	0
公共事业管理	23	22	0	0	0	0	69	0	20	25	24	0
工程管理	57	55	0	0	0	0	253	0	116	73	64	0
土木类专业	0	0	61	59	0	1	124	61	63	0	0	0
设计学类专业	0	0	44	40	0	0	88	44	44	0	0	0

续表

专业名称	毕业生数	授予学位数	招生数				在校生数					
			合计	其中：			合计	一年级	二年级	三年级	四年级	五年级及以上
				应届毕业生	春季招生	预科生转						
工商管理	28	28	0	0	0	0	91	0	33	28	30	0
工商管理	25	25	0	0	0	0	54	0	0	31	23	0
管理科学与工程类专业	0	0	214	208	0	6	418	214	204	0	0	0
管理科学与工程类专业	0	0	284	270	0	8	284	284	0	0	0	0
电子商务	24	24	0	0	0	0	47	0	0	23	24	0
人力资源管理	30	30	0	0	0	0	87	0	31	29	27	0
工程造价	65	65	0	0	0	0	121	0	0	57	64	0
会计学	73	73	0	0	0	0	138	0	0	69	69	0
会计学	72	72	0	0	0	0	173	0	51	62	60	0
财务管理	66	66	0	0	0	0	182	0	61	60	61	0
工业工程类专业	0	0	63	58	0	1	116	63	53	0	0	0
劳动与社会保障	26	26	0	0	0	0	56	0	0	27	29	0
公共管理类专业	0	0	119	112	0	3	119	119	0	0	0	0
公共管理类专业	0	0	119	111	0	3	237	119	118	0	0	0
智能电网信息工程	82	82	0	0	0	0	248	0	76	87	85	0
水文与水资源工程	29	29	0	0	0	0	73	0	27	22	24	0
核工程与核技术	119	118	0	0	0	0	347	0	110	117	120	0
能源化学工程	52	52	0	0	0	0	109	0	0	54	55	0
环境科学	26	26	0	0	0	0	54	0	0	27	27	0
水利水电工程	61	61	0	0	0	0	168	0	57	55	56	0
环境科学与工程类专业	0	0	256	243	0	7	501	256	245	0	0	0
第二学士学位	9	9	0	0	0	0	0	0	0	0	0	0
电气工程及其自动化	9	9	0	0	0	0	0	0	0	0	0	0

（网络与信息化办公室　牛辰昊　提供）

华北电力大学 2018 年在职人员攻读硕士学位分专业（领域）学生

专业名称	授予学位数	招生数	在校生数			
			合计	一年级	二年级	三年级及以上
甲	1	2	3	4	5	6
硕士学位学生	1209	0	3720	0	0	3720
其中：女	286	0	799	0	0	799
专业学位硕士	1209	0	3720	0	0	3720
专业学位硕士其中：女	286	0	799	0	0	799
工程	98	0	334	0	0	334
工程	56	0	113	0	0	113
电子信息	21	0	76	0	0	76
工程	274	0	656	0	0	656

续表

专业名称	授予学位数	招生数	在校生数			
			合计	一年级	二年级	三年级及以上
工程	56	0	157	0	0	157
工程管理	58	0	194	0	0	194
工程	27	0	129	0	0	129
工程	51	0	215	0	0	215
电子信息	20	0	105	0	0	105
工程	93	0	302	0	0	302
能源动力	73	0	170	0	0	170
能源动力	267	0	861	0	0	861
工程管理	1	0	5	0	0	5
工商管理	35	0	53	0	0	53
机械	9	0	33	0	0	33
电子信息	33	0	170	0	0	170
资源与环境	4	0	27	0	0	27
工程	9	0	45	0	0	45
工程管理	24	0	75	0	0	75

（网络与信息化办公室　牛辰昊　提供）

华北电力大学2018年成人本科分专业学生数

专业名称	授予学位数	招生数	在校生数						
			合计	一年级	二年级	三年级	四年级	五年级	六年级及以上
甲	2	3	4	5	6	7	8	9	10
成人本科生	486	2218	4358	2164	1788	54	72	280	0
其中：女	176	739	1347	721	519	8	17	82	0
函授本科	371	1320	2910	1293	1325	39	49	204	0
其中：女	131	328	746	323	355	7	12	49	0
高中起点本科	20	91	446	91	63	39	49	204	0
会计学	0	0	0	0	0	0	0	0	0
会计学	0	1	1	1	0	0	0	0	0
工程造价	0	5	5	5	0	0	0	0	0
电气工程及其自动化	17	14	164	15	16	6	13	114	0
电气工程及其自动化	3	61	260	61	47	30	33	89	0
计算机科学与技术	0	3	3	3	0	0	0	0	0
通信工程	0	1	1	1	0	0	0	0	0
能源与动力工程	0	0	7	0	0	3	3	1	0
能源与动力工程	0	1	1	1	0	0	0	0	0
机械设计制造及其自动化	0	1	1	1	0	0	0	0	0
环境工程	0	1	1	1	0	0	0	0	0
市场营销	0	0	0	0	0	0	0	0	0

续表

专业名称	授予学位数	招生数	在校生数						
			合计	一年级	二年级	三年级	四年级	五年级	六年级及以上
工商管理	0	0	0	0	0	0	0	0	0
工商管理	0	2	2	2	0	0	0	0	0
人力资源管理	0	1	0	0	0	0	0	0	0
专科起点本科	351	1229	2464	1202	1262	0	0	0	0
工程造价	0	15	15	15	0	0	0	0	0
智能电网信息工程	0	1	1	1	0	0	0	0	0
能源化学工程	0	2	2	2	0	0	0	0	0
会计学	0	1	1	1	0	0	0	0	0
会计学	13	13	41	13	28	0	0	0	0
电气工程及其自动化	75	562	974	540	434	0	0	0	0
电气工程及其自动化	221	411	902	411	491	0	0	0	0
建筑环境与能源应用工程	0	8	8	8	0	0	0	0	0
人力资源管理	0	1	1	1	0	0	0	0	0
工商管理	0	3	3	3	0	0	0	0	0
工商管理	11	16	98	16	82	0	0	0	0
市场营销	0	0	0	0	0	0	0	0	0
物流管理	0	1	0	0	0	0	0	0	0
信息管理与信息系统	0	2	2	2	0	0	0	0	0
工业工程	0	1	1	1	0	0	0	0	0
公共事业管理	0	3	3	3	0	0	0	0	0
工程管理	0	7	6	6	0	0	0	0	0
环境工程	0	6	6	6	0	0	0	0	0
能源动力类专业	0	0	0	0	0	0	0	0	0
英语	0	1	1	1	0	0	0	0	0
机械设计制造及其自动化	0	3	3	3	0	0	0	0	0
机械设计制造及其自动化	0	7	7	7	0	0	0	0	0
社会工作	0	1	1	1	0	0	0	0	0
软件工程	0	1	1	1	0	0	0	0	0
能源与动力工程	15	114	209	111	98	0	0	0	0
能源与动力工程	16	0	116	0	116	0	0	0	0
能源与动力工程	0	28	28	28	0	0	0	0	0
网络工程	0	1	1	1	0	0	0	0	0
经济学	0	6	6	6	0	0	0	0	0
法学	0	2	2	2	0	0	0	0	0
国际经济与贸易	0	1	1	1	0	0	0	0	0
计算机科学与技术	0	0	1	0	1	0	0	0	0
计算机科学与技术	0	11	23	11	12	0	0	0	0
业余本科	115	898	1448	871	463	15	23	76	0

续表

专业名称	授予学位数	招生数	在校生数						
			合计	一年级	二年级	三年级	四年级	五年级	六年级及以上
其中：女	45	411	601	398	164	1	5	33	0
高中起点本科	8	206	326	204	8	15	23	76	0
会计学	1	21	38	21	0	1	0	16	0
电气工程及其自动化	4	66	141	65	8	14	23	31	0
计算机科学与技术	0	20	24	20	0	0	0	4	0
国际经济与贸易	0	0	0	0	0	0	0	0	0
工商管理	0	94	118	93	0	0	0	25	0
人力资源管理	3	5	5	5	0	0	0	0	0
专科起点本科	107	692	1122	667	455	0	0	0	0
会计学	12	71	122	71	51	0	0	0	0
电气工程及其自动化	75	289	524	272	252	0	0	0	0
人力资源管理	0	55	53	53	0	0	0	0	0
工商管理	16	209	358	206	152	0	0	0	0
电气类专业	0	0	0	0	0	0	0	0	0
国际经济与贸易	0	3	2	2	0	0	0	0	0
计算机科学与技术	0	0	0	0	0	0	0	0	0
计算机科学与技术	0	65	63	63	0	0	0	0	0
能源与动力工程	4	0	0	0	0	0	0	0	0

（网络与信息化办公室　牛辰昊　提供）

华北电力大学2018年外国留学生情况

项目		编号	毕（结）业生数	授予学位数	招生数		在校生数					
					合计	其中：春季招生	合计	第一年	第二年	第三年	第四年	第五年及以上
甲		乙	1	2	3	4	5	6	7	8	9	10
总计		1	134	91	343	6	681	285	215	130	36	15
其中：女		2	41	22	76	2	118	58	42	11	6	1
按学历分	小计	3	91	91	271		608	212	215	130	36	15
	专科	4		*								
	本科	5	31	31	71		128	60	39	8	19	2
	硕士研究生	6	52	52	153		331	122	122	84	2	1
	博士研究生	7	8	8	47		149	30	54	38	15	12
培训		8	43	*	72	6	73	73				
按大洲分	亚洲	9	84	57	217	5	438	179	155	84	12	8
	非洲	10	37	29	109		208	89	51	41	20	7
	欧洲	11	7		12	1	23	12	7	2	2	
	北美洲	12	1	1	2		7	2	1	2	2	
	南美洲	13	3	2	3		4	3	1			
	大洋洲	14	2	2			1			1		

续表

项目		编号	毕（结）业生数	授予学位数	招生数		在校生数					
					合计	其中：春季招生	合计	第一年	第二年	第三年	第四年	第五年及以上
按经费来源分	国际组织资助	15										
	中国政府资助	16	82	56	324		645	261	210	127	32	15
	本国政府资助	17										
	学校间交换	18	13		9	2	9	9				
	自费	19	39	35	10	4	27	15	5	3	4	

（网络与信息化办公室　牛辰昊　提供）

华北电力大学 2018 年学生组织社团一览表

（北　京　校　部）

序号	社团名称	社团负责人	负责人班级
1	学生社团联合会	谭羿鍼	水文 1601
2	国旗护卫队	薛　超	电气院
3	大学生治安服务队	徐文龙	能动院
4	大学生自我管理委员会	陈端盈	经管院
5	大学生自我服务委员会	张　巍	能动院
6	教学信息中心	徐佳辉	核院
7	华电心理学社	薛凯丽	能动院
8	自强社	李文钊	电气院
9	新闻中心记者团	陈　麒	经管院
10	华电电视台	何建辉	可再生院
11	华北电力大学红十字会学生分会	周倩颖	中文 1601
12	职业发展协会	李　睿	电气院
13	大学生校史电力史研究会	撒金钊	控计院
14	大学生调研中心	杨泽洲	可再生院
15	华电小报	王思睿	电气 1604
16	蓝之焰青年志愿者协会	曾　晔	会计 1602
17	大学人文	蔡清华	行管 1602
18	争流网站管理委员会	牛雪纯	电气院
19	创业协会	陈馥阳	电气院
20	通讯社	卢宇航	电气院
21	艺术团总团	李博远	国教 1603
22	声工厂人声乐团	刘　乐	英语 1602
23	光合话剧团	蒋东昕	自动 1603
24	蓝色动力合唱团	鲍　真	水电 1601
25	演讲朗诵团	江禹铮	工商 1601
26	华韵民乐团	潘嘉琪	电气 1605
27	Elan 舞蹈团	李京涵	国教 1601

续表

序号	社团名称	社团负责人	负责人班级
28	符点西洋乐团	陈晓溪	创自 1601
29	华北电力大学广播台	王 义	财务 1602
30	华电青年报	郑付猛	自动 1601
31	Enactus 团队	陈佳钰	外语 1702
32	和之日语社	叶汉东	公管 1601
33	临畦国学斋	邱扬洁	法学 1601
34	英语协会	苏诗纯	外语 1701
35	晨星文学社	王绮彧	电气 1606
36	中外学生友好交流协会	黄依平	能材 1601
37	公共行政研究会	张祥睿	公共 1601
38	清风轮滑社	刘 骏	能动 1704
39	武术协会	吴慧斌	电气 1605
40	太极拳协会	任相霖	新能源 1702
41	阳光跆拳道协会	赵卓威	能动 1607
42	逐影双节棍协会	张基龙	能科 1601
43	飞跃滑板社	覃为炯	能动 1706
44	快手社	袁 伟	机械 1602
45	金色旋律口琴社	齐鹏飞	电气 1707
46	BeatBox 社	王富豪	电气 1703
47	粤语协会	刘淇伟	电气 1604
48	自媒体发展协会	古力扎提	公共 1601
49	一笑堂	杨 岩	测控 1701
50	墨友书画社	刘世梁	计算机 1701
51	希望手语社	刘晓彩	社保 1601
52	羽毛球协会	潘龙飞	能动 1612
53	篮球裁判协会	吴玥衡	翻译 1601
54	征途自行车协会	常智理	应化 1602
55	台球协会	薛 威	能科 1601
56	毽绳协会	朱瑞盈	电气 1703
57	排球协会	袁海驰	能动 1608
58	棒垒协会	时 纯	电气 1610
59	长跑协会	叶尔森·革命龙	能科 1702
60	户外运动协会	李家旋	材料 1601
61	乒乓球协会	张鑫宇	电气 1609
62	网球协会	李家鑫	能动 1604
63	足球协会	高逊博	电气 1607
64	瑜伽和普拉提健身协会	张夕蕊	电网 1701
65	风庄推理社	徐晓宁	计科 1602
66	大学生法学会	宋美娜	法学 1602
67	飞行器协会	孙国栋	创自 1501

续表

序号	社团名称	社团负责人	负责人班级
68	魔方社	马晨星	软件 1602
69	科技协会	王天生	化学 1501
70	星野天文社	曹　峰	核安 1601
71	金融协会	张本玲	商务 1501
72	财会协会	张　德	信管 1701
73	极客派对计算机协会	呼延辉	核安 1601
74	海峡西岸实践交流协会	李　敏	信安 1601
75	三晋能源发展促进协会	王佳钰	英语 1601
76	微光志愿者协会	魏　玮	自动化 1604
77	小动物保护协会	郭云芬	工商 1601
78	迷音吉他社	陈运启	测控 1602
79	火柴人电影协会	王佩瑶	电信 1705
80	惦鹤创意手工社	孙霄羽	信息 1701
81	楼兰协会	多斯达那	计算 1602
82	魅影魔术社	陈涤伟晔	电气 1611
83	摩登舞协会	刘　鹏	能动 1709
84	时尚艺术团	朱生辉	自动 1405
85	摄影协会	储呈阳	研电 1702
86	星河奕站棋牌社	岳凤站	能动 1608
87	雪莲花锅庄舞协会	格桑曲珍	电信 1705
88	昭华古风社	孙涵琳	能材 1701
89	动漫社	杨仪征	通信 1603

（保　定　校　区）

序号	社团名称	社团负责人	负责人班级
1	校学生会	王钟彬	电气 1608
2	校研究生会	姜　炜	硕自 171
3	学生团体联合会	张笑颜	公管 1501
4	大学生青年志愿者协会	程子娴	法学 1601
5	大学生自我教育委员会	王张鑫滢	公管 1601
6	大学生自我服务委员会	盛嘉宇	工商 1601
7	大学生自律委员会	吴志鹏	电子 1501
8	职业发展协会	林博铿	电气 1501
9	大学生科学技术协会	任凯明	能动 1702
10	创业协会	于海航	测控 1602
11	华电校园电视台	顾锡楠	测控 1601
12	极・坐标话剧团	徐敏倩	电力英 1601
13	网球协会	赖逸洋	电力英 1602
14	国学社	应文韬	电力英 1603
15	手工协会	叶伟豪	电气 1601

续表

序号	社团名称	社团负责人	负责人班级
16	华电 IKB 绘画联合会	武心怡	电气 1601
17	足球协会	周浩明	电气 1602
18	校团委调研室	刘炳文	电气 1602
19	国标舞协会	徐雅婷	电气 1602
20	乒乓球协会	谌可炜	电气 1612
21	健身协会	肖　海	电气 1613
22	推理爱好者协会	刘欣宇	电气 1706
23	华电创行	丁　宁	电实践 1601
24	读者协会	蔡彬涛	电实践 1601
25	轮滑协会	陈则亨	电子 1601
26	Unsleep 街舞协会	张　蓉	电子 1602
27	校法律协会	刘东玥	法学 1601
28	英辩社	徐思源	翻译 1701
29	HDS 曳舞社	沈光奥	工程 1701
30	主持人协会	刘　行	工商 1601
31	爱心社	侯　颖	环工 1702
32	演讲与口才协会	史润福	环科 1601
33	校团委宣传部	葛益珉	环科 1601
34	校红十	张琳琳	会计 1601
35	校报记者团	张　璇	会计 1602
36	广播台	刘　晨	会计 1602
37	武术协会	杨凯衡	机电 1602
38	校 MMD	贾向阡	机电 1602
39	计算机视频与图像设计协会	王飞帆	机电 1603
40	台球协会	高恩泽	机电 1701
41	极限飞盘社	陈贻超	机械 1701
42	星韵文学社	李英晟	机械 1702
43	外语协会	雍东升	计科 1601
44	大学生管理协会	张　跃	建环 1602
45	自由搏击俱乐部	李刚刚	能动 1603
46	粤语社	陈梓骏	能动 1607
47	滑板协会	马　驰	能动 1609
48	山鹰户外俱乐部	王基旭	能动 1709
49	青年记者站	赵亚楠	农电 1601
50	新媒体研究会	蔡毓祥	农电 1602
51	空竹协会	石海轩	社工 1501
52	校团委组织部	周诗迪	社工 1601
53	历史研究协会	王小霞	社工 1601
54	篮球协会	付星凯	社工 1601
55	羽毛球协会	曹云昊	输电 1601

续表

序号	社团名称	社团负责人	负责人班级
56	一校广播台	纪欣欣	硕电力 171
57	青马知行研究会	王　静	硕马院班
58	魔术协会	郑英昊	通信 1602
59	C-wing 动漫社	孙宁天	通信 1602
60	弈轩棋牌社	姚　越	网络 1601
61	网络管理协会#	潘少峰	网络 1601
62	健美操啦啦操协会	徐浩胜	网络 1602
63	技术猫编程俱乐部	吴欣雨	网络 1701
64	飞行协会	杨国栋	信息 1602
65	书画协会	刘　馨	信息 1703
66	KM 跑步协会	李仕杰	信息 1703
67	模拟联合国协会	张旭泽	英语 1601
68	光影华电摄影协会	傅泳强	造价 1601
69	校团委报刊社	闵　锴	造价 1602
70	BIM 俱乐部	陈佳颖	造价 1602
71	礼仪队	陆　洋	造价 1602
72	大数据与哲学社会科学研究会	张　可	自动化 1602
73	音乐协会	张田栋	自动化 1603
74	校友工作志愿者协会	夏艺馨	自动化 1605
75	华电百科俱乐部	王佳鹏	机电 1702
76	机器人俱乐部	何泓樟	设制 1503
77	《大学·新语》杂志社	李德玥	电气 1704
78	自行车协会	李鸿儒	工程 1702

（校团委　提供）

毕 业 生 名 单

华北电力大学 2018 年研究生获学位名单

（北京校部春季部分）

博士：37 人

学科门类	获学位专业及人数		姓名			
工学	电力系统及其自动化	5 人	毕经天	陈　骁	李　然	杨　悦
			SYED，FURQAN RAFIQUE 舍耶特			
	电力电子与电力传动	1 人	吕　正			
	热能工程	7 人	邓杰文	彭慧春	吴俊杰	周亚男
			刘慧敏	王　涵	张　月	
	工程热物理	1 人	穆怀萍			
	流体机械及工程	1 人	薛占璞			

续表

学科门类	获学位专业及人数		姓名			
工学	能源环境工程	6人	仇　稳	王　冰	徐　翔	翟明洋
			刘政平	王　哲		
	可再生能源与清洁能源	4人	斯　超	肖　黎	张非凡	张　培
	核电与动力工程	2人	王冠鹰	张　斌		
	控制理论与控制工程	3人	常帅兵	孟洪民	王耀函	
	模式识别与智能系统	1人	董蕊芳			
	检测技术与自动化装置	1人	张　帅			
	信息安全	1人	朱亚运			
管理学	技术经济及管理	2人	孙艺新	覃君松		
	企业管理	2人	宝国坤	武晓龙		

学术硕士：672人

1．经济学：5人

获学位专业及人数		姓名	
产业经济学	1人	赵小菡	
金融学	2人	焦一倩	李　佩
统计学	2人	段　波	韩晓宇

2．法学：17人

获学位专业及人数		姓名							
诉讼法学	1人	王贤虎							
法学	10人	陈　昱	高瑞笛	接道群	刘　晶	于　倩	李杏舫	罗维昱	张　睿
		方若云	韩哲宏						
思想政治教育	6人	甘　迪	王　群	张洪雪	李德贞	王　茜	张韬喆		

3．文学：12人

获学位专业及人数		姓名							
英语语言文学	4人	姜京秀	李　娟	孙晴晴	张晓娟				
外国语言学及应用语言学	8人	白玉莲	陈秀英	罗　甜	彭德晶	徐亚男	陈森亚	付红新	裴雨云

4．理学：37人

获学位专业及人数		姓名							
应用数学	14人	蔡刘颖	高伟萍	江　伟	李一霖	王　果	王庆庆	张慧慧	闫瑞芳
		崔文军	郝　和	李彩云	王成勇	王　琳	武忠文		
计算数学	10人	程红超	傅宇明	贾静荣	裴四宝	孙　乐	李迎华	石宁玄	张文雪
		丛宇辰	葛贝贝						
理论物理	3人	胡波	鲁海鹏	吕红					
运筹学与控制论	4人	陈程林	李　伟	王范凤	尹　凯				
凝聚态物理	6人	廖珩璐	倪依依	王雅雅	王　鑫	张佳丽	张　莹		

5．工学：544 人

获学位专业及人数	姓名							
机械电子工程 8 人	陈俊寰	林兰兰	刘潇波	马晓双	马小安	申 鹏	席 翔	叶静思
机械制造及其自动化 3 人	陈雄伟	陈 作	董永星					
机械设计及理论 6 人	黄海悦	李晓鹤	蒙朝刚	曾星明	张 光	仲旭雯		
材料科学与工程 18 人	卜 晨	李 超	李青海	李双双	伦雨晴	任月娟	王 磊	杨 磊
	韩继朋	李 静	李 帅	李雅丽	罗 聪	陶路路	徐传享	赵雅静
	矫延林	SYED ZOHAIB AHMED 朱海波						
工程热物理 8 人	干 雪	陆 浩	马敬凯	毛凌志	祁 超	王艳红	殷圣胜	张 鸣
热能工程 46 人	蔡 黎	桂 波	黄晓宇	李 响	路冰心	唐 昊	王 帅	章岱超
	陈 栋	郭忠玉	贾润强	刘涵子	吕志鹏	王 博	谢云云	张晓芳
	陈 颖	韩文卓	李鸿飞	刘 雷	倪伟铭	王东旭	徐炜乔	张 倩
	陈 宇	韩雨辰	李 明	刘桃宏	牛晓璇	王 静	杨杰栋	周 强
	陈植强	韩泓池	李明杰	刘亦芳	彭 浩	王瑞欣	杨 杨	俞南杰
	程 森	何春龙	李顺龙	刘 哲	时 斌	王 胜		
动力机械及工程 6 人	贾明祥	王 帅	张 冕	张 晗	赵兆祥	朱梦倩		
流体机械及工程 2 人	贺亚颂	张梦雨						
电机与电器 7 人	鲍柏舟	蔡岩涛	李鹏宇	石 静	汪雪婷	王雨晗	杨玉博	
电力系统及其自动化 130	蔡 博	单聚良	侯 赞	蒋若蒙	李孟军	刘 昶	孟天骄	田欣雨
	曹澄沙	单 然	胡德权	金东亚	李佩霖	龙日尚	齐国强	汪执雅
	查效兵	丁雨霏	胡海洋	金秋龙	李 然	吕思琦	秦 浩	王 兵
	陈搏威	房国俊	胡 浩	康少朋	李 伟	吕晓慧	石 城	王 欢
	陈志民	关 睿	华天琪	李博丰	李校莹	马骏鹏	石 璐	王家融
	陈紫薇	郭红林	黄 英	李晨懿	李 彦	马文雯	宋 树	王可坛
	陈 琨	郭化诚	黄 婷	李晨曦	李 洋	马玉龙	孙长乐	王林炎
	成敏杨	韩 通	吉 杨	李大勇	林俊岑	满 洲	孙万珺	王灵安
	程宇頔	郝 毅	贾冠伦	李立凡	刘启智	蒙 园	田 聪	王 蒙
	崔 吉	洪冬欢	姜克如	李林泽	刘 阳	孟繁星	田 浩	王书扬
	王文媛	吴亚盆	杨佳艺	张 理	张立凡	赵成爽	周 正	逯凯旋
	王泽黎	武倩羽	杨俊威	张爱萍	张润峰	赵坚鹏	周子青	吴非宏
	王 婧	谢佩琳	杨晓言	张海华	张 莎	周福文	朱 晨	许璞轩
	王 媛	熊伟鹏	杨 旭	张洪健	张伟波	周家培	朱开成	于思超
	王 鑫	徐 歌	杨箫箫	张红颖	张 宇	周 健	祝培鑫	张经纬
	吴晨曦	徐义良	游宏宇	张嘉慧	张毓颖	周宇聪	邹 丹	张 怡
	NIYOMUGABO EMMANUEL LADISLAS 拉迪斯				GAYE，SALIOU 杨爽			
高电压与绝缘技术 18 人	董 蒙	郭 壮	马宇飞	孙飞飞	王 霖	王新宇	夏 喻	袁创业
	杜 月	李文璞	毛乃强	唐铭泽	王梦丹	王志远	阴 凯	张振亮
	高雪恒	刘世远						
电力电子与电力传动 16 人	崔康生	李 蓉	牟 锴	汪 沛	吴加栋	杨啸天	张 硕	闫 涵
	何彦良	刘东奇	唐 其	王甜婧	许 浩	占 鹏	赵天扬	闫卓武
电工理论与新技术 4 人	李静怡	王 萌	伍秋坤	周 娜				

续表

获学位专业及人数	姓名							
电子科学与技术 9人	刘丝雨	潘 英	杨 凯	张恒友	邹其峰	苏立昌	曾华荣	张 恺
	刘雪莹							
信息与通信工程 26人	暴佳佳	冯馨于	韩 璐	李玉娇	彭文昊	王 畅	杨艳敏	张蒙晰
	曹望璋	高彩霞	何 源	李忠禹	曲照言	吴 瑶	苑佳楠	邹英杰
	陈 雨	高 爽	黄青平	刘晓凤	孙加敏	谢政艳	张京伦	李亦天
	范宁宁	顾 玮						
控制理论与控制工程 29人	曹 敏	冯 乐	简一帆	宁明月	孙建建	王 天	杨 扬	张 报
	陈丽雪	郭俊霖	李 进	潘亚婷	王宝源	吴俊博	姚 楚	张 旭
	邓志光	韩 越	龙东腾	申 思	王 娟	杨国伟	尹 旋	张 梓
	杜 欢	黄域钊	牟 犇	苏 晴	王 强			
系统工程 4人	李青青	梁子航	沈达云	赵敏杰				
检测技术与自动化装置 15人	程鹏申	董德华	黄 蓉	李 元	王宏超	余晓玲	张 蓓	邸小慧
	邓文玉	胡 通	李锦鹏	孙 畅	王兆光	张美玲	张 璜	
模式识别与智能系统 11人	陈丽娟	李一娇	秦正鹏	王凡凯	王斯凡	姚 远	张思齐	张 皓
	柯海山	刘 澈	苏晓朋					
计算机系统结构 9人	白 硕	李 荆	秦冰伦	王 矗	赵雄飞	刘 虔	舒俊华	张相依
	杜嘉程							
计算机应用技术 32人	陈海粟	姜 婷	李 权	刘宏宇	邱日轩	武书舟	张建安	张 楠
	陈 睿	李春平	李 响	刘梦欣	邵 帅	徐佳宁	张秋艳	周磊月
	郝枢华	李海健	李 雪	刘谕齐	魏家辉	杨雅兰	张雅坤	闫丽娜
	贾慧秒	李海天	李沐檀	牛文静	吴晓宇	姚 鹏	张智源	闫 越
软件工程 7人	韩立涛	康逸群	齐南珣	施文豪	王俊铮	王 立	支宸啸	
供热、供燃气、通风及空调工程 6人	白雪亮	韩菲菲	侯永策	田富宽	杨 霏	周佳佳		
水文学及水资源 9人	段志鹏	何晨凤	刘 易	苏阳悦	杨 雄	刘 磊	马广军	吴志毅
	范威威							
水工结构工程 6人	李鹏宇	钱晨昊	隋国栋	陶钧烨	曾癸森	张民心		
水利水电工程 6人	顾培根	彭燕祥	彭 正	乔少博	王 丹	王 晶		
化学工程 1人	钱晓萌							
核能科学与工程 31人	曹惺笛	韩一丹	李小波	罗绍北	任婧雯	汪 彬	文海洋	张文鑫
	陈 杰	何锦成	李 洋	马浩淞	阮辰鹤	王 浩	颜俊尧	钟宇航
	仇若萌	黄及娟	林大超	齐 实	汪 喆	王园鹏	袁 野	邹亚雄
	龚 游	SYED SULEMAN iMAM 成龙			MUHAMMAD SAFEER AZAM 萨非			
	MUHAMMAD ARSLAN 阿澜			ELMUTHANA KHALED MOHAMMED HAJ AHMED 桑那				
	HASSAN ARIF 王仁			MUNIM REHMAN KAYANI 高山				
辐射防护及环境保护 5人	常纯卉	马亚栋	徐佳意	许 谦	于浩洋			
可再生能源与清洁能源 25人	陈 卉	柯炜铭	梁 宇	罗佑楠	王从杰	温继伟	许成志	何文栋
	董 洁	李方敏	刘释元	马洪飞	王雅萍	吴高翔	张文霞	朱达川
	高鹏飞	李嘉楠	刘文健	聂向欣	王煜翔	徐 宁	赵 钰	佟 锴
	周于梦秋							

续表

获学位专业及人数	姓名							
管理科学与工程　24人	高 瑾	计丽妍	李秋爽	栗 莉	潘张益	王 阳	王婷然	张 闻
	胡 勇	李 芳	李 倩	马 原	尚美美	王 岚	王 铮	张 珂
	黄 雷	李 敏	李雯乐	苗新燕	孙润波	王 媛	杨馥源	赵英琦
环境工程　17人	程海春	刘元锐	卢 晗	沈 聚	王灵志	王 楠	张丹丹	张振香
	蒋 帅	刘 远	吕金鹏	王 铃	王鹏毅	姚 文	张 果	钟伏勇
	李 沙							

6．管理学：57人

获学位专业及人数	姓名							
会计学　11人	敖云娜	侯潇阳	霍玉清	齐宏斌	王艺歌	吴烨伟	曾 强	张栩蓓
	柴艺彤	胡严匀	刘 勤					
企业管理　10人	陈冠宇	郭超然	刘梦琦	刘舒琪	全恒禛	吴若心	杨环宇	张 严
	宫 睿	姜 昊						
技术经济及管理　25人	白婧萌	李 丹	刘 梦	舒 晗	王 杨	谢诗妍	张弘扬	张 琦
	焦 杰	李欣民	刘亚萍	宋 栋	王 鑫	姚多朵	张翔宇	朱国栋
	雷恺杰	李源非	沈晨姝	王 岩	吴 晗	余东真	张又中	祝 君
	李兵抗							
行政管理　3人	贾璐璐	李超然	周 磊					
公共管理　8人	郝甜莉	刘佳宁	王春阳	吴 琼	杨凤娇	袁 野	张 晶	张晓斐

工程硕士：666人

获学位专业及人数	姓名							
动力工程　123人	白福军	封冠男	李 慧	刘 宇	孙达康	吴 博	张 涵	赵亚东
	白 翔	冯强君	李季巍	刘 琪	万震天	吴红良	张 恒	赵英博
	白 璞	傅 玉	李梦阳	刘 琦	王春兰	谢 坤	张建军	赵雨兰
	蔡 娜	付 云	李 鹏	路大欣	王 鉴	邢 宁	张瑞颖	赵 鑫
	曹 力	高润龙	李亚华	吕梦菲	王利平	许 昌	张润禾	郑 磊
	曹 旭	高燕维	李 准	牛晨巍	王梦琪	许彦斌	张少朋	郑清清
	常银虎	和学豪	李倩倩	齐贵宁	王学伟	许 尧	张胜波	周冬冬
	陈柯名	贺政康	李 楠	齐佳伟	王尧新	薛小军	张诗悦	周凯旋
	陈占鹏	侯 悦	梁洪波	乔小康	王永智	杨 乐	张小萌	周民星
	陈鑫峰	胡延蓉	梁 涛	秦 利	王治亚	姚金凤	张亚坤	周逸挺
	仇志超	胡雍胜	刘昌泉	曲江源	王珏旻	于晓琳	张伊黎	闫廷庆
	崔双双	黄林滨	刘恒平	任朝明	王 琪	于玮琦	张迎霞	赵兴安
	崔志斌	黄新平	刘山新	沈 达	王 琦	余志文	张语晴	张飞宇
	丁 一	贾小伟	刘秀龙	施 烨	王 昕	袁明野	赵春生	魏立帅
	樊彦芳	金宇航	刘艳萍	宋 嘉	韦丁萍	张 波	赵 然	宋 涛
	范清亮	李冠赢	刘 洋					
电气工程　261人	蔡宏祥	陈 剑	陈 靓	丁晓彬	段云琦	冯文刚	高剑剑	高崧耀
	曹昕良	陈立梅	成 锐	丁 琪	樊 威	付庆美	高 雷	耿坤龙
	常玉婷	陈 旺	仇晓寅	董立峰	房 芳	高涵宇	高 原	耿 未

续表

获学位专业及人数	姓名							
电气工程 261人	常　征	陈泽云	刁立民	杜　倩	丰阿芳	高健宁	高云鹏	宫晓珊
	郭　超	黄　丽	李　燕	刘　星	裴宗敏	田亦凡	王威峰	吴洲洋
	郭晨阳	黄丽雄	李颖慧	刘译聪	祁炜雯	童中宇	王伟男	吴婷婷
	郭纪宏	黄深远	李　璐	刘　莹	钦高唯	汪　贝	王　宪	武嘉桐
	郭志锋	黄志聪	李昱蓉	刘　颖	秦　军	汪　晶	王亚楠	夏冰阳
	郭众孚	惠　洋	梁　明	刘　昕	任　民	王　奥	王　勇	夏　博
	郭　晔	季　皓	林健雄	楼省吾	任向阳	王宝群	王远兴	谢素娟
	韩　欢	纪宏德	林　童	鲁杨飞	申雅茹	王　灿	王志华	谢艳菲
	韩元昭	贾新梅	刘　波	陆梦佳	石峻玮	王　超	王智晖	谢颖怡
	郝大虎	姜　龙	刘桂箐	陆　源	宋国省	王大成	王馨尉	辛培坤
	郝嘉诚	姜文俊	刘　军	吕勃翰	宋雅吾	王国龙	王昱瑾	熊益军
	郝梦竹	景　锋	刘　俊	罗　洁	宋占象	王　坚	王　炜	徐德锋
	何　力	黎　杰	刘立夫	罗莹莹	苏　伟	王江天	韦鹏飞	徐定康
	贺思亮	李柏江	刘梦夏	毛　未	孙冰莹	王均欣	韦永忠	徐东旭
	洪　潇	李芳义	刘梦姣	孟凡冰	孙　畅	王坤祥	魏昌俊	徐靖雯
	侯言兵	李　丽	刘明川	孟卓伦	孙洪宇	王　路	魏纯晓	徐珩耀
	侯宇馨	李　宁	刘欧文	孟　琛	孙鹏玉	王鹏远	卫婧菲	许　博
	胡　巍	李先锋	刘秦华	宁琳如	谭　涛	王　强	吴从力	许国泽
	胡　笳	李小萌	刘诗怡	宁永龙	汤卓凡	王　舒	吴　迪	许　阔
	黄逢朴	李兴哲	刘　顺	欧燕森	陶亦然	王思涵	吴梦凯	宣飞翔
	黄　俊	李　雪	刘　文	潘珍华	田雪枫	王婉君	吴　寅	薛少华
	薛宇石	杨治中	余鹏飞	张格琳	张林生	张兆恒	赵　鹏	郑嘉炜
	杨　柳	姚黎婷	苑舒博	张海林	孙绍钧	张　晗	赵相政	郑乔华
	杨舒文	叶明锋	章建欢	张　浩	张　涛	张朕搏	赵永飞	钟宇军
	杨双飞	尹志荣	章天飞	张宏源	张　天	张　鑫	赵裕潼	周　焕
	杨　洋	游静江	张　博	张慧娟	张　维	赵海龙	赵振华	周　攀
	杨玉瑾	于久洋	张　程	张　磊	张修武	赵建设	赵志伟	周廷冬
	杨振勇	余广译	张代红	张丽敏	张　颖	赵　垒	甄　东	朱　军
	朱俊谕	朱雨蕙	卓然群	闫彬禹	竺裕峰	雒　磊	朱涌泉	庄　翔
	朱信刚	祝新宇	佟　鑫	逯胜建	阿都次伟			
电子通信与工程 36人	包正睿	范旭鹏	刘　鹏	石纹赫	于　健	张喜润	张懿操	周　恒
	畅　彤	何天琦	刘晖童	王　丹	张　迪	张　旭	赵　佳	周慧娟
	单光普	李世豪	卢志鑫	王国成	张　涵	张亚晨	赵振达	朱月梅
	单文卿	梁宇图	潘　轲	王珍珍	张思源	张　俞	赵　祺	蔺一展
	董　超	刘　鹏	裴俊亦	王　震				
机械工程 15人	郝宏亮	侯步逸	李　萌	王凤阳	张　荆	张晓磊	张阳阳	周延生
	洪　文	李　丛	马艳青	叶罡宏	张启亮	张　旋	周　文	
控制工程 54人	白　旭	方廷璋	黎雅雅	刘　洋	宋霜露	王柯霖	于　君	张维亮
	白雪剑	高尔栋	李　景	马　斌	宋小龙	王　奇	张大朋	张　洋
	陈雪雨	巩乔娜	李尚欢	买哲旭	孙　熙	王小雨	张光明	赵　宁

续表

获学位专业及人数	姓名							
控制工程 54人	程雄耀	谷　珊	李　岩	潘　晶	孙永恒	武　昊	张继业	赵咏楠
	丁健康	郭治昌	刘大贺	彭　举	孙玉申	徐建光	张竣清	朱　昱
	段海洋	胡　锋	刘　红	邱　恒	王海潇	杨　阳	张　昆	仝子靖
	方劲宇	贾少华	刘　强	邵黎阳	王竞蒙	姚晓光		
软件工程 16人	曹柳青	李　灿	刘亚宁	卢艳霞	孙华琛	吴梦华	易思瑶	张　宁
	胡广宇	刘其其	刘　鑫	司冠林	文　丰	阳晓路	于黎明	琚　璐
计算机技术 42人	蔡　忱	胡诗尧	李　昊	王贵仟	巫　山	许兆伟	张五霞	朱嘉伟
	陈　超	冷永才	刘　硕	王晓鹏	吴朋洋	薛艳龙	张　昭	朱晓璞
	陈文平	李土高	聂祥谦	王小红	武　飞	杨旭东	赵偲榆	闵云浪
	董　璐	李雪健	牛　达	王　欣	武　焕	张竞予	赵明乾	王修岩
	冯静菊	李　泽	邵　艳	王　新	许世朋	张文强	周铁峰	唐小宇
	侯晓帅	李　妍						
环境工程 19人	杜月文	何　源	靳青青	王淑娟	吴培肇	薛　颖	杨　兰	余化龙
	戈云飞	黄　敬	李紫恬	王　尧	辛美玲	杨晨希	姚家俊	赵宸艺
	韩　雪	江桂红	王慧慧					
项目管理 34人	畅恺龙	寇成昊	刘丽丽	骆　峰	乔　婧	武威宇	杨希军	赵光锋
	邓田英	李德波	刘鹏飞	骆　鹏	王孝帅	向　杰	姚　伟	赵海兵
	葛　兰	李海龙	刘斯亮	毛晓颖	王炜炜	徐　冰	张　博	赵汪洋
	葛学强	李　昱	刘　铮	彭　升	吴旭慧	杨军永	张圣杰	刘大平
	韩　芳	柯洛斯逞						
工业工程 46人	陈凯玲	葛　赟	李红亮	李　智	马　帅	王延文	杨乐乐	张靖宇
	陈仁杰	关　婕	李　慧	厉　理	孟凡坤	王　璐	杨　沫	张子璇
	代思晨	韩艳宾	李　木	刘鸿飞	石　琲	吴美琼	雍明月	赵　爽
	冯　浩	华　晔	李　奇	刘　伟	孙　旭	吴婷婷	张　冲	赵　欣
	符景帅	贾晓华	李　旭	刘　轩	王予希	夏慧聪	张继南	朱国群
	高　博	李　芳	李振广	刘志鸿	王新令	谢　超		
物流工程 20人	曹晓盼	高明洁	黄晓旭	李　潇	徐铭浩	袁伟伟	张淑妹	朱　琪
	崔　丹	郭　健	李　冉	刘瑾宸	杨凤丽	张浩楠	张耀川	瞿冬瑞
	邓凤娟	侯宇硕	李文玉	沈海微				

工商管理硕士：79人

获学位名单					
敖　锦	郝海风	李　坚	刘姝玮	宋恩博	杨　洋
班念奇	何俊智	李思玥	马　营	孙丽莎	杨　婧
曹桂莲	洪　颖	李祥瑞	毛水强	谭　平	于　龙
崔鹏飞	胡以磊	李晓峰	蒙志伟	王春丽	袁少雷
单林森	滑　煦	李晓鹏	宁抒达	王　坤	袁　艳
丁　文	霍明光	李　泽	牛　松	王　磊	张　斌
董婷婷	贾振诚	梁建国	齐炜煜	王　玲	张　成
冯青蓝	姜苏丹	林锦兰	钱志军	王　莹	张传远

续表

获学位名单					
高　红	江　勇	林祖荣	潜力群	谢茂生	张　兴
高钰恒	金　超	刘　超	乔红红	徐　丹	张　志
郭　鹏	金　炯	刘华德	桑丹丹	徐　奕	赵玉韬
郭　思	金祚平	刘　君	沈　忱	徐　璐	钟鹏旭
韩雨彤	李　佳	周　聪	周巍岩	周　锐	朱炳海
朱起民					

工程管理硕士：5 人

获学位名单				
段方维	刘婷婷	孙成雷	杨　辰	张鹏宇

会计硕士：17 人

获学位名单				
邓斯齐	李　玥	汪奕含	辛立柱	杨　骁
高　原	林志莉	王　源	辛雅晨	张楷莹
何　晨	龙　芸	吴泽宇	许　玥	张　茜
胡　赟	马梦佳			

翻译硕士　15 人

获学位名单				
英语笔译	13 人	高安妮	刘　涵	万　兴
		管　明	任梦媛	王飘笛
		刘冬梅	沈　敏	王晓婉
		翁榕谦	殷艳丽	赵悦含
		熊　野		
英语口译	2 人	郭志远	杭泽波	

资产评估硕士：5 人

获学位名单				
黎　欢	李　超	徐幼珍	张为荣	宗博文

应用统计硕士：19 人

获学位名单			
曹飞雄	刘　冉	王　莉	张　岩
程　健	路　甜	严　成	张　瑜
季梦凡	祁　琳	杨洪举	赵雅迪
李　冉	孙勇韬	曾小强	赵永芳
李子赫	王　晨	张　天	

（保定校区春季部分）

学术硕士：465 人

1. 经济学：8 人

获学位专业及人数	姓名		
产业经济学 2 人	赵彤菲	赵小翠	
数量经济学 3 人	何莉洁	江　峰	刘　哲
金融学 3 人	杜　璇	唐瑞平	王旭阳

2. 法学：14 人

获学位专业及人数	姓名				
诉讼法学 2 人	胡钰彬	刘春松			
民商法学 3 人	曹安冰	丛　雯	刘天祎		
马克思主义中国化研究 4 人	邓安琪	饶一鸣	王　杨	周　乔	
思想政治教育 5 人	梁博通	林子琳	王亚文	王　潇	张雪敏

3. 文学：9 人

获学位专业及人数	姓名							
英语语言文学 9 人	敖馨和	杜星莹	纪宇新	李际星	刘彩月	王　晓	杨　帅	张宏燕
	蔺晓林							

4. 理学：15 人

获学位专业及人数	姓名				
应用数学 3 人	刘祖权	王鹏卉	钟嬛姝		
计算数学 2 人	苑旭斐	张艳芳			
理论物理 5 人	付　豪	李玉娟	林小娥	韦星宁	张　伟
运筹学与控制论 2 人	杨萍萍	尹立岩			
光学 3 人	宋金建	唐　蕾	陶齐勇		

5. 工学：377 人

获学位专业及人数	姓名							
车辆工程 1 人	曹晓政							
机械电子工程 15 人	曹雨薇	郭鹏飞	林剑峰	马领月	唐　亮	王贤龙	张　星	赵晓迪
	冯帅帅	郝泽岩	刘月美	马　普	王　菲	袁婧怡	赵　晨	
机械制造及其自动化 5 人	方　涛	李　倩	卢　艺	祁复功	张　森			
机械设计及理论 5 人	陈怡帆	刘圣西	马一丹	肖珊珊	于　凡			
工程热物理 8 人	邓淮铭	胡红修	屈海涛	万玉梅	侯　轶	刘艺苗	田　鹏	张　然
热能工程 45 人	安　鹏	何宇康	刘顺超	牛腾赟	王梅梅	于大鹏	张继达	赵宝宁
	白智中	贾振南	刘雄伟	祁　超	王子铭	于　涛	张家宁	赵立坤
	陈翠玲	孔　禹	路婷婷	渠江曼	王皓轩	于　洋	张　静	赵若丞
	崔庆泽	李玉平	吕美娟	任忠强	杨　欢	苑一鸣	张素丽	赵伟萍
	丁　艺	林瑜茜	马梦祥	王贺飞	杨少东	张垚鹏	张玉波	周　沛
	韩文涛	刘丹娜	马文静	王　华	杨　雪			

续表

获学位专业及人数	姓名							
动力机械及工程 6人	谷秋实	王雷雨	王玉坤	张书峰	张 位	张 楠		
流体机械及工程 3人	卢丽芳	王月坤	许文良					
制冷及低温工程 1人	仲 凯							
电机与电器 5人	黄浦东	李忠徽	王逸仙	徐乾杰	仝宗义			
电力系统及其自动化 67人	曹大卫	贾 男	林西阔	孟 航	童煜栋	谢 军	张晶晶	仲 钊
	陈冰研	姜 訸	凌 霞	毛亚鹏	汪 洋	薛 晨	张文彦	周广洋
	陈 磊	蒋云涛	刘 博	尚煜东	王金星	薛伏申	张 扬	周立栋
	陈 帅	焦 洁	刘宏杨	申南轩	王 爽	杨 浩	张一杰	仝 年
	陈玉良	焦晓鹏	刘辉海	史依茗	王占宇	杨 越	张雨濛	郑 灿
	范 航	靳伟佳	刘 然	苏 浩	王 琛	易 琛	赵大千	张 凡
	付 强	李鹏飞	刘新新	孙朝阳	吴耕纬	曾 旭	赵佳乐	武 昭
	高圣达	李伟光	马伟涛	孙 贺	吴 涛	张大雨	赵文亨	孙彦萍
	韩佳溮	李鑫明	乔林思杭					
高电压与绝缘技术 14人	程槐号	高丽娟	贾立莉	王资博	徐梦蕾	张 鹏	周若琪	芮皓然
	杜莹莹	胡 焕	王雪莹	王 荀	张 斌	钟 平		
信息安全 2人	解沛然	张 强						
电力电子与电力传动 10人	程华鑫	胡兰青	苏亚慧	吴亚帆	张 佳	王志远	于德水	张坤锋
	丁若瑜	刘 浩						
电工理论与新技术 12人	邓浩然	李 璐	刘 畅	庞玉志	魏 瑶	许 磊	吴成坚	杨智翔
	何梦媛	林浩凡	罗 超	王幼男				
电子科学与技术 6人	池 骋	韩 雪	倪 超	王光陛	张弘刚	周术鹏		
信息与通信工程 37人	曹晓亚	陈 楠	高 策	胡玉娇	孟格格	杨君霄	张冬祺	郑 冰
	陈天成	程 航	郭丹丹	李梅燕	王 娇	姚亚青	张敏敏	郑 兰
	陈耀辉	杜思思	郭丽茹	李 娜	王 磊	尹紫薇	张 旭	支尚华
	陈 影	范晓晴	韩思雨	刘 薇	王 明	张纯笑	赵 龙	周 锋
	陈咨彤	冯雨珊	胡启杨	卢萌萌	王宇佳			
控制理论与控制工程 31人	董 蔚	郭佳颖	李 帆	刘金龙	王 朔	邢 建	张德龙	赵丽娟
	杜远征	洪雨楠	李晓伟	马 铮	吴海中	杨 磊	张木柳	智 丹
	段立溟	靳昊凡	李应保	毛泽强	吴延群	尹子剑	张少康	田 瑶
	龚 烽	黎邦腾	刘国祥	宋月新	谢碧霞	曾华清	汪淼依泉	
检测技术与自动化装置 8人	李 珍	梁 薇	刘 适	陆 辉	司志宁	张瑞亚	赵 晶	朱 枫
模式识别与智能系统 8人	陈凌天	勾海芝	何 超	李 烁	李 雪	刘建涛	吕金花	帅 禹
计算机系统结构 3人	高伟鹏	刘庭辉	周昉昉					
计算机应用技术 27人	何子襄	李 然	刘明波	钱雅伦	王志男	张林娜	赵亚东	朱航江
	侯增起	李怡璇	刘少波	王晨旭	杨 舰	张 鹏	赵乙桥	朱万意
	黄 堰	刘桂华	刘轩驿	王 方	杨明晓	赵晓伟	周永博	覃智补
	贾旭策	刘红艳	罗翔宇					
计算机软件与理论 6人	白若林	郭晓红	胡 恒	吕 进	于长海	张 颖		
供热、供燃气、通风及空调工程 10人	李 丹	林 杉	南珊珊	王 壮	詹益胜	王丽莎	吴恩龙	窦 超
	李亚杰	卢艳超						

续表

获学位专业及人数	姓名							
化学工程 1人	曾祥超							
系统分析、运筹与控制 2人	熊　峰	朱向伟						
农业电气化与自动化 7人	陈　旭	李　萌	林　海	王　菲	温和龙	严　俊	赵可为	
环境工程 16人	陈凤桥	邓　鑫	冯　雪	康少鑫	刘建芝	王　芳	谢一枭	张智博
	陈玉强	房慧德	高　然	李玉凯	陶子晨	王佳男	杨　硕	朱思洁
环境科学 2人	姜亚青	申一文						
应用化学 5人	李小燕	王美琪	杨钧晗	张旭阳	郑少昌			
系统工程 6人	蔡　博	胡潇达	刘晓慧	马明娜	杨晨頔	杨优生		
可再生能源与清洁能源 2人	卜跃刚	李金芳						
管理科学与工程 1人	俞佳轲							

6．管理学：42人

获学位专业及人数	姓名							
会计学 6人	常晓辉	丁玉乐	王佳伟	王时瑶	吴　静	赵栩婧		
管理科学与工程 2人	吴婷婷	赵　雪						
企业管理 9人	李　乔	卢　绣	苏　杨	魏思伟	张　皓	秦　聪	王　伟	席　晶
	李依然							
技术经济及管理 22人	杜士娟	龚　运	李树林	史玉芳	孙静怡	徐志鹏	张汝佳	张　岩
	付亚楠	宫志涛	彭晨阳	侍剑峰	王天雨	张洪秩	张　舒	张一枫
	高亚蒙	郝迎佳	全从新	宋佳音	韦淑敏	张丽丽		
社会保障 1人	刘静娴							
行政管理 2人	王若琛	黄思博雅						

工程硕士：517人

获学位专业及人数	姓名							
动力工程 82人	步红丽	焦庆雅	卢星宇	王诗啸	杨燕燕	祝　燕	刘　斌	杨　杰
	步绍湛	李　京	马明皓	王　帅	于　萌	庄英乐	刘　剑	张　凯
	陈　天	李力衔	梅玉杰	王　信	岳　爽	杜　磊	刘　洁	张泉泳
	陈元金	李世博	聂小棋	王智跃	张　博	杜青泽	潘　峰	张　涛
	崔后品	李　爽	邵文婧	韦志康	张　宁	郭　毅	史贵君	张学军
	戴晓云	李文韬	史浩莹	武旭阳	张莹莹	郝文蛇	王春晖	张月欣
	杜保周	李一鹏	宋瑞坤	邢　飞	张永昇	李丁强	王　飞	李子胜
	郭保仓	林鲁徽	孙立超	许鸿胜	赵　超	李永会	王靖华	周伟伟
	韩　韦	刘金亮	汪　辉	薛清元	赵子东	李志杰	王燕龙	杨秀娟
	贾怡琼	刘　强	王健行	杨浩楠	赵　砣	李卓伦	王　宇	王龙川
	蒋　衍	刘　洋						
电气工程 169人	曹美晗	刘会强	王永茂	张　伟	谷　雨	吕　强	王亚亭	窦　佳
	曹　轩	刘晋维	王召盟	张晓宇	郭　蕾	马　超	王　玮	闫亚俊
	畅　达	刘美岑	王子强	张　莹	郭路遥	马建文	武　威	王肖珊
	陈传宝	刘童童	王子睿	张雨晴	郭　玮	马　迅	邢　文	陆　鑫

续表

获学位专业及人数	姓名							
电气工程 169人	陈少帅	刘 杨	王昱翔	赵存璞	韩 猛	马 莹	许 冰	耿毅刚
	陈晓伟	陆 路	吴 昊	赵会莹	韩树楠	苗 春	薛 茜	张 硕
	董平平	马大帅	武倩男	钟 正	郝伟向	聂 文	杨成刚	王雪薇
	高凡夫	马 吉	谢志新	周国华	郝彦国	钱海龙	杨 松	梁 辰
	高 兆	穆 斌	谢志云	周靖仁	侯佳伟	乔国栋	于 闯	佟德海
	葛 星	聂齐齐	邢东霞	周晓炯	胡林峰	秦 超	于 涛	王 祥
	谷守信	任 洁	许月娟	祝晋尧	黄凌云	秦 雪	袁思敏	刘子豪
	韩鹏飞	沈 涛	严敬汝	薄 海	姜百超	沈晓敏	张 健	葛乃榕
	洪千里	师 楠	燕 磊	曹文斌	姜 岩	史雅莉	张兰钦	张凯元
	贾一凡	宋世光	杨佳伟	陈冬雪	李继承	宋祥鸣	张 默	王巨伟
	蒋吕兴	苏嘉成	杨朋凯	陈文昊	李 萌	孙 政	张乃夫	李志武
	焦 雷	苏珊珊	杨 哲	丁金凤	李 明	孙 鑫	张 攀	邹 犁
	金绘民	孙永健	杨怡然	董艳唯	李维嘉	檀青松	张善鹏	王伟华
	靳保源	田圣双	姚 磊	樊少朋	李向宇	汤玉江	张 洋	刘 威
	靳艳娇	田潇阳	尹胜利	范宏亮	李 隽	王 博	周晓辰	高 源
	李丽华	王博天	俞人楠	冯 超	梁铁欧	王 蒙	朱利强	袁珩迪
	李 明	王 刚	袁 森	冯 凯	刘 方	王 维	朱 萍	王 慧
	李雅红							
项目管理 10人	杜玉霞	封 宇	郭 静	史静远	张 苗	李 漫	张 琳	赵江伟
	段延宁	谷 爽						
电子通信与工程 43人	柏思瑶	付 新	李雪彩	马丽萌	孙海波	张恩杰	赵令令	宋瑞卿
	边 江	郭俊佟	李 杨	牛成亮	童玉生	张海燕	赵巍岳	孙丽明
	陈莉佳	郭利花	李振龙	石秋红	王 辉	张佳立	卜少明	王 富
	陈 鹏	郝少华	刘 娟	宋泽坤	王永惠	张 蕾	巩家豪	徐天阳
	陈伟华	贾雷萍	吕明卉	苏思岚	杨凯旋	赵百捷	李 琪	殷晓龙
	代晓成	李金月	马 超					
控制工程 60人	陈旭彤	孔卫江	刘家宝	孙 鹏	谢 天	张 钦	褚福常	孙 云
	翟永赛	李 丹	刘 潇	王立国	许 鑫	张文硕	池 洁	孙璐培
	高 帆	李丹华	陆豪强	王龙飞	杨 继	张 想	丛智慧	王 帅
	郭保会	李金拓	马彬彬	王 舜	杨 蕃	张志尚	高蕴华	王思从
	黄嘉男	李天阳	马昌浩	王晓亮	袁一丁	赵海龙	胡慧园	吴 健
	贾 岩	李晓东	马赫男	魏立新	张 华	郑瑞祥	李 洋	赵佳鹏
	贾昭鑫	李 轩	阮天宇	魏子辉	张凯旋	周璐洁	冉初萌	晏阳奕
	焦 阳	梁 殷	石 乐	吴浩强				
软件工程 11人	郭 佩	黄云鹏	卢颖浩	孙嘉赛	王 楠	闫勃勃	孙克逆	张鹏程
	胡强新	刘梦飞	彭 谦					
计算机技术 36人	毕营帅	李若晨	渠中豪	王一飞	张锦文	白世明	高 旭	刘 斌
	戴广钊	刘慧琳	师春雨	邢 芮	张 开	常 杰	胡世涛	王子木
	侯若英	刘少伟	孙华超	徐永峰	张子薇	丁 可	李 黎	张晓晖
	柯行思	刘园园	王明月	于中亚	赵 烨	高 昉	李 硕	朱琢珩
	雷 倩	孟珊珊	王亚南	袁园园				

续表

获学位专业及人数	姓名							
工业工程 40 人	包润民	庞恩泽	曾令驰	郑朝阳	杜秀明	么 亮	王红生	周宏斌
	崔 婧	任惠盼	张 航	陈丙柔	范睿蛟	穆炽玮	王 全	周忠伟
	胡仕灿	石 万	张军磊	陈 浩	黄 拓	邱湘可	王三艳	朱洪伟
	焦鹏宇	王文杰	张 微	陈开平	柯清华	孙建勋	王 硕	闫 杰
	景凯强	杨丽莹	张 骁	陈瑜琼	吕康宁	王宏娟	张 伟	褚 洁
机械工程 28 人	董 庆	韩春雨	李子建	石鹏飞	王永杰	张海威	赵东雷	赵 阳
	董志聪	库 巍	刘同民	谭秀婷	王烨迪	张若云	寇巧娜	周 洋
	高 楠	李科慧	曲名燕	唐法庆	徐 壮	张钰淇	李 欣	于钦祥
	耿磊昭	李 帅	任志奇	田 河				
环境工程 28 人	陈 璇	黄斐鹏	刘龙飞	梅玉倩	魏晗笑	吴晶晶	尹大琪	张瀚之
	迟 铭	姜义健	刘新妹	穆 曼	温佳琪	伍思宇	于松华	谷青燕
	郭 祺	李 灿	刘元元	宋 健	吴 迪	许 鹏	张晓光	郭宏梁
	何 曦	李 颖	刘志江	王生起				
物流工程 10 人	董文多	贾辛遥	李 悦	罗 伟	么 娜	屈 敏	张万磊	蔺伟倩
	季晓红	李 斌						

工商管理硕士：2 人

获学位名单	
刘微微	张志涛

工程管理硕士：1 人

获学位名单
孟 威

会计硕士：6 人

获学位名单				
郭佳慧	贺思佳	李国扬	刘 浩	刘耶玲
闫 冬				

翻译硕士：10 人

获学位名单			
英语笔译 7 人	曹燕乐	苗琼月	张怡然
	陈 凤	张 琳	赵凯蒙
	韩 昱		
英语口译 3 人	兰竞青	王佩娟	尹小飞

资产评估硕士：4 人

获学位名单			
陈 莹	李 昂	李明阳	吴月晴

应用统计硕士：2 人

获学位名单	
雷 爽	李姚洁

公共管理硕士：2 人

获学位名单	
高美玲	秦东茹

（北京校部夏季部分）

博士：147 人

1．工学：118 人

获学位专业及人数		姓名				
工程热物理	6 人	褚凤鸣	孔艳强	孙颖颖	史　飞	王伟佳
		金鑫明				
热能工程	21 人	陈东超	郭永红	李　冰	宋　畅	徐　婧
		迟铭书	韩　宇	李晓恩	王金平	许伟龙
		邓　博	黄圣伟	梁占伟	肖烈晖	岳巍澎
		段琦玮	蓝　翔	刘　婧	谢　典	张　暕
		郭　鹏				
动力机械及工程	3 人	丁　显	韩　旭	周福成		
化工过程机械	3 人	李艳青	石荣雪	钟隆春		
能源环境工程	10 人	靳舒葳	孟　冲	宋晓芳	王乐萌	于　磊
		马宵颖	申　婧	王　建	温学友	张　阳
可再生能源与清洁能源	13 人	李传刚	马大燕	王渤权	叶小宁	曹　泷
		李　聪	史珍珍	王一妹	张晓莉	蒋晓燕
		林俊杰	MOUNA MOHAMED ABDOUL-LATIF 拉迪福			
		IDRIS KHAN 依德瑞斯				
电机与电器	2 人	孙玉巍	王义龙			
电力系统及其自动化	26 人	蔡万通	李　伟	王晓辉	杨用春	谭　骞
		陈　萌	李彦宾	王旭斌	张　尚	王皓界
		韩　笑	倪筹帷	吴恒天	甄　钊	王　鹏
		贾亚飞	秦骏达	MUHAMMAD SHAHZAD 希乍得		
		李承昱	ESEYE，ABINET TESFAYE 阿比内特			
		SEMERO，YORDANOS KASSA 约旦			李　猛	李　莉
		ALEMU，SOLOMON NETSANET 所罗门				杨培宏
		SARA YAHIA ALTAHIR MOHAMED 莎娃				
高电压与绝缘技术	5 人	丁玉剑	傅　中	刘宏宇	王劭鹤	闫江燕
电力电子与电力传动	3 人	丁　骁	徐恒山	张　波		
电工理论与新技术	4 人	马　龙	牛为华	陶瑞祥	杨　光	
电气信息技术	7 人	季石宇	李　天	王　琦	吴舜裕	张立欣
		李　树	李星蓉			
电气工程	4 人	邓二平	王守鹏	卫思明	周一辰	
控制理论与控制工程	8 人	傅彩芬	刘　淼	王世林	张　婷	张　妍
		姜　頔	申忠利	尹二新		
检测技术与自动化装置	1 人	刘　厦				
核电与动力工程	1 人	刘　雨				
系统分析、运筹与控制	1 人	张晓霞				

2．管理学：29 人

获学位专业及人数		姓名				
管理科学与工程	2 人	李　赟	张　璞			
信息管理工程	5 人	苑嘉航	王　刚	王　钇	杨文海	董　威
工程与项目管理	6 人	陈开风	崔力民	彭　艳	郭伟尚	肖鑫利
		陈玉龙				
能源管理	1 人	王玉玮				
技术经济及管理	11 人	韩　旭	梁燕妮	宋雪莹	武　赓	尹洁婷
		霍慧娟	马志伟	宋宗耘	徐　辉	喻小宝
		李欢欢				
企业管理	4 人	舒　彤	王　征	杨文茵	张　平	

学术硕士：74 人

1．经济学：1 人

获学位专业及人数		姓名
产业经济学	1 人	张　优

2．法学：2 人

获学位专业及人数		姓名
国际法学	1 人	MASHBAT，ZOLJARGAL 佐拉
思想政治教育	1 人	曹　艳

3．工学：66 人

获学位专业及人数		姓名			
电力系统及其自动化	27 人	NGANARE TOUABOY，TRESOR MICHAEL 麦克			
		EGAMNAZAROV，YAKUB 亚克布	ALI WAQAR 阿里		
		HAFIZ MUHAMMAD RUKHAM 卢克汉姆			
		AYUB MUBASHARA AYUB 莎拉	AHMED，ALEEM 阿林		
		AZIZ MUHAMMAD WAQAS 瓦卡斯	郭　恒		
		SHAH FAISAL MEHMOOD 法塞尔沙	刘　畅		
		SHEIKH TAMOOR HUSSAIN 李勇	卢泽华		
		GETU，　BINYAM GEBREEGZIABHER 米杰	邵泽宇		
		TERGEMESSOVA，GAUKHAR 高夏	田　硕		
		ELSHIEKH KAMAL ELSHIEKH MOHAMMEDSAEED 世贺			
		MOHAMMED AHMED YAGOUB MOHAMMED 默罕默德			
		OMER MOHAMEDSALIH OSMAN IBRAHIM 奥马尔			
		ALI MOHAMMED ABDELLATIF ELKHIDER 阿里			
		MOHAMMED RAJAB NYAGON AJAMOL 默罕默德			
		ALI AAMIR 阿米尔	ONSENGSY POMMONE 陶晓宇		
		张祎慧	张琳雅	张　瑜	闫人滏
电子科学与技术	1 人	陈　哲			
高电压与绝缘技术	2 人	孙　梦	王杨超		
环境工程	1 人	刘　俊			

续表

获学位专业及人数		姓名					
计算机应用技术	6人	ABDYGAMETOVA，ASSEM 阿希姆			BALTABAY，ALIYA 阿丽娅		
		HOUSSEINE，SITTI AICHAT 爱依莎				胡松林	李一凡
		吴燃峰					
热能工程	5人	单元太	刁 冰	潘盛清	谈 政	张 晨	
控制理论与控制工程	2人	ASGHAR EHTISHAM 阿斯加尔			YOUSAF WASEEM 瓦达姆		
系统工程	2人	彭 捡	王吉春				
可再生能源与清洁能源	7人	KUMAR，JERRY JEREMIAH 吉瑞			KAMUNYU，PETER MUTEGI 比特		
		PANJWANI MANOJ KUMAR 库马尔			ITOUA PRINCE VALDANO 瓦尔达诺		
		ROBINSON KIPRONOH KIPROTICH 金普洛				DRAKES，KIEN 德雷克	
		ABDOULAYE SALEH，BICHARA 瑞加纳					
管理科学与工程	1人	左 艺					
核科学与技术	1人	REHMAN HAFIZ HASEEB UR 金太极					
核能科学与工程	11人	BIN MUJAHID，TALHA 王勇			TARIQ，SOHAIB 红星		
		BHATTI，HAMMAD ASLAM 王洋			AHMAD，SHAHROZE 沙龙		
		MOTWAKIL MOHAMED EDREES SHAMOUN 瓦克					
		ABBAS BASHIR AHMED BAKHEET 阿芭萨					
		GASIM FADL ALLA ALBADAWI ALI 戈习某					
		HAMID MOHAMED HAMID ARAKEY 哈米特					
		AHMED ABDUL GHANI ABDUL GAYOUM ALFADL 阿哈马达					
		NAHLA KAMAL MOKHTAR BABIKER 纳哈勒					
		WAFA IBRAHIM AHMED ABUAASHA 李真					

4．管理学：5人

获学位专业及人数		姓名				
技术经济及管理	1人	焦 扬				
公共管理	4人	梁疏影	马 雯	王永萱	张 营	

工程硕士：490人

获学位领域及人数		姓名					
动力工程	84人	蔡顺凯	刘恩仁	麻艺炜	吴洋文	杨宏宇	郑祥豪
		邓攀登	刘 俊	吴佳雯	杨海建	张金艳	应 君
		白 涛	郭佳玉	李化伟	吕 剑	王文渊	袁春峰
		白永刚	郝龙伟	李慧芳	齐自寰	王雁森	袁立强
		别勇军	胡春慧	李建华	石现勇	魏春英	张 超
		曹 强	胡 剑	李 娜	石彦鹏	温海亮	张宏宇
		陈 景	胡 明	李 翔	孙 鹤	乌音嘎	张 鹏
		陈延峰	胡亚奇	李 琨	孙 惠	吴二存	赵广毅
		陈志峰	霍瑞娟	李 鑫	田 营	武伟佳	赵 言
		崔志敏	霍艳华	凌少威	汪海军	武 星	赵云生
		党伟玮	姜全军	刘海晨	王 刚	徐志华	赵闫涛
		丁 冬	井 宇	刘宏波	王国平	杨利刚	祖勇海

续表

获学位领域及人数		姓名					
动力工程	84人	董浩宇	康　杰	刘　宇	王金宇	杨瑞钊	闫云强
		董　元	孔祥柱	刘志宏	王天伟	尹宝聚	傅兴元
电气工程	177人	陈铭志	康佳鑫	刘　飞	徐　伟	张明智	周　琳
		高　松	白晋鹏	陈宇航	高惠蓉	黄　耀	康晓锋
		李贤良	白　寅	陈玉明	高　峥	黄志华	李国香
		李小伟	毕神浩	陈　众	古鹏哲	吉丽苹	李化欣
		李昊阳	蔡振宇	陈宗智	谷　妍	姜云土	李焕东
		梁钧原	曹　琼	程　晶	郭　斌	江　端	李建敏
		林晨光	陈彩霞	董文琦	韩　亮	蒋甘宁	李江鹏
		林海峰	陈　超	段同同	郝苗苗	蒋智宇	李　杰
		刘波磊	陈　宇	方彦霖	何亚东	解旖旎	李　凯
		刘京华	马海超	任艳阳	史哲欣	王康贵	吴　昊
		刘明扬	马　瑞	茹海波	宋　吉	王克伟	武　铁
		刘雅倩	毛　铮	邵　琳	孙明丽	王美芳	席金星
		刘彦涛	孟凡麟	沈　捷	孙　圳	王赛波	项　超
		刘　殷	牟　超	沈佩琦	汤东升	王　帅	辛俊强
		刘宇星	南　星	师海龙	万杭平	王　涛	徐任超
		刘战文	彭　鹏	施德州	王　辰	王喜廷	许　伟
		刘　炜	齐玉杰	施　旭	王　峰	王一汀	许湞翊
		吕　斌	钱育树	拾　峰	王　海	王豫宁	薛　红
		罗茂嘉	任　凯	史赵侃	王井南	卫颖舟	薛武博
		杨　磊	姚海霞	袁　宵	张科波	张　翼	郑　巍
		杨平凡	姚剑峰	运晨超	张　磊	张　展	郑向阳
		杨　帅	叶　帆	展宗辉	张　莉	张　馨	周　博
		杨　松	叶明超	张保良	张　明	张　鑫	周健敏
		杨　涛	尹　亮	张　斌	张　鹏	赵光全	周江洪
		杨晓霞	尹兆文	张　波	张世强	赵红霞	周　亮
		杨　旭	应晶晶	张蔡洧	张文谱	赵　森	周　玲
		杨　阳	俞春朋	张辰禹	张　翔	赵晓斌	周之斌
		杨　哲	俞沛宙	张海燕	张　星	赵聿涵	朱　鹏
		杨琦璐	俞　晖	张久航	张学飞	郑怀智	朱日彬
		朱文壮	蔺　铖	闫　宝			
电子与通信工程	23人	王永恩	吴　倩	邹振昌	周黄山	张可佳	苑经纬
		崔　鑫	刘吉昀	鲁兴华	石　博	孙永琴	曾　渊
		胡健松	刘佳琦	马萌萌	石　坤	王春利	张　佳
		李　钦	刘　帅	师　旭	孙　鹏	徐铭泽	
控制工程	45人	陈振宇	石　宝	王盼生	杨景华	莫峰荣	刘旭洋
		鲍威尔	陈文杰	代　鑫	姜子琪	李宇薇	罗　杰
		常净逸	陈　岩	何大薇	李洋洋	林　航	罗　立
		陈思全	崔佳奇	黄　妍	李　尧	刘　卿	么　远

续表

获学位领域及人数		姓名					
控制工程	45人	苏　语	汪柳君	王珊珊	吴海华	肖　赫	薛　昭
		孙庆超	王乃盛	王　瞳	吴　宽	徐海鑫	殷　樾
		于　洋	袁小波	张　晶	张凯萌	张琨鹏	赵林直
		孙　斐	王沛康	吴昊冬			
计算机技术	56人	李怀玉	徐亦白	祝　浩	任韵洁	王　伟	杨　慧
		保　拉	贺家胜	李立芳	施　梅	王晓东	杨　旭
		陈润东	洪　杨	李林轩	田　昀	王子琪	张　波
		陈伟超	贾志敏	李晓龙	王　波	魏　琳	张　冲
		程莳璐	姜　枭	李　颖	王逗逗	吴冠辰	张珊珊
		樊　鑫	江　然	栗雄虎	王浩旭	武世涛	张　毅
		高金明	金玉钰	刘超清	王　丽	谢忠局	张媛媛
		郭文婷	井　文	罗　强	王圣杰	徐　瑶	赵新爽
		郝立涛	李　波	穆　煜	王　维	薛　超	庄小凡
		郝晓华	李　苛				
工业工程	37人	张月珍	赵建君	唐恒海	吴小松	尹丽然	张美超
		白宇灏	李隆淳	万瑞妮	谢潮权	展乾坤	赵忠泽
		冯恩民	刘　晶	王　猛	邢亚雯	张　宝	赵炜卓
		郭　峰	刘　潇	王天一	徐　航	张慧琼	朱鹏程
		韩慧颖	马欣欣	王　祥	许方晨	张立敏	佟　凯
		韩　捷	史大伟	王志新	杨　浩	张凌宇	闫　凯
		金文博					
项目管理	59人	蔡溪源	董广彦	姜　洋	刘晓霖	孙丽丽	燕　灏
		陈毅峰	杜莎莎	蒋　娜	刘　颖	王　静	杨芸琦
		陈宇红	高　伟	李成鹏	吕　科	王晓峰	杨　璇
		陈　曦	郝　月	李　晶	马　俊	魏华跃	殷志鹏
		陈　钊	胡晨同	李月东	马晓斌	吴丽娟	张瀞文
		程淑芬	胡明辉	李振华	孟繁丽	吴赛尔	张　超
		迟卫东	胡　伟	梁慧雯	石海舟	熊晓雨	张富营
		崔树娟	黄　吉	刘洪成	宋若弢	徐海潮	张　科
		张　庆	张　扬	钟　辉	亓乐彬	赵康龙	朱红亚
		张亚军	张　琪	周丹阳	佟　君	张延童	
物流工程	9人	李尚奇	吴　磊	单　雷	李　闯	申文栋	张洛萌
		刘　梦	许瑞佳	胡涟怡			

工商管理硕士：39人

获学位名单					
陈　松	胡李栋	李建波	刘雅琨	齐振宇	徐勤伟
杜晓曦	胡立明	李　梅	刘　歆	孙　畅	杨　丹
方　军	金　津	李全宝	马　腾	吴海伟	张　薇
高　源	冷庆玲	李宇璠	牛琮玺	吴　杰	赵玲玲

续表

获学位名单					
陈　湘	李军宏	苏　丹	王镱伟	叶茂盛	魏子艺
戴星星	刘梦桃	王　庆	韦爱平	张　萍	张一允
江晓昱	邱际康	王　岳			

资产评估硕士：1 人

获学位名单
孙博文

工程管理硕士：1 人

获学位名单
张　馨

公共管理硕士：7 人

获学位名单	
焦沈芳	孙姗姗
荣嫣然	唐亚杰
孙　节	杨　阳
孙姗姗	

（保定校区夏季部分）

学术硕士：20 人

1．工学：14 人

获学位专业及人数		姓名					
电力系统及其自动化	6 人	单嘉恒	董力文	范心一	罗玲童	孙小强	王士铭
电工理论与新技术	4 人	李瑞可	路光磊	张建涛	逄晨阳		
高电压与绝缘技术	1 人	赵映宇					
农业电气化与自动化	1 人	王　勇					
热能工程	2 人	郝朝宗	李　超				

2．管理学：3 人

获学位专业及人数		姓名
企业管理	1 人	张冰华
行政管理	1 人	张春明
社会保障	1 人	李延宇

3．法学：3 人

获学位专业及人数		姓名
民商法学	1 人	王蓓蓓
诉讼法学	1 人	刘帅志
马克思主义中国化研究	1 人	王　鹏

工程硕士：335 人

获学位领域及人数	姓名					
机械工程 5人	白学凯	崔永华	王爱斌	王 云	赵书静	
动力工程 48人	包 贝	蔡立超	陈宝瑞	陈 欣	楚天龙	戈风清
	郭 健	郝小杰	侯富智	李 纲	连 鹏	梁发盛
	梁 健	刘 聪	刘登收	刘 纲	刘克冰	卢红强
	卢志强	聂永云	牛彦超	潘文研	庞自强	齐 涛
	祁 娜	祁 伟	乔红勇	尚 坤	苏 涛	陶 晨
	王 博	王 玮	韦学栋	尉 龙	熊天科	杨福成
	杨国保	杨 浩	张慧梅	张剑峰	张明	张应果
	张正纲	赵 飞	赵 坤	赵文沛	周黎明	庄乾伟
电气工程 186人	安 乐	安 琪	安雨中	蔡晓晨	曹荣斌	陈 丽
	陈晓莉	陈 昕	陈 耀	单世超	邓 勇	丁 方
	董德永	窦颖新	段姗姗	段小涛	顿涛涛	付 虎
	高 源	谷艳亮	关旭东	郭 甜	郭 伟	郭智康
	果 洋	韩辰龙	韩 学	何勤联	贺治炜	侯 颖
	胡 昊	胡 涛	胡 宇	华 蕾	黄 慧	黄 璞
	霍振华	纪 璐	季建伟	贾滨宇	贾黎霞	江浩然
	江 昕	姜一异	焦 硕	金 磊	孔祥轩	寇宇峰
	李爱民	李 辉	李 京	李景涛	李敏杰	李 佩
	李 青	李胜春	李 硕	李 涛	李 涛	李枭雄
	李 鑫	李兴文	连志鹏	梁超友	廖淑彦	林福海
	刘 冰	刘 骉	刘 鹤	刘 宁	刘 勤	刘世豪
	刘涛江	刘 伟	刘向波	刘晓琳	刘 垚	刘 悦
	刘占雄	鲁存弟	鲁 璐	罗 燕	吕增亮	马行星
	马 昊	马会轻	马 林	马龙昊	马宁宁	马骧宇
	毛火平	毛文瑞	梅晓辉	苗 岩	闵富强	牟泳名
	倪凯峰	聂 瑞	牛 奔	欧镜锋	庞继福	裴海根
	乔 石	任 刚	邵珠玉	申一成	沈 澍	盛敏超
	石 佩	宋佳航	宋知润	孙 红	孙洪波	孙 婷
	孙文凯	孙彦亮	索寅生	田 芳	汪 洁	汪 洁
	王 蓓	王 欢	王 晖	王 凯	王 凯	王力健
	王 龙	王 敏	王明慧	王 洋	王远航	王 玥
	王志娟	吴学增	武 荣	谢从瑞	徐恩超	徐 甘
	徐 靖	徐秀峰	徐志鸿	许建伟	杨宏刚	杨 立
	杨 瑞	杨瑞杰	杨雅洁	杨宇杰	杨媛珍	于 飞
	余 韵	云 飞	翟 涛	翟相鹏	张朝辉	张 成
	张 华	张纪超	张金华	张炯兰	张 磊	张 龙
	张 宁	张天堃	张晓东	张 洋	张 瑶	张 雨
	张月圆	张展硕	张智君	张忠瑞	赵昊阳	赵茂胜
	赵 昭	郑 珂	郑 亮	郑晓会	郑玉周	周一波
	朱一行	杜海泉	李 芳	李林蔚	施小帅	严思齐

续表

获学位领域及人数		姓名					
电子与通信工程	13 人	房一超	刘　伟	刘　云	刘　钊	马　旭	尚　立
		沈家栋	王　芳	徐　升	薛　源	张　奎	赵　炜
		杨子渊					
控制工程	20 人	白　华	郭容赫	李会鹏	李晶晶	李沛璘	刘志勇
		吕　超	吕　扬	孟子凡	商　凯	尚德华	宋珺琤
		王瀚霆	王雪娇	吴　鑫	薛　蕊	杨伴龙	张嘉澍
		张鹏宇	张　晔				
计算机技术	9 人	丁　敏	范少华	冯雨晓	黄远洋	李经纬	李　振
		梁少培	杨　帅	朱晓琳			
工业工程	34 人	常志阳	陈方明	党　乐	杜孟浩	盖巧琳	高　原
		韩　靖	李冰琨	李金传	李金格	李伟刚	李　祥
		林　青	刘　栋	刘丽颖	刘睿思	罗　伟	宋　军
		宋晓东	王大伟	王伟家	王轶翀	辛宗泉	杨　南
		于绪强	袁　超	张宝军	张　涛	张　伟	张晓磊
		张　勇	张志学	赵　勇	周　微		
项目管理	14 人	高　嵩	蒋建立	亢　亮	李　飞	李　佳	李嘉琦
		李伟东	李　洋	刘靓洁	刘　龙	唐　连	杨　安
		赵婉旭	邹　捷				
物流工程	2 人	韩　笑	郄少媛				
环境工程	4 人	林元书	王　磊	段雪雷	徐　珺		

工商管理硕士：1 人

获学位名单
李　斐

会计硕士：1 人

获学位名单
王　昕

（研究生院　何　健　提供）

华北电力大学 2018 年本科毕业生名单

（北　京　校　部）

电气与电子工程学院

黄怡凌	于　孟	朱　杰	赵冠琨	张若禹	高　骏
康建伟	钟其良	李安强	赵子轩	朱奥帆	巩金鑫
李静轩	朱　浩	何子晨	周晓东	朱孟媛	何睿钧
薛　涛	林弋莎	李云平	许哲源	白凯隆	胡巧贤
胡　阳	叶　波	耿雨柔	武绍琮	刘　伟	黄　婷
夏明祥	黄　超	侯延琦	王　楠	于侯健	黄子为

续表

单俊儒	苏靖雅	陈 铮	庄嘉妍	马 浩	焦 点
许泽东	艾书宇	符云韵	吴张曦	吴嘉玲	李亚群
孙晓彤	陈佳伟	黄茂然	陈宇飞	蔡 畅	林睫菲
王延浩	丁梓桉	吉亚太	谌庆芳	陈 旭	罗伟航
牟 杰	段延达	李天洋	方 毅	陈一铭	潘 方
高明阳	高建宇	李 宣	郭 鹏	陈怡霖	盛 琳
刘东明	郭日泽	刘大同	黄乙聪	程 龙	施 徐
刘云阳	何 天	刘方蕾	姜 浩	贺梦天	时广浩
张琛亮	江 爽	刘 亮	康艺强	李海鸣	宋金溪
张 健	李世英	刘庭熙	李炳才	李舒曼	谭晓刚
刁春燕	刘诺舟	刘 想	楼茜妮	廖 侃	王小平
沙 韵	刘行洲	毛 雨	马欣明	卢湘涛	习亚建
王少杰	刘志立	缪 宁	秦庆林	乔 锐	杨军军
许沁蕊	卢子聪	钱奇亮	汪明轩	秦 煜	叶 欣
崔 鹏	马睿一	沈文科	王朋飞	阮武萍	敖 翔
范世源	倪尔康	宋俊明	魏 巍	孙银建	仇远航
封 钰	沈金乙	孙馨福	杨 顺	唐康洋	高宇辰
李幸芝	王 纯	王燕宁	易承乾	王春斐	何梓健
李乔乔	王宗来	王梓骞	袁鑫浩	王浩宇	胡珊珊
樊 鑫	韦伊扬	薛海鹏	张 磊	王江缘	胡雪若白
洪晨威	徐 辉	张涵竹	张 鑫	王 帅	黄 昊
廖圣文	杨晓辰	张建兵	张 颖	杨丹荔	李晨昱
王 帅	姚佳宁	张 娟	赵雅楠	张继达	李 杨
赵 天	张 静	赵玮红	郑 叶	张 擎	刘明月
李沛佳	张远航	赵昕一	周天寰	张书盈	鲁芝琳
范迦羽	董文娜	丁江萍	周 悦	单俊嘉	任 靖
刘亚迪	孙 瑶	李广萍	林佳琦	高亚鹏	邵晗宇
李金涛	朱思嘉	陈俊佚	富天阳	格 兴	覃秋悦
白宏宇	蔡楚晨	邓伟峰	李文博	龚金灿	周月旺
边靖淞	查李云	段 颖	赵源筱	官宇昊	熊国辉
陈泓霖	董国瑞	郝思翔	练丹阳	解朋博	于海军
邓丁宁	高梓航	景 波	王亚婕	李荣盛	曾必文
段明辉	葛青宇	李晓亮	谭 宸	李 伟	詹钰鹤
付潇宇	顾志明	卢辉楷	熊东胜	李政轩	张建智
郭苏鑫	黄芙曼	马明辉	陶 传	林 玺	张晋阳
海云桥	黄俊逸	孟一飞	况林杰	刘 炜	张露露
郝学超	贾维瀚	邵逸凡	张 逍	刘云博	张童生

续表

李馨雨	刘晋升	宋科擎	邓一铭	龙　睿	赵兴宇
权星星	马　原	唐　悦	刘明阳	马　嘉	周青云
苏志鹏	庞俊成	特尔格里	刘明亮	马　龙	艾博君
孙志鹏	蒲伟龙	汪鸿伟	曾昱龙	毛　靖	蔡　鹏
田春波	任　铄	王登辉	张建轩	牛好婕	邓杰尹
王　戈	王　何	韦俊琪	郑凯元	庞　舰	何　妍
王闻燚	韦泽恺	武　超	冯铭倩	苏　航	黄绍模
王子昭	魏子易	徐铭宇	李思晨	汪金长	蓝　宁
肖　伟	夏嘉蓉	许丞昊	郑瑞骁	王昕扬	李博文
许多虎	相逸飞	薛　章	蔡丹琦	郄双源	李　晨
叶筠英	殷健翔	余海博	丁佳宁	薛　俞	李凯年
袁一寒	余思雨	岳泰宏	李伯伟	于镇侨	林伟伟
张　敏	张　刊	詹凤楠	肖克宇	张兴明	马　平
申爱林	张　倩	张一弛	张宇铎	周璟迪	马雨桐
潘祎希	张晓曼	赵明诚	孙钰洁	彩　岑	牟明亮
邓　哲	赵　洵	钟高朗	蔡东林	陈荣韬	强亚倩
宋曼青	赵哲宇	周嘉文	李胤臣	成　倩	秦宇浩
周贤钰	李金鑫	周文杰	张　朔	程　靖	舒　畅
马登云	曾凡新	王彤彤	王涵炜	崔建波	汪于澔
段　玲	王瑞峰	朱丽萍	李世聪	付志斌	王发群
孟祥瑞	白　斌	万　君	左亚昆	高鹏鸣	王　滔
梁瑞雪	曹本壹	成梁成	范腾飞	韩　昌	王小霞
陈　浩	陈　礼	韩书培	徐致伟	李富鹏	徐　馨
段　元	陈思源	侯　栋	郑立文	李明芮	杨　雪
韩天宇	窦衍华	黄照耀	张夕冉	李沁遥	张慧雯
何富江	杜雨时	霍方强	师浩洋	李　桐	刘　宇
何先奎	顾元沛	李　冰	唐辛元	李　欣	马文栋
解伟强	侯智博	李　硕	刘尔佳	李玉林	郑平泉
寇伟超	李建兴	李小娟	廖政侃	缪增誉	安文杰
李子康	李美瑜	李小配	黄存璞	邱　前	边巴扎西
刘腾柱	李　臻	廖　杰	侯　瑞	唐　聪	富子豪
田　硕	李志涛	秦思畅	梁鑫源	唐化江	郝宇昕
汪平涛	刘　炳	孙鲁嘉	霍天跃	唐　魁	何继勇
王　滨	邱宏修	郤宇峰	张　适	旺　堆	李若行
王国阳	帅　影	谭　武	李嘉伟	许彬彬	李友鹏
王济洲	谈　飞	田硕文	方容千	闫　野	刘耀煊
王　宇	王晨斯	王凯弘	黄秋颐	扎西加布	马璐亭

续表

徐　净	王培县	温　馨	余　越	张　婷	彭　杰
杨　柳	吴羽翀	吴科宏	吕姝颖	张文瑞	权少鹏
杨　奇	叶智年	张　雷	郭　任	张晓萌	孙　萌
曾曦琳	张辰毓	张雨曼	魏明心	赵征远	汤春阳
张　猛	张　永	朱茂林	毕诚意	程金金	万楚阳
张　毅	支　锦	马　铁	刘星辰	黄贤睿	徐　飞
赵　臻	周子钰	张丽阳	李恺岳	夏嘉航	徐晓明
周　雅	吕　静	刘校销	罗思远	叶敏芝	燕富超
曾　雪	李子昂	刘　裕	曹　易	俞永杰	杨　旭
涂　腾	许冰倩	王子琪	卢小祥	朱逸凡	张世宜
黄逸煌	赵吴昊	刘金洁	宋　波	曹天宇	张　勇
梁晨阳	杨更宇	张元昊	谭泽麟	叶杨莉	钟相谦
艾怡豪	曾嘉敏	刘人宇	高富山	陈　昌	周　兴
蔡　洋	左瀚文	赵俊媛	王舒灏	黄钰辰	周　羽
成　航	何　乐	孙　涛	白如玉	刘　雨	左　莎
杜泽晨	张　晨	次旺顿珠	曹志锋	陈喜辉	王鹏飞
冯国宸	班二董	丁思雯	范田鑫	陈逸轩	蔡昱洲
顾旭辉	陈洁鸣	伏晓蕾	韩博韬	王鹏飞	陈　颖
郭鸿斌	陈一丹	高　利	胡长骁	吴　凡	邓艳红
何慧之	程　博	郝晨昱	李俊为	从逸洲	冯湛凯
黄　河	邓　然	姬彦洵	李怡辰	杨梦瑶	冯志远
黄乔宇	李佳婧	金　鑫	罗　印	林心怡	胡　旺
黄　婉	罗林希	冷　爽	戚　威	马昕雨	凌一尘
孔　贺	毛绍杰	梁　总	苏雁飞	李　桐	凌致远
李昊天	朴晶琳	刘晨东	索朗多布杰	李珠玲	刘　谦
李信蓓	任　浩	刘大炜	汤　浩	王　简	马龙飞
刘春江	王嘉伟	陆书豪	王宏润	黎长青	钱家豪
刘仲康	王启义	吕　煜	王　姝	于湉湉	宋祥选
马瑞卿	王　胜	马　召	王晔彤	赵广睿	索朗旺堆
孙晨茜	王振邦	秦鹏彬	魏仁林	赵　璐	王　帆
孙明悦	韦　幸	任元震	吴国梁	徐泰来	王鹏程
童艺玮	杨宏杰	宋泽恩	徐　曼	邹航标	王亚楠
王成帅	姚　皓	王　恒	燕　蕾	高　琦	肖朝政
谢爵昊	张　晨	王　静	杨　烜	岑萌赞	许博程
薛元亮	张宏瑞	张浩男	杨业锋	次旺多吉	张家琦
杨宗璋	张　敏	张佳璐	杨　泽	崔晓昱	张劭玮

续表

周　鑫	张　宇	章德胜	俞嘉伟	吾买尔江·买买提	阿卜拉·阿木提
阿丽米娜·阿力玛斯					

核科学与工程学院

许晋铭	封　杨	陈俊峄	段德萱	高宇辉	邓星立
曹晨昊	付　鹏	达清楠	樊芮伶	焦　波	丰　立
陈　楷	郭亮亮	黄柏锟	黄林杰	李　竞	蒋程远
傅俊森	韩锦程	李　杰	江滢滢	路鹏霖	靳　愚
黄　均	韩领军	李晓龙	蒋伟兵	马欣成	李耀舟
黎　浩	纪梓扬	林俊江	李　铖	孙静宇	梁　爽
李敏杰	姜海鹏	马睿杰	李睿之	汪天雄	苗延凯
刘　恒	李　晗	彭奕飞	任泽鹏	王代福	范国栋
罗心越	李泽浩	唐甲璇	肖博文	王海标	孔子玉
吴易佶	梁啟标	王密密	杨　岱	王世兴	兰尉平
杨睿睿	刘少华	王梓儒	余　磊	王天宇	林民灏
俞　婷	刘远文	吴宝宝	岳仁华	王莺旭	钱郑宇
张　军	刘　珠	吴泽恩	郑济昊	吴雪雯	汪孝凡
张　哲	汪浩男	张盛阳	朱润泽	吴宇轩	吴　泽
朱敬尧	王　骜	张天一	王占彬	肖翊铭	张　涛
张圳康	王博学	周　磊	黄礼玲	闫永恒	李　军
张恒语	王　健	朱凯锋	刘　侃	周海潇	李　伟
曹洪浪	杨　函	马平原	陈　龙	杨洪波	盛慧敏
陈　甜	张冉宁	陈天宇	陈逸伦	张新营	苏　阳
程怀远	张　显	崔泉鑫	冯俊伟	郑金光	孙运达
丁楚楚	周俊杰	董　阳	冯五洲	崔威杰	古朋辉
马　前	司　宇	吴应为	谢　雄	杨骏儒	

经济与管理学院

巴桑卓玛	任达泽	顾铭心	汪正锐	张　建	熊紫维
陈建润	苏　珍	郭碧莹	武红强	张明慧	胥天星
陈可昕	陶　垚	胡　佳	杨　康	张　炎	徐　强
段　滟	田　禹	胡　烨	张琴芳	张渊博	杨　浩
韩云逸	王瀚泽	贾云华	张小妮	赵德福	杨思航
黄　好	王嵘婧	李　院	张玉娇	赵睿杰	张欣岩
黄子莹	王　圣	林学銮	章德培	赵　涛	张遇春
蓝　馨	王　者	刘　晨	赵巧雨	艾星贝	赵雪杉
黎　劲	杨晓文	刘纪园	郑瑞锦	陈代青	安鹏跃

续表

李 梦	易 翔	刘可馨	张愫忱	陈嘉欣	陈玉蕾
林宇彤	郑艳会	马小梅	陈志颐	陈一帆	程 晨
刘雨婧	周沛浔	彭 爽	陈子学	达 片	储 胜
罗 飘	孙丽洁	齐国燕	德西曲措	龚 瞩	丁全正
罗昭丽	邱锋凯	石梦莎	贺胜利	何 心	杜文强
马 赛	吴倩倩	舒 馨	黄馨仪	华骆侠	高 杰
马逸云	隋怡君	孙小雨	李幸福	黄雨婷	侯丞锐
宁 静	郑 浩	吴韵歌	刘子珊	李梦露	胡雅星
乔 雅	洛桑旦增	谢幸文	马 佳	龙桂玥	黄丽安
沈 晶	田晓东	杨馥菊	明 昊	马鹤轩	李一东
王晓旭	黄 玥	杨 洁	欧丽坤	孟 蕾	李 云
武浩越	金子阳	杨鸣建	秦胜权	孙 超	林若明
谢根生	艾柄均	于文文	任 健	孙冬阳	钱 进
徐嘉妮	白丽阳	周上人	唐璐纯	孙 玥	田小红
叶航宇	鲍林辉	周银洪	王浩麟	王 薪	王璟宇
俞俊仪	戴谷禹	周卓亚	王玲瑶	王艺儒	王俐英
张 晗	付 钰	徐 薇	王 桢	席星璇	王 硕
张倩菱	蒋 军	刘青雨	武鹏超	薛 玮	辛雨彦
赵泽尘	李永山	魏泽鹏	夏 雪	喻 婷	杨 胜
周佳翌	刘 欢	卞智洁	谢小萱	扎西卓玛	张何伟
朱郑莹	麦艳青	陈 曦	尹乘成	张路颖	邹梦晴
陈宥任	祁金斗	陈虚若	余倩松	张丝菡	代俊佳
赵 琳	全丽君	范晓杰	章夏莲	赵姝凝	范舒靖
黎启灿	王秋雯	郭 畅	周 斌	哈卓君	雷自强
张 洁	王 珊	姜昱佳	祖祥洲	黄思祺	林宏宇
杨雅珂	薛 焱	李 歌	陈诗元	陈 晨	刘民欢
蔡秋怡	姚洵睿	李昭颖	陈 雯	池雯雯	祁有军
陈 晨	叶慧男	刘华鑫	陈 阳	邓丽群	石确顿珠
次仁曲宗	张思婷	刘晓宇	贺东东	范鹏宇	王东洋
范梓齐	张 维	刘 宇	江小豪	高 丹	王倩倩
伏敏航	冯文泽	潘 静	厉家楠	管 文	文裕斌
高文婕	左兴慧	庞 博	吕振权	李国燃	吴浩宇
龚 詝	杨晶晶	蒲春燕	马春曦	李庆庆	吴洛菲
韩文珠	王诗蔓	汤 骅	秦光辉	李胜杰	吴文卓
黄雯霞	王小璇	王 琦	沈健超	李欣竹	殷 鑫
黄 尧	安宏民	王月莹	苏 群	林依秋	郁晋雄
李纳平	党小璐	旺 姆	王大伟	罗维桥	曾小梅

续表

李文楠	何 青	肖昕卓	王文昊	门 萌	张萌萌
李一鸣	何 瑜	邢 群	王 轩	潘定建	赵宁宁
刘一阳	华婧雯	徐思嘉	王玉洁	强子航	谢 顺
马 丽	黄灵英	许珍珍	韦晓媚	饶素雅	殷东黎
琪桑卓玛	贾 凯	杨舒婷	吴 昊	王 丽	曹美琦
汪书帆	蒋怡飞	杨 硕	夏晟恺	王丽婉	曹豫川
王心豫	李长栋	杨欣怡	谢益敏	魏 璐	陈 梦
王一清	李鹏飞	张雯钰	徐 磊	熊 胖	韩伊琳
许 栋	李思颖	周昊翀	徐 亮	熊玉娇	拉巴索南
姚美暄	李文华	卓珑裕	张成迪	张文博	李美蒨
尹洪新	李艳娇	张凤敏	张大鹏	周李晶	林冰婕
庾 晨	林佳伟	计 萌	钟玉英	朱春旭	刘 媛
喻 铠	欧 平	张曦予	周文欣	熊文鑫	柳伟虎
张 达	申炜杰	张建军	左 芝	曹 宇	倪 旺
张 品	索朗普赤	周安东	钟 亚	程翊桐	潘 鑫
张琼丹	谭方辉	代征宇	曹莉坤	崔 婷	任鹏飞
张 元	王昀璐	冯晨晨	范美华	董巾森	孙灵芝
张云兰	谢时雨	耿 磊	贾雪枫	高 芃	王彦苹
赵梦迪	尹子豪	赖桂华	李劲峰	郭焕文	王祎笛
赵 悦	张学艳	李鸿禹	李 威	华 聪	王玉莹
卞 贝	张子筠	李少杰	李玉田	李红月	许媛媛
曹 锐	周 丽	李文基	李泽宇	李 媛	杨 镭
陈凡奇	周 岳	刘 倩	刘长明	刘 洋	袁德宇
旦巴加措	朱至杰	刘怡航	鲁恒聪	马克琳	袁 懿
董焕然	王 璇	吕书贺	石永鹏	邱明强	张慧贤
黄子娟	刘 婕	罗布次仁	王婉洋	孙宇哲	郑千一
李昭夏	陈珂伊	蒙珊珊	王雄飞	王 晨	郑 爽
廖鸣娟	迟焱淼	魏 璇	王 玥	王凤飞	杨 黎
林童尧	董玉洁	庞蒙娜	袁海瑞	王倩文	付 强
刘金林	高燕妮	石 鹏	孙婉莹	王一鸣	王维谛
刘世良	南梦凡	司令昊	魏 静	魏金洋	帕丽丹•艾尼瓦尔
迪拉热•地力夏提	阿迪拉•阿不都日木	热依扎•赛特尔汗	凯迪娅•吾不力艾山	阿迪娜•卡尼	阿日司坦别克•阿曼吐尔
艾力卡木•艾比布力	艾再姆古丽•图拉麦提	努尔麦麦提•如则			

可再生能源学院

周　岩	庞可超	郑　威	吴　高	习　科	葛华信
安　阳	钱　程	陈思彤	严博立	熊世剑	郭昊旻
陈　浩	唐培源	程　斌	严　康	许国强	郭正章
陈　琳	佟景鑫	董龙辉	甄　皓	张　冠	和剑宇
陈美兰	汪圣富	范　燕	周　媛	张惠康	黄　旗
崔天晴	王兴龙	靳海强	朱思颖	赵亚博	贾晓阳
段明君	王泽润	李凯明	张佳新	才旺伦珠	陆帅帅
高　洁	武延林	李鹏宇	曹美楠	蔡桂安	马　铢
高万国	闫天佑	李晓东	成　宏	樊凌茜	牛晓赟
黄　婧	袁鸿辉	凌　磊	程安帅	郭志强	秦小田
冀梦欣	张富精	刘宇琪	郭佳宝	韩　超	王　博
蒋皓然	张　静	莫其桦	赖秋莹	何泽奕	王端敏
李　超	张帅斌	牛文科	李　航	侯文硕	王飞龙
李静如	张子健	农　伟	李岳辰	胡星伶	徐雪娇
李　响	叶凯华	阮雅丽	梁欣悦	蒋　源	杨泽政
李旭晨	周家慷	宋胤宏	龙自镪	柯　森	苑鹏飞
李　哲	崔　源	陶　冶	鲁　琦	蓝嘉柱	张锡民
刘　新	谷春璐	王　颀	普　琼	李政威	赵欣禹
陆　茜	何丁义	夏天一	任俊吉	李　壮	钟志恒
牛　凯	何腾飞	许　烨	苏柳旭	卢　昂	朱克勤
申海波	贺志杰	于　琳	苏志林	聂倩文	王若晗
孙梦婷	黄　智	袁　可	唐　孟	全浩乐	申彦玲
王群思	郎　昆	张文静	王　博	沙向宇	毕榕洁
徐乐乐	林爱美	赵　筱	王文文	邵佳杨	陈思雨
闫佳雯	刘东亮	周琛翔	魏琳珊	沈　琦	杜　聪
杨　阳	刘天胜	周　嫄	魏　乔	孙春雨	格桑曲珍
郑岱岳	逯登凯	杨　宁	谢　琮	王丽蓉	何　楚
周光宇	聂　炜	白如心	杨　典	王绍洲	侯晓宁
周　杰	普照寒	白润泽	张振文	王腾飞	侯　宇
周正荣	宋　浩	陈　晨	钟俊良	王鑫民	黄梓颖
马成瑞	唐　奎	陈麒宇	朱　恒	温　硕	蒋美彤
陈希文	王恩予	程　帅	谢宇韬	杨　超	李小龙
陈　乐	王　爽	古　悦	安广禄	殷　闯	李子栋
程　鸣	王旭明	黄云皓	陈萱瑾	张嘉恒	刘浩越
程星月	王一博	陆云婉	程东淏	张　磊	刘梦云
高金桂	吴禹诺	马　刚	范馨蕊	赵腾飞	刘　源
葛翔	许一卓	彭会荣	符　微	周　维	吕盼成

续表

关勃然	薛维源	石岱星	高　琪	周振国	牛　洁
海俊瑜	杨术杰	史湉城	宫　梦	周子楠	邱钰涵
冯浩文	杨志伟	唐舒建	郭得忠	唐益阳	任逍迪
景　川	袁旭阳	王　彪	洪皓月	廖桂鹏	宋玉婷
李　岩	曾　瑞	王闻墨	纪海龙	袁　皓	覃业城
刘阿罗	赵　灏	王云龙	林成忠	程谦祥	田　伟
刘南宏	周　越	王至垚	牛广凌	次仁巴吉	王柳依
刘　熙	辛永琳	旺振业	施林奇	丁俊生	向梦诗
罗立辉	刘水通	吴　波	加伊达尔·加里坤	地瓦那夏·肉孜买买提	达娜·波拉提别克
阿热依·扎热木汗	木合特地·阿合坦木	叶德力·叶格斯	地里热巴·卡哈尔		

人文与社会科学学院

黄浚珂	德吉色珍	潘　婕	刘　霜	王超杰	杨英子
蔡文清	邓媛元	裴泽瑜	刘欣锋	王文斌	张　萍
蔡夏夏	封黎娟	任宇晨	马茜茜	吴思瑾	张淑婷
高　薇	冯　畅	商　量	秦诗雨	武其乐	张之茵
格　珍	高　玮	孙塬野	邵心灵	徐尔东	郑　帅
侯芳郁	胡泽润	索朗坚参	宋维琦	严静文	肖臻蓁
胡靖培	刘芳琚	王良莉	孙梦昕	杨伊可	阿咏琪
胡煜星	罗生旺	谢　卉	王雪琪	袁秀田	曹祎铭
李梦瑶	马　力	谢雨柔	许　斌	赵文艳	崔可欣
刘　坤	马　芮	徐天园	杨若澜	左旌北	崔维锋
刘倩如	马艺鸣	扎西央宗	杨诗琴	甘　铭	丁长新
刘钰琦	庞子恒	张慧娴	游　欢	管雨婷	董华钰
穆　垚	孙　壮	赵　洁	于文頔	黄麟婷	李恬蕊
任奕囡	王晨旭	张　权	张　浩	姜子杰	厉彤彤
宋欣珂	王　鹤	王瑛瑶	张艺璇	李梓菡	梁郭东
孙清圆	谢梦灵	许思晗	邹楚楚	刘　丹	牛　津
王梦楠	余东阳	董灵慧	魏　琳	刘　琦	孙　瑞
王奕霖	张家琪	杜　琼	万臻臻	马　艳	王　玥
王振平	张　黎	范泽宇	邢植雅	申原旗	王　泽
韦姿瑜	孙凯文	徐　毅	陈香钰	殳步云	伍建旭
杨卿越	王方圆	韩天行	付　茜	孙其能	熊　焰
张彩莉	柴　松	黄　晟	贾　可	唐新尧	闫婧怡
张婧琪	丁　杨	黄雯萱	荆文龙	王　雪	余益钦
朱顺林	胡世钦	李金祺	康羽琪	王昭晖	张栋鑫

续表

毕子原	寇　青	李　竞	柯安妮	魏钰婧	张广军
曹持佳	赖雅静	李　婧	石玉洁	肖　阁	张蒙蒙
次　白	李　墨	李瑞德	四郎巴宗	熊雪晖	周容羽
崔潇轩	刘子榕	李　颖	克拉热·帕力哈提	古丽尼革尔·库尔班	古丽孜热·努尔麦麦提

数理学院

杨　柳	刘自金	徐宏名	李道兴	许　婕	钱浩然
蔡增辉	龙一帆	张振东	李　珏	余　引	秦晨琳
柴方茜	马　晖	郑博文	李锡佳	张鹏飞	宋发义
陈　浩	潘　婷	周宇驰	李雨辰	周文蛟	王　霓
陈驿路	邱燕晖	朱　瑢	娄钰阁	周业宙	王　然
郭长营	宋紫轩	席梦飞	马天龙	曹　晨	王溪兰
蒋青松	苏　涵	曹润竹	闵振涛	陈　言	吴选文
兰　淼	唐丹叶	陈观澜	宋芳兵	高怡红	邢书成
李　扬	吴广宇	高圣灵	唐爱星	黄冠龙	徐长达
李　彧	吴怡怡	高樟宇	王璐莹	黄　蓉	颜剑平
刘旭升	肖镓钛	关　丰	王天元	潘俊杰	杨　路
尹思瀚	张亚磊	赵芯田	赵至尊	朱全材	

外国语学院

曹文芳	任恬靓	程　安	彭浚仁	邸亚立	王雅晖
陈红莉	孙炜婷	程　希	孙晓霞	孔维彬	王子璇
冯　鑫	谢益珍	董可心	周　瑶	林宇龙	吴宇萌
张雨佳	许凤琪	郭一帆	汪海燕	鲁凤英	杨小婵
黄译乐	姚诗茹	蓝晓珊	王芳君	宋雨薇	叶　子
雷　宇	张　聪	李　易	王思琦	孙兴梦	张　程
刘子铭	张馨月	刘绒会	吴　丹	孙　妍	张良玉
马桂花	张永乐	刘晓舒	熊林超	唐韶君	张馨丹
马　妍	张云帆	马凌杰	杨　鹤	庹陈凤	古丽巴合提·卡里木
图尔荪古丽·托合提					

控制与计算机工程学院

豆晓萱	李　珊	华永超	潘泽通	郭金涛	王子琦
郭大鹏	李依林	肖淳健	潘柱梁	李亦天	许小文
贺　超	梁理程	包春萌	秦　鹏	李卓韬	李明新
侯泽培	廖　礼	陈伟达	施国贵	林昱坤	张丽霞
胡宇成	刘道和	陈一呼	宋晓军	马华高	陈俊安

续表

黄　婷	刘星宇	段会伟	谭天意	年家呈	常新远
李海爽	刘旭斌	封　浩	王文文	强立文	陈伯猷
梁登香	刘　勇	李浩然	徐天泽	石勇志	陈嘉荣
梁方正	慕宇轩	李延旭	杨雨月	宋润家	陈树廷
林婉祯	平措扎西	李云昭	张钧邺	孙发琛	郭　腾
余丹璇	王高迈	罗　涵	赵　锟	孙先文	李永涛
孙钰扬	王　辉	祝前越	朱国安	王富豪	吕旭光
孙　正	魏梓轩	尚仁杰	陈传涛	杨　枭	宋森平
谭笑盟	严　婧	孙瑨一	达　珍	于　洋	王超然
王通哲	扎　顿	孙书明	范紫婷	张嘉舜	王　冲
危心仪	张　震	王虹娇	冯志渊	周　笑	魏　鹏
韦　越	秘友林	王昱颖	黄　丹	储昌东	吴单萱
吴一凡	赵家荣	韦正勇	黄继坤	马祥力	吴豫焜
延　奇	郑丽君	吴　锡	霍文聃	崔诗翊	吴子君
严晓婷	雷　萌	许　丹	兰梦心	鄂雪松	杨　乘
叶天泽	刘　凯	杨　浩	闵思凯	郭　涛	杨　磊
袁专权	刘瑶瑶	杨艳发	彭　昆	韩松廷	张韩昊帝
张毓琳	吕子奎	叶　馨	蒲学文	何涵菁	张汉嵩
张志慧	张东升	尹　健	祁　俊	赖睿恒	张　杰
陈思璇	张馨予	张　玺	苏孙甲	黎　茳	左文超
程　逸	管文博	张珍杰	万炫鸿	李　哲	段倚天
丁　锐	谭　懿	朱　琳	王佳茜	廖风柯	张　煜
郝嘉勃	吴晓伦	朱佳薪	王金泽	刘德成	陈　婧
何佩雯	熊　剑	鲍文涛	王崧衡	刘　阳	马　明
李冠廷	侯　婷	陈忠坤	魏东泽	刘　志	周清雅
林鑫杰	胡志宝	安泰来	伍小旺	马建勋	陈　静
刘权椿	吉晶通	范雨萱	杨景亮	马　越	陈　曦
苗月盈	廖拥文	郭昊明	杨韬燃	潘　健	陈泳延
孙益江	马一鸣	何杨阳	张耕瑞	潘岚川	甘海龙
万　骏	马煜初	贺腾飞	张天宇	秦巧红	谷秀毅
王　晟	幸　心	金卓军	周洪波	王剑涛	顾小婷
吴　润	方　超	拉巴扎西	周圣杰	王仕林	李华军
徐啟文	金顺平	黎冠新	周　扬	许朝宗	李家坤
杨　龙	梁浩爽	李军旗	朱满庭	叶　涛	刘永志
杨　萱	齐　舒	刘晓婷	张健男	曾祥晖	齐英俊
杨　焱	王树青	路　昊	邓馥昕	张晓玉	曲晨志
张家涵	赖廷杰	吕鹏博	黄竞昶	朱显煌	沈鸿宇

续表

张　轲	李岚其	罗肖益	黄　晟	王稼琪	宋　宁
张怡松	李　震	阮　聪	吉　祥	曾凡森	覃　寰
白　杨	马　壮	王国安	李嘉盛	王　威	唐福斌
陈　玥	武雨杭	王　科	李艳斌	操　博	徐文彬
谌际宇	许　靖	王文浩	李粽宣	崔文庆	徐　颖
胡梅春	保家宇	肖雯雯	廖凌熙	戴　健	曾志雄
孔新博	陈明帅	杨　东	刘洪珲	单　蕊	张　磊
兰景恩	高笑枫	叶嘉琪	刘建兴	杜　赫	赵梓成
李城超	格桑丹增	尹山青	刘志鑫	丰　鹤	朱　辉
林　峰	李　传	曾翰林	马　翔	郭子栋	赵祚彤
张　震	李世美	张　峰	彭鹤年	候文昌	陈　才
宋子秋	林　健	张明瑞	王　晨	李梦杰	杨　坤
孙精辰	刘嘉新	赵雅萌	王　杰	李庆龙	王　磊
王国平	罗　兰	赵忠浩	王一合	梁家豪	陈　奎
王　鉴	马永硕	郑凯宇	王翊丞	梁　帅	陈文悦
王　玲	年嘉伟	周文辉	肖　哲	刘博铭	戴柏杨
韦怡竹	欧阳瑞祥	周　雪	张春伟	马　龙	丁凌崧
吴晗民	乔昆磊	阳　琼	张继周	马书文	黄树昊
吴乾海	王子豪	张　倩	张　黎	宋　杰	李赫然
武博翔	文佳豪	常　靖	张　前	孙振栋	马　莉
席晓强	吴元春	陈智鹏	张　硕	王　雷	盛歆歆
谢志臻	杨　露	邓李晗	邹　努	王思捷	王　策
邢政权	张萌楠	凡星晨	王　静	吴浩然	王忠航
于浩洋	张梦雨	葛武杰	袁烨桐	郗　玥	杨明鑫
周　磊	张文临	李博翔宇	步　军	张鹏辉	于家英
蔡宗求	张宇鑫	李建桂	常　凯	赵涵明	张迪迪
董　云	张　政	李鹏程	陈姝伶	周忠蔷	张　帆
樊　菊	周晓松	落桑旦达	陈　思	刘亚楠	张　健
何嘉启	朱　帅	马　翔	董军峰	耿和龙	季　彦
沈建鹏	欧阳志群	甘子昆	杨成纯	查　利	阿丽努尔·乌马尔
买买提·买托合提	皮尔顿·阿合买提江	加那提·胡石纳依尔	苏巴特·肖凯提	西尔扎提·艾尔肯	

能源动力与机械工程学院

陈豪志	蒋鑫宇	方　攀	古　雨	金　灿	侯　静
陈晓斌	陈玉龙	胡　奥	郭　浩	李　豪	李瑞涛
邓一凡	崔光健	黄凌峰	贾彩花	刘　津	梁继深

续表

狄大程	方 哲	蒋大欣	靳 马	罗来彬	刘 鹏
樊倩霄	胡豫锦	李春蕾	荆浩男	毛佳涛	莫古云
冯文武	黄乙珂	李航宁	黎桂君	覃福林	牛利仁
郝新星	蒋光林	林 霓	森布尔	滕 庚	潘 豪
雷连翔	刘明君	刘 馨	孙翼娉	吴 桐	王 娜
梁高明	刘 钰	倪宝鑫	孙宇涵	吴芸芸	王印玲
刘健宇	马玉成	王芙蓉	王 耀	伍泽赟	王 宇
秦贵江	毛天贵	王 磊	王一红	肖毓鑫	吴长轩
孙慧君	潘兴谷	王义龙	王泽鹏	余东阳	熊维桢
唐雪涌	彭源杰	徐照然	薛 凯	袁 劲	张小根
王福星	邱德乾	薛建民	杨贵林	曾癸茗	郑晓宇
王建华	宿志晨	杨少华	杨秦星	张 阔	钟 南
王心桥	孙启航	张 倩	杨清荷	张子奇	周 瑞
薛鹏飞	王博文	周星辰	曾宪龙	郑茹心	庄佑勋
杨 斌	王亚泉	周 杨	张 浩	白冰鹤	蒋文伟
杨容嫣	徐雨涛	张宇鑫	张美妍	柏 宇	陈姝宏
杨叶林	杨星星	陈伟瑜	赵二阔	蔡 安	陈震宇
张新跃	杨 英	陈一钦	赵 基	陈 勇	龚传正
朱一平	张 萌	范 钰	赵可昕	金亚鑫	黄维琨
刘 微	朱万程	郭培虎	王凯琳	黎金阁	兰 宁
钟晨悦	储 超	韩骁雄	陈 桥	李怀翔	李 昂
黄华甫	房莘城	何晓燕	程 飞	李 桐	李铁林
邓吉思	桂文文	刘浩晨	邸树帅	李宇婷	廖志楠
符策望	江宇舟	刘秣含	高 妍	李媛媛	路景焜
贵丹妮	李靖文	刘晓航	韩雨龙	李 征	欧宇航
胡 晟	李 曼	刘泽洋	刘浩浩	林 涵	沈周杰
黄宏智	李星阳	马兴民	刘夏余	刘晨驰	斯 伟
林建坤	李 煊	蒙冬玉	罗 安	刘姝含	孙光博
刘凯航	刘安泰	王丹琪	骆威宇	满晨阳	孙坤宇
罗韵秋	刘 潘	王振华	马金瑞	钱 琨	汤雨非
马佳乐	刘 霞	王 梓	马立鹏	石泽启	唐 杰
母明浩	刘旭生	吴俊纯	欧阳朔	吴 曼	王子杰
潘博仁	卢 郭	吴泽忠	谭嘉辉	薛 鹏	王子轩
苏 彤	马 琪	谢坤圆	王双鹏	叶聪聪	吴 俊
童 磊	任 杰	熊 念	许德昌	赵正杨	杨富盛
汪 洁	汪兆灯	杨云溪	许振宇	郑夏晖	杨 庚
魏啸天	王昊凡	游鹏程	杨伟明	周 超	于浩洋

续表

文　卜	王玉杰	张　淼	姚健男	陈世藩	张阿倩
肖　毅	杨　婷	郑辉凡	张　斌	陈　森	周慧敏
闫　通	尹富健	周　峰	张晨佳	冯芹芹	李建菁
张　健	余　雪	蔡明哲	赵一航	郭明宇	孙　乾
王文龙	赵国利	陈明阳	钟　睿	郭翔宇	杜茜硒
张明凯	赵炜强	邓　琦	周　为	柯唯阳	高　伟
单　悦	赵逸帆	方红喆	周晓磊	李　冉	张　涵
李朋达	赵阳升	韩兆威	许　凌	刘博文	董海泉
马云峰	费　阳	李浩天	陈梵炜	刘睿岐	高辰浩
齐煜炜	何　雯	李　逵	杜琮杰	吕延超	刘　昆
杨先正	黄　杨	李　阳	傅佳欣	马腾飞	刘泽铖
禹航宇	李　岩	芦广达	韩卫博	马　优	赵荣发
王　信	邵晓丹	鲁　茜	黄子豪	潘　涛	冯俊皓
叶章琪	符学龙	罗炳源	李少奎	沈禹辰	林泽伟
陈逸豪	葛金林	马　浩	李维安	田紫芊	吕泽宁
吕伟嘉	贺上飞	麦林萍	李怡轩	汪启杭	时　浩
王燕齐	蒋　琢	毛刘超	吕君宇	王创奇	田军权
王泽众	李富康	欧阳文华	马德林	吴羽翻	高嘉炜
周晓漫	沈　丹	冉　晏	马逸飞	杨仁昌	何东衡
李雨家	施田宇	仁增多吉	彭科红	杨　鹰	王　晶
杨佩佳	孙立伟	王　宇	任厚禄	杨章元	王占博
张飞宇	王璐瑶	王元良	沙洪海	易　阳	肖　红
刘　洋	王子睿	王智琦	涂伟超	尹　凯	傅宏明
马威杰	吴文庆	王子豪	王婕馨	张　妍	郭晓宇
郭嘉杰	叶立恒	俞庆宇	王　佐	周育涛	孔大力
康　浩	张　晨	张宏彬	颜　强	唐　荣	张佳磊
邢学利	张旭彪	张森浩	燕　鹏	范青伟	冯　旺
马少聪	赵　博	张兆轩	杨仕鹏	卢达志	李　志
曾宇川	赵　航	赵义琛	张志勇	孙安苇	刘桦珍
龚锦华	朱鑫杰	周　岳	白晨曦	陈泽中	邹文隆
刘竟帆	毛　茂	宗浩然	代书奇	迪力功	罗　沛
吴　璇	王丰力	吴修贤	丁　波	高　阳	孙鹏洋
邓正宝	陈　萌	高　原	黄经伟	郝思思	夏伟员
郭耀飞	阿依多斯·托力肯				

国际教育学院

高文琪	王友潮	梁　宇	吴思诚	张玉博	刘宇晴

续表

白逸飞	刘　畅	张博宁	陈碧君	刘勇进	杜轶卓
陈子其	李美臻	李君实	姚丹阳	王彬泽	甘　甜
周张恒	李长霖	汤君博	林雪儿	左　勖	殷泊远
卜　凡	韦宇泽	赵子樊	肖宏建	王旭阳	董文令
黄若辰	周靖杰	袁乐林	彭张瑞明	牟容慧	朱志文
崔以昕	阚彦邦	胡海燕	何沫霄	魏仁杰	黄　冕
王亚涵	胡宇龄	王若瑜	李英皓	薛茹双	刘妍瑜
张歆笛	梁靖仪	刘韵婷	李煜阳	赵汝康	韩月婷
李可昕	李雨霏	诸　婧	张冉昕	周逸宁	巴育晶
方浩楠	刘芮杉	冉荠野	高健力	庞伶琦	乔亚青
徐华辰	刘艺豪	钟　海	包瑞靖	葛　昊	孙佳宜
李宗晟	蒙晓龙	吴瑞颖	张之曦	孔令京	姚思羽
帅　昶	张　曼	王　潮			

（保　定　校　区）

电力工程系

刘　琦	张午宇	孙丰勤	高若禹	朱　宁	徐　闻
谢颜怀	张子康	汤　倩	高向恺	曹越芝	刘　琪
杨欣伟	朱静奕	唐焕新	韩　彬	单存知	王　琛
李　银	曹　璐	王科超	何界东	付静柔	马　铮
申晓畅	陈　稷	谢婉莹	瞿港归	宫　鑫	秦福伟
弓明硕	高语晨	谢逸天	李迎春	韩　啸	陈　琛
梁　鑫	郭金森	闫　阳	罗诗怡	姜　涛	陈华森
朱　彬	黄亿鸿	杨镃平	罗世豪	蓝丽丽	李思俣
郭育威	纪福顺	袁　轩	罗　鑫	梁书玮	乔兰兰
刘思聪	靳铠闻	张青青	罗　宗	刘江山	王照远
陈雨亭	梁　炜	张　鑫	毛一钒	刘　硕	刘一瑾
马辰南	刘宏财	赵彭辉	任　博	刘天毅	谭智馨
唐兴鑫	刘润泽	朱云涛	石子阳	刘　洋	余忠瑞
崔志浩	刘首昂	邓发图	王　栋	刘宇豪	李宇昊
陈浩华	刘晓丰	韩健硕	王　湃	刘玉溪	沈广进
胡琮汀	刘星玮	何嘉成	王士康	孟　雪	靳淑钰
刘　强	鲁依娜	侯雨琴	王文亮	穆自强	吕　顺
张　骁	牛前超	计一鸣	王志祥	牛　灿	马俊杰
范珺阳	庞益民	姜辅国	魏敬涵	宋翔宇	崔泽坤
王连花	唐成杰	焦雨青	杨　楠	王义凯	倪　楠
江宇峰	王宝烽	孔亦晗	张　晶	夏旖聪	于邦栋

续表

律 琳	吴 超	李昊晏	赵长皓	肖荣盛	余长城
严文帅	颜冲强	李 晴	郑炯光	薛金鹏	赵宇含
尹誉江	叶尔肯别克·阿合力别克	李延昕	朱存远	杨康乐	蔡雨萌
赵浩男	尹兵欣	梁彦圣	安 然	杨 铃	马钰峰
嵇冬冬	於 畅	刘爱静	程 铭	叶子成	凌谢津
李博瀚	袁 浩	罗宇星	邓晓天	张亚当	张子钰
王 勉	张 枫	秦泽宇	傅 杰	曹文君	王铭灏
张 颖	张天策	任健瑞	郝一帆	李瑱璘	李丁章
焦 阳	张亚云	宋新奇	胡杨铄	马 锐	周威铮
秦家林	赵宇琪	田 兵	黄嫣婉	孟 媛	刘 彤
王从龙	周宇成	王 政	姜路冲	张雪涵	郇 悦
吴 敌	陈子昕	王志祯	李占春	周智行	孙 馨
张 喆	杜 浩	吴更腾	廖祖江	陆明璇	杨子萱
郑立成	傅雨荷	阎英楚	刘 策	陆昭杨	陶二滈
王圣洁	何 心	姚曦娴	陆静毅	王亚楠	葛鹏飞
阎晓伟	黄 鑫	叶 全	商鉴泽	章思远	李娅婷
陈宽睿	晋绍珲	张诗维	王同森	初荣琪	刘嘉豪
景 琦	李浩然	章伟俊	王 阳	孙 倩	平 静
吕瑞祺	李永辉	朱吉者	王阳阳	晁倪杰	王露晓
王晓晗	林晨浩	朱俊杰	武自彪	王家俊	王晓波
王一名	刘富州	陈启维	徐昕艺	王雪莹	王宇静
刘冰璇	刘曼琳	陈天文	许瑞军	匡远喆	王雨田
唐论语	鹿国微	董鉴辉	杨伟三	杨 乐	朱思琦
杨敏珑	毛梦瑶	傅德帅	詹 文	滕先浩	安 辉
张晴雪	努尔夏提·沙塔尔	金 航	张少华	王敬尧	谢 众
雍耿飙	庞宇琦	李星耀	张苏涵	张纷纷	陈鸿辉
张峻豪	任乙沛	李 毅	郑子墨	陈 博	陈 政
张天宇	任忆坤	刘成章	周俊宇	方梓烨	耿瑜禅
陈 浩	田 昊	陆安志	邹馨远	童 谣	郭雅欣
李佩征	王孟云	米东风	黄金山	申宗旺	韩青俊
董腾霏	王天泽	齐继志	巨 超	王天宇	郝志方
高 萌	王偎行	邱 琦	李京达	麻腾威	侯蛟翔
郭东阳	徐小龙	舒星智	李经纬	杨晓华	黄中涛
郭子淦	张成磊	孙 瑞	李奕衡	彭浩洋	康安良
韩 怡	张 坤	孙玉乾	梁一聪	郭舒毓	李佳伟
黄子平	赵鹏飞	谭开东	刘相清	王浩然	李鎧权

续表

劳焕景	赵其云	陶福成	吕　芳	李华雄	李凌霄
李伟杰	朱健圣	滕孟锋	任浩天	焦　萌	刘　纬
刘凡瑞	朱岩昌	王　琪	王　程	卢　甲	刘泽琛
刘璟泽	陈同凡	杨　彬	王和雷	罗　坤	罗　洋
栾若奇	陈文龙	杨博超	王　瑞	王烁尘	王润滋
秦征凤	陈雅婷	杨　帆	王守强	薛邵锴	魏与廷
孙　帆	董清阳	杨　田	吴天昊	黄彦钦	武佳卉
王丙辛	董子奕	俞　奏	习文青	赵雯程	谢　乾
王　旭	韩　强	张　册	肖陈橙	祝智杭	徐晓会
王子彤	韩亚南	张鹤宇	徐家将	黄梓恒	杨鑫宇
吴　昊	李贺炜	张嘉心	徐文天	吕重阳	张　磊
吴俊宏	李斯璇	赵德洁	叶　羚	邵馨玉	周柏安
吴　涛	李文庭	赵皓东	郁泽宇	沈沁颖	周铭鑫
吴一云	李子成	蔡　钧	翟文辉	赵凌曦	朱思宇
颜世贵	刘浩然	陈爱君	张婉婷	喻　婷	曹家瑞
袁子贺	刘继兴	陈子和	赵志涵	张明月	邓健昌
张天娇	刘　猛	韩　强	朱吉林	张文婷	董明锐
张亚辉	商万庆	季圣植	鲍志威	李至峪	付璐莹
周华皓	王鹏成	江　杰	陈　浩	刘翔宇	郭　傧
邹振平	温世杨	金绍贵	陈铭远	马克琪	贾曜宇
陈　聪	谢映洲	李诗伟	陈　雨	宋劲扬	金宇鹏
陈瑞峰	谢兆强	李　伟	崔子豪	于　浩	雷若愚
陈文军	叶雨晴	蔺若琦	金炯奎	骆小满	李创新
崔恒广	岳海斌	刘秉聪	李昕烨	贺郁文	李　盖
刁　左	张丰铎	刘才文	李伊玲	胡淳珂	李考玲
郭晨阳	张　淏	刘　璐	刘新元	丁　锐	李　萌
郭乐铭	张娟霞	刘曦阳	刘　洋	周华嫣然	李守强
金鸿宇	张雨奇	刘智昌	马　爽	赵　展	梁延昌
阚梦蝶	张　赟	梅　倩	沈洛齐	周灵杰	潘桂军
林华祥	才　文	桑雨柔	史博仁	李晨阳	钱睿忻
林志峰	陈　攀	陶建业	孙　萌	郭家圳	沈殷和
刘长荣	陈宇海	王　乐	王梓宇	张佳琦	田嘉尧
刘德清	丁　星	王龄婕	袁宇昊	范振宇	王伊帆
路长青	郭一搏	王泽明	张洁妍	田昊欣	王子慧
任慧卿	韩昕彤	王泽轩	张丽婧	王焕庆	魏亮霞
史乐旻	贾　凯	王　柘	张　鹏	陈大川	杨凌典
孙正阳	贾玉朴	韦　岸	张　硕	褚泽坤	袁　淼

续表

王青越	刘 畅	向小祥	赵贵鑫	郝自为	曾哲南
王新娇	吕浩洋	许泽昊	赵嘉欣	胡加伟	周益斌
王弈赫	马玉婷	张致宁	郑楚舒	倪忻洲	朱思宇
吴辉捷	孟书羽	曹 嵩	钟文博	张添奥	朱跃熹
谢振鹏	牛生云	杜若兰	周佳林	张文达	谌杨春
张 浩	彭轶灏	段康豪	周阳阳	高 杉	徐靖凯
张文琦					

电信系

蔡 睿	吴金迪	牙生·买买提	李雨时	马碧莹	付 丹
傅彪炳	杨 创	杨立兵	李玉雯	马英栋	胡睿康
梁锡权	叶顺心	杨亚荣	刘玉佳	努尔苏里旦·波拉提江	李克键
白昊洋	尹立亚	叶俊宏	马明月	潘 帅	李泰锐
甘振恒	赵启飞	张 奇	孟 媛	彭迎春	刘 畅
高 龙	朱璐琳	张千一	潘晨清	乔珊珊	刘艳蕊
贾欲胜	祖力卡尔·热衣木	张 帅	王成宇	卿 馨	马 倩
康 辉	陈家辉	巩 彧	王传晟	舒纬文	裘瑾怡
李 剑	崔 涵	胡志顺	王英建	孙艳楠	田 甜
李文洁	戴蓝昊	孙兆阳	肖 楠	汪 弈	田雨禾
李泽霖	阎智祺	张诗杭	仪豆豆	王潇涵	王路杰
李 哲	黄怀宇	覃翌晨	张建凯	王新爱	王美月
廖 潇	黄炎榆	崔翔雯	张震宇	徐闻璐	王绮仪
林依绿	贾 瑞	吕韵鹏	赵志祥	杨 洋	王诗瑶
刘广宇	蒋明远	薄宝刚	周梦伊	杨振宁	王文丹
刘 坚	李延旭	戈 贝	周若曦	叶 佳	王占栋
刘枭杰	李 智	管雁彬	朱 庆	叶 鹏	邢紫晗
牛一飞	梁思达	郝苏湘	陈俊瑞	余开杰	杨 超
裴易凡	刘 玉	郝艳丽	陈蕴祺	曾鸿海	姚 鹏
苏昱坤	钱 文	贺 鑫	董 雪	张 涵	余冬杰
谈 欢	田茂涌	洪少雄	龚瑜馨	孜比奴尔·奴麦麦提	张君宇
汪宇航	王宇航	卡美江·阿里甫	蒋海颜	陈鹏辉	张小东
王向洋	吴 芊	李博阳	李兴瑞	代嘉菱	张之浩
王 远	吴 玉	李 琳	李宇航	丁昱丹	任成昊
吴季珂	熊国杰	李威霖	刘明哲		

动力工程系

刘超兴	周志涛	程 轩	何 福	连 慧	苏星兵

续表

王　瑞	姚夏阳	董昭润	李汇锋	梁文韬	孙傲袁
曹一兴	黄凯迪	洪　伟	李建睿	林大森	王利德
陈　铎	曾　蓉	胡雪松	李欣林	刘雅婷	王　维
池紫薇	陈仁杰	黄　文	李饴萍	陆家纬	温丙末
焦永飞	曹　磊	江紫薇	梁锦俊	马文魁	谢成欣
林俊华	曹植博	教中盈	林和鹏	王　超	许　京
刘海洋	邓任中	金铃杰	刘宗博	王臣善	杨中智
刘永科	董正涛	康金栋	全海英	王晨曦	姚　明
龙啸霖	范林达	李　枭	孙宇轩	王晓磊	张钧铁
马　玲	郭　悠	刘　昊	田倍乐	王学腾	张艺瀚
邱姗姗	郭子嫚	龙思宇	万文博	辛斌斌	陈吉玲
邱月明	胡庆祥	马世浩	王　浩	许煜娜	旦　宗
裘国亮	姬禹杰	密明帅	王俊博	易孟超	邓超敏
苏梓星	李晨昕	宋　雷	王乾龙	张东方	郭嘉庆
孙瑛杰	李　繁	宋朋达	吴　捷	张李斯奇	李杭波
王　姜	李战昆	孙铭跃	谢嘉丰	张　伟	李嘉鹏
王梁淇	刘昊天	孙月亮	徐甫东	朱启将	李立垚
王晓妍	刘　墨	王子辰	续政轩	陈东旭	李　师
王银玲	刘雪燕	魏铭均	颜　龙	陈家熠	林　枫
王钰璇	卢　奎	吴　茜	朱　灵	陈嘉检	刘少韬
吴修骏	罗　成	席　泽	祝敏捷	楚文斌	孙　纬
夏甘露	马金孝	杨旭浩	安　平	邓嘉荣	陶延宏
徐　盛	买吾如甫·买买提江	杨　振	陈泽彬	杜　寒	王　伟
许　珂	潘姝彤	虞娇婷	都　悦	金志宏	徐洪日
杨　凯	舒　健	张　琛	黄　镭	奎生强	许光安
翟　雪	王地开	张易轩	黄　鑫	李　波	薛　文
张显康	魏炜力	朱晓宇	金　文	李圆旭	杨　潇
张　欣	翁国柱	海那尔·叶尔多斯	李东城	刘　健	张宏扬
周泽耀	翟　耀	黄芝魁	李梦寒	潘德清	张胜强
庄文宾	张凯祺	李海霞	李　毅	任瑞涛	张燕雯
曹　琦	张　烨	李　昊	李　政	孙浩然	赵志炉
曹榆枫	周星宇	李　林	李志豪	谭术均	朱云锋
陈施佳	陈纪豪	李文泽	廖国强	唐旭尧	庄　艳
陈梓天	陈　磊	梁　睿	刘　江	万小乐	洪成功
邓雨竹	杜伟彪	廖圣瑄	马　亮	王彦方	李斯琪
丁东亚	冯丽芳	刘天伟	毛晓璇	韦晨阳	杨东晓
官壮华	贾　鑫	刘　杨	邵孟睿	席　潇	陈　贺

续表

韩树学	姜山	宁大鑫	王钦政	许桐	刘胜飞
和中辉	李中原	任秋阳	王玉川	张亿豪	杨宇轩
黄道熠	厉志鹏	史扬	夏洪锋	周士童	张辉周
林益民	刘思言	宋志锋	谢培洁	陈一顺	丁昊
刘浩	刘颖超	苏新凯	邢振国	崔岩坤	刘成昌
刘奇缘	罗学智	汪肖真	徐少鹏	郭雨生	陶东亮
刘永富	阮祝鑫	王长靖	颜校	胡海明	刘涛
刘竹清	苏巴特·艾海提	王宇彬	张帅	雷浩洋	闫华青
缪玉玲	孙光鑫	吴名起	张央沁佚	李龙跃	单天波
庞雯雯	孙一鸣	许海峰	周贤	李新磊	仲凯悦
齐世钰	塔里哈尔·巴格依	杨夺	陈光铨	梁力文	周庆国
汪琪薇	覃行	杨清云	程佳	林涵逸	夏凌峰
王东	王明军	杨若朴	杜武锦	刘勃	肖寒
王培泽	王伟	周明明	高鹏	刘国栋	袁稳发
王维	吴冬旭	祖世亮	郭鑫玥	刘佳硕	丁雪莹
王一斐	徐欣腾	陈嘉宸	何俊驰	刘璐	田园
问鹏	杨吉隆	陈媛媛	蒋鹏	刘自强	贾晨东
谢质萍	张罗斌	程想	李斌	罗爽	黄俊钦
徐屾	张昕	董睿	李嘉文	马明鑫	亢凯斌
张维斯	张志文	樊勇	李凌峰	宋炳毅	周赛
张翼	阿布拉·吐合提	哈斯铁尔·艾列西	李小龙	苏士伟	黄文英
邹文智					

法政系

吴沛良	农慧娴	周旻	彭红涛	郑婷婷	苏俊廷
单婷	王梦莹	邹绮丽	史益豪	陈欢	隋晓艺
段鑫玥	王帅	代婷婷	孙纪	陈祖军	孙静雯
甘玉婷	王玉鑫	侯硕严	郃晗	戴贝旎	覃春晖
古力啊·赛力克	韦芦夏	季彬	王丹	冯贺	徐闻达
关晨	项叶钦	江奕颖	王美琦	胡群	许清文
韩晨	闫子荷	姜若兰	王雪纯	蒋杨楠	杨雯博
何兴材	杨楠	蒋东凯	王云云	靳泽远	张楚
侯丽娜	易鸣	孔心悦	武思墨	李浩宁	张澜
胡芳林	于昕	刘登科	夏伟	马阳	张志超
黄瑛婷	袁杰	刘佳宝	叶侠男	任起发	赵茹萱
黄月	张宸锐	刘晓东	张沛	荣竟宁	钟竞
梁佳祎	张巍	罗辑	张威	师慧娟	周小青
刘丹	赵莉	罗瑶	张颖杰	史颜铭	周壹晗

续表

刘星辰	郑温馨	梅晓飞	赵思琪	宋羽双	

国际教育学院

汤云志	李佳航	黄璞真	卢紫薇	陈紫嫣	黄钰杰
胡锈雯	李灵捷	邱智蜀	张真罡	焦　阳	荆　然
刘竞爽	傅诗琪	李　程	柴希鹏	王祎璐	彭琬玲
王隆鹏	范嘉杰	陈艺丹	宋红豫	曹睿婧	陶应琪
白　雪	戴仪天	汪姝君	赵雨琦	何佳颖	闫旭敏
李晨文					

环境工程系

向　伟	费　洋	李金泽	孙　康	彭子娟	张　杰
葛博强	冯欣波	李　能	孙淑敏	祁　雷	曹　阳
昂草·金恩思	黄信达	鲁　浩	吴一飞	王静如	池上荷
崔　畅	黄钰凯	彭莉晴	杨　乐	温荣潘	储自节
方　池	蒋玉琢	施垌垌	姚如栩	习鹏博	代传贤
韩雨诺	刘涵露	孙博华	有晓丹	叶　崧	杜　欢
李明霜	刘丽凤	孙书一	余　涛	周达海	范佳荟
李　晴	刘盟盟	孙梓滢	余欣芳	焦　磊	郝开贤
李秋博	刘　权	田家雒	曾祥乙	程彦龙	何镔郎
李　垚	刘元向	田校于	张东霞	董　鹏	黄兆雷
李　印	卢　肃	王慧雯	赵　旭	虢俞萱	蒋陈浩
刘　铭	秦明月	王文杰	赵雨娜	胡圣杰	李海鹏
吕　明	秦秋实	王兆轩	周　园	黄南涛	梁　昊
倪书权	唐　杰	吴运凯	朱　玺	姜　珊	刘　畅
田　贺	王长然	张思齐	白云凯	姜一琳	刘　玥
王思龙	王付宇	张旭瑞	曹鹏程	李春玉	蒙　强
王宇彤	邢心语	周　辉	曹　强	李文军	苏迪宇
王昭月	杨　丹	王　昭	董志博	刘　翔	苏益民
魏凡钦	杨　哲	常国琪	冯慧芬	刘　晓	孙佳琪
吴金凤	伊　然	方　彬	郝　琦	刘园园	王鹏辉
吴　楠	张嘉宸	何东晓	侯帅林	罗　源	吴梅芳
吴小燕	张　莘	黄亦鸣	胡宇航	卯声敏	夏　亮
吴晓帅	张耀宇	兰　泉	黄　陈	青倚帆	杨碧萱
萧子浩	张　越	李　方	黄彦恒	孙政阳	张国威
岳　清	蔡　光	李国军	李　臣	覃　翔	张　琳
张楚璇	陈星宇	李远鹏	李成林	王　雪	张　宁
张易峰	崔晓烨	梁政伟	林冰勇	王禹衡	张秀敏

续表

赵文隽	冯荣荣	宁良宇	刘　博	吴定亮	张中一
赵治钦	高博文	牛晓东	刘威陇	武靖博	张子健
左苏斌	高天翔	彭子杨	吕　薇	夏天杰	庄泽昆
陈美妙	何安恩	如孜·亚森	吕嫣茹	姚晋松	邹金晟
董李杰	雷　栋	阮建登	马木提江·图尔逊	张嘉祺	叶恒舒
段新茹	李昺言				

机械工程系

毕文娟	伍星秀	王凯强	官泳余	陈　友	吴炳宪
崔子睿	杨　朕	王　涛	黄　森	董汉臣	邢思远
刁新雨	杨彦乐	王　萱	姜京津	刚　健	叶伟鑫
贺晓晓	杨永超	王　琰	寇　玺	郝犇珂	张泽翰
李思杰	于浣穹	吴德馨	李金龙	黄锦怡	周啟生
历海伦	张晨阳	吴海庆	李鑫欣	黄一迅	周玉龙
林香君	张芙瑞	吴俊庭	李梓玮	姬雨婷	白　云
刘　皓	张文浩	张　弓	梁彦新	康　伟	董志诚
逄钦智	郑优悠	张鹤鸣	林　勇	李嘉诚	范　潇
宋航宇	周博群	张　凯	刘　楠	李小春	龚诗旭
王星平	周淇珺	章荒逃	马德昱	刘　洋	候　健
王　阳	关生栋	邹德坤	马沛阳	吕双燕	贾舒茗
吴冰倩	陈　伟	敖春燕	蒲星雨	帕肉合·阿力木	康甜甜
肖丽颖	崔庆铭	杜　刚	盛嘉伟	商文乐	李定康
张先瑞	郭涵涛	杜家臣	孙震龙	孙仲达	李　明
张泽浩	何　政	段浩楠	吴道成	王　龙	李滢泽
张泽华	胡任杰	冯芷黔	吴幸均	王　旻	刘　瑜
郑凯忠	李　生	胡亚康	吴圆波	王青阳	娄鸿伟
周兴龙	李忠成	黄燕龙	永浩杰	王　瑶	陆　婷
朱晓彤	刘曹伟	吉新星	张　琨	谢兴华	罗银权
陈明文	刘　文	阚　东	张梦纯	张　帅	潘顺宇
陈云开	刘振关	李　航	安一方	张　越	任紫峰
迟耀东	罗登春	李　坤	毕　伟	赵　港	孙　博
高　策	罗茂波	李文萍	陈溥淳	朱兴强	孙树彬
计丹溢	麦　锋	李云江	陈一鸣	邹权林	谭广亮
李墨涵	潘宇立	梁　君	董　硕	董思捷	陶　洋
李　硕	沈　平	刘槟烨	韩瑞迪	胡飞良	王　超
李　义	王存壮	马昌盛	何　望	牛慈航	王文亮
沈亚婷	杨　帅	彭渝锋	姜粝轩	邓稳旭	姚　涛
孙铭珂	叶志菁	戚宇航	李　楠	杨邺鑫	张克强

续表

孙昱晨	游高枫	全亚飞	李 冉	陈 鸿	范 鹏
汪海伟	张晨晨	冉启平	李 涛	李文恒	付梦宇
魏 宁	张 强	宋京升	梁 旭	辛世豪	高 曦
武 彤	甄 帅	宋亚迪	刘 沛	熊大建	郭瑞巍
肖 雪	朱 冲	王作嘉	刘思博	颜 森	郭 巍
于 迪	左常伟	谢朝涛	刘 洋	黄毅辉	海溪泉
翟子慧	陈 宇	张树斌	鲁 兵	赖 典	衡建雄
张金宵	陈 铠	赵东赫	孙恺恺	吴 瑶	黄军帅
张 潇	陈晓勇	朱小朋	孙毓琦	王龙飞	李鹏然
张亚辉	陈亚杰	陈 刚	唐宁宁	刘 鑫	刘 键
张 召	陈云浪	胡学文	王 峰	杨恒龙	苏 益
张子旭	耿永凯	唐笙瑜	王童童	李 满	孙 凯
武嘉文	郭爱军	王 允	王轩烨	刘 磊	孙万士
保善彤	洪艳玲	张 浩	夏跃赟	刘自达	孙厦微
何家乐	侯文涛	宗川皓	姚 睿	龙健宁	汪钟才
何琦琦	胡 苗	刘 津	余 磊	马东福	王广鑫
李艺璇	李长锋	王增基	张宸嘉	买尔旦·塔什	王荣荣
刘碟航	李帅兵	王孟博	张海川	潘依依	徐栋梁
刘 佳	陆文轩	徐晓彬	张立鑫	冉 斌	徐 帆
陆文婷	罗 皓	白 禹	张启伟	王洪运	徐 祎
罗 岩	马梦璇	包婉琪	张亚灵	王 凯	杨 洪
马立峰	马 珍	杜晋明	张志聪	王生才	张志杰
孙 涛	祁振明	冯思雨	朱之健	王文豪	赵 晔
汪鹏丞	沈 岱	高 滨	陈达轩	王宇桐	郑 飞
王明伟	史 帅	高凌霄	陈际涛	韦教玲	周永蓁
吴鹏程	覃珏铭	高文元			

计算机系

阿丽美拉·拜克	李 赫	邹其琛	李必河	罗成于	张 博
包哈森其其格	李治浩	李兆辉	李嘉倩	庞 晓	张 含
曹 峰	刘曜华	白 璟	李鑫垚	綦宝睿	张靖生
程昌虎	刘 政	蔡小雯	李振林	苏煜涵	张天宇
关 健	马 冲	耿韶松	梁博成	王 昊	张泽康
靳 强	唐琪昌	黄彦宁	刘佳昌	吴思遥	甄舒渟
兰 方	王朝阳	黄志勇	马 军	吴习敏	朱向宇
李卓倩	王晓伟	姜铁民	唐 轩	肖文婧	马博宇
刘玉琪	王 颖	蒋志成	王富荣	邢紫薇	阿木子堵
娄红红	夏一鸣	李 冯	王继发	杨文杰	白晓雪

续表

卢名扬	徐雅婕	李国梁	王尚泽	张毅刚	陈晨晨
孟　娇	尹志文	李昊儒	王宇宁	周孟佳	巩春军
米家奇	玉山·库尔班	刘　悦	王　哲	周　阳	郭晓帅
孙昱伟	张海明	马　晓	翁芳芳	蔡　仪	何紫伶
陶　凯	张旭超	牛劲草	吴　润	陈　林	江秋语
佟梦瑶	赵紫霞	任　杰	杨　江	陈　瑜	景筱竹
王　婷	陈　伟	容振雄	杨忠东	崔玮洪	净淏泽
韦懋鑫	丁群峰	孙建勇	臧宇航	黄　亮	李　伟
温克花	冯俊翔	王钟志	张亚静	蒋来来	刘大元
易景贵	葛　堃	谢镇域	林正悦	李　江	马可心
张　翼	赖荣鑫	徐博轩	司世哲	李　晶	马纵横
张志发	李春阳	杨晨曦	常镇韬	刘明瑾	孟庆典
张志国	梁育龙	杨少波	陈　江	刘　鹏	宋霏羽
周再达	刘玲珊	杨　艳	陈子幸	刘胜阳	孙　叶
朱定坤	鲁姝艺	张子晗	郭铭钊	刘艺林	唐材源
艾　浩	马聪聪	赵　萌	郭召伟	沙　沫	田　钺
安卓阳	裴江浩	朱　翊	韩　旭	童　歆	佟钊溪
曹勇杰	曲百锐	陈　聃	黄宝藩	王　盾	王　晶
董海斌	田子臣	陈梦宇	李诗媛	王　鹏	王　哲
范宸尧	王紫玉	陈颖鉴	李斯羽	韦　恒	王治博
冯芮苇	吴世凯	代世雄	李晓孟	吴屹浩	邢家鸣
付春流	吴田同	冯文科	李怡贲	相　宁	徐嘉鸿
郭益豪	赵　敏	哈显贺	梁瑞杰	杨荣悦	姚鑫杰
胡荣波	赵铭滕	侯立洋	刘晓晴	杨旭颖	姚雅斐
黄子越	赵振奎	黄杭浦	刘　鑫	殷芙萍	朱宝莹
康志龙	朱君兴	姜　彤			

经济管理系

徐　畅	张东辉	洪滋蔓	李　颖	刘　鑫	石　悦
陈冬玖	张士营	黄晨晨	刘坤元	刘　樟	苏诗文
王继娴	邹佳艺	蒋中军	龙　涛	缪静颖	滕兴权
李京妍	董玉琳	李　雨	鲁雨彤	钱若弦	王　茹
林诗敏	杜　霞	刘　毅	马昕媛	热依兰木·阿瓦克日	杨牧原
罗　晶	樊　伟	卢　雷	马迎春	任海歌	袁子棋
曾　萍	付安媛	齐振江	潘万鹏	田　帅	张寄东
黄江李	耿　迪	任楚梦	齐瑞霞	王思雯	张　培
李　璠	韩蕊鲜	任志昊	任　标	王振鹏	张　旺

续表

窦　东	贺娅娅	苏　剑	宋金阳	张　沛	毕云龙
樊心田	靳雅琦	王子奇	王子玄	张羽西	陈科龙
高　姿	李　典	武　迪	吴　爽	赵小鸥	陈鑫燚
韩　为	李　荆	徐奕琳	熊嘉玉	赵志洋	陈智龙
李赵棋	李思思	徐昱昕	徐佳伟	王　默	程毅健
李　政	刘李见	杨　欢	闫雪姣	陈皓妍	杜田丰
刘俊杰	刘向前	杨　攀	翟　睿	王　爽	何佳煜
刘　蔚	刘欣婕	尹彩丽	周文婉	邬小倩	黄莉粞
刘晓林	马凯伦	尹　杰	阿力木江·阿地力	董露月	黄　奇
刘兴宁	尚帅东	曾孝琦	安亚琴	陈　瑞	姜承志
刘勇博	石尚霞	张凯悦	卜　寅	顾舒婷	景翰菲
卢　静	石宇峰	张　欣	陈　玲	韩继聪	李　颖
吕佳荣	宋衍蓉	江恩力古丽·阿地力别克	冯　硕	韩　琪	刘先强
孟彦廷	隋　缘	李佳音	侯迎菲	何爱娟	卢思言
汤　柳	谭方伦	李　云	胡成明	胡启迪	陆子轩
陶媛媛	吴致宇	叶梦蝶	黄文毓	黄　然	孙　莹
王佳邓	武晓霞	奥　娜	黄云香	黄　韧	王昊远
王　涛	徐　曼	曹　正	姜朝阳	雷虹雨	王君媛
王志彪	杨朝旭	陈莓地	康明慧	李科团	王宇昊
吴　杭	杨　岚	胡子慧	康群苑	李　敏	徐升营
杨心怡	张珈铭	黄　杉	李姿璇	李诗洋	杨媛娟
叶　楠	王　乐	赖娇珍	林云婝	刘净茹	杨志捷
叶松斌	白永莹	李佳宇	刘宝生	刘一康	赵华胜
殷建华	陈德胜	李钦铃	刘浩男	吕思斯	赵棋羽
余琪琦	戴　舸	李　申	刘　娜	马晓军	郑赛硕
袁　辰	冯雅儒	李星佳	刘小羽	潘宇航	周琪俍

数理系

苏先旭	潘桂芳	周信禹	马志杰	陈伟楠	史炳超
董　礼	潘丽坛	迟鸿浩	王雪莹	陈　昕	孙建浩
冯　倩	彭立帅	郭　维	杨继臣	崔小莲	谭皓丰
侯　鹏	钱越翡	金模瑶	杨　键	郭权鹏	王　彬
胡游柔	申伟弘	金弈龙	于鹏朔	郝彤彤	王艳霞
胡　正	苏鹏程	李春琴	张朝曦	贺文静	吴昊泽
姬　利	孙晓明	李梦涛	张凯翔	纪庆杰	尹浩烨
贾武杰	田　静	李　平	张苓琬	季忠源	余　凡
姜家稳	王　凡	李小斌	郑志远	江新华	张瑞杰

续表

蒋宗亨	杨振林	李　哲	钟　锦	李宗昊	张维健
瞿良勇	余丽芳	林盈廷	周　鹏	路　彤	张志磊
赖友进	张　贺	刘　朗	朱嘉怡	马少诚	赵傲冉
黎尚文	章遵豪	刘思成	朱　剑	毛　塬	赵一丹
卢　佳	周程宁	罗智骁	白忠玉	那永一	

英语系

邓彦杰	李明学	宋娅楠	陈婉郡	刘隽昳	翁武钰
高　帆	李昕航	陶宁致	程　铭	刘　萱	吴玉铃
高子涵	李竹铭	吴晓君	崔玉盼	禄鸣锴	徐　研
韩　颖	刘珺佩	吴晓霞	顾英杰	缪翠红	杨　晶
郝　瑶	刘乐蓉	徐　昊	韩　蕾	任昌海	杨雪舟
黄雅寒	刘莉莉	杨　萍	黄嘉睿	孙洁琦	殷东坡
赖诗琪	刘　阳	周　莹	李　茹	万　丽	赵　晓
李春良	齐　芬	曹俊艳	李月辉	汪　蕾	

自动化系

胡子为	唐伟钢	李　睿	李健楠	余承海	马建伟
康佳垚	王航宇	李显燕	李阔	张家兴	裴露露
刘　雪	王鹏远	王　龙	李馨蔚	赵楠	石岩
叶文辉	王子琦	赵朋杰	梁胜男	赵鹏程	孙适
梁怡爽	肖　乾	王　恺	刘睿晨	曹子健	田亚猛
白　新	杨　花	张　秘	刘烁伟	陈雷	万福川
陈　琦	杨圣杰	白佳鹏	刘欣	何国松	王浩瀚
崔程洋	杨　霄	程彭来	刘岩	胡宇航	王烁
单富饶	杨翼荣	澹台歆玥	浦绍防	姜文倩	王一冉
范小磊	易　桓	刁　进	曲佳明	蒋铭珏	辛鑫
高愫婷	张　龙	高维东	谭忠凯	解卓鹏	杨鸿松
韩永鑫	张　羿	黄祖波	吴建林	瞿豪豪	杨凯
吉家利	周继祥	景　雪	杨佳轩	李志杰	张娅楠
贾汝楠	朱彦军	李贺延	杨巧玉	龙燕雨	赵　宁
雷文博	艾秋臣	李继业	姚　晨	马晓彤	赵　伟
刘民帅	白　鹤	李鹏程	张经纬	明　茜	郑天瑞
刘暑辉	陈映霏	李亚林	张文俊	漆旭平	陈嘉健
龙昌鑫	陈宇涵	李泽铭	张学仪	史耕金	陈晟伟
卢一帆	崔　茅	刘普强	章雅楠	田　国	胡洪铭
潘平路	董　鹏	刘晓楠	赵美花	童文卿	栗毓欣
乔伟嘉	冯浩楠	罗晨瑀	陈斌斌	王天琦	吴童桐

续表

师延合	何忠魏	倪　韬	董　娟	王新越	高睿恒
王　飞	胡仪阳	祁煜海	冯　时	王　仪	刘　恒
王　杰	黄黎琳	石宇涵	龚　主	温　爽	余　雷
王小利	蒋志鹏	王　聪	黄莉莉	吴桃丽	李晨鸥
谢　惠	李昕妍	王秋富	李海磊	谢子泉	刘润洁
衣跃静	刘　锐	韦薇薇	李　乾	徐建南	马淼森
张　猛	罗　静	杨　柳	李淑琴	晏合鑫	杨浩哲
冯政凯	马江恕	乙　洁	李颖宇	尹珊珊	岳志辉
胡一丁	牛培昕	袁嘉琦	刘福先	张　宁	金　航
郎光娅	孙逍翔	张霁崴	彭诗艺	张森镇	李定一
黎　天	王　阳	张兴轩	屈津萍	车　鑫	杨　丽
李　斌	魏佳楠	周　浩	任　铭	陈雅清	邓冠华
李金莉	杨　曦	曹传刚	施　恒	丁宇翔	郭文启
刘　柳	张　婷	常浩宁	滕　飞	杜敏荣	程鸣洋
刘鹏辉	张一博	陈春屹	田圣君	贺康锋	侯文星
刘　毅	赵　城	陈启擘	王　超	黄均纬	朱俊杰
卢楚怡	李　慎	程　宇	王　刚	刘树力	许　涛
孟一丹	冯培龙	单琼玉	王和悦	刘　勇	郭　晗
苗　艺	陈睿锐	高　远	伍　冬	芦家琪	张甜甜
邱斌浩	汪旭升	胡杭华	武星晔	马　飞	练　煜
申书豪	郝　爽	李　昉	徐志鹏	马慧颖	沈小宇

（教务处　提供）

奖励与表彰

华北电力大学 2018 届省市级优秀毕业生名单

（北　京　市）

电气与电子工程学院（35 人）

沙　韵	王少杰	单俊儒	黄怡凌	范迦羽	张　敏	曾　雪	段　玲
涂　腾	林弋莎	董文娜	苏靖雅	叶　波	孙　瑶	余思雨	王嘉伟
丁江萍	侯延琦	朱丽萍	刘金洁	刘　裕	张丽阳	吕　煜	易承乾
吴嘉玲	李政轩	张　婷	马昕雨	杨梦瑶	俞永杰	张慧雯	鲁芝琳
富子豪	邓艳红	王　简					

能源动力与机械工程学院（22 人）

王心桥	赵逸帆	吴　璇	李朋达	马云峰	邢学利	何　雯	沈　丹

续表

黄　杨	周星辰	张宇鑫	刘秼含	伍泽赟	张子奇	李怀翔	蔡　安
李　冉	刘桦珍	张　涵	刘泽铖	董海泉	郭晓宇		

经济与管理学院（24 人）

张　元	邱锋凯	叶慧男	王　璇	王月莹	邢　群	杨舒婷	武红强
李文基	张建军	王　桢	陈　阳	赵德福	李劲峰	席星璇	李梦露
王丽婉	王一鸣	吴文卓	林冰婕	谭方辉	周　丽	范鹏宇	杨　硕

控制与计算机工程学院（共 21 人）

刘德成	吴浩然	刘亚楠	王子琦	周清雅	丁凌崧	徐　颖	王　策
雷　萌	李延旭	阳　琼	吕鹏博	杨雨月	吉　祥	陈姝伶	张耕瑞
贺　超	严晓婷	宋子秋	张　震	陈　玥			

可再生能源学院（16 人）

贾大爽	陈湛旻	王章霞	蒋皓然	辛永琳	佟景鑫	林爱美	陶　冶
陈思彤	石岱星	高　琪	熊世剑	马　铢	王丽蓉	王若晗	任逍迪

人文与社会科学学院（8 人）

姜子杰	杨伊可	王超杰	朱顺林	崔潇轩	刘　霜	左旌北	柴　松

外国语学院（2 人）

张馨丹	杨　鹤

数理学院（3 人）

宋芳兵	高圣灵	尹思瀚

核科学与工程学院（6 人）

苏　阳	李　军	程怀远	周　磊	李　杰	俞　婷

国际教育学院（4 人）

王友潮	诸　婧	孔令京	张之曦

（河　北　省）

电力工程系

余小梦	梁芷睿	王蔚卿	李凤丽	齐小涵	张煌竟	陈思佳
林安妮	白雪儿	李奕颖	赵文天	王枭枭	胡怡霜	白　阳
杨　斌	张　玉	马云凤	马　显	徐　媛	任　斌	尹钧毅
张　欣	陈濛迪	杨依睿	张晓磊	赵一名	李　梦	宋美琪

电子与通信工程系

徐晓禹	王　浩	付玲枝	安茜雯	韩　竞	郭子裕	汪莞乔

动力工程系

孙　琦	孟　冲	刘　洋	董　宁	牛广硕	宋佳桐	李依霖
朱烨璇	牛　凡	李树伟	刘明恺	杨　锟	李济东	费　龙
刘　贝	管逸鹏	于泽田	张　蓓			

法政系

高　婕	庄　冉	艾丽娜	郑翩翩	杜涵蕾

续表

环境科学与工程系

李丹阳	王云阳	张贺	蒙俊霖	李颖雪	孙晓慧	邢磊
陈承涛	翁小玉					

机械工程系

田艺琼	朱天陆	闫保如	邓泽奇	黄旺旺	朱丹	孙悦欣
柳喆	季倩倩	张斌	李志向	冯文韬	陈佳莉	王科登
史烨禾	李闻					

计算机系

李晓珊	李辉年	李承阳	张瑞祥	刘建春	孟欢	钟昊文
金祥	任清清	张奥博				

经济管理系

王琪雅	韩凝	闫佳堃	余兴锦	许彪	林垚钰	王雯敏
裴天韵	徐小东	金易				

数理系

霍晨鹏	牛犇	纪春洋	王祥念

英语系

白雪	苗蕊蕊

自动化系

李雅晶	张玲	王安琪	刘浪	李欣格	宋悦	高旋畅
王萃	柴佳能	田思佳	姜炜	邵丁		

（学生处　提供）

华北电力大学 2018 届校级优秀毕业生名单

（北　京　校　部）

电气与电子工程学院（70 人）

沙韵	王少杰	单俊儒	黄怡凌	范迦羽	张敏	曾雪	段玲
涂腾	林弋莎	董文娜	苏靖雅	叶波	孙瑶	余思雨	王嘉伟
丁江萍	侯延琦	朱丽萍	刘金洁	刘裕	张丽阳	吕煜	易承乾
吴嘉玲	李政轩	张婷	马昕雨	杨梦瑶	俞永杰	张慧雯	鲁芝琳
富子豪	邓艳红	王简	黄钰辰	刘明月	范世源	李幸芝	宋曼青
马铁	梁瑞雪	黄超	朱思嘉	马原	杨更宇	姚皓	刘方蕾
王燕宁	王彤彤	成梁成	刘校销	万君	张雨曼	周晓东	吴张曦
赵源筱	刘尔佳	朱孟媛	单俊嘉	唐化江	陈昌	高琦	葛青宇
夏嘉航	赵哲宇	叶欣	张露露	徐晓明	王鹏程		

续表

能源动力与机械工程学院（44 人）

王心桥	赵逸帆	吴　璇	李朋达	马云峰	邢学利	何　雯	沈　丹
黄　杨	周星辰	张宇鑫	刘秫含	伍泽赟	张子奇	李怀翔	蔡　安
李　冉	刘桦珍	张　涵	刘泽铖	董海泉	郭晓宇	张新跃	汪兆灯
刘安泰	郭嘉杰	蒋鑫宇	杨先正	李　岩	吴文庆	刘　馨	李春蕾
李航宁	周　峰	薛　凯	滕　庚	袁　劲	刘姝含	周育涛	孙坤宇
唐　杰	汤雨非	孔大力	仁增多吉				

经济与管理学院（49 人）

张　元	邱锋凯	叶慧男	王　璇	王月莹	邢　群	杨舒婷	武红强
李文基	张建军	王　桢	陈　阳	赵德福	李劲峰	席星璇	李梦露
王丽婉	王一鸣	吴文卓	林冰婕	谭方辉	周　丽	范鹏宇	杨　硕
沈　晶	林宇彤	李一鸣	林童尧	隋怡君	戴谷禹	范晓杰	刘华鑫
刘　倩	王玲瑶	徐　亮	韦晓媚	张明慧	孟　蕾	陈嘉欣	陈玉蕾
熊　胖	张子筠	华婧雯	贾云华	周昊翀	徐　磊	林若明	朱春旭
赵泽尘							

控制与计算机工程学院（42 人）

刘德成	吴浩然	刘亚楠	王子琦	周清雅	丁凌崧	徐　颖	王　策
雷　萌	李延旭	阳　琼	吕鹏博	杨雨月	吉　祥	陈姝伶	张耕瑞
贺　超	严晓婷	宋子秋	张　震	陈　玥	林婉祯	延　奇	刘权椿
李　珊	王稼琪	崔文庆	戴　健	常新远	张丽霞	甘海龙	陈　曦
马　莉	侯　婷	文佳豪	张明瑞	常　凯	霍文聃	郭子栋	张珍杰
郑丽君	格桑丹增						

可再生能源学院（33 人）

贾大爽	陈湛旻	王章霞	徐东寒	李　倩	蒋皓然	周正荣	陈　琳
辛永琳	佟景鑫	林爱美	何丁义	王旭明	王　爽	陶　冶	陈思彤
石岱星	阮雅丽	唐舒建	高　琪	熊世剑	朱　恒	安广禄	马　铢
王丽蓉	王若晗	邵佳杨	周子楠	丁俊生	任逍迪	侯晓宁	刘浩越
申彦玲							

人文与社会科学学院（16 人）

姜子杰	杨伊可	王超杰	朱顺林	崔潇轩	刘　霜	左旌北	柴　松
魏钰婧	韩天行	张家琪	崔维锋	郑　帅	任奕囡	高　薇	张婧琪

外国语学院（4 人）

张馨丹	杨　鹤	王芳君	蓝晓珊

数理学院（6 人）

宋芳兵	高圣灵	尹思瀚	王璐莹	曹润竹	潘俊杰

核科学与工程学院（12 人）

苏　阳	李　军	程怀远	周　磊	李　杰	俞　婷	吴　泽	江滢滢
李睿之	段德萱	蒋伟兵	钱郑宇				

续表

国际教育学院（9人）

王友潮	诸　婧	孔令京	张之曦	陈子其	冉荞野	钟　海	杜轶卓
彭张瑞明							

（保　定　校　区）

电力工程系（64人）

吴天昊	孙　帆	胡加伟	刘长荣	吴辉捷	高　杉	周智行	傅雨荷
陆明璇	丁　星	卢　甲	刘翔宇	王照远	郭舒毓	刘一瑾	陈　博
李至峪	邵馨玉	于　浩	凌谢津	李伊玲	胡淳珂	宫　鑫	王义凯
杨晓华	沈广进	张　枫	徐小龙	李守强	周益斌	朱思宇	张午宇
张天策	赵德洁	王　乐	刘凡瑞	曹文君	张雪涵	王新娇	滕先浩
周宇成	李宇昊	赵鹏飞	李晨阳	马克琪	孟书羽	张青青	阎英楚
王敬尧	郇　悦	陈爱君	王　栋	马　锐	张少华	王　琛	吕重阳
麻腾威	范振宇	谭智馨	张　赟	刘爱静	谌杨春	梁延昌	沈殷和

电子与通信工程系（14人）

李文洁	刘　坚	陈家辉	钱　文	马明月	马　倩	杨　超	李　智
李博阳	蒋海颜	孙艳楠	汪　弈	裘瑾怡	田雨禾		

动力工程系（34人）

胡庆祥	刘　健	李新磊	周庆国	席　泽	马文魁	苏士伟	刘昊天
翁国柱	杨宇轩	刘　涛	仲凯悦	吴名起	祝敏捷	李嘉文	杜　寒
孙浩然	翟　雪	陈施佳	黄道熠	金志宏	李斯琪	袁稳发	丁雪莹
虞娇婷	李凌峰	王臣善	陈东旭	楚文斌	杨东晓	梁力文	刘　璐
罗　爽	杜伟彪						

法政系（9人）

单　婷	郑温馨	张　楚	赵茹萱	甘玉婷	侯丽娜	王　丹	戴贝旎
杨雯博							

环境科学与工程系（18人）

崔　畅	邢心语	何安恩	姚如栩	黄　陈	周达海	姜一琳	刘园园
刘　玥	吴晓帅	张楚璇	高博文	孙博华	姚晋松	叶恒舒	池上荷
范佳荟	张　琳						

机械工程系（33人）

迟耀东	何琦琦	李艺璇	李忠成	麦　锋	敖春燕	戚宇航	徐晓彬
张　琨	李　楠	赖　典	郝犇珂	辛世豪	马东福	姚　涛	付梦宇
郑　飞	陈　伟	沈　平	陈亚杰	马梦璇	祁振明	王　萱	包婉琪
冯思雨	李鑫欣	陈　鸿	吴　瑶	潘依依	贾舒茗	孙　博	高　曦
王荣荣							

计算机系（21人）

董海斌	冯芮苇	徐雅婕	黄彦宁	李昊儒	陈　聃	吴　润	韩　旭
肖文婧	景筱竹	李　伟	刘　政	鲁姝艺	朱君兴	冯文科	臧宇航

续表

李诗媛	李晓孟	邢紫薇	张　含	易景贵			

经济管理系（22人）

李京妍	王继娴	黄晨晨	武　迪	李　云	叶梦蝶	马昕媛	宋金阳
黄　然	王君媛	杨媛娟	李　璠	窦　东	邹佳艺	黄江李	徐奕琳
李　颖	缪静颖	王　默	王　爽	郑赛硕	冯　硕		

数理系（8人）

田　静	李　哲	江新华	张瑞杰	董　礼	钱越翡	周程宁	那永一

英语系（4人）

陶宁致	韩　蕾	韩　颖	吴晓霞

自动化系（24人）

高愫婷	杨翼荣	魏佳楠	张　婷	杨浩哲	乙　洁	温　爽	冯　时
张家兴	侯文星	许　涛	姜文倩	余　雷	雷文博	衣跃静	周继祥
崔　茅	常浩宁	李馨蔚	李定一	史耕金	徐建南	郭　晗	澹台歆玥

（学生处　提供）

华北电力大学2018年优秀毕业论文名单

（博士学位论文）

序号	姓名	学科	导师	论文题目
1	胡　亮	动力机械及工程	柳亦兵	燃气发电机组周向拉杆转子非线性动力学特性研究
2	陈公达	能源环境工程	马双忱	基于氨法碳捕集的工艺环节优化与吸收剂改性实验研究
3	付　鹏	热能工程	杨勇平	基于降耗时空效应的大型火电机组节能诊断方法
4	张　月	热能工程	王春波	铁基吸附剂气相砷吸附特性及基于DFT的反应机理研究
5	刘慧敏	热能工程	王春波	煤粉恒温燃烧砷挥发特性及一种新的砷化合物反应动力学参数确定方法
6	张　帅	检测技术与自动化装置	闫　勇	基于静电传感器阵列的方形气力输送管道内粉体颗粒流动特性研究
7	韩耀振	控制理论与控制工程	刘向杰	不确定非线性系统高阶滑模控制及在电力系统中的应用
8	李郅辰	模式识别与智能系统	白　焰	基于积分不等式的时滞系统稳定性分析和控制
9	杨燕燕	系统分析、运筹与控制	陈德刚	基于粗糙集的增量属性约简机理与算法研究
10	鞠立伟	技术经济及管理	谭忠富	需求响应参与清洁能源集成消纳与效益评价模型制研究
11	许晓敏	技术经济及管理	胡兆光	基于电力需求和投资能力的复杂电网优化投资决策研究
12	李娜娜	能源管理	赵会茹	煤电循环经济资源与环境效应及系统仿真优化研究
13	于　明	电力电子与电力传动	李永刚	含分布式电源的直流配电网协调控制研究
14	刘　晨	电力系统及其自动化	崔　翔	高压高频变压器宽频建模方法及其应用研究
15	罗　超	电力系统及其自动化	肖湘宁	次同步振荡动态抑制器控制策略与工程应用研究
16	张　瀚	电力系统及其自动化	王银顺	自屏蔽型低压大电流高温超导直流电缆关键技术的研究
17	邹志龙	电力系统及其自动化	崔　翔	大气颗粒物对高压直流导线离子流场影响及应用研究
18	陈　骁	电力系统及其自动化	王海风	风电接入对电力系统振荡影响的研究
19	梁晓林	电气信息技术	赵雄文	M2M MIMO 宽带无线信道模型和特性研究
20	秦骏达	电力系统及其自动化	毕天姝	基于同步相量量测的扰动辨识及传播规律研究
21	李承昱	电力系统及其自动化	赵成勇	柔性直流电网故障传播与保护机理研究
22	陈　萌	电力系统及其自动化	肖湘宁	孤岛微电网分层协调控制策略研究

续表

序号	姓名	学科	导师	论文题目
23	邓二平	电气工程	黄永章	压接型IGBT器件内部电-热-力多物理场耦合模型研究
24	王　琦	电气信息技术	赵雄文	基于5G典型频段与场景的毫米波信道传播特性研究
25	韩　旭	动力机械及工程	韩中合	汽轮机内湿蒸汽凝结流动特性及损失控制方法研究
26	金鑫明	工程热物理	杨立军	开放及封闭空间内细颗粒物的输运特性与捕集技术研究
27	褚凤鸣	工程热物理	杨立军	伴有化学反应的气液两相间多组分输运特性研究
28	孔艳强	工程热物理	杨立军	电站空冷系统传热面布局优化及空气流场调控
29	宋宗耘	技术经济及管理	牛东晓	大气污染防治背景下的电力需求侧管理优化研究
30	苑嘉航	管理科学与工程	李存斌	配电网运行风险传递决策模型及其信息系统研究
31	陈开风	工程与项目管理	乌云娜	基于合同链的复杂大型项目投资监控机理与模型研究
32	傅彩芬	控制理论与控制工程	谭　文	线性自抗扰控制分析与设计
33	王一姝	可再生能源与清洁能源	刘永前	基于CFD流场预计算的复杂地形风电场功率预测方法研究
34	李传刚	可再生能源与清洁能源	纪昌明	考虑水流演进的梯级水库短期优化调度模型及其算法研究

（硕士学位论文）

北京校部：58篇

序号	姓名	学科	导师	论文题目
1	李　超	材料科学与工程	吕玉珍	二氧化钛纳米变压器油中水分状态的调控与模拟
2	韩继朋	材料科学与工程	郭永权	RIn3-xFex（R＝Pr，Nd，Gd，Ho）合金化合物的结构表征与磁性
3	郭忠玉	热能工程	张宇宁	声波在汽/气/液多相流动中的传播
4	凃　翔	机械电子工程	夏延秋	氮化铝/银/石墨导热硅脂的制备与性能研究
5	刘昌泉	动力工程	纪献兵	新型超薄热管的传热特性实验研究
6	白　璞	动力工程	徐　钢	太阳能预干燥低阶煤发电系统的性能研究
7	周冬冬	动力工程	纪献兵	相变冷凝传热多尺度研究
8	高燕维	动力工程	王晓东	热电制冷器瞬态性能强化的多参数优化设计
9	石　璐	电力系统及其自动化	赵成勇	新型混合MMC均压和直流故障清除控制策略研究
10	徐义良	电力系统及其自动化	赵成勇	双端口MMC电磁暂态高效建模与电容电压排序算法优化
11	王家融	电力系统及其自动化	艾　欣	含柔直输电的交直流系统潮流计算及其优化控制策略
12	王　兵	电力系统及其自动化	李岩松	全光纤电流互感器温度特性建模分析及优化方法的研究
13	陈搏威	电力系统及其自动化	黄少锋	TA中性线异常对线路差动保护的影响及对策研究
14	李　彦	电力系统及其自动化	王银顺	交变磁场下超导股线交流损耗的研究
15	周福文	电力系统及其自动化	屠幼萍	微纳米复合涂层对环氧树脂表面电荷动态特性影响的研究
16	杨佳艺	电力系统及其自动化	赵成勇	交流系统不对称时MMC-HVDC的动态模型和小信号稳定性研究
17	石　城	电力系统及其自动化	李成榕	基于φ-OTDR技术和光干涉技术的GIL故障定位系统研究
18	成敏杨	电力系统及其自动化	刘　念	基于博弈论的光伏产消者多主体能量共享方法
19	刘启智	电力系统及其自动化	李岩松	铁磁材料缺陷漏磁检测的建模与反演方法研究
20	阴　凯	高电压与绝缘技术	律方成	纳米无机填料改性对环氧树脂复合材料直流沿面闪络特性影响的研究
21	马宇飞	高电压与绝缘技术	李庆民	海洋盐雾附着对风机叶片防雷性能的影响机制研究
22	毛乃强	高电压与绝缘技术	马国明	高压电缆局放在线检测传感器的性能评价方法及平台研究

续表

序号	姓名	学科	导师	论 文 题 目
23	包正睿	电子与通信工程	吴润泽	基于大数据分析技术的短期负荷预测方法
24	王思涵	电气工程	李岩松	非接触变压器的多物理场分析及其补偿方法研究
25	朱俊谕	电气工程	卞星明	复合电压下气压湿度对电晕起始电压的影响研究
26	宋占象	电气工程	马　静	含虚拟惯量控制大规模风电并网振荡源定位及控制策略
27	王江天	电气工程	马　静	±500kV 柔性直流电网架空线路故障识别及重启策略研究
28	杨治中	电气工程	郭春义	并联混合直流输电系统无功协调控制策略研究
29	孙洪宇	电气工程	卢斌先	负电晕放电特性数值模拟与实验研究
30	曹望璋	信息与通信工程	李　彬	基于多代理技术的需求响应资源预留策略研究
31	王　岚	管理科学与工程	赵振宇	国际工程承包商动态能力协同进化研究
32	潘张益	管理科学与工程	李存斌	电力与信息深度融合的能源互联网风险预警系统研究
33	王婷然	管理科学与工程	檀勤良	燃料收购不同模式下生物质发电供应链的多目标优化
34	张栩蓓	会计学	宋晓华	碳交易背景下发电企业环境成本与经营绩效的关系研究
35	王　杨	技术经济及管理	袁家海	中国电力低碳转型路径及其优化决策研究
36	吴　晗	技术经济及管理	牛东晓	国网公司产业生态系统构建与健康评价研究
37	李　昂	物流工程	赵新刚	生物质原料供应链物流系统的成本优化模型研究
38	谢　超	工业工程	乌云娜	北京不同功能区电动汽车充电站选址方法及决策支持系统
39	卢　晗	环境工程	李　薇	燃煤电厂锅炉大气污染物减排技术费效分析及减排潜力评估
40	张丹丹	环境工程	张一梅	聚吡咯掺杂的石墨烯气凝胶制备及其应用于协同去除 Cr（VI）和 BPA
41	辛美玲	环境工程	李　鱼	基于 DFT 和分子对接的 PCBs 氧化降解和生物降解机理研究
42	李　荆	计算机系统结构	关志涛	移动云中细粒度访问控制方法研究
43	邱日轩	计算机应用技术	李元诚	智能电网恶意数据攻击深度学习检测方法研究
44	聂祥谦	计算机技术	李元诚	基于深度学习的垃圾网页智能检测方法研究
45	王晓鹏	计算机技术	柳长安	飞行机器人电塔故障巡视中的航迹规划与目标识别方法研究
46	李　妍	计算机技术	李元诚	身份认证中跨年龄人脸识别的研究
47	司冠林	软件工程	关志涛	能源互联网用户数据隐私保护方法的研究与应用
48	陈丽雪	控制理论与控制工程	房　方	基于组件的分布式储能系统的多模态能量管理
49	张　璜	检测技术与自动化装置	杨锡运	风电功率概率性预测分析及研究
50	刘大贺	控制工程	韩晓娟	计及分布式光伏发电的虚拟电厂经济性优化调度
51	魏立帅	动力工程	陈诺夫	石墨衬底多晶硅厚膜制备及性能分析
52	范威威	水文学及水资源	张尚弘	京津冀水循环健康评价与水资源配置研究
53	赵　钰	可再生能源与清洁能源	刘永前	基于隐马尔科夫模型的风电机组轴承状态诊断方法
54	王雅雅	凝聚态物理	邓加军	二硫化钼和二硒化钼团簇的计算及相应薄膜制备
55	蔡刘颖	应用数学	王　雷	呼吸子态转换和调制不稳定性非线性阶段特征
56	崔文军	应用数学	韩励佳	两类广义 Camassa-Holm 方程的无限传播速度与渐近行为
57	吴　磊	物流工程	赵新刚	碳排放约束下电煤物流网络优化模型研究
58	吴　磊	物流工程	赵新刚	碳排放约束下电煤物流网络优化模型研究

保定校区：39 篇

序号	姓名	学科	导师	论 文 题 目
1	王 潇	思想政治教育	魏彤儒	习近平青年观的多维探究
2	丁 艺	热能工程	高正阳	煤分子吸附 CH_4、CO_2、H_2O 和 O_2 的机理研究
3	杨少东	热能工程	叶学民	分离压和表面黏度对液膜排液过程影响研究
4	于大鹏	热能工程	杨薛明	碳纳米管—石墨烯复合结构热整流效应研究
5	马文静	热能工程	刘彦丰	液滴速降压过程中气泡生长影响因素研究
6	林瑜茜	热能工程	叶学民	含表面活性剂液滴的聚并动力学特性
7	赵若丞	热能工程	韩中合	有机工质向心透平性能研究及数值计算
8	王贤龙	机械电子工程	丁海民	TiC 颗粒增强 Cu 基复合材料的制备及其组织控制研究
9	林剑峰	机械电子工程	胡爱军	转子系统复合故障的诊断方法研究
10	高 楠	机械工程	向 玲	风力发电机齿轮传动系统非线性动力学研究
11	岳 爽	动力工程	王春波	O_2/CO_2 气氛下煤粉恒温燃烧及 NOx 释放特性研究
12	林浩凡	电工理论与新技术	谢 庆	低温等离子体薄膜沉积对环氧树脂表面电特性影响的研究
13	焦 洁	电力系统及其自动化	刘 艳	计及风电的网架重构过程机组出力不确定问题研究
14	王 琛	电力系统及其自动化	王 毅	直流配电网的分散自律控制研究
15	周立栋	电力系统及其自动化	王 飞	基于改进混沌粒子群算法的多源微网优化运行模型
16	刘辉海	电力系统及其自动化	赵洪山	基于深度学习方法的风电机组驱动链故障预测研究
17	郑 灿	电力系统及其自动化	梁海峰	交流微电网孤岛模式下的控制稳定性研究
18	李鑫明	电力系统及其自动化	李 鹏	交直流混合微网潮流断面协调控制方法研究
19	池 骋	电子科学与技术	刘 刚	温度分布不均匀对±500kV 换流变压器二维交直流复合和极性反转电场的影响研究
20	谢志云	电气工程	朱晓荣	直流微电网惯性控制及其稳定性分析研究
21	韩鹏飞	电气工程	李 鹏	含高密度可再生能源的交直流混合微网不确定优化运行
22	杨佳伟	电气工程	刘 欣	考虑冲击电晕的多导体传输线建模关键问题研究与雷电过电压计算
23	姚 磊	电气工程	高本锋	光伏与火电打捆系统的次同步振荡问题研究
24	高 策	信息与通信工程	张 珂	基于卷积神经网络的人脸图像年龄估计研究
25	范晓晴	信息与通信工程	赵振兵	基于多深度模型的航拍绝缘子图像识别方法研究
26	郑 冰	信息与通信工程	韩东升	面向 5G 无线通信系统的能量域资源分配方法研究
27	孙静怡	技术经济及管理	孙 薇	基于改进 LSSVM 的河北省碳排放预测研究
28	侍剑峰	技术经济及管理	李金颖	基于系统动力学的中国碳排放峰值预测及应对策略研究
29	谢一枭	环境工程	王淑勤	改性 MOFs 与 TiO_2 协同处理水中六价铬和亚硫酸盐的实验研究
30	陈玉强	环境工程	张胜寒	原位合成 LDH 处理脱硫废水的实验研究
31	杨钧涵	应用化学	付 东	醇胺水溶液吸收 CO_2 的腐蚀特性研究
32	于长海	计算机软件与理论	李 刚	基于数据驱动的电力变压器剩余使用寿命预测方法研究
33	王志男	计算机应用技术	张少敏	基于可信计算的用电信息采集终端信息安全研究
34	谢碧霞	控制理论与控制工程	孙海蓉	大型锅炉燃烧系统的支持向量机建模方法的研究
35	杨 磊	控制理论与控制工程	侯立群	基于无线传感器网络的图像处理技术研究与应用
36	司志宁	检测技术与自动化装置	田 沛	图像融合技术在过程层析成像中的应用研究
37	朱 枫	检测技术与自动化装置	张立峰	电容层析成像系统电容归一化模型研究
38	王鹏卉	应用数学	张亚刚	基于大气扰动模型的风电功率预测研究
39	刘帅志	诉讼法学	梁 平	民事审执分离体制改革研究

（学生处 提供）

华北电力大学2018届基层工作毕业生名单

序号	姓名	学院	专业	学号	签约单位	奖励类别
1	李劲峰	经济与管理学院	电子商务	1141380108	云南金万众房地产开发有限公司	西部就业
2	祁有军	经济与管理学院	市场营销	1141340210	特变电工西安电气科技有限公司	西部就业
3	李幸福	经济与管理学院	经济学	1141010107	特变电工股份有限公司新疆变电厂	西部就业
4	张云兰	经济与管理学院	财务管理	1141360229	贵州电网有限公司凯里供电局	西部就业
5	黄丽安	经济与管理学院	市场营销	1141340112	中国工商银行股份有限公司广西区分行	西部就业
6	谢　顺	经济与管理学院	市场营销	1141340223	中国移动新疆有限公司	新疆专项工作招录
7	刘世良	经济与管理学院	工程管理	1141320114	国家电投黄河上游水电开发有限责任公司	西部就业
8	任达泽	经济与管理学院	工程管理	1141320117	贵州省罗甸县交通局	西部就业
9	林依秋	经济与管理学院	物流管理	1141570113	中国移动通信集团广西有限公司柳州分公司	西部就业
10	范舒靖	经济与管理学院	市场营销	1141340203	云南电网有限责任公司昆明供电局	西部就业
11	王璟宇	经济与管理学院	市场营销	1141340119	延长汇通风电有限公司	西部就业
12	刘　晨	经济与管理学院	会计学	1141350112	新疆交通建设集团股份有限公司	新疆专项工作招录
13	贺东东	经济与管理学院	国际经济与贸易	1141020106	中国建设银行股份有限公司宁夏回族自治区分行	西部就业
14	马　丽	经济与管理学院	财务管理	1141360215	新疆电力有限公司巴州供电公司	西部就业
15	琪桑卓玛	经济与管理学院	财务管理	1141360216	国电投黄河上游水电开发有限公司	西部就业
16	李纳平	经济与管理学院	财务管理	1141360211	瑞华会计师事务所云南分所	西部就业
17	华　聪	经济与管理学院	信息管理与信息系统	1141300107	隆基绿能科技股份有限公司	西部就业
18	石确顿珠	经济与管理学院	市场营销	1141340212	中国移动集团西藏有限公司	西部就业
19	张　茜	经济与管理学院	会计	1152206233	国网陕西省电力公司西安供电公司	西部就业
20	郭超然	经济与管理学院	企业管理	1152206104	重庆鲁能开发集团有限公司	西部就业
21	杨环宇	经济与管理学院	企业管理	1152206102	中国电建西北勘测设计研究院有限公司	西部就业
22	齐宏斌	经济与管理学院	会计	1142206105	华润电力控股有限公司北方公司	西部就业
23	焦　杰	经济与管理学院	技术经济及管理	1152206138	国网四川省电力公司经济技术研究院	西部就业
24	焦一倩	经济与管理学院	金融学	1152206001	中国人民银行渭南市中心银行	西部就业
25	黎　欢	经济与管理学院	资产评估	1152206015	广西投资集团方元电力股份有限公司	西部就业
26	崔康生	电气与电子工程学院	电力电子与电力传动	1152201188	国网新疆电力经济技术研究院	西部就业
27	郭化诚	电气与电子工程学院	电力系统及其自动化	1142201107	国网甘肃电力公司经济技术研究院	西部就业
28	李晨曦	电气与电子工程学院	电力系统及其自动化	1152201081	国网成都供电公司	西部就业
29	刘丝雨	电气与电子工程学院	电子科学与技术	1152201214	西安西电变压器有限责任公司	西部就业
30	陶亦然	电气与电子工程学院	电气工程	1152201356	云南电力调度控制中心	西部就业
31	王　媛	电气与电子工程学院	电力系统及其自动化	1152201101	国网四川省电力公司检修公司	西部就业
32	闫　涵	电气与电子工程学院	电力电子与电力传动	1152201199	国网青海省电力公司电力科学研究院	西部就业
33	杨　洋	电气与电子工程学院	电气工程	1152201416	内蒙古电力（集团）有限责任公司	西部就业
34	张润峰	电气与电子工程学院	电力系统	1152201125	成都市供电局	西部就业

续表

序号	姓名	学院	专业	学号	签约单位	奖励类别
35	周　正	电气与电子工程学院	电力系统及其自动化	1152201147	国网重庆市电力公司检修分公司	西部就业
36	任　民	电气与电子工程学院	电气工程	1152201340	西安热工研究院有限公司	西部就业
37	韩　璐	电气与电子工程学院	信息与通信工程	1152201245	四川省交通运输厅交通勘察设计研究院	西部就业
38	李　蓉	电气与电子工程学院	电力电子与电力传动	1152201185	云南电网有限责任公司昆明供电局	西部就业
39	吴亚岔	电气与电子工程学院	电力系统及其自动化	1152201042	国网甘肃省电力公司兰州供电公司	西部就业
40	任向阳	电气与电子工程学院	电气工程	1152201312	广西电网南宁供电局	西部就业
41	蒙　园	电气与电子工程学院	电力系统及其自动化	1142201104	内蒙古电力（集团）有限责任公司	西部就业
42	谭　涛	电气与电子工程学院	电气工程	1152201265	国网重庆市电力公司江北供电公司	西部就业
43	金秋龙	电气与电子工程学院	电力系统及其自动化	1152201046	国网重庆电力公司市区供电分公司	西部就业
44	潘　英	电气与电子工程学院	电子科学与技术	1152201217	四川中电启明星信息技术有限公司	西部就业
45	贾冠伦	电气与电子工程学院	电力系统及其自动化	1142201106	成都供电公司	西部就业
46	程　龙	电气与电子工程学院	智能电网信息工程	1141600205	国网昌吉市供电公司	西部就业
47	孙银建	电气与电子工程学院	智能电网信息工程	1141600217	国网青海省电力公司经济技术研究院	西部就业
48	岳泰宏	电气与电子工程学院	电气工程及其自动化	1141180925	云南电网有限责任公司红河供电局	西部就业
49	武　超	电气与电子工程学院	电气工程及其自动化	1141180920	国网四川省电力公司眉山供电公司	西部就业
50	吴国梁	电气与电子工程学院	智能电网信息工程	1141600120	国网新疆电力有限公司乌鲁木齐供电公司	西部就业
51	马　嘉	电气与电子工程学院	智能电网信息工程	1141600318	国网宁夏固原市电力公司	西部就业
52	马　龙	电气与电子工程学院	智能电网信息工程	1141600319	特变电工国际工程	西部就业
53	马　莉	控制与计算机工程学院	自动化	1141190514	新疆电力有限公司昌吉供电公司	西部就业
54	谷秀毅	控制与计算机工程学院	自动化	1141190406	内蒙古大唐托克托有限公司	西部就业
55	齐英俊	控制与计算机工程学院	自动化	1141190417	内蒙古大唐托克托有限公司	西部就业
56	达　珍	控制与计算机工程学院	物联网	1141630103	国网西藏电力有限公司林芝供电公司	西部就业
57	张　旭	控制与计算机工程学院	控制理论与控制工程	1152227022	中国核动力研究设计院	西部就业
58	潘亚婷	控制与计算机工程学院	控制理论与控制工程	1152227011	韩城市工业和信息化局	西部就业
59	简一帆	控制与计算机工程学院	控制理论与控制工程	1152227020	中国核动力研究设计院	西部就业
60	邓志光	控制与计算机工程学院	控制理论与控制工程	1152227001	成都核动力研究设计院	西部就业
61	王　娟	控制与计算机工程学院	控制理论与控制工程	1152227023	大邑县人才交流培训考试服务中心	西部就业
62	胡　锋	控制与计算机工程学院	控制理论与控制工程	1152227148	新华三技术有限公司成都分公司	西部就业
63	余晓玲	控制与计算机工程学院	检测技术与自动化装置	1152227035	西安高压电器研究院有限责任公司	西部就业
64	郭俊霖	控制与计算机工程学院	控制理论与控制工程	1152227003	西南电力设计院	西部就业
65	武　昊	控制与计算机工程学院	控制工程	1152227147	国家开发银行宁夏回族自治区分行	西部就业
66	黄域钊	控制与计算机工程学院	控制理论与控制工程	1152227010	成都双流国际机场股份有限公司	西部就业
67	马　前	核科学与工程学院	核工程与核技术（实践）	1141620112	中核龙瑞科技有限公司	西部就业
68	林俊江	核科学与工程学院	核工程与核技术	1141440217	广西防城港核电有限公司	西部就业
69	王代福	核科学与工程学院	核工程与核技术	1141440418	广西防城港核电有限公司	西部就业
70	谢　雄	核科学与工程学院	核工程与核技术	1141620117	广西防城港核电有限公司	西部就业
71	蒋伟兵	核科学与工程学院	核工程与核技术	1141440311	广西防城港核电有限公司	西部就业

续表

序号	姓名	学院	专业	学号	签约单位	奖励类别
72	李　杰	核科学与工程学院	核工程与核技术	1141440213	拉萨组织部	西部就业
73	李德贞	马克思主义学院	思想政治教育	1152228002	乌鲁木齐市第127中学	西部就业
74	王　茜	马克思主义学院	思想政治教育	1152228007	中共北海市委组织部	西部就业
75	贾明祥	能源动力与机械工程学院	动力机械及工程	1152202114	西安热工研究院有限公司	西部就业
76	周　强	能源动力与机械工程学院	热能工程	1152202088	特变电工新能源股份有限公司	西部就业
77	董永星	能源动力与机械工程学院	机械制造及其自动化	1152202002	西安高压电器研究院有限责任公司	西部就业
78	杜月文	能源动力与机械工程学院	环境工程	1152200033	中核龙瑞科技有限公司	西部就业
79	宋　涛	能源动力与机械工程学院	动力工程	1152202146	中国飞行试验研究院	西部就业
80	仁增多吉	能源动力与机械工程学院	能源与动力工程	1141170417	西藏龙源新能源有限公司	西部就业
81	刘泽洋	能源动力与机械工程学院	能源与动力工程	1141170313	内蒙古大唐国际托克托发电有限责任公司	西部就业
82	刘浩浩	能源动力与机械工程学院	能源与动力工程	1141170609	国电浙能宁东发电有限公司	西部就业
83	蔡　安	能源动力与机械工程学院	能源与动力工程	1141170903	广西防城港核电有限公司	西部就业
84	周　杨	能源动力与机械工程学院	能源与动力工程	1141170231	内蒙古大唐国际托克托发电有限责任公司	西部就业
85	周育涛	能源动力与机械工程学院	能源与动力工程	1141171029	广西防城港核电有限公司	西部就业
86	田军权	能源动力与机械工程学院	能源与动力工程	1141170318	广西防城港核电有限公司	西部就业
87	范　钰	能源动力与机械工程学院	能源与动力工程	1141170303	广西防城港核电有限公司	西部就业
88	毕榕洁	可再生能源学院	水文与水资源工程	1141550101	贵州省福泉市水库和生态移民局	西部就业
89	次仁巴吉	可再生能源学院	水利水电工程	1141420203	西藏国网日喀则供电公司	西藏专项工作招录
90	刘亚男	可再生能源学院	应用化学	1141100111	国能赤峰生物发电有限公司	西部就业
91	阿热依·扎热木汗	可再生能源学院	新能源科学与工程（太阳能方向）	1141590301	国网新疆电力公司阿勒泰供电公司	西部就业
92	袁旭阳	可再生能源学院	新能源科学与工程（风电方向）	1141590226	特变电工国际工程有限公司	西部就业
93	刘　宇	可再生能源学院	动力工程	1152211076	内蒙古电力（集团）有限责任公司	西部就业
94	魏立帅	可再生能源学院	动力工程	1152211068	陕西煤业化工技术研究院有限责任公司	西部就业
95	肖　黎	可再生能源学院	可再生能源与清洁能源	1142111016	重庆理工大学	西部就业
96	潘俊杰	数理学院	应用物理学	1141090112	中共拉萨市委组织部	西部就业
97	格　珍	人文学院	法学	1141040105	中国邮政集团公司西藏自治区分公司	西部就业

（保 定 校 区）

序号	姓名	院系	专业	学号	签约单位
1	朱思琦	电力工程系	电气工程及其自动化	201601210110	国网四川省电力公司内江供电公司
2	韩　强	电力工程系	电气工程及其自动化	201401000506	内蒙古电力（集团）有限责任公司
3	刘宇豪	电力工程系	电气工程及其自动化	201401001413	国网四川省电力公司南充供电公司
4	吴　敌	电力工程系	电气工程及其自动化	201301001120	贵州电网有限责任公司兴义供电局
5	张天宇	电力工程系	电气工程及其自动化	201301320429	国网四川省电力公司内江供电公司
6	郭东阳	电力工程系	电气工程及其自动化	201401000103	内蒙古电力（集团）有限责任公司
7	李伟杰	电力工程系	电气工程及其自动化	201401000109	国网四川省电力公司资阳供电公司
8	王丙辛	电力工程系	电气工程及其自动化	201401000116	中煤西安设计工程有限公司
9	张天娇	电力工程系	电气工程及其自动化	201401000126	国网陕西省电力公司西安供电公司
10	田昊欣	电力工程系	电气工程及其自动化	201404430121	内蒙古电力（集团）有限责任公司
11	唐兴鑫	电力工程系	电气工程及其自动化	201301000225	贵州电网有限责任公司遵义供电局
12	陈文军	电力工程系	电气工程及其自动化	201401000203	国网宁夏电力有限公司
13	阚梦蝶	电力工程系	电气工程及其自动化	201401000209	国网四川省电力公司眉山供电公司
14	王青越	电力工程系	电气工程及其自动化	201401000218	国网新疆电力有限公司乌鲁木齐供电公司
15	张　浩	电力工程系	电气工程及其自动化	201401000224	国网四川省电力公司南充供电公司
16	陈　稷	电力工程系	电气工程及其自动化	201401000302	国网陕西省电力公司西咸新区供电公司
17	刘宏财	电力工程系	电气工程及其自动化	201401000309	国网青海省电力公司检修公司
18	刘首昂	电力工程系	电气工程及其自动化	201401000311	国网内蒙古东部电力有限公司科尔沁区供电分公司
19	刘晓丰	电力工程系	电气工程及其自动化	201401000312	雅砻江流域水电开发有限公司
20	鲁依娜	电力工程系	电气工程及其自动化	201401000314	国网四川省电力公司凉山供电公司
21	颜冲强	电力工程系	电气工程及其自动化	201401000320	云南电网有限责任公司曲靖供电局
22	叶尔肯别克·阿合力别克	电力工程系	电气工程及其自动化	201401000321	国网新疆电力有限公司阿勒泰供电公司
23	尹兵欣	电力工程系	电气工程及其自动化	201401000322	国网内蒙古东部电力有限公司赤峰供电公司
24	张亚云	电力工程系	电气工程及其自动化	201401000327	中国能源建设集团甘肃省电力设计院有限公司
25	黄　鑫	电力工程系	电气工程及其自动化	201401000405	广西电网有限责任公司贵港供电局
26	李浩然	电力工程系	电气工程及其自动化	201401000407	国网四川省电力公司自贡供电公司
27	林晨浩	电力工程系	电气工程及其自动化	201401000409	国网新疆电力有限公司乌鲁木齐供电公司
28	刘富州	电力工程系	电气工程及其自动化	201401000410	国网四川省电力公司眉山供电公司
29	刘曼琳	电力工程系	电气工程及其自动化	201401000411	国网西宁供电公司
30	努尔夏提·沙塔尔	电力工程系	电气工程及其自动化	201401000415	国网新疆电力有限公司吐鲁番供电公司
31	庞宇琦	电力工程系	电气工程及其自动化	201401000416	四川航天长征装备制造有限公司
32	田　昊	电力工程系	电气工程及其自动化	201401000419	内蒙古电力（集团）有限责任公司
33	张成磊	电力工程系	电气工程及其自动化	201401000424	国网青海省电力公司电力科学研究院
34	张　坤	电力工程系	电气工程及其自动化	201401000425	内蒙古电力（集团）有限责任公司
35	赵其云	电力工程系	电气工程及其自动化	201401000427	云南电网有限责任公司大理供电局
36	张　骁	电力工程系	电气工程及其自动化	201301000528	云南电网有限责任公司玉溪供电局
37	李文庭	电力工程系	电气工程及其自动化	201401000511	广西电网有限责任公司河池供电局

续表

序号	姓名	院系	专业	学号	签约单位
38	李子成	电力工程系	电气工程及其自动化	201401000512	云南电网有限责任公司曲靖供电局
39	王鹏成	电力工程系	电气工程及其自动化	201401000518	国网青海省电力公司西宁供电公司
40	张娟霞	电力工程系	电气工程及其自动化	201401000527	国网宁夏电力有限公司
41	才　文	电力工程系	电气工程及其自动化	201401000601	国网新疆电力有限公司巴州供电公司
42	韩昕彤	电力工程系	电气工程及其自动化	201401000606	广西电网有限责任公司南宁供电局
43	马玉婷	电力工程系	电气工程及其自动化	201401000611	国网宁夏电力有限公司
44	牛生云	电力工程系	电气工程及其自动化	201401000613	国网青海省电力公司西宁供电公司
45	闫　阳	电力工程系	电气工程及其自动化	201401000622	国网甘肃省电力公司平凉供电公司
46	朱云涛	电力工程系	电气工程及其自动化	201401000628	国网四川省电力公司德阳供电公司
47	邓发图	电力工程系	电气工程及其自动化	201401000701	国网白银供电公司
48	姜辅国	电力工程系	电气工程及其自动化	201401000706	贵州电网有限责任公司兴义供电局
49	李　晴	电力工程系	电气工程及其自动化	201401000711	国网新疆电力有限公司乌鲁木齐供电公司
50	李延昕	电力工程系	电气工程及其自动化	201401000712	国网青海省电力公司西宁供电公司
51	罗宇星	电力工程系	电气工程及其自动化	201401000715	广西电网有限责任公司南宁供电局
52	田　兵	电力工程系	电气工程及其自动化	201401000719	云南电网有限责任公司昆明供电局
53	喻　婷	电力工程系	电气工程及其自动化	201403020130	国网四川省电力公司眉山供电公司
54	李星耀	电力工程系	电气工程及其自动化	201401000806	广西电网有限责任公司柳州供电局
55	陆安志	电力工程系	电气工程及其自动化	201401000809	云南电网有限责任公司昭通供电局
56	舒星智	电力工程系	电气工程及其自动化	201401000813	贵州电网有限责任公司贵阳小河供电局
57	孙　瑞	电力工程系	电气工程及其自动化	201401000814	国网青海省电力公司西宁供电公司
58	杨　帆	电力工程系	电气工程及其自动化	201401000822	国网新疆电力有限公司昌吉供电公司
59	杨　田	电力工程系	电气工程及其自动化	201401000823	贵州电网有限责任公司凯里供电局
60	赵皓东	电力工程系	电气工程及其自动化	201401000829	国网白银供电公司
61	蔡　钧	电力工程系	电气工程及其自动化	201401000901	国网四川省电力公司南充供电公司
62	陈子和	电力工程系	电气工程及其自动化	201401000903	成都地铁运营有限公司
63	江　杰	电力工程系	电气工程及其自动化	201401000906	国网宁夏电力有限公司
64	李　伟	电力工程系	电气工程及其自动化	201401000909	国网武威供电公司
65	刘才文	电力工程系	电气工程及其自动化	201401000912	酒泉钢铁（集团）有限责任公司
66	刘　璐	电力工程系	电气工程及其自动化	201401000913	云南电网有限责任公司玉溪供电局
67	刘曦阳	电力工程系	电气工程及其自动化	201401000914	贵州电网有限责任公司铜仁供电局
68	许泽昊	电力工程系	电气工程及其自动化	201401000926	云南电网有限责任公司昆明供电局
69	杜若兰	电力工程系	电气工程及其自动化	201401001002	云南电网有限责任公司物流服务中心
70	李迎春	电力工程系	电气工程及其自动化	201401001009	广西防城港核电有限公司
71	罗　鑫	电力工程系	电气工程及其自动化	201401001012	贵州电网有限责任公司兴义供电局
72	罗　宗	电力工程系	电气工程及其自动化	201401001013	国网西藏电力有限公司拉萨供电公司
73	王志祥	电力工程系	电气工程及其自动化	201401001022	国网新疆电力有限公司乌鲁木齐供电公司
74	魏敬涵	电力工程系	电气工程及其自动化	201401001023	国网四川省电力公司成都供电公司
75	杨　楠	电力工程系	电气工程及其自动化	201401001025	国网宁夏电力有限公司
76	李占春	电力工程系	电气工程及其自动化	201401001111	新疆电力工程监理有限责任公司
77	廖祖江	电力工程系	电气工程及其自动化	201401001112	贵州电网有限责任公司安顺供电局

续表

序号	姓名	院系	专业	学号	签约单位
78	刘　策	电力工程系	电气工程及其自动化	201401001113	雅砻江流域水电开发有限公司
79	陆静毅	电力工程系	电气工程及其自动化	201401001114	国网宁夏电力有限公司
80	任浩天	电力工程系	电气工程及其自动化	201401001213	国网宁夏电力有限公司
81	王守强	电力工程系	电气工程及其自动化	201401001217	国网白银供电公司
82	肖陈橙	电力工程系	电气工程及其自动化	201401001220	国网四川省电力公司绵阳供电公司
83	徐家将	电力工程系	电气工程及其自动化	201401001221	中国南方电网有限责任公司超高压输电公司昆明局
84	翟文辉	电力工程系	电气工程及其自动化	201401001226	国网新疆电力有限公司乌鲁木齐供电公司
85	杨欣伟	电力工程系	电气工程及其自动化	201201000726	国网四川省电力公司广元供电公司
86	马　爽	电力工程系	电气工程及其自动化	201401001312	国网宁夏电力有限公司
87	钟文博	电力工程系	电气工程及其自动化	201401001325	国网新疆电力有限公司电力科学研究院
88	蓝丽丽	电力工程系	电气工程及其自动化	201401001407	广西电网有限责任公司柳州供电局
89	宋翔宇	电力工程系	电气工程及其自动化	201401001419	国网陕西省电力公司西安供电公司
90	杨康乐	电力工程系	电气工程及其自动化	201401001425	广西电网有限责任公司柳州供电局
91	张亚当	电力工程系	电气工程及其自动化	201401001428	贵州电网有限责任公司遵义供电局
92	唐论语	电力工程系	电气工程及其自动化	201301320315	国网四川省电力公司广元供电公司
93	王浩然	电力工程系	电气工程及其自动化	201402440119	内蒙古电力（集团）有限责任公司
94	谭智馨	电力工程系	电气工程及其自动化	201406040120	国网四川省电力公司成都供电公司
95	张诗维	电力工程系	电气工程及其自动化	201401000726	中国水利水电第十工程局有限公司
96	申晓畅	电力工程系	电气工程及其自动化	201201000822	云南电网有限责任公司昭通供电局
97	王偎行	电力工程系	电气工程及其自动化	201401000422	广西防城港核电有限公司
98	叶　全	电力工程系	电气工程及其自动化	201401000725	雅砻江流域水电开发有限公司
99	武自彪	电力工程系	电气工程及其自动化	201401001119	国网白银供电公司
100	郭雅欣	电力工程系	农业电气化	201401400105	国网四川省电力公司成都供电公司
101	韩青俊	电力工程系	农业电气化	201401400106	国网青海省电力公司西宁供电公司
102	侯蛟翔	电力工程系	农业电气化	201401400108	国网陕西省电力公司铜川供电公司
103	黄中涛	电力工程系	农业电气化	201401400109	国网四川省电力公司成都供电公司
104	康安良	电力工程系	农业电气化	201401400110	国网宁夏电力有限公司
105	刘　纬	电力工程系	农业电气化	201401400117	中国市政工程西北设计研究院有限公司
106	张　磊	电力工程系	农业电气化	201401400129	内蒙古电力（集团）有限责任公司
107	周铭鑫	电力工程系	农业电气化	201401400132	贵州电网有限责任公司毕节供电局
108	谌杨春	电力工程系	农业电气化	201403010203	国网四川省电力公司成都供电公司
109	金宇鹏	电力工程系	农业电气化	201401400208	国网新疆电力有限公司乌鲁木齐供电公司
110	李创新	电力工程系	农业电气化	201401400210	国网新疆电力有限公司乌鲁木齐供电公司
111	田嘉尧	电力工程系	农业电气化	201401400222	国网陕西省电力公司汉中供电公司
112	王伊帆	电力工程系	农业电气化	201401400225	云南电网有限责任公司楚雄供电局
113	魏亮霞	电力工程系	农业电气化	201401400227	国网新疆电力有限公司乌鲁木齐供电公司
114	杨凌典	电力工程系	农业电气化	201401400228	贵州电网有限责任公司都匀供电局
115	朱跃熹	电力工程系	农业电气化	201401400234	国网四川省电力公司眉山供电公司
116	甘振恒	电子与通信工程系	电子信息科学与技术	201403020102	中国移动通信集团广西有限公司玉林分公司

续表

序号	姓名	院系	专业	学号	签约单位
117	贾欲胜	电子与通信工程系	电子信息科学与技术	201403020104	中国电信集团有限公司内蒙古分公司
118	黄炎榆	电子与通信工程系	电子信息科学与技术	201403020206	中国移动通信集团广西有限公司南宁分公司
119	田茂涌	电子与通信工程系	电子信息科学与技术	201403020221	中国移动通信集团贵州有限公司
120	王宇航	电子与通信工程系	电子信息科学与技术	201403020222	中国电信股份有限公司乌鲁木齐分公司
121	牙生·买买提	电子与通信工程系	电子信息科学与技术	201403020226	中国铁塔股份有限公司喀什分公司
122	杨立兵	电子与通信工程系	电子信息科学与技术	201403020228	特变电工西安电气科技有限公司
123	叶俊宏	电子与通信工程系	电子信息科学与技术	201403020230	广西电网有限责任公司玉林供电局
124	管雁彬	电子与通信工程系	通信工程	201403010103	云南电网有限责任公司楚雄供电局
125	贺　鑫	电子与通信工程系	通信工程	201403010106	国网四川省电力公司成都供电公司
126	卡美江·阿里甫	电子与通信工程系	通信工程	201403010109	新疆库尔勒市教育局
127	李威霖	电子与通信工程系	通信工程	201403010113	中国移动通信集团广西有限公司贵港分公司
128	张建凯	电子与通信工程系	通信工程	201403010129	大唐青海能源开发有限公司新能源分公司
129	张震宇	电子与通信工程系	通信工程	201403010130	国网新疆电力有限公司昌吉供电公司
130	李兴瑞	电子与通信工程系	通信工程	201403010209	中国移动通信集团甘肃有限公司酒泉公司
131	刘明哲	电子与通信工程系	通信工程	201403010211	陕西省地方电力（集团）有限公司
132	马碧莹	电子与通信工程系	通信工程	201403010212	云南电网有限责任公司红河供电局
133	马英栋	电子与通信工程系	通信工程	201403010213	中国移动通信集团宁夏有限公司
134	努尔苏里旦·波拉提江	电子与通信工程系	通信工程	201403010214	中移铁通有限公司新疆分公司
135	余开杰	电子与通信工程系	通信工程	201403010229	贵州万峰电力股份有限公司
136	孜比奴尔·奴麦麦提	电子与通信工程系	通信工程	201403010234	新疆阿克苏地区新和县人民政府教育督导委员会
137	代嘉菱	电子与通信工程系	通信工程	201403010302	中国电信股份有限公司昌吉分公司
138	付　丹	电子与通信工程系	通信工程	201403010304	中国南方电网有限责任公司超高压输电公司
139	李克键	电子与通信工程系	通信工程	201403010307	广西电网电力调度控制中心
140	李泰锐	电子与通信工程系	通信工程	201403010308	中国电信股份有限公司昆明分公司
141	张君宇	电子与通信工程系	通信工程	201403010329	神华包神铁路集团有限责任公司
142	覃翌晨	电子与通信工程系	通信工程	201303010219	广西水利电力建设集团有限公司
143	龙啸霖	动力工程系	建筑环境与能源应用工程	201402440111	贵州黔能企业有限责任公司
144	和中辉	动力工程系	建筑环境与能源应用工程	201402440210	国家电投集团黄河上游水电开发有限责任公司
145	林益民	动力工程系	建筑环境与能源应用工程	201402440213	中建一局集团安装工程有限公司
146	问　鹏	动力工程系	建筑环境与能源应用工程	201402440228	中国电建集团青海省电力设计院有限公司
147	王玉川	动力工程系	能源与动力工程	201402400621	广西防城港核电有限公司
148	单天波	动力工程系	能源与动力工程	201404420203	绵阳京东方光电科技有限公司
149	刘思言	动力工程系	能源与动力工程	201402400209	四川省电力工业调整试验所
150	罗　成	动力工程系	能源与动力工程	201402400117	四川川锅锅炉有限责任公司
151	王乾龙	动力工程系	能源与动力工程	201402400522	内蒙古大唐国际托克托发电有限责任公司
152	夏洪锋	动力工程系	能源与动力工程	201402400622	宁夏东部热电股份有限公司
153	邢振国	动力工程系	能源与动力工程	201402400624	内蒙古大唐国际托克托发电有限责任公司

续表

序号	姓名	院系	专业	学号	签约单位
154	韦晨阳	动力工程系	能源与动力工程	201402400823	广西防城港核电有限公司
155	马明鑫	动力工程系	能源与动力工程	201402400916	中国工商银行股份有限公司青海省分行
156	姬禹杰	动力工程系	能源与动力工程	201402400109	广西防城港核电有限公司
157	马金孝	动力工程系	能源与动力工程	201402400118	内蒙古大唐国际托克托发电有限责任公司
158	周星宇	动力工程系	能源与动力工程	201402400130	广西壮族自治区公务员局
159	康金栋	动力工程系	能源与动力工程	201402400310	国电浙能宁东发电有限公司
160	刘宗博	动力工程系	能源与动力工程	201402400515	北方联合电力有限责任公司
161	万文博	动力工程系	能源与动力工程	201402400519	北方联合电力有限责任公司
162	谭术均	动力工程系	能源与动力工程	201402400819	广西防城港核电有限公司
163	刘少韬	动力工程系	能源与动力工程	201402401013	贵州省粤黔电力有限责任公司
164	魏炜力	动力工程系	能源与动力工程	201402400125	中电（普安）发电有限责任公司
165	杨旭浩	动力工程系	能源与动力工程	201402400324	陕西商洛发电有限公司
166	何　福	动力工程系	能源与动力工程	201402400507	内蒙古大唐国际托克托发电有限责任公司
167	王　维	动力工程系	能源与动力工程	201402400922	新特能源股份有限公司
168	谢成欣	动力工程系	能源与动力工程	201402400924	国投钦州发电有限公司
169	翟　耀	动力工程系	能源与动力工程	201402400127	内蒙古大唐国际托克托发电有限责任公司
170	张　昕	动力工程系	能源与动力工程	201402400228	大唐青海能源开发有限公司新能源分公司
171	宋朋达	动力工程系	能源与动力工程	201402400317	内蒙古大唐国际托克托发电有限责任公司
172	董　睿	动力工程系	能源与动力工程	201402400504	中国民用航空中南地区空中交通管理局广西分局
173	罗　爽	动力工程系	能源与动力工程	201402400915	国网新疆电力有限公司阿克苏供电公司
174	李嘉鹏	动力工程系	能源与动力工程	201402401008	昆明航空有限公司
175	林　枫	动力工程系	能源与动力工程	201402401012	内蒙古大唐国际托克托发电有限责任公司
176	陶延宏	动力工程系	能源与动力工程	201402401017	国家电投集团黄河上游水电开发有限责任公司
177	李　繁	动力工程系	能源与动力工程	201402400111	内蒙古大唐国际托克托发电有限责任公司
178	魏铭均	动力工程系	能源与动力工程	201402400321	四川中电福溪电力开发有限公司
179	张李斯奇	动力工程系	能源与动力工程	201402400727	通辽市万华物业服务有限公司
180	苏星兵	动力工程系	能源与动力工程	201402400919	国家电投集团黄河上游水电开发有限责任公司
181	张钧铁	动力工程系	能源与动力工程	201402400928	广西防城港核电有限公司
182	张志文	动力工程系	能源与动力工程	201402400229	国家电投集团黄河上游水电开发有限责任公司
183	樊　勇	动力工程系	能源与动力工程	201402400505	广西防城港核电有限公司
184	哈斯铁尔·艾列西	动力工程系	能源与动力工程	201402400506	国电克拉玛依发电有限公司
185	刘　江	动力工程系	能源与动力工程	201402400614	新疆天池能源有限责任公司
186	胡海明	动力工程系	能源与动力工程	201402400904	内蒙古大唐国际托克托发电有限责任公司
187	曹植博	动力工程系	能源与动力工程	201402400102	大唐青海能源开发有限公司新能源分公司
188	买吾如甫·买买提江	动力工程系	能源与动力工程	201402400119	国网新疆电力有限公司阿克苏供电公司
189	陈　磊	动力工程系	能源与动力工程	201402400202	大唐彬长发电有限责任公司
190	覃　行	动力工程系	能源与动力工程	201402400219	广西百顺建设有限公司
191	奎生强	动力工程系	能源与动力工程	201402400809	大唐青海能源开发有限公司新能源分公司

续表

序号	姓名	院系	专业	学号	签约单位
192	李圆旭	动力工程系	能源与动力工程	201402400811	中公教育云南分公司
193	曹　磊	动力工程系	能源与动力工程	201402400101	大唐新疆发电有限公司
194	卢　奎	动力工程系	能源与动力工程	201402400116	昆明京东方显示技术有限公司
195	张　琛	动力工程系	能源与动力工程	201402400327	陕西商洛发电有限公司
196	林大森	动力工程系	能源与动力工程	201402400714	国网四川省电力公司资阳供电公司
197	李　师	动力工程系	能源与动力工程	201402401010	国投钦州发电有限公司
198	吴沛良	法政系	法学	201305040120	中国电建集团贵阳勘测设计研究院有限公司
199	何兴材	法政系	法学	201408010107	云南龙源风力发电有限公司
200	袁　杰	法政系	法学	201408010126	云南电网有限责任公司昆明供电局
201	张宸锐	法政系	法学	201408010127	内蒙古电力（集团）有限责任公司
202	张　威	法政系	公共事业管理	201408020129	中国水利水电第十四工程局有限公司
203	胡　群	法政系	社会工作	201408030106	贵州电网有限责任公司六盘水供电局
204	马　阳	法政系	社会工作	201408030110	宁夏同心县就业创业和人才服务局
205	宋羽双	法政系	社会工作	201408030115	中航物业管理有限公司成都分公司
206	张志超	法政系	社会工作	201408030127	新疆特变电工集团有限公司
207	赵治钦	环境科学与工程系	环境工程	201405010131	云南电网有限责任公司建设分公司
208	陈美妙	环境科学与工程系	环境工程	201405010202	广西投资集团方元电力股份有限公司来宾电厂
209	张嘉宸	环境科学与工程系	环境工程	201405010232	国家电投集团黄河上游水电开发有限责任公司
210	张　莘	环境科学与工程系	环境工程	201405010233	中电（普安）发电有限责任公司
211	彭莉晴	环境科学与工程系	环境科学	201405030117	乐山电力股份有限公司
212	田家雒	环境科学与工程系	环境科学	201405030122	贵州同成沁溢水务环境有限公司
213	常国琪	环境科学与工程系	能源化学工程	201405040101	内蒙古大唐国际托克托发电有限责任公司
214	孙　康	环境科学与工程系	能源化学工程	201405040118	国家电投集团黄河上游水电开发有限责任公司
215	吴一飞	环境科学与工程系	能源化学工程	201405040120	大唐陕西发电有限公司渭河热电厂
216	余　涛	环境科学与工程系	能源化学工程	201405040124	中国共产党青藏铁路公安局政治部
217	黄彦恒	环境科学与工程系	能源化学工程	201405040213	广西投资集团方元电力股份有限公司来宾电厂
218	吕　薇	环境科学与工程系	能源化学工程	201405040222	酒泉钢铁（集团）有限责任公司
219	李　臣	环境科学与工程系	能源化学工程	201405040215	中国共产党呼伦贝尔市海拉尔区委组织部
220	虢俞萱	环境科学与工程系	应用化学	201405020103	大唐韩城第二发电有限责任公司
221	李文军	环境科学与工程系	应用化学	201405020109	特变电工股份有限公司新疆变压器厂
222	卯声敏	环境科学与工程系	应用化学	201405020114	云南电网有限责任公司红河供电局
223	吴定亮	环境科学与工程系	应用化学	201405020123	贵州省电网有限责任公司铜仁供电局
224	张　杰	环境科学与工程系	应用化学	201405020131	内蒙古大唐国际托克托发电有限责任公司
225	梁　昊	环境科学与工程系	应用化学	201405020214	北方联合电力有限责任公司
226	蒙　强	环境科学与工程系	应用化学	201405020217	大唐新疆发电有限公司
227	夏　亮	环境科学与工程系	应用化学	201405020223	新特能源股份有限公司
228	保善彤	机械工程系	工业工程	201404060101	青海益和检修安装有限公司
229	刘磲航	机械工程系	工业工程	201404060108	成都京东方光电科技有限公司
230	陆文婷	机械工程系	工业工程	201404060110	广西路建工程集团有限公司

续表

序号	姓名	院系	专业	学号	签约单位
231	伍星秀	机械工程系	工业工程	201404060120	贵州电网有限责任公司铜仁供电局
232	杨彦乐	机械工程系	工业工程	201404060123	宁夏东部热电股份有限公司
233	杨永超	机械工程系	工业工程	201404060124	中国电信股份有限公司新疆长途传输局
234	罗茂波	机械工程系	过程装备与控制工程	201404430115	广西柳州特种变压器有限责任公司
235	杨　帅	机械工程系	过程装备与控制工程	201404430127	宁夏银星发电有限责任公司
236	张　强	机械工程系	过程装备与控制工程	201404430131	新疆生产建设兵团红星发电有限公司
237	关生栋	机械工程系	过程装备与控制工程	201304430105	中广核新能源投资（深圳）有限公司青海分公司
238	耿永凯	机械工程系	机械电子工程	201404420106	国家电投集团黄河上游水电开发有限责任公司
239	罗　皓	机械工程系	机械电子工程	201404420116	攀钢集团有限公司
240	马　珍	机械工程系	机械电子工程	201404420118	宁夏东部热电股份有限公司
241	覃珏铭	机械工程系	机械电子工程	201404420122	柳州长虹航天技术有限公司
242	王　涛	机械工程系	机械电子工程	201404420124	酒泉钢铁（集团）有限责任公司
243	吴海庆	机械工程系	机械电子工程	201404420128	内蒙古电力（集团）有限责任公司
244	冯芷黔	机械工程系	机械电子工程	201404420208	成都京东方光电科技有限公司
245	黄燕龙	机械工程系	机械电子工程	201404420210	华电内蒙古能源有限公司土默特发电分公司
246	全亚飞	机械工程系	机械电子工程	201404420222	宁夏东部热电股份有限公司
247	宋京升	机械工程系	机械电子工程	201404420224	新疆生产建设兵团红星发电有限公司
248	包婉琪	机械工程系	机械工程	201404400102	内蒙古电力（集团）有限责任公司
249	高文元	机械工程系	机械工程	201404400107	国网陕西省电力公司检修公司
250	寇　玺	机械工程系	机械工程	201404400113	国网陕西省电力公司检修公司
251	李金龙	机械工程系	机械工程	201404400114	内蒙古电力勘测设计院有限责任公司
252	梁彦新	机械工程系	机械工程	201404400118	内蒙古电力勘测设计院有限责任公司
253	林　勇	机械工程系	机械工程	201404400119	国网新疆电力有限公司昌吉供电公司
254	马沛阳	机械工程系	机械工程	201404400122	中国电建集团青海省电力设计院有限公司
255	蒲星雨	机械工程系	机械工程	201404400123	国网四川省电力公司检修公司
256	吴圆波	机械工程系	机械工程	201404400128	云南电网有限责任公司昆明供电局
257	永浩杰	机械工程系	机械工程	201404400129	国网新疆电力有限公司和田供电公司
258	张梦纯	机械工程系	机械工程	201404400132	贵州电网有限责任公司六盘水供电局
259	刘　津	机械工程系	机械工程	201402400813	云南电网有限责任公司昆明供电局
260	毕　伟	机械工程系	机械工程	201404400202	云南电网有限责任公司曲靖供电局
261	陈一鸣	机械工程系	机械工程	201404400204	广西电网有限责任公司崇左供电局
262	刘　洋	机械工程系	机械工程	201404400215	内蒙古电力（集团）有限责任公司
263	唐宁宁	机械工程系	机械工程	201404400219	青海省电力设计院
264	王童童	机械工程系	机械工程	201404400221	陕西国华锦界能源有限责任公司
265	夏跃赟	机械工程系	机械工程	201404400223	云南送变电工程有限公司
266	张宸嘉	机械工程系	机械工程	201404400226	云南送变电工程有限公司
267	张海川	机械工程系	机械工程	201404400227	国网新疆电力有限公司乌鲁木齐供电公司
268	邹权林	机械工程系	机械工程	201404410133	中国南方电网有限责任公司超高压输电公司
269	黄一迅	机械工程系	机械工程	201404400310	广西电网有限责任公司南宁供电局

续表

序号	姓名	院系	专业	学号	签约单位
270	姬雨婷	机械工程系	机械工程	201404400311	内蒙古电力（集团）有限责任公司
271	康　伟	机械工程系	机械工程	201404400312	内蒙古电力（集团）有限责任公司
272	帕肉合·阿力木	机械工程系	机械工程	201404400317	国网新疆电力有限公司乌鲁木齐供电公司
273	赵　港	机械工程系	机械工程	201404400330	中国南方电网有限责任公司超高压输电公司
274	朱兴强	机械工程系	机械工程	201404400332	云南电网有限责任公司曲靖供电局
275	吴　瑶	机械工程系	机械工程	201404430126	国网陕西省电力公司检修公司
276	刘　磊	机械工程系	机械设计制造及其自动化	201404410108	内蒙古大唐国际托克托发电有限责任公司
277	白　云	机械工程系	机械设计制造及其自动化	201404410201	内蒙古大唐国际托克托发电有限责任公司
278	康甜甜	机械工程系	机械设计制造及其自动化	201404410209	陕西华达科技股份有限公司
279	谭广亮	机械工程系	机械设计制造及其自动化	201404410223	中国水利水电第四工程局有限公司
280	陶　洋	机械工程系	机械设计制造及其自动化	201404410225	贵州省航天电器股份有限公司
281	王文亮	机械工程系	机械设计制造及其自动化	201404410230	新疆天池能源有限责任公司
282	张克强	机械工程系	机械设计制造及其自动化	201404410233	中国水利水电第四工程局有限公司
283	衡建雄	机械工程系	机械设计制造及其自动化	201404410309	国网新疆电力有限公司阿克苏供电公司
284	刘　键	机械工程系	机械设计制造及其自动化	201404410313	广西防城港核电有限公司
285	汪钟才	机械工程系	机械设计制造及其自动化	201404410319	国家电投集团黄河上游水电开发有限责任公司
286	杨　洪	机械工程系	机械设计制造及其自动化	201404410327	东方电气集团东方电机有限公司
287	曹　峰	计算机系	计算机科学与技术	201409010103	北京中油瑞飞信息技术有限责任公司西安分公司
288	娄红红	计算机系	计算机科学与技术	201409010113	贵州电网有限责任公司六盘水供电局
289	易景贵	计算机系	计算机科学与技术	201409010125	广西储备物资管理局七三二处
290	康志龙	计算机系	计算机科学与技术	201409010212	甘肃省公路航空旅游投资集团有限公司
291	王　颖	计算机系	计算机科学与技术	201409010221	贵州电网有限责任公司贵阳供电局
292	丁群峰	计算机系	计算机科学与技术	201409010306	贵州电网有限责任公司信息中心
293	梁育龙	计算机系	计算机科学与技术	201409010312	国网陕西省电力公司铜川供电公司
294	王宇宁	计算机系	软件工程	201409020223	内蒙古电力集团蒙电信息通信产业有限责任公司
295	翁芳芳	计算机系	软件工程	201409020225	中国移动通信集团广西有限公司钦州分公司
296	林正悦	计算机系	网络工程	201309030110	广西北港建设开发有限公司
297	梁瑞杰	计算机系	网络工程	201409030113	中疆物流有限责任公司
298	庞　晓	计算机系	网络工程	201409030118	中国移动通信集团广西有限公司贵港分公司
299	陈　林	计算机系	网络工程	201409030202	绵阳京东方光电科技有限公司
300	刘　鹏	计算机系	网络工程	201409030210	国网宁夏电力有限公司
301	童　歆	计算机系	网络工程	201409030214	国网四川省电力公司德阳供电公司
302	王　盾	计算机系	网络工程	201409030215	国家税务局攀枝花市税务局
303	韦　恒	计算机系	网络工程	201409030218	广西电网有限责任公司物流（招标）服务中心
304	杨旭颖	计算机系	网络工程	201409030223	云南电网有限责任公司物流服务中心
305	张靖生	计算机系	网络工程	201409030227	云南省地方电力实业开发公司
306	刘大元	计算机系	信息安全	201409040114	西部矿业集团有限公司
307	田　钺	计算机系	信息安全	201409040121	贵州电网有限责任公司信息中心
308	刘俊杰	经济管理系	工程造价	201406080108	贵州电网有限责任公司贵阳供电局

续表

序号	姓名	院系	专业	学号	签约单位
309	刘勇博	经济管理系	工程造价	201406080112	中建二局第一建筑工程有限公司陕西分公司
310	陶媛媛	经济管理系	工程造价	201406080117	国网新疆电力有限公司乌鲁木齐供电公司
311	杨心怡	经济管理系	工程造价	201406080123	国网陕西省电力公司咸阳供电局
312	殷建华	经济管理系	工程造价	201406080126	国网宁夏电力有限公司
313	张东辉	经济管理系	工程造价	201406080129	云南电网有限责任公司大理供电局
314	邹佳艺	经济管理系	工程造价	201406080131	成都先胜科技有限公司
315	杜　霞	经济管理系	工程造价	201406080202	国网新疆电力有限公司塔城供电公司
316	刘李见	经济管理系	工程造价	201406080213	云南电网有限责任公司玉溪供电局
317	隋　缘	经济管理系	工程造价	201406080223	国网新疆电力有限公司乌鲁木齐供电公司
318	谭方伦	经济管理系	工程造价	201406080224	中国水利水电第十四工程局有限公司
319	徐　曼	经济管理系	工程造价	201406080228	国网四川省电力公司凉山供电公司
320	冯雅儒	经济管理系	工商管理	201406010105	宁夏国华宁东发电有限公司
321	尹　杰	经济管理系	工商管理	201406010131	招商银行昆明分行
322	李星佳	经济管理系	会计学	201406060112	国网四川省电力公司宜宾供电公司
323	齐瑞霞	经济管理系	会计学	201406060121	国网新疆电力有限公司昌吉供电公司
324	周文婉	经济管理系	会计学	201406060131	云南中云电新能源有限责任公司
325	陈　玲	经济管理系	会计学	201406060204	中国水利水电第四工程局有限公司
326	康群苑	经济管理系	会计学	201406060212	中国水利水电第四工程局有限公司
327	任海歌	经济管理系	会计学	201406060224	贵州电网有限责任公司铜仁供电局
328	张　沛	经济管理系	会计学	201406060228	大唐陕西发电有限公司渭河热电厂
329	赵志洋	经济管理系	会计学	201406060231	通辽发电总厂
330	吕思斯	经济管理系	经济学	201406020117	中国光大银行股份有限公司昆明分行
331	马晓军	经济管理系	经济学	201406020119	中国工商银行股份有限公司青海省分行
332	潘宇航	经济管理系	经济学	201406020120	特变电工西安电气科技有限公司
333	滕兴权	经济管理系	经济学	201406020124	兴业银行股份有限公司昆明分行
334	陈智龙	经济管理系	信息管理与信息系统	201406040104	新疆天池能源有限责任公司
335	黄莉粞	经济管理系	信息管理与信息系统	201406040109	中国共产党巴马瑶族自治县委员会
336	徐升营	经济管理系	信息管理与信息系统	201406040124	绵阳京东方光电科技有限公司
337	侯　鹏	数理系	信息与计算科学	201410010104	国家电投集团黄河上游水电开发有限责任公司
338	余丽芳	数理系	信息与计算科学	201410010127	贵州电网有限责任公司毕节供电局
339	李小斌	数理系	信息与计算科学	201410010211	陕西汽车控股集团有限公司
340	李宗昊	数理系	应用物理学	201411010111	中国工商银行股份有限公司新疆区分行
341	谭皓丰	数理系	应用物理学	201411010120	象州县不动产登记中心
342	潘平路	自动化系	测控技术与仪器	201402030123	贵州电网有限责任公司凯里供电局
343	张　猛	自动化系	测控技术与仪器	201402030134	贵州电网有限责任公司贵安供电局
344	申书豪	自动化系	测控技术与仪器	201402030217	宁夏隆基宁光仪表股份有限公司
345	唐伟钢	自动化系	测控技术与仪器	201402030218	广西投资集团方元电力股份有限公司桥巩水电站分公司
346	王航宇	自动化系	测控技术与仪器	201402030219	云南电网有限责任公司红河供电局
347	王鹏远	自动化系	测控技术与仪器	201402030221	鄂尔多斯市源盛光电有限责任公司

续表

序号	姓名	院系	专业	学号	签约单位
348	王子琦	自动化系	测控技术与仪器	201402030223	宁夏隆基宁光仪表股份有限公司
349	杨圣杰	自动化系	测控技术与仪器	201402030227	贵州电网有限责任公司铜仁供电局
350	张　龙	自动化系	测控技术与仪器	201402030232	云南电网有限责任公司昆明供电局
351	张　羿	自动化系	测控技术与仪器	201402030233	贵州电网有限责任公司贵阳供电局
352	白　鹤	自动化系	测控技术与仪器	201402030302	内蒙古电力（集团）有限责任公司
353	陈宇涵	自动化系	测控技术与仪器	201402030305	国网四川省电力公司资阳供电公司
354	黄黎琳	自动化系	测控技术与仪器	201402030311	贵州电网有限责任公司贵安供电局
355	赵　城	自动化系	测控技术与仪器	201402030333	北京飞机维修工程有限公司
356	陈睿锐	自动化系	自动化	201302020105	北方联合电力有限责任公司
357	李显燕	自动化系	自动化	201302020211	云南省烟草公司昭通市公司
358	张　秘	自动化系	自动化	201302020430	国网四川省电力公司南充供电公司
359	白佳鹏	自动化系	自动化	201402020101	宁夏银星发电有限责任公司
360	李继业	自动化系	自动化	201402020110	雅砻江流域水电开发有限公司
361	祁煜海	自动化系	自动化	201402020119	兰州西固热有限责任公司
362	杨　柳	自动化系	自动化	201402020125	贵州航天电器股份有限公司
363	浦绍防	自动化系	自动化	201402020218	国电电力云南新能源开发有限公司
364	张经纬	自动化系	自动化	201402020225	国网四川会理县供电有限责任公司
365	李海磊	自动化系	自动化	201402020307	陕西清水川能源股份有限公司
366	李　乾	自动化系	自动化	201402020308	国电宁夏石嘴山发电有限责任公司
367	伍　冬	自动化系	自动化	201402020323	雅砻江流域水电开发有限公司
368	龙燕雨	自动化系	自动化	201402020412	贵州电网有限责任公司铜仁供电局
369	田　国	自动化系	自动化	201402020417	宁夏马莲台发电厂
370	吴桃丽	自动化系	自动化	201402020423	国家电投集团宁夏能源铝业有限公司
371	晏合鑫	自动化系	自动化	201402020426	红云红河集团曲靖卷烟厂
372	练　煜	自动化系	自动化	201411010112	广西防城港核电有限公司
373	丁宇翔	自动化系	自动化	201402020504	国网新疆电力有限公司哈密供电公司
374	刘树力	自动化系	自动化	201402020508	广西防城港核电有限公司
375	马建伟	自动化系	自动化	201402020513	国网新疆电力有限公司电力科学研究院
376	孙　适	自动化系	自动化	201402020516	国家电网公司运行分公司锡盟管理处
377	辛　鑫	自动化系	自动化	201402020523	绵阳京东方光电科技有限公司
378	杨鸿松	自动化系	自动化	201402020524	贵州电网有限责任公司六盘水供电局
379	赵　伟	自动化系	自动化	201402020528	云南驰宏锌锗股份有限公司
380	周　浩	自动化系	自动化	201402020130	雅砻江流域水电开发有限公司
381	田亚猛	自动化系	自动化	201402020517	内蒙古大唐国际托克托发电有限责任公司
382	魏　瑶	电力工程系	电工理论与新技术	2152213129	国网四川省电力公司成都供电公司
383	杨智翔	电力工程系	电工理论与新技术	2152213132	国网四川省电力公司内江供电公司
384	徐乾杰	电力工程系	电机与电器	2152213006	国网四川省电力公司建设管理中心
385	张　凡	电力工程系	电力系统及其自动化	2152213054	中国电力工程顾问集团西北电力设计院有限公司
386	李伟光	电力工程系	电力系统及其自动化	2152213035	内蒙古电力（集团）有限责任公司

续表

序号	姓名	院系	专业	学号	签约单位
387	姜　訸	电力工程系	电力系统及其自动化	2152213065	云南电网有限责任公司
388	罗玲童	电力工程系	电力系统及其自动化	2152213068	国网四川省电力公司达州供电公司
389	杨　浩	电力工程系	电力系统及其自动化	2152213090	国网宁夏电力有限公司
390	刘会强	电力工程系	电气工程	2152213157	内蒙古电力（集团）有限责任公司
391	王永茂	电力工程系	电气工程	2152213215	内蒙古电力（集团）有限责任公司
392	田圣双	电力工程系	电气工程	2152213224	国网陕西省电力公司检修公司
393	袁珩迪	电力工程系	电气工程	2152213156	内蒙古电力（集团）有限责任公司
394	马　吉	电力工程系	电气工程	2152213165	国网宁夏电力有限公司
395	李雅红	电力工程系	电气工程	2152213190	国网陕西省电力公司榆林供电公司
396	李林蔚	电力工程系	电气工程	2152213195	国网四川省电力公司绵阳供电公司
397	林　海	电力工程系	农业电气化与自动化	2152213138	广西电网有限责任公司南宁供电局
398	赵可为	电力工程系	农业电气化与自动化	2152213142	内蒙古自治区教育厅
399	倪　超	电子与通信工程系	电子科学与技术	2152215002	西安奕斯伟硅片技术有限公司
400	陈莉佳	电子与通信工程系	电子与通信工程	2152215046	国网新疆电力有限公司经济技术研究院
401	代晓成	电子与通信工程系	电子与通信工程	2152215064	内蒙古电力（集团）有限责任公司
402	马　超	电子与通信工程系	电子与通信工程	2152215074	深圳市汇顶科技股份有限公司成都分公司
403	王　明	电子与通信工程系	信息与通信工程	2152215021	云南电网有限责任公司玉溪供电局
404	刘　薇	电子与通信工程系	信息与通信工程	2152215020	国网青海省电力公司信息通信公司
405	王　磊	电子与通信工程系	信息与通信工程	2152215034	内蒙古电力（集团）有限责任公司
406	杨浩楠	动力工程系	动力工程	2152214096	国电浙能宁东发电有限公司
407	王　帅	动力工程系	动力工程	2152214113	中国能源建设集团西北电力试验研究院有限公司
408	李　京	动力工程系	动力工程	2152214137	陕西鼓风机（集团）有限公司
409	步绍湛	动力工程系	动力工程	2152214131	西安热工研究院有限公司
410	陈元金	动力工程系	动力工程	2152214132	国家开发银行青海省分行
411	张　然	动力工程系	工程热物理	2152214002	西安贵谦知识产权代理有限公司
412	李　丹	动力工程系	供热、供燃气、通风及空调工程	2152214077	绿地集团韩城置业有限公司
413	李玉平	动力工程系	热能工程	2152214033	东方电气集团东方锅炉股份有限公司
414	任忠强	动力工程系	热能工程	2152214057	中国建设银行新疆区分行
415	杨　雪	动力工程系	热能工程	2152214055	陕西鼓风机（集团）有限公司
416	李　超	动力工程系	热能工程	2152214029	贵州电力设计研究院
417	冯　雪	环境科学与工程系	环境工程	2152223012	中国航天科工集团第十研究院
418	陈玉强	环境科学与工程系	环境工程	2152223013	西安热工研究院有限公司
419	王　芳	环境科学与工程系	环境工程	2152223019	中国电建集团贵阳勘测设计研究院有限公司
420	李玉凯	环境科学与工程系	环境工程	2152223021	贵州众蓝科技有限公司
421	康少鑫	环境科学与工程系	环境工程	2152223024	西安热工研究院有限公司
422	王生起	环境科学与工程系	环境工程	2152223037	中国电建集团青海省电力设计院有限公司
423	李小燕	环境科学与工程系	应用化学	2152223006	国网新疆电力有限公司电力科学研究院
424	包润民	机械工程系	工业工程	2152224056	中国共产党内蒙古自治区委员会组织部
425	张军磊	机械工程系	工业工程	2152224057	成都京东方光电科技有限公司

续表

序号	姓名	院系	专业	学号	签约单位
426	郭鹏飞	机械工程系	机械电子工程	2152224017	北京天润新能投资有限公司
427	张　星	机械工程系	机械电子工程	2152224021	国网新疆电力有限公司建设分公司
428	唐法庆	机械工程系	机械工程	2152224035	成都京东方光电科技有限公司
429	刘圣西	机械工程系	机械设计及理论	2152224026	中航飞机股份有限公司
430	方　涛	机械工程系	机械制造及其自动化	2152224006	贵阳铝镁设计研究院有限公司
431	王亚南	计算机系	计算机技术	2152221045	国网新疆电力有限公司信息通信公司
432	柯行思	计算机系	计算机技术	2152221049	国网四川省电力公司客户服务中心
433	徐永峰	计算机系	计算机技术	2152221050	内蒙古电力（集团）有限责任公司
434	于中亚	计算机系	计算机技术	2152221056	内蒙古电力（集团）有限责任公司
435	侯若英	计算机系	计算机技术	2152221058	广西电网电力调度控制中心
436	张　颖	计算机系	计算机软件与理论	2152221005	招商银行股份有限公司银川分行
437	高伟鹏	计算机系	计算机系统结构	2152221002	云南电网有限责任公司昆明供电局
438	张　鹏	计算机系	计算机应用技术	2152221011	内蒙古电力（集团）有限责任公司
439	黄　堰	计算机系	计算机应用技术	2152221024	四川电力设计咨询有限责任公司
440	周永博	计算机系	计算机应用技术	2152221027	国网甘肃省电力公司信息通信公司
441	杨　舰	计算机系	计算机应用技术	2152221029	北京趣拿软件科技有限公司
442	朱万意	计算机系	计算机应用技术	2152221031	中国南方电网有限责任公司超高压输电公司柳州局
443	刘桂华	计算机系	计算机应用技术	2152221032	广西电网电力调度控制中心
444	张　骁	经济管理系	工业工程	2152218022	华润电力投资有限公司北方分公司
445	李国扬	经济管理系	会计	2152218087	国网陕西省电力公司物资公司
446	常晓辉	经济管理系	会计学	2152218043	国网四川省电力公司凉山供电公司
447	李树林	经济管理系	技术经济及管理	2152218076	中国电力工程顾问集团西南电力设计院有限公司
448	侍剑峰	经济管理系	技术经济及管理	2152218077	中国电力工程顾问集团西北电力设计院有限公司
449	宋佳音	经济管理系	技术经济及管理	2152218082	内蒙古安正税务师事务所有限公司
450	张汝佳	经济管理系	技术经济及管理	2152218083	内蒙古电力（集团）有限责任公司
451	李　乔	经济管理系	企业管理	2152218052	国网青海省电力公司海东供电公司
452	席　晶	经济管理系	企业管理	2152218057	新疆维吾尔自治区教育厅
453	邓安琪	政教部	马克思主义中国化研究	2152229005	贵州省教育厅
454	林子琳	政教部	思想政治教育	2152229007	广西机电职业技术学院
455	王　潇	政教部	思想政治教育	2152229010	陕西国际商贸学院
456	魏子辉	自动化系	控制工程	2152216070	中国电子科技集团公司第二十研究所
457	王立国	自动化系	控制工程	2152216074	内蒙古电力（集团）有限责任公司
458	王晓亮	自动化系	控制工程	2152216105	特变电工西安电气科技有限公司
459	王　舜	自动化系	控制工程	2152216060	中国核动力研究设计院
460	周璐洁	自动化系	控制工程	2152216068	陕西能源售电有限公司
461	石　乐	自动化系	控制工程	2152216076	电信科学技术第十研究所
462	梁　殷	自动化系	控制工程	2152216096	中国大唐集团科学技术研究院有限公司西北分公司
463	李　轩	自动化系	控制工程	2152216061	内蒙古电力（集团）有限责任公司
464	焦　阳	自动化系	控制工程	2152216093	内蒙古电力（集团）有限责任公司

续表

序号	姓名	院系	专业	学号	签约单位
465	吴延群	自动化系	控制理论与控制工程	2152216004	中国核动力研究设计院
466	田　瑶	自动化系	控制理论与控制工程	2152216024	中国电力工程顾问集团西北电力设计院有限公司
467	汪淼依泉	自动化系	控制理论与控制工程	2152216013	中国农业银行股份有限公司陕西省分行
468	张　强	自动化系	信息安全	2152216056	国网新疆电力有限公司电力科学研究院

（学工部　李哲雅　提供）

华北电力大学 2017—2018 学年度校长奖学金获得者名单

北京校部（10 人）

电气与电子工程学院

王姝彦 | 王　杰

能源动力与机械工程学院

聂亚洲 | 陈飞鹏 | 孙恩慧

可再生能源学院

戴冰清 | 陈海彬

人文与社会科学学院

刘苏雯

国际教育学院

周瑀涵

环境科学与工程学院

宋　爽

保定校区（6 人）

电力工程系

王禹琪

动力工程系

高群翔 | 郭森闯

机械工程系

王娅宁

自动化系

杨　旭

法政系

苗振钢

（学生处　提供）

华北电力大学2018级新生入学成绩优秀奖获得者名单

（北 京 校 部）

生源地	姓名	性别	科类
安徽	吴清宇	男	理工类
	李清华	女	理工类
	张　敏	女	文史类
北京	赵乐妍	女	理工类
	皇甫思卿	女	文史类
	张研博	男	文史类
福建	陈云帆	男	理工类
	潘颖婷	女	文史类
甘肃	曹睿康	男	理工类
	王　凤	女	理工类
	李　言	男	文史类
	焦　悦	女	文史类
广东	蒙佳欣	女	理工类
	黄安妮	女	文史类
广西	梁晓航	男	理工类
	黄芷妍	女	文史类
	罗雨婕	女	文史类
贵州	杨平琳	女	理工类
	刘玲瑜	女	文史类
海南	刘　毅	男	理工类
	李　冰	女	文史类
	黎熹熹	女	文史类
河北	苏泊源	男	理工类
	尹梦琳	女	文史类
	董怡梦	女	文史类
河南	陈科达	男	理工类
	高佳宁	女	文史类
黑龙江	边博文	男	理工类
	吴康秋	女	文史类
	兰丽娜	女	文史类
湖北	陈若凡	男	理工类
	刘清怡	女	文史类
湖南	孙　冉	女	理工类
	刘晓玲	女	文史类
江苏	徐　业	男	理工类
	孙怡倩	女	文史类
	李　娜	女	文史类

生源地	姓名	性别	科类
吉林	许斯及	女	理工类
	李依诺	女	文史类
江西	宋子琪	男	理工类
	查裕成	男	理工类
	刘洁妮	女	文史类
辽宁	高纪阳	女	理工类
	姜开云	女	文史类
内蒙古	马轶群	男	理工类
	李芷萱	女	文史类
宁夏	原　昕	女	理工类
	王思贝	女	文史类
青海	冶永成	男	理工类
	贾于乔	女	文史类
山东	张　宁	女	理工类
	燕赫阳	男	文史类
山西	周泽超	男	理工类
	张　晶	女	文史类
陕西	何佳鑫	女	理工类
	唐诗琪	女	文史类
上海	盛天皓	男	综合改革
四川	黄　韬	男	理工类
	袁心语	女	文史类
天津	杨佳泽	女	理工类
	李　静	女	文史类
西藏	瞿婧婷	女	理工类
	杨昕宜	女	文史类
新疆	陈　颖	女	理工类
	汪　喆	女	文史类
	于　婷	女	文史类
	唐梁浩	男	文史类
云南	蒋昌杰	男	理工类
	杨　舒	女	文史类
浙江	王宇扬	男	综合改革
重庆	龚　正	男	理工类
	方泓钦	男	理工类
	杨　笛	女	文史类

（保 定 校 区）

生源地	姓名	性别	科类	生源地	姓名	性别	科类
安徽	何孝满	男	理工类	江西	熊 耀	男	理工类
	徐 斌	男	文史类		鄢志娥	女	文史类
北京	王越琳	女	理工类	辽宁	郝嘉钰	男	理工类
	王 硕	男	文史类		程 强	男	文史类
福建	陈智雄	男	理工类	内蒙古	赵 鑫	男	理工类
	胡毅敏	女	文史类		魏昊冉	女	文史类
甘肃	赵 磊	男	理工类	宁夏	马树阳	男	理工类
	王爱兵	男	文史类		杨子潇	女	文史类
广东	陈 曼	女	理工类	青海	杨越文	男	理工类
	顾婉玉	女	文史类		杨慧敏	女	文史类
广西	杨 伦	男	理工类	山东	吕廷彦	男	理工类
	满 园	女	文史类		张心怡	女	文史类
贵州	姚灵通	男	理工类	山西	薛 炎	男	理工类
	董国锴	男	文史类		贺 誉	女	文史类
海南	李睿琛	男	理工类	上海	李佳松	男	综合改革
河北	杨凯硕	男	理工类	陕西	屈晨光	男	理工类
	黎家彤	男	文史类		王玉蕊	女	文史类
河南	郑朋雨	男	理工类	四川	尹佳庆	女	理工类
	郝宇翔	男	文史类		张 妍	女	文史类
黑龙江	王惠东	男	理工类	天津	王翕钰	男	理工类
	柯雅芳	女	文史类		刘芮囡	女	文史类
湖北	曹春悦	女	理工类	新疆	杨雨轩	男	理工类
	刘秋悦	女	文史类		石国芳	女	文史类
湖南	张志聪	男	理工类	云南	戴 景	女	理工类
	文婉荃	女	文史类		李昌宇	男	文史类
吉林	李俊隆	男	理工类	重庆	夏耀扬	男	理工类
	郭丁萝	女	文史类		何妮珈	女	文史类
江苏	曹炜鹏	男	理工类	浙江	王馨扬	女	综合改革
	叶亚冬	男	理工类	西藏	汤林海	男	理工类
	童 睿	女	文史类				

（学生处 提供）

华北电力大学2018年学生参加科技竞赛获奖情况一览表

（北 京 校 部）

竞赛名称	获奖级别	获奖等级	获奖队数
2018年“创青春”北京市大学生创业大赛	省部级	一等奖	5
		三等奖	5

续表

竞赛名称	获奖级别	获奖等级	获奖队数
2018年“创青春”全国大学生创业大赛	国家级	银奖	1
		铜奖	5
		二等奖（专项）	1
		优秀奖（专项）	2
第四届“协鑫杯”国际大学生绿色能源科技创新创业大赛	国家级	国家级三等奖	2
		国家级优秀	1
“能源·智慧·未来”全国大学生创新创业大赛	国家级	三等奖	2
第七届大学生科技创新作品与专利成果推介会	省部级	优秀奖	2

（保　定　校　区）

竞赛名称	获奖级别	获奖等级	获奖队数
第十一届节能减排社会实践与科技竞赛	国家级	一等奖	1
		二等奖	1
		三等奖	3
2018年“创青春”全国大学生创业大赛	国家级	三等奖	1
	省部级	特等奖	3
		一等奖	10
		二等奖	6
2018年“创青春”全国大学生创业大赛“智慧校园”主题赛	国家级	二等奖	1
		三等奖	2
第四届中国“互联网＋”大学生创新创业大赛	国家级	三等奖	3
	省部级	一等奖	3
		二等奖	2
		三等奖	5
第十七届全国大学生机器人大赛机器人创业赛	国家级	二等奖	2
		三等奖	3
第九届（2018）MBA 全国高等院校企业竞争模拟大赛	国家级	特等奖	1
创行世界杯全国大学生社会创新大赛	国家级	一等奖	1
	省部级	一等奖	1
第九届（2018）全国高等院校企业竞争模拟大赛	国家级	一等奖	1
		二等奖	1
2018“创新创业”全国管理决策模拟大赛	国家级	二等奖	1
	省部级	一等奖	1
		二等奖	2
创行世界杯全国大学生科技创新大赛	国家级	二等奖	1
	省部级	一等奖	1
第二届“交通·未来”大学生创意作品大赛	国家级	三等奖	1
河北省高等学校第十九届“世纪之星”外语演讲大赛	省部级	一等奖	1
		二等奖	1
		三等奖	2

续表

竞赛名称	获奖级别	获奖等级	获奖队数
“学创杯”河北省大学生创业综合模拟大赛	省部级	二等奖	2
第三届全国大学生智能互联创新大赛华北赛区分决赛	省部级	三等奖	2
2018 年中国国际飞行器设计挑战赛暨全国航空航天模型锦标赛	国家级	一等奖	1
		三等奖	6
	省部级	二等奖	3
		三等奖	2
第九届河北省大学生工业设计创新大赛	省部级	一等奖	3
		二等奖	5
		三等奖	12
河北省大学生“调研河北”社会调查活动	省部级	特等奖	2
		一等奖	3
		二等奖	6
		三等奖	11
第四届“协鑫杯”国际大学生绿色能源科技创新创业大赛	国家级	三等奖	2
河北省青年志愿服务项目大赛	省部级	一等奖	1
		二等奖	1
		三等奖	1

（教务处　提供）

华北电力大学 2018 年学生学科竞赛获奖情况一览表

（北　京　校　部）

获奖项目	获奖等级	获奖队数	姓名	班级	姓名	班级	姓名	班级	指导教师
全国大学生数学建模与计算机应用竞赛	全国二等奖	2	林　灏	电气 1607	王月汉	电气 1602	郭　琛	经贸 1601	邱启荣、潘　志、雍雪林、曹艳华、李　敏、冯兰兰、赵红涛、黄晔辉、高　欣、王　雷、马德香、宋惠明、韩励佳、王小英
			李睿杰	电气 1604	关庆澍	创自 1601	蔡孟玥	自动 1602	
	北京市一等奖	23	杨明传	自动 1603	夏赞阳	电气 1602			
			于子竣	核电 1603	周莲诚	核电 1603	江　卓	核电 1602	
			刘博洋	测控 1602	班　成	测控 1602	沈啸轩	自动 1603	
			胡　凡	创新动 1601	吕书航	创新动 1601	曲椿煜	能动 1602	
			王学良	创新电 1601					
			冯定腾	电气 1706	程　东	电气 1707	李嘉琦	电气 1706	
			陈世萍	创电 1601	于　群	创电 1601	吕乃航	创电 1601	
			石　鎏	创自 1601	任佳义	计算 1602	王子豪	计算 1602	
			陈锦辉	电气 1701	刘天元	核电 1604	蔡　洲	电气 1701	
			邵嘉欣	计科 1602	曹新雅	会计 1601	邓福友	计科 1702	
			管庆丰	计科 1602	张心怡	电气 1608	刘思佳	电气 1612	
			马　静	计算 1702	刘子轩	信安 1701	张　潇	广告 1701	
			刘朋矩	信息 1601	李晨希	电网 1603	尹俊杰	电网 1602	
			申亚南	能动 1608	李新丽	能动 1608	万洁颖	能动 1611	
			赵凡舒	自动 1704	甘繁欣	电气 1712	杨梦缘	自动 1703	

续表

获奖项目	获奖等级	获奖队数	姓名	班级	姓名	班级	姓名	班级	指导教师
全国大学生数学建模与计算机应用竞赛	北京市一等奖	23	杨　晨	创新电 1601	田宝宁	电气 1611	徐婉莹	电气 1611	邱启荣、潘　志、雍雪林、曹艳华、李　敏、冯兰兰、赵红涛、黄晔辉、高　欣、王　雷、马德香、宋惠明、韩励佳、王小英
			王晨欣	电气 1601	庞　博	电气 1601	赵　源	计科 1601	
			韩　雪	测控 1604	曲文涛	计算 1602	刘奕彤	电气 1601	
			李文钊	电气 1602	王雨璇	信安 1702	岳方茹	金融 1702	
			秦婷婷	能动 1609	师伟超	能动 1609	战俊楠	吴仲华 1701	
			田丽霞	计科 1601	平安安	计科 1601	杨　锐	电气 1604	
			陈　悦	电气 1603	王宇鹭	计科 1601	王上清	软件 1602	
			李　杰	电网 1601	陈慧心	信息 1602	谈文睿	电网 1602	
	北京市二等奖	28	石逸雯	电气 1603	何碧涛	电网 1602	胡晓睿	电气 1610	
			蔡梦路	能科 1601	令狐桐雯	电气 1601	宋启迪	计科 1602	
			刘书棋	创电 1601	李君洛	电气 1608	彭冀浔	创电 1601	
			邢凌敏	电气 1706	薛忠沂	电气 1707	游　蕊	软件 1702	
			李雷红	建环 1601	蔡惟微	能动 1606	黄贤斌	建环 1601	
			曹洪铭	电气 1603	夏滔威	物联 1601	张荣琪	水文 1601	
			庄吉霓	创自 1601	包嘉洛	电气 1610	田庆泽	自动 1604	
			江崇瑜	创新电 1601	易昕怡	创新电 1601	马浩天	创新电 1601	
			王一峰	能动 1711	王　昕	电气 1702	邸俊杰	能动 1711	
			程　浩	电气 1610	李雪晴	电气 1610	周慧洁	电气 1609	
			方　明	电网 1702	杨　涛	电气 1701	穆希桢	电气 1709	
			高宇康	电气 1607	胡苑琳	电气 1605	王兆霖	电气 1606	
			高逊博	电气 1607	齐　才	国教 1602	黄绮煜	会计 1601	
			叶　澄	物理 1701	孟宇煌	计科 1702	司宝阳	物理 1701	
			朱玥荣	电气 1707	李　炜	电气 1707	王　岚	电气 1707	
			李明哲	材料 1702	江　帆	电气 1706	王京菊	通信 1701	
			李　昊	电气 1612	娄云天	电气 1611	徐晓宇	电气 1612	
			孙　雪	能动 1612	祁梦瑶	能动 1612	刘裕凯	能动 1603	
			刘　浅	电气 1610	于明凯	电气 1610	金晨妤	电气 1611	
			胡铮然	计科 1601	高　宁	电气 1612	徐晓宇	计科 1602	
			刘迦勒	材料 1601	李金阳	材料 1601	王祖冉	风电 1602	
			冯一尧	计科 1702	徐颖哲	信管 1702	李金族	社保 1601	
			范高铭	计科 1702	王行健	信息 1701	吴　仪	金融 1702	
			甘雨丰	物联 1601	冯禹豪	电气 1612	杨岱鑫	自动 1604	
			梁卓航	电气 1609	吴昇阳	电气 1710	刘　妍	电气 1609	
			卢俞帆	电气 1702	庄心怡	电气 1702	杨　露	水文 1601	
			赵程程	能动 1606	张佳韵	电气 1709	邢清凯	电气 1712	
			倪孟贤	电气 1706	徐艺桐	电气 1706			

续表

获奖项目	获奖等级	获奖队数	姓名	班级	姓名	班级	姓名	班级	指导教师
美国大学生数学建模竞赛	一等奖	3	董浩云	电气 1709	牟岩松	数理 1702	薛宇航	电信 1705	高　欣、潘　志、魏军强、陈学刚、韩励佳、黄晔辉、李　敏　邱启荣、王小英、雍雪林、赵红涛
			刘书棋	创电 1601	李君洛	电气 1608	李　乐	电气 1609	
			钱　妆	会计 1502	杨岱鑫	自动 1604	陈刘东	电气 1507	
	二等奖	36	左峥瑜	可再生 1502	陈　卓	可再生 1501	杜博文	可再生 1502	
			庞　珍	自动 1505	张金强	电气 1509	于孟娇	建环 1501	
			陈　悦	电气 1603	王宇鹭	计科 1601	王上清	软件 1602	
			刘政昊	实践动 1501	佟宇晶	电气 1503	鲍　迪	营销 1501	
			康静雅	创新电 1501	李黛睿	GJ 电气 1502	阮景晴	软件 1501	
			王　翔	计科 1501	魏育坤	软件 1502	张旖旎	核电 1504	
			王宇航	软件 1501	蒋　凯	电气 1509	詹昕蕊	软件 1602	
			谢　聪	电气 1507	张　楠	自动 1505	李　思	水电 1501	
			张心怡	电气 1608	周　鹭	电气 1608	管庆丰	计科 1602	
			刘家豪	电气 1505	秦　天	能动 1501	姚凤娇	能动 1504	
			朱衍磊	工管 1502	邵一馨	经贸 1501	赵云龙	经贸 1501	
			李新丽	能动 1608	申亚南	能动 1608	张鑫宇	电气 1609	
			王晓伟	创自 1601	王肖宇	创自 1601	唐英博	创自 1601	
			高逊博	电气 1607	齐　才	GJ 电气 1602	黄绮煜	会计 1601	
			石逸雯	电气 1603	何碧涛	电网 1602	桑　淦	电网 1603	
			钟楚从	GJ 电气 1502	虞宋楠	电气 1503	吕佳鹏	通信 1503	
			刘苏梅	电气 1612	甘雨丰	物联 1601	李永康	电气 1612	
			陈锦辉	电气 1701	刘天元	核电 1604	张华夏	核电 1504	
			田丽霞	计科 1601	杨　锐	电气 1604	王　婷	电气 1603	
			吴　琦	能科 1502	张　策	能科 1502	程　曦	水电 1502	
			陈子钰	电气 1604	李睿杰	电气 1604	庄雅洁	自动 1602	
			李雪松	创电 1601	浦　昊	创电 1601	王子鸣	创电 1601	
			胡苑琳	电气 1605	高宇康	电气 1607	王兆霖	电气 1606	
			王昊天	电网 1603	谢沁园	电气 1603	谭启鹏	电网 1603	
			刘　伟	化学 1501	张体露	电气 1501	王春杰	化学 1502	
			潘江浩	计算 1501	何　悦	能科 1504	彭丽朝	计算 1501	
			蔡梦路	能科 1601	宋启迪	计科 1602	令狐桐雯	电气 1601	
			刘奕彤	电气 1601	杨　乐	物理 1601	周　圆	计科 1601	
			王路瑶	化学 1502	王昕鑫	能科 1503	吴亚洲	化学 1502	
			张粹玲	测控 1502	刘道和	测控 1404	杨宇辰	测控 1502	
			李　丹	创动 1501	杨　鹤	创动 1501	陈　卓	信安 1502	
			淳宇杰	创自 1601	田芫菘	自动 1602	于博淞	计算 1707	
			张文璟	实践电 1501	易昕怡	创新电 1601	相逸飞	电气 1405	
			杨瀚文	机械 1501	符佳宏	计科 1501	张　佳	水电 1501	
			胡铮然	计科 1601	平安安	计科 1601	高　宁	电气 1612	

续表

获奖项目	获奖等级	获奖队数	姓名	班级	姓名	班级	姓名	班级	指导教师
2018全国大学生电子设计竞赛	北京市一等奖	1	花赟玥	电气1602	宋子秋	测控1403			孙淑艳、赵　东、黄晓明、柳　赟、李月乔
	北京市三等奖	9	张春强	电网1603	王　淼	电网1603			
			刘苏梅	电气1612	高鹏鸣	电子1401			
			肖旭东	电气1508	方　楠	电网1502			
			卿正恒	国教1601	高晨格	电气1612			
			娄云天	电气1611	李　昊	电气1612			
			李虎军	信息1601	刘皓琪	信息1601			
			李　杰	电网1601	吴昇阳	电气1710			
			舒　鹏	电气1610	张成绮	电气1610			
			王秉宸	通信1503	林惠孚	电网1503			
第十一届全国大学生节能减排社会实践与科技竞赛	一等奖	3	万洁颖	能动1611	王晓婷	电气1607	岳　涵	能动1612	陈海平、王修彦、靳　周、梁光胜、宋记峰、宋玉旺
			郑世鹏	财务1602					
			陈飞鹏	创新动1601	李孟陶	电气1607	江崇瑜	创新电1601	
			吴　迪	创新电1601	吴　婵	电气1502			
			黄廷恩	创动1501	钱奕然	创动1501	魏邦吉	创动1501	
	二等奖	1	罗　臻	实践电1501	杨岱鑫	自动化1604	王子涵	创自1601	
	三等奖	5	许汇锋	创新动1501	戴冰清	水电1502			
			陈刘东	电气1507	张　峰	能科1505	林夏轩	翻译1501	
			王笑语	实践动1501	霍天祎	创新动1501	刘　旭	创新动1501	
			付成洁	电子1501	匡奇康	电子1501	李雪珍	电子1501	
			钟安祥	电子1501	吴坤聪	电气1609	王昊坤	电子1501	
			林惠孚	电网1503					
中国“互联网+”大学生创新创业大赛	北京赛区三等奖	14	周慧洁	电气1609	周　雨	通信1601	付　林	财务1602	陈　普、梁光胜、靖士寅、据　赟、陈德刚、杨国田、方仲炳、陈海平、梁春燕、杨淑霞
			赵军彦	社保1601	马佳明	物流1601			
			林雨啸	公共1701	时　纯	电气1610	王宗阳	行管1701	
			杨　晶	测控1603					
			郭　然	英语1501	陈亚鹏	通信1501	黄绮煜	会计1601	
			曾　晔	会计1602	甘雨丰	物联1601	蔡梦路	能科1601	
			令狐桐雯	电气1601	张玉辉	信安1602	赵宁宇	信安1602	
			黄翊峰	计算1602	任佳义	计算1602	李沐思	计算1602	
			常宗烨	水电1601					
			张伯都	能材1601	甘繁欣	电气1712	柳乐怡	电气1606	
			陈健忠	信管1501	胡柳静	物联1601			
			金相臣	软件1502	魏育坤	软件1502	邱健珲	计科1502	
			余开媛	电网1501	周瑀涵	电气GJ1503	戴冰清	水电1502	
			刘苏雯	广告1501	牛妍舒	电气GJ1503	王若兰	实践电1501	
			李雨晴	会计1501	李　文	法学1501			
			刘　凯	创自1401	管文博	创自1401	宁　津	测控1604	
			吕子奎	创自1401	宋森平	自动1403			

续表

获奖项目	获奖等级	获奖队数	姓名	班级	姓名	班级	姓名	班级	指导教师
中国“互联网+”大学生创新创业大赛	北京赛区三等奖	14	黄武杰	中文 1601	李闻羽	行管 1701	王小雪	行管 1701	陈　普、梁光胜、靖士寅、琚　赟、陈德刚、杨国田、方仲炳、陈海平、梁春燕、杨淑霞
			杨泰一	广告 1701	宋　洋	中文 1601	张一琪	法学 1701	
			衷天尧	法学 1501					
			郁淑婕	电气 1505	孟含笑	能动 1510	何伟严	实践电 1501	
			霍　亮	经贸 1601	耿宝多	机械 1501	蓝　天	通信 1502	
			秦瑞钧	测控 1604	周世杰	电气 1709	金沐蓉	工管 1602	
			郭琛	经贸 1601	邓　开	创自 1501			
			李　鑫	创新自 1501	郭楠楠	软件 1502	宋天立	软件 1502	
			何碧涛	电网 1602	石逸雯	电气 1603	陈克晟	创电 1601	
			董浩云	电气 1709	刘梓鑫	软件 1601			
			刘政昊	实践动 1501	朱　音	英语 1502	王宇航	软件 1501	
			郑世鹏	财务 1602					
ACM-国际大学生程序竞赛	省部级三等奖	1	周鹏威	创自 1501	黄翊峰	计算 1602	张宇琛	计算 1601	马　炜
2018 年北京市大学生物理实验竞赛	二等奖	1	杨岱鑫	自动 1604	仇瑜晨	材料 1701	成蕴丹	电气 1710	许铁昕
	三等奖	1	平安安	计科 1601	庞　博	电气 1601	陈维勤	能动 1612	刘纪彩
大学生广告设计大赛	全国三等奖	1	鲍泽文	广告 1601	安　鑫	广告 1601	安予嘉	广告 1701	陈　波、陈　玲
	北京市一等奖	1	田　颖	广告 1601					
	北京市二等奖	1	宋沛林	广告 1601	高志鹏	广告 1601			
	北京市三等奖	1	戴明浩	电气 1604					
2018 年北京市大学生英语演讲比赛	三等奖	1	刘秋然	应化 1701					皇甫伟
全国大学生英语竞赛	特等奖	2	朱晶菁	创电 1501	王雅文	财务 1501			吴学慧、余青兰、王　欣、彭霞媚、王皎皎、司　微、张　倩、皇甫伟
	一等奖	8	李黛睿	GJ1502	张文悦	电气 1506	丁　楷	电气 GJ1601	
			张华夏	核电 1504	付雅芮	工管 1502	张霁月	电气 GJ1601	
			许可依	能科 1501	薛莲婷	物联 1601			
	二等奖	51	周瑀涵	电气 GJ1503	刘　越	电气 1510	林泽川	创电 1501	
			刘昕宇	GJ1502	陈世萍	创新电 1601	刘政昊	实践动 1501	
			许毓敏	会计 1502	吴昇阳	电气 1710	李启航	能动 1705	
			郑颖宣	实践电 1501	许弈飞	创新电 1601	贾寰宇	工商 1501	
			易昕怡	创新电 1601	李卓耘	电气 1512	李思齐	材料 1702	
			付　康	电气 GJ1601	王子钰	电网 1502	周星辰	能动 1402	
			邵昱铭	创电 1501	崔煜颖	自动化 1703	胡晨欣	电气 GJ1703	
			秦　天	能动 1501	熊必可	计算 1702	叶　波	电气 1404	
			钟健儿	电气 1604	蔡惟微	能动 1606	于　群	创新电 1601	
			陈锦辉	电气 1701	易湘瑜	工管 1601	石逸雯	电气 1603	

续表

获奖项目	获奖等级	获奖队数	姓名	班级	姓名	班级	姓名	班级	指导教师
全国大学生英语竞赛	二等奖	51	浦　昊	创新电 1601	夏赞阳	电气 1602	杜建成	电气 GJ1702	吴学慧、余青兰、王　欣、彭霞媚、王皎皎、司　微、张　倩、皇甫伟
			陈舸禹	电气 GJ1602	甘雨丰	物联 1601	庞　博	电气 1601	
			韩莹竹	管理 1706	张艺迪	电气 GJ1601	徐立敏	实践电 1501	
			陈　超	核电 1402	张　楠	电气 GJ1601	胡沛东	国教 1603	
			谌　歆	电气 GJ1601	何雨蒙	公管 1704	王文楠	GJ1502	
			刘书棋	创新电 1601	张旖旎	核电 1504	李雪莹	创电 1501	
			王姝彦	电气 1501	杨　露	水文 1601	梁卓航	电气 1609	
	三等奖	84	刘扬扬	电信 1704	文　婧	电气 GJ1602	毛　昊	测控 1603	
			孟　洁	GJ1502	任泳安	电气 GJ1703	王子鸣	创新电 1601	
			安　娜	能动 1709	黄一粒	电气 1702	高晨格	电气 1612	
			申翊辰	管理 1703	薛忠沂	电气 1707	李雨莹	实践电 1501	
			胡　杨	管理 1706	章家欢	实践电 1501	白若雯	工管 1602	
			薛钦文	公共 1601	蔡孟玥	自动化 1602	尤宏森	国教 1603	
			沈欣然	电气 GJ1703	陈沛蓥	自动化 1708	谌佳倩	电气 GJ1601	
			江崇瑜	创新电 1601	徐　晴	化学 1702	丁兴起	能动 1609	
			王潇荦	核电 1504	张秋磊	创新动 1501	蒋　凯	电气 1509	
			陆季平	电气 GJ1701	李雪梅	机械 1701	肖　雅	管理 1703	
			钟楚丛	GJ1502	韩家豪	电气 1509	余沛桦	公共 1702	
			于佳慧	能动 1604	娄云天	电气 1611	王正之	法学 1601	
			金晨妤	电气 1611	徐镱铭	经济 1701	欧阳晟淇	电气 GJ1701	
			杨婷珺	电气 1702	林家睿	法学 1502	刘欢畅	电气 GJ1601	
			吴淇心	金融 1601	任春频	创电 1501	冯紫萱	能动 1708	
			蔡梦路	能科 1601	邓雪凝	电气 1706	陈子钰	电气 1604	
			朱元斌	电气 1609	陈慕禹	电气 GJ1602	唐英博	创自 1601	
			陈思齐	电气 1612	王凯晨	能动 1502	卢　欢	会计 1501	
			王思力	国教 1603	郑馨姚	电气 1605	汪昭辰	国教 1603	
			段　钰	电气 1507	李君洛	电气 1608	邓淼森	能动 1603	
			王思睿	电气 1604	冯禹豪	电气 1612	邢泽西	电气 1701	
			龚宛婷	资源 1601	张佳成	财务 1602	黄　颖	电气 1703	
			李　想	行管 1501	李虎军	信息 1601	谈文睿	电网 1602	
			吴　迪	创新电 1601	赵琮皓	能动 1710	刘　淼	自动化 1706	
			赵易如	信安 1501	刘孟琦	机械 1701	富梦迪	电气 1510	
			高蕙雯	工商 1501	张博诚	电气 1705	吕子可	电气 1707	
			吴　璇	法学 1701	王　淼	电网 1603	皮谭昕	电信 1705	
			刘秋然	化学 1701	刘博洋	测控 1602	刘志琪	经济 1701	
北京市大学生数学竞赛	一等奖	12	刘子轩	信安 1701	陈世萍	创新电 1601	荣浩宇	电气 1711	彭武安指导小组
			杜承谦	电气 1710	马文帅	电气 1710	王晓伟	创新自 1601	
			李华东	电气 1507	郝　琪	电气 1712	王肖宇	创新自 1601	
			黄茜茜	经济 1703	何志昊	电气 1706	韩林阳	电气 1708	

续表

获奖项目	获奖等级	获奖队数	姓名	班级	姓名	班级	姓名	班级	指导教师
北京市大学生数学竞赛	二等奖	16	王晨欣	电气 1601	徐超群	电气 1702	孙逸萌	电气 1710	彭武安指导小组
			陈锦辉	电气 1701	张　权	电气 1703	王昊宇	电气 1702	
			刘　慧	电气 1712	梁　昊	电气 1701	刘朋杰	实践核 1501	
			王昊炅	测控 1604	向仕昭	核电 1504	王健飞	核电 1503	
			于　群	创新电 1601	杨成琦	电气 1704	薛忠沂	电气 1707	
			褚毅昆	能动 1706					
	三等奖	8	刘孟琦	机械 1701	张　健	经济 1702	何佳琳	电气 1709	
			宫少宽	能科 1702	张晓楠	电气 1701	吴佳艺	电气 1711	
			李一鸣	电气 1701	胡冬萍	电气 1701			
全国部分地区大学生物理竞赛	省部级一等奖	9	徐超群	电气 1702	许智光	电气 1708	刘子轩	信安 1701	付星球指导小组
			方　宇	吴仲华 1801	刘扬扬	电气 1709	仉琪炜	能科 1702	
			赵欣雨	能科 1702	江　帆	电气 1706	王鑫艳	电气 1707	
	省部级二等奖	20	邱卫平	能动 1702	刘　淼	电气 1709	陈锦辉	电气 1701	
			胡冬萍	电气 1701	荣浩宇	电气 1711	岳仪凡	化学 1701	
			吴奕霖	电气 1711	马安祥	核电 1702	李耀晨	核电 1702	
			董浩云	电气 1709	李启航	吴仲华 1801	康姿姿	核电 1703	
			马亚朋	化学 1702	毛　安	吴仲华 1801	汪　洋	机械 1702	
			纪文童	自动 1702	马文帅	电气 1710	刘沐霖	电气 1711	
			王东晖	电气 1704	姚　琪	吴仲华 1801			
	省部级三等奖	9	严　超	吴仲华 1801	李　超	能动 1703	管少康	电气 1701	
			王玥瑶	电气 1710	史一山	电气 1704	杜承谦	电气 1710	
			宋伟业	能科 1702	杜佳蔚	吴仲华 1801	张博诚	电气 1705	
第九届蓝桥杯全国软件和信息技术专业人才大赛	省部级一等奖	6	邓福友	数理 1703	张宇琛	计算 1601	周鹏威	创自 1501	马　炜、贾静平、苏林萍、谢　瑜、李剑侠、徐　欢、周　江
			刘　胜	核电 1601	常宇清	软件 1501	柴晓萱	测控 1504	
	省部级二等奖	5	张甲焜	软件 1501	陈太钦	软件 1602	李孔源	电气 1609	
			王宇航	软件 1501	姚泽胜	自动 1503			
	省部级三等奖	21	许光华	物联 1501	阮景晴	软件 1501	钟　妍	计算 1601	
			唐逸文	计算 1501	袁佳昕	计算 1501	王　潇	信安 1502	
			王楚蓉	商务 1601	田宝宁	电气 1611	王昕鑫	能科 1503	
			薛莲婷	物联 1601	肖伟红	物联 1501	宇文天悦	计算 1502	
			杨瀚文	机械 1501	郭楠楠	软件 1502	应春达	自动 1503	
			李　鑫	创自 1501	李思稼	电气 1708	黄伟鑫	软件 1501	
			陈品东	物联 1501	李志圆	计算 1501	苏　填	自动 1501	
全国大学生信息安全竞赛	二等奖	2	李　彤	信安 1502	周启航	信安 1501	潘俊廷	信安 1502	关志涛
			赵易如	信安 1501	白　薇	信安 1501	李海川	信安 1501	
			范勋峰	信安 1501					
全国大学生计算机博弈大赛	二等奖	2	常宇清	软件 1501	王宇航	软件 1501	阮景晴	软件 1501	刘春阳
			黎　睿	软件 1502	郭楠楠	软件 1502			
			李鹏程	软件 1402	黄伟鑫	软件 1501	唐逸文	计算 1501	
			张曼祺	计算 1501					

续表

获奖项目	获奖等级	获奖队数	姓名	班级	姓名	班级	姓名	班级	指导教师
全国大学生计算机博弈大赛	三等奖	4	陈婧菲	信安 1501	白　薇	信安 1501	冯雪菱	信安 1501	刘春阳
			范勋峰	信安 1501	剡振业	信安 1501			
			袁佳昕	计算 1501	欧阳志群	软件 1402	鲍喜妮	计算 1501	
			彭丽朝	计算 1501	杨雨月	软件 1402			
			李延旭	计算 1402	刘　凯	创自 1401	黎冠新	软件 1401	
			李繁菀	信安 1501	封　浩	计算 1402			
			李志圆	计算 1501	唐逸文	计算 1501	郭昊明	软件 1401	
			范勋峰	信安 1501	剡振业	信安 1501			
第四届全国大学生能源经济学术创意大赛	二等奖	1	王昕鑫	能科 1503	吴亚洲	化学 1502			靳　周、赵文清、张冬月、马卫华、李金超
	三等奖	4	左兴龙	机械 1602					
			李明哲	材料 1702	江　帆	电信 1707			
			谌牧晨	创新电 1501	薛凯丽	材料 1701	高薇婷	法学 1602	
			黄思祺	物流 1401					
			易湘瑜	工管 1601	赵军军	工管 1602			
第八届全国大学生电子商务“创新、创意及创业”挑战赛	全国二等奖	2	董　佳	商务 1501	王雨桐	自动 1502	田儒剑	机械 1601	田惠英、瞿　斌、陈　普、杨淑霞、李　昂、王浩然
			周海军	能动 1605	王瑞苗	信安 1601			
			吴雨欣	信息 1601	李虎军	信息 1601	张金壮	信息 1601	
			蒲　阳	测控 1504					
	北京二等奖	1	周慧洁	电气 1609	周　雨	通信 1601	赵军彦	社保 1601	
			马佳明	物流 1601	付　林	财务 1602			
	北京三等奖	2	郭今冉	国教 1502	郑世鹏	财务 1602	陈端盈	财务 1601	
			师佳媛	计科 1502	张星宇	国教 1501			
			林怡静	物联 1501	黄　菊	会计 1501	张　露	财务 1601	
			欧明强	电气 1501	梁　璐	自动 1503			
第十届全国大学生网络商务创新应用大赛	省部级一等奖	3	钟　妍	计算 1601	张雅欣	电气 1601	朱恩东	金融 1601	唐平舟、梁春燕、余恩海
			徐　阳	社保 1601	徐璐滢	电气 1609			
			董　佳	商务 1501	王雨桐	自动 1502	龚梅芳	自动 1502	
			杨　静	计算 1601	邓红珍	测控 1504			
			张家晓	社保 1601	贾　楠	社保 1601	王宇舟	社保 1601	
			吴　晨	社保 1601	杨　佳	社保 1601			
中国工程机器人大赛	省部级特等奖	1	丁文杰	能科 1601	吴昇阳	电气 1710	高浚盛	电网 1603	夏延秋、吴礼宁
	省部级二等奖	1	王　成	物联 1601	达吾列·金恩斯别克	计算机 1602	黄飞洋	物联 1601	
北京市大学生工程训练综合能力竞赛	一等奖	2	吴鸿晖	能动 1511	耿宝多	机械 1501	孟含笑	能动 1510	夏延秋、冯　欣、吴　浩、吴礼宁
			丁文杰	能科 1601	杨岱鑫	自动 1604	尤　建	能科 1602	
	二等奖	2	肖旭东	电气 1508	孙晓晴	自控 1504	杨向飞	机械 1602	
			刘天琪	物联网 1601	戴宇松	能科 1605	吴坤聪	电气 1609	
	三等奖	1	丁文杰	能科 1601	孟含笑	能动 1510	肖旭东	电气 1508	

续表

获奖项目	获奖等级	获奖队数	姓名	班级	姓名	班级	姓名	班级	指导教师
“西门子”杯中国智能制造挑战赛（原“西门子”杯全国大学生工业自动化挑战赛）	全国二等奖	1	黄思灏	核电 1501	刘昱中	核电 1502			邓　英
	北京市特等奖	1	徐珍瑶	能科 1506	吴亚洲	化学 1502			宋玉旺
	北京市一等奖	1	刘　晨	电气 1501	王姝彦	电气 1502			梁光胜
	北京市二等奖	5	李　鑫	创自 1501	郭楠楠	软件 1502			房　方
			蒿　翰	电气 1505	万博文	电气 1507			
			聂　恒	化学 1501	刘　伟	化学 1501			靳　周
			曾清扬	信安 1601	蔡孟玥	自动 1602	黄翊峰	计算 1602	刘春颖
			刘　越	电气 1510	陈忠纤	电气 1510	刘家豪	电气 1505	张　莹
	北京市三等奖	1	应春达	自动 1503	王　芳	自动 1503	刘　草	创自 1501	林忠伟
第三届全国移动互联创新大赛	全国三等奖	2	蒋纯冰	电气 1501	付成洁	电子 1501			梁光胜
			于　吉	电气 1604	何睿钧	通信 1401	杨　昊	电气 1512	
			戴宇松	能科 1605	余长树	电网 1602			
“外研社杯”全国英语写作大赛北京赛区	二等奖	2	唐铭珠	英语 1602	朱玥荣	电气 1707			吴学慧、彭霞媚
“外研社杯”全国英语阅读大赛	三等奖	2	赵浚铭	国教 1703	叶　波	电气 1404			姜　雪、余青兰
“外研社杯”全国英语演讲大赛	三等奖	1	石净凡	英语 1602					张　倩
第十届国际大学生 iCAN 创新创业大赛	全国一等奖	1	康　璐	创新电 1501	肖昕岩	创新电 1501			梁光胜
第三届大学生工程设计表达竞赛	北京市二等奖	4	田儒剑	机械 1601	蒙　康	机械 1601	胡宇浩	机械 1601	杨志凌、李　红
			陈晔雯	能科 1601	陈品卓	创动 1601			
			何明明	机械 1602	王　文	机械 1602	杜广瀚	能动 1611	
			孙宇宏	机械 1601	段　茵	能动 1612			
			谢文銮	能科 1506	程怡玮	创动 1501	蒙　康	机械 1601	郑　凯、冯　欣
			蔡　玮	创自 1501	毛　昊	测控 1603			
			刘天元	核电 1604	刘家豪	电气 1505	王　皓	自动 1603	
			黎曦琳	机械 1501	杨瀚文	机械 1501			
第十届全国慧鱼工程技术创新设计大赛	国家级一等奖	1	司起步	能动 1512	孙　宁	能动 1511	杨余峰	机械 1501	刘衍平、罗森森、郑吉锋
			连有江	能动 1512					
	国家级二等奖	2	王义函	能动 1501	吴　婵	电气 1502	魏邦吉	创新动 1501	
			王艺澎	能动 1501	于　涵	能动 1501			
			张烨冰	核工 1702	单玉袒	核工 1702	王誉鑫	核工 1702	
			邓　灵	核工 1702	高　歌	核工 1702			
	全国三等奖	1	钱奕然	创新动 1501	刘　袒	创新动 1501	唐　彬	实践核 1501	

续表

获奖项目	获奖等级	获奖队数	姓名	班级	姓名	班级	姓名	班级	指导教师
第八届全国大学生机械创新设计大赛	国家级一等奖	1	黄　超	能动 1503	张若琛	能动 1505	宋淑婕	测控 1502	滕　伟
			张艺佳	测控 1502					
第九届北京市大学生机械创新设计大赛	省部级一等奖	4	王秉宸	通信 1503	林惠孚	电网 1503	刘苏雯	广告 1501	李　林、梁光胜、高青风、宋玉旺、刘衍平、腾　伟、周　超、张　志
			付成洁	电子 1501	匡奇康	电子 1501	李雪珍	电子 1501	
			彭心富	核电 1504	周　婷	核电 1504	史昊鹏	核电 1504	
			刘　越	核电 1504	向仕昭	电气 1510			
			杨瀚文	机械 1501	张　佳	水电 1501	叶家辉	机械 1501	
			黄梦瑶	能动 1510	谭　露	电网 1503			
	省部级二等奖	10	刘昱中	核电 1501	王　兵	核电 1501	王　耀	实践核 1501	
			吴　双	核电 1502	张　浩	实践核 1501			
			高俊泽	机械 1501	贾明鑫	机械 1501	艾　婷	广告 1501	
			徐可琪	电气 1607	李一平	广告 1501			
			吴宇涛	能动 1508	王笑语	电气 1510	陈诗琳	实践动 1501	
			王　硕	测控 1501					
			秦　天	能动 1501	刘家豪	电气 1505	赵建宇	能动 1501	
			仵雪鑫	创动 1501					
			李肖飞	能动 1608	赵亭玉	机械 1602			
			罗旸凡	电气 1609	吴　松	水电 1602	丁成铖	电气 1609	
			吕人杰	水电 1601	马　赟	水电 1602			
			郑明杨	能科 1501	蒲曾鑫	化学 1502	陈　卓	能科 1501	
			张　策	能科 1502					
			刘彤宇	创新动 1501	陈　锐	创新动 1501	于晨阳	能动 1507	
			耿俊杰	能动 1505	李　丹	创新动 1501			
			孙守伟	材料 1502	王雪叶	能动 1506	张文璟	实践电 1501	
			牛妍舒	GJ1502	龙泓凌	GJ1503			
			杨　董	创新动 1501	陈忠纤	电气 1510	万洁颖	能动 1611	
			田儒剑	机械 1601	张　巍	机械 1601			
	省部级三等奖	5	黎曦琳	机械 1501	王利民	机械 1501	刘　倩	能动 1502	
			聂亚洲	建环 1501	田歌星	智网 1601	王炫力	计算 1601	
			李　岩	能动 1607	杨　晨	能动 1607	郭和玥	能动 1607	
			马如双	能动 1611	戈立宁	能动 1607			
			黄荣孝	能动 1608	李钰梅	自动 1601	张廷伟	核电 1604	
			严湘平	应化 1601	赵泽颖	广告 1601			
			朱晓健	能动 1611	于国良	创动 1601	王　冰	能动 1611	
			刘慧珍	能动 1609	高宇康	电气 1607			
大学生可再生能源科技竞赛	特等奖	1	戴冰清	水电 1502	许汇锋	创动 1501	郇政林	电气 1508	陈海平、李文姝、耿　晔、杨世关、靳　周、宋记锋、朱永强、刘广林、李　鹏、杨志凌、梁光胜、张乃强、李继清、胡笑颖
	一等奖	4	张玮玮	水电 1502	周逸伦	能科 1604			
			吴　琦	能科 1502	赵　挺	能科 1503			
			刘家豪	电气 1505	秦　天	能动 1501	王彦伦	电气 1505	
			柳乐怡	电气 1606	朱元斌	电气 1609	王　淼	电网 1603	
			周慧洁	电气 1609	刘康祥	能动 1604	潘龙飞	能动 1612	

续表

获奖项目	获奖等级	获奖队数	姓名	班级	姓名	班级	姓名	班级	指导教师
大学生可再生能源科技竞赛	二等奖	5	陈飞鹏	创新动 1601	李孟陶	电气 1607	吴　婵	电气 1502	陈海平、李文姝、耿　晔、杨世关、靳　周、宋记锋、朱永强、刘广林、李　鹏、杨志凌、梁光胜、张乃强、李继清、胡笑颖
			吴　迪	创新电 1601	江崇瑜	创新电 1601			
			王月汉	电气 1602	杨泽洲	能科 1603	陈　星	能动 1608	
			林　灏	电气 1607	韩　雪	测控 1604	秦瑞钧	测控 1604	
			苏　豪	能科 1501	钱锐峰	能科 1504	许可依	能科 1501	
			张雨菲	能科 1501	巫明妍	能科 1501	徐珍瑶	能科 1506	
			潘世九	能科 1506					
			陈刘东	电气 1507	林夏轩	翻译 1501	张　峰	能科 1505	
			陈若晨	能科 1603					
			伊菊霞	能科 1503	张振宁	能科 1503	于靖萱	会计 1701	
	三等奖	9	苏　豪	能科 1501	杨雨欣	能科 1602	李肖飞	能动 1608	
			石　岩	电气 1506					
			马星辰	能科 1501	王子钰	电网 1502			
			陈维勤	能动 1612	徐婉莹	电气 1611	傅益丹	财务 1601	
			黄　超	能动 1503	宋淑婕	测控 1502	张艺佳	测控 1502	
			吴亚洲	化学 1502	王昕鑫	能科 1503			
			蔡常鑫	水文 1601	杨向飞	机械 1602	杨　露	水文 1601	
			万永鹏	水文 1602	杨晓宇	能科 1601	刘书琪	创电 1601	
			孟祥龙	能科 1604					
			张基龙	能科 1606	马宝林	能科 1602	苏燕平	水电 1601	
			罗婉春	水电 1601	吕浩根	新能源 1701	张育靖	新能源 1702	
			丁兴起	能动 1609					
			蔡梦路	能科 1601	丁文杰	能科 1601	令狐桐雯	电气 1601	
			范丽伟	自动 1605	王泽铭	能动 1605			
			杨余锋	机械 1501	杜　南	能动 1511	巨芯瑜	能动 1609	
			杨瀚文	机械 1501	张　佳	水电 1501	刘　豪	水电 1501	
第九届北京市大学生模拟法庭竞	省部级二等奖	1	车芮颉	法学 1501	饶　臻	法学 1501	靳宇晖	法学 1502	王春波
			林家睿	法学 1502	刘嘉蕙	法学 1502	彭　晴	法学 1502	
国际刑事法院中文模拟法庭比赛	省部级三等奖	1	张家琪	法学 1402	张琳茂	法学 1501			李　英
第七届海峡两岸口译大赛华北赛区	三等奖	1	何梦心	翻译 1501					王海若
“博创杯”全国大学生嵌入式设计大赛	全国三等奖	1	凌子涵	电子 1501	马　浩	电网 1402			梁光胜
“赛佰特杯”全国大学生智能互联创新应用设计大赛	华北赛区一等奖	1	于　吉	电气 1604	谢嘉成	电子 1601			梁光胜

续表

获奖项目	获奖等级	获奖队数	姓名	班级	姓名	班级	姓名	班级	指导教师
第二届“交通·未来”大学生创意作品大赛（中国高等教育学会主办）	全国三等奖	1	付成洁	电子 1501	匡奇康	电子 1501	李雪珍	电子 1501	梁光胜
全国青年科普创新实验暨作品大赛	北京赛区三等奖	1	刘雪涛	电网 1502	管信保	工管 1501			梁光胜

（保 定 校 区）

竞赛名称	获奖级别	获奖等级	获奖队数
第十三届“恩智浦”全国大学生智能汽车竞赛	国家级	二等奖	3
第十三届“恩智浦”全国大学生智能汽车竞赛河北赛区	省部级	一等奖	5
		二等奖	1
2018 年全国大学生数学建模竞赛	国家级	二等奖	2
2018 年全国大学生数学建模竞赛河北赛区	省部级	一等奖	5
		二等奖	7
第八届全国大学生电子商务“创新、创意及创业”挑战赛	国家级	三等奖	1
第八届全国大学生电子商务“创新、创意及创业”挑战赛河北赛区	省部级	一等奖	1
		二等奖	4
		三等奖	3
第九届全国大学生广告艺术大赛	国家级	三等奖	1
第十届全国大学生广告艺术大赛河北分赛区	省部级	一等奖	2
		二等奖	1
		三等奖	14
2018 年美国国际大学生数学建模竞赛	国际级	特等奖	2
		一等奖	17
		二等奖	76
2018 年全国大学生英语竞赛	国家级	特等奖	6
		一等奖	11
		二等奖	87
		三等奖	143
第九届全国大学生数学竞赛	国家级	二等奖	1
		三等奖	1
2018 年中国机器人大赛	国家级	二等奖	1
		三等奖	1
2018 年中国高校智能机器人创意大赛	国家级	三等奖	1
2018 年中国工程机器人大赛暨国际公开赛	国家级	一等奖	5
		二等奖	5
		三等奖	5

续表

竞赛名称	获奖级别	获奖等级	获奖队数
2018 年中国旅游暨安防机器人大赛	国家级	一等奖	2
		三等奖	1
2018 年金砖国家技能发展与技术创新大赛创客大赛	国家级	二等奖	1
		三等奖	1
2018 年“西门子杯”中国智能挑战赛	国家级	二等奖	1
2018 年“西门子杯”中国智能挑战赛河北赛区	省部级	一等奖	1
		二等奖	1
2018 年第六届“AB 杯”中国大学生自动化系统应用大赛	国家级	特等奖	1
		一等奖	1
2018 年全国大学生机械创新设计大赛河北赛区暨慧鱼组	省部级	一等奖	4
		二等奖	3
		三等奖	7
2018 年全国大学生工业设计大赛河北赛区	省部级	一等奖	1
		三等奖	10
第十一届全国大学生先进成图技术与产品信息建模创新大赛	省部级	一等奖	3
		二等奖	3
		三等奖	3
2018 年全国大学生机械产品数字化设计大赛	省部级	二等奖	2
2018 年华北五省市及港澳台大学生计算机应用大赛	省部级	一等奖	1
		二等奖	3
		三等奖	2
2018 年华北五省市及港澳台大学生机器人应用大赛	省部级	一等奖	2
		二等奖	1
2018 年“外研社杯”全国大学生英语辩论赛华北赛区	省部级	三等奖	1
2018 年河北省高等学校“外研社杯”阅读大赛	省部级	一等奖	2
		二等奖	1
2018 年第三届河北省大学生力学竞赛	省部级	特等奖	4
		一等奖	21
		二等奖	36
		三等奖	31
2018 年河北省本科院校大学生电子设计竞赛	省部级	一等奖	1
		二等奖	3
		三等奖	1
第五届河北省大学生物理竞赛	省部级	一等奖	7
		二等奖	12
		三等奖	13
第三届河北省大学生创新创业年会	省部级	特等奖	1
		一等奖	1
		三等奖	3

续表

竞赛名称	获奖级别	获奖等级	获奖队数
2018 年河北省高校制图与构型能力大赛和河北省高校三维设计大赛	省部级	特等奖	1
		一等奖	2
		二等奖	7
		三等奖	2
第五届全国高校物联网应用创新大赛华北赛区	省部级	二等奖	2
		三等奖	5
2018 年国际水中机器人大赛	省部级	一等奖	1
		二等奖	2
		三等奖	3
2018 年全国高校 BIM 毕业设计作品大赛和招投标竞赛	省部级	一等奖	1
		三等奖	1

（教务处　提供）

华北电力大学 2017—2018 学年度学生评优获奖名单

华北电力大学 2018 年获国家奖学金学生名单

（北京校部）

一、电气与电子工程学院：23 人

王姝彦	付成洁	任春频	李君洛	王　淼	刘朋矩	孙逸萌	刘扬扬
陈刘东	洪　霄	刘雪涛	王晨欣	许弈飞	陈锦辉	杨　太	董浩云
朱晶菁	陈亚鹏	周　雨	夏赞阳	贾　创	吴昇阳	孙凯旋	

二、能源动力与机械工程学院：16 人

聂亚洲	钱奕然	李　斌	李雷红	杨向飞	汤孝天	李思齐	王绍宇
刘彤宇	习浩楠	杨瀚文	李肖飞	万洁颖	陈飞鹏	李雪梅	李启航

三、控制与计算机工程学院：16 人

杨　月	马润鹏	刘子轩	王玮格	黄翊峰	赵英卓	谌文澜	阮景晴
胡　婷	迟慧璇	唐英博	许佳妮	曾清扬	余照国	宇文天悦	李　彤

四、经济与管理学院：16 人

朱恩东	龚宛婷	赵凯新	董　佳	陈艺丹	马　堃	李怡菲	余　晓
赵耘鹤	易湘瑜	贾寰宇	刘振华	吕思妤	于靖萱	蓝柳涵	胡　杨

五、可再生能源学院：12 人

吴　琦	徐珍瑶	张　超	蔡梦路	陈　琪	刘本玉	高雪智	张雨辰
王昕鑫	戴冰清						

六、核科学与工程学院：5 人

梁江涛	刘昱中	刘朋杰	刘天元	谢箫阳

七、数理学院：3 人

符佳宏	王宇鹭	杨　乐

八、人文与社会科学学院：6 人

饶　臻	蒋美佳	吕曼青	刘婷婷	鲍泽文	张若秋

九、外国语学院：2 人

吴梦桐	刘坤卓

十、国际教育学院：3 人

盛雨宁	张楠	周瑀涵

（保定校区）

一、电力工程系

本科：19 人

甘萌莹	刘明杰	刘招成	薛 霖	万 磊	刘 槟	陈为佳	曾世胤
黄 强	裘森悦	乔 鑫	黄智文	甄 谦	尹佳庆	陈佳毅	李 冰
刘嘉硕	王禹琪	赖曦文					

二、电子与通信工程系

本科：6 人

李晶晶	范新宇	荆 森	王 杰	梁文亮	胡旭梅

三、动力工程系

本科：13 人

杨万鹏	叶妮娜	熊 创	刘 壮	谢一良	张若愚	杨 硕	冯印帅
苗阿乐	周永戬	徐舒涵	刘桂秀	张成宇			

四、机械工程系

本科：14 人

赵伊恒	王娅宁	李 桓	任 汀	曹咏彤	杨 瑞	牛欣玮	洪镇堃
符明恒	赵家佑	杨少琪	张宏博	孙 鹏	范贺宁		

五、自动化系

本科：9 人

曾德智	毛杨坤	田庆瑶	朱默润	袁 琪	杨 旭	徐兴明	诸葛雪迎
郝政丰							

六、计算机系

本科：9 人

刘 聪	朱亚强	李依宾	刘林彬	孟 松	阴立强	黄 艳	白雪薇
毛帅男							

七、经济管理系

本科：9 人

易梦馨	方宁	张文隽	王珍艳	邓婉君	周登利	郭雅欣	郝 妮
战馨雨							

八、环境科学与工程系

本科：7 人

袁绍雨	徐 帆	景晓云	林宸雨	梁宇豪	赵 旭	张紫微

九、法政系

本科：5 人

蒋浩琛	史旭潇	张敬婷	谢佳音	彭政涛

十、数理系

本科：4 人

黄宝强	高　然	田诗艳	强浩然

十一、英语系

本科：3 人

周冰倩	高心洁	房　昕

十二、国际教育学院

本科：4 人

史云鹏	马家璇	陆晓星	李木子

华北电力大学 2017—2018 学年度国家励志奖学金获奖学生名单

（北　京　校　部）

一、电气与电子工程学院：59 人

李晨晨	乔登科	魏　颖	王　婷	郭鹏程	郭鲁斌	魏晓志	马英杰
张文悦	邓盈盈	尤　兰	汪丽伟	刘苏梅	薛　盼	赵　薇	赵博宇
余秋萍	黄惠娟	黄鑫恺	李　乐	李林燕	王　勃	王　岚	刘思佳
高晨祥	肖旭东	曾　琴	孟肖戈	李　琰	胡森勇	周世杰	陈良炯
闫书赫	胡　莹	方　楠	侯艳钊	谈文睿	何志昊	杨　涛	王　薇
武　超	张文璟	廖雯林	罗旸凡	李贵苹	马文帅	蔡　洲	路帅超
周航宇	龙晓静	赵炳卓					

二、能源动力与机械工程学院：54 人

王雪叶	朱震庭	杜思远	尹志华	许宏宇	史幸平	陈　仪	刘益叶
李天雄	卢家辉	杨余锋	魏超政	黄荣孝	李　锋	付裕恒	李宗哲
韩翔宇	李昕耀	谢立斌	黄贤斌	高桥东	吴蕙兰	陈婷钰	张　杰
孙　宁	林园钺	马世财	李林飞	周海军	战俊楠	王　颖	方　宇
李文志	李　丹	陈志鸿	项维灿	李鑫鑫	李　超	叶文力	薛凯丽
张天宇	胡生民	蔡文馨	赵程程	苏亚虎	王　洋	程　明	吴佳瑶
吕来权	刘宏雄	段晶蓉	王　娜	王　娟	赵　特		

三、控制与计算机工程学院：51 人

李卓勇	胡　琦	王雨璇	马骞骞	李　宁	邓红珍	蔡　玮	宋　雪
鞠志强	杨丽婷	刘世梁	曹婉莹	李文俊	张粹玲	陈晰颖	廖　异
陈　诚	窦永坤	雷文媛	陈　鹤	张泽茹	漆　涛	肖伟红	陈　卓
赵祖欣	陈　洁	石　鎏	黄欣欣	王乃玉	朱　政	赵易如	王宇航
刘志勇	窦　煜	王晓伟	甘　雨	郭可蓉	冯士贤	苏　填	李　莹
冯云鹏	程　璇	杨明传	曹梦凡	甘雨丰	刘玉珍	邓　开	徐　亮
王海曼	韩　辉	李春波					

四、经济与管理学院：61 人

李　跃	韩烨楚	陈振杰	李明钰	张美娟	张昌媚	何馥彤	王楚蓉
郝宇霞	刘言言	梁美玲	林晓寒	张　硕	郑　浩	陆家敏	吴小颖
陈思佳	张树兰	高　欣	张　钰	胡淑然	李陈旭	张雅妮	刘悦滨
张　阳	杜倩倩	付雅芮	张　帆	成润坤	申翊辰	胡　婷	宋存娟
田冰颖	唐　琴	程晓彬	孙江南	谭彩霞	张忠冉	刘志琪	郭晓璐
刘晓彩	廖丽珍	苏凤宇	李婉莹	吴若彤	刘　准	岳方茹	肖阳明
赵军军	付　林	周泯含	朱晓宏	王　然	林智鹏	蒋李文	雍星楷
谭星星	张　悦	李雨晴	彭　莎	欧阳含露			

五、可再生能源学院：53 人

伊菊霞	闫琳琳	肖　倩	陈若晨	熊军超	李夏琼	李泽阳	姚礼双
钱锐锋	刘　菲	迟　旭	何强锐	朱保奎	魏胜楠	石　庆	李　思
张　旭	马　晶	余甜甜	杨泽洲	陈富豪	田富豪	陈　梦	唐书浪
何　悦	吴多杰	侯加浩	安　远	邓　威	李欣怡	齐文闯	赵欣雨
梁　蕊	张来豫	潘雅卿	刘　婧	杨德铭	宫少宽	李霄航	任相霖
刘　豪	杨玺艳	蒋思宇	黄依平				

六、核科学与工程学院：16 人

唐　彬	彭心富	符精品	魏场超	张振洋	黄俊文	刘世贤	王金海
陈秋香	罗　成	赵泽武	杨　健	汪泽涛	马安祥	李灵康	王友朋

七、数理学院：11 人

王　雷	管庆丰	祁　泽	荀港益	涂佳敏	张润琳	胡铮然	吴柏想
王　翔	龚雨辉	邱健珲					

八、人文与社会科学学院：18 人

蒋良竹	艾　婷	刘佳莹	王晓楠	关媛馨	房罗鑫	于文华	马　倩
衷天尧	张静茹	潘　雨	刘美玲	邱扬洁	俎楠楠	李　蔓	冀　娜
郭懿萱	张利乐						

九、外国语学院：3 人

王佳钰	罗秋白	魏君君

（保　定　校　区）

一、电力工程系：68 人

杨文杰	李　航	康世佳	卜仙雅	马明玉	马梓宸	董　磊	吕慧敏
朱思宇	吴　娜	袁　静	姜　磊	左安邦	安亚楠	肖秋瑶	安文宇
廖天文	尹子澳	康冰怡	谢虎林	吕天舒	王东旭	张竞月	鲍　晴
赵建博	陈宇航	刘　远	庄新宇	王小妞	杨光照	廖　伟	陈　俊
李宗洋	韩　创	苟少云	魏子文	朱玲慧	马　琴	宋智玲	陈媛媛
杨丁苏	卢　洁	朱　艳	武晨煜	刘珊珊	杨　宇	赵亚楠	陈　喆
管西燕	黄明发	李　沙	刘西娅	秦　开	王　利	张　曼	张　正
韩　栩	柯　松	刘腾飞	刘　艳	陶柳妃	杨敏雪	张　瑜	赵晓君
侯赟艺	李梦婷	江奕静	侯小青				

二、电子与通信工程系：18人

魏银红	刘保阔	彭爽洁	陈锋彬	张景化	曹文涛	刘玉鹏	张　蓉
王　鹏	蒋兴涛	李玉洁	陈昌昌	唐东星	刘汝仪	徐云霜	白佳乐
王　锐	王宝莉						

三、动力工程系：46人

李凡一	黄　迈	赵娅楠	张子薇	申文然	孙栎洋	陶乐清	吕和音
周　理	赵志龙	张志伟	龚弟鑫	毕凌峰	柳　灿	孙明明	苟亚博
刘攀笏	省　鹏	韦虹宇	余慧浩	路忠睿	张新宇	桂辛鲲	龙炬桦
朱　萌	李奎杰	崔宏伟	张少强	李　顺	罗　政	张　凯	朱志浩
夏　辉	王志成	王凯轩	马万里	侯一晨	秦立山	曾侨飞	余志强
邓书港	何　莹	何林珅	杨浩昱	顾开帅	邓洪达		

四、机械工程系：47人

朱婧怡	吴堉	黄　丹	孙鑫茹	路蕤恺	岳晓蝶	王国栋	祁朋园
张　昊	司婷波	李灿锂	张佳祥	杨　宽	荀振宇	李　洁	李　程
安延禄	冯明星	王德帅	刘　英	辛菲菲	田文博	董天文	张博剑
阮景怡	杨洋	赵　帅	包洪源	王　潇	岑添添	李诗康	赵佳伟
雷　隆	李勃	张淑宝	彭　阳	余盛灿	刘东兵	何泓樟	辛侠云
卢林林	李渊	王长振	蒋成达	王思琦	杜　晓	苏　浩	

五、自动化系：30人

张艳超	张林茹	匡南宇	杨承昱	蒲嫦莉	吕晋东	刘　思	胡　鑫
靳浩元	郭晓阳	高　醇	黄　冰	刘　辰	罗　燕	丁　柔	闫　鑫
田　庆	任昱杰	鲁若楠	师博文	杨凌燕	刘书峣	揭志丹	智贝贝
任端福	胡潇如	张　莹	艾新宇	郭嘉曦	王瑞昌		

六、计算机系：30人

彭锡锦	李　彪	张钰婧	刘　娜	雷　轩	白举霞	周　侠	葛云洁
李婕妤	闫　晗	汪　珂	张官正	扆泽璞	林　健	马志远	刘天阳
姜　定	张　旭	刘　志	姚淑琪	宋凤珊	司冰茹	边立瑶	郑文洁
龙云飞	刘艳平	梁钦宇	李鹏熙	赵建军	贾中翔		

七、经济管理系：31人

乔新娜	张英璐	李晓亮	向思徽	王玉洁	熊　阳	李玉莹	徐佳雯
孙敬文	郑佳佳	吕孟锦	蒋　浩	陈威君	季洁艳	程　强	朱金铭
冯雪飞	白　月	罗红霞	罗澍宇	宋金历	李建荣	李颐雯	王少彦
赵美齐	郝亚男	李　欣	王　秀	叶文秀	张　月	宋明浩	

八、环境科学与工程系：25人

龙林宏	吴昌南	户家宝	庞蔚莹	王　宁	陈金钰	孙仲顺	侯　颖
高　敏	袁炳灵	梁维青	姜文政	席争辉	高　翀	王红秀	刘奕辰
胡　婷	黄倩晖	程文浩	袁从学	闫鹏鹏	马采妮	薛立旭	王亚男
杨笑培							

九、法政系：15 人

先　敏	刘　艳	牛　荔	陈　红	耿玲玲	刘军萍	李　彦	张卓琳
陈　堃	吴　琳	马美然	史爱琳	陈香婷	韩丹丹	毛　珊	

十、数理系：11 人

杨仕和	刘星辰	古珊珊	艾春辉	周少康	马建乐	郭慧玲	王海洋
唐静静	王晋芳	李　倩					

十一、英语系：9 人

李　玉	石春宇	沈亦夫	张婉婷	刘晓祯	刘洪泽	杨凌燕	李小莉
邱思月							

华北电力大学 2017—2018 学年度研究生社会奖学金获奖学生名单

一、四方股份奖学金（38 人）

北京校部（28 人）

陈　彬	付　强	李康平	唐松浩	朱思丞	田　恬	李　论	张滋行
梁凯鑫	徐艺铭	高　瑜	周琳洁	许　通	崔浩天	舒　想	谢宗奎
罗　宁	刘皓文	代　超	袁金斗	孙　倩	刘鲁欢	程旭峰	郑智聪
赵伟博	吴智健	焦立帅	王晓辉				

保定校区（10 人）

连攀杰	高玉峰	张　帆	贾艺璇	张湘雨	郁建雄	李　祥	吴思翰
邓泽奇	张　博						

二、南瑞继保奖学金（20 人）

北京校部（8 人）

郑宇航	马明晗	刘　静	李征洲	张鹏宁	韩乃峥	陈祖歌	席亚菲

保定校区（12 人）

许英强	刘婧妍	张　科	姜　烁	范紫微	高　婷	钦雨晨	杜莹莹
崔雅萍	孙　岑	周　理	孟令虎				

三、协鑫奖学金（12 人）

北京校部（6 人）

刘洪涛	洪　烽	柯毅明	李锦艳	刘宏达	于家琪

保定校区（6 人）

吕靖雯	高树彬	胡世诚	李慧娟	曹　威	杜宝彪

四、协合新能源研究生入学奖学金（15 人）

北京校部（15 人）

周家慷	彭会荣	王闻墨	陶　冶	蒋皓然	林爱美	高　琪	何丁义
任逍迪	刘　源	叶凯华	程谦祥	赵腾飞	李旭晨	赵　灏	

五、巨邦电气助学金（8 人）

北京校部（8 人）

沙江波	韩　辉	张　哲	李　帆	高　利	杨艳会	马小虎	葛青宇

六、艾博奖学金（20 人）

北京校部（10 人）

戴　明	张晓青	阚常涛	高　远	南　雄	尹文良	陈佳琦	任丹彤
艾祎依	赵亚龙						

保定校区（10 人）

霍亚欣	宋子君	吴启帆	刘　媛	任福康	姚　颢	叶闻杰	徐江鑫
姜文涛	吕鹏瑞						

七、广哈通信奖助金（8 人）

保定校区（8 人）

吕天成	霍　然	董若南	宋　维	张　信	李昀展	黄文婵	陈飞飞

八、昊蓬机电奖助金（5 人）

保定校区（5 人）

张钰阳	田　甜	郭曦煜	墨　泽	程侃如

九、江苏泽宇奖助金（10 人）

保定校区（10 人）

李梦辉	卢　兵	王　宁	郭英喆	段　爽	朱　聪	李　利	彭玲艳
石梦倩	余　蕊						

十、思源电气奖学金（22 人）

保定校区（22 人）

林子健	胡志伟	魏石磊	王艳娟	马倩倩	刘亚维	甘汶艳	胡韵婷
袁可为	周晓洁	侯丹慧	马　显	黄凌宇	孟凡奇	宋美琪	吴　晗
阮筱菲	关　杰	鲁　浩	吕　锴	王元博	安清飞		

十一、东方电子奖学金（2 人）

保定校区（2 人）

俞伊丽	李奕欣

十二、许亮校友奖学金（1 人）

保定校区（1 人）

么冬霞

十三、中嘉电力助学金（6 人）

保定校区（6 人）

郑苗苗	冀　茂	王二旭	王俊杰	彭嘉琳	王　玲

十四、中力奖助学金（22 人）

保定校区（22 人）

刘　佳	李佳佳	邹培根	齐　拯	刘利珍	王云佳	李冬雪	李　雪
尹梦雪	刘雪纯	金天然	王　皓	朱正振	马姗婷	郭　鑫	梁睿智
李　鑫	王士元	马　莉	赵　慧	高皓楠	段祺君		

（档案馆　王振华　提供）

华北电力大学 2017—2018 学年度企业专项奖助学金获奖名单

1．四方股份奖学金

北京校部：20 人

吕子可	刘沐霖	曹子楷	俞荟烨	张雯嘉	陈　超	杜　帅	石逸雯
史锐博	于金莹	余　晓	王春杰	杨　露	杨　言	仇瑜晨	方　浩
杨瀚文	吕书航	韩　雪	曾令鸿				

保定校区：10 人

李嘉靓	丁　政	王启隆	杨　宇	张本初	田家铭	刘川川	庞丹萍
涂嘉琳	胡湘婧						

2．“协鑫奖”奖学金

北京校部：4 人

蔡孟玥	王月汉	贾寰宇	霍　达

保定校区：4 人

韩菲菲	马志远	黄宝强	刘晓祯

3．艾博奖学金

北京校部：15 人

胡东萍	史　钊	姜炎霖	江　帆	王玉昆	陈泽浩	迟　旭	李茂辉
何　璐	张强祯	吴传磊	叶家辉	王笑语	王　文	王宏春	

保定校区：15 人

牛海涛	吕慧敏	廖天文	王建斌	舒　文	崔永赫	杜徐东	刘　颖
张　晨	岑添添	辛侠云	石家桥	杨少琪	安延禄	朱婧怡	

4．特高压奖学金

北京校部：6 人

任春频	陈刘东	谭　露	许弈飞	曲鸿妍	孙逸萌

保定校区：4 人

王禹琪	闫泽辉	冯舒婷	刘明杰

5．南瑞继保奖学金

北京校部：5 人

杨雪莹	成蕴丹	高晨格	张展宇	王昊天

保定校区：10 人

肖兆杭	汤木易	陈　喆	唐　锟	谌可炜	尚　海	高玉华	李　妍
龚渝涵	胡万君						

6．巨邦电气助学金

北京校部：16 人

杜　江	段树泉	王贺石	渠基雷	彭　雨	王　岚	张嘉伟	鄢长焘
苗　淼	黄鑫恺	丁　杰	姚丽娟	萧灿琳	朱明利	戴泽印	谢郑溶钊

保定校区：24 人

王　欢	闫俊朝	朱嘉彬	魏子文	李爱莲	谢良杰	冯永强	董　磊
张文辉	陈　祯	郭文杰	董　龙	马　英	刘　勋	任丽媛	鲁建红
李文正	赵　磊	王　光	白玛央宗	惹格石洛	阿布日鬼	阿地力·吐拉麦提	木热迪力·买提托合提

7. 博纳团结进步奖学金

北京校部：30 人

刘　颖	邓昭雁	郝梦媛	罗春婷	李　欢	王　丹	彭丽朝	鲁顺梅
肖春龙	杨可文	廖嘉敏	袁竞涛	罗　肖	唐　琴	江禹铮	王润华
蓝柳涵	郭欣雨	赛　冉	欧　都	黄文旭	王海曼	甘银莎	袁海驰
蒙　康	卓　兰	何函芮	张素蓉	党梓元	戴吾然江·萨迪尔		

8. 博纳之星奖学金

北京校部：40 人

一等：10 人

周　帅	付　康	陈秋香	于靖萱	焦立国	杨　董	尹欣雨	牟岩松
胡天晨	马　静						

二等：30 人

徐婉莹	徐可琪	邓雅文	李黛睿	陈慕禹	于懿兰	江　卓	张烨冰
王誉鑫	朱恩东	易湘瑜	赵耘鹤	焦心怡	周子安	徐　晴	周寒宇
孙守伟	王泽铭	林家睿	朱荣赫	何雨蒙	平安安	周　圆	郑浩伟
梁逸璇	王昕怡	张斯桐	詹昕蕊	叶海杰	苏惠琳		

9. 丹华奖学金

北京校部：10 人

张　阳	韩林阳	薛忠沂	江崇瑜	李业成	刘昊霖	张博诚	李虎军
王秉宸	陈世萍						

10. 丹华自强奋进奖学金

北京校部：50 人

张田婷	吴佳艺	田　辉	薛宇航	范溢文	周昊晨	孟肖戈	王潇宇
李　岩	薛　超	张晏熙	黎　宇	郭今冉	谌　歆	彭泽辉	周莲诚
杨福军	潘保霏	郭　旭	刘晓倩	邓　春	王　月	王美楠	姚佳伟
孔璐瑶	刘天华	潘晶娜	肖春安	蔡常鑫	戴宇松	韩　磊	房庆熙
廖炜铖	司起步	齐英男	潘龙飞	叶超群	张家庆	马鑫阳	赵诗家
沈与燃	刘厚卿	梅姝蕾	余　杰	王子涵	张邓佳	罗卓童	陈　彪
王　粲	刘　严						

11. 国能中电社会责任奖学金

北京校部：10 人

尹俊杰	林可硕	王潇莘	杨　阳	曾庆汝	孙　雪	高鹤桐	柏爽爽
唐铭珠	谢锐彪						

12. 国能中电西部先进奖学金

北京校部：20 人

赵星宇	林　灏	刘昕宇	卿正恒	何　杭	钱宇瑞	张　露	付雅芮
赵　微	何　佳	李雪梅	梁　永	颜砾瑶	张馨予	王非凡	邓福友
曹雪阳	刘应琦	任　珂	黄子豪				

13．节能奖学金

北京校部：15 人

李欣怡	黄恺洋	杜建成	王　兵	施博文	雷淑珍	高维鸿	刁卓凡
李明哲	刘坤宇	丁　玎	何金娴	何凯琦	钟　妍	相天麟	

14．三鹰奖学金

北京校部：50 人

刘　晨	许明旺	杨方琦	刘家豪	李秀芬	张　琦	石　岩	高晶晶
牛宇昆	韩世杰	刘晓博	郇政林	元海霞	马宇坤	刘　越	李钰洋
杨玲玲	韩　颖	李万隆	王　艳	康静雅	闫天乐	徐立敏	钟安祥
刘　琦	胡　玮	李知芮	陈明昊	赵　鉴	刘佳言	辛亚楠	余开媛
罗文婷	李东研	潘　超	王子钰	黄意津	吴兰兰	刘　文	刘　苑
吴淑慧	陆　彤	席新科	范雪峰	张　萌	陈凯莉	刘苏雯	靳宇晖
邓　丽	白玛曲珍						

15．张保衡励学基金奖学金

北京校部：4 人

王　洋	王　柯	吴林达	李　壮

16．中国风电奖学金

北京校部：52 人

一等：10 人

马星辰	苏　豪	张　策	许可依	丁文杰	田若菡	杨雨欣	申向华
白欣鉴	严嘉璇						

二等：16 人

左峥瑜	张雨菲	杜博文	郑明杨	王新澜	闫　旭	吴雨露	李宝良
尤　建	吴世豪	杨晓宇	陈　涛	张承婉	宋广瑞	丘艺昕	刘　杉

三等：26 人

巫明妍	陈　卓	张永蕊	邓奇蓉	杨昊泽	戴逸雯	朱广博	于海洋
陈添翼	陈晔雯	邓远卓	段文静	黄崇炜	杨佳琳	史晏明	孙海涛
梁春慧	胡露雯	赵泽宇	康　领	何书凯	张雅洁	仉琪炜	张富君
严　晗	安林燚						

17．电力电子新春奖助金

保定校区：30 人

奖学金：10 人

裘森悦	常小强	朱　媛	万　磊	王小妞	吴再驰	任涵钰	矣昊城
班宇嘉	陈宇航						

助学金：20 人

张　衡	冉　猛	杨丁苏	骆长亮	高佳琪	吴　浩	成　辉	徐庆文
祝克良	章洛铭	江韩雪	张亚辉	韩　路	杨　承	林　锴	王柏鑫
张贵华	王佳璐	史艳林	索朗白玛				

18．热动热自96届奖助学金——大学生学业进步奖

保定校区：79人

高虎生	汪新宇	杨志文	王睿琦	徐丽萍	王静瑶	王新宇	蔡晓溪
杨召瑞	李云鹏	梁丽亚	俞佳璐	莫开春	夏明玉	吴志远	徐晓倩
卿　奕	何庶雨	冯晶森	郑梓涵	南江浪	徐路红	徐　昊	张金宏
王　刚	王志鹏	张卓远	刘宝平	赵　庆	刘欣璐	轩梓灏	敖　意
姜　辉	孙德康	唐苓芸	文思洞	陈　磊	安琪伟	邓嘉浩	田　路
蒋雪梅	杨　宇	董新超	周顺彪	吕晋东	吴佳璐	崔智博	李德耀
高舒慈	杨宇栋	云　珮	吕兴强	李姝颖	张　崇	王瑞昌	杨红钰
胡　鑫	严净池	张紫薇	刘　冰	赵仲轩	任端福	张天成	于发印
林雨轩	刘　岳	于闻歌	赵　欣	陈　婕	张林茹	徐筱萌	郭晓阳
李亚南	王文钦	罗熙薪	匡南宇	保万荣	李　磊	吾布力卡斯木·吾斯曼	

19．东方电子奖学金：

保定校区：8人

刘嘉硕	黄　强	赖曦文	刘　槟	雷世豪	陈为佳	曾世胤	尹佳庆

20．思源电气奖学金

保定校区：56人

陈　悦	黄逸帆	张　正	侯赟艺	安文宇	夏　寒	李欣宜	柯　松
侯来运	陈媛媛	李梦婷	廖芷燕	李克难	王　权	王　克	马茗婕
张　瑜	叶书荣	赵松贺	邹乔戈	肖　海	杨光照	谢　菁	姚　宇
武晨煜	占志刚	廖　伟	李金殊	曹雨含	叶学斌	李思昱	马少宇
郭临洪	牛剑锋	张明洋	马梓宸	赵亚楠	刘子嫣	黎晏霖	康世佳
孙承妍	杨文杰	王玉庆	陈　曼	曲兰青	朱章宸	陈智雄	沙致远
杨　涛	杨佳航	韩　创	李东翔	茆　杰	李　航	尹聪聪	张嘉瑞

21．昊蓬机电奖助学金

保定校区：24人

赵家佑	焦自嘉	符明恒	赵伊恒	黄和钧	刘天霁	姬雅晴	郝洪策
孙　刚	李林春	任　汀	牟　芮	李　勃	王业信	邹文珏	张淑宝
范贺宁	阮景怡	李刘益	张亚博	曹咏彤	张梦佳	李剑峰	司马学昊

22．宁波瑞宜乐

保定校区：20人

创新创业奖学金：6人

仲晓雨	黄　珊	赵朴臻	陆悦江	顾霖赟	丁　都

奖学金：6人

杨　帆	李　童	荆润秋	周　权	梁　珺	葛益珉

助学金：8人

艾俏锋	王晓梅	钱　真	杨富兴	白光福	张泽华	于　琨	赵瑞曦

23．天河（保定）环境工程有限公司奖助金

保定校区：14 人

奖学金：6 人

刘　琦	向港华	晏　畅	张　晟	樊帅军	刘雁蓉

助学金：8 人

杨庆珊	王好影	韩云凤	段昕宇	杨有航	李明月	王　雪	王　泽

24．许亮校友奖学金

保定校区：14 人

夏玉斐	任怡霏	周　昀	郭昕睿	林彤宇	吴　越	吴康杰	杨　澜
杨文材	史惠卿	程　达	刘娅楠	张琳悦	张昱朝		

25．中嘉鸿盛奖学金

保定校区：14 人

李朋飞	陶柳妃	刘招成	甘萌莹	乔　鑫	薛　霖	黄智文	甄　谦
韩翔宇	梁永涛	景浩文	陈佳毅	尚逸喆	王建衡		

26．中力奖学金

保定校区：56 人

张燕荣	丁　筱	王　利	史泽南	刘　艳	姜　苑	陈　俊	杨美颖
肖钟秀	李雨桐	王加浩	韩　栩	管西燕	秦　开	吴若伟	周儒畅
赵晓君	蔡榕斌	徐　哲	李宜谦	陈骏泽	徐万欣	李振钊	吴　超
左安邦	肖秋瑶	张志远	徐之乐	刘　洋	王一迪	马云聪	夏君怡
李天翔	李　康	刘炳文	叶伟豪	安亚楠	叶译遥	熊　耀	张玉锦
袁　静	李天宇	王馨扬	叶亚冬	李嘉欣	叶　根	郭潇美	陶蓉蓉
王若琳	吴　娜	李林媛	何静远	付卓铭	章倩楠	高　妍	柴兆元

27．广哈通信奖学金

保定校区：35 人

奖学金：25 人

蒋兴涛	杨　涛	占郁雯	陈锋彬	胡旭梅	李玉洁	彭爽洁	任国毓
张景化	邹　瑶	范新宇	艾子硕	冯　晶	韩　松	季　翔	吴应臻
杨　勇	李盼盼	李家乐	丁子钰	刘津钊	潘　岩	王占东	刘玉鹏
王　杰							

助学金：10 人

安丹阳	李鑫宁	农彩艳	刘　旭	史天浩	张艺海	吕　娇	李　兵
吾吉喀斯木·麦麦提敏	巴燕·塔斯恒						

28．江苏泽宇奖助学基金

保定校区：42 人

学习进步奖：4 人

陈　泉	覃捷睿	焦宇航	于婷婷

优秀学生干部奖：4 人

朱　越	胡晓东	刘瑞璋	甘祥宇

奖学金：25 人

张睿源	冈煜炀	黄　佳	李　念	杨　兵	张怡薇	陈昌昌	冯睿智
赵荣锴	王洪菠	许智军	袁子凡	曹文涛	陈业新	梁文亮	杨鹏飞
邹树岭	谭懿璇	李晶晶	李静雅	谈黎明	李思琪	冯玉挺	付　洁
彭　洁							

助学金：9 人

张晓波	刘　彤	高　熠	皇朝彪	张晓强	韩晓滢	马　军	唐宏伟
金广杰							

（档案馆　提供）

华北电力大学 2017—2018 学年度本科生先进集体和先进个人获奖名单

（北　京　校　部）

一、十佳示范性优秀班集体

电气与电子工程学院

研电 1703

经济与管理学院

会计 1602	经管 1727

控制与计算机工程学院

创自 1501

核科学与工程学院

核电 1604

数理学院

物理 1601

国际教育学院

电气 GJ1703

可再生能源学院

能材 1601

人文与社会科学学院

研人文 1739

马克思主义学院

研思政

二、十佳本科生优秀宿舍

电气与电子工程学院

10#524

能源动力与机械工程学院

12#309

经济与管理学院

15#513	15#311

控制与计算机工程学院

11#407	12#312	15#203

可再生能源学院

12#203

核科学与工程学院

8A#407

人文与社会科学学院

11#120

三、先进个人获奖名单

1．校级三好学生标兵：87 人

刘雪涛	王姝彦	王秉宸	洪　霄	付成洁	朱晶菁	张文璟	江崇瑜
李君洛	夏赞阳	王晨欣	王　淼	周　雨	李虎军	陈锦辉	吴昇阳
董浩云	孙逸萌	杨　太	孙凯旋	盛雨宁	张　楠	周瑀涵	刘天元
谢箫阳	刘朋杰	梁江涛	贾寰宇	董　佳	刘振华	陈艺丹	吕思妤
朱恩东	易湘瑜	赵耘鹤	龚宛婷	赵凯新	蓝柳涵	胡　杨	于靖萱
余　晓	钱奕然	刘彤宇	胡生民	杨瀚文	聂亚洲	杨向飞	汤孝天
万洁颖	陈飞鹏	李雷红	李雪梅	李思齐	郑佳悦	战俊楠	林家睿
蒋美佳	鲍泽文	尹欣雨	丁　玎	符佳宏	王　雷	朱　音	唐铭珠
谢锐彪	阮景晴	谌文澜	方静宜	王玮格	甘雨丰	黄翊峰	唐英博
曾令鸿	吕佳鞠	刘　严	迟慧轩	史元钧	吴　琦	王昕鑫	戴冰清
蔡梦路	高雪智	张雨辰	黄丽钦	任相霖	王炜淇	徐　晴	

2．校级三好学生：531 人

陈刘东	李钰洋	刘　晨	余少琪	刘　越	郇政林	唐　叶	吴　婵
石　岩	蒋纯冰	刘家豪	冯　斌	计远帆	李竹青	吴思航	林　欣
刘中建	韩释瑶	李晨晨	刘　畅	虞宋楠	刘笑丽	余开媛	谭　露
王子钰	廖海君	方　楠	陈亚鹏	陈心怡	施又丹	刘佳言	尤　兰
胡　玮	崔　昊	魏　颖	康静雅	徐立敏	罗　臻	国　涵	成　功
许弈飞	曹子楷	李业成	王月汉	曲鸿妍	陈　超	高晨格	张展宇
杜　帅	石逸雯	于　吉	花赟玥	杨子民	杨可文	刘晨曦	于明凯
周慧洁	徐婉莹	徐可琪	林　灏	包嘉洛	刘奕彤	刘苏梅	娄云天
吴柯洁	胡晓睿	陈思齐	谈文睿	李　琰	李贵苹	陈泽浩	李　杰
贾　创	王怡暄	何晓勇	王晓晴	吴沁莹	刘朋矩	于金莹	吴雨欣
薛忠沂	吕子可	韩林阳	张博诚	胡冬萍	何志昊	周　帅	范溢文
赵星宇	成蕴丹	刘昊霖	吴佳艺	俞荟烨	马文帅	张晓楠	孟紫晴
徐超群	杨雪莹	魏晓志	赵　薇	王　岚	管少康	朱玥荣	张璐瑶
刘扬扬	史　钊	张　阳	江　帆	王玉昆	洪海雁	张田婷	杜首行
张雯嘉	刘一力	赵博宇	薛宇航	康诗奇	姚　峥	刘思佳	王　昕
张文悦	刘　琦	杜建成	陆　旭	林可硕	郭腾俊	于懿兰	胡晓阳

续表

付 康	陈慕禹	尤宏森	卿正恒	许田园	刘欢畅	李黛睿	刘昕宇
郭今冉	牛妍舒	江 卓	童一鸣	朱天星	汪泽涛	董廷静	余嘉炜
赵海琦	郭圣淼	何 杭	张加卿	熊思琪	胡志文	马安祥	李祥柱
张烨冰	赵欣悦	李灵康	刘 洋	蓝文鸿	王 彧	赵泽武	刘昱中
彭心富	张华夏	张旖旎	刘泽坤	付梦瑶	梁美玲	付雅芮	朱衍磊
贾克勤	周泯含	卢 欢	高蕙雯	马 堃	李 浦	林晓寒	武文睿
张 钰	李婉莹	任紫芸	葛馨璟	王 星	刘思彤	张美娟	陈雅轩
徐 成	李雨晴	潘 阳	谭彩霞	周亚梦	王 今	黄 菊	胡淑然
朱 瑾	张 露	何珂珂	廖丽珍	钱煜婷	王媛媛	许艺珊	吴淇心
彰子萱	贾 楠	刘 敏	郭 琛	张 悦	苟帅宇	赵军军	叶汉东
白若雯	汪怿雨	梁 岩	宫 雨	杜 珂	李 佳	张家华	陈思佳
李金族	寇 冕	王润华	付 林	林中东	李怡菲	朱 烨	李陈旭
王 越	刘 准	杜可盈	董崇武	张嘉祺	刘睿智	李萌宇	单子婧
黄茜茜	肖 雅	余熠薇	浦 博	张 惠	刘志琪	张 健	张 焱
杨卓璇	李清秀	申翊辰	韩莹竹	王 然	郑 浩	陈志强	徐镱铭
李 斌	方 浩	吴鸿晖	丁 岩	韩翔宇	孙 宁	黄淦彩	吕来权
林园铖	习浩楠	刘政昊	王笑语	吴昀辉	李 丹	杨 董	陈 锐
许汇锋	刘宏雄	杜思远	王鹤潼	齐英男	叶家辉	杨余锋	黎曦琳
谢立斌	霍 达	马世财	李 昂	何明明	王寅武	陈志鸿	李林飞
项维灿	赵程程	杨 晨	吴广园	田儒剑	石振东	李肖飞	孙 雪
段娅欣	王 娜	段 茵	丁兴起	秦婷婷	邓森森	许宏宇	黄荣孝
高桥东	潘龙飞	杨 升	王文涛	李新丽	申亚南	吕书航	于国良
王绍宇	李启航	赵琮皓	王思涵	吴奕霖	付裕恒	杜佳蔚	王霄焕
李恬晨	赵 艺	褚毅昆	郑叶杰	王 颖	陈婷钰	刘孟琦	姚 琪
薛凯丽	谢若愚	孔崇滔	李维腾	杨 言	王诗淳	刘益叶	王 晓
刘亚琴	柴 潇	管晏琳	方 宇	刘苏雯	艾 婷	郭懿萱	饶 臻
靳宇晖	常铃敏	衷天尧	吕曼青	方 萱	李嘉慧	王正之	徐 璇
刘婷婷	覃子阳	邱扬洁	李奕雄	潘 雨	高薇婷	蔡清华	刘佳莹
何雨蒙	傅楚钦	石俊杰	段舒怀	任逸非	林 通	张若秋	朱荣赫
蒋律瑶	张馨予	王 翔	邱健珲	荀港益	柏爽爽	祁 泽	王宇鹭
平安安	管庆丰	杨 乐	牟岩松	龚雨辉	姜志强	朱宇航	林夏轩
许瀚文	徐雯钰	刘坤卓	胡天晨	徐嘉琪	石婧凡	吴梦桐	王堂钰
陈佳钰	魏育坤	王宇航宇	文天悦	张曼祺	陈品东	赵易如	李 彤
范勋峰	余照国	苏惠琳	王雨桐	庞 珍	禹建芳	朱 政	张睿娇
张粹玲	周鹏威	张艺佳	赵英卓	李志圆	常宇清	梁寒玉	林怡静
章郁桐	刘 辉	唐瑜璐	蔡 玮	蔡孟玥	杨明传	庄雅洁	魏 玮
谢雅祺	黄欣欣	刘一卓	张弈搏	曾清扬	王乃玉	王俪蓉	薛莲婷

续表

胡柳静	詹昕蕊	郑慧娴	王上清	钟　妍	任佳义	姜　媛	王炫力
许佳妮	韩　雪	李　宁	仲心萌	徐　亮	蒋世宇	王肖宇	王晓伟
陈沛蓥	纪文童	黄子豪	赵凡舒	辛秀丽	丁兰飒	房幸龙	倪旖旎
王　栋	黄琳焱	王维伊	叶笑容	陈诗彦	于啸天	王馨杉	李卓勇
万家明	刘子轩	马　静	叶海杰	余　杰	曲文涛	陈　洁	徐　斐
窦　煜	赵　鑫	王雨璇	程　璇	张千一	苏　豪	许可依	马星辰
张　策	伊菊霞	张振宁	王佳丽	钱锐锋	徐珍瑶	梁　蕊	焦立国
张　佳	刘　豪	张玮玮	张　超	刘本玉	马　晶	刘　伟	吴亚洲
王路瑶	谢文銮	杨　露	焦心怡	彭琬婷	杨雨欣	罗春婷	龚巧彬
李　欢	熊　喆	迟　旭	余甜甜	侯加浩	赵　微	潘雅卿	牛晓凡
陈若晨	陈　琪	何强锐	韩雅萱	丁文杰	田若菡	齐文闯	李夏琼
魏胜楠	张文明	申向华	周子安	田富豪	白欣鉴	李欣怡	宫少宽
严嘉璇	赵欣雨	李茂辉	朱保奎	陈富豪	邓　威	何　佳	金靖林
许博文	马亚朋	岳仪凡					

3．院系级三好学生：708 人

高天初	余秋萍	李华东	褚　璐	高晨祥	蒿　翰	马丽雅	万博文
王彦伦	周子涵	闫书赫	武　超	李卓耘	蒋　凯	李佳谦	李睿智
钱胡胜	彭　意	李洪裕	乔登科	吕文轩	陈泓佚	邓盈盈	陈雨甜
郭以重	黄惠娟	肖旭东	胡　莹	葛浩浩	张素苗	丁海成	廖雯林
潘　超	韦丁瑜	陈其来	张雨洁	李源珲	李方正	陈明昊	赵　颖
胡亚杰	罗文婷	王　璎	卢进莹	姚丽娟	张晓旭	凌子涵	林泽川
王子涵	陈　倩	章家欢	何伟严	周志远	李同宇	刘书棋	于　群
令狐桐雯	袁雷栋	孟肖戈	王晓婷	程　浩	萧灿琳	黄　菁	罗旸凡
王兆霖	王潇宇	吕　挺	朱元斌	李雅洁	谢沁园	胡苑琳	高宇康
陈　悦	梁卓航	庞　博	吕奕波	龚承霄	李雪晴	李　乐	许　萌
刘佳豪	王　婷	周羿宏	姜宏锦	侯艳钊	尉佳文	王思睿	金晨妤
刘　浅	柳乐怡	冯晓瑜	覃丁宇	郭一凡	杨洋春	胡雪锋	赵　腾
王富成	李　岩	谢嘉成	郭鲁斌	陈　宁	贾泽晗	李函洋	裴　皓
严加贝	王芷晴	李溢阳	刘皓琪	徐辰宇	邢泽西	郝　琪	冯定腾
王昊宇	杨广亮	周世杰	张莞悦	刘　慧	姚　远	卢俞帆	张大山
黄　祎	杨　涛	蔡　洲	戈健宇	荣浩宇	王　捷	陈浩维	王　岳
万海洋	陈俊涛	王安琪	刘　宇	王　童	马英杰	李欣怡	夏浩然
姜炎霖	张天宜	张辰霄	方　灿	张云天	杨金哲	欧阳浩文	段一伟
王哲凡	张夕蕊	樊静宜	熊书磊	刘懿欣	王东晖	黄哲浩	刘　颖
刘晓波	陈良炯	王　薇	陈铮言	王　丹	刘宇翔	蒋欣颖	于琨澎
路帅超	曾　琴	孙　霖	陈昱冰	孟　添	夏仕伟	胡珂嘉	沈欣然
王静怡	沈思耘	陆季平	杜瑜铃	张依宁	姜云帆	廖卓颖	张艺迪

续表

张泽坤	王思力	莫锦涛	陈　琳	朱美婷	张莞嘉	黄朝晖	王文楠
殷　晶	张晓航	刘　胜	黄俊文	毛伊静	周琳杰	钱禹丞	魏场超
王小文	罗　肖	曹　锋	张振洋	高德扬	王金海	曹泽鑫	张问博
王友朋	廖海清	冯佳琪	刘世贤	刘　瑶	蔡国晓	陈　璞	唐　彬
沈　聪	李　臻	周谢阳	钱宇瑞	黄思灏	伍　璇	王潇苹	周　婷
李显文	王　耀	张　帆	雷应龙	陈健忠	伊良骏	程晓彬	鲍　迪
徐嘉兵	杨　阳	刘江薇	邓忠清	李明钰	孙江南	王笑晴	冯乃文
钱　妆	刘悦滨	杨婧怡	邵一馨	杨雨佳	白振奇	樊伟光	李明慧
唐筱仪	刘　文	苏凤宇	刘心仪	朱晓宏	高　欣	刘　苑	郭纳言
黄意津	刘　一	周雨凝	高铭蔚	吴淑慧	刘诗韵	陈兴鑫	宋存娟
张　宇	唐　琴	芦雯洁	黄绮煜	张树兰	李新冉	许维瑄	崔梦琦
王书晴	冯婷婷	赵　旺	张家晓	张皓敏	谭星星	张佳成	付　珊
林嘉琳	郝宇霞	李　达	曹雨婷	刘言言	陈振杰	胡映雪	李　想
王丽洋	张炳妍	韩烨楚	李　跃	魏德林	崔　颖	郑世鹏	翟寒冰
李魏星	高　恬	张　阳	王宇舟	莫医玮	吴若彤	胡烜彬	何馥彤
郭欣雨	杨　震	吴怡梦	耿孟茹	马纪涛	吴君茹	张昌媚	张雅妮
邓涵予	董昊鑫	石　琳	李淇琪	熊雨馨	徐颖哲	欧阳含露	林智鹏
陆家敏	蔡子阳	张忠冉	许涵秋	刘　夏	王　昕	刘泉辰	岳方茹
李宏遥	雍星楷	肖阳明	解　阳	高依然	戴佳丽	张博恩	蒋李文
王佳红	刘雯芊	王雪叶	刘　倩	李天雄	王　柯	赵　爽	甘银莎
司起步	黄　超	孟含笑	杜　南	梁　永	李　娟	于晨阳	潘　慧
周锡山	黄宇箴	乔　琨	许家鸣	张艺晨	周晓慧	魏邦吉	黄廷恩
杨　鹤	马金旭	孙守伟	李天天	刘　上	黄　意	赵　植	王东东
王泽星	曹文静	李思奇	袁　晨	余　丹	侯千慧	李海泽	赵　威
陈　英	蔡文馨	段晶蓉	马荷蓉	马　奎	李林泽	黄贤斌	陈鹏嘉
蒙　康	尹志华	王　文	曹端浩	张玉浩	宋媛媛	袁海驰	刘　磊
朱离垚	彭家琪	马如双	陈维勤	岳　涵	王仕旭	祁梦瑶	田维宾
周海军	李鑫鑫	蒋梓涛	聂　超	苏亚虎	赵明川	张丽萍	刘旭阳
李　岩	叶秋麟	陈品卓	邵　煜	韩　磊	李明哲	毛　洁	施志远
唐新周	毛　安	陈梦帅	李东懋	吴佳瑶	廖炜铖	陈雨瑶	王　洋
程　明	李欣怡	王一峰	胡晓阳	李心语	李　锋	许康胜	杨若男
李　超	王俊杰	赵培然	赵　特	贾亦斌	张一丰	郑思奇	冯奕晨
任苒威	陈　仪	李　娇	叶文力	侯育杰	邸俊杰	沈钧炜	许人介
张　杰	傅天瑜	毛恺强	温　倩	宋汉元	邓　丽	刘嘉蕙	彭　晴
马鑫阳	陈以力	范雪峰	张　萌	朱晓宁	蒋良竹	陈凯莉	吕奚若
宋沛林	郭静涵	王奕心	宋钰滢	王胜男	颜砾瑶	胡雨晨	王梓婧
沈与燃	林菽妍	关媛馨	蔡泽仪	杨佳颖	杨　芸	李　蔓	惠梦婕

续表

李闻羽	张子惠	于文华	洪艺娴	马　倩	张　潇	冯　婧	朱俊羽
戈伟增	沈耀群	张亚宁	涂佳敏	白雨溪	陆君洁	吴翰翔	周甄聪
吴柏想	周　圆	胡铮然	王秉基	郑浩伟	殷晨轩	温子威	曾至涵
耿　嘉	冯一尧	张汉松	王琳筠	田雨晨	张子祎	张宵玮	李　洁
郑庭筠	王佳钰	庞凯恒	邓锦霞	陈　曦	陈姗姗	罗秋白	刘应琦
王昕怡	郭楠楠	曹　洪	李　莹	张甲焜	袁佳昕	潘江浩	陈晰颖
肖伟红	潘俊廷	陈　卓	夏　涵	赵银君	王　潇	冯士贤	李晓坤
吕方超	苏　填	赵鹏飞	操菁瑜	周帅宇	吴红蕊	钟智超	可　寅
卓文琦	姚路锦	邓　开	王佳宇	万　旺	宋淑婕	刘玉珍	邓红珍
陈震宇	宋　雪	漆　涛	王　粲	陈诗琳	王　鼎	王佳惠	吴孟雪
郭诗璠	陈　鹤	马骞骞	曹婉莹	林照耕	朱　莹	弓雪雅	李春波
张邓佳	王瑞苗	张玉辉	唐鈺佳	任　珂	张贵程	王雅欣	张泽茹
魏煜康	许树颖	梁旭阳	刘　金	李文俊	刘怡博	袁泽坤	倪晨煜
关庆澍	石　鎏	庄吉霓	王港华	毛　昊	任俊杰	马晨晨	曹梦凡
李　倩	乔淑祺	胡欣欣	潘继良	鞠志强	唐铭泽	李炳阳	牛高远
张　巧	吴泽宇	吴志跃	陈　诚	赵祖欣	唐家敬	刘志勇	冯云鹏
王海曼	李佳嵘	杨　阳	王连友	马　丁	季卫鸣	胡　琦	王　鑫
杨丽婷	沙涵彬	栾泉中	陈一鸣	禚心如	王炳祺	韩　辉	王霄东
郭万蓬	宋玮煜	刘世梁	张　颂	马金阳	雷文媛	吴书函	王昱杰
麻慧祥	张雨菲	郑明杨	左峥瑜	杜博文	周冠达	刘青松	庄峻杰
孙　爽	张　旭	何　悦	周新越	阚童利	高　强	刘　菲	李　思
闫琳琳	程　曦	蔡爱玲	林小楠	杨玺艳	姚礼双	吴多杰	李　泽
张恩耀	彭贤强	邹英桐	王春杰	蒲曾鑫	闫　旭	吴雨露	李宝良
尤　建	吴世豪	陈　盛	杨泽洲	安　远	鹿希雨	任　澜	韩泽冉
蒋思宇	戴宇松	谈浩迪	马　赟	谭寅寅	黄　可	常宗烨	俞月林
蔡常鑫	岳　浩	黄依平	王自溪	彭定坤	刘艳芳	冷　然	陈　涛
陈　梦	李泽阳	杨伟宇	徐可可	石　庆	张承婉	宋广瑞	丘艺昕
宋伟业	刘　杉	胡露雯	赵泽宇	康　领	杨予萌	何　璐	李欣芝
高维鸿	叶　兵	王　涵	巫祖贤	王智成	凌　晨	杨德铭	刁卓凡
刘秋然	王紫薇	陈　陟	雷　震				

4．校级优秀学生干部标兵：20人

周　正	任春频	尹俊杰	刘沐霖	王　闯	陈秋香	席新科	陈端盈
景增明	于九洲	王诗淳	原靖凯	李　晨	胡天晨	谢锐彪	甘雨丰
任怡洁	吴　琦	苏　豪	穆合塔尔江·克依木				

5．校级优秀学生干部：89 人

富梦迪	李虹仪	杨晓伟	王婧雯	黄鑫恺	钟安祥	宋明樾	于志强
于汪洋	陈世萍	卞潇颖	黄恺洋	王昊天	薛　超	史锐博	王　勃
邓雅文	丁雨薇	倪孟贤	王梓峰	刁兴逸	苏运晔	张星宇	赵月悦
汪昭辰	王　兵	尹　馨	符精品	宿　阳	孙天一	高云鹤	张文硕
周亚梦	王思雅	彰子萱	郑世鹏	莫钦沦	王郡钰	翟晓鹤	姚苏航
李靖苑	赵辛元	于靖萱	王利民	孙　哲	赵　兴	王浩然	黄奕鑫
刘坤宇	王泽铭	于佳慧	徐华锋	郑　强	黄文旭	杨泽邦	蒋晶晶
田化润	张　怡	吴　璇	周　圆	杨　乐	何凯琦	庞凯恒	周璟峰
梁　策	沙涵彬	陈诗琳	相天麟	杨丽莹	刘超波	贺　哲	宁　津
赵靖东	杨鑫浩	齐昊天	刘　烨	李　菱	张翔宇	曾庆茹	余　鑫
刘力博	张玮玮	赵正阳	钱锐锋	王昕鑫	周逸伦	马　赟	
戴吾然江·萨迪尔	阿尔法特·托力很江						

6．院系级优秀学生干部：180 人

刘佳颖	仝　义	杨　涛	马宇坤	杨　昊	郭佳奇	元海霞	韩世杰
陈国勇	林惠孚	李东昊	马博文	王　归	张茗洋	刘华琦	张随缘
杨　晨	孙　雅	张成绮	李林燕	舒　鹏	张鑫宇	谭尚晨	董翔宇
马　婧	何碧涛	胡森勇	张晏熙	袁竞涛	李丰胜	黄子烨	张　权
张开鑫	葛长云	樊恒建	豆靖宇	肖俊平	易彦言	王浩伊	汪宇翔
任佳启	曲　睿	高　煜	雍家煜	窦子啸	王晗玥	尹泓钦	龚　亚
张心怡	周莲诚	王誉鑫	唐业丰	王孝天	尤俊栋	方　婕	王禹周
高铭蔚	刘洪帅	洪仁艳	吴　靖	朱彦恺	周泯含	董　佳	王　星
任紫芸	李　浦	刘　伟	李婧婕	康雨菲	张智诚	祁奥斌	晏嘉泽
顾芳源	艾力菲达	刘　敏	蹇　悦	陈思佳	龚元铮	胡宇航	李　想
施博文	刘睿智	王梓敬	金雨宁	苗之涓	雷淑珍	白正阳	李建东
马春玲	海正刚	李天天	王艺澎	梁开宇	何镜鹏	吴兆杰	孙剑峰
刘迦勒	李金阳	吕　林	庞劲松	刘钰坤	苏　海	范良迟	师伟超
刘益叶	张永庆	姚　远	王　玲	冯宇雷	周　敏	周寒宇	王　霄
蒋东翔	任心怡	潘　悦	杨忠来	虞心怡	宋沛林	高童童	朱　健
王小雪	何浩天	张馨予	殷晨轩	何金娴	王非凡	田丽霞	田雨晨
郭　然	王姣姣	曾令鸿	万家明	麻慧祥	王昱杰	王玥瑶	丁振原
方静宜	谌文澜	罗卓童	张　弦	陈长春	焦向明	段凡晖	闫　旭
李　宁	姚若钰	许佳妮	石　鎏	冯云鹏	王炳琪	褚佳杰	杨雨鑫
曲文涛	张　达	杨世庆	杨雨娴	汪蕴怡	张凌志	陈添翼	孟祥龙
陈　胜	韩雅萱	焦心怡	彭定坤	杨　露	张东昊	郑　旭	杨双维
黎　响	蔡常鑫	申向华	樊哲旭	高维鸿	欧　都	陈　陟	贾　瑞
白欣鉴	闫书凡	李佳琦	穆合丽赛·依明江				

保定校区获奖名单

先进班集体获奖名单

电力工程系

电　气 1504	电　气 1506	电　气 1602	电　气 1603	电　气 1604	电　气 1613
电　气 1705	电　气 1706	电　气 1707	电　气 1709	电　子 1502	电　子 1602
电信类 1705					

电子与通信工程系

动力工程系

能动 1501	能动 1509	建环 1501	动实践 1601	能动 1604	能动 1609
能动 1708	建环 1702				

机械工程系

输电 1501	输电 1502	机电 1601	输电 1602	设制 1601	机械类 1701
机械类 1703	机械类 1709				

经济管理系

会计 1601	造价 1601	经济 1701	管理类 1701	会计 1703

自动化系

自动化 1504	自动实 1601	自动化 1603	自动类 1701	自动类 1702

计算机系

网络 1501	软件 1501	计科 1601	软件 1602	计算机 1705

环境科学与工程系

环科 1501	能化 1601	应化 1602	环境类 1704

法政系

公管 1601	公管类 1702

数理系

信息 1602	数理 1704

英语系

英语 1601	外语类 1703

国际教育学院

电力英 1602	电力英 1701

四、先进学生个人获奖名单

（一）三好学生获奖名单

1．三好学生标兵：86

甘萌莹	黄　强	刘嘉硕	王禹琪	刘明杰	裘森悦	赖曦文	甄　谦
黄智文	薛　霖	万　磊	陈为佳	曾世胤	尹佳庆	陈佳毅	李　冰

续表

荆　森	李晶晶	王　杰	梁文亮	胡旭梅	熊　创	徐舒涵	杨万鹏
叶妮娜	周永戬	苗阿乐	刘　续	王茗其	王建斌	高群翔	田家铭
赵伊恒	赵家佑	王娅宁	任　汀	杨少琪	李　桓	张宏博	孙　鹏
曹咏彤	牛欣玮	杨　瑞	范贺宁	易梦馨	战馨雨	方　宁	张文隽
王珍艳	邓婉君	周登利	郭雅欣	田庆瑶	赵俊杰	毛杨坤	郝政丰
蔡国源	匡南宇	高　卓	诸葛雪迎	刘　聪	毛帅男	李依宾	刘林彬
白雪薇	孟　松	阴立强	黄　艳	徐　帆	梁宇豪	袁绍雨	林宸雨
周　权	刘　琦	黄宝强	杨仕和	李皎玮	史惠卿	彭政涛	张敬婷
谢佳音	高心洁	沈亦夫	陆晓星	马家璇	李木子		

2．校级三好学生：1047

柯　松	王　利	李雨桐	马子儒	陶柳妃	周儒畅	高　勇	鲍　晴
傅嘉威	史泽南	刘　艳	徐　哲	吴若伟	乔　鑫	马茗婕	管西燕
白　玉	官佳源	卫　卓	杨美颖	赵晓君	刘西娅	张　正	陈　悦
姜　苑	侯来运	肖钟秀	张　曼	黄明发	李　沙	龚静毅	李克难
刘恩宏	姜　倩	李欣宜	刘招成	蔡榕斌	刘腾飞	李梦婷	王加浩
朱　媛	陈媛媛	童厚杰	倪政泽	康玉婵	黄逸帆	廖芷燕	韩　栩
孙钊栋	冯舒婷	闫泽辉	侯赟艺	郭志博	张翔秋	杨敏雪	马　婷
秦　开	安文宇	夏　寒	谢　珍	陈　喆	王　克	胡康生	李朋飞
叶书荣	丁　筱	陈　燕	王　权	陈　俊	翁　昊	田晓旭	张燕荣
张　瑜	唐雅妮	马艺瑄	谢　鑫	雷世豪	韩翔宇	邹乔戈	谌可炜
肖　海	刘　槟	姚　宇	武晨煜	杨光照	李宜谦	马云聪	李思昱
占志刚	廖　伟	夏君怡	张志远	徐万欣	陈晓曼	李天翔	李金殊
李　康	谢　菁	徐之乐	陈骏泽	梁永涛	董　磊	曹雨含	叶学斌
孙瑞洁	王一迪	马少宇	郭临洪	于利颖	牛剑锋	宋智玲	赵松贺
张绍栋	张明洋	马　琴	朱玲慧	刘炳文	庄新宇	张志宇	陈鲤镔
徐明阳	叶伟豪	王　晶	马梓宸	赵亚楠	胡　雪	安亚楠	危凯琪
刘子嫣	王子铮	马明玉	杨承怡	孙雪桐	汪金明	刘珊珊	岳子宜
原晟淇	陈俊杰	刘宸岩	杨一帆	高婷玉	元金潞	吕天舒	毕瀚文
刘艺娴	黎晏霖	谢虎林	康冰怡	康世佳	孙承妍	熊　耀	李天宇
杨文杰	陈　曼	王馨扬	李嘉欣	曲兰青	景浩文	朱章宸	陈智雄
沙致远	陶蓉蓉	王若琳	郭逸凡	乔建申	杨　涛	殷紫芊	李东翔
尚逸喆	许颖聪	曾　悦	何静远	柴兆元	茆　杰	苗昊天	章倩楠
李　航	尹聪聪	张嘉瑞	韩　松	季　翔	杨　勇	李盼盼	覃捷睿
王　鹏	王洪菠	许智军	邹　瑶	范新宇	李鑫宁	谭懿璇	魏银红
李思琪	丁子钰	冯玉挺	刘津钊	潘　岩	唐东星	王占东	付　洁
刘玉鹏	彭　洁	艾子硕	曹文涛	陈业新	冯　晶	甘祥宇	杨鹏飞
张　蓉	邹树岭	沈钟毓	王傲儿	王宝莉	占郁雯	李　念	李玉洁

续表

彭爽洁	杨 兵	张怡薇	陈昌昌	侯小青	任国毓	冯睿智	李倩倩
蔡 扬	王楚予	张景化	冯印帅	何若晖	刘 豪	秦立山	张 灿
安天雪	邓洪达	胡周倩	庞丹萍	苏丽弘	王恩培	魏 鑫	刘岚珺
孙明明	闾 菲	张新月	张兴嘉	郭金发	刘清江	周琳刚	桂辛鲲
张成宇	李沛奇	徐茂琪	姜梦夏	蒋文华	王子恒	李昱阳	曾侨飞
何炅杰	张毓翔	陈金森	郭 靖	韩 南	吕和音	陈家希	丁邦坤
荀亚博	路 遥	王艺娴	陈衡元	刘栖灼	刘巧文	任佳欣	何棠玥
黄思涵	王文钊	张婧晗	郎需栋	梁颖琦	张 柱	李小倩	卿 浩
周 亮	江雯倩	张若愚	刁智帆	唐晓宇	徐 洋	孙 悦	丁乐乐
高士超	杨 硕	张 晶	张玉佳	何安妮	何林珅	郭嘉欣	张子薇
王静瑶	王睿琦	郭洳含	梁丽亚	李佳兴	蒋晓朋	余慧浩	李 睿
莫开春	李云鹏	冯盛森	刘 颖	罗 勇	李正辉	马万里	魏泽铭
周子莜	谢一良	冯晶森	杨浩昱	刘 余	马 冀	张文瀚	徐一鸣
薛少鑫	李 顺	涂嘉琳	马永涛	丁耀东	龚志诚	范慧静	刘 舜
胡佳君	刘桂秀	罗 政	马 驰	王 刚	吴和先	张卓远	刘 壮
鲍 威	高泽阳	郭杰杰	李奎杰	吴 颖	章 鑫	许子倩	吴 翔
韦虹宇	桂兆中	彭世彬	陈 烁	邓淑芬	陆帅伉	马渝钊	张沛雯
李子栋	吴 达	宋沁杨	潘 宇	傅 佳	陈 磊	杜立文	梁晓欣
李凡一	宋 蕾	唐 潇	铁 渊	赵娅楠	王俊杰	郭泽峰	张志伟
刘欣璐	何 跃	袁梁粲	陈睿琳	李俊杨	刘正洋	李健杰	朱 萌
周琼阳	黎迎晖	何 莹	邓书港	韩 雪	刘雪萌	马永昱	谢千山
李雨鑫	杜 彪	省 鹏	秦嘉锡	方可可	耿世福	姜 辉	邢婉婷
张玉洁	刘攀笏	崔永赫	梁 钊	唐苓芸	赵 庆	周 理	符明恒
李海明	刘天霁	邵继杰	阳庆林	张博剑	姬雅晴	李 洁	李金洺
王国栋	陈 曦	杜 晓	郝洪策	刘晓燕	吕泽鎏	王子健	牛嘉怡
王茂政	张 跃	刘东兵	岑添添	池亚达	樊 怡	何泓樟	孙敬滨
张青松	丁锃霖	权凯军	石小雨	唐嘉杭	王 璐	陈 靖	董天文
焦自嘉	李诗康	王 臣	黄和钧	陆海宁	王凌飞	曾秀妹	非云祥
祁朋园	苏 浩	张 琛	刘依林	邵常焜	辛侠云	杨 萱	赵佳伟
孙 悦	王 源	葛 妍	李 程	于靖靖	耿 辉	李 勃	马鹏程
岳晓蝶	周文轩	余盛灿	王 玲	徐庆文	荀振宇	周 阳	朱永凯
包洪源	王浩森	牟 芮	王思琦	敖国峻	金子皓	刘 英	杨嘉华
赵 斌	蒋成达	彭 阳	俞 浩	吴香江	杨 宽	张佳祥	韩旭超
黄 超	王紫祥	辛菲菲	杨凯衡	冯天瑜	李 琪	路蕤恺	蒙振杰
华运崇	盛艳灵	王勤驰	王业信	吴锐意	董鑫磊	赵予溪	邹文珏
崔珍瑶	王 潇	闫 睿	陈 鑫	阮景怡	朱婧怡	张 浩	张 涛
冯明星	黄 丹	卢林林	罗程远	吴屹潇	冯立言	黄馨仪	杨 洋

续表

由志宇	陈梦博	姜峰	雷隆	李勃	司婷波	洪镇堃	李灿锂
吴堉	张梦佳	段亚楠	刘瑾琪	唐路捷	王思霖	张亚博	周士明
高恩泽	蒋梦雅	李渊	吴玉威	尹啸笛	李刘益	朱艺璇	安延禄
宫超玄	李剑峰	刘紫怡	李智	谭石华	张昊	傅毓	吕政华
王长振	赵帅	马鹏岳	徐红来	张淑宝	郭彦汐	马金明	宋芷瑶
孙玮然	张宏烨	郝亚男	吴晴雯	赵美齐	倪永俊	马喆	冀艳
刘家琦	陆梦迎	白月	李路阳	李昊	王盈盈	韩菲菲	王梦宇
张英璐	孟繁玉	杨丰宁	陈金映	曹雨微	李若晰	陈莹莹	乔新娜
杜攀红	荣壮	王秀	蓝雪连	朱迪	刘艳珠	王丹梨	盛嘉宇
尧威	罗澍宇	宋佳玮	吕孟锦	罗红霞	张梦雪	徐鸟	王紫妍
王鹏瑄	李欣	王逸慧	李观长	张子仪	吴瑶	骆紫薇	童心圆
蔺璟	智婕	向思徽	吕耿沛	杨雪琴	刘伟晗	吴丽欣	陈佳颖
詹沛霖	熊阳	林柯欣	王婧怡	熊琦	季洁艳	康可依	曹艺琮
李建荣	黄梓浩	牟高扬	朱晟辉	叶文秀	李颐雯	张月	宋明浩
杨丹	陈威君	司戈	国旭	渠凯月	杨其凡	江昊	甄文博
周雪聪	程强	田佳乐	白柳	朱颜靖	徐蕴宜	陈心凌	张心怡
孟哲	刘秋悦	徐佳雯	王冰池	郝妮	潘泽琦	周梦迪	薛婧轩
曾德智	徐兴明	罗燕	杨旭	张抖	孙佳琪	程浩	程鑫
王梦珺	牟含笑	张莹	张书瑶	马星雨	刘书峣	胡潇如	张国斌
靳浩元	罗金涛	刘雅欣	陈优异	吕晋东	蒋雪梅	李荣	李蒙蒙
郭嘉曦	陈婕	鲁若楠	崔慧英	朱默润	郭晓阳	王泽欣	田庆
杨超颖	胡鑫	杨凌燕	李波	高舒慈	魏崇熠	董新超	任端福
刘镇	周子宇	赵蕾	王瑞昌	耿妍竹	徐家凯	鲁亚洲	项倜
林凡太	戴羽宇	杨紫藤	梁栋炀	曾林之	张琮委	何鑫	常毅
徐晓宇	吕兴强	张林茹	姜锴越	高醇	梁天堡	王增科	彭羽瑞
原智杰	邓丽	王晨旭	袁琪	卫星光	郭为多	周迅琪	郝悦含
庞旭琦	赵欣	李媛	石轲	揭志丹	王少君	郑茜	成国文
刘峥	彭维锋	徐健	亢美琪	江柳	孙瑜	胡哲东	冯媛
常泽煜	李震	刘思	彭鑫基	罗熙薪	李宣佚	林健	司冰茹
贾中翔	朱依依	赵雨青	付彦铎	刘冬	李思琪	周侠	崔宝京
王瑞琦	马志远	胡萌洋	苏泽梅	李姝琦	边立瑶	宋姝慧	朱亚强
刘天阳	葛云洁	夏鹏勇	郑凯玄	郑文洁	杨张妍	许钰林	许沐
宣朋羽	熊歆昀	周盛源	张官正	杨渊波	刘娜	盖立童	马彬
马也	任志鹏	朱俊霖	郭晨贺	高兴义	雷轩	李鹏熙	卢凌
扆泽璞	王岩	郑玉婷	彭勋奇	谢洪鑫	邓一帆	刘永馨	宋凤珊
赵建军	吴莹	姚越	匡竹	罗萌	张元开	盛玥	张明哲
赵欣雅	唐思佳	邓紫臻	刘文超	李季凡	梁钊斌	李双佼	林金坤

续表

蔡旭东	王子超	张颖灵	王朝阳	习梦圆	于烨璐	秦　朗	陈雅淇
喻靖壹	刘　志	李静蕾	奉雨欣	张钰婧	梁钦宇	封松飞	焦聪雨
常　悦	郭　政	张嘉然	赵　旭	白金玄	王治茹	顾霖赟	张紫微
于彰淇	赵朴臻	户家宝	李超群	袁炳灵	丁　都	徐　妍	杨　帆
高　敏	杨笑培	陆悦江	朱华清	才轶名	王柏鑫	景晓云	龙林宏
荆润秋	胡　婷	刘　洁	马家民	陈向阳	刘子祎	孟　恙	高　志
章羿骋	马欣宇	孙少波	晏　畅	梁维青	闫鹏鹏	席争辉	钱方涵
梁　珺	项晟楠	葛益珉	李明月	许世奇	李　童	陈李扬	程文浩
黎　楚	李志超	廖宇熙	王　宁	陈金钰	黄　吉	寇自阳	刘元政
束好瑄	孙仲顺	刘奕辰	张浩轩	张　晟	张焱杰	王舟瑶	刘　哲
张月恺	张明一	蔡惠婷	侯天锐	王璐瑶	蒯晨君	宋云畅	周樱桥
高　翀	高佳斌	薛立旭	侯　颖	王亚男	邢高山	方　溢	车　惠
刘星辰	黄新宁	高　勇	任晓琛	魏道鑫	袁婧婕	张燕茹	刘常安
范婷婷	胡　倩	高　然	周　雪	郭洪涛	黄圣杰	马建乐	田诗艳
焦冰洁	尧　甜	古珊珊	李　倩	强浩然	王海洋	杨国栋	王　璐
杨宇帆	王啸岩	吴江楠	艾春辉	王融畅	胡珂瑜	吴文泽	李　勇
周少康	经若楠	杨胜坤	尚岩桦	史旭潇	吴　琳	刘　艳	高天虹
蒋浩琛	何泳佳	张琳悦	史文韬	李斯斯	幸萍楠	张骥韬	吴　越
吴康杰	杨　澜	苗振钢	陈　红	杨文材	张永琪	孙　纬	赵思博
郭羽萌	张昱朝	张卓琳	田欣雨	夏玉斐	牛　荔	任怡霏	刘东玥
谭远宁	杨文斓	陈逸群	楼佳楠	郭昕睿	李泽昱	杨　洋	陈冰冰
耿玲玲	顾婉玉	胡毅敏	林彤宇	李　静	王欣宜	李　陈	陈香婷
商佳鑫	丁雨珂	刘军萍	徐睿洋	刘娅楠	史爱琳	周蒋婕	刘子菁
陈艺瑄	张一帆	江　润	王佳璐	高丽君	韩丹丹	蒲思倩	崔宁仪
李　彦	程　达	王泥力	李　聪	赵　霜	林昀姗	李　玉	周冰倩
颜政清	史艳林	谭相宜	刘晓祯	王馨妍	张　允	徐思源	范凯丽
石众诚	赵　轶	高雪倩	周　易	马　婕	李　泽	李佳欣	刘兆宸
徐　昕	曾蕴睿	宋晨铭	史云鹏	赖逸洋	潘奕欣	王　京	韩静怡
冯永杰	杨家骏	汪晋安	禹家琛	许　诺	吴茂桢	钟昱尧	陈晓奇
方子闻	李嘉璟	孙雨涵	朱雯清	崔　逸			

3．院系级三好学生：1696 人

宋嘉湄	蔡广燚	贾起越	张晓宁	李东阳	陈艳丽	邓嘉明	钱　途
贾以静	巩文洁	孔凡滢	林博铿	王志伟	张子龙	陈思宇	姚常志
刘　瑄	沈文奇	李晨曦	刘　灿	刘宇玮	黄啟茹	舒垣开	郑道然
李耀阳	李靖雯	王佳雪	陈慕华	谢凤林	郭　浩	张　硕	张　柳
霍旭阳	王毛桃	赵　芳	牛海涛	李斌奇	王孝华	童晓文	徐郡泽
曹志鹏	司一涵	田晓东	曹丽霞	刘殊君	龚阳智	李绍利	牛　森

续表

王　瑶	韩璐泽	严昌龙	李舒宁	刘振山	邹　明	谢子豪	张　茹
史石峰	周靖敏	于礼瑞	石月明	杨浩锐	郑雪梅	汤木易	陈浩杰
李国锋	任晓钰	刘　静	葛续涛	陈冲冲	刘　霞	罗盼娜	李金博
汪子琪	肖兆杭	汪　欣	杨舒惠	张龙涛	毕　坤	熊远博	王亚茹
常小强	吕　品	徐华伟	方　爽	苏　锐	胡亚凡	蔡少植	俞　可
陈　扬	张泽乐	杨雨熹	滕正伟	邵梦雨	岳宇鑫	穆鹏飞	冷崇明
戈田平	林仲钦	黄铕浠	袁复兴	邱志聪	张馨予	张沛乐	莫莉娜
赵立航	狄晓栋	李嘉靓	王权圣	王少康	徐　晴	李振钊	范少穆
尹鹏辉	吴　超	左安邦	刘　洋	王小妞	李　聪	唐　锟	张晓岳
盛玉倩	彭湘泽	潘孝原	周彦君	袁　琰	王傲群	尚　海	杨　宇
焦乾明	吴再驰	叶唯一	张玉玺	张心桐	张竞月	王雅雯	胡嘉琦
段松召	郝佳乐	吕慧敏	张　峰	王东旭	江博臻	王剑洪	李小琛
牛芳龙	刘子菁	罗开元	肖秋瑶	莫　姝	席旺旺	刘春阳	吕柏涵
王洪炳	陈旭彬	刘　悦	赵汉武	叶泽豪	熊赋志	马宇威	黄洪涛
易小杰	陈　智	杨子菲	王靖淇	魏子文	张颖哲	王子乐	王子欣
武心怡	许　灏	颜　溯	黄子桐	郭　燕	李瑞雪	赵建东	张峻华
高丹青	胡剑峰	朱玫盈	张　颖	赵丽娜	束军军	余　航	周宜晴
安丰彬	徐修远	霍佳杰	李伊萍	陈韵颖	董浩然	黄　坤	邓　瑞
栾　琨	王立博	孙　钰	覃一皎	张艺潇	杜皓皓	严才鑫	张雨辰
刘倩汝	王　旭	杨滨铭	杨　奕	武振华	李　伟	张艺萱	张子涵
旋宇政	李进生	赵婉婷	夏基鼎	余泽泓	秦　昊	赵　茜	万子剑
李彦彦	周　琰	刘盟盛	李泽浩	江冉煌	张　航	李锦涛	王冬青
臧雨铼	宁子达	杨芳婷	李　德	单心怡	吴梦焓	王志涛	欧蓉姗
严锦伟	冯天娇	薛田田	赵方园	白振民	冯馨瑜	何孝满	廖天文
麻云帆	乔瑞青	王恩泽	叶译遥	赵　鑫	郑璐阳	朱思宇	陈　昆
高玉华	胡思佳	吴晨阳	肖　琪	姚秋辰	袁雨洁	周子易	苟少云
霍坤梁	李　妍	刘　远	娄舒阳	罗菲宇	王新洋	袁　静	张寅标
张玉锦	郑雯娜	曹　赛	常　路	管紫璇	郝冠博	江　丰	孟雨琦
余佳依	孙淑杰	张洪嘉	张馨元	曹炜鹏	葛翱铭	龚渝涵	刘　勋
任涵钰	王素蕾	王玉庆	薛　炎	岳玮佳	张天豪	甄星皓	杜雯菲
付利达	姜　磊	李亚明	刘博文	刘晓林	徐炳芳	徐之康	叶　根
叶亚冬	张博文	高成龙	胡万君	李　炯	李美颐	潘海亮	任君涛
汤　荣	王翕钰	朱　艳	成雨卓	贾　悦	姜舒雨	兰和潼	李世杰
潘艳妮	原　昭	曾淳里	班宇嘉	陈伟雄	陈宇航	程浩浩	郭潇镁
任雨飞	吴　娜	吴卓伦	杨　宇	尹子澳	张本初	卜仙雅	陈烜旭
程文静	宣珂杰	杨佳航	周雨晴	曹博健	董　阳	韩　创	马一鸣
孟荣涛	潘雨情	唐榕蔓	扶涵迪	胡慧聪	李宗洋	刘逸凡	王建衡

续表

文 淼	姚玉菲	张力丹	赵建博	戴 景	德思雨	樊子昂	吉勇曾
李林媛	刘超凡	吴张炜	杨灵睿	戴亚妮	付卓铭	高 妍	李良晨
李欣逸	卢 洁	宋旺达	张承志	陈 韵	段钧曦	李阿罗	王辰雪
王越琳	杨丁苏	杨 伦	张宾宾	冯晓晗	韩晓滢	贾浩松	刘 旭
罗中霖	马 军	孙一然	赵晨哲	陈婧文	谯渊源	王鹏媛	王云帆
吴应臻	张丹妮	陈东旭	高 超	高奕宁	李静雅	李俊宇	谈黎明
燕艺薇	赵 蓓	蔡巧巧	姜凤民	聂海情	王 锐	袁子凡	付晓霞
李金川	刘保阔	班旭阳	李家乐	刘汝仪	刘璎慧	杨添驿	赵宇琛
白佳乐	曹 洁	崔康佳	许克嘉	程鹏飞	郭俊杰	季延凯	焦宇航
李 兵	念欣然	于婷婷	常旭明	陈则享	高 熠	李铭辉	赵 鹏
韩光烨	徐云霜	张晓强	过远洋	蒋兴涛	刘思艺	钱 涔	强一凡
孙慧强	王秀茹	薛骏琦	叶国荣	张睿源	戴浩男	闵煜炀	金雅慧
孔令昕	骆长亮	杨 博	杨 涛	袁国庆	安丹阳	陈锋彬	黄 佳
李沛尧	潘 潇	熊梓豪	赵雅慧	周睿恒	曹天姝	丁 昕	江奕静
金俣含	包欣怡	陈冠宇	管楚阳	林琨翔	吴 堃	吴敏君	吴雨静
张 灿	张晓波	高佳琪	胡晓彤	刘程辉	薛鹏川	张玲慧	张瑞芯
赵荣锴	贾锐麟	吕绪哲	王 聪	吴 浩	徐凡清	陈永一	何明桐
陶乐清	王子昂	吴浩民	任凯明	石钊旭	高 峰	刘书涵	刘 磊
高 宇	田博冰	余志强	倪壮业	袁 焱	杨崇军	张 凯	石凯悦
成 辉	王欣鹏	王治祥	田 聪	陈家才	耿晟茗	罗 彬	王阳雪
宋事坤	刘力滨	周 天	杜峻宇	高 冲	胡盈彬	李泽海	刘金硕
刘力挺	乔力盼	王文达	姚彦名	叶宇鑫	韩皓南	侯绍妍	李青松
孙豪博	王朝阳	杨艳枝	张焕强	白皓昱	龙炬桦	娄嘉诚	韦良炜
谢行远	李雨鑫	刘 睿	农 浩	齐 伦	徐佳琦	黄 哲	李坤宇
张本瑞	张俊伟	朱志浩	柳 灿	安琪伟	王 颖	杨振宇	程 依
朱明昱	罗 林	陈柄岐	张新宇	胡次涛	黄超杰	朱业瑶	宋璐源
魏万磊	陈禹竹	林孟琳	滕茂森	杨志文	左宇双	胥晶晶	梅锦超
杜云亨	蔡晓溪	谢学良	顾开帅	郭学文	闫沛伟	龚弟鑫	吴志聪
张 策	彭雪风	张少强	文 浩	孙寒阳	陈烽城	康恒瑜	李朋泽
娄刻强	吴世宏	易佑中	米世豪	张愿男	何庶雨	申文然	徐 岩
路忠睿	唐灵芝	杨 洁	毕凌峰	胡光亚	王 扬	邱明石	赵振远
张泽宝	黄 鹏	张红昌	侯一晨	张金宏	周 楠	何晓洲	于佳正
孙栎洋	符 康	吕金潮	赵泓伍	刘晨颖	董竹雨	杨振宇	明荷菁
崔宏伟	敖 意	陈 鑫	丁 佳	黄 迈	李 岳	王凯轩	张宇淞
文思洞	刘 丹	杨 崇	赵志龙	黄永鑫	简惠远	刘跃登	孙德康
朱家伟	林啸龙	戚子豪	孙向阳	杜增晖	姚 勇	康 忠	马 越
沈芷琪	孙坤燕	吴婉婷	夏 辉	杨 欢	吕 营	邓国彬	李 硕

续表

郭富强	冉颖	郭亭山	李勇亮	梅书雪	舒文	黄志豪	李泽希
杨森皓	隋晓东	林子博	鲍其先	付晓辉	颜锐	张璇	车晓钰
高瑞鑫	刘明龙	刘堂艳	任子昱	张云浩	佟伟	龙潘	徐鹏雷
杨冠杰	陈添鹏	戴鑫	范东宇	李安琪	马建青	牛旭	王志旭
曹万贵	屈梦叶	周仕雄	侯长余	靳晓忠	宋福强	张宁	吾什但
赵晨旭	贾东亮	李唐	王亚光	陈定粮	侯翔开	王俊泽	王鹏飞
王拓	张雨菁	高晋利	马昕	魏双双	杨岚琦	陈鸣卓	程云杰
胡爱英	李豪博	龙游江	沈宇浩	王胡儒	于大慧	郑昕桥	李璐
陈学晋	雷蕾	李沛妍	石佳艺	许家薛	叶子汉	雍洋	张哲浩
荆铄涵	李学成	刘灿文	欧洋	宋雨	王骋昊	王金祝	袁思懿
周天宇	朱爽	邓武彬	何柯	赵凌杰	吴青桦	丁兆虎	龚广明
刘晓磊	骆立衡	裴浩超	张华坤	张扬泰	胡雅楠	李进聪	林紫锋
刘金长	刘鹏	汪涵	关旺东	侯毅	李正寅	刘君草	雒龙飞
蒲星霖	游龚川	赵腾	包磊	刘干东	王尚成	张兰昕	赵墨林
李佃峰	李林春	李帅	李宇峥	陈俊涛	马赫	石家桥	孙刚
王啸尘	徐奎	周威	刘凝宇	田文博	车旭梅	冯佳宁	孙明辉
王怡	翁珑晏	肖思业	张雨平	张浩然	赵晶怡	卜雪松	崔豪
董显敏	刘越	茆捷	苏天颐	曾勤	邓志明	付锐棋	童建飞
肖庆彪	袁林	边浩	董雨钊	冯正良	黄新	景翌	刘帆
钱梦成	高鹏	李润晨	李威威	李玉棵	郑章进	周建国	周俊民
朱鸿玮	陈泽光	黄磊	王鼎明	王彦彪	叶永鑫	岳振	陈奕超
房权	胡嘉伟	孙润韬	覃禹程	叶之桢	代德瑞	刘川川	颜锐奇
胡如法	黄俊凯	李晨昕	强甲	沈伟涛	赵晓艳	蒋红秀	李博炜
刘翔奥	罗益鑫	任得昊	阮龙翔	王绍壮	谢佩亨	张睿	胡茂
李一帆	孙鸿禹	覃杰	汪超	王德帅	张泽华	陈凯乐	程砺锋
范珈诚	孙义楠	王佳鹏	王恺昕	于焕琦	张言	赵普	左国江
冯琮玉	高志辉	黎舒芮	廖子恒	刘叔杭	马江辉	白洪健	段宇轩
李睿智	彭泽	乔昕	赵玲玲	赵幼哲	朱乐雨	孙嘉聪	王奕心
于安宁	管西梅	秦青芮	宋子豪	孙鑫茹	王元昭	田璐	汪晓萱
韩婷	赵凤群	周小洁	赵玲清	王晶	戴鸿熙	吴皓月	姜浩臻
伏圣章	李晓亮	杨浩娟	肖铁城	陈大可	王梦圆	洪阳	李莹
汪子君	郑佳佳	谷悦	董泽源	邓若晖	祝建梅	孙敬文	仝庆
王晓晴	冯雪飞	胡香华	李田	江丽媛	夏博文	林瑾	张帅
周静涵	孙宇星	吕筱	张杨	叶鹏飞	党建荣	王可昕	王廉茹
任伊琳	徐欣	王子轩	王玉洁	付叶涛	庄永栋	李名扬	刘行
何家耀	蔡成聪	牛丹丹	王斯宇	罗春霞	高江梅	何山	周倡弘
陈昊冉	邱冰	魏蕙聪	赵佳璇	吴果莲	张琳琳	王昭尹	田欢

续表

满新月	林文婕	刘 晨	蒋 浩	章洛铭	张 璇	张玉腾	唐凤芝
张舒阳	唐 庆	宋建博	梁 霄	韩沂岑	周梦姣	罗 涓	董恒烨
刘弘宇	詹雪颖	呙 锴	耿晓莲	刘 栋	万昱娴	李筱笛	张明泽
宋金历	黄家懿	汪宇昕	赵 晔	陈亦阳	宋雯莹	张芮瑾	郭伟嘉
崔志诚	滕 越	席语莲	卫卓群	谈锴莉	李子恒	王 婷	张志涛
孙有为	吴家铭	方 娇	崔 婕	冉雨青	张纪元	张志宇	董小男
肖凌毅	马晓然	曾剑峰	张天米	马 涛	莫紫晴	张继祖	刘晓阳
李子彧	邹俊雄	任泊林	陈珂翰	钱范欣	王一为	沈会兵	方 源
梁君悦	陈星羽	吴佳勉	沈伶钰	蔡金珂	葛青妶	骆鑫霜	穆云燕
马欣怡	李原原	陈钦宇	王少彦	田洋蔓	王耀敏	陈 超	何妮珈
朱金铭	张爔月	董永洁	李思童	王静昕	李玉莹	孙梦林	余家琪
毛露含	李雨楠	王剑宇	乜静涵	黄震斌	张俊炜	孙圣仪	刘凌琛
潘晗钰	何 靖	郭劭妤	湛丽娟	洪州博	何婷婷	王 旭	樊家旺
王炜杰	吴雨泽	柏 榛	单正文	于 湃	谢 镇	赵玥莉	刘艳艳
丁 柔	汤香誉	李析璇	李昱智	刘锴泉	王 颖	丁梦婷	杨承昱
李 晓	王世周	兰元翠	陈建康	王嘉玳	张博恒	王 智	夏文韬
台浩东	樊惠莹	傅 博	姚 链	蒲嫦莉	刘雪菲	张展搏	郭天雪
姚 鑫	叶俊杰	李永航	辛博睿	王佳莹	张文刚	陶松毅	龙雅芸
郭聪彬	向正莹	何金宇	郭亚舟	刘 康	牟亚雪	徐鹏斌	王梓贤
邓梓鹏	徐自豪	熊 镭	陈舒曼	智贝贝	胡景朋	艾新宇	祝 涛
王含光	贾仪伦	王璐瑶	梁 波	王小莹	诸珉琦	严净池	王茂森
马靖宁	刘义锐	林红娅	冯雪凯	李 鑫	罗鹍鹏	王 葆	侯 哲
王科奥	李高萍	刘元君	焦华钰	崔智博	李春云	张伦昌	刘 辰
赵双巍	董叶子	田鑫雨	谢文清	杨红钰	苏云帆	梁 航	吴胜洋
潘有朋	刘子鸣	谢志邦	刘博通	刘玉洁	田晨雨	陈年昊	王亚松
付 景	张天成	高晓娜	宋佳车	钟冰洁	许之胜	王聪慧	梁 宸
陈国柳	师博文	任志洋	吕 涛	卢俊菠	赵仲轩	张艳超	赵嘉祺
田雯雯	秦鸿圣	张子媛	赵 宽	魏梦扬	张 可	张子安	郑茗友
谢蕊馨	云 珮	崔雨小	姚 婷	何欢欢	江晶焱	许梦凡	施楚敏
黄 冰	廖祎涵	刘旨杰	敖晓玉	唐亮文	马庆丰	王冠杰	谭紫璇
冀介文	吴佳璐	贾隆琪	余 琪	袁煜楷	周孜钰	卢俊霖	潘 航
张伟杰	李西备	徐筱萌	展 元	胡东玫	水 君	胡宇阳	张亚辉
任昱杰	闫 鑫	刘梦莲	沈慧贤	韦凤梅	张璐珈	蒙铭钊	王可欣
岳建任	段西宁	陈剑水	贺秋萍	刘 畅	吴莎莎	丁 菲	张诗琦
胡安东	申昕仪	郭英芸	李朝霞	杨丹旭	李林阳	王 雨	董英帅
张宇辉	龙潇宇	吴 诚	梅 鹏	杨正田	杨 霞	郭树一	唐泉生
袁 思	陈鸿雁	陈 智	黄 茜	李嘉兴	孙秋玉	林 锴	张哲玮

续表

黄 震	姚淑琪	刘曼娜	王文静	冯 锐	蔡洪明	邢嘉城	包鹭鸣
雍东升	闫煜辉	马 燕	胡伟业	袁润苑	严 涛	王振华	于子文
陈至桓	刘文俊	朱光耀	陈奇跃	李熹媛	潘建霖	马世祥	王博锋
田兴聪	崔 潇	刁 珺	陈心怡	魏天鸿	王科策	石 超	魏清亮
徐浩胜	王英同	白举霞	任奕菲	畅权威	李佳阳	李 畑	胡湘婧
李金原	彭锡锦	姜 定	聂雅诗	李 祎	张方缘	刘 锴	王 硕
余正秦	曹 越	齐国梁	董璐琪	谭铭谦	冯瑶玮	张原野	郑铭璇
王子龙	高千惠	刘艳平	李百强	汪 珂	高芷菡	唐 辉	尚虹霖
田继清	苏奕帆	肖雨婷	谢雨童	孔维庆	阮恺枫	毛若恺	郭 昊
范瑜晖	苏鹏程	李婕妤	龙云飞	唐 然	王勇攀	杨 慧	白 晓
余沛润	王 腾	王梓行	宁文胥	罗 驰	王泽洋	刘恩佳	张 玲
郝佳欣	孙金宸	薛城标	李 彪	张 旭	胡圣翰	黎文茜	王昭童
文俊杰	闫 晗	郭 翔	檀东桥	刘红军	郜顺举	冯铭希	安 旭
张 琦	赵 琪	赖泽邦	李钊博	吴欣雨	高语晗	张 琦	张靖晗
王浩然	杨鼎睿	王奕尧	赵芙卿	查睿煦	李林风	侯世隆	陈 洋
张晓潺	余开欢	柯荷菲	刘雁蓉	黄倩晖	钱 真	尹蓝凝	张逸轩
马 昭	谢承鹏	吕 白	柳 恒	付 豪	白光福	魏可馨	金 森
徐 佳	黄 珊	邢雅鑫	张鹤年	张利鑫	赵宇翔	韩云凤	向港华
李红喜	杨有航	冯小荷	苏 联	樊泽薇	王好影	慕蓉赫	金宇凡
李瑞萱	刘道宽	岳子渊	杨庆珊	王 泽	胡言午	梁一帆	杨富兴
杨文雅	李 宇	吴昊俣	宋延星	艾俏锋	黄家莹	马 淼	朱若璇
符 乐	董昕鸿	庞蔚莹	樊帅军	袁从学	龚意邦	赵 宇	彭仕琦
迟晓丹	李 洋	王雨洁	胡浩博	杨定畅	李梓涵	奚圣宽	于 琨
臧思念	顾健豪	解 鹏	邹雪婷	毛新宇	彭立洲	汪官曌	李翠苗
姜文政	李桂林	林 涵	林文智	赵瑞曦	赵 瑛	冯康康	郭俞辰
齐智博	陈柳潼	刘子暄	田沁霖	徐崇然	秦子康	王晓梅	王博葳
刘 杭	孔迤萱	麻滨麒	向 汝	汤 谌	张 晨	夏 昀	梁法珅
林芷琪	张泽华	马采妮	王红秀	吴壹强	王子涵	朱灼林	庄意如
刘恩余	王一然	吴 岳	杨 璐	蔡凯樾	蔡诗羽	常靖康	盖亚楠
郭纪森	韩非洲	金发洲	刘 笑	王泽旭	王振宇	肖莉萍	臧欣怡
郭仁山	胡云帆	李欣泰	李 璇	田智引	王雨烨	梁园园	舒子茜
封睿坤	解书阳	孙志强	丁旭昕	朱星遇	黄 妍	彭晓涛	王以群
袁广策	潘亚洁	苗钦奎	段昕宇	曾 毅	王雨昕	胡容赫	赵娴英
张冰晔	谭佳璐	彭锦锦	王亭鸥	解佳腾	刘海富	郭倩颖	王齐奇
王双坤	王欣月	王雨薇	赵云鹏	张丽楠	王亚娟	黄佳新	曹 靖
郭冠渲	马彦虎	欧志聪	项 昊	张 黎	赵天旭	王晋芳	郭慧玲
张竹扬	张贵华	周 垚	张凤山	孙家宜	童成杰	周一男	刘含笑

续表

朱　海	吴思庆	马晓红	赵诗萌	廖　莎	史祎彤	逯孟莉	王丹丹
何家成	李云爻	唐静静	张恬昕	刘　馨	张　杰	李沁霖	黄建国
吴　怡	张云荣	张玉萤	姜　珊	王正玉	毛　珊	陈　堃	夏　露
王　楠	祁缨缨	先　敏	朱瑞康	陈文健	钱　蕙	王敬宇	孙文慧
陈柯均	汪晓宏	童成薇	盘彦伶	赵传帅	袁梦媛	马美然	刘洪婷
王诗语	姜宛廷	孙立莹	王小霞	锁佳樱	周诗迪	刘晓鑫	周　昀
赵安曼	张　敏	汪慧莹	杨怡宁	禚　澳	刘佳妮	魏　然	郭婷苇
成梦露	刘靖宜	杨慧敏	殷子钧	张诗婧	张　卓	李静雯	田一冉
王嘉园	杨　杰	叶鑫宇	齐圣雄	刘　佳	罗　芬	杭丹丹	吕一品
张丽君	李汶颖	黄书馨	田明霞	张思思	王智锦	祁媛媛	邱思月
金艳洁	闫　莉	孙　颖	宋钊闻	刘志荣	李　典	张婉婷	张　晰
刘睿婷	张　莹	俞　慧	李小莉	季　遐	杨佳慧	刘　珊	尹瑞琪
杨凌燕	寇恒实	孙佳音	曾　卓	张雨萌	李　聪	吴汶栖	黄华斌
李信哲	赵子辰	扆晓婷	邓仁毅	方妮南	李金雨	刘祎恺	沈　畅
李锐博	王钊婧	陈荣发	朱家轩	杜健豪	王业朋	彭雪枫	许俊洋
吴沪宏	谭泳岚	齐　雯	蒋英迪	唐　骋	唐煜智	包　微	陈嘉岳
沈珂伊	罗世霖	戴宇昂	徐敏倩	杨蕊绮	阮君艺	李倬凡	殷芷妮
邵　健	李天翊	许宜薇	王婧婷	何伊慧	刘佳慧	冯奕星	周　正
陈润邦	李嘉宁	刘子奕	金姝含	罗成琳	杨子豪	王乾鑫	罗政杰
郑　晏	过艺伟	吕瑞琳	魏　薇	刘龙虎	郑　东	井振宇	周俊希
易杨美芝	司马学昊	欧阳锦华	叶盖· 哈里木拉提				
黄晨怡雪	冯凌姝雅	欧阳宇乐	孟祥俊伟				

（二）优秀学生干部获奖名单

1．学生干部标兵：20 人

黄逸帆	肖　海	刘恩宏	吴志鹏	范新宇	王茗萁	马　冀	刘天霁
郝洪策	战馨雨	冀　艳	荣　壮	匡南宇	刘旨杰	李依宾	荆润秋
谭佳璐	苗振钢	蒋浩琛	高心洁				

2．校级优秀学生干部：66 人

林博铿	刘　艳	牛海涛	张　曼	朱　媛	杨浩锐	汪子琪	岳宇鑫
赵建东	张　颖	王　旭	曾世胤	韩　松	许智军	赵宇琛	张　蓉
郭金发	刁智帆	徐　岩	侯一晨	梁晓欣	耿世福	张玉洁	唐苓芸
李　洁	戴　鑫	权凯军	董天文	赵佳伟	冯天瑜	姜浩臻	杨佳钰
王　秀	王逸慧	宋明浩	王子杰	靳浩元	吕晋东	赵　蕾	冯雪凯
常　毅	高　卓	亢美琪	刘　冬	张璐珈	张　鑫	葛云洁	夏鹏勇
郑凯玄	杨正田	宋凤珊	席争辉	赵瑞曦	白　晨	刘道宽	刘子祎
奚圣宽	林文智	王欣月	李斯斯	吴康杰	孙文慧	牛　荔	张　晰
赖逸洋	吴茂桢						

3．院系级优秀学生干部：166 人

马子儒	鲍　晴	白　玉	郭　浩	侯来运	龚静毅	曹志鹏	司一涵
孙钊栋	马　婷	丁　筱	李小琛	李金殊	谢　菁	王靖淇	董　磊
张峻华	赵丽娜	赵松贺	赵亚楠	危凯琪	杨承怡	汪金明	刘珊珊
刘宸岩	吕天舒	单心怡	吴梦焓	甄星皓	刘晓林	景浩文	吴卓伦
吴张炜	赵晨哲	聂海情	魏银红	丁子钰	彭　洁	李铭辉	冯　晶
彭爽洁	张景化	刘岚珺	郭　靖	陈家希	郎需栋	李小倩	张新宇
何安妮	何林珅	郭嘉欣	李　睿	吴志聪	张　策	冯晶森	唐灵芝
薛少鑫	于佳正	郭杰杰	赵泓伍	吴　达	孙向阳	马永昱	赵　庆
李金洺	李安琪	张　跃	宋福强	苏　浩	高晋利	李沛妍	宋　雨
王　玲	任　汀	牟　芮	李正寅	杨少琪	吴香江	李林春	董鑫磊
李依诺	岳　振	曹咏彤	李　渊	朱艺璇	傅　毓	宋子豪	郝亚男
汪子君	孟繁玉	李若晰	张文隽	张子仪	向思徽	陈佳颖	熊　琦
黄梓浩	杨　丹	甄文博	程　强	徐蕴宜	王冰池	吴雨泽	马星雨
刘书峣	鲁若楠	王瑞昌	徐自豪	李　鑫	吕兴强	苏云帆	付　景
钟冰洁	赵嘉祺	张　可	姚　婷	孙　瑜	毛帅男	蒙铭钊	李姝琦
刘林彬	许　沐	周盛源	杨渊波	马　彬	姚淑琪	李熹媛	王博锋
阴立强	罗　萌	陈心怡	张元开	顾霖赟	刘　洁	马家民	梁一帆
钱方涵	朱若璇	顾健豪	毛新宇	束好瑄	孙仲顺	张月恺	周樱桥
黄新宁	刘海富	焦冰洁	吴文泽	李云爻	吴　怡	张永琪	赵传帅
郭昕睿	周蒋婕	崔宁仪	颜政清	杨　鹏	刘志荣	刘　珊	刘兆宸
宋晨铭	韩静怡	戴宇昂	孙雨涵	朱雯清		巴燕·塔斯恒	

（三）单项荣誉获奖名单

1．学习优秀奖：281 人

马子儒	鲍　晴	白　玉	郭　浩	侯来运	龚静毅	曹志鹏	司一涵
孙钊栋	马　婷	丁　筱	李小琛	李金殊	谢　菁	王靖淇	董　磊
张峻华	赵丽娜	赵松贺	赵亚楠	危凯琪	杨承怡	汪金明	刘珊珊
刘宸岩	吕天舒	单心怡	吴梦焓	甄星皓	刘晓林	景浩文	吴卓伦
吴张炜	赵晨哲	聂海情	魏银红	丁子钰	彭　洁	李铭辉	冯　晶
彭爽洁	张景化	刘岚珺	郭　靖	陈家希	郎需栋	李小倩	张新宇
何安妮	何林珅	郭嘉欣	李　睿	吴志聪	张　策	冯晶森	唐灵芝
薛少鑫	于佳正	郭杰杰	赵泓伍	吴　达	孙向阳	马永昱	赵　庆
李金洺	李安琪	张　跃	宋福强	苏　浩	高晋利	李沛妍	宋　雨
王　玲	任　汀	牟　芮	李正寅	杨少琪	吴香江	李林春	董鑫磊
李依诺	岳　振	曹咏彤	李　渊	朱艺璇	傅　毓	宋子豪	郝亚男
汪子君	孟繁玉	李若晰	张文隽	张子仪	向思徽	陈佳颖	熊　琦
黄梓浩	杨　丹	甄文博	程　强	徐蕴宜	王冰池	吴雨泽	马星雨
刘书峣	鲁若楠	王瑞昌	徐自豪	李　鑫	吕兴强	苏云帆	付　景
钟冰洁	赵嘉祺	张　可	姚　婷	孙　瑜	毛帅男	蒙铭钊	李姝琦

续表

刘林彬	许　沐	周盛源	杨渊波	马　彬	姚淑琪	李熹媛	王博锋
阴立强	罗　萌	陈心怡	张元开	顾霖赟	刘　洁	马家民	梁一帆
钱方涵	朱若璇	顾健豪	毛新宇	束妤瑄	孙仲顺	张月恺	周樱桥
黄新宁	刘海富	焦冰洁	吴文泽	李云爻	吴　怡	张永琪	赵传帅
郭昕睿	周蒋婕	崔宁仪	颜政清	杨　鹏	刘志荣	刘　珊	刘兆宸
宋晨铭	韩静怡	戴宇昂	孙雨涵	朱雯清	巴燕·塔斯恒		

2．思想道德表现优秀奖：282 人

林钰芳	王润东	杨志国	朱惟哲	王新刚	王欣蕊	王子怡	蔡馨雅
张　凯	张子璇	吴静羽	陈西婷	邓艳玲	杨秀明	谭棕宝	佟以鑫
乔俊杰	张晓晨	黄　炜	李晓玲	杜诗尧	秦　彪	罗珺康	秦静茹
毕精华	穆晓宇	刘宏宇	张海琴	蒋一铭	王泰森	兰文涓	官舒颖
杨文臻	孙瑀晗	丁　宁	李奕璇	颜梦圆	马　健	丁　宇	王尚升
胡琪学	杨丰任	李昀罡	张泽暄	吕　澄	王　光	刘海婧	刘锦泉
刘　磊	严福强	宋祥宇	吴超群	周　盼	胡晓东	吴志鹏	郎舒豪
刘瑞璋	陈　杰	阿　兴	常静恬	陈天泽	崔雪薇	马文华	王紫恺
李润祺	廖　嘉	朱　越	李　莹	李思佳	王俊豪	李冠达	李万飞
张微微	陶忠旋	于婧璐	孙睿姬	张景泽	苏炳鑫	张晋雷	朱梓厚
刘凯龙	曾　梁	刘　轶	王　颖	孙　煜	俞在潇	于智红	徐　栋
刘　飒	龚子铭	吴　勇	刘逸群	马成学	崔　皓	朱成才	李振慧
徐嘉宏	陈雨萧	陈志斌	刘万博	陈　旭	周鸣瑞	潘景涛	赵子旭
陈雪雪	刘玉喆	朱星皓	李依诺	刘　琪	王学强	邓悦飞	潘俊帆
祝克良	林伟豪	郭　宁	李天元	王家炜	白雪乐	尹璃晨	李　恺
姚文佳	王子铭	关天宇	杨佳钰	李高旻	田　诗	李天潇	王小宇
樊恒为	周利易	张博越	李　娜	闭慧玲	杨　浩	马嘉欣	侯京东
陆　洋	王勐跃	黄　静	兰聿辉	李路伟	热　娜	陈香凝	石国芳
倪玉冰	陆宇航	李应民	范文迪	魏家璇	王莉莉	陈雨溪	张紫薇
罗钧耀	卢　叶	赵鹤婷	黄桂思	首世珍	陈安达	李　斌	尤　淇
马全秀	李　奥	董海鹏	李炳锋	汪红日	牛玉鑫	罗佳钰	于海航
张　鑫	乔进富	李祺祺	吴　潇	王世琦	高　鹏	汪　可	商　聪
李佳琛	朱云佳	金铄	李普阳	徐　威	张子钊	凌振栩	张凝皓
赵小康	刘占康	姜　迪	崔浩田	傅泽松	刘　鑫	骆　镇	王禹程
姜　静	黄玉婷	宋雪瑶	曹海山	彭馨莹	李梦伟	马慧宁	刘博闻
柳　滢	黄钰坪	仲晓雨	曾丽娟	吴昌南	吴锐斌	郑思行	李智杰
胡钰琳	王雨墨	李彦恒	刘　飞	唐其东	郭维强	邓九屹	罗兴发
刘　奇	黄　玲	吕志杰	于励飞	贾洁茹	沈　玉	薛鸿宇	张若宁
刘　娟	董鑫晨	董　宽	马　乐	白　悦	蒋　薇	王鹤翔	王俊翔

续表

周若帆	吕高翀	刘园园	杨莉媛	刘思琦	张红玲	左小杭	张云婷
邱乐杰	徐秋怡	董婷婷	黄睿凌	崔旭华	席欢媛	李泽莹	李　展
吴丰廷	罗斯亮	房　昕	曾　菁	左梓诺	马　卓	韩洁露	邱璐璐
方婧宇	鲍双蕾	鲁清晗	刘　旸	李若彤	李明格	郑　妍	吕岩琦
张　鑫	张笑怡	叶柯宇	金美辰	张书瑞	马云麟	邓媛元	郎建宇
谌星宇	唐穰含	牟奕铭	刘逸舟航	巴燕·塔斯		麦迪努尔·依力哈尔	
叶斯木汗·哈吾安		阿孜娜·木拉提		祖丽胡马尔·买买提力		尼加提江	

3．文化活动优秀奖：172 人

王润东	胡嘉璇	杨志国	王欣蕊	蔡馨雅	郝林杰	谭棕宝	佟以鑫
贺大磊	金煜知	滕泓博	孙嘉泽	王泰森	兰文涓	杨文臻	闫月宁
丁　宁	吴　璇	田思佳	朱永健	李杰灵	李金泽	王嘉璇	温德凡
李昀罡	胡晓东	刘海婧	杨小彤	郑朋雨	吴致远	严福强	龙剑钧
宋祥宇	周　盼	何思豪	弓哲敏	郑毓昆	华子昊	朱　越	封思远
李思佳	张微微	焦子壮	王可心	王冉旭	朱梓厚	陈文翌	韦啸航
周　轻	蒋　霆	杜徐东	王　龙	孙　煜	剪相鑫	邓嘉浩	苏　硕
于智红	陈志斌	刘志华	苏发宇	李明浩	徐　敏	钱嘉琦	徐可凡
袁　帅	王学强	何付高	杨万兵	林伟豪	王永旺	张晨曦	王家炜
牛　睿	沈光奥	宋依桐	孙金婷	关天宇	杨佳钰	田　诗	李天潇
周利易	潘　韬	周传宇	廖心悦	赵星宇	董文静	陆　洋	林德炜
赵世杰	王祁杨	热　娜	赵子瑞	谢翊飞	曹宇姗	许楚梵	张　霈
徐雨萱	郑思远	刘群佼	史　翔	李雪琪	胡艺杰	王绫子	郑钟鹤
王家豪	尤　淇	马全秀	黄　皓	余亚年	傅永浩	王子杰	黄安可
张　鑫	赵柏霖	文　淏	侯雪峰	李祺祺	李　淅	柳志欣	刘　可
陈泽坤	张　鑫	朱云佳	陈得恩	吴语玺	陈　林	陈　津	杨振宇
骆　镇	宋雪瑶	欧阳昊	刘梦瑶	张　成	叶卓丰	曹先柯	胡广国
李世雄	王　雪	邓道通	高瑞斯	王雨墨	陈胤川	王雨轩	金旭宏
齐淑贤	王星辰	于励飞	刘效江	谢　璇	沈　玉	王嫣然	董鑫晨
余诗凡	武晓芸	曾子原	刘　剑	杨莉媛	王　欣	邹惠竹	郏怡宁
鲁清晗	王思祎	李芯蕊	胡　湉	程文修	邵鹏程	金美辰	孙诗琪
郎建宇		张天阳		席佳爱提·阿不都沙拉木		阿孜娜·木拉提	

4．社会工作优秀奖：314 人

林钰芳	田海福	王润东	张　东	胡嘉璇	杨志国	朱惟哲	赵心月
刘睿韬	王新刚	王欣蕊	蔡馨雅	杨晨启	张　凯	张子璇	穆华林
佟以鑫	赵泽星	张宇鹏	韩家峻	杜佳坤	康　超	蔡毓祥	乔俊杰
金煜知	孙京杰	秦　彪	张　赛	王钟彬	毕精华	滕泓博	蔡彬涛
赵　沛	刘　裕	王泰森	农姝创	兰文涓	张　棣	杨文臻	孙瑀晗

续表

丁 宁	刘德兴	刘 战	甘伟漳	胡婵媛	汪佳昕	颜梦圆	何金阳
王浩远	任丽媛	毛 宇	海云瑞	王尚升	温德凡	李晓博	罗莉娜
黎裕文	徐 飞	李昀罡	周 贺	吕 澄	王 光	刘海婧	王旭东
刘 磊	严福强	吴超群	赵积山	周 盼	秦永鑫	胡晓东	吴志鹏
刘瑞璋	夏新雨	陈 杰	王秋洁	杨智慧	阿 兴	郑英昊	冼浩然
白 浩	常静恬	陈天泽	匡玥玥	崔雪薇	弓哲敏	郑毓昆	华子昊
李润祺	张家尧	董成威	李 倩	李 鑫	赵瑞祥	孙睿姬	朱梓厚
郭安昊	李 威	周 轻	安向阳	刘 轶	王 颖	邢菲洋	孙 煜
俞在潇	剪相鑫	李保贵	王思博	黄淋炎	张 灿	徐 栋	孙舸洵
刘 飒	刘逸群	马成学	吴宇浩	韩 晓	李振慧	司万斌	刘万博
周鸣瑞	张松洋	赵子旭	刘玉喆	王飞帆	靳瑞卿	孔维新	朱星皓
李依诺	吕兴立	王学强	汪 涵	张孟泽	祝克良	林伟豪	吴晓刚
李天元	张晨曦	王家炜	张 铮	韩鹏程	李 恺	姚文佳	梁玉杰
张佳珏	江佳文	王子铭	关天宇	梁 岳	杨佳钰	王祯祥	李睿玲
李孟珏	马琪薇	田 诗	李天潇	秦照良	王小宇	曹鑫鹏	周传宇
张博越	李 娜	陈双怡	章冬梓	马嘉欣	武智超	郭语昕	汪秉晖
侯京东	卢宣潼	陆 洋	陈虹宇	徐源子	黄 静	何 淘	胡 华
热 娜	赵子瑞	倪玉冰	李应民	吴昭波	张 弘	宋治星	谷 赫
陈雨溪	成静怡	卢 叶	首世珍	陈安达	李亚南	董海鹏	王子杰
刘源泽	黄仁杰	刘贝多	牛玉鑫	张思琦	张竣豪	白健鹏	卞云山
于海航	黄元铿	赵柏霖	陈姝悦	赵一帆	于泽浩	于人杰	袁环环
顾锡楠	王世琦	李广亭	李姝颖	吴庆泽	杨 乐	罗 毅	张田栋
齐传杰	黎 浩	张 鑫	朱云佳	杨皓琪	李金铄	徐 威	张子钊
李 仰	张凝皓	刘凇宁	马学英	赵小康	刘占康	崔浩田	陈思翌
刘 鑫	骆 镇	姜 静	曹海山	欧阳昊	李梦伟	王晶丽	白 晨
仲晓雨	曾丽娟	胡广国	吴锐斌	李世雄	李智杰	马瑞璟	毛俞敏
许书峤	林俊哲	李昭鹏	刘泽宇	杜 婧	张瀚铭	刘 飞	唐旭辉
王雨轩	肖 辉	马宇轩	石寅龙	于励飞	张笑颜	薛鸿宇	粘艺萱
韩 冰	张若宁	江映蓉	付星凯	朱伊男	胡 艳	卞晓澂	刘 娟
田凯璐	程子娴	董 宽	李 鹤	马 乐	王一涵	霍殿招	蒋 薇
杨莉媛	阎龙霞	左小杭	张云婷	邱乐杰	刘诗琦	郭晓曼	杨 鹏
邹惠竹	毛悦霖	吴丰廷	杨雯婕	鄢志娥	修雨昕	胡 湉	包宏宇
李思佳	张笑怡	唐俊婷	张凌寒	张书瑞	马云麟	邓媛元	郎建宇
谌星宇	赵琬琼	宋铭钊	巴燕·塔斯恒		米热阿依	艾合麦提·麦麦提	
安塞尔·艾力		艾里凡·波拉提		艾克拜尔·托合提麦提		艾斐冉·波拉提	

5．体育活动优秀奖：277 人

林钰芳	杨真缪	张　东	杨志国	赵心月	王子怡	张　凯	谭棕宝
何海宁	黄一洪	王启隆	张朝亮	陈　准	高　硕	陈文政	王琬娴
郑国栋	叶祖辉	饶美琳	褚雨昂	黄家达	付奕通	陈凌松	李晓玲
庾雅琪	毕精华	田松泽	安孟林	张　棣	孙瑀晗	刘秉航	徐文磊
林佩颖	李　霄	王梦玉	肖泓金	丁　宇	王嘉璇	温德凡	蔡金柳
程晶煜	黄　魁	姜　周	李竣言	吕祥瑞	代俊鹏	杨舒岚	于　佳
董艳梅	罗熙淳	刘海婧	李嘉荣	郝玲靖	任　翔	宋祥宇	周　盼
何思豪	马延瑞	杨　帆	杨智慧	刘明峻	刘依依	魏吟斌	常静恬
蒋林轩	邱　翠	农彩艳	马文华	王　典	王行灿	封思远	董成威
李思佳	李璟镱	谭潇睿	韩宇恩	邵鲲哲	高　琨	李　诺	张　晨
穆志强	黄淋炎	王健维	葛　鹏	王　勐	刘　飒	孙浩泽	何　睿
李　月	田　妮	朱成才	穆启弦	轩梓灏	陈志斌	周浩祖	付小宇
苗宏彬	杨双舟	蓝煜文	吕　昊	刘　彤	王　静	徐　敏	陈雪雪
郭海艺	从志明	李慕贤	吾　兰	李依诺	王学强	邓悦飞	雷富馨
张雯韬	白照全	汪　涵	张孟泽	李　凯	祝克良	窦荣波	赖嘉俊
张晨曦	牛　睿	沈光奥	张　霄	赵彗凯	姚文佳	赵　强	崔子薇
张金行	王小宇	郭金亮	周利易	潘　韬	王　腾	胡腊梅	闭慧玲
杨　浩	蔡仕贤	侯京东	颜小慧	陈丹昊	赵司琪	陈虹宇	林德炜
朱铭波	黄　静	兰聿辉	何　淘	陈玉霞	谢君兵	王海林	朱新宇
段春林	周远程	李厚鹏	罗钧耀	卢　叶	武学圆	孙皓钧	郑钟鹤
王立遥	李　奥	陈钊贤	马雨豪	唐浩桐	方辅升	伏春辉	赵柏霖
巩　磊	马志龙	文　淏	乔进富	宋东昊	李　浙	王　怡	邓鉴湧
陈　柯	高　鹏	叶　璇	李姝颖	何坤敏	刘　越	罗　毅	刘晓豇
黄明伦	李佳琛	马文凯	朱云佳	赖颢文	韩伟鹏	周　彪	李金铄
李普阳	蒋　榕	陈　歌	金佚钟	黄振菊	夏天宇	邓浩宇	刘　涛
薛腾冲	崔浩田	许　迅	宋睿琳	郑志鹏	苏　川	孙宏磊	宋雪瑶
高　义	李梦伟	罗泓金	鲁雪松	郭云加	伊恒正	刘子为	黄钰坪
何雪晴	刘昕阳	任增强	蒋志钢	唐仁豪	胡钰琳	白　雪	杨植善
许书峤	王鑫鹏	刘泽宇	傅宏斌	支链钦	刘雅雯	刘子慷	马艺珂
潘　睿	张育鸣	秦家立	于励飞	贾洁茹	薛鸿宇	李　月	李健瑶
刘悠岚	董鑫晨	程广浩	董　宽	刘湘婕	余诗凡	蒋　薇	王鹤翔
刘　剑	张颖超	刘芮囡	解　羿	黄晓露	颜心怡	毕孟莹	李若彤
王思祎	周佳莹	李芯蕊	郭宇晶	郑　妍	崔琳敏	辛　贺	齐竟彤
李　娇	李舟逸	钱学成	金美辰	张书瑞	马云麟	达龙·木辉提	

6．科技创新能力优秀奖：36 人

杨志国	蔡馨雅	苏金海	张　益	丁　宁	余升年	胡锐淇	李杰灵
王嘉璇	赵　鹏	张国鑫	周延顺	高俊杰	邢菲洋	于智红	楚嘉琪
赵　丁	杨佳钰	魏　蓝	傅永浩	朱富明	谢　阳	吴　睿	马文凯
陈得恩	李小贵	周航琪	仲晓雨	刘泽宇	杨莉媛	李　展	吴丰廷
罗斯亮	李思佳	喻轩尧	谌星宇				

（四）创新创业标兵荣誉获奖名单 10 人

刘　槟	肖钟秀	王茗萁	何泓樟	张文隽	荣　壮	匡南宇	雍东升
牛　荔	任怡霏						

（学生处　提供）

华北电力大学 2017—2018 学年度研究生先进集体和先进个人获奖名单

（北　京　校　部）

一．优秀研究生标兵（32 人）

1．博士（7 人）

周宏扬	付　强	豆龙江	齐铁月	腾　飞	许传博	陈海彬

2．硕士（25 人）

孔伉伉	殷子寒	刘利亚	王　杰	张涌新	梁凯鑫	王德胜	王凯亮
茹　宇	张新宇	李潇洒	辛团团	张　月	梁宇博	高铭壑	孙　怡
戴舒羽	周建力	厉　艳	刘　成	宋　爽	李　兵	邢金璐	柯蔚出
解紫桐	陈　垚						

二、优秀研究生（498 人）

1．电气与电子工程学院（152 人）

博士（32 人）

陈鹏伟	刘　方	葛　扬	张　慧	杨亚奇	马明晗	郭子炘	黄世龙
郑晓明	陈　彬	公延飞	蒋璐行	柯俊吉	殷加玦	张鹏宁	阚常涛
李志伟	裴少通	秦司晨	翟俊义	刘　任	项佳宇	刘　林	王洁聪
万凯遥	沈雅琦	李康平	袁　茜	王利桐	王　烨	呼海林	谢文强

硕士（120 人）

蒋　达	王雨濛	舒　想	徐　鹏	李　艺	冯启琨	张少谦	王福源
郑宇航	项晓强	田　恬	康文博	朱思丞	蔡雪瑄	徐雅惠	张滋行
郭　斌	王　磊	吉雅坤	赵禹辰	张怡冰	丰江波	谢国超	邓卓俊
门向阳	李　论	唐松浩	卢　超	韩　笑	冯俊豪	宫　琦	董文妍
胡　鑫	韩秋波	张璐路	宋旭帆	李翔宇	韩乃峥	曹宇平	岳　帅
杨广华	宣振文	蒋　雯	赵　娜	郭大鹏	谢宗奎	庄舒仪	成　毅
张嘉琴	邹唯薇	赵　剑	王宏旭	张　桐	吴　瑶	李欣怡	李泽坤
王　欣	熊　飞	王　渊	于万水	宁中正	张敏昊	黄华震	卢娟娟
张　恒	任继云	王　超	廖思卓	李　沛	谷　铮	成一平	李征洲

续表

郑安然	吕　哲	周琳洁	卫　璇	许春蕾	许　通	谢浩铠	宋冰倩
董国静	张　欣	卢文清	徐诗甜	于东立	张一鸣	刘　静	张继元
陈　聪	夏　琰	刘思放	魏沛芳	刘昌利	张　智	崔浩天	李嘉龙
徐艺铭	方　正	张黛芳	张　茜	郭明鑫	田　源	高　瑜	张晓青
倪潇茹	张　璐	徐飞阳	王　帅	李　跃	代安琪	杨　京	伊　放
宋金薇	郭天飞	卢　莹	蔡金棋	陈之怡	王雪蓓	谢　欢	张春天

2．能源动力与机械工程学院（98人）

博士（27人）

席中亚	李　鹏	陈　亮	张　衡	李　超	贾文波	孙　杰	张　雄
庞　彬	孙恩慧	杨维结	曹正锋	柴　晋	顾鹏程	王树成	吴　迪
刘洪涛	任云秀	高　远	彭　勃	司　桐	张雨檬	卫冬丽	顾雯雯
张　塞	齐铁月	豆龙江					

硕士（71人）

程　浩	周　鑫	刘鲁欢	穆文雄	丁亮亮	袁金斗	尚　炜	罗　耿
苏逸峰	胡晓天	张　强	漆　聪	代　超	翟　刚	李柯润	王立健
裴欣彤	孙　倩	朱茂川	谭　晖	刘皓文	熊亚民	丁世兴	高亚驰
李　亨	李国庆	谢　天	罗　宁	王　振	张思瑞	李潇洒	张新宇
赵亚龙	王利群	吕　静	王晓蕾	褚振华	胡　鑫	贾思棋	王　亮
赵榕梅	李　傲	刘海波	胡　涵	李羡扬	曹东宏	周　倩	蒋大浪
刘兆宇	王彦博	王妮妮	程齐勇	孙　振	刘一晨	孔　耀	王　聪
陈旭鑫	刘　俊	曹　宇	李家华	董　鹏	郭欣欣	郝怡静	丁　先
李乐天	冯义钧	裘　勖	吴楚瑜	张晓乐	茹　宇	辛团团	

3．控制与计算机工程学院（72人）

博士（9人）

洪　烽	席嫣娜	陈祖歌	綦　晓	周琬婷	吴佳丽	马　宁	罗智凌
腾　飞							

硕士（63人）

杨普海	郑世强	蔡子强	曾　婧	郐　林	周　磊	张　月	黄栩鉴
严人宁	王笑涵	王冬冬	赵晓宇	陈权贺	周克旻	王　嵘	田　啸
王奕枫	李少鹏	彭　范	马　雪	程旭峰	陈　思	艾瑶瑶	刘　琳
何洋洋	付　果	梁宇博	席亚菲	潘军军	乔依林	卢　炼	黄　戎
魏　祺	马学海	李露露	吴相发	黄立松	王伯彦	马龙强	高铭壑
陈碧颖	王　瑞	李渊博	陈佳琦	郑智聪	戴晓燕	陈峥嵘	奚芸华
罗　颖	黄一北	张佳辉	潘晨阳	徐伟程	孙　怡	任丹彤	黄　鑫
余　波	李宜霖	魏　霞	符　健	康　宁	井思桐	王　迪	

4．经济与管理学院（77人）

博士（9人）

杨　乐	赵浩然	张玉琢	李　荣	柯毅明	韦秋霜	王雅娴	蒲　雷
卢　灿							

硕士（68 人）

黄 果	胡诗仪	王盛煜	郭 宇	余新旋	何丹丹	王 璟	李玲闻樱
刘珠慧	宿慧芳	孙建波	赵伟博	丁毅宏	陈蓉珺	李圣五	赵 娟
焦 哲	黄玉晶	于海洋	吕善磊	郭远征	周鹏程	刘逸群	李 莹
丹二丽	祝雨歆	方胤杰	李丰耘	路 凡	原仙鹤	曾昱榕	崔梦瑶
闫文婧	张 婷	栗安琪	聂青云	浦 迪	韩雅儒	李 偲	钟志鸣
白木仁	李 芳	李 倩	王 沛	杨 猛	张圆圆	张 笛	王 丹
李 超	李 瞳	刘珊珊	俞晓桐	蒋 潇	蓝 梦	刘方舟	韩林丛
张晶晶	包若男	王嘉茵	姜丽娇	梁 宁	吕 刚	郭俊杰	王艳茹
殷 宇	于俊超	李晓龙	王 震				

5．可再生能源学院（46 人）

博士（11 人）

任英科	刘 吉	胡 斌	郭 强	丁希宏	马 爽	荆 柱	王志斌
吴云召	王 函	陈海彬					

硕士（35 人）

李锦艳	刘 成	连魏魏	武 英	宋 元	陆灵骅	杨 博	彭 立
郭浩强	李建昌	李扬松	李文达	邓丹平	宋 爽	李 星	张镇西
陈晓涵	韩 健	刘 倩	张雨薇	吴智健	郑玉婷	黄 婧	刘炳文
孙 瑞	赵春艳	艾祎侬	戴文旭	庞宏伟	刘海强	汤沭成	赵 元
吴忆涵	周 南	武盼盼					

6．核科学与工程学院（14 人）

博士（2 人）

秦亥琦	李子超

硕士（12 人）

殷亭茹	张 瑞	李浩永	唐 辉	李奕彤	秦雪猛	朱亮宇	刘宏达
高 尚	梁 烨	刘凤鸣	张 奎				

7．数理学院（20 人）

硕士（20 人）

杨子发	李 玥	丛雪冰	马圣楠	韩晓茜	谢 婷	陈伟强	李 萍
张俊霞	水涓涓	焦立帅	王 丽	卢秋茹	李晶晶	孔良潸	李慧贞
赵微微	王言文	张 彦	叶晨骁				

8．人文与社会科学学院（10 人）

硕士（10 人）

于家琪	王瑜芳	陈 垚	范婷婷	王海东	项 云	唐香玉	陈溢依
陈小银	李若岩						

9．外国语学院（7 人）

硕士（7 人）

王晓辉	柯蔚出	吕滨汐	金书玮	梁 昕	王冬慧	马青玲

10．马克思主义学院（2 人）

硕士（2 人）

赵锦锦	解紫桐

三、优秀研究生干部（262 人）

1．电气与电子工程学院（79 人）

博士（8 人）

袁之康	李　珏	曾璐琨	郭　尊	许　鹏	刘　林	单秉亮	吴界辰

硕士（71 人）

李亚波	王　琪	王宇飞	孙　哲	郑宇航	李欣蔚	赵夏瑶	郭　斌
张怡冰	何知遥	周光东	崔笑菲	汪梦寒	邓卓俊	刘利亚	夏　露
孙宁姚	韩乃峥	曹宇平	王家慧	王雨薇	李　蕾	徐　龙	陈　杰
熊雯婷	赵　剑	李欣宁	于寒霄	张　桐	王　欣	潘　祯	宁中正
张　蔚	韩志敏	方艺闳	王思超	吕　哲	许春蕾	许　通	谢浩铠
宋冰倩	张　欣	陈修鹏	白　阳	黄　睿	徐诗甜	杨洪旺	杭天琦
陈　聪	宋向征	刘思放	刘昌利	夏　昂	王忠钰	李嘉龙	徐艺铭
高　瑜	张晓青	王德胜	张　璐	郭天飞	吴　琼	卢　莹	雷　珺
边亚琳	沈　钰	高雪峰	鲁燕青	李　帆	王凯亮	谢　欢	

2．能源动力与机械工程学院（49 人）

博士（7 人）

卫慧敏	黄　畅	王树成	包　哲	王　仲	张　塞	刘从从

硕士（42 人）

丁　鹏	李　振	罗　耿	苏逸峰	胡晓天	董小波	曹　琦	李柯润
何雪程	张　良	沈明海	韦佳娣	谭　晖	董喆喆	罗　宁	王鹏凯
吴　昊	李　昂	陈　晨	焦　阔	李　傲	黄东权	雷　雨	李　佳
崔宜伟	刘兆宇	王彦博	佘青汀	齐　震	南　雄	雷俊鹏	孔庆盼
刘　文	魏　庆	孔　耀	王　聪	陈旭鑫	郝怡静	马　杨	赵晋辉
张晓乐	刘　荀						

3．控制与计算机工程学院（35 人）

博士（3 人）

童国炜	王英男	于松源

硕士（32 人）

李宝强	赵丽娟	徐美娇	杜　婧	王明伟	张　纲	韩文杰	王海洋
张天阳	杨懿男	王　哲	赵　鹏	安　然	陈　倩	崔亚奇	雒　佳
陈　卓	王　鑫	郭鹏天	陈佳琦	薛文昊	李智桥	孙再鸣	陈峥嵘
乔星宇	周晓蕾	陈文秋	李　宁	刘嘉华	刘　双	曹继君	米尔扎提·买合木提

4．经济与管理学院（45 人）

博士（3 人）

庞越侠	秦　超	德格吉日夫

硕士（42 人）

黄　果	胡诗仪	原　源	于英姿	王　璟	郭小菱	林晓珊	张东梅
戴舒羽	陈蓉珺	王　梦	张文华	郭远征	葛思凡	纪　宇	陈　琳
尹传根	贠佩宏	郝玉娇	邹晓囡	伊力奇	聂青云	袁程浩	白木仁

续表

张福利	宋姗姗	王思羽	桂增侃	韩陶亚	张明明	刘志男	俞晓桐
蓝　梦	韩林丛	张晶晶	刘小飞	刘　洋	杜　梦	吴　琼	李一帆
郭玉振	许洁辉						

5．可再生能源学院（23 人）

博士（3 人）

俞洪杰	马　爽	吴嘉杰

硕士（20 人）

陆灵骅	杨　熠	闫肖蒙	赵晨旭	谢华珣	耿长昕	邱　颖	宋佳星
吴　杨	余　龙	韩　健	刘　倩	吴智健	郑玉婷	刘炳文	何卓林
吴彦宏	刘卓海	汤沭成	孟　娜				

6．核科学与工程学院（5 人）

硕士（5 人）

于宗玉	石　顺	李　兵	纪　珂	郑　澍

7．数理学院（8 人）

硕士（8 人）

李欣芮	杨　坤	王　静	吴玉倩	郭芬芬	肖炳环	蔡志飞	杨子发

8．人文与社会科学学院（7 人）

硕士（7 人）

吉柯宇	闫建星	焦　洋	陈　曦	刘　璇	吴　慧	张国峰

9．外国语学院（8 人）

硕士（8 人）

陶帅诚	赵　硕	柯蔚出	桑丹丹	梁　昕	宋媛媛	王晨玺	任晓净

10．马克思主义学院（3 人）

硕士（3 人）

解紫桐	刘洋洋	王蕾蕾

四、先进班集体（21 个）

研电 1603	研电 1606	研电 1608	研电 1703	研电 1707	研动 1718	研动 1615	研动 1614
博控 1544	研控 1623	研控 1725	研经 1727	研经 1729	研经 1731	研可 1633	研可 1734
研核 1736	研数 1738	研人 1739	研英 1740	研 1635			

（保　定　校　区）

一、优秀研究生标兵（23 人）

张雪原	高佳程	梁少栋	齐小涵	张梦梦	姚源斌	胡雨婷	郭森闯
马圣原	胡　蝶	郭少云	吕靖雯	张　悦	马利洁	王　强	赵　天
武瑞瑞	康　超	安　晟	陈　瑞	宋亚杰	曹　威	牛　芊	

二、优秀研究生（245 人）

电力系（64 人）

郭世枭	许英强	王晓丹	刘婧妍	胡志伟	晋志明	张　科	李佳佳
胡　灿	姜　烁	邹培根	李演达	范紫微	张旭泽	齐　拯	王艳娟

续表

郭嘉宇	高 婷	马倩倩	王云佳	刘亚维	郑苗苗	李秋佳	蔡波冲
胡韵婷	周晓洁	李 雪	李冬雪	朱惠君	高玉峰	俞伊丽	马 显
金天然	黄志成	李奕欣	张 雪	侯丹慧	王俣珂	冀 茂	黄凌宇
宋美琪	孟凡奇	吴 晗	王二旭	马姗婷	梁睿智	张 翼	阮筱菲
关 杰	焦 衡	王士元	鲁 浩	赵丽颖	李 鑫	杜莹莹	王元博
吕 锴	钦雨晨	王俊杰	彭嘉琳	杨 行	王 玲	安清飞	马 莉

电子系（22 人）

吕亚波	郭浩然	李梦辉	李昀展	崔雅萍	吕天成	霍 然	卢 兵
贾艺璇	张湘雨	董若南	李 利	彭玲艳	甄 珍	郎静宜	段 爽
朱 聪	佘 蕊	石梦倩	王 浩	张 信	宋 维		

动力系（38 人）

张湘珊	李明兰	徐江鑫	孙 尧	李明晖	李 珂	王文阳	姜 拓
许旭斌	梅中恺	谷青峰	孙 岑	薛晓东	闫 洁	王 珊	吴思翰
李 猛	武 静	叶闻杰	陈玉柱	贾晓强	麻哲瑞	向 鹏	郁建雄
任福康	李 祥	杨伊娉	李树伟	姚 颢	谢新奇	刘彦琛	张广超
贺瑞杨	杨凯中	曾 伟	王 兴	徐承美	提梦桃		

法政系（3 人）

么冬霞	何佳楠	周 欢

环工系（15 人）

王晓慧	何 宽	向亚军	贾明静	漆 丹	武 凯	杨海宽	姚 远
王永斌	李 煜	刘亚争	李锦涛	昝 欣	孙 尧	陈嘉宁	

机械系（17 人）

尹孟然	张钰阳	郭曦煜	赵 军	孟庆发	徐运生	姜文涛	李先超
邓泽奇	墨 泽	田艺琼	孙悦欣	张天懿	吕鹏瑞	黄祥怡	王 涛
程侃如							

计算机系（20 人）

王春明	高永琳	严 海	张超坤	周 理	魏 冰	陈 兴	张 博
王新会	张文倩	刘怀远	范 阳	魏 巍	李晓珊	杜 旭	郝玲玲
王会月	郭佳兴	王涛渊	聂 佳				

经管系（26 人）

王雨薇	杨 帆	于学超	靳宝玲	张汝可	张红豆	周 颖	张 欣
严 斐	张晓彤	祝邑尧	梁一景	曹 扬	赵 晨	石梦舒	宋晓静
张潘丽	高树彬	段 铭	王 鑫	李沫阳	胡洪丹	张雨芊	闫佳堃
王 乐	乐玉熳						

马克思主义学院（2 人）

黎 莉	廉 旭

数理系（5 人）

张晨红	朱 娜	宋 欢	宋利黎	胡世诚

英语系（4人）

张翠梅	高　婷	李慧娟	葛　甄

自动化系（29人）

孟令虎	彭　浩	强　硕	蒋玉虎	张金帅	汪向硕	顾　浩	周　雷
丁续达	黄　璞	鹿竹叶	张华英	刘海喆	张文涛	王　珏	姜　炜
马鑫泰	乔锦涛	谢云磊	郭明杰	程　琳	曹　瑞	孙天舒	李思莹
王　磊	王梓齐	张　厚	赵立慧	王　朔			

三、优秀研究生干部（137人）

电力系（37人）

刘婧妍	张雪原	姜　烁	张旭泽	梁少栋	周晓洁	鲁　浩	李东旭
董　玥	刘　佳	畅　达	李梦媛	齐士杰	王　翠	梁博通	王　皓
王枭枭	翟羽佳	郭　禹	宋子君	王佳雯	武承杰	伏泽来	回　旭
陈超艺	白帅涛	姜楠楠	赵旭阳	曹久辉	刘达然	黄江浩	刘兵成
李君岩	郭天宇	马艳军	张　斌	裴继坤			

电子系（13人）

王　宁	黄文婵	杜丽群	郭英喆	刘思佳	郭新瑶	江爱雪	宋　贺
叶　聪	齐鸿雨	郝成成	仝师伟	张　冉			

动力系（25人）

王文阳	蔡小刚	滕昭钰	谷青峰	孙　岑	薛晓东	张泽灏	朱　楼
庄绪增	王学欣	彭晨峰	李树伟	黄春朴	谢新奇	蒋克涛	王　兴
杨昊泽	王聖齐	付　静	李志彬	夏　露	张开顺	薛　薇	薛正昂
彭行行							

法政系（4人）

胡　蝶	律　磊	李文畅	戴宏卓

环工系（7人）

吕靖雯	王晓慧	何　宽	向亚军	李喜妹	王　宇	王智麟

机械系（10人）

张钰阳	孙尚飞	李先超	白云灿	姜　海	田艺琼	孙悦欣	吕鹏瑞
王　涛	商　正						

计算机系（7人）

高永琳	郝鹏海	米琛浩	刘怀远	魏　巍	李东阳	王　阳

经管系（15人）

彭伟松	王皓月	周　颖	杜　红	祝邑尧	梁一景	赵安策	曹　扬
石梦舒	高树彬	段　铭	王　乐	乐玉熳	周　明	于金玉	

马克思主义学院（2人）

廉　旭	杜宝彪

数理系（2人）

陈珊珊	姚学敏

英语系（2人）

葛　甄	王馨悦

自动化系（13人）

杨　儒	孟令虎	顾　浩	张凤南	贺　震	任　林	姜　炜	马鑫泰
米丙森	曹　威	孙天舒	刘　品	周恩哲			

四、先进班集体（11个）

硕电力162班	硕电力171班	硕电子161班	硕动力161班
硕环工172班	硕机械172班	硕计171班	硕经管171班
硕物理班	硕英171班	硕自171班	

华北电力大学2017—2018学年度优秀本科班主任名单

（北　京　校　部）

十佳班主任名单

艾　欣	陈　菲	戴松元	窦雅萍	潘　志	皮　伟	司　微	李惊涛
张兴平	朱卉平						

优秀班主任名单

电气与电子工程学院

樊　冰	范杰清	郝建红	黄晓明	李庚银	刘其辉	刘自发	孙淑艳
许　军	徐明荣	朱永强					

能源动力与机械工程学院

陈宏霞	冯　欣	李　红	李惊涛	宋玉旺	王家伟	王宁玲	王　锡
肖海平	徐宝萍	杨志平	张宇宁	张　志	周国兵		

经济与管理学院

冯　静	郭　鑫	韩宝庆	李艳玲	梁春燕	刘　斐	孙　哲	田光宁
许儒航	易　涛	袁家海	张　琪				

控制与计算机工程学院

高　峰	韩晓娟	李国栋	林碧英	刘春阳	刘　石	石　敏	王　璐
王素琴	吴　华	于　磊	周　景				

可再生能源学院

褚立华	戴松元	花之蕾	李美成	龙　凯	覃　吴	文　涛	张尚弘

核科学与工程学院

王升飞	朱卉平

数理学院

丁迅雷	马新科

人文与社会科学学院

陈　波	何　建	李玲玲	徐保云

外国语学院

宋晓漓

（保　定　校　区）

十佳班主任

刘云鹏	杨建蒙	陈火欣	赵香棉	张　健	李泽红	杨再旺	郭　燕
慈铁军	张立峰						

优秀班主任

电力工程系

李　慧	高本锋	宋一辰	董淑慧	李兰涛	吕天成	范海红	赵书彬
冯文宏	赵书涛	郭海朝	范晓舟	张　辉	徐　岩	胡永强	安　勃

电子与通信工程系

汪梦闪	严伟能	张力晖	陈智雄

动力工程系

张　磊	黄新颖	李建强	李　宁	刘志坚	李恒凡	尹倩倩	王万雨
孙　芳	高　艳	周　硕	刘英光	马　凯			

机械工程系

赵　萱	万书亭	胡庆宇	姚小清	张新春	江文强	绳晓玲	唐贵基
储开宇	张　超	马　帅					

经济管理系

赵怀璧	闫丽萍	戴立新	刘东旭	高树彬	王维军

自动化系

姚万业	苑　朝	张　妍	刘卫亮	付　萍	韩亮亮	陶　哲	林永君

计算机系

张亚萌	岳　燕	袁和金	翟羽佳	牛为华	苏　攀	王建文

环境科学与工程系

汪黎东	郝润龙	李志勇	马京香	吕晓娟	刘　洁	傅水香

数理系

李金花	何　琦

法政系

李　雷	谭　琪

英语系

王乐洋	张　颖	李林倩

国际教育学院

张大超

（学生处　提供）

华北电力大学 2017—2018 学年度教学优秀研究生班主任名单

北京校部（30 人）

李　彬	刘向军	夏世威	李宝儒	王　群	龚钢军	董云霞	武昌杰
马美倩	夏延秋	孙晶琪	郭晓鹏	李晓宇	史蓉晖	王　宁	董宏伟
张　剑	张文广	张文彪	周　蓉	何　慧	赵　强	郑　玲	李　鹏
孔凌楠	刘振增	陈建国	肖媛媛	王祥科	石玉英		

保定校区（19 人）

王　毅	付　媛	任建文	李永刚	梁志瑞	张铁峰	赵振兵	高正阳
张旭涛	龚信华	倪世清	胡爱军	郑海明	鲁　斌	李　伟	李金颖
金秀章	王印松	储　艳					

（学生处　提供）

华北电力大学2017—2018学年度教学优秀奖获奖名单

（北京校部）

一、教学优秀特等奖（6人）

电气与电子工程学院　　薛安成
能源动力与机械工程学院　　刘衍平
控制与计算机工程学院　　房　方
经济与管理学院　　李彦斌
可再生能源学院　　门宝辉
数理学院　　张　娟

二、教学优秀奖（61人）

电气与电子工程学院

黄　伟　朱永强　刘宝柱　刘　晋　齐　郑　刘自发　赵国鹏　文　俊
孙建平　杨春萍　文亚凤

能源动力与机械工程学院

王宁玲　贾瑞宣　李　斌　宋玉旺　何成兵　肖海平　韩振兴　孙　健
郭喜燕

控制与计算机工程学院

陈　菲　高　峰　黄从智　刘春阳　石　敏　徐琳茜　徐茹枝

经济与管理学院

郭晓鹏　杨淑霞　韩宝庆　田惠英　李晓宇　赵洱岽　赵振宇　何平林

可再生能源学院

杨世关　古丽米娜　李芬花　王　永

核科学与工程学院

王升飞　陈　涛

环境科学与工程学院

侯　静　张岳玲

数理学院

陈　亮　高　欣　吕　蓬　魏军强　付星球

人文与社会科学学院

赵旭光　高富锋　庞　涛　苑汝杰

外国语学院

宋晓漓　姜　雪　李丽君　司　微

国际教育学院

贾林华

马克思主义学院

何秋敏　吴高歌

体育教学部

耿爱华　蔡利敏

（保　定　校　区）

一、教学优秀特等奖（5 人）

电力工程系　李慧奇
动力工程系　张　磊
英语系　　　侯秀英
自动化系系　白　康
体育教学部　付　超

二、教学优秀奖（45 人）

电力工程系

余　洋 | 戴志辉 | 张建坡 | 李　然 | 梁海平 | 刘云鹏

动力工程系

刘博想 | 刘春涛 | 吴正人 | 李加护

电子与通信工程系

韩东升 | 王健健 | 贾惠彬 | 张　珂

机械工程系

杨化动 | 何玉灵 | 李　娜 | 朱晓光

环境科学与工程学院

许佩瑶 | 郭天祥 | 刘　凤

经济管理系

张树国 | 张梅梅 | 王新利 | 陈　娟

英语系

安国平 | 索　佳 | 王乐洋

法政系

孟亚男 | 秦伟江

计算机系

袁和金 | 王晓辉 | 闫　蕾 | 刘　丽 | 罗贤缙

数理系

熊　波 | 王永杰 | 王　平 | 刘敬刚 | 张世辉 | 张亚刚

自动化系

程海燕 | 陈文颖

马克思主义学院

赵鲁臻

体育教学部

王　轩

（教务处　提供）

华北电力大学 2017—2018 学年获省部级及以上奖励集体和个人名单

一、受表彰的集体

1．徐进良等人的“热科学与工程”教师团队荣获首批“全国高校黄大年式教师团队”荣誉称号。
2．北京校部团委、保定校区团委荣获 2017 年全国大中专学生志愿者暑期“三下乡”实践活动优秀单位荣誉称号。
3．校工会荣获北京市教育工会“2017—2018 年度工会工作特色工作奖”。
4．能源动力与机械工程学院团委荣获“北京市五四红旗团委”荣誉称号。

5. 控制与计算机工程学院荣获“北京市先进教职工小家”荣誉称号。

6.《华北电力大学学报》(自然科学版)荣获“河北省优秀期刊”荣誉称号。

二、受表彰的个人

1. 马静、孙玉兵入选国家自然科学基金委员会的“优秀青年科学基金建议资助项目”。

2. 徐超入选国家“万人计划”青年拔尖人才支持计划。

3. 李美成、王晓东入选科技部“创新人才推进计划——中青年科技创新领军人才”。

4. 王祥科入选工程技术、环境与生态两个领域“全球2017年高被引科学家”。

5. 王玮入选“青年人才托举工程”。

6. 李美成入选“首都科技领军人才”。

7. 王祥科入选“科技北京百名领军人才”。

8. 刘洋入选“2018年度北京市科技新星”计划。

9. 郭森获“北京市优秀人才”培养资助。

10. 宋玉旺荣获北京高校第十届青年教师教学基本功比赛理工类A组二等奖。

11. 王玮荣获北京高校第十届青年教师教学基本功比赛理工类A组三等奖。

12. 张勤、陈玲、庞涛、徐保云荣获2017年第九届全国大学生广告艺术大赛“北京赛区优秀指导教师”荣誉称号。

13. 孙淑艳荣获“2017年全国大学生电子设计竞赛(北京赛区)优秀辅导教师奖”。

14. 刘晋荣获“第三届全国高等院校工程应用技术教师大赛”电力电子与调速技术赛项二等奖。

15. 杨红月荣获“2018年全国高校辅导员年度人物提名”。

16. 王新军、马冬、谢昂均荣获“2017年度首都大中专学生暑期社会实践先进工作者”。

17. 胡庆宇、刘云鹏、李伟娜、贺运政荣获“2017年河北省大中专学生志愿者暑期文化科技卫生‘三下乡’社会实践活动优秀教师”荣誉称号。

18. 彭建章、程利敏、刘东旭荣获“河北省第六届大学生职业生涯规划大赛优秀指导教师”荣誉称号。

19. 张蓓蓓荣获“全国学校共青团新媒体工作先进个人”荣誉称号。

20. 马海红荣获第六届北京市高校辅导员素质能力大赛三等奖。

21. 王璐荣获“北京市第十三届思想政治优秀工作者”荣誉称号。

22. 靖仕寅荣获2017年创行世界杯“最佳指导老师”荣誉称号。

23. 胡庆宇荣获2018年创行中国“最佳指导老师”荣誉称号。

24. 石世平荣获“第七届河北省教育系统优秀志愿服务先进工作者”。

25. 徐扬荣获“河北省优秀期刊编辑”。

三、获奖的科研、教学成果

1. 齐磊参与完成的“特高压±800kV直流输电工程”荣获国家科学技术进步奖特等奖。

2. 刘吉臻参与完成的“600MW超临界循环流化床锅炉技术开发、研制与工程示范”荣获国家科学技术进步奖一等奖。

3. 马国明参与完成的“特高压GIS变电站特快速瞬态过电压防护关键技术及应用”荣获中国电力科学技术奖一等奖。

4. 王增平、马静、毕天姝等完成的“基于故障关联信息的站域分布式保护系统”荣获高等学校科学研究优秀成果奖(科学技术)一等奖。

5. 齐磊参与完成的“新一代电压源高压直流换流器关键技术及应用”荣获北京市科学技术奖一等奖。

6. 齐波、郑书生、唐志国等参与完成的“变压器超高频(UHF)局部放电检测技术研究与应用”荣获福建省科学技术奖一等奖。

7. 胡笑颖参与完成的“50MW级生物质直燃发电技术研究及工程示范”荣获广东省科学技术奖一等奖。

8. 李继红参与完成的“多端柔性直流输电关键技术、装备研制与工程应用”荣获浙江省科学技术进步奖一等奖。

9. 张华参与完成的“特高坝枢纽泄洪消能运行安全监测控制技术”荣获天津市科学技术进步奖一等奖。

10. 曾德良参与完成的“燃煤电站经济运行关键技术研究及应用”荣获陕西省科学技术进步奖一等奖。

11. 赵冬梅参与完成的“多类型新能源发电综合消纳的关键技术研究及应用”荣获海南省科学技术进步奖一等奖。

12. 葛铭纬参与完成的“风电机组降载增效关键技术自主创新与产业化”荣获河北省科技进步奖一等奖。

13. 房方、陈海平等参与完成的“多维度融合的燃气智能电站研究与应用”荣获中国电机工程学会颁发的中国电力科学技术进步奖一等奖。

14. 刘云鹏参与完成的“超、特高压交流输变电工程电磁环境测量、预测及控制技术”荣获2017年度湖北省科技进步奖一等奖。

15. 赵书强、马静、马燕峰等完成的“电力系统振荡的在线辨识与广域自适应控制”荣获2017年度河北省技术发明奖一等奖。

16. 刘文霞、刘念、张建华等完成的“新能源电力系统安全风险评估及其应用关键技术研究”荣获高等学校科学研究优秀成果奖（科学技术）二等奖。

17. 肖湘宁参与完成的“重要用户定制电力关键技术、装置及应用”荣获北京市科学技术奖二等奖。

18. 齐林海参与完成的“间歇式新能源和非线性负荷一体化监测与无功协调控制关键技术”荣获山西省科学技术奖二等奖。

19. 谭忠富参与完成的“省级电力市场交易体系风险压力测试和控制关键技术研究及应用”荣获河南省科技进步奖二等奖。

20. 刘纪彩参与完成的“原子分子介质中强场超短光动力学及X射线光谱学研究”荣获山东省科学技术奖二等奖（自然科学）。

21. 赵冬梅申报的“新能源多层级接入的弱外联区域智能电网技术研究和集成应用”荣获中国电力科学技术奖二等奖。

22. 刘文颖申报的“适应大规模新能源并网的智能电网调度运行控制关键技术及应用”荣获甘肃省科学技术奖二等奖。

23. 钱江波参与完成的“火电机组灵活性改造背景下汽轮机运行优化技术研究及工程应用”荣获2017年度河南省科技进步奖二等奖。

24. 安利强参与完成的“适用于IV类风区的高效风力发电机组”荣获2017年度河北省科技进步奖二等奖；

25. 刘志彬、高春雨、杨少梅完成的“低碳经济下河北省生物质发电产业发展与对策研究”荣获第十届河北省社会科学基金项目优秀成果奖二等奖。

26. 齐波参与完成的“换流变压器绝缘质量提升的关键技术研究与工程应用”；何永秀参与完成的“电网电价定价关键技术及评价方法研究与应用”；徐钢参与完成的“电站锅炉低温余热深度利用关键技术研究”；胡笑颖参与完成的“50MW级生物质直燃发电技术研究及工程示范”；徐永海申报的“新能源安全‘四位一体’调控技术应用”荣获中国电力科学技术奖三等奖。

27. 张建华、房方、徐钢等完成的“先进发电过程清洁高效控制与集成优化研究”；王素琴参与完成的“输电网三维数字化设计平台关键技术研究及应用”；郭春林申报的“电动汽车充电对电网的影响及有序充电关键技术、装备与应用”荣获北京市科学技术奖三等奖。

28. 陈德刚等完成的“基于粒计算的复杂信息系统知识获取理论与方法”荣获河北省自然科学奖三等奖。

29. 刘念参与完成的“含储能和多类型电源的万千瓦级孤立海岛微电网关键技术研发与应用”；李成榕、郑书生参与完成的“电容型设备多维数据挖掘、系列检测装置开发及工程应用”荣获广东省科学技术奖三等奖。

30. 韩晓娟参与完成的“电力企业基层技术创新骨干电子版实用手册编撰与普及”荣获吉林省科学技术奖三等奖。

31. 李俊卿、何玉灵、唐贵基等完成的“电机绕组匝间短路与典型机械故障监测与诊断技术”荣获2017年度河北省技术发明奖三等奖。

32. 李永刚、武玉才、万书亭等完成的“基于机电复合特征的大型同步发电机转子匝间短路故障识别系统研究”，鲁斌参与完成的“基于深度学习的道路交通态势感知与车路协同控制系统”分别荣获2017年度河北省科技进步奖三等奖。

33. 张天兴、尚晓丽、陆伟等完成的“高校管理权运行与创新研究”，李瑾、张蓓蓓、彭建章等完成的“转型期高校毕业生就业质量提升战略研究”分别荣获第十届河北省社会科学基金项目优秀成果奖三等奖。

34. 杨勇平、戴松元、田德等完成的“紧跟国家战略需求的新能源专业创建与发展模式”荣获2017年北京市高等教育教学成果奖特等奖。

35. 王增平、徐岩、薛安成等完成的“立足前沿，科教融合，特色发展，电力系统继电保护课程体系建设三十年实践”；陆道纲、刘洋、高璞珍等完成的“服务国家战略、突破工程教育瓶颈的‘订单＋联合’大核电人才培养模式与实践”；杨国田、刘向杰、房方等完成的“以能源电力转型需求为导向的自动化专业多层次协同人才培养体系构建与实践”；乌云娜、牛东晓、李彦斌等完成的“基于虚拟仿真创新平台的电力工程管理人才培养教学综合改革与实践”；刘吉臻、安连锁、柳长安等完成的“适应国家能源战略需求，培养行业特色卓越人才的十六年探索与实践”；沈剑飞、王晓霞、尹莎等完成的“面向国家能源战略发展的电力领域教育培训体系构建与实践”荣获2017年北京市高等教育教学成果奖一等奖。

36. 李庚银、崔翔、徐衍会等完成的“面向智能电网，构建卓越电力人才培养体系——电气工程专业改革与建设十年实践”；孙淑艳、柳赟、赵东等完成的“‘自主型、研究型、创新型’三型一体的层次化电子实践教学模式与实践”；徐进良、王修彦、李惊涛等完成的“能源转型升级下的能源与动力工程专业人才培养新范式”；刘衍平、宋玉旺、高青风等完成的“具有电力特色的机械工程实践创新人才培养模式的探索与实践”；赵毅、王祥科、付东等完成的“《大气污染控制工程》课程群的建设与改革实践”；赵洱岽、刘力纬、国防等完成的“从理念到行动：在线开放课程教学模式的创新与实践”；蔡利民、王威威、郑路等完成的“以中华传统文化涵养社会主义核心价值观的教学探索与实践”；郝英杰、柳长安、卜春梅等完成的“以学生发展为中心的‘双轮驱动’素质教育体系的构建与实践”；李庆民、段春明、齐郑等完成的“适应‘一带一路’倡议的能源电力领域留学生多元化立体式培养体系创建与实践”荣获2017年北京市高等教育教学成果奖二等奖。

37. 赵洱岽“管理沟通”课程入选教育部全国首批国家精品在线开放课程。

38. 王秀梅负责的“发挥综合性工程训练中心优势，探索构建多学科交叉融合的工程人才培养模式”、刘云鹏负责的“面向新工科的电气工程专业创新创业人才培养体系研究”、李斌负责的“能源与动力工程专业新工科多方协同育人模式改革与实践”被教育部办公厅认定为首批“新工科”研究与实践项目。

39. 李东负责的项目“华北电力大学构建‘立体式’学生发展指导与支持体系”荣获2018年河北省高校校园文化建设优秀成果二等奖。

（人事处　提供）

华北电力大学第一届“我身边的好老师”名单

北京校部（16人）

电气与电子工程学院：孙淑艳、赵雄文

能源动力与机械工程学院：王宁玲、杨志平

控制与计算机工程学院：杨国田

经济与管理学院：李彦斌

可再生能源学院：陆　强、姚建曦

核科学与工程学院：王升飞

环境科学与工程学院：王素华

数理学院：黄晔辉、雍雪林

人文与社会科学学院：张绪刚、蔡　恒

外国语学院：刘　辉、戴忠信

保定校区（18人）

电力工程系：盛四清、葛玉敏

电子与通信工程系：孔英会、尚秋峰

动力工程系：刘　赟、张　磊

机械工程系：安利强

自动化系：马　平、张立峰

计算机系：袁和金

经济管理系：刘志彬

环境科学与工程系：王淑勤、齐立强

数理系：郭　燕

法政系：李兵水

英语系：商　静

马克思主义学院：魏彤儒

华北电力大学“建校60周年华电人物”名单

（按姓氏笔画排序）

乞建勋　马建隆　王文端　王加璇　王兵树　牛东晓　方　琛　石新春
吕邦泰　刘吉臻　刘屹夫　刘贵臣　关存和　安乐群　安连锁　孙昭星
李　正　李成榕　李晓芸　杨　昆　杨人坚　杨以涵　杨奇逊　杨定安
杨继先　肖湘宁　吴志功　何富发　沈有昌　宋之平　张文化　张成杰
张汝器　张金堂　张金辉　张贻琛　张保衡　张瑞岐　陈　彭　陈志业
邵汉光　苑国欣　林碧英　周　波　孟昭朋　赵　毅　贺仁睦　顾慰慈
徐大平　高　曙　高之樑　高中德　崔　翔　阎维平　韩　璞　曾闻问
雷柏青　鲍伟廉　翟东群　戴克健

（档案馆　提供）

教　育　教　学

华北电力大学2018年本科专业设置一览表

北京校部		
工学	电气类	智能电网信息工程
		电气工程及其自动化
	电子信息类	电子科学与技术
		电子信息工程
		通信工程
	机械类	机械工程
	能源动力类	能源与动力工程
		新能源科学与工程
	土木类	建筑环境与能源应用工程
	材料类	材料科学与工程
		新能源材料与器件
	水利类	水利水电工程
		水文与水资源工程
	核工程类	辐射防护与核安全
		核工程与核技术
	仪器类	测控技术与仪器
	自动化类	自动化
	计算机类	计算机科学与技术
		软件工程
		物联网工程
		信息安全

保定校区		
工学	电气信息类	电气工程及其自动化
	电子信息类	通信工程
		电子信息科学与技术
	机械类	机械工程及自动化
		机械工程（输电线路工程）
		机械电子工程
		过程装备与控制工程
	能源动力类	热能与动力工程
	农业工程类	农业电气化
	土木类	建筑环境与能源应用工程
	仪器类	测控技术与仪器
	自动化类	自动化
	环境科学与工程类	环境工程
	化学类	应用化学
	化工与制药类	能源化学工程
	计算机类	计算机科学与技术
		软件工程
		网络工程
		信息安全

续表

北京校部			保定校区		
管理学	工商管理类	财务管理	管理学	工商管理类	工商管理
		工商管理			会计学
		会计学		公共管理类	公共事业管理
		人力资源管理		管理科学与工程类	信息管理与信息系统
		市场营销			工程造价
	管理科学与工程类	工程管理		工业工程类	工业工程
		信息管理与信息系统			
	公共管理类	公共事业管理			
		行政管理			
经济学	金融学类	金融学	经济学	经济学类	经济学
	经济学类	经济学			
理学	数学类	信息与计算科学	理学	数学类	信息与计算科学
	物理学类	应用物理学		物理学类	应用物理学
	化学类	应用化学		环境科学与工程类	环境科学
文学	外国语言文学类	英语	文学	外国语言文学类	英语
		翻译			
	新闻传播学类	广告学			翻译
	中国语言文学类	汉语言文学			
法学	法学类	法学	法学	社会学类	社会工作
				法学类	法学
			艺术学	设计学类	产品设计

华北电力大学2018年第二学位学科设置一览表

	北京校部		保定校区	
		工学	电气信息类	电气工程及其自动化

（教务处　提供）

华北电力大学2018年本科课程设置一览表

2017—2018学年第二学期（北京校部）

课　程　名　称	课　程　名　称	课　程　名　称
《孟子》导读	股票模拟交易	实践与创新
Access 数据库程序设计	管理理论动态与实践	实用摄影
DSP 技术及应用	管理软件应用	实用文体翻译
HRM 理念与企业文化	管理软件应用实践	世界贸易组织法
HRM 英语阅读	管理思想史	世界文学名著选读
HVAC 课程设计	管理文秘	世界艺术设计鉴赏
J2EE 开发平台及程序设计	管理心理学	市场调研
LINUX 体系及编程	管理信息系统	市场营销模拟实验
Matlab 及其在通信中的应用	管理信息系统设计	市场营销学

续表

课 程 名 称	课 程 名 称	课 程 名 称
Matlab 语言	管理运筹学	寿险精算学
Matlab 语言（可）	光电薄膜与器件课程设计	书法有法--以行书为例
Matlab 语言（理）	光伏系统设计	数据仓库与数据挖掘
Matlab 语言课程设计	光纤通信原理	数据分析
MS office 高级应用	光学显微分析	数据结构与算法
Oracle 数据库系统应用	光学显微分析（可）	数据结构与算法课程设计
Vc＋＋程序设计	广告史	数据库应用
VI 设计	广告项目设计	数据挖掘
Web 开发技术	锅炉及锅炉房设备	数据挖掘课程设计
Web 开发技术实践	锅炉原理	数理方程
半导体集成电路	国际法	数学分析（2）
半导体集成电路版图设计	国际货币金融法	数学建模课程设计（1）
半导体器件	国际结算	数学建模课程设计（2）
半导体物理学	国际结算实训	数学建模与数学实验
保险学	国际经济法	数字电子技术基础 A
北京魅力	国际经济技术合作（双语）	数字电子技术基础 B
比较政治制度	国际经济学（双语）	数字电子技术基础实验 A
笔译工作坊（汉译英）	国际经济学Ⅱ（双语）	数字逻辑与数字系统设计
毕业教育	国际贸易法律实务	数字逻辑与数字系统设计实验
毕业论文	国际贸易实务	数字通信原理
毕业设计	国际贸易实务模拟	数字信号处理
毕业实习	国际商务保险	水处理工程
簿记训练	国际投资法律实务	水处理实验
材料固体理论基础	国外政府监管体制	水电站（含水力机械）
材料合成实习	过程参数检测及仪表 A	水电站水库调度及其自动化系统
材料科学基础（1）	过程参数检测及仪表 B	水电站水库调度及其自动化系统课程设计
材料科学基础 B	过程参数检测技术课程设计	水工建筑物
材料力学	过程控制	水工建筑物课程设计
材料力学 B	过程控制技术与系统	水环境化学
材料物理性能	过程控制技术与系统课程设计	水力学（1）
材料性能综合实习	过程控制课程设计	水利水电工程概论
材料研究基础技能实习	汉译英	水利水电工程概预算
财会信息系统	焊接技术	水文测验实习
财务成本会计模拟实验	行政法学	水文测验学
财务管理案例分析	合同实务	水文学原理
财务会计报告分析	核电厂材料、结构力学与水化学	水文学原理课程设计
财政学	核电厂环境影响分析与评价及核应急	水资源优化配置
操作系统 A	核电厂运行与维护	水资源优化配置课程设计
操作系统课程设计	核电子学	税法
测控技术与仪器专业概论	核电子学实验	顺序控制

续表

课 程 名 称	课 程 名 称	课 程 名 称
产业经济学 A	核反应堆理论基础	思想道德修养与法律基础
常微分方程	核反应堆热工分析 A	跆拳道
超导物理与技术	核反应堆热工分析课程设计	太阳电池材料与器件（2）
超导应用基础	核反应堆物理分析	太阳电池物理
成本管理会计（英）	核反应堆物理分析课程设计	太阳能热电厂
成本会计	核反应堆仪表	陶瓷学基础
初级德语	核废物处理与处置	体育赏析--台球
初级法语	核辐射测量与防护实验	体育舞蹈
初级韩语	核辐射探测	通信电子电路
初级日语	核辐射探测与辐射防护	通信电子电路综合实验
传播学概论	核环境与核应急	通信专业英语阅读
传递过程原理	核技术应用	统计学
传感与检测技术	核物理导论	图书馆与文献检索
传热学	宏观经济学	图像处理与软件实现
传热学 B	化工原理课程设计	外语实习（1）
大气环境化学及进展	化学	外语实习（3）
大学美育	化学反应工程	网络安全
大学生 KAB 创业基础	环境法	网络广告
大学生创业案例分析	环境工程导论	网络技术基础
大学生创业经营模拟仿真实验	环境工程微生物学	网络技术综合实验
大学生健康教育	汇编语言程序设计	网络经济学
大学生生涯规划与择业	汇编语言课程设计	网络营销
大学生心理健康	会计电算化模拟实践	网络与通信技术
大学物理（1）	会计信息系统	网络支付与结算
大学物理（1）（英）	会计学	网络著作权法（案例）
大学物理（2）	会计学原理	网球
大学英语 1 级	火电厂热力检测系统设计	微观经济学
大学英语 2 级	火电厂热力检测系统设计课程设计	微机原理与汇编语言程序设计
大学英语 3 级	火电厂运行仿真实践	微机原理与接口技术 A
大学英语 4 级	货币银行学	微纳加工技术
大学语文	货币银行学（英）	无机材料科学基础
单片机应用入门——摇摇棒制作	机电传动控制	无机化学（2）
单片机与嵌入式系统	机械设计基础 A	无机化学实验
单片机与嵌入式系统 B	机械设计基础课程设计	无损检测
单片机与嵌入式系统课程设计	机械实践创新综合实验	无线传感器网络
单片机原理及应用	机械原理	无线传感器网络实验
弹塑性力学基础	机械原理课程设计	无线传感器网络综合实验
弹性力学	基础口译	无线传感网与物联网技术
低维材料物理性能	集成运放的研究与应用	无线网络安全
地理信息系统及应用	计算材料学导论	武术

续表

课　程　名　称	课　程　名　称	课　程　名　称
地理信息系统与遥感应用	计算方法	舞蹈鉴赏
地质实习	计算机辅助设计（CAD）	舞蹈形体
第二外语（英）（法）（1）	计算机控制技术与分散控制系统	物理化学
第二外语（英）（法）（3）	计算机控制技术与系统	物理化学 A（2）
第二外语（英）（日）（1）	计算机控制技术与系统课程设计	物理化学 B（2）
第二外语（英）（日）（3）	计算机控制系统 B	物理化学实验
第二外语（英语）（德）（1）	计算机软件技术基础	物理实验（1）
第二外语（英语）（德）（3）	计算机实践（2）	物理实验 A（1）
电厂高温金属	计算机体系结构	物联网应用技术
电厂化学（环）	计算机网络及安全	物流管理（双语）
电厂化学课程设计	计算机网络实验	物流管理方案设计
电厂热力设备及运行	计算机应用系统设计与实现（java）	物流管理研究前沿
电厂认识实习	计算机组成与结构	物流经济学
电磁场与微波技术	计算物理基础	物流设施与设备
电磁学	计算物理实践（1）	物流系统仿真及应用
电动力学	技术经济学	物流系统分析与设计
电动力学（理）	绩效管理实践	物流系统分析与设计课程设计
电工技术基础	家庭法的经济分析	物流学
电机实验	检测新技术（研讨型）	物流专业英语阅读
电机学（1）	建设法规	物权法
电机学 B（英）	建筑概论	西方公共事业
电机学 C	建筑设备施工安装技术	西方行政思想史
电价学	健美操	戏剧鉴赏
电力电子技术 B	接口与通信技术	戏曲鉴赏
电力电子技术应用	街舞	先进测试技术
电力负荷预测	解析几何	现代交换技术
电力工程质量管理	金工实习	现代交换技术综合实验
电力规划	金融工程学（Ⅱ）	现代控制理论
电力机械设备	金融市场学	现代控制理论 A
电力经济学基础	金融文献阅读实践Ⅱ	现代通信技术
电力企业计算机财务管理实验	金融中介学	线性代数
电力企业市场营销	金属材料学	线性代数 B（英）
电力生产技术概论	金属加工工艺学	项目管理软件应用
电力市场概论	近海风力发电	消费者行为学
电力系统潮流上机计算	经济法	销售管理
电力系统分析基础	经济法概论	心理·生活·人生
电力系统基础	经济法学	新能源材料与器件
电力系统继电保护原理	经济思想史	新能源发电技术
电力系统继电保护原理（英）	经济学专业文献阅读（2）	新能源发电技术（英）

续表

课 程 名 称	课 程 名 称	课 程 名 称
电力系统通信	经贸文献阅读实践	新闻采访
电力系统远程监控原理	经贸英语阅读（1）	新闻采访和写作
电力系统暂态分析	就业创业法律风险预防及权益保护	新制度经济学
电力系统暂态分析（英）	科技翻译	信号分析与处理
电力系统自动化	科技文献检索基础	信号分析与处理 B
电力系统自动化（英）	科技英语翻译	信号与系统
电力系统综合实验 A	科学实验研究与方法论	信息安全数学基础
电力项目可行性研究模拟	科研实用软件	信息安全综合实验
电力信息安全	科研训练 A	信息对抗技术
电力信息化	可编程控制器应用系统和组态环境编程训练	信息管理安全技术
电力英语翻译	可编程逻辑器件原理与应用	信息经济学
电路理论 A（1）	可编程序控制器及应用	信息理论基础
电路理论 A（2）	可靠性工程	信息系统分析与设计
电路理论 B（1）	控制系统数字仿真与参数优化	刑法总论
电路理论 B（2）	控制装置与仪表 B	形势与政策（2）
电路实验（1）	控制装置与仪表课程设计	形势与政策（2）（双）
电路实验（2）	跨国公司与跨国经营	形势与政策（4）
电气测量技术	跨文化商务交际	形势与政策（4）（双）
电气工程前沿技术专题	篮球	形体
电气工程前沿技术专题（英）	劳动法与社会保障法	旋转机械振动与动平衡
电气与电子工程综合实验	劳动关系	学年论文
电网与变电站课程设计	离散数学	学年论文（2）
电影中的法律	理论力学	学术英语
电子薄膜与器件	量子力学	岩石力学
电子电路计算机辅助分析与设计	量子力学（可）	液压与气压传动
电子技术基础 B	量子信息技术引论	移动计算技术
电子技术综合实验	流态化原理	以案说《消费者权益保护法》
电子商务	流体力学 B	艺术导论
电子商务系统分析与设计	轮滑	音乐鉴赏
电子商务系统设计与实践	律师实务	英汉典籍翻译
电子文献检索与利用	绿色建筑管理	英美概况
电子政务	马克思主义基本原理概论	英语泛读（2）
动力工程 B	毛泽东思想和中国特色社会主义理论体系概论	英语泛读（4）
对外汉语教学概论	美国文学史及选读	英语会话（4）
多媒体技术及应用	面向对象的程序设计 A	英语精读（2）
俄语口语 1	民法概论	英语精读（4）
俄语语法 1	民事纠纷及解决机制	英语口语
二极管特性研究	民事诉讼法	英语口语（2）
发电厂电气部分	民事庭审见习	英语口语（4）

续表

课　程　名　称	课　程　名　称	课　程　名　称
发电厂电气部分（英）	模糊数学	英语名诗欣赏
法理学	模拟电子技术基础	英语听力（2）
法律文书写作	模拟电子技术基础实验 A	英语听力（4）
法语听说	模拟电子技术基础实验 B	英语写作（1）
翻译理论与技巧	模拟国际商事仲裁庭	营销专业英语阅读
反应工程	纳米技术及纳米材料	影视广告制片
房地产法	纳税筹划	影视中的司法
房屋建筑学	能源经济学	应用激光物理
仿真实验（能科）	碾压砼技术	瑜伽
仿真综合实验	暖通空调	语言与文化
非营利组织管理	排球	运筹学
分布式系统与云计算	配电自动化	运营管理课程设计
分散控制系统（DCS）综合实践 A	片上系统设计	债权法
风电场电气工程	乒乓球	证据法
风电机组设计与制造	普拉提	证券投资学
风电机组设计与制造课程设计	企业集团财务管理	政府经济学
风力发电场	企业内部控制与风险管理	政治学原理
风资源测量与评估	企业内部控制与内部审计实务	知识产权法
辐射剂量与防护	企业沙盘模拟	知识产权法 A
复变函数论	企业文化	直流输电技术
复变函数与积分变换	企业信息集成	直流输电技术（英）
概率论与数理统计	企业战略管理	制造工程学
概率论与数理统计 A（1）	企业专家授课 1	智能电网柔性供用电技术
概率论与数理统计 B	汽轮机原理	智能电网通信技术
钢筋砼结构	汽轮机原理 B	智能电网信息安全
钢筋砼结构课程设计	汽轮机运行	智能电网综合监控技术
高等数学 B（1）	全面预算管理	智能机器人控制比赛
高等数学 B（2）	燃气轮机原理	智能科学
高等数学 B（2）（英）	热工过程可视化监测（双语、研讨）	中国传统文化概论
高等数学 C（2）	热工控制系统 A	中国当代文学
高电压技术	热工控制系统 B	中国古代文学（4）
高电压技术（英）	热工控制系统课程设计	中国古代文学作品选读（3）
高电压技术课程设计	热工系统建模	中国近现代史纲要
高电压绝缘	热力发电厂	中国民俗文化研究
高级财务管理	热能储存技术概论	中国书法史
高级财务会计	热质交换原理课程设计	中国文学批评史
高级商务英语	热质交换原理与设备	中级财务管理
高级听力（2）	人力资源管理诊断	中级韩语
高级学术英语（2）	人身权及其损害赔偿	中级宏观经济学
高级英语精读（2）	人员测评与招聘	中级听力（2）

续表

课　程　名　称	课　程　名　称	课　程　名　称
高级语言程序设计（C）	人员培训与开发	中级微观经济学
工程测量学	人员招聘模拟	中级物理实验（1）
工程测量学实习	认识实习	中级英语
工程地质	认识实习（3）	中外广告法规
工程电磁场	软件工程	中外新闻传播史
工程电磁场（英）	软件人机界面设计	专利法（案例）
工程管理理论动态与实践	软件项目管理	专题辩论
工程光学	软件综合实践	专业实践调研
工程化学	三维计算机辅助设计	专业英语阅读（材料）
工程建设合同管理	散打	专业英语阅读（法学）
工程经济学	商法	专业英语阅读（风电）
工程力学 B	商务智能	专业英语阅读（工管）
工程力学 A（2）	商务智能设计与实践	专业英语阅读（公共）
工程流体力学 A	商业银行经营学	专业英语阅读（光伏）
工程流体力学 B	设计与创新	专业英语阅读（广告）
工程热力学	社保专业英语阅读	专业英语阅读（行管）
工程热力学 B	社会保障概论	专业英语阅读（机械）
工程设计拓展训练	社会保障专题社会调查	专业英语阅读（计科）
工程实习	社会福利与社会救助	专业英语阅读（计算机）
工程图学 A（2）	社会实践	专业英语阅读（建环）
工程图学 B（2）	社会调查	专业英语阅读（能材）
工程图学 B（水利）（2）	社会问题与社会政策	专业英语阅读（热能）（1）
工程项目综合评价应用实践	社会学	专业英语阅读（软件）
工程造价基础	社交礼仪	专业英语阅读（物联网工程）
工程制图（建筑）	社区管理	专业英语阅读（信息）
工程制图（英）	摄影后期制作	专业英语阅读（应用化学）
工程制图基础	摄影理论与技术基础	自动化专业概论
工商管理概论	审计模拟实验	自动化专业阅读与写作（双语）
工业产品营销	生产实践（2）	自动控制理论 A
工作分析与劳动定额	生产实习	自动控制理论 B
工作日写实与工作分析模拟	生产与运作管理	自动控制理论基础
公共关系学	生命科学概论	自然地理学
公共关系原理与实务	生物化学	自然地理学实习
公共组织学	生物化学（环）	自然科学经典导读
公司法	生物化学基础实验	自然科学史选讲
公司金融学（双语）	生物质燃料分析与测试	足球
公益劳动	生物质生化转化技术	组织行为学
功能材料	生物质生化转化技术课程设计	组织行为学（双语）
功能材料制备技术	施工技术	最优化理论与方法
供热工程	施工组织	实变函数与泛函分析
孤立子及其应用	施工组织课程设计	

2017—2018 学年第二学期本科课程设置表（保定校区）

课 程 名 称	课 程 名 称	课 程 名 称
3DMAX 应用	CASE 工具	DSP 技术与应用
DSP 系统课程设计	ERP 原理及应用	IT 项目管理
Matlab 基础与应用	MATLAB 语言及应用	Oracle 数据库系统应用
UG 工程软件应用	UNIX/Linux 体系及编程	Visual Basic 程序设计
VC＋＋程序设计	Visual Basic	Web 技术及应用
WINDOWS 体系及编程	安装工程概预算	安装工程施工技术与计量
安装工程预算实务	办公自动化训练	保险法
泵与风机	泵与风机 B	毕业论文
毕业设计	毕业设计（实验班）	毕业设计与实践
毕业实习	毕业实习（毕业论文）	变电站仿真实习
材料力学 B	材料力学 T	财务分析及财务软件应用
财务管理 A	财政学	测量与分析软件
产品广告设计	产品结构	产品设计课程设计（1）
产品设计与开发	产品质量控制	产业经济学
常微分方程	成本会计	传感器技术
传热学 A	传热学 B	传热学 C
创新思维训练	创新思维与方法	创意产品设计
大气污染气象学	大学俄语（4）	大学生就业能力培养
大学生心理健康	大学生职业生涯发展与规划	大学物理（1）
大学物理（1）（英）	大学写作	大学英语（4）
大学英语（6）	单片机与嵌入式系统 A	单片机与嵌入式系统 A 课程设计
单片机与嵌入式系统 B	单片机原理	单片机原理及应用
单片机原理及应用课程设计	地方政府学	第二外国语（2）
第二外国语（4）	电厂热力设备及运行	电厂污染物控制技术
电磁测量	电磁测量技术	电磁场和电磁波
电磁场与微波技术	电磁学	电工技术基础
电工技术基础 B	电工实践	电工学基础
电机学（1）	电机学 B（2）	电机学 T（1）
电力电子技术 B	电力工程 B	电力工程 C
电力工程设计	电力机械	电力建设项目管理
电力企业内部控制	电力生产认识实习	电力系统故障分析
电力系统过电压	电力系统继电保护原理	电力系统继电保护原理（英）
电力系统继电保护原理 T	电力系统课程设计	电力系统认识实习
电力系统运动	电力系统暂态分析	电力系统暂态分析（英）
电力需求侧管理	电力英语翻译	电力英语阅读
电力营销与客户服务	电路分析基础	电路分析基础实验
电路理论（1）	电路理论 A（1）（英）	电路实验（1）
电路实验（1）（双）	电气设备高压试验	电子测量与传感技术
电子工艺实践	电子技术基础	电子技术基础实验

续表

课 程 名 称	课 程 名 称	课 程 名 称
电子技术基础实验 T（1）	电子商务	电子商务综合实验
电子设计讲座	电子设计竞赛训练	电子线路（2）
电子线路 CAD	电子线路实验（2）	电子线路综合实验
电子政务	电子政务实验	动力机械概论
多媒体应用基础	俄语入门	发电厂电气部分
发电厂电气部分（英）	发电厂电气部分 T	发电厂电气部分课程设计
发电厂电气设备及运行	发电厂动力部分	发展经济学
法理学	法律逻辑学	法律文书写作
翻译理论与实践（2）	翻译实习（1）	翻译项目管理
分布式能源系统	分布式能源系统课程设计	分散控制系统（DCS）综合实践 A
分析化学	分析化学实验	风力发电原理
风险投资	复变函数论	复变函数与积分变换
改变世界的物理学	概率论与数理统计（2）	概率论与数理统计 B
高等代数（1）	高等数学（2）	高等数学（2）（英）
高等数学 C（2）	高电压技术	高电压技术（英）
高电压技术 T	高电压绝缘	高级财务会计
高级英语精读（2）	高级英语视听说（2）	高级语言程序设计（C＋＋）
高阶英语选修 2	工程成本规划与控制	工程电磁场
工程电磁场 T	工程电磁场导论	工程定额原理及清单计价规范
工程光学	工程合同管理	工程结构
工程经济学	工程经济学课程设计	工程力学（2）
工程热力学 C	工程图学 A（2）	工程图学 B（2）
工程图学 E	工程招投标管理	工程招投标课程设计
工程制图（英）	工程咨询概论	工作分析与绩效评估
公差与技术测量 A	公差与技术测量 B	公共关系学 A
公共关系与人际交往能力	公共管理研究方法	公共经济学 A
公共政策学	供电技术	供电设计
供热工程	供热及锅炉房课程设计	管理信息系统
管理信息系统开发综合实验	管理学	光电子技术
光纤通信原理	光纤通信原理综合实验	锅炉燃烧与污染
国防与军事科学	国际法	国际会计
国际经济法	国际经济学	国际贸易模拟实验
国际贸易实务 A	国际贸易与国际金融	国学知识翻译
过程参数检测及仪表 A	过程参数检测及仪表 A 课程设计	过程参数检测及仪表 B
过程工程原理 B	过程工程原理 B 课程设计	过程控制 A
过程控制 B	过程控制 B 课程设计	过程流体机械
过程设备设计	过程设备设计课程设计	过程装备控制技术
行政诉讼法学	合唱与指挥	核电厂系统与设备
核电站材料	核电站放射化学	核电站概论
核电站水质工程	互联网＋创新创业能力培养实践	互联网商务案例分析与应用

续表

课　程　名　称	课　程　名　称	课　程　名　称
化工腐蚀与防护	化工制图与CAD	化工制图与CAD上机实习
化学电源	环工专业外语（1）	环境地学基础
环境毒理学概论	环境分析化学	环境工程施工
环境工程原理	环境规划	环境规划课程设计
环境设施设计	环境统计	环境与发展课题调研
环科专业外语（1）	会计模拟实验	会计学
婚姻家庭继承法	火电厂动力工程A	火电厂动力工程B
火电厂减排技术	火电厂水务管理	火力发电过程认识实习
机电控制系统仿真	机电一体化课程设计	机电一体化系统设计
机械电子工程概论	机械设计	机械设计课程设计
机械系统设计	机械制造装备设计	基础笔译（2）
基础口译（2）	基础英语（2）	集控运行综合实验
计算机辅助工业设计	计算机辅助平面设计	计算机控制技术与系统
计算机控制技术与系统课程设计	计算机软件技术基础	计算机通信与网络
计算机图形学	计算机网络	计算机网络课程设计
计算机系统结构	技术经济分析模拟实验	技术经济学
继电保护定值计算	家具设计	架空输电线路设计
建环专业英语	建筑电气	建筑给排水
建筑工程施工技术与计量	建筑技术经济学	建筑能源应用技术
建筑学	建筑学课程设计	交互界面设计
交直流调速控制系统	教育社会学	接口与通信技术
接入网技术	结构动力学基础	结构力学
金工实习A	金工实习B	金融工程
金融工程模拟实验	金融数量方法	经济博弈论
经济法A	经济计量学	经济学经典外文文献选读
静电防护原理与技术	矩阵论	科技论文阅读与翻译
科技信息检索	科技英语翻译	科学的精神与方法
科研方法与论文写作	科研实践与学年论文	可编程逻辑器件
可编程逻辑器件课程设计	空调制冷技术	控制系统数字仿真与参数优化
跨文化交际	跨文化商务交际	劳动法与社会保障法
乐理基础	离散数学（1）	立体构成
量子力学	领导科学	流体力学B
流体力学C	流体力学T	论文调研实习
律师实务	马克思主义基本原理	毛泽东思想和中国特色社会主义理论体系概论
煤化工	煤化工综合设计	美国文学
美国文学导论	面向对象程序设计	面向对象程序设计（JAVA）
面向对象程序设计（JAVA）课程设计	面向对象程序设计综合实验（2）	面向对象程序设计综合实验（4）
模拟电子技术基础A	模拟电子技术基础B	模拟电子技术基础T
模拟电子技术基础实验A	模拟电子技术基础实验B	木工实习

续表

课 程 名 称	课 程 名 称	课 程 名 称
纳税会计	能源材料	能源概论
能源化工专业外语（1）	能源与动力工程专业英语	能源转化
农村电网规划	暖通空调	暖通空调工程制图
配电自动化	票据法	普通物理实验（4）
普通语言学（2）	企业财务诊断	企业管理概论
企业实践（毕业论文）	企业税收理论与实务	汽轮机原理 A
嵌入式系统	嵌入式系统课程设计	青年心理学
清洁能源发电控制系统	区域经济学	确定运筹学
燃气供应工程	燃气-蒸汽联合循环发电技术	热工控制系统 A
热工控制系统 B	热工系统建模	热交换器计算及设计
热力发电厂 A	热力发电厂给水处理	热力发电厂给水处理课程设计
热力发电厂生产过程	热力设备腐蚀与防护	热力系统工程
热力学统计物理	热源动力设备原理及运行	人工智能及应用
人机交互技术	人力资源管理	人力资源管理案例分析
人因工程学	认识实习	认知实习
日语读写	日语入门	日语听说
软件测试	软件工程	软件工程课程设计
软件设计与实践	软件体系结构	软件体系结构综合实验
色彩构成	色彩基础	商务管理英语会话
商业银行经营管理	商业银行综合实训	设计材料与成型工艺
设计色彩	设计思维	设计制造软件应用
设计制造综合实验	社会工作师综合能力专题	社会工作专业英语
社会统计学	社会问题调查与社会实践（4）	社会心理学
社会学	社会研究方法	社区工作
涉外知识	审计模拟实验	审计学
生产实践	生产实习	生产实习与毕业实习
生产与运作分析	生产与运作管理	生活英语听说
生态学	生物质能发电技术	施工组织与设计
石油化学工程	实变函数与泛函分析	实务与研究能力综合运用（1）
市场营销学	市场营销综合模拟实验	视频编辑
视译	书法鉴赏	输电杆塔基础设计
输电杆塔设计	输电工程 CAD	输电线路测量技术
输电线路工程机械	数据仓库与数据挖掘	数据仓库与数据挖掘应用系统设计
数据分析与实验优化设计	数据库原理	数据库原理及应用
数据库原理课程设计	数据整理与统计分析	数理方程
数理方程及特殊函数	数位板辅助设计表现	数学分析（2）
数学建模与数学实验	数学物理方程	数学物理方法
数字电子技术基础 A	数字电子技术基础 B	数字电子技术基础实验 A
数字电子技术基础实验 B	数字逻辑	数字逻辑与数字系统设计

续表

课程名称	课程名称	课程名称
数字逻辑与数字系统设计课程设计	数字通信系统	数字图像处理
水污染控制工程	水污染控制工程课程设计	水资源与水环境学
税法	顺序控制	顺序控制与热工保护
思想道德修养与法律基础	算法与数据结构	算法与数据结构实验
探索宇宙奥妙的数学	碳一化学	体育（2）
体育（4）	通信电子电路	通信电子电路综合实验
通信技术综合实验	通信专业英语阅读	通用学术英语
通用学术英语（理工类）	通用学术英语（人文类）	统计软件应用
统计学	统计学方法与应用：从数据到结论	透平机械调节与强度
透平机械原理	图说人际关系心理	拓展实践
网络安全	网络安全综合实验	网络编程技术
网络编程技术课程设计	网络测试与性能评价	网络攻防系统实验
网络攻击与防范	网络管理	网络数据库应用
网络数据库综合设计	网络通信实验与设计	网络系统工程
网络系统工程课程设计	网络应用基础	网站建设与管理
网站开发与建设综合实践	微波工程	微观经济学
微机控制系统	微机原理与接口技术 A	微机原理与接口技术 T
微机原理与接口技术实验	微机原理与接口技术实验 T	微计算机原理与嵌入式系统
文体与翻译	文献检索与论文写作	无线网络与移动通信
舞蹈鉴赏	物理化学 A	物理化学 B
物理化学实验 A	物理化学实验 B	物理实验（1）
物联网技术与应用	物料系统设备	物料系统设计
物流工程学	物权法	物业管理
西方社会学理论	西方思想经典与现代社会	西方文化导论
先进制造技术	先进制造系统	现代工程控制理论
现代交换技术	现代交换技术综合实验	现代经济学
现代控制理论	现代设计理论与方法	线性代数 B（英）
校内基地实践	心理学	新能源发电设备
新能源概论	信号处理基础（1）	信号分析与处理 A
信号分析与处理 A 课程设计	信号分析与处理 B	信号与系统
信息安全工程与管理	信息安全基础	信息安全实验课程
信息安全数学基础	信息安全专业英语阅读与写作	信息论基础及应用
信息论与编码	信息系统与数据库	信息隐藏技术
刑法分论	刑事诉讼法学	刑事庭审见习
虚拟测量实验	学年论文	学年论文（1）
学年论文（2）	学术英语写作	压力容器设计
烟尘测试理论与技术	移动平台程序设计	移动通信
艺术导论	英美概况	英文写作
英语辩论	英语读写	英语泛读（2）

续表

课　程　名　称	课　程　名　称	课　程　名　称
英语会话（4）	英语精读（2）	英语精读（4）
英语精读（6）	英语口语	英语口语（2）
英语口语（4）	英语听力（2）	英语听力（4）
英语听说	英语听说（2）	英语写作（2）
英语演讲	英语语音（2）	英语阅读（4）
应用电化学	应用化学专业外语（1）	应用文写作
用电技术	优秀传统文化与伦理道德	有害气体控制工程
有害气体控制工程课程设计	语言实践	原子物理学
云计算技术	运筹学	造型基础
债权法	证券投资模拟实验	证券投资学
政治学原理	直流输电与 FACTS 技术	职业探索与选择
质量工程学	中国公务员制度	中国古近代思想史
中国近现代史纲要	中国政治思想	中级财务会计（1）
中级英语精读（2）	中级英语听力（2）	中级英语写作（2）
中英文翻译	专题：大型火电机组分散控制	专业基础综合实验
专业论文与科研实践	专业认识实习	专业社会实践
专业实践	专业实习	专业实验
专业外语阅读（农电）	专业英语阅读（自动化）	专业英语阅读与写作（2）
专业综合实践：大型火电机组热控系统设计及实现（3）	自动化专业概论	自动控制理论 B
自我塑造：成功五要素	自主实习	综合评价方法
综合设计：智能汽车设计（1）	综合设计：智能汽车设计（3）	组织设计与管理
最优化算法		

2018—2019 学年第一学期（北京校部）

课　程　名　称	课　程　名　称	课　程　名　称
.NET 程序设计	固体废弃物处理处置技术	生物质能工程
.NET 程序设计实践	固体废物处理与利用	生物质热化学转化课程设计
《大学中庸》导读	固体物理	生物质热化学转换技术
《世说新语》导读	固体物理 B	声学基础
《庄子》导读	固体物理学	时政翻译
220v 声控电灯的安装与调试	管理定量分析	实验参量与控制
3D 打印技术与实践	管理沟通	实用美术与广告设计
555 定时器的多种应用	管理会计（英）	实用摄影
Access 数据库程序设计	管理软件应用	市场信息分析实践
C 语言课程设计	管理软件应用实践	市场信息分析实务
Java 程序设计实践	管理思想史	市场营销学
JAVA 语言程序设计	管理信息系统与决策支持系统	市政学
LINUX 体系及编程	管理学原理	视听语言解读
Matlab 语言	管理运筹学	书籍设计

续表

课 程 名 称	课 程 名 称	课 程 名 称
Matlab 语言（理）	管制经济学	数据仓库与数据挖掘
MS office 高级应用	光电子技术	数据分析
POP 设计	光伏电站设计、运行与控制 D	数据结构
RFID 原理与应用	光伏系统电气测试	数据结构与算法
UNIX/LINUX 编程课程设计	光伏组件拆装实习	数据结构与算法（2）
UNIX/LINUX 系统及编程	光纤通信技术	数据结构与算法课程设计（2）
VBA 程序设计	光纤通信课程设计	数据库应用
Vc＋＋程序设计	光学	数据库应用课程设计
Visual C＋＋课程设计	广告经营与管理学	数据库与网络技术导论
办公自动化	广告媒体研究	数据库原理
办公自动化课程设计初级	广告摄影	数理方程
办公自动化课程设计高级	广告效果研究与方法	数学（预科上）
半导体物理	广告学	数学分析（1）
泵与阀门	广告作品设计	数学分析（3）
泵与风机	锅炉原理 A	数学建模
泵与风机节能技术	锅炉原理 A 课程设计	数学建模语言与 MATLAB 应用
泵与风机综合实验	锅炉原理课程设计	数学软件选讲（1）
笔译工作坊（英译汉）	锅炉运行	数学物理方程 A
毕业实习	国际电气工程专业概论（英）	数学物理方程的 MATLAB 解法与可视化
编译技术	国际会计（英）	数学物理方法
编译技术课程设计	国际金融学（英文）	数值分析 A
表面工程	国际经济法	数字电子技术基础 A
冰蓄冷与低温送风	国际经济学Ⅰ（双语）	数字电子技术基础 B
材料测试分析	国际贸易实务（双语）	数字电子技术基础实验 A
材料处理与表征实习	国际商法	数字逻辑与数字系统设计
.NET 程序设计	固体废弃物处理处置技术	生物质能工程
.NET 程序设计实践	固体废物处理与利用	生物质热化学转化课程设计
《大学中庸》导读	固体物理	生物质热化学转换技术
《世说新语》导读	固体物理 B	声学基础
材料科学与工程导论	过程参数检测及仪表 J	水电站课程设计
材料力学	过程参数检测及仪表课程设计	水环境保护
材料力学性能	海商法	水环境保护课程设计
材料热力学	行政法与行政诉讼法	水力学（2）
财务分析	行政庭审见习	水利经济
财务管理	合同法	水利经济课程设计
财务管理基础	合同法概论	水利水电工程管理
财务会计（英文）	合同实务	水利水电工程施工
财务会计报告分析	河流动力学	水利水电工程施工课程设计
财政学	核电厂仿真综合实验	水能资源开发利用
采购与合同管理	核电厂系统与设备	水能资源开发利用课程设计

续表

课　程　名　称	课　程　名　称	课　程　名　称
彩灯控制器的设计	核电站参数检测与控制（研讨型）	水文水利计算
仓储与运输管理	核电站放射化学	水文水利计算课程设计
操作系统安全技术	核电专业文献检索与写作	水文预报
测控专题	核电专业英语	水文预报课程设计
测试技术	核反应堆安全分析	水灾害防治
测试技术综合实验	核反应堆安全分析课程设计	水资源规划及利用
拆装实习	核反应堆控制与保护	水资源规划及利用课程设计
程序设计模式	核反应堆热工分析 B	水资源优化原理与方法
抽水蓄能技术	核工程与核技术概论	税法学
初级德语	核工程与核技术前沿	顺序控制
初级韩语	核物理基础 A	思想道德修养与法律基础
初级日语	核物理基础 B	思想道德修养与法律基础（双）
传播学概论	宏观经济学	算法设计与分析
传感器原理与应用	互换性与技术测量	随机水文学
传感器综合实验	化工仪表及过程控制	跆拳道
传热学	化工原理	跆拳道（男）
传热学 C	化工原理实验	跆拳道（女）
创新经济学	化学前沿与进展	太阳电池材料测试分析
大型电机运行与故障诊断	环境放射性取样与监测	太阳电池材料与器件（1）
大学化学	环境工程导论	太阳电池设计及工艺
大学生 KAB 创业基础	环境化学	太阳电池中的物理与化学问题
大学生创业案例分析	环境影响评价	太阳能工程
大学生健康教育	汇编语言与接口技术	太阳能资源测量
大学生生涯规划与择业	会计职业道德	体育舞蹈
大学物理（1）	会计专题	通信网理论基础
大学物理（2）	婚姻家庭继承法	通信网络仿真技术
大学物理（2）（英）	火电厂计算机仿真	通信网络与信息安全
大学语文（预科上）	火电厂自动化专题	通信系统原理
单元机组程控与保护	货币金融学	通信新技术专题讲座
单元机组集控运行	机炉运行课程设计	通信原理实验
单元机组集控运行 A	机械工程材料	通用俄语
单元机组控制系统	机械工程专业概论	通用英语
单元机组运行原理	机械故障诊断技术	图书馆与文献检索
当代中国经济	机械设计	图像处理的 PDE 方法
当代中国政治制度	机械设计基础 B	图形创意
地方政府学	机械设计基础课程设计	土力学
地下水水文学	机械设计课程设计	土力学与地基基础
第二外语（英）（法）（2）	机械振动	土木工程概论
第二外语（英）（日）（2）	机械制造技术	外国法制史
第二外语（英语）（德）（2）	机械制造装备课程设计	外语实习（2）

续表

课 程 名 称	课 程 名 称	课 程 名 称
电厂热力设备及运行	机械制造装备设计	外语实习（4）
电厂认识实习	基于经济理论的单方程回归建模	网络技术基础
电厂应用化学 A	集成电路设计	网球
电磁场数值计算	计量测试技术	网球（男）
电磁场与电磁波	计量经济模型应用实践	网球（女）
电磁兼容技术	计量经济学	网页设计制作
电工产品学	计算地球流体力学	微机原理及应用课程设计
电工技术基础	计算机导论	微机原理与汇编语言程序设计
电工技术基础 B	计算机辅助工程	微机原理与接口技术 B
电机实验	计算机辅助设计（CAD）	微机原理与应用
电机学（2）	计算机辅助设计课程设计	微网与电能存储
电价学	计算机辅助设计与制造	文学翻译
电力产品交易模拟实验	计算机基础（预科上）	污水厂工程设计实务
电力电子仿真实验	计算机控制	无机非金属材料科学基础
电力电子技术	计算机密码学	无机化学（1）
电力电子技术（英）	计算机密码学综合实验	无线通信技术
电力电子技术 B	计算机实践（3）	无线网络综合实验（原名：网络技术综合
电力电子技术课程设计	计算机实践（4）	武术
电力电子技术综合实验	计算机图形学	武术（男）
电力法	计算机网络	武术（女）
电力负荷预测	计算机网络实验	舞蹈鉴赏
电力负荷预测课程设计	计算机组成与结构	舞蹈形体
电力工程经济课程设计	计算机组成原理	物理（预科上）
电力工程项目管理	计算流体力学（CFD）技术及其应用	物理化学
电力工程造价实务	计算物理实践（2）	物理化学 A（1）
电力工程造价实务课程设计	技术经济学	物理化学 B（1）
电力监管法	继电保护定值计算	物理化学实验
电力建设 BIM 应用	继电保护与自动化综合实验	物理实验（2）
电力企业财务管理	绩效管理	物理实验 A（2）
电力企业法律实务	检测新技术（研讨型）	物联网安全综合实验
电力企业会计	检测仪表拆解与分析	物联网工程导论
电力企业会计电算化模拟实验	建筑材料	物联网技术
电力企业市场营销	建筑环境测试技术	物联网控制系统
电力企业市场营销模拟	建筑环境学 A	物联网信息安全
电力企业物流管理	建筑节能	物联网应用综合设计
电力生产技术概论	健美操（女）	物流案例与实践
电力市场概论	交替传译	物流工程
电力市场基础	接口与通信技术	物流管理
电力市场技术支持系统	接口与通信技术综合实验	物流管理综合模拟实验
电力市场技术支持系统课程设计	街舞	物流信息管理

续表

课 程 名 称	课 程 名 称	课 程 名 称
电力市场交易模拟试验	节能原理	误差理论与数据处理
电力系统分析基础	节水理论与技术	西方文化概要
电力系统分析基础（英）	洁净煤发电技术	西方政治思想
电力系统规划与可靠性	结构力学	戏曲鉴赏
电力系统过电压	解析几何	系统工程导论
电力系统过电压上机计算	金工实习	先进陶瓷材料
电力系统课程设计	金工实习 A	现代光技术基础
电力系统认知实习	金融理论前沿问题	现代汉语
电力系统微机保护	金融市场学	线性代数
电力系统暂态分析	金融文献阅读实践 III	宪法学
电力系统暂态上机计算	金融资产定价模型的估计与分析	项目管理软件应用
电力系统主设备保护	金属腐蚀与保护	项目管理软件应用实践
电力系统自动化	金属固态相变原理及应用	项目融资学
电力系统综合仿真	经济博弈论	小球赏析——羽毛球
电力项目可行性研究模拟	经济法	心理·生活·人生
电力英语翻译	经济法概论	新能源材料
电路理论 A（1）	经济管理建模	新能源材料与器件课程设计
电路理论 A（1）（英）	经济理论前沿	新能源电力建设概论
电路理论 A（2）	经济谈判	新能源发电
电路理论 A（2）（英）	经济学经典文献阅读	新能源发电系统控制
电路理论 B	经济学专业文献阅读（3）	新能源概论
电路理论 B（1）	经贸英语翻译	新能源专业导论
电路理论 B（2）	经贸英语阅读（2）	新生专业研讨课
电路实验	决策支持与专家系统	新闻摄影
电路实验（1）	决策支持与专家系统课程设计	新闻学概论
电路实验（2）	军事理论	薪酬管理
电脑图文设计	军事实践	薪酬管理实践
电能质量概论	科技文献检索基础	信号分析与处理
电气测量技术	科研方法与论文写作	信号分析与处理（英）
电气工程创新设计 B	科研论文训练	信号分析与处理（自）
电气工程概论	科研训练	信号分析与处理 B
电气工程综合实验	可编程逻辑器件原理与应用	信号分析与处理课程设计
电气工程综合训练	可再生能源概论	信号与系统
电气设备在线监测与故障诊断	客户关系管理	信息安全编程课程设计
电视广告设计与制作	空调与制冷工程	信息安全工程与管理
电子材料	空调与制冷综合实验	信息安全基础
电子电路计算机辅助分析	控制电机	信息安全实验课程
电子技术基础 B	控制工程	信息光学
电子技术综合实验	控制系统综合实验	信息论与编码 B

续表

课 程 名 称	课 程 名 称	课 程 名 称
电子商务	控制仪表拆解与分析	信息学概论
电子商务应用软件技术	控制装置与系统	刑法分论
电子商务专题	控制装置与系统课程设计	刑事诉讼法学
电子文献检索与利用	库存与成本管理	刑事庭审见习
电子信息工程新技术讲座	跨国公司财务管理（英文）	形式逻辑
动力工程 A	跨文化交际	形势与政策（1）
多媒体通信技术	宽带数字网技术	形势与政策（1）（双）
多媒体信息安全保密技术	篮球（男）	形势与政策（3）
多媒体应用基础（信管）	篮球（女）	形势与政策（3）（双）
多媒体应用课程设计	劳动法与社会保障法	形体（女）
发电厂电气部分	劳动合同设计	虚拟仪器技术（研讨型）
发电厂电气部分课程设计	劳动经济学	蓄能原理与技术
发展经济学	离散数学 B	旋转机械振动与动平衡
法律逻辑学	理论力学	学年论文
法律诊所	理论力学 A	学年论文（1）
法律诊所教程	力学	学术英语
法律咨询	领导科学	循环流化床锅炉设备与运行
法学导论	领导与领导力	压水堆核电厂系统与设备
法语听说	流动与热传递	冶金概论
翻译名篇欣赏	流体力学 B	仪表可靠性基础
翻译软件应用	流体输配管网	仪器仪表实训（电装实习）
反应工程课程设计	流体输配管网课程设计	移动商务设计与实践
房地产法	轮滑	移动商务应用
房地产开发	轮滑（男）	艺术的感染力
房屋建筑学课程设计	论文写作训练	音乐鉴赏
仿真综合实验	律师实务	英国文学史及选读
放射化学基础	马克思主义基本原理概论	英汉对比与翻译
非线性生态学	马克思主义基本原理概论（双）	英美文学史及选读
分散控制系统	毛泽东思想和中国特色社会主义理论体系概论	英译汉
分散控制系统课程设计	毛泽东思想和中国特色社会主义理论体系概论（双）	英语（预科上）
分析化学	美术基础	英语泛读（1）
分析化学实验	蒙特卡罗方法及应用	英语泛读（3）
风电场仿真实验	面向对象的程序设计 B	英语精读（1）
风电机组测试与认证	民法概论	英语精读（3）
风电机组监测与控制	民法总论	英语口语
风电机组监测与控制课程设计	民事纠纷及解决机制	英语口语（1）
风电机组设计与制造	民族理论与民族政策	英语口语（3）
风力发电场课程设计	模糊综合评价方法	英语听力（1）

续表

课 程 名 称	课 程 名 称	课 程 名 称
风力发电工程	模拟电子技术基础	英语听力（3）
风力发电机组设计软件	模拟电子技术基础实验 A	英语小说欣赏
风力发电原理	纳米材料与纳米技术	英语写作（2）
风力机空气动力学	纳税会计	英语语法
风力机空气动力学课程设计	能源法	英语语言学概论
风险分析与管理	能源技术经济学	英语语音
风险管理	能源经济学	营销风险管理
服务市场营销学	排球	营销决策模拟
复变函数与积分变换	排球（男）	影视摄像与编辑
复变函数与积分变换（双）	乒乓球（男）	应用统计学
概率论与数理统计 B	乒乓球（女）	应用文写作
概率论与数理统计 B（英）	普拉提（女）	硬件综合实验
钢结构	期货贸易（双语）	用电营销与管理
钢结构课程设计	企业 Java 应用	有机化学
高等代数（1）	企业 Java 应用实践	有机化学（1）
高等数学 B（1）	企业策划	有机化学实验
高等数学 B（1）（英）	企业竞争模拟	瑜伽（女）
高等数学 B（2）	企业内部控制与风险管理	语音信号处理
高等数学 C（1）	企业认识实习	预算管理实务
高电压技术	企业沙盘模拟	原子物理学
高电压试验技术	企业物流管理实习	运动控制
高电压综合试验	企业信息化专题	运输、仓储管理实验
高分子材料（双语）	企业战略管理	运作管理
高分子化学与物理	企业专家授课 2	责任会计
高级汉语写作	汽轮机设备故障诊断	展示设计
高级会计学	汽轮机原理	证券投资模拟
高级口译	汽轮机原理课程设计	证券投资学
高级听力（1）	嵌入式系统	政治经济学
高级英语精读（1）	嵌入式系统 A	知识产权法
高级语言程序设计（C）	嵌入式系统 A 课程设计	职业素养综合训练
高级语言程序设计（C）（英）	燃气供应	制冷及低温技术•低温物理学
工程电磁场	燃气轮机概论	制冷技术
工程方法与实践	燃气轮机联合循环控制与保护	智能电网导论
工程结构	燃气蒸汽联合循环电厂	智能电子应用系统设计
工程结构课程设计	热工理论基础 B	智能建筑
工程力学 B	热力发电厂	智能控制
工程力学 A	热力发电厂课程设计	智能仪器设计
工程力学 A（1）	热力设备腐蚀与防护	中国传统文化概论
工程流体力学 B	热力学和统计物理学	中国法制史 A
工程流体力学 A	热能储存技术概论	中国古代文学作品选读（4）

续表

课 程 名 称	课 程 名 称	课 程 名 称
工程流体力学 B	热学	中国汉字之美—篆书、篆刻
工程热力学	人工智能及应用	中国近现代史纲要
工程热力学 A	人力资源管理	中国近现代史纲要（双）
工程热力学 B	人力资源管理 A	中级财务会计（上）
工程图学 A（1）	人力资源管理导论	中级韩语
工程图学 B（1）	人力资源统计	中级物理实验（2）
工程图学 B（水利）（1）	人身权及其损害赔偿	中央银行学
工程项目管理	认识实习	仲裁法
工程运筹学	软件测试	专业文献阅读与写作（双语）
工程造价分析应用实践	软件测试综合实验	专业英语阅读
工程造价管理	软件工程	专业英语阅读（财务）
工程造价管理课程设计	软件工程概论	专业英语阅读（电气）
工程制图	软件工程课程设计	专业英语阅读（电子）
工程制图（建筑）	软件工具与环境	专业英语阅读（热能）
工程制图基础	软件体系结构	专业英语阅读（生物质能）
工商管理概论	软件体系结构课程设计	专业英语阅读（水利）
工业催化	三维计算机辅助设计	专业英语阅读（信管）
工业微生物学	散打（男）	专业英语阅读（信息安全）
工业微生物学实验	商法概论	专业英语阅读（仪表）
公差与金属材料	商检与海关	专业指导
公共关系学	商务礼仪	专用集成电路设计
公共管理案例分析	商务谈判	资本运营
公共管理改革	商务英语视听说	资产评估
公共管理学	商务英语写作	自动化系统工程设计与案例分析
公共行政学	商务专业英语阅读	自动控制理论 A
公共政策分析	社会保险学	自动控制理论 B
公关策划学	社会保障概论	自动控制理论 B（英）
公司法	社会保障基金管理	自动控制理论课程设计
公务员制度概论	社会科学研究方法	自动控制系统实训
公益劳动	社会实践	自然资源与环境保护法
供电企业营销实习	社会调查	自适应与预测控制
供应链管理	审计学	字体设计
供应链系统仿真实验	生产实践（1）	足球（男）
供应链与物流管理	生产实习	组织行为学
沟通策略	生产与运作管理	最优化理论与方法
股票模拟交易	生态学与复杂性	

2018—2019 学年第一学期本科课程设置表（保定校区）

课 程 名 称	课 程 名 称	课 程 名 称
EDA 课程设计	GIS 装置与电力电缆	J2EE 开发平台及程序设计
Matlab 在化学化工中应用	PKI 系统设计综合实验	Rhino 产品建模与渲染
VC＋＋程序设计	Visual C#.net 程序设计与应用	Web 开发技术
保险法	编译技术	编译技术课程设计 A
编译技术课程设计 B	变电站电气工程	变电站二次回路设计
变电站仿真实习	变电站自动化	标准化工程
财会信息系统	财会专业外语	财务成本模拟
财务管理 B	财政学	操作系统
操作系统综合实验	测试表征技术	测试技术
产品包装设计	产品改良设计	产品模具
产品设计课程设计（2）	产品设计与开发课程设计	产品设计专业外语
产品型录设计	常用数学软件实验	超高压电网继电保护专题
超临界燃煤发电机组	成本控制	程序设计模式
程序设计综合实践	除尘技术	除尘技术课程设计
储能技术	传感器原理与应用	传感器综合实验
传热学 T	创业策划	创意思维
大学计算机基础	大学生出国政策与相关法律常识	大学生创业创新教育
大学生就业指导	大学物理（2）	大学物理（2）（英）
大学写作	大学英语	大学语文
大学语文（预科）（上）	单片机原理与接口	单片机原理与应用
单元机组程控与保护	单元机组控制系统	单元机组协调控制
单元机组运行原理	单元机组运行原理 B	单元机组运行原理课程设计
当代中国经济	第二外国语（1）	第二外国语（3）
电厂高温金属材料	电厂化学 A	电厂化学 B
电厂化学仪表与程控	电厂热力设备及运行	电厂应用化学
电厂运行仿真	电磁兼容基础	电动力学
电工技术基础	电工实践	电机学（2）
电机学 B（1）	电机学 T（2）	电机与电力拖动
电力传动系统仿真	电力导线与电缆	电力电子技术（英）
电力电子技术 A	电力电子技术 T	电力电子技术综合实验（双）
电力法	电力负荷预测	电力负荷预测模拟实验
电力工程 B	电力工程基础	电力工程造价
电力市场概论	电力市场基础	电力统计
电力系统潮流上机计算	电力系统潮流上机计算（双）	电力系统潮流上机计算 T
电力系统仿真实习	电力系统分析基础	电力系统分析基础（英）
电力系统分析基础 T	电力系统概论	电力系统规划与可靠性
电力系统过电压上机计算	电力系统谐波与无功补偿	电力系统自动化
电力系统自动化（英）	电力系统自动化 T	电力系统综合实验 A
电力系统综合实验 A（双）	电力信息化	电力用油
电力专业英语	电路分析基础	电路分析基础实验

续表

课 程 名 称	课 程 名 称	课 程 名 称
电路理论（1）	电路理论（2）A	电路理论（2）B
电路理论 A（2）（英）	电路实验（1）	电路实验（2）（双）
电路实验（2）B	电能质量概论	电气工程概论
电气工程新技术（报告形式）	电气设备状态检测与故障诊断	电子技术基础
电子技术基础实验	电子技术基础实验 T（2）	电子技术综合实验
电子技术综合实验 A	电子技术综合实验 T	电子商务概论
电子信息类专业导论	电子专业外语	动态网络技术应用实践
多工况空气处理过程模拟实验	多媒体技术及应用	多媒体通信技术
俄语（4）	发电厂电气部分课程设计	发电厂仿真实习
发电厂经济运行管理	发电厂生产过程	发电机与变压器的运行与故障诊断
法律英语翻译	法律诊所	法学导论
法学前沿	翻译概论	翻译理论与实践（1）
翻译实践（2）	翻译实习（2）	仿真训练
非政府组织管理	分散控制系统	分散控制系统课程设计
风力发电机组的监测与控制	风险投资 B	复变函数与积分变换
复变函数与积分变换（双）	概率论与数理统计 B	概率论与数理统计 B（英）
高等代数（2）	高等数学（1）	高等数学（1）（英）
高等数学 C（1）	高电压试验技术	高电压综合实验
高级英语精读（1）	高级英语精读（3）	高级英语视听说（1）
高级英语选读	高级语言程序设计	高级语言程序设计（C）（英）
高级语言程序设计（C＋＋）	高压电器	歌唱的艺术
给排水工程及实务	工程材料	工程材料及其化学基础
工程概论	工程经济学	工程流体力学 B
工程热力学	工程热力学 A	工程热力学 B
工程图学 A（1）	工程图学 B（1）	工程图学 C
工程图学 D	工程图学 E	工程运筹学
工程造价计价与控制	工程造价前沿及学年论文	工程造价信息管理
工程造价信息管理课程实验	工程造价专业外语	工程制图
工业催化	工业工程导论	工业工程学
工业机器人技术基础	工业设计史	工艺美术史
公共关系	公共管理学	公共管理学 A
公管专业英语	公益慈善理论与实务	供暖系统安装、调试及运行
固体废物处理与处置	固体物理	管理定量分析
管理会计	管理逻辑学	管理软件应用
管理统计软件应用	管理文献翻译训练	管理心理学
管理信息系统	管理信息系统与决策支持系统	管理学原理
管理运筹学	光机电检测技术	光学
锅炉及锅炉房设备	锅炉原理 A	锅炉原理 B
锅炉原理课程设计	国际电气工程专业概况（英）	国际关系与外交政策

续表

课 程 名 称	课 程 名 称	课 程 名 称
国际金融模拟实验	国际金融实务（双语）	国际贸易实务
国际私法	过程参数检测及仪表	过程参数检测及仪表 B
过程参数检测及仪表 B 课程设计	过程机械实验	过程控制 A 课程设计
过程控制基础与应用	过程控制装置与系统	过程装备 CAD
过程装备技术概论	过程装备制造工艺	行政法
行政法学	行政职业能力实训	合同法
合同法学	核电厂系统课程设计	核电厂系统与设备
核电厂运行仿真实践	核电站安全与防护	核电站参数检测与控制（研讨型）
核电站化学综合设计	核电站水化学	宏观经济学（双语）
户外写生与考察	化工安全与环保	化工机械与设备
化工热力学	化工仪表	化工原理
化工原理课程设计	化学反应工程	化学反应工程课程设计
化学工程与环境	环工专业外语（2）	环境保护与可持续性发展 B
环境工程 CAD 及上机实习	环境工程仿真控制上机实习	环境工程仿真设计上机实习
环境工程微生物学	环境工程学	环境工程学课程设计
环境工程综合实验	环境管理与法规	环境化学
环境监测 A	环境监测 B	环境模型程序设计及应用上机实习
环境生态行为综合实验	环境生物学	环境信息系统
环境质量评价	环境质量评价 A 课程设计	环境资源法
汇编语言程序设计	汇编语言程序设计综合实验	会计模拟实验
会计学	会计职业道德	绘画艺术
婚姻家庭法	火电厂机务造价实务	火电厂运行仿真实践
火电厂自动化专题	火电机组启停及运行	货币金融学
机电传动控制	机电系统综合实践	机电液控制综合实验
机械 CAD/CAE/CAM 技术	机械设计基础 B	机械设计基础课程设计
机械手设计及控制技术	机械系统动力学仿真	机械振动与噪声控制
机械制造技术基础	机械制造装备课程设计	机械制造自动化技术
机械状态监测与故障诊断	基础笔译（1）	基础会计
基础口译（1）	基础英语（1）	计量测试技术
计量经济学	计量经济学模拟实验	计算机操作系统
计算机辅助翻译	计算机辅助设计	计算机基础（预科）（上）
计算机科学基础与演进	计算机控制技术	计算机密码学
计算机密码学综合实验	计算机前沿技术	计算机软件技术导论
计算机软件技术基础	计算机图形学	计算机网络体系结构
计算机组成与结构	计算机组成原理	计算机组成原理综合实验
计算理论	计算物理	计算智能
技术经济学	技术系统课程设计	继电保护综合实验
检测新技术（研讨型）	建筑概论	建筑工程概预算
建筑工程预算实务	建筑环境测量	建筑环境学

续表

课 程 名 称	课 程 名 称	课 程 名 称
建筑环境与能源应用工程概论	建筑设备安装工程	建筑设备自动化
建筑水暖电课程设计	毽球	交替传译
教授讲坛	洁净煤发电技术	金工实习 B
金融法	金融企业会计	近代物理实验
经济法	经济理论动态及实践	经济史
经济思想史	经济学	精确农业
军事理论	军事实践	科技英语阅读与写作
科研能力训练	科研实践	可编程控制器应用
可再生能源	空调制冷课程设计	控制工程基础 A
控制工程基础 B	控制论基础	控制系统综合实验
控制装置与系统 A	控制装置与系统 A 课程设计	控制装置与系统 B
控制装置与系统 B 课程设计	宽带数字网技术	离散数学
离散问题建模方法及案例分析	理论力学	理论力学 B
力学	领导科学	流体机械
流体力学 B	流体力学 C	流体输配管网
论文写作实习	逻辑学	马克思主义基本原理
毛泽东思想和中国特色社会主义理论体系概论	美术鉴赏	面向对象程序设计（C＋＋）
面向对象程序设计综合实验（3）	面向对象技术	面向对象技术与 UML
面向对象技术与 UML 课程设计	民法总论	民事诉讼法学
民族理论与民族政策	模糊数学	模拟电子技术基础 A
模拟电子技术基础 B	模拟电子技术基础实验 A	模拟电子技术基础实验 B
模型制作与塑造	能源化工概论	能源化工专业外语（2）
能源化工综合实验	能源环境化学	能源环境学
能源经济学	能源情报翻译	能源英语阅读
能源与动力工程研讨课	能源与环境概论	暖通空调系统分析与设计
排水工程	平面构成	普通化学
普通语言学（1）	企事业单位实习	企业创业策划
企业管理概论	企业沙盘模拟对抗	企业战略管理
企业诊断	汽轮机设备故障诊断	汽轮机原理 B
汽轮机原理课程设计	嵌入式系统	燃料化学
燃料输送系统设计与控制综合实践	燃气—蒸汽联合循环发电仿真实践	燃气—蒸汽联合循环发电课程设计
燃烧理论与技术	燃烧与污染控制	热泵技术
热工及流体机械基础	热工控制系统 A	热工控制系统 A 课程设计
热交换器设计	热力发电厂 B	热力发电厂课程设计
热力发电厂水汽系统化学	热力系统工程	热学
热质交换原理与设备	人工智能基础	人工智能之机器学习
人机工程学	人力资源管理	认识实习
认识实习（双）	认知实习	如何用证据打官司
软件工程	软件项目管理	软件项目管理综合实验

续表

课　程　名　称	课　程　名　称	课　程　名　称
散打	商法	商业实习
设计表现技法	设计方法学	设计工程基础
设计管理	设计软件应用	设计素描
设计制造工程课程设计	设计制造软件综合实验	社会保障B
社会保障概论	社会实践	社会实践与学年论文
社会调查与统计分析	社会问题调查与社会实践（3）	社会问题与社会政策
社会心理学	社会学	摄影技术
摄影鉴赏	申论与面试实训	生产实习
生产系统课程设计	生命教育	生物化学
施工组织课程设计	施工组织与设计	实务与研究能力综合运用（2）
实务与研究能力综合运用（3）	输电工程建设施工技术	输电线路地理信息系统
输电线路课程设计	输电线路设备管理	输电线路设计基础
输电线路运行与检修	输电线路综合实践	输电线路综合实验
输灰工程	数据分析	数据结构
数据结构课程设计	数据库与网络技术导论	数据库原理
数据库原理及应用	数据库原理课程设计	数据通信与计算机网络
数据通信原理	数控技术及应用	数理经济学
数学（预科）（上）	数学分析（1）	数学分析（3）
数学物理方法	数值分析	数值计算方法
数字电子技术基础B	数字电子技术基础T	数字电子技术基础实验B
数字逻辑	数字逻辑课程设计	数字系统设计与EDA技术
数字信号处理	数字信号处理综合实验	税收理论与实务
思想道德修养与法律基础	诉讼法律实务	算法设计与分析
随机运筹学	太阳能发电技术	体育（1）
体育（3）	体育（预科）（上）	通信网络基础
通信系统创新实践	通信系统仿真	通信系统原理
通信原理实验	投资银行实务	投资银行学
透视与速写	图书馆与信息检索概论	图形处理与CAD
图形设计	团体工作	玩具设计
网络安全	网络技术与数据库	网络协议分析与设计
网络信息检索与利用	网络与电子商务法	网络与通信技术
网络与通信技术T	网络综合实验	微处理器课程设计
微处理器系统课程设计	微处理器系统原理与设计	微处理器系统原理与设计实验
微观经济学	微机保护原理	微机电系统技术基础
微机继电保护测试实验	微机原理及应用	微机原理及应用课程设计
微机原理与汇编语言程序设计	微机原理与汇编语言程序设计课程设计	微型计算机原理与应用
无机化学	无机化学实验	无线网络技术
无线网络与移动通信	物理（预科）（上）	物理化学
物理化学实验	物理实验（2）	物理性污染控制工程

续表

课 程 名 称	课 程 名 称	课 程 名 称
物理性污染控制工程课程设计	物联网技术	物流工程课程设计
物流管理	误差理论与数据处理	西方文化概要
戏剧鉴赏	系统工程导论	系统工程学
先进控制	先进制造与机电控制实践	现代电子技术
线路金具及其制造工艺	线性代数	宪法学
项目管理	项目管理综合模拟实验	心理咨询师综合能力专题
新能源发电测控技术	新能源发电技术	新能源发电技术（英）
新闻英语翻译	信管专业外语	信号处理基础（2）
信号处理基础实验	信号分析与处理	信号分析与处理（英）
信号与系统分析基础	信息安全综合实验	信息管理导论
信息论与编码	信息系统安全与保密	信息系统课程设计
信息系统与数据库	信息资源管理综合实验	信息资源规划与管理
刑法总论	形势与政策（1）	虚拟仪器技术（研讨型）
学科论文实践	学术训练	演讲与口才
液压与气压传动	液压与气压传动 B	仪表可靠性基础
仪器分析	仪器仪表实训（电装实习）	移动平台程序设计
英国文学	英国文学导论	英汉口译
英语（预科）（上）	英语泛读（1）	英语泛读（3）
英语精读（1）	英语精读（3）	英语精读（5）
英语口语	英语口语（1）	英语口语（3）
英语听力（1）	英语听力（3）	英语听说（1）
英语写作（1）	英语写作（3）	英语语法与词汇
英语语音（1）	影视鉴赏	影视司法
应用化学信息检索	应用化学专业外语（2）	应用统计学
应用文写作	硬件设计与实践	有机化工工艺
有机化工工艺课程设计	有机化学	有机化学实验
有限元方法	有限元分析及工程应用	语言学导论
原子物理学	云计算技术	展示设计
证据法学	政府与非营利组织会计	政务礼仪
政治经济学	政治学	知识产权法 A
直流输电技术（英）	制造工程基础	制造技术课程设计
智能控制	智能手机信息安全	智能仪表课程设计
智能仪器设计	中国传统艺术	中国法律史
中国公务员制度	中国近现代史纲要	中级财务会计（2）
中级微观经济学	中外名篇译本对比	中外名曲欣赏
中西文化与哲学	专题：超临界火电机组运行与仿真	专题：大型火电机组热控系统优化设计
专题辩论	专业概述	专业基础综合实验
专业认识实习	专业外语	专业外语阅读
专业英语阅读（测控）	专业英语阅读与写作（1）	专业应用软件编制上机实习

续表

课　程　名　称	课　程　名　称	课　程　名　称
专业综合实践：大型火电机组热控系统设计及实现（1）	专业综合实践：大型火电机组热控系统设计及实现（2）	专业综合实验
装饰雕塑	资产评估	自动化创新实践（1）
自动控制理论 A	自动控制理论 B	自动控制理论 B（英）
自动控制理论课程设计	自动控制原理 C	自由式轮滑
字体版式与标志设计	综合日语	综合设计：智能汽车设计（2）
综合实验	综合英语	组合机构设计与分析
组织行为学		

（教务处　提供）

华北电力大学 2018 年研究生课程设置一览表

（北京校部）

2017—2018 学年研究生课程设置表

课程号	课程名称	开课教研室	任课教师
30220261	专业实践（控制工程）	302003——研究生培养办公室	葛　红
30220271	专业实践（计算机技术）	302003——研究生培养办公室	葛　红
30220281	专业实践（软件工程）	302003——研究生培养办公室	葛　红
30220341	研究生就业与创业指导	302005——研究生就业办公室	朱晓红
30220341	研究生就业与创业指导	302005——研究生就业办公室	王　硕
30220341	研究生就业与创业指导	302005——研究生就业办公室	周　华
40120011	科技信息检索与论文写作专题讲座	401008——信息咨询部	何　琼
40120011	科技信息检索与论文写作专题讲座	401008——信息咨询部	王宝清
50120511	电网络分析理论	501001——电工电子教学实验中心	王雁凌
50120511	电网络分析理论	501001——电工电子教学实验中心	熊小玲
50120511	电网络分析理论	501001——电工电子教学实验中心	许　军
50120321	微机继电保护	501003——四方研究所*	刘　灏
50120351	变电站自动化	501003——四方研究所*	贾　科
50120551	继电保护专题	501003——四方研究所*	郑　涛
50120931	专题课程（新能源电力系统保护与控制）	501003——四方研究所*	毕天姝
50120151	电气设备在线监测与故障诊断	501004——高电压与绝缘技术研究所	王　伟
50120161	电介质放电理论及其应用	501004——高电压与绝缘技术研究所	齐　波
50120171	过电压分析与防护	501004——高电压与绝缘技术研究所	屠幼萍
50120181	专业英语（高电压与绝缘技术）	501004——高电压与绝缘技术研究所	詹花茂
50121031	专题课程（电磁与放电）	501004——高电压与绝缘技术研究所	李庆民
50110031	现代电气工程的电磁基础	501005——电磁与超导电工研究所	王泽忠
50110031	现代电气工程的电磁基础	501005——电磁与超导电工研究所	王银顺
50110031	现代电气工程的电磁基础	501005——电磁与超导电工研究所	韩榕生
50110031	现代电气工程的电磁基础	501005——电磁与超导电工研究所	李美成
50110031	现代电气工程的电磁基础	501005——电磁与超导电工研究所	林　俊
50110031	现代电气工程的电磁基础	501005——电磁与超导电工研究所	崔　翔
50120681	专题课程（电子科学与技术研究生专题课程）	501005——电磁与超导电工研究所	赵志斌

续表

课程号	课程名称	开课教研室	任课教师
50120681	专题课程（电子科学与技术研究生专题课程）	501005——电磁与超导电工研究所	卢铁兵
50120681	专题课程（电子科学与技术研究生专题课程）	501005——电磁与超导电工研究所	李　琳
50120681	专题课程（电子科学与技术研究生专题课程）	501005——电磁与超导电工研究所	王泽忠
50120681	专题课程（电子科学与技术研究生专题课程）	501005——电磁与超导电工研究所	郝建红
50120691	电磁场选论	501005——电磁与超导电工研究所	焦重庆
50120691	电磁场选论	501005——电磁与超导电工研究所	王泽忠
50120721	电磁场数值计算	501005——电磁与超导电工研究所	李学宝
50120741	现代电磁测量技术	501005——电磁与超导电工研究所	卢斌先
50120781	电磁兼容基础	501005——电磁与超导电工研究所	焦重庆
50120831	专业英语（电工理论与新技术）	501005——电磁与超导电工研究所	刘宏伟
50120101	电机运行及控制技术	501006——电机运行控制与节能技术研究所	刘明基
50120191	交流电机及其系统分析	501006——电机运行控制与节能技术研究所	崔学深
50120191	交流电机及其系统分析	501006——电机运行控制与节能技术研究所	许国瑞
50120191	交流电机及其系统分析	501006——电机运行控制与节能技术研究所	刘晓芳
50120201	电力系统储能技术	501006——电机运行控制与节能技术研究所	尹忠东
50120211	电机前沿技术	501006——电机运行控制与节能技术研究所	赵海森
50120221	大型电机分析及故障诊断	501006——电机运行控制与节能技术研究所	詹　阳
50120221	大型电机分析及故障诊断	501006——电机运行控制与节能技术研究所	赵海森
50120671	专业英语（电机与电器）	501006——电机运行控制与节能技术研究所	崔学深
50120901	专题课程（电机新技术专题）	501006——电机运行控制与节能技术研究所	崔学深
50120901	专题课程（电机新技术专题）	501006——电机运行控制与节能技术研究所	刘明基
50120381	电力市场理论与技术	501007——电力市场研究所	程　瑜
50120381	电力市场理论与技术	501007——电力市场研究所	王雁凌
50120561	能源经济	501007——电力市场研究所	张　洪
50120991	中国电力工业发展史	501007——电力市场研究所	王　鹏
50120431	电力系统风险评估	501008——输配电系统研究所	刘文霞
50120611	现代控制理论	501008——输配电系统研究所	刘　念
50120641	智能配电技术	501008——输配电系统研究所	刘春明
50120661	专业英语（电气工程）	501008——输配电系统研究所	刘自发
50120661	专业英语（电气工程）	501008——输配电系统研究所	刘春明
50120971	电力系统空间天气灾害效应	501008——输配电系统研究所	刘春明
50121011	风力发电系统建模与控制	501008——输配电系统研究所	刘其辉
50120491	专题课程（电力电子在电力系统中的应用）	501009——柔性电力技术研究所	韩民晓
50120531	分布式电源与微网技术	501009——柔性电力技术研究所	赵国鹏
50120531	分布式电源与微网技术	501009——柔性电力技术研究所	韩民晓
50120541	高压直流输电技术	501009——柔性电力技术研究所	文　俊
50120571	柔性交流输电系统	501009——柔性电力技术研究所	刘　晋
50120571	柔性交流输电系统	501009——柔性电力技术研究所	谭伟璞
50120591	现代电力电子技术	501009——柔性电力技术研究所	刘　晋
50120651	专业英语（电力电子与电力传动）	501009——柔性电力技术研究所	朱永强

续表

课程号	课程名称	开课教研室	任课教师
50121211	电力系统数字仿真原理及建模	501009——柔性电力技术研究所	姚蜀军
50120311	数字信号处理	501010——电力系统研究所	鲍　海
50120451	电力系统规划与可靠性	501010——电力系统研究所	刘自发
50120521	动态电力系统分析与控制	501010——电力系统研究所	艾　欣
50110051	现代通信技术与计算机网络	501011——通信技术研究所	孙凤杰
50120011	检测与估值理论	501011——通信技术研究所	卢文冰
50120021	宽带数据通信网	501011——通信技术研究所	祁　兵
50120041	无线传感器网络与物联网技术	501011——通信技术研究所	李　彬
50120061	现代光纤通信技术	501011——通信技术研究所	仇英辉
50120071	现代数字通信技术	501011——通信技术研究所	吴润泽
50120081	现代通信理论	501011——通信技术研究所	孙凤杰
50120111	智能电网信息通信技术	501011——通信技术研究所	孙　毅
50120121	信息论及编码	501011——通信技术研究所	唐良瑞
50120131	现代通信网理论	501011——通信技术研究所	仇英辉
50120131	现代通信网理论	501011——通信技术研究所	翟明岳
50120141	专业英语（信息与通信工程）	501011——通信技术研究所	马永红
50121041	电力通信规划与可靠性	501011——通信技术研究所	吴润泽
50121061	无线通信网络设计与优化	501011——通信技术研究所	许　晨
50121071	现代无线通信技术及应用	501011——通信技术研究所	赵雄文
50121081	通信工程领域案例分析	501011——通信技术研究所	吴润泽
50121081	通信工程领域案例分析	501011——通信技术研究所	赵雄文
50121081	通信工程领域案例分析	501011——通信技术研究所	孙　毅
50121081	通信工程领域案例分析	501011——通信技术研究所	祁　兵
50121111	大数据存储与处理	501011——通信技术研究所	李　彬
50121201	通信网组网与管理技术	501011——通信技术研究所	仇英辉
50110021	现代数字信号分析与处理	501012——电子信息技术研究所	许　刚
50120241	现代数字信号处理	501012——电子信息技术研究所	许　刚
50120271	传感与检测技术	501012——电子信息技术研究所	龚钢军
50120291	多媒体信息处理	501012——电子信息技术研究所	陆　俊
50120711	专业英语（电子与通信工程）	501012——电子信息技术研究所	耿绥燕
50120751	网络与信息安全	501012——电子信息技术研究所	孙中伟
50120911	专题课程（信息与通信前沿技术讲座）	501012——电子信息技术研究所	周振宇
50120911	专题课程（信息与通信前沿技术讲座）	501012——电子信息技术研究所	陈晓梅
50120911	专题课程（信息与通信前沿技术讲座）	501012——电子信息技术研究所	孙中伟
50120911	专题课程（信息与通信前沿技术讲座）	501012——电子信息技术研究所	陆　俊
50120911	专题课程（信息与通信前沿技术讲座）	501012——电子信息技术研究所	龚钢军
50120911	专题课程（信息与通信前沿技术讲座）	501012——电子信息技术研究所	武　昕
50120911	专题课程（信息与通信前沿技术讲座）	501012——电子信息技术研究所	耿绥燕
50121161	信息处理技术领域案例分析	501012——电子信息技术研究所	武　昕

续表

课程号	课程名称	开课教研室	任课教师
50120231	现代电路理论及分析	501013——现代电子技术研究所	范杰清
50120261	功率电子学	501013——现代电子技术研究所	张满红
50120371	嵌入式系统和 SOC 设计	501013——现代电子技术研究所	梁光胜
50121151	现代电子技术领域案例分析	501013——现代电子技术研究所	高雪莲
50121151	现代电子技术领域案例分析	501013——现代电子技术研究所	孙建平
50121151	现代电子技术领域案例分析	501013——现代电子技术研究所	范杰清
50121151	现代电子技术领域案例分析	501013——现代电子技术研究所	郝建红
50121171	高等半导体物理（电子科学与技术）	501013——现代电子技术研究所	郝建红
50121171	高等半导体物理（电子科学与技术）	501013——现代电子技术研究所	孙建平
50120481	电能质量分析与控制	501014——新能源电网研究所	陶　顺
50120961	柔性直流输电技术	501014——新能源电网研究所	许建中
50120961	柔性直流输电技术	501014——新能源电网研究所	赵成勇
50110041	动态电力系统理论与方法	501015——电网与调度研究所	王海风
50110041	动态电力系统理论与方法	501015——电网与调度研究所	李庚银
50110041	动态电力系统理论与方法	501015——电网与调度研究所	毕天姝
50110041	动态电力系统理论与方法	501015——电网与调度研究所	黄少锋
50120411	高等电力系统分析	501015——电网与调度研究所	张海波
50120411	高等电力系统分析	501015——电网与调度研究所	姜　彤
50120411	高等电力系统分析	501015——电网与调度研究所	刘崇茹
50120501	电网调度自动化	501015——电网与调度研究所	刘文颖
50120621	新能源发电与并网技术	501015——电网与调度研究所	刘其辉
50120621	新能源发电与并网技术	501015——电网与调度研究所	林　俐
50120861	智能技术及其在电力系统中的应用	501015——电网与调度研究所	赵冬梅
50120881	电气工程新技术专题	501015——电网与调度研究所	崔　翔
50120881	电气工程新技术专题	501015——电网与调度研究所	艾　欣
50120881	电气工程新技术专题	501015——电网与调度研究所	李庚银
50120881	电气工程新技术专题	501015——电网与调度研究所	毕天姝
50120921	专题课程（新能源电力系统分析）	501015——电网与调度研究所	刘文颖
50120921	专题课程（新能源电力系统分析）	501015——电网与调度研究所	周　明
50120921	专题课程（新能源电力系统分析）	501015——电网与调度研究所	肖湘宁
50120921	专题课程（新能源电力系统分析）	501015——电网与调度研究所	李庚银
50121021	电力系统软件开发技术	501015——电网与调度研究所	张东英
50220141	机电系统工程学	502003——机械研究室	滕　伟
50220151	机械系统动力学	502003——机械研究室	周　超
50220171	工程优化方法	502003——机械研究室	李　林
50220181	机械工程前沿	502003——机械研究室	张照煌
50220181	机械工程前沿	502003——机械研究室	芮晓明
50220181	机械工程前沿	502003——机械研究室	柳亦兵
50220181	机械工程前沿	502003——机械研究室	夏延秋

续表

课程号	课程名称	开课教研室	任课教师
50220191	先进制造技术	502003——机械研究室	高青风
50220211	工业检测技术	502003——机械研究室	熊星宇
50220221	现代设备工程学	502003——机械研究室	张照煌
50220231	摩擦与磨损	502003——机械研究室	夏延秋
50220261	专业英语（机械设计及理论）	502003——机械研究室	柳亦兵
50220271	专业英语（机械电子工程）	502003——机械研究室	武　鑫
50220281	专业英语（机械制造及其自动化）	502003——机械研究室	武　鑫
50220351	机械工程应用专题	502003——机械研究室	夏延秋
50220721	专题课程（机械工程前沿）	502003——机械研究室	张照煌
50220721	专题课程（机械工程前沿）	502003——机械研究室	夏延秋
50220721	专题课程（机械工程前沿）	502003——机械研究室	柳亦兵
50220721	专题课程（机械工程前沿）	502003——机械研究室	芮晓明
50220761	数字化设计与制造	502003——机械研究室	宋玉旺
50220771	风电机组设计技术	502003——机械研究室	武　鑫
50220771	风电机组设计技术	502003——机械研究室	芮晓明
50221061	现代设计方法学	502003——机械研究室	刘衍平
50221131	现代测试技术	502003——机械研究室	柳亦兵
50220561	制冷系统热动力学	502004——建筑环境与设备工程教研室	周国兵
50220571	现代制冷与低温技术	502004——建筑环境与设备工程教研室	王　锡
50220631	供热空调新技术	502004——建筑环境与设备工程教研室	程金明
50220691	建筑热模拟	502004——建筑环境与设备工程教研室	徐宝萍
50210041	高等燃烧学	502007——热能动力工程教研室	孙保民
50210051	高等转子动力学	502007——热能动力工程教研室	付忠广
50220291	热力系统辅助设备特性分析	502007——热能动力工程教研室	梁双印
50220301	气液两相流和沸腾传热	502007——热能动力工程教研室	庞力平
50220321	燃烧理论与技术	502007——热能动力工程教研室	孙保民
50220341	大型汽轮机运行特性	502007——热能动力工程教研室	卞　双
50220341	大型汽轮机运行特性	502007——热能动力工程教研室	付忠广
50220371	电站锅炉运行特性	502007——热能动力工程教研室	刘　彤
50220381	设备状态监测与故障诊断技术	502007——热能动力工程教研室	顾煜炯
50220581	专业英语（动力工程及工程热物理）	502007——热能动力工程教研室	王宁玲
50220581	专业英语（动力工程及工程热物理）	502007——热能动力工程教研室	周乐平
50220711	燃烧室数学模型	502007——热能动力工程教研室	李文艳
50220801	最优化技术在电厂热力工程中的应用	502007——热能动力工程教研室	陈海平
50221011	汽轮机性能测试与运行优化	502007——热能动力工程教研室	董玉亮
50221041	锅炉性能试验与运行优化	502007——热能动力工程教研室	肖海平
50221071	洁净煤发电技术及工程应用	502007——热能动力工程教研室	康志忠
50221081	动力工程研发及应用案例	502007——热能动力工程教研室	汪　涛
50221081	动力工程研发及应用案例	502007——热能动力工程教研室	张乃强

续表

课程号	课程名称	开课教研室	任课教师
50221081	动力工程研发及应用案例	502007——热能动力工程教研室	肖海平
50221081	动力工程研发及应用案例	502007——热能动力工程教研室	梁双印
50210011	高等热学理论	502013——工程热物理教研室	周少祥
50210031	黏性流体动力学	502013——工程热物理教研室	张晓东
50210071	高等能源化学工程	502013——工程热物理教研室	张　锴
50220201	节能原理	502013——工程热物理教研室	周少祥
50220391	专题课程（先进能量系统）	502013——工程热物理教研室	杨勇平
50220401	高等传热学	502013——工程热物理教研室	徐　超
50220401	高等传热学	502013——工程热物理教研室	魏高升
50220411	高等工程热力学	502013——工程热物理教研室	郭民臣
50220431	火电厂热力系统性能分析	502013——工程热物理教研室	李惊涛
50220481	动力工程热经济学	502013——工程热物理教研室	张晓东
50220491	高等工程流体力学	502013——工程热物理教研室	张晓东
50220501	场协同理论及强化传热技术	502013——工程热物理教研室	杨立军
50220511	数值传热学	502013——工程热物理教研室	杨立军
50220521	燃气－蒸汽联合循环	502013——工程热物理教研室	段立强
50220541	太阳能热利用技术	502013——工程热物理教研室	侯宏娟
50220611	计算流体力学	502013——工程热物理教研室	王晓东
50220621	热能动力工程前沿	502013——工程热物理教研室	杜小泽
50220731	专题课程（热能动力工程前沿）	502013——工程热物理教研室	杜小泽
50220881	高等化工热力学	502013——工程热物理教研室	陈宏刚
50220891	化工过程模拟及计算	502013——工程热物理教研室	陈宏刚
50220901	煤炭转化的化学基础	502013——工程热物理教研室	陈宏刚
50220911	煤炭转化技术	502013——工程热物理教研室	陈宏刚
50220921	专题课程（能源化工进展）	502013——工程热物理教研室	陈宏刚
50220941	专业英语（化学工程与技术专业）	502013——工程热物理教研室	齐娜娜
50220951	传递过程原理	502013——工程热物理教研室	张　锴
50220961	绿色化工概论	502013——工程热物理教研室	张　锴
50220971	现代仪器分析	502013——工程热物理教研室	滕　阳
50221031	微纳米尺度流动与传热	502013——工程热物理教研室	徐进良
50221031	微纳米尺度流动与传热	502013——工程热物理教研室	张　伟
50221051	叶轮机械内流理论	502013——工程热物理教研室	戴丽萍
50221091	火电厂深度节能、灵活调峰与碳减排技术	502013——工程热物理教研室	徐　钢
50221101	相变对流换热	502013——工程热物理教研室	冼海珍
50221111	工业过程强化技术	502013——工程热物理教研室	栗永利
50221121	工程伦理（动力工程专业）	502013——工程热物理教研室	沈国清
50210021	材料性能学	502014——材料教研室	徐　鸿
50210021	材料性能学	502014——材料教研室	刘宗德
50220011	振动分析与动态测试	502014——材料教研室	何　青

续表

课程号	课程名称	开课教研室	任课教师
50220021	检测技术	502014——材料教研室	何　青
50220031	材料结构基础	502014——材料教研室	郭永权
50220041	功能材料	502014——材料教研室	李文瀚
50220041	功能材料	502014——材料教研室	李宝让
50220051	材料分析方法	502014——材料教研室	刘东雨
50220071	高等材料力学	502014——材料教研室	李　斌
50220081	合金热力学	502014——材料教研室	王东辉
50220111	无机材料合成	502014——材料教研室	吕玉珍
50220121	现代表面工程	502014——材料教研室	张东博
50220601	数值计算软件在动力工程中的应用	502014——材料教研室	徐　鸿
50220681	专业英语（材料学）	502014——材料教研室	刘东雨
50220741	专题课程（新材料及其在能源电力行业中的应用）	502014——材料教研室	王永田
50220741	专题课程（新材料及其在能源电力行业中的应用）	502014——材料教研室	李宝让
50220741	专题课程（新材料及其在能源电力行业中的应用）	502014——材料教研室	刘宗德
50220741	专题课程（新材料及其在能源电力行业中的应用）	502014——材料教研室	刘东雨
50220981	磁性材料分析	502014——材料教研室	郭永权
50221001	计算材料学	502014——材料教研室	张建军
50610061	工程与项目管理方法论	506006——工程管理教研室	侯学良
50610151	工程管理最佳实践	506006——工程管理教研室	赵振宇
50610161	工程信息模型与仿真	506006——工程管理教研室	刘　睿
50610161	工程信息模型与仿真	506006——工程管理教研室	刘　睿
50610171	新能源电力工程建设	506006——工程管理教研室	乌云娜
50620011	工程项目管理案例	506006——工程管理教研室	陈文君
50620011	工程项目管理案例	506006——工程管理教研室	路　程
50620011	工程项目管理案例	506006——工程管理教研室	李金超
50620011	工程项目管理案例	506006——工程管理教研室	许儒航
50620021	多目标决策理论	506006——工程管理教研室	庞南生
50620041	项目计划与控制	506006——工程管理教研室	庞南生
50620051	工程经济学	506006——工程管理教研室	李金超
50620051	工程经济学	506006——工程管理教研室	赵会茹
50620061	工程项目管理理论与应用	506006——工程管理教研室	李金超
50620061	工程项目管理理论与应用	506006——工程管理教研室	刘金朋
50620081	工程项目管理前沿	506006——工程管理教研室	赵振宇
50620981	专业英语（管理科学与工程、工程管理、项目管理）	506006——工程管理教研室	刘　睿
50621261	房地产估价实务	506006——工程管理教研室	陈文君
50610041	高级经济学	506007——经济学教研室	闫庆友
50620451	管制经济学	506007——经济学教研室	马　昕
50620651	博弈论	506007——经济学教研室	胡军峰
50620681	产业经济学前沿问题	506007——经济学教研室	孙晶琪

续表

课程号	课程名称	开课教研室	任课教师
50620701	产业组织经济学	506007——经济学教研室	孙晶琪
50620771	现代能源经济学	506007——经济学教研室	张晓春
50620791	项目投融资方法与实务	506007——经济学教研室	赵会茹
50620811	新制度经济学	506007——经济学教研室	罗国亮
50620851	应用统计学	506007——经济学教研室	马　昕
50620871	中级计量经济学	506007——经济学教研室	闫庆友
50620881	中级微观经济学	506007——经济学教研室	李泓泽
50620911	数据、模型与决策	506007——经济学教研室	闫庆友
50620941	中级宏观经济学	506007——经济学教研室	刘喜梅
50621051	专题课程（规制理论与能源规制）	506007——经济学教研室	赵会茹
50621151	管理经济学	506007——经济学教研室	张晓春
50621231	经济学	506007——经济学教研室	周　东
50610081	现代人力资源管理理论与方法	506009——人力资源教研室	余顺坤
50620831	人力资源管理体系设计	506009——人力资源教研室	余顺坤
50620861	薪酬与绩效管理	506009——人力资源教研室	郭京生
50620861	薪酬与绩效管理	506009——人力资源教研室	熊敏鹏
50621081	专题课程（企业管理专题）	506009——人力资源教研室	郭京生
50621081	专题课程（企业管理专题）	506009——人力资源教研室	余顺坤
50621081	专题课程（企业管理专题）	506009——人力资源教研室	余恩海
50621081	专题课程（企业管理专题）	506009——人力资源教研室	熊敏鹏
50621291	创业策划理论与方法	506009——人力资源教研室	余恩海
50610021	企业经营管理理论与方法	506011——市场营销教研室	杨淑霞
50620661	采购与合同管理	506011——市场营销教研室	李晓宇
50620671	电力企业物流管理	506011——市场营销教研室	刘　杰
50620711	供应链管理	506011——市场营销教研室	王　怡
50620741	物流系统建模与仿真	506011——市场营销教研室	郭晓鹏
50620761	物流系统规划与设计	506011——市场营销教研室	刘　达
50620821	消费者行为分析	506011——市场营销教研室	李　莹
50620841	运营管理	506011——市场营销教研室	李星梅
50620991	专业英语（企业管理、物流工程）	506011——市场营销教研室	王　怡
50610011	预测与计划评价理论	506012——电力经济管理教研室	牛东晓
50610011	预测与计划评价理论	506012——电力经济管理教研室	刘敦楠
50610071	高级管理学	506012——电力经济管理教研室	闫庆友
50610071	高级管理学	506012——电力经济管理教研室	谭忠富
50610211	企业发展动力学	506012——电力经济管理教研室	李彦斌
50620091	电力负荷预测方法	506012——电力经济管理教研室	张福伟
50620101	电力规划理论与实务	506012——电力经济管理教研室	谢传胜
50620121	电力市场理论与实务	506012——电力经济管理教研室	王永利
50620121	电力市场理论与实务	506012——电力经济管理教研室	曾　鸣

续表

课程号	课程名称	开课教研室	任课教师
50620131	风险管理理论及方法	506012——电力经济管理教研室	刘敦楠
50620141	工业工程案例	506012——电力经济管理教研室	刘小丽
50620161	技术经济评价理论与方法	506012——电力经济管理教研室	张兴平
50620171	能源规划与系统分析	506012——电力经济管理教研室	董　军
50620181	人因工程	506012——电力经济管理教研室	王永利
50620191	网络计划优化方法	506012——电力经济管理教研室	乞建勋
50620191	网络计划优化方法	506012——电力经济管理教研室	张立辉
50620211	管理与沟通	506012——电力经济管理教研室	赵洱岽
50620221	现代工业工程	506012——电力经济管理教研室	刘小丽
50620231	现代管理理论	506012——电力经济管理教研室	李彦斌
50620241	现代企业战略管理	506012——电力经济管理教研室	祝金荣
50620241	现代企业战略管理	506012——电力经济管理教研室	谭忠富
50620251	综合评价方法	506012——电力经济管理教研室	刘敦楠
50620251	综合评价方法	506012——电力经济管理教研室	黄　辉
50620261	电力系统经济运行及管理	506012——电力经济管理教研室	刘敦楠
50620271	管理运筹学（二）	506012——电力经济管理教研室	路　程
50620901	技术创新管理	506012——电力经济管理教研室	祝金荣
50620921	系统工程学	506012——电力经济管理教研室	施应玲
50620971	专业英语（技术经济及管理、工业工程）	506012——电力经济管理教研室	李星梅
50621071	专题课程（电力经济管理专题课）	506012——电力经济管理教研室	刘敦楠
50621071	专题课程（电力经济管理专题课）	506012——电力经济管理教研室	曾　鸣
50621281	创新能力与素养	506012——电力经济管理教研室	李彦斌
50610051	会计理论与方法研究	506013——会计教研室	夏　宁
50620301	会计理论	506013——会计教研室	夏　宁
50620471	高级财务会计理论与实务	506013——会计教研室	王　婧
50620561	企业预算管理理论与实务	506013——会计教研室	夏　宁
50620591	商业伦理与会计职业道德	506013——会计教研室	李艳玲
50621001	专业英语（会计学、会计硕士、资产评估）	506013——会计教研室	刘晓彦
50621061	专题课程（会计前沿问题研究）	506013——会计教研室	张　妍
50621161	财务会计理论与实务	506013——会计教研室	张　妍
50621171	管理会计理论与实务	506013——会计教研室	张　戈
50621191	审计理论与实务	506013——会计教研室	赵宝柱
50621201	会计管理软件设计与应用	506013——会计教研室	张　琪
50621201	会计管理软件设计与应用	506013——会计教研室	李乐明
50621211	预算管理理论与实务	506013——会计教研室	夏　宁
50621221	业绩评价与改善	506013——会计教研室	宋晓华
50621251	财务会计与会计准则	506013——会计教研室	张　妍
50621401	企业会计前沿	506013——会计教研室	夏　宁
50621421	公司治理	506013——会计教研室	夏　宁

续表

课程号	课程名称	开课教研室	任课教师
50620281	财务会计报告分析	506014——财务管理教研室	李　涛
50620291	高级财务管理理论与实务	506014——财务管理教研室	任　静
50620311	企业财务管理案例分析	506014——财务管理教研室	颜苏莉
50620321	企业价值评估	506014——财务管理教研室	简建辉
50620341	企业纳税筹划	506014——财务管理教研室	沈剑飞
50620351	企业内部控制理论与实务	506014——财务管理教研室	张　颖
50620381	无形资产评估	506014——财务管理教研室	颜苏莉
50620401	资本运营理论与实务	506014——财务管理教研室	颜苏莉
50620421	资产评估理论与方法	506014——财务管理教研室	刘崇明
50620961	中外资产评估准则	506014——财务管理教研室	刘崇明
50621181	财务管理理论与实务	506014——财务管理教研室	龙成凤
50621241	财务管理	506014——财务管理教研室	简建辉
50621311	资产评估实务与案例分析	506014——财务管理教研室	刘崇明
50621321	资产评估职业道德教育	506014——财务管理教研室	刘崇明
50610101	复杂系统理论与方法	506015——国际金融与贸易教研室	高建伟
50610111	管理数学模型方法论	506015——国际金融与贸易教研室	高建伟
50620551	货币金融学	506015——国际金融与贸易教研室	孙　冬
50620581	金融衍生产品定价理论	506015——国际金融与贸易教研室	高建伟
50620611	能源金融	506015——国际金融与贸易教研室	孙　冬
50620631	金融市场	506015——国际金融与贸易教研室	沈　巍
50621341	能源市场与政策	506015——国际金融与贸易教研室	张素芳
50610131	现代项目信息管理	506016——信息管理教研室	刘吉成
50610141	工程风险管理与决策	506016——信息管理教研室	李存斌
50610191	数据挖掘与知识发现	506016——信息管理教研室	董福贵
50620371	经济管理软件应用	506016——信息管理教研室	董福贵
50620371	经济管理软件应用	506016——信息管理教研室	唐平舟
50620481	商务智能应用	506016——信息管理教研室	梁春燕
50620481	商务智能应用	506016——信息管理教研室	瞿　斌
50620541	建设项目信息管理	506016——信息管理教研室	李存斌
50620601	项目管理软件及应用	506016——信息管理教研室	董福贵
50620621	信息管理与决策支持	506016——信息管理教研室	陈永权
50621041	专题课程（工程管理及信息管理工程专题）	506016——信息管理教研室	侯学良
50720211	知识产权法研究	507003——法律科学教研室	李喜蕊
50720221	证据法学	507003——法律科学教研室	李红枫
50720241	专业英语（法学）	507003——法律科学教研室	沈　磊
50720251	刑事诉讼法专题	507003——法律科学教研室	赵旭光
50720261	刑法专题	507003——法律科学教研室	方仲炳
50720271	物权法专题	507003——法律科学教研室	刘玉红
50720281	知识产权及电力相关法律知识	507003——法律科学教研室	王书生

续表

课程号	课程名称	开课教研室	任课教师
50720281	知识产权及电力相关法律知识	507003——法律科学教研室	王书生
50720291	比较刑事诉讼法专题	507003——法律科学教研室	赵旭光
50720301	比较民事诉讼法专题	507003——法律科学教研室	王学棉
50720321	民事执行法研究	507003——法律科学教研室	田海鑫
50720331	民事诉讼法专题	507003——法律科学教研室	王学棉
50720341	民商法专题	507003——法律科学教研室	刘玉红
50720351	劳动与社会保障法	507003——法律科学教研室	杜　波
50720371	环保法总论	507003——法律科学教研室	陈维春
50720391	国际投资与金融法专题	507003——法律科学教研室	杨卫东
50720411	国际贸易法专题	507003——法律科学教研室	李　英
50720421	国际经济争端解决研究	507003——法律科学教研室	付　荣
50720431	国际经济法前沿问题研究	507003——法律科学教研室	沈　磊
50720441	国际环境法专题	507003——法律科学教研室	陈维春
50720451	国际法专题	507003——法律科学教研室	李　英
50720461	公司法研究	507003——法律科学教研室	曹治国
50720521	比较环境法研究	507003——法律科学教研室	陈维春
50720551	中国能源法	507003——法律科学教研室	周凤翱
50720561	外国能源法	507003——法律科学教研室	周凤翱
50720581	能源监管法	507003——法律科学教研室	赵保庆
50720591	国际能源法	507003——法律科学教研室	周凤翱
50720601	专题课程（法学研究方法与社会热点问题）	507003——法律科学教研室	方仲炳
50720611	商法专题	507003——法律科学教研室	曹治国
50721051	民法总论	507003——法律科学教研室	刘玉红
50721061	行政法与行政诉讼法专题	507003——法律科学教研室	李红枫
50721071	电力法	507003——法律科学教研室	王书生
50720011	政治学理论与方法	507004——公共管理教研室	张绪刚
50720021	政府监管体制	507004——公共管理教研室	刘向晖
50720051	公共部门人力资源管理	507004——公共管理教研室	王　伟
50720071	公共政策基本理论与方法	507004——公共管理教研室	李玲玲
50720081	公共行政学前沿	507004——公共管理教研室	张绪刚
50720121	社会科学研究方法	507004——公共管理教研室	姚建平
50720131	非政府组织研究	507004——公共管理教研室	姚建平
50720141	比较政府与政治	507004——公共管理教研室	高富锋
50720151	公共事业管理专题研究	507004——公共管理教研室	卢海燕
50720171	政府经济学	507004——公共管理教研室	赵　军
50720181	公共管理学	507004——公共管理教研室	朱晓红
50720201	专业英语（公共管理）	507004——公共管理教研室	呼占平
50720621	专题课程（行政管理专题）	507004——公共管理教研室	贾江华
50720761	公共管理（MPA）	507004——公共管理教研室	陈建国

续表

课程号	课程名称	开课教研室	任课教师
50720771	公共政策分析（MPA）	507004——公共管理教研室	刘向晖
50720771	公共政策分析（MPA）	507004——公共管理教研室	李玲玲
50720781	中国特色社会主义市场经济理论与实践研究（MPA）	507004——公共管理教研室	蔡利民
50720791	外国语（MPA）	507004——公共管理教研室	李　新
50720801	政治学（MPA）	507004——公共管理教研室	高富锋
50720811	宪法与行政法（MPA）	507004——公共管理教研室	赵保庆
50720821	非营利组织管理（MPA）	507004——公共管理教研室	朱晓红
50720831	电子政务（MPA）	507004——公共管理教研室	赵　军
50720891	社会问题与社会政策（MPA）	507004——公共管理教研室	贾江华
50720901	社会保障改革与管理（MPA）	507004——公共管理教研室	姚建平
50720911	中西公共事业管理（MPA）	507004——公共管理教研室	卢海燕
50720921	中国政府与政治（MPA）	507004——公共管理教研室	高富锋
50720931	人力资源管理前沿专题（MPA）	507004——公共管理教研室	杨维东
50720961	领导科学与艺术（MPA）	507004——公共管理教研室	苑英科
50720971	中国传统文化与行政哲学（MPA）	507004——公共管理教研室	王　伟
50721011	摄影与审美（MPA）	507004——公共管理教研室	徐保云
50721021	社会实践（MPA）	507004——公共管理教研室	祁晓芳
50721031	文献综述与开题报告（MPA）	507004——公共管理教研室	祁晓芳
50721041	论文中期检查（MPA）	507004——公共管理教研室	祁晓芳
50721121	公共伦理（MPA）	507004——公共管理教研室	王威威
50721131	公关礼仪（MPA）	507004——公共管理教研室	朱晓红
50820011	功能语法	508003——英语专业教研室	国　防
50820021	翻译理论	508003——英语专业教研室	赵玉闪
50820031	文学理论	508003——英语专业教研室	刘　辉
50820041	外语教学理论	508003——英语专业教研室	牛跃辉
50820051	文学批评	508003——英语专业教研室	陈惠良
50820061	英汉比较与翻译	508003——英语专业教研室	吕亮球
50820071	跨文化交际学	508003——英语专业教研室	李　新
50820081	第二语言习得	508003——英语专业教研室	杜　异
50820091	认知语言学	508003——英语专业教研室	余青兰
50820111	文体与翻译	508003——英语专业教研室	李　新
50820121	英国小说	508003——英语专业教研室	陈惠良
50820141	英语教学实践	508003——英语专业教研室	牛跃辉
50820151	西方文化导论	508003——英语专业教研室	李　新
50820161	英美诗歌	508003——英语专业教研室	杨春红
50820201	美国小说	508003——英语专业教研室	刘　辉
50820221	社会语言学	508003——英语专业教研室	李占芳
50820241	英语学习策略研究	508003——英语专业教研室	戴忠信
50820281	经贸翻译	508003——英语专业教研室	郑　晶

续表

课程号	课程名称	开课教研室	任课教师
50820301	第二外国语（日语）	508003——英语专业教研室	田文利
50820311	第二外国语（法语）	508003——英语专业教研室	张诗卉
50820511	专题课程（英语语言文学前沿研究）	508003——英语专业教研室	刘　辉
50820551	专题课程（外国语言学及应用语言学前沿研究）	508003——英语专业教研室	国　防
50820701	中西翻译史	508003——英语专业教研室	李海燕
50820861	认知心理学	508003——英语专业教研室	戴忠信
50820881	英语文学的自然观	508003——英语专业教研室	孟　亮
50820911	语用学	508003——英语专业教研室	国　防
50810011	第一外国语（博士英语）	508004——研究生外语教研室	吕亮球
50810011	第一外国语（博士英语）	508004——研究生外语教研室	赵玉闪
50810011	第一外国语（博士英语）	508004——研究生外语教研室	吕亮球
50810011	第一外国语（博士英语）	508004——研究生外语教研室	赵玉闪
50810011	第一外国语（博士英语）	508004——研究生外语教研室	李丽君
50810011	第一外国语（博士英语）	508004——研究生外语教研室	国　防
50810011	第一外国语（博士英语）	508004——研究生外语教研室	戴忠信
50820391	第一外国语-综合英语	508004——研究生外语教研室	高晓薇
50820391	第一外国语-综合英语	508004——研究生外语教研室	高晓薇
50820391	第一外国语-综合英语	508004——研究生外语教研室	孟　亮
50820391	第一外国语-综合英语	508004——研究生外语教研室	孟　亮
50820391	第一外国语-综合英语	508004——研究生外语教研室	张　湛
50820391	第一外国语-综合英语	508004——研究生外语教研室	张　湛
50820391	第一外国语-综合英语	508004——研究生外语教研室	郭晓军
50820391	第一外国语-综合英语	508004——研究生外语教研室	郭晓军
50820391	第一外国语-综合英语	508004——研究生外语教研室	刘　阳
50820391	第一外国语-综合英语	508004——研究生外语教研室	刘　阳
50820391	第一外国语-综合英语	508004——研究生外语教研室	尹　宇
50820391	第一外国语-综合英语	508004——研究生外语教研室	尹　宇
50820391	第一外国语-综合英语	508004——研究生外语教研室	李　新
50820391	第一外国语-综合英语	508004——研究生外语教研室	高晓薇
50820391	第一外国语-综合英语	508004——研究生外语教研室	李　新
50820391	第一外国语-综合英语	508004——研究生外语教研室	高晓薇
50820391	第一外国语-综合英语	508004——研究生外语教研室	孟　亮
50820391	第一外国语-综合英语	508004——研究生外语教研室	刘　辉
50820391	第一外国语-综合英语	508004——研究生外语教研室	孟　亮
50820391	第一外国语-综合英语	508004——研究生外语教研室	刘　辉
50820391	第一外国语-综合英语	508004——研究生外语教研室	杨海霞
50820391	第一外国语-综合英语	508004——研究生外语教研室	张　湛
50820391	第一外国语-综合英语	508004——研究生外语教研室	杨海霞
50820391	第一外国语-综合英语	508004——研究生外语教研室	张　湛

续表

课程号	课程名称	开课教研室	任课教师
50820391	第一外国语-综合英语	508004——研究生外语教研室	杨春红
50820391	第一外国语-综合英语	508004——研究生外语教研室	郭晓军
50820391	第一外国语-综合英语	508004——研究生外语教研室	杨春红
50820391	第一外国语-综合英语	508004——研究生外语教研室	郭晓军
50820391	第一外国语-综合英语	508004——研究生外语教研室	金　英
50820391	第一外国语-综合英语	508004——研究生外语教研室	刘　阳
50820391	第一外国语-综合英语	508004——研究生外语教研室	金　英
50820391	第一外国语-综合英语	508004——研究生外语教研室	刘　阳
50820391	第一外国语-综合英语	508004——研究生外语教研室	尹　宇
50820391	第一外国语-综合英语	508004——研究生外语教研室	皇甫伟
50820391	第一外国语-综合英语	508004——研究生外语教研室	尹　宇
50820391	第一外国语-综合英语	508004——研究生外语教研室	王海若
50820401	第一外国语-国际会议交流	508004——研究生外语教研室	尹　宇
50820401	第一外国语-国际会议交流	508004——研究生外语教研室	刘　辉
50820401	第一外国语-国际会议交流	508004——研究生外语教研室	尹　宇
50820401	第一外国语-国际会议交流	508004——研究生外语教研室	尹　宇
50820401	第一外国语-国际会议交流	508004——研究生外语教研室	李　新
50820401	第一外国语-国际会议交流	508004——研究生外语教研室	李　新
50820401	第一外国语-国际会议交流	508004——研究生外语教研室	尹　宇
50820401	第一外国语-国际会议交流	508004——研究生外语教研室	刘　辉
50820411	第一外国语-科技英语写作	508004——研究生外语教研室	张　帆
50820411	第一外国语-科技英语写作	508004——研究生外语教研室	张　帆
50820411	第一外国语-科技英语写作	508004——研究生外语教研室	张　帆
50820411	第一外国语-科技英语写作	508004——研究生外语教研室	张　帆
50820421	第一外国语-科技英语翻译	508004——研究生外语教研室	皇甫伟
50820421	第一外国语-科技英语翻译	508004——研究生外语教研室	皇甫伟
50820421	第一外国语-科技英语翻译	508004——研究生外语教研室	皇甫伟
50820421	第一外国语-科技英语翻译	508004——研究生外语教研室	张　湛
50820421	第一外国语-科技英语翻译	508004——研究生外语教研室	张　湛
50820421	第一外国语-科技英语翻译	508004——研究生外语教研室	张　湛
50820421	第一外国语-科技英语翻译	508004——研究生外语教研室	孟　亮
50820421	第一外国语-科技英语翻译	508004——研究生外语教研室	孟　亮
50820421	第一外国语-科技英语翻译	508004——研究生外语教研室	孟　亮
50820421	第一外国语-科技英语翻译	508004——研究生外语教研室	刘　阳
50820421	第一外国语-科技英语翻译	508004——研究生外语教研室	刘　阳
50820421	第一外国语-科技英语翻译	508004——研究生外语教研室	刘　阳
50820421	第一外国语-科技英语翻译	508004——研究生外语教研室	高晓薇
50820421	第一外国语-科技英语翻译	508004——研究生外语教研室	高晓薇
50820421	第一外国语-科技英语翻译	508004——研究生外语教研室	高晓薇

续表

课程号	课程名称	开课教研室	任课教师
50820421	第一外国语-科技英语翻译	508004——研究生外语教研室	郑蓉颖
50820421	第一外国语-科技英语翻译	508004——研究生外语教研室	郑蓉颖
50820421	第一外国语-科技英语翻译	508004——研究生外语教研室	王海若
50820421	第一外国语-科技英语翻译	508004——研究生外语教研室	王海若
50820421	第一外国语-科技英语翻译	508004——研究生外语教研室	高晓薇
50820421	第一外国语-科技英语翻译	508004——研究生外语教研室	刘　军
50820421	第一外国语-科技英语翻译	508004——研究生外语教研室	张　湛
50820421	第一外国语-科技英语翻译	508004——研究生外语教研室	廖　麦
50820421	第一外国语-科技英语翻译	508004——研究生外语教研室	刘　阳
50820421	第一外国语-科技英语翻译	508004——研究生外语教研室	郭晓军
50820431	第一外国语-高级英语	508004——研究生外语教研室	皇甫伟
30220181	案例实务课（应用统计）	509002——数学教研室*	石玉英
30220181	案例实务课（应用统计）	509002——数学教研室*	李忠艳
30220181	案例实务课（应用统计）	509002——数学教研室*	卢占会
30220181	案例实务课（应用统计）	509002——数学教研室*	王小英
30220181	案例实务课（应用统计）	509002——数学教研室*	叶振军
30220181	案例实务课（应用统计）	509002——数学教研室*	邱启荣
50910011	现代数学基础与方法	509002——数学教研室*	李忠艳
50910021	高等泛函分析	509002——数学教研室*	罗振东
50920021	不确定规划	509002——数学教研室*	高　欣
50920041	多元统计分析	509002——数学教研室*	朱勇华
50920051	泛函分析及其应用	509002——数学教研室*	罗振东
50920061	非参数统计	509002——数学教研室*	王小英
50920071	非线性发展方程	509002——数学教研室*	黄晔辉
50920081	非线性数值分析	509002——数学教研室*	杨晓忠
50920101	偏微分方程数值解法	509002——数学教研室*	杨晓忠
50920121	生物数学	509002——数学教研室*	王　雷
50920131	时间序列分析	509002——数学教研室*	王小英
50920141	随机过程	509002——数学教研室*	何凤霞
50920151	微分方程定性理论	509002——数学教研室*	张　娟
50920161	微分方程稳定性方法	509002——数学教研室*	雍雪林
50920171	现代偏微分方程概论	509002——数学教研室*	赵引川
50920181	小波分析及其应用	509002——数学教研室*	李忠艳
50920191	最优化理论与方法	509002——数学教研室*	高　欣
50920591	专业英语（数学）	509002——数学教研室*	石玉英
50920631	模糊数学	509002——数学教研室*	张　辉
50920641	矩阵论	509002——数学教研室*	邱启荣
50920641	矩阵论	509002——数学教研室*	马德香
50920641	矩阵论	509002——数学教研室*	孙淑珍

续表

课程号	课程名称	开课教研室	任课教师
50920651	组合数学	509002——数学教研室*	赵红涛
50920661	泛函分析	509002——数学教研室*	罗振东
50920671	应用数理统计	509002——数学教研室*	朱勇华
50920681	规划数学	509002——数学教研室*	潘　志
50920681	规划数学	509002——数学教研室*	叶振军
50920691	数值分析	509002——数学教研室*	曹艳华
50920691	数值分析	509002——数学教研室*	彭武安
50920711	随机过程（数学专业）	509002——数学教研室*	何凤霞
50920721	模糊数学（数学专业）	509002——数学教研室*	张　辉
50920731	理论生态学	509002——数学教研室*	张化永
50920741	专题课程（应用数学研讨班）	509002——数学教研室*	雍雪林
50920741	专题课程（应用数学研讨班）	509002——数学教研室*	陈德刚
50920741	专题课程（应用数学研讨班）	509002——数学教研室*	陈学刚
50920741	专题课程（应用数学研讨班）	509002——数学教研室*	高　欣
50920781	试验设计与分析	509002——数学教研室*	刘　勇
50920781	试验设计与分析	509002——数学教研室*	赵引川
50920801	统计调查	509002——数学教研室*	李　敏
50920811	概率统计前沿	509002——数学教研室*	张金平
50920811	概率统计前沿	509002——数学教研室*	王小英
50920811	概率统计前沿	509002——数学教研室*	朱勇华
50920811	概率统计前沿	509002——数学教研室*	何凤霞
50920821	数据挖掘	509002——数学教研室*	陈德刚
50920851	生态学统计方法与模型	509002——数学教研室*	田　旺
50920881	数值分析及工程应用	509002——数学教研室*	甄亚欣
50920891	矩阵论及工程应用	509002——数学教研室*	邱启荣
50920891	矩阵论及工程应用	509002——数学教研室*	黄晔辉
50920921	大数据分析	509002——数学教研室*	石玉英
50920921	大数据分析	509002——数学教研室*	王小英
50920921	大数据分析	509002——数学教研室*	黄晔辉
50920921	大数据分析	509002——数学教研室*	张　娟
50920921	大数据分析	509002——数学教研室*	张金平
50920921	大数据分析	509002——数学教研室*	李　敏
50920931	生物统计分析	509002——数学教研室*	张金平
50920931	生物统计分析	509002——数学教研室*	王小英
50920931	生物统计分析	509002——数学教研室*	曹艳华
50920931	生物统计分析	509002——数学教研室*	张　娟
50920931	生物统计分析	509002——数学教研室*	石玉英
50920931	生物统计分析	509002——数学教研室*	黄晔辉
50920951	统计方法与统计软件	509002——数学教研室*	雍雪林

续表

课程号	课程名称	开课教研室	任课教师
50920221	超导物理	509003——物理教研室	黄　海
50920311	高等半导体物理学	509003——物理教研室	邓加军
50920321	高等量子力学	509003——物理教研室	陈　亮
50920351	固体理论	509003——物理教研室	黄　海
50920431	激光物理学	509003——物理教研室	王文杰
50920441	近代声学	509003——物理教研室	姜根山
50920451	理论声学	509003——物理教研室	姜根山
50920531	群论	509003——物理教研室	张　昭
50920701	专业英语（物理）	509003——物理教研室	丁迅雷
50920761	专题课程（物理学前沿）	509003——物理教研室	韩榕生
50920761	专题课程（物理学前沿）	509003——物理教研室	黄　海
50920761	专题课程（物理学前沿）	509003——物理教研室	邓加军
50920761	专题课程（物理学前沿）	509003——物理教研室	陈　雷
51110071	高等水工结构	511001——水利水电工程教研室	吕爱钟
51110081	移民管理学	511001——水利水电工程教研室	姚凯文
51120031	高等水工结构	511001——水利水电工程教研室	许桂生
51120041	高等水力学	511001——水利水电工程教研室	张　华
51120051	高等岩土力学	511001——水利水电工程教研室	吕爱钟
51120071	海洋能资源开发利用	511001——水利水电工程教研室	张　华
51120131	结构动力学	511001——水利水电工程教研室	孙万泉
51120201	水电站建筑物结构分析	511001——水利水电工程教研室	申　艳
51120231	水库移民安置研究	511001——水利水电工程教研室	姚凯文
51120311	塑性力学	511001——水利水电工程教研室	吕爱钟
51120371	有限单元法及程序开发	511001——水利水电工程教研室	董福品
51120421	专题课程（海洋能开发利用和水利水电工程管理发展动态）	511001——水利水电工程教研室	张　华
51120441	专题课程（水工结构工程新进展）	511001——水利水电工程教研室	吕爱钟
51120681	数值模拟分析	511001——水利水电工程教研室	王俊奇
51120681	数值模拟分析	511001——水利水电工程教研室	李芬花
51120711	移民经济学	511001——水利水电工程教研室	姚凯文
51110011	水（能）资源系统规划与管理	511002——水文水资源教研室	王丽萍
51110011	水（能）资源系统规划与管理	511002——水文水资源教研室	纪昌明
51120011	水资源系统规划与管理	511002——水文水资源教研室	王丽萍
51120011	水资源系统规划与管理	511002——水文水资源教研室	纪昌明
51120021	3S 技术及其应用	511002——水文水资源教研室	张尚弘
51120091	河流动力学	511002——水文水资源教研室	张　成
51120111	洪水灾害与减灾策略分析	511002——水文水资源教研室	李继清
51120121	计算水动力学	511002——水文水资源教研室	彭　杨
51120171	近代水文学	511002——水文水资源教研室	李继清
51120221	水库调度自动化系统	511002——水文水资源教研室	李继清

续表

课程号	课程名称	开课教研室	任课教师
51120251	水文随机分析	511002——水文水资源教研室	门宝辉
51120271	水资源经济学	511002——水文水资源教研室	张验科
51120271	水资源经济学	511002——水文水资源教研室	王丽萍
51120291	水资源系统风险分析	511002——水文水资源教研室	纪昌明
51120451	专题课程（水资源与水电系统研究前沿与成果）	511002——水文水资源教研室	纪昌明
51110021	风力发电系统	511003——风能与动力工程教研室	刘永前
51110021	风力发电系统	511003——风能与动力工程教研室	田　德
51120641	风力发电系统技术	511003——风能与动力工程教研室	邓　英
51120641	风力发电系统技术	511003——风能与动力工程教研室	刘永前
51120641	风力发电系统技术	511003——风能与动力工程教研室	田　德
51110041	光伏器件原理与设计	511004——能源工程及自动化教研室	陈诺夫
51120381	薄膜技术与薄膜材料	511004——能源工程及自动化教研室	谭占鳌
51120391	太阳电池光伏发电及其应用	511004——能源工程及自动化教研室	姚建曦
51120431	专题课程（可再生能源学科前沿与科技问题）	511004——能源工程及自动化教研室	姚建曦
51120721	材料计算模拟方法	511004——能源工程及自动化教研室	夏　昕
51120721	材料计算模拟方法	511004——能源工程及自动化教研室	张　兵
51120731	高等固体物理	511004——能源工程及自动化教研室	刘小龙
51120741	光伏发电系统建模与仿真	511004——能源工程及自动化教研室	朱红路
51120751	基础电化学及其测量	511004——能源工程及自动化教研室	刘　琳
51120761	纳米材料学	511004——能源工程及自动化教研室	潘家鸿
51120591	生物质发电技术	511005——新能源科学与工程教研室	陆　强
51120601	生物燃料技术	511005——新能源科学与工程教研室	杨世关
51120621	现代仪器分析（可再生能源与清洁能源专业）	511005——新能源科学与工程教研室	杨少霞
51120611	新能源材料与器件技术	511006——新能源材料与器件教研室	何少剑
51120611	新能源材料与器件技术	511006——新能源材料与器件教研室	李美成
51120661	专业外语（可再生能源与清洁能源）	511006——新能源材料与器件教研室	林　俊
51220011	近代物理导论	512001——核反应堆工程教研室	蔡　军
51220041	高等核反应堆物理分析	512001——核反应堆工程教研室	张　斌
51220041	高等核反应堆物理分析	512001——核反应堆工程教研室	张竞宇
51220051	高等核反应堆热工分析	512001——核反应堆工程教研室	郭张鹏
51220051	高等核反应堆热工分析	512001——核反应堆工程教研室	曹　琼
51220071	高等核反应堆安全分析	512001——核反应堆工程教研室	周　涛
51220081	核电厂结构设计与有限元分析方法	512001——核反应堆工程教研室	黄　美
51220151	AP1000 核电站	512001——核反应堆工程教研室	李向宾
51220151	AP1000 核电站	512001——核反应堆工程教研室	张钰浩
51220151	AP1000 核电站	512001——核反应堆工程教研室	吕雪峰
51220171	专题课程（核能技术前沿）	512001——核反应堆工程教研室	郭张鹏
51220191	核电厂系统与设备	512001——核反应堆工程教研室	李向宾
51220191	核电厂系统与设备	512001——核反应堆工程教研室	吕雪峰

续表

课程号	课程名称	开课教研室	任课教师
51220191	核电厂系统与设备	512001——核反应堆工程教研室	陆道纲
51220031	核辐射物理基础	512002——核辐射防护与环境保护教研室	吴　英
51220061	原子核物理	512002——核辐射防护与环境保护教研室	赵　强
51220141	Monte——Carlo 方法在核科学技术中应用	512002——核辐射防护与环境保护教研室	刘　洋
51220161	专业英语（核电）	512002——核辐射防护与环境保护教研室	刘　滨
52710041	现代工程控制理论	527001——控制理论与系统教研室	侯国莲
52710051	非线性系统理论	527001——控制理论与系统教研室	刘向杰
52720541	自适应控制	527001——控制理论与系统教研室	田　涛
52720561	现代控制理论	527001——控制理论与系统教研室	袁桂丽
52720621	多变量系统分析	527001——控制理论与系统教研室	谭　文
52720621	多变量系统分析	527001——控制理论与系统教研室	禹　梅
52720641	线性系统理论	527001——控制理论与系统教研室	马苗苗
52720651	现代电厂控制与优化	527001——控制理论与系统教研室	房　方
52720701	智能电网概论	527001——控制理论与系统教研室	王震宇
52720731	火电机组负荷控制系统设计与实现	527001——控制理论与系统教研室	房　方
52720741	控制系统计算机辅助设计与仿真	527001——控制理论与系统教研室	侯国莲
52720751	模糊控制	527001——控制理论与系统教研室	侯国莲
52720771	故障诊断与容错控制	527001——控制理论与系统教研室	张建华
52720781	预测控制	527001——控制理论与系统教研室	刘向杰
52720791	专业英语（控制理论与控制工程）	527001——控制理论与系统教研室	刘向杰
52720801	非线性系统分析与控制	527001——控制理论与系统教研室	张建华
52720811	火电机组燃烧控制系统设计	527001——控制理论与系统教研室	钱殿伟
52720831	鲁棒控制	527001——控制理论与系统教研室	谭　文
52720891	专题课程（先进控制理论及其在能源电力系统中的应用）	527001——控制理论与系统教研室	侯国莲
52720891	专题课程（先进控制理论及其在能源电力系统中的应用）	527001——控制理论与系统教研室	张建华
52720891	专题课程（先进控制理论及其在能源电力系统中的应用）	527001——控制理论与系统教研室	刘向杰
52720891	专题课程（先进控制理论及其在能源电力系统中的应用）	527001——控制理论与系统教研室	谭　文
52720911	专题课程（发电过程状态监测与优化控制）	527001——控制理论与系统教研室	刘吉臻
52720911	专题课程（发电过程状态监测与优化控制）	527001——控制理论与系统教研室	房　方
52720911	专题课程（发电过程状态监测与优化控制）	527001——控制理论与系统教研室	牛玉广
52720911	专题课程（发电过程状态监测与优化控制）	527001——控制理论与系统教研室	曾德良
52720941	控制系统性能评估	527001——控制理论与系统教研室	张金芳
52720961	机器学习理论与应用	527001——控制理论与系统教研室	王震宇
52721071	火电厂仿真运行实训	527001——控制理论与系统教研室	牛玉广
52710011	科研方法论	527002——测控技术与仪器教研室	钱相臣
52710061	非侵入式测量与可视化方法	527002——测控技术与仪器教研室	胡永辉
52720181	检测理论与应用	527002——测控技术与仪器教研室	吕　游

续表

课程号	课程名称	开课教研室	任课教师
52720181	检测理论与应用	527002——测控技术与仪器教研室	杨婷婷
52720191	误差分析与数据处理	527002——测控技术与仪器教研室	邱　天
52720211	现代传感技术	527002——测控技术与仪器教研室	段泉圣
52720241	专业英语（检测技术与自动化装置）	527002——测控技术与仪器教研室	韩晓娟
52720471	风力发电机组的控制技术	527002——测控技术与仪器教研室	吕跃刚
52720511	多传感器信息融合	527002——测控技术与仪器教研室	韩晓娟
52720581	机器学习与大数据分析	527002——测控技术与仪器教研室	郭　鹏
52720591	信号处理与信息融合	527002——测控技术与仪器教研室	杨锡运
52720631	自主式智能系统	527002——测控技术与仪器教研室	刘俊承
52720661	仪表可靠性技术	527002——测控技术与仪器教研室	段泉圣
52720861	专题课程（测控领域前沿技术专题）	527002——测控技术与仪器教研室	Inaki
52720861	专题课程（测控领域前沿技术专题）	527002——测控技术与仪器教研室	韩晓娟
52720861	专题课程（测控领域前沿技术专题）	527002——测控技术与仪器教研室	郭　鹏
52720861	专题课程（测控领域前沿技术专题）	527002——测控技术与仪器教研室	杨锡运
52720861	专题课程（测控领域前沿技术专题）	527002——测控技术与仪器教研室	段泉圣
52720861	专题课程（测控领域前沿技术专题）	527002——测控技术与仪器教研室	刘　石
52720861	专题课程（测控领域前沿技术专题）	527002——测控技术与仪器教研室	吕跃刚
52721011	检测过程数值模拟	527002——测控技术与仪器教研室	张文彪
52721111	先进测量系统工程实践	527002——测控技术与仪器教研室	胡永辉
52710031	智能控制理论及应用	527003——控制装置与系统教研室	杨国田
52710031	智能控制理论及应用	527003——控制装置与系统教研室	白　焰
52710071	模式识别方法论	527003——控制装置与系统教研室	刘　禾
52710071	模式识别方法论	527003——控制装置与系统教研室	杨国田
52710091	最优化计算方法及其应用	527003——控制装置与系统教研室	罗振东
52720111	模式识别	527003——控制装置与系统教研室	刘　禾
52720121	系统工程方法论	527003——控制装置与系统教研室	师瑞峰
52720131	工业控制计算机网络	527003——控制装置与系统教研室	陆会明
52720141	系统工程导论	527003——控制装置与系统教研室	罗　毅
52720151	系统建模	527003——控制装置与系统教研室	罗　毅
52720201	系统决策与分析	527003——控制装置与系统教研室	师瑞峰
52720221	优化理论与最优控制	527003——控制装置与系统教研室	黄　仙
52720231	智能控制	527003——控制装置与系统教研室	黄从智
52720251	专业英语（模式识别与智能系统）	527003——控制装置与系统教研室	梁　庚
52720261	专业英语（系统工程）	527003——控制装置与系统教研室	黄　仙
52720491	计算机控制理论及应用	527003——控制装置与系统教研室	陆会明
52720521	分散控制系统与现场总线控制	527003——控制装置与系统教研室	梁　庚
52720531	复杂系统分析	527003——控制装置与系统教研室	黄　仙
52720711	计算机视觉	527003——控制装置与系统教研室	李新利
52720721	图像处理与分析	527003——控制装置与系统教研室	李新利

续表

课程号	课程名称	开课教研室	任课教师
52720901	专题课程（模式识别与智能系统专题）	527003——控制装置与系统教研室	李新利
52720901	专题课程（模式识别与智能系统专题）	527003——控制装置与系统教研室	黄从智
52720901	专题课程（模式识别与智能系统专题）	527003——控制装置与系统教研室	吴　华
52720901	专题课程（模式识别与智能系统专题）	527003——控制装置与系统教研室	梁　庚
52720921	专题课程（系统工程发展前沿与研究热点专题）	527003——控制装置与系统教研室	师瑞峰
52720921	专题课程（系统工程发展前沿与研究热点专题）	527003——控制装置与系统教研室	黄　仙
52720921	专题课程（系统工程发展前沿与研究热点专题）	527003——控制装置与系统教研室	罗　毅
52721081	自动化系统工程师实训	527003——控制装置与系统教研室	梁　庚
52721081	自动化系统工程师实训	527003——控制装置与系统教研室	黄从智
52721081	自动化系统工程师实训	527003——控制装置与系统教研室	田　涛
52721081	自动化系统工程师实训	527003——控制装置与系统教研室	李新利
52720361	ERP 原理与实践	527004——计算机公共基础教研室	姜力争
52720051	高级操作系统	527005——计算机科学与技术教研室	李　为
52720301	高级嵌入系统设计	527005——计算机科学与技术教研室	琚　赟
52720301	高级嵌入系统设计	527005——计算机科学与技术教研室	邵作之
52720341	高级计算机系统结构	527005——计算机科学与技术教研室	夏　宏
52720381	计算机工程技术前沿	527005——计算机科学与技术教研室	夏　宏
52720391	数据集成与数据分析技术	527005——计算机科学与技术教研室	齐林海
52720441	物联网技术及应用	527005——计算机科学与技术教研室	李国栋
52720881	专题课程（计算机应用技术专题）	527005——计算机科学与技术教研室	李元诚
52720881	专题课程（计算机应用技术专题）	527005——计算机科学与技术教研室	程文刚
52720881	专题课程（计算机应用技术专题）	527005——计算机科学与技术教研室	吴克河
52720931	专题课程（嵌入式平台上的计算机视觉系统专题）	527005——计算机科学与技术教研室	贾静平
52720981	分子传感与智能计算	527005——计算机科学与技术教研室	杨　静
52720081	高级软件工程	527006——软件工程教研室	马素霞
52720091	离散数学（三）	527006——软件工程教研室	胡海涛
52720101	数据仓库与数据挖掘	527006——软件工程教研室	郑　玲
52720311	图与网络	527006——软件工程教研室	马应龙
52720351	图像理解	527006——软件工程教研室	程文刚
52720401	面向对象系统设计与实现	527006——软件工程教研室	祖向荣
52720401	面向对象系统设计与实现	527006——软件工程教研室	马素霞
52720401	面向对象系统设计与实现	527006——软件工程教研室	王素琴
52720411	Oracle 原理及应用	527006——软件工程教研室	郑　玲
52720421	软件体系结构	527006——软件工程教研室	赵　强
52720421	软件体系结构	527006——软件工程教研室	王竹晓
52720431	软件工程管理	527006——软件工程教研室	彭　文
52720431	软件工程管理	527006——软件工程教研室	周　景
52720761	Java EE 架构及应用开发	527006——软件工程教研室	赵　强
52720871	专题课程（软件工程专题讲座）	527006——软件工程教研室	程文刚

续表

课程号	课程名称	开课教研室	任课教师
52720871	专题课程（软件工程专题讲座）	527006——软件工程教研室	马应龙
52720871	专题课程（软件工程专题讲座）	527006——软件工程教研室	赵　强
52720871	专题课程（软件工程专题讲座）	527006——软件工程教研室	李元诚
52720871	专题课程（软件工程专题讲座）	527006——软件工程教研室	齐林海
52720871	专题课程（软件工程专题讲座）	527006——软件工程教研室	胡海涛
52720871	专题课程（软件工程专题讲座）	527006——软件工程教研室	马素霞
52720991	计算机动画技术与算法	527006——软件工程教研室	彭　文
52720991	计算机动画技术与算法	527006——软件工程教研室	石　敏
52721031	机器学习	527006——软件工程教研室	贾静平
52721031	机器学习	527006——软件工程教研室	周登文
52721041	数字媒体计算	527006——软件工程教研室	周登文
52710081	信息安全原理及应用	527007——信息安全教研室	李元诚
52710081	信息安全原理及应用	527007——信息安全教研室	吴克河
52720161	专业英语（系统结构、应用技术、软件与理论）	527007——信息安全教研室	张　莹
52720321	网络信息安全	527007——信息安全教研室	李元诚
52720331	算法分析与复杂性理论	527007——信息安全教研室	李元诚
52720371	电力工业信息化案例	527007——信息安全教研室	徐茹枝
52720451	云计算	527007——信息安全教研室	胡　祥
52720461	专业英语（软件工程、计算机技术）	527007——信息安全教研室	滕　婧
52720971	电力信息安全	527007——信息安全教研室	吴克河
52721061	电力大数据分析与应用	527007——信息安全教研室	焦润海
52721091	计算智能	527007——信息安全教研室	李元诚
52720011	人工智能	527009——物联网工程教研室	魏振华
52720011	人工智能	527009——物联网工程教研室	刘春阳
52720031	高级计算机网络	527009——物联网工程教研室	李国栋
52720041	智能机器人技术	527009——物联网工程教研室	吴　华
52720061	人工神经网络	527009——物联网工程教研室	魏振华
52720061	人工神经网络	527009——物联网工程教研室	刘春阳
52721001	大数据重建方法	527009——物联网工程教研室	魏振华
52721001	大数据重建方法	527009——物联网工程教研室	刘　石
52721001	大数据重建方法	527009——物联网工程教研室	张文彪
52721001	大数据重建方法	527009——物联网工程教研室	胡永辉
52721051	工业控制系统信息安全	527009——物联网工程教研室	关志涛
52820051	思想政治教育心理学	528002——思想道德修养和法律基础教研室	苑英科
52820061	思想政治教育学原理	528002——思想道德修养和法律基础教研室	张　艳
52820141	伦理学专题研究	528002——思想道德修养和法律基础教研室	侯丹娟
52820171	专题课程（人的发展专题研究）	528002——思想道德修养和法律基础教研室	张　艳
52820171	专题课程（人的发展专题研究）	528002——思想道德修养和法律基础教研室	王威威
52820171	专题课程（人的发展专题研究）	528002——思想道德修养和法律基础教研室	苑英科

续表

课程号	课程名称	开课教研室	任课教师
52820171	专题课程（人的发展专题研究）	528002——思想道德修养和法律基础教研室	郑洪晓
52820171	专题课程（人的发展专题研究）	528002——思想道德修养和法律基础教研室	侯丹娟
52820171	专题课程（人的发展专题研究）	528002——思想道德修养和法律基础教研室	王建永
52820091	马克思主义中国化专题研究	528003——中国近现代史纲要教研室	郭正秋
52820201	文化衍变与近现代中国专题研究	528003——中国近现代史纲要教研室	白冶钢
52820031	马克思主义与社会科学方法论	528004——马克思主义原理教研室	崔　凡
52820041	哲学导论	528004——马克思主义原理教研室	郑洪晓
52820041	哲学导论	528004——马克思主义原理教研室	马临真
52820071	自然辩证法概论	528004——马克思主义原理教研室	王永生
52820071	自然辩证法概论	528004——马克思主义原理教研室	王永生
52820071	自然辩证法概论	528004——马克思主义原理教研室	刘　娟
52820071	自然辩证法概论	528004——马克思主义原理教研室	刘　娟
52820071	自然辩证法概论	528004——马克思主义原理教研室	周小华
52820071	自然辩证法概论	528004——马克思主义原理教研室	周小华
52820071	自然辩证法概论	528004——马克思主义原理教研室	崔　凡
52820071	自然辩证法概论	528004——马克思主义原理教研室	崔　凡
52820071	自然辩证法概论	528004——马克思主义原理教研室	马临真
52820071	自然辩证法概论	528004——马克思主义原理教研室	马临真
52820081	专业英语（马克思主义理论）	528004——马克思主义原理教研室	刘　娟
52820121	马克思主义经典著作选读	528004——马克思主义原理教研室	刘　娟
52820131	马克思主义基本原理专题研究	528004——马克思主义原理教研室	王建永
52820181	比较德育专题研究	528004——马克思主义原理教研室	郑洪晓
52820191	传统文化与思想政治教育专题研究	528004——马克思主义原理教研室	王威威
52810011	中国马克思主义与当代	528005——毛泽东思想和中国特色社会主义理论体系概论教研室	周作芳
52820021	中国特色社会主义理论与实践研究	528005——毛泽东思想和中国特色社会主义理论体系概论教研室	蔡利民
52820021	中国特色社会主义理论与实践研究	528005——毛泽东思想和中国特色社会主义理论体系概论教研室	张月想
52820021	中国特色社会主义理论与实践研究	528005——毛泽东思想和中国特色社会主义理论体系概论教研室	孙　平
52820021	中国特色社会主义理论与实践研究	528005——毛泽东思想和中国特色社会主义理论体系概论教研室	白冶钢
52820021	中国特色社会主义理论与实践研究	528005——毛泽东思想和中国特色社会主义理论体系概论教研室	许丹娜
52820021	中国特色社会主义理论与实践研究	528005——毛泽东思想和中国特色社会主义理论体系概论教研室	王建永
52820021	中国特色社会主义理论与实践研究	528005——毛泽东思想和中国特色社会主义理论体系概论教研室	石瑞勇
52820021	中国特色社会主义理论与实践研究	528005——毛泽东思想和中国特色社会主义理论体系概论教研室	郭正秋
50210061	现代环境污染控制理论	529001——环境化学教研室	赵　毅
52920021	高等环境化学	529001——环境化学教研室	许　野

续表

课程号	课程名称	开课教研室	任课教师
52920021	高等环境化学	529001——环境化学教研室	李 薇
52920021	高等环境化学	529001——环境化学教研室	王祥科
52920031	高等分析化学	529001——环境化学教研室	王素华
52920041	胶体与界面化学	529001——环境化学教研室	谭小丽
52920081	环境化学前沿与进展	529001——环境化学教研室	郑茂盛
52920081	环境化学前沿与进展	529001——环境化学教研室	张一梅
52920081	环境化学前沿与进展	529001——环境化学教研室	许 野
52920081	环境化学前沿与进展	529001——环境化学教研室	王盛萍
52920081	环境化学前沿与进展	529001——环境化学教研室	李 鱼
52920081	环境化学前沿与进展	529001——环境化学教研室	李 薇
52920081	环境化学前沿与进展	529001——环境化学教研室	丁晓雯
52920081	环境化学前沿与进展	529001——环境化学教研室	侯 静
52920081	环境化学前沿与进展	529001——环境化学教研室	韩 冰
52920081	环境化学前沿与进展	529001——环境化学教研室	张岳玲
52920081	环境化学前沿与进展	529001——环境化学教研室	文 涛
52920081	环境化学前沿与进展	529001——环境化学教研室	汪建军
52920081	环境化学前沿与进展	529001——环境化学教研室	郭 伟
52920081	环境化学前沿与进展	529001——环境化学教研室	陈 哲
52920081	环境化学前沿与进展	529001——环境化学教研室	艾玥洁
52920081	环境化学前沿与进展	529001——环境化学教研室	王素华
52920221	污染物分析方法与技术	529001——环境化学教研室	闫雨龙
52920281	专业英语 1	529001——环境化学教研室	王祥科
60220021	环境规划学	529001——环境化学教研室	许 野
60220031	土壤与地下水污染修复工程	529001——环境化学教研室	郑茂盛
60220041	高等环境工程	529001——环境化学教研室	李 薇
60220051	固体废物处理及资源化工程	529001——环境化学教研室	于淑君
60220071	环境监测质量控制技术	529001——环境化学教研室	李 鱼
60220081	环境影响评价技术	529001——环境化学教研室	李 鱼
60220101	专业英语（能源环境工程）	529001——环境化学教研室	林千果
60220111	生态水文学与分布式水文模型	529001——环境化学教研室	王盛萍
60220201	专题课程（区域能源系统优化）	529001——环境化学教研室	黄国和
60220211	环境工程功能材料及应用	529001——环境化学教研室	张一梅

（保 定 校 区）
2017——2018 学年研究生课程设置表

课程号	课程名称	开课教研室	任课教师
40420012	科技信息检索与论文写作专题讲座	404006——信息中心	李晓志
40420012	科技信息检索与论文写作专题讲座	404006——信息中心	康恩婷
40420012	科技信息检索与论文写作专题讲座	404006——信息中心	康恩婷
40420012	科技信息检索与论文写作专题讲座	404006——信息中心	周晓兰

续表

课程号	课程名称	开课教研室	任课教师
40420012	科技信息检索与论文写作专题讲座	404006——信息中心	李晓志
40420012	科技信息检索与论文写作专题讲座	404006——信息中心	周晓兰
51320022	智能电网技术专题	513003——发电教研室	栗　然
51320022	智能电网技术专题	513003——发电教研室	张建成
51320022	智能电网技术专题	513003——发电教研室	任建文
51320022	智能电网技术专题	513003——发电教研室	梁海峰
51320042	电力市场理论与技术	513003——发电教研室	高亚静
51320052	电力系统规划与可靠性	513003——发电教研室	赵书强
51320062	电能质量分析与控制	513003——发电教研室	张建成
51320072	电气工程新技术专题	513003——发电教研室	梁海峰
51320082	动态电力系统分析与控制	513003——发电教研室	郑焕坤
51320112	高等电力系统分析	513003——发电教研室	卢锦玲
51320112	高等电力系统分析	513003——发电教研室	郝育黔
51320132	柔性交流输电系统	513003——发电教研室	张建成
51320192	电网调度自动化	513003——发电教研室	任建文
51320212	智能技术在电力系统中的应用	513003——发电教研室	盛四清
51320252	高压直流输电技术	513003——发电教研室	梁海峰
51320262	新能源发电与并网技术	513003——发电教研室	朱晓荣
51320292	分布式电源与微网技术	513003——发电教研室	李　鹏
51320172	微机继电保护	513004——电自教研室	焦彦军
51320322	电力系统风险评估	513004——电自教研室	王　飞
51320342	继电保护专题	513004——电自教研室	杨明玉
51320342	继电保护专题	513004——电自教研室	王　雪
51320162	电网络分析理论	513005——电工教研室	梁贵书
51320202	现代电磁测量技术	513005——电工教研室	赵书涛
51320102	现代电力电子技术	513006——电机教研室	田艳军
51320122	交流电机及其系统分析	513006——电机教研室	许伯强
51320232	电机运行及控制技术	513006——电机教研室	孟　明
51320242	大型电机分析及故障诊断	513006——电机教研室	李永刚
51320142	电介质放电理论及其应用	513007——高压教研室	王永强
51320152	电气设备在线监测与故障诊断	513007——高压教研室	谢　庆
51320282	高电压测量技术	513007——高压教研室	刘云鹏
51320372	过电压分析与防护	513007——高压教研室	张重远
51320012	数字信号处理	513008——电信教研室	安　勃
51320032	电磁场数值计算	513008——电信教研室	刘　刚
51320182	电磁场选论	513008——电信教研室	赵小军
51320392	电磁兼容基础	513008——电信教研室	安　勃
51320382	配电系统分析与自动化	513009——供电教研室	梁志瑞
51420012	大型汽轮机运行特性	514003——动力教研室	刘树华

续表

课程号	课程名称	开课教研室	任课教师
51420041	动力工程研发及应用案例	514003——动力教研室	田松峰
51420041	动力工程研发及应用案例	514003——动力教研室	张　倩
51420042	动力工程热经济学	514003——动力教研室	冉　鹏
51420051	设备工程与监理（职业资格类课程）	514003——动力教研室	张　倩
51420092	节能原理	514003——动力教研室	李慧君
51420132	火电厂热力系统性能分析	514003——动力教研室	王惠杰
51420162	高等工程热力学	514003——动力教研室	李永华（女）
51420162	高等工程热力学	514003——动力教研室	李慧君
51420171	微纳米尺度流动与传热	514003——动力教研室	刘英光
51420191	材料科学前沿	514003——动力教研室	杨薛明
51420192	设备状态监测与故障诊断	514003——动力教研室	田松峰
51420192	设备状态监测与故障诊断	514003——动力教研室	张　倩
51420201	纳米材料学	514003——动力教研室	杨薛明
51420231	透平机械中的两相高速流动	514003——动力教研室	钱江波
51420032	电站锅炉运行特性	514004——热能教研室	闫顺林
51420052	多相流理论	514004——热能教研室	方立军
51420062	高等传热学	514004——热能教研室	梁秀俊
51420062	高等传热学	514004——热能教研室	高正阳
51420071	洁净煤发电技术	514004——热能教研室	雷　鸣
51420091	数值计算软件在动力工程中的应用	514004——热能教研室	危日光
51420102	叶轮机械内流理论	514004——热能教研室	吕玉坤
51420121	风机节能与降噪	514004——热能教研室	李春曦
51420131	强化传热	514004——热能教研室	刘彦丰
51420142	计算流体力学	514004——热能教研室	高正阳
51420152	热能动力工程前沿	514004——热能教研室	李永华（男）
51420172	高等工程流体力学	514004——热能教研室	程友良
51420172	高等工程流体力学	514004——热能教研室	叶学民
51420182	燃烧理论与技术	514004——热能教研室	李永华（男）
51420111	热工过程建模与仿真	514005——集控教研室	杨建蒙
51420141	建筑高效供能技术	514006——建环教研室	王江江
51420141	建筑高效供能技术	514006——建环教研室	时国华
51420151	室内环境及控制	514006——建环教研室	谢英柏
51420161	暖通空调系统分析与评价	514006——建环教研室	高月芬
51420161	暖通空调系统分析与评价	514006——建环教研室	郑国忠
51420202	室内环境控制与节能	514006——建环教研室	谢英柏
51420211	暖通空调新技术	514006——建环教研室	魏　兵
51420212	现代制冷与低温技术	514006——建环教研室	谢英柏
51420212	现代制冷与低温技术	514006——建环教研室	刘春涛
51420222	制冷系统热动力学	514006——建环教研室	谢英柏

续表

课程号	课程名称	开课教研室	任课教师
51420222	制冷系统热动力学	514006——建环教研室	刘春涛
51520011	专业英语（电子系）	515003——电子学教研室	王　瑜
51520012	现代无线通信技术及应用	515003——电子学教研室	鲍　慧
51520022	DSP 与实时信号处理	515003——电子学教研室	尚秋峰
51520042	现代电子技术领域案例分析	515003——电子学教研室	范寒柏
51520062	现代电路理论及分析	515003——电子学教研室	范寒柏
51520092	通信网组网与管理技术	515003——电子学教研室	高会生
51520132	光电子技术	515003——电子学教研室	尚秋峰
51520142	现代电子系统设计与测试	515003——电子学教研室	胡正伟
51520172	现代数字信号处理	515003——电子学教研室	孙　正
51520342	嵌入式系统和 SOC 设计	515003——电子学教研室	胡正伟
51520021	无线通信网络设计与优化	515004——通信教研室	韩东升
51520032	通信工程领域案例分析	515004——通信教研室	鲍　慧
51520061	射频电路与天线	515004——通信教研室	李永倩
51520071	电力通信规划与可靠性	515004——通信教研室	尼俊红
51520072	现代通信网理论	515004——通信教研室	戚宇林
51520081	无线传感器网络与物联网技术	515004——通信教研室	贾惠彬
51520112	检测与估值理论	515004——通信教研室	高　强
51520152	现代数字通信技术	515004——通信教研室	杨　志
51520182	现代通信理论	515004——通信教研室	孔英会
51520202	微波技术基础	515004——通信教研室	杨　志
51520202	微波技术基础	515004——通信教研室	张淑娥
51520232	信息论及编码	515004——通信教研室	余　萍
51520242	传感与检测技术	515004——通信教研室	张智娟
51520262	现代光纤通信技术	515004——通信教研室	张淑娥
51520292	多媒体信息处理	515004——通信教研室	戚银城
51520322	智能电网信息物理融合系统	515004——通信教研室	赵振兵
51520041	大数据存储与处理	515005——信息处理教研室	李　中
51520052	信息处理技术领域案例分析	515005——信息处理教研室	苑津莎
51520272	智能信息处理技术	515005——信息处理教研室	张卫华
51520282	网络与信息安全	515005——信息处理教研室	杨　宏
51520312	智能电网信息通信技术	515005——信息处理教研室	张铁峰
51620022	系统工程导论	516004——控制理论教研室	孙建平
51620051	火电厂仿真运行实训	516004——控制理论教研室	赵　征
51620052	工业控制计算机网络	516004——控制理论教研室	马永光
51620061	自动化系统工程师实训	516004——控制理论教研室	刘延泉
51620072	故障诊断与容错控制	516004——控制理论教研室	李大中
51620082	线性系统理论	516004——控制理论教研室	王东风
51620092	非线性系统分析与控制	516004——控制理论教研室	王印松

续表

课程号	课程名称	开课教研室	任课教师
51620102	火电机组负荷控制系统设计与实现	516004——控制理论教研室	董　泽
51620112	火电机组燃烧控制系统设计与实现	516004——控制理论教研室	马　平
51620132	系统建模	516004——控制理论教研室	焦嵩鸣
51620162	优化理论与最优控制	516004——控制理论教研室	董　泽
51620162	优化理论与最优控制	516004——控制理论教研室	陈文颖
51620172	预测控制	516004——控制理论教研室	王东风
51620192	智能控制	516004——控制理论教研室	张　悦
51620202	自适应控制	516004——控制理论教研室	赵文杰
51620222	现代控制理论	516004——控制理论教研室	刘鑫屏
51620011	专业英语（自动化系）	516006——测控教研室	侯立群
51620012	检测理论与应用	516006——测控教研室	苏　杰
51620041	先进测量系统工程实践	516006——测控教研室	仝卫国
51620062	检测技术	516006——测控教研室	苏　杰
51620122	误差分析与数据处理	516006——测控教研室	韦根原
51620142	系统决策与分析	516006——测控教研室	刘长良
51620152	现代传感技术	516006——测控教研室	田　沛
51620212	模式识别	516006——测控教研室	翟永杰
51620232	信号处理与信息融合	516006——测控教研室	金秀章
51620242	图像处理与分析（计算机视觉）	516006——测控教研室	杨耀权
51720022	群论	517003——应用物理教研室	白占武
51720032	固体理论	517003——应用物理教研室	吕　刚
51720112	非线性光学	517003——应用物理教研室	张贵银
51720222	高等统计物理	517003——应用物理教研室	白占武
51720232	理论声学	517003——应用物理教研室	姜根山
51720282	蒙特卡罗方法及其应用	517003——应用物理教研室	白占武
51720362	高等原子分子物理学	517003——应用物理教研室	张贵银
51720482	近代声学	517003——应用物理教研室	姜根山
51720562	激光光谱技术及应用	517003——应用物理教研室	张贵银
51720010	信息光学	517004——理论物理教研室	任　芝
51720012	路径积分	517004——理论物理教研室	白占武
51720082	多孔材料中的声传播	517004——理论物理教研室	张晓宏
51720141	专业英语（数理系）	517004——理论物理教研室	赵美玲
51720141	专业英语（数理系）	517004——理论物理教研室	韩颖慧
51720201	纳米材料与技术	517004——理论物理教研室	李松涛
51720242	量子场论	517004——理论物理教研室	王志刚
51720262	规范场论	517004——理论物理教研室	王志刚
51720272	粒子物理	517004——理论物理教研室	汪伟建
51720332	高等量子力学	517004——理论物理教研室	白占武
51720472	量子信息导论	517004——理论物理教研室	张世辉

续表

课程号	课程名称	开课教研室	任课教师
51720492	激光物理学	517004——理论物理教研室	任　芝
51720502	光子晶体基础	517004——理论物理教研室	任　芝
51720572	液晶表面物理及效应	517004——理论物理教研室	关荣华
51720041	统计方法与统计软件	517005——概率与统计教研室	张亚刚
51720051	常用数学软件选讲	517005——概率与统计教研室	张　坡
51720071	数据挖掘	517005——概率与统计教研室	张亚刚
51720081	能源统计分析	517005——概率与统计教研室	张亚刚
51720102	非参数统计	517005——概率与统计教研室	苏　岩
51720111	金融数学与金融工程	517005——概率与统计教研室	吴晓坤
51720151	应用数理统计	517005——概率与统计教研室	吴晓坤
51720221	广义线性模型	517005——概率与统计教研室	吴晓坤
51720302	最优化理论与方法	517005——概率与统计教研室	马新顺
51720092	多元统计分析	517006——信息教研室	孔令才
51720132	非线性数值分析	517006——信息教研室	谷根代
51720171	数值分析及工程应用	517006——信息教研室	谷根代
51720181	矩阵论及工程应用	517006——信息教研室	张　坡
51720182	数值分析	517006——信息教研室	刘敬刚
51720191	规划数学及工程应用	517006——信息教研室	张国立
51720192	小波分析及其应用	517006——信息教研室	谷根代
51720202	随机过程（数学专业）	517006——信息教研室	吴晓坤
51720212	泛函分析及其应用	517006——信息教研室	郭　燕
51720292	时间序列分析	517006——信息教研室	史会峰
51720322	矩阵论	517006——信息教研室	殷云星
51720372	规划数学	517006——信息教研室	马新顺
51720382	模糊数学	517006——信息教研室	张国立
51720592	模糊数学（数学专业）	517006——信息教研室	张国立
51720122	泛函分析	517007——高等数学教研室	王胜华
51720392	随机过程	517007——高等数学教研室	张隆阁
51720402	应用统计学	517007——高等数学教研室	孔令才
51820062	综合评价方法	518003——工商管理教研室	孟　明
51820102	电力规划理论与实务	518003——工商管理教研室	范利国
51820132	网络计划优化方法	518003——工商管理教研室	卢建昌
51820172	多目标决策理论	518003——工商管理教研室	孔　峰
51820202	技术经济评价理论与方法	518003——工商管理教研室	孙　薇
51820222	工程项目管理案例	518003——工商管理教研室	孔　峰
51820242	项目投融资方法与实务	518003——工商管理教研室	孙　薇
51820282	中级宏观经济学	518003——工商管理教研室	武群丽
51820302	管理与沟通	518003——工商管理教研室	孙　薇
51820332	经济管理软件应用	518003——工商管理教研室	张梅梅

续表

课程号	课程名称	开课教研室	任课教师
51820372	管理运筹学（二）	518003——工商管理教研室	孔　峰
51820392	数据、模型与决策	518003——工商管理教研室	孔　峰
51820432	工程项目管理理论与应用	518003——工商管理教研室	李金颖
51820452	现代物流工程概论	518003——工商管理教研室	李云燕
51820482	现代企业战略管理	518003——工商管理教研室	张彩庆
51820502	现代管理理论	518003——工商管理教研室	贾正源
51820682	电力负荷预测方法	518003——工商管理教研室	孟　明
51820762	能源规划与系统分析	518003——工商管理教研室	李金颖
51820812	项目管理软件及应用	518003——工商管理教研室	王维军
51820862	风险管理理论及方法	518003——工商管理教研室	赵巧芝
51821012	项目计划与控制	518003——工商管理教研室	高　冲
51820011	管理经济学	518004——经济学教研室	李　伟
51820071	资产评估理论与方法	518004——经济学教研室	王喜平
51820142	电力市场理论与实务	518004——经济学教研室	黄元生
51820142	电力市场理论与实务	518004——经济学教研室	高　冲
51820252	人力资源管理体系设计	518004——经济学教研室	何永贵
51820272	薪酬与绩效管理	518004——经济学教研室	何永贵
51820362	中级计量经济学	518004——经济学教研室	李艳红
51820462	金融市场	518004——经济学教研室	刘鸿雁
51820512	中级微观经济学	518004——经济学教研室	李　伟
51820552	企业纳税筹划	518004——经济学教研室	陈　娟
51820582	投资学	518004——经济学教研室	周建国
51820632	货币金融学	518004——经济学教研室	王喜平
51820052	财务报表分析	518005——财会教研室	杨方文
51820081	高级财务管理理论与实务	518005——财会教研室	闫丽萍
51820091	高级审计理论与实务	518005——财会教研室	李永臣
51820101	高级管理会计理论与实务	518005——财会教研室	戴立新
51820111	高级财务会计理论与实务	518005——财会教研室	苑秀娥
51820472	会计理论	518005——财会教研室	苑秀娥
51820492	财务会计理论与实务	518005——财会教研室	苑秀娥
51820522	审计理论与实务	518005——财会教研室	李永臣
51820542	财务管理理论与实务	518005——财会教研室	闫丽萍
51820562	财务会计报告分析	518005——财会教研室	杨方文
51820772	管理会计理论与实务	518005——财会教研室	林志宏
51820822	企业内部控制理论与实务	518005——财会教研室	王新利
51820892	商业伦理与会计职业道德	518005——财会教研室	刘树良
51820962	会计管理软件设计与应用	518005——财会教研室	刘树良
51820042	物流工程与管理案例	518006——信息管理教研室	张　欢
51820152	电工产品学	518006——信息管理教研室	高　冲

续表

课程号	课程名称	开课教研室	任课教师
51820342	信息管理与决策支持	518006——信息管理教研室	王敬敏
51820382	物流系统建模与仿真	518006——信息管理教研室	温　磊
51820402	供应链管理	518006——信息管理教研室	温　磊
51820612	物流系统规划与设计	518006——信息管理教研室	张梅梅
51820932	电力企业物流管理	518006——信息管理教研室	李云燕
51820972	建设项目信息管理	518006——信息管理教研室	温　磊
51920010	公共管理学	519003——公管教研室	李兵水
51920011	中国特色社会主义市场经济理论与实践研究（MPA）	519003——公管教研室	李兵水
51920012	知识产权及电力相关法律知识	519003——公管教研室	刘宇晖
51920022	劳动与社会保障法	519003——公管教研室	刘志军
51920030	政府经济学	519003——公管教研室	史胜安
51920031	公共管理（MPA）	519003——公管教研室	李兵水
51920032	刑事诉讼法专题	519003——公管教研室	陈　奎
51920040	高等教育原理	519003——公管教研室	王秀梅
51920050	社会科学研究方法	519003——公管教研室	栾文敬
51920051	政治学（MPA）	519003——公管教研室	秦伟江
51920060	非政府组织研究	519003——公管教研室	曹丽媛
51920062	法理学专题	519003——公管教研室	沈长月
51920071	非营利组织管理（MPA）	519003——公管教研室	曹丽媛
51920072	行政法与行政诉讼法专题	519003——公管教研室	李　雷
51920081	电子政务（MPA）	519003——公管教研室	谭　琪
51920090	公共政策基本理论与方法	519003——公管教研室	谭　琪
51920100	公共部门人力资源管理	519003——公管教研室	夏　珑
51920110	公用事业管理专题研究	519003——公管教研室	尚晓丽
51920122	民事诉讼法专题	519003——公管教研室	梁　平
51920130	组织行为学	519003——公管教研室	尚晓丽
51920131	社会问题与社会政策（MPA）	519003——公管教研室	王恩见
51920142	政治学理论与方法	519003——公管教研室	秦伟江
51920161	中西公共事业管理（MPA）	519003——公管教研室	尚晓丽
51920170	能源政策研究	519003——公管教研室	史胜安
51920171	中国政府与政治（MPA）	519003——公管教研室	谭　琪
51920181	人力资源管理前沿专题（MPA）	519003——公管教研室	夏　珑
51920211	能源政策（MPA）	519003——公管教研室	史胜安
51920240	高等教育评估	519003——公管教研室	王秀梅
51920250	领导科学与艺术	519003——公管教研室	谭　琪
51920252	债权法专题	519003——公管教研室	苗春刚
51920041	公共政策分析（MPA）	519006——社工教研室	栾文敬
51920151	社会保障改革与管理（MPA）	519006——社工教研室	栾文敬
51920191	公共经济学（MPA）	519006——社工教研室	王恩见

续表

课程号	课程名称	开课教研室	任课教师
51920221	中国传统文化与行政哲学（MPA）	519006——社工教研室	孟亚男
51920241	社会研究方法（MPA）	519006——社工教研室	李平菊
51920262	经济学理论与方法	519006——社工教研室	王恩见
51920272	社会学理论与方法	519006——社工教研室	孟亚男
51920282	社会保障学理论与方法基础	519006——社工教研室	栾文敬
51920292	数据处理技术与计量软件应用	519006——社工教研室	李平菊
51920302	社会保障前沿问题研究	519006——社工教研室	陈　静
51920322	人口学理论与方法	519006——社工教研室	孟亚男
51920332	劳动与社会保障法专题研究	519006——社工教研室	刘志军
51920342	劳动人事科学与人力资源管理实务	519006——社工教研室	赵　静
51920352	社会保障基金管理	519006——社工教研室	陈　雷
51920182	民商法专题	519007——概论教研室	甄增水
51920061	宪法与行政法（MPA）	519008——法学教研室	沈长月
51920102	民事执行法研究	519008——法学教研室	梁　平
51920152	物权法专题	519008——法学教研室	甄增水
51920172	证据法专题	519008——法学教研室	李　海
51920212	司法改革专题	519008——法学教研室	刘宇晖
51920271	经济法专题	519008——法学教研室	郜　庆
51920311	司法制度专题	519008——法学教研室	梁　平
51920321	环境司法专题	519008——法学教研室	陈　奎
51920331	金融法专题	519008——法学教研室	安文靖
51920361	侵权责任法专题	519008——法学教研室	刘志军
51920371	比较民商法专题	519008——法学教研室	苗春刚
51920372	法律实务专题	519008——法学教研室	沈长月
51920401	刑法专题	519008——法学教研室	霍文良
51920411	商法专题	519008——法学教研室	郜　庆
52020010	商务口译	520005——专业教研室	刘米麒
52020011	综合英语	520005——专业教研室	魏月红
52020012	第二外国语（日语）	520005——专业教研室	武晓阳
52020021	中国语言文化	520005——专业教研室	王乐洋
52020022	基础笔译	520005——专业教研室	陈红平
52020031	能源电力笔译	520005——专业教研室	高　然
52020032	外语教学理论	520005——专业教研室	董　天
52020041	文学翻译（学硕）	520005——专业教研室	郭　雷
52020042	基础口译	520005——专业教研室	刘米麒
52020051	法律翻译	520005——专业教研室	魏月红
52020052	第一外国语	520005——专业教研室	张　颖
52020052	第一外国语	520005——专业教研室	商　静
52020052	第一外国语	520005——专业教研室	张　莉

续表

课程号	课程名称	开课教研室	任课教师
52020052	第一外国语	520005——专业教研室	储　艳
52020052	第一外国语	520005——专业教研室	吕振华
52020052	第一外国语	520005——专业教研室	李　静
52020052	第一外国语	520005——专业教研室	王乐洋
52020052	第一外国语	520005——专业教研室	魏月红
52020052	第一外国语	520005——专业教研室	薛晓瑾
52020052	第一外国语	520005——专业教研室	郭　喆
52020052	第一外国语	520005——专业教研室	周　霞
52020052	第一外国语	520005——专业教研室	任俊红
52020052	第一外国语	520005——专业教研室	沈　茜
52020072	语篇分析	520005——专业教研室	储　艳
52020082	第二外国语（法语）	520005——专业教研室	高瑞凤
52020091	金融翻译	520005——专业教研室	任俊红
52020092	翻译理论	520005——专业教研室	郭　雷
52020101	计算机辅助翻译	520005——专业教研室	魏月红
52020102	语用学	520005——专业教研室	储　艳
52020111	翻译项目管理	520005——专业教研室	魏月红
52020112	文学理论	520005——专业教研室	王　珊
52020121	国际能源概论	520005——专业教研室	高　然
52020122	文学批评	520005——专业教研室	王　珊
52020131	视译	520005——专业教研室	王乐洋
52020132	英语学习策略研究	520005——专业教研室	史玮璇
52020152	诗学导论	520005——专业教研室	张　莉
52020162	英国小说	520005——专业教研室	吕振华
52020181	应用翻译	520005——专业教研室	张　莉
52020182	西方文学渊源	520005——专业教研室	外教一
52020191	跨文化交际学（专硕）	520005——专业教研室	王乐洋
52020192	功能语法	520005——专业教研室	张　颖
52020201	文体与翻译（专硕）	520005——专业教研室	任俊红
52020202	社会语言学	520005——专业教研室	陈红平
52020212	应用语言学研究方法与论文写作	520005——专业教研室	郭　喆
52020222	英美诗歌	520005——专业教研室	张　莉
52020232	中西翻译史	520005——专业教研室	魏月红
52020242	文献阅读与评价	520005——专业教研室	牛培培
52020252	文体与翻译	520005——专业教研室	薛晓瑾
52020262	跨文化交际学	520005——专业教研室	刘　洋
52020272	翻译概论	520005——专业教研室	周　霞
52020282	经贸翻译	520005——专业教研室	任俊红
52020292	英汉比较与翻译	520005——专业教研室	王乐洋

续表

课程号	课程名称	开课教研室	任课教师
52020292	英汉比较与翻译	520005——专业教研室	赵　红
52020312	第二语言习得	520005——专业教研室	牛培培
52020322	文学翻译（专硕）	520005——专业教研室	商　静
52020332	美国小说	520005——专业教研室	郭　雷
52020362	科技笔译工作坊（汉译英）	520005——专业教研室	周　霞
52020372	科技笔译工作坊（英译汉）	520005——专业教研室	周　霞
52020422	交替传译	520005——专业教研室	李林倩
51520252	网络信息安全	521003——计算机教研室	张少敏
52120022	计算机仿真技术	521003——计算机教研室	李　刚
52120032	离散数学（三）	521003——计算机教研室	袁和金
52120052	算法分析与复杂性理论	521003——计算机教研室	胡朝举
52120082	电力工业信息化案例	521003——计算机教研室	祁在山
52120092	图与网络	521003——计算机教研室	刘晓峰
52120102	高级计算机系统结构	521003——计算机教研室	翟学明
52120112	组合数学	521003——计算机教研室	牛为华
52120131	图像理解	521003——计算机教研室	鲁　斌
52120132	高级计算机网络	521003——计算机教研室	赵惠兰
52120152	计算机工程技术前沿	521003——计算机教研室	胡朝举
52120192	计算智能	521003——计算机教研室	鲁　斌
52120302	物联网技术及应用	521003——计算机教研室	邸　剑
52120011	专业英语（计算机系）	521004——软件教研室	王　平
52120012	ERP 原理与实践	521004——软件教研室	廖尔崇
52120021	图像、图形与虚拟现实	521004——软件教研室	邵绪强
52120091	云计算	521004——软件教研室	宋亚奇
52120122	高级操作系统	521004——软件教研室	赵文清
52120142	高级软件工程	521004——软件教研室	王新颖
52120162	人工智能	521004——软件教研室	刘　丽
52120172	数据仓库与数据挖掘	521004——软件教研室	王保义
52120242	高级嵌入式系统设计	521004——软件教研室	刘书刚
52120252	ORACLE 原理及应用	521004——软件教研室	黄建才
52320032	电除尘理论与技术	523003——环境工程教研室	胡志光
52320080	现代传质分离技术	523003——环境工程教研室	付　东
52320081	环境类职业资格认证引导	523003——环境工程教研室	齐立强
52320091	专业英语（环工系）	523003——环境工程教研室	齐立强
52320112	废水处理工程	523003——环境工程教研室	王淑勤
52320132	高等环境工程	523003——环境工程教研室	齐立强
52320172	气溶胶力学	523003——环境工程教研室	齐立强
52320182	锅炉燃烧理论与污染物排放	523003——环境工程教研室	吕建燚
52320202	燃煤环境污染控制案例	523003——环境工程教研室	胡志光

续表

课程号	课程名称	开课教研室	任课教师
52320202	燃煤环境污染控制案例	523003——环境工程教研室	马双忱
52320282	环境污染化学与物理	523003——环境工程教研室	赵　毅
52320292	环境系统分析	523003——环境工程教研室	赵　毅
52320322	烟气脱硫脱硝理论与技术	523003——环境工程教研室	赵　毅
52320101	现代环境监测	523004——环境科学教研室	苑春刚
52320111	工程噪声控制理论和技术	523004——环境科学教研室	陈传敏
52320121	环境样品前处理技术	523004——环境科学教研室	张可刚
52320152	现代环境科学导论	523004——环境科学教研室	汪黎东
52320162	固体废物处理及资源化工程	523004——环境科学教研室	尹连庆
52320332	高等无机化学	523004——环境科学教研室	许佩瑶
52320362	现代生态学	523004——环境科学教研室	苑春刚
52320020	催化技术与理论	523005——应用化学教研室	马双忱
52320042	传递过程原理	523005——应用化学教研室	付　东
52320052	高等化工热力学	523005——应用化学教研室	付　东
52320070	煤炭化学基础与转化技术	523005——应用化学教研室	付　东
52320070	煤炭化学基础与转化技术	523005——应用化学教研室	李志勇
52320072	化学反应工程	523005——应用化学教研室	权宇珩
52320102	反应堆水化学	523005——应用化学教研室	张胜寒
52320232	环境分析化学	523005——应用化学教研室	李志勇
52320242	膜分离原理与技术	523005——应用化学教研室	马双忱
52320382	腐蚀原理与控制技术	523005——应用化学教研室	檀　玉
52320402	金属腐蚀试验方法	523005——应用化学教研室	张胜寒
52320432	给水处理原理与技术	523005——应用化学教研室	张胜寒
52420031	工业设计理论与应用	524003——设计教研室	崔彦彬
52420151	数字化设计方法与技术案例	524003——设计教研室	杨化动
52420302	工程优化方法	524003——设计教研室	花广如
52420402	数字化设计与制造	524003——设计教研室	杨晓红
52420452	先进制造技术	524003——设计教研室	花广如
52420021	专业英语（机械系）	524005——制造教研室	王　鹏
52420022	ERP 原理与应用	524005——制造教研室	杜必强
52420102	智能制造系统	524005——制造教研室	王进峰
52420112	企业 MIS 建设	524005——制造教研室	王进峰
52420272	工业机器人设计与工程应用	524005——制造教研室	杜必强
52420042	人机工程学	524006——工业设计教研室	崔彦彬
52420111	计算机辅助产品造型设计	524006——工业设计教研室	崔彦彬
51820192	运筹学（二）	524007——工业工程教研室	慈铁军
52420032	系统工程学	524007——工业工程教研室	慈铁军
52420052	现代工业工程	524007——工业工程教研室	戴庆辉
52420082	现代设计方法学	524007——工业工程教研室	杨化动
52420192	质量工程学	524007——工业工程教研室	慈铁军
52420221	技术战略与创新	524007——工业工程教研室	戴庆辉

续表

课程号	课程名称	开课教研室	任课教师
52420262	工业工程案例	524007——工业工程教研室	慈铁军
52420412	工程经济学	524007——工业工程教研室	叶 锋
52420422	人因工程	524007——工业工程教研室	叶 锋
52420442	生产计划与控制	524007——工业工程教研室	叶 锋
52420012	机械系统动力学	524008——力学教研室	安利强
52420091	铁塔基础设计	524008——力学教研室	张新春
52420121	输电线路工程学	524008——力学教研室	王璋奇
52420131	送变电施工技术与设备	524008——力学教研室	葛永庆
52420141	输电线路状态监测技术	524008——力学教研室	杨文刚
52420191	输电线路工程案例	524008——力学教研室	王璋奇
52420332	高等材料力学	524008——力学教研室	王璋奇
52420502	有限元分析及应用	524008——力学教研室	王璋奇
52420522	特高压铁塔结构设计	524008——力学教研室	安利强
52420071	现代仪器分析技术及应用	524009——机电教研室	郑海明
52420081	精密部件机电耦合分析	524009——机电教研室	何玉灵
52420122	汽轮发电机组振动	524009——机电教研室	唐贵基
52420171	机电一体化技术与设备案例	524009——机电教研室	郑海明
52420181	状态检测与故障诊断案例	524009——机电教研室	胡爱军
52420182	振动和模态分析	524009——机电教研室	向 玲
52420252	光机电技术及应用	524009——机电教研室	郑海明
52420282	工业检测技术	524009——机电教研室	张 超
52420342	机械工程前沿	524009——机电教研室	唐贵基
52420352	机械故障诊断学	524009——机电教研室	胡爱军
52420392	现代测试技术	524009——机电教研室	胡爱军
52420432	转子动力学	524009——机电教研室	张 超
52420472	机电系统工程学	524009——机电教研室	郑海明
52420492	机电系统建模与特性分析	524009——机电教研室	何玉灵
52920012	比较德育专题研究	529003——思想道德修养与法律基础	魏彤儒
52920032	企业思想政治工作与企业文化专题	529003——思想道德修养与法律基础	王建红
52920082	中国特色社会主义理论与实践研究	529003——思想道德修养与法律基础	王聚芹
52920082	中国特色社会主义理论与实践研究	529003——思想道德修养与法律基础	王建红
52920082	中国特色社会主义理论与实践研究	529003——思想道德修养与法律基础	孟祥林
52920082	中国特色社会主义理论与实践研究	529003——思想道德修养与法律基础	孟祥林
52920082	中国特色社会主义理论与实践研究	529003——思想道德修养与法律基础	王聚芹
52920152	思想政治教育学专题研究	529003——思想道德修养与法律基础	魏彤儒
52920162	社会调查与数据处理	529003——思想道德修养与法律基础	栾文敬
51920132	自然辩证法概论	529004——马克思主义基本原理教研	戴 民
51920132	自然辩证法概论	529004——马克思主义基本原理教研	刘新峰
51920132	自然辩证法概论	529004——马克思主义基本原理教研	刘新峰
51920132	自然辩证法概论	529004——马克思主义基本原理教研	刘新峰
51920132	自然辩证法概论	529004——马克思主义基本原理教研	戴 民

续表

课程号	课程名称	开课教研室	任课教师
52920021	心理学专题研究	529004——马克思主义基本原理教研	宋一辰
52920062	马克思主义发展史专题研究	529004——马克思主义基本原理教研	武兰芳
52920112	马克思主义政治经济学专题研究	529004——马克思主义基本原理教研	王建红
52920122	马克思主义与社会科学方法论	529004——马克思主义基本原理教研	张乃芳
52920192	马克思主义哲学专题研究	529004——马克思主义基本原理教研	王聚芹
52920142	中国特色社会主义构建专题研究	529005——当代中国马克思主义教研	孟祥林
52920172	科学社会主义专题研究	529005——当代中国马克思主义教研	王聚芹
52920022	传统文化与思想政治教育专题研究	529006——中国近现代史纲要教研室	徐岿然
52920042	领导科学与管理	529006——中国近现代史纲要教研室	孟祥林
52920092	政治学专题研究	529006——中国近现代史纲要教研室	秦伟江
52920102	文化衍变与近现代中国专题研究	529006——中国近现代史纲要教研室	徐岿然
52920132	中国社会主义建设与探索专题研究	529006——中国近现代史纲要教研室	赵鲁臻
30520062	专题课程/seminar 课程	305003——培养管理办公室	王　涛
30520062	专题课程/seminar 课程	305003——培养管理办公室	高　强
30520062	专题课程/seminar 课程	305003——培养管理办公室	李春曦
30520062	专题课程/seminar 课程	305003——培养管理办公室	李兵水
30520062	专题课程/seminar 课程	305003——培养管理办公室	赵　毅
30520062	专题课程/seminar 课程	305003——培养管理办公室	李永刚
30520062	专题课程/seminar 课程	305003——培养管理办公室	李大中
30520062	专题课程/seminar 课程	305003——培养管理办公室	徐　岩
30520062	专题课程/seminar 课程	305003——培养管理办公室	马　平
30520062	专题课程/seminar 课程	305003——培养管理办公室	王淑勤
30520062	专题课程/seminar 课程	305003——培养管理办公室	甄增水
30520062	专题课程/seminar 课程	305003——培养管理办公室	张　珂
30520062	专题课程/seminar 课程	305003——培养管理办公室	戚银城
30520062	专题课程/seminar 课程	305003——培养管理办公室	栾文敬
30520062	专题课程/seminar 课程	305003——培养管理办公室	林永君
30520062	专题课程/seminar 课程	305003——培养管理办公室	孙　正
30520062	专题课程/seminar 课程	305003——培养管理办公室	郭　喆
30520062	专题课程/seminar 课程	305003——培养管理办公室	沈　茜
30520062	专题课程/seminar 课程	305003——培养管理办公室	袁和金
30520062	专题课程/seminar 课程	305003——培养管理办公室	胡朝举
30520062	专题课程/seminar 课程	305003——培养管理办公室	姚万业
30520062	专题课程/seminar 课程	305003——培养管理办公室	张胜寒
30520062	专题课程/seminar 课程	305003——培养管理办公室	程友良
30520062	专题课程/seminar 课程	305003——培养管理办公室	张新春
30520062	专题课程/seminar 课程	305003——培养管理办公室	陈　奎
30520062	专题课程/seminar 课程	305003——培养管理办公室	魏彤儒
30520062	专题课程/seminar 课程	305003——培养管理办公室	白占武
30520062	专题课程/seminar 课程	305003——培养管理办公室	刘树良
30520062	专题课程/seminar 课程	305003——培养管理办公室	梁贵书

续表

课程号	课程名称	开课教研室	任课教师
30520141	研究生科学道德与学术规范	305003——培养管理办公室	归　毅
30520161	创新创业	305003——培养管理办公室	归　毅
30520171	像经济学家那样思考：信息、激励与政策	305003——培养管理办公室	归　毅
30520181	中国文化概论	305003——培养管理办公室	归　毅

（研究生院　提供）

华北电力大学2018年全日制学术学位授权学科一览表

学科门类	一级学科名称	授权点层次		
		一级学科	博士点	硕士点
经济学	应用经济学	√		√
法学	法学	√		√
	马克思主义理论	√		√
文学	外国语言文学	√		√
理学	数学	√		√
	物理学	√		√
工学	核科学与技术	√	√	√
	机械工程	√		√
	材料科学与工程	√		√
	动力工程及工程热物理	√	√	√
	电气工程	√	√	√
	电子科学与技术	√		√
	信息与通信工程	√		√
	控制科学与工程	√	√	√
	计算机科学与技术	√		√
	土木工程	√		√
	水利工程	√	√	√
	化学工程与技术	√		√
	软件工程	√		√
	农业工程			√082804 农业电气与自动化二级学科授权点
	环境科学与工程	√		√
管理学	管理科学与工程	√	√	√
	工商管理	√	√	√
	公共管理	√		√

（学科办　赵　凡　提供）

华北电力大学2018年全日制专业学位授权类别及领域

序号	专业学位类别名称	专业学位类别代码	专业学位领域名称	专业学位领域代码
1	金融硕士	0251		
2	应用统计硕士	0252		
3	法律硕士	0351	法律（法学）	035101
			法律（非法学）	035202

续表

序号	专业学位类别名称	专业学位类别代码	专业学位领域名称	专业学位领域代码
4	翻译硕士	0551	英语笔译	055101
			英语口译	055102
5	工程硕士	0852	机械工程	085201
			材料工程	085204
			动力工程	085206
			电气工程	085207
			电子与通信工程	085208
			控制工程	085210
			计算机技术	085211
			软件工程	085212
			环境工程	085229
			工业工程	085236
			物流工程	085240
6	工商管理硕士	1251		
7	公共管理硕士	1252		
8	会计硕士	1253		
9	工程管理硕士	1256		

（学科办　赵　凡　提供）

华北电力大学 2018 年博士后流动站一览表

序号	设站学科	批准文号	审批时间（年.月.日）
1	电气工程	人发〔2001〕28 号	2001.3.26
2	工商管理	国人部发〔2003〕38 号	2003.10.23
3	动力工程及工程热物理	国人部发〔2007〕110 号	2007.8.14
4	管理科学与工程	人社部发〔2009〕107 号	2009.9.4
5	控制科学与工程	人社部发〔2012〕48 号	2012.8.29

（人才办　提供）

华北电力大学 2018 年本科各省市招生执行情况一览表

（北　京　校　部）

生源地		北京	天津	河北	山西	内蒙古	辽宁	吉林	黑龙江	江苏	安徽	福建	江西	山东	河南	湖北	上海
理工类	当地重点线	532	407	511	516	478	361	533	472	336	505	490	527	435	499	512	本科线
	录取最高分	646	650	674	627	637	660	650	630	388	635	641	630	652	642	643	401
	录取最低分	626	623	649	592	592	637	602	606	371	611	588	609	624	608	621	最高分
	录取平均分	630	637	655	597	616	642	619	612	375	616	597	613	633	614	625	552
	最低分高出重点线	94	216	138	76	114	276	69	134	35	106	98	82	189	109	109	最低分
	平均分高出重点线	98	230	144	81	138	281	86	140	39	111	107	86	198	115	113	513
文史类	当地重点线	576	436	559	546	501	461	542	490	337	550	551	568	505	547	561	平均分
	录取最高分	636	609	650	593	587	606	583	564	362	618	604	618	622	621	616	525
	录取最低分	631	604	639	587	583	601	572	560	359	611	597	613	613	616	610	最低分高出本科线
	录取平均分	636	607	644	589	585	603	576	563	360	614	599	614	615	617	612	112
	最低分高出重点线	55	168	80	41	82	140	30	70	22	61	46	45	108	69	49	平均分高出本科线
	平均分高出重点线	60	171	85	43	84	142	34	73	23	64	48	46	110	70	51	124

续表

生源地		湖南	广东	广西	海南	重庆	四川	贵州	云南	西藏汉	西藏藏	陕西	甘肃	青海	宁夏	新疆	浙江
理工类	当地重点线	513	376	513	539	524	546	484	530	445	327	474	483	403	463	467	一段线
	录取最高分	633	609	649	750	645	656	619	653	629	427	654	607	548	617	641	588
	录取最低分	610	572	599	701	609	625	589	607	593	375	597	584	494	559	594	最高分
	录取平均分	616	581	611	714	616	630	598	619	610	393	608	590	516	575	600	653
	最低分高出重点线	97	196	86	162	85	79	105	77	148	48	123	101	91	96	127	最低分
	平均分高出重点线	103	205	98	175	92	84	114	89	165	66	134	107	113	112	133	632
文史类	当地重点线	569	443	547	579	524	553	575	575	460	375	518	502	475	528	500	平均分
	录取最高分	633	598	599	730	583	602	647	632	590	425	606	557	532	595	584	640
	录取最低分	629	583	593	724	573	594	628	621	581	425	595	549	527	578	578	最低分超出一段线
	录取平均分	630	588	595	728	576	596	637	626	585	425	598	553	529	585	581	44
	最低分高出重点线	60	140	46	145	49	41	53	46	121	50	77	47	52	50	78	平均分超出一段线
	平均分高出重点线	61	145	48	149	52	43	62	51	125	50	80	51	54	57	81	52

（保 定 校 区）

省份		安徽	北京	福建	甘肃	广东	广西	贵州	海南	河北	河南	黑龙江	湖北	湖南	吉林	江苏	江西
理工类/综合改革	当地重点线	505	532	490	483	376	513	484	539	511	499	472	512	513	533	336	527
	录取最高分	623	643	626	592	596	631	612	702	663	626	636	626	627	641	380	619
	录取最低分	603	612	578	569	560	586	580	675	634	601	598	600	601	579	364	600
	录取平均分	608	618	587	575	568	598	586	688	642	606	605	606	606	595	368	605
	最低分高出重点线	98	80	88	86	184	73	96	136	123	102	126	88	88	46	28	73
	平均分超出重点线	103	86	97	92	192	85	102	149	131	107	133	94	93	62	32	78
文史类	当地重点线	550	576	551	502	443	547	575		559	547	490	561	569	542	337	568
	录取最高分	602	607	596	547	573	588	629		644	606	556	607	620	584	358	613
	录取最低分	595	594	593	541	566	578	622		631	601	548	605	616	558	354	596
	录取平均分	598	598	594	544	569	584	626		635	604	552	606	618	566	356	603
	最低分高出重点线	45	18	42	39	123	31	47		72	54	58	44	47	16	17	28
	平均分超出重点线	48	22	43	42	126	37	51		76	57	62	45	49	24	19	35

省份		辽宁	内蒙古	宁夏	青海	山东	山西	陕西	上海	四川	天津	新疆	云南	浙江	重庆	西藏汉	西藏藏
理工类/综合改革	当地重点线	368	478	463	403	435	582	474	401	546	407	467	530	588	524	445	327
	录取最高分	649	622	583	570	638	613	627	519	644	638	587	627	647	636	607	349
	录取最低分	614	559	547	471	611	582	590	506	620	613	571	600	623	604	573	328
	录取平均分	625	603	559	501	618	587	597	513	623	619	577	608	632	612	584	338
	最低分高出重点线	246	81	84	68	176	0	116	105	74	206	104	70	35	80	128	1
	平均分超出重点线	257	125	96	98	183	5	123	112	77	212	110	78	44	88	139	11
文史类	当地重点线	461	501	528	475	505	576	518		553	436	500	575		524		
	录取最高分	590	578	580	510	612	594	577		592	597	560	612		572		
	录取最低分	584	571	567	483	604	576	567		587	592	554	603		552		
	录取平均分	586	575	571	501	607	580	570		590	594	556.5	607		559		
	最低分高出重点线	123	70	39	8	99	0	49		34	156	54	28		28		
	平均分超出重点线	125	74	43	26	102	4	52		37	158	56.5	32		35		

（学生处　李哲雅　提供）

教职工及师资情况

华北电力大学2018年教职工情况表

单位：人

项目	编号	教职工数									聘请校外教师	离退休人员	附属中小学幼儿园教职工	集体所有制人员
		合计	校本部教职工					科研机构人员	校办企业职工	其他附设机构人员				
			计	专任教师	行政人员	教辅人员	工勤人员							
甲	乙	1	2	3	4	5	6	7	8	9	10	11	12	13
总计	1	2922	2904	1880	496	380	148		18		202	1161		
其中：女	2	1184	1181	742	207	197	35		3		69	524		
正高级	3	454	453	429	11	13			1		54	248		*
副高级	4	967	957	670	149	138			10		71	297		*
中级	5	1185	1179	714	281	184			6		61	*	*	*
初级	6	143	143	52	47	44					7	*	*	*
未定职级	7	173	172	15	8	1	148		1		9	*	*	*

（网络与信息化办公室　牛辰昊　提供）

华北电力大学2018年专任教师、聘请校外教师岗位分类情况表

单位：人

项目	编号	本学年授课专任教师				本学年授课聘请校外教师				本学年不授课专任教师				
		合计	公共课基础课	专业课		合计	公共课基础课	专业课		合计	进修	科研	病休	其他
				计	其中：双师型			计	其中：双师型					
甲	乙	1	2	3	4	5	6	7	8	9	10	11	12	13
总计	1	1671	373	1298		202	38	164	2	209	29	6	8	166
其中：女	2	659	187	472		69	17	52		83	22	2	8	51
正高级	3	419	64	355		54	1	53		10	2			8
副高级	4	644	152	492		71	10	61	1	26	11	2	4	9
中级	5	585	147	438		61	18	43	1	129	16	4	2	107
初级	6	23	10	13	*	7	3	4	*	29			2	27
未定职级	7				*	9	6	3	*	15				15

（网络与信息化办公室　牛辰昊　提供）

华北电力大学2018年专任教师、聘请校外教师学历（位）情况表

单位：人

项目	编号	合计			博士研究生			硕士研究生			本科			专科及以下		
		计	其中：获学位		计	其中：获学位		计	其中：获学位		计	其中：获学位		计	其中：获学位	
			博士	硕士		博士	硕士		博士	硕士		博士	硕士		博士	硕士
甲	乙	1	2	3	4	5	6	7	8	9	10	11	12	13	14	15
1．专任教师	1	1880	1159	620	1159	1158	1	529	1	523	192		96			

续表

项目	编号	合计			博士研究生			硕士研究生			本科			专科及以下		
		计	其中：获学位		计	其中：获学位		计	其中：获学位		计	其中：获学位		计	其中：获学位	
			博士	硕士		博士	硕士		博士	硕士		博士	硕士		博士	硕士
其中：女	2	742	362	326	363	362	1	282		280	97		45			
正高级	3	429	336	68	335	335		60	1	56	34		12			
副高级	4	670	459	153	460	459	1	114		112	96		40			
中级	5	714	355	343	355	355		300		300	59		43			
初级	6	52		50				49		49	3		1			
未定职级	7	15	9	6	9	9		6		6						
2. 聘请校外教师	8	202	46	91	47	45	2	74	1	73	81		16			
其中：女	9	69	5	32	5	5		24		24	40		8			
外籍教师	10	20	17	1	17	17		1		1	2					
其他高校教师	11	155	23	69	22	22		54	1	53	79		16			
正高级	12	54	39	11	39	39		10		10	5		1			
副高级	13	71	5	41	6	4	2	33	1	32	32		7			
中级	14	61	2	36	2	2		28		28	31		8			
初级	15	7		2				2		2	5					
未定职级	16	9		1				1		1	8					

（网络与信息化办公室　牛辰昊　提供）

华北电力大学 2018 年分学科专任教师数统计表

单位：人

项目	编号	合计	正高级	副高级	中级	初级	未定职级
甲	乙	1	2	3	4	5	6
总计	1	1880	429	670	714	52	15
其中：女	2	742	113	278	319	24	8
哲学	3	2	1		1		
经济学	4	57	17	25	15		
法学	5	78	15	36	27		
教育学	6	170	9	38	78	38	7
其中：体育	7	55	5	25	19	6	
文学	8	143	13	49	72	8	1
其中：外语	9	123	12	43	60	8	
历史学	10						
理学	11	176	35	67	72	1	1
工学	12	1091	299	386	396	5	5
其中：计算机	13	139	26	43	70		
农学	14						
其中：林学	15						
医学	16						
管理学	17	152	39	65	47		1
艺术学	18	11	1	4	6		

（网络与信息化办公室　牛辰昊　提供）

华北电力大学 2018 年研究生指导教师情况表

单位：人

项目		编号	合计	29 岁及以下	30-34 岁	35-39 岁	40-44 岁	45-49 岁	50-54 岁	55-59 岁	60-64 岁	65 岁及以上
甲		乙	1	2	3	4	5	6	7	8	9	10
总计		1	1163	7	83	207	220	229	200	152	54	11
其中：女		2	368	2	23	54	80	83	74	41	8	3
按专业技术职务分	正高级	3	403			13	32	70	120	110	48	10
	副高级	4	554		23	110	146	148	78	42	6	1
	中级	5	206	7	60	84	42	11	2			
按指导关系分	博士导师	6										
	其中：女	7										
	硕士导师	8	941	7	81	188	196	187	145	104	27	6
	其中：女	9	338	2	23	52	77	74	67	36	4	3
	博士、硕士导师	10	222		2	19	24	42	55	48	27	5
	其中：女	11	30			2	3	9	7	5	4	

（网络与信息化办公室　牛辰昊　提供）

华北电力大学 2018 年人才接收与引进表

北京校部：54 人

序号	姓名	部门	性别	出生日期	年龄	编制标志	学历	学位	毕业学校	所学专业
1	余小霞	党委学生工作部武装部学生处	女	1991.07.02	27	教学	研究生毕业	硕士	中央财经大学	社会心理学
2	宋辉斐	党委学生工作部武装部学生处	女	1993.12.07	25	行政	研究生毕业	硕士	中国农业大学	企业管理
3	孙笑宇	党委学生工作部武装部学生处	男	1992.07.22	26	辅导员	研究生毕业	硕士	中国人民公安大学	公安学
4	米丽拜尔·赛买提	党委学生工作部武装部学生处	女	1985.11.10	33	辅导员	研究生毕业	博士	北京大学	整合生命科学
5	地瓦那夏·肉孜买买提	党委学生工作部武装部学生处	男	1993.10.10	25	辅导员	本科毕业	学士	华北电力大学	水利水电工程
6	王　炜	电气与电子工程学院	男	1991.04.18	28	辅导员	研究生毕业	硕士	华北电力大学	电气工程
7	邓二平	电气与电子工程学院	男	1989.06.25	29	教学	研究生毕业	博士	华北电力大学	电气工程
8	郭高朋	电气与电子工程学院	男	1982.10.02	36	教学	研究生毕业	博士	中国电力科学研究院	电力系统及其自动化
9	刘仕倡	核科学与工程学院	男	1990.06.17	28	教学	研究生毕业	博士	清华大学	核能科学工程
10	谭小丽	环境科学与工程学院	女	1979.12.19	39	教学	研究生毕业	博士	中科院合肥物质科学研究院	核能科学与工程
11	方　明	环境科学与工程学院	男	1979.03.19	40	教学	研究生毕业	博士	中科院固体所	凝聚态物理

续表

序号	姓名	部门	性别	出生日期	年龄	编制标志	学历	学位	毕业学校	所学专业
12	孙玉兵	环境科学与工程学院	男	1981.06.05	37	教学	研究生毕业	博士	合肥工业大学	矿物学、岩石学和矿床学
13	吴　婧	环境科学与工程学院	女	1985.07.28	33	教学	研究生毕业	博士	北京大学	环境科学
14	王　哲	环境科学与工程学院	女	1990.05.01	29	教学	研究生毕业	博士	清华大学	化学工程与技术
15	金　洁	环境科学与工程学院	女	1988.07.15	30	教学	研究生毕业	博士	北京师范大学	环境科学
16	胡冬梅	环境科学与工程学院	女	1986.12.24	32	教学	研究生毕业	博士	清华大学	土木工程
17	李　菲	计划财务处	女	1978.10.29	40	教辅	研究生毕业	硕士	北京科技大学	会计学
18	侯　瑞	经济与管理学院	男	1979.12.25	39	教学	研究生毕业	博士	天津大学	信息与通信工程
19	张　培	经济与管理学院	女	1985.01.08	34	教学	研究生毕业	博士	华北电力大学	可再生能源与清洁能源
20	范鸿德	经济与管理学院	男	1992.02.18	27	实验	研究生毕业	硕士	加拿大阿尔伯塔大学	经济学
21	周　茜	经济与管理学院	女	1984.09.29	34	教学	研究生毕业	博士	日本筑波大学	可持续环境专学
22	焦　扬	经济与管理学院	女	1993.08.31	25	辅导员	研究生毕业	硕士	华北电力大学	技术经济及管理
23	宋雪莹	经济与管理学院	女	1983.11.22	35	教学	研究生毕业	博士	华北电力大学	技术经济及管理
24	张　琦	经济与管理学院	男	1978.11.10	40	教学	研究生毕业	博士	兰州大学	核物理
25	张初晴	经济与管理学院	女	1989.08.21	29	教学	研究生毕业	博士	清华大学	工商管理
26	李韩房	经济与管理学院	女	1981.01.20	38	教学	研究生毕业	博士	华北电力大学	技术经济及管理
27	姜　宏	科学技术研究院	女	1980.04.23	39	行政	研究生毕业	博士	日本国立山梨大学	材料机能系统工程
28	刘乐浩	可再生能源学院	男	1985.09.03	33	教学	研究生毕业	博士	西北工业大学	材料学
29	李　凯	可再生能源学院	男	1988.09.12	30	教学	研究生毕业	博士	中国科学技术大学	热能工程
30	马善为	可再生能源学院	男	1990.05.22	29	教学	研究生毕业	博士	中国科学技术大学	热能工程
31	刘雪朋	可再生能源学院	男	1990.03.14	29	教学	研究生毕业	博士	中国科学技术大学	材料物理与化学
32	尹世洋	可再生能源学院	男	1984.11.20	34	教学	研究生毕业	博士	中国地质大学（北京）	水利工程
33	薛俊杰	可再生能源学院	女	1989.01.28	30	教学	研究生毕业	博士	中国农业大学	农业工程

续表

序号	姓名	部门	性别	出生日期	年龄	编制标志	学历	学位	毕业学校	所学专业
34	蔡墨朗	可再生能源学院	女	1983.11.15	35	教学	研究生毕业	博士	中科院等离子体物理研究所	材料物理与化学
35	王　建	控制与计算机工程学院	男	1989.10.29	29	教学	研究生毕业	博士	华北电力大学	能源环境工程
36	石润华	控制与计算机工程学院	男	1974.11.18	44	教学	研究生毕业	博士	中国科学技术大学	信息安全
37	高宏彪	控制与计算机工程学院	男	1986.09.02	32	教学	研究生毕业	博士	埼玉大学（日本）	理工学
38	肖　峰	控制与计算机工程学院	男	1978.10.02	40	教学	研究生毕业	博士	北京大学	一般力学与力学基础
39	李　莹	控制与计算机工程学院	女	1982.05.04	37	行政	本科毕业	学士	安徽科技学院	英语
40	骆小平	马克思主义学院	女	1980.08.07	38	教学	研究生毕业	博士	中国社会科学院	马克思主义中国化研究
41	宁　阳	马克思主义学院	男	1979.04.19	40	教学	研究生毕业	博士	中国人民大学	马克思主义基本原理
42	陈　衡	能源动力与机械工程学院	男	1989.02.16	30	教学	研究生毕业	博士	西安交通大学	动力工程及工程热物理
43	刘国华	能源动力与机械工程学院	男	1979.03.26	40	教学	研究生毕业	博士	中科院广州能源所	热能工程
44	张非凡	能源动力与机械工程学院	男	1988.07.01	30	教学	研究生毕业	博士	华北电力大学	可再生能源与清洁能源
45	孙学霏	能源动力与机械工程学院	男	1992.08.13	26	辅导员	研究生毕业	硕士	北京化工大学	法学
46	许　鑫	能源动力与机械工程学院	女	1993.07.03	25	辅导员	研究生毕业	硕士	华北电力大学（保定）	控制工程
47	陈哲文	能源动力与机械工程学院	男	1990.06.17	28	教学	研究生毕业	博士	中国科学院大学	工程热物理
48	孔艳强	能源动力与机械工程学院	男	1989.11.11	29	教学	研究生毕业	博士	华北电力大学	工程热物理
49	李鸿源	能源动力与机械工程学院	男	1985.05.11	34	实验	研究生毕业	博士	华北电力大学	热能工程
50	刘妮娜	人文与社会科学学院	女	1988.10.30	30	教学	研究生毕业	博士	中国人民大学	社会学
51	李　巍	数理学院	女	1987.11.01	31	教学	研究生毕业	博士	复旦大学	物理化学
52	王爱平	数理学院	女	1977.10.15	41	教学	研究生毕业	博士	内蒙古大学	应用数学
53	桑　瑞	外国语学院	女	1988.01.18	31	教学	研究生毕业	博士	法国图卢兹第二大学	现代文学
54	曾涌麟	校团委艺教中心	男	1992.02.19	27	教学	研究生毕业	硕士	中央戏剧学院	导演

保定校区：39 人

序号	姓名	部门	性别	出生年月	年龄	编制标志	学历	学位	毕业学校	专业
1	张　明	自动化系	男	1991.12.07	27	辅导员	研究生毕业	硕士	天津大学	控制工程
2	马梦祥	机械工程系	男	1992.10.19	26	辅导员	研究生毕业	硕士	华北电力大学	热能工程
3	敖馨和	动力工程系	女	1991.10.09	27	辅导员	研究生毕业	硕士	华北电力大学	英语语言文学
4	梁博通	经济管理系	男	1992.03.03	26	辅导员	研究生毕业	硕士	华北电力大学	思想政治教育
5	陈怡帆	机械工程系	女	1992.09.16	26	辅导员	研究生毕业	硕士	华北电力大学	机械设计及理论
6	张钰淇	环境科学与工程系	男	1991.07.22	27	辅导员	研究生毕业	硕士	华北电力大学	机械工程
7	杨　柏	法政系	女	1990.03.18	28	实验	研究生毕业	硕士	格拉斯哥大学（英国）	国际商法
8	王　琛	电力工程系	男	1992.02.08	26	实验	研究生毕业	硕士	华北电力大学	电力系统及其自动化
9	马敬凯	数理系	男	1993.06.10	25	实验	研究生毕业	硕士	华北电力大学	工程热物理
10	杨　楠	学生处	女	1992.10.08	26	教学	研究生毕业	硕士	北京理工大学	心理学
11	任志奇	工程训练中心	男	1991.01.28	27	实验	研究生毕业	硕士	华北电力大学	机械工程
12	张　月	动力工程系	女	1990.11.01	28	教学	研究生毕业	博士	华北电力大学	热能工程
13	王　涵	环境科学与工程系	女	1989.06.23	29	教学	研究生毕业	博士	华北电力大学	能源环境工程
14	倪　东	数理系	男	1989.09.10	29	辅导员	研究生毕业	硕士	西安电子科技大学	高等教育学
15	西力艾里·要勒巴司	数理系	男	1991.11.20	27	辅导员	研究生毕业	硕士	石河子大学	统计学
16	阿力木江·阿地力	电力工程系	男	1995.06.20	23	辅导员	本科毕业	学士	华北电力大学	会计学
17	王　杰	工程训练中心	男	1994.09.23	24	实验	本科毕业	学士	天津职业技术师范大学	机械设计制造及其自动化
18	董　博	电力工程系	女	1992.09.05	26	辅导员	研究生毕业	硕士	华中科技大学	新闻学
19	张冰华	计算机系	男	1990.12.09	28	辅导员	研究生毕业	硕士	华北电力大学	企业管理
20	张春明	动力工程系	男	1990.08.26	28	辅导员	研究生毕业	硕士	华北电力大学	行政管理

续表

序号	姓名	部门	性别	出生年月	年龄	编制标志	学历	学位	毕业学校	专业
21	胡　濛	数理系	女	1989.10.24	29	教学	研究生毕业	博士	北京师范大学	理论物理
22	王祎慈	英语系	女	1994.02.16	24	教学	研究生毕业	硕士	北京外国语大学	法语翻译
23	侯　楠	英语系	女	1992.08.27	26	教学	研究生毕业	硕士	北京外国语大学	法语语言文学
24	杨　光	数理系	男	1989.11.15	29	教学	研究生毕业	博士	南开大学	光学工程
25	王玉玮	经济管理系	男	1986.08.12	32	教学	研究生毕业	博士	华北电力大学	能源管理
26	韩　旭	动力工程系	男	1991.12.11	27	教学	研究生毕业	博士	华北电力大学	动力机械及工程
27	甄　钊	电力工程系	男	1989.03.15	29	教学	研究生毕业	博士	华北电力大学	电力系统及其自动化
28	孙玉巍	电力工程系	女	1987.05.01	31	教学	研究生毕业	博士	华北电力大学	电机与电器
29	周一辰	电力工程系	女	1990.01.30	28	教学	研究生毕业	博士	华北电力大学	电气工程
30	王乐萌	环境科学与工程系	男	1990.03.19	28	教学	研究生毕业	博士	华北电力大学	能源环境工程
31	马　龙	电力工程系	男	1988.09.05	30	教学	研究生毕业	博士	华北电力大学	电工理论与新技术
32	王亚南	英语系	女	1990.01.24	28	教学	研究生毕业	博士	北京外国语大学	英汉对比研究
33	李海涛	体育教学部	男	1990.08.24	28	教学	研究生毕业	硕士	清华大学	体育学
34	王江涛	计算机系	男	1991.10.21	27	辅导员	研究生毕业	硕士	中国海洋大学	政治学理论
35	赵立中	基建处	男	1982.01.23	36	行政	研究生毕业	硕士	兰州交通大学	结构工程
36	高　霄	英语系	男	1971.02.13	47	教学	研究生毕业	博士	北京外国语大学	外国语言学及应用语言学
37	王慧青	马克思主义学院（保定）	女	1971.05.18	47	教学	研究生毕业	硕士	内蒙古师范大学	文艺学
38	孙龙发	数理系	男	1987.05.04	31	教学	研究生毕业	博士	厦门大学	基础数学
39	张立欣	电子与通信工程系	女	1989.07.01	29	教学	博士研究生毕业	博士	华北电大力学	电气信息技术

（人事处　张　科　提供）

科研产业与校企合作情况

华北电力大学2018年度“中央高校基本科研业务费专项资金”项目资助情况一览表

（单位：万元）

序号	项目编号	项目名称	负责人	所在单位	资助类别	申请领域	资助金额
1	2018ZD01	高比例可再生新能源电力系统安全与保护	薛安成	电气与电子工程学院	重大项目	理工类	80
2	2018ZD02	大型燃煤发电系统先进动力循环及多尺度理论技术	王艳娟	能源动力与机械工程学院	重大项目	理工类	80
3	2018ZD03	智能燃烧及污染物控制	柳华蔚	能源动力与机械工程学院	重大项目	理工类	80
4	2018ZD04	太阳能高效热利用和规模化储能前沿技术研究	叶　锋	能源动力与机械工程学院	重大项目	理工类	80
5	2018ZD05	智能发电系统建模、仿真与优化控制研究	王　玮	控制与计算机工程学院	重大项目	理工类	50
6	2018ZD06	面向智慧能源的大数据分析与协同安全研究	焦润海	控制与计算机工程学院	重大项目	理工类	50
7	2018ZD07	高效、稳定薄膜太阳电池研究	张　兵	可再生能源学院	重大项目	理工类	80
8	2018ZD08	生物能源与废弃物高效清洁利用科学与工程	胡笑颖	可再生能源学院	重大项目	理工类	80
9	2018ZD09	高效智能风力发电技术及装备	葛铭纬	可再生能源学院	重大项目	理工类	80
10	2018ZD10	先进小型堆及铅冷快堆关键技术研究	陈　涛	核科学与工程学院	重大项目	理工类	80
11	2018ZD11	功能化纳米材料的制备及其环境污染物治理	于淑君	环境科学与工程学院	重大项目	理工类	80
12	2018ZD12	基于观测数据的臭氧来源解析方法研究	闫雨龙	环境科学与工程学院	重大项目	理工类	80
13	2018ZD13	综合能源系统仿真平台开发技术研究	王永利	经济与管理学院	重大项目	哲学社会科学类	50
14	2018ZD14	新能源电力与低碳发展研究	袁家海	经济与管理学院	重大项目	哲学社会科学类	50
15	2018JQ01	智能电网广域保护与控制	马　静	电气与电子工程学院	人才培育项目	理工类	80
16	2018JQ02	太阳能高效转化与存储	徐　超	能源动力与机械工程学院	人才培育项目	理工类	80
17	2018YQ01	基于宽禁带半导体材料的辐射探测技术研究	刘　洋	核科学与工程学院	人才培育项目	理工类	60
18	2018YQ02	基于湿润及相变操控的纳米颗粒自组装研究	陆　规	工程热物理研究中心	人才培育项目	理工类	60
19	2018MS001	面向需求响应的用户负荷监测与聚合技术研究	武　昕	电气与电子工程学院	面上项目	理工类	10
20	2018MS002	多主体不确定环境下综合能源系统运行研究	王　程	电气与电子工程学院	面上项目	理工类	10
21	2018MS003	电能质量与配电网损耗的关联性研究	董云霞	电气与电子工程学院	面上项目	理工类	10
22	2018MS004	冷绝缘大电流高温超导电缆关键技术问题研究	皮　伟	电气与电子工程学院	面上项目	理工类	10
23	2018MS005	环保型绝缘气体 C_3F_7CN/CO_2 的放电分解路径研究	王　璁	电气与电子工程学院	面上项目	理工类	10
24	2018MS006	新能源并网系统次同步振荡随机时变特性分析及抑制策略研究	王　彤	电气与电子工程学院	面上项目	理工类	10
25	2018MS007	大规模风电场次同步振荡的源网协同控制研究	徐衍会	电气与电子工程学院	面上项目	理工类	10
26	2018MS008	参与电网控制的可变速抽水蓄能机组模型研究	赵国鹏	电气与电子工程学院	面上项目	理工类	10

续表

序号	项目编号	项目名称	负责人	所在单位	资助类别	申请领域	资助金额
27	2018MS009	变压器油纸间水分迁移的多尺度模拟研究	王　伟	电气与电子工程学院	面上项目	理工类	10
28	2018MS010	双轴励磁发电机转子结构设计及运行特性研究	许国瑞	电气与电子工程学院	面上项目	理工类	10
29	2018MS011	多反射波束频率选择表面的研究	姚夏元	电气与电子工程学院	面上项目	理工类	10
30	2018MS012	弱中心模式下的电力交互能源系统研究	胡俊杰	电气与电子工程学院	面上项目	理工类	10
31	2018MS013	重型燃气轮机关键部件故障机理推演与诊断方法研究	滕　伟	能源动力与机械工程学院	面上项目	理工类	10
32	2018MS014	烟气节水、余热利用及污染物控制协同技术	张　伟	能源动力与机械工程学院	面上项目	理工类	10
33	2018MS015	基于不确定性的风力机气弹特性研究	戴丽萍	能源动力与机械工程学院	面上项目	理工类	10
34	2018MS016	高熵材料多尺度计算及成分设计	张建军	能源动力与机械工程学院	面上项目	理工类	10
35	2018MS017	高参数垃圾焚烧发电锅炉过热器高温腐蚀防护	王永田	能源动力与机械工程学院	面上项目	理工类	10
36	2018MS018	S-CO_2 与 ORC 联合发电系统热力学研究与仿真	苗　政	能源动力与机械工程学院	面上项目	理工类	10
37	2018MS019	NiMnGaX 形状记忆合金的热稳定性研究	辛　燕	能源动力与机械工程学院	面上项目	理工类	10
38	2018MS020	“两微”条件下输电塔-线结构风雨激振诱发机理研究	周　超	能源动力与机械工程学院	面上项目	理工类	10
39	2018MS021	高温超临界二氧化碳环境碳化腐蚀机理	张乃强	能源动力与机械工程学院	面上项目	理工类	10
40	2018MS022	砷、硒在湿法脱硫系统中的迁移转化及强化脱除研究	张凯华	能源动力与机械工程学院	面上项目	理工类	10
41	2018MS023	基于室内空气质量和节能分析的通风优化方法	徐宝萍	能源动力与机械工程学院	面上项目	理工类	10
42	2018MS024	地理信息集成方法及在智能电网中的应用研究	张　莹	控制与计算机工程学院	面上项目	理工类	10
43	2018MS025	风电介入下基于多代理的滑模自动发电控制	钱殿伟	控制与计算机工程学院	面上项目	理工类	10
44	2018MS026	机组运行数据工况信息量评价及选取方法研究	吕　游	控制与计算机工程学院	面上项目	理工类	10
45	2018MS027	考虑拓扑影响的风电/光伏电站无功协调控制	肖运启	控制与计算机工程学院	面上项目	理工类	10
46	2018MS028	基于事件触发控制的复杂网络同步研究	刘亚娟	控制与计算机工程学院	面上项目	理工类	10
47	2018MS029	介尺度颗粒团聚模型及快速流化床机理研究	王雪瑶	控制与计算机工程学院	面上项目	理工类	10
48	2018MS030	智能变电站网络层析成像关键技术研究	琚　贇	控制与计算机工程学院	面上项目	理工类	10
49	2018MS031	基于动态特性辨识的风场聚类及优化控制	林忠伟	控制与计算机工程学院	面上项目	理工类	10
50	2018MS032	高效平面-本体集成异质结聚合物太阳电池	谭占鳌	可再生能源学院	面上项目	理工类	10
51	2018MS033	碱基工业废弃物原位强化生物质气化制氢研究	高　攀	可再生能源学院	面上项目	理工类	10
52	2018MS034	有机废液驱动垃圾化学链式燃烧基础研究	刘　璐	可再生能源学院	面上项目	理工类	10

续表

序号	项目编号	项目名称	负责人	所在单位	资助类别	申请领域	资助金额
53	2018MS035	塔式太阳能电站聚焦能流全息检测及光路溯源	宋记锋	可再生能源学院	面上项目	理工类	10
54	2018MS036	基于环境约束下的京津冀区域能源规划研究	万　奇	可再生能源学院	面上项目	理工类	10
55	2018MS037	甲烷菌预处理对秸秆热解制备 BTX 选择性的影响	王体朋	可再生能源学院	面上项目	理工类	10
56	2018MS038	生物质氯含量测定机理及国标 GB/T30729 改进	王孝强	可再生能源学院	面上项目	理工类	10
57	2018MS039	基于频率四边形的旅行商问题稀疏图生成方法	王　永	可再生能源学院	面上项目	理工类	10
58	2018MS040	自掺杂效应在钙钛矿太阳电池中的研究与应用	许　佳	可再生能源学院	面上项目	理工类	10
59	2018MS041	船用反应堆对抗氢气风险技术研究	吕雪峰	核科学与工程学院	面上项目	理工类	10
60	2018MS042	基于监测数据的核电厂事故辐射源项反演算法研究	曹　博	核科学与工程学院	面上项目	理工类	10
61	2018MS043	极缓慢颗粒流堵塞行为研究	周益娴	核科学与工程学院	面上项目	理工类	10
62	2018MS044	基于一致性 PN 近似快堆物理截面制作方法研究	马续波	核科学与工程学院	面上项目	理工类	10
63	2018MS045	多孔蒸汽喷放直接接触式冷凝机理研究	张钰浩	核科学与工程学院	面上项目	理工类	10
64	2018MS046	稠密棒束内流场可视化及湍流交混研究	王　汉	核科学与工程学院	面上项目	理工类	10
65	2018MS047	农业废弃物生物炭对矿区土壤重金属的调控	郭　伟	环境科学与工程学院	面上项目	理工类	10
66	2018MS048	非线性波的态转换、可积湍流及非线性 MI 分析	王　雷	数理学院	面上项目	理工类	8
67	2018MS049	自旋轨道相互作用体系中的近藤效应	陈　亮	数理学院	面上项目	理工类	8
68	2018MS050	原子介质中的强场 X 射线激光动力学研究	刘纪彩	数理学院	面上项目	理工类	8
69	2018MS051	复合金属添加的厌氧发酵产气过程统计学研究	田永兰	数理学院	面上项目	理工类	8
70	2018MS052	带热弹效应的 Timoshenko 方程组的适定性研究	刘永琴	数理学院	面上项目	理工类	8
71	2018MS053	浮游生物多样性对群落稳定性影响研究	田　旺	数理学院	面上项目	理工类	8
72	2018MS054	一类非线性发展方程的周期解的研究	韩励佳	数理学院	面上项目	理工类	8
73	2018MS055	基于 SDL 理论的辅导员新媒体素养提升研究	张顺涛	数理学院	面上项目	理工类	8
74	2018MS056	腔光机械系统动力学的理论研究	穆青霞	数理学院	面上项目	理工类	8
75	2018MS057	噪声环境下 EPR 可操控性的理论研究	张业奇	数理学院	面上项目	理工类	8
76	2018MS058	稀土区原子核三轴强形变带的研究	张振华	数理学院	面上项目	理工类	8
77	2018MS059	多孔碳电极/无溶剂电解液界面储能特性	王天虎	工程热物理研究中心	面上项目	理工类	10
78	2018MS060	基于格子 Boltzmann 方法的微细滑移颗粒两相流动机理研究	王　亮	工程热物理研究中心	面上项目	理工类	10
79	2018MS061	复杂高技术项目脆弱性动态预警模型研究	李晓宇	经济与管理学院	面上项目	哲学社会科学类	8
80	2018MS062	我国上市公司股权激励及其有效性研究	简建辉	经济与管理学院	面上项目	哲学社会科学类	8
81	2018MS063	我国北方农村煤改清洁能源政策研究	呼占平	人文与社会科学学院	面上项目	哲学社会科学类	8
82	2018MS064	政府购买服务合同治理的国际经验和中国的政策设计	陈建国	人文与社会科学学院	面上项目	哲学社会科学类	8

续表

序号	项目编号	项目名称	负责人	所在单位	资助类别	申请领域	资助金额
83	2018MS065	《纳尼亚传奇》的小说要素研究	司　微	外国语学院	面上项目	哲学社会科学类	6
84	2018MS066	乒乓球运动健身与全民健康深度融合理论与实践研究	王　龙	体育教学部	面上项目	哲学社会科学类	6
85	2018MS067	大学生肥胖症及相关疾病与中医体质、实验室检查和健康干预的分析研究	韩　华	校医院	面上项目	哲学社会科学类	6
86	2018QN001	含风电的交直流混联系统分布式运行策略研究	翟俊义	电气与电子工程学院	青年培养项目	理工类	1
87	2018QN002	环氧树脂表面等离子体梯度改性研究	詹振宇	电气与电子工程学院	青年培养项目	理工类	1
88	2018QN003	基于 Energy Harvesting 的 5G 无线网络特性研究	贺艳华	电气与电子工程学院	青年培养项目	理工类	1
89	2018QN004	化工塔在等温压缩空气储能技术中的应用研究	傅　昊	电气与电子工程学院	青年培养项目	理工类	1
90	2018QN005	特高压变压器直流偏磁下的温升效应研究	李明洋	电气与电子工程学院	青年培养项目	理工类	1
91	2018QN006	多源智能电网级联失效过程及保护策略研究	张广超	电气与电子工程学院	青年培养项目	理工类	1
92	2018QN007	潮汐与地磁暴地电场能量传输的基础理论研究	王　璇	电气与电子工程学院	青年培养项目	理工类	1
93	2018QN008	柔性直流换流系统无线电干扰特性研究与抑制	张　荐	电气与电子工程学院	青年培养项目	理工类	1
94	2018QN009	风电并网对电力系统电压稳定的影响机理研究	季一宁	电气与电子工程学院	青年培养项目	理工类	1
95	2018QN010	风电机组空间分布对次同步振荡影响机理研究	王　洋	电气与电子工程学院	青年培养项目	理工类	1
96	2018QN011	风电并网对次同步振荡影响的机理研究	张天翼	电气与电子工程学院	青年培养项目	理工类	1
97	2018QN012	外应力下锅炉管在超临界水中氧化机理研究	朱忠亮	电气与电子工程学院	青年培养项目	理工类	2
98	2018QN013	复杂腔体高频电磁耦合效应的研究	蒋璐行	电气与电子工程学院	青年培养项目	理工类	1
99	2018QN014	压接型 IGBT 芯片建模与规模化成组关键技术	顾妙松	电气与电子工程学院	青年培养项目	理工类	1
100	2018QN015	SiC MOSFET 器件并联瞬态电流分配特性及均衡调控技术研究	柯俊吉	电气与电子工程学院	青年培养项目	理工类	1
101	2018QN016	无线电能传输系统及测试平台关键技术研究	李　松	电气与电子工程学院	青年培养项目	理工类	1
102	2018QN017	超导直流限流器限流单元失超及恢复特性研究	姜　喆	电气与电子工程学院	青年培养项目	理工类	1
103	2018QN018	地磁暴侵害中低纬输油气管道的电磁效应研究	于泽邦	电气与电子工程学院	青年培养项目	理工类	1
104	2018QN019	多回高压直流输电区块化馈入方式研究	曹　昕	电气与电子工程学院	青年培养项目	理工类	1
105	2018QN020	纳米流体太阳能体吸收特性及机理研究	闫　鑫	能源动力与机械工程学院	青年培养项目	理工类	1
106	2018QN021	蒸发薄液膜的热物理性质与传递过程研究	靳　路	能源动力与机械工程学院	青年培养项目	理工类	1
107	2018QN022	异质纳米结构中相变传热的特性及机理研究	张龙艳	能源动力与机械工程学院	青年培养项目	理工类	1
108	2018QN023	梯级多孔壁微通道内流动沸腾传热机理研究	余雄江	能源动力与机械工程学院	青年培养项目	理工类	1
109	2018QN024	太阳能热互补的联合循环发电集成特性研究	张祖贤	能源动力与机械工程学院	青年培养项目	理工类	1

续表

序号	项目编号	项目名称	负责人	所在单位	资助类别	申请领域	资助金额
110	2018QN025	太阳能光热、光伏与燃煤互补发电系统研究	王建星	能源动力与机械工程学院	青年培养项目	理工类	1
111	2018QN026	塔式太阳能辅助燃煤发电耦合机理研究	廖明俊	能源动力与机械工程学院	青年培养项目	理工类	1
112	2018QN027	扭振在线监测与分析关键技术研究	张玉皓	能源动力与机械工程学院	青年培养项目	理工类	1
113	2018QN028	纳米流体传热特性调控研究	张本熙	能源动力与机械工程学院	青年培养项目	理工类	1
114	2018QN029	煤气化反应三维综合预测模型研究	曾雄伟	能源动力与机械工程学院	青年培养项目	理工类	2
115	2018QN030	流化床内低阶粉煤热解机理研究	关彦军	能源动力与机械工程学院	青年培养项目	理工类	2
116	2018QN031	浸润性异质微纳表面液滴蒸发特性与机理	谢　剑	能源动力与机械工程学院	青年培养项目	理工类	2
117	2018QN032	基于零质量射流的风力机叶片分离流动控制研究	祝　健	能源动力与机械工程学院	青年培养项目	理工类	1
118	2018QN033	基于多轴角运动模型的风力机扰流特性和三维流动研究	叶昭良	能源动力与机械工程学院	青年培养项目	理工类	1
119	2018QN034	高温纳米流体热物性微尺度调控研究	李　昭	能源动力与机械工程学院	青年培养项目	理工类	1
120	2018QN035	分布式供能系统中的联合循环特性研究	王树成	能源动力与机械工程学院	青年培养项目	理工类	1
121	2018QN036	电站空冷设备及系统设计与优化	黄文慧	能源动力与机械工程学院	青年培养项目	理工类	1
122	2018QN037	等离子体抑制翼型流动分离研究	马　璐	能源动力与机械工程学院	青年培养项目	理工类	1
123	2018QN038	大型间接空冷机组冷端系统运行特性及优化	吴　韬	能源动力与机械工程学院	青年培养项目	理工类	1
124	2018QN039	城市生态安全格局设计与生态安全保障技术	高胖胖	能源动力与机械工程学院	青年培养项目	理工类	1
125	2018QN040	超疏水表面上液滴合并弹跳动态特性研究	解芳芳	能源动力与机械工程学院	青年培养项目	理工类	1
126	2018QN041	超临界机组汽水系统腐蚀产物迁徙监测与评估	王　超	能源动力与机械工程学院	青年培养项目	理工类	1
127	2018QN042	超高参数二氧化碳燃煤发电系统热力学研究	孙恩慧	能源动力与机械工程学院	青年培养项目	理工类	1
128	2018QN043	超临界二氧化碳在管内强制流动传热规律的研究燃煤发电系统热力学研究	朱兵国	能源动力与机械工程学院	青年培养项目	理工类	1
129	2018QN044	变工况下燃机压气机特性获取方法研究	田润禾	能源动力与机械工程学院	青年培养项目	理工类	1
130	2018QN045	V 型火焰法制备碳纳米管的基础研究	孙亚萍	能源动力与机械工程学院	青年培养项目	理工类	1
131	2018QN046	2018 年多介质土壤层系统处理农村生活污水的研究	宋　沛	能源动力与机械工程学院	青年培养项目	理工类	1
132	2018QN047	二维Ⅳ族多孔材料的热输运性能探析	崔　柳	能源动力与机械工程学院	青年培养项目	理工类	2
133	2018QN048	复杂风场下火电厂空冷系统动态特性研究	闫景波	能源动力与机械工程学院	青年培养项目	理工类	1

续表

序号	项目编号	项目名称	负责人	所在单位	资助类别	申请领域	资助金额
134	2018QN049	深度神经网络在电力工业过程中的应用	张　皓	控制与计算机工程学院	青年培养项目	理工类	1
135	2018QN050	动态数据降维增量算法的理论与方法研究	董连杰	控制与计算机工程学院	青年培养项目	理工类	1
136	2018QN051	制粉系统混合建模与优化控制技术研究	高耀岿	控制与计算机工程学院	青年培养项目	理工类	1
137	2018QN052	锅炉燃烧状态无延迟快速检测方法与装置研究	王英男	控制与计算机工程学院	青年培养项目	理工类	1
138	2018QN053	低温制备钙钛矿太阳能电池的研究	赵　航	可再生能源学院	青年培养项目	理工类	1
139	2018QN054	硅基径向太阳电池的研究	陶泉丽	可再生能源学院	青年培养项目	理工类	1
140	2018QN055	高效钙钛矿太阳电池研究	吴雅罕	可再生能源学院	青年培养项目	理工类	1
141	2018QN056	城市垃圾焚烧飞灰低能耗熔融固化方法研究	高　静	可再生能源学院	青年培养项目	理工类	1
142	2018QN057	纤维素催化热解反应机理研究	胡　斌	可再生能源学院	青年培养项目	理工类	1
143	2018QN058	低温溶液法制备全无机钙钛矿太阳电池研究	李珍珍	可再生能源学院	青年培养项目	理工类	1
144	2018QN059	土壤—植物—大气系统下 Cd 在超累积烟草中富集迁移规律的研究	卢静昭	可再生能源学院	青年培养项目	理工类	1
145	2018QN060	海上风电机组风轮载荷特性研究和结构铺层优化	罗　涛	可再生能源学院	青年培养项目	理工类	1
146	2018QN061	风电机组传动链智能故障诊断方法研究	马远驰	可再生能源学院	青年培养项目	理工类	1
147	2018QN062	风电场尾流分布快速计算方法	邵振州	可再生能源学院	青年培养项目	理工类	1
148	2018QN063	非金属掺杂 TiO_2 对钙钛矿太阳电池的影响	时小强	可再生能源学院	青年培养项目	理工类	1
149	2018QN064	风险-环境-经济递阶控制的地下水修复决策研究	李　晶	可再生能源学院	青年培养项目	理工类	2
150	2018QN065	近海单桩式风电机组支撑结构载荷控制研究	陈　静	可再生能源学院	青年培养项目	理工类	1
151	2018QN066	我国高新技术企业人力资源效能监测评价研究	闫泓序	经济与管理学院	青年培养项目	哲学社会科学类	1
152	2018QN067	不确定条件下智能微电网能量优化管理研究	许晓敏	经济与管理学院	青年培养项目	哲学社会科学类	2
153	2018QN068	国有企业混合所有制改革的效果及提升路径研究——以煤、电等能源行业为例	沈华玉	经济与管理学院	青年培养项目	哲学社会科学类	2
154	2018QN069	中国城乡互助型社会养老模式研究	刘妮娜	经济与管理学院	青年培养项目	哲学社会科学类	2
155	2018MS165	基于电荷调控的直流 GIL 金属微粒活性抑制理论与方法	王　健	电气与电子工程学院	面上项目	理工类	10
156	2018MS166	复杂工业过程的自抗扰控制研究	傅彩芬	控制与计算机工程学院	面上项目	理工类	10
157	2018MS167	中华传统文化当代形态的探索	郑　路	人文与社会科学学院	面上项目	哲学社会科学类	8
158	2018MS168	分数阶 Black-Scholes 方程的并行差分方法及其应用研究	吴立飞	数理学院	面上项目	理工类	8
159	2018MS169	数据驱动下的电网自然灾害预警关键技术研究	周　景	控制与计算机工程学院	面上项目	理工类	10
160	2018ZD15	新型电工材料与先进输电装备	刘云鹏	电力工程系	重大项目	理工类	80
161	2018MS079	直流配电网中交流电缆改直流运行关键技术研究	刘贺晨	电力工程系	面上项目	理工类	10

续表

序号	项目编号	项目名称	负责人	所在单位	资助类别	申请领域	资助金额
162	2018MS080	全固态超级电容器单体的制备与应用	陈　斌	电力工程系	面上项目	理工类	10
163	2018MS081	配电网电缆局部放电和故障在线监测定位装置	李　岩	电力工程系	面上项目	理工类	10
164	2018MS082	基于多维特征融合的主动配电网需求侧资源最优聚合及调度机制研究	高亚静	电力工程系	面上项目	理工类	10
165	2018MS083	智能电网电磁环境评估系统的研究开发	安　勃	电力工程系	面上项目	理工类	10
166	2018MS084	脉冲电压下极不均匀电场中 SF_6/N_2 放电特性研究	冉慧娟	电力工程系	面上项目	理工类	10
167	2018MS085	大停电后系统恢复中拓扑协同控制的鲁棒、自适应优化	李少岩	电力工程系	面上项目	理工类	10
168	2018MS086	绝缘涂层对 GIS 中自由导电微粒运动特性影响研究	汪佛池	电力工程系	面上项目	理工类	10
169	2018MS087	SSSC 抑制风电次同步振荡的控制策略研究	高本锋	电力工程系	面上项目	理工类	10
170	2018MS088	考虑源端动态特性的 VSG 多机并列稳定运行控制技术研究	张　波	电力工程系	面上项目	理工类	10
171	2018MS089	纤维素颗粒动力学机制及其对变压器油击穿特性的影响研究	赵　涛	电力工程系	面上项目	理工类	10
172	2018MS090	直流配电网的暂态稳定特性分析与控制研究	付　媛	电力工程系	面上项目	理工类	10
173	2018QN070	基于阻抗匹配理论的级联变流器研究	姜玉霞	电力工程系	青年培养项目	理工类	1
174	2018QN071	基于结构平衡理论的电网自组织临界态研究	刘雨濛	电力工程系	青年培养项目	理工类	1
175	2018QN072	基于信息物理融合的多储能＋多时间尺度直流微网能量优化管理方法研究	郭　伟	电力工程系	青年培养项目	理工类	1
176	2018QN073	MOF 材料及其衍生物在电化学电容器上的应用	李　乐	电力工程系	青年培养项目	理工类	1
177	2018QN074	多能源电力系统优化调度建模与快速求解	李志伟	电力工程系	青年培养项目	理工类	1
178	2018QN075	柔性负荷聚合模型与协同调控技术研究	贾雨龙	电力工程系	青年培养项目	理工类	1
179	2018QN076	基于多源信息融合的变压器健康管理技术研究	许自强	电力工程系	青年培养项目	理工类	1
180	2018QN077	居民用户激励型需求响应的基线负荷估计方法研究	李康平	电力工程系	青年培养项目	理工类	1
181	2018QN078	基于云平台的海量电力设备数据并行分类诊断	蒋　伟	电力工程系	青年培养项目	理工类	1
182	2018QN079	基于“RLC”等效电路的 VSC-MTDC 稳定性分析方法	邵冰冰	电力工程系	青年培养项目	理工类	1
183	2018QN080	基于虚拟同步控制的新能源并网稳定性研究	朱　溪	电力工程系	青年培养项目	理工类	1
184	2018MS091	密集网络中 Masive MIMO 导频分配方案研究	韩东升	电子与通信工程系	面上项目	理工类	10
185	2018MS092	基于 IoT 的地下物流网络系统的设计与优化研究	刘童娜	电子与通信工程系	面上项目	理工类	10
186	2018MS093	基于无线通信的高精度智能直流传感器的研究	黄怡然	电子与通信工程系	面上项目	理工类	10
187	2018MS094	基于金字塔多级残差网络的人脸图像年龄估计	张　珂	电子与通信工程系	面上项目	理工类	10
188	2018MS095	输电线路六角螺栓典型视觉缺陷检测方法研究	赵振兵	电子与通信工程系	面上项目	理工类	10
189	2018MS096	PLC 信道子载波动态自适应分配技术研究	曹旺斌	电子与通信工程系	面上项目	理工类	10
190	2018MS097	基于掺铒光纤激光器的光纤振动传感系统研究	姚国珍	电子与通信工程系	面上项目	理工类	10
191	2018QN081	10kV 中压电力线通信系统的电磁干扰模型研究	乔　伟	电子与通信工程系	青年培养项目	理工类	1

续表

序号	项目编号	项目名称	负责人	所在单位	资助类别	申请领域	资助金额
192	2018MS098	区域多能互补分布式供能系统的多尺度优化	王江江	动力工程系	面上项目	理工类	10
193	2018MS099	基于DFT的飞灰吸附脱除痕量元素的机理研究	董静兰	动力工程系	面上项目	理工类	10
194	2018MS100	磁流体力学非线性稳定性分析与模拟	董　帅	动力工程系	面上项目	理工类	10
195	2018MS101	地形/尾流耦合作用下风场内部流动机理研究	高晓霞	动力工程系	面上项目	理工类	10
196	2018MS102	中温相变微胶囊的设计制备及其蓄热特性研究	刘　赟	动力工程系	面上项目	理工类	10
197	2018MS103	室内环境微生物气溶胶源头识别及传播机理研究	刘志坚	动力工程系	面上项目	理工类	10
198	2018MS104	低品位热能与压缩空气储能系统集成优化研究	冉　鹏	动力工程系	面上项目	理工类	10
199	2018MS105	不同因素对气泡生长过程的影响机理研究	王　太	动力工程系	面上项目	理工类	10
200	2018MS106	污泥基生物炭处理富营养水体的机理研究	尹倩倩	动力工程系	面上项目	理工类	10
201	2018MS107	离心压气机宽无叶扩压器两类失速模式及叶轮动力响应特性研究	张　磊	动力工程系	面上项目	理工类	10
202	2018MS108	被动式超低能耗建筑关键技术节能定量化研究	张旭涛	动力工程系	面上项目	理工类	10
203	2018MS109	焦化废水水煤浆的成浆机理及燃烧特性研究	赵争辉	动力工程系	面上项目	理工类	10
204	2018MS110	旅游度假村太阳能热泵耦合系统研究	郑国忠	动力工程系	面上项目	理工类	10
205	2018MS111	基于深度特征学习的振动状态识别方法研究	朱霄珣	动力工程系	面上项目	理工类	10
206	2018MS112	微肋簇阵列强化微通道流动沸腾传热机制研究	宗露香	动力工程系	面上项目	理工类	10
207	2018QN082	太阳能吸收式热泵理论分析及数值模拟研究	刘　萌	动力工程系	青年培养项目	理工类	1
208	2018QN083	SO_2/NO_x/PM 喷淋散射法一体化深度脱除研究	司　桐	动力工程系	青年培养项目	理工类	1
209	2018QN084	太阳能—空气能复合供能系统与储能技术优化研究及运行策略分析	吴　迪	动力工程系	青年培养项目	理工类	1
210	2018QN085	多种固体燃料的化学链反应器实验与模拟研究	贾建东	动力工程系	青年培养项目	理工类	1
211	2018MS150	丹麦能源结构转型模式及于我国之启示	谭　琪	法政系	面上项目	哲学社会科学类	6
212	2018MS151	“双一流”大学建设的第三方评估机制研究	尚晓丽	法政系	面上项目	哲学社会科学类	6
213	2018MS152	京津冀协同发展背景下能源互联网建设中的政府职能研究	曹丽媛	法政系	面上项目	哲学社会科学类	6
214	2018MS153	儿童发展视域下的家庭政策研究	陈　静	法政系	面上项目	哲学社会科学类	6
215	2018MS154	失独家庭的多重脆弱与社会支持体系建构研究	王恩见	法政系	面上项目	哲学社会科学类	6
216	2018MS155	中国司法纠纷调解中的中庸思维研究	赵　静	法政系	面上项目	哲学社会科学类	6
217	2018MS156	国际商事合同根本违约制度及对我国民法分则立法之启示	安文婧	法政系	面上项目	哲学社会科学类	6
218	2018MS157	“一带一路”倡议下国际争端解决机制之构建	石可涵	法政系	面上项目	哲学社会科学类	6
219	2018MS113	水净化用二维功能材料的制备和机理研究	李　檬	环境科学与工程系	面上项目	理工类	10
220	2018MS114	纳米多孔碳材料对铀和铕的高效富集研究	王祥学	环境科学与工程系	面上项目	理工类	10
221	2018MS115	燃煤固废中典型重金属赋存形态及生物有效性	张可刚	环境科学与工程系	面上项目	理工类	10

续表

序号	项目编号	项目名称	负责人	所在单位	资助类别	申请领域	资助金额
222	2018MS116	CO_2 在新型醇胺水溶液中的解吸和腐蚀特性研究	张　盼	环境科学与工程系	面上项目	理工类	10
223	2018MS117	基于气相氨的新型碳捕集技术应用基础研究	陈公达	环境科学与工程系	面上项目	理工类	10
224	2018MS118	低温脱硝脱汞催化剂的制备及表征	刘松涛	环境科学与工程系	面上项目	理工类	10
225	2018QN086	中温烟气脱硫技术实验研究	别　璇	环境科学与工程系	青年培养项目	理工类	1
226	2018QN087	变电站复合降噪材料仿真分析与试验研究	郭兆枫	环境科学与工程系	青年培养项目	理工类	1
227	2018QN088	燃煤及其产物中砷硒铅形态分析方法研究	何楷强	环境科学与工程系	青年培养项目	理工类	1
228	2018QN089	氧化还原响应性纤维素吸附剂的制备及应用	侯肖邦	环境科学与工程系	青年培养项目	理工类	1
229	2018QN090	纤维素在离子液体中的溶解、功能化及其应用	李　博	环境科学与工程系	青年培养项目	理工类	1
230	2018QN091	焦炉煤气脱硫脱碳过程的吸收动力学和黏度研究	田相峰	环境科学与工程系	青年培养项目	理工类	1
231	2018QN092	压水堆一回路锌铝同时注入技术基础研究	孙晨皓	环境科学与工程系	青年培养项目	理工类	1
232	2018YQ03	机电流热耦合下电机绕组绝缘磨损规律及对策	何玉灵	机械工程系	人才培育项目	理工类	60
233	2018MS119	强风作用下输电铁塔破坏过程及机理研究	江文强	机械工程系	面上项目	理工类	10
234	2018MS120	碳纳米复合材料的制备及其组织控制研究	柳　青	机械工程系	面上项目	理工类	10
235	2018MS121	计及控制策略时叶轮故障对风机运行影响研究	绳晓玲	机械工程系	面上项目	理工类	10
236	2018MS122	考虑主柱扭转的拉线塔拉线-主柱耦合振动研究	杨文刚	机械工程系	面上项目	理工类	10
237	2018MS124	变速变载工况下风电机组传动链损伤识别研究	王晓龙	机械工程系	面上项目	理工类	10
238	2018MS123	旅游纪念品情感化创新设计研究	姚小清	机械工程系	面上项目	哲学社会科学类	6
239	2018QN093	滚动轴承故障特征提取及诊断方法研究	张　雄	机械工程系	青年培养项目	理工类	1
240	2018MS068	面向变电站三维真实感仿真的虚拟现实技术研究	邵绪强	计算机系	面上项目	理工类	10
241	2018MS069	大数据环境下的变压器多监测参数融合诊断的研究	王　艳	计算机系	面上项目	理工类	10
242	2018MS070	电网工控系统攻击模拟与检测技术研究	王洪涛	计算机系	面上项目	理工类	10
243	2018MS071	能量收集无线传感器网络关键技术研究	刘　军	计算机系	面上项目	理工类	10
244	2018MS072	基于机器视觉的风力机叶片状态检测技术研究	曹锦纲	计算机系	面上项目	理工类	10
245	2018MS073	基于嵌入式多核的片上总线能耗优化研究	张铭泉	计算机系	面上项目	理工类	10
246	2018MS074	多通道监测数据多尺度特征提取方法研究	李　莉	计算机系	面上项目	理工类	10
247	2018MS075	大数据支撑下的电力设备健康管理及故障预警	李　刚	计算机系	面上项目	理工类	10
248	2018MS076	具有非完全失效覆盖的多状态系统可靠性研究	秦金磊	计算机系	面上项目	理工类	10
249	2018MS077	燃煤—捕碳电站热力参数协同优化及敏度分析	王蓝婧	计算机系	面上项目	理工类	10
250	2018MS078	虚拟装配碰撞检测研究	尹斐斐	计算机系	面上项目	理工类	10
251	2018MS142	有偏技术进步与区域低碳转型路径优化	赵巧芝	经济管理系	面上项目	哲学社会科学类	8

续表

序号	项目编号	项目名称	负责人	所在单位	资助类别	申请领域	资助金额
252	2018MS143	新形势下京津冀城市群 TFEE 驱动因素分析与对策研究	任　峰	经济管理系	面上项目	哲学社会科学类	8
253	2018MS144	能源消费、碳排放与经济增长的关系及优化研究	张　省	经济管理系	面上项目	哲学社会科学类	8
254	2018MS145	京津冀流动人口公共服务均等化研究	马疆华	经济管理系	面上项目	哲学社会科学类	8
255	2018MS146	供给侧改革背景下能源消费结构优化路径设计	齐　玮	经济管理系	面上项目	哲学社会科学类	8
256	2018MS147	京津冀协同发展背景下碳排放控制决策研究	王立军	经济管理系	面上项目	哲学社会科学类	8
257	2018MS148	中国生物质发电产业创新发展路径与政策选择	闫丽萍	经济管理系	面上项目	哲学社会科学类	8
258	2018MS149	税收管理中“金融企业涉税风险”的防控体系研究	王彦辉	经济管理系	面上项目	哲学社会科学类	8
259	2018QN094	能源政策对电力行业碳减排有效性研究	卢　灿	经济管理系	青年培养项目	哲学社会科学类	1
260	2018QN095	基于系统动力学的四川“弃水”治理问题研究	刘诗剑	经济管理系	青年培养项目	哲学社会科学类	1
261	2018MS158	卤代酚在 AOPs 中产生化学发光的 SAR 及其应用	高慧颖	科技学院	面上项目	理工类	10
262	2018MS159	光催化微生物燃料电池电极材料研究	李艳青	科技学院	面上项目	理工类	10
263	2018MS160	泛函方程稳定性的进一步研究	张登华	科技学院	面上项目	理工类	8
264	2018MS161	英语通用语背景下语言、文化和教学研究	陈宝娣	科技学院	面上项目	哲学社会科学类	6
265	2018MS162	信息化背景下的大学英语翻译教学研究	高　英	科技学院	面上项目	哲学社会科学类	6
266	2018MS163	非英语专业大学生词汇能力发展特征研究	黄耀华	科技学院	面上项目	哲学社会科学类	6
267	2018MS125	中国国家治理现代化研究	赵建春	马克思主义学院	面上项目	哲学社会科学类	6
268	2018MS126	基于大数据文献分析的马克思主义中国化思想史研究	赵鲁臻	马克思主义学院	面上项目	哲学社会科学类	6
269	2018MS127	Lee-Carter 模型与 CBD 模型的研究、应用与扩展	吴晓坤	数理系	面上项目	理工类	8
270	2018MS128	GNSS-TEC 的反演及其应用研究	熊　波	数理系	面上项目	理工类	8
271	2018MS129	复杂电大腔体散射的高效数值算法研究	赵美玲	数理系	面上项目	理工类	8
272	2018MS130	高比例光伏微网中不确定性优化方法的研究	殷云星	数理系	面上项目	理工类	8
273	2018MS131	基于炉内声传播理论的多物理场重建方法研究	孔　倩	数理系	面上项目	理工类	8
274	2018MS132	光纤等领域中孤子和畸形波的控制性研究	解西阳	数理系	面上项目	理工类	8
275	2018MS133	具有稳定结构的无铅类钙钛矿合成及特性研究	徐艳梅	数理系	面上项目	理工类	8
276	2018MS134	视频人脸识别技术中的算法研究	李超雄	数理系	面上项目	理工类	8
277	2018MS135	在线交易平台运营策略研究	郭　燕	数理系	面上项目	理工类	8
278	2018MS136	大数据用于哲学社会科学研究的关键技术及应用	马燕鹏	数理系	面上项目	理工类	8

续表

序号	项目编号	项目名称	负责人	所在单位	资助类别	申请领域	资助金额
279	2018MS137	共引分析视角下的一流学科竞争力评价研究	于会萍	图书馆	面上项目	哲学社会科学类	6
280	2018MS164	理工科大学生艺术修养提升路径研究	张诗佳	艺术教育中心	面上项目	哲学社会科学类	6
281	2018MS138	美国气候外交政策研究	周　圆	英语系	面上项目	哲学社会科学类	6
282	2018MS139	“对分课堂”在大学英语教学中的实践研究	索　佳	英语系	面上项目	哲学社会科学类	6
283	2018MS140	翻转课堂教学模式在大学英语教学中的研究	杜艳霞	英语系	面上项目	哲学社会科学类	6
284	2018MS141	吕克·贝松电影中的环境理念研究	郭孟媛	英语系	面上项目	哲学社会科学类	6
285	2018QN096	复杂热工系统的多模型建模与控制应用研究	贾　昊	自动化系	青年培养项目	理工类	1
286	2018QN097	烟气脱硝过程的数据驱动建模与优化控制研究	闫来清	自动化系	青年培养项目	理工类	1

（科学技术研究院　花之蕾　提供）

华北电力大学 2018 年纵向科研项目立项情况一览表

序号	项目名称	经费（万元）	负责人	项目编号	项目来源
1	燃煤发电机组水分高效低成本回收及处理关键技术研究与应用	5964	陈海平	2018YFB0604300	国家重点研发计划专项项目
2	蒙古国南戈壁区域风能资源时空特性及中蒙风电合作开发场景研究	132	韩　爽	2017YFE0109000	国家重点研发计划政府间国际科技创新合作重点专项中蒙政府间合作项目
3	风力发电在次/超同步频率的动态特性优化控制技术研究	845	马　静	2018YFB0904003	国家重点研发计划课题
4	含高比例分布式光伏的直流配电系统控制、保护和运行技术	630	贾　科	2018YFB0904104	国家重点研发计划课题
5	直流配用电系统电压等级序列及典型供用电模式研究	543.37	韩民晓	2018YFB0904701	国家重点研发计划课题
6	故障电流抑制的协调配合方法	356	赵成勇	2018YFB0904604	国家重点研发计划课题
7	高压大功率 SiC IGBT 器件封装多芯片并联均流、电气绝缘、电磁兼容和驱动保护方法	984	赵志斌	2016YFB0901803	国家重点研发计划课题
8	创新人才推进计划中青年科技创新领军人才		王晓东	2017RA2030	科技部
9	创新人才推进计划中青年科技创新领军人才		李美成	2017RA2113	科技部
10	大气重污染成因与治理攻关项目-阳泉市“一市一策”跟踪研究工作	1200	彭　林	DQGG-05-12	总理基金项目
11	大气重污染成因与治理攻关项目——长治市“一市一策”跟踪研究	1160	彭　林	DQGG-05-13	总理基金项目
12	大气重污染成因与治理攻关项目——晋城市大气污染防治综合解决方案研究	100	闫雨龙	DQGG-05-14	总理基金项目课题
13	大气重污染成因与治理攻关项目——太原市大气污染防治综合解决方案研究	95	彭　林	DQGG-05-11	总理基金项目课题
14	能量传递转化与高效动力系统	1050	杨勇平	51821004	国家自然科学创新研究群体项目
15	燃烧火焰自由基、颗粒物、主要气态产物光谱/成像检测系统	539.70	周怀春	51827808	国家自然科学国家重大科研仪器研制项目
16	新型纳米材料构筑及其对关键放射性核素在环境中迁移转化影响和机理研究	299	王祥科	21836001	国家自然科学重点项目

续表

序号	项目名称	经费（万元）	负责人	项目编号	项目来源
17	含大规模新能源的交直流混联电力系统调度运营理论与方法研究	260	周　明	U1866204	国家自然科学联合项目
18	环境放射化学	130	孙玉兵	21822602	国家自然科学优秀青年科学基金项目
19	电力系统保护与控制	130	马　静	51822703	国家自然科学优秀青年科学基金项目
20	生物质三维碳凝胶/钛酸盐纳米复合材料对铷、铯的高选择性吸附及作用机理研究	58	谭小丽	U1607102	国家自然科学联合基金培育项目
21	超重核同核异能态转动性质的理论研究	60	张振华	11875027	国家自然科学面上项目
22	表面改性 MnO_2 纳米线吸附 U（VI）的性能和机理研究	66	汪建军	11875028	国家自然科学面上项目
23	NLS 型方程中超呼吸子的态转换、可积湍流及调制不稳定性非线性阶段特征的研究	47	王　雷	11875126	国家自然科学面上项目
24	从真空拓扑结构的视角研究退禁闭和手征相变的关系	60	张　昭	11875127	国家自然科学面上项目
25	高精度快能谱反应堆核数据库处理及不确定性和敏感性分析方法研究	62	马续波	11875128	国家自然科学面上项目
26	大面积、电流型 GaN 辐射探测器件制备及性能研究	65	刘　洋	11875129	国家自然科学面上项目
27	钒铈协同脱汞催化剂的颗粒物中毒机制研究	62	万　奇	21876046	国家自然科学面上项目
28	U（VI）、Re（VII）在 Fe（II）/a-Fe_2O_3 界面吸附、还原反应的晶面效应与机制	66	谭小丽	21876047	国家自然科学面上项目
29	太阳能-燃气轮机联合循环互补系统中太阳能集热、蓄热与高效热利用研究	60	李元媛	51876057	国家自然科学面上项目
30	基于全内反射的纳米结构表面池沸腾现象观测与传热机理研究	59	周乐平	51876058	国家自然科学面上项目
31	纳米多孔碳电极/离子液体界面离子输运特性及选择性储能机理	58	王天虎	51876059	国家自然科学面上项目
32	SCR 脱硝催化剂修饰改性协同催化分解 N_2O 的转化机理及调控机制研究	58	赵　莉	51876060	国家自然科学面上项目
33	水合盐复合材料热化学储热性能强化机理及与多尺度传热传质的关联规律	60	徐　超	51876061	国家自然科学面上项目
34	纳米流体光谱特性与温度的关联规律及分频光伏光热器件能量转化调控机理研究	60	巨　星	51876062	国家自然科学面上项目
35	风电机组机舱风速多尺度传递机理与前馈控制方法研究	56	王晓东	51876063	国家自然科学面上项目
36	博弈论视角的光伏用户群互动式能量优化方法	56	刘　念	51877076	国家自然科学面上项目
37	混合多馈入直流输电系统的宽频带耦合振荡模式和故障演化传播机理	56	郭春义	51877077	国家自然科学面上项目
38	交互能源机制支撑的集群产消者多时间尺度优化调度方法研究	57	胡俊杰	51877078	国家自然科学面上项目
39	基于神经机器翻译的电网故障诊断	55	张　旭	51877079	国家自然科学面上项目
40	VFTO 作用下 GIS 中环氧复合材料的空间电荷特性及其效应和调控	65	屠幼萍	51877080	国家自然科学面上项目
41	含可控惯量的交流微电网频率稳定机理及控制方法研究	56	袁　敞	51877081	国家自然科学面上项目
42	交直流电场共同作用下电极起晕特性及气压影响的机理研究	64	卞星明	51877082	国家自然科学面上项目
43	高载流高场应用的准各向同性高温超导导体低温电磁、机械及稳定性研究	63	皮　伟	51877083	国家自然科学面上项目

续表

序号	项目名称	经费（万元）	负责人	项目编号	项目来源
44	NHCS 多相光电催化粒子电极的制备及去除六价铬/环境内分泌干扰物复合污染的协同机制研究	60	张一梅	51878272	国家自然科学面上项目
45	基于多相流输运机理的过程层析成像方法	63	刘　石	61871181	国家自然科学面上项目
46	新能源微电网分布式协调预测控制策略研究	62	马苗苗	61873091	国家自然科学面上项目
47	区域电力系统结构演进及其水—能—排耦合研究	49	檀勤良	71874053	国家自然科学面上项目
48	基于耦合映像格子的时空离散捕食系统混沌路径上的斑图自组织与转变	20	黄头生	11802093	国家自然科学青年科学基金项目
49	基于非局部本构关系的沙漏流运动机理研究	23	周益娴	11802094	国家自然科学青年科学基金项目
50	量子开放系统和相变过程中的量子操控性	19	张业奇	11805065	国家自然科学青年科学基金项目
51	基于毛细管阵列和径迹重建的高空间分辨快中子成像方法研究	25	孙世峰	11805066	国家自然科学青年科学基金项目
52	基于两流体模型的两相流自然循环水力学相似特性研究	27	于新国	11805067	国家自然科学青年科学基金项目
53	小型抑压式安全壳抑压特性及相变传热和压力、不可凝气体相互影响机制研究	25	王升飞	11805068	国家自然科学青年科学基金项目
54	喷淋冷却条件下稠密乏燃料棒束间孤波粘连流动特性及其对传热性能的影响研究	24	曹　琼	11805069	国家自然科学青年科学基金项目
55	湿烟气冷凝再热过程水分和污染物迁移转化机理及能量输运特性	26	陈　衡	51806062	国家自然科学青年科学基金项目
56	二次再热机组智能协同优化控制研究	19	胡　勇	51806063	国家自然科学青年科学基金项目
57	基于声子波动效应的人工带隙材料热输运性能调控	27	崔　柳	51806064	国家自然科学青年科学基金项目
58	亲疏水异质表面可控滴状冷凝传热机理及实现方法	26	谢　剑	51806065	国家自然科学青年科学基金项目
59	数据驱动的综合能源系统鲁棒调度控制方法研究	26	王　程	51807059	国家自然科学青年科学基金项目
60	直流 GIL 覆膜式微粒陷阱入陷物理机制与优化设计方法	25	王　健	51807060	国家自然科学青年科学基金项目
61	变压器油纸绝缘系统多重硫腐蚀协同劣化作用机理与防护技术研究	29	从浩熹	51807061	国家自然科学青年科学基金项目
62	直流电压下油纸绝缘中载流子输运机理研究	25	黄　猛	51807062	国家自然科学青年科学基金项目
63	基于 T-S 模糊模型的非线性系统事件触发控制问题研究	27	刘亚娟	61803153	国家自然科学青年科学基金项目
64	计及外部效应的电网级储能系统动态定价模型研究	18	郭　森	71801092	国家自然科学青年科学基金项目
65	基于电力现货市场的间歇性可再生能源最优渗透率理论研究	17	许儒航	71803046	国家自然科学青年科学基金项目
66	促进大规模新能源消纳的电力市场管理研究	16.50	许晓敏	71804045	国家自然科学青年科学基金项目
67	动态视角下电力系统灾变风险演化传递机理研究	12	李彦斌	71840004	国家自然科学应急管理项目
68	中瑞可再生能源、生物技术会议研讨会	1.50	李庆民	51881230745	国家自然科学基金国际会议项目
69	光电催化超滤导电膜用于污水净化和能量的同步回收	10	潘家鸿	51811530323	国家自然科学国际（地区）合作与交流项目
70	基于声波法测量的炉内燃烧流场重建方法及多场耦合机制	20	周怀春	51676175	国家自然科学基金项目（合作）
71	原子核高－K 同质异能态的系统研究	10.80	张振华	11775026	国家自然科学基金项目（合作）
72	百万千瓦超超临界机组的精细状态检测、故障诊断与自愈调控关键技术研究	70	刘向杰	U1709211	国家自然科学基金项目（合作）

续表

序号	项目名称	经费（万元）	负责人	项目编号	项目来源
73	稀土掺杂钙钛矿型太阳能电池材料研究	40.80	丁　勇	U1705256	国家自然科学基金项目（合作）
74	铁基超导材料的离子液体氢化研究	13	张金珊	51872328	国家自然科学面上项目（合作）
75	××××-项目协议（非密）	120	李庆民	×××	国家级军工（合作）
76	京津冀采暖电能替代的联合补贴机制研究	8	王　辉	18JDGLB036	北京市社科基地项目一般项目
77	京津冀促进清洁能源消纳的区域电力市场机制研究		黄　辉	18JDGLB037	北京市社科基地项目一般项目
78	精准扶贫背景下北京周边地区光伏扶贫模式及效应研究	15	姚建平	18JDGLA035	北京市社科基地项目重点项目
79	北京市城乡互助型居家社区养老运行机制研究	8	刘妮娜	18SRC015	北京市社科基金青年项目
80	京味文创产品 IP 转化研究	8	庞　涛	18YTC024	北京市社科基金青年项目
81	京津冀高科技中小企业信用评级研究	8	何平林	18GLB017	北京市社科基金一般项目
82	基于多方效益博弈的北京市综合能源系统发展策略研究	8	李金超	18GLB023	北京市社科基金一般项目
83	新形势下北京市区域综合能源系统集成优化方法与管理体系研究	8	王永利	18GLB034	北京市社科基金一般项 0 目
84	北京农村地区电能替代效果评估及政策研究	8	张兴平	18GLB042	北京市社科基金一般项目
85	社会—文化视域中的逻辑经验主义衰落观问题研究	8	崔　凡	18ZXB002	北京市社科基金一般项目
86	北京老旧小区治理研究	15	陈建国	18GLA001	北京市社科基金重点项目
87	世界经济论坛能源架构绩效指标与京津冀地区能源结构优化研究（“京津冀能源发展报告”（2019））	3	王　伟		北京市社科年度报告出版资助基金
88	防碰撞冲击的宏微观双尺度结构拓扑优化方法及其应用	20	龙　凯	2182067	北京自然科学基金面上项目
89	基于πFBGs 光纤光栅的变压器局部放电超声检测方法研究	20	马国明	3182036	北京自然科学基金面上项目
90	集群电动汽车参与配电网调峰协调机制与运行方法研究	19	艾　欣	3182037	北京自然科学基金面上项目
91	能源互联网中用户隐私保护方法研究	20	关志涛	4182060	北京自然科学基金面上项目
92	基于声学理论的电站汽轮机末级蒸汽湿度在线监测方法研究	9	张世平	3184059	北京自然科学基金青年项目
93	面向 5G 的毫米波信道数据挖掘和建模的理论与技术	24.50	赵雄文	l172030	北京自然科学基金（合作）
94	北京市科技领军人才	60	李美成	Z181100006318010	北京市科技计划课题
95	海量机器通信场景下的 5G 信道建模技术研究	100	赵雄文	Z181100003218007	北京市科技计划课题
96	700℃超超临界锅炉管镍基合金优化及验证	580	张乃强	Z181100005218006	北京市科技计划课题
97	能源领域技术协同创新——火电机组智能运行控制系统研制	800	房　方	Z181100005118005	北京市科技计划课题
98	超高效率钙钛矿太阳能电池低温制备技术及其组件验证	800	李美成	Z181100005118002	北京市科技计划课题
99	微纳米表面薄液膜沸腾传热机理及调控机制研究	380	陈　林	Z181100005118013	北京市科技计划课题
100	碳基固体氧化物燃料电池高效电池堆设计及陶瓷—金属异相封接技术研究	74	熊星宇	Z181100005118008	北京市科技计划课题（合作）
101	高效电机用新型软磁材料研发平台	60	薛志勇	Z181100000518029	北京市科技计划课题（合作）
102	500kV 直流断路器敏感端口的瞬态电磁骚扰特性及其抑制技术	40	焦重庆	5600006225	国重开放课题

续表

序号	项目名称	经费（万元）	负责人	项目编号	项目来源
103	风电—光伏可再生联合发电加热开采中低成熟度陆相页岩油技术研究	30	杨锡运	G5800-18-ZS-KFNY005	国重开放课题
104	填料改性技术在输电装备复合绝缘中的应用研究	30	卞星明	SGGR0000 DWJS1800529	国重开放课题
105	太阳能聚热开采中低成熟度陆相页岩油可行性研究	25	侯宏娟	G5800-18-ZS-KFNY004	国重开放课题
106	空冷岛测控系统集成与优化控制研究	208.55	刘吉臻	MD2016.02.04	山西省科技重大专项子课题
107	基于能量管理的智慧风电场集群控制关键技术研究与应用	12	胡　阳	18214316D	河北省重点研发计划项目（合作）
108	聚光光伏组件开发及热电联供系统应用研究	12	陈海平	18214318D	河北省重点研发计划项目（合作）
109	电力变压器油中特征气体监测的光学传感器研究	17.5	马国明	无	霍英东教育基金会第十六届高等院校青年教师基金资助项目
110	生物质选择性热解制备高附加值单酚类衍生物的基础研究	16	陆　强	无	霍英东教育基金会第十六届高等院校青年教师基金资助项目
111	海峡两岸应对气候变迁与能源可持续发展战略研究	100	刘吉臻	2018-XY-22	中国工程院咨询研究项目
112	支持首都海智离岸创新创业基地的建设—智慧城市工作联合体	8.00	刘敦楠	2018BJ0613	北京国际科技协作中心
113	社会主要矛盾变化与民政改革创新研究	15	姚建平	2018BJ0241	北京市民政局
114	北京市社会团体管理办公室民办非企业单位调研课题委托协议书	5	朱晓红	2018BJ0650	北京市社会团体管理办公之室
115	基于SAC-CFR程序对FFTF未能停堆失流事故的反应堆瞬态模拟与安全分析	6.32	隋丹婷	2018BJ0644	国际原子能机构
116	应急监测中Y核素分析方法	3	吴　英	2018BJ0473	国家环保保护标准项目
117	就地Y能谱测量技术规范	4.50	吴　英	2018BJ0474	国家环保保护标准项目
118	加快发展现代电力经济总体思路研究	10	张粒子	2018BJ0542	国家能源局
119	我国电力市场体系建设总体方案研究	9	张粒子	2018BJ0504	国家能源局
120	基于加入GPA和新电改背景下电网投资行为监管研究（二）	17.80	李彦斌	2018BJ0481	国家能源局
121	东北电力市场发展战略研究	18.50	张粒子	2018BJ0625	国家能源局
122	电力市场第三方稽核项目	8.40	王　鹏	2018BJ0243	国家能源局南方能源监管局
123	促进跨省跨区电力互送研究，现有输电工程收益评估及输电定价方法建议	59.70	张粒子	2018BJ0049	世界银行项目
124	水资源项目年度成果汇编和分析	25	丁晓雯	2018BJ0226	水利部水资源管理中心
125	延续取水现状分析研究	30	丁晓雯	2018BJ0058	水利部项目
126	铁路应急物资管理	6	董玉亮	2017F016	铁路总局项目子课题
127	全国学会管理报备工作科学化规范化标准化研究	8	孙晶琪	2018BJ0251	中国电机工程学会
128	变压器潜伏性陷光学传感方法研究（二期）	20	马国明	2018BJ0488	中国电机工程学会
129	全国电力生产景气指数系列研究	15	李彦斌	2018BJ0657	中国电力企业联合会
130	青年科技人才思想状况调研	30.00	孙晶琪	2018BJ0652	中国科协创新战略研究院
131	国际一流科技社团治理方式及建设标准与路径研究	15.00	刘向晖	2018BJ0466	中国科学技术协会
132	自下而上落后煤电机组退出政策研究	40.90	袁家海	2018BJ0485	自然资源保护协会（NRDC）
133	电力行业煤炭消费限制的战略研究	36.30	袁家海	2018BJ0056	自然资源保护协会（NRDC）)

续表

序号	项目名称	经费（万元）	负责人	项目编号	项目来源
134	生物炭中胡敏酸与土壤矿物的相互作用机制研究	15	金　洁	2018T110078	博士后科学基金
135	高校院所专利运营办公室建设项目	5	花之蕾	无	北京市知识产权局支持经费
136	国防基础科研科学挑战专题	60	王祥科	无	实验室开放课题
137	20 英寸光电倍增管测试	13.6	刘　芳	HT-JM-PMTTP-0021/2018	实验室开放课题
138	一维同轴电缆结构的分子限域催化体系的研究	6	陈　哲	BNLMS201833	实验室开放课题
139	复杂空化泡的流体稳定性分析	5	张宇宁	SZJJ-2017-100-1-003	实验室开放课题
140	新型宽光谱响应钙钛矿/聚合物集成太阳电池研究	3	谭占鳌	JDGD-201801	实验室开放课题
141	小型安全壳内射流引发的混合对流传热研究	1	王升飞	无	实验室开放课题
142	大型压水堆事故后惰化方案研究	1	吕雪峰	无	实验室开放课题
143	国产化高性能环氧纳米复合绝缘材料配方体系	48	谢　庆	2017YFB0903801	国家重点研发计划子课题
144	±1100kV 直流输电关键技术研究与示范（国家项目配套）	50	律方成	2016YFB0900802	国家重点研发计划子课题
145	特高压设备内部多物理场耦合建模与仿真	104	赵小军	2017YFB0902703	国家重点研发计划子课题
146	电气设备分数阶建模中基于 s-W 变换的电路综合方法研究	6	梁贵书	E2018502121	2018 年河北省自然科学基金面上项目
147	虚拟同步化发电系统的暂态稳定特性分析与多目标综合控制研究	4	张祥宇	E2018502108	2018 年河北省自然科学基金青年科学基金项目
148	分层接入的特高压直流输电线路故障识别原理与隔离策略研究	6	戴志辉	E2018502063	2018 年河北省自然科学基金面上项目
149	交联聚乙烯高压直流电缆电树枝引发和生长特性研究	4	刘贺晨	E2018502133	2018 年河北省自然科学基金青年科学基金项目
150	双馈感应风力发电机惯量及一次调频调压控制方法研究	6	颜湘武	E2018502134	2018 年河北省自然科学基金面上项目
151	灵活惯性系统多约束下自适应稳定运行与自律协同控制研究	4	孟建辉	E2018502152	2018 年河北省自然科学基金青年科学基金项目
152	柔性中压直流配电网的一体化“序网络”故障分析方法与融合非确定性判据的直流保护新原理及其可靠性评估模型研究	56	戴志辉	51877084	2018 年国家自然科学基金面上项目
153	多约束下光储系统的灵活惯性控制及自律协同稳定运行研究	24	孟建辉	51807064	2018 年国家自然科学基金青年科学基金项目
154	中压配网电力线载波通信组网及自适应阻抗匹配算法研究	22	王　艳	51807063	2018 年国家自然科学基金青年科学基金项目
155	河北省输变电设备安全防御重点实验室运行绩效后补助经费	40	律方成	18964509H	河北省创新能力提升计划项目
156	高灵敏紫外成像仪研制及应用开发	2959	律方成		2018 年度科技部重大科学仪器设备开发重点专项
157	基于深度视觉知识表达的输电线路螺栓表面状态检测方法研究	66	赵振兵	61871182	2018 年国家自然科学基金面上项目
158	超密集异构网络下 Massive MIMO 干扰协调技术研究	6	韩东升	F2018502047	2018 年河北省自然科学基金面上项目
159	智能燃烧及污染物控制-1	10	王春波	2018ZD03	2018 中央高校基本科研业务费重大项目子课题
160	区域型多能源互补分布式供能网络的能流耦合机理及协同优化研究	60	王江江	51876064	2018 年国家自然科学基金面上项目
161	液态金属表面的液滴汽化和液体沸腾机理研究	58	刘　璐	51876065	2018 年国家自然科学基金面上项目

续表

序号	项目名称	经费（万元）	负责人	项目编号	项目来源
162	烟气水分及余热按质回收利用的关键技术研究	63	张学镭	2018YFB0604302-02	国家重点研发计划专项子课题
163	分时式气液两相流体分配特性及相分离控制理论	4	张炳东	E2018502123	2018 年河北省自然科学基金青年科学基金项目
164	石墨烯基单原子铁催化剂催化氧化 NO 和 Hg0 的反应机理	6	高正阳	B2018502067	2018 年河北省自然科学基金面上项目
165	基于太阳能辅热的压缩空气储能系统热力性能及运行特性研究	6	韩中合	E2018502059	2018 年河北省自然科学基金面上项目
166	煤炭低温热解脱汞技术研究	5	张旭涛		河北省科技治霾专项
167	湿式新风过滤器性能数值模拟研究	2	魏　兵		保定市建设科技研究项目
168	石墨烯基单原子催化剂催化 NO 和 Hg0 氧化的反应机理	20	高正阳		2018 年北京市自然科学基金面上项目
169	清末民国时期人格权制度研究	0.7	苗春刚	HB18FX019	2018 年度河北省社会科学基金项目
170	网络式行政：农村低保对象评定机制探究	0.7	李平菊	HB18SH019	2018 年度河北省社会科学基金项目
171	当前农民意识形态领域所面临的突出问题和困难	0.05	秦伟江	2018ZXWT01006	2018 年度保定市社科规划委托项目
172	北京市养老机构临终关怀服务治理与发展研究	8	陈　雷	18SRB004	2018 年北京市社会科学基金项目
173	秦皇岛市扫黑除恶专项斗争社会公众认知调查	5	梁　平	QZFW001	秦皇岛政法委委托课题
174	基于社区营造视域的京津冀留守儿童补偿教育制度研究	8	陈　静	18JYC020	2018 年度北京市社会科学基金项目
175	面向“一带一路”的电力工程技术人才需求及其教育国际化研究	10	王秀梅	18JDGC018	2018 年度教育部人文社会科学研究专项任务项目
176	废 SCR 脱硝催化剂再生及资源化回收利用	15	刘松涛	18FH04	保定市科学技术研究与发展计划项目
177	燃煤机组水分回收与废水处理系统实施方案与评估	62	马双忱		国家重点研发计划子课题
178	新型纳米材料构筑及其对关键放射性核素在环境中迁移转化影响和机理研究	88.6	王祥学	21836001	2018 年国家自然科学基金重点项目子课题
179	小分子诱导自组装方法优化质子传递通道构建高性能质子交换膜	25.2	王茹洁	21805084	2018 年国家自然科学基金青年科学基金项目
180	碳纳米纤维材料对关键放射性核素的高效去除及机理研究	65	王祥学	21876048	2018 年国家自然科学基金面上项目
181	镁法脱硫中双功能型催化/吸附剂的反应调控机理	60	汪黎东	51878273	2018 年国家自然科学基金面上项目
182	CO_2 在氨基酸离子液体—醇胺水溶液中的解吸特性研究	4	张　盼	E2018502062	2018 年河北省自然科学基金青年科学基金项目
183	燃煤机组水分回收及废水处理系统实施方案与评估	62	马双忱	2018YFB0604305-01	国家重点研发计划子课题
184	大气重污染成因与治理攻关项目——长治市“一市一策”跟踪研究工作	25	李志勇	DQGG-05-13	国家大气污染防治攻关联合中心项目
185	纳米晶 α-AlH3 机械力驱动固相反应结晶相转移过程与晶体型态控制机制研究	4	段聪文	E2018502054	2018 年河北省自然科学基金青年科学基金项目
186	$NaClO_2$-$Na_2S_2O_8$/H_2O_2 热激发态下的交互促进机制及烟气多污染物协同控制特性与机理	4	郝润龙	E2018502058	2018 年河北省自然科学基金青年科学基金项目
187	诱导自组装构建连通有序的质子传递通道及其机理研究	4	王茹洁	B2018502046	2018 年河北省自然科学基金青年科学基金项目
188	石榴石型锂离子导体材料结构与性能的调控研究	6	吕晓娟	E2018502014	2018 年河北省自然科学基金面上项目
189	基于陶瓷膜过滤器的烟气多污染物一体化脱除技术研发	40	马双忱	18273708D	河北省重点研发计划节能环保与科技治霾专项

续表

序号	项目名称	经费（万元）	负责人	项目编号	项目来源
190	环糊精类超分子材料 CO_2 吸附性能调控及机理研究	10	郭天祥		2018 年北京市自然科学基金青年科学基金项目
191	银修饰纳米复合纤维膜环境应用及稳定性研究	20	苑春刚		2018 年北京市自然科学基金面上项目
192	以水生态功能区划为导向的张家口水源涵养功能保持与生态空间优化总体方案研究	92.6	张玉玲	2017ZX07101001-07	国家科技重大专项子课题
193	新时代大学生思想政治教育话语体系转型构建研究	0	李　东	201802040117	2018 年度河北省社会科学发展研究课题
194	基于模型检验的分布式系统实时性和可靠性分析研究	6	熊海军	F2018502080	2018 年河北省自然科学基金面上项目
195	基于 GPUs 集群的城市流体灾害现象逼真模拟与快速应用构建	5	邵绪强	4182018	2018 年北京市自然科学基金面上项目
196	面向多方协同深度学习系统的脆弱性检测与防护	25	王洪涛	61802124	2018 年国家自然科学基金青年科学基金项目
197	保定市推进国家创新型试点城市建设与评估及相关规划问题研究	20	李　伟	18YD15	2018 年度保定市科技计划项目
198	京津冀低碳技术协同创新系统构建及其运行机制研究	5	崔和瑞	18456214D	软科学研究及科普专项
199	基于碳水氮足迹的小麦—玉米节水丰产增效技术体系生态效果评价	20	王海峰	2018YFD0300507-3	2018 年国家重点研发计划子课题
200	基于 LOB 技术的重复性项目调度方法研究	3	邹　鑫	G2018502127	2018 年河北省自然科学基金青年科学基金项目
201	逆绿色发展问题导向下河北省清洁能源消纳配套改革与策略	0.7	高　冲	HB18GL061	2018 年度河北省社会科学基金项目
202	基于 SciVal 的一流大学学科竞争力量化研究	2	徐　扬		ISTIC-ELSEVIER 期刊评价研究中心开放基金
203	粲重子、底重子及奇异粒子的特性研究	4	于国梁	A2018502124	2018 年河北省自然科学基金面上项目
204	钴基亚硫酸镁氧化催化剂成型技术评价及制备工艺开发	79	韩颖慧		国家重点研发计划子课题
205	大气压冷等离子体刷放电特性及其在表面改性中的应用研究	6	尹增谦	11875121	2018 年国家自然科学基金面上项目
206	基于信息不对称理论的高校图书馆学科服务模式研究	0	高玉平	2016026	2016 年度河北省图书馆学会学术研究课题
207	“美丽河北”形象构建中的燕赵文化外宣话语分析研究	0	魏月红	201803050215	2018 年度河北省社会科学发展研究课题
208	中国文化传播与大学英语课堂中国文化失语矛盾的解决路径研究	0.1	刘　洋	HB18YY033	2018 年度河北省社会科学基金项目
209	基于文献大数据的马克思主义中国化话语体系演变研究	0.7	王建红	HB18MK021	2018 年度河北省社会科学基金项目
210	保定市文化产业与新型城镇化协调发展研究	0	孟祥林	BWGY072	2018 年保定市文化艺术规划课题
211	新民主主义革命时期道德重建与当代价值研究	20	孙　芳	18FKS019	2018 年国家社科基金后期资助项目
212	“中国方案”全球治理创新研究	10	王聚芹	18YJA710045	2018 年度教育部人文社会科学研究一般项目
213	“保定＋雄安”双核心城市体系“四步走”与保定发展举措	0.2	孟祥林	2017CGCYQR017	2018 年第一季度保定市规划委托项目
214	基于“媒体记忆”大数据的新时代我国社会主要矛盾变化研究（2003—2018）	15	王建红		北京市习近平新时代中国特色社会主义思想研究中心项目
215	基于大数据的风电机组关键部件故障预警技术研究	20	刘长良		2018 年北京市自然科学基金面上项目

续表

序号	项目名称	经费（万元）	负责人	项目编号	项目来源
216	提升供热机组电出力调节能力的蒸汽系统流程改造	93	田　亮	2017YFB0902102	2017 年重点研发计划子课题
217	提升供热机组电出力调节能力的蒸汽系统流程改造（配套经费）	100	田　亮	2017YFB0902102	2017 年重点研发计划子课题
218	火电机组脱硝系统的数据驱动建模方法与优化控制策略研究	6	董　泽	E2018502111	2018 年河北省自然科学基金面上项目
219	京津冀园区综合能源体能多能协同机制设计及政策分析模型研究	8	鞠立伟	18GLC058	北京市社科基金青年项目
220	互助型社会养老：模式考察与理论研究	10	刘妮娜	18JHQ074	2018 年国家社科基金后期资助项目
221	早期道家的天下观研究	20	王威威	18BZX064	2018 年国家社科基金一般项目
222	全面小康视角下中国农村可持续性扶贫机制研究	20	姚建平	18BSH051	2018 年国家社科基金一般项目
223	“双一流”建设中的社会参与机制研究：基于大学理事会的分析	10	汪庆华	18YJA88077	2018 年度教育部人文社会科学研究一般项目
224	构建清洁低碳、安全高效的能源体系政策与机制研究	80	牛东晓	18JZD032	2018 年度教育部哲学社会科学研究重大课题攻关项目

（科学研究院　提供）

华北电力大学 2018 年度科研项目完成情况一览表

序号	项目名称	立项时间	负责人	项目来源
1	北京现代区域综合能源系统中太阳能开发利用研究	2017	张　妍	北京节能与电力技术开发基金会
2	清洁能源消纳的制约因素分析及对策建议	2017	曾　鸣	国家发展改革委体改司
3	电力建设工程质量监督体系建设研究	2017	王　鹏	国家能源局电力安全监管司
4	能源消费新模式和产业发展新业态研究	2017	杨勇平	国家能源局
5	中关村社会组织 2016 年度检查分析报告	2017	高富锋	北京市社会团体管理办公室
6	区域电网和跨省跨区专项输电工程输电价格研究	2017	张粒子	国家发展和改革委员会
7	广西地方电网输配电价改革方案研究	2017	黄弦超	广西壮族自治区物价局
8	全国学会改革发展研究报告	2017	朱晓红	中国科学技术协会
9	电力市场第三方业务稽核	2017	王　鹏	国家能源局南方监管局
10	北京市社会福利体系构建研究	2017	姚建平	北京市民政局
11	电力交易中心及市场管理委员会发展态势分析	2017	王　鹏	国家能源局
12	优先发电、购电计划测算方法研究	2017	张粒子	国家发展和改革委员会经济运行调节局
13	南方区域电力行业安全生产信用指标体系研究	2017	王　鹏	国家能源局南方监管局
14	在运催化剂的中毒机理、失活规律和寿命预测模型研究	2017	陆　强	国电环境保护研究院
15	新鲜脱硝催化剂特征参数与活性的构效关系	2017	陆　强	国电环境保护研究院
16	全国学会内部治理能力研究	2017	朱晓红	中国科协学会报务中心
17	重庆市增量配电业务试点项目业主优选方案编制工作	2017	王　鹏	重庆市能源局

（科学研究院　提供）

华北电力大学 2018 年科研成果及奖励情况一览表

序号	获奖日期	获奖项目	所获奖项	获奖等级	级别	获奖人
1	2018.11.22	调度控制系统大数据技术的研究与应用	中国电力创新奖	二等奖	省级奖	吴润泽 2、唐良瑞 8、樊冰 9
2	2018.11.07	电力变压器状态智能监测与节能降耗关键技术研究及应用	吉林省科学技术奖	二等奖	省级奖	刘春明 3
3	2018.11.01	重要用户定制电力关键技术、装置及应用	中国电力科学技术进步奖	三等奖	省级奖	龙云波 1、肖湘宁 3

续表

序号	获奖日期	获奖项目	所获奖项	获奖等级	级别	获奖人
4	2018.05.07	50MW 级生物质直燃发电技术研究及工程示范	广东省科学技术奖	一等奖	省级奖	胡笑颖 13
5	2018.03.31	特高坝枢纽泄洪消能运行安全监测控制技术	天津市科学技术奖	一等奖	省级奖	张华 5
6	2018.03.26	基于粒计算的复杂信息系统知识获取	河北省自然科学奖	三等奖	省级奖	陈德刚 1
7	2018.03.26	风电机组降载增效关键技术自主创新与产业化	河北省科技进步奖	一等奖	省级奖	葛铭纬 7
8	2018.03.23	原子分子介质中强场超短激光动力学及X 射线光谱学研究	山东省自然科学奖	二等奖	省级奖	刘纪彩 3
9	2018.02.28	新能源电力系统安全风险评估及其应用关键技术研究	2017 年度教育部科技进步奖	二等奖	部级奖	刘文霞 1、刘　念 2、王志强 4、彭文 6、刘宗歧 7
10	2018.02.27	基于故障关联信息的站域分布式保护系统	2017 年度教育部技术发明奖	一等奖	部级奖	王增平 1、马　静 2、毕天姝 4，杨奇逊 6
11	2018.02.12	燃煤电站经济运行关键技术研究及应用	2017 年陕西省科学技术奖	一等奖	省级奖	曾德良 11
12	2018.02.08	含储能和多类型电源的万千瓦级孤立海岛微电网关键技术研发与应用	2017 年广东省科学技术奖	三等奖	省级奖	刘　念 4
13	2018.02.01	变电站电能质量数字化监测系统与综合治理装置研发及应用	广东省科学技术奖	三等奖	省级奖	袁　敞
14	2018.02.01	电容型设备多维数据挖掘、系列检测装置开发及工程应用	2017 广东省科学技术奖	三等奖	省级奖	李成榕 4、郑书生 6
15	2018.01.01	大型新能源电站智能控制与运维关键技术及产业化	中国电力科学技术进步奖	三等奖	省级奖	朱永强
16	2018.01.01	考虑时空互补特性的高比例可再生能源接入电力系统运营优化机制设计研究	2016 年度能源软科学研究优秀成果奖	二等奖	部级奖	谭忠富 2
17	2018.01.01	多类型新能源发电综合消纳的关键技术研究及应用	2017 海南省科学技术奖	一等奖	省级奖	赵冬梅 7
18	2018.01.01	我国中长期天然气需求展望与预测模型研究	2016 年度能源软科学研究优秀成果奖	二等奖	部级奖	王　鹏 4
19	2018.01.01	东北电力辅助服务市场研究	2016 年度能源软科学研究优秀成果奖	一等奖	部级奖	王　鹏 9
20	2018	火电机组灵活性改造背景下汽轮机运行优化技术研究及工程应用	2017 年度河南省科学技术进步奖	二等奖	省级	钱江波 2
21	2018	超、特高压交流输变电工程电磁环境测量、预测及控制技术	2017 年度湖北省科技进步奖	一等奖	省级	刘云鹏 3
22	2018	超、特高压交流输变电工程电磁环境控制关键技术及应用	2017 年环境保护科学技术奖	二等奖	部级	刘云鹏
23	2018	电网设备状态检测装置性能检测关键技术研究及应用	2017 年度宁夏回族自治区科学技术进步奖	三等奖	省级	王永强 8
24	2018	±800kV 高端换流变压器自主化研制及工程应用	2018 年电力科技进步奖	一等奖	部级	李　鹏 6
25	2018	高原山地新能源集群消纳技术研究	2018 年电力科技进步奖	三等奖	部级	王　飞 6
26	2018	电力低碳管理模型及政策评价研究	第十六届河北省社会科学优秀成果奖	二等奖	省级	孙　伟 1、王敬敏 2
27	2018	高校法治的运行机制与优化路径研究	第十六届河北省社会科学优秀成果奖	二等奖	省级	姜　波 1、张蓓蓓、2 文　丽 4
28	2018	基层社会矛盾化解与法治化治理研究	第十六届河北省社会科学优秀成果奖	一等奖	省级	梁　平 1、陈　焘 2

续表

序号	获奖日期	获奖项目	所获奖项	获奖等级	级别	获奖人
29	2018	京津冀产业复杂网络特征与重构研究	第十六届河北省社会科学优秀成果奖	二等奖	省级	武群丽 1、胡　澜 2
30	2018	突发事件下的供应链契约研究	第十六届河北省社会科学优秀成果奖	三等奖	省级	张　欢
31	2018	光伏发电功率多时空尺度预测关键技术及应用	2018 年度河北省技术发明奖	一等奖	省级	王　飞 1、米增强 2、梅华威 6
32	2018	先进核辐射探测材料及反腐蚀技术研究及应用	2018 年度河北省技术发明奖	二等奖	省级	牛风雷 1、刘　芳 2、丁海民 3、马　雁 4、陆道纲 5、刘　洋 6
33	2018	主变负载能力在线评估及智能调控关键技术和应用	2018 年度河北省技术发明奖	三等奖	省级	王永强 2、律方成 5
34	2018	变压器故障的多参数智能诊断关键技术及应用	2018 年度河北省科技进步奖	二等奖	省级	朱永利 1、赵文清 2、王　艳 4、李　莉 7、王德文 8　贾亚飞 10
35	2018	适应特高压多落点的受端电网安全稳定和无功优化关键技术及应用	2018 年度河北省科技进步奖	二等奖	省级	赵洪山 10
36	2018	基于不停电检测的电网设备状态检修关键技术及应用	2018 年度河北省科技进步奖	二等奖	省级	谢　庆 2
37	2018	碳纤维复合芯导线脱冰振荡特性及应用研究	2018 年度河北省科技进步奖	三等奖	省级	王璋奇 1、齐立忠 3、王　剑 4、杨文刚 5　王　孟 7
38	2018	环境风影响下直接空冷凝汽器的性能研究及空冷岛加装防风网的实践	2018 年度河北省科技进步奖	三等奖	省级	陈海平 1、张学镭 2、安连锁 3、周兰欣 4、沈国清 5
39	2018	超、特高压交流输变电工程电磁环境关键技术及工程应用	中国产学研合作创新成果奖	一等奖	社会力量奖	刘云鹏 4
40	2018	电网设备带电检测装备校验技术、检验平台研制与推广应用	国家电网有限公司科学技术进步奖	二等奖	社会力量奖	王永强 9
41	2018	生物质发电项目可行性和发展前景研究	中国华能集团有限公司软科学研究优秀成果奖	一等奖	社会力量奖	刘　梅 5、吴正人 6
42	2018	基于精细化运行电厂运行指导系统研究与应用	电力建设科学技术进步奖	三等奖	社会力量奖	钱江波 3
43	2018	燃煤电厂典型环保工程运行绩效综合评价研究与应用	2017 年度中国电力创新奖	三等奖	社会力量奖	马双忱 4
44	2018	110kV 电力变压器用晶闸管辅助熄弧混合式有载分接开关的研制与应用	全国电力职工技术成果奖	一等奖	社会力量奖	刘　欣 7

（科学技术研究院　花之蕾　提供）

华北电力大学 2018 年科研工作各院系贡献情况一览表

（北　京　校　部）

单位	成果获奖			成果鉴定	专利				学术论文和学术著作				
	国家级	省部级	合计		发明	实用新型	外观设计	合计	SCI	EI	CPCI-S	著作	合计
电气与电子工程学院	0	9	9	0	142	29	3	174	151	196	3	8	358
能源动力与机械工程学院	0	0	0	0	40	41	0	81	115	36	0	1	152
控制与计算机工程学院	0	2	2	0	31	12	0	43	41	24	1	7	73
经济与管理学院	0	0	0	0	2	4	0	6	55	30	6	15	106
可再生能源学院	0	3	3	0	27	8	0	35	79	14	1	3	97
核科学与工程学院	0	0	0	0	12	15	1	28	31	11	1	1	44
环境与化学工程系	0	0	0	0	2	0	0	2	64	1	0	2	67

续表

单位	成果获奖			成果鉴定		专利			学术论文和学术著作				
	国家级	省部级	合计		发明	实用新型	外观设计	合计	SCI	EI	CPCI-S	著作	合计
数理学院	0	2	2	0	2	0	0	2	41	1	2	0	44
外国语学院	0	0	0	0	0	0	0	0	0	0	0	3	3
人文与社会科学学院	0	0	0	0	0	0	0	0	0	0	0	5	5
思政部	0	0	0	0	0	0	0	0	0	0	0	0	0
资源与环境研究院	0	0	0	0	0	0	0	0	0	0	0	0	0
高等教育研究所	0	0	0	0	0	0	0	0	0	0	0	0	0
现代电力研究院	0	0	0	0	1	2	0	3	0	0	0	0	0
其他	0	0	0	0	13	98	61	172	3	2	3	10	18
合计	0	16	16	0	272	209	65	546	580	315	17	55	967

注 学术论文和著作数为2015年度，表中SCI数据包括SCI、SSCI、A&HCI。

（保 定 校 区）

单位	成果获奖			成果鉴定		专利			学术论文和学术著作				
	国家级	省部级	合计		发明	实用新型	外观设计	合计	SCI	EI	CPCI-S	著作	合计
电气与电子工程学院	0	9	0	0	50	29	5	84	70	108		4	182
能源动力与机械工程学院	0	3	0	0	36	85	28	149	71	34	1	3	109
控制与计算机工程学院	0	1	0	1	20	17	14	51	11	22		1	34
经济与管理学院	0	3	0	0	0	0	1	1	36	6	2	7	51
可再生能源学院	0	0	0	0	0	0	0	0	0	0	0	0	0
核科学与工程学院	0	1	0	0	0	0	0	0	0	0	0	0	0
环境科学与工程学院	0	0	0	0	9	10	4	23	62	6	0	0	68
数理学院	0	0	0	0	19	6	0	25	34	5	0	0	39
外国语学院	0	0	0	0	0	0	0	0	0	0	0	9	9
人文与社会科学学院	0	1	0	0	0	0	0	0	1	0	10	3	14
思政部	0	0	0	0	0	0	0	0	0	0	2	4	6
资源与环境研究院	0	0	0	0	0	0	0	0	0	0	0	0	0
高等教育研究所	0	0	0	0	0	0	0	0	0	0	0	0	0
现代电力研究院	0	0	0	0	0	0	0	0	0	0	0	0	0
其他	0	1	0	0	5	13	14	32	6	5	1	7	19
合计	0	19	0	1	139	160	66	365	291	186	16	38	531

注 学术论文和著作数为2015年度，表中SCI数据包括SCI、SSCI。

（科学技术研究院 花之蕾 提供）

华北电力大学2017年度出版著作情况一览表

序号	著作名称	作者	类别	出版单位	出版时间	ISBN号	总字数（万字）
1	火力发电厂烟气低温余热利用技术	徐 钢	编著	中国电力出版社	2017.01.01	978-7-5123-9873-3	32
2	会员服务与融合的199个金点子	刘向晖	译著	中国科学技术出版社	2017.01.01	978-7-5046-7372-5	12

续表

序号	著作名称	作者	类别	出版单位	出版时间	ISBN 号	总字数（万字）
3	智能电网技术与应用	师瑞峰	译著	机械工业出版社	2017.01.01	978-7-1115-5038-9	29
4	企业岗位管理	郭京生	编著	经济与管理出版社	2017.01.01	978-7-5096-4641-0	33
5	模块化多电平换流器直流输电建模技术	赵成勇	专著	中国电力出版社	2017.03.01	978-7-5123-9609-8	25
6	生物质热化学转化技术	董长青	编著	科学出版社	2017.03.01	978-7-0305-2165-1	40
7	“十二五”北京能源发展大事述略与“十三五”发展战略研究	徐唐棠	编著	中国经济出版社	2017.03.01	978-7-5136-4641-3	26
8	核电风险与保险	周　涛	编著	中国原子能出版社	2017.03.01	978-7-5022-7998-1	33
9	基于二氧化硫氮氧化物二氧化碳排放总量控制的电力系统管理规划模型研究	李　鱼	专著	辽宁教育出版社	2017.03.15	978-7-5549-1577-6	22
10	农村电力消费特点与投资策略研究	孙彦章	专著	中国电力出版社	2017.03.16	978-7-5198-0391-9	22
11	DEVELOPMENT OF CONFIGURATION SOFTWARE FOR FIELDBUS CONTROL SYSTEMS	梁　庚	专著	Nova Science Publishers，Inc	2017.03.30	978-1-6348-5851-9	21
12	权力结构和公民参与框架下的陪审制度研究	田海鑫	专著	金琅学术出版社	2017.04.01	978-3-3308-2260-3	10
13	我国继续教育工程教育远程培训问题研究	余志捷	编著	中国人事出版社	2017.04.02		12
14	纳税筹划理论与实务研究	沈剑飞	专著	中国出版集团研究出版社	2017.04.06	978-7-5199-0061-8	23
15	社会网络北京下商业银行绩效机制研究	李晓宇	专著	北京交通大学	2017.04.28	978-7-5121-3122-4	15
16	ANALYSIS AND EVALUATION OF COMMUNICATION PERFORMANCE IN A REAL TIME INDUSTRIAL FIELDBUS	梁　庚	专著	Nova Science Publishers，Inc.	2017.04.30	978-1-5361-0640-4	40
17	电力电子变换器的建模和控制	袁　敞	译著	机械工业出版社	2017.06.01		47
18	水上运动与体育运动防护	张福生	编著	吉林出版集团股份有限公司	2017.06.01		68
19	电网创新技术影响评估	李存斌	专著	中国电力出版社	2017.06.01	978-7-5198-0754-2	30
20	广告文案写作（理论篇）	张　勤	专著	新华出版社	2017.06.01	978-7-5166-3300-7	25
21	工程项目管理理论	侯学良	编著	科学出版社	2017.06.05	978-7-0305-3191-9	48
22	北京市低碳电力法律保障机制研究	李　英	专著	知识产权出版社	2017.06.12	978-7-5130-4995-5	28
23	计算化学及其在有机物研究中的应用	李　鱼	专著	辽宁教育出版社	2017.06.15	978-7-5549-1660-5	28
24	微电网中的电力电子变换器	刘其辉	译著	机械工业出版社	2017.07.01		32
25	浓缩风能型风电机组理论研究	田　德	专著	中国水利水电出版社	2017.07.01		45
26	Enduring as the Universe	赵玉闪	译著	五洲传播出版社	2017.07.01	978-7-5085-3663-7	48
27	在喧哗与骚动的世界中寻找意义：福克纳及其作品解读	彭霞媚	专著	群众出版社	2017.07.10	978-7-5014-5693-2	16
28	乒乓球技术的运动生物力学研究	肖丹丹	专著	中国书籍出版社	2017.07.30	978-7-5068-639-4	32
29	Combined Cooling，Heating and Power Systems-Modeling，Optimization，and Operation	Shi Yang	专著	WILEY Press	2017.08.01	978-1-1192-8337-9	30
30	民事诉讼失权理论研究	田海鑫	专著	中国政法大学出版社	2017.08.01	978-7-5620-7661-2	28
31	Sliding-Mode-based Frequency Stabilization of Renewable Power Systems	钱殿伟	专著	LAMBERT Academic Publishing	2017.08.07	978-3-6599-5865-6	20
32	从美国州长到驻华大使：特里布兰斯塔德传	刘　辉	译著	五洲传播出版社	2017.08.26	978-7-5085-3776-4	18
33	交通运输金融研究	吴忠群	专著	知识产权出版社	2017.08.28		37
34	超/特高压变压器差动保护关键技术与新原理	郑　涛	专著	科学出版社	2017.09.01	978-7-0305-3794-2	41

续表

序号	著作名称	作者	类别	出版单位	出版时间	ISBN 号	总字数（万字）
35	基于中西方体育文化差异视阈下的艺术体操训练新探	罗　琳	专著	中国纺织出版社	2017.09.01	978-7-5180-4104-6	23
36	武道精粹	崔建功	编著	北京体育大学出版社	2017.09.02	978-7-5644-2615-6	17
37	工程项目管理理论与创新	侯学良	专著	科学出版社	2017.09.10	978-7-0305-3196-4	34
38	工程项目管理理论与应用	侯学良	专著	科学出版社	2017.09.10	978-7-0305-3195-7	29
39	电力系统低频功率振荡模式分析理论与方法	杜文娟	专著	科学出版社	2017.09.10	978-7-0305-0609-2	52
40	Analysis and damping control of power system low-frequency oscillations-	王海风	专著	Springer US	2017.09.15		32
41	低碳电力转型：目标决策、动态优化与政策机制协同	徐　燕	专著	中国水利水电出版社	2017.09.29		21
42	艺术体操训练信息管理系统研究	罗　琳	专著	中国纺织出版社	2017.10.01	978-7-5180-4162-6	18
43	生物质发电燃料供应链运营模式研究	檀勤良	编著	中国经济出版社	2017.10.12		16
44	Research of CPS Models for Power System Supply and Demand Interaction	李　彬	专著	LAP LAMBERT Academic Publishing	2017.11.01	978-3-6598-6319-6	2
45	EMC IN WIND ENERGY SYSTEMS	李庆民	专著	CIGRE（国际大电网机构）	2017.11.16	978-2-8587-3409-2	30
46	体育健康产业的发展及多维度剖析	罗　琳	专著	九州出版社	2017.11.30	978-7-5108-6417-9	21
47	小水电功率预测技术研究及工程应用	文贤馗	专著	贵州大学出版社	2017.12.01		23
48	中国食品行业追溯体系发展报告：2016—2017	何继红	编著	中国财富出版社	2017.12.01	978-7-5047-6578-9	40
49	风电接入引致电网辅助服务成本分摊机制研究	胡军峰	专著	北京交通大学出版社	2017.12.01	978-7-5121-3361-7	11
50	学校体育教学的多维度分析与阐释	罗　琳	专著	中国纺织出版社	2017.12.01	978-7-5180-4355-2	25
51	塑造完美形象视角下形体训练理论与实践探索	罗　琳	专著	中国纺织出版社	2017.12.01	978-7-5180-4353-8	24
52	现代高校健美操运动理论与实践探析	罗　琳	专著	中国纺织出版社	2017.12.01	978-7-5180-4354-5	23
53	大规模协同设计过程多主体建模及进化仿真研究	张　硕	专著	电子科技大学出版社	2017.12.12	978-7-5647-5413-6	15
54	Fieldbus Control Network Based Real Time Industrial Communication	梁　庚	专著	LAP LAMBERT Academic Publishing	2017.12.20	978-6-1339-9193-4	16
55	输电线路电晕及电晕效应	邬　雄	编著	中国电力出版社	2017.12.30	978-7-5198-1189-1	36
56	异步电动机故障在线监测与诊断	许伯强	编著	中国电力出版社	2017.12.28	978-5198-1769-5	33
57	新时期高校党建工作探索	彭忠军	专著	现代出版社	2017.03.01	978-7-5143-4284-0	39
58	计算机网络信息安全理论与创新研究	项洪印	专著	吉林大学出版社	2017.11.01	978-7-5692-1414-7	41
59	基层社会矛盾化解与法治化治理研究	梁　平	专著	法律出版社	2017.09.05	987-7-5197-1278-5	39
60	民法精要	甄增水	编著	中国法制出版社	2017.08.01	978-7-5093-8651-4	53
61	寻找公共行政的“点金石”：西方国家中央政府部际协调的实践与启示	曹丽媛	专著	新华出版社	2017.06.14	978-7-5166-3033-4	22
62	平面的维度	刘　静	专著	中国建材工业出版社	2017.11.01	978-7-5160-2036-4	15
63	振动信号的数学形态处理	胡爱军	专著	中国质检出版社，中国标准出版社	2017.10.15	978-7-5066-8751-5	20
64	有限元方法编程（第五版）	张新春	译著	电子工业出版社	2017.05.01	978-7-121-31414-8	85
65	京津冀产业复杂网络特征与重构研究	武群丽	专著	经济管理出版社	2017.12.01	978-7-5096-5508-5	17
66	电力系统安全风险评估及应急管理	王彦辉	专著	中国质检出版社，中国标准出版社	2017.11.01	978-7-5026-4518-2	15

续表

序号	著作名称	作者	类别	出版单位	出版时间	ISBN 号	总字数（万字）
67	突发事件下的供应链契约研究	张　欢	专著	西北工业大学出版社	2017.11.01	978-7-5612-5738-8	14
68	梯度推移的区域循环经济理论与新能源战略研究	何永贵	专著	中国质检出版社	2017.09.01	978-7-5026-3597-8	26
69	引入倒逼机制的河北省节能降耗创新思路研究	李艳梅	专著	知识产权出版社	2017.07.01	978-7-5130-5066-1	18
70	电力低碳管理模型及政策评价研究	孙　伟	专著	中国电力出版社	2017.07.01	978-7-5198-0802-0	15
71	风电消纳与能源管理研究	范利国	专著	天津科学技术出版社	2017.02.18	978-7-5576-2208-4	30
72	Holder 不等式及其应用	田景峰	专著	清华大学出版社	2017.12.01	978-7-302-45440-3	27
73	基于“后方法”理论的大学英语阅读思辨能力研究	陈宝娣	专著	中国海洋大学出版社	2017.08.01	978-7-5670-1491-6	27
74	大学英语词汇教学研究	高　英	专著	西安交通大学	2017.07.01	978-7-5605-9807-9	25
75	基于语料库的大学英语写作教学研究	黄耀华	专著	西安交通大学出版社	2017.07.01	978-7-5605-9907-6	24
76	问题式教学法在大学英语阅读教学中的应用研究	吴杰荣	专著	东北林业大学出版社	2017.06.10	978-7-5674-1167-8	21
77	中国国家治理现代化研究	赵建春	专著	经济管理出版社	2017.11.02	978-7-5096-5497-2	24
78	形势与政策	魏彤儒	编著	河北大学出版社	2017.10.01	978-7-5666-1245-8	36
79	青少年能源教育知识读本	苑英科	编著	中国经济出版社	2017.07.01	978-7-5136-4660-4	20
80	詹尼日记：跟着宠物学管理	孟祥林	专著	天津人民出版社	2017.07.01	978-7-201-12072-0	25
81	教育管理艺术理念与思维创新	归　毅	编著	吉林美术出版社	2017.08.31	978-7-5575-3009-9	38
82	高校图书馆开放存取资源整合研究	高玉平	专著	吉林文史出版社	2017.09.01	978-7-5472-3314-6	30
83	数字教育背景下大学英语思辨教学多维教学模式研究	蔡红改	专著	中国工人出版社	2017.12.30	978-7-5008-6878-1	10
84	我们一直住在城堡里	储　艳	译著	天地出版社	2017.10.01	978-7-5455-2989-0	13
85	《红高粱》译本研究	王乐洋	专著	九州出版社	2017.09.30	978-7-5108-5853-6	13
86	白求恩之歌	储　艳	译著	国际文化出版公司	2017.09.01	978-7-5125-0999-3	2
87	多元文化主义的终结	王乐洋	译著	新华出版社	2017.08.01	978-7-5166-3370-0	21
88	博弈大师简·奥斯汀	顾莹华	编著	现代教育出版社	2017.07.01	978-7-5106-5030-7	10
89	跨语言隐喻的认知应用研究	牛培培	专著	九州出版社	2017.07.01	978-7-5108-5514-6	18
90	体裁教学法理论评述及在大学英语教学中的应用	王少凡	专著	天津科学技术出版社	2017.05.05	978-7-5576-2105-6	22
91	信息技术语境下大学英语教学环境生态探究	杜艳霞	专著	九州出版社	2017.05.05	978-7-5108-5337-1	16
92	现代工程控制论	韩　璞	专著	中国电力出版社	2017.04.01	978-7-5198-0615-6	116

（科学技术研究院　花之蕾　提供）

华北电力大学 2018 年度已授权专利情况一览表

序号	名称	发明人	专利类型	申请日期	授权日期	申请号
1	一种基于分布式电源的智能化室内照明系统	房　方、张　旭、魏　乐	授权发明	2015.12.09	2018.09.14	CN201510906545.3
2	基于组件的分布式能源多模态控制系统及其控制方法	房　方、李　昭、魏　乐	授权发明	2015.12.10	2018.06.01	CN201510909530.2
3	变压器预警值的估算方法及装置	齐　波、荣智海、张　鹏、李成榕	授权发明	2015.07.23	2018.06.08	CN201510438809.7
4	围绕一次风的燃煤电站能级匹配热集成系统	孙杨、李惊涛、任婷、赵铁铮	授权发明	2016.01.26	2018.11.09	CN201610052301.8

续表

序号	名称	发明人	专利类型	申请日期	授权日期	申请号
5	一种基于故障模式的变电设备故障概率计算方法	程养春、蔡　巍、赵子健、龙凯华、李志刚	授权发明	2014.10.16	2018.02.13	CN201410553820.3
6	一种高稳定混合维钙钛矿材料及应用	戴松元、潘　旭、郑海英、叶加久、姚建曦、张　兵、陈海彬、任英科	授权发明	2016.06.27	2018.10.16	CN201610482833.5
7	一种适用于大规模风电外送的直流输电控制方法	郭春义、李春华、赵成勇、范雪峰、周勤勇、杨　云、夏　懿、孙玉娇、宋汶秦、韩　奕、杨　晶	授权发明	2015.06.19	2018.01.02	CN201510347511.5
8	旋转式光学电场传感器	李岩松、刘　君、张　敏	实用新型	2018.04.25	2018.12.04	CN201820605185.2
9	一种垃圾热解装置与方法	陆　强、胡　斌、叶小宁、李文涛、王　昕、董长青	授权发明	2015.11.13	2018.08.14	CN201510772390.9
10	一种基于模板匹配滤波的居民负荷用电识别方法	武　昕、王　震、李　阳	授权发明	2016.01.21	2018.04.10	CN201610041560.0
11	一种直流电压可连续宽范围调节的直流融冰方法	许建中、赵成勇、郭裕群	授权发明	2015.01.20	2018.04.20	CN201510027193.4
12	一种多层大型智能车库区管理系统的车位引导方法	范杰清、孙凤杰	授权发明	2015.10.27	2018.05.25	CN201510706575.X
13	一种适用于空冷机组的两级原煤干燥系统及原煤干燥方法	徐　钢、董　伟、杨勇平、许　诚、王春兰、马　英	授权发明	2015.07.13	2018.05.25	CN201510407881.3
14	一种平板式抗硫低温 SCR 脱硝催化剂及其制备方法	陆　强、黎方潜、蔺卓玮、唐　昊、马　帅、董长青	授权发明	2015.11.13	2018.06.26	CN201510772481.2
15	一种修复地下水硝酸盐污染的微生物电化学装置和方法	卢宏玮、杜　鹏、何　理、申　婧	授权发明	2014.04.28	2018.11.09	CN201410171820.7
16	一种监控装置及系统	王潇苹、张华夏、宋子秋、周鹏威、吕奚若、颜　瑞、彰子萱	实用新型	2018.03.28	2018.10.12	CN201820429167.3
17	一种多功能智能单车	周　杭、齐　才、曾祥明、唐　彬	实用新型	2018.04.02	2018.12.07	CN201820452746.X
18	一种含DG配电网电流保护系统及方法	马　静、康胜阳、张伟波、康文博	授权发明	2016.07.26	2018.05.18	CN201610597547.3
19	一种钙钛矿膜的制备方法和应用	谭占鳌、郭　强、王志斌、李　聪、王福芝、戴松元	授权发明	2015.11.19	2018.06.22	CN201510802508.8
20	一种防止反应堆发生弹棒事故的装置	周　涛、李子超、周蓝宇、张　晗、李　兵、田晓瑞、陈　娟	授权发明	2017.03.09	2018.07.24	CN201710137828.5
21	一种计及需求响应的光伏微电网储能多目标容量配置方法	周　楠、樊　玮、刘　念、郭　斌、张建华	授权发明	2016.03.28	2018.10.16	CN201610182863.4
22	一种黄铜矿结构的稀磁半导体材料及其制备方法	郭永权、解娜娜	授权发明	2015.12.21	2018.08.28	CN201510965170.8
23	自适应液压势能转换装置	姜　彤、郑祥常、马　娴、陈伟丽、傅　昊、何旭洁	授权发明	2016.01.27	2018.05.25	CN201610057043.2
24	一种锅炉水冷壁结渣在线监测系统及方法	康志忠、帅志昂、刘涵子、郭永红、孙保民	授权发明	2015.08.27	2018.10.26	CN201510537288.0
25	一种长绳跑动辅助练习垫	奚彩莲、徐新利、李亮、白雨溪、林孟群、张茗洋、席思雨	实用新型	2018.01.11	2018.10.12	CN201820042277.4
26	一种流域水质管理的系统规划方法	刘　静、李永平、李延峰、张俊龙	授权发明	2015.03.26	2018.06.22	CN201510136915.X
27	智能茶几系统	牛妍舒	实用新型	2017.12.12	2018.12.07	CN201721718902.4
28	一种双轴励磁汽轮发电机转子绕组结构	罗应立、许国瑞、张伟华、李伟力	授权发明	2016.08.18	2018.07.31	CN201610687220.5
29	一种循环流化床的炉内脱硫优化控制方法	刘吉臻、张文广、孙亚洲、高明明、杨婷婷、房　方、曾德良、邱　天	授权发明	2015.01.27	2018.05.25	CN201510041408.8
30	一种核燃料元件	周　涛、马栋梁、齐　实、陈柏旭	授权发明	2016.12.29	2018.07.24	CN201611246847.3

续表

序号	名称	发明人	专利类型	申请日期	授权日期	申请号
31	一种防止核电站放射性颗粒产物扩散的系统	周涛、王尧新、李兵、周蓝宇	授权发明	2017.03.02	2018.05.08	CN201710121151.6
32	一种澡堂分流显示系统	张振宁、汪伟辰、刘青松、宋记锋	实用新型	2018.03.15	2018.11.16	CN201820354291.8
33	一种光纤布喇格光栅风向传感器及风向计算方法	马国明、李成榕、周弘扬、宋宏图、毛乃强、郑　晴	授权发明	2015.12.24	2018.11.09	CN201510984830.7
34	一种基于物联网的分区灯光控制系统	潘思宇、樊　冰	实用新型	2018.02.07	2018.09.11	CN201820210364.6
35	一种基于液态金属的设备限温器及设备限温方法	刘广林、王　宪、徐进良、张　伟	授权发明	2016.06.06	2018.04.10	CN201610394105.9
36	控制烟气重金属污染物排放的大规模吸附剂改性耦合喷射系统	张永生、顾永正、曹　晏	授权发明	2014.06.11	2018.01.05	CN201410261836.7
37	基于重物增压技术的抽水蓄能发电系统	姜　彤、张璐路、全璐遥、崔　岩、陈紫薇	授权发明	2016.03.01	2018.08.28	CN201610115294.1
38	基于偏置曲柄滑块的自平衡齿轮齿条驱动抽油机	李君洛、蒿　翰	实用新型	2018.04.20	2018.11.30	CN201820570390.X
39	电压引导装置、封闭装置及绝缘亲水性涂层的制作方法	卞星明、朱俊谕、宋维力、刘　琳、齐　磊、许　尧、林耀煜、符瑜科、徐永生	授权发明	2016.08.16	2018.01.05	CN201610675637.X
40	一种适用于高电平模块化多电平换流器的电容均压策略	赵成勇、许建中、何智鹏、苑　宾	授权发明	2015.04.03	2018.10.30	CN201510156360.5
41	一种混合风力发电的预测方法及系统	宋晓华、张宇霖、龙　芸、张栩蓓、李乐明	授权发明	2016.05.09	2018.02.27	CN201610300971.7
42	一种利用磁场提高铁锰复合氧化物除砷效率的方法	席北斗、谷云东、龚　斌、赵　颖、刘文芳、高如泰、李　瑞、李晓光、杨天学、李曹乐、郝　艳、王丽君、彭　星	授权发明	2015.07.02	2018.06.22	CN201510381427.5
43	基于液体温度控制的等温压缩空气储能发电系统及其方法	姜　彤、张毓颖、郑祥常	授权发明	2016.07.28	2018.11.09	CN201610608912.6
44	一种基于高倍聚光技术的HCPV/T海水淡化系统	林园铖、吴昀辉	实用新型	2018.02.06	2018.10.16	CN201820204227.1
45	一种具有光伏发电功能的空气净化加湿器	王月汉、杨泽洲、秦瑞钧、陈星潼、韩　雪、林　灏	实用新型	2018.02.09	2018.10.02	CN201820235973.7
46	一种用于半导体制冷空气取水装置的液冷散热装置	范夕洋、赵永龙、于洁璇、张　涵、张作敏、班亚琳、李　瑞、刘华宇、倪帅师	实用新型	2018.03.29	2018.10.09	CN201820433410.9
47	基于含电磁环网电气分区的关键输电断面搜索方法	夏　鹏、刘文颖、史可琴、梁安琪、惠建峰、蔡万通、王　康、李亚龙、朱丹丹、郭　鹏、迟方德、魏泽田、王方雨、叶湖芳、李慧勇、付熙玮、张雨薇、田　浩、郭红林、吕思琦	授权发明	2016.04.06	2018.08.10	CN201610211253.2
48	一种表面积污导线、可控的导线表面积污的方法及系统	祝艺嘉、卢铁兵、卞星明、汪　晶、张　旭、王东来	授权发明	2016.06.17	2018.10.23	CN201610439844.5
49	一种基于燃烧图像的煤粉与炉内热流混合效果度量方法	刘　禾、胡叙畅、杨国田、于　磊、刘建松	授权发明	2016.04.27	2018.06.22	CN201610269775.8
50	一种智能校车天窗	朱永强、王冠杰、梁燕红、李红贤、谭伟璞	授权发明	2014.12.02	2018.06.26	CN201410740525.9
51	一种基于ReBCO涂层导体片的传导冷却磁体	袁　茜、王银顺、皮　伟、薛济萍	授权发明	2016.10.10	2018.06.22	CN201610884133.9
52	一种匹配虚拟同步机储能容量的惯量配置方法	袁　敞、刘　昌、赵天扬、谢佩琳、肖湘宁、唐　酿	授权发明	2016.03.30	2018.11.09	CN201610195659.6

续表

序号	名称	发明人	专利类型	申请日期	授权日期	申请号
53	计及无功补偿装置损耗的 750kV 变压器效率计算方法	卓建宗、刘文颖、王维洲、魏泽田、刘福潮、李俊游、郑晶晶、李亚龙、杜培栋、郭　鹏、蔡万通	授权发明	2015.05.12	2018.04.10	CN201510239687.9
54	过电压节能保护器传输装置	吕　挺、廖海君	实用新型	2017.10.13	2018.04.10	CN201721320731.X
55	一种制备碳纳米管的系统及方法	王　阳、郭永红、孙保民、汪　涛、贾小伟	授权发明	2016.07.15	2018.02.23	CN201610561905.5
56	一种 HVDC 直流限流器拓扑	郭春义、李春华、刘羽超、赵成勇、张　磊、许韦华、阳岳希、张庆国、井雨刚	授权发明	2014.08.29	2018.03.30	CN201410438615.2
57	一种非金属管材高温拉伸检测装置	徐　钢、刘金鑫、杨佐勋、王永田、刘文毅	实用新型	2018.03.23	2018.12.04	CN201820397785.4
58	一种高压导线粗糙系数的测量装置和方法	邹志龙、卢铁兵、崔　翔、卞星明、李沁远	授权发明	2015.10.21	2018.01.23	CN201510686248.2
59	智能电容器组模拟满负荷运行测试平台	赵国鹏、王彦杰、韩民晓	授权发明	2014.12.18	2018.07.10	CN201410781892.3
60	飞轮储能系统的控制方法及装置	张金芳、郭　萍、赵建勋	授权发明	2015.12.03	2018.04.10	CN201510882489.4
61	非晶合金电机定子铁芯的制备方法	刘明基、薛志勇、蔡中勤、王永田、赵伟波、康一鸣、宋天心、张伟华	授权发明	2016.04.11	2018.02.02	CN201610221769.5
62	电加热夹层玻璃	刘宏伟	实用新型	2017.07.06	2018.04.03	CN201720815006.3
63	一种高可靠性快速开关型故障限流器	秦立军、王　宪、汤卓凡、蒋华婷	实用新型	2017.05.02	2018.04.06	CN201720478923.7
64	计及撬棒保护的双馈发电机仿真系统及方法	马　静、黄天意、刘　畅、邱　扬	授权发明	2015.02.09	2018.04.10	CN201510065414.7
65	基于克莱姆法则的电网稳态功率构成关系解析计算方法	鲍　海、苏洪玉	授权发明	2016.07.04	2018.11.09	CN201610532042.9
66	太阳能辅助燃煤发电系统中太阳能贡献度确定方法	侯宏娟、徐　璋、杨勇平	授权发明	2015.06.16	2018.02.02	CN201510333443.7
67	一种区分服务网络中低风险路由方法	樊　冰、闫江毓、吴润泽、唐良瑞	授权发明	2015.11.20	2018.11.09	CN201510810930.8
68	一种水利水电工程防堵装置	张玮玮	实用新型	2018.03.09	2018.12.07	CN201820324181.7
69	一种基于三序等值阻抗的机电暂态仿真系统的建模方法	李　伟、郭　琦、杨　洋、陶　顺、陈鹏伟、房　钊、肖湘宁	授权发明	2015.08.11	2018.05.25	CN201510490402.9
70	可模拟直流 GIL 内部温升的绝缘子表面电荷测量平台	马国明、李成榕、周宏扬、王　璁、石　城	授权发明	2016.03.23	2018.11.06	CN201610170240.5
71	一种绝缘液体中电子迁移率的测量方法	吕玉珍、李成榕、胡志锋、仪　凯、李　超	授权发明	2016.03.18	2018.05.25	CN201610158395.7
72	一种基于 ReBCO 螺旋涂层导体片的超导磁体及制备方法	王银顺、侯言兵、皮　伟、薛济萍	授权发明	2016.09.13	2018.07.31	CN201610821930.2
73	一种基于优化时间窗口的风资源评估方法	刘永前、孙　莹、王　函、韩　爽、李　莉、顾　波、赵　钰、邵振州、孙绪江	授权发明	2016.07.15	2018.08.28	CN201610561890.2
74	一种多台联建机组乏汽冷却系统及多台联建空冷发电机组	杜小泽、倪伟铭、杨立军、席新铭、杨勇平	授权发明	2016.12.13	2018.02.16	CN201611144952.6
75	电压引导装置、封闭装置及绝缘憎水性涂层的制作方法	卞星明、朱俊谕、宋维力、刘　琳、齐　磊、林耀煜、许　尧、符瑜科、徐永生	授权发明	2016.08.16	2018.03.06	CN201610674690.8
76	一种可控电磁信号屏蔽钱包	王少杰、崔　鹏、马昕雨	实用新型	2017.04.19	2018.04.17	CN201720412479.9
77	一种基于冷却液冷却的低能耗压缩空气干燥系统	徐　钢、代礼豪、包塞纳、李　兵、王　鹏、吕　剑	实用新型	2017.11.21	2018.10.19	CN201721558229.2

续表

序号	名称	发明人	专利类型	申请日期	授权日期	申请号
78	提高风电/光伏混合储能系统经济性的协调优化控制方法	韩晓娟、张喜林、籍天明、曹　禹	授权发明	2014.11.06	2018.10.19	CN201410617990.3
79	电力系统能量稳定域构建系统及方法	马　静、王上行、李益楠、康胜阳、王增平	授权发明	2015.03.02	2018.05.25	CN201510092163.1
80	绝缘子界面质量的检测方法、装置及系统	屠幼萍、袁之康、段明明、王　璁、姜　涵、王景春	授权发明	2016.06.16	2018.04.06	CN201610429817.X
81	一种基于相分量模型的输电系统单相接地短路电流分布计算方法	齐　郑、饶　志	授权发明	2015.05.15	2018.01.09	CN201510247575.8
82	基于预测函数控制的分子量输出PDF控制方法	张金芳、郭　萍、赵建勋、李　进	授权发明	2016.01.11	2018.06.22	CN201610015582.X
83	超临界水煤粉直接氧化复合工质循环发电系统及方法	张乃强、蒋东方、韦丁萍、岳国强、曹　琦、徐　鸿	授权发明	2015.12.25	2018.05.25	CN201510997651.7
84	一种电磁、机电暂态混合仿真电磁侧系统等效方法	肖湘宁、杨　洋、陈鹏伟、房　钊、陶　顺	授权发明	2015.02.02	2018.01.19	CN201510053490.6
85	一种用于对变压器绕组变形带电进行监测的装置	程养春、毕建刚、常文治、杨　宁、潘晓华、刘继平、马宪伟	实用新型	2017.08.07	2018.04.03	CN201720978632.4
86	一种烟气循环流化床脱硫的优化控制方法	张文广、张　越、刘吉臻、曾德良、杨婷婷、高明明、房　方、牛玉广	授权发明	2015.07.22	2018.04.10	CN201510435036.7
87	一种故障录波数据压缩方法	夏瑞华、刘　博	授权发明	2015.01.20	2018.09.25	CN201510030308.5
88	一种基于数据挖掘的电池储能系统SOC预测方法	韩晓娟、余晓玲、蔡丽娟、方劲宇	授权发明	2016.04.13	2018.08.28	CN201610228840.2
89	自适应式微网储能系统能量优化管理方法	贾　科、陈奕汝、毕天姝、李　猛、任哲锋、魏宏升	授权发明	2015.08.11	2018.04.10	CN201510490550.0
90	一种基于乏汽余热利用与蓄热罐结合的热电解耦辅助系统	徐　钢、张慧帅、孙　杨、肖　瑶、王　鹏、杨义东	实用新型	2017.11.23	2018.10.19	CN201721582145.2
91	基于热刺激电流特性的复合绝缘子人工老化试验评估方法	屠幼萍、王　璁、王梦丹、申　瑞、梁　栋、姜艺楠、袁之康、王景春	授权发明	2015.12.18	2018.04.10	CN201510958923.2
92	基于ECT系统的三维全开放式火焰检测传感器	刘　婧、康逸群、刘　石、周婉婷	授权发明	2015.12.31	2018.05.25	CN201511032401.6
93	一种香樟叶催化热解制备樟脑的方法	陆　强、叶小宁、李文涛、胡　斌、王　昕、董长青	授权发明	2016.03.07	2018.06.26	CN201610125894.6
94	一种旋转迁移联合PRB修复三氯乙烯污染土壤的装置和方法	卢宏玮、任丽霞、何　理、陈义忠、李　晶	授权发明	2016.03.31	2018.11.06	CN201610201551.3
95	一种交流电机的两项式分段变系数铁耗模型的构建方法	赵海森、张冬冬、王莎莎、刘晓芳	授权发明	2015.09.09	2018.06.22	CN201510571851.6
96	一种热交换设备	沈国清、张树晓、张世平、安连锁	实用新型	2018.03.19	2018.10.26	CN201820371091.3
97	基于反向等量配对调整法的输电断面极限求解方法	毛安家、裴子霞、王婷婷、宋颖巍、沈　方、刘　岩、吴卓航、侯玉琤、商文颖、李　华	授权发明	2015.11.30	2018.01.23	CN201510856649.8
98	一种基于逻辑量信息的配电网区域保护系统及方法	马　静、刘　畅、康胜阳	授权发明	2016.06.14	2018.04.10	CN201610412007.3
99	一种会计收纳盒	唐筱仪、颜苏莉	实用新型	2018.03.26	2018.12.07	CN201820408133.6
100	保护间隙测量装置及方法	詹花茂、孙　峥、刘亚洲、李成榕	授权发明	2015.04.01	2018.04.10	CN201510152718.7
101	一种亚临界循环流化床锅炉机组蓄能量化方法	高明明、洪　烽、刘吉臻、杨婷婷、黄　杰、翟海涛	授权发明	2016.08.24	2018.08.24	CN201610721548.4
102	荷—源协调控制的可再生能源日前计划修正方法	李慧勇、刘文颖、朱丹丹、王维洲、李亚龙、杨列銮、张东英、景乾明、耿　然、秦　睿、叶湖芳、郑　伟、吕思琦、梁　琛、牛　健、郭红林、智　勇、拜润卿、郭　鹏、蔡万通、张宇泽	授权发明	2015.12.23	2018.08.10	CN201510977878.5

续表

序号	名称	发明人	专利类型	申请日期	授权日期	申请号
103	一种适用于高电平模块化多电平换流器的定量控制IGBT平均开关频率的闭环控制方法	赵成勇、许建中、何智鹏、徐　莹	授权发明	2015.11.16	2018.04.20	CN201510778020.6
104	在线自适应过零投切校正的智能电容器	赵国鹏、韩民晓、王彦杰	授权发明	2014.12.18	2018.01.16	CN201410781858.6
105	基于蓄气单元实现气体等温缩放的内控温液体活塞装置	姜　彤、郑祥常、陈伟丽、童　潇、何旭洁、傅　昊	授权发明	2015.09.11	2018.01.19	CN201510580406.6
106	一种生物质催化热解制备高品位液体燃料的方法	陆　强、李文涛、叶小宁、周民星、胡　斌、董长青	授权发明	2016.08.22	2018.08.07	CN201610700947.2
107	风电与火电耦合外送优化控制方法	蔡万通、刘文颖、史可琴、夏　鹏、王　康、魏泽田、梁安琪、惠建峰、李亚龙、朱丹丹、郭　鹏、迟方德、王方雨、叶湖芳、李慧勇、付熙玮、张雨薇、田　浩、郭红林、吕思琦	授权发明	2016.05.23	2018.12.11	CN201610346328.8
108	一种集成超临界 CO_2 循环的燃煤二次再热汽轮发电机组	许　诚、张　强、李潇洒、高亚驰、徐　钢、刘　彤	实用新型	2017.12.26	2018.10.09	CN201721854624.5
109	考虑分布式电源无功补偿成本的电网无功优化方法	陈奇芳、马世英、张建华、刘　阳、蒙　园、陈　勇、王　丹	授权发明	2016.05.17	2018.04.10	CN201610326301.2
110	自行车停放系统	吴宇涛、王笑语、陈诗琳、王　硕	实用新型	2018.01.11	2018.10.09	CN201820042299.0
111	基于波形相关的风电场集电线路电流保护方法	郑　涛、赵裕童、李　菁、李　庆、陈子瑜	授权发明	2017.02.23	2018.11.06	CN201710100673.8
112	增加全断面隧道掘进机连续型刀盘刚度的方法及曲面刀盘	张照煌、龚国芳、高青风、孙　飞	授权发明	2016.03.02	2018.08.10	CN201610118623.8
113	一种针对非正南向坡面的光伏组件安装设计方法	肖运启、苗田银、张美玲、薛光楠	授权发明	2016.07.27	2018.04.10	CN201610605158.0
114	一种模块化的板式凝汽器	魏高升、黄平瑞、杜小泽、杨勇平	授权发明	2016.09.19	2018.06.22	CN201610833745.5
115	一种冷凝换热管	纪献兵、周冬冬、徐进良	实用新型	2017.09.29	2018.04.10	CN201721270444.2
116	一种电动热泵与吸收式热泵复合的换热机组	孙　健、戈志华、杜小泽、杨勇平	实用新型	2018.02.06	2018.10.30	CN201820203554.5
117	一种利用超声波的板式换热器循环反冲洗系统	徐　钢、李　兵、杨佐勋、代礼豪、张　锴	实用新型	2018.03.23	2018.12.04	CN201820397681.3
118	一种无源无线智能家居和楼宇环境监控装置	刘苏梅、高鹏鸣	实用新型	2018.04.28	2018.11.16	CN201820626836.6
119	一种磁场强化杭锦 2#土负载纳米零价铁去除水中污染物的方法	谷云东、李　瑞、席北斗、赵　颖、高如泰、李晓光、龚　斌、彭　星、郝　艳、杨天学、李曹乐、王丽君	授权发明	2015.07.02	2018.01.16	CN201510381337.6
120	用于液态铅或液态铅铋合金回路系统的氧控装置及其方法	牛风雷、赵云淦、杜晓超、吴　斌、高　胜、吴宜灿	授权发明	2016.02.03	2018.08.28	CN201610076804.9
121	一种超临界水中细颗粒运动观测实验装置	周　涛、马栋梁、王尧新、李　兵、冯　祥	实用新型	2017.12.21	2018.10.12	CN201721805863.1
122	一种光伏组件阵列性能监测和故障识别的方法及系统	董玉亮、房　方	授权发明	2016.05.18	2018.03.16	CN201610329167.1
123	一种广域保护故障定位系统及其方法	马　静、孙吕祎、吴　劼、项晓强	授权发明	2016.08.03	2018.06.12	CN201610629502.X
124	非隔离型多电平逆变电路调制控制方法	卢亮宇、王银顺、牟　敏、徐记凤、阚常涛、刘文飞、付　瑜	授权发明	2016.05.20	2018.08.24	CN201610342218.4
125	迎风面的出流切线倾角的最优值确定方法	张照煌、宋玉旺、王　磊	授权发明	2017.04.21	2018.09.11	CN201710269207.2
126	一种电力系统机组组合配置方法及装置	许传龙、张粒子、王昀昀、唐成鹏、任仰攀、程　鑫、张传成、朱泽磊	授权发明	2016.04.14	2018.10.23	CN201610231444.5

续表

序号	名称	发明人	专利类型	申请日期	授权日期	申请号
127	电容式套管绝缘缺陷设计方法及装置	戴佺民、詹花茂、李成榕、潘齐方、卓　然、田　野、傅明利	授权发明	2015.04.01	2018.04.10	CN201510153046.1
128	一种复合绝缘子用硅橡胶复合材料	何少剑、林彦楷、马洪飞、李春雷、林　俊	授权发明	2016.03.23	2018.08.28	CN201610170289.0
129	一种基于逻辑判断的站域保护方法	王增平、马　静、王　桐、孙吕祎	授权发明	2016.04.29	2018.11.06	CN201610284471.9
130	高渗透率的新能源电力并网系统及稳定性控制方法	黄永章　卫思明	授权发明	2015.10.23	2018.05.25	CN201510695496.3
131	一种基于杜鹃搜索算法求解非线性规划模型的方法和装置	曾　博、温俊强、张建华、郑　雄、欧阳邵杰	授权发明	2015.05.20	2018.04.17	CN201510259313.3
132	一种面向智能电网的系统内在坚强性评价方法	陈晓梅	授权发明	2015.12.15	2018.06.22	CN201510937232.4
133	一种带有辅助换相电路的LCC·HVDC拓扑	赵成勇、李春华、蒋碧松、郭春义	授权发明	2015.01.20	2018.08.17	CN201510027124.3
134	混压同塔四回线单相跨三相的跨电压故障电流计算方法	黄少锋、刘　欣、郑　涛、蔡雪瑄、王洪敏、杨逸凡、周宇聪、申洪明、贾　科	授权发明	2015.12.25	2018.08.17	CN201510993984.2
135	一种变压器绕组径向变形模拟试验平台	程养春、毕建刚、常文治、潘晓华、邓彦国、白华颖	授权发明	2015.10.08	2018.05.18	CN201510643965.7
136	基于压力传感器的仿真电梯节能运行控制系统	李　杰、刘铖浩、张晏熙、和昊婷	实用新型	2018.04.26	2018.11.09	CN201820610541.X
137	用于堆芯温度监测的声热传感装置	宋曼青、唐甲璇、王代福、杨　函、郝祖龙	实用新型	2017.04.20	2018.04.06	CN201720416675.3
138	一种单相永磁同步发电机串电容运行控制装置	郑颖宣、李　斌、方　浩、盖忠睿	实用新型	2018.02.06	2018.10.02	CN201820204525.0
139	一种大型光伏电站汇集系统故障定位方法	贾　科、顾晨杰、毕天姝、魏宏升、任哲峰、陈奕汝	授权发明	2016.09.27	2018.04.10	CN201610857465.8
140	量化循环流化床锅炉给煤热量释放时间系统及方法	高明明、洪　烽、刘吉臻、杨婷婷、吕　游	授权发明	2015.08.31	2018.12.11	CN201510549122.0
141	一种基于空心光子晶体光纤的变压器油气分离装置	马国明、李成榕、江　军	授权发明	2015.05.04	2018.04.10	CN201510221644.8
142	超临界二氧化碳可视化测量试验台架	王　汉、陆道纲、郭张鹏	实用新型	2018.04.27	2018.12.04	CN201820614262.0
143	风力发电叶片及背风面出流切线倾角的确定方法	张照煌、王　磊、高青风、孙　飞	授权发明	2016.03.16	2018.03.20	CN201610151248.7
144	使用石墨烯层的反应堆控制棒	周　涛、宋明强、琚忠云	授权发明	2014.06.04	2018.02.02	CN201410245878.1
145	适用于金属圆管的氟塑料薄膜自动包覆装置	徐　钢、满孝增、陈　袁、牛晨魏、许　诚、谢昂均	授权发明	2016.04.13	2018.05.25	CN201610228587.0
146	基于吸湿性与介电特性的复合绝缘子老化状态评价方法	屠幼萍、姜艺楠、梁　栋、王　璁、王景春	授权发明	2015.12.18	2018.05.25	CN201510958583.3
147	一种金属铅增韧的氧化铅陶瓷及其制备方法	马　雁、杨安霞、张书玉、牛风雷、朱卉平	授权发明	2016.04.14	2018.04.10	CN201610232592.9
148	一种基于虚拟电流限制器的换相失败抑制方法	郭春义、赵成勇、刘羽超、张　帆、刘　炜	授权发明	2015.01.20	2018.04.17	CN201510027123.9
149	基于等式约束的辅助电容分布式全桥MMC自均压拓扑	赵成勇、许建中、刘　航	授权发明	2016.01.25	2018.10.30	CN201610047407.9
150	一种基于蓝牙控制的智能跟随小车	田宝宁、陈世萍、于　群、孟祥龙、郭　琳	实用新型	2018.03.25	2018.09.28	CN201820404919.0
151	一种冷绝缘高温超导电缆屏蔽层端部结构及连接方法	王银顺、张　瀚、皮　伟、薛济萍	授权发明	2016.08.08	2018.05.25	CN201610643698.8

续表

序号	名称	发明人	专利类型	申请日期	授权日期	申请号
152	一种发电装置和自发电式剃须刀	栗永利、董 鹏、杨春笋、杨海健、刘一晨、张 辉、陈宏刚	实用新型	2017.09.13	2018.04.20	CN201721171056.9
153	一种变压器绕组轴向变形模拟试验平台	程养春、常文治、毕建刚、刘 洋、段博涛、杨 圆、孟 楠	授权发明	2015.10.08	2018.05.18	CN201510648913.9
154	一种生活垃圾热解炭化方法	董长青、陆 强、胡 斌、李文涛、王 昕、张润禾	授权发明	2015.11.30	2018.06.29	CN201510844988.4
155	一种集节能脱硫除尘为一体的电袋除尘器	张媛媛、张 锴、杨凤玲、程芳琴	实用新型	2017.09.22	2018.04.13	CN201721223755.3
156	直流导线模拟积污装置、表面状态的测量方法及系统	张 旭、卞星明、崔 翔、卢铁兵、祝艺嘉、李沁远	授权发明	2016.06.16	2018.06.15	CN201610429443.1
157	适用于分布式电源接入的 T 接线路保护方法	郑 涛、赵裕童、王燕萍、李 菁、魏旭辉、王增平、陈 璨、吴林林、刘 辉	授权发明	2016.01.26	2018.05.25	CN201610053366.4
158	多工况电力系统自适应控制方法及装置	马 静、陈亦骏、孙吕祎、王 桐	授权发明	2015.06.12	2018.01.23	CN201510325481.8
159	智能水杯和系统	余秋萍	实用新型	2017.10.30	2018.09.11	CN201721418540.7
160	基于伊藤微分的时滞电力系统随机稳定性分析方法及系统	马 静、朱祥胜、李益楠、闫 新、黄天意	授权发明	2015.03.03	2018.06.22	CN201510093357.3
161	一种基于陀螺仪与心率感应器的智能空调控制装置	黎 睿、李繁菀、杨国田	实用新型	2017.11.08	2018.09.07	CN201721479777.6
162	用于态势感知的电网监控终端系统	秦立军、汤卓凡、王 宪、蒋华婷	实用新型	2017.05.02	2018.04.06	CN201720475714.7
163	基于状态反馈的循环流化床锅炉床温的事件驱动控制系统	房 方、李荣丽、刘吉臻	授权发明	2016.08.04	2018.03.13	CN201610635215.X
164	直流 GIL 盆式绝缘子表面电荷密度测量与观测平台	周宏扬、马国明、王 璁、李成榕、毛乃强	授权发明	2016.03.23	2018.10.16	CN201610169791.X
165	一种基于 SCR 反应的低温脱硝反应器及方法	汪 涛、万震天、杨晓初、肖海平、孙保民、戴玉坤	授权发明	2016.02.03	2018.01.23	CN201610077100.3
166	一种带菲涅尔透镜的新型槽式太阳能集热器装置	顾煜炯、耿 直、赵学林、陈礼敏	实用新型	2018.01.31	2018.11.30	CN201820200543.1
167	一种风水火短期联合优化调度方法	袁桂丽、于 童、王琳博、薛彦广	授权发明	2016.07.08	2018.11.09	CN201610538460.9
168	同时实现高温蒸汽氧化和应力腐蚀开裂试验的装置及方法	张乃强、徐 鸿、李梦源、朱忠亮、蒋东方、吕法彬、倪永中、毛雪平	授权发明	2015.11.03	2018.04.10	CN201510736983.X
169	一种可 360 度旋转的摄像装置	耿宝多、孟含笑、陈 倩、武倩钰、郁淑婕、杨天明	实用新型	2017.09.22	2018.04.06	CN201721228734.0
170	基于恒压恒频控制的三端柔性环网装置的不间断供电方法	赵国鹏、何彦良、周昕炜、韩民晓、黄仁乐、李 蕴	授权发明	2016.12.27	2018.10.12	CN201611222171.4
171	一种铅铋环境下反应堆一回路的防颗粒物沉积装置	周 涛、田晓瑞、何逸凡、周蓝宇、张 晗	授权发明	2017.03.22	2018.07.24	CN201710172136.4
172	一种用于制备大面积柔性超薄单晶硅片的湿法化学腐蚀法	李美成、李瑞科、陈杰威、付鹏飞、白 帆、黄 睿	授权发明	2015.05.04	2018.08.21	CN201510219200.0
173	一种基于 ReBCO 涂层超导片的传导冷却超导磁体	王银顺、李 彦、王 蒙、皮 伟、薛济萍	授权发明	2016.08.05	2018.07.31	CN201610639295.6
174	一种基于削减液膜厚度的热管装置	唐 彬、周 杭	实用新型	2018.03.22	2018.11.06	CN201820390626.1
175	一种适用于全桥模块化多电平换流器的启动策略	许建中、苑 宾、何智鹏、赵成勇	授权发明	2015.01.30	2018.10.30	CN201510046260.7
176	具有空气预冷及冬季防冻功能的自然通风干湿联合冷却塔	陈 林、黄显威、黄钰琛、杨立军、杜小泽、杨勇平	授权发明	2016.06.03	2018.05.25	CN201610391117.6
177	一种利用双向摆渡式联合技术修复 PCBs 污染土壤的方法	卢宏玮、任丽霞、何 理、陈义忠、李 晶	授权发明	2016.03.09	2018.08.28	CN201610133244.6

续表

序号	名称	发明人	专利类型	申请日期	授权日期	申请号
178	卡槽式电加热蓄热供暖系统	齐　炜、刘河生、邓　英、陈忠雷	实用新型	2018.04.25	2018.11.20	CN201820605350.4
179	一种复合绝缘子老化状态预测方法	屠幼萍、王　璁、王景春、梁　栋、李天福、姜艺楠、龚　博	授权发明	2016.03.16	2018.08.28	CN201610149966.0
180	生物质快速热解气催化转化制备高品位液体燃料的方法	陆　强、周民星、胡　斌、王　昕、侯　悦、郭浩强、李文涛	授权发明	2016.09.30	2018.08.07	CN201610875092.7
181	九通道自适应大范围二维温度场测量装置及其测量方法	穆怀萍、李志宏、张怀宇、韩振兴、刘　石	授权发明	2016.04.01	2018.10.26	CN201610203952.2
182	高灵敏度光谱吸收衰减振荡腔的变压器油中气体检测装置	马国明、江　军、李成榕	授权发明	2015.05.04	2018.01.23	CN201510221886.7
183	风光储能源系统中聚光式光伏电池板过热保护系统及方法	房　方、张　旭、张效宁、刘吉臻	授权发明	2016.12.26	2018.07.06	CN201611219574.3
184	一种多个乏燃料贮存格架的流固耦合参数的测量装置	李文哲、陆道纲、刘　雨	实用新型	2017.08.15	2018.04.06	CN201721018947.0
185	一次风预热过程深度优化的综合余热利用系统	徐　钢、李永毅、和圣杰、薛小军、张　锴、杨勇平	授权发明	2016.04.13	2018.05.25	CN201610228659.1
186	一种导线电晕放电可听噪声处理方法	李学宝、崔　翔、卢铁兵	授权发明	2015.12.24	2018.05.25	CN201510989698.9
187	一种乏燃料贮存格架流固耦合参数振动台测量装置	陆道纲、刘宏达、刘　雨、保广栋	实用新型	2017.03.23	2018.04.06	CN201720292195.0
188	一种可诱鱼的夜钓调漂器	朱永强、张　璐、刘　康、赵　娜	实用新型	2018.03.19	2018.11.16	CN201820369690.1
189	一种基于虚拟同步发电机控制的电压源换流器等值方法	许建中、李承昱、赵成勇	授权发明	2015.05.26	2018.08.17	CN201510272916.7
190	一种直接空冷机组空冷岛空冷单元强化传热及尖峰冷却系统	徐　钢、齐　震、张　豪、赵晋辉、王　鹏、杨义东	实用新型	2017.11.22	2018.10.19	CN201721566025.3
191	一种径向（110）体硅太阳电池及其制备方法	陈诺夫、陶泉丽、马大燕、白一鸣	授权发明	2017.01.12	2018.08.28	CN201710028336.2
192	一种非线性农业非点源污染控制方法	张俊龙、李永平、王春晓、李延峰、刘　静、于　磊	授权发明	2015.02.03	2018.08.28	CN201510056162.1
193	基于载波相移的模块化多电平换流器的控制系统建模方法	刘崇茹、李海峰、洪国巍、田鹏飞、王嘉钰、李庚银	授权发明	2015.05.08	2018.10.16	CN201510233197.8
194	基于不等式约束的辅助电容分布式全桥 MMC 自均压拓扑	赵成勇、许建中、刘　航	授权发明	2016.01.25	2018.10.30	CN201610047423.8
195	一种锅炉汽包排污水的浓缩结晶处理系统及方法	张乃强、岳国强、许　尧、曹　琦、蒋东方、朱忠亮、吕法彬、徐　鸿	授权发明	2015.12.25	2018.06.22	CN201510994516.7
196	一种流固耦合参数的测量系统及其测量方法	陆道纲、刘　雨、王园鹏、刘宏达	授权发明	2016.05.25	2018.11.06	CN201610351473.5
197	锅炉烟气与汽轮机乏汽耦合的高背压热电联产系统	杨勇平、赵世飞、戈志华、孙诗梦、席新铭	授权发明	2016.05.23	2018.11.09	CN201610344785.3
198	一种太阳能空气净化器	林　灏、韩　雪、陈星潼、秦瑞钧、杨泽洲、王月汉	实用新型	2018.02.09	2018.10.02	CN201820234009.2
199	一种用于电动汽车的自动充电桩	许弈飞	实用新型	2018.04.04	2018.10.26	CN201820476170.0
200	一种基于谐波分析综合等值电路的谐波责任量化方法	陶　顺、章家义、肖湘宁、廖坤玉、罗　超、陈　罡	授权发明	2015.10.15	2018.08.24	CN201510666995.X
201	接触网绝缘子清洗车	朱永强、王冠杰、王晓晨、计杭辉、夏瑞华、文　俊	授权发明	2015.04.21	2018.11.09	CN201510187443.0
202	一种电力工程设计数据传输与安全防护方法	许　刚、吴舜裕、郄　鑫、张丙旭、瞿海妮、张琪祁、郭乃网、苏　运	授权发明	2015.10.22	2018.05.08	CN201510690862.6
203	一种基于 ReBCO 涂层超导片的超导磁体	王银顺、王　蒙、李　彦、皮　伟、薛济萍	授权发明	2016.08.05	2018.06.22	CN201610639224.6

续表

序号	名称	发明人	专利类型	申请日期	授权日期	申请号
204	一种动力电池回收装置	许弈飞	实用新型	2018.03.23	2018.11.02	CN201820401711.3
205	一种循环流化床锅炉吹灰优化系统及方法	张文广、张　越、刘吉臻、曾德良、牛玉广、高明明、房　方、杨婷婷	授权发明	2016.04.29	2018.11.06	CN201610282690.3
206	一种基于 ReBCO 螺旋涂层导体片的传导冷却超导磁体及制备	王银顺、侯言兵、皮　伟、薛济萍	授权发明	2016.09.13	2018.01.23	CN201610821557.0
207	基于 RBF 神经网络的气体管道泄漏定位实验装置及方法	韩晓娟、赵泽昆、蔡丽娟、刘大贺	授权发明	2016.03.24	2018.04.10	CN201610173805.5
208	一种基于电容测量芯片的电容值采集测量电路	郭　格、卢　炼、童国炜、刘　石	实用新型	2017.08.23	2018.04.06	CN201721065073.4
209	基于粒子群优化算法改进的神经网络模型用于数据预测方法	李国栋、刘　琳、宋志新、王晓磊、李　凯、黄琳华	授权发明	2014.09.06	2018.02.27	CN201410451866.4
210	一种用于变电站智能电子装置的电缆走线盒	张卫东、郭韶杰、张晓莉、王昊天、艾淑云、郭泽璞、唐　翼、商善泽、赵颖科、刘慧海、王剑宇、张逸帆	授权发明	2014.12.29	2018.08.14	CN201410838315.3
211	考虑分布式电源出力曲线的配电网多时段动态故障恢复方法	齐　郑、张首魁、李　志、庄舒仪	授权发明	2016.06.15	2018.05.01	CN201610425258.5
212	一种用于绝缘子的硅橡胶疏水涂层及其制备方法	林　俊、马洪飞、何少剑、郑慧娜、林彦楷、李春雷	授权发明	2016.03.23	2018.04.10	CN201610170238.8
213	一种柔性环网装置的有功无功控制方法	赵国鹏、何彦良、韩民晓、黄仁乐、李　蕴	授权发明	2016.04.20	2018.08.31	CN201610245477.5
214	一种电力系统状态的双曲余弦型抗差状态估计方法	陈艳波、张　籍、晋文杰、马　进、刘　洋、谢瀚阳	授权发明	2015.11.27	2018.11.09	CN201510850192.X
215	一种匹配储能余量的惯量在线整定方法	袁　敞、刘　昌、赵天扬、丛诗学、肖湘宁	授权发明	2016.05.18	2018.11.09	CN201610333125.5
216	风力发电叶片及迎风面出流切线倾角的确定方法	张照煌、高青风、李富田、孙　飞	授权发明	2016.03.16	2018.03.20	CN201610151528.8
217	线程组织方法	马应龙、高延太	授权发明	2015.10.29	2018.01.19	CN201510716958.5
218	基于红外光谱吸收的变压器油中溶解气体检测装置	江　军、马国明、李成榕、罗颖婷、王红斌	授权发明	2015.05.04	2018.04.10	CN201510222395.4
219	一种低能耗尿素水解反应器	李文艳、王晓宁、茹　宇、肖海平	实用新型	2018.03.26	2018.11.09	CN201820412765.X
220	一种可组合使用的波浪能发电装置	田　源、李翔宇、王福源、朱永强、夏瑞华	实用新型	2018.03.19	2018.12.07	CN201820368469.4
221	基于光纤布喇格光栅的变压器油中局部放电检测系统	马国明、李成榕、郑　晴	授权发明	2015.05.04	2018.05.25	CN201510221950.1
222	一种螺旋结构电极的电容层析成像传感器	周琬婷、姜　越、刘　石、刘　婧	授权发明	2015.11.20	2018.08.28	CN201510808946.5
223	智能电容器批量检测设备	赵国鹏、韩民晓、王彦杰	授权发明	2014.12.19	2018.02.06	CN201410788147.1
224	实现气体分级压缩与膨胀的压缩空气储能系统	姜　彤、陈紫薇、谭明甜、傅　昊	授权发明	2016.06.16	2018.05.25	CN201610430708.X
225	一种内置预氧化单元的低温 SCR 脱硝反应器及其方法	杨晓初、万震天、汪　涛、肖海平、孙保民、罗　肖	授权发明	2016.02.03	2018.02.23	CN201610077822.9
226	一种应用弧形带孔导流板的空冷单元流场引导装置	徐　钢、赵晋辉、齐　震、张　豪、刘　彤	实用新型	2018.03.23	2018.12.04	CN201820397677.7
227	一种振荡中心追踪与保护闭锁系统及其控制方法	马　静、王江天、康文博	授权发明	2016.08.02	2018.11.09	CN201610626113.1
228	一种铅基反应堆控制棒配重组件	周　涛、张　晗、何逸凡、李子超	授权发明	2016.10.10	2018.02.02	CN201610882954.9
229	一种检测大气颗粒物中微生物的场效应传感器及制备方法	杨　兰、黄国和、郑如秉、王源意	授权发明	2016.04.01	2018.08.28	CN201610204480.2

续表

序号	名称	发明人	专利类型	申请日期	授权日期	申请号
230	一种状态与参数联合追踪方法	陈艳波、颛孙旭、晋文杰、陈 茜、张 籍、马 进、陶 帅、陈 意	授权发明	2015.11.27	2018.10.16	CN201510850056.0
231	用于电网调度的柔性分区互联装置稳态模型	赵国鹏、许 浩、何彦良、韩民晓、李 蕴、于 汀、韩 巍	授权发明	2016.04.20	2018.08.21	CN201610245476.0
232	一种适用于非对称运行状态的换流器开关函数建模方法	刘崇茹、贠飞龙、田鹏飞、李 越、洪国巍、王嘉钰	授权发明	2015.05.12	2018.04.10	CN201510245329.9
233	一种基于拥塞控制的无线传感器网络路由优化方法	唐良瑞、丁 伟、赵 琳、樊 冰、宋卓然、沈 方、宋颖巍、刘 岩、杨继业、赵德伟、孙 岩、南 哲、李 华、蒋 理、强立明、佟彦丽、杨 博、张泽宇	授权发明	2015.06.08	2018.10.26	CN201510308697.3
234	选取配置措施的方法和装置	王志强、徐艺铭、李征洲、陈 晔、郭大鹏、王 珊、张馨月、方 正	授权发明	2015.03.13	2018.06.12	CN201510112042.9
235	门的开关能量回收发电装置	滕 伟、赵淼涛、朱宝强、肖金鹏	授权发明	2015.02.02	2018.03.06	CN201510050418.8
236	五通道自适应二维温度场测量装置及其测量方法	穆怀萍、李志宏、谢 雷、雷 兢、李惊涛、刘 石	授权发明	2016.04.01	2018.10.26	CN201610204025.2
237	一种用于电力铁塔的螺栓防腐蚀装置	冯 斌	实用新型	2018.03.06	2018.10.26	CN201820303655.X
238	一种针肋壁面微通道换热器	徐进良、余雄江、金 武	授权发明	2016.04.19	2018.05.25	CN201610245384.2
239	一种基于 ReBCO 涂层的类比特超导磁体	王银顺、袁 茜、皮 伟、薛济萍	授权发明	2016.10.10	2018.06.22	CN201610885154.2
240	一种温控三通电磁阀	王若兰、董翔宇、孙乾皓	实用新型	2018.02.08	2018.09.18	CN201820224277.6
241	一种非侵入式居民用户电流采集系统	武 昕、韩 笑	实用新型	2017.08.01	2018.04.06	CN201720949001.X
242	一种PS-FBG超声检测系统的互相关温度补偿法	马国明、李成榕、郑 晴、张 强、宋宏图、江 军、杜 月	授权发明	2015.12.24	2018.05.25	CN201510984631.6
243	基于网络分块牛顿法的大规模电网静态安全快速算法	王方雨、刘文颖、王 康、蔡万通、夏 鹏、惠建峰、魏泽田、史可琴、李亚龙、朱丹丹、郭 鹏、钱乙卫、梁安琪、迟方德、李慧勇、叶湖芳、付熙玮、张雨薇、田 浩、郭红林、吕思琦	授权发明	2016.04.06	2018.10.16	CN201610210425.4
244	一种用电控制设备及方法	刘 松、刘 鹏、古 博、刘 江	授权发明	2013.12.31	2018.01.12	CN201310753258.4
245	一种循环流化床锅炉炉膛释放热量监测系统及方法	张文广、孙亚洲、刘吉臻、曾德良、杨婷婷、高明明、房 方、牛玉广	授权发明	2015.07.22	2018.05.25	CN201510434826.3
246	水资源配置方法和装置	王春晓、李永平、张俊龙、郭军红	授权发明	2015.01.19	2018.01.23	CN201510025477.X
247	一种反应堆用嵌入式安全网装置及安装该装置的方法	周 涛、田晓瑞、陈 杰、张 晗	授权发明	2017.03.16	2018.07.24	CN201710156924.4
248	一种考虑小波跨层关联性的网络流量预测方法	唐良瑞、杜施默、傅德林、吴润泽、樊 冰	授权发明	2016.04.28	2018.08.28	CN201610274610.X
249	一种基于光纤阵列的聚光集热管扫描装置	宋记锋、罗 耿、杨勇平、佟 锴、李 蕾	授权发明	2017.05.15	2018.11.06	CN201710339304.4
250	测量环形空间的双螺旋电极电容层析成像传感器	周琬婷、姜 越、刘 石、刘 婧	授权发明	2015.11.20	2018.08.28	CN201510810367.4
251	一种电力铁塔防攀爬装置	徐立敏、王莉丽	授权发明	2016.10.31	2018.01.09	CN201610928279.9
252	一种深度利用供热蒸汽余压余热的热电联产系统	徐 钢、徐 帅、许继东、李 斌、刘文毅	实用新型	2018.03.26	2018.12.04	CN201820407371.5
253	大容量高频电力变压器分析方法及装置	刘 晨、齐 磊、崔 翔、沈致远、魏晓光	授权发明	2015.04.21	2018.04.10	CN201510191205.7

续表

序号	名称	发明人	专利类型	申请日期	授权日期	申请号
254	基于二氧化钛/钙钛矿嵌入型复合纳米结构的钙钛矿太阳电池及其制备方法	李美成、纪　军、崔　鹏、卫　东、宋丹丹	授权发明	2015.12.10	2018.04.24	CN201510905445.9
255	大型光伏电站内汇集系统线路保护方法	贾　科、顾晨杰、毕天姝、魏宏升、任哲锋、陈奕汝	授权发明	2016.09.27	2018.06.22	CN201610855225.4
256	一种基于750A半导体器件的功率循环试验系统	邓二平、陈　杰、赵志斌、郭楠伟、黄永章	实用新型	2018.06.04	2018.12.07	CN201820853887.2
257	装配序列规划方法和装置	王　永、李玉华	授权发明	2014.12.22	2018.05.25	CN201410806297.0
258	一种便于收集杂物的环保废水处理设备	李林泽、郭　然、陈亚鹏	实用新型	2017.08.25	2018.04.13	CN201721074808.X
259	一种硼化物陶瓷颗粒增强铌钼基复合材料的制备方法	刘宗德、王　琦、王永田	授权发明	2017.06.16	2018.06.22	CN201710457857.X
260	一种3000A半导体器件的功率循环试验系统	邓二平、赵志斌、陈　杰、赵雨山、黄永章	实用新型	2018.06.04	2018.12.07	CN201820853898.0
261	基于监督预测控制的风光互补发电系统功率协调控制方法	马苗苗、刘向杰、张　莹、张春雨、邵黎阳、孙玉申	授权发明	2016.06.24	2018.02.23	CN201610473944.X
262	基于电网负荷特性分析的PMU最优布点方法	徐衍会、王晨语	授权发明	2016.07.01	2018.10.16	CN201610515978.0
263	高气压下高电压局部放电模型切换装置	程养春、杨　宁、袁　帅、张正渊、杨　园	授权发明	2015.03.16	2018.04.06	CN201510111798.1
264	基于亲憎液表面配合的多尺度冷凝管	谢剑　、徐进良、程　愉、何孝天	授权发明	2015.05.18	2018.04.10	CN201510253880.8
265	纸杯托	张传辉、刘宏伟	实用新型	2017.06.09	2018.09.21	CN201720674341.6
266	基于不等式约束的辅助电容集中式全桥MMC自均压拓扑	赵成勇、许建中、刘　航	授权发明	2016.01.25	2018.10.30	CN201610047417.2
267	一种放射性海水处理装置	周　涛、李　兵、王尧新、李子超	实用新型	2017.08.18	2018.05.08	CN201721037816.7
268	一种高效节能电流放大器	夏瑞华、白坚实、刘　博	授权发明	2014.08.29	2018.01.16	CN201410437959.1
269	一种新型方便拿取垃圾袋的垃圾桶	王　闯、刘洪君	实用新型	2017.12.28	2018.09.18	CN201721881239.X
270	一种化学气相沉积制备改性飞灰的方法	李文瀚、滕　阳、王家伟	授权发明	2014.06.11	2018.12.11	CN201410261735.X
271	基于主动配电网的分布式电源与调压一体化控制方法	刘文霞、徐慧婷、谢　江	授权发明	2016.01.11	2018.02.16	CN201610015364.6
272	一种改进的联合概率规划模型系统优化方法	庄晓雯、李永平	授权发明	2015.03.20	2018.05.25	CN201510122507.9
273	一种弯折式水果采摘装置	黄　超、张艺佳、宋淑婕、张若琛、鲁桦瑞、陈建业、李溢阳、张炳妍	实用新型	2017.11.27	2018.09.11	CN201721612616.X
274	清洁型燃煤锅炉排烟余热提质利用系统	孙　杨、李惊涛、赵铁铮、任　婷	授权发明	2016.01.26	2018.05.25	CN201610053337.8
275	基于不等式约束的无辅助电容式全桥MMC自均压拓扑	赵成勇、刘　航、许建中	授权发明	2016.01.25	2018.10.30	CN201610047412.X
276	一种具有保温防冻效果的太阳能热水装置	程友良、杨国宁、程伟良、韩　健、杜尚任	授权发明	2015.04.30	2018.05.11	CN201510215093.4
277	一种新型封装结构的功率模块	谢宗奎、邹　琦、柯俊吉、徐　鹏、赵志斌、崔　翔	实用新型	2018.06.15	2018.12.07	CN201820926178.2
278	一种风电机组转速的检测识别方法及系统	柳亦兵、姜　锐、马志勇、滕　伟	授权发明	2015.04.14	2018.08.28	CN201510175876.4
279	一种基于燃料电池与风能的分布式能源系统	张乃强、蒋东方、高　丹、邓　博、朱忠亮、孙艳宇、徐　鸿、胡三高	授权发明	2015.11.23	2018.04.10	CN201510817771.4

续表

序号	名称	发明人	专利类型	申请日期	授权日期	申请号
280	基于等式约束的辅助电容集中式全桥 MMC 自均压拓扑	赵成勇、许建中、刘 航	授权发明	2016.01.25	2018.10.30	CN201610047402.6
281	一种直流单导线电晕放电可听噪声分析方法	李学宝、崔 翔、卢铁兵	授权发明	2015.12.24	2018.04.10	CN201510989504.5
282	一种超临界视窗实验系统	周 涛、石 顺、周蓝宇、王尧新、秦雪猛、冯 祥	实用新型	2018.04.27	2018.12.25	CN201820621802.8
283	自动排水阀检测设备的检测装置	张一梅	授权发明	2016.08.03	2018.07.10	CN201610623917.6
284	由转差引起的双馈风机定子间谐波电流解析模型建立方法	陶 顺、廖坤玉、姚黎婷	授权发明	2016.09.19	2018.12.18	CN201610832841.8
285	一种超临界水降噪减震装置	周 涛、朱亮宇、周蓝宇、冯 祥、石 顺、秦雪猛	实用新型	2018.04.24	2018.12.25	CN201820589959.7
286	一种超临界系统非能动颗粒物脱除装置	周 涛、秦雪猛、周蓝宇、李子超、石 顺、朱亮宇	实用新型	2018.03.27	2018.12.25	CN201820420276.9
287	一种计及负荷侧和电源侧的虚拟电厂多目标优化调度方法	袁桂丽、陈少梁、王宝源	授权发明	2016.07.22	2018.12.18	CN201610587240.5
288	儿童画笔筒	汪洋帆	外观设计	2017.11.15	2018.05.25	CN201730563702.5
289	终端查询机	邓伟成、赵易如、任春频	实用新型	2018.01.19	2018.08.14	CN201820089862.X
290	一种能源利用率高的水蒸气发电系统	颜文婷	实用新型	2017.11.02	2018.05.29	CN201721444208.8
291	双磁路复合光学电流互感器	李岩松、刘 君、王 兵、张朕搏、刘鑫滢	实用新型	2017.06.15	2018.01.23	CN201720697834.1
292	一种电池匣装置	刘中建	实用新型	2017.04.07	2018.01.16	CN201720359325.8
293	一种基于膜法蒸馏的槽式太阳能海水淡化装置	杜小泽、赵珏榛、栗永利、杨立军、席新铭	实用新型	2017.11.13	2018.07.20	CN201721506727.2
294	一种大型风力机叶片主动降载控制系统及方法	张文广、李腾飞、白雪剑、刘吉臻、曾德良、牛玉广、杨婷婷、胡 阳	授权发明	2016.04.28	2018.12.18	CN201610274672.0
295	基于电流波形相似度的新能源场站送出线路纵联保护方法	毕天姝、李彦宾、贾 科、杨奇逊	授权发明	2017.01.10	2018.11.27	CN201710017380.3
296	一种太阳能智能遮光窗帘	朱永强、唐 萁、王福源、王甜婧	实用新型	2017.02.20	2018.01.05	CN201720147920.5
297	铅铋共晶合金流体物性参数的测算方法及采用其的模拟系统	周 涛、方晓璐、杨 旭、林达平、霍启军	授权发明	2015.07.09	2018.07.24	CN201510401819.3
298	垂直循环停车库	魏邦吉	外观设计	2018.04.04	2018.09.14	CN201830133565.6
299	智能物品防丢装置及桌子	石梁征、许汇锋、戴冰清、高晨祥、王天生	实用新型	2017.12.26	2018.07.06	CN201721859237.0
300	差速机构和无碳小车	丁 岩	实用新型	2017.09.07	2018.03.30	CN201721148007.3
301	一种适用于光储型楼宇微网的应急能量管理策略	刘 念、崔 仪、陈奇芳	授权发明	2016.07.01	2018.12.18	CN201610515952.6
302	基于峰态系数的防止变压器差动保护误动的方法及装置	郑 涛、黄 婷、陆格野、魏旭辉、张芬芬、刘连光	授权发明	2016.07.15	2018.07.31	CN201610562893.8
303	一种基于物联网的家庭保健云服务系统	于 吉、杨 昊、何睿钧、余长树、戴宇松、梁光胜	实用新型	2017.10.31	2018.05.25	CN201721419951.8
304	一种轻型海上无人侦察机便携式放射性核素探测装置	周 涛、马栋梁、李子超、李 兵	实用新型	2017.08.31	2018.05.08	CN201721108760.X
305	一种半封闭回流式风洞试验装置	宋玉旺、修长开、冯 斌、辛浩杰、沙雨飞	实用新型	2017.06.01	2018.01.16	CN201720624411.7
306	一种雷电能量吸收转化装置	王嘉宁、孙明涛	实用新型	2017.09.08	2018.03.13	CN201721149937.0
307	宣传栏（法学）	姚 贝	外观设计	2017.11.15	2018.03.23	CN201730563666.2

续表

序号	名称	发明人	专利类型	申请日期	授权日期	申请号
308	一种变压器主绝缘尖端放电试验装置	罗　臻	实用新型	2018.01.14	2018.08.14	CN201820096426.5
309	悬索桥	苏　豪	外观设计	2017.10.24	2018.06.15	CN201730508674.7
310	公交车	钟楚从	外观设计	2017.12.19	2018.06.15	CN201730650871.2
311	一种手持握力电风扇	吴　琦、靳　周	实用新型	2017.10.21	2018.06.01	CN201721360404.7
312	一种烟气余热回收供热装置	刘昕宇、周瑀涵、魏邦吉	实用新型	2018.01.19	2018.08.31	CN201820091771.X
313	一种分布式电源的并网 VSG 装置	颜湘武、王德胜	实用新型	2018.04.19	2018.07.27	CN201820559967.7
314	一种法学用智能文件储存盒	姚　贝	实用新型	2017.11.16	2018.05.29	CN201721532232.7
315	一种分布式现代教室智能节能系统	李钰洋、洪　霄、柳　赟	实用新型	2017.11.14	2018.05.18	CN201721515717.5
316	电力检修过程中的保护装置	周瑀涵、刘昕宇	实用新型	2017.11.17	2018.06.08	CN201721542441.X
317	T 恤（泡沫幻影）	黄　静	外观设计	2018.03.01	2018.05.04	CN201830077920.2
318	容积自适应零损耗自动控温淋浴系统	陈　玥、孙文彬、王子杰、孙　瑶、王丹琪、张耕瑞、龚锦华、杨国田	实用新型	2017.03.03	2018.02.23	CN201720201590.3
319	基于PROFIBUS-DP总线的换流站测控装置	李卫国、黄晓义、高泽盟、杨洪达、陈　艳、刘　骁	实用新型	2017.10.30	2018.07.03	CN201721414179.0
320	一种 CO_2 循环的机炉冷能回收与发电供热一体化系统	许　诚、张　强、高亚驰、李潇洒、徐　钢、刘　彤、刘文毅	实用新型	2017.12.26	2018.08.17	CN201721854602.9
321	一种燃烧后脱碳 NGCC 集成系统	徐　钢、高亚驰、白　璞、肖　瑶、张　豪、胡　玥	实用新型	2017.03.30	2018.07.31	CN201720321428.5
322	基于变电站现有保护逻辑量的站域保护系统及方法	马　静、王　桐、项晓强、吴　劼	授权发明	2016.08.22	2018.07.31	CN201610703594.1
323	一种火力发电站用废气处理装置	习浩楠、韩翔宇	实用新型	2017.11.02	2018.05.25	CN201721444210.5
324	一种配电网区域保护关联域在线计算系统及其方法	马　静、康胜阳、刘　畅	授权发明	2016.06.14	2018.07.31	CN201610421395.1
325	基于自动扫描系统的 TDLAS 锅炉炉内气体二维浓度分布检测装置	黄孝彬、陈雪雨	实用新型	2017.11.10	2018.05.22	CN201721494949.7
326	能量管理系统及风电场	胡　阳、朱红路	实用新型	2018.01.03	2018.08.03	CN201820006958.5
327	一种新型海浪发电装置	何伟严	实用新型	2018.03.22	2018.06.05	CN201820398319.8
328	利用电站余热的 MED-TVC 海水淡化联合系统	杜小泽、薛　媛、杨立军、周雅君	授权发明	2016.03.04	2018.07.31	CN201610125530.8
329	蜂巢式笔筒	刘　霜	外观设计	2018.04.13	2018.11.02	CN201830149338.2
330	电力系统随机时滞稳定性分析方法	马　静、李益楠、邱　扬、康胜阳	授权发明	2015.06.12	2018.12.18	CN201510325561.3
331	一种湿烟气无动力冷却烟塔装置	张媛媛、张　锴、白建云、范常浩	实用新型	2017.10.17	2018.05.08	CN201721333006.6
332	一种电气自动化模拟实验用安全操作平台	张睿娇	实用新型	2017.11.02	2018.07.27	CN201721444418.7
333	一种夏季汽车高温利用的车内定时制冷系统	张艺佳、宋淑婕、黄　超、徐乐乐、薛　凯、滕　伟	实用新型	2017.10.25	2018.05.22	CN201721391887.7
334	宠物看护装置及宠物看护系统	于　吉、谢嘉成、梁光胜	实用新型	2018.05.18	2018.12.28	CN201820751530.3
335	T 恤（喷墨）	黄　静	外观设计	2018.03.01	2018.06.12	CN201830077919.X
336	一种基于二氧化碳布雷顿循环塔式太阳能热发电调峰系统	徐　钢、包塞纳、郑清清、高亚驰、胡　玥、雷　兢	实用新型	2017.01.13	2018.05.11	CN201720039184.1
337	微型汽车（圆形）	钟楚从	外观设计	2017.12.19	2018.06.15	CN201730650974.9
338	一种基于 PMU 的电网支路静态参数检测辨识方法	张海波、崔云峰	授权发明	2016.08.17	2018.12.18	CN201610682603.3
339	一种铅铋环境下反应堆一回路的防颗粒物沉积装置	周　涛、田晓瑞、何逸凡、周蓝宇、张　晗	实用新型	2017.03.22	2018.02.02	CN201720280121.5

续表

序号	名称	发明人	专利类型	申请日期	授权日期	申请号
340	一种电站汽水系统全面腐蚀监测系统及方法	张乃强、蒋东方、徐　鸿、朱忠亮、李梦源、岳国强、倪永中、毛雪平	授权发明	2015.11.11	2018.07.31	CN201510765064.5
341	多车位汽车停车场模型	杨瀚文、张　佳	外观设计	2018.04.13	2018.10.19	CN201830149707.8
342	一种放射性核素收集装置	周　涛、李子超、陈　娟、周蓝宇、李　兵、田晓瑞	实用新型	2017.04.27	2018.02.02	CN201720454565.6
343	一种方便调节的太阳能电池板安装架	胡生民	实用新型	2017.12.12	2018.08.07	CN201721722931.8
344	基于地冷地热的太阳能驱动智能双循环调温系统	吴宇涛、邵凌宇、刘彤宇、唐　叶	实用新型	2017.06.02	2018.01.02	CN201720630320.4
345	用于双玻多晶硅组件的铝边框	谭忠富、鞠立伟、谭清坤、蒲　雷、吴　静、张予燮、荣梦蕾	实用新型	2017.02.22	2018.01.26	CN201720158948.9
346	便携式无线存储器	邱健珲、魏育坤、金相臣	实用新型	2017.11.30	2018.05.18	CN201721650684.5
347	振动能量收集装置、设备及系统	胡　阳、朱红路	实用新型	2017.12.20	2018.07.06	CN201721797314.4
348	统一潮流控制器中串联变压器直流偏磁下无功调整方法	李　琳、王帅兵、赵国亮、蔡林海、陆振纲、杨增辉、冯煜尧	授权发明	2016.09.08	2018.12.18	CN201610810820.6
349	一种方便安装的风力发电机聚风环	韩翔宇、万博文、习浩楠	实用新型	2017.10.23	2018.05.22	CN201721366147.8
350	餐桌（象桌）	魏邦吉	外观设计	2018.03.16	2018.08.17	CN201830098716.9
351	UPFC 接入线路单相接地短路故障的距离 I 段保护方法	郑　涛、王可坛、李厚源、张滋行、祁欢欢、蔡林海、陆振纲、赵国亮	授权发明	2017.05.22	2018.12.18	CN201710362529.1
352	发电机（升降机节能发电系统）	黄廷恩	外观设计	2017.12.12	2018.04.03	CN201730631493.3
353	一种增加电动汽车续航能力的装置	钟楚丛	实用新型	2017.12.19	2018.07.17	CN201721785189.5
354	瓶（霾藏）	艾　婷	外观设计	2017.10.31	2018.04.20	CN201730527255.8
355	一种调速系统引发低频振荡的机理识别方法	徐衍会、伍双喜、张　莎、吴国炳、杨银国、钱　峰	授权发明	2016.07.01	2018.07.31	CN201610515402.4
356	台架（探针标定台架）	刘　珠、刘少华、周俊杰、周世梁、陆道纲	外观设计	2017.04.24	2018.01.09	CN201730140715.1
357	基于电路响应的智能输液模拟矫正器	石　岩	实用新型	2017.10.24	2018.07.31	CN201721384824.9
358	一种非能动阀门	周　涛、李子超、陈　娟、周蓝宇、李　兵、田晓瑞	实用新型	2017.05.02	2018.02.02	CN201720479135.X
359	三层立体停车装置	聂亚洲、田歌星、王炫力、刘衍平	实用新型	2017.11.23	2018.06.12	CN201721584782.3
360	尾缘襟翼、风机叶片及风机	胡　阳、朱红路	实用新型	2017.12.29	2018.08.28	CN201721926065.4
361	玩具（“S”字形行驶轨迹的无碳小车）	丁　岩	外观设计	2017.08.23	2018.01.05	CN201730391039.5
362	电力系统状态的双曲余弦型最大指数绝对值抗差估计方法	陈艳波、张　璞、韩子娇、董鹤楠、韩　通、于普瑶、马　进	授权发明	2015.11.27	2018.07.31	CN201510849367.5
363	充电插座（二合一）	林　欣	外观设计	2018.01.31	2018.05.01	CN201830046065.9
364	自带防尘机构的多功能无线路由器	康　璐、梁光胜	实用新型	2017.12.09	2018.06.05	CN201721780261.5
365	用于综合训练器的缓冲装置以及综合训练器	刘　越、方　楠、杨　董、林晗星、王彦伦、朱永强	实用新型	2017.12.13	2018.08.31	CN201721729410.5
366	一种保暖口罩	伊菊霞、张振宁、宋玉旺	实用新型	2017.11.16	2018.06.15	CN201721534381.7
367	一种基于复合空穴传输层的钙钛矿太阳电池的制备方法	许佳、姚建曦、王冠雄、张　兵、戴松元、潘　旭、朱　俊	授权发明	2016.03.17	2018.07.31	CN201610154508.6
368	一种节能型可升降园林路灯	胡生民	实用新型	2017.11.22	2018.08.07	CN201721567446.8
369	空气净化器	刘　晨	外观设计	2018.01.11	2018.08.14	CN201830012906.4

续表

序号	名称	发明人	专利类型	申请日期	授权日期	申请号
370	吹风机	苏 豪	外观设计	2017.11.30	2018.05.18	CN201730600391.5
371	手摇式乒乓球吸取器	钱奕然	外观设计	2017.11.08	2018.05.15	CN201730545943.7
372	电力电子变压器交直流容量可切换的低压直流侧拓扑	徐永海、张雪垠、肖湘宁	授权发明	2016.10.11	2018.12.18	CN201610889058.5
373	一种提升新能源并网稳定性的控制、实验和仿真方法	周莹坤、黄永章、卫思明、李 松	授权发明	2016.06.16	2018.12.18	CN201610430481.9
374	一种带二次碳化过程的新型钙循环脱碳系统及应用	段立强、冯 涛、吕志鹏	授权发明	2016.08.26	2018.12.18	CN201610738423.2
375	鼠标	刘雪涛、柳 赟	外观设计	2017.11.28	2018.11.30	CN201730592941.3
376	一种室内照明智能调节装置	苏 豪、钱锐锋、许可依	实用新型	2017.12.20	2018.07.10	CN201721788180.X
377	一种利用电站余热的多效蒸馏海水淡化系统	杜小泽、薛媛、杨立军、周雅君	授权发明	2016.03.04	2018.07.31	CN201610125642.3
378	一种基于燃气蒸汽联合循环的钙基脱碳集成系统	徐 钢、高亚驰、郑清清、杨佐勋、张 豪、胡 玥	实用新型	2017.03.30	2018.01.16	CN201720321356.4
379	一种基于 DSP 的电能质量监测与控制装置	李卫国、吉雅坤、王宏旭、杨洪达、陈 艳、刘 骁	实用新型	2017.10.30	2018.07.03	CN201721409605.1
380	一种具有断电保护的跷板开关	王子涵	实用新型	2017.10.25	2018.06.05	CN201721381996.0
381	一种基于能级匹配的高背压两级热电联产机组供热系统	徐 钢、肖 瑶、刘晓乐、张 拓、王 鹏、杨义东	实用新型	2017.11.20	2018.07.31	CN201721549328.4
382	户外安全型小型电力柜	蒿 翰	实用新型	2017.12.21	2018.06.29	CN201721804412.6
383	一种电气自动化高效除尘机构	张睿娇	实用新型	2017.11.02	2018.07.17	CN201721444433.1
384	一种基于背压机的热电联产机组高效供热系统	徐 钢、许继东、徐帅、许同川、李 琨、王 鹏	实用新型	2017.11.28	2018.07.31	CN201721614638.X
385	杯子	唐 叶	外观设计	2017.11.06	2018.07.10	CN201730539633.4
386	英语学习机	林夏轩	外观设计	2017.09.14	2018.07.27	CN201730436192.5
387	安全插头	陈 琳	外观设计	2018.03.22	2018.09.18	CN201830108415.X
388	杯子	马星辰	外观设计	2018.02.05	2018.07.17	CN201830054060.0
389	一种带有折回管的螺旋管式相变储热器	顾煜炯、张 夏、耿 直	实用新型	2017.09.11	2018.04.06	CN201721157378.8
390	一种口罩过滤器及带有口罩过滤器的防尘口罩	周 涛、李子超、陈 娟、周蓝宇	实用新型	2017.08.03	2018.07.13	CN201720962289.4
391	一种用于清洁毛发的机器人	王章霞、周子昂、佟景鑫、伊菊霞、韩 冰、陈滟妮	实用新型	2017.04.20	2018.05.29	CN201720418357.0
392	一种生物质催化热解制备 BTX 的方法	陆 强、李文涛、胡 斌、周民星、王 昕、郭浩强	授权发明	2016.08.22	2018.08.07	CN201610700926.0
393	气动夹爪	姚路锦	外观设计	2017.12.18	2018.06.29	CN201730647813.4
394	一种保护振荡闭锁与再开放系统及其控制方法	马 静、宋占象、康文博	授权发明	2016.08.02	2018.12.18	CN201610626039.3
395	一种适用于定时断电场所的节能开关	张文璟	实用新型	2017.11.14	2018.07.17	CN201721518297.6
396	蛋糕包装盒（生如夏花）	艾 婷	外观设计	2017.11.28	2018.05.01	CN201730593375.8
397	一种便于清洁的风能发电热水器	吴 琦、靳 周	实用新型	2017.10.12	2018.06.01	CN201721311337.X
398	控制盒（电气控制）	陈 琳	外观设计	2018.04.04	2018.07.20	CN201830133080.7
399	基于光电自清洁的多功能公园座椅	石 岩	实用新型	2017.10.30	2018.08.31	CN201721418433.4
400	基于站域保护原理的风电场汇集系统继电保护方法	贾 科、闫人淦、毕天姝、李彦宾、汪执雅	授权发明	2016.12.21	2018.11.27	CN201611192814.5

续表

序号	名称	发明人	专利类型	申请日期	授权日期	申请号
401	一种自行车发电装置	叶蕴霞、许家鸣、王　艳、何旭圆	实用新型	2018.01.10	2018.08.14	CN201820039041.5
402	一种集成管式干燥机的热泵干燥系统	刘彤宇	实用新型	2017.11.06	2018.06.12	CN201721459243.7
403	一种电量互动优化调控系统	谭忠富、杨凌辉	实用新型	2017.06.05	2018.03.27	CN201720641757.8
404	充电桩	杨光照	外观设计	2018.04.16	2018.09.28	CN201830154323.5
405	cpc 单轴聚光器	杨　董、万洁颖、方传宇	外观设计	2017.10.26	2018.07.20	CN201730513586.6
406	一种宿舍综合用电控制系统	黄钰辰、王延浩、陈逸轩、林睫菲	实用新型	2017.08.15	2018.02.23	CN201721016654.9
407	一种拍摄变压器油纸界面流注的实验平台	王　磊、牛铭康、葛　扬、黄　猛、吕玉珍、李成榕	实用新型	2017.11.27	2018.06.01	CN201721600040.5
408	水果采摘器	杜　南、李文志、刘政昊	外观设计	2018.02.01	2018.08.14	CN201830049063.5
409	一种燃煤火电厂汞排放物的在线监测系统	麻艺炜、李惊涛、刘佳霖、王若愚、王一博	实用新型	2017.06.21	2018.01.05	CN201720729780.2
410	一种便于手调的卷式窗帘	王宗扬	实用新型	2017.09.24	2018.06.05	CN201721229097.9
411	少油点火可靠浓淡富集型直流煤粉燃烧器	刘　石、潘新远、刘婧	实用新型	2017.06.23	2018.05.11	CN201720739794.2
412	台灯	蒿　翰	外观设计	2017.12.20	2018.05.11	CN201730655723.X
413	太阳能电池组件的一体化背板	谭忠富、鞠立伟、谭清坤、蒲　雷、吴　静、焦　扬、德格吉日夫	实用新型	2017.02.22	2018.01.26	CN201720158910.1
414	一种带有自动升降门的配电柜	陈泓佚	实用新型	2017.09.11	2018.05.04	CN201721157041.7
415	变电箱遥控保护锁装置和系统	郑宇航、杭天琦、齐　郑	实用新型	2017.12.12	2018.07.31	CN201721718086.7
416	一种集成管式干燥和流化干燥的两级原煤干燥系统	刘彤宇	实用新型	2017.11.06	2018.06.12	CN201721459251.1
417	电动汽车（拱顶-微型）	钟楚丛	外观设计	2017.12.19	2018.06.15	CN201730650907.7
418	一种海洋中放射性核素收集装置	周　涛、田晓瑞、李子超、张　晗	实用新型	2017.09.14	2018.07.13	CN201721178872.2
419	一种平面异质结钙钛矿太阳能电池及其制备方法	谭占鳌、郭　强、程　泰、李　聪、乔文远、王福芝、戴松元	授权发明	2015.08.27	2018.07.31	CN201510536105.3
420	一种火电厂清洁能源利用装置	廖海君、吕　挺	实用新型	2017.11.15	2018.06.05	CN201721524482.6
421	水阀	李　思	外观设计	2017.11.30	2018.04.03	CN201730602790.5
422	一种多功能百叶窗	王义函	实用新型	2017.11.22	2018.05.29	CN201721569943.1
423	一种内插液轮机的新型槽式太阳能真空集热管装置	顾煜炯、耿　直、张　晨、张　夏、陈礼敏、赵学林、谢　典	实用新型	2017.09.13	2018.04.06	CN201721170947.2
424	酒精喷灯	张恩耀	外观设计	2018.01.26	2018.07.31	CN201830037958.7
425	一种采用雨水发电的路灯	蒋　凯	实用新型	2017.12.05	2018.06.08	CN201721670071.8
426	笔筒名片盒（长城）	李黛睿	外观设计	2017.12.19	2018.09.11	CN201730650727.9
427	一种防雾化清洁口罩	伊菊霞、张振宁、宋玉旺	实用新型	2017.11.16	2018.06.15	CN201721532713.8
428	水平循环停车库	王义函	外观设计	2018.04.04	2018.09.18	CN201830133563.7
429	一种新能源汽车自充电装置	钟楚丛	实用新型	2017.12.19	2018.07.06	CN201721785222.4
430	一种基于吸收式热泵和高背压的并联回收排汽余热系统	徐　钢、肖　瑶、刘晓乐、张　拓、刘　彤、雷　兢、吕　剑、王　鹏	实用新型	2017.05.26	2018.01.16	CN201720595427.X
431	一种自行车停放装置	邓　开、刘佳豪	实用新型	2018.01.15	2018.08.24	CN201820059235.1
432	一种减振可拆卸式水利管道连接件	张玮玮	实用新型	2017.11.03	2018.06.01	CN201721455785.7
433	报修系统记录仪	陈心怡	外观设计	2017.12.04	2018.06.05	CN201730608570.3

续表

序号	名称	发明人	专利类型	申请日期	授权日期	申请号
434	一种更加安全的挡块式浓淡燃烧器	刘　石、潘新远、丁世兴、孙保民	实用新型	2017.06.21	2018.02.23	CN201720721853.3
435	风机叶片防冰除冰系统	胡　阳、朱红路	实用新型	2017.12.26	2018.07.20	CN201721852398.7
436	一种耦合太阳能的氢气-氧气燃烧联合循环发电系统	许　诚、郑清清、徐　钢、包塞纳、雷兢	实用新型	2017.06.12	2018.05.11	CN201720675990.8
437	触摸式闹钟	许瀚文	实用新型	2017.11.01	2018.05.22	CN201721432318.2
438	教室信息共享与管理系统	王佳宇、劳泓杰、赵英卓、梁光胜	实用新型	2018.01.19	2018.08.24	CN201820089861.5
439	一种可在线标定的旁路取样式微波测飞灰含碳量设备	牛玉广、盖新华、彭　范、任丹彤	实用新型	2017.07.10	2018.06.15	CN201720828569.6
440	光伏聚光发电玻璃	吴　婵、江崇瑜、吴　迪、李孟陶、陈飞鹏	外观设计	2018.04.04	2018.11.16	CN201830133564.1
441	一种碳纳米管与氧化镍复合材料的制备方法	李美成、陈杰威、王　宇、王　帅、崔　鹏、邵笑言	授权发明	2015.07.13	2018.12.21	CN201510404605.1
442	一种非侵入式负荷监测方法及装置	周晨轶、刘　松、刘　鹏	授权发明	2016.05.31	2018.12.18	CN201610379138.6
443	一种信息展示装置	符佳宏	实用新型	2017.12.26	2018.07.20	CN201721858954.1
444	一种基于高精度校准器的相量测量单元 PMU 静动态测试系统	刘　灏、王　璐、毕天姝、钱　程	授权发明	2015.12.16	2018.07.27	CN201510946018.5
445	一种基于流量温度监测的自断电式无线路由器	康　璐、梁光胜	实用新型	2017.12.08	2018.06.05	CN201721780170.1
446	自行车（多能源互补发电自行车）	吕冠涛、吴鸿辉、聂雅琴、杨雅琨、刘　涛	外观设计	2017.10.20	2018.07.13	CN201730502394.5
447	汽车充电桩	王　闯、文星雅、刘洪君	外观设计	2017.12.28	2018.06.26	CN201730678671.8
448	一种基于静电压电一体化传感器的火焰碳烟监测装置	吴佳丽、闫　勇、胡永辉、谷　珊、钱相臣、卢钢、葛　红	实用新型	2017.04.20	2018.06.19	CN201720416935.7
449	一种方便观看的电子自动化教学演示装置	颜文婷	实用新型	2017.11.02	2018.07.27	CN201721443744.6
450	旅行杯	王子钰	外观设计	2017.12.19	2018.06.01	CN201730650400.1
451	一种绝缘子检测装置	李卫国、王雨濛、袁创业、王文媛、陈　艳	实用新型	2017.06.15	2018.01.12	CN201720700050.X
452	基于变参数供热的热电厂高机动调峰辅助系统	徐　钢、张慧帅、孙　杨、白　璞、吕　剑、王　鹏	实用新型	2016.11.16	2018.04.03	CN201621229724.4
453	一种无触点可精准控制相位的电路合闸装置	卢斌先、张文璟、郭庆峰	实用新型	2017.11.14	2018.07.17	CN201721518284.9
454	一种干电池分拣机	王若兰	实用新型	2017.04.01	2018.01.16	CN201720342063.4
455	一种宽工况二次再热双机回热系统	张思瑞、李惊涛、魏　萌	实用新型	2018.01.08	2018.08.17	CN201820023472.2
456	一种电气柜干燥装置	尹俊杰	实用新型	2017.10.24	2018.06.26	CN201721373992.8
457	蒸汽驱动热泵和蓄热装置联用的热电机组及其调峰方法	戈志华、孙　健、杨勇平、杨志平、席新铭	授权发明	2016.07.28	2018.07.31	CN201610609405.4
458	枕头（隔音型）	陈亚鹏、唐良瑞	外观设计	2017.12.12	2018.03.30	CN201730632025.8
459	一种变速变桨风力机功率优化控制方法	张文广、李腾飞、韩　越、刘吉臻、曾德良、牛玉广、杨婷婷、胡　阳	授权发明	2016.04.28	2018.07.31	CN201610274408.7
460	一种利用大地电磁三维反演数据建立水平土壤模型的方法	许　刚、赵妙颖、张　俞、石纹赫	授权发明	2016.06.16	2018.07.31	CN201610430973.8
461	太阳能鼠标	王昕鑫	外观设计	2018.02.05	2018.09.14	CN201830053182.8
462	一种高压开关柜无线测温装置	李卫国、王雨濛、吉雅坤、王宏旭、陈　艳	实用新型	2017.10.27	2018.07.03	CN201721395282.5

续表

序号	名称	发明人	专利类型	申请日期	授权日期	申请号
463	适用于统一潮流控制器接入的线路距离Ⅰ段保护方法	郑　涛、王可坛	授权发明	2017.05.22	2018.12.18	CN201710381594.9
464	一种水利水电设备元件防护装置	张玮玮	实用新型	2017.09.27	2018.07.06	CN201721251394.3
465	提升机	吴宇涛	外观设计	2018.01.17	2018.06.05	CN201830020902.0
466	可控制能耗的智能家居控制装置	裴　皓、史锐博、吴润泽	实用新型	2018.05.24	2018.12.18	CN201820780447.9
467	智能停车场	付成洁、匡奇康、李雪珍、梁光胜	外观设计	2018.04.03	2018.08.14	CN201830128410.3
468	硬币分类机	刘　倩、黎曦琳、霍　达	外观设计	2017.10.23	2018.05.01	CN201730506085.5
469	一种低能耗电站除灰用气节能除湿系统	徐　钢、杨佐勋、包塞纳、代礼豪、王　鹏、吕　剑	实用新型	2017.11.21	2018.07.31	CN201721556696.1
470	一种高效可控温热管式空冷器	徐　钢、杨佐勋、代礼豪、张　豪、王　鹏、吕　剑	实用新型	2017.11.20	2018.07.31	CN201721549703.5
471	管件（小三通）	李　思	外观设计	2017.11.30	2018.07.17	CN201730602318.1
472	基于光伏光热的全太阳能驱动小车	宋玉旺、赵荣发、成梁成、安泰来、刘竞帆	实用新型	2017.03.02	2018.03.23	CN201720193824.4
473	一种变压器内部气泡放电模型	程养春、常文治、弓艳朋、王广真、毕建刚	授权发明	2015.03.16	2018.12.18	CN201510111842.9
474	一种含 VSC-HVDC 交直流系统最大输电能力计算方法	陈艳波、韩　通、韩子娇、张　凯、马　进、于普瑶	授权发明	2016.04.15	2018.12.18	CN201610237762.2
475	基于分层概率选择出行地的电动出租车充电站定容方法	师瑞峰、梁子航、廖振宏、马　源、杨　阳	授权发明	2016.07.15	2018.12.25	CN201610562919.9
476	硬币分类机及其系统	刘　裕、黄惠娟、王彤彤	实用新型	2017.06.06	2018.05.11	CN201720651748.7
477	一种综合利用电厂乏汽、辅机冷却水余热、太阳能的梯级供热系统	芮晓明、胡　鑫	实用新型	2018.04.13	2018.12.21	CN201820522388.5
478	一种电力通信散热防尘装置	王晓晴、冯小安、周宝宁	实用新型	2018.06.13	2018.12.21	CN201820918408.0
479	一种直接空冷机组空冷凝汽器双层喷雾增湿降温系统	徐　钢、张　豪、赵晋辉、齐　震、李　琨、王　鹏	实用新型	2017.11.22	2018.07.31	CN201721565871.3
480	一种无线充电装置及系统	戴美林、李文瀚、马卫华、时天元、牛葳韬、李　昂、于孟娇、胡生民、张子祎	实用新型	2017.11.20	2018.05.18	CN201721557969.4
481	毛笔架	李黛睿	外观设计	2017.12.19	2018.07.06	CN201730650726.4
482	一种变压器主绝缘表面沿面闪络放电试验装置	罗　臻	实用新型	2018.01.14	2018.08.14	CN201820096427.X
483	水杯	王子钰	外观设计	2018.02.06	2018.06.01	CN201830055944.8
484	摄像头（智能家居款）	林　欣	外观设计	2018.02.12	2018.06.15	CN201830068062.5
485	工商管理考勤机	贾寰宇	外观设计	2017.11.24	2018.04.06	CN201730584850.5
486	工商管理会员刷卡机	贾寰宇	外观设计	2017.11.24	2018.05.18	CN201730585094.8
487	一种无线传感器网络路由方法	唐良瑞、丁　伟、樊　冰、闫江毓、吴润泽	授权发明	2015.11.20	2018.12.21	CN201510809676.X
488	一种基于不平衡负荷负序加权等效模型的平衡化补偿方法	陶　顺、廖坤玉、姚黎婷、肖湘宁	授权发明	2016.10.28	2018.12.18	CN201610963280.5
489	基于新型材料的一体化智能停车装置	孙守伟、王雪叶、牛妍舒	实用新型	2018.01.04	2018.08.31	CN201820012148.0
490	苹果采摘器	丁　岩、马林平	外观设计	2018.04.10	2018.08.21	CN201830143082.4
491	车辆旋转架	吴　婵	外观设计	2018.04.04	2018.09.18	CN201830134097.4
492	水塔及水利设施	戴冰清、许汇锋、郇政林	实用新型	2017.12.26	2018.08.07	CN201721855260.2

续表

序号	名称	发明人	专利类型	申请日期	授权日期	申请号
493	基于光伏光热的家庭热电节能系统	宋玉旺、赵荣发、田军权、李亚群、张泽群、虞心怡	实用新型	2017.03.02	2018.03.23	CN201720197057.4
494	雨水发电并网系统及供电系统	郇政林	实用新型	2018.03.29	2018.06.22	CN201820443575.4
495	勺子	王琳筠	外观设计	2018.01.31	2018.07.24	CN201830045677.6
496	一种废旧锂离子电池安全型回收设备	杨　晨、曹新雅	实用新型	2018.03.29	2018.12.14	CN201820435006.5
497	一种失物追踪器及被追踪物体	可　寅	实用新型	2017.10.11	2018.05.01	CN201721311050.7
498	一种笔记本电脑的可拆卸高效散热装置	蓝文鸿	实用新型	2017.09.28	2018.05.04	CN201721287535.7
499	一种生物质热解气催化裂解制备BTX的方法	陆　强、李文涛、周民星、胡　斌、王　昕、郭浩强	授权发明	2016.08.22	2018.08.07	CN201610700608.4
500	断续供电节能控制中断电后电机转速精确辨识方法	赵海森、王义龙、季澜涛、刘晓芳、罗应立	授权发明	2016.05.03	2018.07.31	CN201610286455.3
501	充电宝	唐　叶	外观设计	2017.11.06	2018.04.06	CN201730539632.X
502	供暖用再生水处理箱	卿正恒、冯禹豪、韦华新	实用新型	2017.12.26	2018.08.31	CN201721848061.9
503	教室电器智能开关系统	余秋萍	实用新型	2017.10.30	2018.06.26	CN201721418547.9
504	电场测量装置	齐波、赵晓林、朱宗旺、李成榕	授权发明	2015.07.23	2018.08.07	CN201510439141.8
505	用于光伏组件的非隔离开关电源结合直流降压的电源电路	梁宇图、孙凤杰	实用新型	2017.09.25	2018.05.22	CN201721232699.X
506	内置蓄水容器的地下稳压储气装置	姜　彤、仝璐瑶、张璐路	授权发明	2016.11.02	2018.12.28	CN201610940621.7
507	一种新型冰箱蓄热除霜系统	程伟良、何雪程	实用新型	2017.11.16	2018.07.13	CN201721530145.8
508	风力发电机	马星辰	外观设计	2018.01.31	2018.05.04	CN201830046325.2
509	载物台	魏邦吉、黄廷恩	外观设计	2017.04.11	2018.03.02	CN201730118000.6
510	新型太阳能单罐相变蓄热吸收式热泵	程友良、刘萌、程伟良、王敬双、杨卫平	实用新型	2018.01.23	2018.08.28	CN201820116013.9
511	一种硬币分类一体机	刘　倩、黎曦琳、霍　达	实用新型	2017.11.08	2018.05.15	CN201721476056.X
512	一种壁挂式电动汽车充电桩	钟楚丛	实用新型	2017.12.19	2018.07.06	CN201721785224.3
513	断续供电节能控制中电动机断电时刻准确判定方法	王义龙、赵海森、李　松、李佳宣、罗应立	授权发明	2016.05.03	2018.07.31	CN201610286461.9
514	自动翻页器及书籍拍摄装置	孙明涛、王嘉宁、王天生	实用新型	2017.11.15	2018.05.29	CN201721526761.6
515	一种匹配储能余量的阻尼在线整定方法	袁　敞、刘　昌、赵天扬、丛诗学、肖湘宁	授权发明	2016.05.18	2018.07.31	CN201610332859.1
516	智能窗户的控制装置及系统	李乔乔、颜文婷、刁春燕、周义雄、尹忠东	实用新型	2016.12.08	2018.03.23	CN201621344467.9
517	一种基于热力网、电力网和物联网的电蓄热供热系统	陈忠雷、刘河生、邓　英、郝晓晓	实用新型	2017.12.28	2018.08.28	CN201721888400.6
518	基于信息融合的站间保护故障识别系统及其方法	王增平、马　静、孙吕祎、林一峰	授权发明	2016.04.29	2018.12.18	CN201610282314.4
519	一种环保节能垃圾焚烧炉	林晓寒、赵海超	实用新型	2017.09.29	2018.05.15	CN201721264559.0
520	健身器材	刘　越、方　楠、杨　董、林晗星、王彦伦、朱永强	外观设计	2018.04.12	2018.09.14	CN201830147462.5
521	直流气体绝缘金属封闭输电线路绝缘子表面电荷测量装置	李成榕、周宏扬、马国明	授权发明	2015.05.04	2018.07.31	CN201510221919.8
522	杯子	张文璟	外观设计	2018.02.06	2018.06.01	CN201830055780.9
523	多路复用器	符佳宏	外观设计	2017.12.12	2018.06.22	CN201730630240.4

续表

序号	名称	发明人	专利类型	申请日期	授权日期	申请号
524	风电机组运行控制教学模拟装置及其模拟方法	邓　英、田　德、张超宇、陈忠雷、庞辉庆	授权发明	2016.03.31	2018.11.30	CN201610197258.4
525	太阳能机械小车	王笑语、刘　昶、霍天祎	外观设计	2018.04.16	2018.08.21	CN201830155718.7
526	电动痒痒挠及多功能电动痒痒挠	从逸洲、张　健、张琛亮、赵昕一、毛绍杰、陈　艳	实用新型	2016.12.14	2018.01.30	CN201621369609.7
527	一种基于热泵与蓄热罐结合供热的热电解耦辅助系统	徐　钢、李　斌、张慧帅、孙　杨、王　鹏、杨义东	实用新型	2017.11.23	2018.07.31	CN201721581676.X
528	一种干电池电量自动测量装置	朱俊羽	实用新型	2017.04.13	2018.01.16	CN201720385450.6
529	一种防盗系统	钱锐锋、段娅欣	实用新型	2018.01.04	2018.08.03	CN201820009192.6
530	一种基于循环系统的节水出水装置	赵　璐、易承乾、黄　超	实用新型	2017.11.08	2018.08.17	CN201721478448.X
531	百叶窗	王义函	外观设计	2017.11.22	2018.07.20	CN201730578110.0
532	太阳能发电装置及基于聚光光伏发电的可并网水电离系统	陈刘东、张雨菲、赵　植、朱永强	实用新型	2017.10.27	2018.05.29	CN201721402910.8
533	太阳能电动车	王昕鑫	外观设计	2018.02.05	2018.06.26	CN201830053209.3
534	一种高效气动式波浪能发电装置	朱永强、张　泉、刘　康、张少谦	实用新型	2018.03.19	2018.12.21	CN201820368448.2
535	太阳能路灯	梁沁雯	外观设计	2018.04.16	2018.09.04	CN201830154505.2
536	一种真空泵工作水冷却优化装置	徐　钢、杨佐勋、牛晨巍、包塞纳、刘文毅	实用新型	2017.04.06	2018.02.02	CN201720350004.1
537	一种基于量化指标的信息化评价方法	吴克河、朱亚运、吴金水	授权发明	2014.06.27	2018.04.13	CN201410302943.X
538	并矢协调控制器及其基于梯形联合指令的优化设计方法	申忠利、牛玉广、邹毅辉、开平安	授权发明	2015.04.30	2018.01.19	CN201510217501.X
539	一种管件的激光打孔装置	张惠民、陆道纲	授权发明	2017.04.11	2018.04.06	CN201710233028.3
540	一种具有上下自动吸尘的布料中间输送装置	张惠民	授权发明	2017.04.05	2018.04.06	CN201710217628.0
541	一种健身器材用多功能锻炼装置	奚彩莲、徐新利	实用新型	2017.05.20	2018.01.19	CN201720564162.7
542	一种提高真空与凝结水余热供热的并列式复合系统	梁双印、高满达、王国生	授权发明	2015.02.05	2018.01.30	CN201510062492.1
543	Integrated method and apparatus for remediation of uranium-contaminated soils	LU，HONGWEI、REN，LIXIA、HE，LI	国际发明	2015.04.19	2018.07.03	US14/690460
544	Mercury removal system for coal-fired power plant	ZHANG，YONGSHENG、GU，YONGZHENG、WANG，JIAWEI、LIU，ZHAO、PAN，WEIPING	国际发明	2015.12.17	2018.12.04	US14/973126
545	Preparation method of fluorine-doped lamellar black titanium dioxide nano material	LI，MEICHENG、CHEN，JIEWEI、HE，YANCONG、XIE，BIXIA、LIU，WENJIAN、LI，RUIKE	国际发明	2016.07.12	2018.01.16	US15/208180
546	MODULAR MULTILEVEL CONVERTER (MMC) TOPOLOGIES WITH VOLTAGE SELF-BALANCING CAPABILITY	ZHAO，CHENGYONG、XU，JIANZHONG、LIU，HANG	国际发明	2017.01.23	2018.12.05	EP2017152577
547	一种物联网动态页面实时信息采集方法	孔英会、沈丹凤	发明专利	2013.01.08	2018.01.02	201310005966.X
548	一种脱除燃煤烟气中元素态汞的方法	赵　毅、马宵颖	发明专利	2015.10.21	2018.01.02	201510681266.1
549	一种平行混合燃烧系统及方法	鲁许鳌、杨建蒙、张穆勇、马　凯、王睿坤、周兆伦、李永强、杜　斌	发明专利	2015.11.18	2018.01.02	201510794541.0
550	一种用于防止 SCR 脱硝催化剂表面积灰堵塞的金字塔式过滤装置	陈鸿伟、杨　新、彭逸飞、陈灏明、方晏军、梁占伟	发明专利	2016.04.28	2018.01.02	201610271411.3

续表

序号	名称	发明人	专利类型	申请日期	授权日期	申请号
551	一种金属陶瓷电除尘器极配型式及清灰方式	崔少平、齐立强、王丽丽、曾　芳	发明专利	2014.12.13	2018.01.05	201410796412.0
552	一种改进的地源热泵控制装置及其控制方法	高月芬、祝遵强、程永召、南珊珊、商宇轩、任　飞	发明专利	2015.12.21	2018.01.09	201510975154.7
553	一种无缝接触透明电极产生等离子体射流装置	王永杰、王慧娟、尹增谦	发明专利	2016.02.26	2018.01.09	201610105494.9
554	一种海岛孤立微电网能量控制方法	刘　青、樊世通	发明专利	2015.06.25	2018.01.12	201510357044.4
555	一种考虑导线张力的风偏角计算方法	古祥科、戴　亮、万书亭、刘　峰、李胜华、袁　莉	发明专利	2015.09.22	2018.01.12	201510604507.2
556	一种阶梯型受激布里渊散射容器及方法	任　芝、焦　键、宋金建	发明专利	2015.10.26	2018.01.12	201510733466.7
557	一种固体绝缘材料体积电阻率测量方法	花广如、房　静、李文浩、刘云鹏	发明专利	2015.11.25	2018.01.16	201510827898.4
558	光纤电流传感器	李松涛、靳伟佳	发明专利	2015.11.28	2018.01.16	201510860159.5
559	一种全天候除霾光电池板装置	高　鹏、杨勇平、张　锴、高建强、吕玉坤、胡煜翔、王文豪、李海霞、单存知	发明专利	2016.04.01	2018.01.19	201610200186.4
560	一种灵敏度可调节的光电探测系统驱动电路	李松涛	发明专利	2016.10.13	2018.01.19	201610891137.X
561	一种用于蒸汽在线湿度测量的压力补偿微波谐振腔	李恒凡、韩中合、赵豫晋、钱江波	发明专利	2016.01.18	2018.01.23	201610034482.1
562	一种风电机组塔体倾斜度计算方法	赵洪山、徐樊浩、邓　嵩、徐文岐	发明专利	2015.06.03	2018.01.30	201510299649.2
563	用于电缆隧道的智能机器人巡检系统	张文建、房　静、刘　欢、黄虹霖	发明专利	2015.05.27	2018.01.30	201510275077.4
564	天冬氨酸－赖氨酸共聚物及其合成方法	张玉玲、李　倩、王　昕、赵华伟、胡志光、张敬红	发明专利	2014.10.23	2018.02.13	201410570807.9
565	间歇性能源海量数据处理方法	梅华威、米增强、吴广磊	发明专利	2014.09.30	2018.02.23	201410511941.1
566	一种基于 NSCT 和 PCA 的高斯噪声方差估计方法	崔克彬、牛为华、袁和金	发明专利	2015.11.30	2018.02.23	201510855180.6
567	基于 Watir 的物联网 Web 事件处理方法	孔英会、高育栋、李佩玉、车辚辚	发明专利	2015.02.12	2018.02.27	201510074748.0
568	分布式脱冰跳跃控制系统	王璋奇、王　剑、王　孟、齐立忠	发明专利	2015.04.10	2018.02.27	201510170458.6
569	一种基于双目立体视觉技术的导线脱冰跳跃轨迹测量装置	王璋奇、黄增浩、古珊珊、刘　佳、李海超	发明专利	2015.06.12	2018.02.27	201510321427.6
570	一种断路器状态评估参数获取方法	牛为华、袁和金、崔克彬、赵书涛	发明专利	2015.10.23	2018.03.02	201510700465.2
571	三参数韦伯分布处理闪络电压分析绝缘材料性能的方法	谢　庆、梁少栋、阚宇强、刘利珍、焦羽丰、付可欣、黄　河、律方成	发明专利	2016.03.25	2018.03.02	201610178708.5
572	直流微网多智能体自适应下垂一致性协调控制方法及装置	李鹏、王玉龙、于　航、赵　波、周金辉	发明专利	2015.08.19	2018.03.06	201510510693.3
573	一种异构网络中基于阈值的协作基站分簇方法和装置	韩东升、丁莎莎、余　萍、高　强	发明专利	2015.01.08	2018.03.09	201510008978.7
574	一种基于支路追加法的配电网电力线载波通信信道建模法	王　艳、王　东、赵洪山	发明专利	2016.04.18	2018.03.09	201610242333.4
575	考虑大气扰动效应的风电场功率预测方法	张亚刚、杨京云、王康成、王增平	发明专利	2014.12.17	2018.03.16	201510781091.7
576	一种防雾霾消毒口罩及制备方法	高　鹏、杨勇平、高彬彬、张　锴、高建强、陈鸿伟	发明专利	2015.03.16	2018.03.20	201510114477.7

续表

序号	名称	发明人	专利类型	申请日期	授权日期	申请号
577	背光式燃料敏化太阳能电池及其制备方法	张胜寒、李艳青、郭春雷、许　佩、瑶穆曼	发明专利	2016.10.11	2018.03.20	201610885081.7
578	一种测量车刀副后刀面与零件已加工表面摩擦特性的装置	王进峰、崔珍瑶	发明专利	2015.07.29	2018.03.23	201510468984.0
579	云团运动预测方法	王　飞、甄　钊、米增强	发明专利	2015.09.21	2018.03.30	201510603236.9
580	一种水蒸气温度控制方法和系统	黄　宇	发明专利	2014.10.23	2018.04.03	201410589399.1
581	一种风电机组塔体斜度计算方法	赵洪山、徐樊浩、李　浪、邓　嵩	发明专利	2015.05.04	2018.04.03	201510220819.3
582	一种低温脱硝催化剂、制备方法及其用途	王淑勤、刘文博	发明专利	2016.03.14	2018.04.03	201610139499.3
583	脉冲预泵浦单端矢量BOTDA动态应变测量方法及装置	李永倩、张立欣、李晓娟、尚秋峰、安　琪、张淑娥、杨润润	发明专利	2016.01.15	2018.04.03	201610027270.0
584	一种单端矢量BOTDA动态应变测量的方法及其测量装置	李永倩、张立欣、安　琪、尚秋峰、李晓娟、杨润润	发明专利	2016.01.15	2018.04.03	201610027311.6
585	间歇性能源海量数据处理系统	梅华威、米增强、吴广磊	发明专利	2014.09.29	2018.04.13	201410511928.6
586	基于在线振动数据的设备固有振动模式自学习识别方法	赵洪山、李　浪、徐樊浩、邓　嵩	发明专利	2015.05.21	2018.04.13	201510024313.5
587	一种电力线载波信道通信环境模拟系统	曹旺斌、尹成群、谢志远、孙利梅	发明专利	2015.08.27	2018.04.17	201510535041.5
588	一种产生等离子体光子晶体的装置和方法	王永杰、尹增谦、王慧娟、杨丽娟	发明专利	2017.01.09	2018.04.24	201710027418.5
589	一种可防止大面积停电的继电保护方法	徐　岩、韩　平、张　立、黄馗	发明专利	2015.09.26	2018.04.27	201510622129.0
590	分布式架空导线脱冰跳跃实验系统	王璋奇、王　剑、王　孟、齐立忠	发明专利	2015.04.10	2018.05.01	201510170456.7
591	一种金属表面特征检测装置	王进峰、崔珍瑶	发明专利	2015.05.28	2018.05.01	201510291708.1
592	一种交直流混合微网的优化运行方法	李　鹏、狄开丽、李鑫明、陈安伟、周金辉、赵　波	发明专利	2016.07.28	2018.05.01	201610604292.9
593	基于电网与基站协同的电网供需调节方法	李保罡、傅慧华	发明专利	2014.09.19	2018.05.04	201410480955.1
594	一种电力系统故障因子特征提取方法	张亚刚、王增平	发明专利	2014.12.17	2018.05.04	201510780671.4
595	一种血管内光声二维图像的重建方法	孙　正、韩朵朵	发明专利	2015.04.14	2018.05.04	201510177981.1
596	一种锅炉给水中溶解性气体的调控方法	马双忱、黄　凯、别　璇、马　岚、陈公达	发明专利	2015.12.07	2018.05.04	201510886690.X
597	一种高压电容器单元中内熔丝保护性能校验方法	王子建、徐志钮、华　征、侯智剑、戚岭娜、严　飞、尹　婷、何慧雯	发明专利	2015.12.04	2018.05.04	201510881487.3
598	用于风电计划功率跟踪的储能设备控制策略制定方法	李　泽	发明专利	2017.06.20	2018.05.04	201710470529.3
599	一种双目标优化的城市交通信号灯动态配时方法	鲁　斌、陈　娟、杨明晓、王　茜	发明专利	2016.04.08	2018.05.04	201610217968.9
600	一种基于广域测量信息的电力系统线路故障判别方法	张亚刚、王增平、吴晓坤	发明专利	2015.03.01	2018.05.08	201510091215.3
601	一种基于灰色生成扰动模型的短期风速预测方法	张亚刚、杨京云、王康成、王增平	发明专利	2015.03.02	2018.05.08	201510092616.0
602	一种基于情景模式仿真的电动汽车集群模型建模方法	梁海峰、尤阳阳	发明专利	2015.08.26	2018.05.08	201510528794.3
603	一种高品质的电站锅炉汽温控制系统	田　亮、刘鑫屏、王　桐、卫丹靖、郝晓辉、洪雨楠	发明专利	2016.05.20	2018.05.08	201610339118.6

续表

序号	名称	发明人	专利类型	申请日期	授权日期	申请号
604	一种具有凹槽的受激布里渊散射容器及方法	任　芝、宋金建、焦　键	发明专利	2015.10.26	2018.05.11	201510733470.3
605	一种气动液压混合式波浪能发电装置	马良玉、马永光、刘卫亮、刘长良、何宗源、王印松、林永君、李　强、黄　鹏	发明专利	2015.08.10	2018.05.15	201510487071.3
606	微波微扰法测量湿度传感器内壁水膜厚度的系统和方法	张淑娥、杨再旺、宋文妙	发明专利	2016.04.29	2018.05.18	201610287250.7
607	一种双模四通道汽轮机蒸汽湿度测量系统和方法	张淑娥、杨再旺、张京席	发明专利	2016.04.29	2018.05.18	201610278893.5
608	电站锅炉再热蒸汽温度的烟气侧和蒸汽侧协调预测控制方法	王东风、李　玲、王玉华	发明专利	2016.11.21	2018.05.18	016110544101.4
609	输电线路巡检机器人越障行走装置	花广如、赵东雷、田　微	发明专利	2017.03.10	2018.05.18	201710139438.1
610	输电线路巡检机器人	花广如、赵东雷、田　微	发明专利	2017.03.09	2018.05.18	201710136658.9
611	防止距离III段保护因过负荷误动作的方法	韩　平、徐　岩、迟　成	发明专利	2014.10.06	2018.05.22	201410519037.5
612	一种改变面积和流动方式来提高SCR入口烟温的省煤器	高正阳、杨朋飞、高舒慈、吕少昆、陈嵩涛、吉　硕	发明专利	2014.12.16	2018.05.22	201410771315.6
613	一种改变烟气流动控制SCR入口烟温的装置与方法	高正阳、赵　航、吕少昆、孟欣欣、廖永进、殷立宝	发明专利	2015.03.13	2018.05.22	201510109206.2
614	一种用于电气设备局放源定位装置及定位方法	谢　庆、王　涛、张　莹、刘绪英、刘　丹、陶珺函、赵蓓蓓、徐玉琴	发明专利	2015.12.02	2018.05.22	201510871342.5
615	一种高效换热节水除雾湿式冷却塔	时国华、唐　敏、李　丹、王　佳	发明专利	2017.02.25	2018.05.25	201710127333.4
616	脉冲激光高效的受激布里渊散射装置	任　芝、肖诗逸	发明专利	2015.12.10	2018.05.29	201510937531.8
617	气体绝缘组合电器盆式绝缘子内部缺陷的检测系统和方法	王永强、胡芳芳、李长元	发明专利	2016.01.19	2018.06.05	201610034859.3
618	一种电动汽车充放电行为的预测方法	李　刚、董耀众、宋　雨、申金波	发明专利	2015.06.30	2018.06.08	201510375663.6
619	一种桨式波浪能发电装置及其控制方法	刘卫亮、刘长良、王印松、林永君、何宗源、马永光、李　强、黄　鹏	发明专利	2015.08.10	2018.06.08	201510483277.9
620	一种摆板式波浪能发电系统及其控制方法	陈文颖、刘卫亮、刘长良、王印松、林永君、马永光、徐冬冬、周洪波	发明专利	2015.08.10	2018.06.08	201510487074.7
621	一种自外差单端矢量BOTDA动态测量方法及装置	李永倩、张立欣、安琪、何玉均、胡智奇	发明专利	2016.04.07	2018.06.08	201610216540.2
622	一种用于降低跨阶层干扰的用户选择算法	韩东升、郝聪慧、陈智雄	发明专利	2015.09.22	2018.06.12	201510606380.8
623	一种适用于SCR低负荷下投运的过热汽温调节系统及方法	高正阳、吕少昆、高舒慈、杨朋飞、陈嵩涛	发明专利	2014.12.16	2018.06.15	L21410771451.5
624	一种前后向散射兼容散射装置及方法	任　芝、焦　键、宋金建	发明专利	2015.12.18	2018.06.19	201510968090.8
625	无能耗热水器智能节水控温方法	刘　琰、刘　璐、马文静	发明专利	2016.06.25	2018.06.19	201610468719.7
626	一种热机驱动VM循环热泵的分布式能源系统	谢英柏、邓小冬、周博滔、赵金荷、刘静雯	发明专利	2014.12.25	2018.06.22	201410815602.2
627	一种干式变压器绕组内热点的温度和位置检测方法	王永强、张晓霞、欧阳宝龙	发明专利	2014.11.24	2018.07.03	201410678492.X
628	变压器油绝缘油中多环芳烃无害化处理方法	陈传敏、吴文龙、刘松涛、曹宏伟、杜琳娟、朱丽娜、杜　珂	发明专利	2015.09.23	2018.07.06	201510613091.0

续表

序号	名称	发明人	专利类型	申请日期	授权日期	申请号
629	一种高信噪比抑制非本地效应的单端 RBOTDA 传感系统	尚秋峰、毛 训、胡雨婷、李永倩、姚国珍、张立欣	发明专利	2015.12.07	2018.07.06	201610436273.X
630	一种改进的介孔材料生产设备	孙 玮、杨丽娟、许小刚	发明专利	2016.11.30	2018.07.06	201611119002.8
631	一种超音速冷凝旋流分离器	韩中合、赵豫晋、李恒凡、张士兵、祁 超	发明专利	2016.07.21	2018.07.10	201610578253.6
632	一种隔离装置及汽轮机末级湿度检测装置	钱江波、谷青峰、张 位、周伟伟、李恒凡、韩中合	发明专利	2017.03.08	2018.07.10	201710133873.3
633	采用直流孤岛方式外送风电送端风火配比选取方法	梁海峰、于立杰、曹大卫、李怀科	发明专利	2016.01.15	2018.07.13	201610024612.3
634	一种大功率激光器的驱动电路	任 芝、焦 键、宋金建	发明专利	2016.04.01	2018.07.17	201610213614.7
635	一种微通道换热器	靳光亚、贾 鑫、罗学智、王明军	发明专利	2016.11.18	2018.07.17	201611050708.3
636	一种基于双重随机理论的风电功率预测方法	胡永强、赵书强、马燕峰	发明专利	2014.06.24	2018.07.24	201410283701.0
637	一种简化的拉线塔主柱有限元模型的计算方法	杨文刚、朱伯文、高 松	发明专利	2015.11.10	2018.07.24	201510760832.8
638	一种 Li-Sb-Mn/C 电极材料、其制备方法及泡沫镍电极片	刘云鹏、李 雪、齐小涵、李 乐、韩颖慧、宋利黎、李玉娟	发明专利	2017.05.22	2018.07.24	201710361675.2
639	一种结构简单的新型光纤振动加速度传感器	姚国珍、李永倩、杨 志、尚秋峰	发明专利	2015.10.09	2018.07.27	201510647965.4
640	一种磁感应磁声内窥图像的建模与仿真方法	孙 正、马 真、毛 娟	发明专利	2016.05.18	2018.07.27	201610332698.6
641	以最大功率点旋转备用容量跟踪的光伏发电系统控制方法	颜湘武、华天琪	发明专利	2017.03.14	2018.07.27	201710148565.8
642	雾霾积灰条件下的光伏发电功率输出减少率估计方法	马良玉、李金拓、刘卫亮、刘长良、李 静、陈文颖、林永君	发明专利	2016.08.29	2018.07.31	201610739282.6
643	一种非节流增湿增焓的压缩空气储能系统	冉 鹏、庄绪增、王亚瑟、高建强、李 政、刘 培	发明专利	2017.03.08	2018.08.03	201710133400.3
644	一种机械弹性储能用永磁同步发电机的控制方法	余洋、米增强、牛玺童	发明专利	2016.06.20	2018.08.07	201610446128.X
645	基于多因子拟合模型的大气气溶胶光学厚度估计方法	李 静、熊 峰、林永君、刘卫亮、刘长良、陈文颖、马良玉、李金拓	发明专利	2016.06.06	2018.08.07	201610389672.5
646	针对雾霾积灰的光伏发电功率输出减少率估计方法	林永君、熊 峰、刘卫亮、刘长良、李 静、陈文颖、马良玉	发明专利	2016.08.29	2018.08.07	201610739281.1
647	一种风力发电机叶片弯扭耦合向量测量装置	周邢银、安利强、王璋奇	发明专利	2015.09.23	2018.08.10	201510608815.2
648	高强度散热性电动机	范晓舟、律方成、谢 军、刘效斌、王永强	发明专利	2015.07.15	2018.08.10	201510413547.9
649	一种软开关激光器驱动电路	任 芝、刘 洋	发明专利	2016.04.01	2018.08.10	201610213615.1
650	一种火电机组主蒸汽压力的补偿调节方法	田 亮、刘鑫屏、王 桐、卫丹靖、郝晓辉	发明专利	2016.04.27	2018.08.10	201610272514.1
651	计及负荷时序特性的中压配电网无功补偿方法	苏海峰、陈 丽	发明专利	2015.05.27	2018.08.14	201510279961.5
652	一种基于贝塞尔啁啾光栅结构的全波长转换器的设计方法	刘 涛、宋泽坤、陈 影	发明专利	2016.04.18	2018.08.14	201610242983.9
653	一种计算机组件串联系统通用生成函数的方法	秦金磊、李 整、牛玉广、朱有产	发明专利	2016.07.15	2018.08.17	201610559189.7
654	一种用于检测人体热应激指标的便携手环及其检测方法	郑国忠、李志灏、朱烨璇、林安妮	发明专利	2016.03.18	2018.08.17	201610153102.6

续表

序号	名称	发明人	专利类型	申请日期	授权日期	申请号
655	一种太阳能与风能一体化的可再生能源建筑系统	刘志坚、高群翔、李俊杨	发明专利	2016.11.07	2018.08.17	201610974013.8
656	一种软开关逆变电路激光器驱动电路	李松涛、刘　洋	发明专利	2016.04.01	2018.08.21	201610214731.5
657	一种半桥/逆变电路激光器驱动电路	李松涛、张晓宏	发明专利	2016.04.01	2018.08.21	201610213613.2
658	一种用于监督学习的智能车系统	丁续达、金秀章、张　琨、邓忻依、张少康、刘　潇、尹子剑、姚吉行	发明专利	2017.04.12	2018.08.21	201710235071.3
659	电网多状态变量的三维动态显示方法	董　清、陈　静	发明专利	2015.12.15	2018.08.21	201510937045.6
660	一种光伏-蓄电池发电系统的虚拟惯性控制方法	张祥宇、杨　黎、付　媛	发明专利	2016.09.21	2018.08.21	201610836288.5
661	一种电力广域保护通信网传输故障容错方法	贾惠彬、薛凯夫、马　静、王增平、陈安伟、盛海华、周建其、朱承治、金山红、周富强、裘愉涛、李继红、方愉冬、李付林	发明专利	2015.07.25	2018.08.24	201510441940.9
662	基于物联网技术的变电站物品管理系统	陈智雄、孔英会、韩东升	发明专利	2014.12.19	2018.08.28	201410789924.4
663	一种基于光场相机的火焰三维光度场重建方法	王旭光、苏　杰、李秀美、陈贵滨、李　贺	发明专利	2016.03.04	2018.08.28	201610121882.6
664	一种压缩因子的获取方法及系统	朱霄珣	发明专利	2016.03.16	2018.08.28	201610149229.0
665	一种风电和光伏发电接入电网的无功电压控制方法	卢锦玲、何振民、於慧敏、米增强	发明专利	2015.02.01	2018.08.31	201510049507.0
666	一种火电机组蒸汽温度的前馈控制方法	田　亮、刘鑫屏、卫丹靖、洪雨楠、王　桐	发明专利	2016.09.23	2018.08.31	201610845636.5
667	基于PM2.5和PM10的气溶胶光学厚度估计方法	刘卫亮、李金拓、马良玉、李　静、刘长良、陈文颖、林永君、熊　峰	发明专利	2016.06.06	2018.08.31	201610389671.0
668	一种汽轮发电机负载励磁电流计算方法	武玉才、李永刚、张嘉赛	发明专利	2015.03.10	2018.09.04	201510104590.7
669	一种基于柔性阵列传感器的局放超声定位方法	谢　庆、吴　晗、亓彦珣、张采芹、刘　怡、甘汶艳、张建涛、张　莹、律方成	发明专利	2017.08.29	2018.09.07	201710757296.5
670	一种移动通信中电网与认知基站间能源分配方法	李保罡、万彩虹	发明专利	2014.09.19	2018.09.11	201410480998.X
671	一种秸秆/污泥基质催化剂及其制备方法和应用	张广满、汪黎东、陈静艳	发明专利	2016.03.30	2018.09.11	201610192002.4
672	一种具有防超速性能的风力发电机	程友良、王月坤、渠江曼、雷朝	发明专利	2016.04.16	2018.09.11	201610238195.2
673	一种修饰型多孔碳酸钙吸附剂及其制备方法和应用	汪黎东、佟　童、漆　丹、邢　磊、臧齐齐	发明专利	2016.04.19	2018.09.11	201610243205.1
674	自主无人机巡检风机叶片系统及方法	翟永杰、赵海龙、王　迪、刘金龙、张木柳、马博洋、米　路、程海燕	发明专利	2016.04.25	2018.09.11	201610259711.X
675	一种石灰石—石膏法脱硫 ORP 与 pH 双控制的方法及装置	马双忱、杨　静、朱思洁、陈公达、华继洲、张立男	发明专利	2015.11.20	2018.09.18	201510811425.5
676	干涉式精确电流传感器	李松涛、刘　洋	发明专利	2015.12.04	2018.09.18	201510893821.7
677	带式硬币分类装置	慈铁军、段鹏刚、刁鹏程、陈冠村、方志敏、吴　纯	发明专利	2015.10.08	2018.09.28	201510642540.4
678	基于视频监测技术的输电导线舞动幅值及频率的计算方法	汪佛池、杨升杰、律方成	发明专利	2014.12.29	2018.10.12	201410840301.5
679	一种基于热管的提高 SCR 入口烟温的方法	高正阳、王诗啸、林鲁徽、丁　艺、韩文涛	发明专利	2016.10.10	2018.10.23	201610880699.4

续表

序号	名称	发明人	专利类型	申请日期	授权日期	申请号
680	绝缘类器件的维护装置及方法	李松涛、靳伟佳	发明专利	2015.12.04	2018.11.02	201510893825.5
681	一种单端反激电路激光器驱动电路	任　芝、李照宇	发明专利	2016.04.20	2018.11.02	201610264797.5
682	一种非节流增湿增焓消除残余热的绝热压缩空气储能系统	冉　鹏、庄绪增、王亚瑟、高建强、李　政、刘　培	发明专利	2017.03.08	2018.11.06	201710133360.2
683	一种基于小波域行波信号色散校正的双端行波测距方法	贾惠彬、李明舒	发明专利	2016.03.25	2018.11.09	201610179620.5
684	一种带机械弹性储能装置的 PMSM 最大转矩电流比控制方法	余　洋、郑晓明、米增强、李晓龙、孙辰军、魏明磊	发明专利	2016.07.12	2018.11.16	201610540766.1
685	变电站支柱绝缘子 RTV 涂料喷涂设备	花广如、李文浩	发明专利	2018.01.29	2018.12.04	201610061024.7
686	一种建筑通风用的防火排烟阀门	张旭涛、刘　璐、刘　续、刘志坚	实用新型专利	2016.12.07	2018.01.02	201621334225.1
687	双碱法脱硫循环浆液零排放处理系统	苑明君、尹连庆、刘松涛、李　睿、卢　林、周卫青、吴华成、张子健	实用新型专利	2017.05.05	2018.01.02	201720494694.8
688	一种高压设备放电监测装置	王胜辉、詹振宇、刘云鹏	实用新型专利	2017.04.29	2018.01.02	201720468047.X
689	一种可拆卸滑轨式电池传感器固定装置	李恒凡、刘志坚、靳光亚	实用新型专利	2017.06.23	2018.01.02	201720740651.3
690	一种压装机用的压力传感器外壳	李恒凡、刘志坚、靳光亚	实用新型专利	2017.06.23	2018.01.02	201720739894.5
691	一种动圈式热压缩机系统	谢英柏、侯　轶、崔后品	实用新型专利	2017.05.02	2018.01.05	201720471994.4
692	一种智能城市中综合利用的路灯灯杆	张京席、戚宇林、张淑娥	实用新型专利	2017.06.27	2018.01.05	201720769167.3
693	一种振荡式自发电的移动电源	李伊玲、林啸龙、张　枫	实用新型专利	2017.02.24	2018.01.12	201720172492.1
694	一种激波管实验装置	李金芳、李永华	实用新型专利	2017.06.15	2018.01.12	201720692528.9
695	一种实现螺旋桩基础快速维持荷载法加载及测力的装置	张新春、韩春雨	实用新型专利	2017.06.02	2018.01.12	201720629895.4
696	一种动静结合的中速磨煤机	李永华、王学欣、庞开宇	实用新型专利	2017.06.20	2018.01.12	201720719080.5
697	一种用于高性能 CPU 的新型无叶风扇散热器	陈　坤、李永华	实用新型专利	2017.06.26	2018.01.12	201720747596.0
698	一种篮球运动员防护装置	陈媛媛、符万忠	实用新型专利	2017.04.28	2018.01.12	201720466452.8
699	基于电力载波通信的多媒体教学设备管理系统	刘书刚、刘天阳、刘　丽、陆晓星、李晨曦	实用新型专利	2017.06.07	2018.01.16	201720654753.3
700	一种太阳能空气净化伞	刘　雄、梅玉杰、王月坤、刘彦丰	实用新型专利	2017.01.13	2018.01.19	201720036833.2
701	一种兼具除尘和智能湿度控制功能的新风换气机	魏　兵、张争争、吴恩龙、胡婵月、王会拴、张　翼	实用新型专利	2017.04.20	2018.01.19	201720499156.8
702	一种散热式手机壳	原　辉、刘彦丰	实用新型专利	2017.05.09	2018.01.19	201720505313.1
703	一种便于安装的换热器支架	张旭涛、王欣怡	实用新型专利	2017.06.23	2018.01.19	201720739893.0
704	一种电厂的单线送出线路故障保护系统	丁续达、金秀章、张　琨、邓忻依、刘　潇、张少康、尹子剑	实用新型专利	2017.04.28	2018.01.23	201720463595.3

续表

序号	名称	发明人	专利类型	申请日期	授权日期	申请号
705	一种基于汽车钥匙感应的全自动车载净化器净化方法及系统	吴晓帅、张楚璇、齐立强	实用新型专利	2016.12.19	2018.02.02	201621442024.3
706	一种基于下推式的磁悬浮控制器设计	牛为华、赵　鹏	实用新型专利	2017.03.07	2018.02.02	201720215097.7
707	一种磁铁活塞与电磁线圈耦合的热压缩机系统	谢英柏、侯　铁、陈　天	实用新型专利	2017.05.02	2018.02.06	201720472202.5
708	一种新型蓄冷液化空气储能发电系统	谢英柏、薛晓东、杨昊泽	实用新型专利	2017.05.26	2018.02.06	201720597851.8
709	一种磁铁活塞与电磁线圈耦合的热压缩机系统	谢英柏、侯　铁、陈　天	实用新型专利	2017.05.02	2018.02.06	201720472202.5
710	一种隔离装置及汽轮机末级湿度检测装置	钱江波、谷青峰、张　位、周伟伟、李恒凡、韩中合	实用新型专利	2017.03.08	2018.02.09	201720223991.9
711	电加热棒	夏　露、李永华	实用新型专利	2017.06.20	2018.02.13	201720718964.9
712	一种用于高压线自动喷涂装置的驱动装置	李永华、王学欣、陈　坤	实用新型专利	2017.06.14	2018.02.16	201720689969.3
713	一种木地板柔性切割设备	李　非、盛家豪	实用新型专利	2017.07.28	2018.02.23	201720925054.8
714	一种机械臂移动路径规划系统	贾桂红、曹　锋	实用新型专利	2017.06.27	2018.02.23	201720758539.2
715	碟式太阳能反应接收器	刘　赟、叶闻杰、李永华	实用新型专利	2017.07.06	2018.02.27	201720812625.7
716	一种电厂汽轮机的乏汽冷却系统	高正阳	实用新型专利	2017.06.28	2018.03.02	201720766401.7
717	一种电厂除盐废水循环利用系统	高正阳	实用新型专利	2017.06.28	2018.03.02	201720765777.6
718	荷电水雾空气净化装置	周儒畅、刘明浩	实用新型专利	2017.06.19	2018.03.06	201720711567.9
719	配电网柱上开关的无线智能监测系统	孙兴宇	实用新型专利	2017.11.16	2018.03.18	201721526809.3
720	一种英语教学粉笔夹持装置	陈宝娣	实用新型专利	2017.04.05	2018.03.20	201720348968.2
721	一种可回收利用的折叠式外卖饭盒	常小强	实用新型专利	2017.12.27	2018.03.23	201721866094.6
722	一种基于 PSD 工业机器人的信号处理电路	杜必强、孟明明	实用新型专利	2017.06.07	2018.04.03	201720652238.1
723	一种 PSD 传感器信号调理装置	杜必强、何泓樟	实用新型专利	2017.06.07	2018.04.03	201720652256.X
724	一种原煤仓	王学欣、李永华、蒋克涛、庞开宇	实用新型专利	2017.09.12	2018.04.03	201721161381.7
725	水火箭（带控速和彩色拉烟）	王俊杰	实用新型专利	2017.09.29	2018.04.03	201730469269.9
726	燃料电池热压成型工作台	王茹洁、李　明	实用新型专利	2017.04.12	2018.04.06	201720382153.6
727	以α-AlH3 作为燃料的移动电源的制氢装置	段聪文、王茹洁、李　明、徐佳晏、周　飞、李文昊	实用新型专利	2017.05.05	2018.04.06	ZL201720490856
728	一种利用化霜废水的高效太阳能热泵气化液化天然气系统	时国华、王　佳、唐敏、李　丹	实用新型专利	2017.07.25	2018.04.06	201720903308.6
729	一种电气设备无线测温系统	高勇、陈莹莹、王秀梅	实用新型专利	2017.10.10	2018.04.06	201721297058.2

续表

序号	名称	发明人	专利类型	申请日期	授权日期	申请号
730	一种光纤引导装置	刘云鹏、聂德鑫、姜义国、陆云才、曹　旭、程　林、田　源、刘海波、李　军、皮本熙、廖才波、陈　程	实用新型专利	2017.09.16	2018.04.06	201721188094.5
731	一种汽车落水驾乘人员紧急逃生系统	杨晓红、唐法庆、花广如、董志聪、王雷雨、库　巍、苏丽芳	实用新型专利	2017.09.30	2018.04.10	201721277520.2
732	一种新型防振锤	杨晓红、花广如、董志聪、唐法庆、库　巍、王雷雨	实用新型专利	2017.09.30	2018.04.10	201721278723.3
733	一种应用于输电铁塔的高承载桩	杨晓红、花广如、董志聪、唐法庆、库　巍、王雷雨、苏丽芳	实用新型专利	2017.09.30	2018.04.13	201721277175.2
734	一种汽车数字液晶仪表系统	杨耀权、毛泽强、孔卫江	实用新型专利	2017.08.30	2018.04.17	201721101936.9
735	一种新型的基于人造龙卷风原理的厨房油烟处理装置	刘正洋、许子倩、叶学民	实用新型专利	2017.10.12	2018.04.17	201721310397.X
736	平壁降液膜孤立波特性测量装置	刘　梅、张开顺、甄　猛、路婷婷、吴正人	实用新型专利	2017.09.18	2018.04.17	201721193640.4
737	一种上外吊起下内斜偏轴联合板式冷却塔挡风装置	李永华、宋四明、闫顺林	实用新型专利	2016.07.05	2018.04.20	201620696311.0
738	一种上外吊起下外斜偏轴联合板式冷却塔挡风装置	李永华、宋四明	实用新型专利	2016.07.05	2018.04.20	201620695713.9
739	一种互补式水电热联产供能系统	谢英柏、仲　凯	实用新型专利	2017.01.12	2018.04.20	201720031443.6
740	一种利用新能源液化空气的储能发电系统	谢英柏、薛晓东	实用新型专利	2017.03.20	2018.04.20	201720268102.0
741	一种非补燃式液化空气储能发电系统	谢英柏、薛晓东	实用新型专利	2017.05.26	2018.04.20	201720597852.2
742	飞跨电容的MMC子模块及具有该子模块的换流器	孟　明、苏亚慧、吴亚帆	实用新型专利	2017.08.10	2018.04.20	201720998883.9
743	具备故障清除的MMC子模块及具有该子模块的换流器	孟　明、苏亚慧、吴亚帆	实用新型专利	2017.08.10	2018.04.20	201720998882.4
744	直流故障穿越MMC子模块及具有该子模块的换流器	孟　明、苏亚慧	实用新型专利	2017.08.29	2018.04.20	201721087260.2
745	双向故障电流阻断MMC子模块及具有该子模块的换流器	孟　明、苏亚慧	实用新型专利	2017.08.29	2018.04.20	201721087259.X
746	一种单相断路器分闸重击穿模拟实验装置	王子建、王召盟、王　荀、徐梦蕾、韩赛飞、范本壮	实用新型专利	2017.06.20	2018.04.24	201720719093.2
747	一种电辅助太阳能集热联合供暖系统	杨先亮、毛杭倩媛	实用新型专利	2017.03.31	2018.04.27	201720331507.4
748	自然通风湿式冷却塔通风管道加设方法	王蓝婧、陈海文、付文锋、赵文升	实用新型专利	2017.09.30	2018.05.01	201721289280.8
749	一种通风装置上的遮盖装置	刘志坚、姜　淼	实用新型专利	2017.09.26	2018.05.01	201721236712.9
750	一种特高压输电电缆保护装置	乔　鑫	实用新型专利	2017.11.04	2018.05.01	201721463217.1
751	一种节水型机力通风冷却塔	王　瑶	实用新型专利	2017.10.18	2018.05.01	201721339375.6
752	一种基于多旋翼飞行器的无线充电装置	刘明杰、陈力绪、罗盼娜	实用新型专利	2017.10.20	2018.05.01	201721352878.7
753	一种具有电能质量监测功能的滤波装置	王　克	实用新型专利	2017.11.08	2018.05.04	201721478070.3

续表

序号	名称	发明人	专利类型	申请日期	授权日期	申请号
754	一种直流配电网系统	徐　岩、刘婧妍	实用新型专利	2017.10.23	2018.05.04	201721367472.6
755	一种高速公路隧道绿色智能照明系统	王　利、李雨桐、林自勉、赵书涛	实用新型专利	2017.11.08	2018.05.04	201721479498.X
756	一种室外除尘装置	顾雨梦、刘明浩	实用新型专利	2017.06.19	2018.05.08	201720712303.5
757	一种小区被动式太阳能采暖系统	刘志坚、田家铭	实用新型专利	2017.09.26	2018.05.08	201721236828.2
758	一种离心式气液分离装置	刘志坚、王俊杰	实用新型专利	2017.10.16	2018.05.08	201721329552.2
759	一种用于教学演示的气泡发生装置系统	仝卫国、顾　浩、丁续达、张一可、姚吉行、李　慧、李敏霞	实用新型专利	2017.08.16	2018.05.11	201721026822.2
760	一种连续化水分检测补水设备	李欣宜	实用新型专利	2017.10.26	2018.05.11	201721389921.7
761	一种全自动带电清洗变电站绝缘子串机器人	高　勇、岳宇鑫、宋立琴	实用新型专利	2017.11.06	2018.05.11	201721457643.4
762	一种简易的红外热成像装置	牛为华、李依宾、李　思、琪庞春江王、新　颖	实用新型专利	2017.11.14	2018.05.11	201721515231.1
763	一种导流体清理装置	赵娜范、新　宇	实用新型专利	2017.09.25	2018.05.15	201721229727.2
764	风电机组塔体倾斜度测量与校正测量仪	肖钟秀	实用新型专利	2017.09.30	2018.05.15	201721279646.3
765	一种线路绝缘报警装置	房　静、易杨美芝	实用新型专利	2017.10.12	2018.05.15	201721308249.4
766	一种高效分离及方便收灰的旋风分离器	刘志坚、吴　翔	实用新型专利	2017.10.20	2018.05.15	201721358623.1
767	一种草莓采摘机器人	甘萌莹、刘　欢	实用新型专利	2017.11.02	2018.05.15	201721444528.3
768	臭氧脱硝装置	徐华伟、沈　鑫	实用新型专利	2018.02.05	2018.05.15	201820207873.3
769	一种高速隧道风能收集装置	赵书涛、王　利	实用新型专利	2017.11.08	2018.05.18	201721479488.6
770	调节式网络控制开关	董子健、钟冰洁	实用新型专利	2017.11.22	2018.05.18	201721574589.1
771	带有检测功能的网络控制开关	董子健、杨　乐	实用新型专利	2017.11.22	2018.05.18	201721572559.7
772	一种简易串联混合动力汽车控制策略验证平台	杨耀权、刘春雨、彭　浩、王　青、饶成成	实用新型专利	2017.11.15	2018.05.18	201721524085.9
773	一种近海火电厂的补水装置	何玉灵、符明恒、倪政泽、张德斌	实用新型专利	2017.08.01	2018.05.22	201720950812.1
774	基于太阳能供电的车载充电装置	马子儒、杨　昭、黄逸帆、葛玉敏	实用新型专利	2017.11.10	2018.05.22	201721492083.6
775	一种烟气利用复配吸收剂脱硫脱硝脱汞装置	梁宇豪、陆悦江、才轶名、郝润龙	实用新型专利	2017.10.26	2018.05.22	201721389225.6
776	太阳能电池板降温装置	邵常焜	实用新型专利	2017.10.31	2018.05.25	201721429513.X
777	一种适用于高压线巡检机器人的行走夹持机构	苑　朝、李　鑫	实用新型专利	2017.11.22	2018.05.25	201721572662.1
778	一种高压线路巡检机器人的打滑检测装置	苑　朝、刘书峣	实用新型专利	2017.11.22	2018.05.25	201721573723.6

续表

序号	名称	发明人	专利类型	申请日期	授权日期	申请号
779	一种太阳能电池板防尘装置	慈铁军、辛侠云	实用新型专利	2017.08.11	2018.05.27	201720998869.9
780	应用含铋催化剂和 COF-5 的烟气吸附器	龙林宏	实用新型专利	2018.03.08	2018.05.29	201820320453.6
781	烟气处理器	钱　真	实用新型专利	2018.03.06	2018.05.29	201820307862.2
782	一种用于凝汽器的清洗装置及凝汽器	李永华、闫顺林、刘　洋、韩　韦、张永昇、王皓轩	实用新型专利	2017.09.26	2018.06.01	201721244779.7
783	新式麻面换热管	闫顺林、李永华、王皓轩、韩　韦、张永昇、刘　洋	实用新型专利	2017.09.26	2018.06.01	201721241833.2
784	一种改进环形扭转抑制吸振防舞器	李　娜、尹孟然	实用新型专利	2017.11.22	2018.06.01	201721566866.4
785	一种用于制冷机的气液分离器	刘志坚、章　鑫	实用新型专利	2017.11.07	2018.06.08	201721471236.9
786	小型智能分体式变电站	刘嘉硕、刘　赟	实用新型专利	2017.11.16	2018.06.12	201721532609.9
787	智能网络控制开关	董子健、杨　乐	实用新型专利	2017.11.22	2018.06.12	201721574564.1
788	具有防攀爬装置的电线杆	范海红、孙钊栋	实用新型专利	2018.03.01	2018.06.12	201820290066.2
789	一种火电机组脱硝实时控制装置	王晓峰、黄宏伟、冯秀芳、王　刚、刘宗奎、高文松、彭国富、危日光、梁胜莹、高建强、赵　晶	实用新型专利	2017.08.11	2018.06.12	201721005337.7
790	一种节能除雾干湿混合冷却塔	时国华、唐　敏、王　佳、刘彦琛	实用新型专利	2017.11.15	2018.06.15	201721524086.3
791	宽域智能互感取点控制系统	王晓辉、朱永利、翟学明、郭丰娟、张东阳	实用新型专利	2017.12.01	2018.06.15	201721649529.1
792	一种实现多因素定量控制的烟气酸露点实验装置	李加护、谢英柏、张　猛	实用新型专利	2017.05.26	2018.06.22	201720598726.9
793	一种主动式温室卵石床蓄热互补机构	顾霖赟	实用新型专利	2017.11.30	2018.06.22	201721633394.X
794	一种水上作业无人机	胡朝举、赵健伟	实用新型专利	2017.09.25	2018.06.22	201721232951.7
795	一种太阳能发热发电一体化使用设备	史泽南	实用新型专利	2017.10.20	2018.06.22	201721375932.X
796	利用汽轮机第六段抽汽热量的粮食干燥系统	杨先亮、郜　坤	实用新型专利	2017.03.31	2018.06.26	201720331508.9
797	一种提高光电转换效率的光伏光热系统	杨先亮、毛杭倩媛	实用新型专利	2017.07.04	2018.06.26	201720797130.1
798	一种车辆制动压缩空气能量回收及利用装置	宋　蕾	实用新型专利	2017.12.19	2018.06.29	201721774913.4
799	一种具有异物监测清洗功能的光伏板装置	李奎杰	实用新型专利	2017.11.27	2018.07.03	201721600929.4
800	一种液体流量标准装置	仝卫国、张一可、顾　浩、李敏霞	实用新型专利	2017.12.15	2018.07.03	201721750941.2
801	可自动调节显示角度的计算机显示装置	程晓荣、杜沛、刘　彬	实用新型专利	2017.10.19	2018.07.06	201721346701.6
802	一种端头易连接的电力输配电母线	赵路佳、史泽南	实用新型专利	2017.12.09	2018.07.06	201721702446.4

续表

序号	名称	发明人	专利类型	申请日期	授权日期	申请号
803	一种适用于民用采暖炉烟气处理装置	郑海明、于钦祥、刘月美、冯帅帅	实用新型专利	2017.09.14	2018.07.10	201721179409.X
804	一种带有碳捕集功能的超临界二氧化碳双布雷顿循环发电装置	王蓝婧、陈海文、付文锋、赵文升	实用新型专利	2017.11.30	2018.07.10	201721640733.7
805	一种用于风电场扇叶表面缺陷检测的装置	冯舒婷、房　静	实用新型专利	2017.11.29	2018.07.10	201721627260.7
806	一种电力电缆外护套便捷剥皮器	黄和钧、万书亭	实用新型专利	2017.11.14	2018.07.10	201721507796.5
807	一种新型采暖锅炉	王欣怡	实用新型专利	2017.10.20	2018.07.13	201721358621.2
808	一种用于循环流化床锅炉的旋风分离器	刘志坚、韦虹宇	实用新型专利	2017.11.24	2018.07.13	201721592344.1
809	一种雾化预氧化耦合双循环燃煤烟气脱硫脱硝装置	郝润龙、赵　旭	实用新型专利	2017.10.20	2018.07.13	201721355364.7
810	新型户外雾霾处理装置	崔　帅、孙钊栋	实用新型专利	2018.03.05	2018.07.13	201820302588.X
811	水火箭	王俊杰	实用新型专利	2017.11.14	2018.07.20	201821517337.5
812	一种用于绝缘子缺陷的无人机检测装置	谭紫璇	实用新型专利	2017.11.06	2018.07.20	201721459698.9
813	基于 LED 的显示屏的高铁站台旅客上次辅助系统	杜立文、郭泽峰、叶学民	实用新型专利	2018.01.09	2018.07.20	201820028955.1
814	一种电力保护设备用通风装置	刘明杰	实用新型专利	2017.12.29	2018.07.20	201721899955.0
815	配电线路电线杆用金属拉线器的探测装置	周浩祖、王瑞琦、房静	实用新型专利	2017.11.06	2018.07.20	201721463414.3
816	基于农产品销售优化设计的冷藏车	章　鑫	实用新型专利	2017.12.29	2018.07.24	201721900902.6
817	电抗器振动信号采集装置	赵小军、徐华伟	实用新型专利	2018.03.05	2018.07.27	201820300940.6
818	一种用于购物车的自动收银装置	姬雅晴、王秀梅	实用新型专利	2017.11.14	2018.07.27	201721510292.9
819	一种 VR 设备演示教学用支架	范晓舟、徐万欣、许　灏	实用新型专利	2018.01.05	2018.08.03	201820017198.8
820	一种智能浇花装置	杜增晖	实用新型专利	2017.12.25	2018.08.03	201721926470.6
821	一种共享车位用停车位标牌	雷世豪、苏金海、范晓舟	实用新型专利	2018.01.05	2018.08.03	201820016806.3
822	一种移动式多功能行李箱	黄智文、范晓舟	实用新型专利	2018.01.05	2018.08.03	201820017659.1
823	一种超级电容器用固定装置	乔　鑫	实用新型专利	2017.12.26	2018.08.03	201721839115.5
824	书画清洗装置及设备	赵　娜、王文阳、程友良、蒋衍周彬	实用新型专利	2017.12.25	2018.08.03	201721838780.2
825	一种新型空气净化通风系统	刘志坚、姜　森	实用新型专利	2017.09.26	2018.08.07	201721236827.8
826	一种农产品冷藏车	刘志坚、韦虹宇	实用新型专利	2017.11.24	2018.08.07	201721592351.1
827	一种车位共享用地锁	苏金海、段松召、范晓舟	实用新型专利	2018.01.05	2018.08.07	201820017109.X

续表

序号	名称	发明人	专利类型	申请日期	授权日期	申请号
828	一种植物发电台灯	蔡彬涛、王剑洪、魏超然、范晓舟	实用新型专利	2018.01.29	2018.08.07	201820140913.7
829	一种抽水蓄能电站水库越限检验方法	郭　通、李永刚、张　强、韩子娇、许　静	实用新型专利	2017.11.25	2018.08.10	201721594519.2
830	油浸式重力热管分体变压器	韩　雪、刘　赟、谢千山、任昱杰	实用新型专利	2017.11.16	2018.08.10	201721534291.8
831	一种用于大中型厨房的食材输送烹饪装置	何玉灵、仲凯悦、敖春燕、沈　平	实用新型专利	2017.06.26	2018.08.10	201720745172.0
832	一种燃气轮机进口喷雾冷却装置和燃气轮机系统	王惠杰、赵立坤、许小刚	实用新型专利	2018.01.11	2018.08.10	201820104680.5
833	一种教学用多媒体投影仪免关吊装遮挡装置	宋沁杨、叶学民	实用新型专利	2018.01.26	2018.08.13	201820125680.1
834	一种风力及太阳能互补发电装置	李牡丹、王印松、雷张伟、刘　霜	实用新型专利	2017.12.25	2018.08.14	201721929112.0
835	一种微波辐射式煤炭低温热解脱汞装置	杨海宽、周敬和、刘松涛、陈传敏、陈建蒙	实用新型专利	2017.11.14	2018.08.17	201721517099.8
836	基于VR技术的车工安全教学系统	马志远、赵路佳、何泓樟、匡南宇	实用新型专利	2017.11.06	2018.08.28	201721459689.X
837	一种防止呼吸水汽冷凝的透气口罩	刘　洋、马金英	实用新型专利	2018.01.11	2018.08.28	201820040552.9
838	新型太阳能单罐相变蓄热吸收式热泵	程友良、刘　萌、程伟良、王敬双、杨卫平	实用新型专利	2018.01.23	2018.08.28	201820116013.9
839	一种新型热狗自动制作装置	杨化动、赵家佑	实用新型专利	2017.11.09	2018.08.31	201721508741.6
840	一种太阳能碳捕集与布雷顿循环联合发电系统	梁晓欣、陈　鑫、付文锋	实用新型专利	2018.02.05	2018.09.04	201820197971.3
841	一种氨气在线监测装置	郑海明、刘月美、于钦祥、冯帅帅	实用新型专利	2018.01.25	2018.09.14	201820127747.7
842	一种浓度可控的开放式沙尘模拟实验平台	吕玉坤、周桂山、刘云鹏	实用新型专利	2017.12.21	2018.09.28	201721798151.1
843	一种微波谐振腔体及汽轮机末级湿度检测装置	钱江波、姚　颢、张子玉、孔祥灿、谷青峰、张　位	实用新型专利	2018.03.05	2018.09.28	201820302561.0
844	一种多时段多路定时控制器	李　冰	实用新型专利	2018.01.31	2018.10.12	201820163682.1
845	一种太阳能辅助地源热泵供冷供暖系统	杨先亮、冯　昊	实用新型专利	2018.03.29	2018.11.16	201820433019.9
846	运输箱	陈金凤、郑天赐、吕鹏瑞、宋士华、张　瑜、魏晨旭、刘　砚、冯程伟	外观设计	2017.09.30	2018.02.23	201730474737.1
847	机器人（仿人竞速）	何泓樟、房　静	外观设计	2017.09.30	2018.02.23	201730473767.0
848	空调	刘志坚、王晓妍	外观设计	2017.03.06	2018.02.27	201730437386.7
849	立体车库	李朋飞、李　洁、房　静	外观设计	2017.09.30	2018.03.09	201730473766.6
850	购物车（自助收银）	肖钟秀、房　静	外观设计	2017.09.30	2018.03.09	201730471859.5
851	药盒（E管家）	黄逸帆	外观设计	2017.11.10	2018.03.27	201730553213.1
852	半自动爬楼清洁车	张天懿、郑昕桥、孙嘉聪、贺运政、张钰淇	外观设计	2017.09.30	2018.04.03	201730487100.6
853	智能触感导盲仪	张天懿、王娅宁、冯佳宁、贺运政、张钰淇	外观设计	2017.09.30	2018.04.03	201730490045.6
854	多功能医疗康复机	张天懿、孙嘉聪、胡爱英、康　辉、张钰淇	外观设计	2017.09.30	2018.04.03	201730487467.8

续表

序号	名称	发明人	专利类型	申请日期	授权日期	申请号
855	偏瘫康复机	张天懿、孙嘉聪、胡爱英、康　辉、张钰淇	外观设计	2017.09.30	2018.04.03	201730490236.2
856	亲子购物车	张天懿、胡爱英、孙嘉聪、康　辉、张钰淇	外观设计	2017.09.30	2018.04.03	201730487360.3
857	椅子（“回”）	张天懿、冯佳宁、厉元浩、康　辉、张钰淇	外观设计	2017.09.30	2018.04.03	201730487469.7
858	椅子（“叶”）	张天懿、郑昕桥、卢宣潼、康　辉、张钰淇	外观设计	2017.09.30	2018.04.03	201730490238.1
859	智能办公候车椅	张天懿、郑昕桥、林文智、康　辉、张钰淇	外观设计	2017.09.30	2018.04.03	201730490237.7
860	水果采摘器（智能抓手）	杜晓、管西燕、张燕荣、付晓辉、胡立仁	外观设计	2017.11.03	2018.04.03	201730535600.2
861	空气净化装置	周儒畅	外观设计	2017.11.21	2018.04.06	201730574362.6
862	传感器（无线智能）	刘招成	外观设计	2017.11.15	2018.04.13	201730562517.4
863	AR 眼镜	毛帅男	外观设计	2017.11.15	2018.04.13	201730561916.9
864	门禁机	熊　伟、韩　松	外观设计	2017.11.15	2018.04.13	201730562516.X
865	脱硫塔	赵　旭	外观设计	2017.11.15	2018.04.17	201730552954.6
866	光催化化学反应器	梁宇豪	外观设计	2017.11.09	2018.04.17	201730549898.2
867	多功能智能扩音器	张天懿、王娅宁、孙嘉聪、贺运政、张钰淇	外观设计	2017.09.30	2018.04.24	201730487468.2
868	绝缘包裹装置	高雪倩、房　静	外观设计	2017.10.23	2018.05.01	201730506306.9
869	智能插排（菱形）	黄逸帆	外观设计	2017.11.15	2018.05.04	201730564178.3
870	充电桩（风光互补型）	刘刚、陈　悦	外观设计	2018.01.30	2018.05.04	201830044342.2
871	红外热成像仪	李思琪、葛云洁	外观设计	2017.12.05	2018.05.04	201730612393.6
872	钢管（免清洗）	冯天瑜	外观设计	2018.02.02	2018.05.04	201830050026.6
873	椅子（“流”）	张天懿、郑昕桥、孙嘉聪、贺运政、张钰淇	外观设计	2017.09.30	2018.05.08	201730490239.6
874	新型防盗安检机	张天懿、冯佳宁、张　帅　康　辉、张钰淇	外观设计	2017.09.30	2018.05.08	201730487466.3
875	胶带切割器	贺运政、李宣佚、贾中翔、李　程、李　璐	外观设计	2017.10.18	2018.05.08	201730511269.0
876	水果采摘器（口腔仿生）	符明恒、张文建	外观设计	2017.10.12	2018.05.15	201730483844.0
877	巡检机器人（变电站）	房　静、贾中翔、李宣佚	外观设计	2017.10.12	2018.05.15	201730483845.5
878	隐蔽工程探测成像装置	杨森皓、孟　松、房　静	外观设计	2017.10.24	2018.05.15	201730509786.4
879	巡检机器人（隧道）	孟明明、张琮委、房　静	外观设计	2017.10.12	2018.05.15	201730484253.5
880	巡检机器人	李胤寰、房　静	外观设计	2017.10.12	2018.05.15	201730483853.X
881	巡检无人机（检测风机扇叶裂缝）	冯舒婷、房　静、高　桐	外观设计	2017.11.03	2018.05.15	201730535610.6
882	多功能考勤机	刘林彬	外观设计	2017.12.04	2018.05.18	201730609369.7
883	LED 光电检测灌装装置	荆　森、赵路佳	外观设计	2017.12.04	2018.05.18	201730610423.X
884	光伏板支架	李奎杰	外观设计	2017.11.22	2018.05.22	201730578736.1
885	台灯	朱有产、周琼阳	外观设计	2017.12.15	2018.05.22	201730640164.5
886	除尘器	郝润龙、梁宇豪	外观设计	2018.01.15	2018.05.22	201830016761.5
887	考勤机	刘　聪、司冰茹	外观设计	2017.10.27	2018.05.22	201730520118.1

续表

序号	名称	发明人	专利类型	申请日期	授权日期	申请号
888	锅炉	于彰淇	外观设计	2018.03.27	2018.05.29	201830117213.1
889	包装盒（VR 眼镜）	杨红月、徐健	外观设计	2017.12.02	2018.06.01	201730606761.6
890	智能家居网关	朱亚强	外观设计	2017.11.24	2018.06.01	201730584158.2
891	“荷电水雾”空气净化器	朱媛	外观设计	2017.12.12	2018.06.01	201730632170.6
892	红外热成像仪	李依宾	外观设计	2017.12.05	2018.06.01	201730612467.6
893	空气取水装置	王茗萁	外观设计	2017.12.11	2018.06.01	201730624668.8
894	反应釜	孙　悦、刘　洁、沈文奇	外观设计	2018.01.05	2018.06.01	201830004223.8
895	创意笔筒	朱　媛	外观设计	2017.12.08	2018.07.03	201730622710.2
896	叶片检测爬壁机器人	张博剑	外观设计	2017.12.26	2018.07.06	201730668904.6
897	椅子（蝴蝶）	陈　曦、王凌飞	外观设计	2017.12.28	2018.07.10	201730679243.7
898	废电池回收装置	方立军、杜增晖	外观设计	2018.01.15	2018.07.17	201830017635.1
899	电子琴（镭射）	王胡儒	外观设计	2018.01.11	2018.07.24	201830012899.8
900	六轴飞行器（风机叶片探伤）	张英璐	外观设计	2017.12.22	2018.07.27	201730661719.4
901	汽车充电桩	刘　刚、陈　悦	外观设计	2018.02.26	2018.07.27	201830073319.6
902	电磁测量仪	崔　帅、马子儒	外观设计	2018.02.01	2018.08.03	201830048997.7
903	移动讲台（智能）	贺运政、祁朋园	外观设计	2018.04.04	2018.08.07	201830133810.3
904	稳定压杆实验装置	张　琛	外观设计	2018.03.12	2018.08.07	201830090510.1
905	智能盲人手杖	毛帅男	外观设计	2018.01.15	2018.08.10	201830016521.5
906	废热回收利用装置（澡堂沐浴水）	韦虹宇、王　瑶	外观设计	2018.01.04	2018.08.17	201830003890.0
907	行李箱	陈　曦、王凌飞	外观设计	2017.12.27	2018.08.21	201730674628.4
908	控制盒（智能家居）	杨红月、徐　健	外观设计	2017.12.02	2018.08.24	201730606520.1
909	手扶式落叶收集压缩装置	刘　丽、刘天阳	外观设计	2018.03.30	2018.08.28	201830129973.4
910	落叶收集处理装置	刘　丽、刘天阳	外观设计	2018.03.30	2018.08.28	201830130607.0
911	降温装置（太阳能电池板）	邵常焜	外观设计	2017.12.29	2018.10.02	201730683720.7

（科学技术研究院　花之蕾　提供）

华北电力大学 2018 年校企（地、校）合作情况一览表

合作单位	合作时间	合 作 领 域
协鑫集团有限公司	2018.1.12	根据协议，双方在能源电力及相关领域围绕重大课题研究、高层次人才培养、科技成果转化、高精尖技术攻关等方面开展深度合作
杭州钱江电气集团股份有限公司	2018.1.23	根据协议，双方在人才培养、科学研究、科技成果转化、电力产品及智能化服务、示范实验基地、教育培训等方面开展深度合作
中国大唐集团有限公司	2018.3.30	根据协议，双方在人才培养、软科学研究、科技研发等方面开展深度合作
乐清市人民政府	2018.10.23	根据协议，共建乐清智能电气与产业创新研究院，设计开发“企业智慧服务和管理公共平台”，共建“华北电力大学乐清继续教育中心”，推进行业科技创新
中国长江三峡集团有限公司	2018.10.25	根据协议，在科学技术、人才培养、重大科研成果推广、教学实践基地等方面开展合作
国家能源投资集团有限责任公司	2018.10.26	根据协议，在科学技术、人才培养、科技平台资源开放共享、教职员工挂职锻炼等方面开展合作
中国华电集团有限公司	2018.11.1	根据协议，共建华电一带一路能源学院，开展合作办学，培养“一带一路”国际化人才，并开展能源战略相关研究
国家信息技术安全研究中心	2018.11.2	根据协议，打造国家级科研合作平台，组织多元化融合交流协作，共育高层次网络安防人才
海南电网有限责任公司	2018.12.19	根据协议，开展现代职业培训、高端人才培养、科技创新服务和党建智库建设

（对外联络与合作部　梁玉超　提供）

华北电力大学2018年理事会成员单位名单

序号	单 位 名 称	备注
1	国家电网有限公司	理事长单位
2	中国南方电网有限责任公司	副理事长单位
3	中国华能集团有限公司	
4	中国大唐集团有限公司	
5	中国华电集团有限公司	
6	国家能源投资集团有限责任公司	
7	国家电力投资集团有限公司	
8	中国长江三峡集团有限公司	
9	中国广核集团有限公司	
10	中国电力建设集团有限公司	
11	中国能源建设集团有限公司	
12	广东省能源集团有限公司	
13	中国电力企业联合会	
14	华北电力大学	

（对外联络与合作部　宁子森　提供）

华北电力大学2018年企业名录

序号	公司名称	成立时间	注册资本（万元）	所占股比	地址	主要产品
1	北京华电天德资产经营有限公司	1993.03.05	1429.49	100.00%	北京市昌平区朱辛庄北农路2号华北电力大学56#	资产经营管理
2	北京华电之星科学技术发展有限公司	2000.08.10	100	90.00%	北京市昌平区朱辛庄北农路2号	在电力、能源、环保、机械、建筑、计算机等工程技术领域从事科技开发、设计、加工制作、产品代理、销售和咨询等业务
3	北京华电能达科技有限责任公司	2002.03.18	150	22.00%	北京市昌平区科技园永安路47号	计算机及配套产品、软件开发、环保节能产品的开发、销售
4	北京四方立德保护控制设备有限公司	1999.04.27	1000	20.00%	北京市海淀区上地创业中路32号	电力系统继电保护和自动化装置、变电站综合自动化系统及故障录波装置
5	北京华电天仁电力控制技术有限公司	2003.04.17	14 382.3113	10.00%	北京市海淀区西四环中路16号院1号楼	电力辅助设备、仪器仪表、电子装置及电子标签，计算机硬件，网络安全设备、系统集成及装置等
6	北京华电卓越国际技术培训有限责任公司	2005.06.13	321.4345	20.00%	北京市昌平区朱辛庄北农路2号华北电力大学	国际电力仪器仪表技术开发、咨询、培训、服务、交流
7	北京华电纳鑫科技有限公司	2003.09.23	350	15.00%	北京市昌平区马池口镇上念头村北	微纳米表面技术开发、应用、生产，新型耐磨材料技术应用、生产
8	北京华电辰能科技发展有限公司	1999.12.14	1000	10.00%	北京市海淀区中关村东路123号1号楼1701号	技术开发、服务、转让、咨询；销售开发后的产品、计算机软硬件及外围设备、电力发配电设备、环保节能设备
9	四方电气（集团）股份有限公司	1999.04.19	7098.8	7.89%	北京市海淀区上地信息产业基地四街9号	变电站综合自动化系统等微机保护产品
10	北京华电天德科技园有限公司	2007.01.26	200	100.00%	北京市昌平区朱辛庄华北电力大学教四楼	技术开发、咨询、服务、电力技术培训；销售电力设备、电子设备
11	北京华电大通环保科技有限公司	2004.08.19	37.5万美元	16.00%	北京市海淀区太平路甲18号西南写字楼311室	开发环保技术，研制、生产环保产品；提供技术咨询服务

续表

序号	公司名称	成立时间	注册资本（万元）	所占股比	地址	主要产品
12	北京华电杰德科技有限公司	2007.03.29	100	20.00%	北京市丰台区科学城海鹰路 8 号 2 号楼 405 室（园区）	火电厂仿真系统、电厂自动控制设备
13	华电智连科技（北京）有限公司	2015.04.30	150	20.00%	北京市昌平区回龙观镇朱辛庄北农路 2 号第四行政楼 C 座 502 室	宽带电力线载波通信模块的研发及销售，智能母线综合解决方案，智能家居综合解决方案，软件的研发和销售
14	北京华电恒锐科技有限公司	2017.06.08	500	20.00%	北京市昌平区回龙观镇朱辛庄北农路 2 号主楼 D 座 15 楼东区 79 号	节能技术的技术推广、技术服务、技术开发、技术转让、技术咨询
15	北京华电能源互联网研究院有限公司	2017.11.30	1000	20.00%	北京市昌平区回龙观镇朱辛庄北农路 2 号主楼 D 座 15 楼东区 95 号	能源互联网、增量配网规划设计、合同能源管理、电力系统自动化和信息化。
16	北京华电新能源电工材料研究院有限公司	2017.12.11	150	20.00%	北京市昌平区科技园区超前路 37 号院 16 号楼 2 层 B0264 室	新材料、新材料电机
17	北京华电慧源智能发电技术有限公司	2018.09.11	500	20.00%	北京市海淀区温泉镇 3-3 街区 351 地块集体土地租赁住房项目 4 号楼一层 061 号	技术服务、技术转让、技术开发、技术推广、技术咨询
18	华电银河科技有限公司	2018.02.26	10000	30.00%	珠海市高新区唐家湾镇港湾大道科技一路 10 号主楼第六层 604 房 H 单元	商务服务业
19	珠海华大泰能智慧能源有限公司	2018.09.07	2000	20.00%	珠海市横琴新区宝华路 6 号 105 室-57840	研发、制造和销售新能源设备：电能充、放、储系列产品及服务、光伏微网设备及服务、电动汽车交直流充电设备及服务、智能回馈型动力电池检测设备及服务；交直流电源及通信电源系统、逆变电源系统、大功率变流系统、高低压成套设备及技术服务；电能质量监测、治理设备及服务；配网自动化设备及服务；永磁涡流驱动真空快速开关、高压限流装置、精准合闸器及组合电器、双电源快速投切装置、有源电压暂降治理装置及技术服务；新能源运维平台、电力运维平台的研发与解决方案；货物或技术进出口（国家禁止或涉及行政审批的货物和技术进出口除外）；经营进料加工和“三来一补”业务；计算机软件开发及系统集成；电力工程施工总承包
20	北京华电伊创科技有限公司	2014.04.25	500	20.00%	北京市昌平区科技园区超前路 37 号院 16 号楼 2 层 C2283 号	技术开发、技术转让、技术推广、技术咨询、技术服务；销售计算机、软件及辅助设备、专业设备；工程技术咨询；货物进出口、技术进出口；工程勘察；工程设计
21	保定华电天德科技园有限公司	2008.05.22	200	51.00%	河北省保定市复兴西路 118 号	电力设备、电子设备、通信设备、太阳能及风能设备、输变电及控制设备、计算机及外部设备、仪器仪表制造销售、电力工程设计、计算机软件技术开发、技术咨询、技术服务
22	保定华电科源电气有限公司	2000.08.16	200	63.33%	河北省保定市青年路 204 号	微机综合自动化系统、变电站模拟系统、电网故障信息管理系统、微机保护装置、微机故障录波器
23	保定市毅格通信自动化有限公司	1998.06.04	6000	14.32%	河北省保定市高开区竞秀街 677 号火炬产业园 2 号楼	电力通信网监控管理系统、远动通道监测装置、电力企业管理与运营信息自动化、网络集成与管理等
24	保定华仿科技股份有限公司	1993.11.24	3377.8993	22.71%	河北省保定市向阳北大街 2811 号	大型火电机组全仿真机、电网及变电站全仿真机、航天载人飞船飞行训练模拟器

续表

序号	公司名称	成立时间	注册资本（万元）	所占股比	地址	主要产品
25	保定华电配电设备有限公司	1986.6	95	79.10%	河北省保定市华电路3号华电二校内	高低压开关柜
26	保定锐腾电力科技有限公司	2008.09.03	100	20.00%	河北省保定市北二环路大学科技园5号楼202-1	电网调度自动化、配电网自动化、变电站自动化、继电保护及自动化装置、仪器仪表等输变电设备，以及从二次设备到一次设备的配套产品及服务
27	保定华电电力设计研究院有限公司	2004.02.05	600	43.91%	河北省保定市高开区竞秀街677号火炬产业园	乙级资质范围内的发电、送变电工程设计、三级及以下等级工业与民用建筑设计
28	保定华电科技开发服务中心	1996.01.08	30	100.00%	河北省保定市永华北大街619号大3#信箱	科技项目管理
29	保定电谷大学科技园有限公司	2012.12.31	200	9.80%	河北省保定市高新区北二环路5699号	高新技术企业服务
30	保定华电综合服务中心	1999.03.03	10	100.00%	河北省保定市永华北大街619号	主营中型餐馆，兼营招待所、会议接待
31	北京市华星电力电子新技术开发公司	1992.10.12	30	100.00%	北京市大兴区兴政街3号	小电流接地选线综合装置、微机直流接地综合选线装置及继电保护装置、变电站综合自动化系统
32	北京思达星电力自动化有限公司	1996.10.03	50	16.00%	北京市大兴区兴政街3号	小电流接地选线综合装置、直流系统绝缘在线检测装置、远程监控系统
33	苏州华电科技创业园管理有限公司	2011.09.23	120	科技园公司持股100%	江苏省苏州工业园区独墅湖高教区仁爱路188号	高科技企业创业孵化、管理；销售：电力设备、电子设备并提供技术开发、技术咨询、技术服务

（北京华电天德资产经营有限公司　班莹梅　提供）

人　物

华北电力大学2018年教授名录

杨勇平	李成榕	刘吉臻	安连锁	张粒子	胡三高	赵冬梅	赵会茹
张东英	刘连光	孙凤杰	鲍　海	韩民晓	徐永海	刘文颖	姚凯文
黄少锋	宗　伟	毕天姝	艾　欣	李卫国	姜　彤	李存斌	董　军
柳亦兵	何　青	李文艳	刘宗歧	沈剑飞	许丹娜	王银顺	郝建红
崔　翔	黄　伟	王　伟	王泽忠	唐良瑞	许　刚	付忠广	张照煌
刘东雨	杜小泽	刘　石	刘宗德	刘　彤	董兴辉	孙保民	顾煜炯
芮晓明	徐　鸿	周少祥	陆会明	吴忠群	赵雄文	郭民臣	周　涛
刘　禾	罗　毅	侯国莲	白　焰	张建华	李　涛	孙　毅	杨国田
谭　文	刘向杰	吴克河	马素霞	余顺坤	熊敏鹏	蔡利民	秦立军
何永秀	谢传胜	乌云娜	曾　鸣	谭忠富	杨淑霞	闫庆友	张　艳
郭永权	张绪刚	杜　波	周凤翱	方仲炳	李　英	戴忠信	陈惠良
曾玉华	罗振东	李　新	赵玉闪	朱勇华	杨晓忠	何凤霞	王佩琼、
邱启荣	刘晓芳	谭占鳌	陈德刚	孙淑珍	吕　蓬	董福品	吕爱钟
田　德	陆道纲	陈义学	李永华	王丽萍	纪昌明	张　华	张化永

续表

李　鱼	李金全	张　锴	张兴平	谷根代	万书亭	屠幼萍	戚银城
陈宏刚	李美成	何　理	卢宏玮	林　俊	牛风雷	董　天	梁　平
房游光	黄元生	沈长月	李彦斌	葛永庆	姚万业	刘　艳	蔡　军
夏延秋	程伟良	张悦想	孔英会	王志刚	张海波	卢斌先	戴松元
祁　兵	刘衍平	魏彤儒	尹忠东	徐进良	赵建娜	朱予东	董　泽
李俊卿	苏　杰	崔和瑞	梁双印	火月丽	汪庆华	柳长安	李　伟
王春波	米增强	焦彦军	陈　雷	马永光	于荣生	高建强	甄成刚
林永君	苑英科	叶学民	陈诺夫	赵振宇	丁常富	陈海平	朱有产
付　东	周海云	李永臣	王学棉	杜冬梅	阎维平	张天兴	李双辰
郭孝锋	吴乐为	李永刚	叶学民	彭　杨	苑津莎	李　琳	曾德良
郑　玲	段泉圣	庞南生	曹李刚	赵成勇	张晓东	李慧君	周　明
律方成	顾雪平	栗　然	梁贵书	颜湘武	卢铁兵	王福海	朱永利
李　鹏	赵书强	李庚银	盛四清	宋　玮	徐玉琴	王增平	刘力丰
马　平	刘长良	张栾英	王印松	任建文	韩中合	魏　兵	孙　正
温　磊	梁志瑞	王松岭	杨实俊	李大中	杨耀全	孙建平	高　强
尚秋峰	阎占元	闫顺林	陈鸿伟	程友良	李永华	牛玉广	谷俊杰
田　沛	杨玉华	袁家海	高会生	谢志远	程晓荣	王保义	张少敏
侯思祖	李永倩	罗国亮	赵新刚	唐贵基	王璋奇	范孝良	赵　毅
王聚芹	向　玲	李泽红	杨少霞	李建彬	尹连庆	张胜寒	牛东晓
张彩庆	孙　薇	王敬敏	张国立	姜根山	玉　宇	邢　棉	马新顺
卢占会	张　莉	郭　雷	张晓宏	张贵银	何永贵	汪黎东	陈红平
关荣华	尹增谦	曹春梅	赵书涛	许伯强	赵洪山	张重远	马德香
程养春	文　俊	张卫东	郑顾平	刘　忠	庞力平	田松峰	崔彦彬
姚建平	李元诚	赵　强	黄　仙	王东风	刘彦丰	马峻峰	谢　力
李庆民	甄增水	高建伟	侯学良	刘吉成	张素芳	孔　峰	周建国
王淑勤	马双忱	董长青	姚建曦	刘永前	黄　美	董　瑾	张　娟
李忠艳	白占武	史玮璇	朱晓红	郭正秋	屈朝霞	王晓东	邓　英
杨立军	段立强	冼海珍	陈克丕	李　薇	翟明岳	赵志斌	任　惠
刘云鹏	苑春刚	陈传敏	陈学刚	李　为	王威威	王艾萌	周国兵
周乐平	徐　超	丁迅雷	周登文	赵文清	张立辉	李泓泽	张满红
刘　滨	李继清	吕建燚	刘　洋	郭　鹏	李燕青	彭　林	王祥科
龚雁峰	刘文霞	刘崇茹	齐　磊	王　毅	戈志华	李春曦	房　方
胡秀娟	马良玉	檀勤良	张尚弘	吴　英	齐立强	石玉英	孟祥林
康　辉	云　欣	李岩松	郭春林	刘文毅	魏高升	李宝让	袁桂丽
韩晓娟	杨锡运	任金锁	刘春明	马　静	薛安成	李慧奇	徐　钢
侯宏娟	杨薛明	梁　庚	马应龙	魏　乐	宋晓华	李星梅	刘力纬
门宝辉	黄　海	王　伟	国　防	吕亮球	杜文娟	程永攀	潘家鸿

（人事处　许云燕　提供）

【新增教授名录】

刘自发	王　飞	谢　庆	郑　涛	胡爱军	张乃强	武群丽	宋记锋
马续波	赵旭光	徐茹枝	张永生	赵洱岽	陆　强	丁晓雯	高　霄、
刘国华	石润华	孙玉兵	肖　峰	谭小丽	蔡墨朗		

（人事处　许云燕　提供）

华北电力大学 2018 年两院院士名单

序号	单位	姓名	性别	出生年月	职称	学位	入选年度	备注
1	电气与电子工程学院	杨奇逊	男	1937.10	教授	博士	1994	
2	控制与计算机工程学院	刘吉臻	男	1951.8	教授	博士	2015	
3	能源动力与机械工程学院	黄其励	男	1941.1	教授	博士	1997	双聘
4	能源动力与机械工程学院	陈蕴博	男	1935.1	教授	学士	1999	双聘
5	能源动力与机械工程学院	樊明武	男	1943.7	教授	学士	1999	双聘
6	电气与电子工程学院	沈国荣	男	1949.7	教授	硕士	1999	双聘
7	核科学与工程学院	欧阳晓平	男	1961.1	教授	博士	2013	双聘
8	可再生能源学院	王中林	男	1961.11	教授	博士	2009	双聘
9	先进材料研究院	汪卫华	男	1963.7	研究员	博士	2015	双聘

（人才工作办公室　提供）

华北电力大学 2018 年长江学者特聘教授名单

序号	单位	姓名	性别	出生年月	职称	学位	入选年度
1	经济与管理学院	牛东晓	男	1962.10	教授	博士	2011
2	能源动力与机械工程学院	徐进良	男	1966.4	教授	博士	2012
3	环境科学与工程学院	王祥科	男	1973.3	教授	博士	2015

（人才工作办公室　提供）

华北电力大学 2018 年“长江学者和创新团队发展计划”学术带头人名单

序号	单位	姓名	性别	出生年月	职称	学历	学位	入选年度
1	电气与电子工程学院	李成榕	男	1957.3	教授	研究生	博士	2005
2	能源动力与机械工程学院	刘宗德	男	1963.5	教授	研究生	博士	2007
3	控制与计算机工程学院	刘　石	男	1956.9	教授	研究生	博士	2009

（科学技术研究院　花之蕾　提供）

华北电力大学 2018 年杰出青年科学基金获得者名单

序号	单位	姓名	性别	出生年月	职称	学历	学位	入选年度
1	电气与电子工程学院	崔　翔	男	1960.5	教授	研究生	博士	2003
2	可再生能源学院	徐进良	男	1966.4	教授	研究生	博士	2008
3	能源动力与机械工程学院	杨勇平	男	1967.4	教授	研究生	博士	2010
4	环境科学与工程学院	王祥科	男	1973.3	教授	研究生	博士	2012
5	能源动力与机械工程学院	王晓东	男	1973.7	教授	研究生	博士	2015
6	电气与电子工程学院	毕天姝	女	1973.9	教授	研究生	博士	2017
7	能源动力与机械工程学院	周怀春	男	1965.3	教授	研究生	博士	2010

（科学技术研究院　花之蕾　提供）

华北电力大学2018年入选国家“百千万人才工程”名单

序号	单位	姓名	性别	出生年月	职称	学位	入选年度
1	电气与电子工程学院	崔　翔	男	1960.5	教授	博士	1996
2	可再生能源学院	田德	男	1958.8	教授	博士	1996
3	控制与计算机工程学院	刘吉臻	男	1951.8	教授	博士	1997
4	能源动力与机械工程学院	刘宗德	男	1963.5	教授	博士	2004
5	电气与电子工程学院	李成榕	男	1957.3	教授	博士	2004
6	经济与管理学院	牛东晓	男	1962.10	教授	博士	2007
7	能源动力与机械工程学院	杨勇平	男	1967.4	教授	博士	2009
8	能源动力与机械工程学院	徐进良	男	1966.4	教授	博士	2013

（人才工作办公室　提供）

华北电力大学2018年突出贡献专家名单

序号	单位	姓名	性别	出生日期	职称	学位	入选年度	备注
1	电气与电子工程学院	杨奇逊	男	1937.1	教授	博士	1990	
2	电气与电子工程学院	崔　翔	男	1960.5	教授	博士	1992	
3	电气与电子工程学院	高中德	男	1940.4	教授	博士	1996	退休
4	控制与计算机工程学院	王兵树	男	1950.7	教授	博士	1998	退休
5	能源动力与机械工程学院	徐进良	男	1966.4	教授	博士	2013	

（人才工作办公室　提供）

华北电力大学万人计划“科技创新领军人才”入选名单

序号	入选者	批次	年份	所在学院
1	杨勇平	1	2013	能源动力与机械工程学院
2	毕天姝	2	2016	电气与电子工程学院
3	王祥科	3	2017	环境科学与工程学院
4	董长青	3	2017	可再生能源学院
5	李美成	4	2018	可再生能源学院

（科学技术研究院　提供）

华北电力大学优秀青年科学基金项目获得者名单

序号	姓名	性别	出生年月	入选年度	所在学院
1	毕天姝	女	1973.9	2012	电气与电子工程学院
2	何　理	男	1976.10	2012	可再生能源学院
3	卢宏玮	女	1980.9	2014	可再生能源学院
4	徐　超	男	1980.5	2015	能源动力与机械工程学院
5	马　静	男	1981.2	2018	电气与电子工程学院
6	孙玉兵	男	1980.6	2018	环境科学与工程学院

（科学技术研究院　提供）

华北电力大学2018年国家“万人计划”青年拔尖人才名单

序号	单位	姓名	性别	出生日期	职称	学位	入选年度
1	可再生能源学院	卢宏玮	女	1980.9	教授	博士	2012
2	能源动力与机械工程学院	徐　超	男	1980.5	教授	博士	2018

（人才工作办公室　提供）

华北电力大学2018年入选“新世纪优秀人才支持计划”名单

序号	单位	姓名	研究方向	入选年度
1	能源动力与机械工程学院	刘宗德	微纳米表面工程	2004
2	电气与电子工程学院	朱永利	网络化电力运动系统人工智能在电力系统中的应用	2004
3	能源动力与机械工程学院	杨勇平	能源系统集成与优化	2005
4	电气与电子工程学院	毕天姝	电力系统及其自动化	2005
5	控制与计算机工程学院	刘向杰	复杂系统的智能控制及其工业应用	2006
6	经济与管理学院	谭忠富	电力经济	2006
7	可再生能源学院	李美成	新能源材料与器件	2006
8	环境科学与工程学院	付　东	化工热力学和分离技术	2006
9	经济与管理学院	牛东晓	经济预测	2007
10	能源动力与机械工程学院	杜小泽	传热传质学	2007
11	数理学院	王志刚	相对论束缚态和QCD求和规则	2007
12	能源动力与机械工程学院	顾煜炯	汽轮发电机组轴系振动量化评价和状态维修决策方法研究	2008
13	经济与管理学院	董　军	能源与电力经济	2008
14	经济与管理学院	闫庆友	创新授权理论研究	2008
15	能源动力与机械工程学院	王春波	洁净煤燃烧及污染物控制	2008
16	电气与电子工程学院	李庆民	高电压与绝缘技术	2008
17	可再生能源学院	张　锴	洁净能源转化技术、多相流反应工程	2009
18	核科学与工程学院	牛风雷	反应堆工程与反应堆安全	2009
19	环境科学与工程学院	苑春刚	环境科学与工程	2009
20	经济与管理学院	高建伟	保险精算，投资	2010
21	可再生能源学院	董长青	生物质的高效清洁利用	2010
22	核科学与工程学院	陈义学	核能科学与工程	2011
23	能源动力与机械工程学院	陈克丕	铁电与压电材料	2011
24	可再生能源学院	姚建曦	光电材料及器件	2011
25	可再生能源学院	王晓东	相变与界面传递现象	2011
26	控制与计算机工程学院	柳长安	智能机器人技术/人工智能及应用	2011
27	资源与环境研究院	何　理	环境工程	2011
28	经济与管理学院	侯学良	工程项目管理、工程经济	2011
29	数理学院	任　芝	信息功能材料	2012
30	能源动力与机械工程学院	周乐平	传热传质与多相流	2012
31	电气与电子工程学院	刘崇茹	电力系统分析与控制	2012
32	环境科学与工程学院	汪黎东	环境科学与工程	2012

续表

序号	单位	姓名	研究方向	入选年度
33	可再生能源学院	谭占鳌	太阳能光伏及能源材料	2012
34	能源动力与机械工程学院	薛志勇	先进金属材料	2012
35	经济与管理学院	张兴平	技术经济评价理论与应用	2012
36	法政系（保定）	梁　平	民事诉讼法、司法制度	2013
37	资源与环境研究院	卢宏玮	水资源与水环境	2013
38	可再生能源学院	杨少霞	水和废水处理理论与技术	2013

（科学技术研究院　提供）

华北电力大学 2018 年教学名师名单

级别	序号	姓名	学院（部）	获奖项目	获奖时间
国家级	1	崔　翔	电气与电子工程学院	第五届国家级教学名师奖	2009
省部级	1	罗应立	能源动力与机械工程学院	第二届北京市高等学校教学名师奖	2006
	2	乌云娜	经济与管理学院	第三届北京市高等学校教学名师奖	2007
	3	崔　翔	电气与电子工程学院	第四届北京市高等学校教学名师奖	2008
	4	白　焰	控制与计算机工程学院	第五届北京市高等学校教学名师奖	2009
	5	付忠广	能源动力与机械工程学院	第六届北京市高等学校教学名师奖	2010
	6	王增平	电气与电子工程学院	第六届北京市高等学校教学名师奖	2010
	7	刘连光	电气与电子工程学院	第七届北京市高等学校教学名师奖	2011
	8	王修彦	能源动力与机械工程学院	第八届北京市高等学校教学名师奖	2012
	9	王泽忠	电气与电子工程学院	第九届北京市高等学校教学名师奖	2013
	10	林碧英	控制与计算机工程学院	第九届北京市高等学校教学名师奖	2013
	11	杜冬梅	能源动力与机械工程学院	第十届北京市高等学校教学名师奖	2014
	12	王学棉	人文与社会科学学院	第十届北京市高等学校教学名师奖	2014
	13	李　英	人文与社会科学学院	第十一届北京市高等学校教学名师奖	2015
	14	李彦斌	经济与管理学院	第十二届北京市高等学校教学名师奖	2016
	15	张　娟	数理学院	第十三届北京市高等学校教学名师奖	2017
	16	赵洱岽	经济与管理学院	首届北京市高等学校青年教学名师奖	2017
	17	王翠茹	计算机系	第一届河北省高等学校教学名师奖	2003
	18	李　琳	电力工程系	第一届河北省高等学校教学名师奖	2003
	19	卢占会	数理系	第二届河北省高等学校教学名师奖	2006
	20	高　强	电子与通信工程系	第二届河北省高等学校教学名师奖	2006
	21	牛东晓	经济管理系	第三届河北省高等学校教学名师奖	2007
	22	律方成	电力工程系	第四届河北省高等学校教学名师奖	2008
	23	戴庆辉	机械工程系	第五届河北省高等学校教学名师奖	2009
	24	李永刚	电力工程系	第六届河北省高等学校教学名师奖	2010
	25	黄元生	电力工程系	第七届河北省高等学校教学名师奖	2011
	26	张晓宏	数理系	第七届河北省高等学校教学名师奖	2011
	27	谢志远	电子工程系	河北省高等学校（本科）教学名师奖	2017
	28	陈　雷	数理学院	第十四届北京市高等学校教学名师奖	2018
	29	李　红	能源动力与机械工程学院	第二届北京市高等学校青年教学名师奖	2018

（教务处　提供）

华北电力大学2018年优秀教学团队名单

级别	团队名称	团队负责人	评选年度
国家级	自动化专业教学团队	刘吉臻	2008
	工程项目管理教学团队	乌云娜	2010
北京市级	热能与动力工程专业教学团队	安连锁	2007
	电磁场教学团队	崔　翔	2007
	自动化专业教学团队	刘吉臻	2008
	电力市场教学团队	曾　鸣	2008
	继电保护专业教学团队	王增平	2009
	工程项目管理教学团队	乌云娜	2009
	电机学教学团队	罗应立	2010
河北省级	电气工程专业基础课教学团队	李和明	2007

（教务处　提供）

华北电力大学2018年来访情况一览表

序号	来访时间	国家（地区）/单位	来访人物	接待领导	来访事宜
1	1月	澳大利亚	澳大利亚西澳大学 Zhang Dongke 教授	动力工程系	学术交流
2	1月24日	日本	Muroran Institute of Technology 董冕雄	电气学院周振宇	学术交流活动
3	2月23日	日本	NIMS 蔡墨朗	可再生能源学院戴松元	学术交流活动
4	3月13日	科技部	科技部基础司郭志伟副司长等	周　坚	调研座谈
5	3月15日	教育部	教育部离退休干部局于虹局长等	周　坚、何　华	调研座谈
6	3月20日	中国核工业集团公司	中核集团开发与资本经营部主任王德林等	周　坚、郝英杰、孙忠权	交流会谈
7	3月30日	中国大唐集团有限公司	中国大唐集团陈进行董事长等	周　坚、杨勇平、郝英杰、王增平、汪庆华、律方成、檀勤良	签署战略合作框架协议
8	3月30日	英国	英国斯莱斯克莱德大学电力与电子工程系主任 Campbell Booth 教授	国际合作处副处长武彦军	学术交流活动
9	3月30日	澳大利亚	AGL 能源有限公司刘东胜	电气学院刘松	学术交流活动
10	3月30日	澳大利亚	AGL 能源有限公司刘东胜	电气学院刘松	学术交流活动
11	4月	美国	Electric Power Group（EPC）　Kenneth Martin 教授	电力工程系	讲座报告
12	4月3日	美国	美国纽黑文大学校长助理 Shobi Sivadasan	国际合作处副处长武彦军	教育合作项目
13	4月3日	美国	美国纽黑文大学国际学生招生处官员 Jackie Hamilton	国际合作处副处长武彦军	教育合作项目
14	4月4日-5日	英国	英国伯恩茅斯大学尼廷·库马尔·奈克副教授	计算机系	学术交流活动
15	4月6日	美国	霍华德 工业公司张晓枫	经管学院牛东晓	学术交流活动
16	4月8日	新加坡	英国斯特拉斯克莱德大学 Siew Wah Hoon	电气学院李庆民	学术交流活动
17	4月14日	英国	英国肯特大学 LU GANG	控计学院刘石	学术交流活动
18	4月14日	英国	英国肯特大学 LU GANG	控计学院闫勇	学术交流活动
19	4月17日	加拿大	渥太华大学 ZHENG JIANCHENG	环境学院黄国和	学术交流活动
20	4月20日	韩国	岭南大学 LEE SUCKGYU	控计学院钱殿伟	学术交流活动

续表

序号	来访时间	国家（地区）/单位	来访人物	接待领导	来访事宜
21	4月21日	中国（加拿大）	里贾纳大学 Yurui Fan	环境学院黄国和	学术交流活动
22	4月23日	美国	美国华盛顿大学曹国忠	可再生能源学院戴松元	学术交流活动
23	4月27日	中纪委驻教育部纪检组	中纪委驻教育部纪检组组长吴道槐等	周　坚、何　华、李双辰、郝英杰、王增平、郭孝锋、律方成、檀勤良	调研
24	5月	美国	美国康涅狄格大学 Peter B.Luh 教授	电力工程系	讲座报告
25	5月1—5日	美国	美国 PJM 公司 Gary Helm	电力工程系	学术交流活动
26	5月1—6日	葡萄牙	葡萄牙贝拉因特拉大学 Miadreza Shafiekhah 博士	电力工程系	学术交流活动
27	5月1—8日	西班牙	西班牙卡斯迪亚拉曼查大学 Javier Contreras Sanz 教授	电力工程系	学术交流活动
28	5月2—6日	英国	英国斯莱斯克莱德大学徐烈教授	电力工程系	学术交流活动
29	5月4日	美国	Texas A&M University J.Math.Anal.Appl 主编 Goong Chen	数理学院罗振东	学术交流活动
30	5月4日	美国	美国德克萨斯农工大学 Goong CHEN	数理罗振东	学术交流活动
31	5月7日	国家体育总局	国家体育总局奥运备战办刘爱杰主任等	周坚	交流会谈
32	5月10日	美国	Independent coultant　KUO-KUANG HSU	能动学院张锴	学术交流活动
33	5月11日	美国	University of Mississippi Wei-Yin Chen	能动学院张锴	学术交流活动
34	5月12日	新加坡	新加坡国立大学能源研究所 Bin Su	经管学院牛东晓	学术交流活动
35	5月14日	巴西	Federal University of Santa Catarina Jose Bermudez	控计学院滕婧	学术交流活动
36	5月14日	美国	康涅狄格大学 Peter B.Luh	控计学院黄从智	学术交流活动
37	5月15日	美国	加州伯克利分校 dennis	经管学院牛东晓	学术交流活动
38	5月17日	澳大利亚	AGL 能源有限公司刘东胜	电气学院刘松	学术交流活动
39	5月18日	美国	Vanderbilt University　Fei Ye	控计学院滕婧	学术交流活动
40	5月18日	美国	Research & Development Center，Saudi Aramco，Saudi Arabia　Qiwei Wang	能动学院张锴	学术交流活动
41	5月18日	美国	Lehigh University　CARLOS E. ROMERO	能动学院张锴	学术交流活动
42	5月18日	美国	Jason Junshan Wen	能动学院张锴	学术交流活动
43	5月18日	美国	Research & Development Center，Saudi Aramco，Saudi Arabia　Yuguo Wang	能动学院张锴	学术交流活动
44	5月18日	美国	AECOM　YU JUNG CHANG	能动学院张锴	学术交流活动
45	5月18日	美国	密歇根理工大学 William Worek	能动学院张锴	学术交流活动
46	5月18日	美国	AECOM　YU JUNG CHANG	能动学院张锴	学术交流活动
47	5月18日	中国	Center for Applied Energy Research，University of Kentucky 马文平	能动学院张锴	学术交流活动
48	5月18日	中国	AECOM 李廷文	能动学院张锴	学术交流活动
49	5月19日	美国	亚利桑那州立大学 Peter R.Lehman	外国语学院刘朝辉	学术交流活动
50	5月23日	美国	宾夕法尼亚州立大学 Andrew N.Kleit	经济与管理学院牛东晓	学术交流活动
51	5月24日	英国	斯莱斯克莱德大学 STEVEN MACPHERSON	国际教育学院包小勇	学术交流活动
52	5月26日	美国	University of Texas-Rio Grande Valley 冯兆生	数理学院胡彦霞	学术交流活动
53	5月28日	美国	纽约大学 Shakeel Kazmi	人文学院沈磊	学术交流活动

续表

序号	来访时间	国家（地区）/单位	来访人物	接待领导	来访事宜
54	5月30日	蒙古	蒙古科技大学 GALSAN Bekhbat	可再生学院韩爽	学术交流活动
55	5月30日	蒙古	蒙古科技大学 DAMIRAN Ulemj	可再生学院韩爽	学术交流活动
56	5月31日	美国	霍华德工业公司张晓枫	经管学院牛东晓	学术交流活动
57	5月31日—6月1日	美国	美国太平洋大学陆洁教授	英语系	学术交流活动
58	5—6月	美国	美国加州大学伯克利分校 Daniel Kammen 教授	可再生能源	学术交流
59	6月	美国	美国北卡罗来纳州立大学方述诚教授	电力工程系	讲座报告
60	6月	加拿大	加拿大达尔豪斯大学 Amares Chatt 教授	动力工程系	讲座报告
61	6月	伊朗	伊朗谢里夫理工大学 Mahmud Fotuhi Firuzabad 教授	电力工程系	讲座报告
62	6月3日	美国	美国德克萨斯大学阿灵顿分校 Chaoqun Liu	能动学院张宇宁	学术交流活动
63	6月3日	美国	美国德克萨斯大学阿灵顿分校 Chaoqun LIU	能动张宇宁	学术交流活动
64	6月6日	韩国	岭南大学 PARK JU HYUN	控计学院刘亚娟	学术交流活动
65	6月7日	美国	美国路易斯安娜泽维尔大学江瑜博士	国际合作处副处长武彦军	学术交流活动
66	6月7日	美国	North Carolina state university Shu-cheng Fang	经济与管理学院牛东晓	学术交流活动
67	6月9日	德国	开姆尼茨工业大学 JOSEF EUGEN LUTZ	电气学院黄永章	学术交流活动
68	6月10日	加拿大	美国底特律大学电气与计算机工程系 Chaomin Luo	控计学院黄从智	学术交流活动
69	6月13—17日	美国	美国印第安纳大学 Stasa Milojevic 副教授	马克思主义学院	学术交流活动
70	6月13—17日	丹麦	南丹麦大学 Kristoffer Nielbo 副教授	马克思主义学院	学术交流活动
71	6月14日	美国	Pittsburgh University Thomas George Rawski	经管学院袁家海	学术交流活动
72	6月15日	北京市	北京市委常委、组织部部长魏小东	杨勇平	调研
73	6月15日	中国	北达科他州立大学楚学丰	可再生能源学院李继清	学术交流活动
74	6月16日	美国	普渡大学 Yi Jiang	经济与管理学院牛东晓 侯学良	学术交流活动
75	6月16日	美国	普渡大学 Daphene Koch	经济与管理学院牛东晓 侯学良	学术交流活动
76	6月16日	美国	普渡大学 Kereshmeh Afsari	经济与管理学院牛东晓 侯学良	学术交流活动
77	6月16日	美国	密歇根大学 WANG LUMIN	核学院陈道纲	学术交流活动
78	6月16—20日	美国	美国伊利诺伊大学香槟分校 Hong Yang 教授	环境科学与工程系	学术交流活动
79	6月20日	美国	北科罗拉多大学 Elaine Steneck	外国语学院吴学惠	学术交流活动
80	6月20—30日	哈萨克斯坦	哈萨克斯坦纳扎尔巴耶夫（总统）大学韦东明教授	计算机系	学术交流活动
81	6月26—7月6日	美国	美国纽约州立大学石溪分校 Teng Tian Lih 教授	经济管理系	学术交流活动
82	6月28日—7月3日	伊朗	伊朗谢里夫理工大学校长 Mahmud Fotuhi Firuzabad 教授	律方成副校长	学术交流活动
83	6月28日—7月3日	美国	美国乔治华盛顿大学 Payman Dehghanian 助理教授	电力工程系	学术交流活动
84	6月30日	韩国	岭南大学 LEE SUCKGYU	控计学院钱殿伟	学术交流活动

续表

序号	来访时间	国家（地区）/单位	来访人物	接待领导	来访事宜
85	7月	加拿大	加拿大曼尼托巴大学 Aniruddha M.Gole 教授	电力工程系	讲座报告
86	7月1日	韩国	岭南大学 LEE SUCKGYU	控计学院钱殿伟	学术交流活动
87	7月2日	澳大利亚	澳大利亚斯文本科技大学 Patrick Zou	经管学院赵振宇	学术交流活动
88	7月7日	韩国	韩国岭南大学 Lee Suckgyu	控计学院钱殿伟	学术交流活动
89	7月7日	中国	葡萄牙阿威罗大学杨涛	可再生能源学院戴松元	学术交流活动
90	7月7日	中国	英国肯特大学王丽娟	控计学院闫勇	学术交流活动
91	7月11日	美国	密西西比大学 Yaoxin Zhang	可再生能源学院彭杨	学术交流活动
92	7月13日	委内瑞拉	墨西哥国立研究院 Hebertt Sira Ramirez	控计学院黄从智	学术交流活动
93	7月13日	委内瑞拉	墨西哥国立研究院 Hebertt Sira Ramirez	控计学院黄从智	学术交流活动
94	7月20日	华润集团	华润集团总经理	杨勇平	交流会谈
95	7月22日	蒙古	蒙古科技大学 Chimed Mangaljalav	可再生能源学院韩爽	学术交流活动
96	7月22日	蒙古	蒙古科技大学 GALSAN Bekhbat	可再生能源学院韩爽	学术交流活动
97	7月24日	美国	美国爱荷华州立大学胡晖	能动王晓东	学术交流活动
98	7月24日	美国	美国爱荷华州立大学胡晖	能动王晓东	学术交流活动
99	7月24日	英国	国际火焰研究基金会 Philip William Sharman	控计学院闫勇	学术交流活动
100	7月27日	澳大利亚	Queensland Unity of Technology 王红霞	可再生能源学院戴松元	学术交流活动
101	7月27日	澳大利亚	The University of New South Wales Rose Amal	可再生能源学院戴松元	学术交流活动
102	7月27日	澳大利亚	the university of Queensland Lianzhou Wang	可再生能源学院戴松元	学术交流活动
103	7月27日	澳大利亚	B.Sc. Hons（Ceramic Engineering）UNSW Gavin Edmond Tulloch	可再生能源学院戴松元	学术交流活动
104	7月27日	澳大利亚	Queensland University of Technology John Marcus Bell	可再生能源学院戴松元	学术交流活动
105	7月27日	韩国	Hanyang University Min Jae Ko	可再生能源学院戴松元	学术交流活动
106	7月27日	韩国	Inha University Wan In Lee	可再生能源学院戴松元	学术交流活动
107	7月27日	韩国	PoUniversity of Science and Technology Wonyong Choi	可再生能源学院戴松元	学术交流活动
108	7月27日	韩国	Korea Reasearch Institute of Chemical Sang-ll Seok Technology	可再生能源学院戴松元	学术交流活动
109	7月27日	韩国	Sungkyunkwan University Nam-Gyu Park	可再生能源学院戴松元	学术交流活动
110	7月27日	美国	University of North Carolina at Chapel Hill Gerald J. Meyer	可再生能源学院戴松元	学术交流活动
111	7月27日	美国	美国华盛顿大学曹国忠	可再生能源学院	学术交流活动
112	7月27日	美国	University of Notre Dame Prashant V. Kamat	可再生能源学院戴松元	学术交流活动
113	7月27日	日本	The University of Tokyo Hiroshi Segawa	可再生能源学院戴松元	学术交流活动

续表

序号	来访时间	国家（地区）/单位	来访人物	接待领导	来访事宜
114	7月27日	日本	Hokkaido Universit　Bunsho Ohtani	可再生能源学院戴松元	学术交流活动
115	7月27日	日本	Kyushu Institute of Technology Shuzi Hayase	可再生能源学院戴松元	学术交流活动
116	7月27日	日本	Toin University of Yokohama　Tsutomu Miyasaka	可再生能源学院戴松元	学术交流活动
117	7月27日	瑞典	KTH Royal Institute of Technology　Licheng Sun	可再生能源学院戴松元	学术交流活动
118	7月27日	瑞士	Ecole Polytechnique Federale de Lausanne Nazeeruddin Md.khaja	可再生能源学院戴松元	学术交流活动
119	7月27日	瑞士	Ecole Polytechnique Federale de Lausanne　Michael Gratzel	可再生能源学院戴松元	学术交流活动
120	7月27日	西班牙	Unitat Jaume I de Castello Spain Juan Bisquert	可再生能源学院戴松元	学术交流活动
121	7月27日	英国	Imperial College London United Kingdom　James Durrant	可再生能源学院戴松元	学术交流活动
122	7月27日	英国	英国伦敦大学唐军旺	可再生能源学院戴松元	学术交流活动
123	8月5日	澳大利亚	La Trobe University　Wang Dianhui	控计学院马苗苗	学术交流活动
124	8月10—20日	德国	德国卡尔鲁斯厄研究中心王石生研究员	动力工程系	学术交流活动
125	8月19日—9月1日	秘鲁	秘鲁国立亚马逊文化大学吉约姆•奥泽尔教授	科技学院	学术交流活动
126	8月23日	中国	洪堡学者 ZHAO GUIXIA	环境科学与工程学院王翔科	学术交流活动
127	9月	以色列	以色列魏茨曼科学研究所 Ada Yonath 教授	国际合作合作处侯志浩	讲座报告
128	9月	英国	英国赫瑞瓦特大学 Raffaella Ocone 教授	动力工程系	讲座报告
129	9月2日	美国	凯特琳大学　HIZIROGLU HUSEYIN	电气及电子工程学院卢铁兵	学术交流活动
130	9月24日	日本	东京大学　Sakai Mikio	核学院陆道纲	学术交流活动
131	9月24日	日本	东京大学　Yamaguchi Akira	核学院陆道纲	学术交流活动
132	9月28日	国际能源宪章	国际能源宪章秘书处秘书长 Dr. Urban Rusnák（乌尔班 鲁斯纳克博士）	杨勇平	交流会谈
133	10月	英国	英国爱丁堡大学　Hugh McCann 教授	电力工程系	讲座报告
134	10月9—16日	澳大利亚	澳大利亚昆士兰大学 Neil W. Bergmann 教授	自动化系	学术交流活动
135	10月14日	荷兰	荷兰能源研究中心　Petrus Maria	可再生能源学院刘永前	学术交流活动
136	10月14日	英国	爱丁堡大学 HUGH McCann	控计学院刘石	学术交流活动
137	10月16日	酒钢集团、牙买加	牙买加反对党人民民族党领袖彼得•菲利普斯与酒钢集团公司董事长陈春明等	杨勇平、郝英杰	交流会谈
138	10月18日	美国	美国工程院　Joe H Chow	电气及电子工程学院毕天姝	学术交流活动
139	10月21日	澳大利亚	澳大利亚拉筹伯大学　WANG Dianhui	控计学院刘向杰	学术交流活动
140	10月24—29日	塔吉克斯坦	塔吉克技术大学 Odinazoda Haydar 院长	国际合作合作处段春明	教育合作和学术交流

续表

序号	来访时间	国家（地区）/单位	来访人物	接待领导	来访事宜
141	10月24—29日	塔吉克斯坦	塔吉克技术大学 Abdulloev Mamadamon 副院长	国际合作合作处段春明	教育合作和学术交流
142	10月24—29日	塔吉克斯坦	塔吉克技术大学人事发展中心 Anvarova Gulnora	国际合作合作处段春明	教育合作和学术交流
143	10月24—29日	台湾	中原大学 黄重球 教授	国际合作合作处段春明	教育合作和学术交流
144	10月25—29日	俄罗斯	莫斯科动力学院 Ширинский Сергей Владимирович 对外关系部主任	国际合作合作处段春明	教育合作和学术交流
145	10月25—29日	印度尼西亚	万隆科技大学 Prof. Kadarsah Suryad 校长	国际合作合作处段春明	教育合作和学术交流
146	10月25—29日	印度尼西亚	万隆科技大学 Edwan Kardena 合作关系及国际关系主任	国际合作合作处段春明	教育合作和学术交流
147	10月25—29日	俄罗斯	莫斯科动力学院 Тягунов Михаил Георгиевич 教授	国际合作合作处段春明	教育合作和学术交流
148	10月25—29日	哈萨克斯坦	巴甫洛达尔国立大学 Кислов Александр Петрович 能源系主任	国际合作合作处段春明	教育合作和学术交流
149	10月25—29日	美国	普渡大学 Dr. Ralph O. Mueller 学术事务副校长兼教务长	国际合作合作处段春明	教育合作和学术交流
150	10月25—29日	美国	普渡大学 Dr. Dietmar Rempfer 工程学院院长	国际合作合作处段春明	教育合作和学术交流
151	10月25—29日	美国	普渡大学 Dr. Chenn Q. Zhou r 可视化与仿真创新中心主任	国际合作合作处段春明	教育合作和学术交流
152	10月25—29日	丹麦	奥尔堡大学 Zhe Chen 教授	国际合作合作处段春明	教育合作和学术交流
153	10月25—29日	挪威	卑尔根大学 Kristin Froeysa 教授	国际合作合作处段春明	教育合作和学术交流
154	10月25—29日	美国	伊利诺伊理工大学 Mike Gosz	国际合作合作处段春明	教育合作和学术交流
155	10月25—29日	英国	斯莱斯克莱德大学 Kwok Lun Lo	国际合作合作处段春明	教育合作和学术交流
156	10月25—29日	英国	斯莱斯克莱德大学 Scott Mac Gregor	国际合作合作处段春明	教育合作和学术交流
157	10月25—29日	澳大利亚	新南威尔士大学 Mark Hoffman	国际合作合作处段春明	教育合作和学术交流
158	10月26—28日	德国	达姆斯塔特科技大学 Gerd Griepentrog 教授	国际合作合作处段春明	教育合作和学术交流
159	10月26—28日	哈萨克斯坦	巴甫洛达尔国立大学 Нефтисов Александр Витальевич 科学系副主任	国际合作合作处段春明	教育合作和学术交流
160	10月26—28日	中国	哈尔滨工程大学 张志俭 副校长	国际合作合作处段春明	教育合作和学术交流
161	10月26—29日	新西兰	新西兰梅西大学 Gillian Skyrme 博士	英语系	学术交流活动
162	10月26—29日	俄罗斯	莫斯科动力学院 Рогалев Николай Дмитриевич 校长	国际合作合作处段春明	教育合作和学术交流
163	10月26—29日	俄罗斯	莫斯科动力学院 Тарасов Александр Евгеньевич 国际关系副校长	国际合作合作处段春明	教育合作和学术交流
164	10月26—29日	美国	加州大学河滨分校 Christopher Lynch 工程学院院长	国际合作合作处段春明	教育合作和学术交流

续表

序号	来访时间	国家（地区）/单位	来访人物	接待领导	来访事宜
165	10月26—29日	美国	加州大学河滨分校 Jun Wang 协理副校长	国际合作合作处段春明	教育合作和学术交流
166	10月26—29日	美国	加州大学河滨分校 Jed Schwendiman 发展部资深主任	国际合作合作处段春明	教育合作和学术交流
167	10月26日—29日	美国	威斯康星大学密尔沃基 Brett Peters 工程学院院长	国际合作合作处段春明	教育合作和学术交流
168	10月26日—29日	美国	威斯康星大学密尔沃基 Yu Junren 教授	国际合作合作处段春明	教育合作和学术交流
169	10月26日—29日	泰国	泰国国王大学 Prof. Dr. Savitri Garivait 环境部部长	国际合作合作处段春明	教育合作和学术交流
170	10月26日—29日	尼泊尔	加德满都大学 Dr. Damber Bahadur Nepali 工程学院院长	国际合作合作处段春明	教育合作和学术交流
171	10月26日—29日	埃及	阿勒旺大学 Maged Mohamed Fahmy Negm 院长	国际合作合作处段春明	教育合作和学术交流
172	10月26日—29日	埃及	苏哈格大学 Ahmed Aziz 院长	国际合作合作处段春明	教育合作和学术交流
173	10月26日—29日	埃及	艾斯尤特大学 Tarek Abdalla El gammal 院长	国际合作合作处段春明	教育合作和学术交流
174	10月26日—29日	苏丹	苏丹理工大学 Eisa Basheir Mohamed Eltayeb 副院长	国际合作合作处段春明	教育合作和学术交流
175	10月26日—29日	苏丹	苏丹理工大学 Mohammed Siddig Abdelaziz Mohammed 电机工程师学院院长	国际合作合作处段春明	教育合作和学术交流
176	10月26日—29日	葡萄牙	葡萄牙波尔图工程高等学院 Li-jian Meng 教授	国际合作合作处段春明	教育合作和学术交流
177	10月26日—29日	缅甸	曼德勒科技大学 Siut Soe	国际合作合作处段春明	教育合作和学术交流
178	10月26日—29日	南乌拉尔	南乌拉尔国立大学 Радионов Андрей 教学副校长	国际合作合作处段春明	教育合作和学术交流
179	10月26日—29日	南乌拉尔	南乌拉尔国立大学 Шишков Александр 能源系系主任	国际合作合作处段春明	教育合作和学术交流
180	10月26日—29日	南乌拉尔	南乌拉尔国立大学 Гасияров Вадим “机械化和自动化”系教研室主任	国际合作合作处段春明	教育合作和学术交流
181	10月26日—29日	蒙古	蒙古科技大学 Ch. Mangaljalav 教务委员会秘书	国际合作合作处段春明	教育合作和学术交流
182	10月26日—29日	蒙古	蒙古科技大学 Dr. G. Bekhbat 电力工程院院长	国际合作合作处段春明	教育合作和学术交流
183	10月26日—30日	苏丹	喀土穆大学 Samir Mohamed Hassan Shaheen 副院长	国际合作合作处段春明	教育合作和学术交流
184	10月26日—30日	苏丹	喀土穆大学 Dina Mohamed Belal Belal 电气工程系主任	国际合作合作处段春明	教育合作和学术交流
185	10月26日—30日	越南	越南电力大学 Truong Huy Hoang 校长	国际合作合作处段春明	教育合作和学术交流
186	10月26日—30日	越南	越南电力大学 Bui Manh Tu 工程学院院长	国际合作合作处段春明	教育合作和学术交流
187	10月27日—28日	澳大利亚	新南威尔士大学 Dong Zhaoyang	国际合作合作处段春明	教育合作和学术交流
188	10月27日—28日	澳大利亚	新南威尔士大学 Fletcher John Edward	国际合作合作处段春明	教育合作和学术交流

续表

序号	来访时间	国家（地区）/单位	来访人物	接待领导	来访事宜
189	10月27日—29日	蒙古	蒙古科技大学 B. Ochirbat 校长	国际合作合作处段春明	教育合作和学术交流
190	10月27日—29日	蒙古	蒙古科技大学 T. Batbayar 国际关系主任	国际合作合作处段春明	教育合作和学术交流
191	10月27日—29日	英国	巴斯大学 Jeremy Bradshaw 校长	国际合作合作处段春明	教育合作和学术交流
192	10月27日—29日	英国	巴斯大学 Pei Xiaoze 教授	国际合作合作处段春明	教育合作和学术交流
193	10月28—29日	台湾	台湾中原大学洪颖怡教授	电力工程系	学术交流活动
194	10月31日—11月5日	英国	英国卢瑟福•阿普尔顿实验室研究员 Maciej Krzystyniak 教授	机械系	学术交流活动
195	11月	美国	美国劳伦斯伯克利国家实验室 Mark Levine 资深研究员	国际合作合作处侯志浩	讲座报告
196	11月	美国	美国弗吉尼亚理工大学 Saifur Rahman 教授	电力工程系	学术交流
197	11月	美国	美国伦斯勒理工学院 Joe H. Chow 教授	电力工程系	学术交流
198	11月	美国	美国弗吉尼亚理工大学 Arun G. Phadke 教授	电力工程系	学术交流
199	11月	香港	香港大学 Chan Ching Chuen 教授	电力工程系	学术交流
200	11月1日	英国	英国曼彻斯特城市大学副校长安迪• 吉普森	郭孝锋副书记	洽谈校际合作
201	11月1日	法国	法国国家科学研究中心 Thierry Pauporte	可再生能源学院戴松元	学术交流活动
202	11月1日	法国	法国国家科学研究中心 Thierry Pauporte	可再生能源学院戴松元	学术交流活动
203	11月3日	瑞士	瑞士皇家理工大学 Mohammad K.Nazeeruddin	可再生能源学院戴松元	学术交流活动
204	11月4日	瑞士	洛桑联邦理工大学 M.K.Nazeeruddin	可再生能源学院戴松元	学术交流活动
205	11月5—7日	瑞典	瑞典查尔姆斯大学 Gubanski Stanislaw 教授	电力工程系	学术交流活动
206	11月23日	印度尼西亚	Jasa Tirta II Public Company （Hydroelectric Power Plant Units） BUDIYO BUDIYO 部门经理	继续教育学院	培训
207	11月23日	印度尼西亚	Jasa Tirta II Public Company （Hydroelectric Power Plant Units） SRI ATMAJA ADITYA 工程师	继续教育学院	培训
208	11月23日	印度尼西亚	Brawijaya University RINI NUR HASANAH 教授	继续教育学院	培训
209	11月23日	蒙古	Agricultural University of Inner Mongolia Saikhanchimeg Maanidar 讲师	继续教育学院	培训
210	11月23日	蒙古	Mongolian State University of Education GANBAT BALJINNYAM 董事长	继续教育学院	培训
211	11月23日	蒙古	Power Engineering School Mongolian University of Science and Technology MYAGMAR JAV NUUDEL 讲师	继续教育学院	培训
212	11月23日	蒙古	Power Engineering School Mongolian University of Science and Technology GONCHIGDOR ALTANSUVD 研究和创新活动干事	继续教育学院	培训
213	11月23日	蒙古	National Dispatching Center of Mongolia OUYNBAT NARANBAATAR 调度培训师-工程师	继续教育学院	培训
214	11月23日	蒙古	“Salkhit” wind farm DAVGADORJ GANBAT 运行工程师	继续教育学院	培训

续表

序号	来访时间	国家（地区）/单位	来访人物	接待领导	来访事宜
215	11 月 23 日	蒙古	School of Agroecology and Business in the Mongolian University of Life Sciences in Darkhan Uul provi AMARJARGAL DANZANSAMBUU 讲师	继续教育学院	培训
216	11 月 23 日	白俄罗斯	Belarusian National Technical University DOBREGO KIRILL 系主任	继续教育学院	培训
217	11 月 23 日	土耳其	Electric Power Generation Enterprise HAVANA YIGITALP 工程师	继续教育学院	培训
218	11 月 23 日	马来西亚	Sustainable Energy Development Authority （SEDA） Malaysia WENG HAN TAN 工程师	继续教育学院	培训
219	11 月 23 日	缅甸	Electric Power Generation Enterprise AUNG AUNG 使馆推荐	继续教育学院	培训
220	11 月 23 日	缅甸	Electric Power Generation Enterprise HLA MIN OO 使馆推荐	继续教育学院	培训
221	11 月 23 日	尼泊尔	Nepal Electricity Authority GANESH SHAH 总监	继续教育学院	培训
222	11 月 23 日	尼泊尔	Nepal Electricity Authority KHAGENDRA SHAHI 工程师	继续教育学院	培训
223	11 月 23 日	尼泊尔	natural hydro nepal pvt ltd anendra MAHARJAN 董事长	继续教育学院	培训
224	11 月 23 日	塔吉克斯坦	Tajik Technical University named after academic M.S.Osimi SHARIF MAKHMADOV 讲师	继续教育学院	培训
225	11 月 23 日	塔吉克斯坦	Tajik technical University ASHUROV ASHUR 讲师	继续教育学院	培训
226	12 月 3—9 日	加拿大	加拿大麦吉尔大学张晓鸿研究员	机械系	学术交流活动
227	12 月 4 日	巴基斯坦	巴基斯坦国立科技大学（NUST）校长 Naweed Zaman 先生	杨勇平	签署“一带一路”能源学院合作伙伴备忘录
228	12 月 11—13 日	美国	IEEE IAS 主席 Tomy Sebastian 博士	郭孝锋副书记	学术交流活动
229	12 月 11—13 日	德国	IEEE IAS 分会与会员部主席 Peter Pal Magyar 博士	郭孝锋副书记	学术交流活动
230	12 月 11—21 日	美国	美国犹他大学 James Sutherland 教授	环境科学与工程系	学术交流活动
231	12 月 12 日	中国	美国佐治亚理工大学 CHEN Lihua	电气工程系郑重	学术交流活动
232	12 月 13—14 日	韩国	韩国亚洲大学 Hyung Taek Kim 教授	动力工程系	学术交流活动
233	12 月 19 日	中组部	中组部调研组	杨勇平	调研
234	12 月 20—23 日	英国	英国赫尔大学赵旭东教授	动力工程系	学术交流活动
235	12 月 21—30 日	英国	英国亚伯大学 Qiang Shen 教授	计算机系	学术交流活动
236	12 月 28 日	国家留学基金委	国家留学基金委领导	杨勇平	交流会谈

（国际合作处　赵子健　阮艳花　党政办　任治政　提供）

其　他

2018 年媒体报道索引

序号	标　题	媒体	时间
1	张粒子：电网要从连锁超市变成快递小哥	央视财经频道	2018.01.02

续表

序号	标　　题	媒体	时间
2	孙芳：让学生当主角 让思政课激发活力	央视新闻联播	2018.01.16
3	华北电力大学60周年校庆主题和标识正式发布	腾讯网	2018.01.17
4	华北电力大学60周年校庆主题和标识正式发布	人民网	2018.01.17
5	西肯塔基大学孔子学院 第二届“墨读中国”书画艺术展首展举办	国家汉办	2018.01.24
6	美国西肯孔院第二届“墨读中国”书画艺术展在华北电力大学举办首展	中访网	2018.01.24
7	美国西肯孔院第二届“墨读中国”书画艺术展在华北电力大学举办首展	香港卫视	2018.01.24
8	美国西肯孔院第二届“墨读中国”书画艺术展在华北电力大学举办首展	英国卫报中文网	2018.01.24
9	美国西肯孔院第二届“墨读中国”书画艺术展在华北电力大学举办首展	搜狐网	2018.01.24
10	全国高校开展送温暖活动 确保每位学生度过暖心寒假	人民日报	2018.03.04
11	华北电力大学 回家留校安心过节	人民日报	2018.03.04
12	王鹏：清洁能源建设运行有了“度量衡”	科技日报	2018.03.04
13	新能源汽车技术创新中心落户亦庄	法制晚报	2018.03.04
14	华电学子热议纪录片《厉害了，我的国》	中青在线	2018.03.07
15	看看家乡新时代 投身脱贫攻坚战	中国日报网	2018.03.21
16	喜迎华电六十载 社团文化展风采——华北电力大学举办第十四届社团文化节开幕式	中青在线	2018.04.02
17	四年爱心接力，华电学子助折翼天使“起飞”	燕赵都市报	2018.04.08
18	走，把“论文”写在西部大地上——第17批博士服务团工作综述	中国共产党新闻网	2018.04.08
19	曾鸣：构建综合能源系统	人民日报	2018.04.09
20	华电青年志愿者连续四载帮助听障儿童“聆听世界”	河北青年报	2018.04.13
21	河北大学生志愿者：无声星球四年常驻，为爱发声静待花开	中青网	2018.04.13
22	十年磨一剑 打造新能源专业建设标杆	中国教育报	2018.04.18
23	华北电力大学打造新能源专业建设标杆	中国能源报	2018.04.20
24	华北电力大学国家“十三五”水专项在张家口启动	张家口日报	2018.04.26
25	周坚：前沿交叉关键领域学科缺位 工程教育亟须补课	科技日报	2018.04.26
26	重视非遗传承人的生存保障	人民日报	2018.04.28
27	专家型的司炉工	中国教育报	2018.05.01
28	家国情怀点亮青春梦想	中国电力报	2018.05.05
29	华北电力大学志愿者爱心接力润童心	河北日报	2018.05.07
30	让中华民族伟大复兴在奋斗中梦想成真	光明日报	2018.05.09
31	奋勇投身新时代 接力建功中国梦	中国教育报	2018.05.09
32	助力“双创双服” 传播环保理念	保定日报	2018.05.09
33	“弘扬中华传统文化，坚定文化自信”华北电力大学校园之星风采大赛成功举办	中青在线	2018.05.16
34	2018首都大学生创业大赛决赛在华北电力大学举行	北青网	2018.05.22
35	华北电力大学第十四届社团文化节闭幕	中国青年网	2018.05.28
36	市不动产登记中心特事特办解民忧	保定日报	2018.05.31
37	2018年“创青春”首都大学生创业大赛决赛在华北电力大学举办	中国教育电视台	2018.06.05
38	中国能源研究会智能发电专委会成立	中国科学报	2018.06.11
39	能源转型势在必行 智能发电专业委员会应运而生	科技日报	2018.06.11
40	刘吉臻院士：国内设备跟“受气包”似的，你不培育它，它能发展起来吗？	中国能源报	2018.06.11

续表

序号	标　　题	媒体	时间
41	国家能源交通融合发展研究院成立	科技日报	2018.06.11
42	我国首家“国家能源交通融合发展研究院”成立	中国青年报	2018.06.11
43	我国首家“国家能源交通融合发展研究院”成立	中国科技网	2018.06.11
44	首家“国家能源交通融合发展研究院”在华北电力大学成立	人民网	2018.06.11
45	我国首家“国家能源交通融合发展研究院”在华北电力大学成立	新华社	2018.06.11
46	首家国家能源交通融合发展研究院成立	中国科学报	2018.06.14
47	国家能源交通融合发展研究院成立	中国教育电视台	2018.06.19
48	“国家能源交通融合发展研究院”成立	人民政协报	2018.06.19
49	我国首家“国家能源交通融合发展研究院”成立	大学生科技报	2018.06.19
50	华北电力大学学子：“钢铁侠”王潮	大学生科技报	2018.06.19
51	华北电力大学：两地办学毕业证无差别	光明日报	2018.06.19
52	华北电力大学马克思主义学院举行“学习宣传贯彻习近平新时代中国特色社会主义思想交流研讨会	人民网	2018.06.20
53	华北电力大学校长杨勇平寄语毕业生：传承华电精神，勇做时代新人	人民网	2018.07.02
54	华北电力大学师生走进医院 普及声乐知识	中国青年网	2018.07.04
55	华北电力大学学习会学习贯彻习近平同团中央新一届领导班子成员集体谈话时重要讲话精神	人民网	2018.07.04
56	煤电发电成本下降空间有限	中国能源报	2018.07.13
57	毕天姝：潜心研究 15 载为电力系统保驾护航	北京青年报	2018.07.13
58	杨维东：大学基金会新时代当有新作为	光明日报	2018.07.17
59	华电明德大讲堂启动	中国科学报	2018.07.17
60	华北电力大学：创业孵化平台三年吸纳 305 个创业团队，教学生学会创业	劳动午报	2018.07.19
61	杨勇平：培养新时代卓越工程人才	人民日报	2018.07.19
62	追寻华电历史 弘扬华电精神——华北电力大学开展“华电足迹寻访”暑期实践活动	人民网	2018.08.03
63	发展氢能交通 别让加氢站“拖后腿”	科技日报	2018.08.18
64	华北电力大学成立先进材料研究院聚焦前沿新材料	科技日报	2018.08.18
65	华北电力大学先进材料研究院成立	人民网	2018.08.18
66	中国工程院院士刘吉臻： 火电是我国能源变革的中坚力量	中国能源报	2018.08.18
67	刘吉臻：把握科学发展进程 推动电力改革再深入	中国电力企业管理	2018.08.18
68	能源发展应追求整体利益最大化！听刘吉臻聊聊电力发展的 40 年	中国电力报	2018.08.18
69	华北电力大学发挥名师大家“双带头人”作用，加强本科教育教学——八成专家教授当上本科班主任	中国教育报	2018.08.18
70	光伏智慧：高校扶贫的“华电样本”	中国教育报	2018.09.02
71	大学生科技创新不能脱离现实应用	中国青年报	2018.09.02
72	捧起井冈山的星星之火，点亮新时代的电力之光	人民网	2018.09.05
73	华北电力大学学子参加“井冈情・中国梦”全国大学生暑期实践季专题活动	新华网	2018.09.05
74	红色旅游 “多彩”井冈	央广网	2018.09.05
75	刘崇茹：蝴蝶所见的美景在作茧时是看不到的	中国青年报	2018.09.10
76	周坚：为加快实现教育现代化作出新贡献	中国教育报	2018.09.13
77	周坚：“以德树人，办好人民满意的教育”	中国青年报	2018.09.14
78	周坚：师德师风建设是高校立德树人工作的核心	光明日报	2018.09.17

续表

序号	标　　题	媒体	时间
79	投身西藏发展 点亮雪域明灯	中国电力报	2018.09.25
80	雪域高原的光明使者 ——记华北电力大学西藏校友们	国家电网报	2018.09.25
81	周坚：高校应成为能源智库建设主力	中国能源报	2018.09.29
82	华北电力大学举行“甲子荣光，百花齐放”文化体育嘉年华活动	中青在线	2018.10.14
83	华北电力大学“学习会”举办《平“语”近人——习近平总书记用典》学习研讨会	人民网	2018.10.15
84	跑出中国创新“加速度”	中国教育报	2018.10.16
85	2018 中国农村贫困问题和精准扶贫高端论坛召开	新华社	2018.10.16
86	周坚：全面把握新时代高校师德师风建设的新坐标	中国高等教育	2018.10.17
87	在服务国家战略中走出强校之路	光明日报	2018.10.22
88	多温区多功能烟气高效脱硝技术解燃“煤”之急	科技日报	2018.10.22
89	华北电力大学牵手 15 所海外高校成立“一带一路”能源学院	北京电视台	2018.10.30
90	华北电力大学牵手 15 所海外高校成立“一带一路”能源学院	中央电视台	2018.10.30
91	华北电力大学：与祖国一道迎来发展的春天	科技日报	2018.10.30
92	华北电力大学牵手 15 所海外高校成立“一带一路”能源学院	国家电网报	2018.10.30
93	加强校企合作 共同为祖国电力事业打拼	国家电网报	2018.10.30
94	华北电力大学召开创新发展大会	中国教育报	2018.10.30
95	华北电力大学与 15 所海外高校签署“一带一路”能源学院合作伙伴备忘录	新华社	2018.10.30
96	华北电力大学创新发展大会：培养新时代电力人才	中国教育电视台	2018.10.31
97	加强社区补偿教育，夯实家庭监管职责，让留守儿童不再成为家庭和社会之痛	光明日报	2018.10.31
98	华北电力大学喜迎建校 60 周年	中国电力报	2018.11.01
99	建设特色鲜明的高水平研究型大学 共续“电力黄埔”新甲子辉煌	中国电力报	2018.11.01
100	中国农村贫困问题和精准扶贫高端论坛召开	中国电力报	2018.11.02
101	中国能源扶贫发展研究报告解读	中国电力报	2018.11.02
102	华北电力大学“学习会”成员参观“伟大的变革—庆祝改革开放 40 周年大型展览”	人民网	2018.11.20
103	杨勇平：“双一流”背景下高水平行业特色型大学的学科建设与内涵发展	中国高等工程教育	2018.11.29
104	在新时代继续把改革开放推向前进	中国教育报	2018.12.20

（宣传部　朱慧花　提供）

华北电力大学 2018 年出版物名单

序号	出版物名称	期刊周期
1	《华北电力大学学报（自然科学版）》	双月刊
2	《华北电力大学学报（社会科学版）》	双月刊
3	《现代电力》	双月刊
4	《电力科学与工程》	月刊

（期刊出版部　杜红琴　提供）

索 引

Index

使 用 说 明

一、本索引采用主题分析索引法编制。年鉴中有实质检索意义的内容均予以标引，以供检索使用。

二、本索引基本上按汉语拼音音序排列。具体排列方法如下：以数字开头的标目，排在最前面；以英文字母打头的标目，列于其次；汉字标目则按首字的音序、音调依次排列。首字相同时则以第二个字排序，依次类推。

三、索引标目后的数字，表示检索内容所在的年鉴正文页码。年鉴正文中的栏别，从左至右分别以 a、b、c 来表示。年鉴中以表格形式反映的内容，则在索引标目后用括号注明（表） 字，以区别于文字标目。

0～9

A～Z

A

B

C

D

E

F

G

H

J

K

L

M

N

P

Q

R

S

X

Y

Z